ARCHITECTURE & DESIGN COMPETITION
설계경기 04_복지·도시·체육·조경

설계경기 04_복지·도시·체육·조경

no.135 ~ 146
Office
Culture
Education
Welfare
Housing
Commerce
Urban
Traffic
Sports
Medical
Landscape

설계경기 04_복지·도시·체육·조경
no.135 ~ 146

Contents

복지

서구 복합커뮤니티센터 (주)건축사사무소 휴먼플랜 + (주)건축사사무소 플랜 12

충청북도 근로자종합복지관 (주)라온건축사사무소 18

광주노인회관 (주)맥스유엔지니어링 건축사사무소 + (주)아이에스피 건축사사무소 28

강원랜드 제2직장어린이집 건축사사무소알엔케이(주) 36

국립대구과학관 공동직장어린이집 건축사사무소 서로가 42

4생활권 광역복지지원센터 (주)토문건축사사무소 48

회동동 복합커뮤니티 문화센터 (주)지을엔드 종합건축사사무소 58

장애인 희망드림센터 (주)토담건축사사무소 | 건축사사무소 서로가 66

강서 노인종합복지관 분관 건축사사무소 GEM + 김정화 건축사사무소 82

온산읍 종합 행정복지타운 (주)엠피티엔지니어링 건축사사무소 + (주)아이엔지그룹건축사사무소 88

우면주민편익시설 유에이그룹건축사사무소 + (주)샘종합건축사사무소 96

북구 행복어울림센터 이엘건축사사무소 + 진짜노리건축사사무소 104

고산 어린이집·수성구 육아종합지원센터 건축사사무소 서로가 112

중부 종합복지타운 (주)한빛종합건축사사무소 + (주)화성건축사사무소 120

장애인복합문화관 (주)라온엔지니어링건축사사무소 128

양산시 종합복지허브타운 (주)상지엔지니어링건축사사무소 + 도형건축사사무소 134

소방복합치유센터 (주)나우동인건축사사무소 + (주)해마종합건축사사무소 + (주)위드종합건축사사무소 | (주)해안종합건축사사무소 + (주)디엔비건축사사무소 + (주)아이엔지건축사사무소 144

은계어울림센터-2 (주)위드종합건축사사무소 156

행복북구 통합 가족센터 (주)건축사사무소 혜안 + 건축사사무소 제이엘 164

하남시 시민행복센터 (주)위드종합건축사사무소 170

도시

서울 국제교류복합지구 수변공간 여가문화 공간조성 (주)나우동인건축사사무소 + MVRDV(Design Architect) + 조경설계 서안(주) + (주)삼안 + (주)한맥기술 182

서남권 활성화를 위한 국회대로 상부 공원 설계 공모 2단계 (주)씨토포스 + (주)건축사사무소 리옹 + 스튜디오 이공일 + 조경작업 라디오 + 에스엘디자인 주식회사 + ... 194
스튜디오미호 | 인시추 + (주)종합건축사사무소 가람건축 + (주)에이치이에이

신내 컴팩트시티 국제설계공모 - 북부간선도로 입체화사업 (주)포스코에이앤씨건축사사무소 + 운생동건축사사무소 + 장윤규 + (주)유신 + (주)한백에프앤씨 | 214
(주)건축사사무소 매스스터디스 + (주)하나기연 + (주)제일엔지니어링 + (주)감이디자인랩

서울 컴팩트시티, 장지공영차고지 입체화사업 (주)건축사사무소아크바디 + (주)범도시건축종합건축사사무소 + (주)동일기술공사 + (주)CA조경기술사사무소 + 미래설비엔지니어링(주) 230

설계경기 04_복지·도시·체육·조경
Architecture & Design Competition

3기 신도시 기본구상 및 입체적 도시공간계획 - 남양주 왕숙지구 (주)디에이그룹엔지니어링종합건축사사무소 + 에이앤유디자인그룹건축사사무소(주) + (주)사이트랩 ········· 238

과천지구 도시건축통합 마스터플랜 (주)시아플랜 건축사사무소 + (주)인토엔지니어링도시건축사사무소 + 동현건축사사무소 + 어반플랫폼 | (주)디에이그룹엔지니어링종합 ········· 252
건축사사무소 + 와이오투도시건축 건축사사무소

남양주 왕숙2지구 도시기본구상 및 입체적 도시공간계획 (주)금성종합건축사사무소 + (주)어반인사이트건축사사무소 + 탈건축사사무소 + 조항만 ········· 274

3기 신도시 기본구상 및 입체적 도시공간계획 - 고양 창릉지구 (주)해안종합건축사사무소 + (주)일로종합건축사사무소 + 슈퍼매스 스튜디오 ········· 282

3기 신도시 기본구상 및 입체적 도시공간계획 - 부천 대장지구 (주)디에이그룹엔지니어링종합건축사사무소 + KCAP ········· 288

체육
울주종합체육센터 (주)신한종합건축사사무소 + (주)대흥종합엔지니어링건축사사무소 ········· 304

삼호 실내수영장 (주)맥스유엔지니어링건축사사무소 + (주)맥스유종합건축사사무소 | (주)건축사사무소 휴먼플랜 + (주)디아이지 건축사사무소 + (주)건축사사무소 플랜 ········· 312

광주 실내수영장 및 물놀이시설 (주)선엔지니어링종합건축사사무소 + 솔 건축사사무소 ········· 328

순천 신대스포츠문화센터 (주)에스지파트너스건축사사무소 ········· 338

서울 어울림 체육센터 다니엘 바예 아키텍츠 ········· 346

가좌국민체육센터 (주)리가온건축사사무소 ········· 352

불로문화체육센터 한들건축사사무소 + (주)종합건축사사무소 림 ········· 360

원당복합체육관 (주)위드종합건축사사무소 + (주)제이유건축사사무소 ········· 368

금촌 다목적 실내체육관 (주)건정종합건축사사무소 + (주)신우건축사사무소 ········· 376

갈매 공공체육시설 (주)다인그룹엔지니어링건축사사무소 ········· 380

당감동 복합 국민체육센터 (주)한미건축종합건축사사무소 + (주)부산건축종합건축사사무소 ········· 388

사천시 생활밀착형 국민체육센터 (주)리드엔지니어링건축사사무소 ········· 394

북구 종합체육관 (주)디아이지건축사사무소 ········· 400

신현 문화체육복합센터 (주)해마종합건축사사무소 ········· 406

복대 국민체육센터 (주)선엔지니어링종합건축사사무소 ········· 414

홍성군 장애인수영장 (주)한들종합건축사사무소 + 김양희 건축사사무소 | (주)건축사사무소세림 ········· 422

조경
신화역사공원 J지구 (주)그룹한 어소시에이트 | (주)서영엔지니어링 + (주)헤드어반 + 환경디자인 지향 | (주)강산이앤씨 + (주)에코밸리 ········· 438

잠실한강공원 자연형 물놀이장 (주)동심원조경기술사사무소 | 기술사사무소 이수 + 스튜디오테라 + 엠더블유디랩 + 김아연 + 김소라 ········· 472

Contents

WELFARE

- Seo-gu Complex Community Center Human Plan Architects Office, Inc. + Plan Architects Office, Inc. ... 12
- Chungcheongbuk-do Workers' Welfare Center RAON architect office ... 18
- Gwangju Senior Welfare Center MAXU Engineering Architectural Firm + ISP Architect & Engineering ... 28
- Kangwon Land 2nd Employer-supported Daycare Center R&K Architecture ... 36
- Daegu National Science Museum Daycare Center SEOROGA ARCHITECTS ... 42
- Regional Welfare Center in 4 Life Zone Tomoon Architect & Engineers ... 48
- Hoedong-dong Community Culture Center ZIEUL and Architecture Interior Design ... 58
- Hope-Dream Center for the Disabled Todam Architects & Engineers | SEOROGA ARCHITECTS ... 66
- Gangseo Senior Welfare Center Annex Architects GEM + KIM JEONG HWA Architects ... 82
- Onsan-eup Administrative Welfare Town MPT ENGINEERING ARCHITECTURE + ING GROUP ARCHITECTUR ... 88
- Umyeon Community Convenience Facility URBAN ARCHITECTURE GROUP + SAEM TOTAL ARCHIECTURE & PLANNERS ... 96
- Buk-gu Happy Eoulim Center EL_architects + Re:all play ... 104
- Gosan Daycare · Suseong-gu Support Center for Childcare SEOROGA ARCHITECTS ... 112
- Jungbu Culture Welfere Town Hanbit Architecture + Hwa-Sung Architects & Engineers ... 120
- The Disabled Cultural Center LAON Architecutre & ENG ... 128
- Yangsan-si General Welfare Hubtown SANGJI Environment & Architects Inc. + Dohyeong Architecture ... 134
- Firefighter Complex Medical Center NOW Architects + HAEMA Architects + WITH ARCHITECTS | HAEAHN Architecture, Inc. + D&B architecture design group + ING GROUP ... 144
- Eungye Oullim Center-2 WITH ARCHITECTS ... 156
- Haengbok Buk-gu Integrated Family Center HYEAN Architecture Design + Join Life Architecture ... 164
- Hanam-si Citizens Happiness Center WITH ARCHITECTS ... 170

URBAN

- Ecological and Leisure-Cultural Waterfront Space in Seoul International District NOW Architectsk + MVRDV (Design Architect) + Seoahn Total Landscape Architecture + SAMAN + HANMAC ENGINEERING ... 182
- Gukhoe-daero Park Design Competition for Revitalization of Southwest of Seoul - Phase 2 CTOPOS + Atelier Lion Seoul + studio201 + Ladio + SL design + Studio MIHO | INSITU + Garam Architects & Associates + HEA ... 194
- Seoul Compact City – Multi Level Complex on the Bukbu Expressway Posco A&C + UNSANGDONG architects + Jang Yoongyoo + Yooshin Engineering + HANBEAK F&C | Mass Studies + Hana Consulting Engineers Co., Ltd. + Cheil Engineering Co., Ltd. + Gami Design Lab ... 214
- Jangji, Seoul Compact City – Designing Multi-Level Complex of the Public Garage Arcbody Architects Co., Ltd. + BAUM URBAN ARCHITECTS + DONG IL Engineering Consultants Co., Ltd. + CA Landscape Design Firm + Mirae equipment e.n.g ... 230
- The 3rd New City Basic Plan and Three-Dimensional Urban Space Planning DA GROUP Urban Design & Architecture Co.,Ltd. + ARCHITECTURE & URBANISM Design group + SITELab ... 238

04 Welfare·Urban·Sports·Landscape
Architecture & Design Competition

Gwacheon District Urban Architecture Integration Master Plan SIAPLAN Architects & Planners + INTO Engineering & Architecture + DONGHYUN architect + ········ 252
URBAN-PLATFORM l DA GROUP Urban Design & Architecture Co., Ltd. + yo2 Architects

Namyangju Wangsuk 2 District Urban Basic Initiative and Urban Space Planning GS Architects & Associates + Urban Insite Architecture & Urban Design + Taal ········ 274
Architects + Zo Hangman

Urban Design Concept and Multi-dimensional Urban and Architectural Space Plan for the 3rd Generation New Towns - Changneung, Goyang ········ 282
HAEAHN Architecture, Inc. + Space Design Group ILLO + Supermass Studio

Urban Design Concept and Multi-dimensional Urban and Architectural Space Plan for the 3rd Generation New Towns - Daejang, Bucheon DA ········ 288
Group Urban Design & Architecture Co., Ltd.+ KCAP

SPORTS
Ulju Sports Center Shinhan Architects & Engineers Co., Ltd. + Daeheung architects & engineers Co. ········ 304

Samho Swimming Center MAXU Engineering architectural firm + MAXU Synthesize architectural firm l Human Plan Architects Office, Inc. + D.I.G Architect & Engineering + ········ 312
Plan Architects Office, Inc.

Gwangju Swimming Pool & Water Park Seon Architecture & Engineering Group + Sol Architecture Studio ········ 328

Suncheon Sindae Sports Culture Center SGpartners Group ········ 338

Seoul Eoulim Sports Center Daniel Valle Architects (DV2C2 Korea Branch) ········ 346

Gajwa Sports Center REGAON Architects & Planners Co., Ltd. ········ 352

Bullo Culture Sports Center HANDEUL Architects & Planners + Lim Architecture ········ 360

Wondang Complex Gymnasium WITH ARCHITECTS + JU architect & planners ········ 368

Geumchon Multipurpose Gymnasium KUNJUNG Architects & Engineers + SINWOO ········ 376

Galmae Public Sports Facility DAAIN GROUP Architects & Engineers Co., Ltd. ········ 380

Danggam-dong Complex National Sports Center Hanmi Architects + Busan Architecture ········ 388

Sacheon Life-friendly National Sports Center RID Engineers & Architects ········ 394

Bukgu Sports Complex D.I.G Architecture ········ 400

Sinhyeon Culture & Sports Complex Center HAEMA ARCHITECTS ········ 406

Bokdae National Sports Center SEON Architecture & Engineering Group ········ 414

Hongseong-gun Swimming Center for the Disabled HANDEUL Architects & Planners + Kim Yang Hee Architects & Engineers ········ 422
l SAE-LIM Architect & Engineers Association

LANDSCAPE
Shinhwa History Park J District GROUPHAN associates l SEOYOUNG Engineering Co., Ltd. + HED URBAN + JIHYANG l KangSan E&C + Eco-Valley ········ 438

Natural Swimming Pool at Jamsil Hangang Park Dongsimwon Landscape Design & Construction l ESOO Landscape Architects + STUDIOS terra + MW'D.lab + ········ 472
Kim Ahyeon + Kim Sora

설계경기 04_복지·도시·체육·조경

no.135 ~ 146
Office
Culture
Education
Welfare
Housing
Commerce
Urban
Traffic
Sports
Medical
Landscape

서구 복합커뮤니티센터
대지위치 광주광역시 서구 풍암동 산13번지 외 8필지
발주처 광주광역시 서구청
대지면적 440,440㎡
연면적 6,820㎡
추정공사비 15,611백만원
설계용역비 765백만원
참가등록 2018. 7. 25
현장설명 2018. 7. 27
질의접수 2018. 8. 1
질의회신 2018. 8. 17
작품접수 2018. 10. 5
당선 (주)건축사사무소 휴먼플랜 + (주)건축사사무소 플랜

충청북도 근로자종합복지관
대지위치 충청북도 청주시 서원구 미평동 산12-2 외 4필지
발주처 충북개발공사
대지면적 3,469㎡
연면적 2,314㎡
추정공사비 5,485백만원
설계용역비 256,134천원
참가등록 2018. 10. 17
현장설명 2018. 10. 17
질의접수 2018. 10. 26
질의회신 2018. 11. 6
작품접수 2018. 12. 5
당선 (주)라온건축사사무소

광주노인회관
대지위치 광주광역시 서구 치평동 1156번지
발주처 광주광역시청
대지면적 1,983㎡
연면적 1,960㎡
추정공사비 49억원
설계용역비 231백만원
참가등록 2018. 8. 28
현장설명 2018. 8. 31
질의접수 2018. 9. 3
질의회신 2018. 9. 5
작품접수 2018. 10. 12
당선 맥스유엔지니어링 건축사사무소 + (주)아이에스피 건축사사무소

강원랜드 제2직장어린이집
대지위치 강원도 정선군 고한읍 고한리 106-3번지 일원
발주처 (주)강원랜드
대지면적 15,584.00㎡
연면적 842.95㎡
추정공사비 2,677,500천원
설계용역비 182,300천원
참가등록 2018. 11. 30
작품접수 2019. 1. 30
당선 건축사사무소알엔케이(주)

국립대구과학관 공동직장어린이집
대지위치 대구광역시 달성군 유가읍 테크노대로 6길 20
발주처 국립대구과학관
대지면적 1,300㎡
연면적 1,120㎡
추정공사비 2,195백만원
설계용역비 118,969천원
참가등록 2018. 12. 21
질의접수 2018. 12. 28
질의회신 2018. 12. 31
작품접수 2019. 1. 22
당선 건축사사무소 서로가

4생활권 광역복지지원센터
대지위치 세종특별자치시 반곡동 66-6답 일원
발주처 행정중심복합도시건설청
대지면적 15,019㎡
연면적 13,468㎡
추정공사비 30,451백만원
설계용역비 1,710백만원
참가등록 2019. 2. 14
질의접수 2019. 2. 21
질의회신 2019. 2. 28
작품접수 2019. 4. 15
당선 (주)토문건축사사무소

회동동 복합커뮤니티 문화센터
대지위치 부산광역시 금정구 회동동 200-3번지
발주처 금정구청
대지면적 309.8㎡
연면적 470㎡
추정공사비 14억원
설계용역비 69,400천원
참가등록 2019. 5. 29
현장설명 2019. 5. 30
질의접수 2019. 5. 31
질의회신 2019. 6. 7
작품접수 2019. 7. 23
당선 (주)지을엔드 종합건축사사무소

장애인 희망드림센터
대지위치 대구광역시 달성군 화원읍 본리리 85번지
발주처 대구광역시청
대지면적 37,071㎡
연면적 4,718㎡
추정공사비 129억원
설계용역비 584,694천원
참가등록 2019. 5. 28
현장설명 2019. 5. 29
질의접수 2019. 6. 5
질의회신 2019. 6. 12
작품접수 2019. 7. 26
당선 (주)토담건축사사무소
가작 건축사사무소 서로가

강서 노인종합복지관 분관
대지위치 부산광역시 강서구 명지동 3321-3번지
발주처 부산광역시
대지면적 2,752.9㎡
추정공사비 5,980백만원
설계용역비 279,800천원
참가등록 2019. 6. 12
현장설명 2019. 6. 12
질의접수 2019. 6. 17 ~ 6. 18
질의회신 2019. 6. 24
작품접수 2019. 9. 2
당선 건축사사무소 GEM + 김정화 건축사사무소

온산읍 종합 행정복지타운
대지위치 울산광역시 울주군 온산읍 덕신리 36-4번지 외 3필지
발주처 울산광역시 울주군청
대지면적 5,056㎡
연면적 13,458.28㎡
추정공사비 34,000백만원
설계용역비 1,686,652천원
참가등록 2019. 10. 7
현장설명 2019. 10. 15
질의접수 2019. 10. 16
질의회신 2019. 10. 21
작품접수 2020. 1. 8
당선 (주)엠피티엔지니어링 건축사사무소 + (주)아이엔지그룹 건축사사무소

우면주민편익시설
대지위치 서울특별시 서초구 우면동 767
발주처 서울특별시 서초구청
대지면적 1,000㎡
연면적 4,800㎡
추정공사비 15,272백만원
설계용역비 482백만원
현장설명 2019. 10. 15
참가등록 2019. 10. 23 ~ 10. 25
질의접수 2019. 10. 28 ~ 10. 30
질의회신 2019. 10. 31
작품접수 2019. 12. 20
당선 유에이그룹건축사사무소 + (주)샘종합건축사사무소

북구 행복어울림센터
대지위치 광주광역시 북구 용봉동 247-3, 247-10, 247-13
발주처 광주광역시 북구청
대지면적 2,381㎡
연면적 2,570㎡
추정공사비 4,750백만원
설계용역비 217.25백만원
참가등록 2020. 2. 5
질의접수 2020. 2. 6
질의회신 2020. 2. 7
작품접수 2020. 2. 20
당선 이엘건축사사무소 + 진짜노리건축사사무소

고산 어린이집 · 수성구 육아종합지원센터
대지위치 대구광역시 수성구 시지로 11
발주처 대구광역시 수성구청
대지면적 688㎡
연면적 2,200㎡
추정공사비 7,089백만원
설계용역비 305백만원
참가등록 2019. 10. 15
질의접수 2019. 10. 17 ~ 10. 22
질의회신 2019. 12. 3
당선 건축사사무소 서로가

중부 종합복지타운
대지위치 울산광역시 울주군 범서읍 구영리 210-2번지
발주처 울주군청
대지면적 5,090㎡
연면적 15,000㎡
추정공사비 32,018백만원
설계용역비 1,566백만원
참가등록 2019. 12. 16

현장설명 2019. 12. 17
질의접수 2019. 12. 19
질의회신 2020. 2. 24
작품접수 2020. 3. 2
당선 (주)한빛종합건축사사무소 + (주)화성건축사사무소

장애인복합문화관
대지위치 경기도 안양시 만안구 477-1번지 일원
발주처 안양시청
대지면적 8,794㎡
연면적 10,427.15㎡
추정공사비 28,129백만원
설계용역비 1,135백만원
참가등록 2020. 2. 21
질의접수 2020. 2. 27 ~ 2. 28
질의회신 2020. 3. 9
작품접수 2020. 5. 6
당선 (주)라온엔지니어링건축사사무소

양산시 종합복지허브타운
대지위치 경상남도 양산시 물금읍 가촌리 1312-1번지
발주처 양산시청
대지면적 8,624㎡
연면적 18,500㎡
추정공사비 48,500,000천원
설계용역비 2,157,874천원
참가등록 2020. 5. 21
현장설명 2020. 5. 21
질의접수 2020. 5. 28
질의회신 2020. 6. 4
작품접수 2020. 8. 3
당선 (주)상지엔지니어링건축사사무소 + 도형건축사사무소

소방복합치유센터
대지위치 충청북도 음성군 맹동면 두성리 1531번지 외 2필지
발주처 소방청
대지면적 39,343.9㎡
연면적 32,814.0㎡
추정공사비 81,535,000천원
설계용역비 4,001,324천원
참가등록 2020. 8. 13
질의접수 2020. 8. 20 ~ 8. 21
질의회신 2020. 8. 27
작품접수 2020. 10. 5
당선 (주)나우동인건축사사무소
2등 (주)해안종합건축사사무소 + (주)디엔비건축사사무소
    + (주)아이엔지건축사사무소

은계어울림센터-2
대지위치 경기도 시흥시 은계공공주택지구 복합커뮤니티-2 부지
발주처 시흥시청
대지면적 3,785㎡
연면적 4,570㎡
추정공사비 11,636,900천원
설계용역비 512,225천원
참가등록 2020. 6. 15 ~ 6. 16
질의접수 2020. 6. 22
질의회신 2020. 6. 29
작품접수 2020. 9. 1
당선 (주)위드종합건축사사무소

행복북구 통합 가족센터
대지위치 대구광역시 북구 동천동 930-1번지
발주처 대구광역시 북구청
대지면적 644.7㎡
연면적 1,400.0㎡
추정공사비 4,018,000천원
설계용역비 202,731천원
참가등록 2020. 6. 10
현장설명 2020. 6. 12
질의접수 2020. 6. 15 ~ 6. 16
질의회신 2020. 6. 19
작품접수 2020. 9. 10
당선 건축사사무소 혜안 + 건축사사무소 제이엘

하남시 시민행복센터
대지위치 경기도 하남시 역말로 71
발주처 하남시청
대지면적 3,133.0㎡
연면적 9,205.3㎡
추정공사비 23,478,000천원
설계용역비 1,063,137천원
참가등록 2020. 9. 10
질의접수 2020. 9. 11 ~ 9. 14
질의회신 2020. 9. 21
작품접수 2020. 10. 27
당선 (주)위드종합건축사사무소

서구 복합커뮤니티센터

당선작 (주)건축사사무소 휴먼플랜 양병범 + (주)건축사사무소 플랜 임태형 설계팀 변진식, 임창하, 김예은, 황한선, 류민우

대지위치 광주광역시 서구 풍암동 산13번지 외 8필지 **대지면적** 440,440㎡ **건축면적** 2,084.38㎡ **연면적** 6,700.79㎡ **건폐율** 19.99% **용적률** 34.05% **규모** 지하 1층, 지상 3층 **구조** 철근콘크리트조 **외부마감** 금속패널, 알루미늄루버, 고밀도 목재패널, 로이복층유리 **주차** 45대(장애인 주차 4대, 경차 4대 포함)

기존 마스터플랜을 완결하는 배치
계획대지는 사거리에 위치하여 공원 마스터플랜과 주변 시설 연계를 고려한 열린 배치를 지향하였다. 코너에 오픈부를 형성하여 공원을 연계하고 시설 간 사이마당으로 종합 문화·복지 클러스터를 완성한다.

이용성을 고려한 기능적인 조닝
복합문화센터 내에 들어가는 기능군은 크게 공연장/도서관/복지관/공용공간으로 나뉜다. 시설의 독립성과 효율적인 운영관리를 위해 매스를 분리·통합하였다. 또한 내·외부 연계를 통해 이용성과 접근성을 높인다.

공원을 품어낸 환경친화적 공간
공원녹지의 흐름을 대지 내로 연장하여 다양한 만남과 휴식이 있는 외부공간을 제안한다. 공원으로 열린뷰는 자연환경을 향유하고 소통하는 장을 만든다. 향을 고려한 배치와 설계기법으로 환경친화적인 복합시설을 제안한다.

지형에 순응하는 레벨형성으로 시공성 향상
접근성과 주변시설 연계를 고려한 단계적 레벨은 시공성을 높인다. 대지의 순차적 진입은 사거리에서부터 공원의 통경축을 따라 전개되는 다양한 풍경을 만든다.

Final layout design of the existing masterplan
Located at the crossroad, the site plan is designed to open to surrounding facilities and neighbor park. Open space, placed at the corner, connects the mass with the park. Transition spaces between programs make a comprehensive cluster for culture & welfare.

Functional zoning increasing availability
The cultural center consists of performance hall, library, welfare center, and public space. Mass is separated and integrated for independence of each program and efficient management. The linkage between indoor and outdoor improves availability and accessibility.

Eco-friendly space with green scenery
The outer space is created with stories and laidback lifestyle by bring a green flow to the site. The openview to the park enables people to mingle with the green background. The exposure and design method are used to create green complex center.

Level changes responding to topography for efficient construction work
Different levels, in a relationship with accessibility and surrounding context, enhance construction efficiency. The entry path following a sequence of different levels offer a variety of landscapes along the axis of the park from the crossroad.

Prize winner Human Plan Architects Office, Inc._Yang Byungbeom + Plan Architects Office, Inc._Lim Taehyung **Location** Seo-gu, Gwangju **Site area** 440,440㎡ **Building area** 2,084.38㎡ **Gross floor area** 6,700.79㎡ **Building coverage** 19.99% **Floor space index** 34.05% **Building scope** B1, 3F **Structure** RC **Exterior finishing** Metal panel, Aluminum louver, High-density wood panel, Low-E paired glass **Parking** 45 (including 4 for the disabled, 4 for small cars)

Seo-gu Complex Community Center

1_기존 마스터 플랜을 완결하는 "배치"

계획대지는 사거리에 위치하여 공원 마스터플랜과 주변시설 연계를 고려한 열린 배치를 지향하였다. 코너에 오픈부를 형성하여 공원을 연계하고 시설 간의 사이마당으로 종합 문화·복지 클러스터를 완성한다.

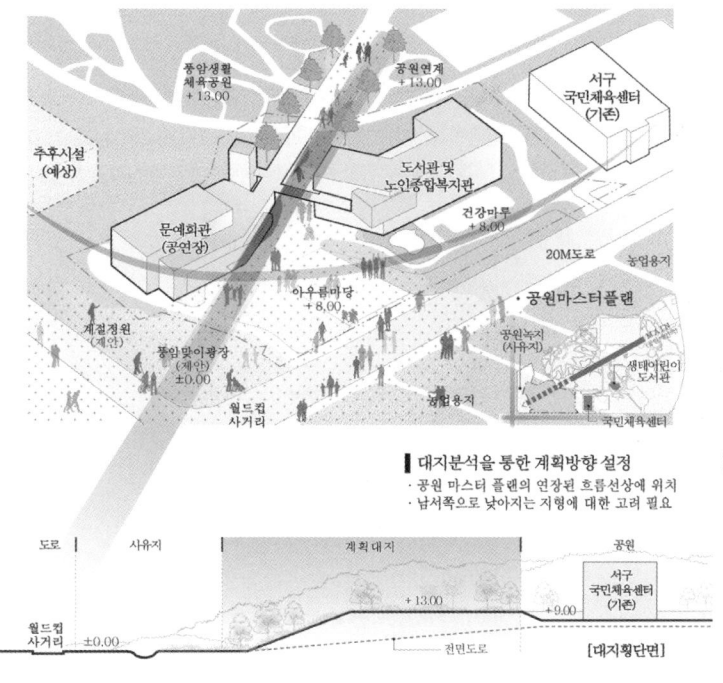

대지분석을 통한 계획방향 설정
· 공원 마스터 플랜의 연장된 흐름선상에 위치
· 남서쪽으로 낮아지는 지형에 대한 고려 필요

2_이용성을 고려한 "기능적인 조닝"

복합문화센터 내에 들어가는 기능군은 크게 공연장 / 도서관 / 복지관 / 공용공간으로 나뉜다. 시설의 독립성과 효율적인 운영관리를 위해 매스를 분리·통합하였다. 또한 내·외부 연계를 통해 이용성과 접근성을 높인다.

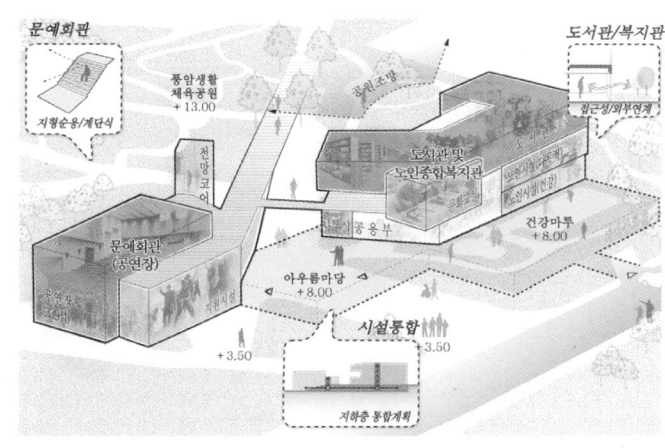

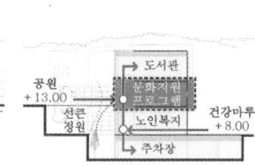
공원과 연계된 문화지원프로그램
· 공원에서 문화공간으로 직접 진입이 가능한 레벨로 문화공간 활용성 극대화

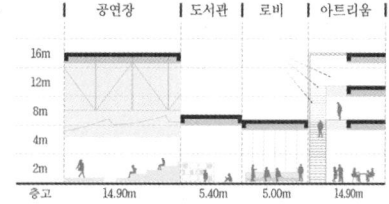
경제성과 기능을 고려한 적정 층고

3_공원을 품어낸 "환경 친화적 공간"

공원녹지의 흐름을 대지내로 연장하여 다양한 만남과 휴식이 있는 외부공간을 제안한다. 공원으로 열린뷰는 자연환경을 향유하고 소통하는 장을 만든다. 향을 고려한 배치와 설계기법으로 환경 친화적인 복합시설을 제안한다.

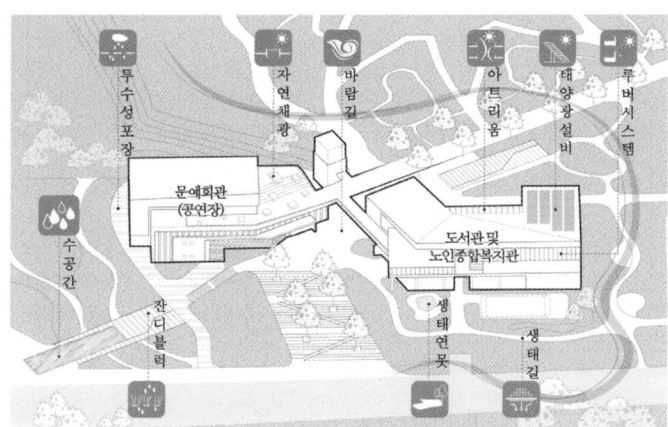

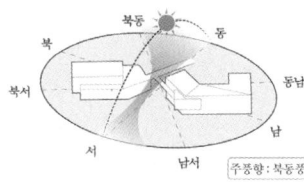
일조 및 바람길을 고려한 배치
· 주변환경에 순응하는 배치계획

일사조절 시스템
· 겨울에는 일출 방향 유입/여름에는 일출 방향 차단

4_지형에 순응하는 레벨형성으로 "시공성향상"

접근성과 주변시설 연계를 고려한 단계적 레벨은 시공성을 높인다. 대지의 순차적 진입은 사거리에서부터 공원의 통경축을 따라 전개되는 풍경을 만든다. 다양한 거리에서 바라보는 풍경을 고려한 디자인은 서구를 대표하는 상징성을 가진다.

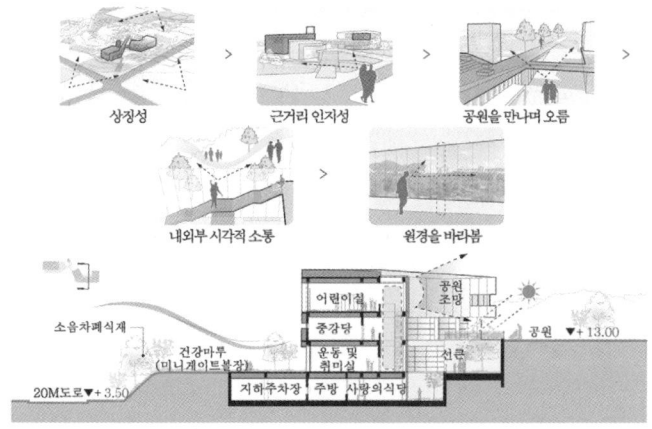

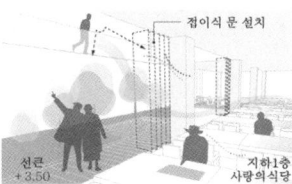
선큰과 연계된 사랑의 식당
· 선큰과 연계되어 채광 및 환기를 통해 쾌적한 환경조성 및 가변적인 영역확장

건강마루와 연계된 운동 및 취미실
· 여가활동이 줄어든 노년기에 다시 취미생활과 운동 활동을 할 수 있는 내·외부 공간 구성

기존공원을 열어주고 주변시설간의 연계성을 높이는 배치계획

배 치 도 축척:1/500

이용자의 효율적 이동 및 관리가 용이한 동선계획

시설접근이 용이한 무장애 외부동선

이용자 접근과 피난이 용이한 내부동선

서비스
·이용객특성을 고려한 승하차동선계획

안전복도
·안전한 이동을 위한 보행로 계획

비상동선
·위급시신속한대처가 이루어지도록계획

서비스
·공연지원을 위한 합리적인 계획

장애인
·장애인 관람석 출입구 인접배치

관람객(1층)
·접근성과 조망을 고려한 동선

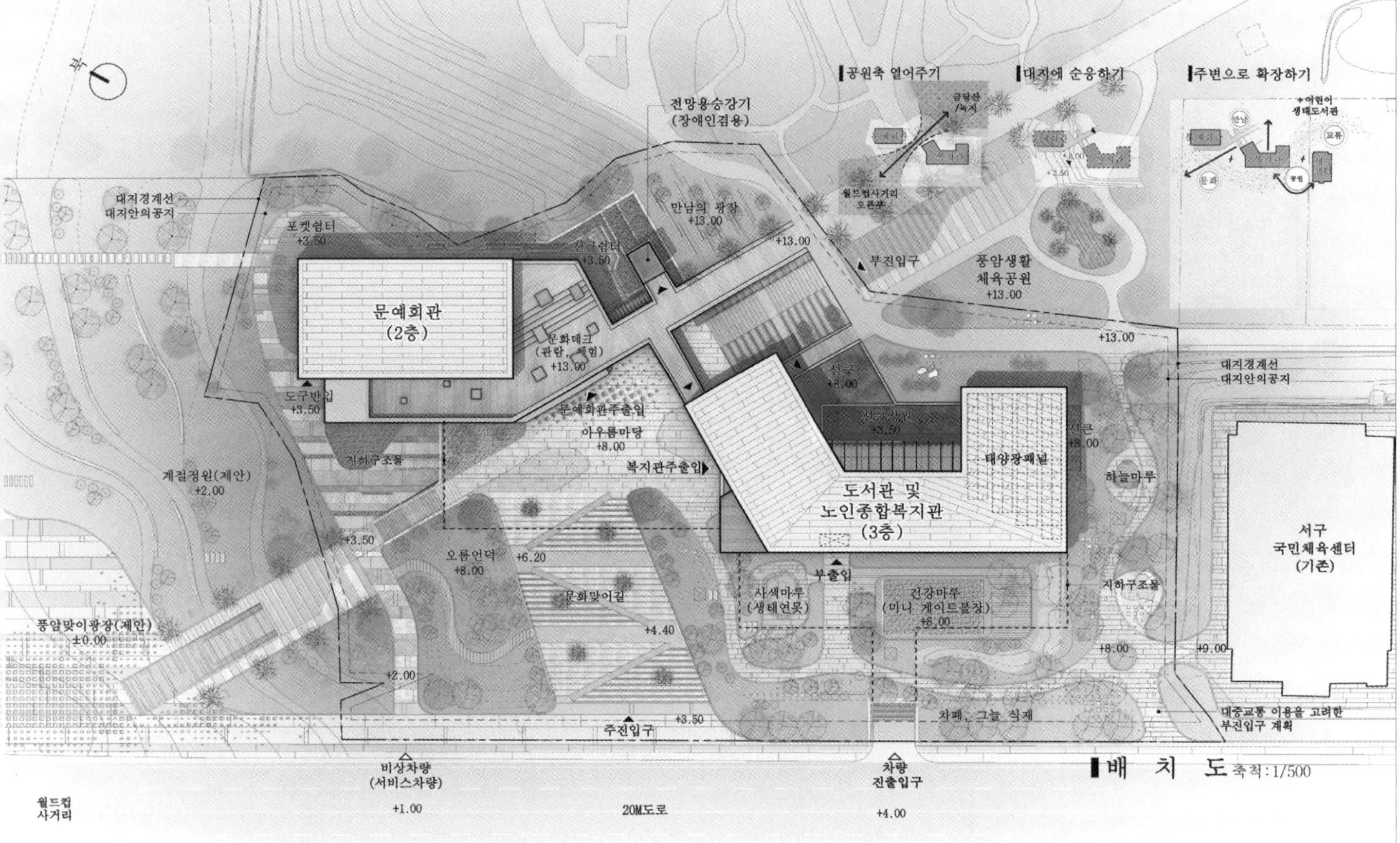

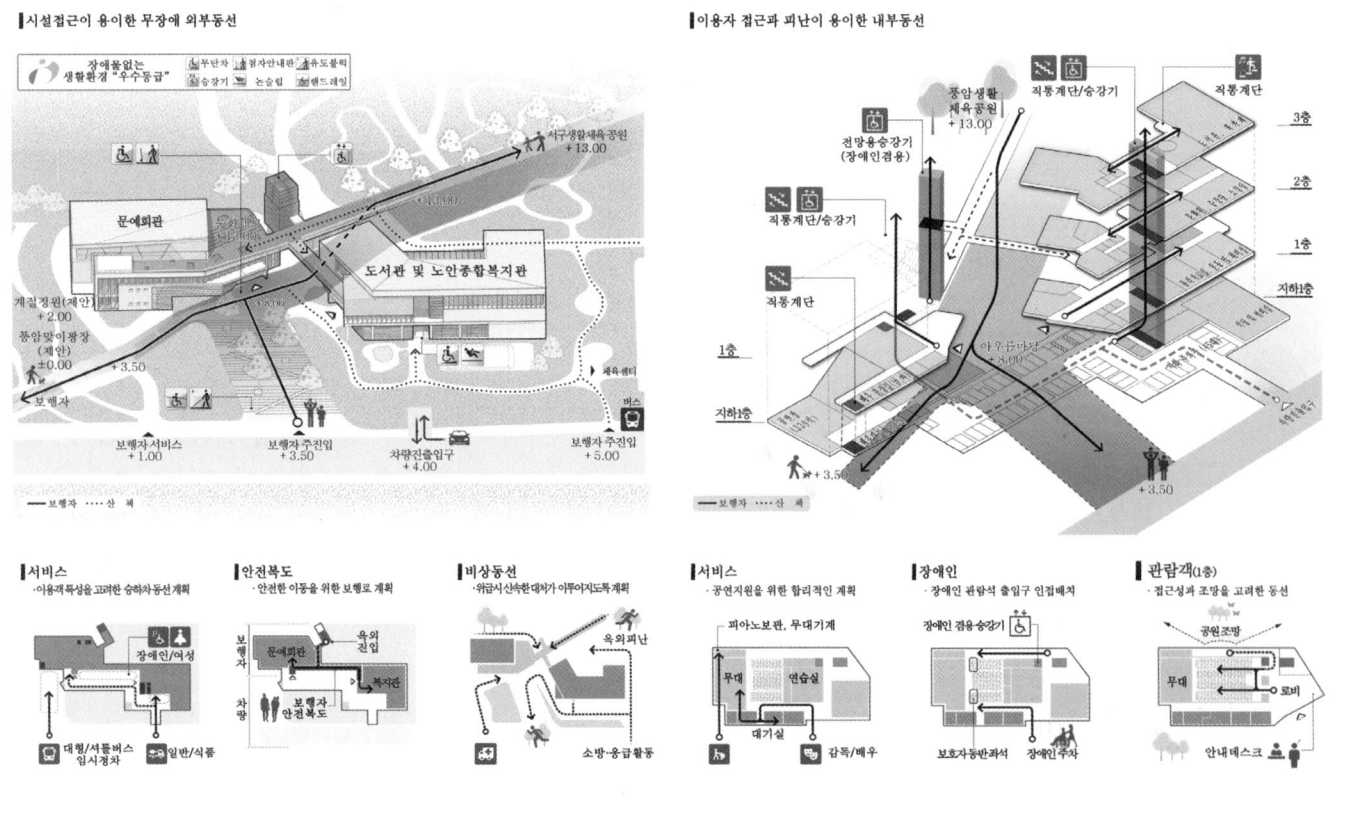

Seo-gu Complex Community Center

시설통합과 기능을 고려한 주차 및 지하1층 평면계획

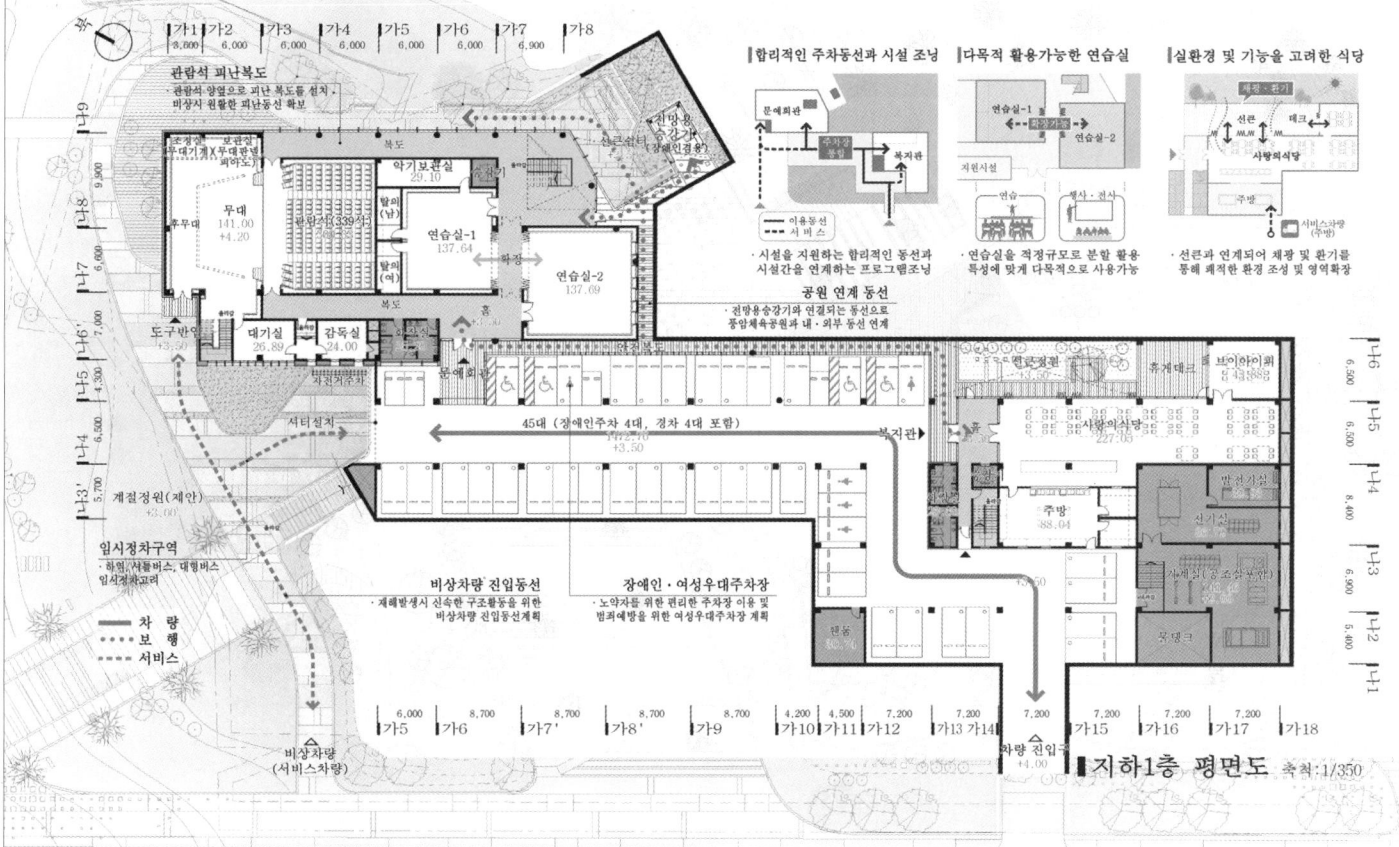

시설의 독립성과 접근성을 고려한 1층 평면계획

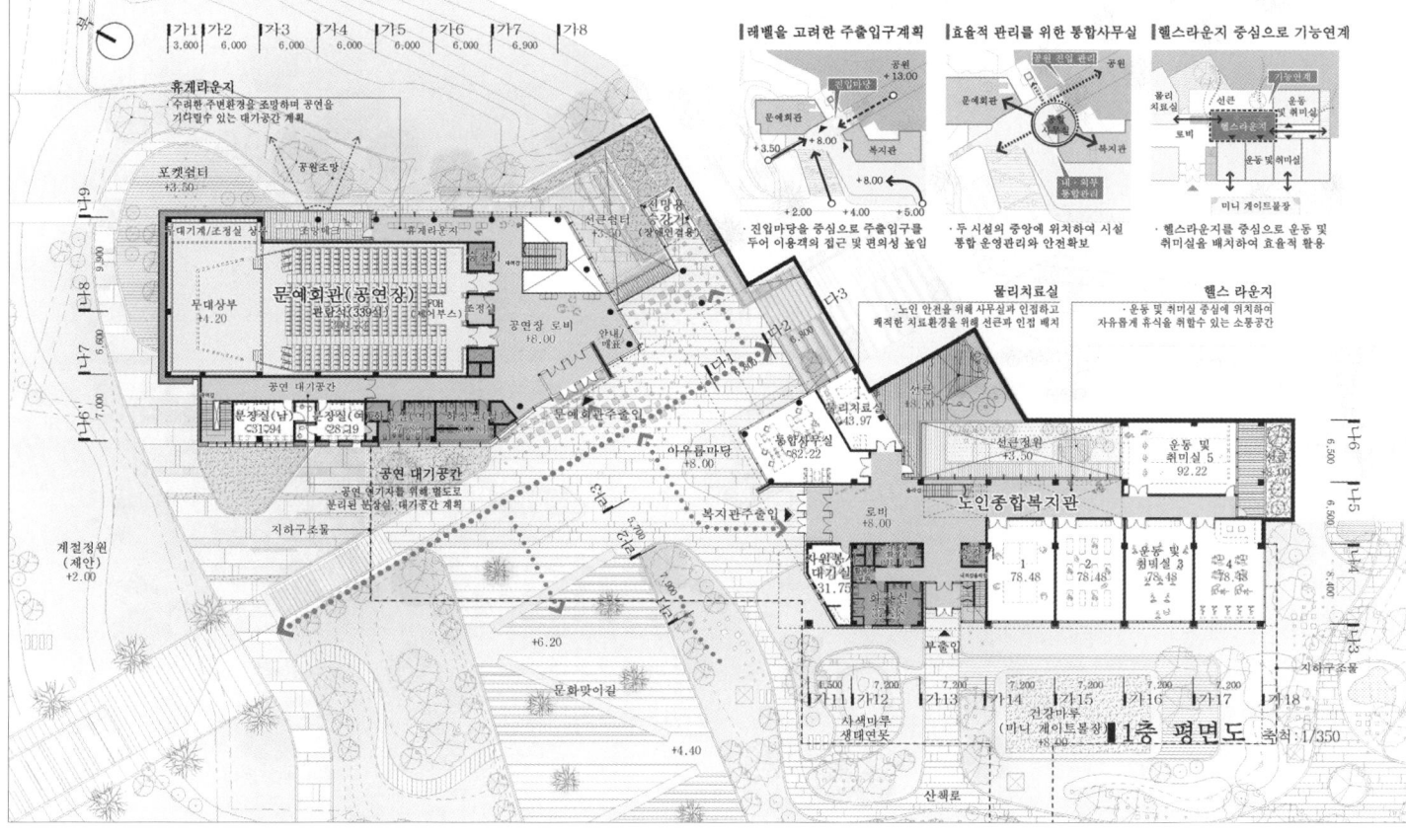

풍암공원과 길과 마당이 어우러진 소통공간

2층 평면도 축척:1/350

지역주민들을 위한 개방적인 오픈플랜 도서관

3층 평면도 축척:1/350

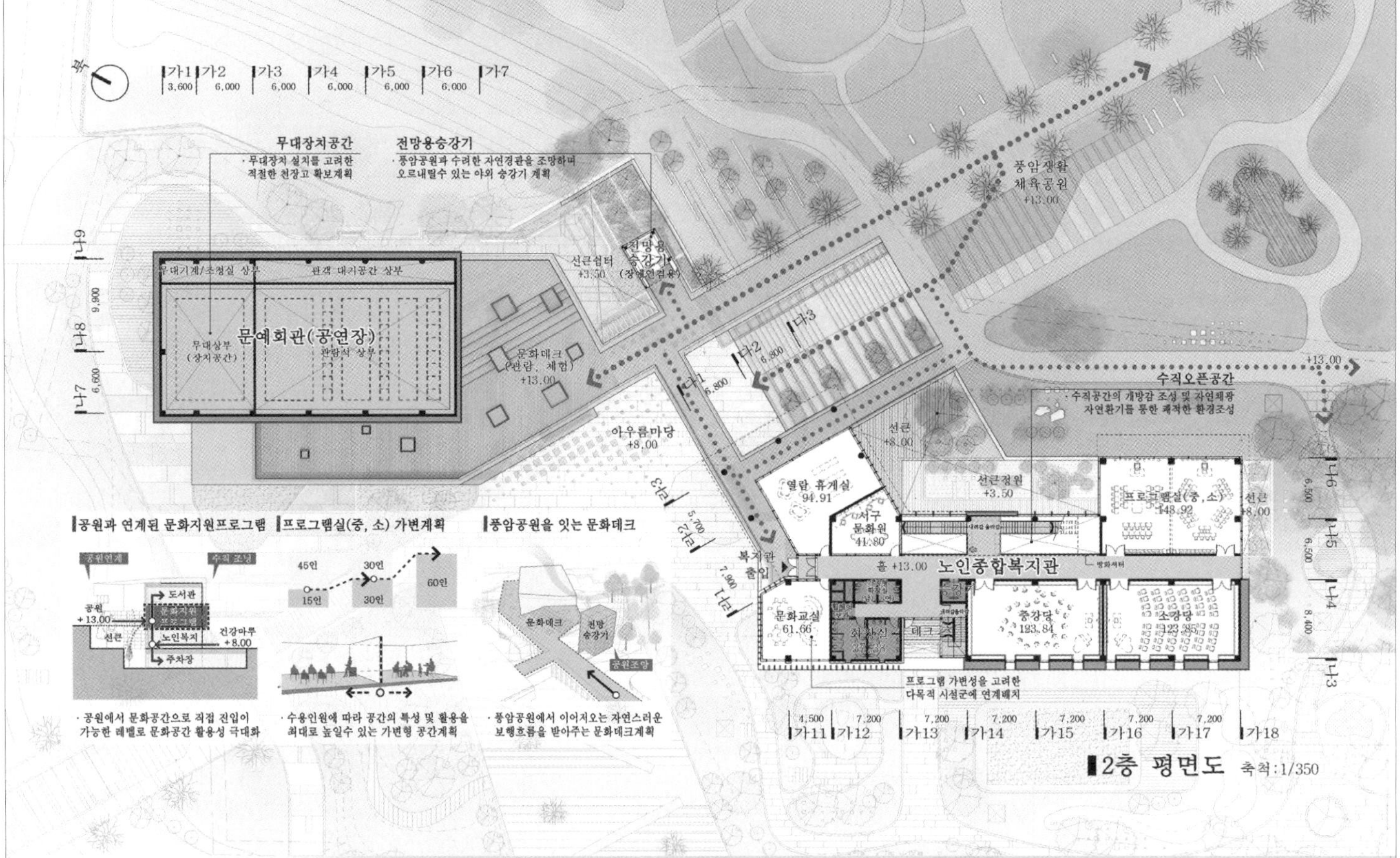

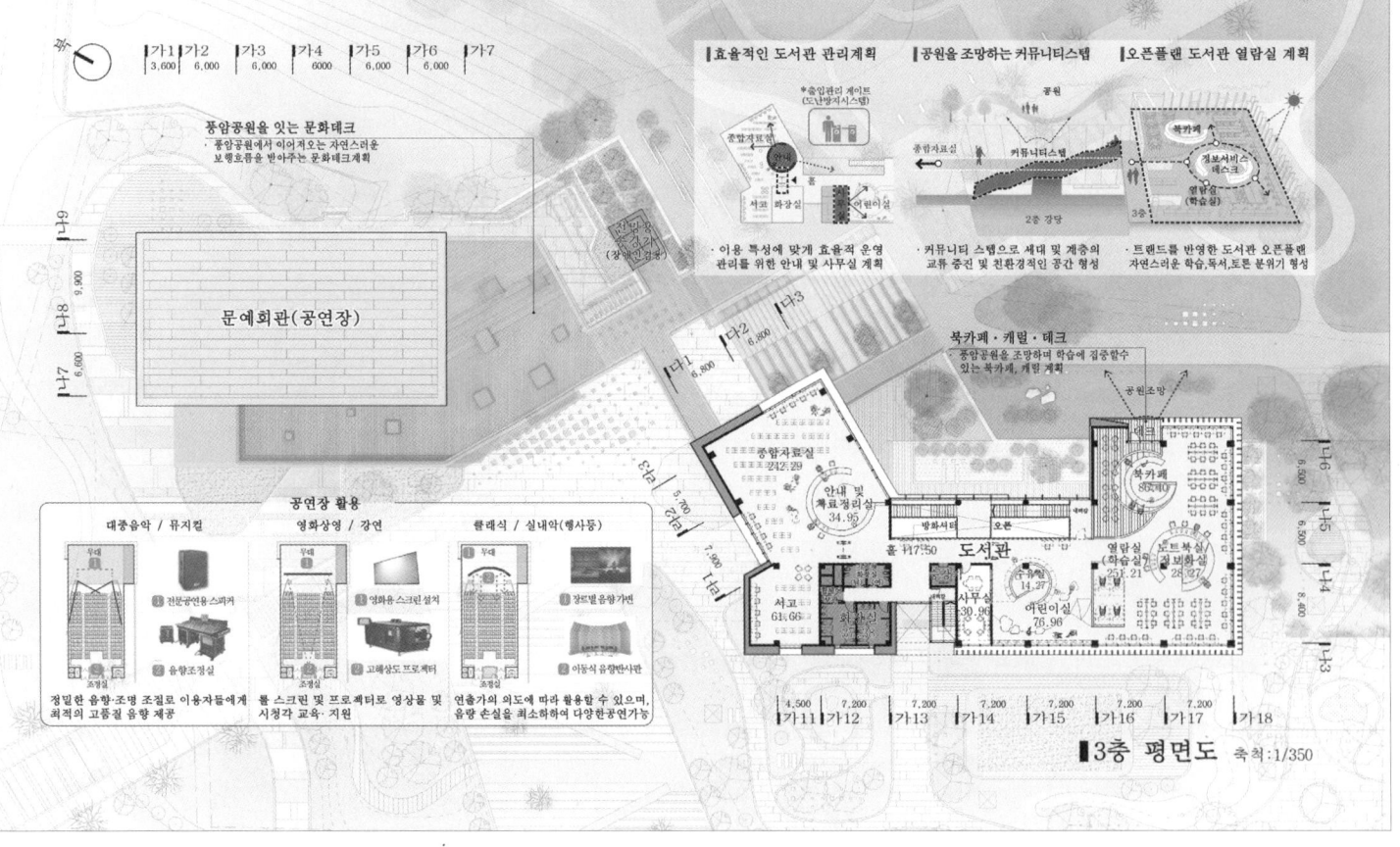

인지성과 상징성을 고려한 입면디자인 계획

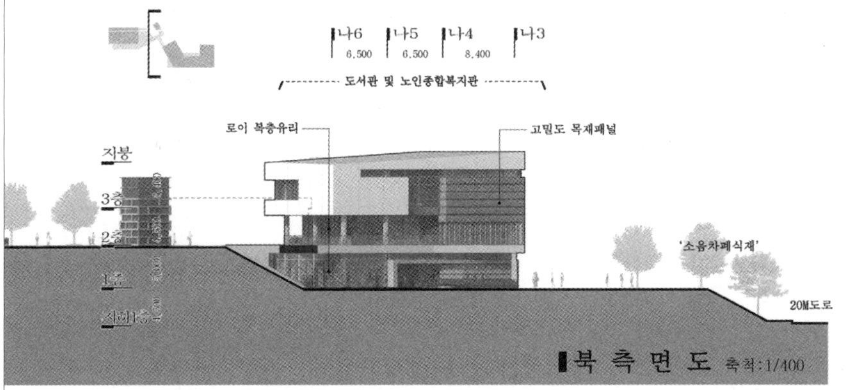

■ 북측면도 축척:1/400

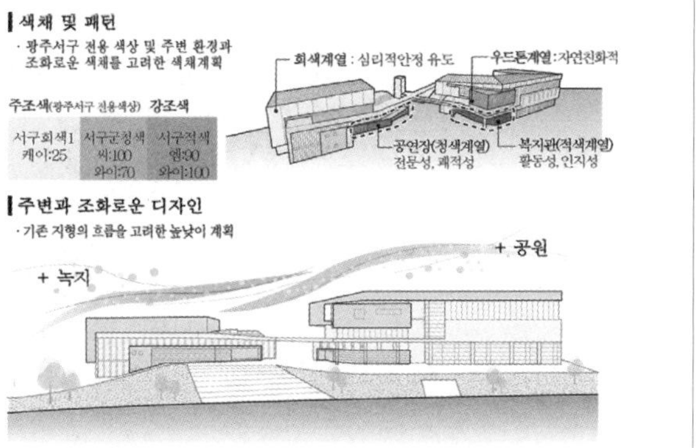

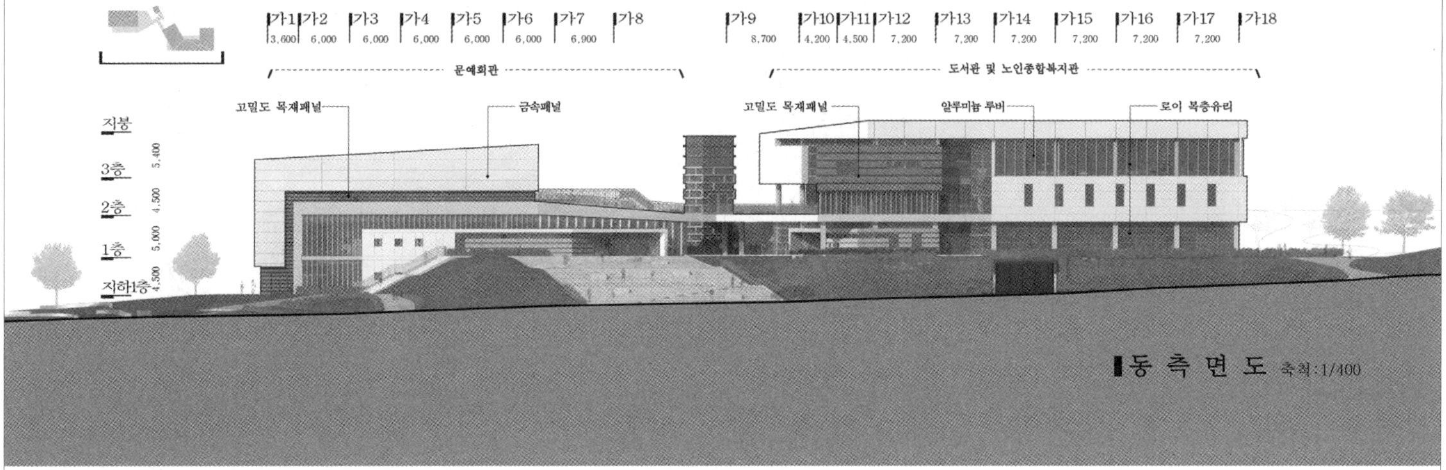

■ 동측면도 축척:1/400

최적의 층고와 경제성을 고려한 합리적인 단면계획

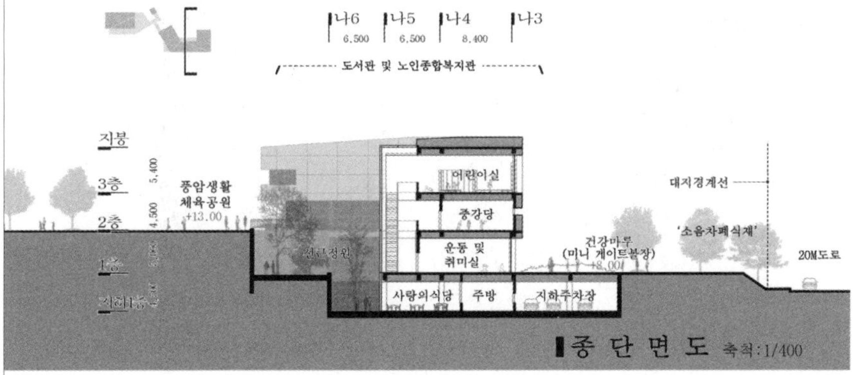

■ 종단면도 축척:1/400

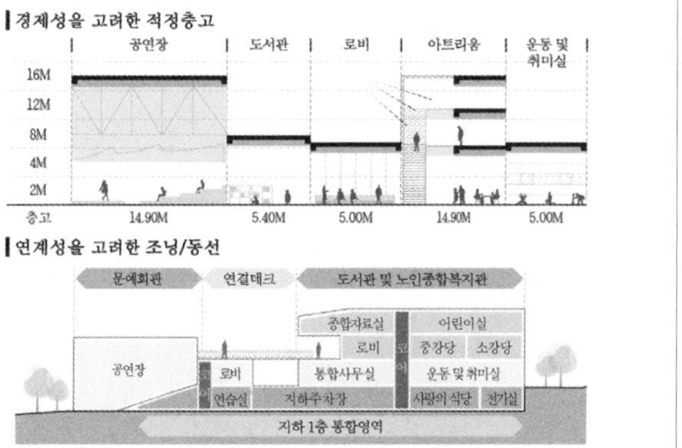

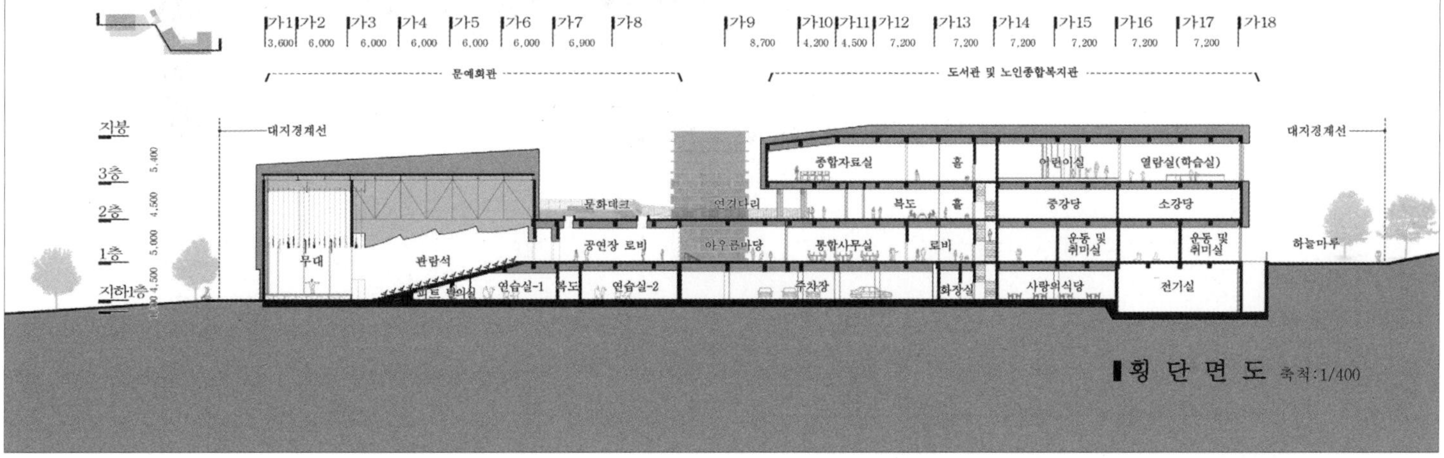

■ 횡단면도 축척:1/400

충청북도 근로자종합복지관

당선작 (주)라온건축사사무소 고영목, 김수진 설계팀 양현석

대지위치 충청북도 청주시 서원구 미평동 산12-2 외 4필지 **대지면적** 3,305.00㎡ **건축면적** 611.11㎡ **연면적** 2,398.79㎡ **건폐율** 18.49% **용적률** 69.9% **규모** 지하 1층, 지상 4층 **최고높이** 18.7m **구조** 철골철근콘크리트조 **외부마감** 목재패널, 알루미늄시트, 징크패널 **내부마감** 데코타일, 흡음보드 **주차** 33대 (장애인 주차 2대 포함)

연; 聯
근로자종합복지관을 비롯한 관공서는 더이상 '치(治, 다스림)'의 거점이 아닌, 자치주민들과의 이어짐을 위한, 그리고 주민들 간의 어울림을 위한 하나의 투명한 거점으로서 사회적 역할을 다하는, 살아 숨쉬는 공간으로 자리매김하게 된다.

평면계획
- 주출입구의 위치는 사용자의 접근성을 고려하여 이동경로가 길어지지 않도록 계획하였다.
- 가능한 자연채광 및 환기 기능을 적극 도입하고 개방감 있는 공간으로 구성한다.
- 복지관의 옥상에 정원을 조성하여 에너지 절감 기능과 함께 친목도모를 통한 유대감 형성의 장을 제공한다.

입면계획
청주의 보물인 직지, 양각기법을 이용하여 다양하게 글자를 표현하는 방법을 입면에 적용하여 근로자종합복지관의 무늬로 재해석하였다.

Linkage ; 聯
The government office including workers' welfare center is not to control residents but to offer a public space for better communication between them as a base of truthfulness.

Floor plan
- The main entrance allows direct access of users to other places for a reasonable circulation.
- It is required to bring natural light and improve ventilation condition with a feeling of openness.
- The roof garden saves the energy and provides a place to communicate.

Elevation
Two skills are featured in facade design: embossed carving and metal printing method of Jikji, embedded in the traditions of Cheongju. The letters designed variously create specific pattern on it.

Prize winner RAON architect office_Ko Youngmok, Kim Soojin **Location** Cheongju, Chungcheongbuk-do **Site area** 3,305.00m² **Building area** 611.11m² **Gross floor area** 2,398.79m² **Building coverage** 18.49% **Floor space index** 69.9% **Building scope** B1, 4F **Height** 18.7m **Structure** SRC **Exterior finishing** Wood panel, Aluminum sheet, Zinc panel **Interior finishing** Deco tile, Acoustic board **Parking** 33 (including 2 for the disabled)

Chungcheongbuk-do Workers' Welfare Center

STEP. 01 / 개념이미지 01 — Conceptual Image 01
다양한 프로그램 레이어의 적층

STEP. 02 / 개념이미지 02 — Conceptual Image 02
신축동과 외부공간의 유기적인 교류 연계

STEP. 03 / 개념이미지 03 — Conceptual Image 03
연(緣): 이어짐과 어울림의 장소를 만든다.

디자인 도출과정 / Design Process

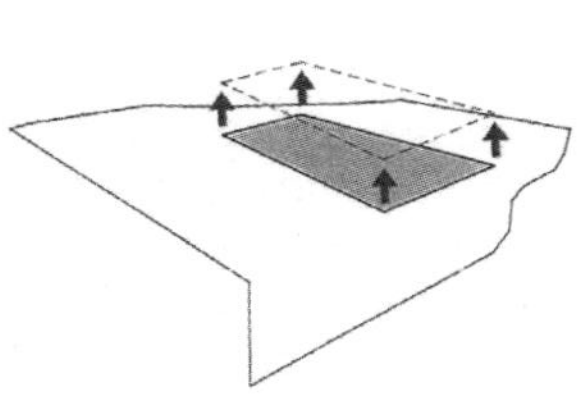

자리잡기 — 주변 환경과 소음 및 채광에 대응

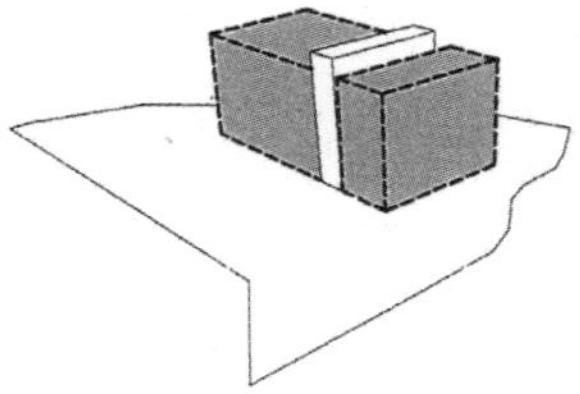

공간분리 — 코어를 중심으로 기능별 공간의 분리이격

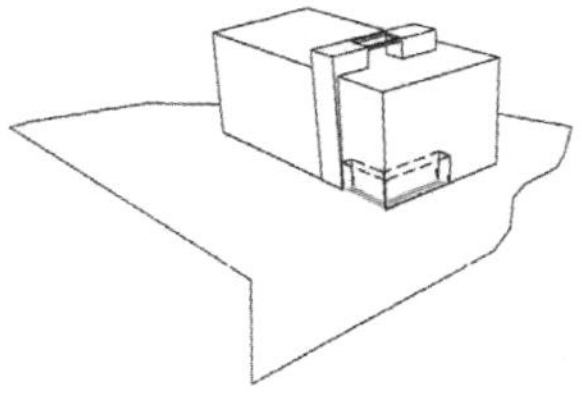

필로티 — 이용자의 접근을 받아들이기 위한 필로티공간

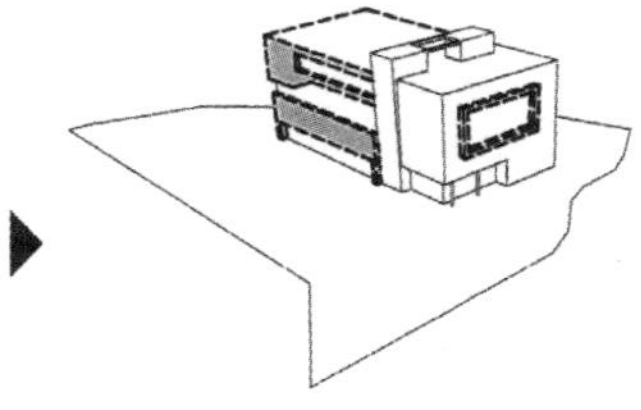

입면 — 분리 이격되 매스는 현대적 이미지를 시각화하여 시설의 상징성 부각

동선계획도 / Design Process

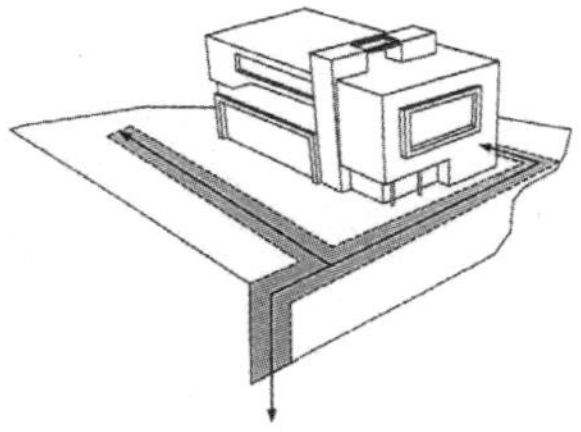

차량동선 — 복지관 이용자를 주차공간을 복지관 전면에 배치 보행자와 혼선을 최소화

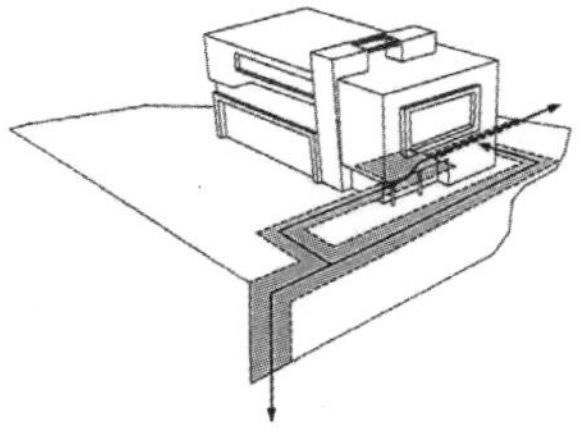

보행자 동선 — 차량동선과 분리를 통해 이용자의 접근성 및 안전성 확보

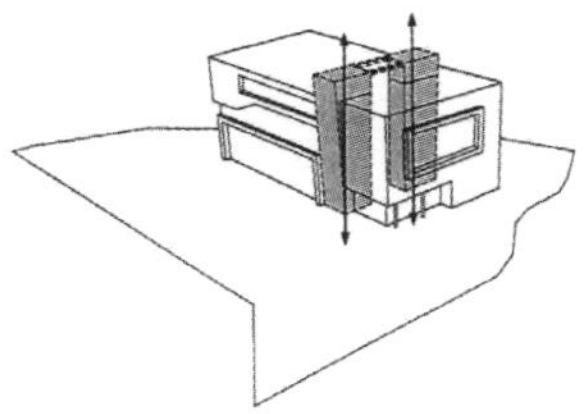

수직동선 — 복지관 이용자의 편리한 이용을 위한 원활한 수직동선

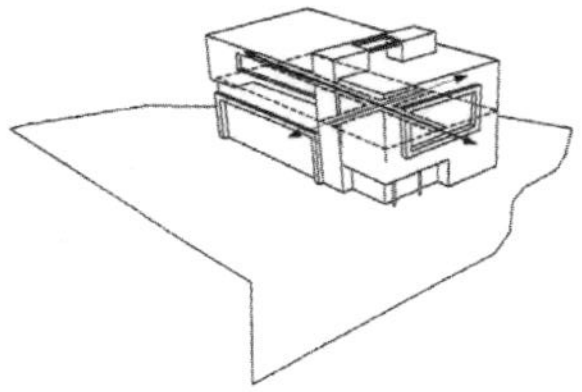

수평동선 — 출입 복도를 중심으로 이용자들의 공간활용을 도움

프로그램 / Program

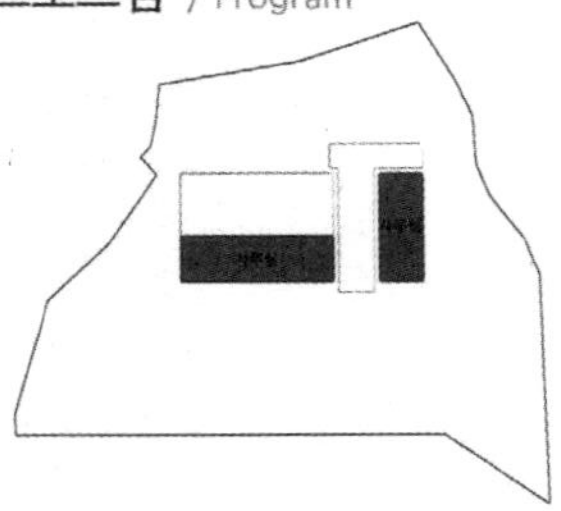

사무실 — 실별 수용인 상층 전망위치 안도로, 재해조망이 양호한 곳에 배치

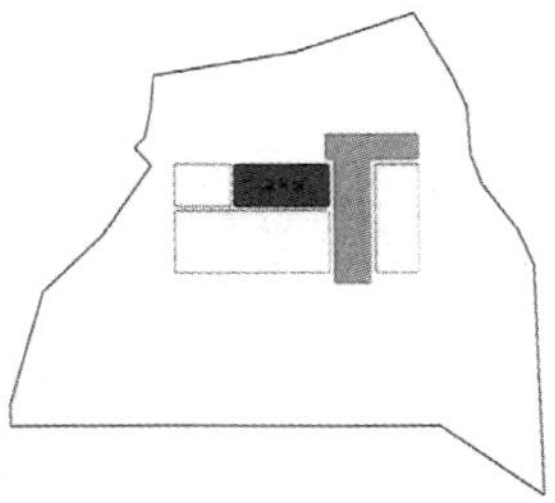

교육시설 — 접근성 양호하며 내부 소음이 외부로 발생될 지양 전물 배면에 배치

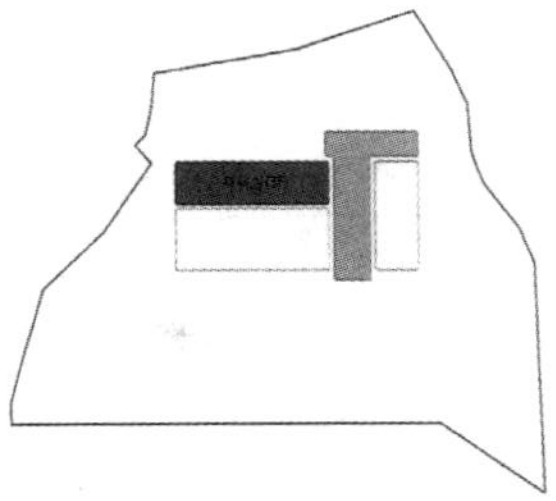

체육시설 — 사무공간과 인접한 곳에 배치하며 외부의 시선으로 부터 침해 방지를 고려

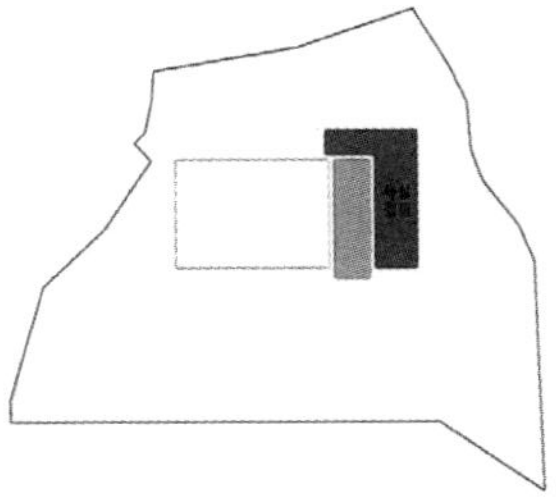

옥상정원 — 예비 공간과 기능과 함께 건축 모듈을 통한 유대감 형성의 장을 제공

---

architecture & design competition 복지·도시·체육·조경 **19**

충청북도 근로자종합복지관

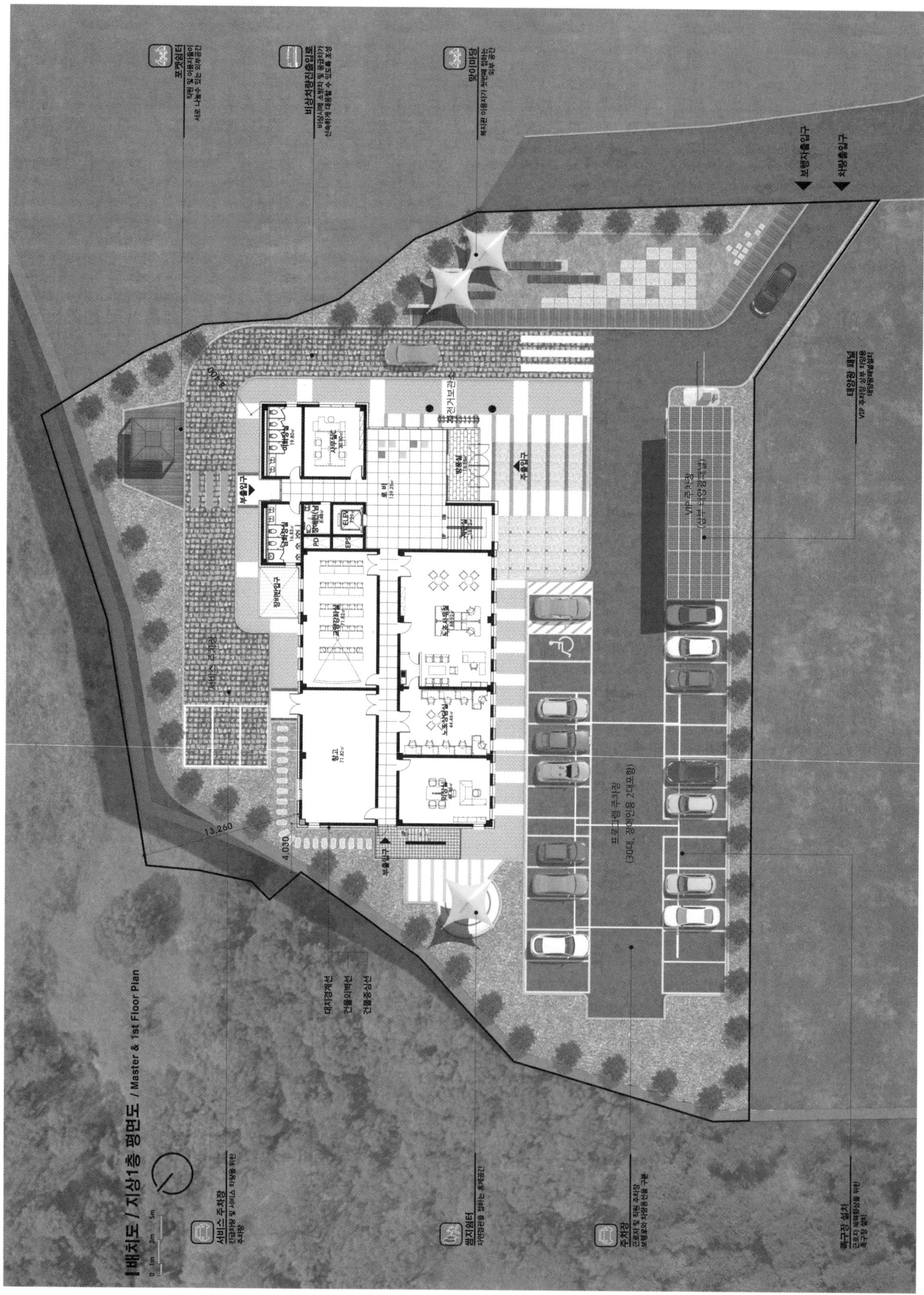

배치도 / 지상1층 평면도 / Master & 1st Floor Plan

Chungcheongbuk-do Workers' Welfare Center

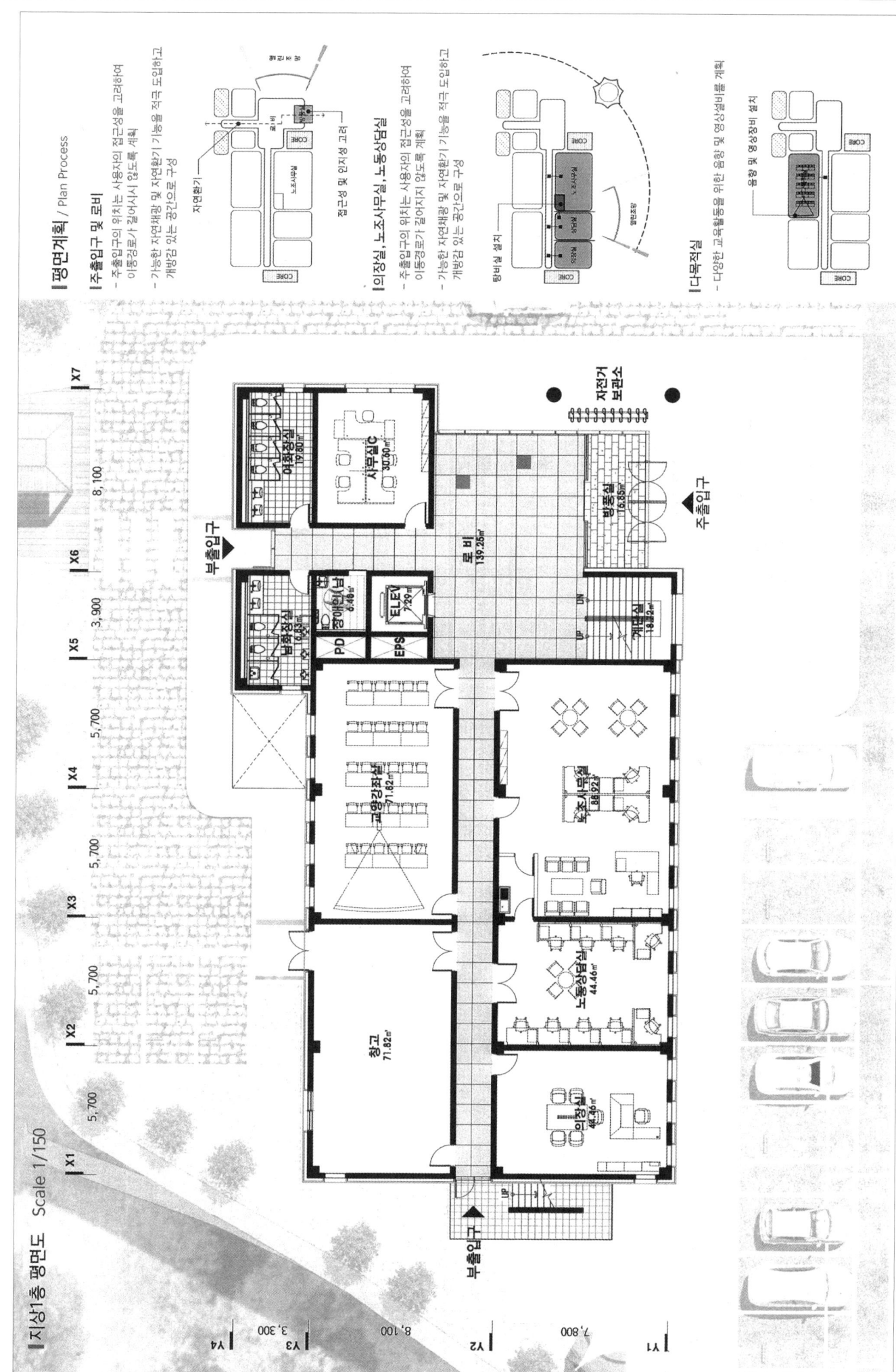

충청북도 근로자종합복지관

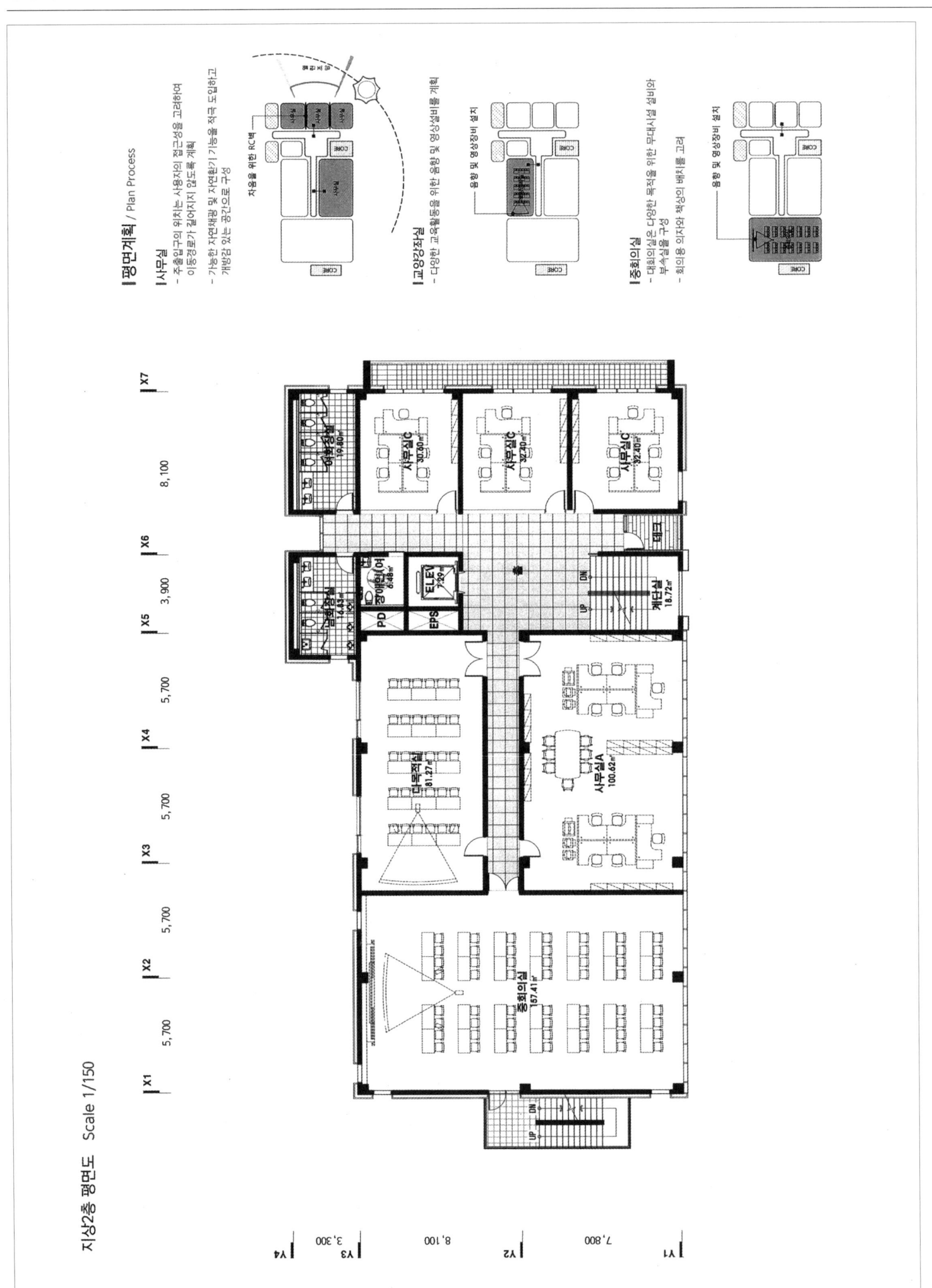

지상2층 평면도 Scale 1/150

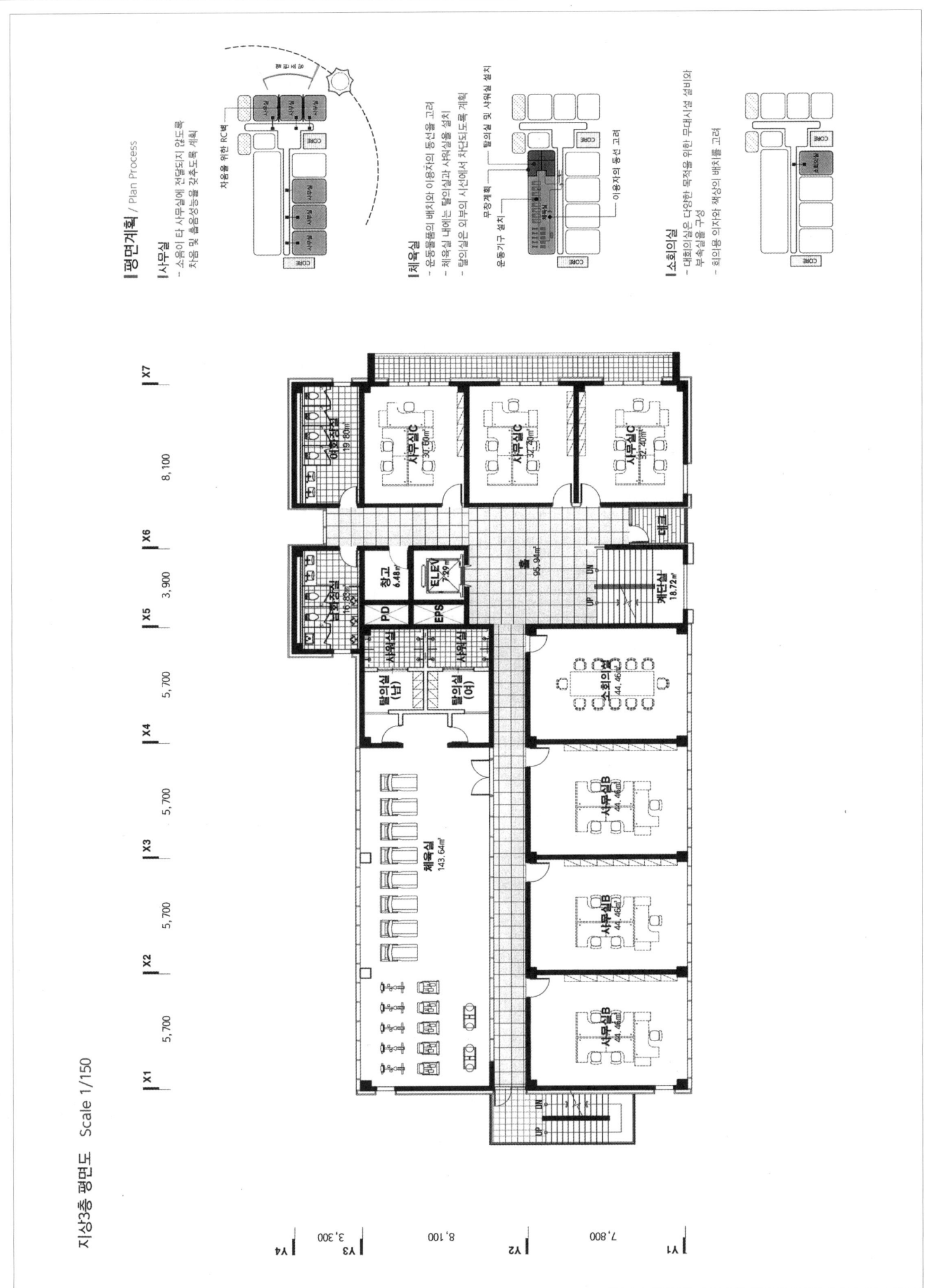

충청북도 근로자종합복지관

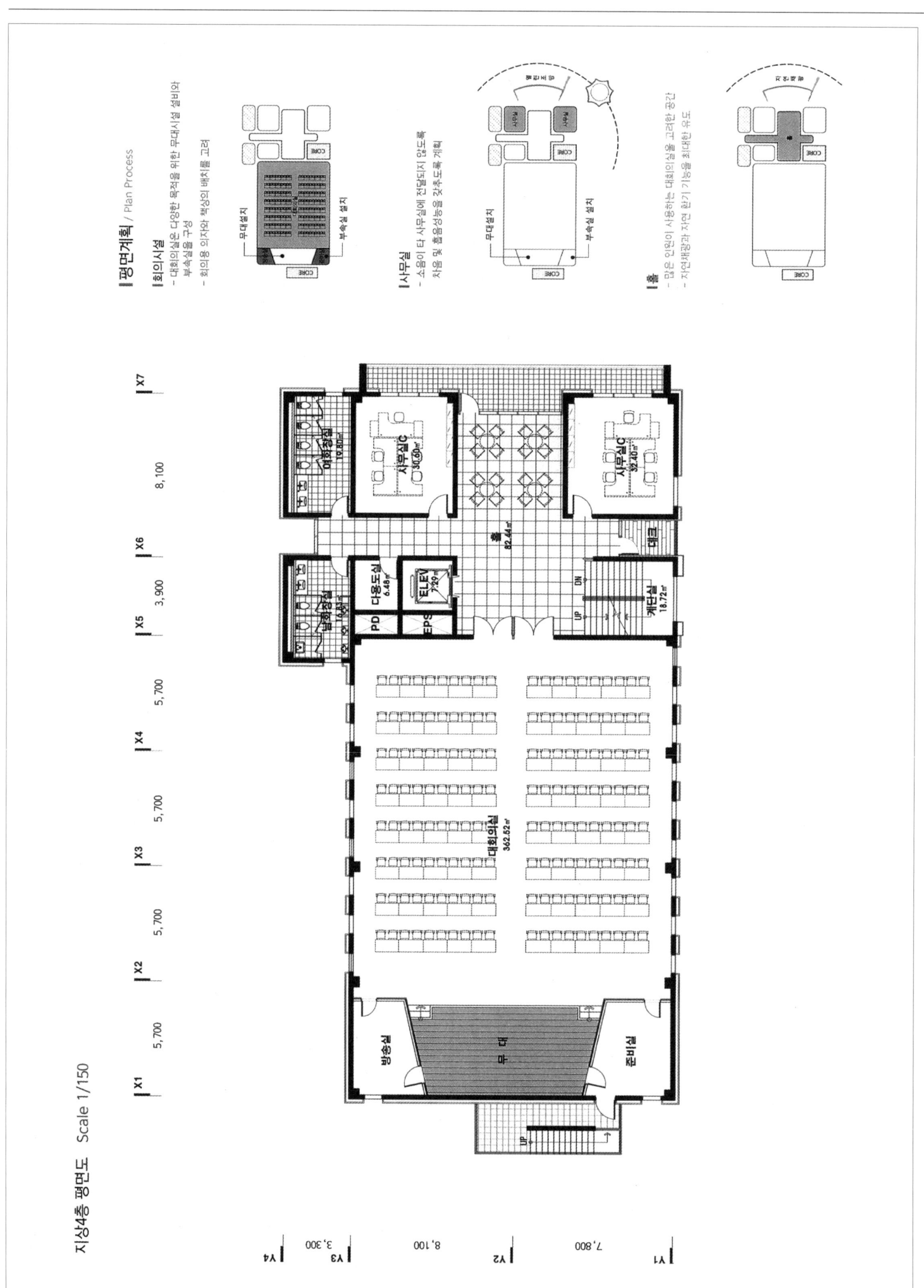

Chungcheongbuk-do Workers' Welfare Center

충청북도 근로자종합복지관

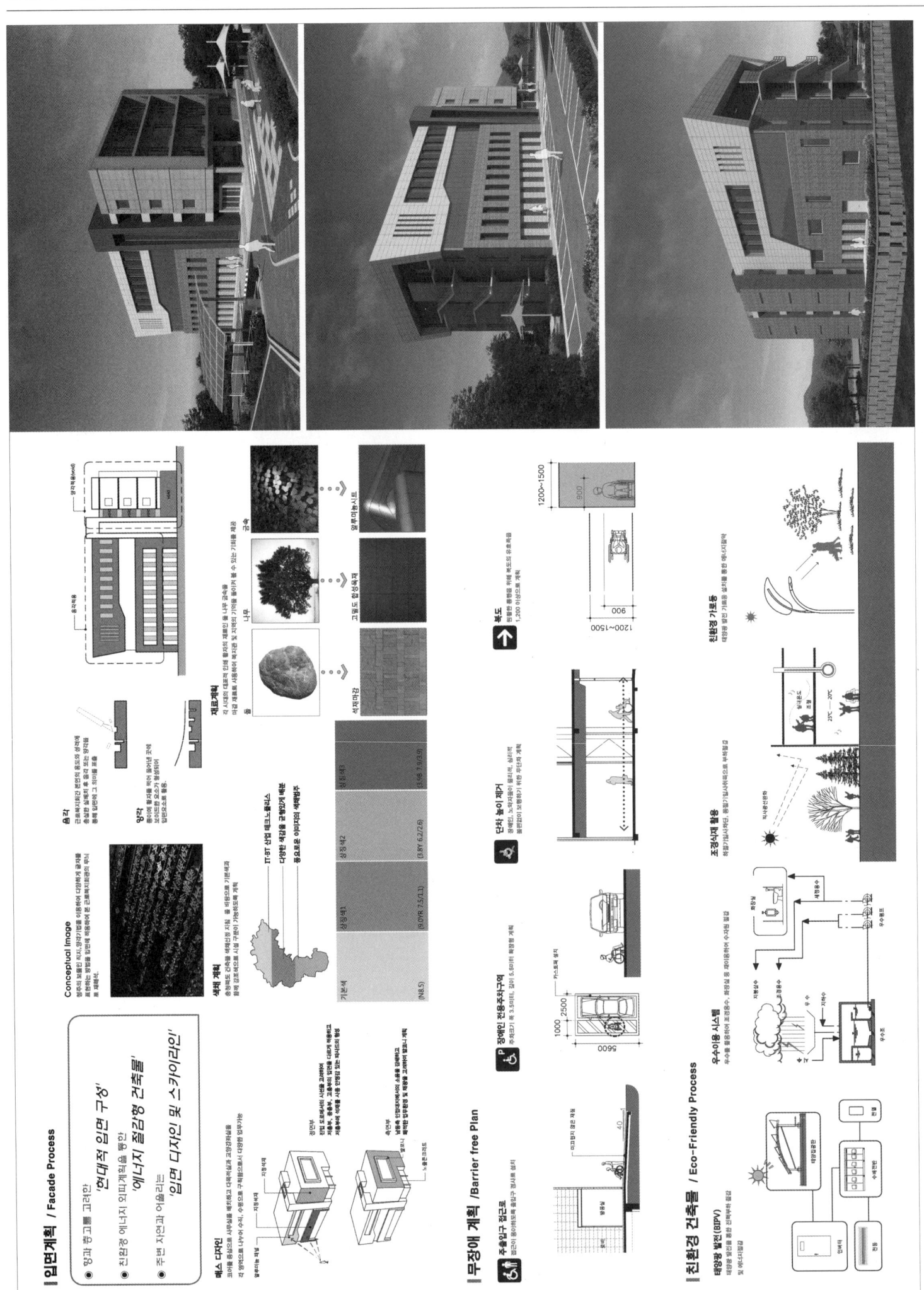

Chungcheongbuk-do Workers' Welfare Center

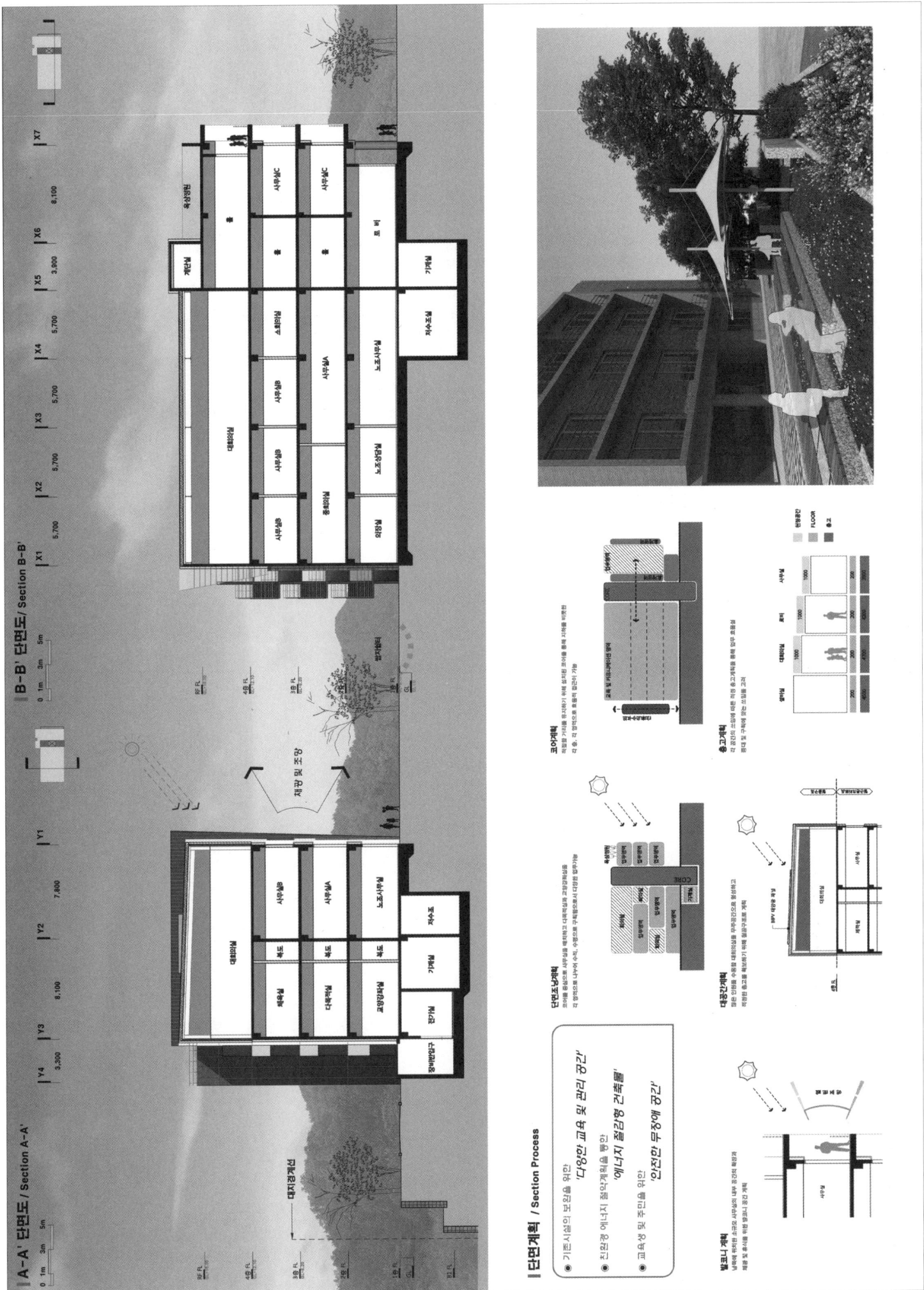

광주노인회관

당선작 (주)맥스유엔지니어링 건축사사무소 김기준 + (주)아이에스피 건축사사무소 이주경 설계팀 이재웅, 백성진, 공승헌, 황성재, 임재형, 김영태

대지위치 광주광역시 서구 치평동 1156번지 **대지면적** 1,983.00㎡ **건축면적** 975.69㎡ **연면적** 2,041.00㎡ **건폐율** 49.2% **용적률** 102.92% **규모** 지상 4층 **최고높이** 19.6m **구조** 철근콘크리트조 **외부마감** 외단열시스템, 컬러 반사유리, 금속패널 **주차** 14대(장애인 주차 1대 포함)

계획개념

사용자들의 행동 양식과 시간의 흐름에 따라 배움, 교류, 휴식 등 공간을 정의한다. 고령화 시대와 도시의 특성에 따른 노인회관의 필요성은 대두되며 다양한 커뮤니티를 담아내는 지역 사회의 복지와 소통이 함께 이루어지는 복합공간으로서 고령사회의 구심점 역할을 할 상징적 시설이 될 것으로 기대한다.

평면계획

모든 실은 남향으로 배치하였고, 단지 내에서 운동 및 산책을 할 수 있는 공간을 조성하였다. 가로로 긴 대지의 특성과 주변 도로의 흐름을 이해하고 차량과 보행자의 동선 분리 및 외부공간, 향을 고려하여 배치하였다. 평면 구성에서는 각 공간과 연결되는 휴게공간을 계획하였고, 취업을 희망하고 자원 봉사에 관심 있는 노인들을 지원 및 교육할 수 있도록 편안한 사무실 분위기와 효율적인 조닝을 계획하였다.

입면계획

입면 디자인은 시골길을 모티브로 하여 산책하는 듯한 느낌을 부여하였으며, 투명함(열림)과 불투명함(닫힘)을 이용하여 적절한 긴장감을 부여하였다. 또한 효율적인 수직 루버를 적용하여 건물의 냉난방 부하 증가를 방지하고, 전체적인 통일감을 부여하였다.

Concept

Based on their lifestyle and lifecycle, users could reconfigure a space where they learn, socialize and relax at their discretion. In an aging society of a metropolis, the need of senior welfare center is growing. It is expected to play a key role as a multipurpose space with social welfare service and communication for local communities.

Floor plan

All the rooms are placed in the south of the site. There is a place for exercise and walk outside. Space layout responds to horizontal site and surrounding roads, orientation, as well as relation with exterior space. When it comes to floor plan, rest room is connected to other spaces. Efficient zoning and easy atmosphere support and educate the old better who find jobs and have interested in volunteer work.

Elevation

The facade is designed to make you feel like you walk around the countryside, giving a visual tension with a play of alternating transparent and opaque pattern. The vertical louver on it prevents the increase of cooling and heating loads while creating a unity.

Prize winner MAXU Engineering Architectural Firm_Kim Gijun + ISP Architect & Engineering_Lee Jukyung **Location** Seo-gu, Gwangju **Site area** 1,983.00m² **Building area** 975.69m² **Gross floor area** 2,041.00m² **Building coverage** 49.2% **Floor space index** 102.92% **Building scope** 4F **Height** 19.6m **Structure** RC **Exterior finishing** Exterior insulation system, Color reflecting glass, Metal panel **Parking** 14 (including 1 for the disabled)

Gwangju Senior Welfare Center

Concept _ 기본계획방향

~터 : 사용자에 의해 건축물의 의의가 정의되다.
사용자들의 행동 양식과 시간의 흐름에 따라 배움, 교류, 휴식 등 공간을 정의하다.

체험의 터 　　　배움의 터 　　　휴식의 터 　　　교류의 터

Site Conditions _ 대지현황분석

대상지는 시민공원 및 자유공원, 광주천 등 주변 자연환경의 이용이 편리하며 도심과도 비교적 인접하고 있어 움직임이 불편한 노인들의 접근성이 좋은 위치이다.
또한 지구단위계획으로 인해 도로와 교통이 편리하며 향, 소음, 조망 등의 많은 이점을 가진다.

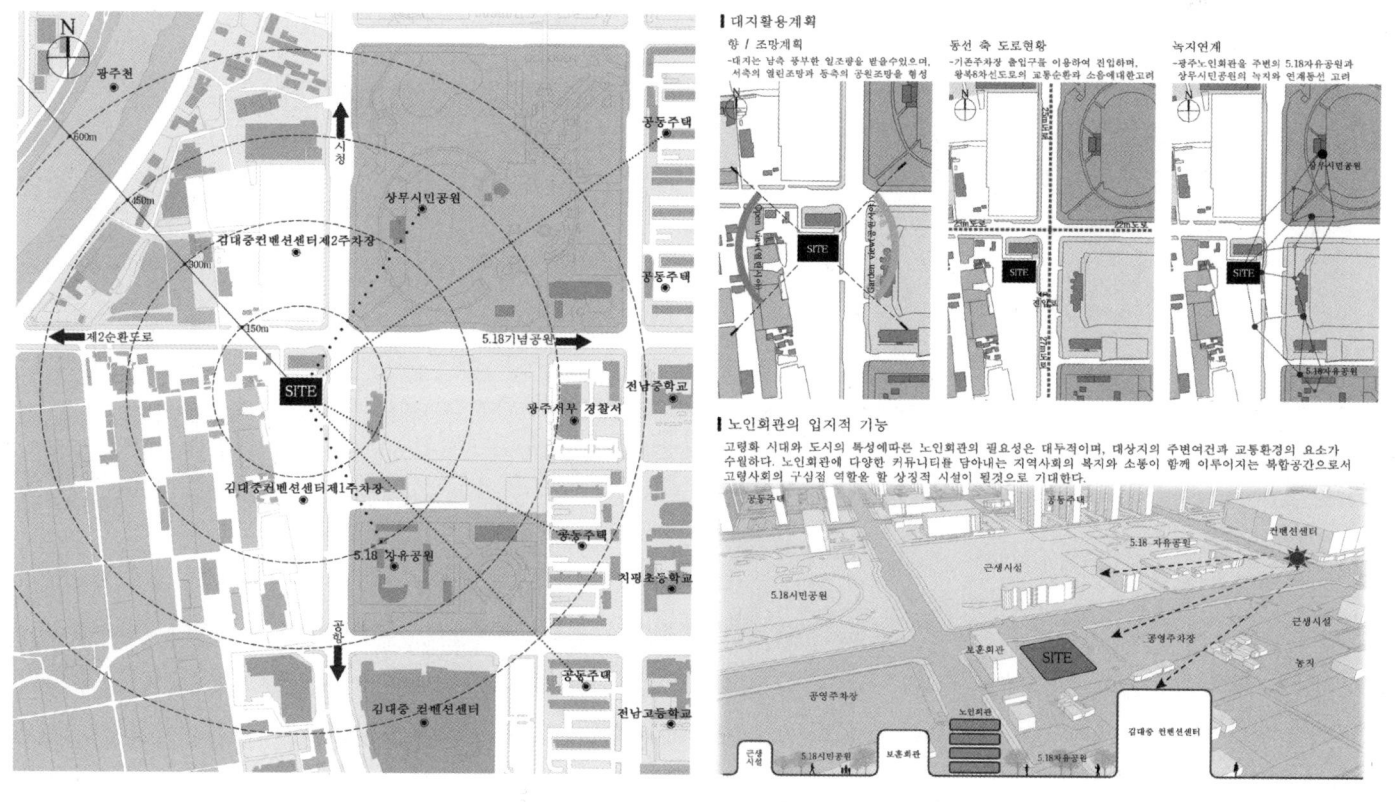

대지활용계획
향 / 조망계획 - 대지는 남측 풍부한 일조량을 받을수있으며, 서측의 열린조망과 동측의 공원조망을 형성

동선 축 도로현황 - 기존주차장 출입구를 이용하여 진입하며, 왕복8차선도로의 교통순환과 소음에대한고려

녹지연계 - 광주노인회관을 주변의 5.18자유공원과 상무시민공원의 녹지와 연계동선 고려

노인회관의 입지적 기능
고령화 시대와 도시의 특성에따른 노인회관의 필요성은 대두적이며, 대상지의 주변여건과 교통환경의 요소가 수월하다. 노인회관에 다양한 커뮤니티를 담아내는 지역사회의 복지와 소통이 함께 이루어지는 복합공간으로서 고령사회의 구심점 역할을 할 상징적 시설이 될것으로 기대한다.

Exterior Design _ 조경 및 특화공간 계획

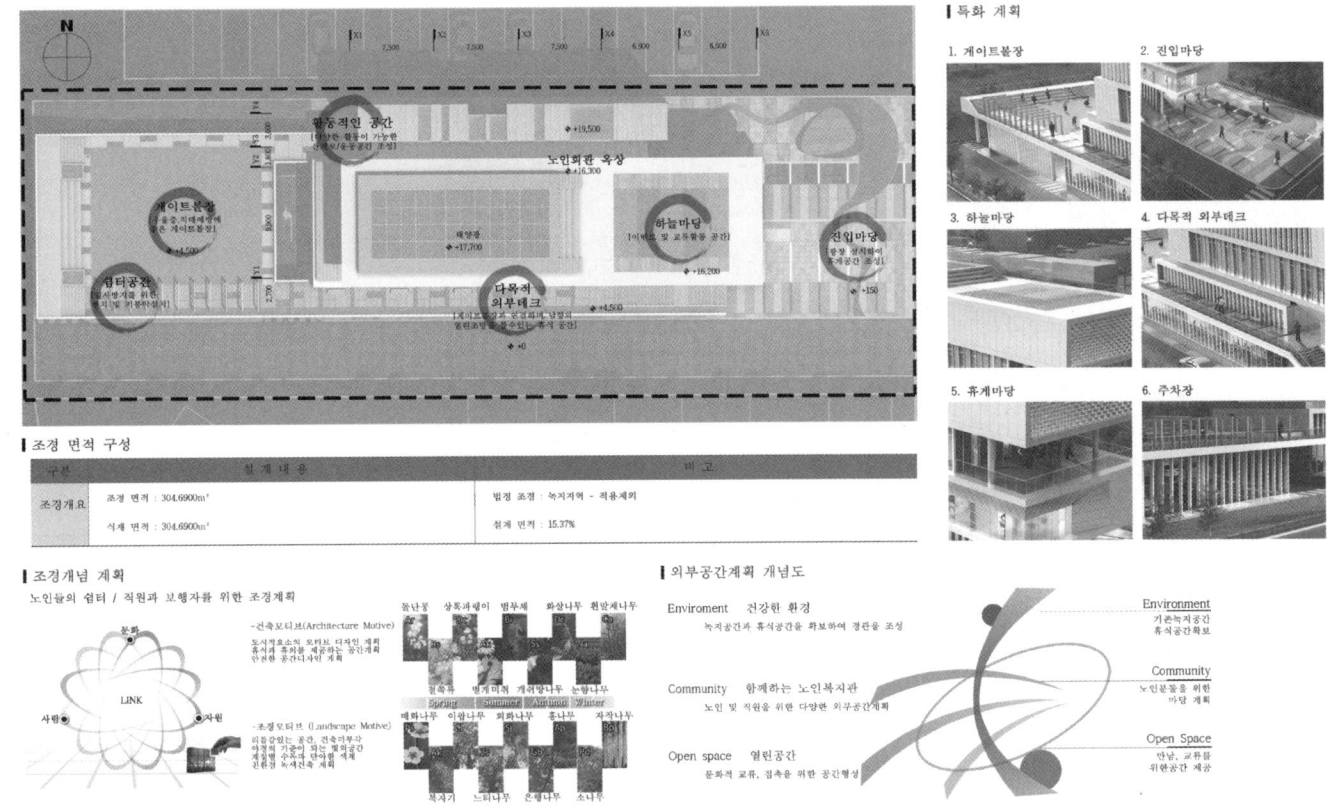

Circulation Design _ 동선 및 주차장 특화계획

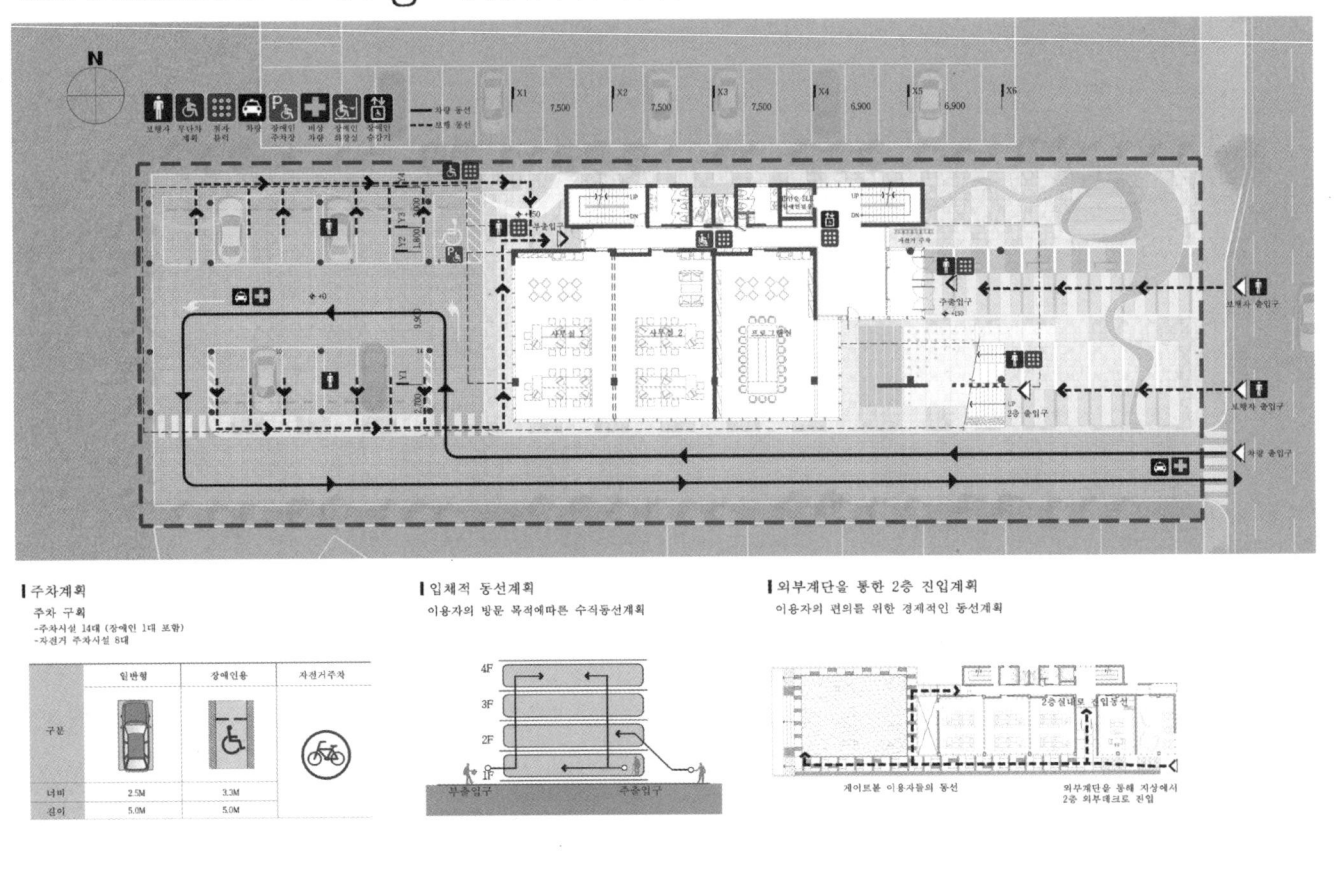

Barrier free Design _ 장애물 없는 생활환경계획

안전사고를 예방하기 위한 편의시설과 무장애 동선을 계획하여 시설에 방문하는 노인과 장애인에게
모든 공간의 이용이 편리하고, 안전하며 활동반경을 보다 넓힐수있게 고려한 Barrier free design계획

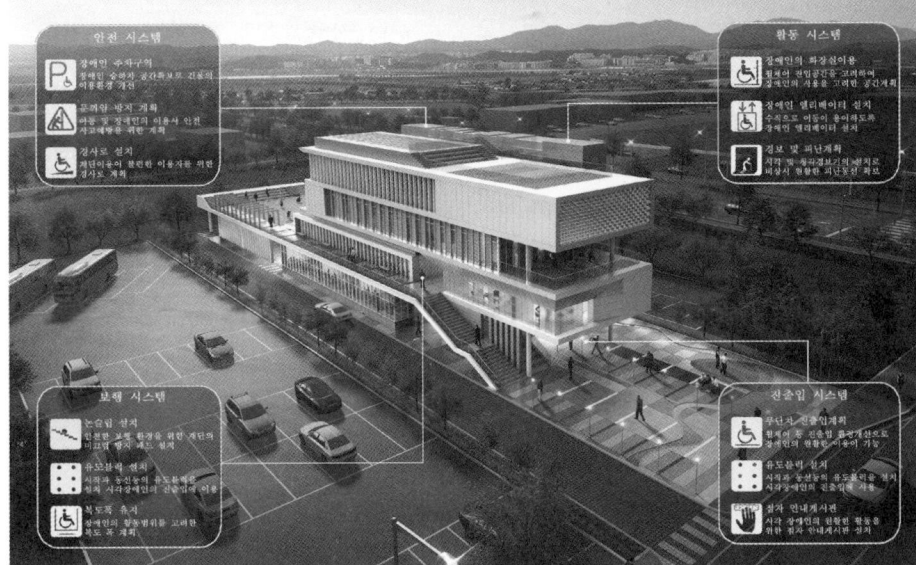

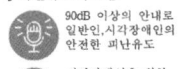 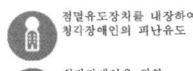
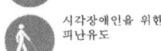 

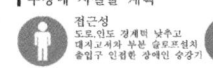 
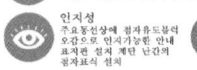 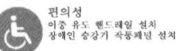
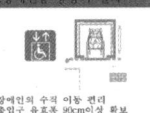 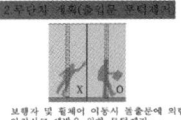
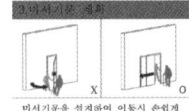

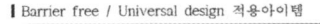

Layout _ 배치도 및 배치계획 (Scale 1/300)

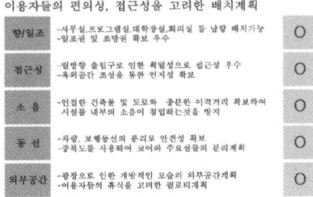
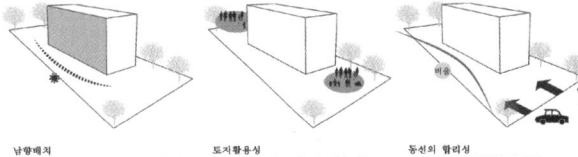
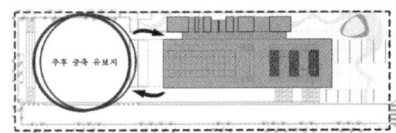

광주노인회관

1F Plan _ 지상1층 평면계획 (Scale 1/250)

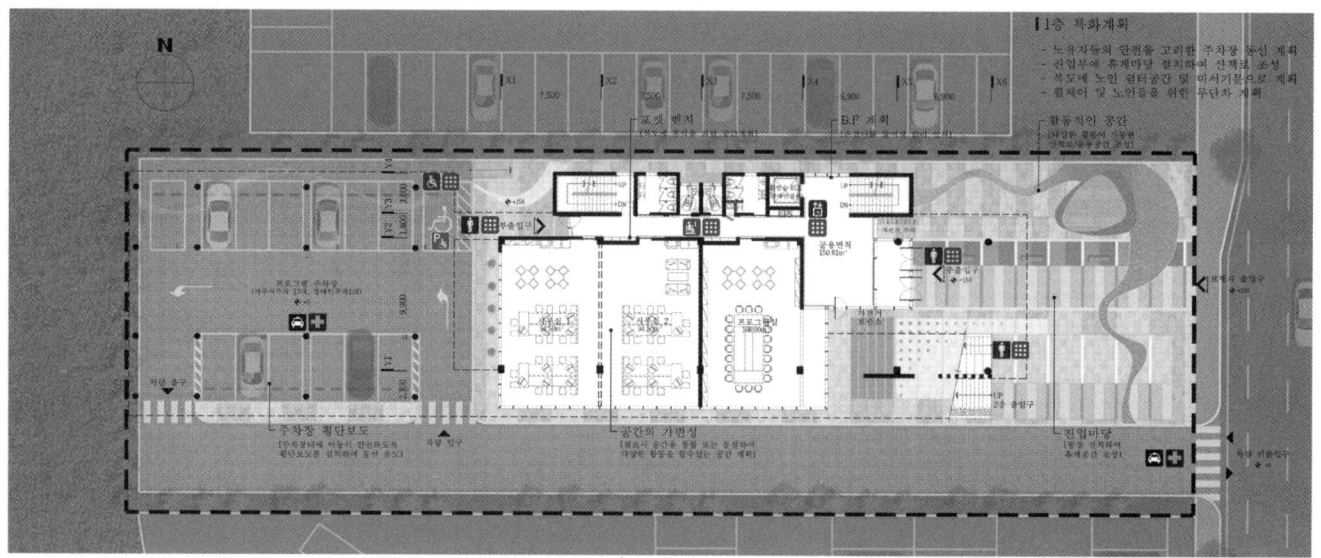

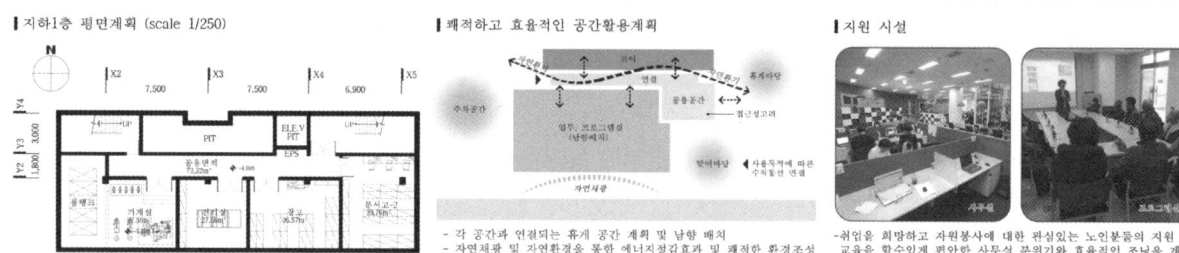

2F Plan _ 지상2층 평면계획 (Scale 1/250)

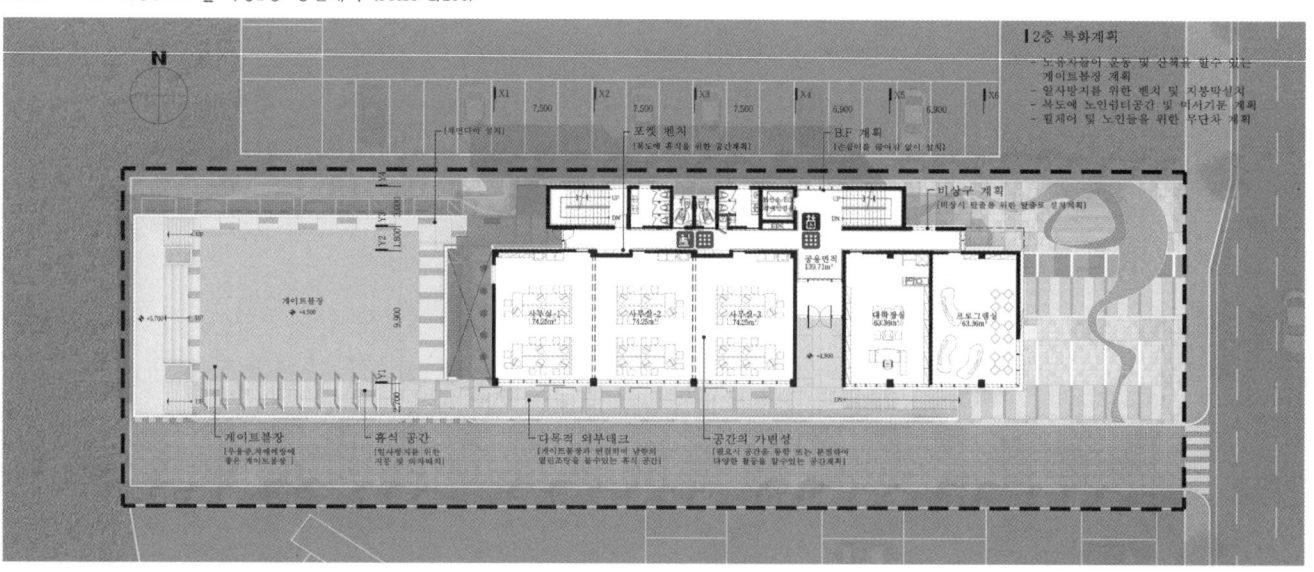

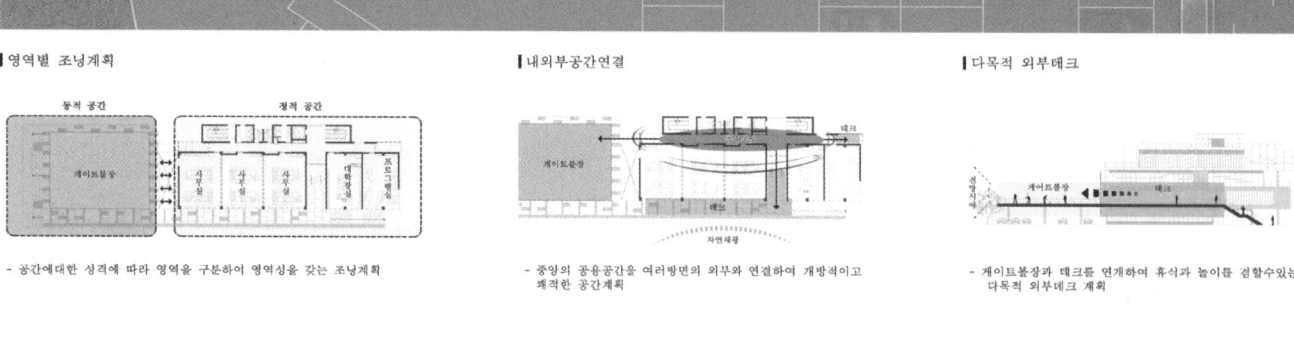

Gwangju Senior Welfare Center

3F Plan _ 지상3층 평면계획 (Scale 1/250)

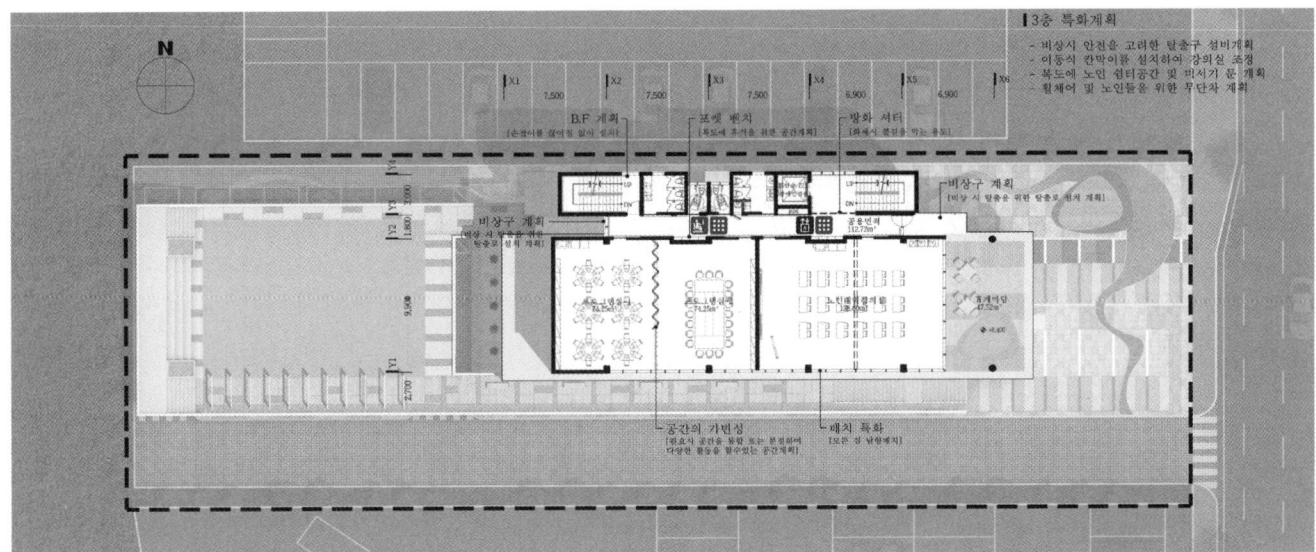

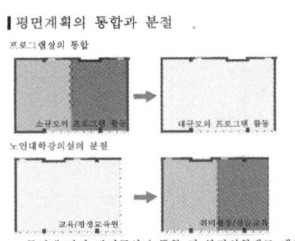

평면계획의 통합과 분절

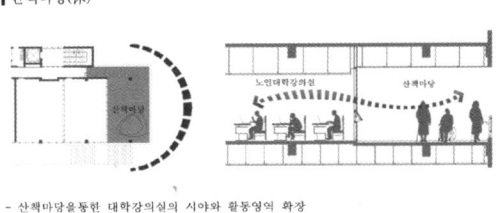

산책마당(休)

노인대학 강의/교육

4F Plan _ 지상4층 평면계획 (Scale 1/250)

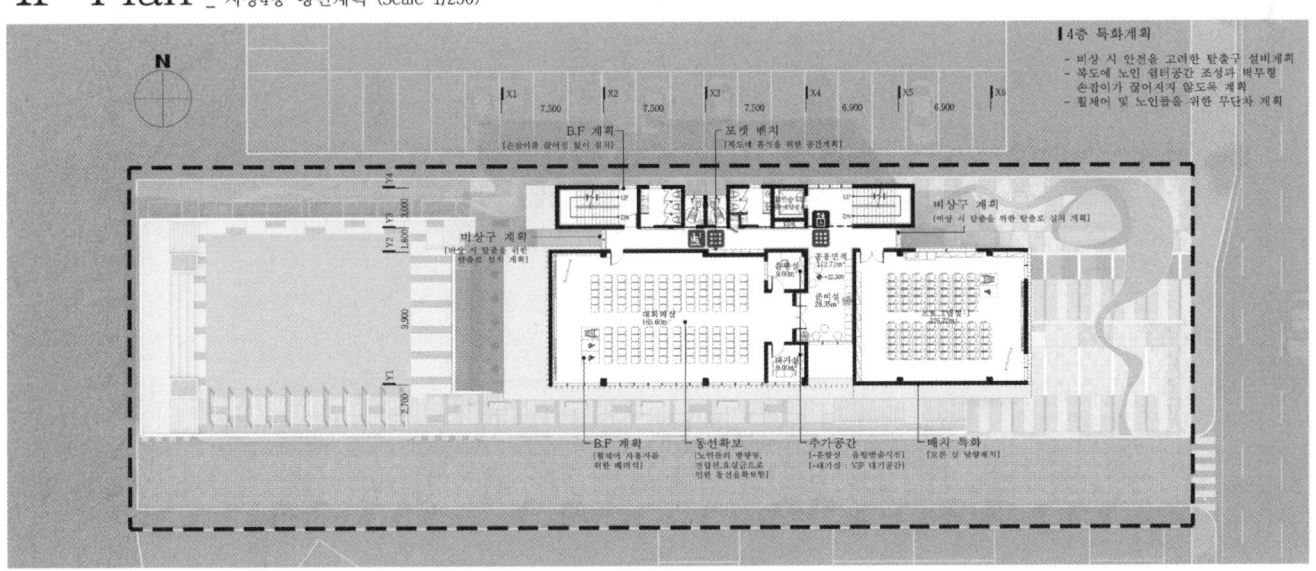

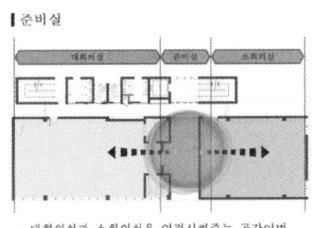

준비실

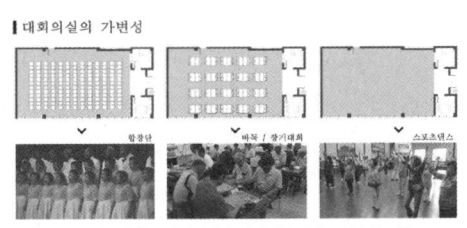

대회의실의 가변성

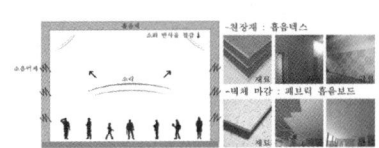

음향조정 및 소음 저감계획

광주노인회관

Elevation Design _ 입면계획

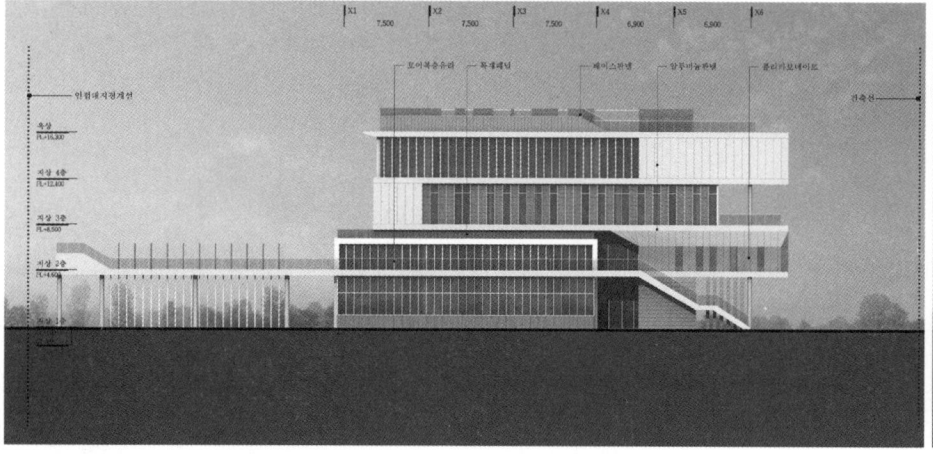

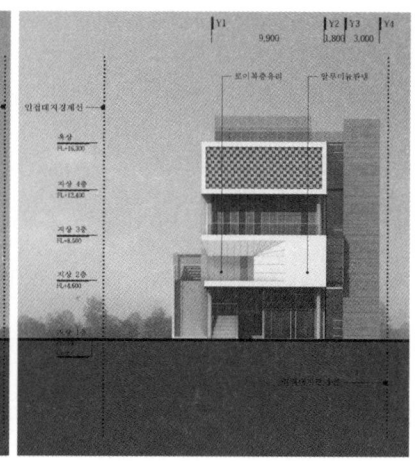

입면 계획 개념

효율적인 수직루버 계획
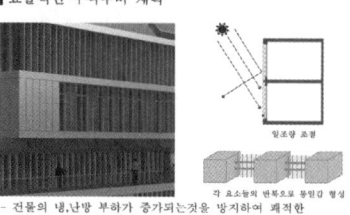

부위별 마감재료
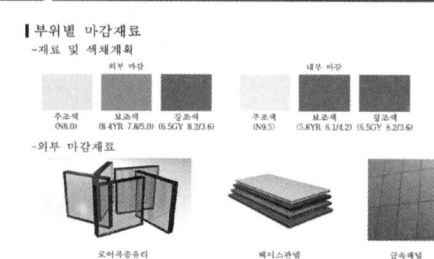

Section Design _ 단면계획 (Scale 1/300)

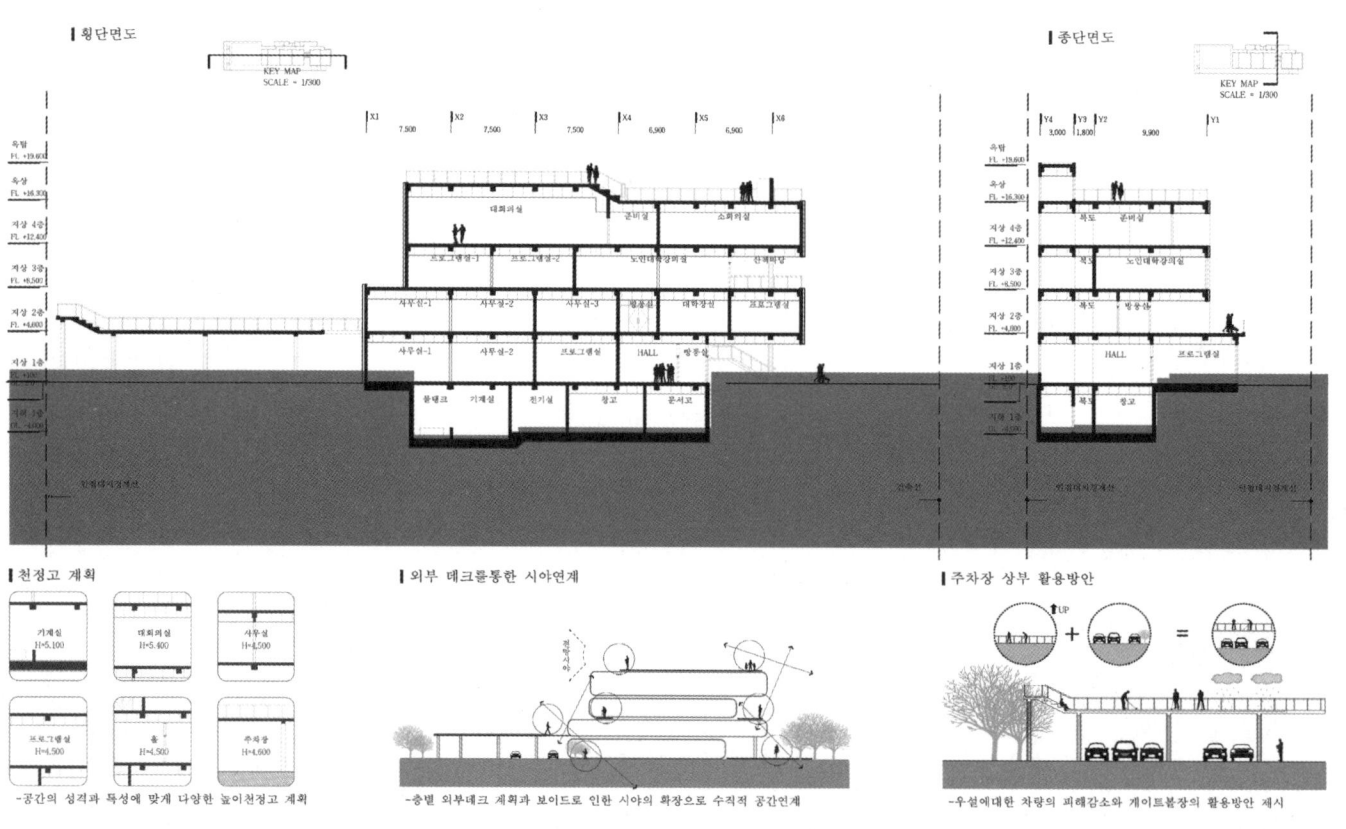

Gwangju Senior Welfare Center

강원랜드 제2직장어린이집

당선작 건축사사무소알엔케이(주) 유재근   설계팀 강병기, 이상수, 서정숙, 이해인, 이건희, 엄태은, 백경아

대지위치 강원도 정선군 고한읍 고한리 106-2번지 일원 **대지면적** 15,584.00㎡ **건축면적** 1,046.53㎡ **연면적** 855.05㎡ **건폐율** 26.26% **용적률** 77.68% **규모** 지상 1층 **최고높이** 7.3m **구조** 중목구조 **외부마감** 목재, 징크, 외단열시스템, 삼중유리 **주차** 29대

숲 속에 내린 꽃눈 어린이집

하이원 스키장이 있는 대상지는 눈과 함백산의 야생화가 유명한 지역이다. 또한 폐탄광 지역을 위한 강원랜드의 사회공헌사업이 다년간 이루어지고 있는 작은 마을이다. 따라서 신축될 어린이집은 지역의 상징인 눈송이와 야생화의 형상을 담고 더불어 마을의 아이들을 위한 아기자기한 동심의 이미지와 지역주민을 위한 공공의 장소가 되고자 한다.

마을의 작은 스케일의 박공지붕에서 착안한 중첩된 지붕의 형태는 위치마다 변화되는 내부 공간감과 노출된 목구조의 미를 통해 아이들의 창의력을 배가시킨다. 보육실은 도로와 옹벽으로 이루어진 남서면이 아닌 자연요소(검안산, 지장천)가 풍부한 북동면을 향해 배치하고 천창을 통해 부족한 실내채광을 해결한다. 그리고 보육실 및 툇마루가 옥외놀이터 및 생태연못과 바로 면함으로써 아이들의 보안 및 안전에 유리하도록 했다. 뿐만 아니라 기존 산책로를 유지하여 부모가 자연스럽게 아이들의 생활과 놀이 모습을 관찰할 수 있는 직장어린이집의 장점을 극대화하였다.

Floral Snowflake Daycare Center in the Forest

Having High 1 Ski Resort in the neighborhood, the project site belongs to a region famous for its snowy weather and the wild flowers of Hambaeksan Mountain. Also, it's part of a small town in which Kangwon Land has been leading corporate social responsibility projects for many years to develop closed mining areas. Therefore, the proposed daycare center is designed in the form of a snowflake and wild flower, the symbols of the region, and to present small and cute images for local children and provide a community space for the local people.

Inspired by the town's small gabled roofs, the layered roof structure stimulates children's creativity through its interior space that changes its look at each position and the beauty of exposed wooden structure. Children's rooms are positioned to face northeast with abundant natural elements (Geomansan Mountain and Jijangcheon Stream) instead of southwest surrounded by roads and retaining walls. And skylights make up for inadequate indoor lighting. These rooms and a Korean style wooden porch are arranged to see an outdoor playground and ecological pond directly to enhance safety and security for children. Also, existing walkways are preserved to maximize the merit of a corporate daycare center by enabling parents to observe their children participating in daily activities and playing.

Prize winner R&K Architecture_Ryu Jaegeun **Location** Jeongseon-gun, Gangwon-do **Site area** 15,584.00㎡ **Building area** 1,046.53㎡ **Gross floor area** 855.05㎡ **Building coverage** 26.26% **Floor space index** 77.68% **Building scope** 1F **Height** 7.3m **Structure** Post beam **Exterior finishing** Wood, Zinc, Exterior Insulation and finishing system, Triple paired glass **Parking** 29

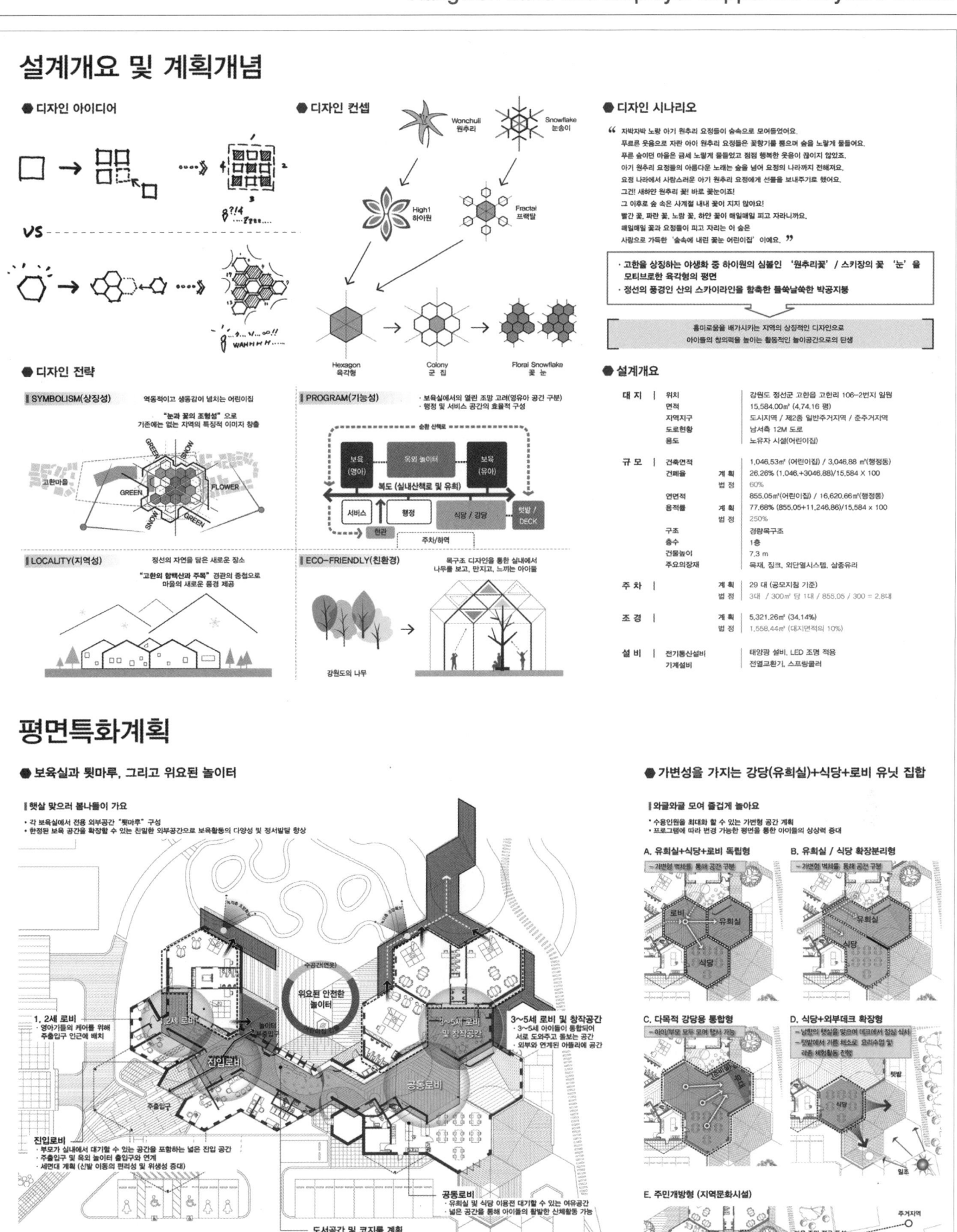

배치계획

대지 분석 및 배치대안 분석

대지 및 주변현황 분석

고한의 교육 · 문화 · 체육시설 현황조사

- 유 치 원 (★) ┌ 고한초등학교 병설유치원(11명)
  └ 갈래초등학교 병설유치원(18명)
- 어린이집 (★) – 새빛 어린이집(33명)
- 초등학교 (✪) ┌ 고한초등학교
  └ 갈래초등학교
- 문화시설 (●) ┌ 마술터미널 작은미술관
  ├ 하이원리조트 과학관
  ├ 탄광촌 생명의 양식문고
  ├ 다니엘 작은 도서관
  ├ 고한읍 행정복지센터
  └ 강원랜드 복지관
- 체육시설 (▲) ┌ 고한 생활체육공원
  └ 잔디운동장

고한의 문제점

- 아이들을 위한 공공시설, 교육시설, 체육시설 등 마을 인프라 부족
  → 내부인(마을 주민) 보다 외부인(관광객)의 서비스 시설 증가

- 가로형 도시구조로써 주 통과도로(고한로)에서의 보여지는 마을의 상징적 이미지 부재

고한의 지역 특성

마을의 주요 행사로서 **함백산 야생화축제가** 성공적인 지역 축제로 자리잡음

하이원리조트 브랜드 위상이 높음
하이원과 마을의 노력과 협력으로 주민의 삶의 질 향상 가능

백운산, 함백산, 동강으로 흘러가는 지장천 등 **자연 환경이 매우 우수**
아이들의 신체건강 및 정신건강의 밑받침 가능

지역의 역사문화를 지켜나가려는 **마을사람들**
마을의 스토리텔링을 통한 삼탄아트마인을 성공적으로 구축한 마을 사람들의 노력

배치 주안점

주변현황(건물 및 녹지) 분석

- 근경 : 대지내 기존 조경 현황 및 기존 건물 배치를 고려한 계획
- 원경 : 북동측의 건암산, 지장천의 자연 조망 / 남서측의 전면도로(12M) 조망

접근동선 분석

- 공개공지 사이의 기존 진입도로 활용
- 보행 및 차량동선 분리
- 기존 순환산책로 최대한 유지

연계성 및 안전성

- 행정동과 보행동선연계 (출퇴근시 등하원 편리)
- 버퍼존(공개공지, 주차장, 기존녹지)을 통한 독립 안전성 확보

배치 대안 비교분석

구 분	선 정 안		대 안 1		대 안 2	
대안계획 (보행동선 / 차량동선)						
어린이 안전성	주도로에 인접하지 않아 어린이 안전성 우수	◎	주도로에 인접하여 어린이 안전성 불리	×	주도로에 인접하여 어린이 안전성 불리	×
접근성	행정동에서의 연계성 및 주차동선 접근 우수	◎	기존 공원 등 접근의 불리성으로 활용 소극적	×	행정동에서의 연계성 불합리	×
주차합리성	주도로에 근접하여 주차동선 최소화	◎	주차동선이 길어져 불리	×	보행동선과 차량동선이 겹쳐서 불리	×
외부공간활용성	기존 생태공원을 활용한 외부공간 우수	◎	차량동선과 인접하여 활용성 불리	×	기존 생태공원을 활용한 외부공간 우수	○
기능성	중정 형성으로 안전에 우수한 놀이터 계획	◎	놀이터와 공개공지가 인접하여 안전에 불리	×	놀이터가 외부주택과 인접하여 안전에 불리	×

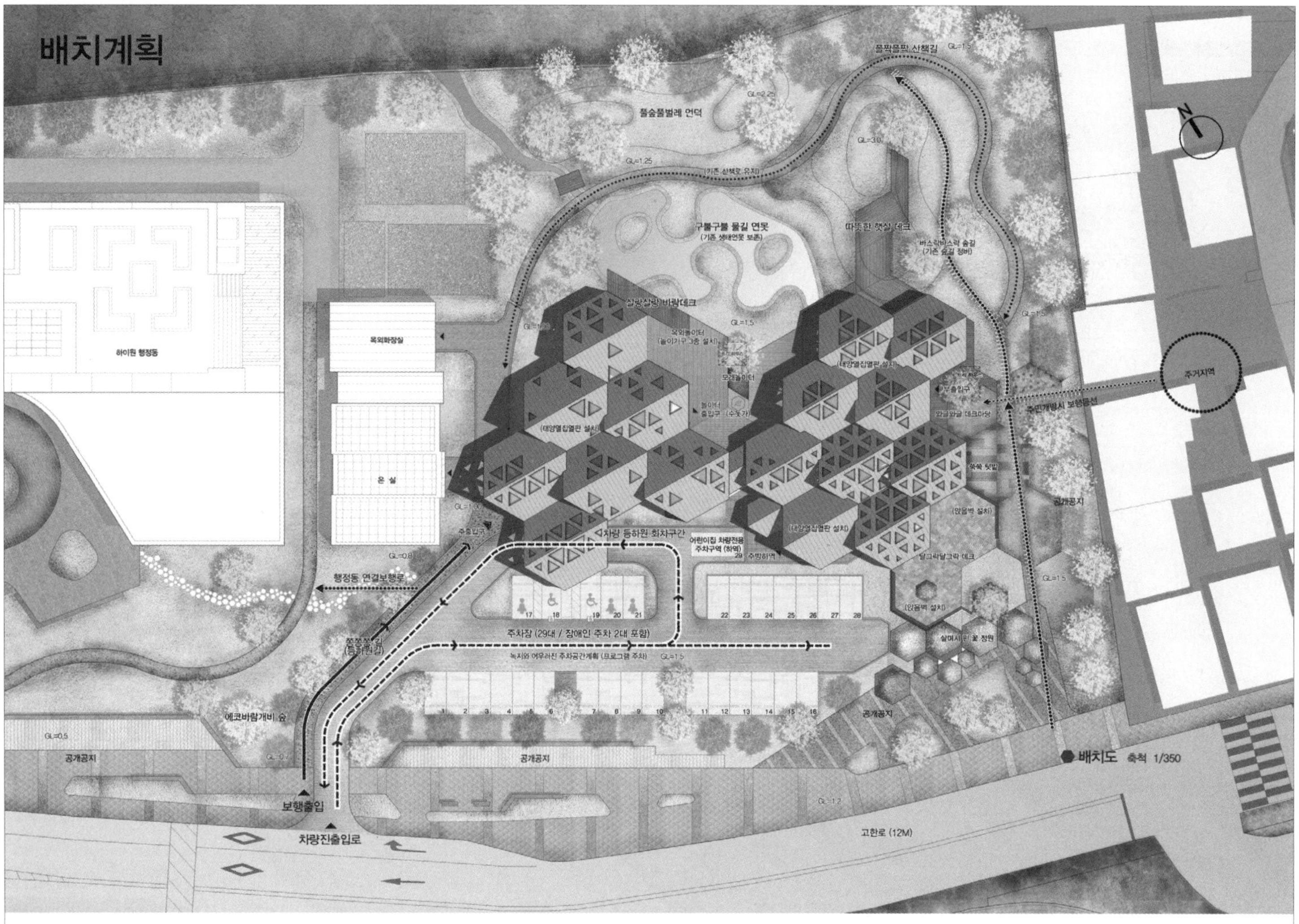

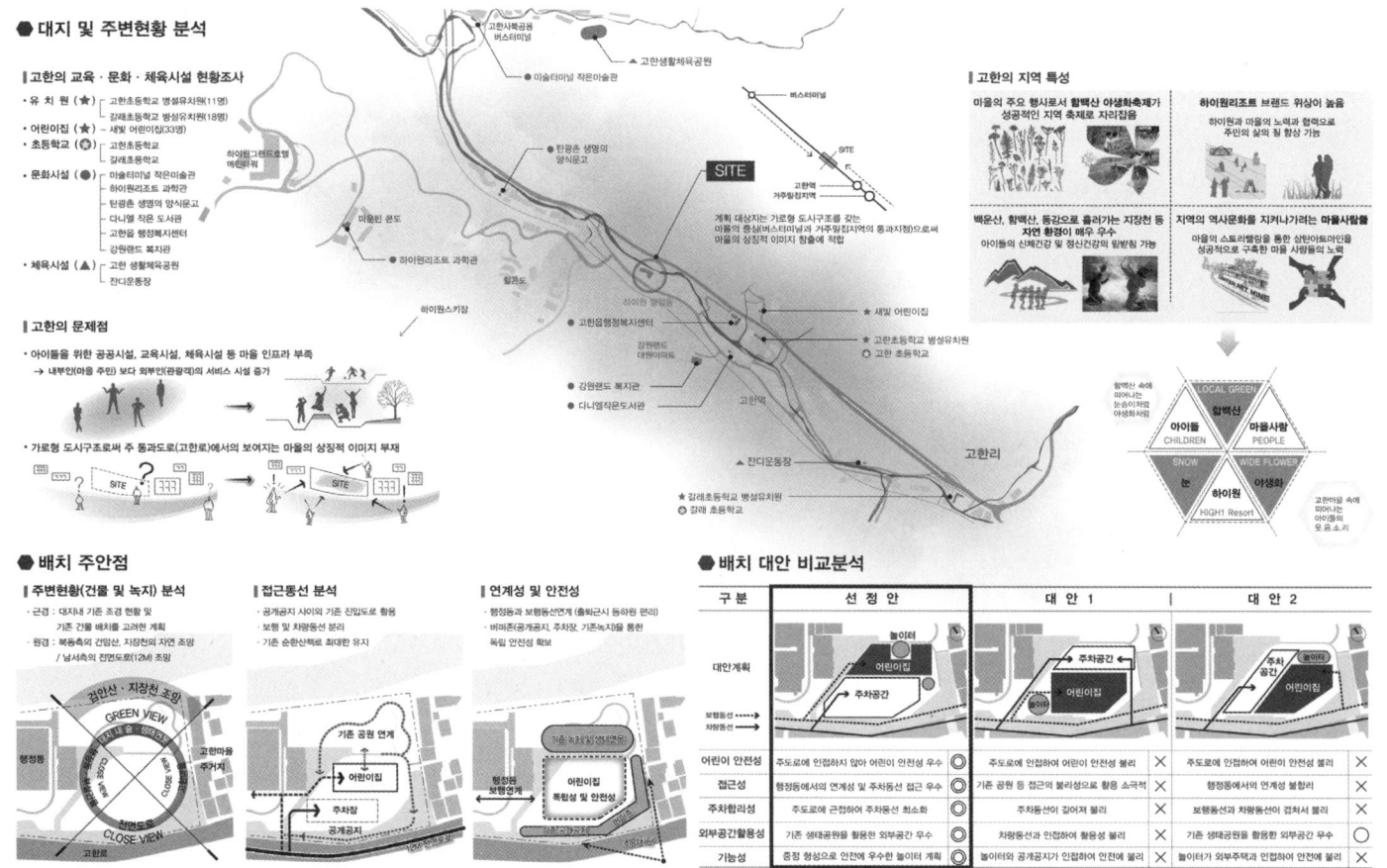

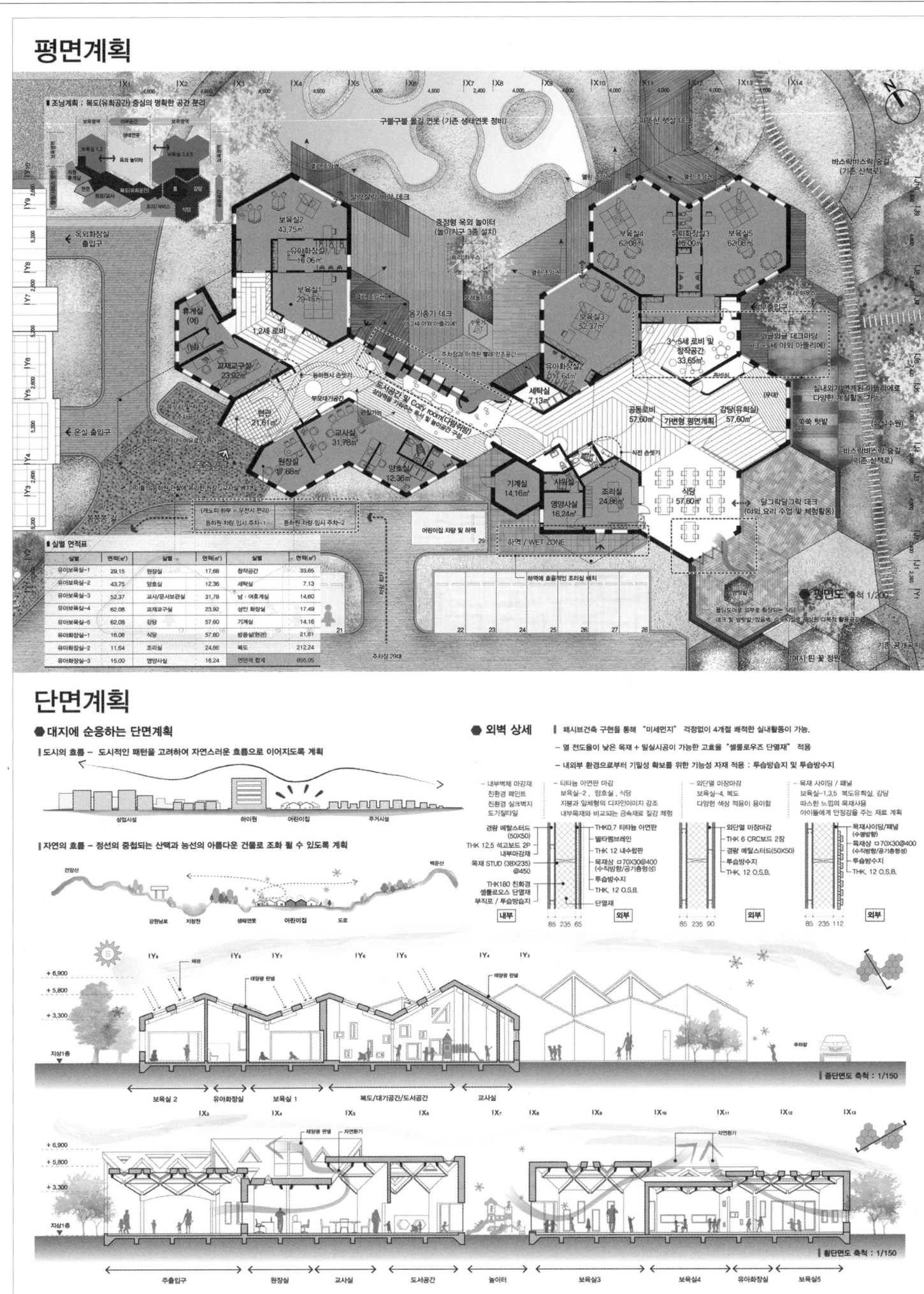

입면계획

- **숲속 마을을 형상화한 경사지붕**
  - 산을 닮은 경사지붕과 옹기종기 모여있는 마을의 모습을 통해 아이들의 숲속 놀이터가 됨
  - 산속 마을 회관과 같은 모습으로 고한읍 주민들을 향한 친근함을 표현

- **방위별/영역별 환경이 고려된 기능적 입면**
  - 에너지 극대화를 위해 남측면으로 태양광패널 설치
  - 내부의 부족한 자연채광을 위해 천창 설치
  - 자연환기를 위해 동서로 측창 설치
  - 단열강화를 위해 북측ㅍ면으로 외단열 시스템 적용

- **친환경 재료를 통한 자연과의 동질화**
  - 목구조를 통한 콘크리트의 유해물질 "6가 크롬" 차단
  - 합성소재가 아닌 "목재 및 철" 마감재 적용
  - 자연을 닮은 다채로운 색상을 통해 동심을 자극

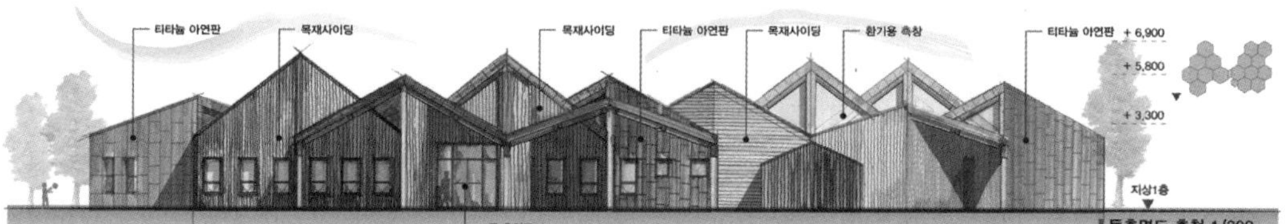

동측면도 축척 1/200

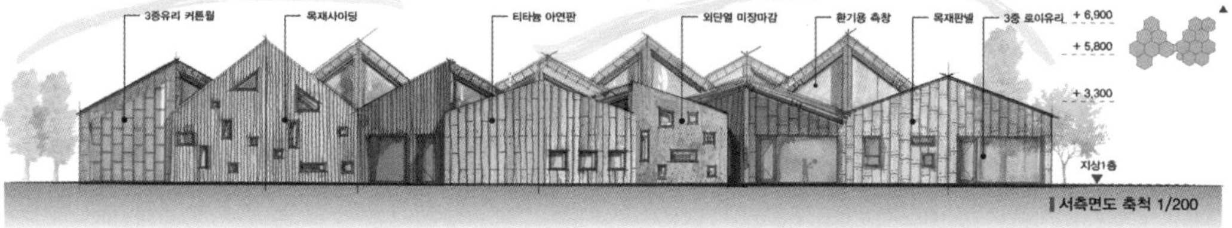

서측면도 축척 1/200

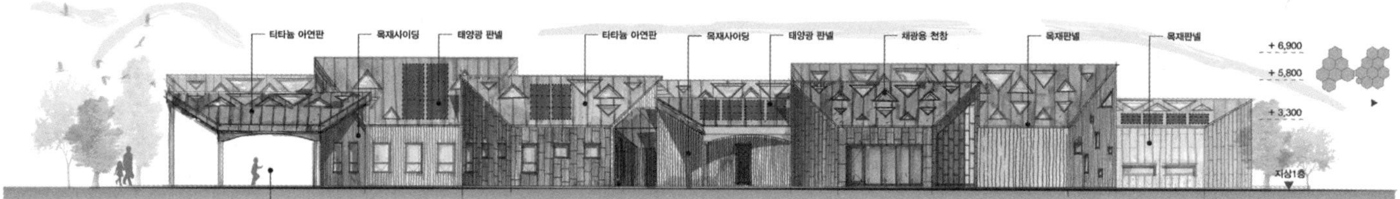

남측면도 축척 1/200

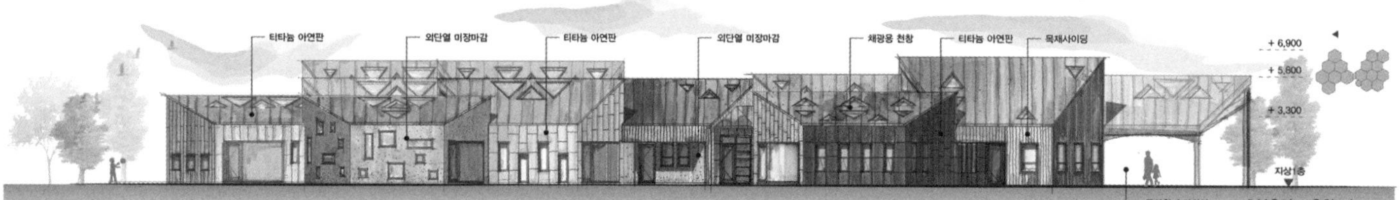

북측면도 축척 1/200

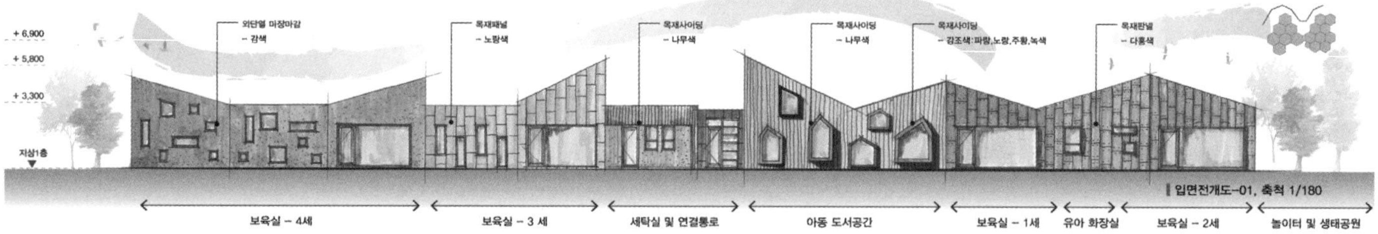

입면전개도-01, 축척 1/180

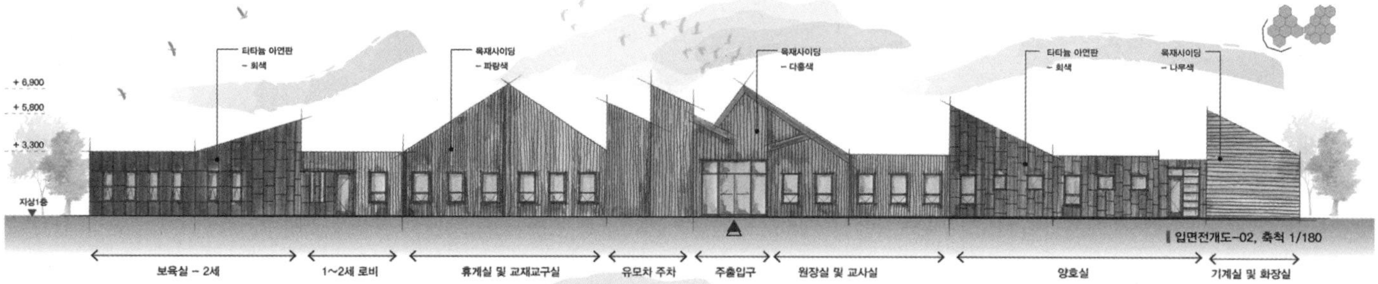

입면전개도-02, 축척 1/180

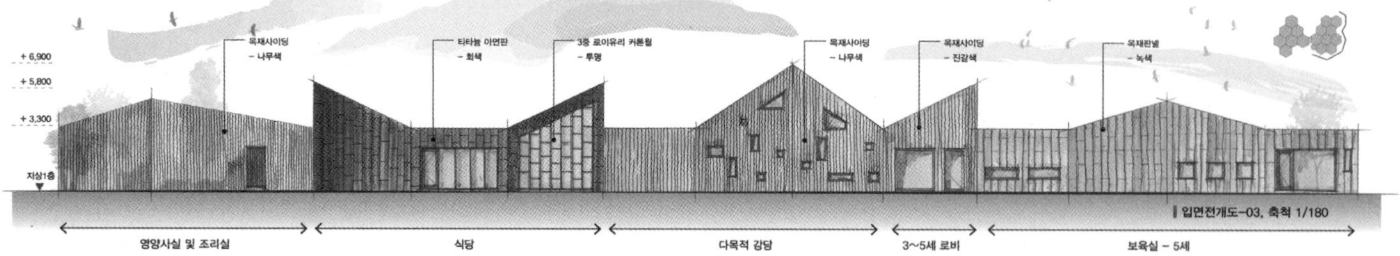

입면전개도-03, 축척 1/180

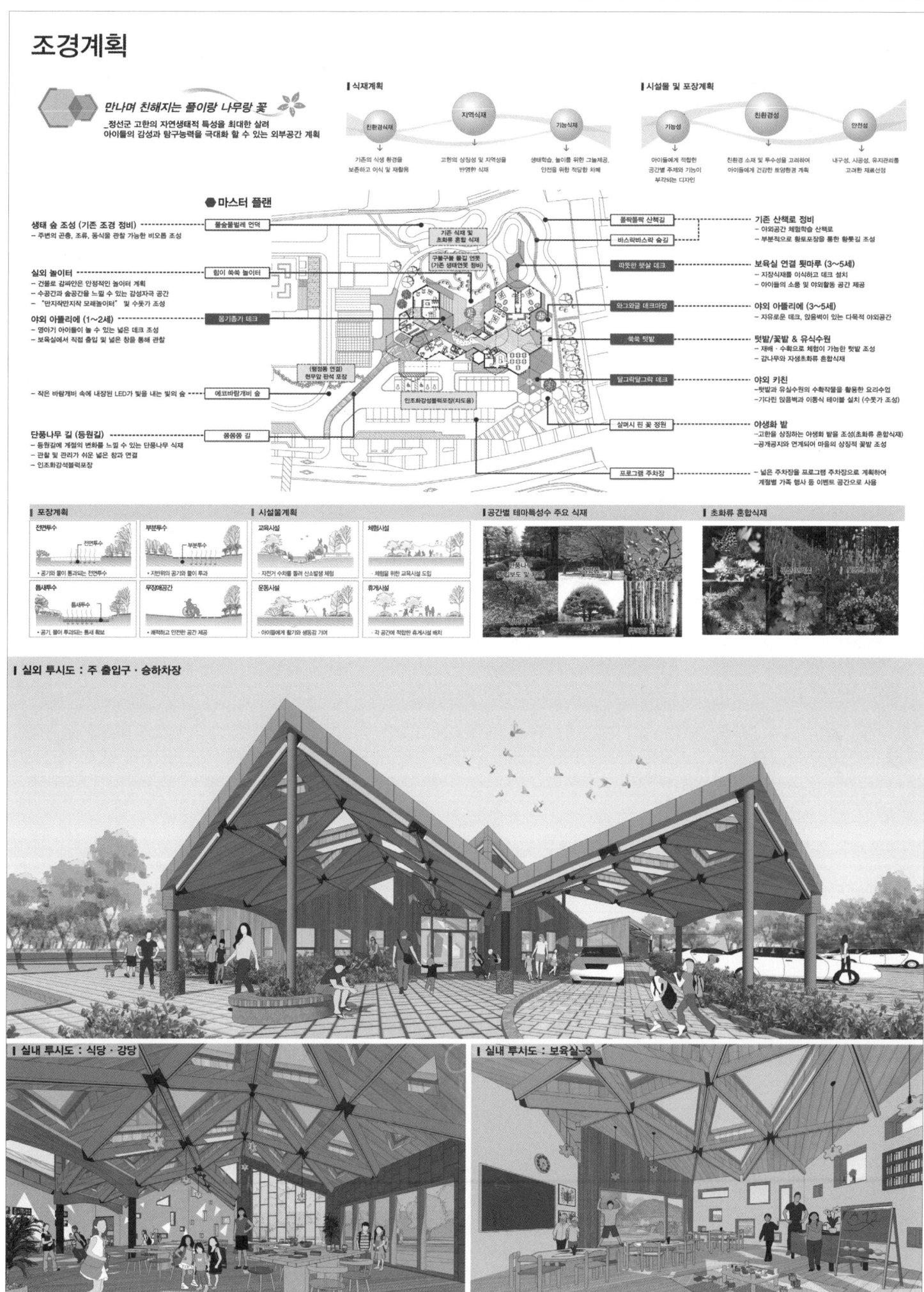

국립대구과학관 공동직장어린이집

당선작 건축사사무소 서로가 강정구, 구경미 설계팀 이윤정, 서보혁

대지위치 대구광역시 달성군 유가읍 테크노대로 6길 20 **대지면적** 110,832.8㎡ **건축면적** 기존 – 24,007.09㎡ / 증축 – 972.23㎡ **연면적** 기존 – 16,613.07㎡ / 증축 – 1,201.29㎡ **건폐율** 15.87% **용적률** 19.31% **규모** 지상 2층 **최고높이** 8.4m **구조** 철근콘크리트 라멘조 **외부마감** 백색콘크리트, 고밀도목재패널, 로이복층유리 **주차** 5대(장애인 주차 1대 포함)

배치계획
- 주어진 대지 내 채워진 매스에 중정 마당을 비워내고, 과학관으로 열린 데크계획으로 주변 흐름에 대응
- 남측 자연광을 끌어들이는 안마당과 보육실을 구성하여 쾌적한 보육환경을 연출, 중정을 중심으로 아이들을 항상 지켜볼 수 있는 사무공간을 인접 배치

평면계획
- 보육과 관리영역, 영아와 유아의 영역을 분리하여 서로의 동선이 방해받지 않도록 배치
- 안전과 관리를 최우선으로 고려하여 원장실에서 주차장, 출입구, 유희실, 햇살마당을 모두 볼 수 있도록 배치
- 어느 보육공간에서든 플레이룸으로 나와 다양한 놀이 활동이 가능하도록 배치

입면계획
- 공간의 무한함을 표현하여 아이들의 무한한 상상력 표현
- 수직 패턴의 루버를 이용한 안전한 놀이 공간 형성
- 다양한 색상의 리듬감 있는 수직루버와 다양한 높낮이의 Play Cube 개구부는 아이들의 다양한 개성 표현

Site plan
- Creating a courtyard inside a mass that fills the site, and opening a deck toward the science museum to interact with the surrounding flows
- Creating a pleasant childcare environment by introducing an inner court drawing sunlight from south along with a childcare room, and positioning offices nearby to observe children around the courtyard consistently

Floor plan
- Separating childcare, management, infant and children areas to prevent their flows from interrupting each other
- Considering safety and management efficiency, and positioning the director's office to have a view across the parking area, entrance, entertainment room and courtyard
- Establishing an arrangement plan that allows every room to have direct access to a play room and its various programs

Elevation
- Expressing children's infinite imagination by describing infinity with a space design
- Creating a safe playroom by making use of a vertical patterned louver system
- Expressing children's different personality with a rhythmic multi-colored vertical louver system and with Play Cube's openings at different levels

Prize winner Seoroga Architects_Kang Jungku, Gu Kyoungmi **Location** Dalseong-gun, Daegu **Site area** 110,832.8㎡ **Building area** Existing – 24,007.09㎡ / Extension – 972.23㎡ **Gross floor area** Existing – 16,613.07㎡ / Extension – 1,201.29㎡ **Building coverage** 15.87% **Floor space index** 19.31% **Building scope** 2F **Height** 8.4m **Structure** RC rahmen **Exterior finishing** White concrete, High-density wood panel, Low-E paired glass **Parking** 5 (including 1 for the disabled)

Daegu National Science Museum Daycare Center

기본계획방향

아이들의 다양한 감성을 담아내다

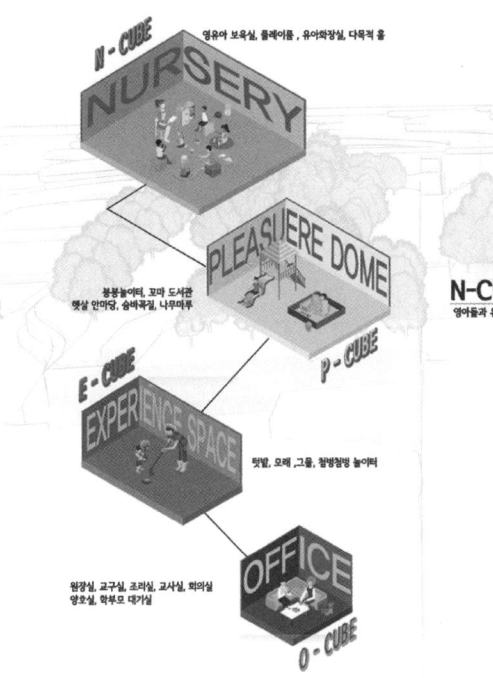
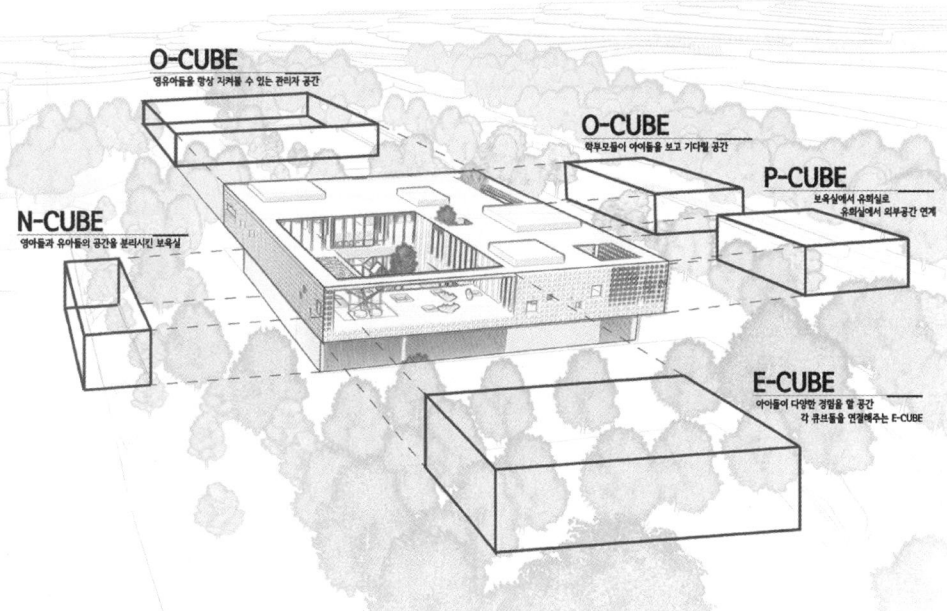

PLAY CUBE 란?
다양한 공간을 조합시키며 연계하는 공간을 제공하고자 한다. 보육실에서 유희실로, 유희실에서 중정으로, 중정에서 다시 2층 놀이터로 다양한 체험을 즐기게 된다.
큐브들은 과학상자를 연상시키며 연계 방법을 알지 모르는 아이들과 같은 생각을 하게 되며 일면에서도 다양한 큐브를 통하여 다채로운 생각을 유도하게 된다.

영유아 특성과 발달을 고려한 특화공간계획

■ 중정을 중심으로 놀이 순환동선 계획

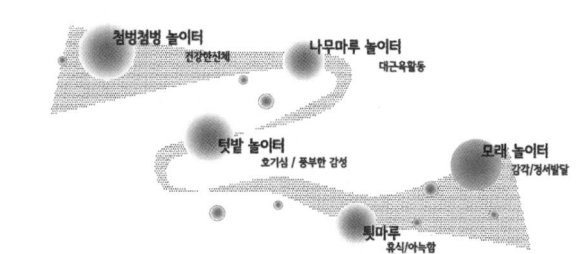

❶ 첨벙첨벙 놀이터

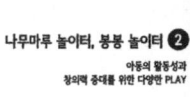

❷ 나무마루 놀이터, 봉봉 놀이터

❸ 텃밭 놀이터

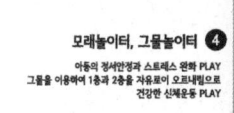

❹ 모래놀이터, 그물놀이터

❺ 툇마루

국립대구과학관 공동직장어린이집

대지현황분석

주변 환경을 고려한 배치계획

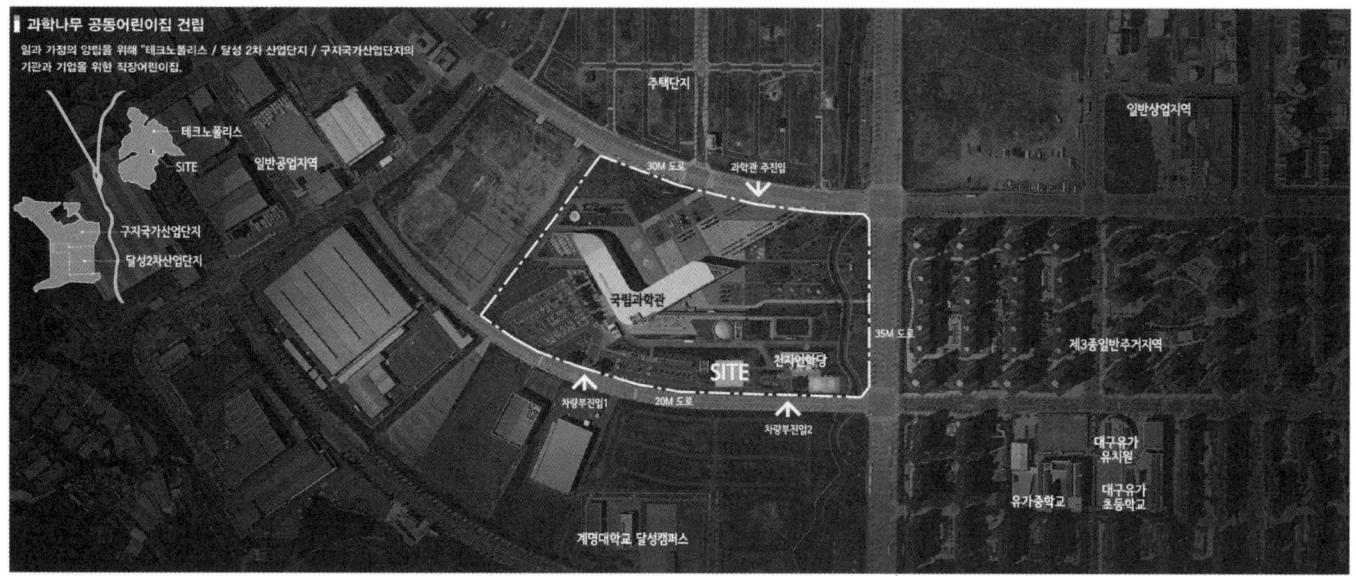

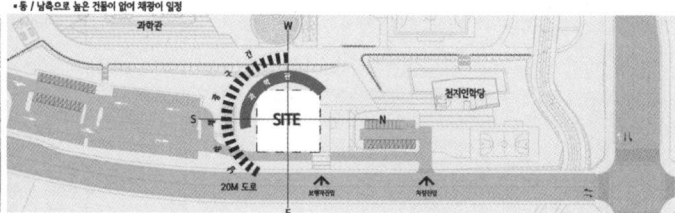

배치도

주변환경을 고려한 배치계획

중정을 중심으로 한 감싸안는 배치로 안전한 보육환경 구축

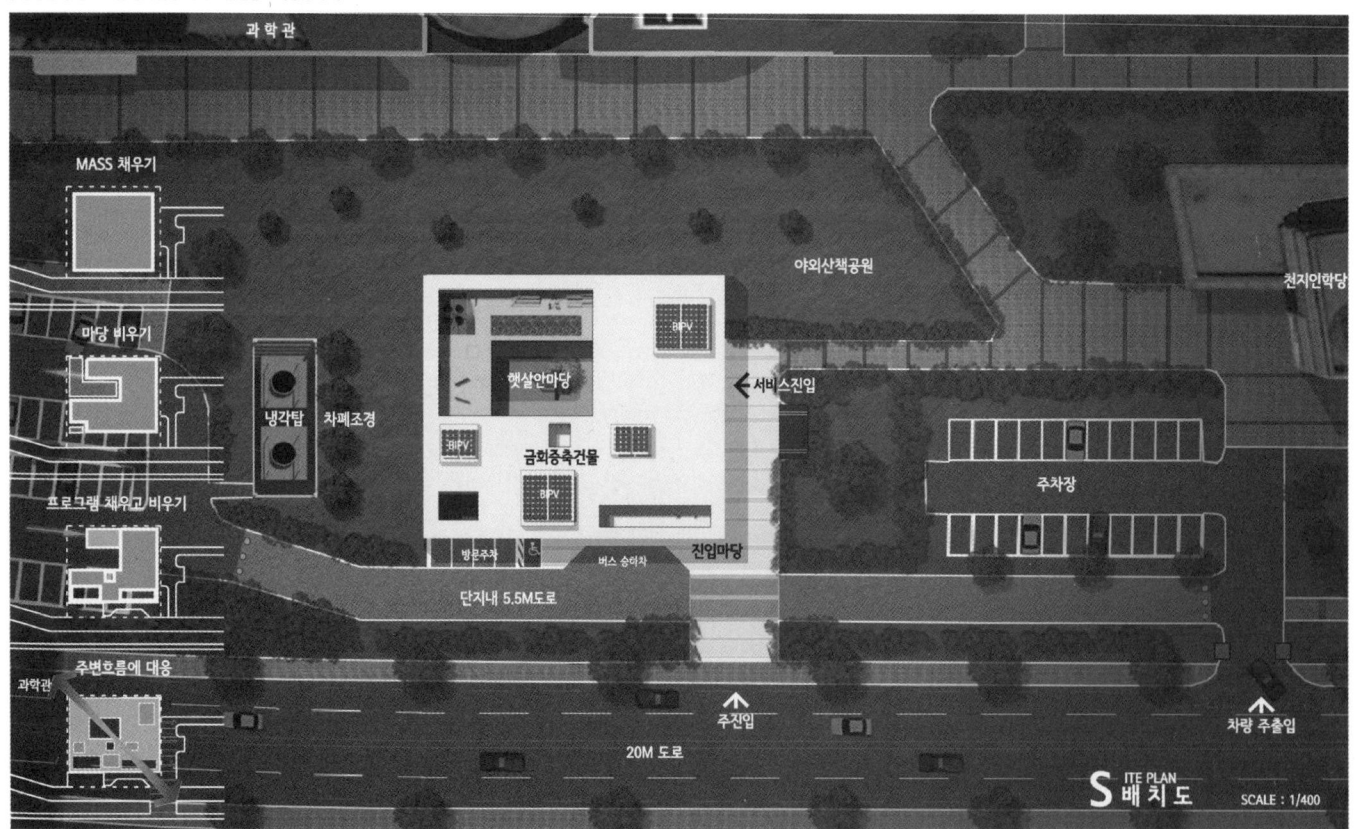

Daegu National Science Museum Daycare Center

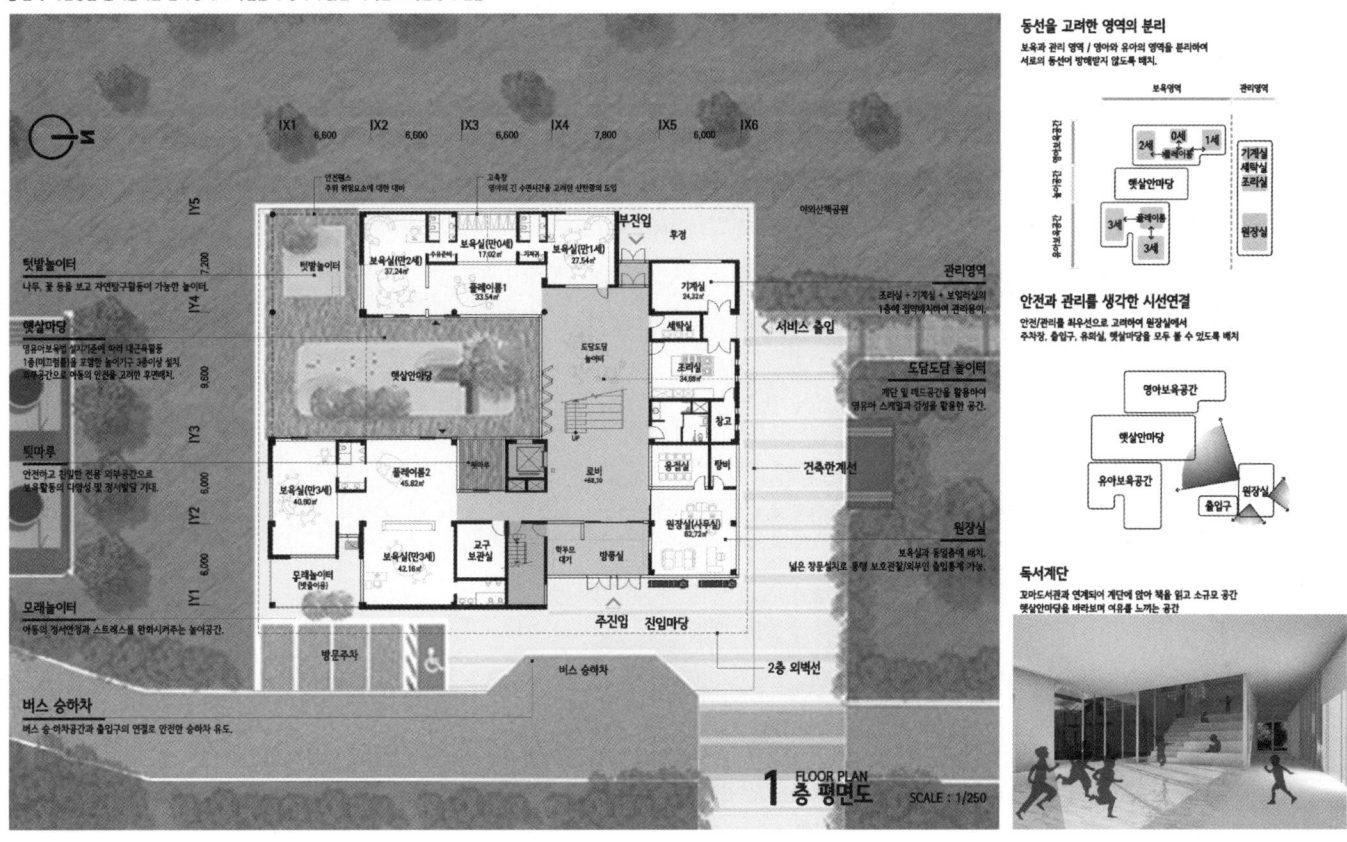

1층 평면도
어린이 신체 특성을 고려한 영역분리계획
남측 자연광을 끌어들이는 안마당과 보육실을 구성하여 밝은 쾌적한 보육환경의 연출

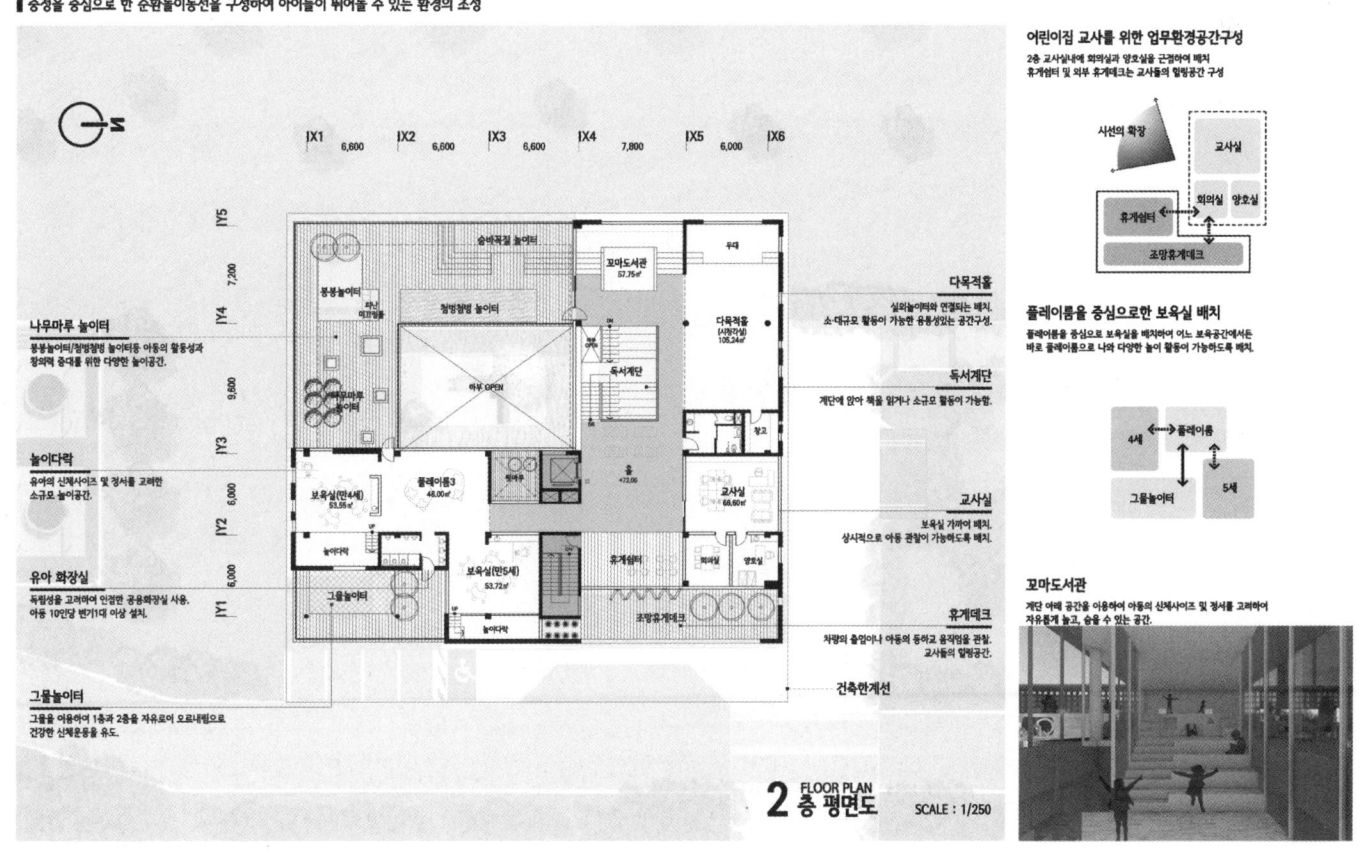

2층 평면도
다양한 신체활동이 가능한 다채로운 평면계획
중정을 중심으로 한 순환놀이동선을 구성하여 아이들이 뛰어놀 수 있는 환경의 조성

국립대구과학관 공동직장어린이집

입면도

자연환경 변화를 느낄수 있는 입면계획

프로세스1. PLAY CUBE 패턴의 연속성
공간의 무한함 표현으로 아이들의 무한한 상상력 표현

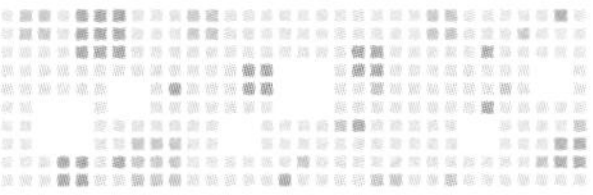

프로세스2. 하부 매스 수직 패턴의 연속성
수직 패턴의 루버를 이용한 안전한 놀이공간 형성

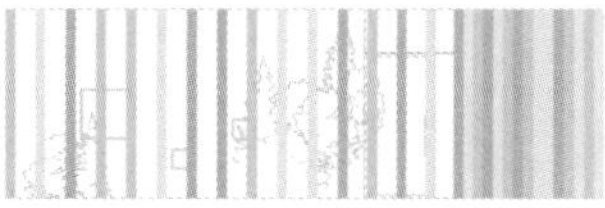

프로세스3. 수직루버와 PLAY CUBE 개구부의 다양성
다양한 색상의 리듬감있는 수직루버의 표현으로 아이들의 다양한 개성 표현
다양한 눈높이의 PLAY CUBE 개구부는 아이들의 정서

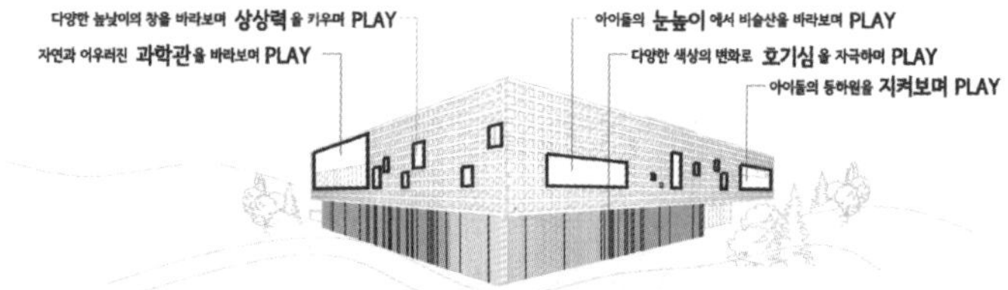

- 다양한 눈높이의 창을 바라보며 **상상력**을 키우며 PLAY
- 자연과 어우러진 **과학관**을 바라보며 PLAY
- 아이들의 **눈높이**에서 비슬산을 바라보며 PLAY
- 다양한 색상의 변화로 **호기심**을 자극하여 PLAY
- 아이들의 등하원을 지켜보며 PLAY

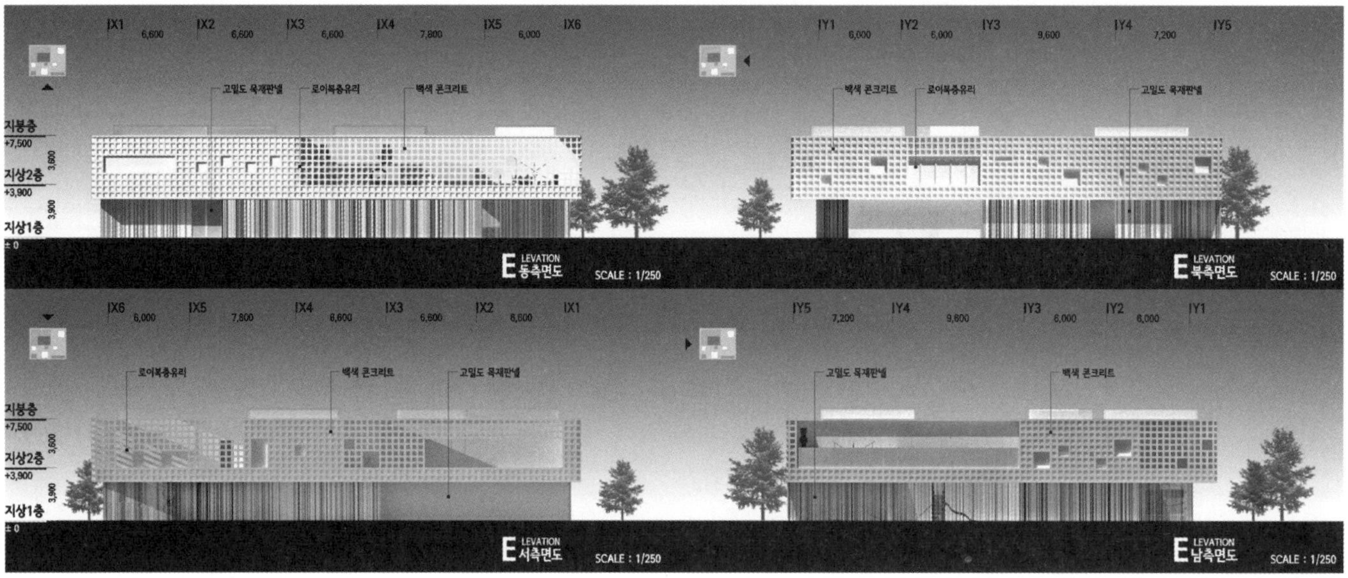

ELEVATION 동측면도 SCALE : 1/250
ELEVATION 북측면도 SCALE : 1/250
ELEVATION 서측면도 SCALE : 1/250
ELEVATION 남측면도 SCALE : 1/250

단면도

영유아 신체사이즈와 발달 특성을 고려한 단면 계획

수직조닝계획
관리영역과 보육공간을 분리하고, 영아보육공간과 유아보육공간을 분리

단면 투시도
충정을 중심으로 보육영역에서 플레이룸으로, 플레이룸에서 외부중정으로 직접연계하여 쾌적한 보육환경 형성

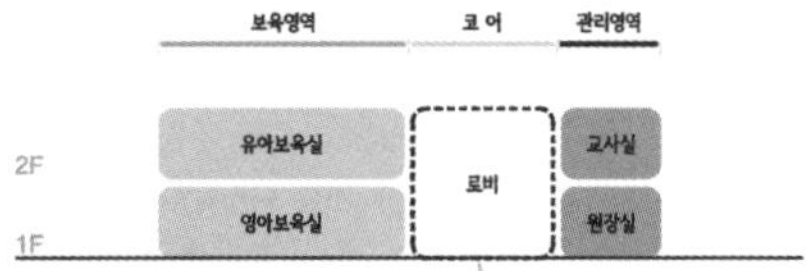

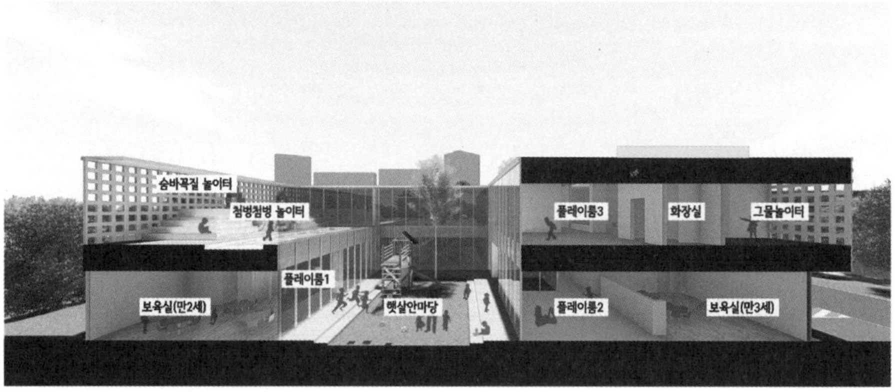

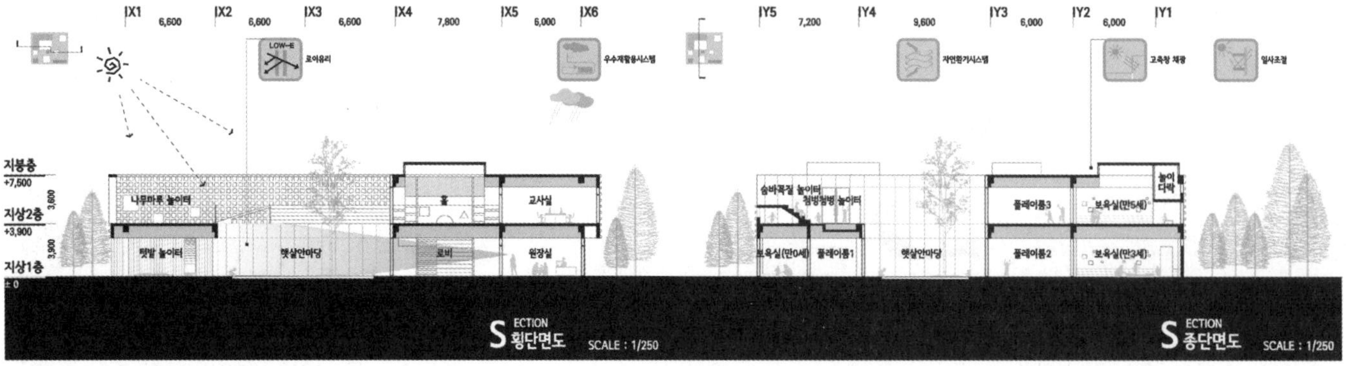

기능별 최적 층고 계획
영유아의 자율적행위를 받아줄 수 있는 활력이 넘치는 공간.
영유아가 선호하는 다락공간을 설치하여 영유아스케일과 감성을 반영.

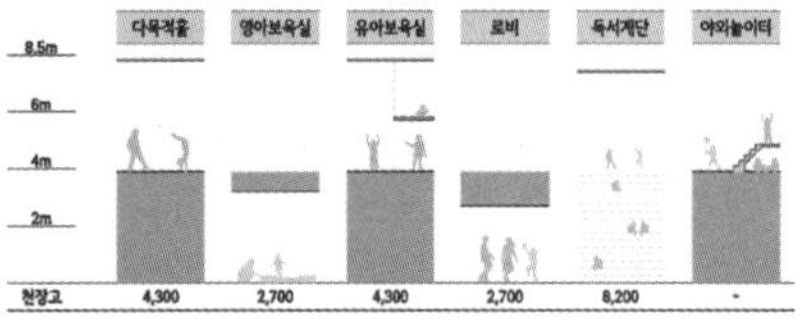

SECTION 횡단면도 SCALE : 1/250
SECTION 종단면도 SCALE : 1/250

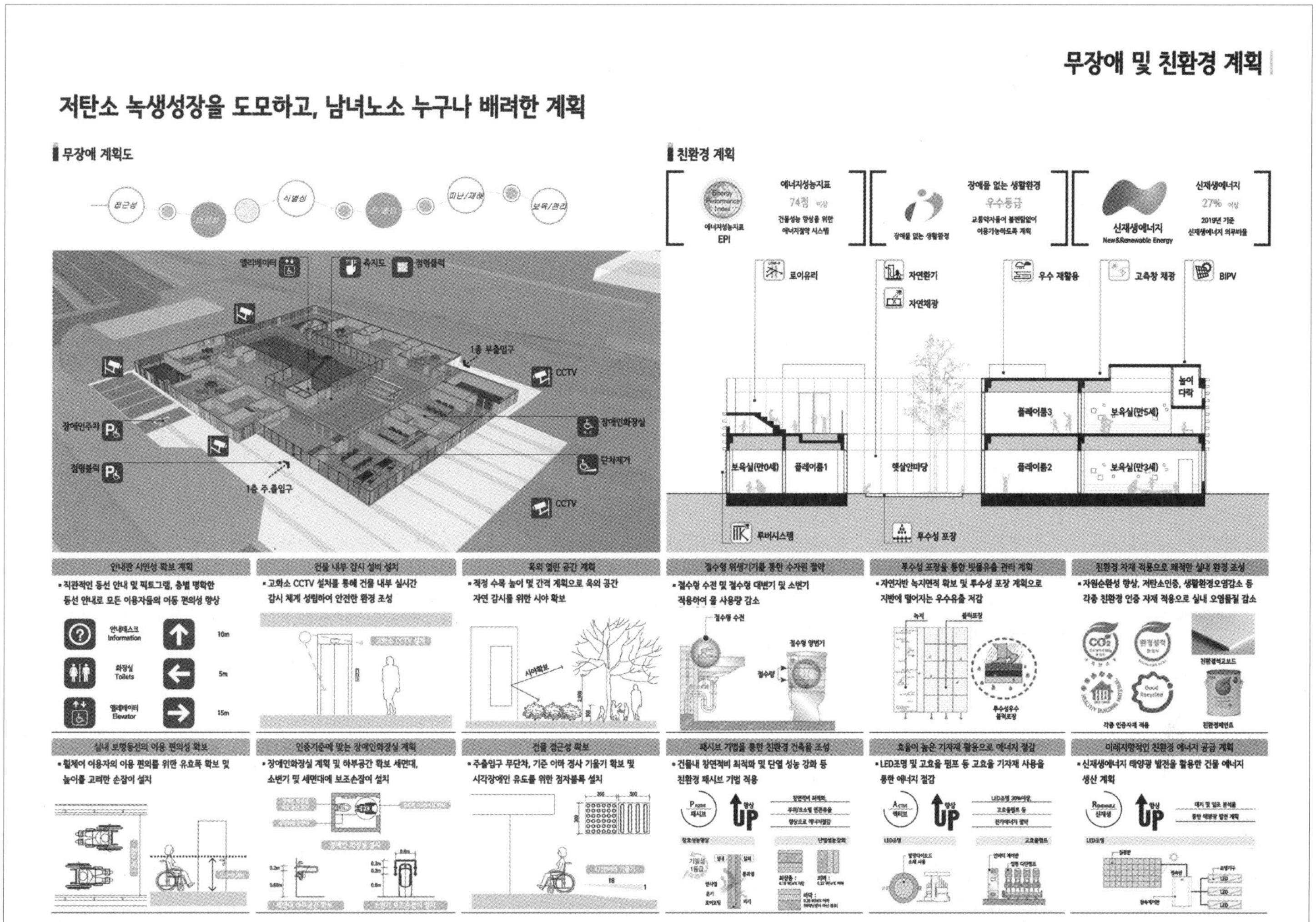

…

Daegu National Science Museum Daycare Center

무장애 및 친환경 계획

저탄소 녹생성장을 도모하고, 남녀노소 누구나 배려한 계획

architecture & design competition 복지·도시·체육·조경

4생활권 광역복지지원센터

당선작 (주)토문건축사사무소 최기철, 한대수 설계팀 최정석, 김종경, 김영채, 김재희, 이대하, 박병규, 김태열

대지위치 세종특별자치시 반곡동 66-6답 일원(4-1생활권 복4-1블록) **대지면적** 15,019.00㎡ **건축면적** 8,291.00㎡ **연면적** 13,422.14㎡ **건폐율** 55.2% **용적률** 89.37% **규모** 지상 3층 **최고높이** 17.7m **구조** 철근콘크리트조 **외부마감** 알루미늄시트, 석재패널, 투명복층유리, 치장벽돌, 폴리카보네이트

4생활권 광역복지지원센터는 세종시 6개 생활권 광역복지지원센터 중 장애인 특화시설이면서, 장애인 시설 외에 보건/치료, 청소년, 복지시설이 함께 존재하는 복합건축물이다. 따라서 성격이 다른 시설들의 효율적인 관리및 운영은 물론, 다양한 계층의 사람들이 이용하기 쉽고 피난이 용이한 건축물이 되는 것이 가장 큰 고려요소 중 하나였다. 또 하나의 화두는 삼성천변에 위치한 사업대지의 특성을 고려해, "자연과 도시를 이어주는 공공건축물의 구조는 무엇인가"였다. 구체적인 사업대지의 특성으로 서측 진입도로와 동측 삼성천변 사이의 4m 레벨차이와 향후 건설 예정인 남측의 장애인형 국민체육센터와 북측의 공공청사와 연계 이용이 있다. 이에 도시와 수변 자연의 흐름이 건축 외부는 물론 내부로도 이어지는 공간을 만들어, 장애인/비장애인이 자연스럽게 어울리고 소통하며, 마음의 거리를 좁힐 수 있는 편하고 안전한 장소인 '어울림'을 제안한다.

Among other welfare centers covering the six life zones of Sejong City, the proposed welfare center for 4 Life Zone specializes in supporting the disabled, and it's a multi-use building which accommodates facilities for health care and treatment, teenagers and welfare services apart from disabled facilities. Therefore, one of the most important design objectives was to propose a building which enables efficient management and operation of various programs with different characteristics, allows different groups of people to use it conveniently and ensures smooth evacuations. Another question was, considering the characteristics of the project site sitting alongside of the Samseongcheon Stream, "how to structure this public building to make it serve as a connecter between the city and nature". The noticeable features of the site are as follows; a 4m-level difference between the access road in the west and the Samseongcheon Stream in the east, and a possibility of connecting the planned public sports center for the disabled in the south and the government office in the north. Therefore, the proposal introduces a space through which the flows of the city and the natural waterside area continue to run in and outside the building, with an aim to provide a comfortable and safe place for the disabled and non-disabled people to mingle and interact with each other and close the distance between themselves.

Prize winner Tomoon Architect & Engineers_Choi Kicheol, Han Deasoo **Location** Bangok-dong, Sejong City **Site area** 15,019.00m² **Building area** 8,291.00m² **Gross floor area** 13,422.14m² **Building coverage** 55.2% **Floor space index** 89.37% **Building scope** 3F **Height** 17.7m **Structure** RC **Exterior finishing** Aluminum sheet, Stone panel, Clear paired glass, Face brick, Polycarbonate

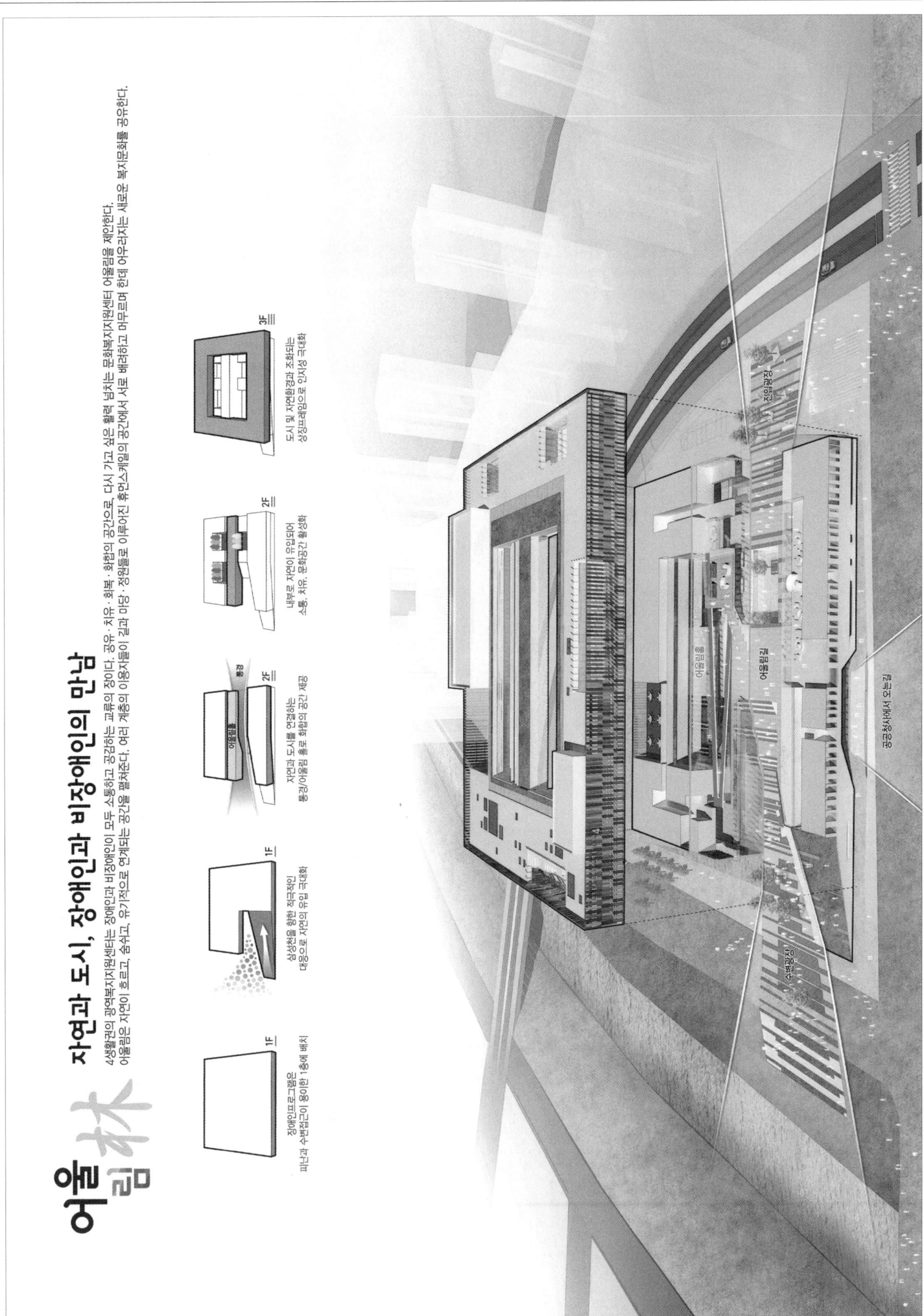

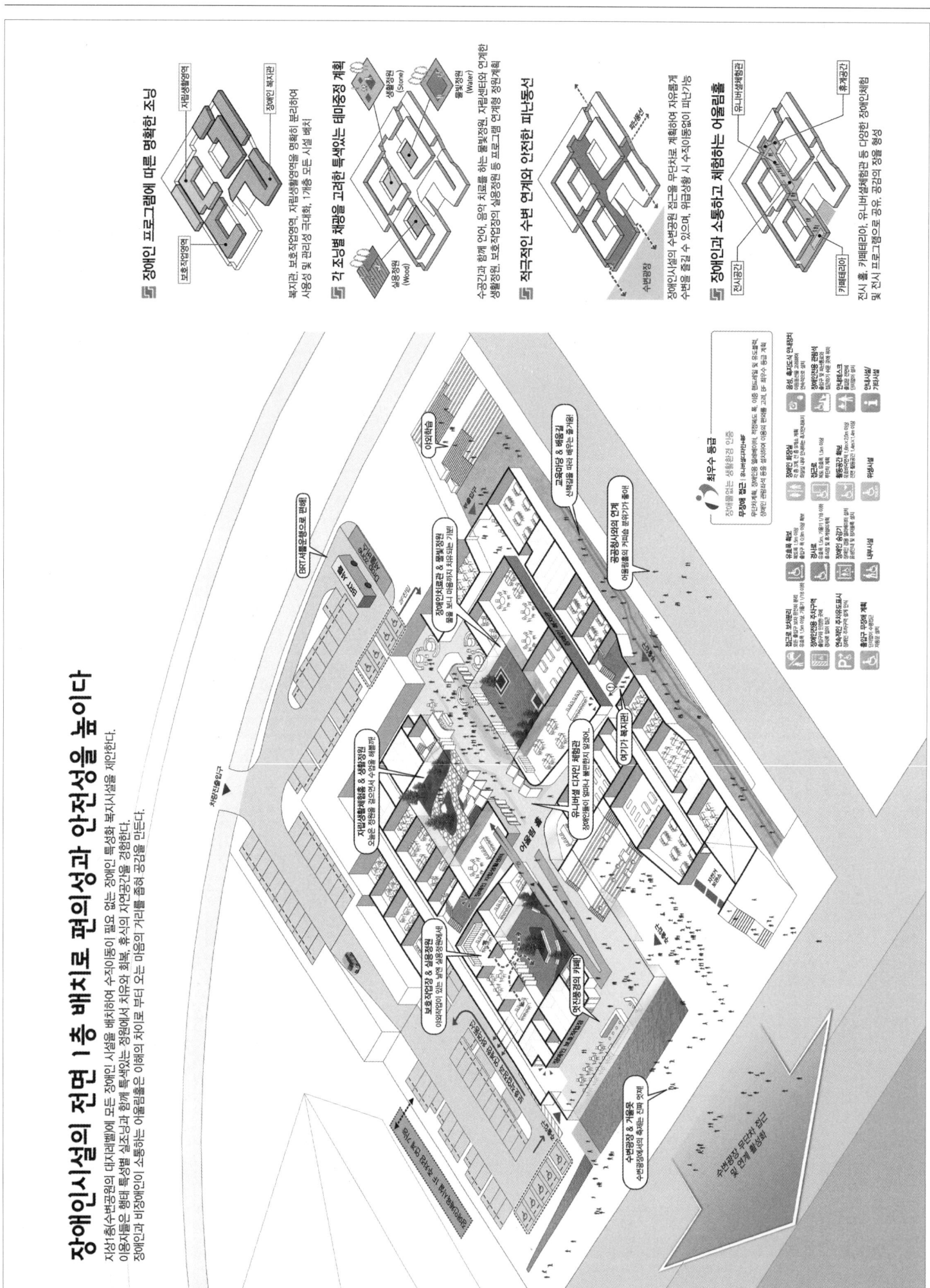

Regional Welfare Center in 4 Life Zone

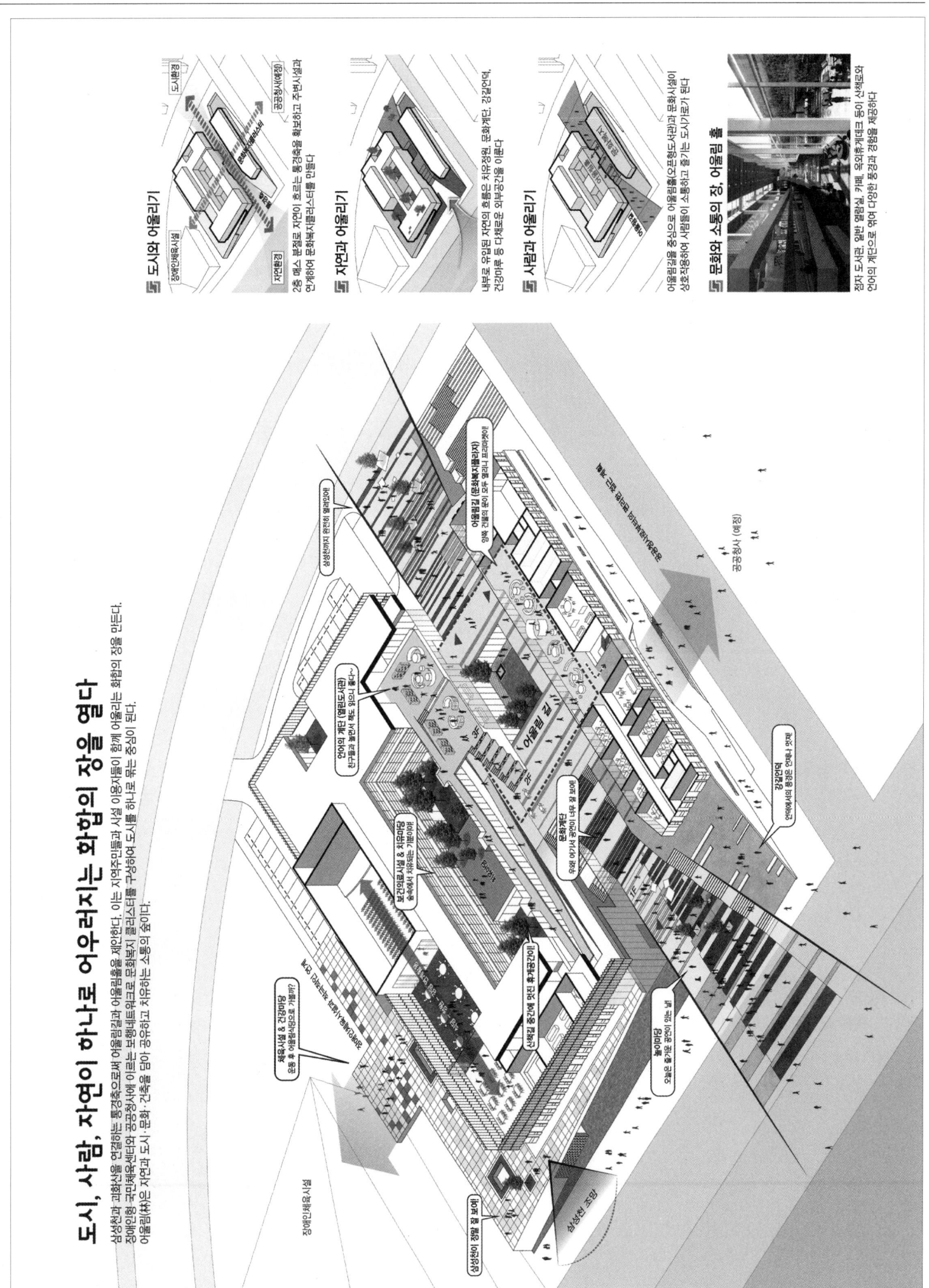

도시, 사람, 자연이 하나로 어우러지는 화합의 장을 열다

4생활권 광역복지지원센터

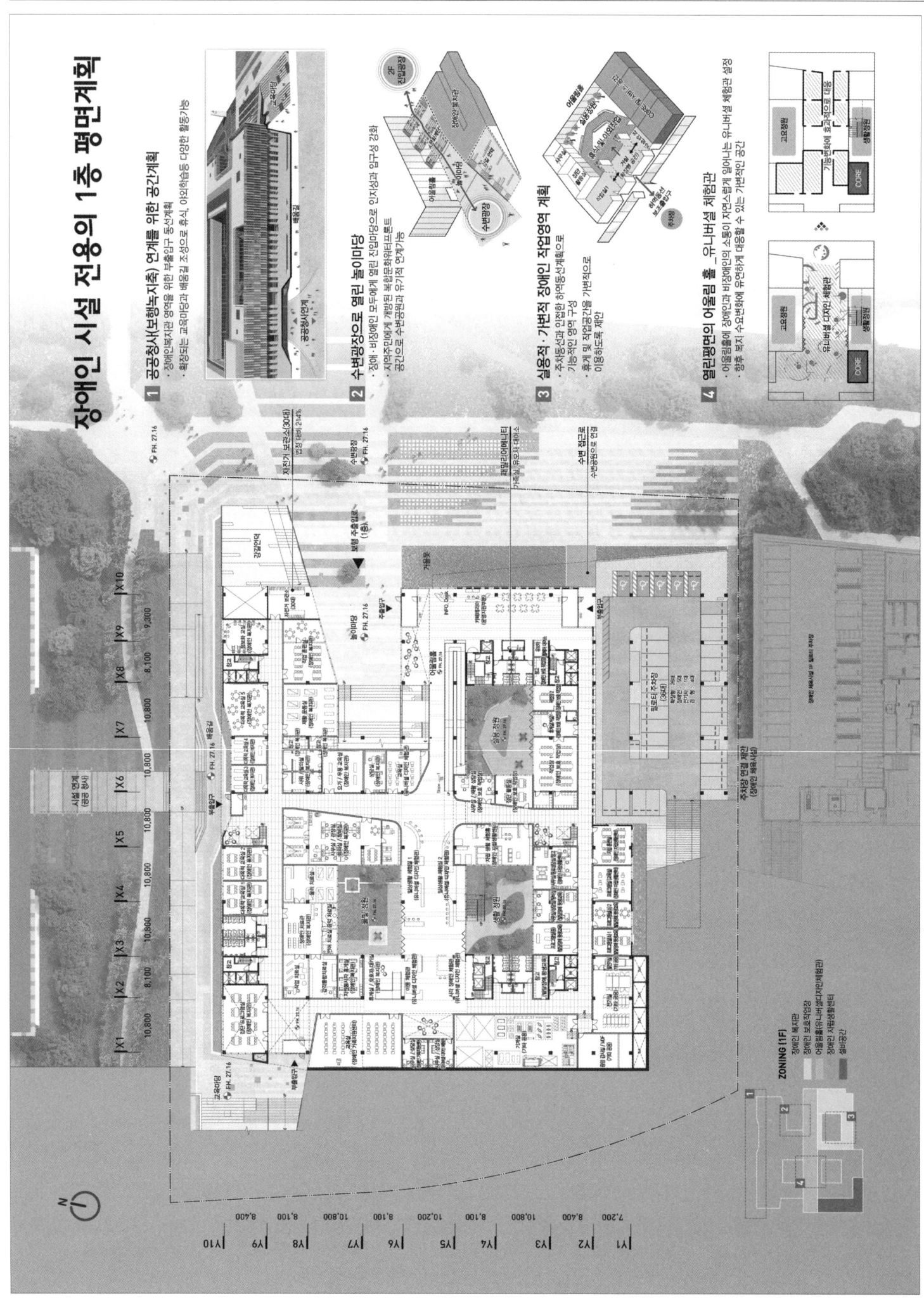

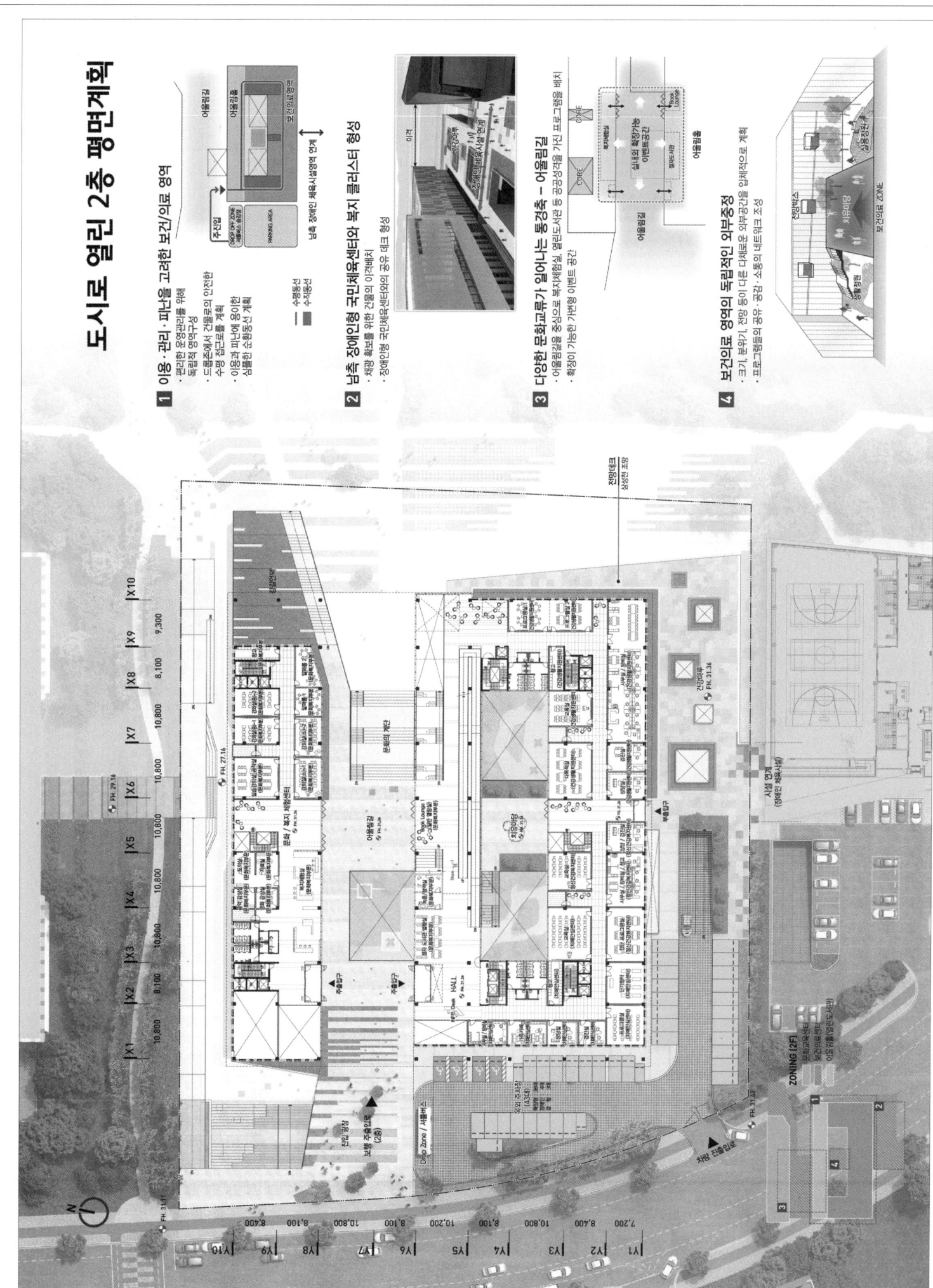

4생활권 광역복지지원센터

자연과 어울리는 3층 평면계획

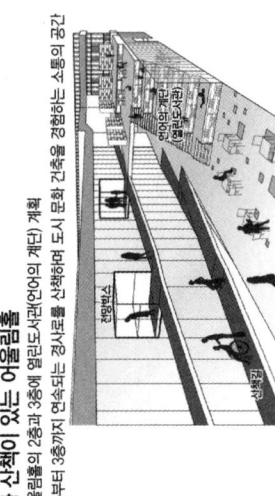

1. 다양한 운영주체를 위한 영역별 아외마루
- 영역별 독립 아외데크를 계획
- 야외 활동, 휴식, 전망 및 수평 층층 기능 공간

① 행사마루 체육공원과 연계
② 바람마루 상쾌한 조망, 갤러리와의 연계
③ 공부마루 녹지환경 조망
④ 운동마루 생활체육 영역의 휴게공간
⑤ 살림마루 관리자들의 휴게공간

2. 책과 산책이 있는 아울림홀
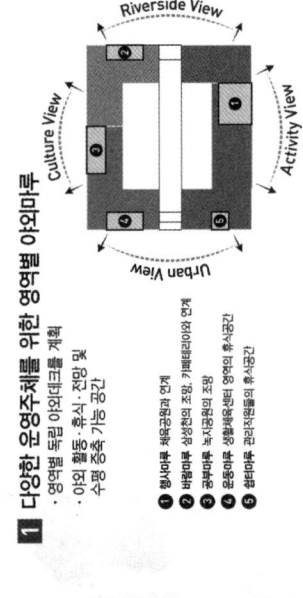
- 아울림홀 2층과 3층에 열린도서관(언어의 계단) 계획
- 1층부터 3층까지 연속되는 청소년들 산책하며 도시 문화 건축을 경험하는 소통의 공간

3. 강당과 식당의 휴식공간 행사마루

- 강당 및 식당의 유기적인 분리와 연계를 위한 외부 데크구성
- 대규모 이벤트 시 확장하여 대공간으로 활용 가능

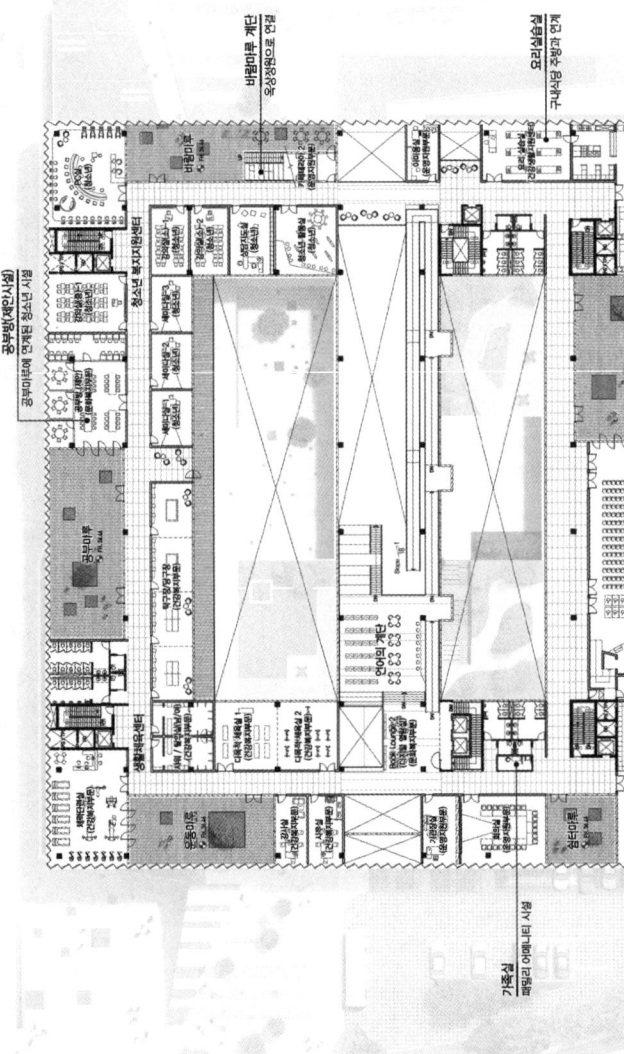

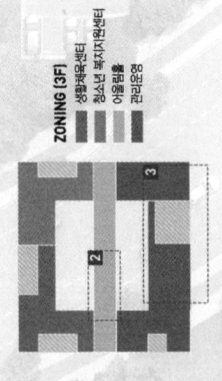

ZONING (3F)
- 생활체육센터
- 청소년 복지지원센터
- 아울림홀
- 관리운영

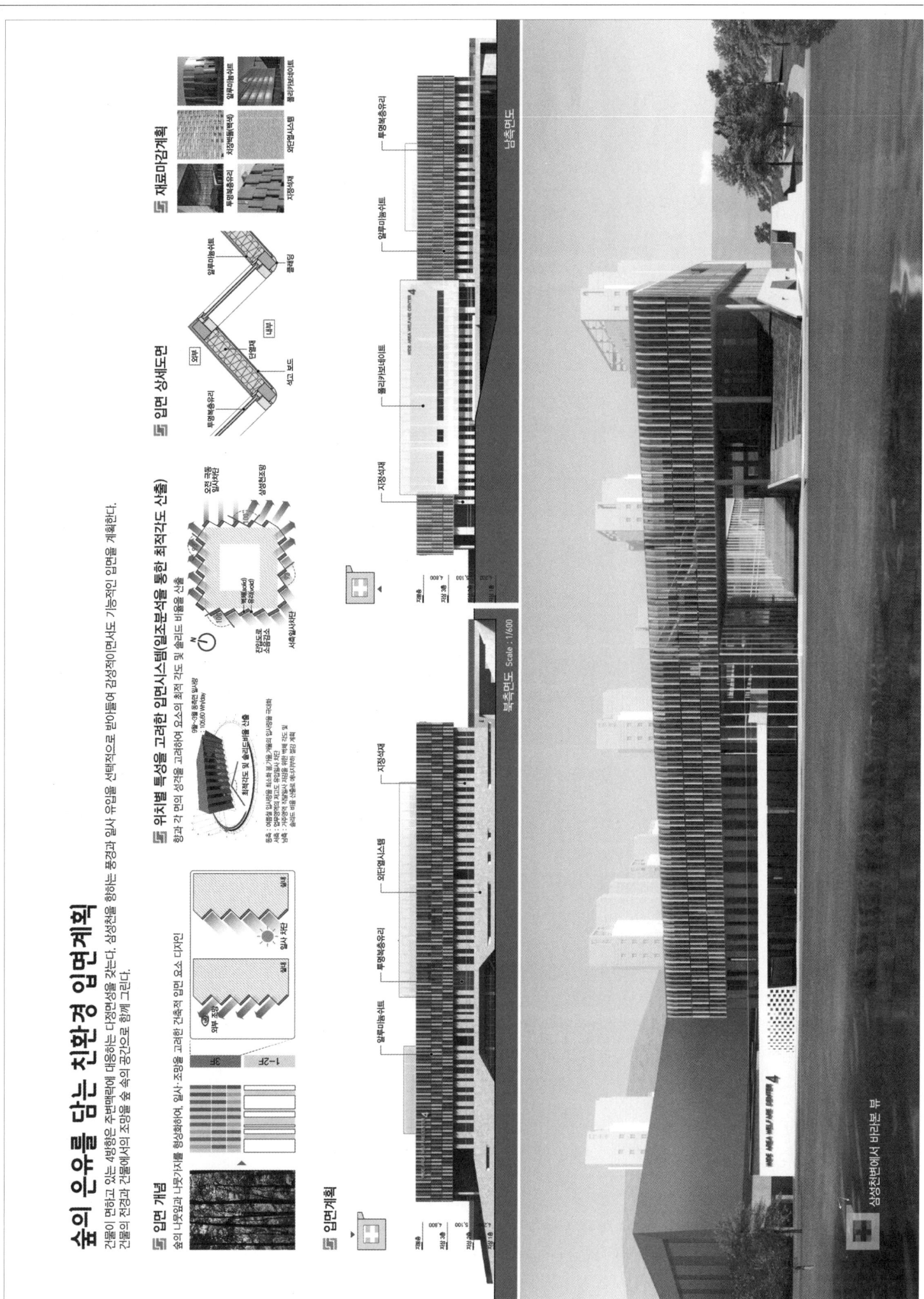

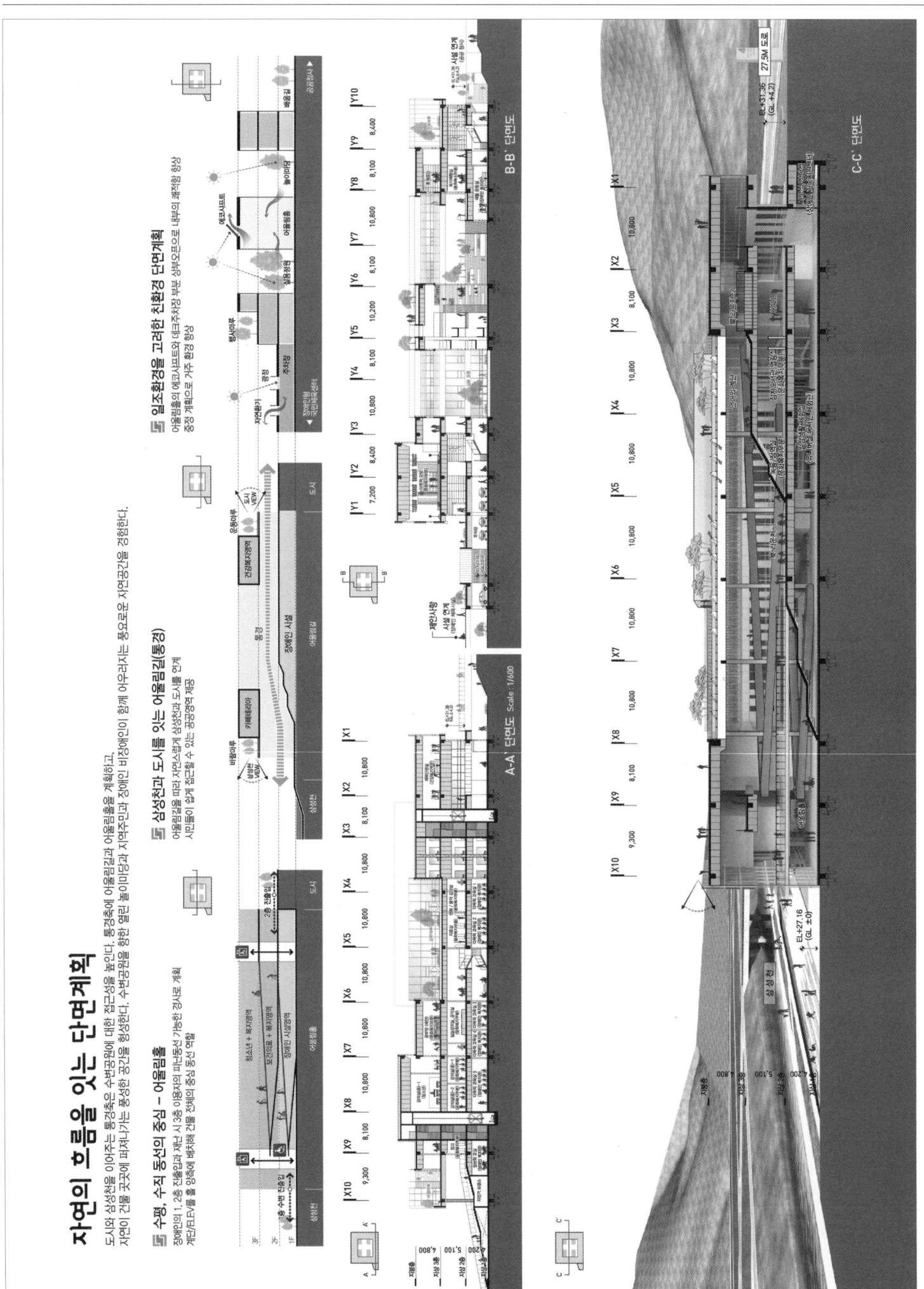

Regional Welfare Center in 4 Life Zone

회동동 복합커뮤니티 문화센터

당선작 (주)지을엔드 종합건축사사무소 전창선 설계팀 김보혜, 손민규, 문자람, 김민지

대지위치 부산광역시 금정구 회동동 200-3번지 **대지면적** 309.80㎡ **건축면적** 184.99㎡ **연면적** 464.09㎡ **건폐율** 59.71% **용적률** 149.8% **규모** 지상 3층 **최고높이** 8.8m **구조** 철근콘크리트조 **외부마감** 석재타일, 치장벽돌, 수성페인트 **주차** 4대

평면계획

긴 장방형의 대지형태속에서 건축면적이 약 185㎡ 정도밖에 안되는 매우 작은 건축물이다. 규모가 작기 때문에 기능 위주로 한다면, 장방형의 단순한 평면형태가 사용하기에 편리하나, 3세대가 활용하는 복합커뮤니티 문화센터라는 목적을 고려할 때, 다양한 세대가 필요에 따라 가변성 있게 공간을 활용할 수 있는 햇볕이 잘 드는 밝은 공간이 되었으면 좋겠다는 생각이 들었다. 이를 위해 남측의 긴 장변의 한쪽을 파서 중정을 만들어 공간 깊숙이 빛이 들어오도록 하였으며, 중정과 연계해 계단실 및 엘리베이터를 건물 중간에 배치해 건물의 전면과 후면을 복도로 연결하도록 하였다.

입면계획

건물의 입면은 지역 명칭인 회동동의 유래인 회천(回川)을 형상화하여 표현하였다. 지역주민의 바람으로 회동동이라는 동네 이름을 행정동 명칭 변경을 통해, 다시 되찾게 되었다는 사실을 알고, 지역명칭을 건물의 입면으로 표현해 지역주민에게 의미있는 주민센터로 기억되고 싶었다.

Floor plan

It's a very small building built in a long rectangular lot with a building area of only about 185m². As the scale of the project is small, a simple rectangular floor plan is easier to handle from the perspective of functionalism. However, as the project's objective was to build a multi-purpose community and culture center for three generations, it was thought that the new center should provide a sunny and bright space allowing different generations to use the facility flexibly according to their needs. Therefore, one corner of the longer south side is emptied to make a courtyard so that the sunlight can come into deep inside. The staircase and elevators are positioned at the center of the building to be connected with the courtyard, with an aim to make a passage between the front and rear section of the building.

Elevation

The facade (front) is deigned to represent Hoecheon, the origin of Hoedong-dong's place name. Knowing that the place name of Hoedong-dong has been restored after undergoing the place name change process at the request of local people, the place name is reflected in the facade design so that the new center can be regarded as an important place for local people.

Prize winner ZIEUL and Architecture Interior Design_Jeon Changseon **Location** Geumjeong-gu, Busan **Site area** 309.80m² **Building area** 184.99m² **Gross floor area** 464.09m² **Building coverage** 59.71% **Floor space index** 149.8% **Building scope** 3F **Height** 8.8m **Structure** RC **Exterior finishing** Stone tile, Face brick, Water-paint **Parking** 4

Hoedong-dong Community Culture Center

설계개요
대지현황 / 배치계획 분석

회동교회 전경

계획부지 전경

상가(4층) 전경

대지레벨 / 축
- 전면 도로 및 주변 대지의 평탄한 레벨
- 주변 맥락 및 도로축에 에 순응하는 건물배치

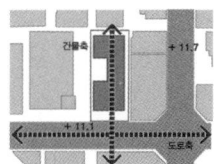

인접 교회와의 외부공간 연계(제안)
- 매우 인접한 주변건물로 인한 공간의 폐쇄성 우려
- 인접한 교회 외부공간과 연계한 커뮤니티 공간확장 (제안)

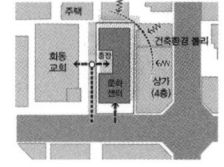

향 / 조망
- 좁고 긴 부지형상과 인접한 주변건물로 조망권 불리
- 남향 및 도로변 열린공간으로 주요실 및 휴게공간 배치

건축계획
배치계획

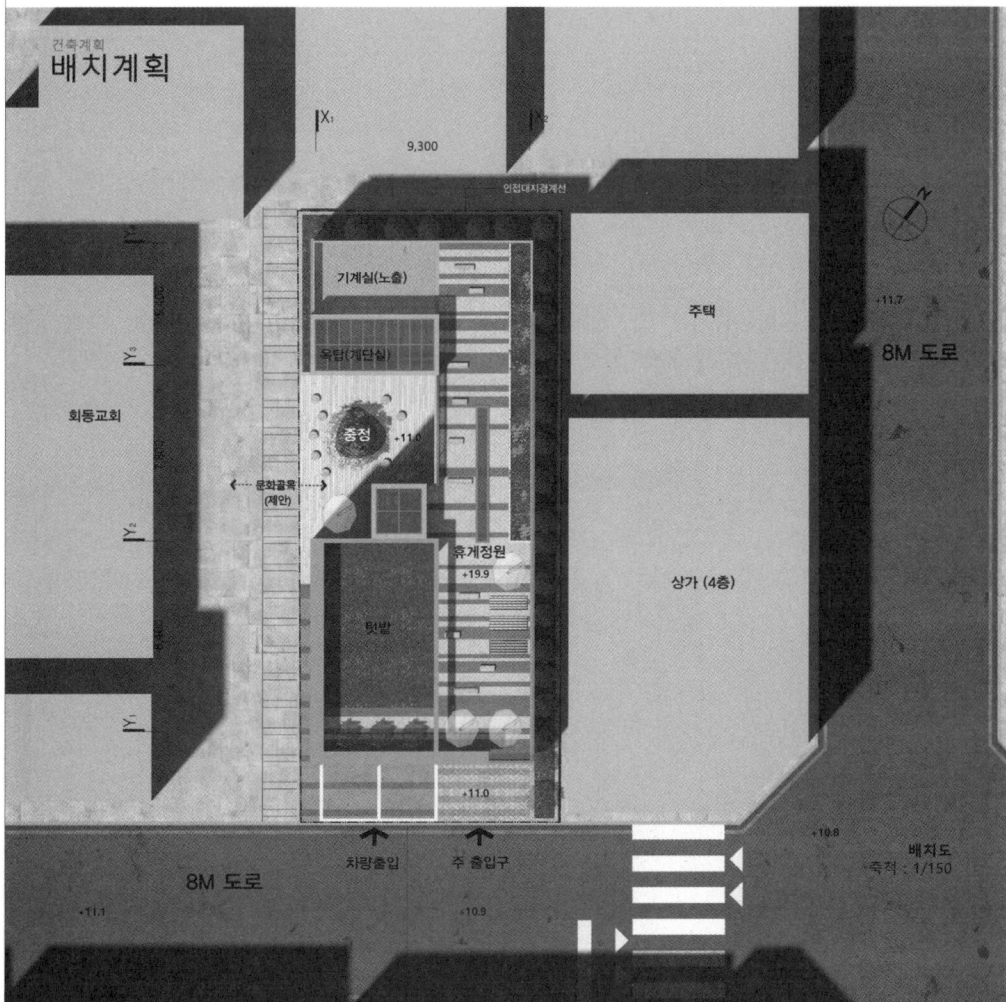

밝고 쾌적한 남향위주의 실배치
- 주요실 및 중정공간의 남향배치로 쾌적한 실내외 환경조성

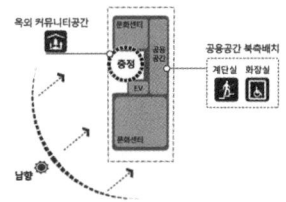

명쾌한 보차구분으로 안전성 확보
- 도로에서 바로 접하는 편리한 주차장 확보
- 안전을 위한 보행자 진입로와 주차공간의 명확한 분리

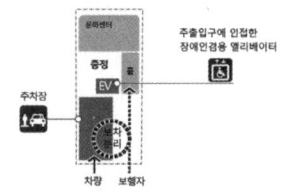

필요에 따라 통합 및 확장가능한 외부공간
- 중정, 주차장, 진입마당의 연계로 다목적 활용공간 가능
- 지역주민들의 편리한 접근 및 활용을 위한 진입마당 전면배치

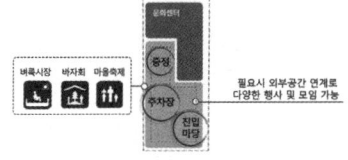

회동동 복합커뮤니티 문화센터

건축계획
지상1층 평면계획

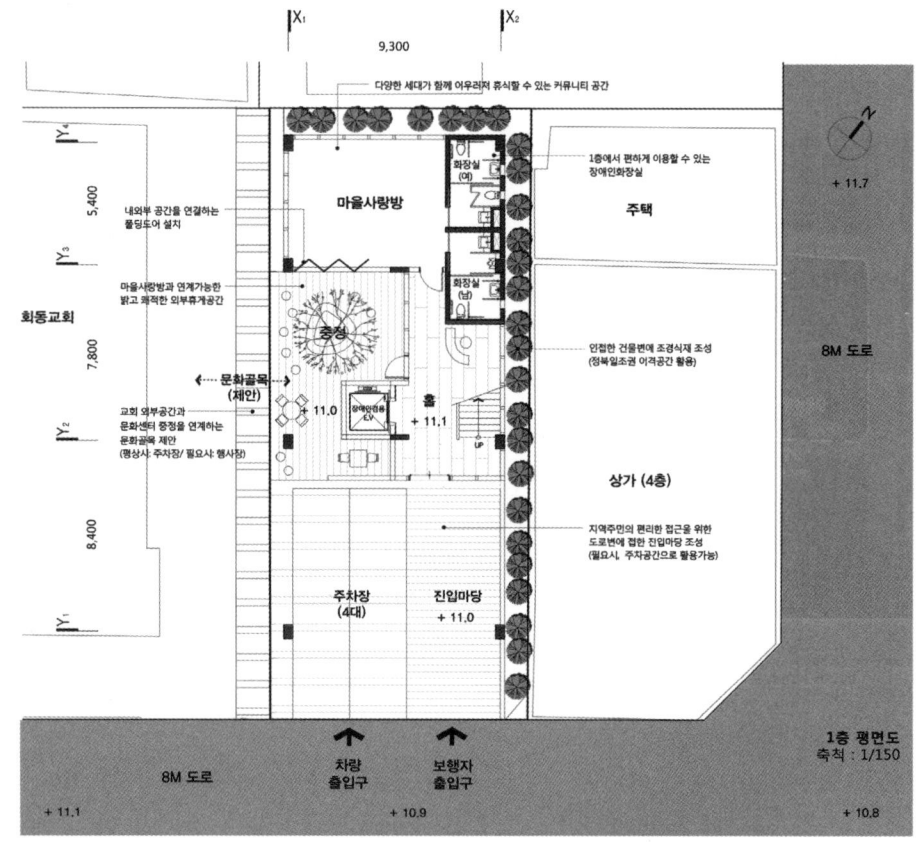

1층 평면도
축척 : 1/150

쾌적한 실내환경을 조성하는 밝고 쾌적한 중정
- 내외부 공간을 연결하는 밝고 쾌적한 중정공간
- 최대한의 남측채광을 받아들이는 쾌적한 실내환경 조성

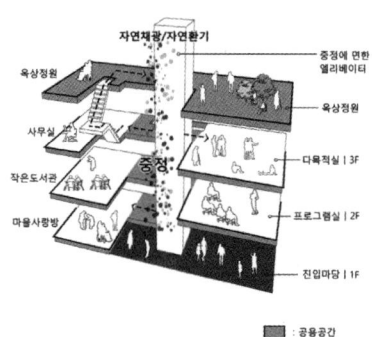

다양한 활용을 위한 내외부 공간의 연계
- 내외부 연계 및 가변적 공간활용을 위한 폴딩도어 설치
- 통합된 공간활용으로 다양한 행사 및 모임활용 가능

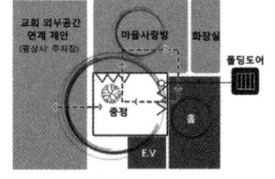

건축계획
지상2층, 3층 평면계획

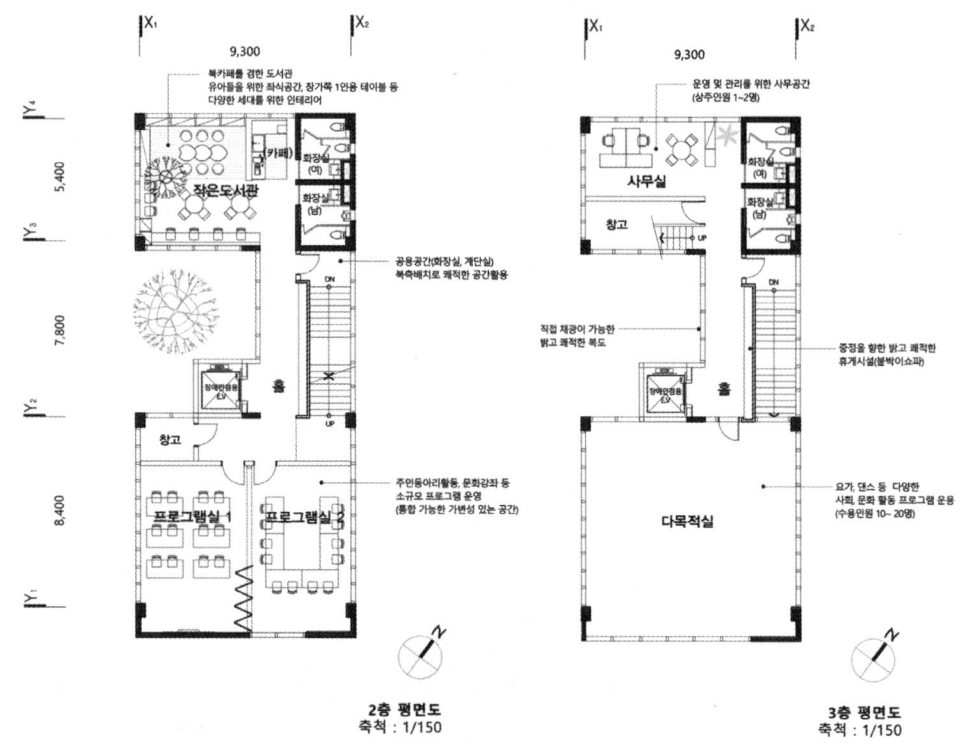

2층 평면도
축척 : 1/150

3층 평면도
축척 : 1/150

각 실별 채광면적 최대 확보
- 주요실의 남측배치 및 공용공간 북측배치로 쾌적한 환경조성

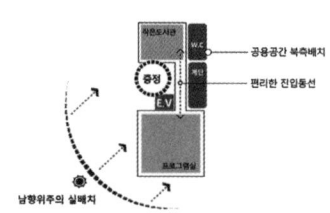

자연채광, 자연환기를 위한 중정
- 외부공간과의 연계로 밝고 쾌적한 실내환경 조성
- 자연친화적이고 효율적인 내·외부 공간의 연계

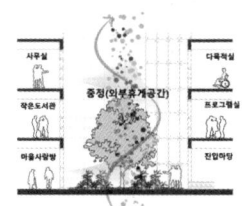

다양한 이용자를 고려한 가변적인 공간
- 향후 시설의 이용현황 변화를 고려한 유동적, 가변적 공간조성
- 다양한 프로그램 활동을 위한 유니버설 디자인 계획

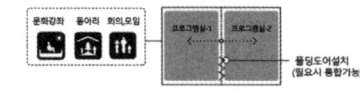

Hoedong-dong Community Culture Center

건축계획
옥상층 평면계획

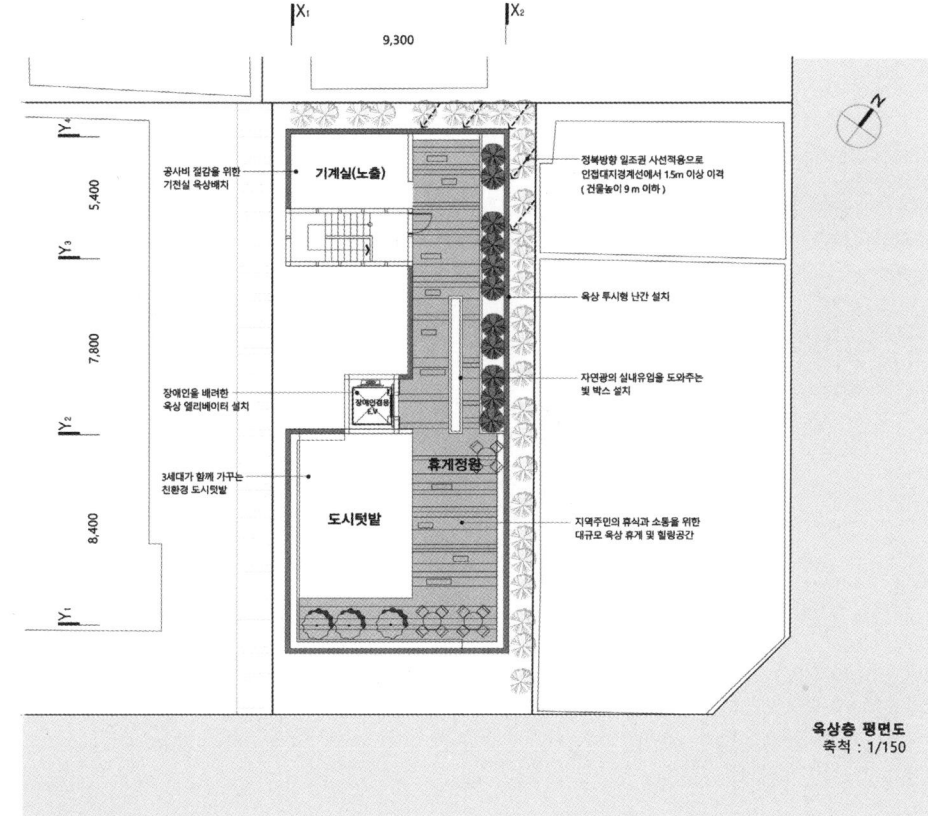

옥상층 평면도
축척 : 1/150

■ 장애인의 접근을 배려한 옥상 EV 설치
- 노약자, 장애인을 위해 옥상휴게정원까지 연결되는 장애인 승강기
- 3세대가 함께 가꾸는 친환경 도시텃밭 및 휴식공간 조성

■ 효율적이고 기능적인 층별 조닝계획
- 공용공간(계단, 복도, EV)의 집중배치로 편리한 수직동선
- 활동공간과 서비스공간의 분리와 연계로 공간활용 최대화

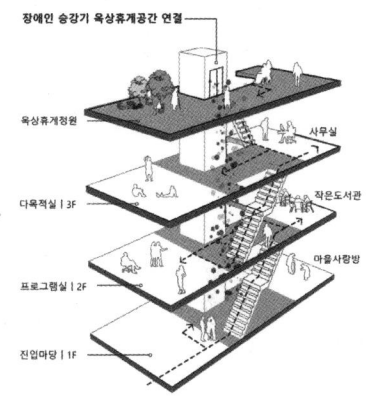

건축계획
실내,외 마감재료

■ 실내,외 재료마감계획의 주안점

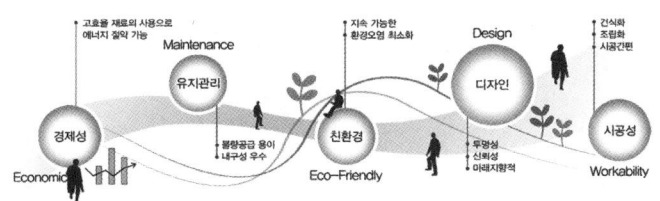

■ 실외 마감재료

■ 실내 마감재료

구분	실 명	바 닥	벽	천 장
주요실	마을사랑방	바닥난방시스템/강화마루	친환경수성페인트	친환경 흡음텍스
	프로그램실	비닐무석면타일	흡음벽체	친환경 흡음텍스
	작은도서관	비닐무석면타일	흡음벽체	친환경 흡음텍스
	다목적실	경질 단풍 플로어링	흡음벽체	친환경 흡음텍스
	사무실	비닐무석면타일	친환경수성페인트	친환경 흡음텍스
	창고	비닐무석면타일	친환경수성페인트	친환경 흡음텍스
공용	홀 / 복도	화강석 버너구이	화강석 물갈기	친환경 흡음텍스
	계단실	화강석 버너구이	친환경수성페인트	친환경 수성페인트
	화장실 (남, 여)	논슬립 자기질타일	도기질타일	열경화성수지천장재

회동동 복합커뮤니티 문화센터

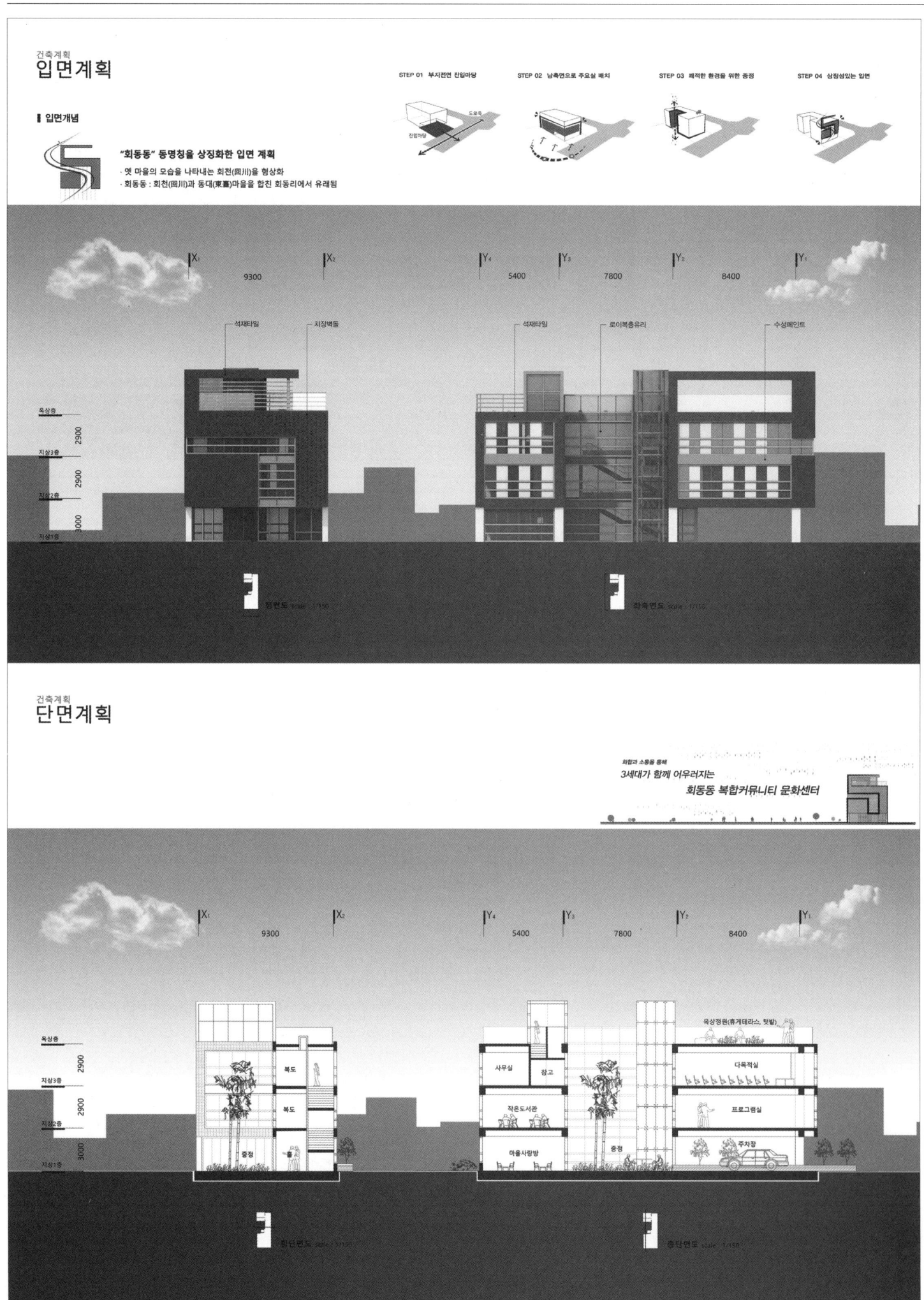

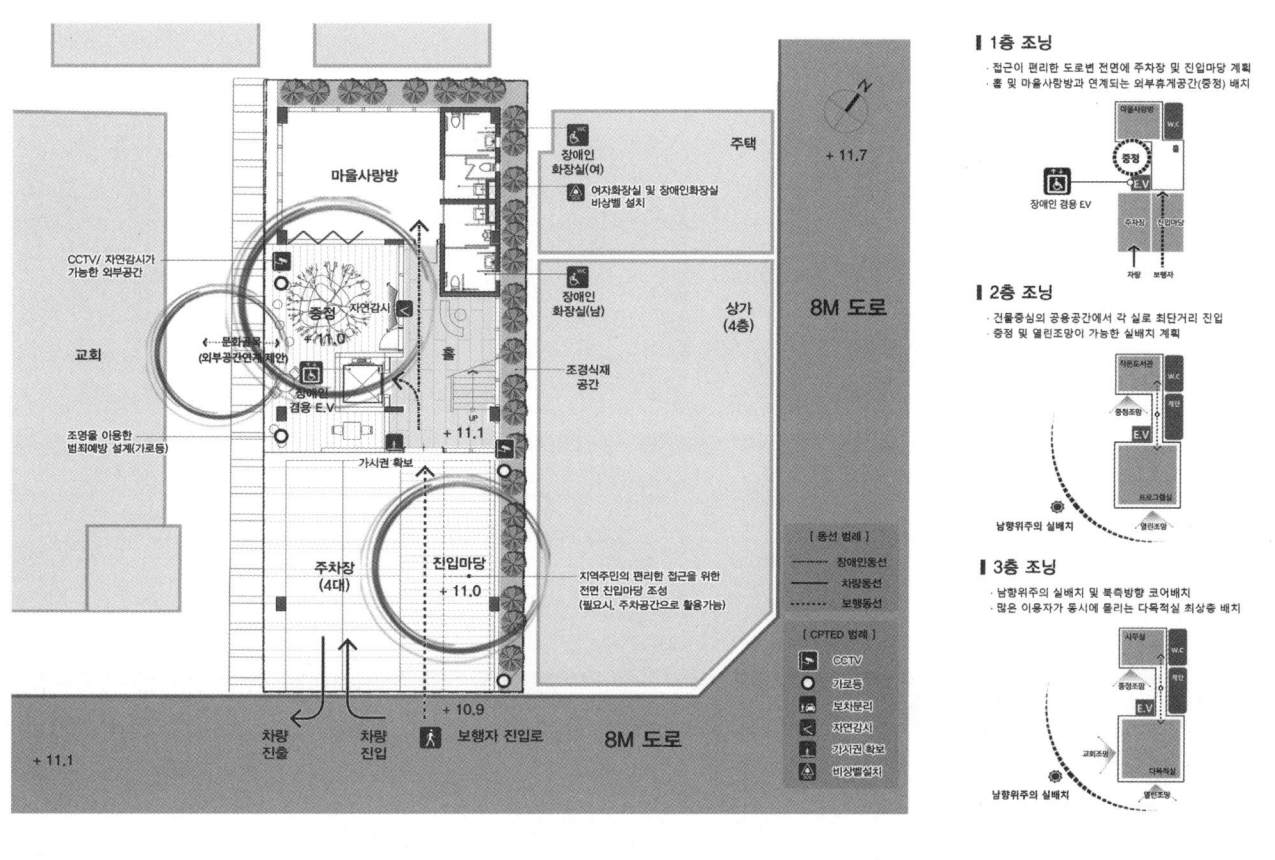

회동동 복합커뮤니티 문화센터

시스템계획
에너지절약계획

건축물 에너지효율 등급인증 계획

에너지 성능지표 계획

기계·전기설비 분야 에너지 절약 계획

친환경 종합계획도

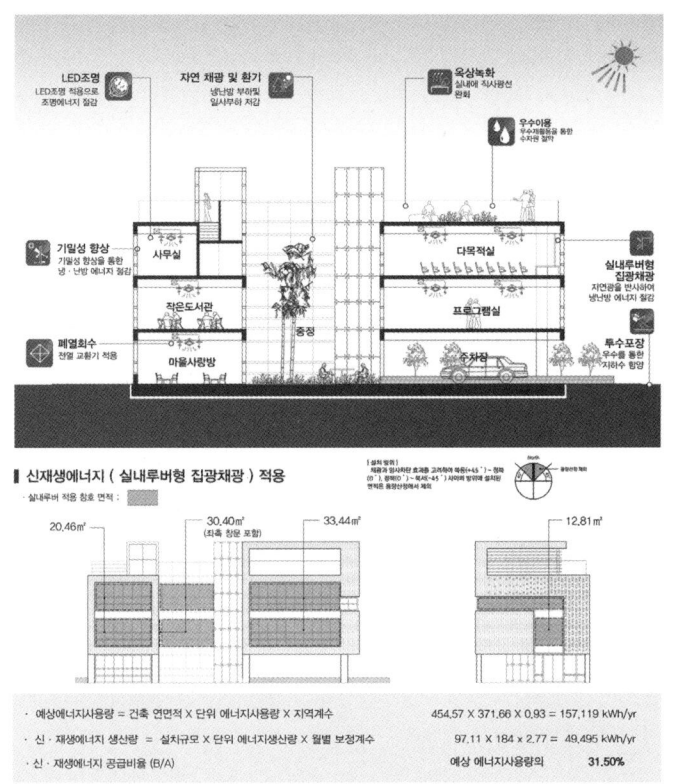

신재생에너지 (실내루버형 집광채광) 적용

- 예상에너지사용량 = 건축 연면적 × 단위 에너지사용량 × 지역계수 454.57 × 371.66 × 0.93 = 157,119 kWh/yr
- 신·재생에너지 생산량 = 설치규모 × 단위 에너지생산량 × 월별 보정계수 97.11 × 184 × 2.77 = 49,495 kWh/yr
- 신·재생에너지 공급비율 (B/A) 예상 에너지사용량의 **31.50%**

분야별계획
실내디자인 연출계획

3세대가 함께 어우러지는 회동동 문화센터

다양한 세대와 많은 주민들이 함께 이용할 수 있도록
공간적, 시간적 공유와 분리를 고려하여
공간 활용을 최대화 하며, 세대간의 화합을 도모한다.

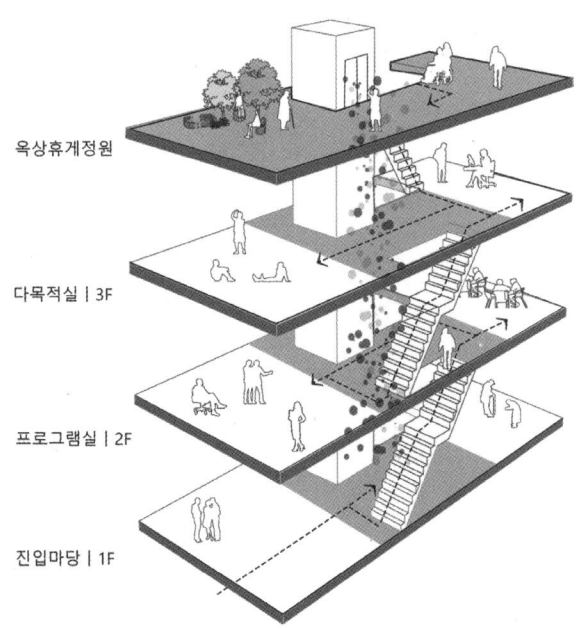

설계경기 04_복지

장애인 희망드림센터

당선작 (주)토담건축사사무소 이창환, 김진식 설계팀 이상엽, 김민우, 조다예, 김정훈

대지위치 대구광역시 달성군 화원읍 본리리 85번지 **대지면적** 37,071.00㎡ **건축면적** 1,433.56㎡ **연면적** 4,892.99㎡ **조경면적** 1,038.75㎡ **건폐율** 32.55% **용적률** 86.79% **규모** 지하 1층, 지상 5층 **최고높이** 21.4m **구조** 철근콘크리트 라멘 + 철골트러스 **외부마감** 금속패널, 세라믹패널, 적벽돌, 로이복층유리 **주차** 38대(장애인 주차 7대 포함)

경계를 넘어 하나가 되다

이 땅의 첫 인상은 도로를 경계로 마주보는 커다란 옹벽, 우리를 가로막는 것은 저 벽인가 누군가의 편견인가. 저 벽을, 와해된 시선을 무너뜨리고 이제는 같은 마음, 하나된 마음으로 우리는 어울려 소통하기를 꿈꾸며 새로운 건물을 통해 우리는 새로운 시작과 끝맺음을 지으려 한다.

기본계획

본 건물은 대구광역시립 희망원 부지 내에 건립되는 장애인과 가족을 위한 장애인 복지 허브 기능센터로서 장애인 뿐만 아니라 지역 주민들이 함께 사용할 수 있는 열린공간을 계획하였다. 기존 레벨을 활용한 휴게공간을 조성하고, 편리한 접근을 위해 레벨을 조정하였다. 옹벽을 철거하여 장애인과 비장애인 사이의 단절을 없애고자 했다.

평면계획

- 1층 : 레벨차를 이용한 수공간계획과 상징수목을 보존하였다.
- 2층 : 외부 휴게공간과 연계된 통합놀이터를 계획하였다.
- 3층 : 도서관 활성화를 위한 지원시설 배치 및 시설을 조성하였다.
- 4~5층 : 가변성 있는 장애인 단체 사무실과 휴게 데크를 계획하였다.

Achieving reconciliation by breaking boundaries

The first impression of the site was dominated by a large retaining wall facing the site across the road. What separates us is this wall or people's prejudices? After driving away the wall and warped minds, we will seek to mingle and interact with one united mind. And we will mark a new beginning and a new end by introducing a new building.

Basic plan

The project building is a welfare service center for the disabled and their families, which will be built within the Daegu City Hope Village site. But it's designed as an open space not only for the disabled but also for local people. Existing level conditions are used to create a new resting area, yet some adjustments are made to provide convenient access. The retaining wall is demolished to remove boundaries between the disabled and the non-disabled.

Floor plan

- 1F : Existing level differences are used to make a water space and preserve iconic trees.
- 2F : An integrated playground connected with an outdoor resting area is designed.
- 3F : Support facilities are added to promote the use of library.
- 4F, 5F : Flexible disability community offices and a lounge deck are installed.

Prize winner Todam Architects & Engineers_Lee Changhwan, Kim Jinsik **Location** Dalseong-gun, Daegu **Site area** 37,071.00㎡ **Building area** 1,433.56㎡ **Gross floor area** 4,892.99㎡ **Landscaping area** 1,038.75㎡ **Building coverage** 32.55% **Floor space index** 86.79% **Building scope** B1, 5F **Height** 21.4m **Structure** RC rahmen + SC truss **Exterior finishing** Metal panel, Ceramic panel, Red brick, Low-E paired glass **Parking** 38 (including 7 for the disabled)

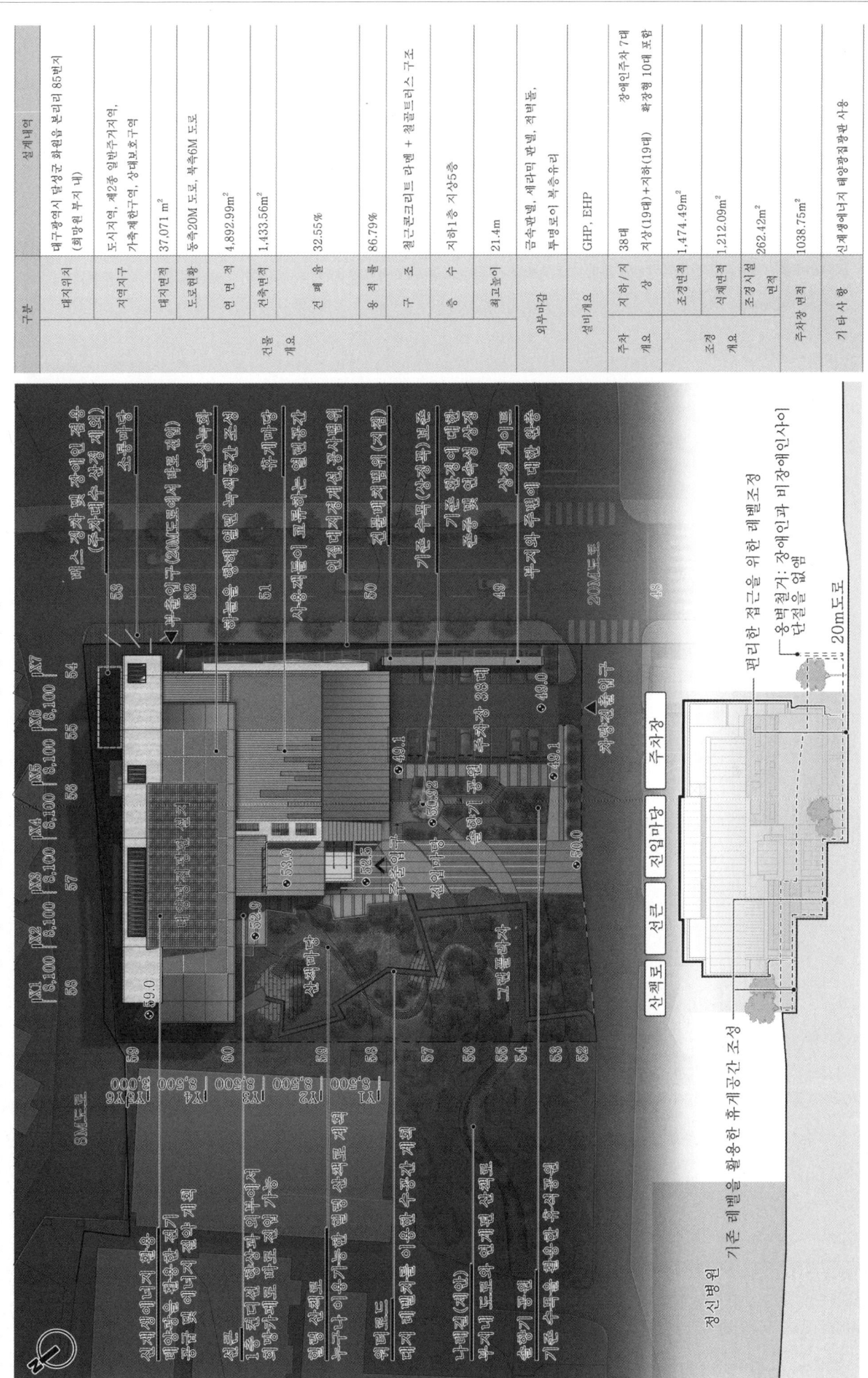

장애인 희망드림센터

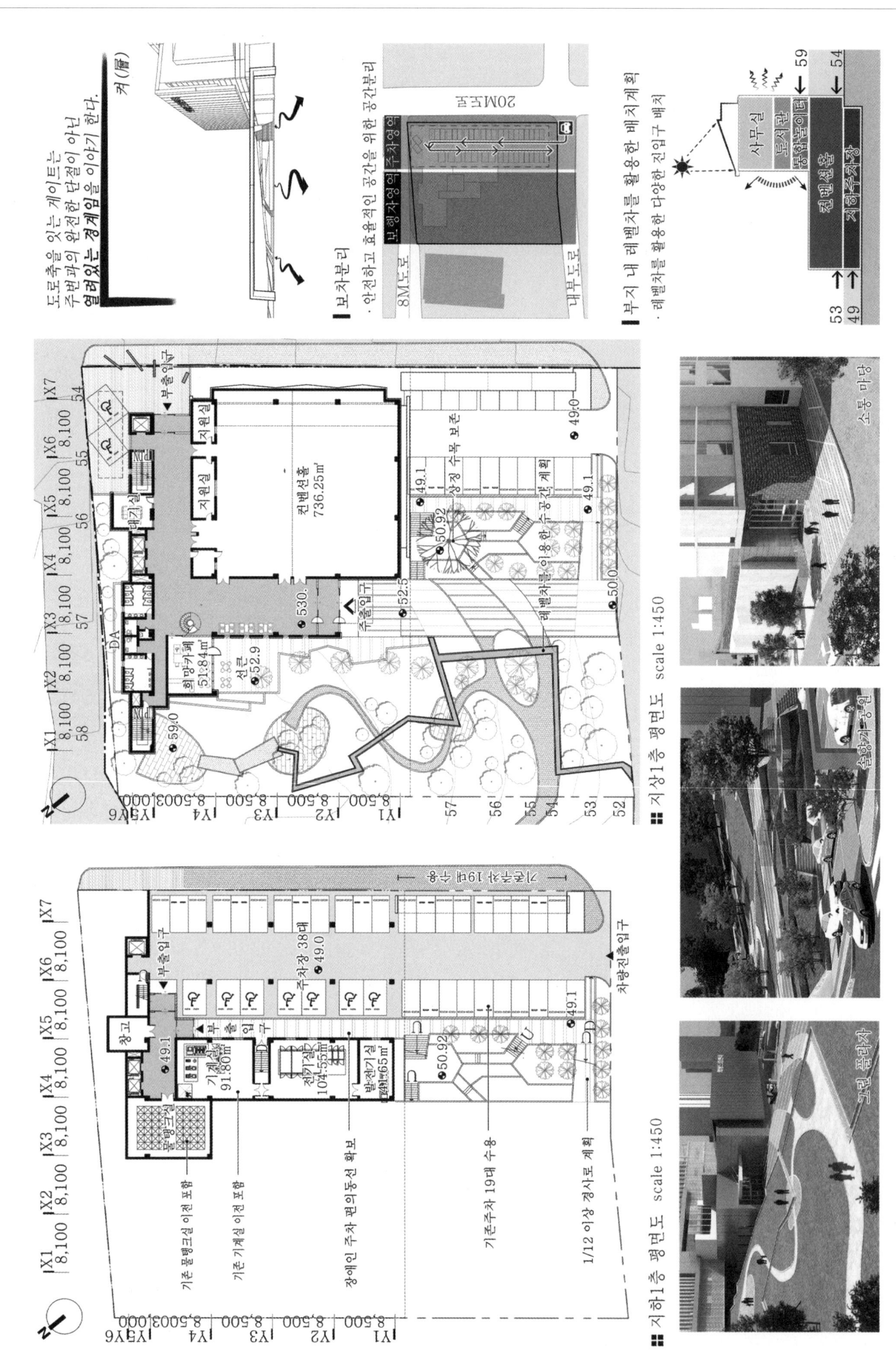

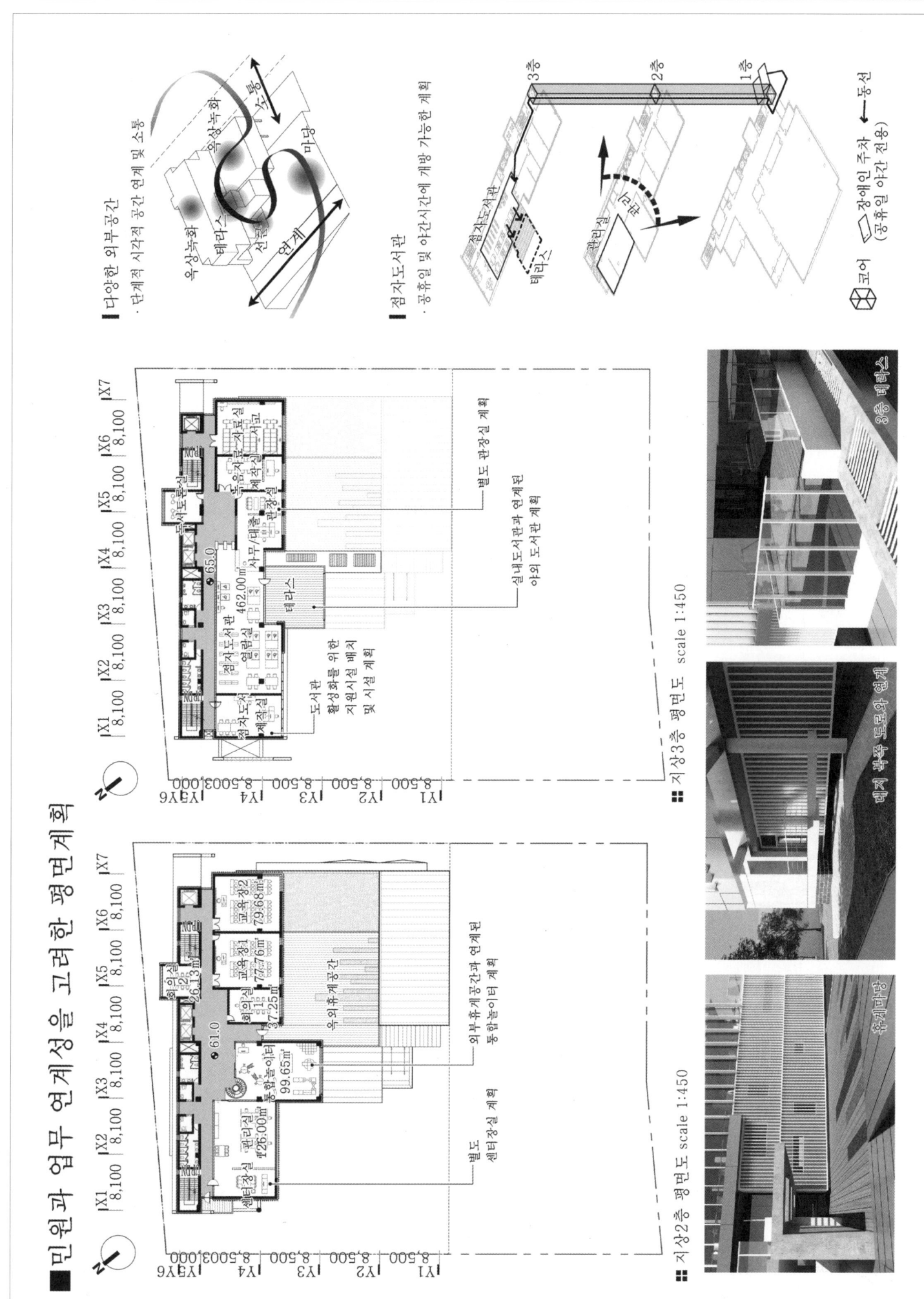

장애인 희망드림센터

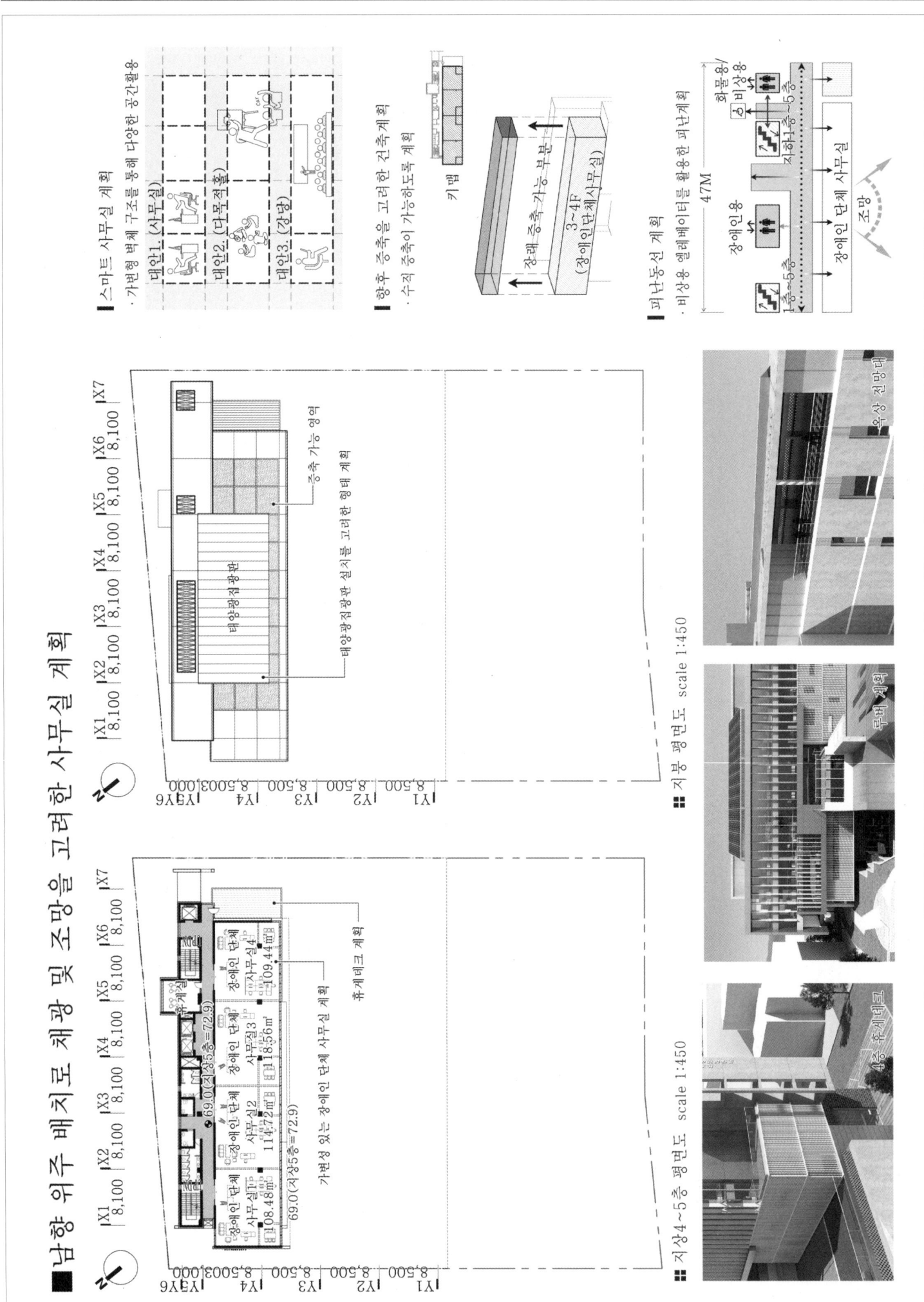

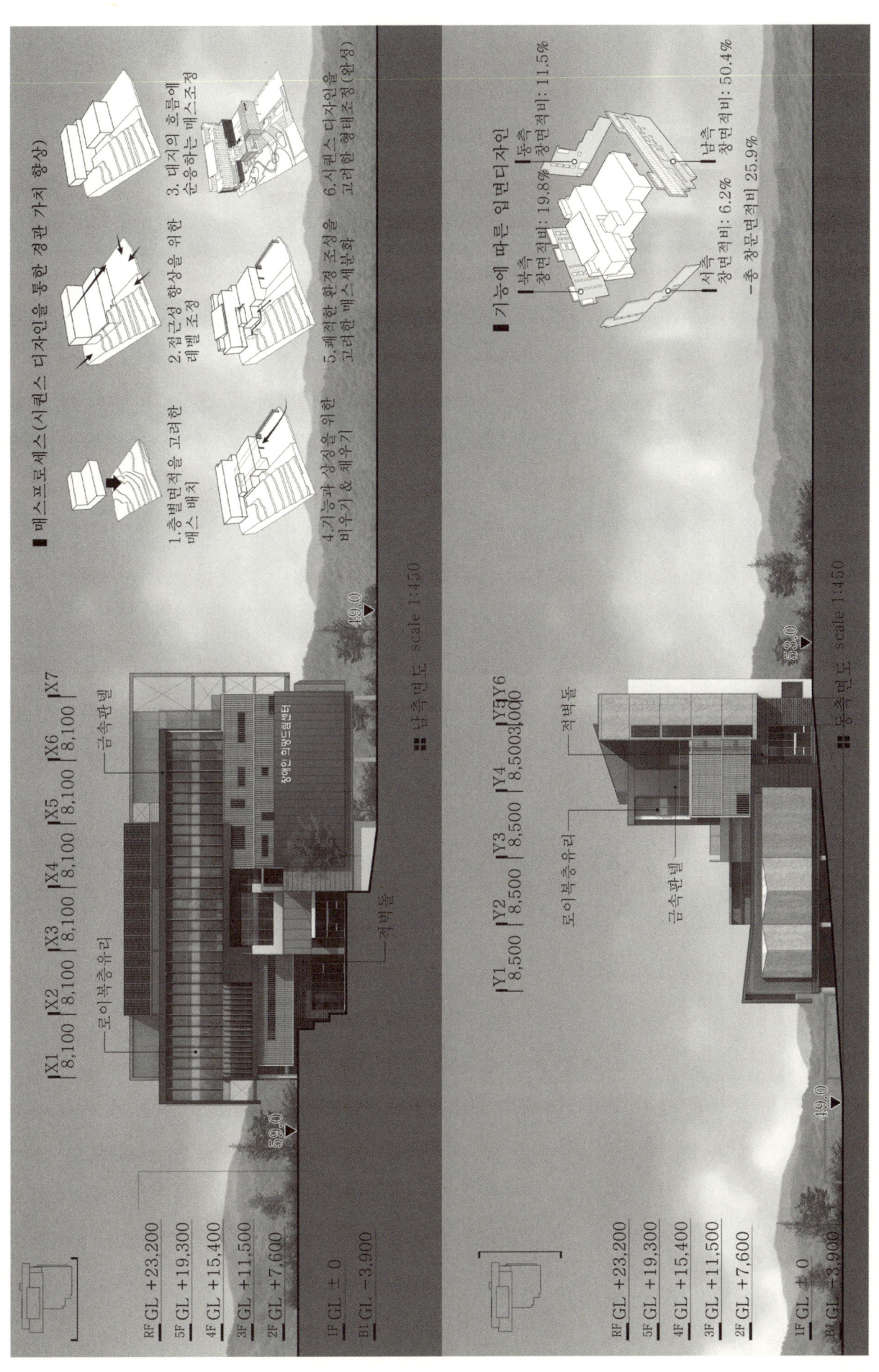

■시퀀스 디자인을 통한 경관 가치 향상

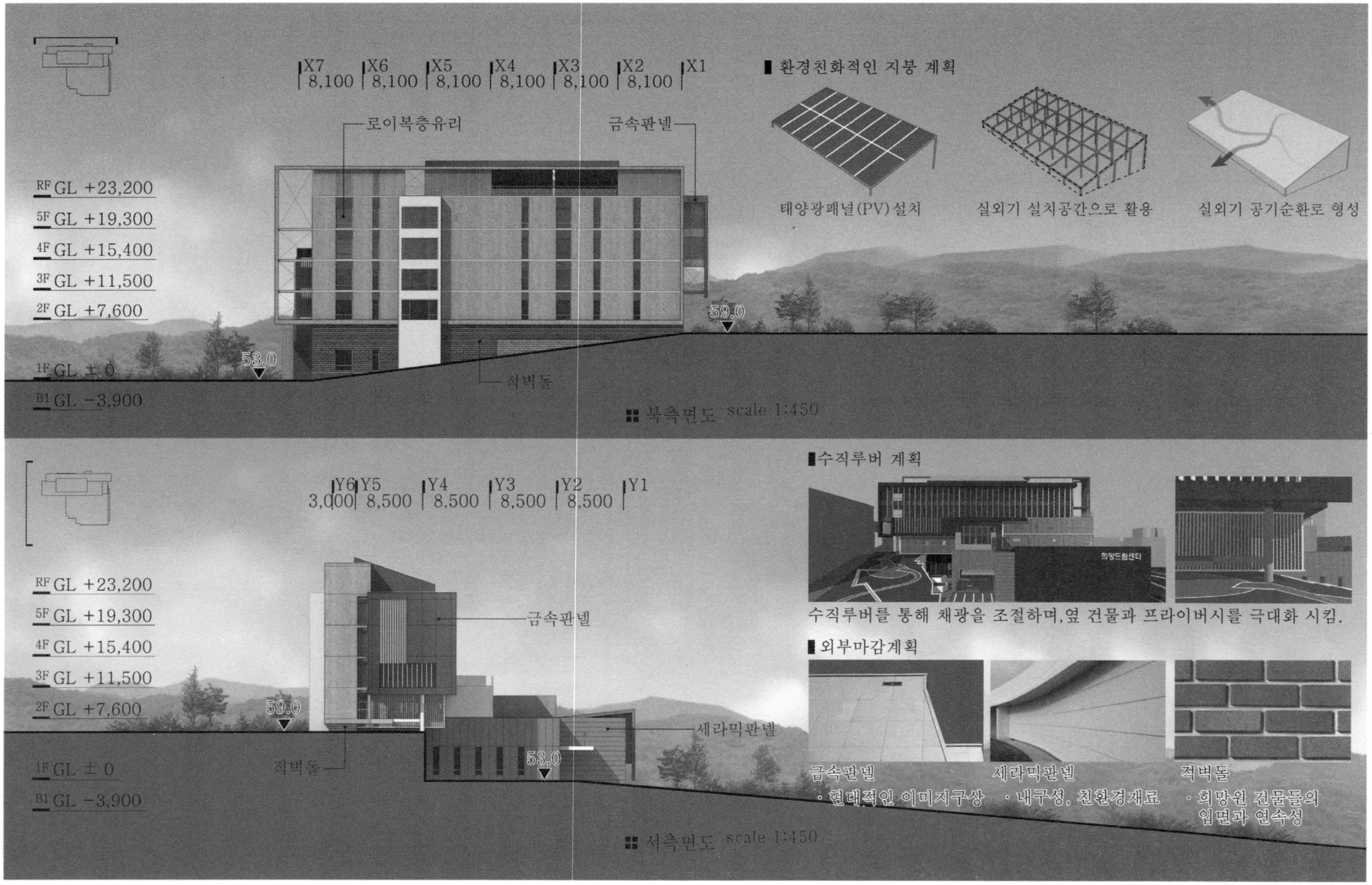
X7 X6 X5 X4 X3 X2 X1
8,100 8,100 8,100 8,100 8,100 8,100
RF GL +23,200
5F GL +19,300
4F GL +15,400
3F GL +11,500
2F GL +7,600
1F GL ± 0
B1 GL -3,900
로이복층유리
금속판넬
석벽돌
53.0
59.0
북측면도 scale 1:450
환경친화적인 지붕 계획
태양광패널(PV)설치
실외기 설치공간으로 활용
실외기 공기순환로 형성
Y6 Y5 Y4 Y3 Y2 Y1
3,000 8,500 8,500 8,500 8,500
RF GL +23,200
5F GL +19,300
4F GL +15,400
3F GL +11,500
2F GL +7,600
1F GL ± 0
B1 GL -3,900
금속판넬
세라믹판넬
적벽돌
59.0
53.0
서측면도 scale 1:450
수직루버 계획
희망드림센터
수직루버를 통해 채광을 조절하며,옆 건물과 프라이버시를 극대화 시킴.
외부마감계획
금속판넬
· 현대적인 이미지구상
세라믹판넬
· 내구성, 친환경재료
적벽돌
· 희망원 건물들의 입면과 연속성

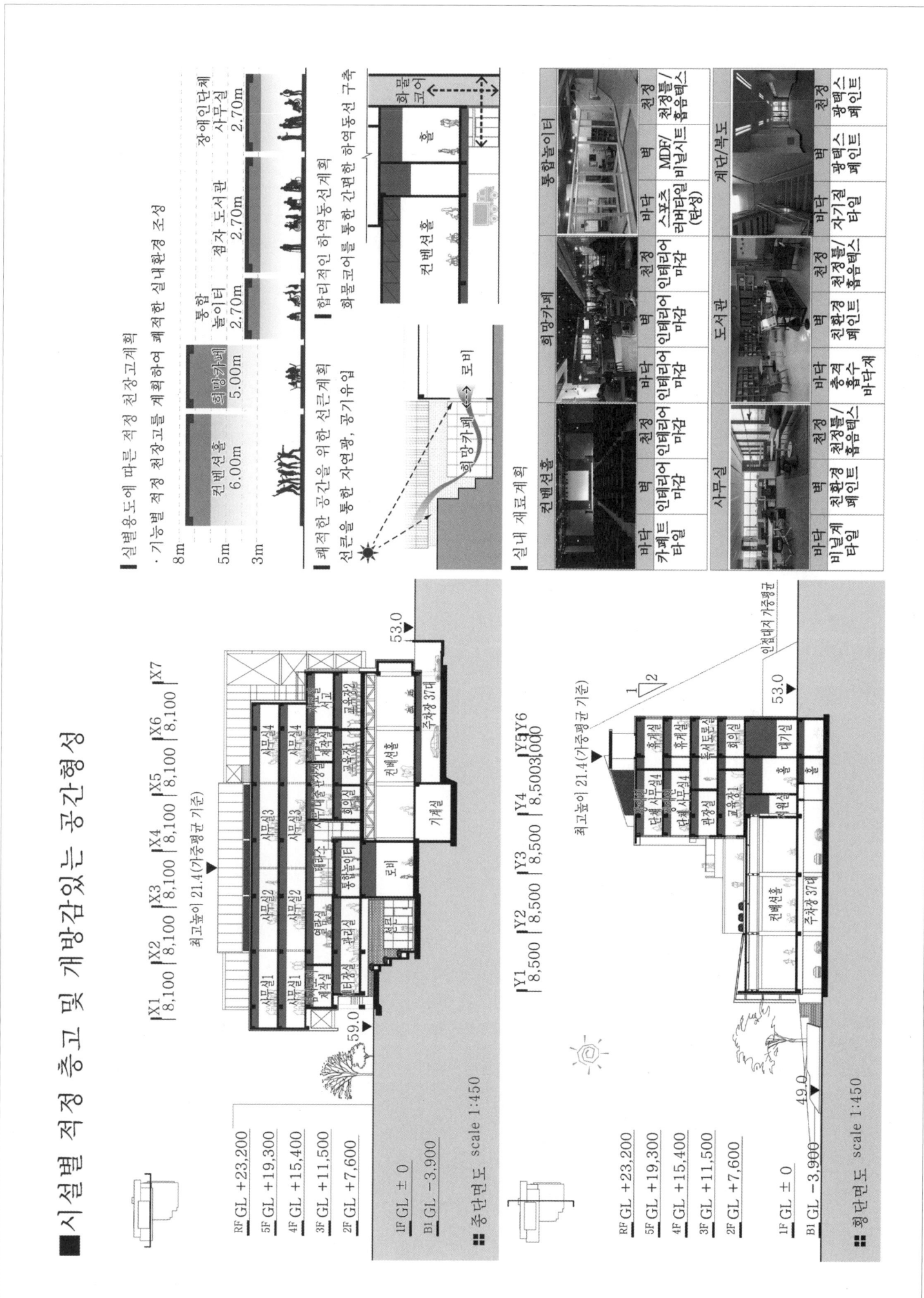

장애인 희망드림센터

가작 건축사사무소 서로가 강정구, 구경미 　설계팀 이윤정, 서보혁, 이강희, 예미언

대지위치 대구광역시 달성군 화원읍 본리리 85번지　**대지면적** 37,071.00㎡　**건축면적** 1,885.20㎡　**연면적** 4,803.85㎡　**조경면적** 636.35㎡　**건폐율** 34.82%　**용적률** 90.01%　**규모** 지하 1층, 지상 5층　**최고높이** 22.5m　**구조** 철근콘크리트조, 철골철근콘크리트조　**외부마감** 로이복층유리, 테라코타패널, 금속패널, U-글래스　**주차** 127대

전이(轉移)의 장소
장애인 희망드림센터가 지역과 소통하는 역할을 수행하며 단절된 외부와의 교류를 연결한다. 희망원에 위치한 장애인 희망드림센터는 다양한 사람들이 공존하며 협업할 수 있는 공동체 공간을 기원한다.

배치계획
- 외부에서 희망원으로 접근의 시작점(대곡역에서 접근 용이)
- 외부조경과 마당을 보존하며 지역과의 소통
- 자연스런 진입을 유도하며 희망원의 새로운 이미지 구축

평면계획
- 외부에서 쉽게 접근할 수 있는 동선 및 광장을 조성하여 카페와 컨벤션 홀의 자연스러운 공간 분리
- 점자도서관(정적 공간)의 배치로 불필요한 소음과 장애물 제거
- 통합 놀이터와 교육장을 통한 촉각에서 청각 등 여러 오감이 전이되는 평면

입면계획
- 광장의 열린공간을 통한 충분한 조망확보 및 실환경개선
- 충분한 조망확보 및 개방감을 위한 입면 디자인
- 이중외피 벽면을 활용한 동, 서향 일사 조절

A place for transmission
The proposed new center will communicate with the local community and restore the once disconnected relationship with the outside. Also, located within the Daegu City Hope Village site, it will provide a community space in which various people stay in harmony and work together.

Site plan
- An entry from the outside to the Daegu City Hope Village from the outside (easily accessible from Daegok Station)
- Opening to the neighborhood while preserving outdoor landscaping works and courtyard
- Presenting a new image for the Daegu City Hope Village by introducing a natural entry sequence

Floor plan
- Providing easy access from the outside and construing a new plaza so that the cafe and convention hall areas can be separated naturally
- Adding a braille book library (a static space) to remove unnecessary noise and obstacles
- An integrated playground and learning center that transmit different senses such as the sense of touch or hearing through planes

Elevation
- Using the plaza's open space to offer good views and improve each room's environment
- A facade design that provides good views and a sense of openness
- Using a double skin wall system to control eastern and western sunlight exposure

3rd prize SEOROGA ARCHITECTS_Kang Jungku, Gu Kyoungmi　**Location** Dalseong-gun, Daegu　**Site area** 37,071.00m²　**Building area** 1,885.20m²　**Gross floor area** 4,803.85m²　**Landscaping area** 636.35m²　**Building coverage** 34.82%　**Floor space index** 90.01%　**Building scope** B1, 5F　**Height** 22.5m　**Structure** RC, SRC　**Exterior finishing** Low-E paired glass, Terracotta panel, Metal panel, U-glass　**Parking** 127

MASTERPLAN
종합배치계획도

도시적 맥락을 이어주는 장소

■ 기본계획방향

- 외부에서 희망원으로 접근의 시작점(대구역에서 접근 용이)
- 외부조경과 마당을 보존하며 지역과의 소통
- 자연스런 진입을 유도하며 희망원의 새로운 이미지 구축

■ 마스터플랜 조감도

■ 희망원 진입시 뷰(보행자, 차량)

SITE PLAN
배치계획

주변 환경을 고려한 배치계획

■ 배치 및 토지 활용도

- 주변 경사와 대지 환경을 고려한 입체적인 배치계획
- 다양한 보행자 접근로를 이용한 1층 열린 광장의 형성
- 지형의 경사를 이용한 보차분리(지하주차 차량영역)

■ 배치 개념

- 매스세우기
- 광장의 형성
- 매스의 연결
- 열린중정의 형성

■ 배치도

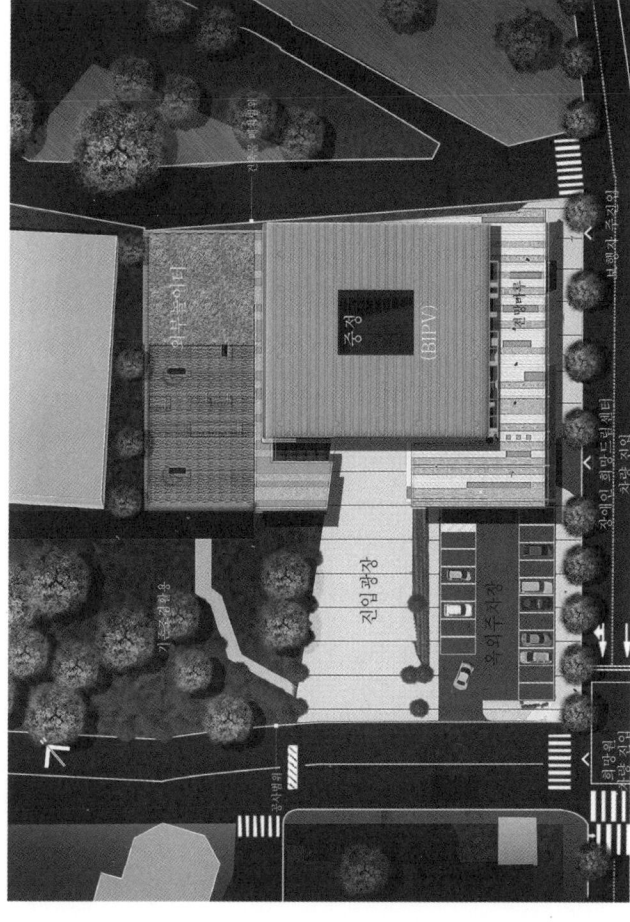

장애인 희망드림센터

BUILDING CODES
실내외 마감재료 및 실내디자인 계획

■ 내·외부 마감계획 기본 방향

주변 CONTEXT 고려	상징성과 의미	오감을 통한 공간전이
· 주변 대지와 연결되는 자연친화적 이미지 구현	· 지역과 함께 호흡하는 희망원의 소통의 장	· 다양한 신체활동에 맞는 여러 재질 사용

■ 외부 마감계획

1. BIPV(일사조절)시스템
2. 도외(복층유리)

목재데크 (BROWN COLOR)
친환경적이며 친숙한 설정

금속패널 (WHITE COLOR)
내구성 우수한 제품

■ 유니버셜디자인 (실내동선디자인계획)

벽과 동선
· 벽면 촉감을 통한 동선 유도

유니버셜 디자인
· 사람의 눈높이를 고려
· 장애물 없는 공간 구성

빛과 동선
· 빛을 통한 공간 유도

조화로운 환경의 구성

장애인희망드림센터
전이轉移의 장소

장애인희망드림센터가 지역과 소통하는 역할을 수행하며 단절된 외부와의 교류를 연결한다.

희망원에 위치한 장애인희망드림센터 다양한 사람들이 공존하며 협업할 수 있는 풍부한 공간을 기원하며...

공존하는 전이의 장소

Hope-Dream Center for the Disabled

FLOOR PLAN
1층 평면계획

누구나 쉽게 다가갈 수 있는 개방형 평면계획

■ 평면계획의 기본방향

· 경사를 이용한 자연스러운 공간 유도
· 외부에서 쉽게 접근할 수 있는 동선 및 OPEN SPACE(광장) 조성
· 광장을 통한 카페와 컨벤션 홀의 자연스러운 공간 분리

■ 지상1층 평면도

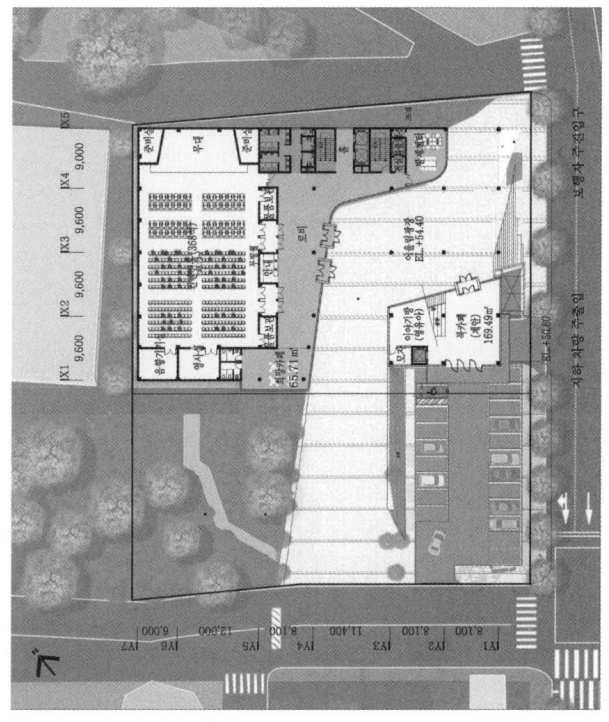

FLOOR PLAN
2층 평면계획

장애인들을 위한 평면계획

■ 평면계획의 기본방향

· 점자도서관(정적 공간)의 배치로 불필요한 소음과 장애물 제거
· 북카페를 통한 도서관으로 새로운 공간 전이가 이뤄지는 공간

■ 지상2층 평면도

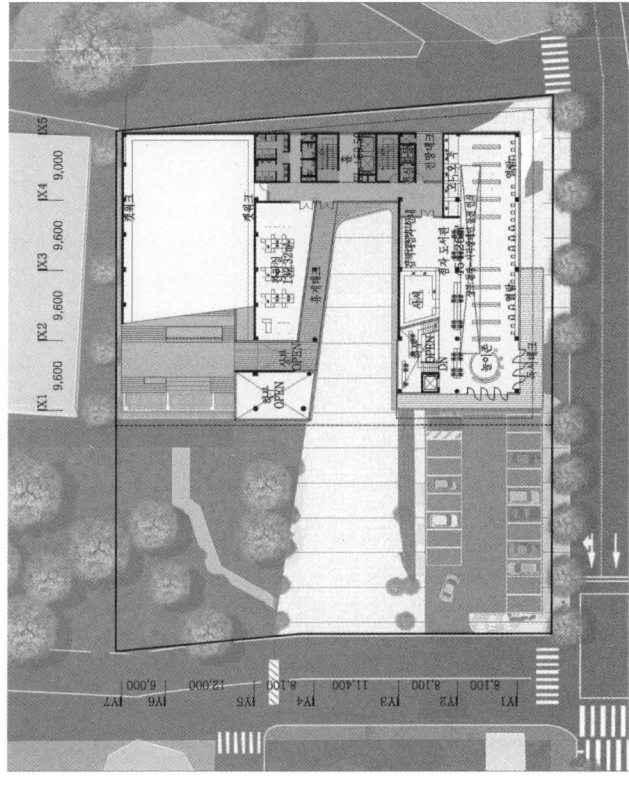

빛을 이용한 방향인식

· 천창의 빛을 이용하여 동선방향 제시 · 전창의 사용에 편리하도록 시각

점자도서관

· 장애인들의 사용에 편리하게 평리하도록 과 촉각을 이용한 전이공간

컨벤션 홀

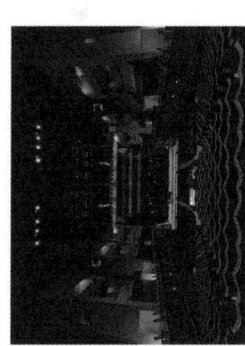

· 수용인원 중 50%를 장애인과 편하게 함께 어울려 이용가능 장연 공서트 등 이용가능

북카페

· 내외부 공간을 연계한 유기적 공간 구성으로 장애인들도 편하게 이용가능

장애인 희망드림센터

FLOOR PLAN
4,5층 평면계획

가변성과 융통성있는 평면계획

■ 평면계획의 기본방향
- 사무실에 가변형 칸막이 설치로 규모 따라 변경 가능한 공간구성
- 코어의 집중배치로 효율적이고 경제적인 공간 구성

■ 지상4,5층 평면도

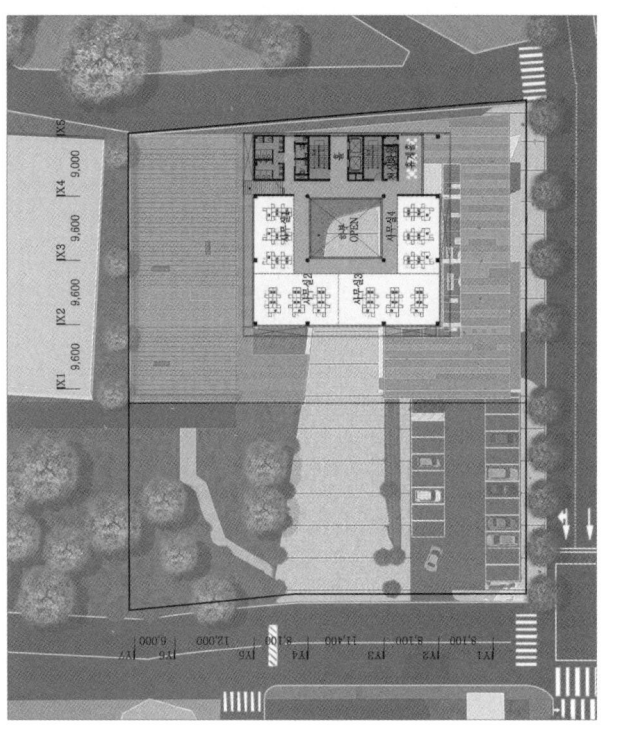

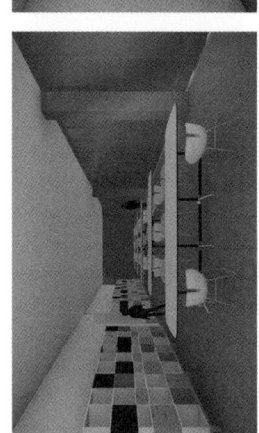

휴게발코니(이중외피)

사무실

- 오픈플랜형식의 사무공간구성으로 가변성있는 공간의 구성
- 이중외피시스템을 사용하여 직사광을 차단하여 쾌적한 공간을 연출

FLOOR PLAN
3층 평면계획

다수가 아닌 모두를 위한 평면계획

■ 평면계획의 기본방향
- 통합놀이터와 교육장을 통한 축제에서 정각 등 여러 오감이 전이되는 평면
- 장애 어린이와 비장애 어린이가 함께 어울릴 수 있는 환경조성
- 통합놀이터와 외부놀이터의 연계

■ 지상3층 평면도

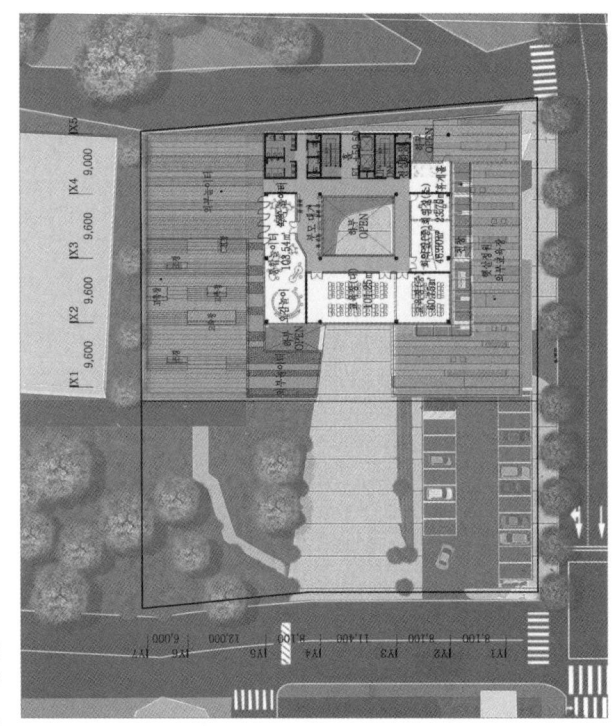

햇살정원(외부교육마당)

통합놀이터

- 장애 자녀와 부모, 비장애자녀와 장애인 부모가 함께 어우릴 수 있는 장소
- 지역으로 열린 조망과 휴게공간
- 교육 및 회의공간과 연계된 외부교육장

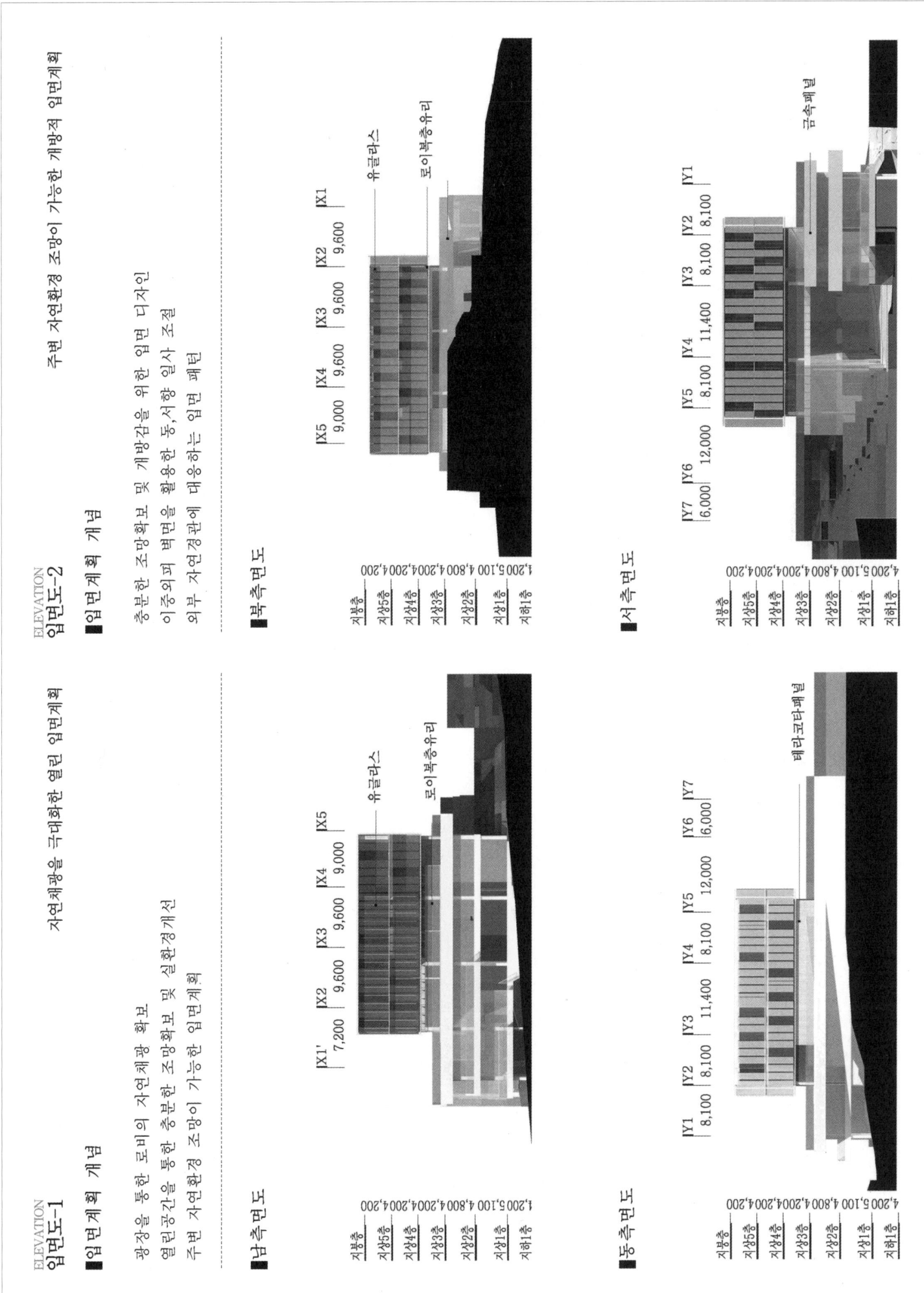

장애인 희망드림센터

FLOW PLANNING
부지 및 건물접근 및 동선계획

주변과의 소통

■ 대지분석을 통한 문제점 도출

- 기존의 옹벽부분으로 주변과의 단절
- 두께의 레벨로 나뉘어 주변보다 높음

■ 주변과의 소통이 시작−열린 희망드림센터

- 기존의 옹벽을 철거하고 건물을 배치하여 주변과 열린 소통을 지향
- 도로의 경사진 레벨을 이용한 자연스런 보행로의 지향
- 레벨을 이용한 차량의 진입(지하층)으로 보차분리

SECTION
단면계획

주변지형과 순응하는 대지활용계획

■ 단면계획 방향

- 대지내 지형의 레벨차를 이용한 효율적인 접근동선 계획
- 광장·중정을 통한 개방성과 자연채광 계획

■ 단면계획 개념

명확한 공간별 조닝계획

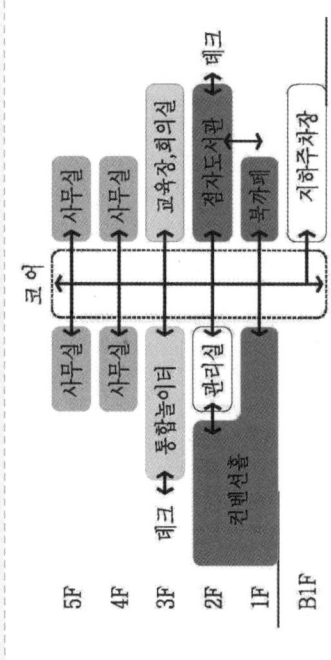

- 각 기능별 유기적연계가 가능한 수직·수평동선 계획
- 광장을 중심으로 지역민에게 개방하는 영역을 저층에 배치

■ 단면도

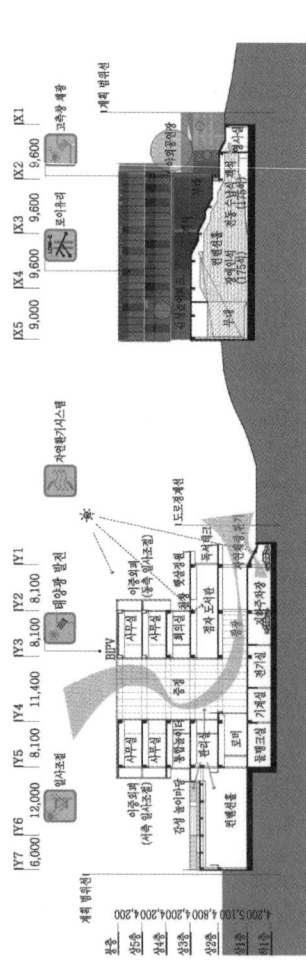

Hope-Dream Center for the Disabled

Zoning Plan
건물 내부 층별 설계계획 및 배치활용

조닝계획

■ 내부 층별 설계계획
- 실의 기능을 고려한 합리적 수직 조닝
- 합리적인 조닝계획을 통한 사용자에 따른 원활한 동선유도

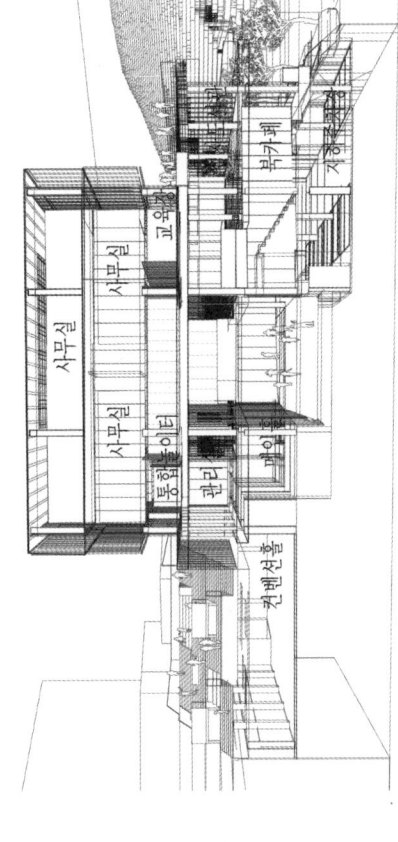

- 지상5층 - 장애인단체사무실
- 지상4층 - 장애인단체사무실
- 지상3층 - 통합 놀이터, 교육장, 회의실
- 지상2층 - 점자도서관, 관리실
- 지상1층 - 희망카페, 컨벤션홀
- 지하1층 - 주차장/기계전기실

■ 내부 층별 배치활용

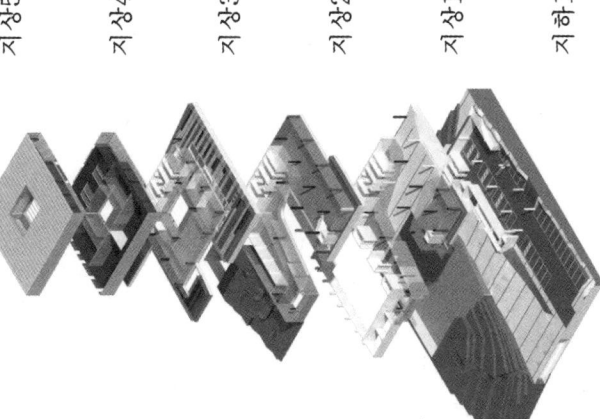

point of conception
건물 외형 및 입면 설계 착안점

주변과의 조화를 고려한 계획

■ 기본계획방향
- 주변지형을 이용해 건물을 구성하여 커뮤니티 형성
- 장애인들의 사용상 편의를 고려한 기능적이고 합리적인 형태의 구현
- 희망원내의 첫 관문의 이미지로 열린 희망드림센터 이미지 구현

자연의 대지를 순응하는 입면

자연채광 및 환기가 가능한 중정형 매스

광장형성

■ 형태계획(지역과 소통하는 형태)

지역민에게 열린 하부의 매스 / 합리적이고 경제적인 형태(상부매스)

강서 노인종합복지관 분관

당선작 건축사사무소 GEM 최준석 + 김정화 건축사사무소 김정화 설계팀 임호택, 정재영, 김정하

대지위치 부산광역시 강서구 명지동 3321-3번지 **대지면적** 2,752.90㎡ **건축면적** 962.22㎡ **연면적** 2,424.38㎡ **건폐율** 34.95% **용적률** 79.60% **규모** 지상3층 **최고높이** 14.40m **구조** 철근콘크리트조, 철골조 **외부마감** 화강석, 목재패널, 로이복층유리, 알루미늄루버 **주차** 14대(대형버스주차 1대, 장애인주차 2대 포함)

지역의 중심이 되는 명지
명지지구 입구에서 지역의 새로운 노인복지관으로서 노인들과 지역주민 모두를 위한 종합 커뮤니티의 새로운 장이 된다.

치유의 중심이 되는 명지
충분한 일조와 자연 환기를 통해 쾌적한 치료의 환경을 조성하고 치매전담형 보호시설과 물리치료실을 통해 치유와 소통이 가능한 복지의 장을 조성한다.

교류의 중심이 되는 명지
지역개방시설을 도시가로 및 진입부와 인접하게 배치하고 내·외부 공간을 연계하여 노인들과 지역주민 모두에게 교류의 거점이 되는 소통공간을 조성한다.

강서 명지경제자유구역에 자리를 잡는 "강서 노인종합복지관"은 유기적으로 계획된 외부공간을 갖는다. 도시가로와 노인들의 치유공간을 입체적으로 구성하여 안전한 복지, 휴식, 소통의 공간이자 지역커뮤니티의 중심이 된다.

Planned to be built in the Gangseo-Myeongji Free Economic Zone, the Gangseo Senior Welfare Center provides an organically designed outdoor space. And by articulating urban streets and healing spaces for the elders in a three-dimensional way, the center will serve as a place for safe welfare services, relaxation and communication as well as a major local community venue.

Myeongji as a center for the community
As a new senior welfare center nestled on the way into the Myeongji Free Economic Zone, it will provide a new community complex for both the elders and local people.

Myeongji as a center for rehabilitation
The center provides a pleasant rehabilitation environment by ensuring sufficient exposure to sunlight and natural ventilation. Also, its nursing home dedicated to dementia patients and physical therapy facility become a platform of welfare for healing and communication

Myeongji as a center for social exchanges
Community facilities are positioned close to the streets and the entry area, and spaces inside and outside are connected to make the center into a major communication venue that encourages interaction among the elders as well as local people.

Prize winner Architects GEM_Choi Junsouk + KIM JEONG HWA Architects_Kim Jeonghwa **Location** Myeongji-dong, Gangseo-gu, Busan **Site area** 2,424.38m² **Building area** 962.22m² **Building coverage** 34.95% **Floor space index** 79.60% **Building scope** 3F **Height** 14.40m **Structure** RC, RC **Exterior finishing** Granite, Wood Panel, Low-E paired glass, Aluminum louver **Parking** 14 (including 1 for large size, 2 for the disabled)

Gangseo Senior Welfare Center Annex

강서 명지지구의 이미지	기능에 맞는 명확한 조닝계획	외부와 소통이 있는 공간의 관입
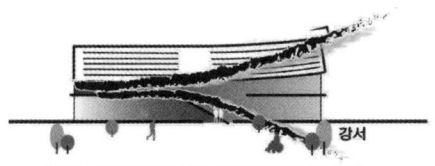		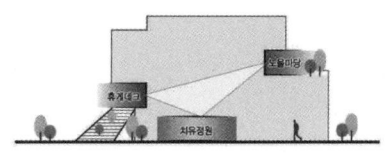
반복적이고 정형화된 계획단지 내에서 노인종합복지관은 상징적인 모습으로 사람들에게 신선하게 다가온다. 다양한 활동을 자극하는 매스는 정형화된 계획단지 안에서 새로운 경관을 연출한다.	주차장과 외부공간을 고려하여 배치 조닝계획 각 층별 기능을 고려한 평면 조닝계획 사용성을 고려하여 단면 조닝계획	데크로 열린 외부 공간을 관입시켜 건물에 소통이 일어날 수 있도록 하였다. 외부에 열린 휴게데크와 노을마당, 치유정원에서 사람들은 휴식을 취하고 자연을 경험하며 서로 소통하게 된다.

건축계획 | 대지현황분석
주변현황을 고려한 계획

| 주변현황 분석

LAND USE _ 도시	MASTER PLAN _ 마스터플랜	PLACE _ 계획부지
노인복지시설 인프라가 부족한 명지신도시, 단순한 노인종합복지관을 넘어 문화, 여가, 평생교육의 장소로 계획	명지 신도시의 마스터플랜을 고려한 시설간 연계와 토지이용계획	주변부지 환경을 고려하여 지역주민 모두가 편리하게 이용할수 있도록 계획
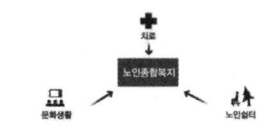	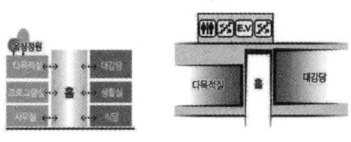	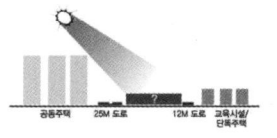
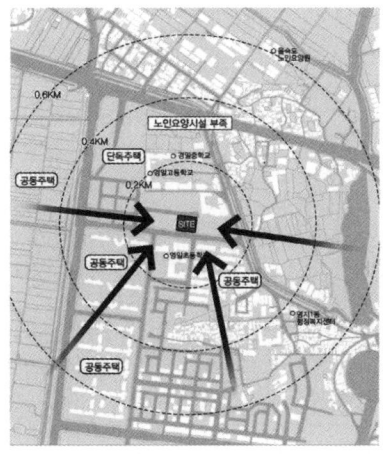	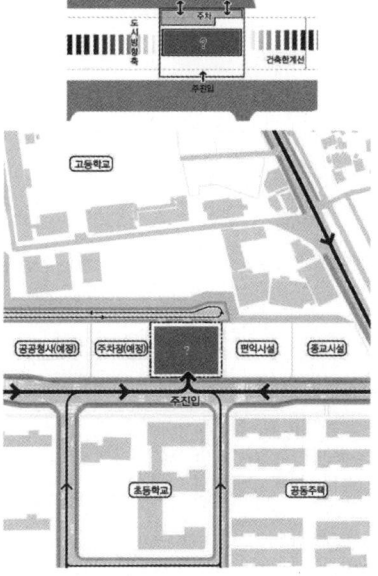	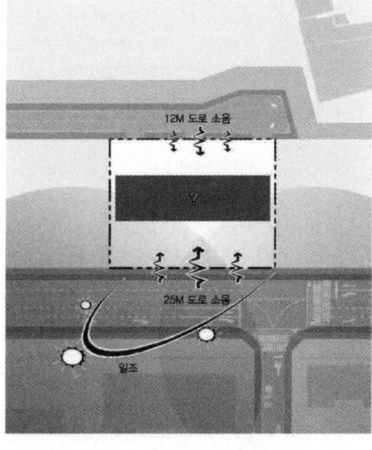

강서 노인종합복지관 분관

건물의 기능성을 고려한 최적의 배치계획
건축계획 | 배치도

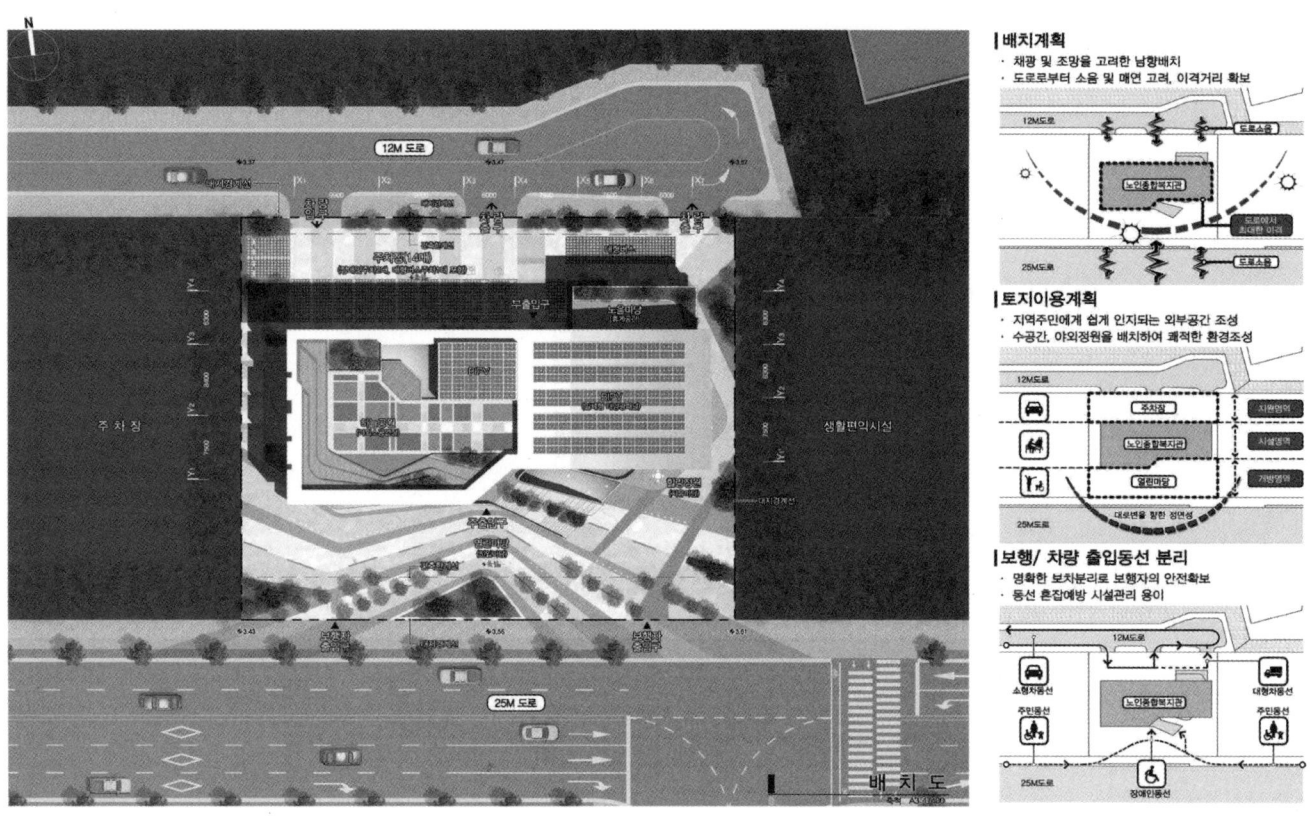

이용자중심의 안전하고 효율적인 1층계획
건축계획 | 지상1층 평면도

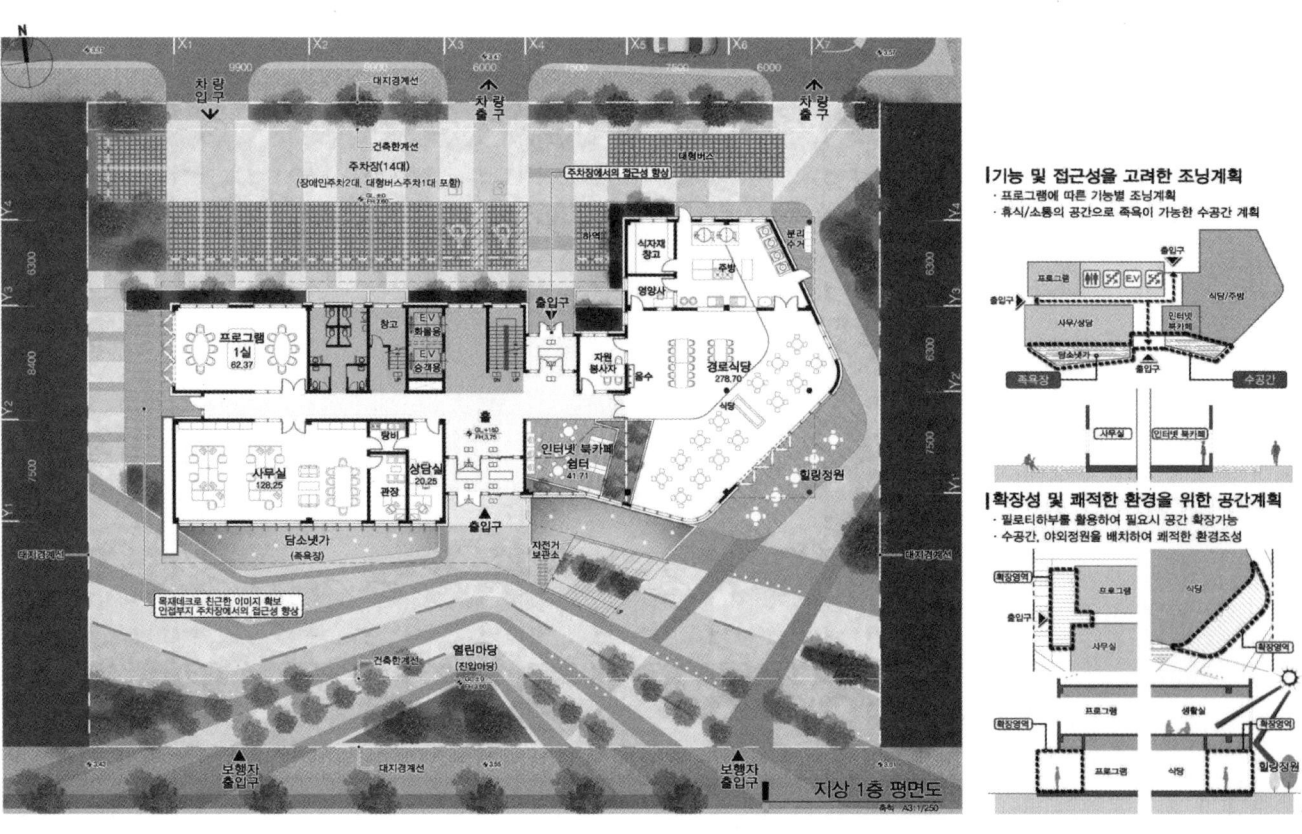

Gangseo Senior Welfare Center Annex

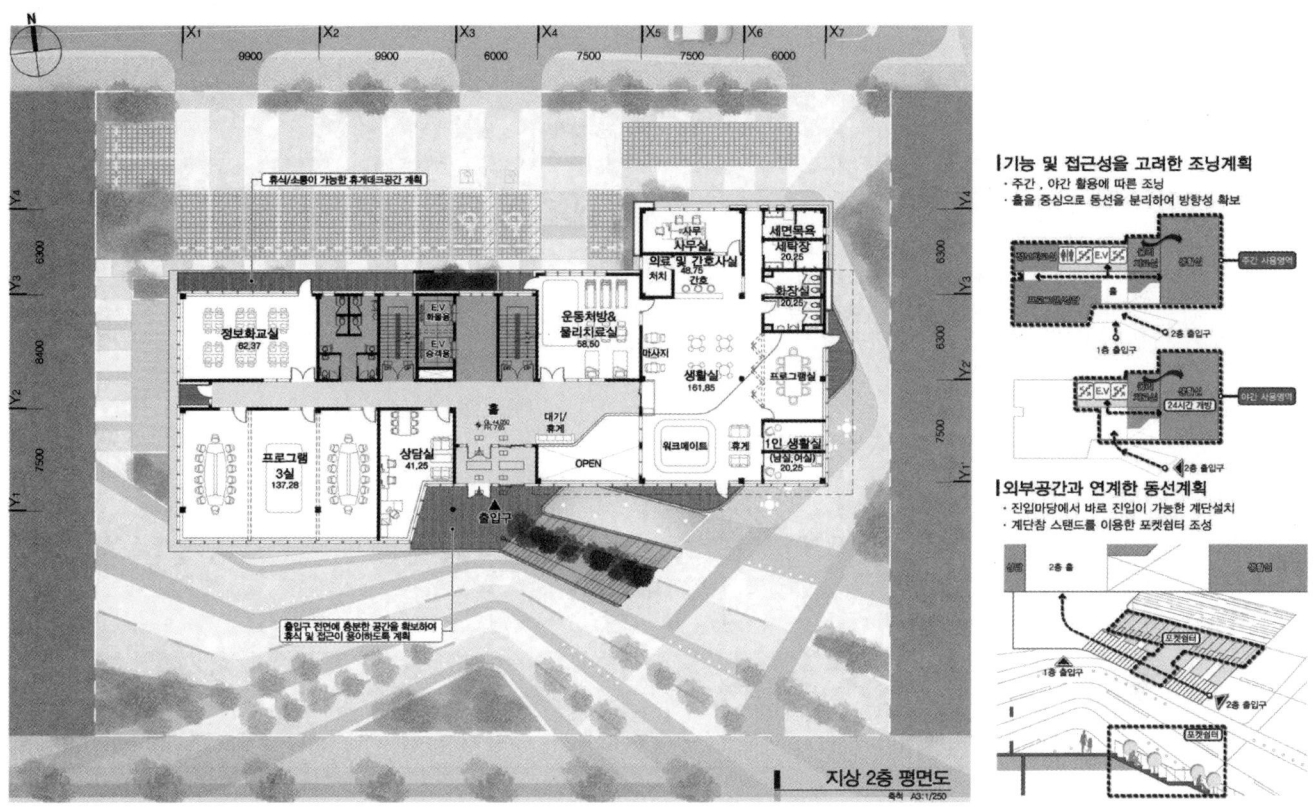

건축계획 | 지상2층 평면도
사용자중심의 편리한 동선 및 공간계획

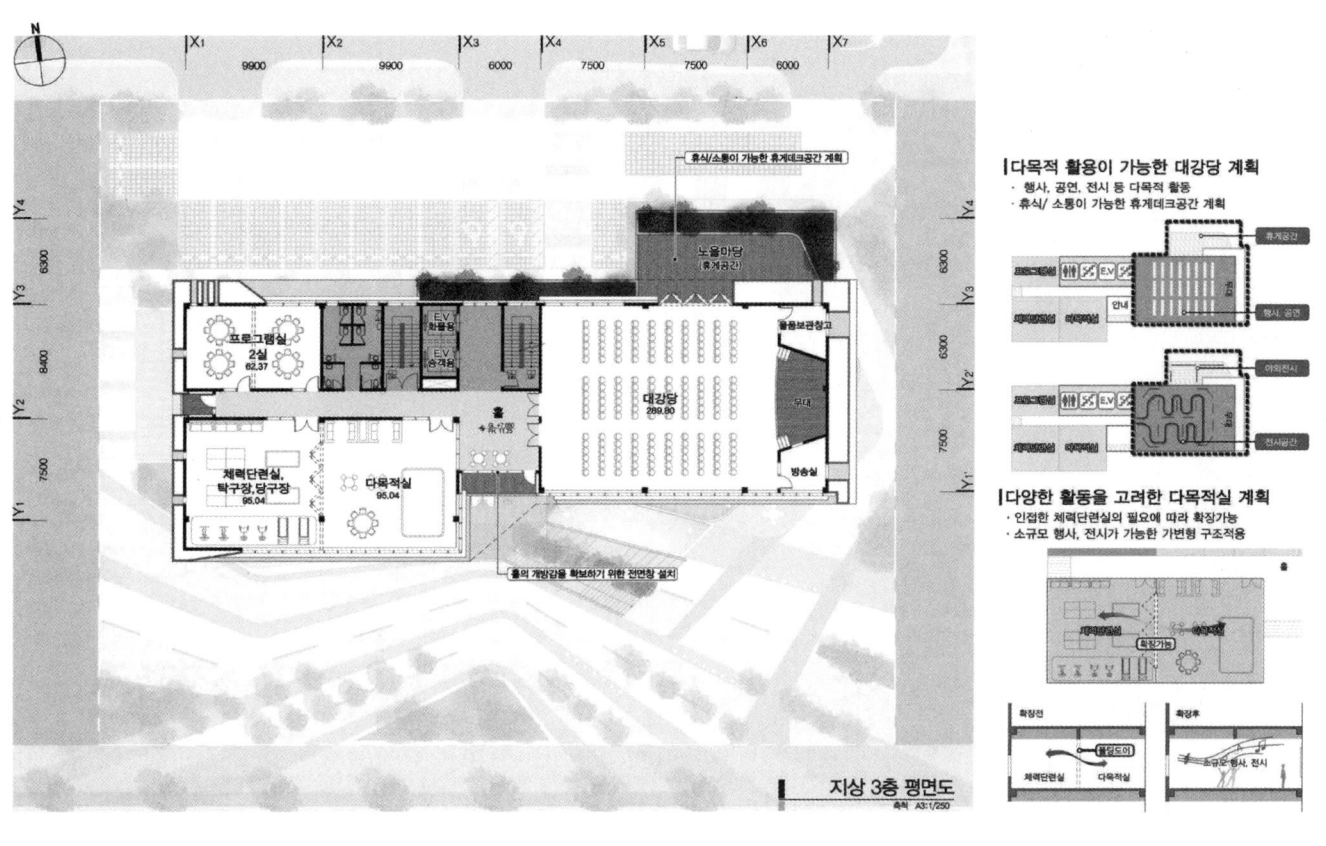

건축계획 | 지상3층 평면도
이용효율성이 극대화된 명확한 공간구성

강서 노인종합복지관 분관

건축계획 | 지하/지붕층 평면도
다양한 활동이 일어나는 쾌적한 옥상정원

건축계획 | 단면도
각 층별 조닝을 고려한 합리적인 단면계획

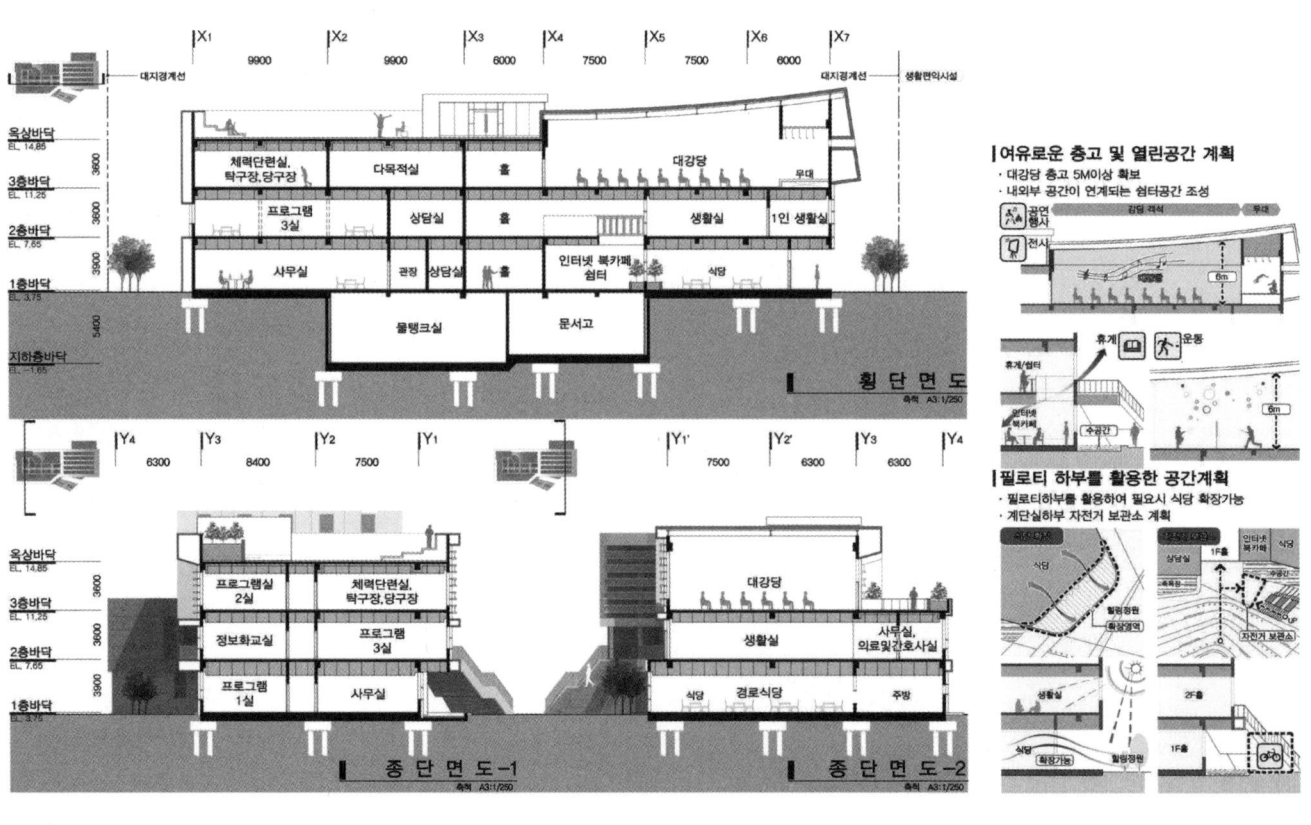

Gangseo Senior Welfare Center Annex

건축계획 | 입면도-1
인지성을 확보하는 상징적인 입면계획

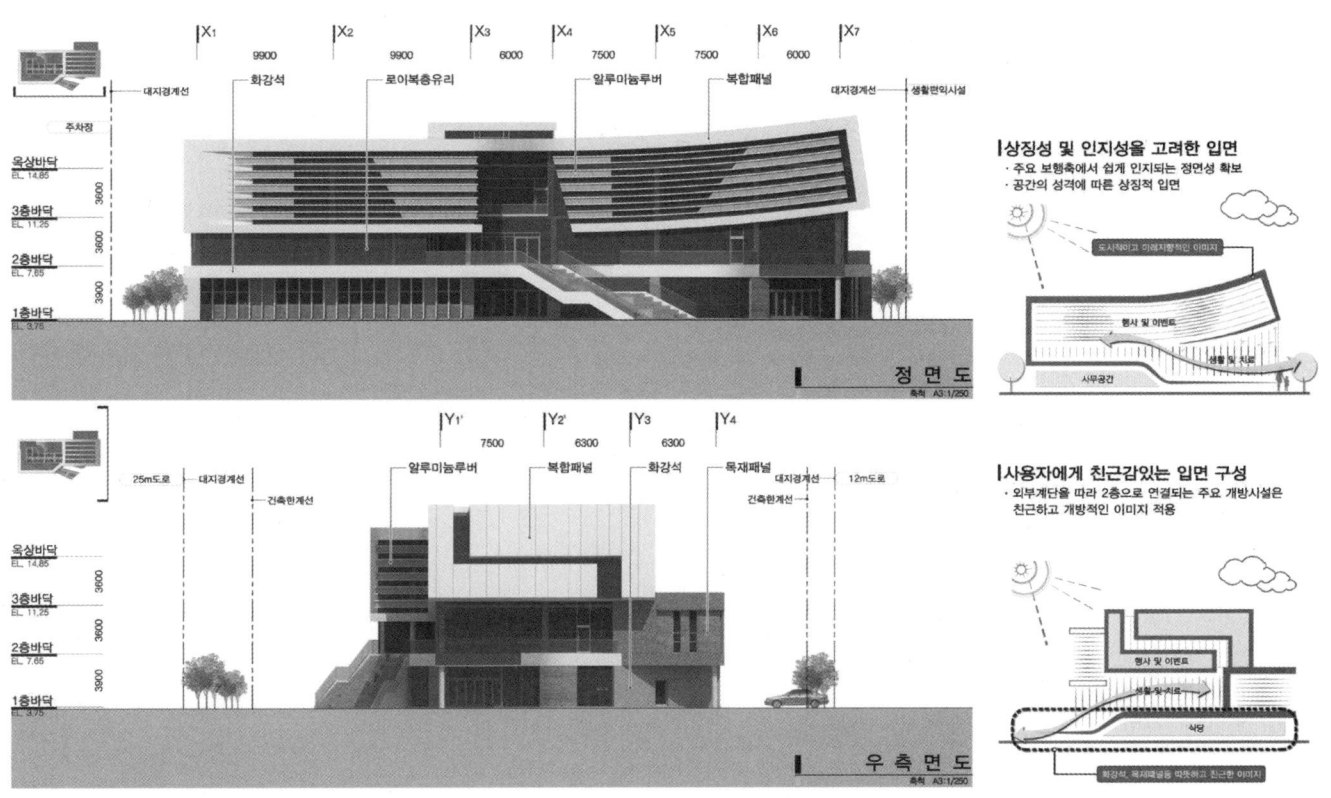

건축계획 | 입면도-2
기능성을 고려한 합리적인 입면계획

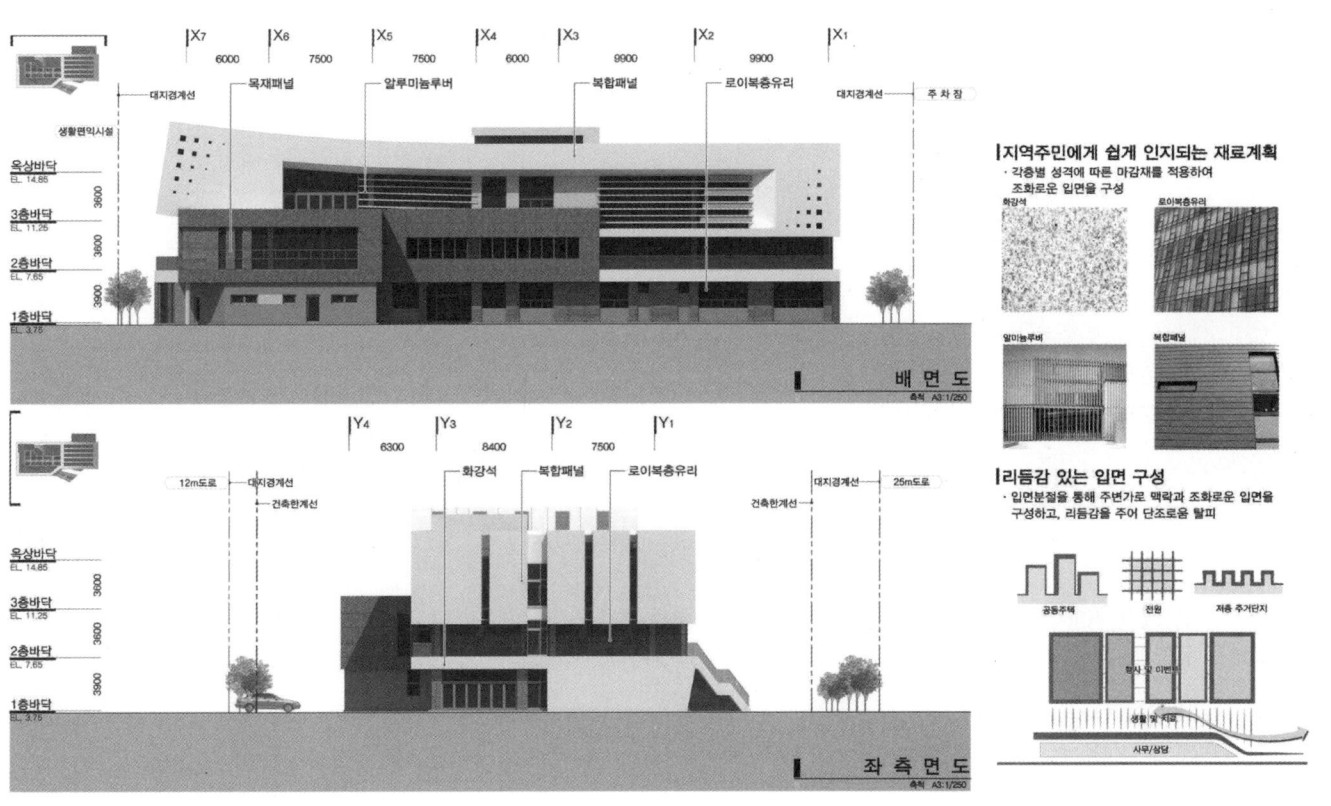

온산읍 종합 행정복지타운

당선작 (주)엠피티엔지니어링 건축사사무소 김원효 + (주)아이엔지그룹건축사사무소 김안경 설계팀 최태훈, 박미혜, 박정인, 허성준, 정지나, 임현지, 이동원, 신정현, 백종권(이상 아이엔지)

대지위치 울산광역시 울주군 온산읍 덕신리 36-4번지 외 3필지 **대지면적** 5,056.00㎡ **건축면적** 2,898.84㎡ **연면적** 13,458.28㎡ **조경면적** 899.39㎡ **건폐율** 57.33% **용적률** 178.60% **규모** 지하 1층, 지상 6층 **최고높이** 23.80m **구조** 철근콘크리트조, 철골조 **외부마감** 지정석재, 목재패널, 금속루버, 로이복층유리 **주차** 177대

온산의 미래를 여는 '새로운 풍경'
지역주민에게 열린 '공공의 마당'
일상의 이벤트를 위한 '개방(문화)공간'

계획 주안점

첫 번째 주안점은 '도시 맥락을 잇는 새로운 풍경'이다. 주거지와 공단의 접점에 위치한 계획 대지의 특성상 단절된 두 지역을 잇는 새로운 풍경을 조성하여 소통하는 공공시설을 만들고자 한다.

두 번째 주안점은 '다양한 이벤트가 일어나는 입체적 마당'으로, 과거의 형식적인 청사의 이미지에서 벗어나 행정복지타운은 영유아부터 노인까지 온산 지역민의 여가와 문화 활동 등을 위한 새로운 공간으로 거듭나고 레벨을 활용한 입체적 외부공간과 자연을 받아들이는 센터별 포켓 휴게공간은 쾌적한 실내환경을 연출하는데 주요한 역할을 한다.

세 번째 주안점은 '커뮤니티 중심의 행정복지타운'으로, 행정복지타운은 7개의 행정 및 복지시설을 집중화하고 부대시설을 공유하여 온산 지역민들의 생활 커뮤니티 중심적인 공간을 마련하여 최상의 행정서비스를 제공하고 주민복지 증진에 기여하고자 한다.

마지막 주안점은 '가족같이 따뜻한 행정복지타운'이다. 센터를 유기적으로 이어주는 커뮤니티 스텝을 통해 주민들의 소통 및 휴게를 통한 교류의 장을 지원하며 센터에 활력을 통해 생동감이 다시 살아날 수 있도록 한다.

A 'new scenery' that paves the way for the future of Onsan
A 'public courtyard' that is open to local people
An 'open(cultural) space' that can accommodate various events

Design objectives

The first objective is to create a 'new scenery that connects different urban fabrics'. Con-sidering the characteristics of the project site which is sitting on the border of residential and industrial areas, the proposal aims to introduce an open public facility by creating a new scenery that connects these two separate areas.

The second objective is to create a 'three-dimensional courtyard where various events take place'. Onsan-eup Administrative Welfare Town will break away from the authoritative image of the old eup-office and become a place where local people of all ages, from children to seniors, can enjoy their recreational or cultural activities. Also, each section's pocket-type lounge embraces an outdoor area that is three-dimensionally designed by using natural level differences as well as the natural landscape; it plays an important role in creating a pleasant indoor environment.

The third objective is to create a 'community-centered facility'. Administrative Welfare Town is designed to provide a community-centered space for local people by concentrating 7 administrative and welfare facilities at one place and sharing various support facilities, with aim to offer the best administrative services and contribute to the welfare of local people.

The last but not least objective is to introduce a 'warm welcoming facility'. The Community Step that connects every section of the building organically provides an open place for local people to communicate each other or have a break; consequently, their energy gives life to the entire facility.

Prize winner MPT ENGINEERING ARCHITECTURE_Kim Wonhyo + ING GROUP ARCHITECTURE_Kim Ankyung **Location** Ulju-gun, Ulsan **Site area** 5,056.00㎡ **Building area** 2,898.84㎡ **Gross floor area** 13,458.28㎡ **Landscaping area** 899.39㎡ **Building coverage** 57.33% **Floor space index** 178.60% **Building scope** B1, 6F **Height** 23.80m **Structure** RC, SC **Exterior finishing** Stone, Wood panel, Metal louver, Low-E paired glass **Parking** 117

Onsan-eup Administrative Welfare Town

온경_ 溫景

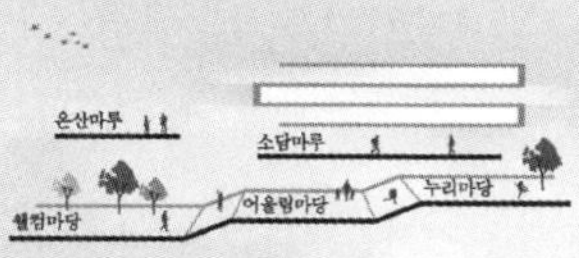

지역주민의 화합과 교류, 문화가 흐르는 온산의 풍경

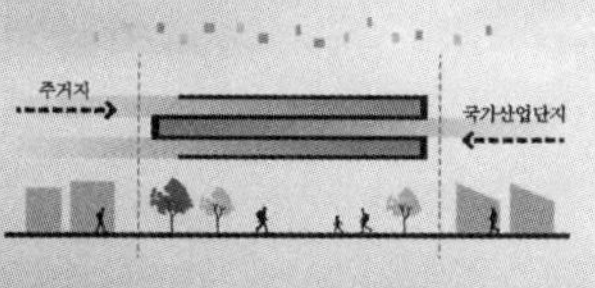

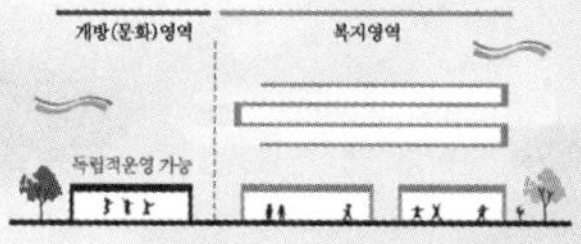

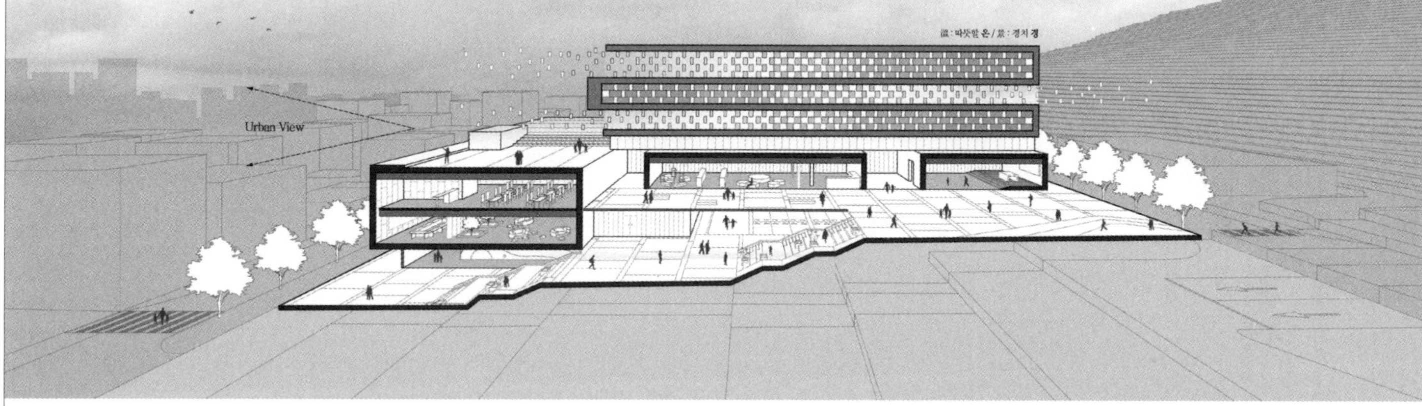

주거지와 공단의 시작과 끝 '도시 맥락을 잇는 새로운 풍경'

국가 경제 발전의 주축이던 온산공단의 조성으로 과거에 많은 지역주민들이 삶의 터를 잃게 되었다. 지역적 상황으로 인해 덕신리와 국가산업단지 사이에 여전히 남아 있는 심리적 거리감, 잦은 민원 등 다양한 문제들이 발생하고 있다. 행정복지타운은 단절된 두 지역을 잇고, 화합과 공존을 위한 장소가 될수 있게 끔 새로운 온산의 풍경이 되고자 한다.

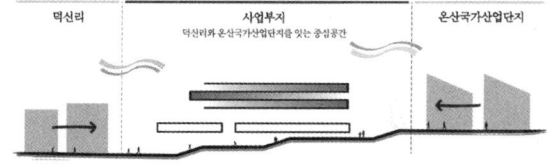

온산의 중심 '다양한 이벤트가 일어나는 입체적 마당'

온산읍 종합 행정복지타운은 형식적이고 기능적인 청사의 이미지를 지양한다. 영유아부터 노인까지 온산 지역민의 여가와 문화활동, 교류, 민원, 복지를 위한 새로운 공간이 되어야 한다. 레벨을 활용한 입체적 외부공간과 자연을 머금고 상쾌한 햇살을 담아내는 센터별 포켓휴게공간은 폐쇄적 실내환경을 연출하는데 주요한 역할을 한다.

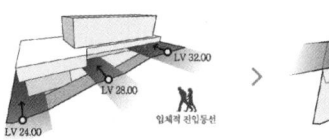

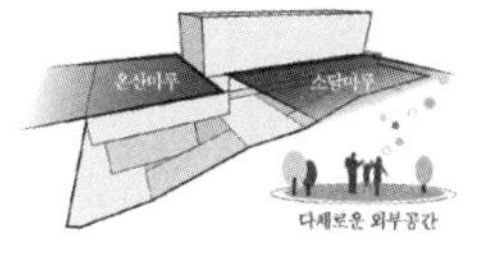

7개의 센터를 아우르는 '커뮤니티 중심의 행정복지타운'

기존 노후화된 공공시설의 개선과 행정복지센터, 장애인 주간보호센터, 육아종합지원센터, 가족센터 등 7개의 행정 및 복지시설을 집중화하고 부대시설을 공유하여 울주군 온산 지역민들의 생활 커뮤니티 중심지 역할의 공간을 마련하여 생활환경 개선을 통한 최상의 행정서비스를 제공하고 주민복지 증진에 기여 하고자한다.

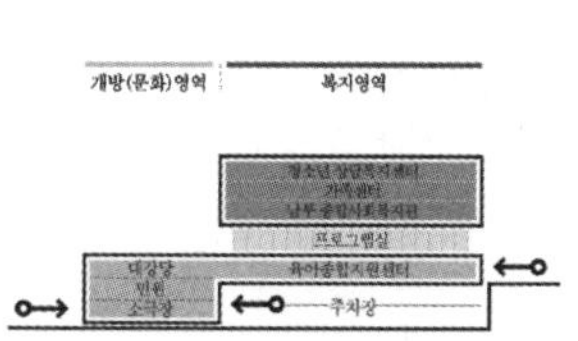

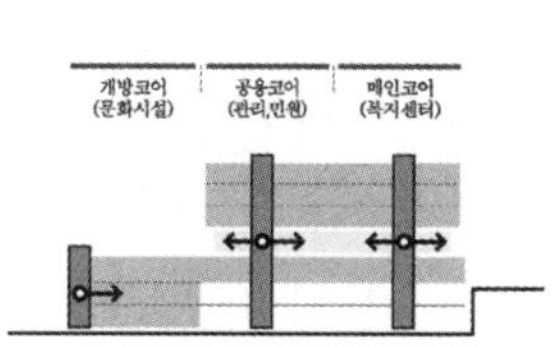

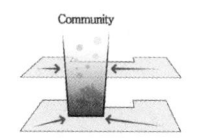

소통과 교류가 있는 '가족같은 따뜻한 행정복지타운'

센터를 유기적으로 이어주는 커뮤니티스템을 통해 센터별 이용자들의 소통 및 휴게를 통한 교류의 장을 마련해주며 다채로운 활동을 지원한다. 이를 통해 이용자들에게 신선한 공간으로 다가오며 경직될 수 있는 센터에 활력을 가져와 주민들의 움직임으로 온산의 생동감이 다시 살아날 수 있도록 한다.

온산읍 종합 행정복지타운

독립적 활용이 가능한 소극장 및 합리적인 주차계획

건축계획 | 지하1층 평면도

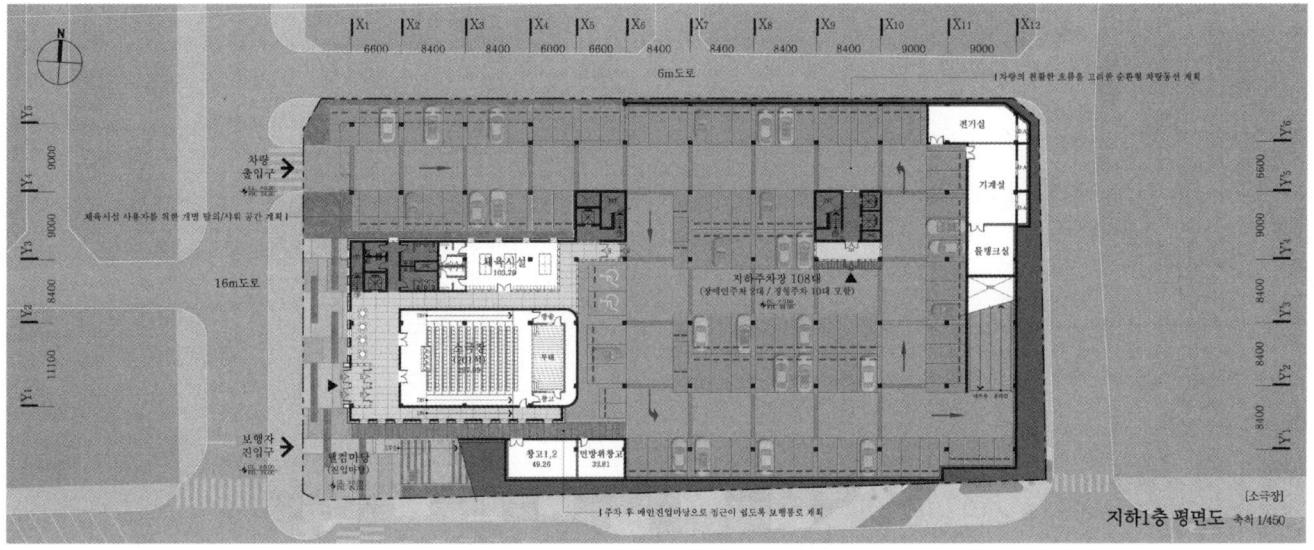

[소극장] 지하1층 평면도 축척 1/450

지하층은 시공성과 공사비 절감을 위해 L.V 24.00을 최하층으로 계획하고 공간의 효율성을 위하여 최적의 기본모듈을 설정하였다. 주변에서의 보행흐름과 대지 내 레벨을 활용하여 개방감 있는 전면마당과 스텝공간을 조성하였고 지역주민의 문화중심공간이 될 소극장은 접근이 편리하게 배치하여 이용에 편의를 제공하였다.

이용 효율을 고려한 소극장 지하층 독립배치
주중/주말 개방을 고려한 이용의 효율성 향상

진입부와 연계되는 이벤트 스텝 계획
대지 내 레벨을 활용한 휴게와 문화공간으로 조성

신속한 민원업무를 고려한 행정복지센터 지상층계획

건축계획 | 지상1층 평면도

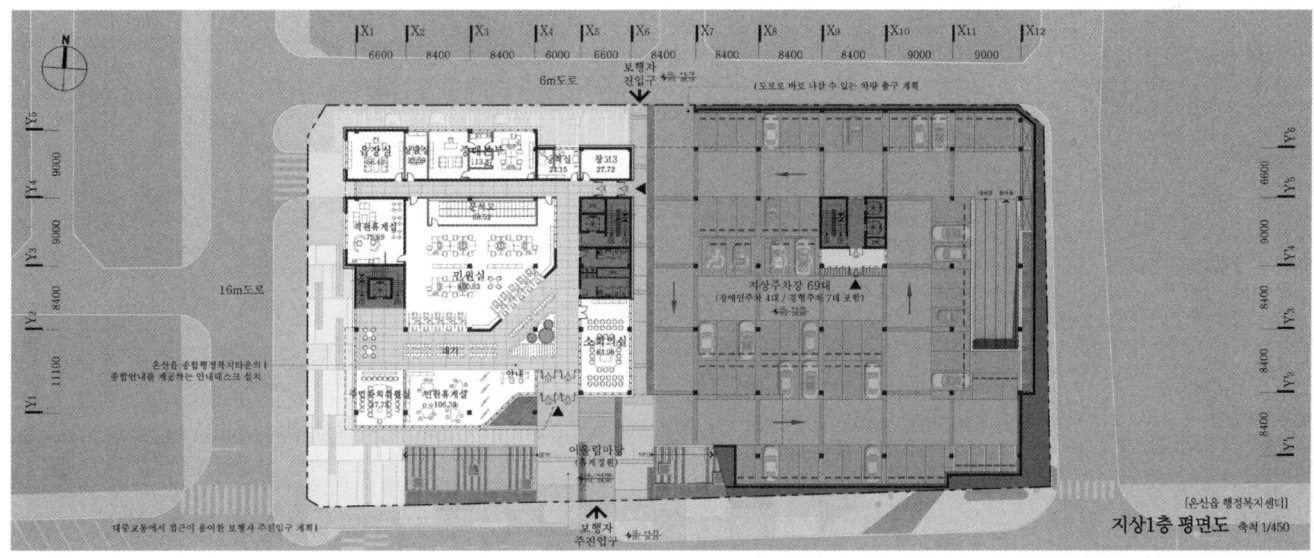

[온산읍 행정복지센터] 지상1층 평면도 축척 1/450

지역주민의 잦은 이용이 예상되는 행정복지센터는 편리한 접근, 신속한 민원업무가 가능하도록 주진입구와 가까운 곳에 배치하였고, 주변의 보행흐름을 반영한 개방적인 흐름을 가지는 보행로를 계획하였다. 자연스러운 보행흐름 속에서 행정복지센터는 지역주민의 소통과 교류, 문화를 지원하는 복합적인 시설이 된다.

접근성을 고려한 민원실 지상층 배치
보행과 차량의 접근이 편리한 열린 민원실 계획

다양한 접근이 가능한 열린 행정복지센터
기존 보행로를 살려 열린 접근이 가능한 복지센터 계획

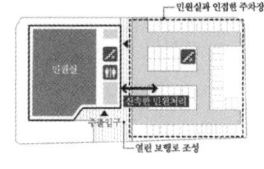
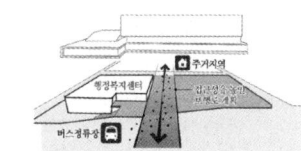

온산읍 종합 행정복지타운

건축계획 | 지상2층 평면도
개방(문화)영역의 저층배치와 안전을 고려한 노유자시설 지상 진입계획

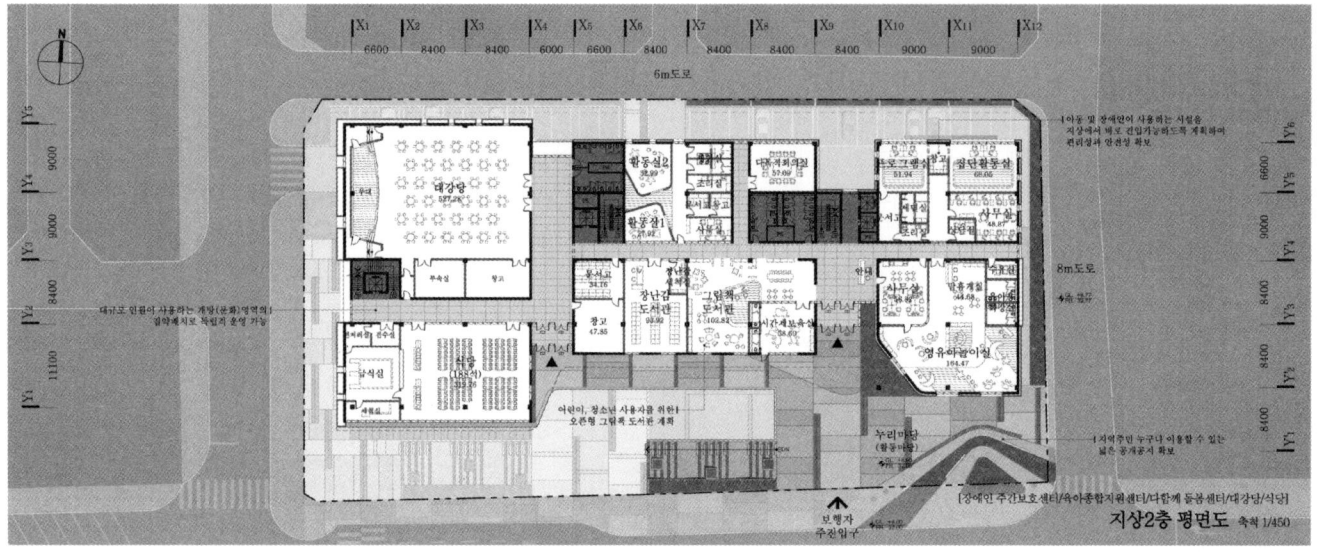

지상2층 평면도 축척 1/450

주중 및 주말의 개방을 고려한 개방(문화)영역 집약배치와 독립적코어 계획으로 이용 및 관리가 용이하며 대인원 수용을 고려한 **넓은 대기홀**을 두어 이용자들의 편의와 효율을 증진시켰다. 또한 육아종합지원센터, 다함께 돌봄센터, 장애인 주간보호센터는 안전성 및 접근성을 고려하여 지침 및 요구사항에 만족하였다.

개방(문화)영역의 합리적이고 원활한 동선체계
이용자가 많은 대강당과 식당 별도 동선 계획

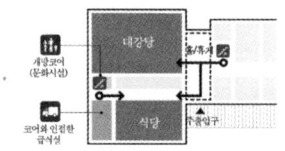

사용자를 고려한 시설간 유기적 연계
찾기 쉬운 곳에 배치하여 공간의 효율성 증대

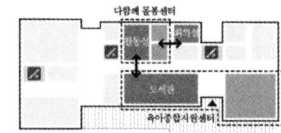

건축계획 | 지상3층 평면도
프로그램실과 외부마당의 연계로 다양한 교육활동 및 휴게공간 지원

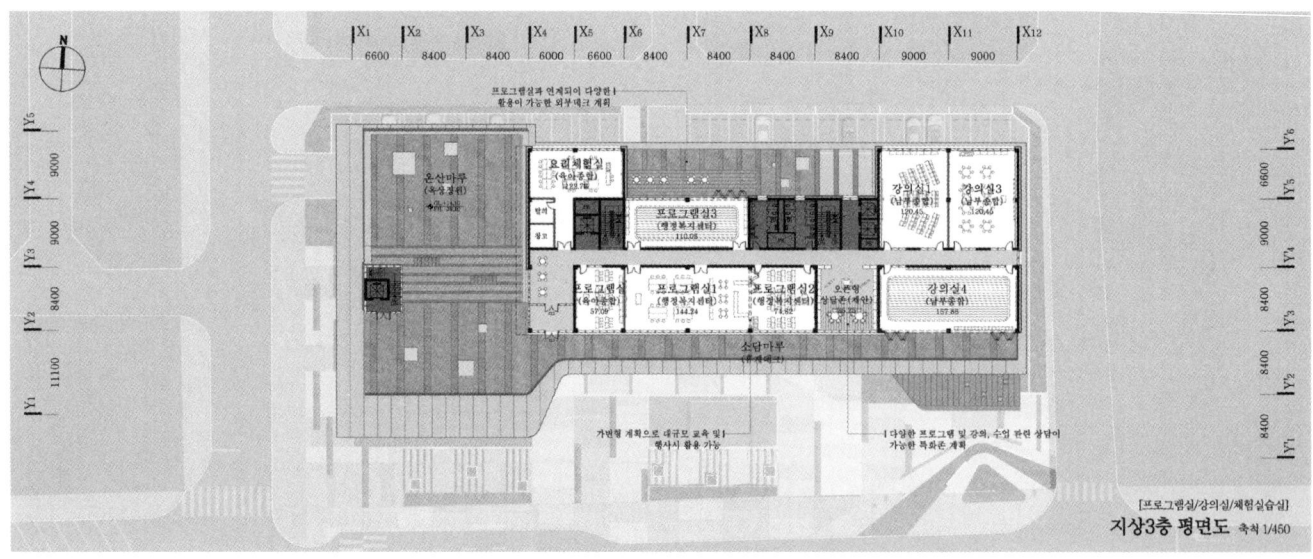

지상3층 평면도 축척 1/450

프로그램실 및 강의실을 집약배치하여 시설간 교류 및 유기적인 이용이 가능하게 하였다. 프로그램실과 연계된 휴게데크를 계획하여 실내외 창의적 교육활동이 가능하도록 하였고, 가변형 계획으로 수업규모에 따라 다양하게 활용이 가능하도록 실을 구성하였다. 개방감있는 **열린 온산마루(옥상정원)**을 통해 프로그램 전시, 휴게, 소통을 경험하게 된다.

강의실 및 프로그램실과 연계하는 휴게마당
많은 인원의 사용과 활동성을 고려한 외부마당 조성

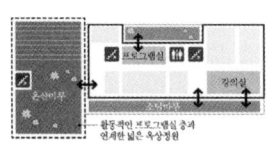

유연한 프로그램 운영을 위한 가변형 계획
규모에 따라 통합과 분리가 가능한 프로그램실 계획

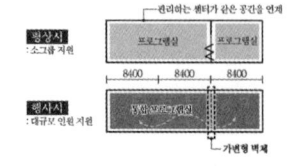

Onsan-eup Administrative Welfare Town

건축계획 | 지상4층 평면도
센터별 휴게·홍보·교류를 위한 커뮤니티 공간 계획

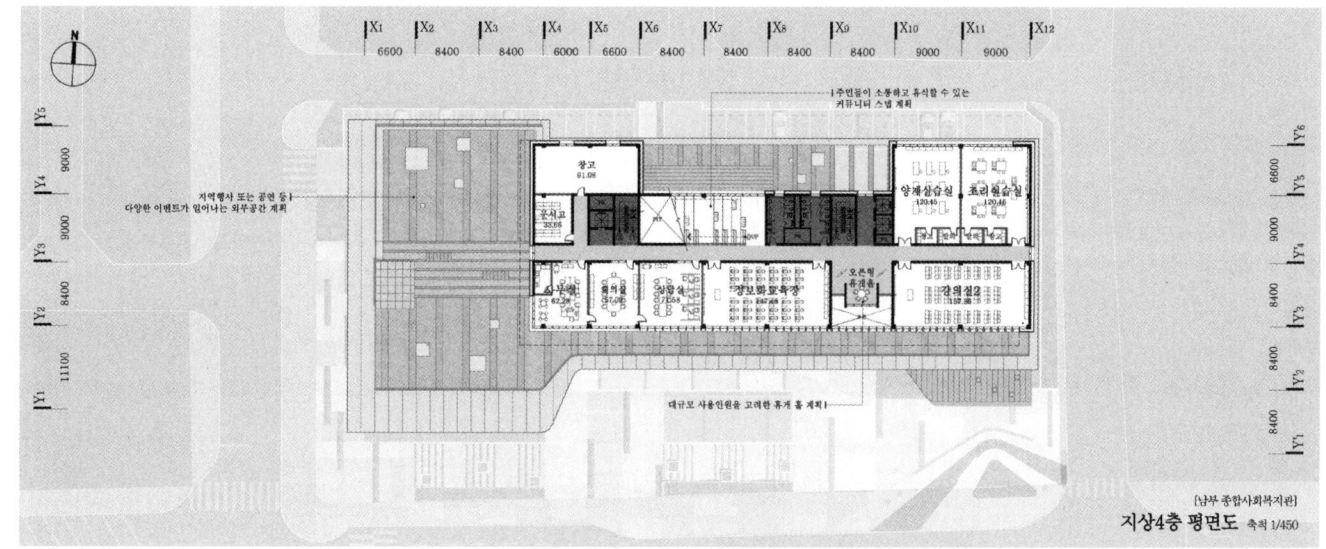

[남부 종합사회복지관]
지상4층 평면도 축척 1/450

사무실의 유동적인 근무시간을 고려한 사무공간과 교육공간의 분리조닝으로 관리 및 이용의 편의성을 높였다. 또한 남부 종합사회복지관과 가족센터를 연결하는 커뮤니티스텝을 통해 센터를 유기적으로 연결시켜주었고 이를 통해 주민들의 소통과 휴식의 공간을 제공하였다.

사용자를 고려한 명확한 동선분리 계획
유동적인 근무시간을 위한 사무영역 별도 코어 배치

전시 및 휴게를 지원하는 커뮤니티 스텝
각 센터의 홍보와 교류를 지원하는 복층형 휴게공간

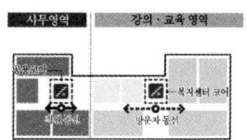

건축계획 | 지상5층 평면도, 지상6층 평면도
이용 효율성을 극대화 한 이용자공간과 관리자공간 영역 분리

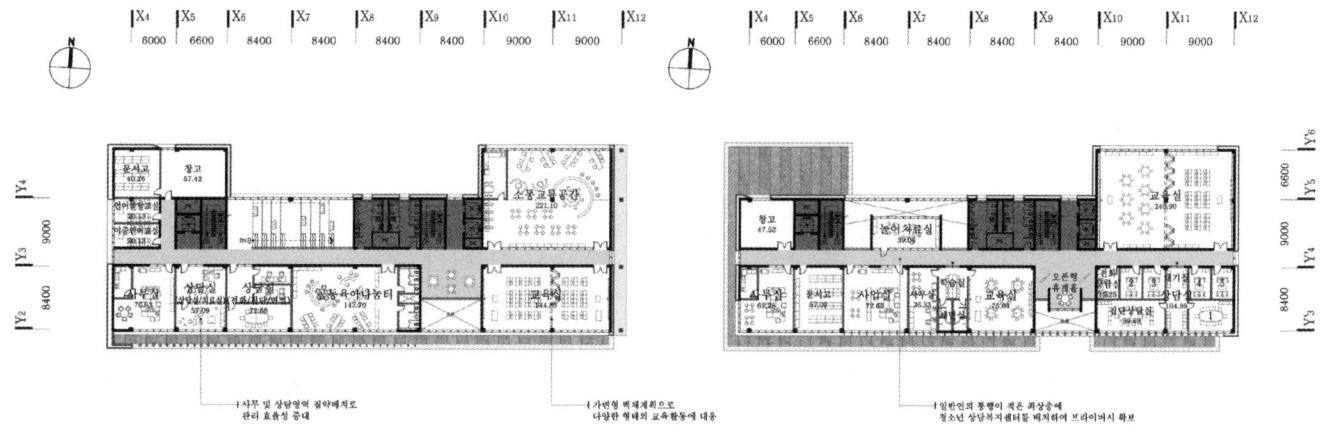

[가족센터]
지상5층 평면도 축척 1/450

[청소년 상담복지센터/학교 밖 청소년 지원센터]
지상6층 평면도 축척 1/450

개방성이 낮은 상담관련 센터를 **상층부에 배치**하여 독립적인 성격을 주었고, 특히 타인의 시선에 민감할 수 있는 청소년 상담복지센터를 최상층에 배치하였다. 또한 **풍부한 공용공간**은 직원 및 주민들에게 휴게와 대기공간으로 활용되어 혼잡할 수 있는 공용공간에 쾌적성을 더해준다.

시설의 특성을 반영한 시설간 층별 조닝
전문상담 시설이 있는 센터를 독립적인 상부에 배치

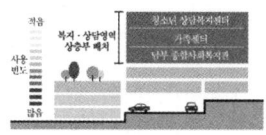

이용자를 고려한 교류 및 휴게공간 계획
휴게와 소통을 지원하는 다채로운 공용공간 구성

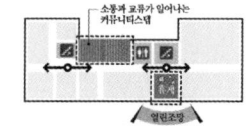

건축계획 | 입면도-1 (정면도, 우측면도)

획일화된 온산에 새로운 활력을 제공하는 디자인계획

건축계획 | 입면도-2 (배면도, 좌측면도)

주변환경과 대지의 특성을 고려한 조화로운 디자인계획

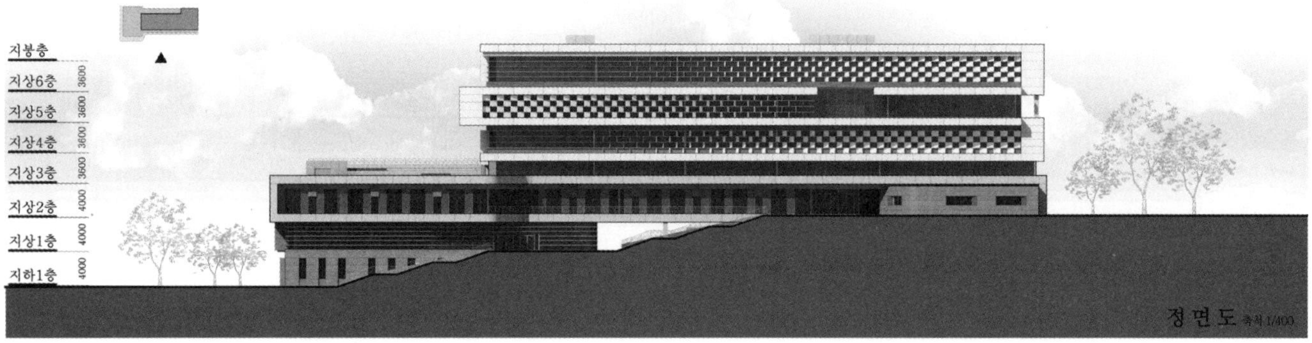

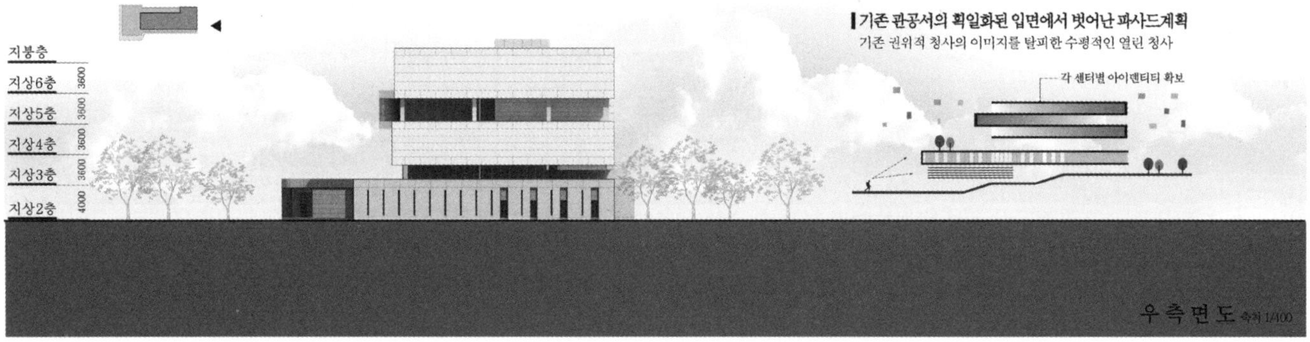

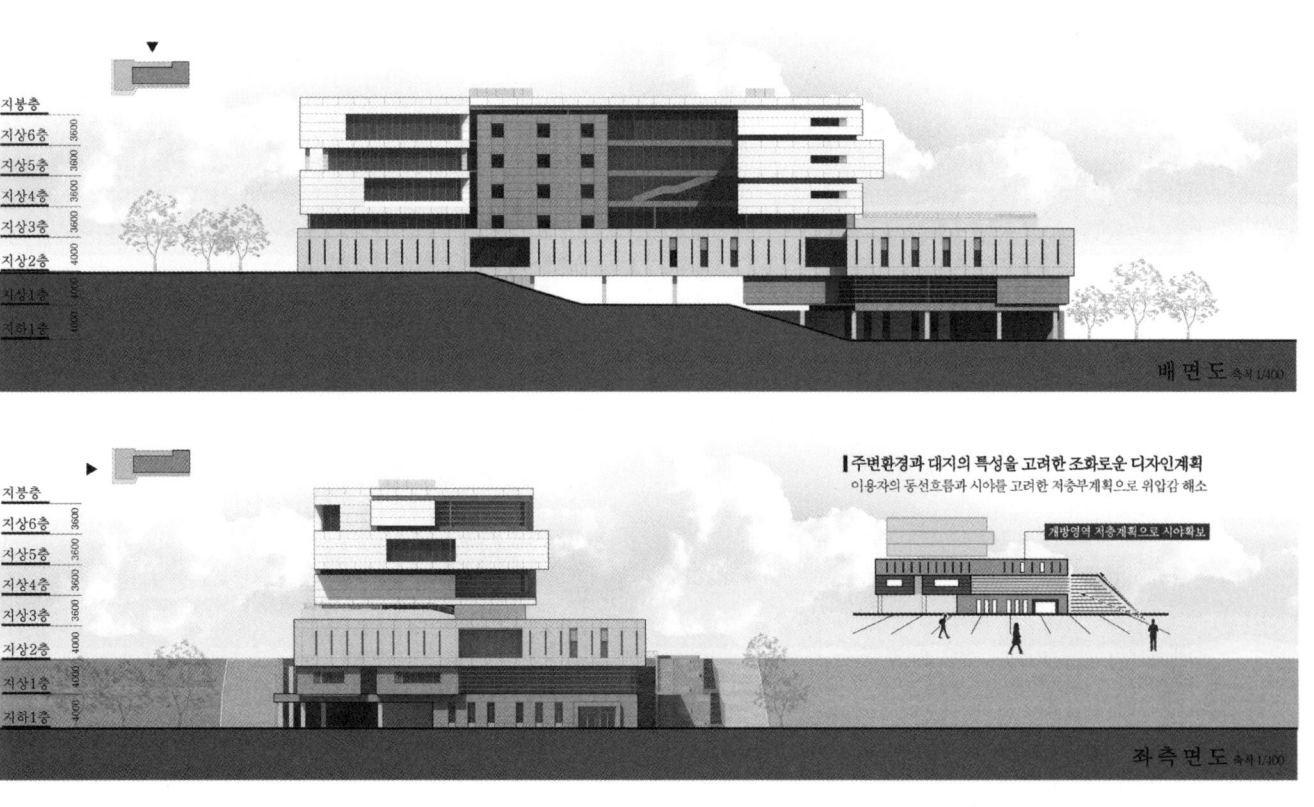

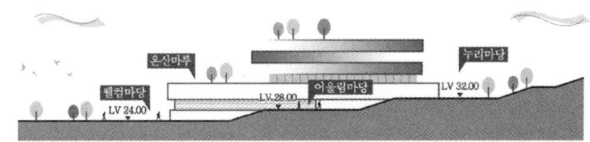

건축계획 | 단면도-1 (횡단면도)
주변과의 자연스러운 소통을 유도하는 입체적 단면계획

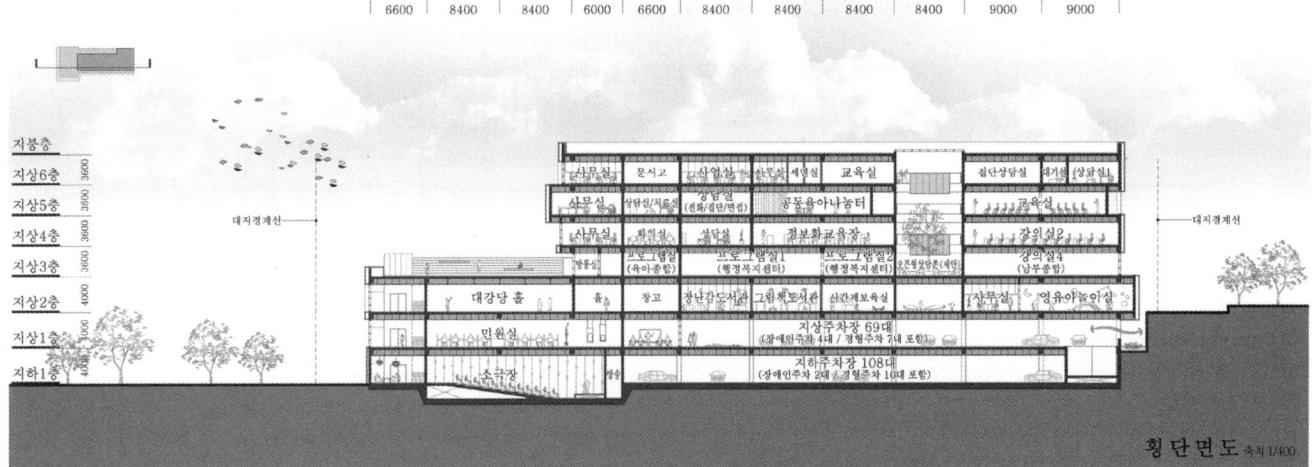

건축계획 | 단면도-2 (종단면도)
이용자의 동선체계와 프로그램연계를 고려한 시설조닝계획

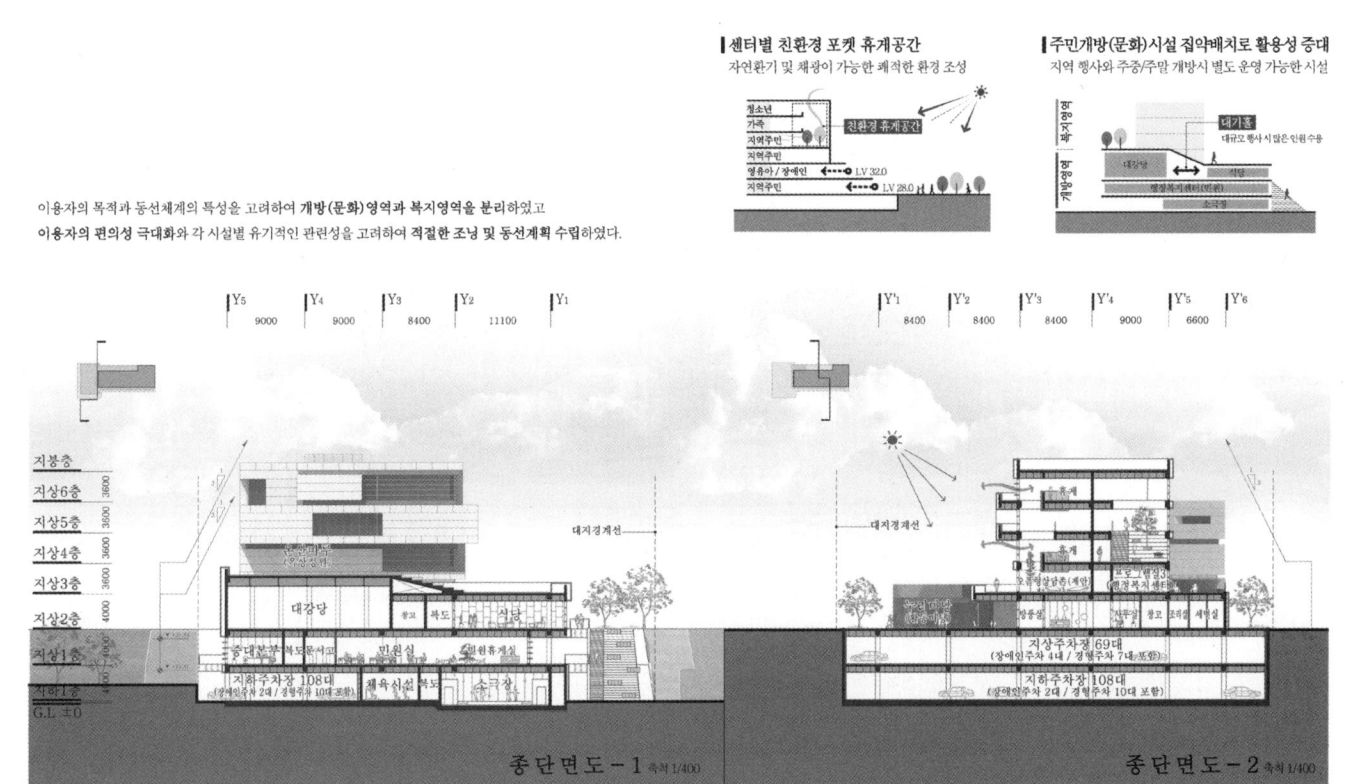

우면주민편익시설

당선작 유에이그룹건축사사무소 남태우 + (주)샘종합건축사사무소 김영수 설계팀 송진걸, 김용재

대지위치 서울특별시 서초구 우면동 767 **대지면적** 1,000㎡ **건축면적** 599.7㎡ **연면적** 4587.91㎡ **건폐율** 59.97% **용적률** 294.37% **규모** 지하 2층, 지상 6층 **최고높이** 25.35m **구조** 철근콘크리트조 **외부마감** 박판세라믹 패널, T32 삼중복층유리 **주차** 18대

지역 주민편익시설의 방향을 이야기하다.
본 프로젝트는 복지 수요가 증가한 우면동 지역의 어르신 및 아동, 청소년 등 주민 복지서비스 향상에 목적이 있다. 건축물은 성장하는 시대의 시간에 따른 삶과 생각의 흐름에 순응하고 생활 패턴 변화에 정신과 육체가 적응할 수 있도록 그 흐름을 담아내야 한다.

자연에 순응하는 이미지 개념을 담았다.
대지 조건은 남측으로 양재천과 청계산의 OPEN 축으로 지속적인 향과 VIEW를 자산으로 가지고 있다. 그 자연의 요소를 건축물이 이어가도록 각층별 녹지축과 나무 목재톤의 띠와 순응하는 개념을 형태로 담았다. 그리고 전체적인 조형의 주요 마감재를 세라믹 패널로 선정하여 마무리하였다.

각층별 기능의 중심을 만남으로 선정하였다.
발주처가 요구하는 기능을 층별 및 조닝별로 독립적인 기능이 가능하게 하였으며 또한, 중간층에 다목적 카페를 옥상 녹지와 연계된 공간 중심으로 선정하여 주민편익시설의 메인 기능인 만남과 화합의 중요성을 강조 하였다. 이를 바탕으로 1층엔 영유아 시설, 2층은 외부 계단으로 1층에서 연결된 민원분소와 키움 센터, 3층엔 데이케어 센터, 4층은 다목적 카페, 5층은 도서관, 6층은 주민복합공간으로 본 프로젝트를 기획하였다.

Setting the direction for the local community convenience facility design
This project aims to provide better welfare services for children, teens and seniors in Umyeon-dong in which demand for such services has increased. Architecture should be able to reflect trends of the time so that it can adapt itself to the lifestyle and mindset of the time which continues to evolve, and that the mind and body can keep up with changes in patterns of daily life.

Presenting an image that makes harmony with nature
The site shares an open axis shaped by Yangjaecheon Stream and Cheonggyesan Mountain in the south, so it has a clear directional nature and an uninterrupted view. Designed to make use of such natural assets, the proposed architecture is characterized by a green patch on each floor, wood toned stripes and malleable form. Also, ceramic panel is chosen as the main material for the overall volume.

Interaction; the keyword for the program of each floor
Programs required by the client are arranged to operate independently by floor or by zone. A multi-purpose cafe on the middle floor is designated as a main space and linked with a green area on the rooftop, with an aim to promote interaction and reconciliation, the main function of this facility. Based on the same idea, a toddler care facility is installed on the 1st floor, a sub-community center and kids center connected to the 1st floor via an external staircase, on the 2nd floor, a daycare center, on the 3rd floor, a multi-purpose cafe, on the 4th floor, a library, on the 5th floor, and a multi-use community space, on the 6th floor.

Prize winner URBAN ARCHITECTURE GROUP_Nam Taewoo + SAEM TOTAL ARCHIECTURE & PLANNERS_Kim Yongsoo **Location** Seocho-gu, Seoul **Site area** 1,000㎡ **Building area** 599.7㎡ **Gross floor area** 4,587.91㎡ **Building coverage** 59.97% **Floor space index** 294.37% **Building scope** B2, 6F **Height** 25.35m **Structure** RC **Exterior finishing** Thin plate ceramic panel, T32 triple paired glass **Parking** 18

Umyeon Community Convenience Facility

건축개념

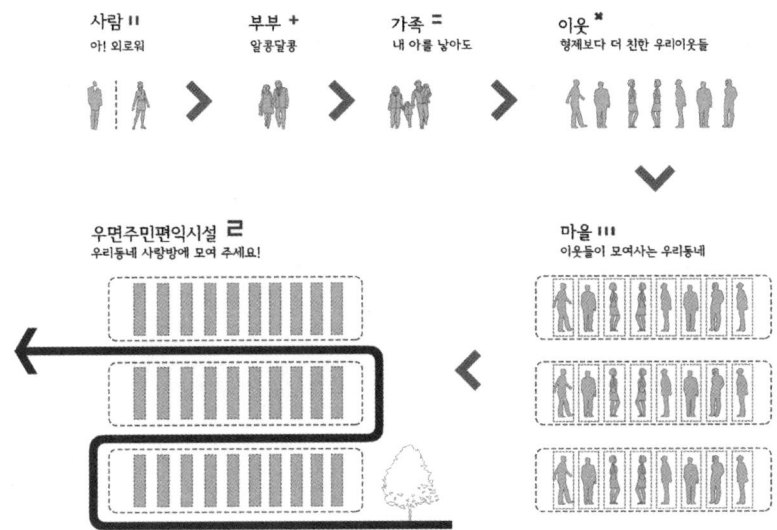

디자인 프로세스

자리잡기

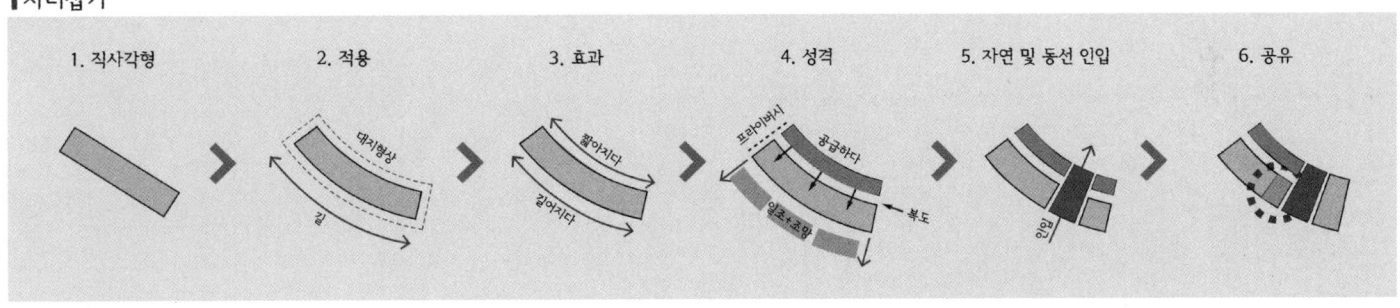

프로그램 믹스

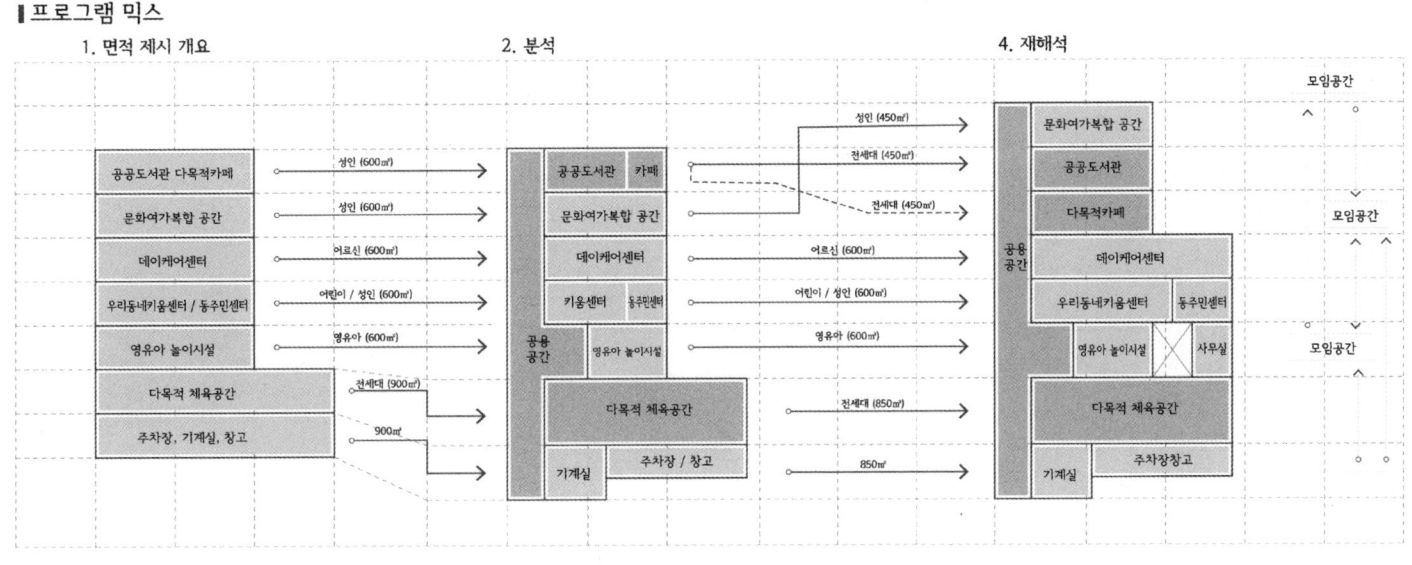

우면주민편익시설

사람과 자연을 담는 배치계획
■ 주민에게 내어주고 자연으로 채워지는 배치계획

■ 배치대안 분석

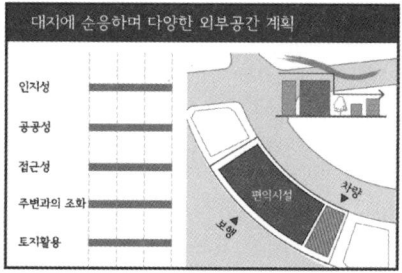

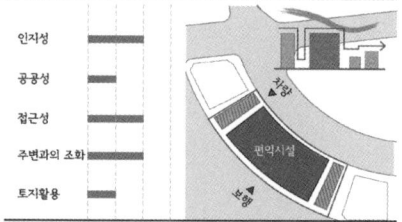

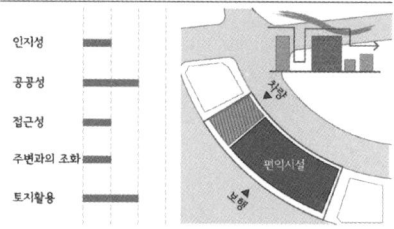

다양한 행사 및 체육이 가능한 다목적 공간 계획
■ 복도없는 홀타입으로 계획하여 이용가능한 최대면적 확보
- 관람석 및 가변형 무대설치로 다양한 행사가 가능한 공간 계획
- 무주공간 계획을 통한 대공간 제공

■ 효율적인 체육공간 구성

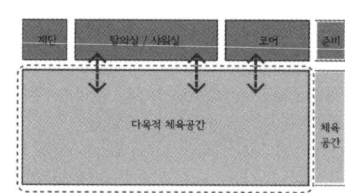

- 다목적 체육공간을 중심으로 기능실 배치

■ 대기주차공간 개념의 주차계획

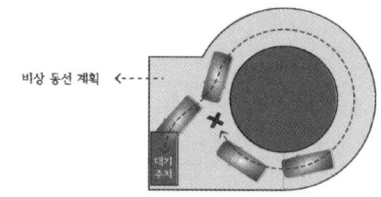

- 양방향 차량 진출입시 대기주차공간 계획

■ 무주공간 계획

Umyeon Community Convenience Facility

안전하고 접근이 쉬운 영유아 놀이시설 계획
다양한 접근과 안전이 보장된 환경 제공
- 놀이공간 중심으로 다양한 프로그램 제시
- 운영사무실을 주출입구 인접배치로 관리운영 동선의 최적화

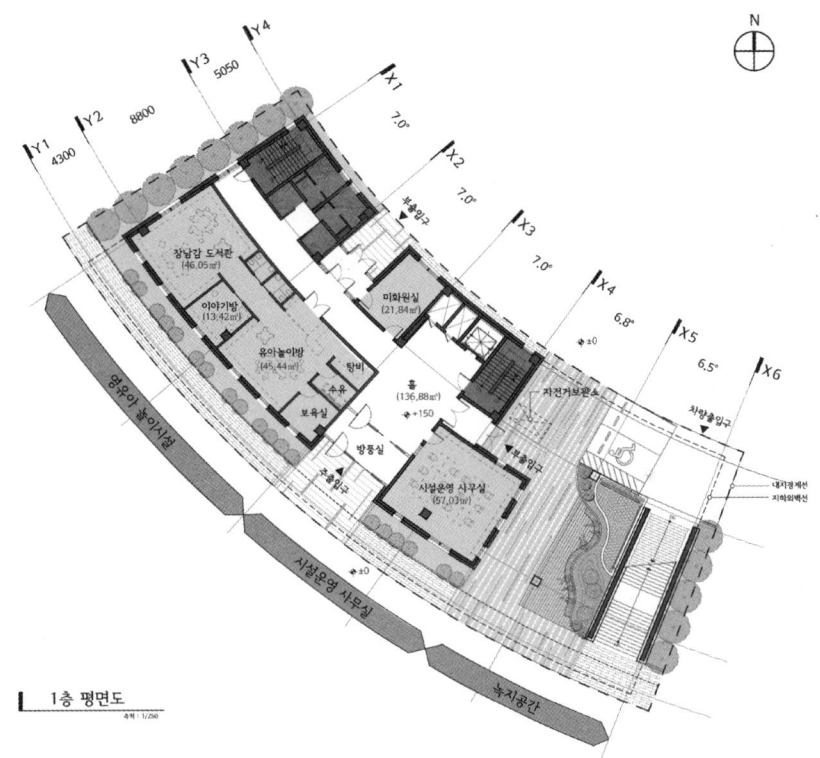

1층 평면도

다양한 진출입을 통한 외부와 연계방안

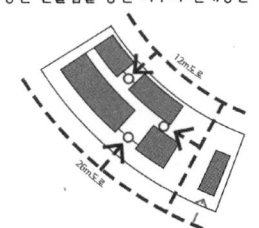

- 이용자 접근 특성을 고려한 다양한 진출입구 계획

영유아 특성을 반영한 실 배치

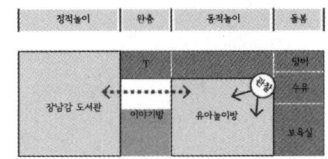

- 놀이공간 사이에 완충공간을 설치하여 쾌적한 환경조성

관리의 효율을 고려한 사무실계획

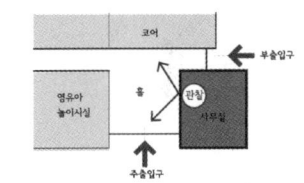

- 최적의 동선을 고려한 사무실 위치계획

민원센터와 키움센터의 동선분리 계획
용도별 동선 분리를 통한 안전성 및 개별 진출입 동선 확보
- 민원센터 전용 진출입로 계획으로 접근성 향상
- 가변형 벽체를 적극 도입하여 다양한 프로그램 활용방안 제시

2층 평면도

2층 민원실 전용 진출입로 계획

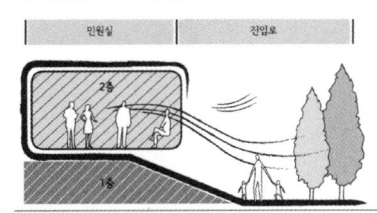

- 민원실의 직진출입로 계획을 통한 주민 접근성 향상

다양한 학습프로그램 공간 제시

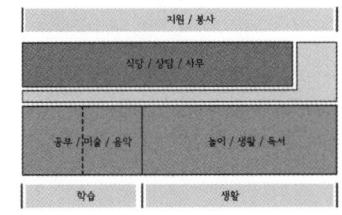

학습실 가변형 이용방안

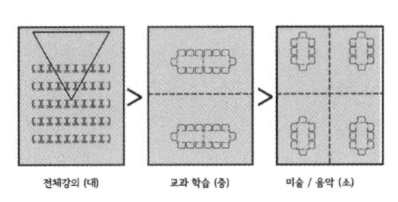

상황에 따른 다목적 실구성이 가능한 학습실 계획

우면주민편익시설

따뜻한 보살핌을 통한 낮집 계획
맞춤형 복지가 가능한 다양한 공간구성
- 휴게공간을 중심으로 다양한 공간배치
- 노인병원의 회유복도 개념을 적용한 안전복도 계획

명확한 조닝계획
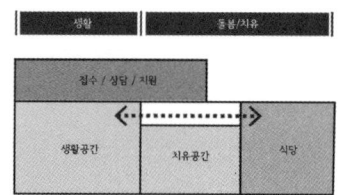

- 생활 / 치유 / 식사로 이어지는 공간 계획으로 쾌적한 환경제공

회유복도 계획

- 약 70m 회유복도 계획을 통하여 건강 및 체력 활성화 도모

쾌적한 생활공간

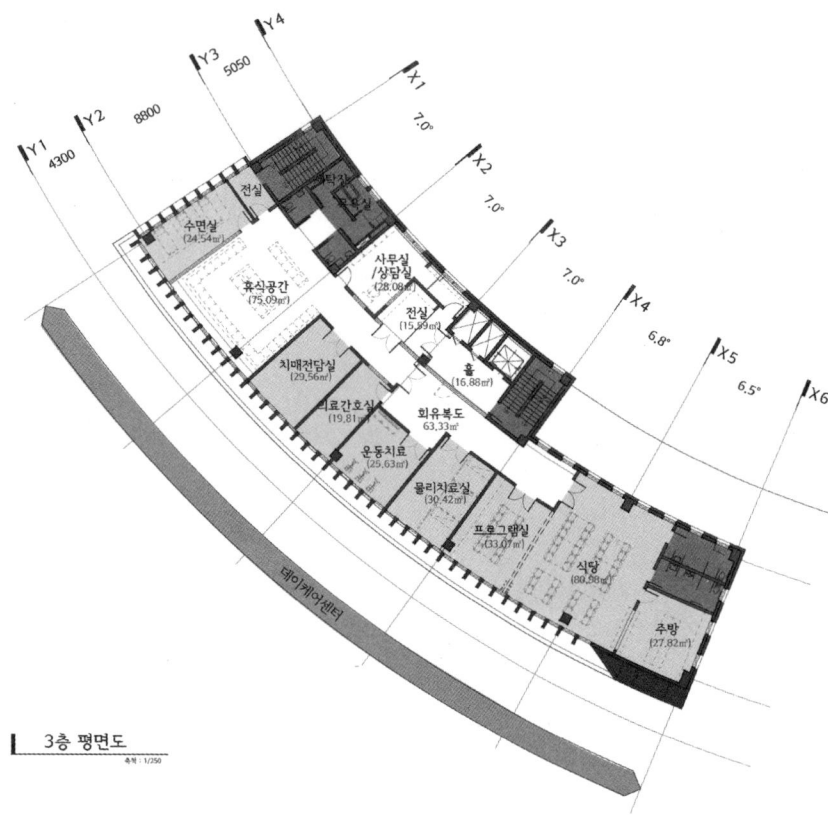

3층 평면도 축척: 1/250

모든세대가 모여 이야기 꽃을 만드는 다목적 공간 계획
다양한 세대가 모일수 있도록 중간층에 배치
- 모든세대가 소통, 회합 할 수 있는 공간으로 구성
- 실·내외를 연계가 되는 그린테라스 계획

테라스와 연계된 실배치
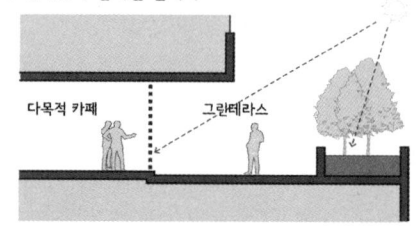

- 적극적인 테라스 계획을 통한 소통 활성화 계획

기둥없는 내부 공간 / 복도없는 공간 계획
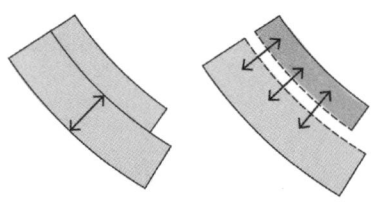

- 내부기둥 최소화 계획으로 자유로운 실배치 가능
- 복도없는 내부공간 계획으로 각 층의 이용가능한 최대 면적 확보

시끌벅적한 다목적 카페

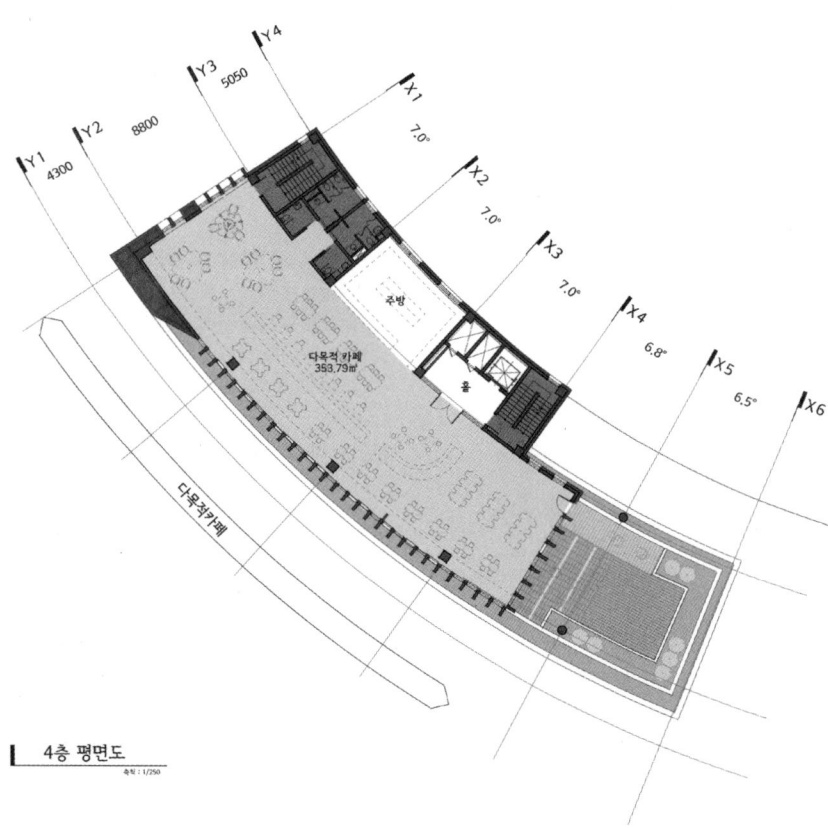

4층 평면도 축척: 1/250

Umyeon Community Convenience Facility

생활 밀착형 열린도서관

열람실부터 계단식 열람실로 이어지는 다양한 도서환경 조성
- 오픈공간 계획으로 다양한 도서 열람 가능
- 데스크를 중심으로 열람실 배치로 유지관리 효율성 확보

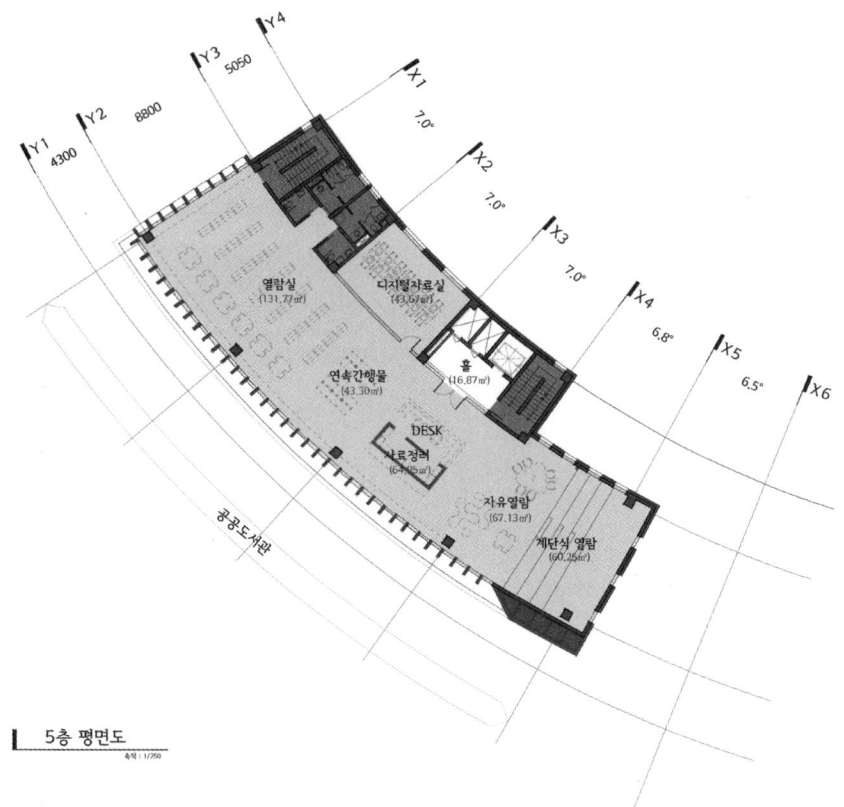

5층 평면도
축척: 1/250

성격별 열람공간 분리계획

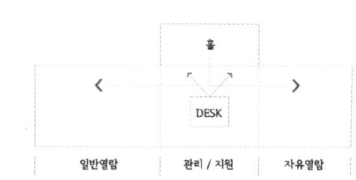

효율적인 도서열람 구성으로 유지관리 극대화

입체적 공간계획

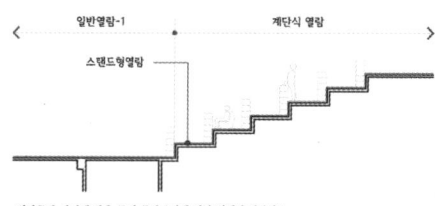

열람공간 사이에 단을 두어 공간분리에 의한 입체적 열람가능

다양한 계층의 이용이 가능한 열린 도서관

열린도서관 사례이미지

배움과 주민중심의 자치가 가능한 공간 제시

주민 중심의 운영공간 제시로 마을활력 부여
- 배움공간과 마을활력소를 주공간으로 구성하여 주민중심 복합공간 마련
- 오픈공간계획으로 다목적 공간 활용 가능

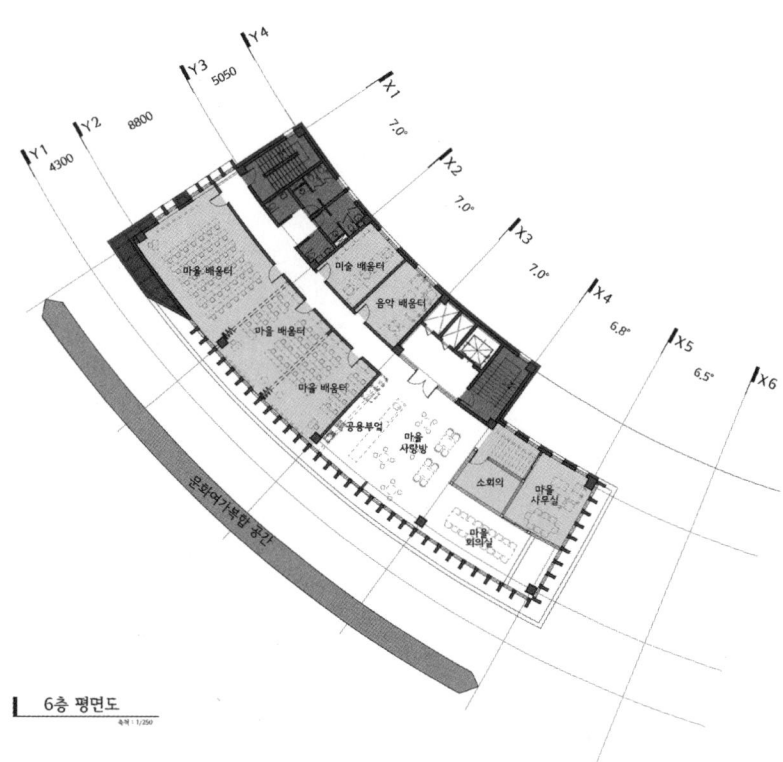

6층 평면도
축척: 1/250

다양한 프로그램 제시

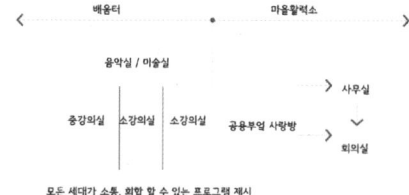

모든 세대가 소통, 화합 할 수 있는 프로그램 제시

배움터 가변형 이용방안

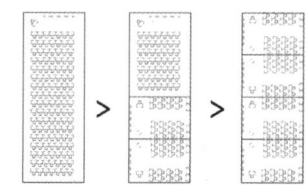

상황에 따른 다목적 실구성이 가능한 배움터 계획

마을활력소

우면주민편익시설

모두가 소통하는 공간
■ 커뮤니티 활동의 중심이 되는 우면소통공간 만들기
- 자연과 조화를 이루는 친환경 녹색공간 만들기
- 실·내외를 연계가 되는 그린테라스 계획

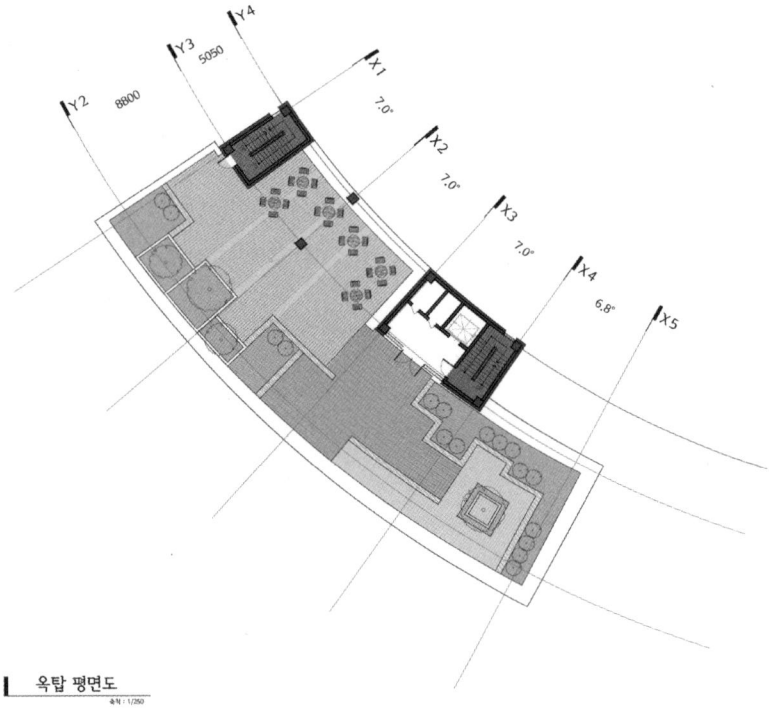

| 옥탑 평면도
축척 : 1/250

■ 기둥없는 내부 공간

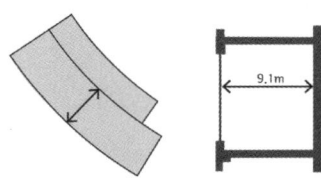

- 내부기둥 최소화 계획으로 자유로운 실배치 가능

■ 복도없는 공간 계획

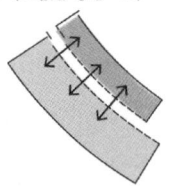

- 복도없는 내부공간 계획으로 각 층의 이용가능한 최대 면적 확보

■ 옥상을 이용한 커뮤니티 공간 제공

- 다양한 커뮤니티 공간 제공

제로하우스에 근접하는 에너지 발전소 계획
■ 태양광, 연료전지, 지열 등을 이용한 신재생 에너지 적극사용

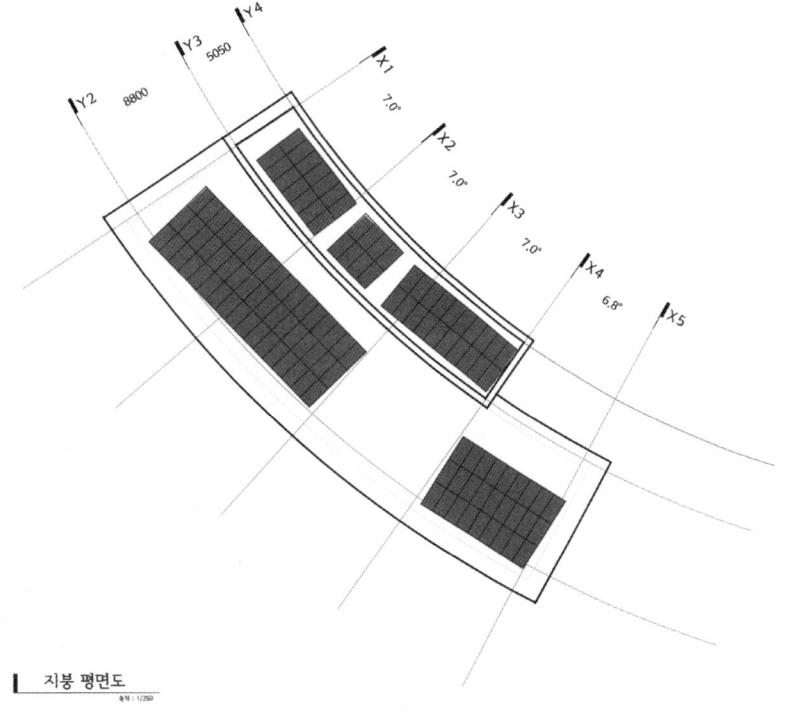

| 지붕 평면도
축척 : 1/250

■ 태양광 전체 설치 발전용량

1. 2019년 설치 의무화 신·재생에너지 공급의무 발전용량 : 350.516KW
2. 필요 MODULE 수량 : 110장
3. 발전설비 용량 : 105장 × 380Wp = 39.6kW
4. 설치 MODULE : 380Wp
5. MODULE SIZE : 990 × 1970 × 40mm

■ 공동홀을 활용한 다채로운 공간구성

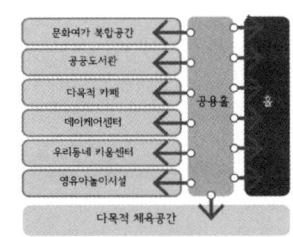

- 방문객 및 근무자 편의성을 고려한 층간 시설배치

■ 시간대별 수직동선 계획

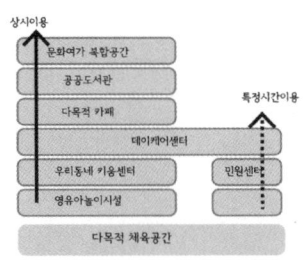

- 시간대별 이용동선의 효율적 분리

Umyeon Community Convenience Facility

복합편익시설 프로그램을 표현한 입면계획

1. 어울리다 - 주변의 스카이라인을 반영하다
2. 내밀다 - 주변 맥락을 반영하다
3. 표현하다 - 시설별 특성을 반영하다
4. 감싸다 - 서로다른 매스를 묶어준다
5. 자연을 담다 - 서로다른 매스를 묶어준다

정면도 | 좌측면도

입체적인 외부공간을 갖는 단면계획
■ 다양한 외부공간을 통해 풍부한 커뮤니티 공간생성
- 층별다양한 프로그램과 연계된 옥외공간 활용 극대화
- 프로그램에 적합한 층고계획으로 다목적 기능 수행 가능

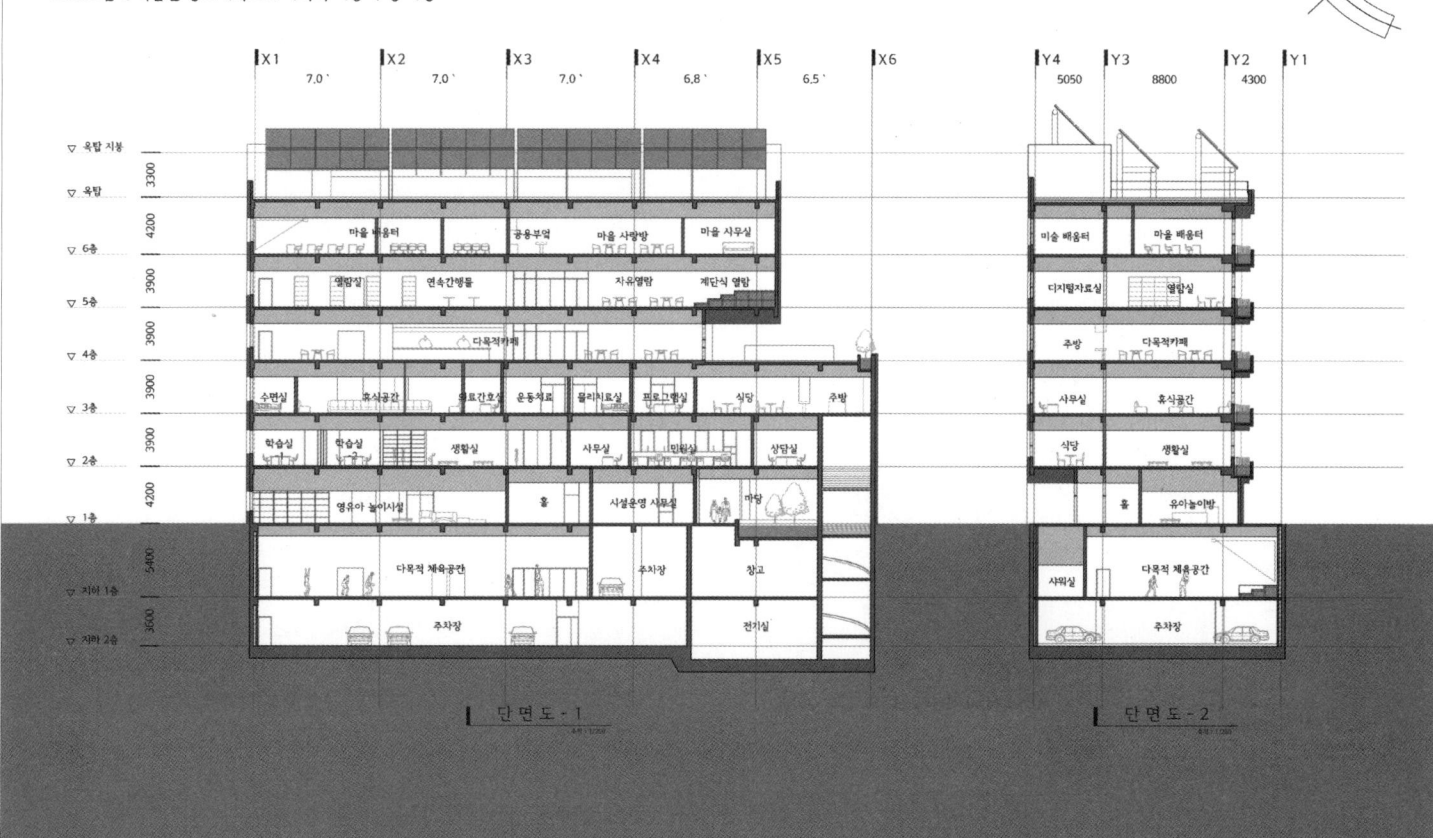

단면도-1 | 단면도-2

북구 행복어울림센터

당선작 이엘건축사사무소 이원일 + 진짜노리건축사사무소 이충미, 노혜진 설계팀 한영희, 김장후, 고정은(이상 이엘) 김영지, 최선우(이상 진짜노리)

대지위치 광주광역시 북구 용봉동 247-3, 247-10, 247-13 **대지면적** 2,381.00m² **건축면적** 1,300.43m² **연면적** 2,473.26m² **건폐율** 54.62% **용적률** 103.87% **규모** 지상 4층 **최고높이** 12.2m **구조** 철골조 **외부마감** 석재패널, 로이복층유리, 컨테이너 **주차** 33대(장애인 주차 2대, 경차 3대, 확장형 23대 포함)

어반 블랜딩
북구 행복어울림센터는 시민구성의 변경과 생활양식의 변화, 주변 환경변화 등 시대의 요구에 대응할 수 있는 말랑말랑한 건축 플랫폼을 제시하여 다양한 이야기가 어우러지는 공간으로 자리 잡고자 한다. 전남대학교와 주거지역 사이에 위치하여 학생과 주민간의 소통의 역할을 해냄과 동시에 지역프로그램, 창업팩토리 등 다양한 지원과 활동을 더욱 활성화되는 것이 목표이다.

옴서감서길, 들고날고 매스
시민들이 이용하는 인도와 전남대학교 캠퍼스 사이에 벽이 아닌 소통의 길을 내어주어 옴서감서길을 통해 더욱 활성화 되고, 상층의 컨테이너 박스의 혐오감을 들고날고 매스의 변화를 주어 가로변의 다채로운 시퀀스를 선사할 수 있길 바란다.

시설별 특성에 따른 내외부공간의 특화
2층의 커뮤니티실과 회의실을 가변적인 벽을 통해 분리 및 확장하여 공간의 활용성을 극대화하고자 하였다. 또한 모듈화된 컨테이너 사무공간은 공간을 넓게 활용 하는 동시에 휴게데크를 조성하여 생산성을 높이고자 하였다.

Urban Blending
The Buk-gu Happy Eoulim Center introduces a flexible architectural platform which can accommodate the needs of time, generated by demographic shifts and changes in lifestyle and in local environments, and through this, it tries to become a place where various stories are woven together. Located between Chonnam National University and a residential area, the new center will serve as a medium through which the university students and the local community communicate each other, and at the same time, it will provide various support and activities including regional programs and Startup Factory.

Omseogamseo-gil and Deulgonalgo Mass
Instead of walls, a community road is laid between public pedestrian paths and the university campus. Omseogamseo-gil will give more energy to this community road. To reduce a sense of incompatibility generated by container boxes on the upper floors, Deulgonalgo Mass with an undulating form is designed so that various sequences can be created along the street.

Specialized indoor and outdoor spaces reflecting the nature of each facility
The Community Room and meeting room on the 2nd floor are designed to be divided or extended by using moveable walls, with an aim to enhance efficiency in use of space. The modularized container office can use its space efficiently, and also it provides a lounge deck to increase productivity.

Prize winner EL_architects_Lee Wonil + Re:all play_Lee Chungmi, Roh Hyejin **Location** Buk-gu, Gwangju **Site area** 2,381.00m² **Building area** 1,300.43m² **Gross floor area** 2,473.26m² **Building coverage** 54.62% **Floor space index** 103.87% **Building scope** 4F **Height** 12.2m **Structure** SC **Exterior finishing** Stone panel, Low-E paired glass, Container **Parking** 33 (including 2 for the disabled, 3 for the small size, 23 for extension type)

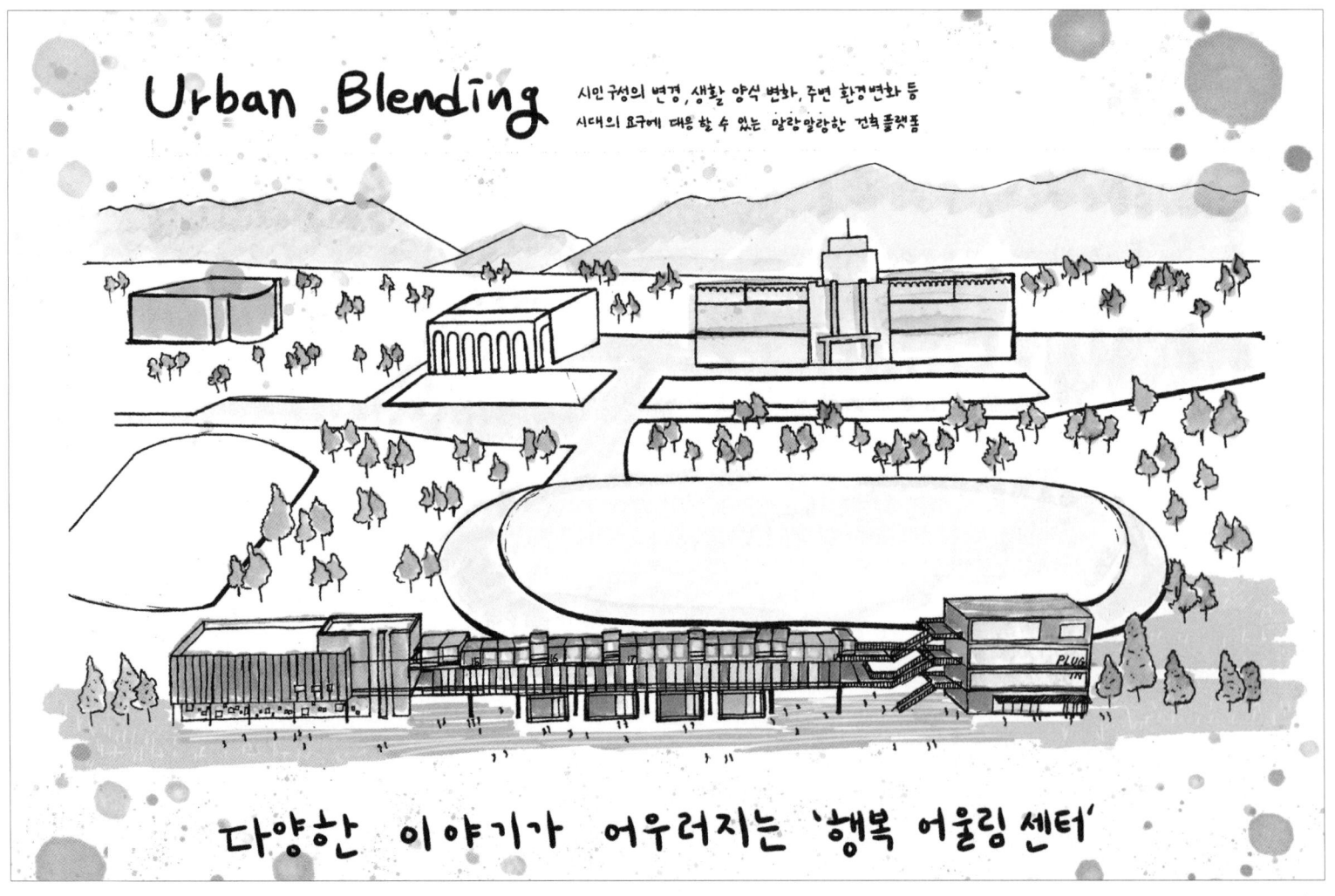

Buk-gu Happy Eoulim Center

기본방향 | 건립 기본 방향

장소적 특성을 고려한 소통하는 복합커뮤니티센터

| 학생과 지역주민사이의 새로운 소통의 문
커뮤니티 게이트
전남대학교와 주거지역 사이에 위치하는 긴 장방형의 건물이 장벽처럼 느껴지지 않고 둘 사이를 연결하는 게이트로 작용 | 가로의 연속성을 유지하는 저층부 구성
저층부 커뮤니티
긴 가로를 따라 걸어가는 지역주민들에게 다양한 이야기를 제공하는 커뮤니티 가로 대응형 저층부 계획 | 상황에 따라 변화하는 지속가능형 건축물
모듈러 스페이스
향후 변화하는 프로그램에 대응할 수 있는 모듈러 방식의 공간으로 미래에 지속가능한 건축물로 계획 |

장소성 / **대응성** / **가변성**

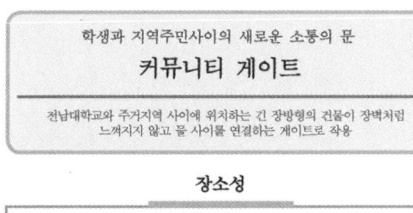
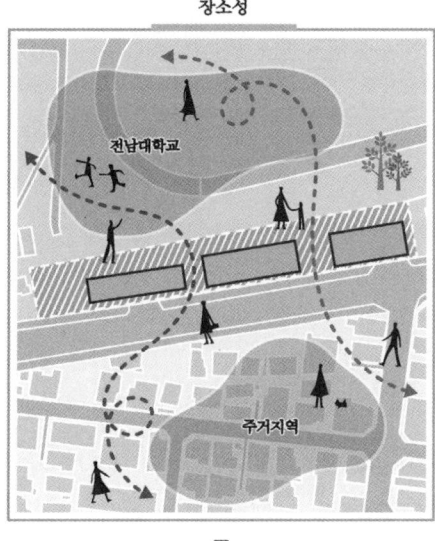
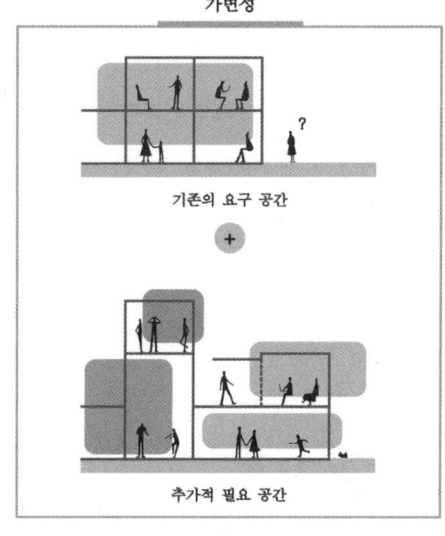

지역문화 활성화	지역 경제 활성화	공동체 회복
지역특성과 주민수요를 고려한 시설구성으로 지역주민들에게 효율적인 복합기능 공간 제공	광주광역시 북구의 도시재생 뉴딜사업의 목표인 청년창업을 통한 지역 경제 활성화	생활밀착형 서비스 및 체험형 프로그램을 통해 삶의 질 향상 및 공동체 회복을 통한 북구 도시재생의 취지에 부합하는 거점 시설

마스터플랜 | 배치프로세스 / 대안검토

세장한 부지현황을 적극 이용한 배치계획

배치 프로세스

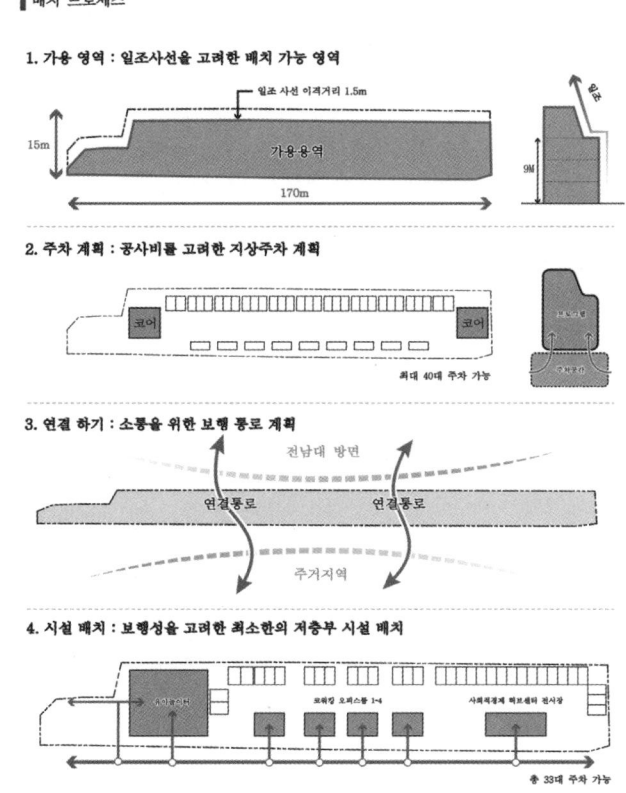

대지의 효율적 사용을 위한 배치 대안분석

대안1 : 단일매스형태
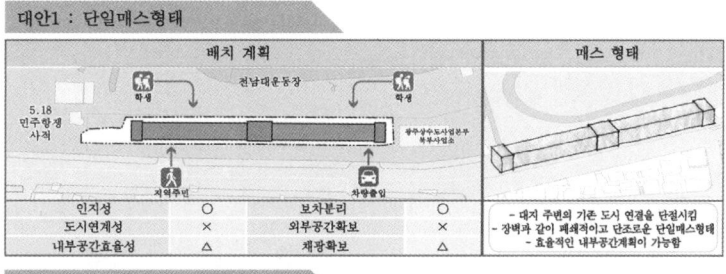

- 대지 주변의 기존 도시 연결축을 단절시킴
- 장벽과 같이 폐쇄적이고 단조로운 단일매스형태
- 효율적인 내부공간계획이 가능함

대안2 : 분절된 매스 형태
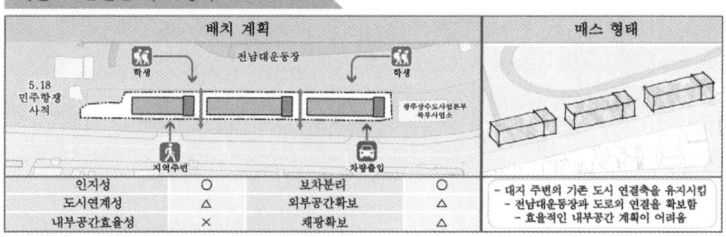

- 대지 주변의 기존 도시 연결축을 유지시킴
- 전남대운동장과 도로의 연결을 확보함
- 효율적인 내부공간 계획이 어려움

채택안 : 단일+분절 매스 형태
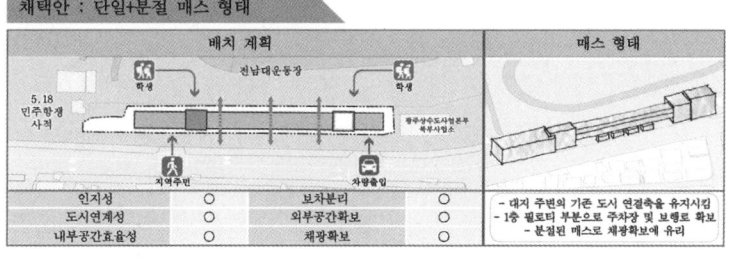

- 대지 주변의 기존 도시 연결축을 유지시킴
- 1층 필로티 부분으로 주차장 및 보행축 확보
- 분절된 매스로 채광확보에 유리

북구 행복어울림센터

마스터플랜 | 배치계획
접근성과 가로대면성을 고려한 최소한의 시설배치

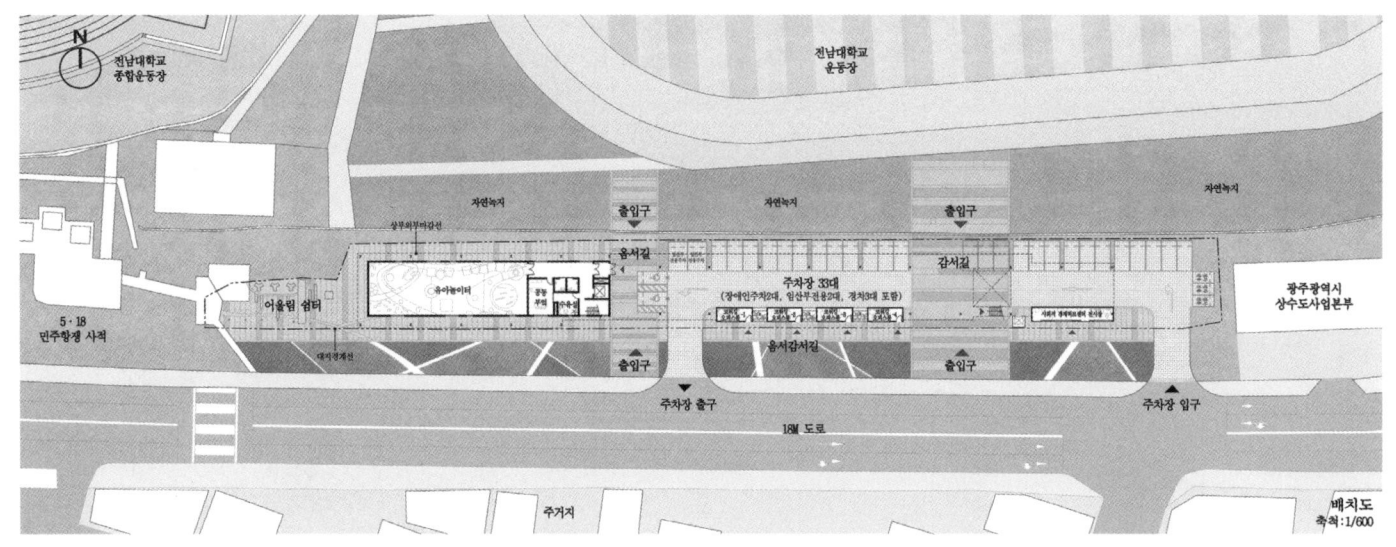

| 남향 채광을 유입한 쾌적한 배치계획 | 주변 여건을 고려한 배치계획 | 프로그램 조닝 계획 | 구조 및 시공계획 |

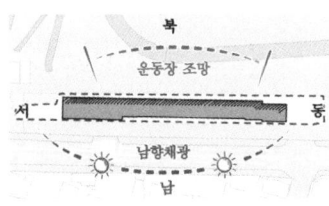 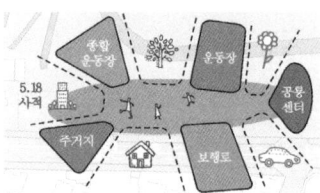 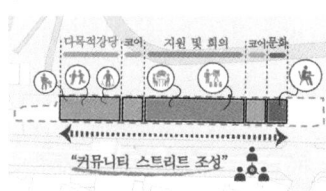 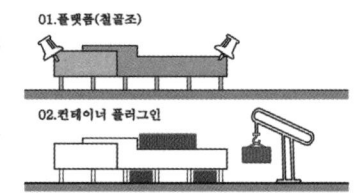

마스터플랜 | 동선계획
안전하고 즐거운 보행환경 조성

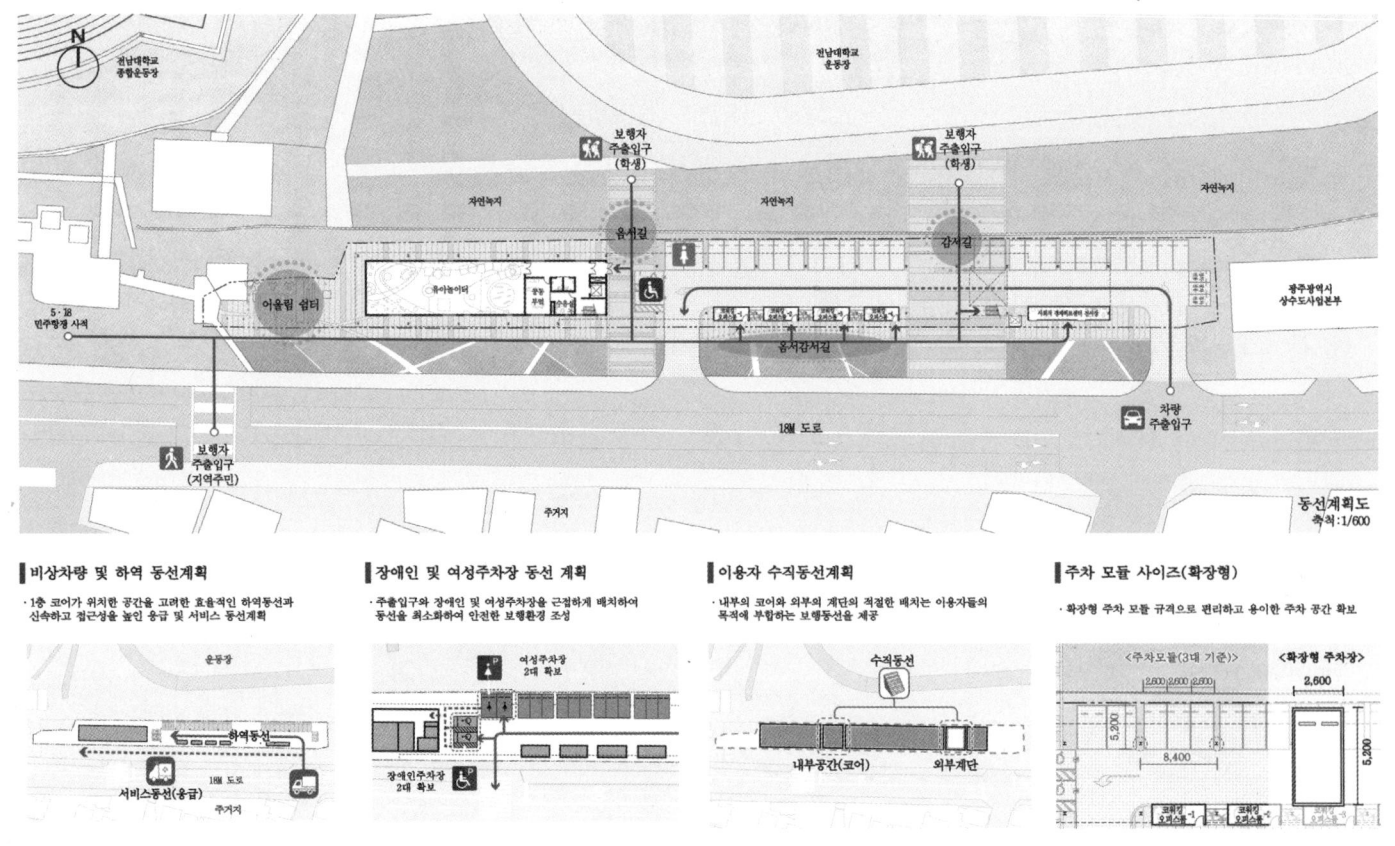

Buk-gu Happy Eoulim Center

마스터플랜 | 공간계획 및 토지이용계획
명확한 조닝계획과 가변적인 공간계획

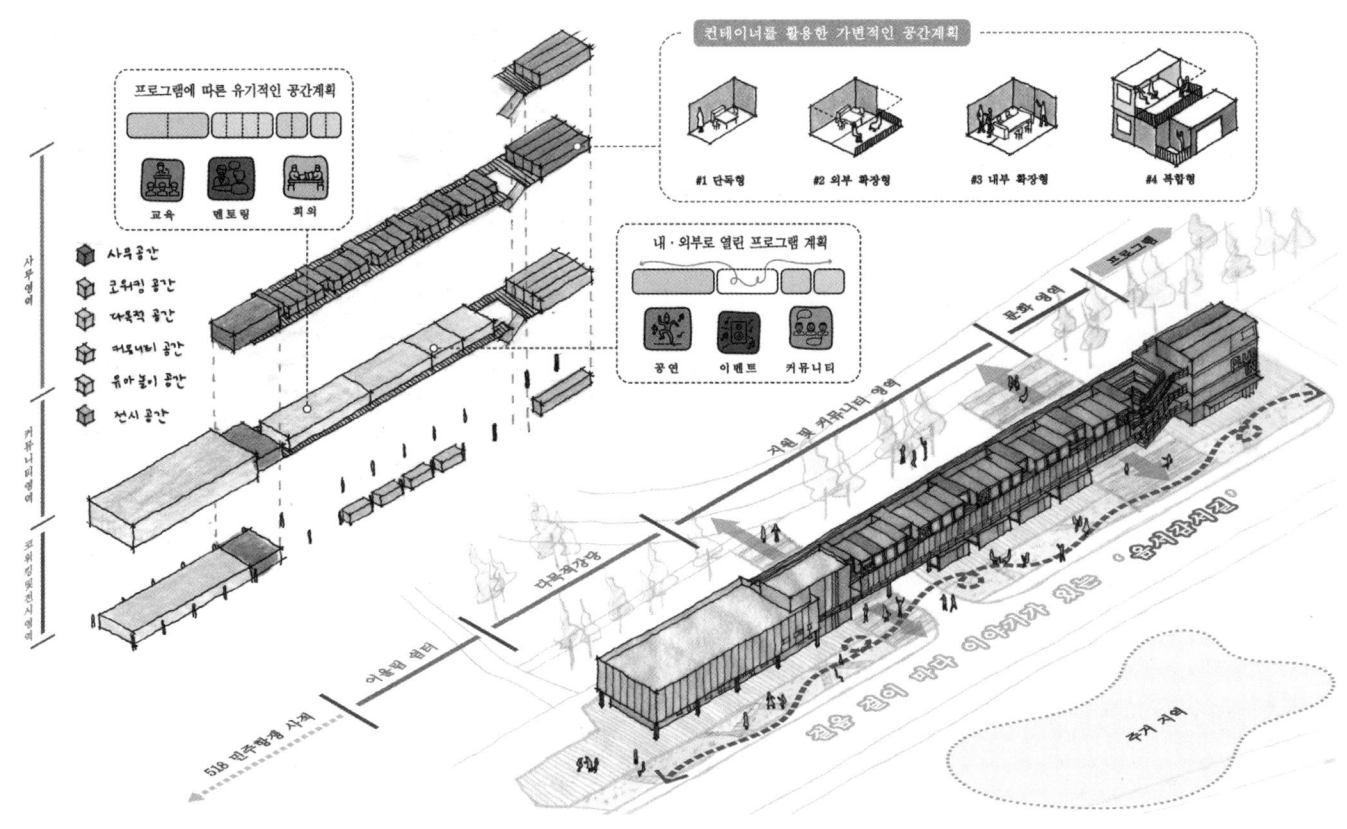

건축계획 | 시설별 특화계획
시설별 특성에 따른 최적의 내·외부공간 특화계획

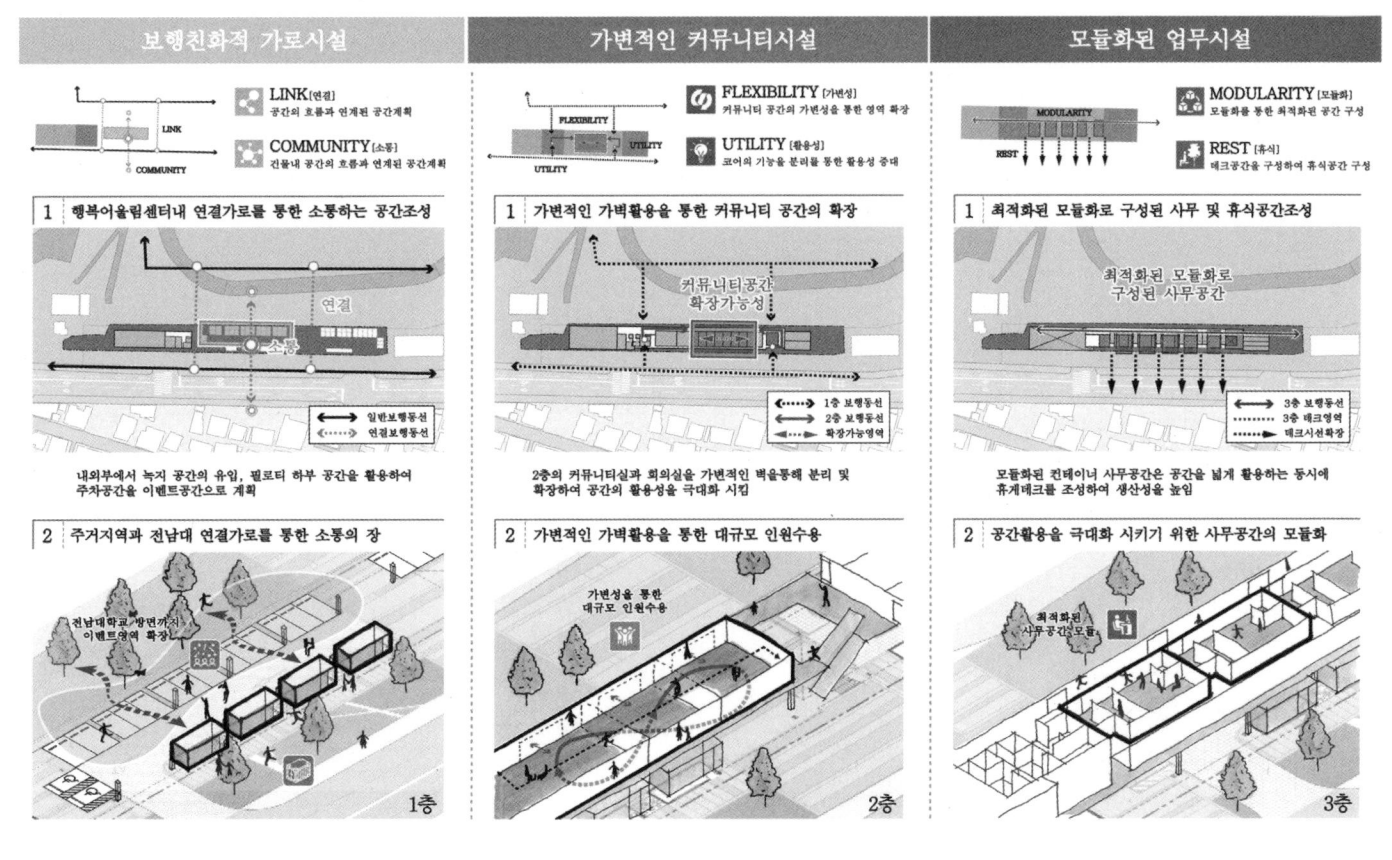

북구 행복어울림센터

건축계획 | 지상1층 평면계획
다양한 이벤트와 이야기가 가득한 저층부 계획

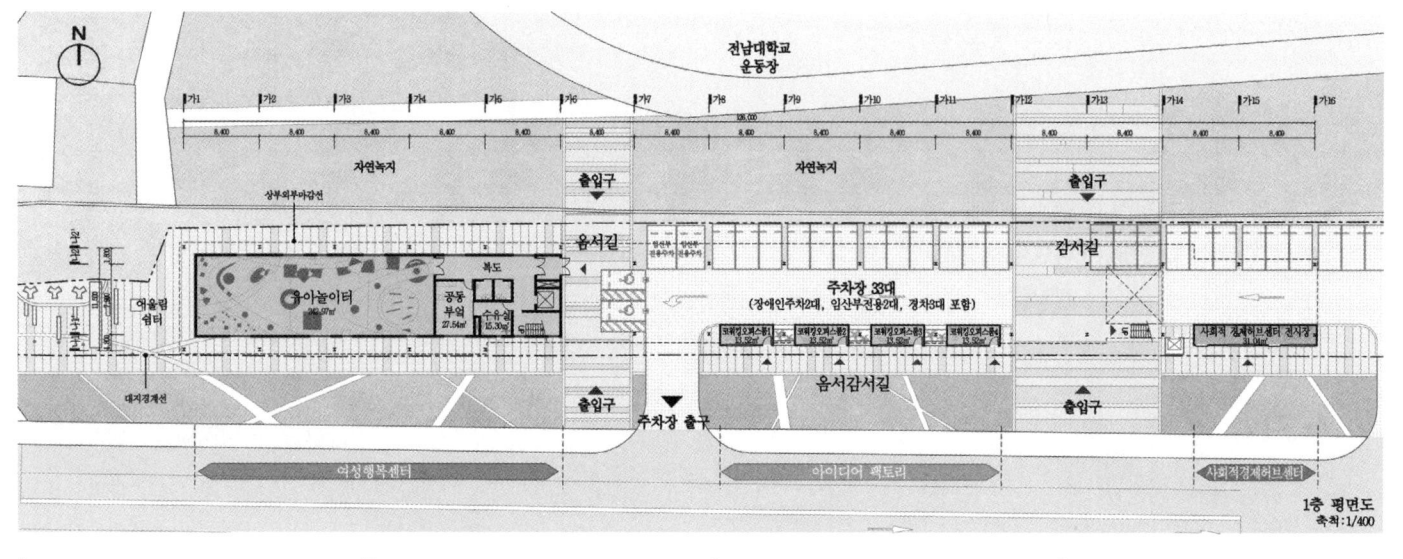

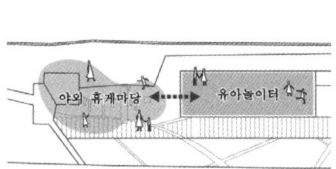

야외 휴게마당을 품은 유아놀이터
- 내·외부로 한정된 놀이 공간이 아닌 유아놀이터는 날씨 및 활동영역에 따라 확장하여 아이들의 창의성을 향상시킴

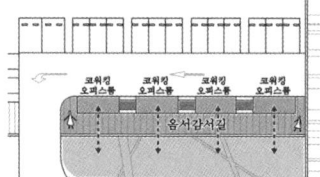

음서감서길과 코워킹오피스룸 연계
- 음서감서길과 코워킹오피스룸의 연계로 인한 다양한 이야기 조성
- 향후 필요에 따라 코워킹오피스룸을 청년창업공간으로 활용 가능

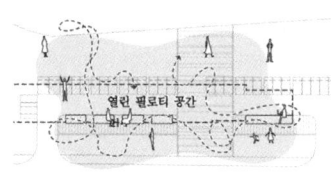

필로티 공간으로 열린 저층부 계획
- 대부분 주차장으로 구성된 필로티 공간은 상황에 따라 이벤트 공간으로 전남대학교 운동장과 연계된 열린 필로티 공간 확보

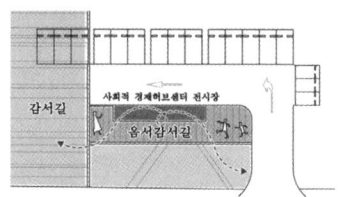

음서감서길과 사회적 경제허브센터 전시장연계
- 전시의 역할을 하는 경제허브센터와 음서감서길의 연계는 교육적인 전시공간으로 주변 활력 증대

건축계획 | 지상2층 평면계획
가변성을 극대화한 공통사용시설의 집중배치

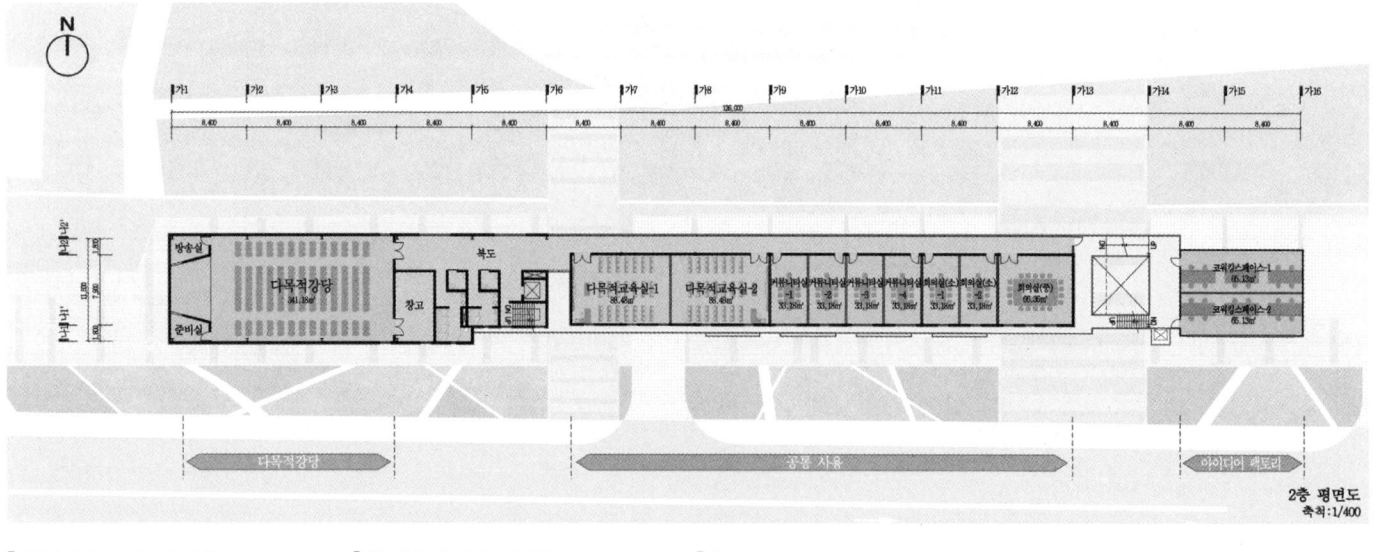

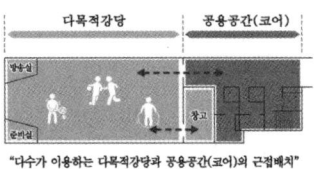

이용자에 따른 공용공간 배치
- 이용자가 특히 많은 다목적강당은 공용공간과 가깝게 배치하여 화장실 이용 및 편의성 증대

커뮤니티공간 단면 조닝계획
- 2층에 회의 또는 다목적 공간으로 구성된 커뮤니티 공간은 1,3층의 프로그램을 대응할 수 있는 단면구성계획

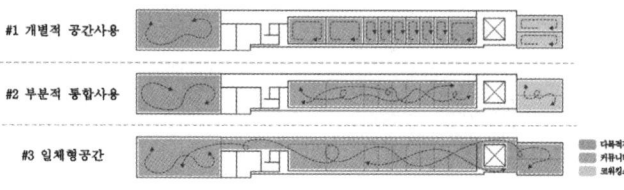

가변적인 프로그램 영역
- 커뮤니티 공간의 가변을 통해 개별적에서 통합적 사용으로 공간을 확장시켜 필요시 내부 이벤트 공간으로 활용
- 이외에도 확장된 공간이 더 필요할 시에는 일체형공간으로 자유롭고 열린 공간을 구축

건축계획 | 지상3층, 지상4층 평면계획

경제성과 확장성을 고려한 컨테이너 모듈계획

3층 평면도
축척:1/400

사무공간 조닝(모듈식 컨테이너)

· 사무공간을 모듈화된 컨테이너로 구성하고 반외부 데크를 구성하여 공간의 효율성 및 생산성 증대

추후 증축가능성 검토

· 합리적이고 경제적인 모듈식 컨테이너로 필요수요에 따른 증축 가능성 검토

4층 평면도
축척:1/400

건축계획 | 단면계획

공간의 특성에 맞는 층고 계획과 효율적인 단면조닝계획

다양한 프로그램에 따른 단면 조닝계획 및 각 프로그램의 상호연관성

주변환경을 고려한 데크 및 복도계획

종단면도 A-A'
축척:1/400

종단면도 B-B'
축척:1/400

종단면도 C-C'
축척:1/400

횡단면도
축척:1/400

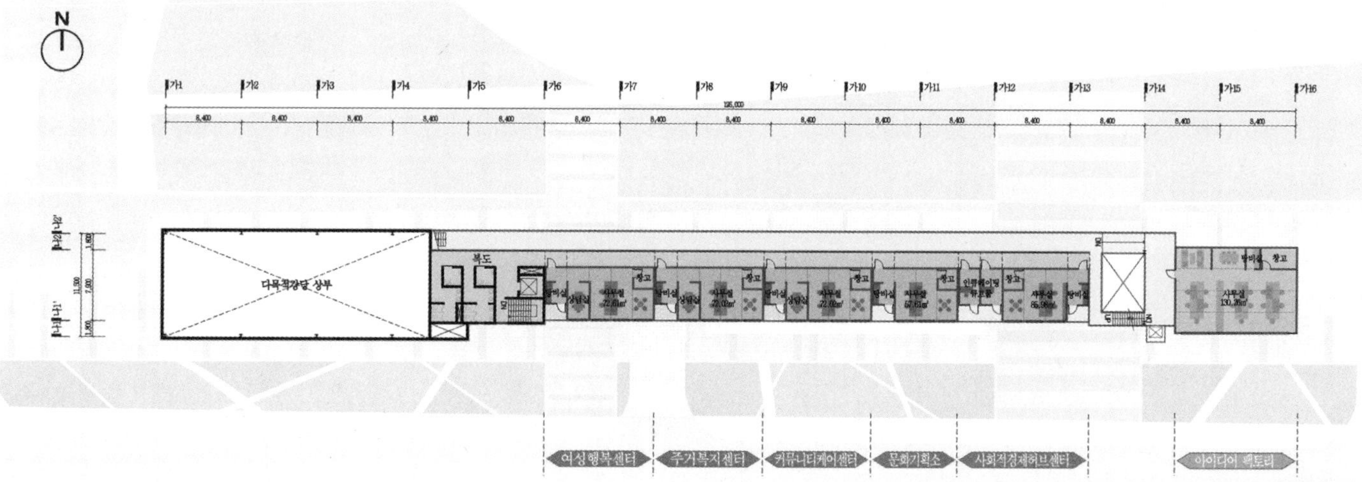

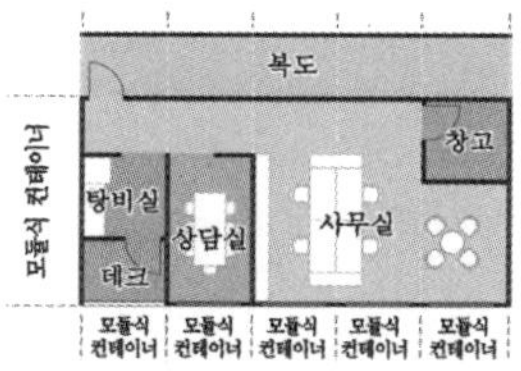

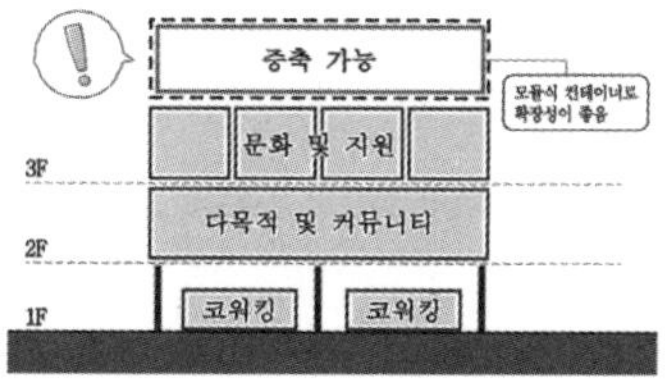

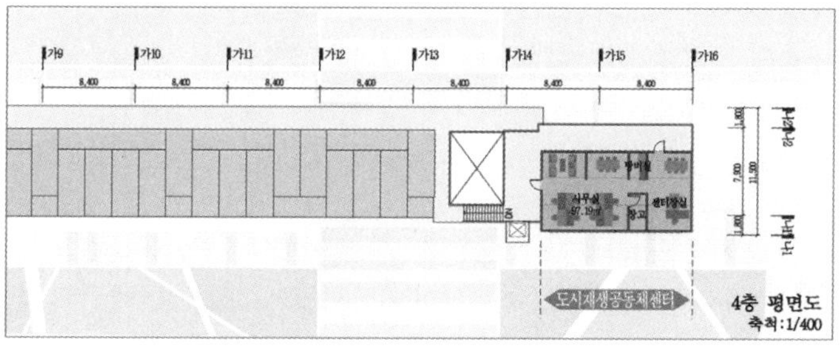

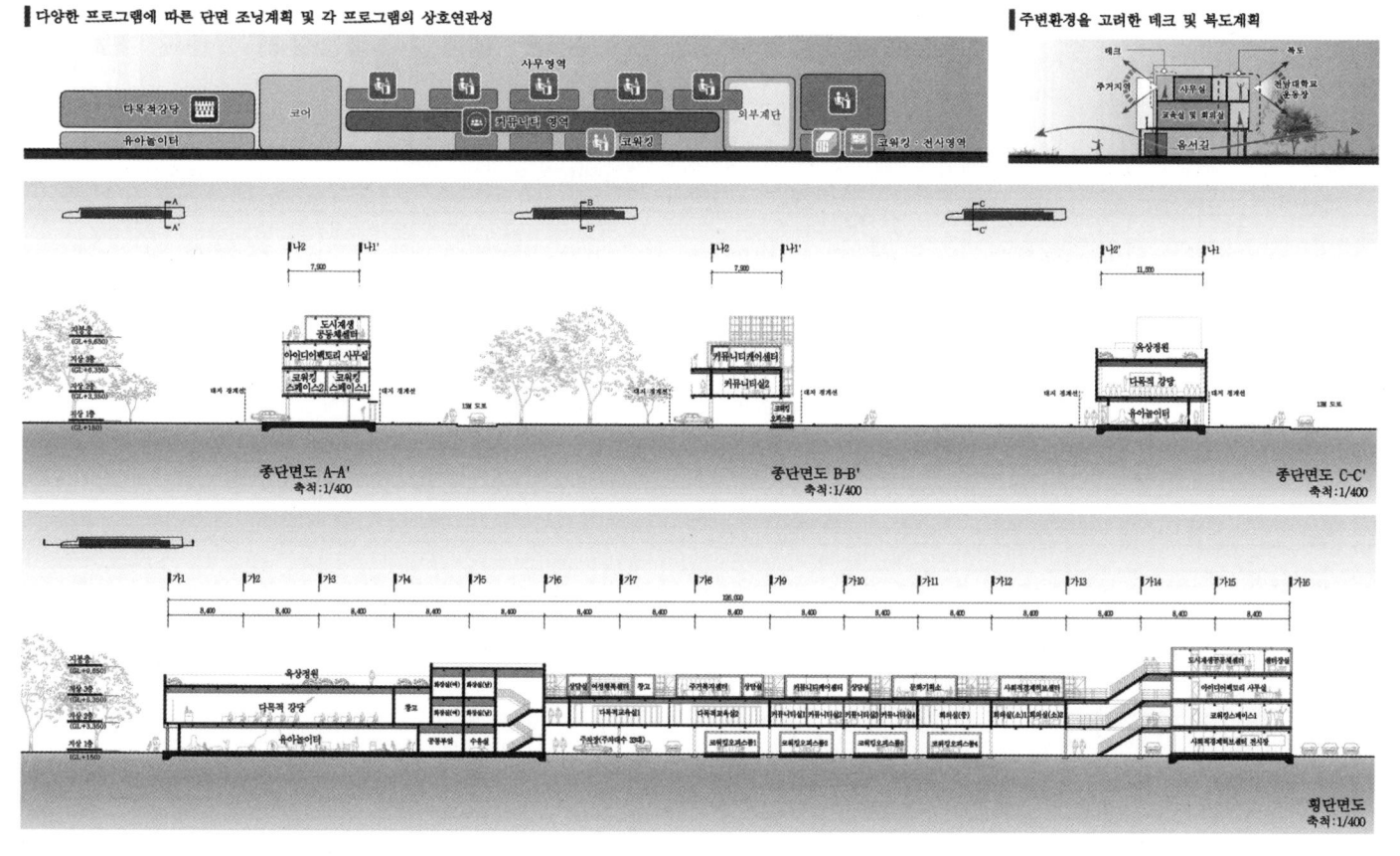

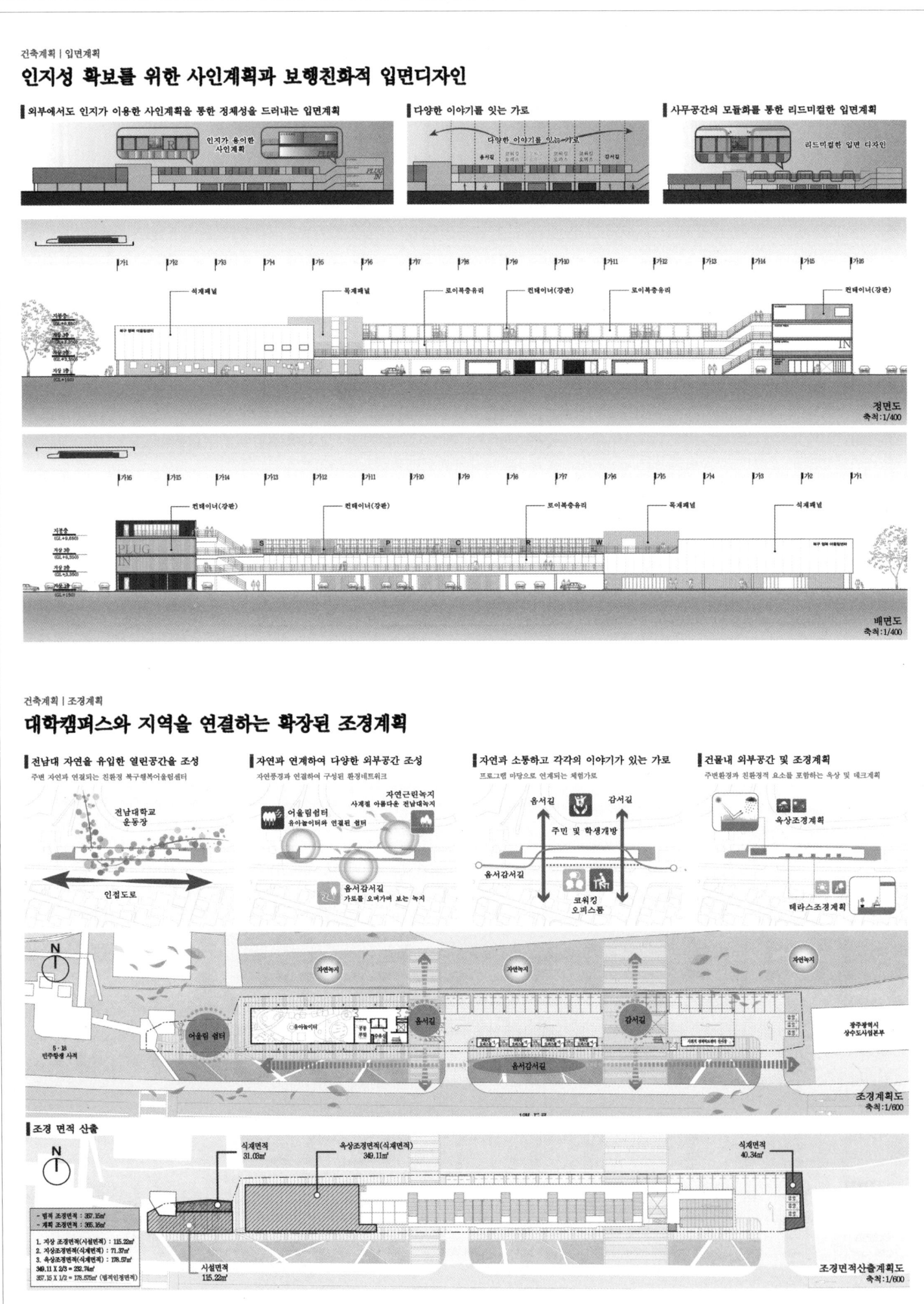

Buk-gu Happy Eoulim Center

기타계획 | 친환경계획
에너지 절감을 위한 친환경디자인

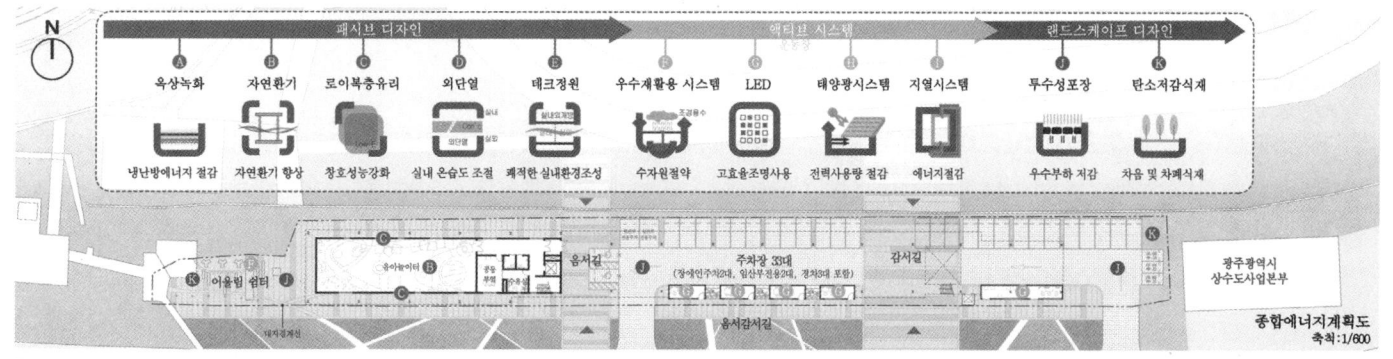

기후 및 대지를 활용한 친환경계획

주변환경과 어우러진 최적의 배치계획
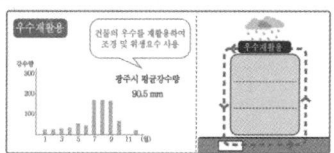

- 주요실 남향배치로 쾌적한 일조환경 조성
- 옥상녹화를 통한 야외휴게공간 조성
- 도로로 오픈된 시야를 해치지 않는 배치

쾌적한 환경을 조성하기 위한 에너지계획
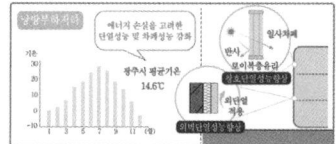

- 바람길을 통한 환기 및 통경축 확보
- 친환경 마감재를 통한 실내공기질 확보
- 자연채광 유입으로 쾌적한 빛환경 조성
- 실내 휴게공간 조성으로 학습효율성 향상

에너지절감을 위한 태양광 고려
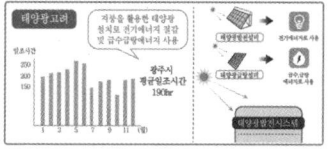

- 고단열 고기밀 외피 계획으로 난방부하 저감
- 수직루버 계획으로 일사차단을 통한 냉방부하저감
- 실별 용도특성 및 에너지 패턴 고려
- 지붕을 활용한 태양광 설치로 전기에너지 절감

쾌적한 실내환경을 위한 열린공간 계획
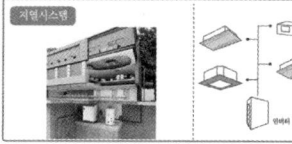

주변환경을 유입시킬 수 있는 반외부 데크조성

기타계획 | 유니버설디자인
누구에게나 열려있는 무장애 공간계획

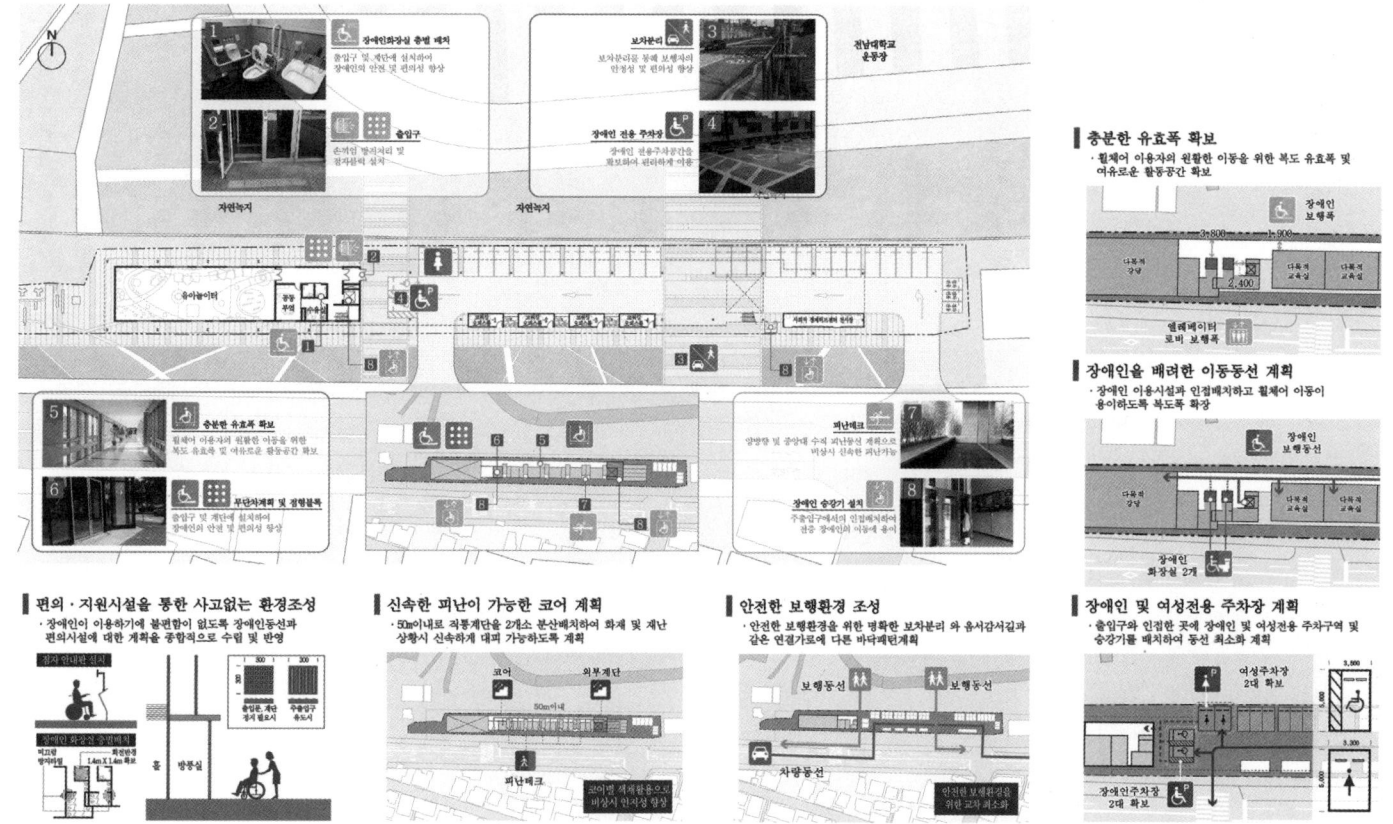

고산 어린이집 · 수성구 육아종합지원센터

당선작 건축사사무소 서로가 강정구, 구경미 설계팀 이윤정, 예미언

대지위치 대구광역시 수성구 시지로 11 대지면적 688.00㎡ 건축면적 409.14㎡ 연면적 2,065.91㎡ 건폐율 59.47% 용적률 218.34% 규모 지하 1층, 지상 5층 구조 철근콘크리트조 외부마감 테라코타패널, 로이복층유리 주차 13대(장애인 주차 1대 포함)

프로그램이 만나는 장소의 구성
- 어린이집과 육아 종합지원센터의 비움의 장소이자 자연 도입의 공간인 햇살 안마당을 조성하였다.
- 놀이마루는 어린이집(강당)과 육아종합지원센터(키즈카페)의 매개공간이며 소통과 차단을 이용해 한쪽에서 전용하기도 하고 양쪽에서 서로 공유하는 장소이다.
- 어린이집 내부계단과 연결되는 책놀이터와 숨바꼭질 놀이터는 아이들의 꿈을 키울 수 있는 타공 스크린을 통한 보호 받는 장소를 계획하였다.

수평, 수직적 연계
- 남측의 매호천과의 관계를 통한 수평, 수직적인 시선의 연속성을 가진 놀이마루의 큰 보이드 공간은 자연 채광과 환기를 건물 전체로 끌어들여 안전하고 쾌적한 내외부 공간을 형성하고 아이들이 뛰어놀 수 있는 햇살 안마당에 활기를 부여한다.
- 각층의 보이드공간 상하부 시선의 연속 및 자연과의 다양한 만남을 연출하여 아이들의 감성을 키운다.

사이(틈)를 디자인하다
- 다양한 내외부공간의 형성으로 발생한 틈을 디자인해서 외부와의 소통의 디자인을 적용한다.
- 열림과 닫힘의 반복과 스크린과 벽을 통한 공공성내의 보호받는 공간을 적용하여 주변의 호기심을 자극한다.

Building a place where different programs meet
- A sunny inner courtyard is designed to provide an empty space and green area for the daycare center and the childcare support center.
- 'Play Maru' is a medium space between the daycare center (auditorium) and the childcare support center (Kids Cafe). Depending on whether it's open or closed, it can be used by one facility exclusively or shared by the both.
- 'Book Playground' and 'Hide-and-seek Playground' are connected with the internal stairs of the daycare center. Also, perforated screens are installed to protect them so that they can become a place for children to cultivate their dreams.

Horizontal and vertical connection
- A large void in 'Play Maru' has horizontal and vertical continuous sight lines derived from its relationship with Maehocheon stream in the south. It allows the entire building to have natural lighting and ventilation and create safe and pleasant indoor and outdoor environments. Also, it gives life to the sunny inner courtyard where children can romp around.
- Continuous sight lines and various spots to enjoy nature are formed above and below the void of each floor, and they contribute to the emotional development of children.

Designing a space in between
- Gaps created between various indoor and outdoor spaces enhance interaction with the outside
- Open and closed spaces are arranged in a repetitive form, and screens and walls are installed to create a protected zone within the public area, with an aim to stimulate people's curiosity.

Prize winner Seoroga Architects_Kang Jungku, Ku Kyeongmi **Location** Suseong-gu, Daegu **Site area** 688.00m² **Building area** 409.14m² **Gross floor area** 2,065.91m² **Building coverage** 59.47% **Floor space index** 218.34% **Building scope** B1, 5F **Height** 22.5m **Structure** RC **Exterior finishing** Terracotta panel, Low-E paired glass **Parking** 13

Gosan Daycare · Suseong-gu Support Center for Childcare

Site Plan _ 배치계획

배 치 도 SCALE : 1/150

고산 어린이집 · 수성구 육아종합지원센터

Floor Plan _ 평면계획

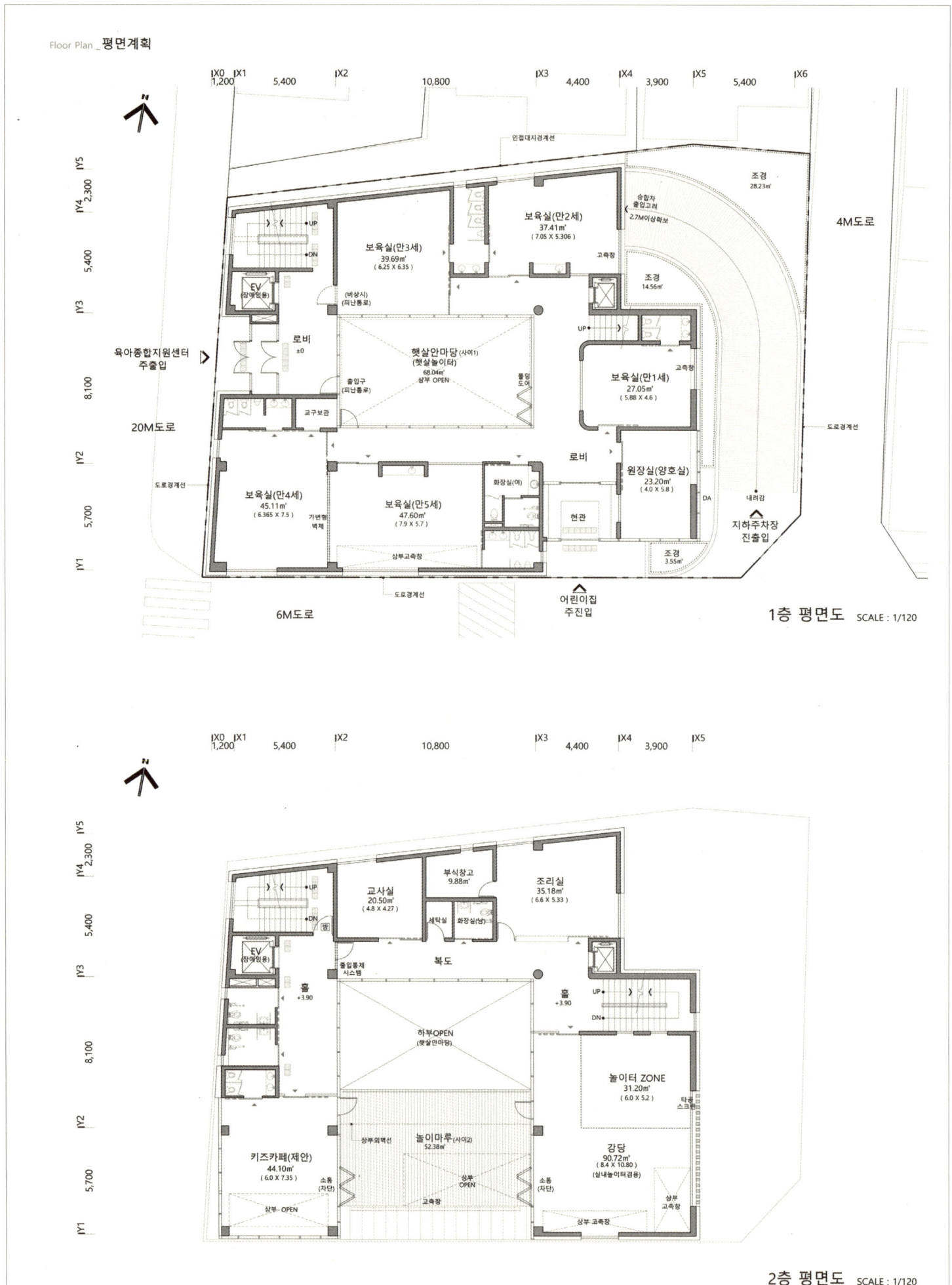

1층 평면도 SCALE : 1/120

2층 평면도 SCALE : 1/120

Gosan Daycare · Suseong-gu Support Center for Childcare

Floor Plan _ 평면계획

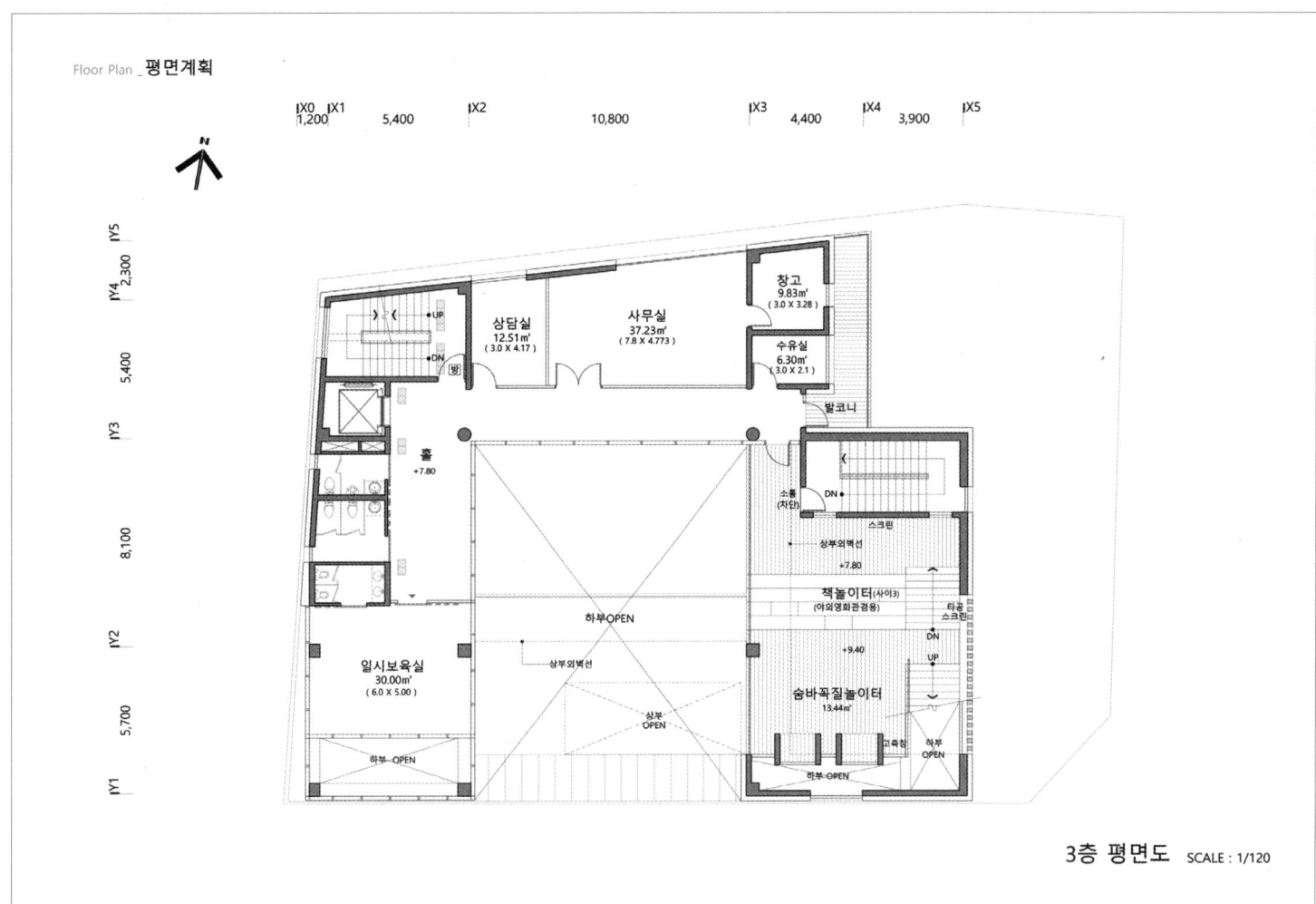

3층 평면도 SCALE : 1/120

4층 평면도 SCALE : 1/120

고산 어린이집 · 수성구 육아종합지원센터

Floor Plan _ 평면계획

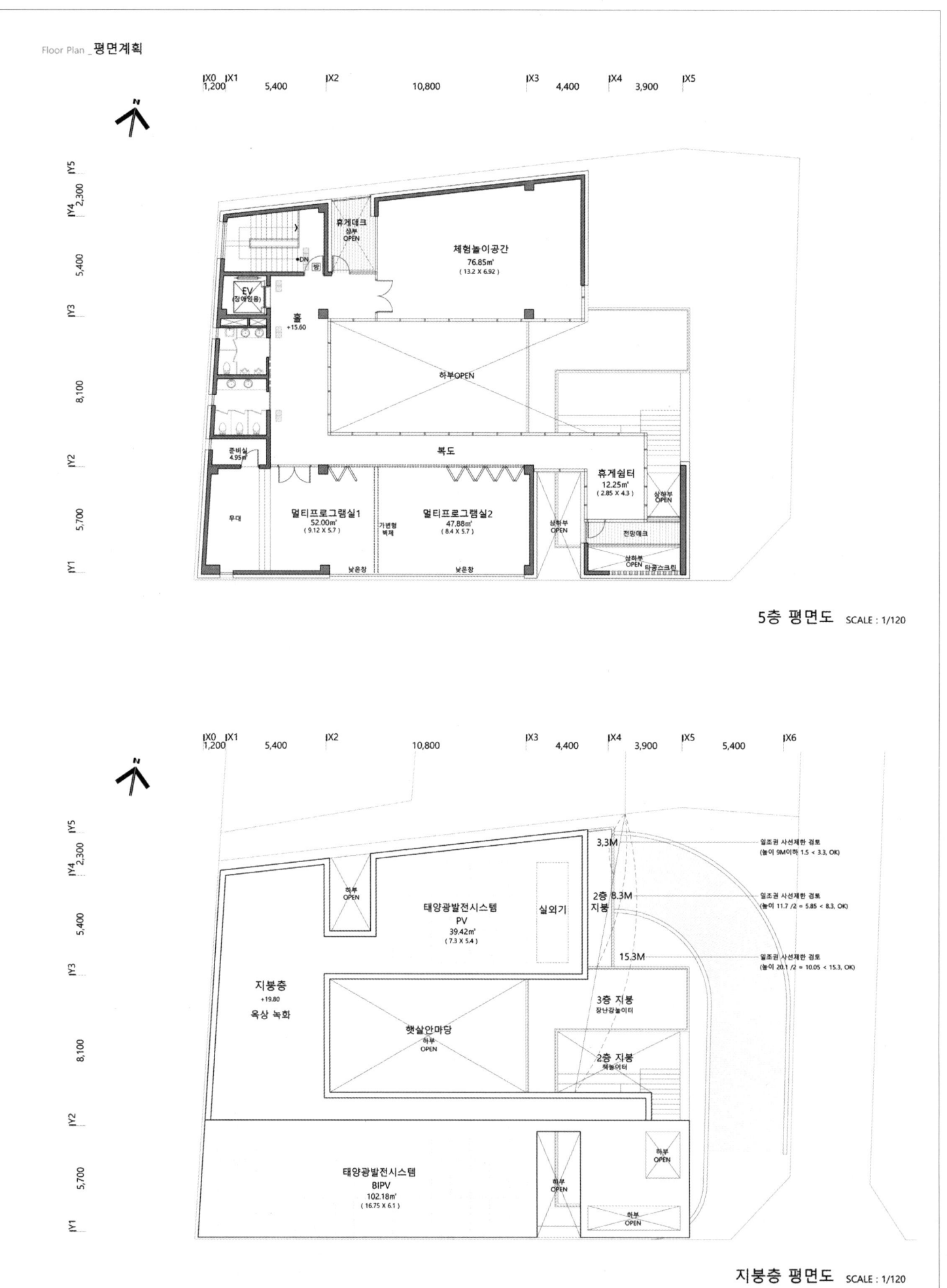

5층 평면도 SCALE : 1/120

지붕층 평면도 SCALE : 1/120

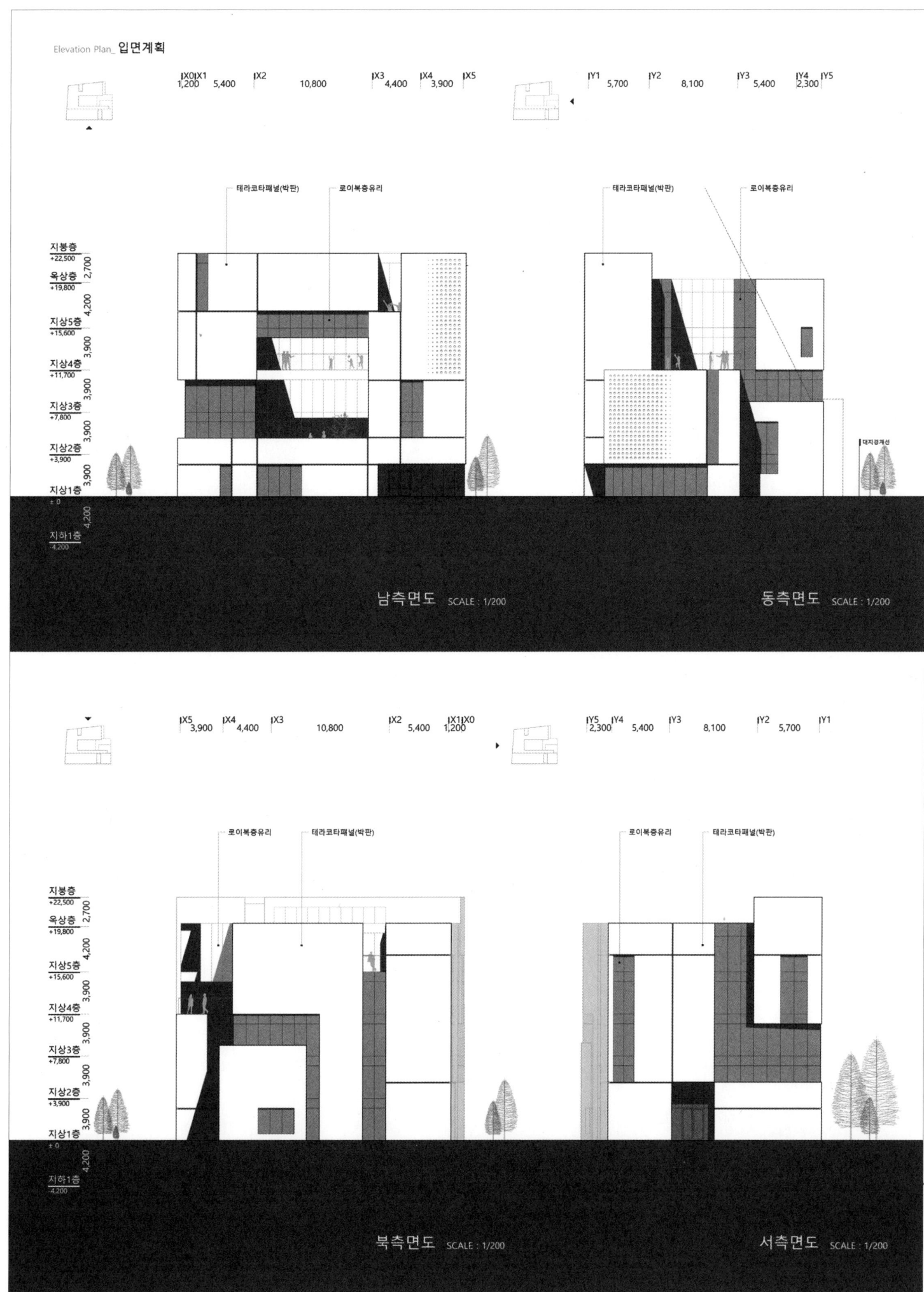

고산 어린이집 · 수성구 육아종합지원센터

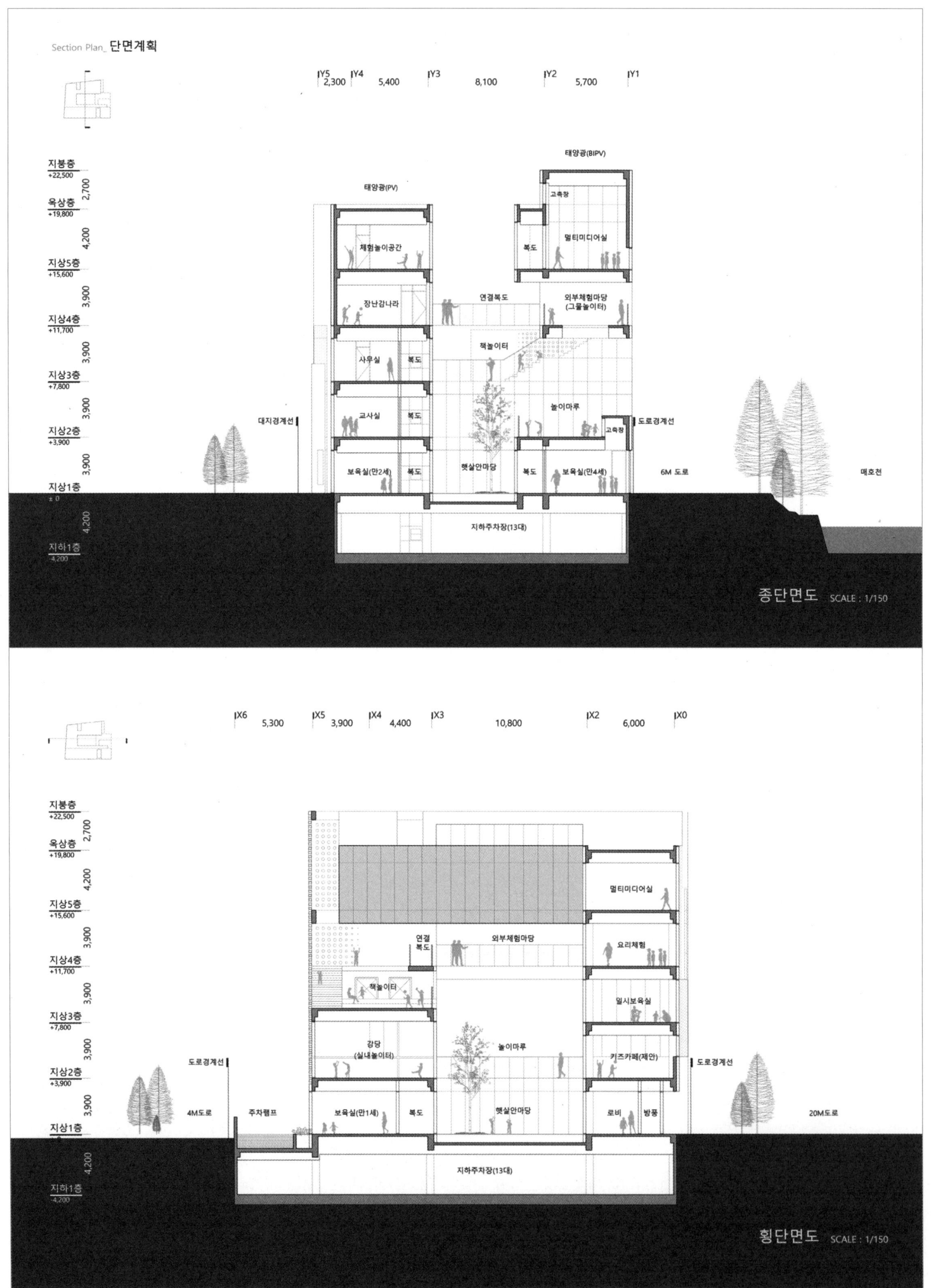

Gosan Daycare · Suseong-gu Support Center for Childcare

중부 종합복지타운

당선작 (주)한빛종합건축사사무소 민승열, 남기광 + (주)화성건축사사무소 손진락 설계팀 백창환, 한성훈, 김용빈, 김범호, 장도윤(이상 한빛) 손민정(이상 화성)

대지위치 울산광역시 울주군 범서읍 구영리 210-2번지 **대지면적** 5,090.00㎡ **건축면적** 2,544.23㎡ **연면적** 15,240.71㎡ **조경면적** 837.85㎡ **건폐율** 49.98% **용적률** 173.03% **규모** 지하 2층, 지상 5층 **최고높이** 23.3m **구조** 철근콘크리트조 **외부마감** 경량섬유시멘트 패널, 폴리카보네이트 패널, 목재사이딩 패널, 화강석, 로이유리 **주차** 200대(장애인 주차 6대 포함)

중부 종합복지타운은 노인복지관, 장애인복지관, 영상미디어센터 등 3가지 시설로 구성된 종합복지타운을 '앙상블(ensemble)' 개념으로 이용자와 인근 주민 모두가 즐겁게 이용할 수 있는 도심 속 힐링 공간으로 계획했다. 특히 인접한 국민체육센터 및 청소년수련관, 육아지원센터를 고려해 영상미디어센터를 가까이 놓고, 인근 공동주택을 고려해 장애인복지관을 배치했다. 또 지역에 순응하는 경관 형성을 위해 과도한 디자인을 배제하고, 투명 및 불투명 소재의 병렬 구성, 최상부 형태의 특화 설계를 통해 도시와 어울리면서도 생동감을 주는 가로 경관을 형성했다. 아울러 3가지 시설은 경사지를 고려해 입체적으로 나눠 진입하는 동선을 가지면서 대지 중앙의 마당과 중정, 미디어센터 옥상정원 등을 통한 시설 간 연계가 가능하도록 했다. 또 노인·장애인복지관은 층별 유사 성격의 시설 배치로 상호 시너지 효과가 발생하도록 했으며, 1층은 통합 및 분리 이용이 가능한 식당 및 복지 관련 체험공간을 중정과 마당을 중심으로 계획해 지역 주민 및 이용객의 접근성을 높였다. 더불어 중정을 이용한 지층의 실내외 연계로 다양한 휴게 공간을 마련하고, 복지관 내부의 채광 및 환기, 인지성 등 쾌적한 실내환경을 확보했다. 영상미디어센터는 라디오 스튜디오, 영상 스튜디오 등 다양한 미디어 체험 공간으로 구성하며, 2~3층에는 350석 규모의 3개의 영화관 및 다목적 상영관 등을 배치했다.

Jungbu Culture Welfare Town is a welfare complex consisting of Senior Welfare Center, Welfare Center for the Disabled and Film and Media Center. It is designed under the concept of 'ensemble' to create an urban healing space where both users and local people can have a delightful time. As there are a public sports center, youth training center and childcare support center nearby, the media center is positioned close to them. The position of the welfare center for the disabled is also determined in consideration of the relationship with neighboring apartments. An excessive design is rejected to create a landscape that blends in with the local context. Transparent and opaque materials are applied alternately. And the top floors are designed to have a distinctive form. These solutions aim to introduce a streetscape that makes harmony with the city and looks lively. On the other hands, those three centers offer three-dimensionally divided access routes which are designed by making use of the existing slope. And they are interconnected through a plaza and courtyard in the middle of the site and the rooftop garden of the media center. As for the welfare centers for seniors and the disabled, their floors are arranged to have a similar program to each other's floor so that they can create a synergy effect. For the 1st floor, a transformable cafeteria and a welfare experience space are placed around the courtyard and plaza to improve accessibility for visitors and local people. Also, indoor and outdoor spaces on the ground floor are connected through the courtyard to offer various resting spaces. The interior of the welfare centers is optimized for natural lighting and ventilation and recognition to provide a pleasant indoor environment. The film and media center is filled with various media experience spaces including Radio Studio and Film Studio. And three 350-seat movie theaters and a multipurpose screening room are positioned on the 2nd and 3rd floors.

Prize winner Hanbit Architecture_Min Seungyeol, Nam Gigwang + Hwa-Sung Architects & Engineers_Son Jinrak **Location** Ulju-gun, Ulsan **Site area** 5,090.00m² **Building area** 2,544.23m² **Gross floor area** 15,240.71m² **Landscaping area** 837.85m² **Building coverage** 49.98% **Floor space index** 173.03% **Building scope** B2, 5F **Height** 23.3m **Structure** RC **Exterior finishing** Light fiber cement panel, Polycarbonate panel, Wood siding panel, Granite, Low-E glass **Parking** 200 (including 6 for the disabled)

Jungbu Culture Welfere Town

■ 기본계획방향 및 대지현황분석

View / **Level**  / **Approach**  / **Social**

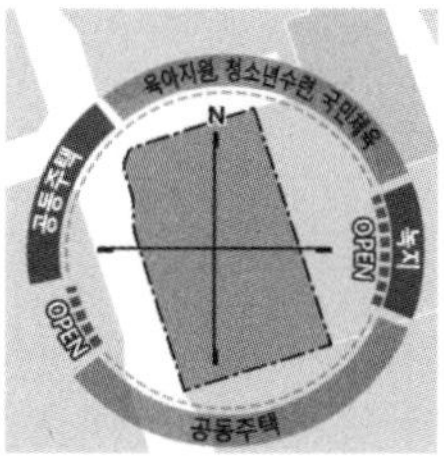

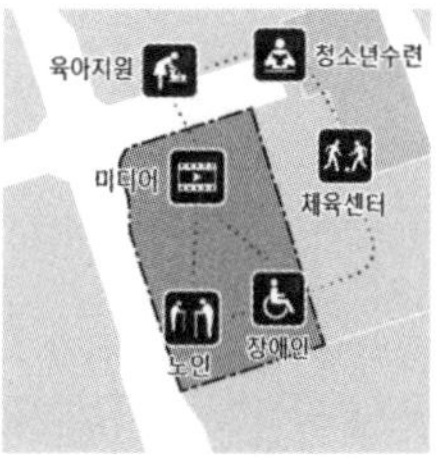

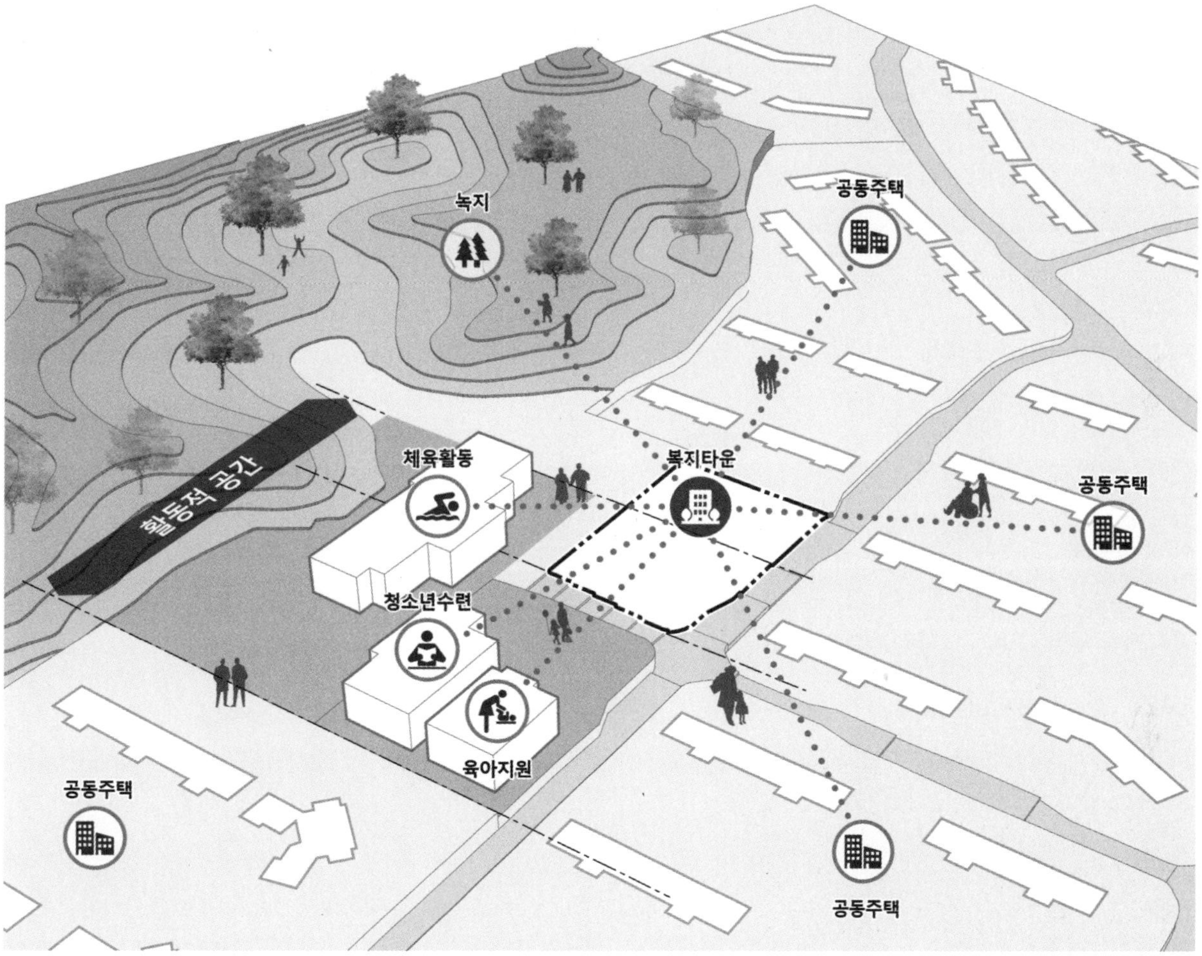

Issue 1 지역사회 구심점 만들기
- 태화강, 선바위도서관 등과 연계 가능한 여가 중심지로 구성
- 인접한 공동주택지의 도시공원 역할

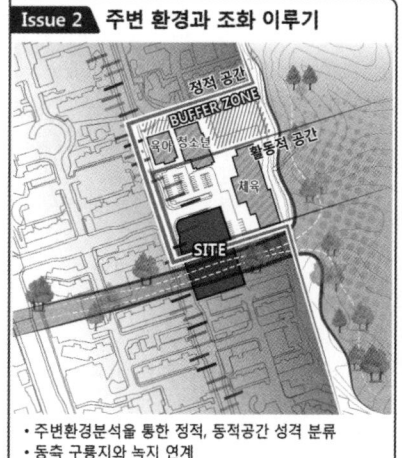

Issue 2 주변 환경과 조화 이루기
- 주변환경분석을 통한 정적, 동적공간 성격 분류
- 동측 구룡지와 녹지 연계

Issue 3 주변 프로그램과 접점 고려하기
- 주변 프로그램의 성격을 고려한 조닝
- 기존이용 동선 분석을 통한 접근성 고려

배치도

1. 다양한 프로그램의 조화

2. 내부공간과 외부공간의 연결

3. 사람과 자연의 만남

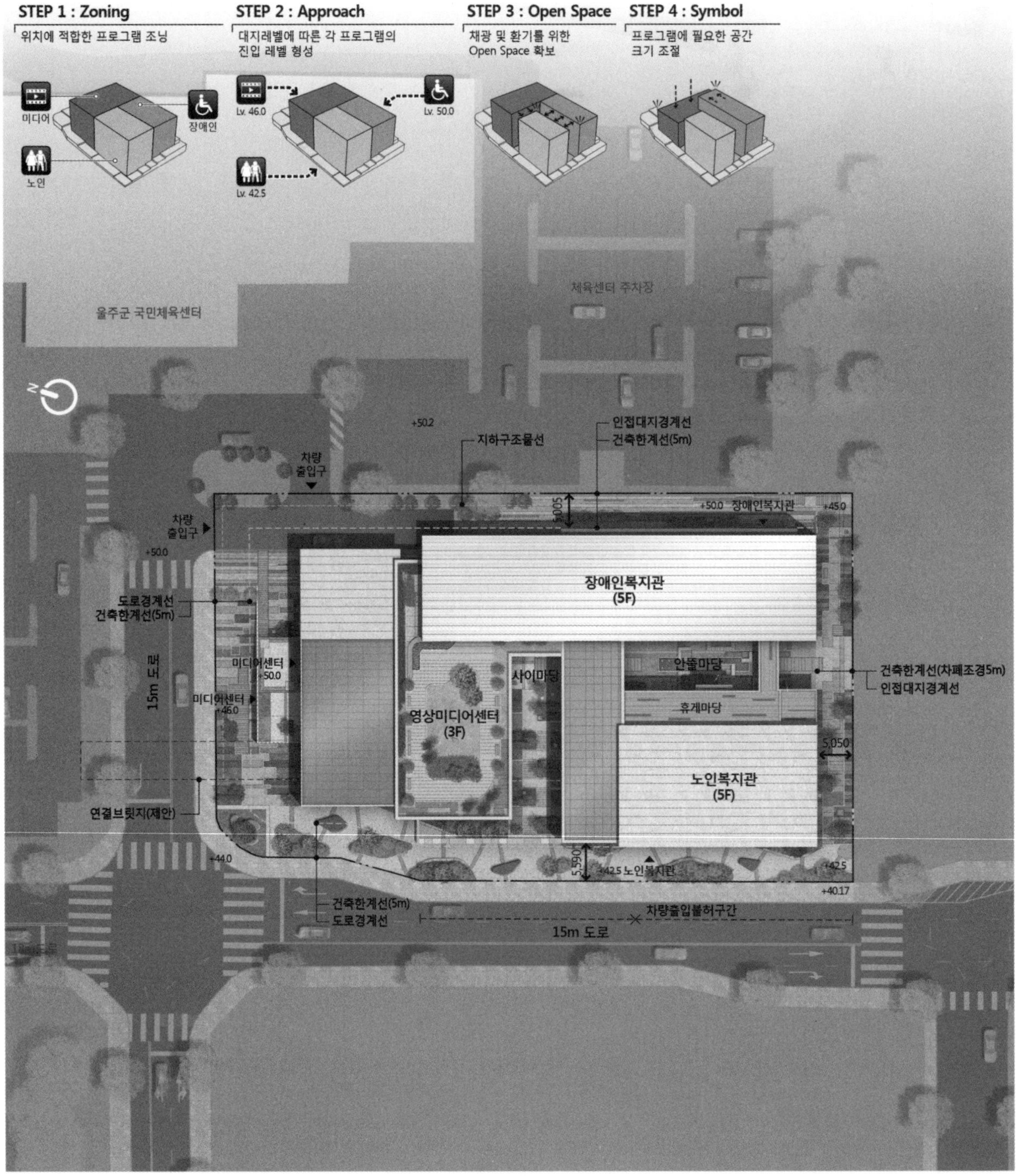

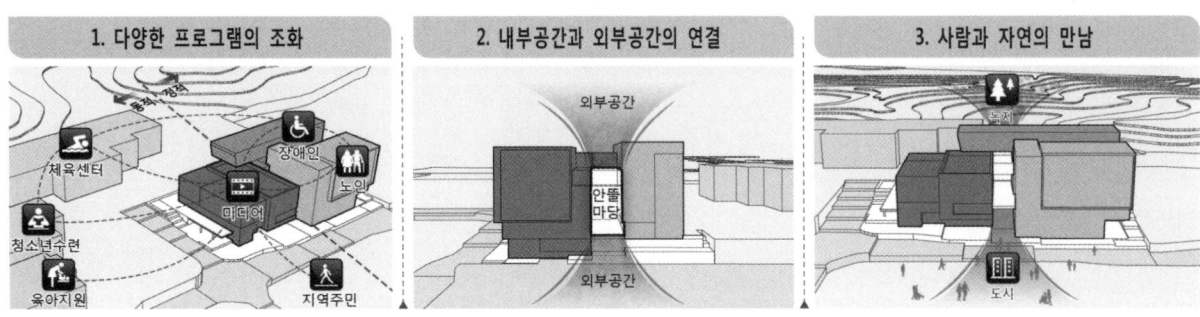

Jungbu Culture Welfere Town

■ 지상1층 평면도

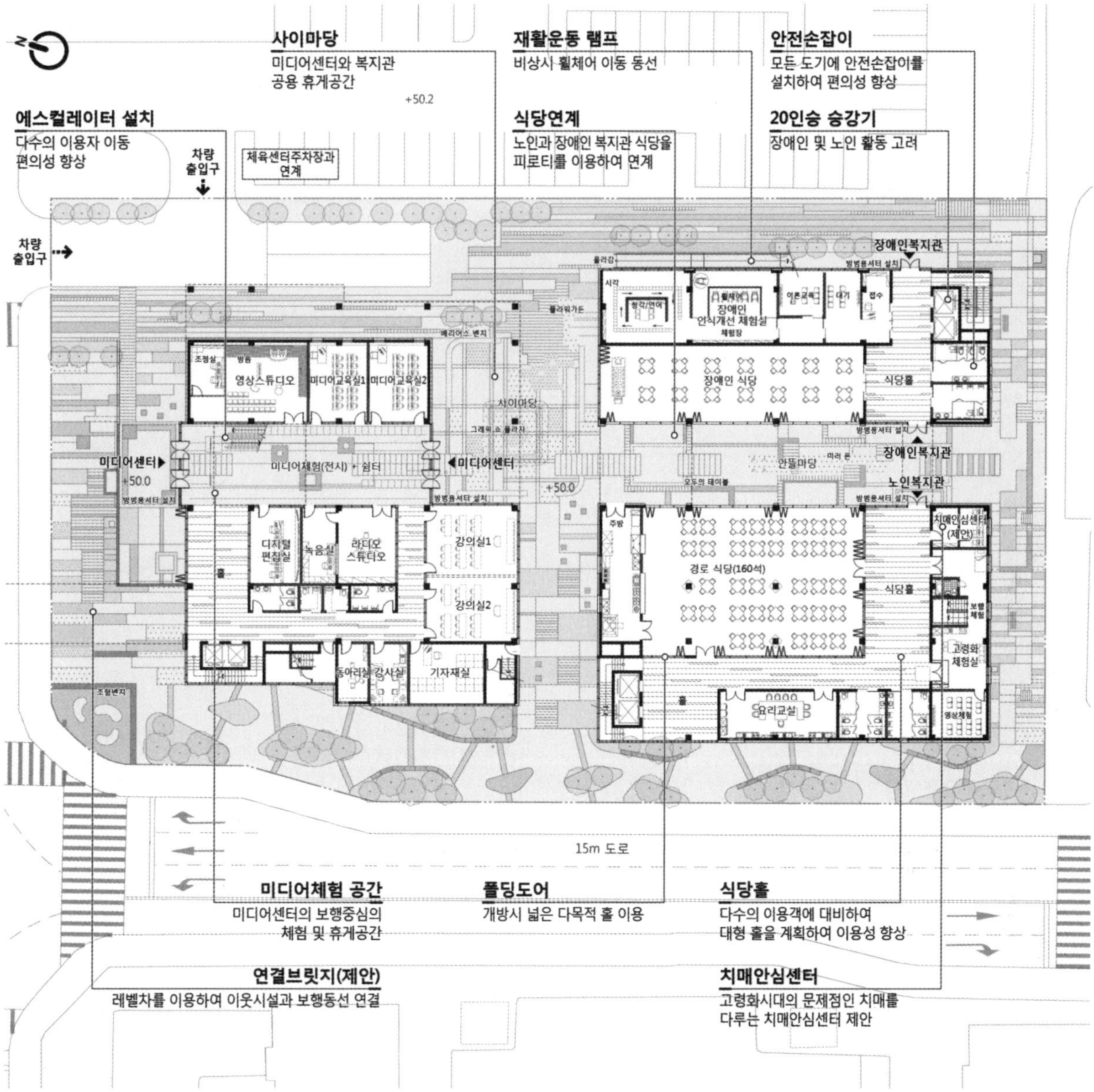

에스컬레이터 설치 — 다수의 이용자 이동 편의성 향상

사이마당 — 미디어센터와 복지관 공용 휴게공간

재활운동 램프 — 비상시 휠체어 이동 동선

안전손잡이 — 모든 도기에 안전손잡이를 설치하여 편의성 향상

식당연계 — 노인과 장애인 복지관 식당을 피로티를 이용하여 연계

20인승 승강기 — 장애인 및 노인 활동 고려

미디어체험 공간 — 미디어센터의 보행중심의 체험 및 휴게공간

폴딩도어 — 개방시 넓은 다목적 홀 이용

식당홀 — 다수의 이용객에 대비하여 대형 홀을 계획하여 이용성 향상

연결브릿지(제안) — 레벨차를 이용하여 이웃시설과 보행동선 연결

치매안심센터 — 고령화시대의 문제점인 치매를 다루는 치매안심센터 제안

주 안 점
시설 메인 공간의 동선을 연계하여 다양한 세대의 방문객이 미디어, 노인, 장애인과 관련한 체험을 할 수 있는 공간계획
대지 중심부의 공동 정원으로 시설이용객의 휴식 및 외부이용객의 유입 거점으로 계획

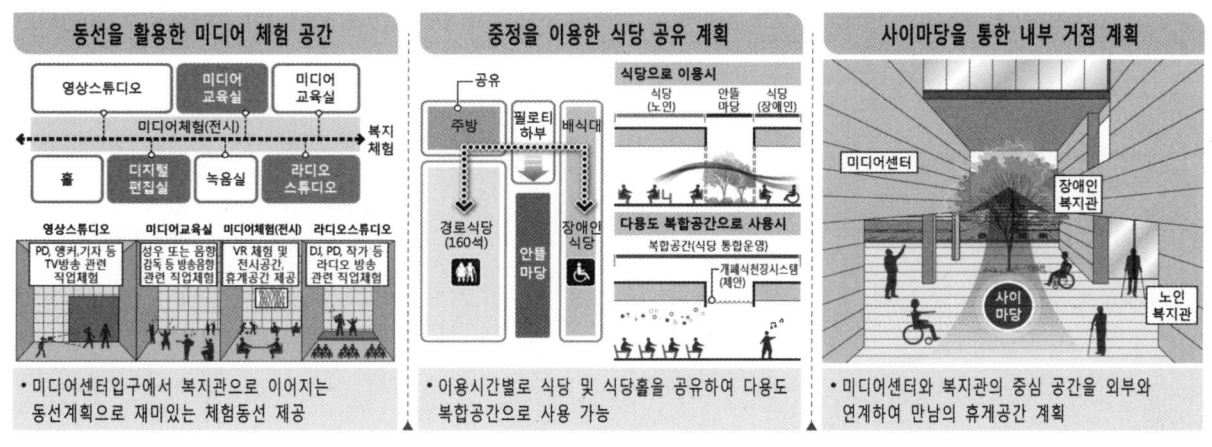

동선을 활용한 미디어 체험 공간
- 미디어센터입구에서 복지관으로 이어지는 동선계획으로 재미있는 체험동선 제공

중정을 이용한 식당 공유 계획
- 이용시간별로 식당 및 식당홀을 공유하여 다용도 복합공간으로 사용 가능

사이마당을 통한 내부 거점 계획
- 미디어센터와 복지관의 중심 공간을 외부와 연계하여 만남의 휴게공간 계획

중부 종합복지타운

■ 지상2층 평면도

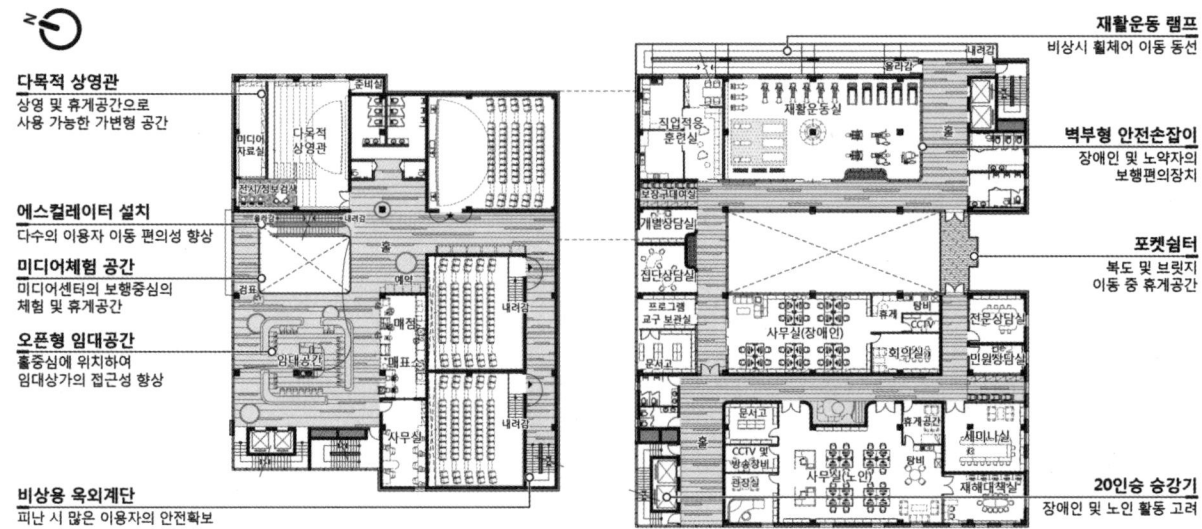

주안점 효율적인 영화관의 배치 계획으로 합리적인 이용 및 피난동선 계획
복지관 관리의 편의성을 고려하여 노인, 장애인의 유사성격의 시설을 인접 배치하여 관리의 협력 및 이용의 편의성이 향상 되도록 고려

■ 지상3층 평면도

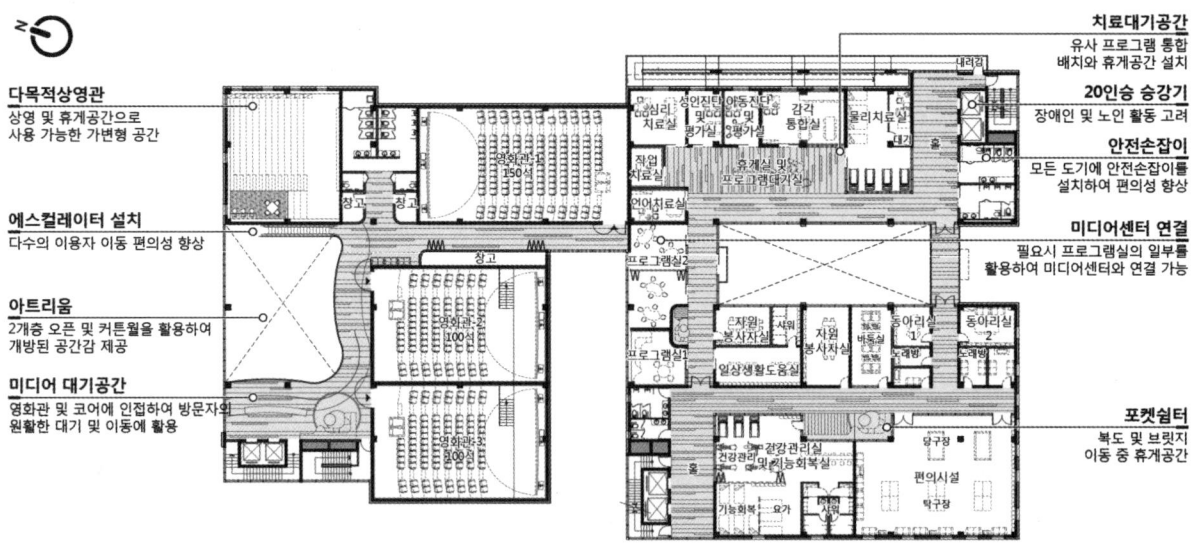

주안점 개방형 아트리움을 휴게공간으로 계획하고 미디어센터의 랜드마크 요소로 이용
중정을 중심으로 계획된 복지관의 동선체계를 따라 노인, 장애인 시설의 치료 및 편의시설의 통합 배치로 공간 활용성 극대화

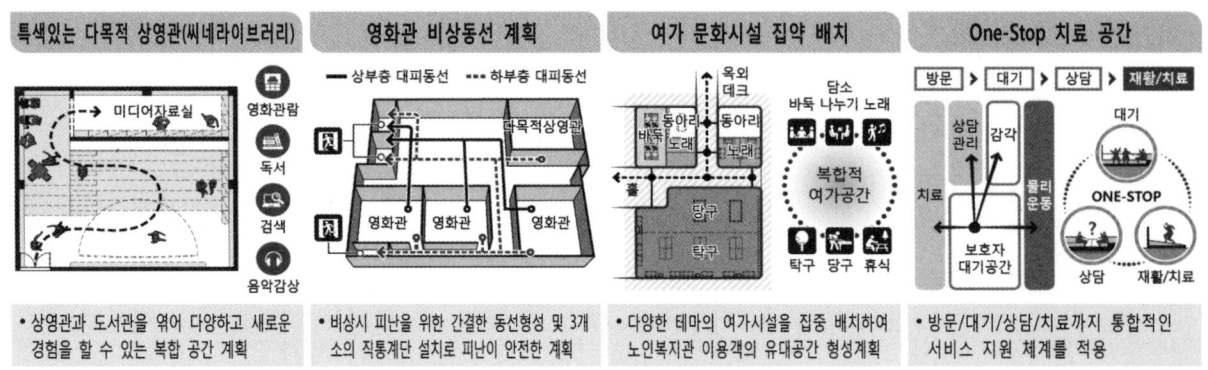

지상4층 평면도

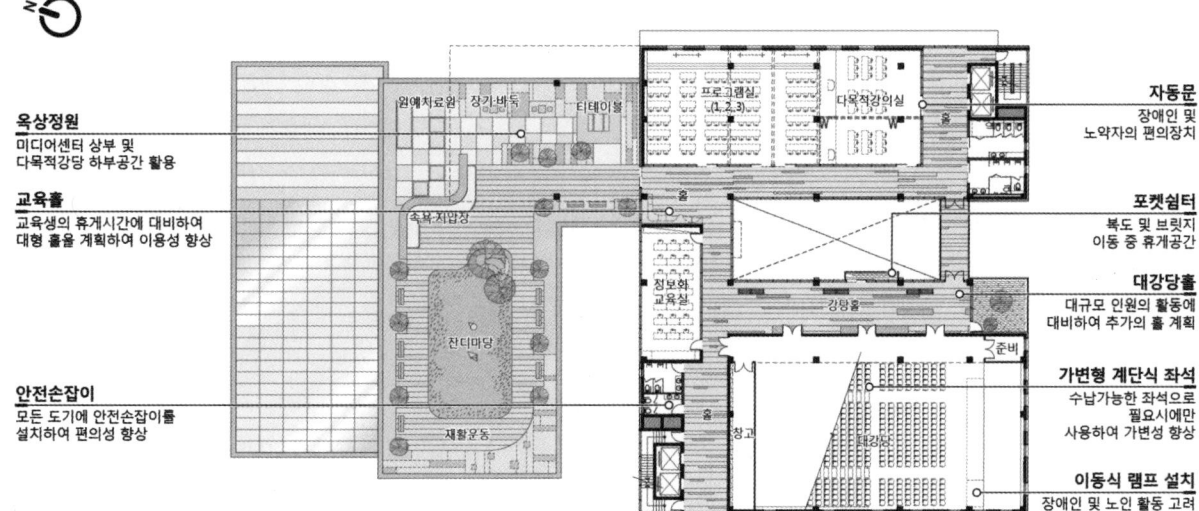

옥상정원 — 미디어센터 상부 및 다목적강당 하부공간 활용
교육홀 — 교육생의 휴게시간에 대비하여 대형 홀을 계획하여 이용성 향상
안전손잡이 — 모든 도기에 안전손잡이를 설치하여 편의성 향상

자동문 — 장애인 및 노약자의 편의장치
포켓쉼터 — 복도 및 브릿지 이동 중 휴게공간
대강당홀 — 대규모 인원의 활동에 대비하여 추가의 홀 계획
가변형 계단식 좌석 — 수납가능한 좌석으로 필요시에만 사용하여 가변성 향상
이동식 램프 설치 — 장애인 및 노인 활동 고려

주안점 미디어 센터의 옥상을 활용한 옥상정원 계획으로 복지관에서 출입이 가능하도록 계획하여, 대강당 및 교육실의 대규모 인원이 수평적 이동만으로도 옥외 휴게공간을 활용하도록 계획

지상5층 평면도

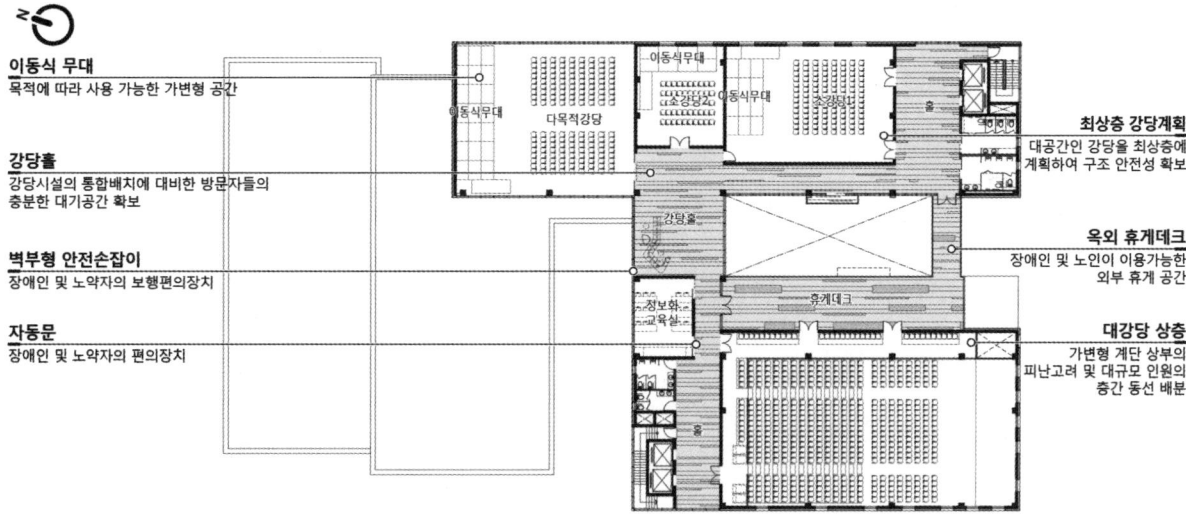

이동식 무대 — 목적에 따라 사용 가능한 가변형 공간
강당홀 — 강당시설의 통합배치에 대비한 방문자들의 충분한 대기공간 확보
벽부형 안전손잡이 — 장애인 및 노약자의 보행편의장치
자동문 — 장애인 및 노약자의 편의장치

최상층 강당계획 — 대공간인 강당을 최상층에 계획하여 구조 안전성 확보
옥외 휴게데크 — 장애인 및 노인이 이용가능한 외부 휴게 공간
대강당 상층 — 가변형 계단 상부의 피난고려 및 대규모 인원의 층간 동선 배분

주안점 최상층에 대규모 공간인 강당을 연접배치하여, 구조적 안전성 및 소음을 고려 중정과 인접한 옥외 휴게데크를 계획하여 내부 휴게공간으로 형성

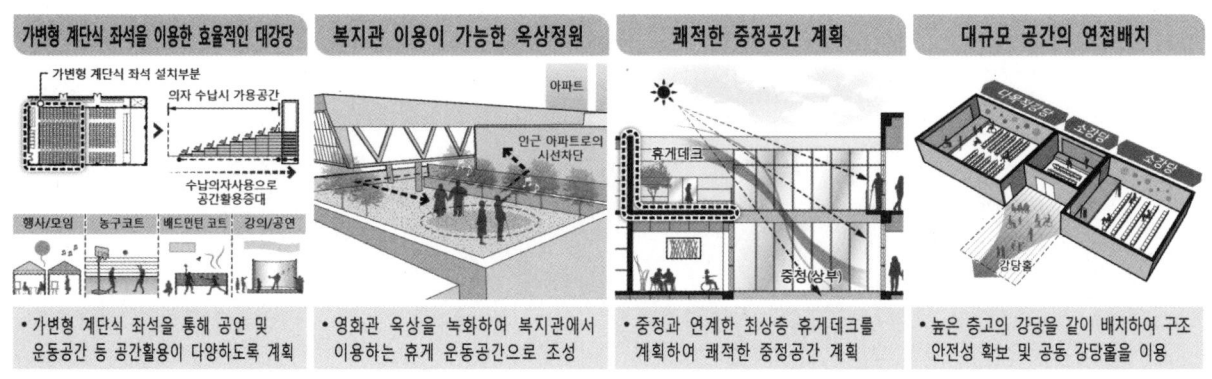

| 가변형 계단식 좌석을 이용한 효율적인 대강당 | 복지관 이용이 가능한 옥상정원 | 쾌적한 중정공간 계획 | 대규모 공간의 연접배치 |

- 가변형 계단식 좌석을 통해 공연 및 운동공간 등 공간활용이 다양하도록 계획
- 영화관 옥상을 녹화하여 복지관에서 이용하는 휴게 운동공간으로 조성
- 중정과 연계한 최상층 휴게데크를 계획하여 쾌적한 중정공간 계획
- 높은 층고의 강당을 같이 배치하여 구조 안전성 확보 및 공동 강당홀을 이용

중부 종합복지타운

■ 입면도

도시와 조화로운 스카이라인	도시에 생동감을 주는 가로경관	도시의 포인트가 되는 디자인

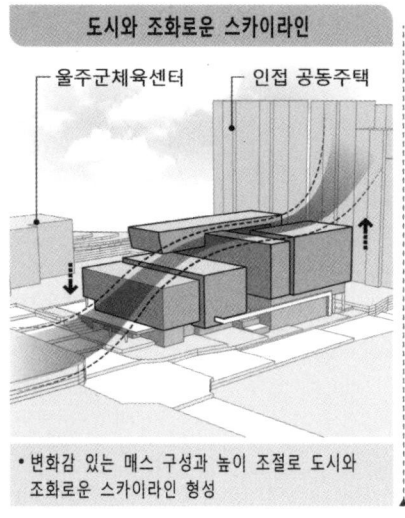
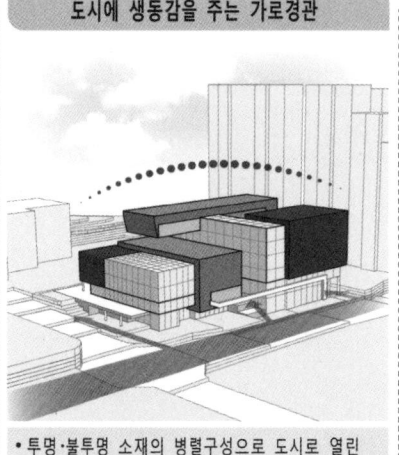

- 변화감 있는 매스 구성과 높이 조절로 도시와 조화로운 스카이라인 형성
- 투명·불투명 소재의 병렬구성으로 도시로 열린 가로경관과 입체적 가로경관 형성
- 규칙적인 수평·수직패턴 활용으로 지역과 도시의 상징이 되는 디자인 요소 도입

좌측면도

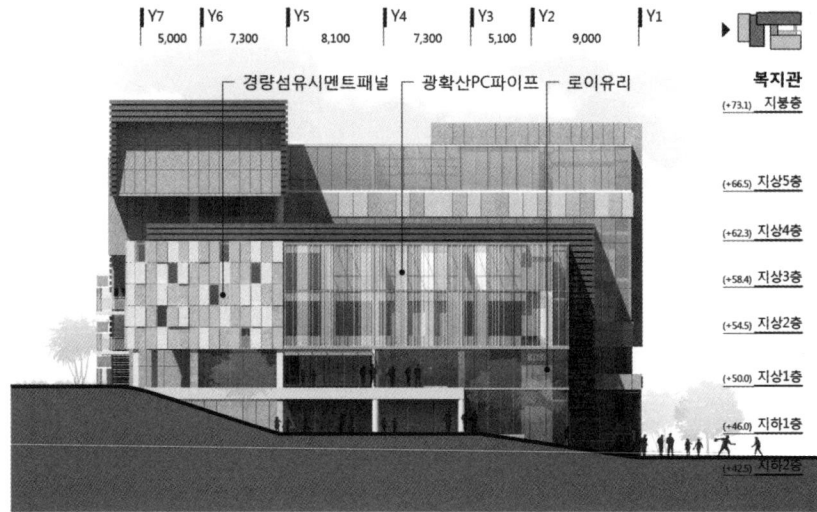

정면도

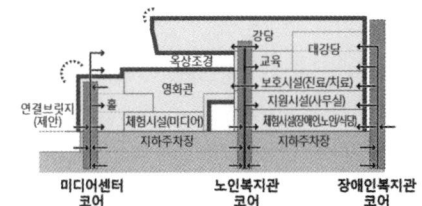

단면도

수직 동선계획 및 층별 유사성격의 시설 배치

수직 동선계획 및 층별 유사성격의 시설 배치

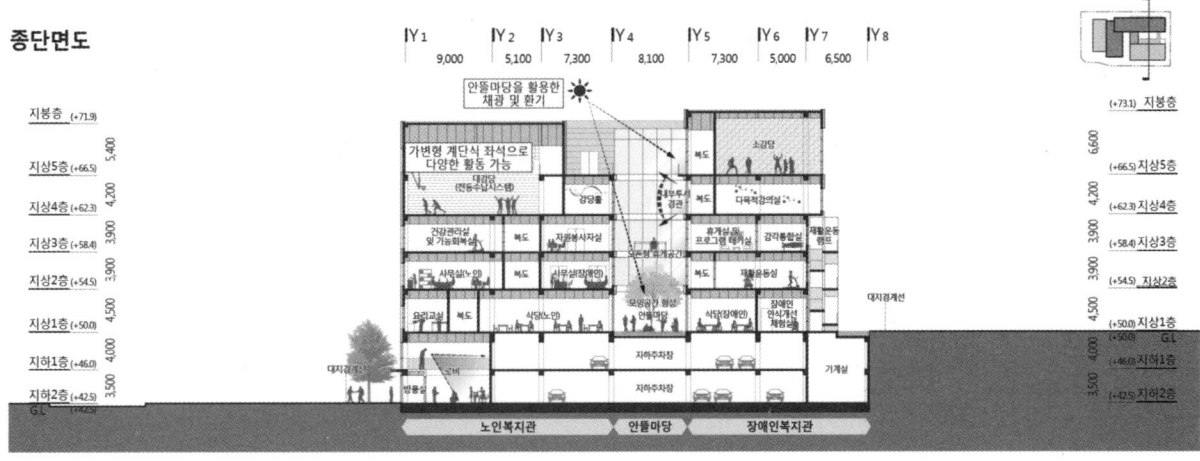

종단면도

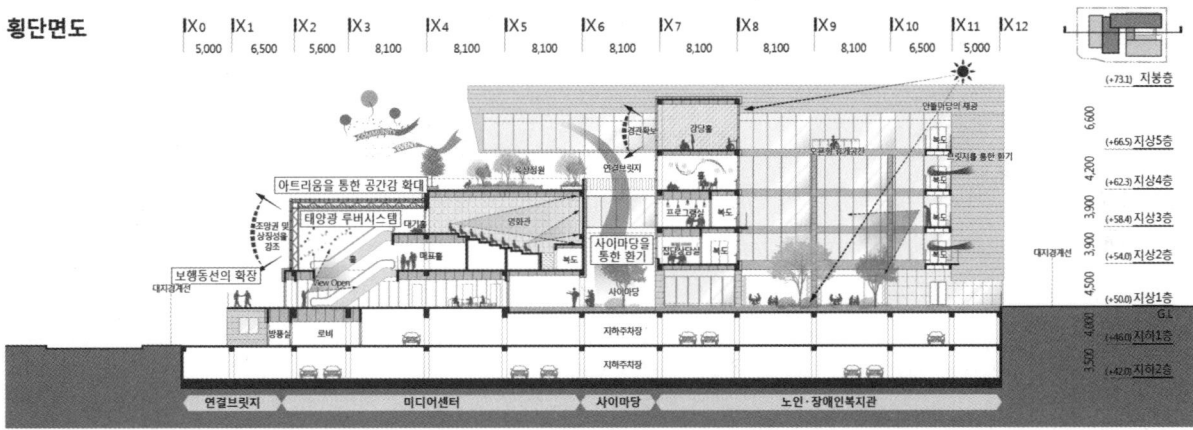

횡단면도

사이마당을 중심으로 분리되어 있는 시설을 연계하는 동선 계획

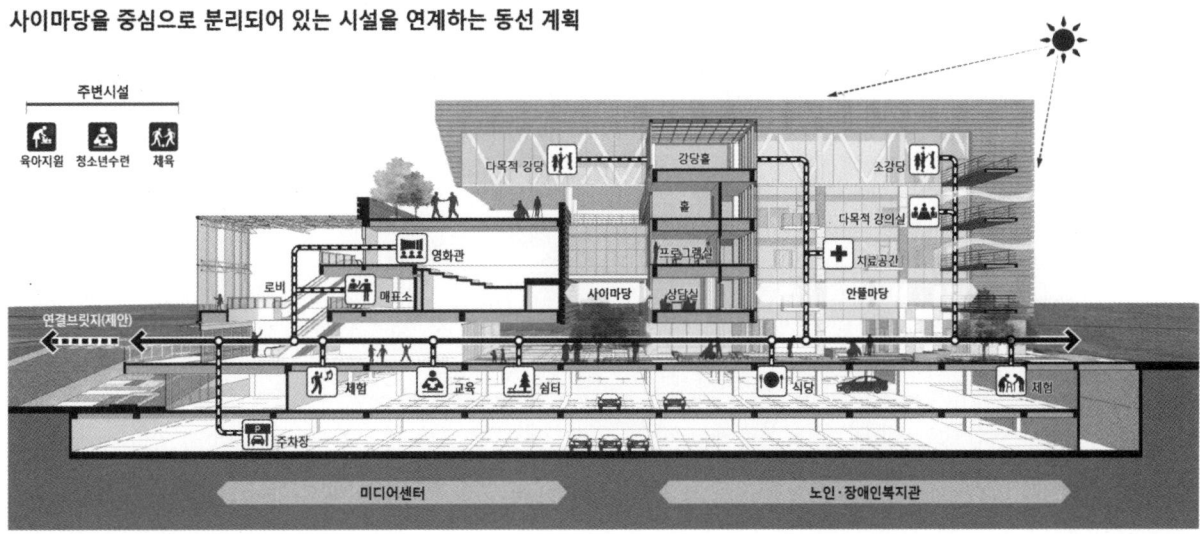

장애인복합문화관

당선작 (주)라온엔지니어링건축사사무소 박창진 설계팀 정혜미, 오창석, 이재영, 김이나

대지위치 경기도 안양시 만안구 안양동 477-1번지 **대지면적** 8,794.00㎡ **건축면적** 4,158.57㎡ **연면적** 31,918.90㎡ **건폐율** 47.29% **용적률** 196.23% **규모** 지하 3층, 지상 4층 **최고높이** 23.2m **구조** 철근콘크리트조 + 철골트러스구조 **외부마감** 석재패널, 목재패널, 로이복층유리 **주차** 70대(장애인 주차 9대, 확장형 20대, 경형 6대 포함)

아우르다

대상지는 광장을 중심으로 안양의 지역민들과 장애인들의 교육·문화·체육의 기능을 담당한다. 이곳에 새롭게 건립되는 장애인복합문화관은 '장애인과 비장애인, 그리고 지역주민들이 함께 어우러지는 소통의 장소'를 디자인 개념으로 삼아 주변환경과 어울리고 장애인들의 이용에 불편함이 없으며, 장애인과 비장애인이 함께 할 수 있는 다양한 공간을 계획했다.

평면계획

중앙의 공용공간을 중심으로 실들이 배치되고, 장애인들의 휴게와 소통을 위한 휴식공간을 구성하여 개방적인 공간으로 계획했다. 중앙의 공용공간과 연계된 교육 프로그램과 보이드 공간을 통해 영역의 확장과 입체적인 소통이 가능하며 안전하고 쾌적한 공간을 제공한다. 지역민이 사용하는 공간과 장애인의 교육을 위한 공간의 수직적 분리를 통해 장애인들의 독립적 교육공간을 확보하고 각 이용객의 동선을 조율했다.

입면계획

장애인복합문화관의 입면은 기존 건물과의 조화를 이루고 지역 주변 가로에 활력을 불어넣을 수 있도록 안양시의 상징을 형상화한 입체적인 패턴을 사용하여 시인성과 정면성을 고려한 리듬감 있는 입면이 되도록 했다. 시설 내부의 입체적 휴식공간을 입면의 프레임 요소를 통해 외부로 드러나게 하여 다채로운 경관을 연출했다.

Put Together

With a plaza as the center, the project site provides local people and the disabled in Anyang with education, cultural and sports programs. Planned to be built on this site, the new cultural center for the disabled is designed under the concept of 'creating a place for disabled and non-disabled people and locals to communicate with each other'. Therefore, it offers a wide range of spaces which the disabled doesn't experience difficulties in using them and where disabled and non-disabled people can interact with each other.

Floor plan

Rooms are positioned around a public area at the center. A lounge for the disabled to have a rest or communicate with others is added in the form of an open space. An education program and a void are connected with the public area at the center to create a safe and pleasant environment that enables expansion of a space and three-dimensional communication. The area for local people and the education facility for the disabled are separated in a vertical direction to secure an independent education space for the disabled and optimize the circulation route of each type of user.

Elevation

As for the facade of this new center, a three-dimensional pattern is designed to embody the symbol of Anyang, with the goal of making harmony with existing buildings and giving new life to the streets nearby. And this pattern results in a rhythmical facade design that ensures visibility and frontality. Also, a three-dimensional lounge inside the building is exposed through the framework of the facade to create a vivid scenery.

Prize winner LAON Architecutre & ENG_Park Changjin **Location** Manan-gu, Anyang, Gyeonggi-do **Site area** 8,794.00㎡ **Building area** 4,158.57㎡ **Gross floor area** 31,918.90㎡ **Building coverage** 47.29% **Floor space index** 196.23% **Building scope** B3, 4F **Height** 23.2m **Structure** RC + Steel Truss **Exterior finishing** Stone panel, Wood panel, Low-E paired glass **Parking** 70 (including 9 for the disabled, 20 for extension type, 6 for compact car)

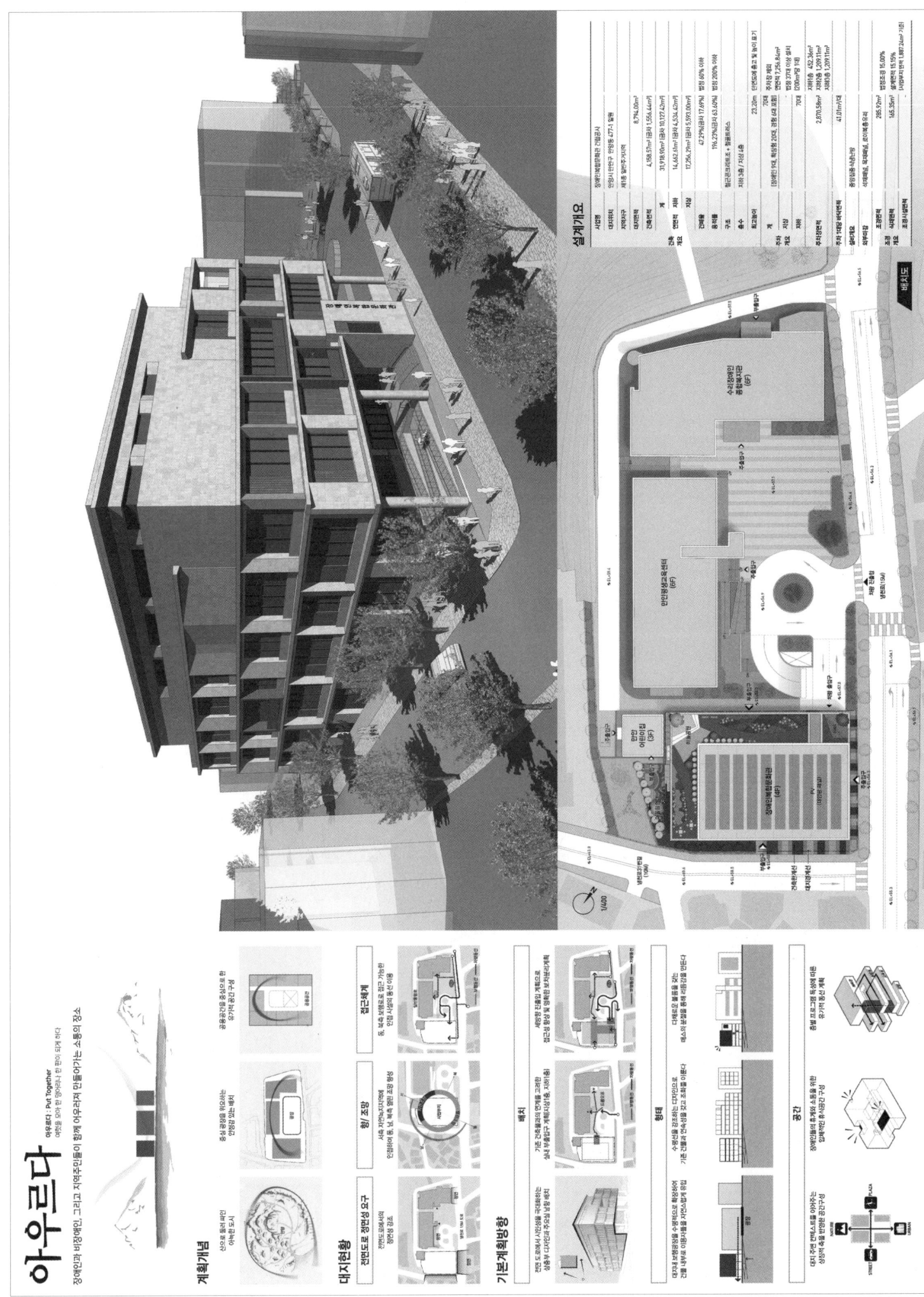

장애인복합문화관

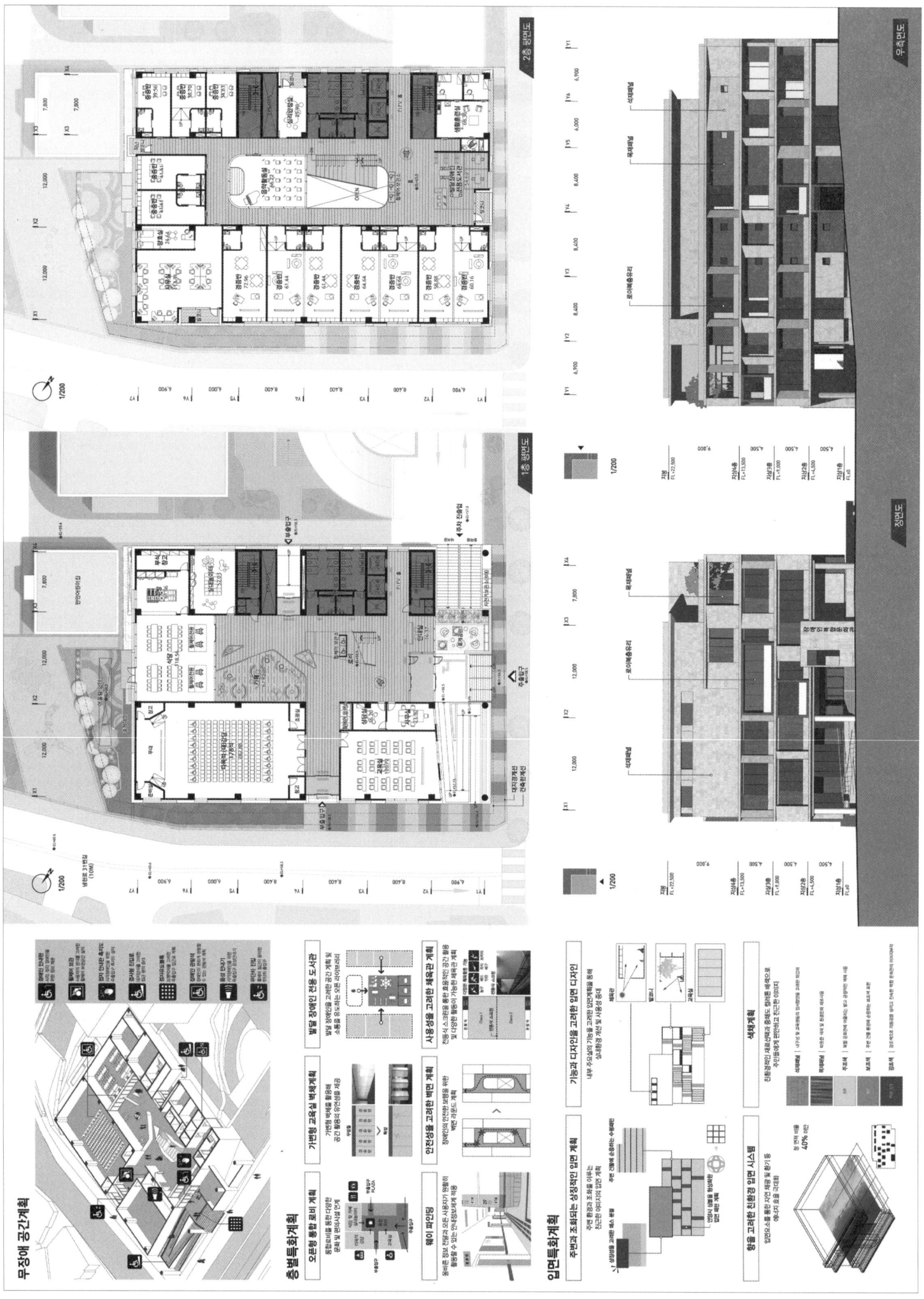

The Disabled Cultural Center

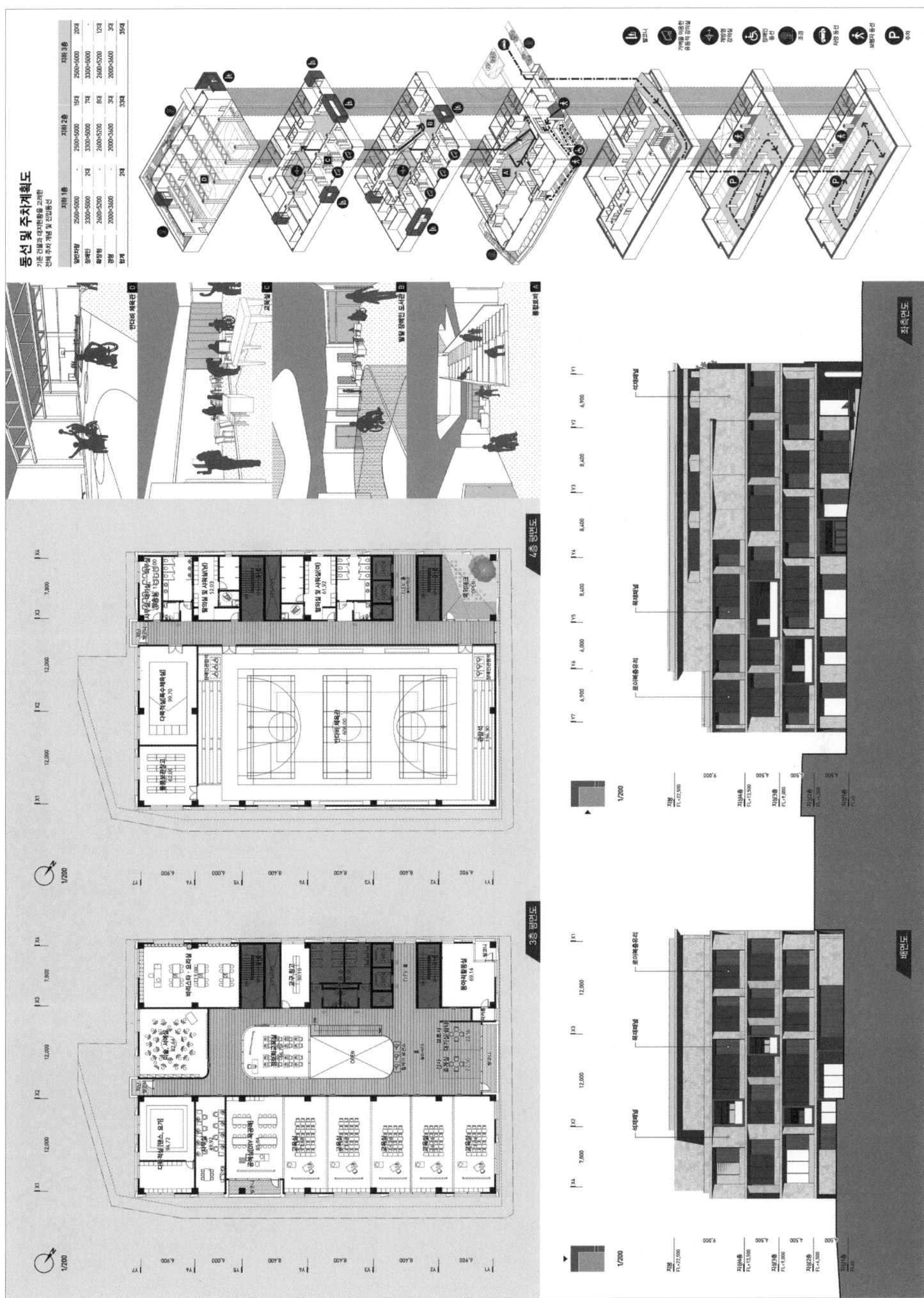

장애인복합문화관

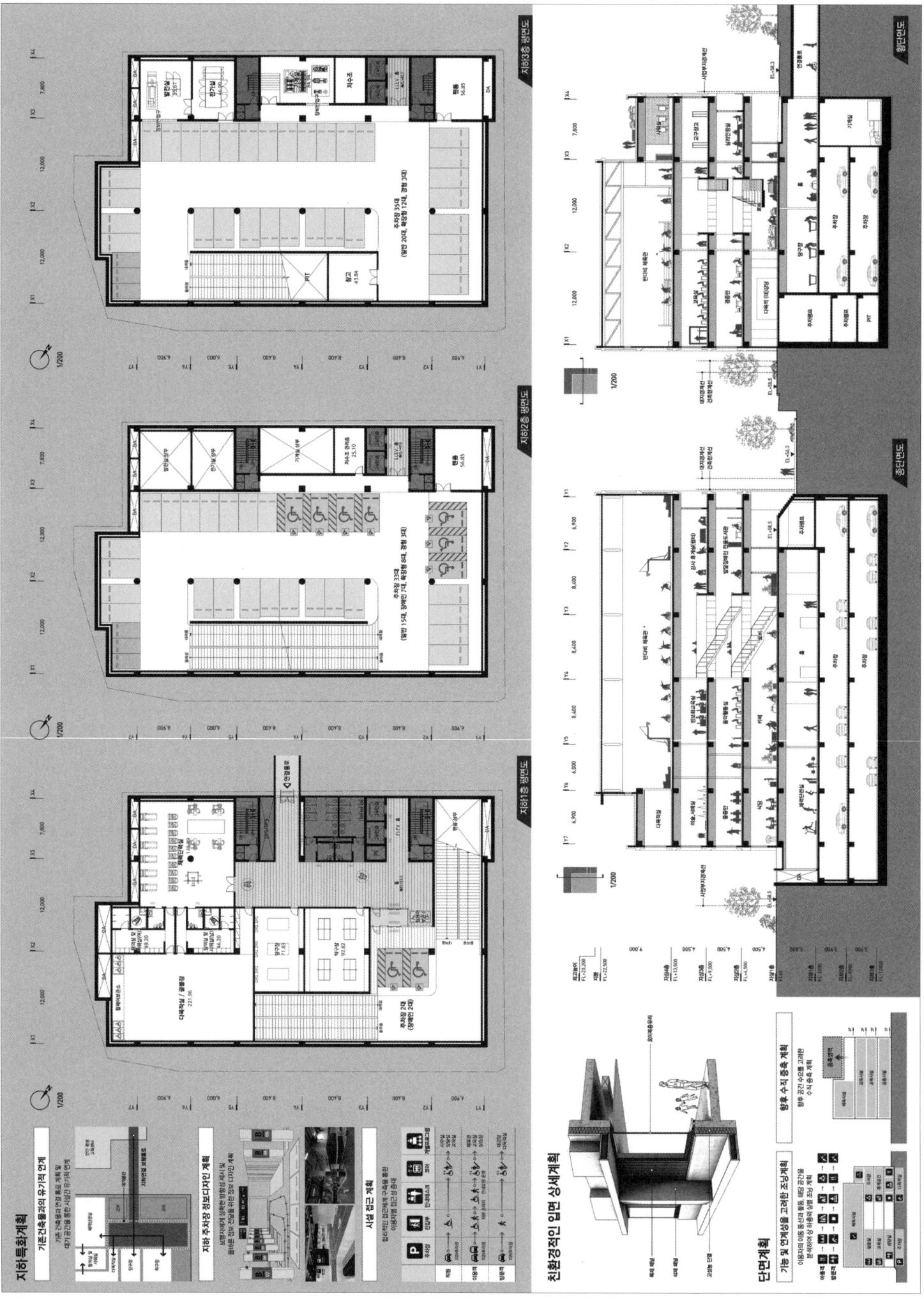

The Disabled Cultural Center

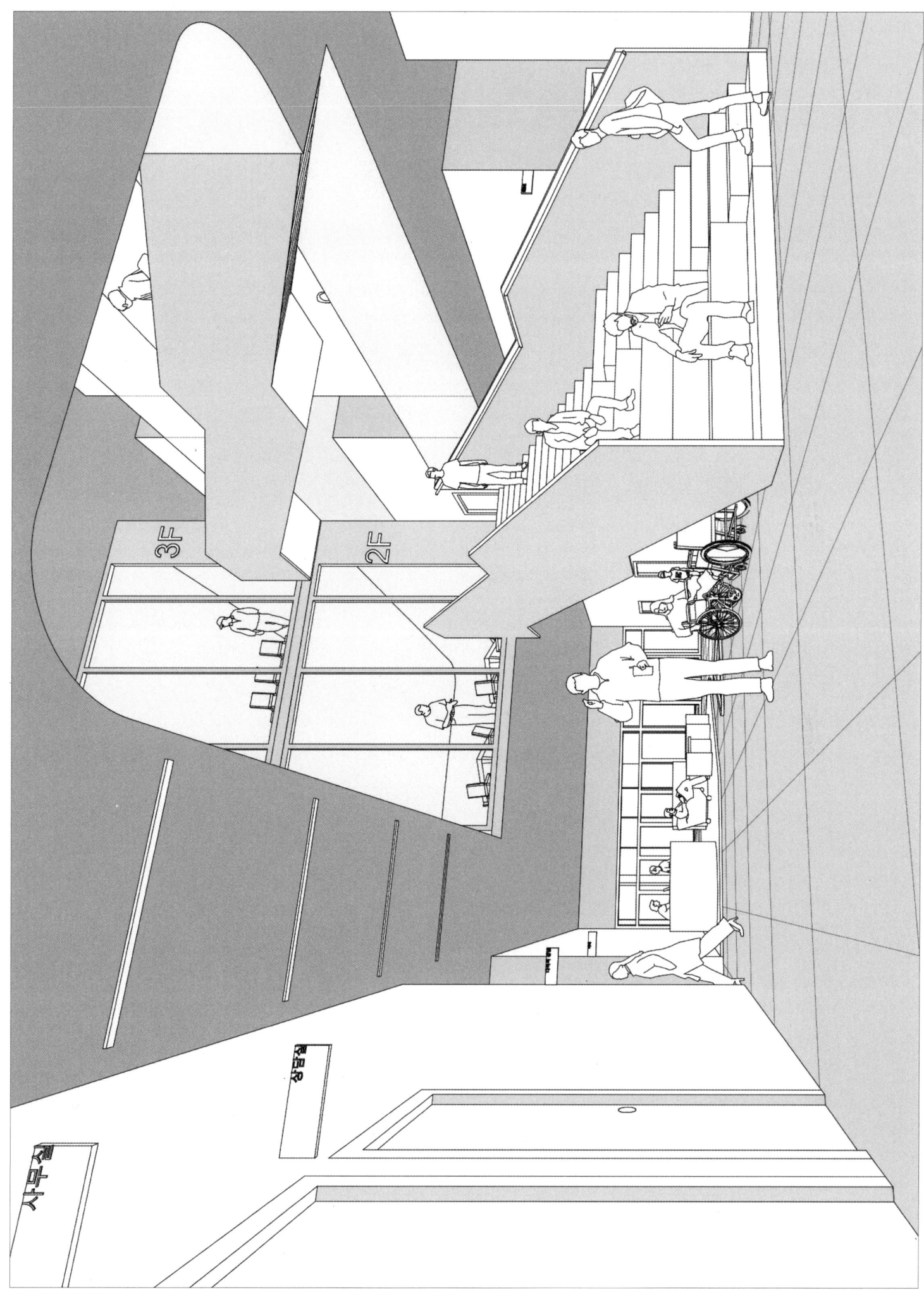

양산시 종합복지허브타운

당선작 (주)상지엔지니어링건축사사무소 허동윤 + 도형건축사사무소 지수현 설계팀 금두연, 김시형, 윤택용, 천용화, 김헌구, 서용규, 김판원, 유애진, 서장민, 이지혜, 이한철, 우혜진(이상 상지)

대지위치 경상남도 양산시 물금읍 가촌리 1312-1번지 **대지면적** 11,099.00㎡ **건축면적** 5,515.58㎡ **연면적** 18,338.06㎡ **건폐율** 56.57% **용적률** 130.89% **규모** 지하 1층, 지상 5층 **최고높이** 25.8m **구조** 철근철골콘크리트조, 철골조 **외부마감** 석재패널, 로이복층유리, 전벽돌 **주차** 150대

UNION PARK : 모두의 공원
자연의 흐름을 떠안 듯 자리잡은 종합복지허브타운은 적층과 이음으로 다층적 켜를 만들고 그 안에 풍성하고 여유로운 복지공간을 담아낸다. 부지 밖으로 흐르는 자연을 마주하여 자리잡은 유관시설들은 복지문화의 기능을 담아 어머니의 품처럼 따뜻한 모두의 공원이된다

Urban X : 복지중심도시
지역사회에 섬처럼 존재하는 복지시설이 아닌 지역사회 안에서 작동하는 시스템으로 사회취약 계층이 자립하고 함께 살아갈 수 있는 공공 플랫폼을 제안하고자 한다.

Natural Y : 자연의 연속성
확장된 도시의 그리드는 자연을 만나 경계를 허물고 다층적 켜를 이루어 자연적, 문화적, 잠재력을 지닌 장소로 구현된다. 다채로운 공간과 여유를 담아내며 안팎으로 확장되어 디자인 공원에 닿은 외부공간은 다양한 교류의 시작점이자 지역사회와 연계된 우호적인 공간으로 발현된다.

Functional Z : 기능의 복합화
지역 커뮤니티를 제공하는 저층부와 다양한 복지 서비스를 제공하는 종합복지시설 중심의 상층부는 시설간 연계성 및 공공성 확보를 통해 유기적으로 연결되어 원스톱 복지 허브를 형성하고, 문화, 사회통합의 리더로서의 역할을 수행한다.

UNION PARK : A park for everyone
Positioned to embrace natural flows, the proposed facility creates multiple layers by means of accumulation and connection and encloses an abundant and relaxing welfare space with them. Arranged to face natural flows that stream outside the site, relevant facilities accommodate welfare and cultural programs and eventually form a park for everyone, which is warm like mother's bosom.

Urban X : Welfare City
By introducing a proactive system that actually works for the community, not a welfare facility that looks like an island isolated from its community, the proposal aims to create a public platform that helps socially disadvantaged people stand on their own feet and become part of their community.

Natural Y : Continuity of nature
The extended urban grid joins with nature, blurs boundaries, form multiple layers and transform into a place with natural and cultural potential. The outdoor area with various spaces and a relaxed atmosphere expands inside and outside and eventually reaches Design Park. It serves as a starting point of various interactions and offers a welcoming space connected with the local community.

Functional Z : Ensuring multi functionality
The lower floor is open to the local community, and the upper floor houses a welfare center with various welfare programs. They are organically connected to strengthen connectivity and public availability throughout the complex so that they can form a one-stop welfare hub and play a leading role in achieving cultural and social integration.

Prize winner SANGJI Environment & Architects Inc._Heo Dongyoon + Dohyeong Architecture_Jee Suhyeon **Location** Mulgeum-eup, Yangsan, Gyeongsangnam-do **Site area** 11,099.00m² **Building area** 5,515.58m² **Gross floor area** 18,338.06m² **Building coverage** 56.57% **Floor space index** 130.89% **Building scope** B1, 5F **Height** 25.8m **Structure** RC, SC **Exterior finishing** Stone panel, Low-E paired glass, Brick **Parking** 150

Yangsan-si General Welfare Hubtown

양산시 종합복지허브타운

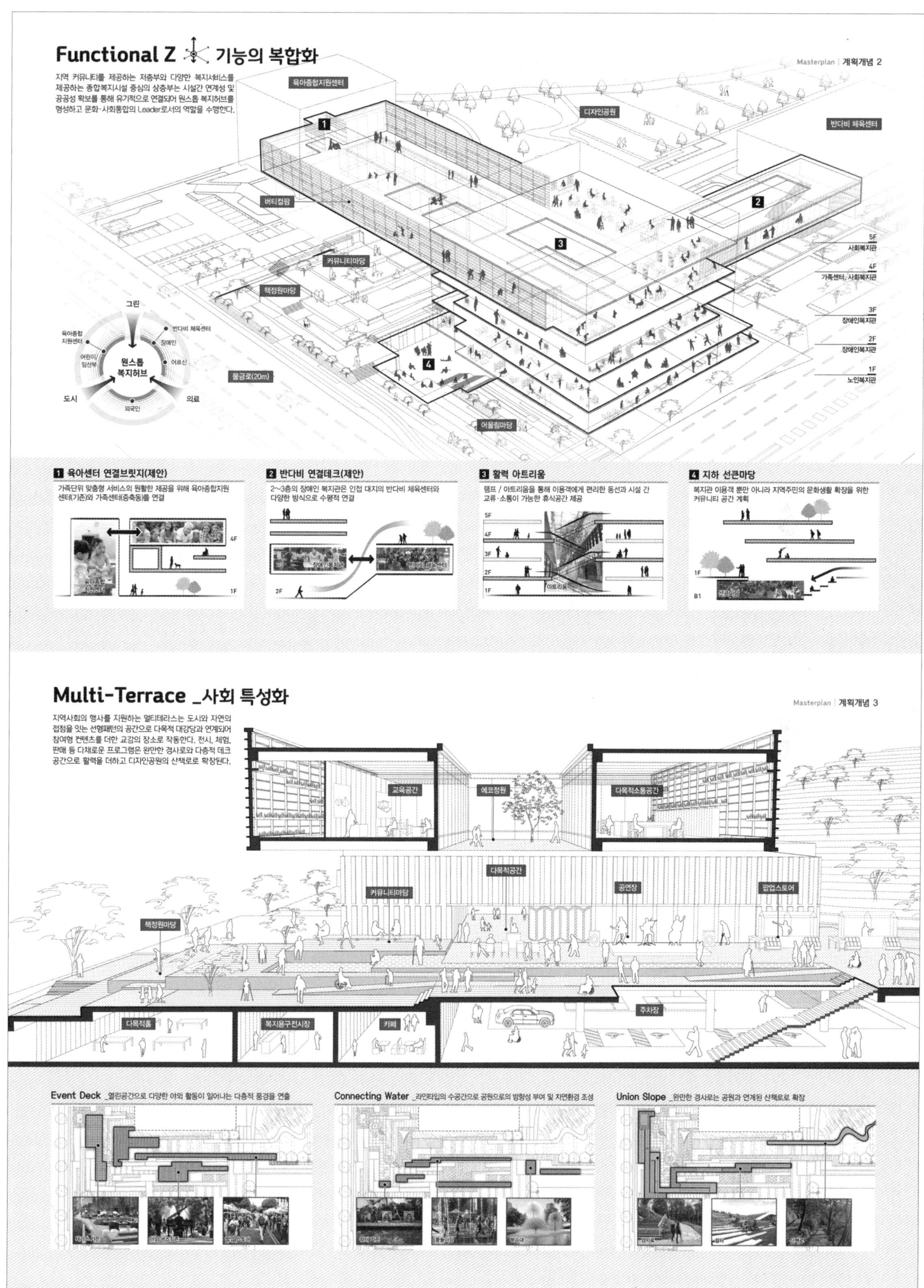

양산시 종합복지허브타운

개방과 소통의 열린 배치

대지를 아우르는 ㄴ자형 배치는 두 팔을 벌려 지역주민과 디자인공원을 포용하는 형상으로, 어느 곳에서 바라보아도 친근하고 편안한 이미지를 주고자 계획하였으며, 매스 간의 연결로 시선이 차단되지 않도록 비움(VOID)과 개방(OPEN)을 통해 소통을 시도하였다. 중앙을 관통하는 녹지는 또 다른 포용의 의미로 설명할 수 있다.

Masterplan | 배치도

연계 _Embracing Scape — 기능을 이어 자연을 품다
접근 _Diverse Scape — 노드점에서 다양한 접근을 수용하다
확장 _Progressive Scape — 자연이 도시그리드와 어울리다

안전하고 원활한 흐름

보차분리로 보행자의 안전을 배려하고, 각 시설별 접근로로 편의성을 높인다. 필로티하부를 활용한 주차영역설정은 날씨에 구애받지 않는 편리함을 제공하고 Barrier Free 계획은 모두가 안전한 무장애 공간을 실현한다.

건축계획 | 동선/접근계획

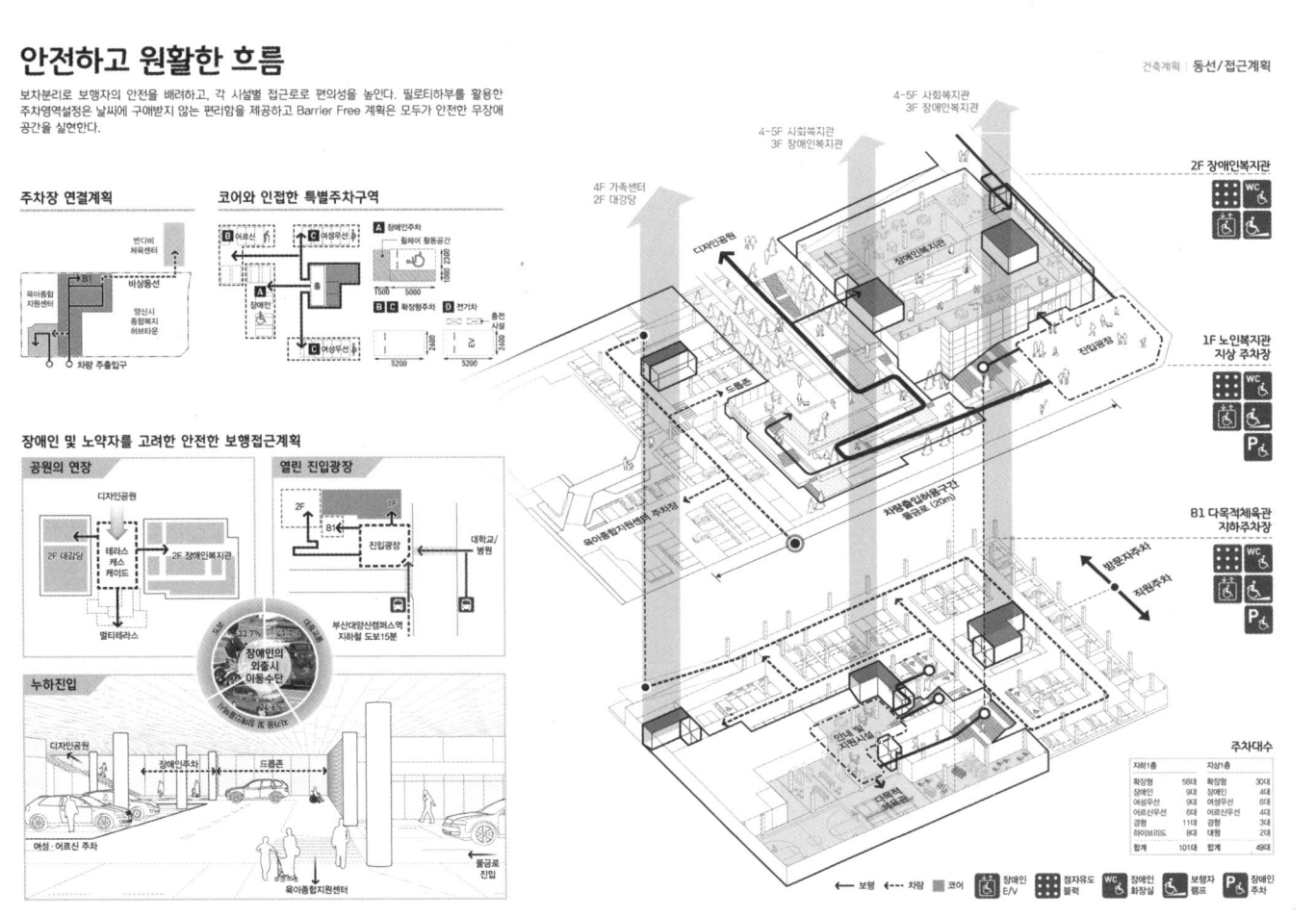

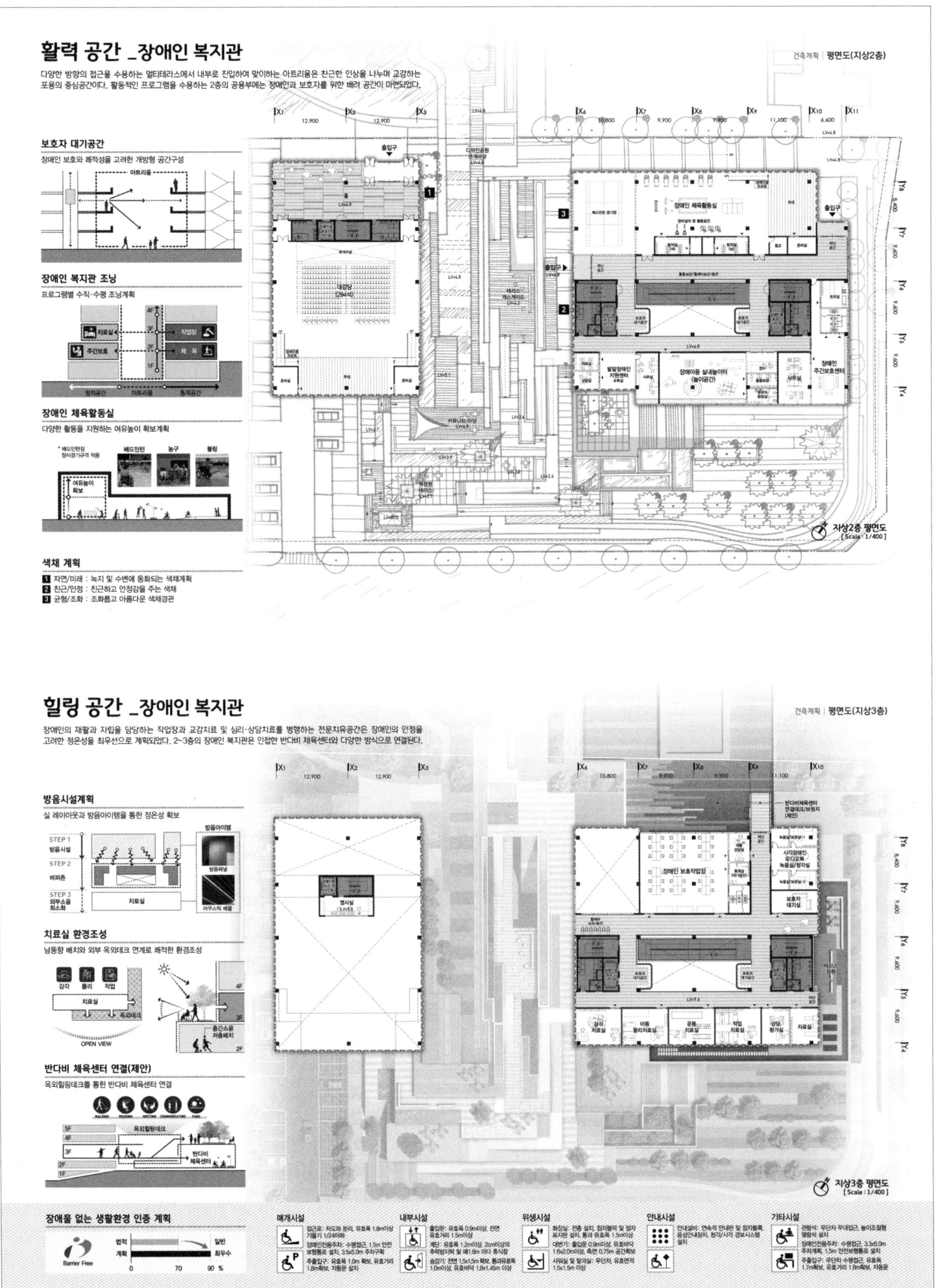

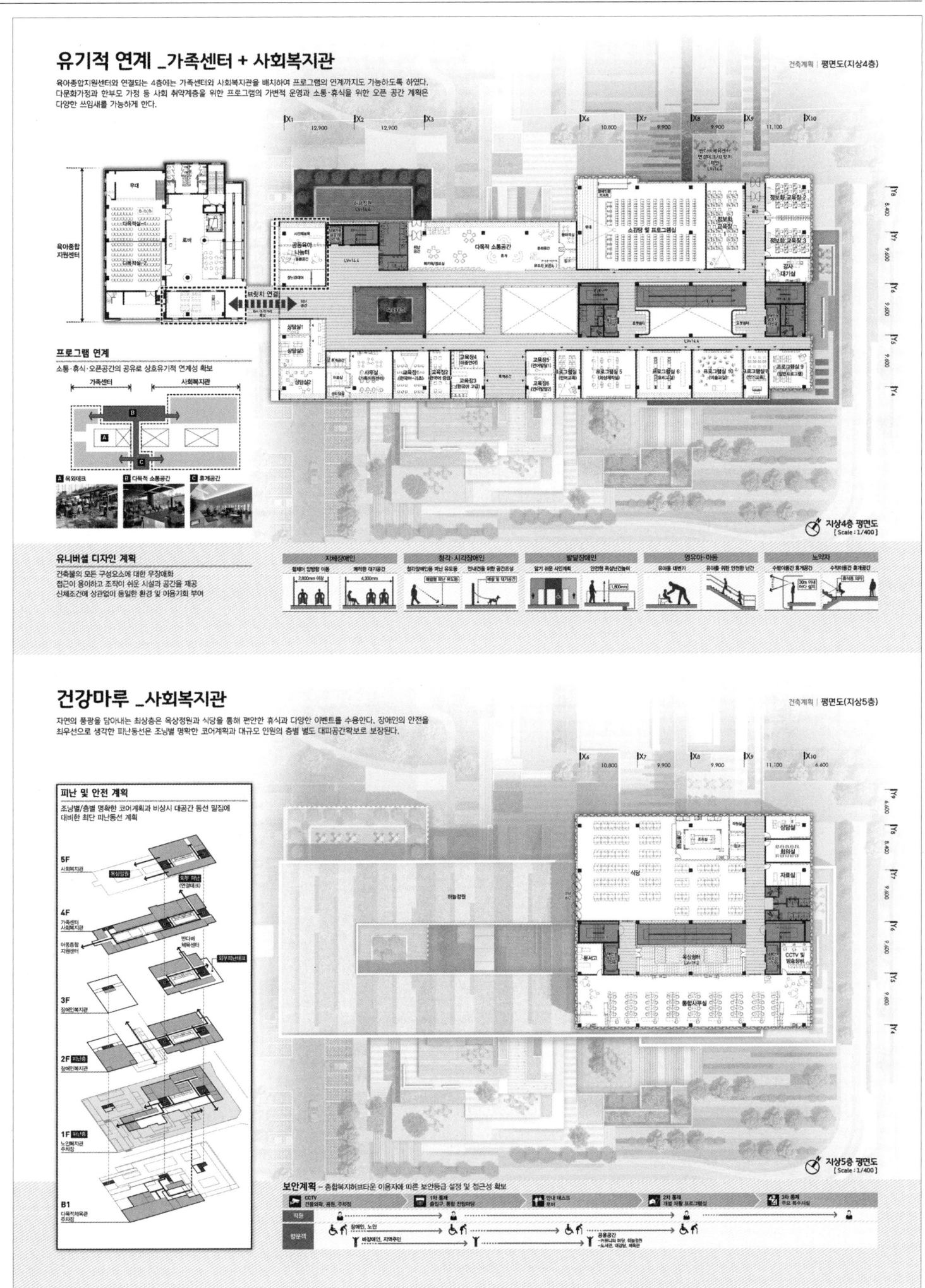

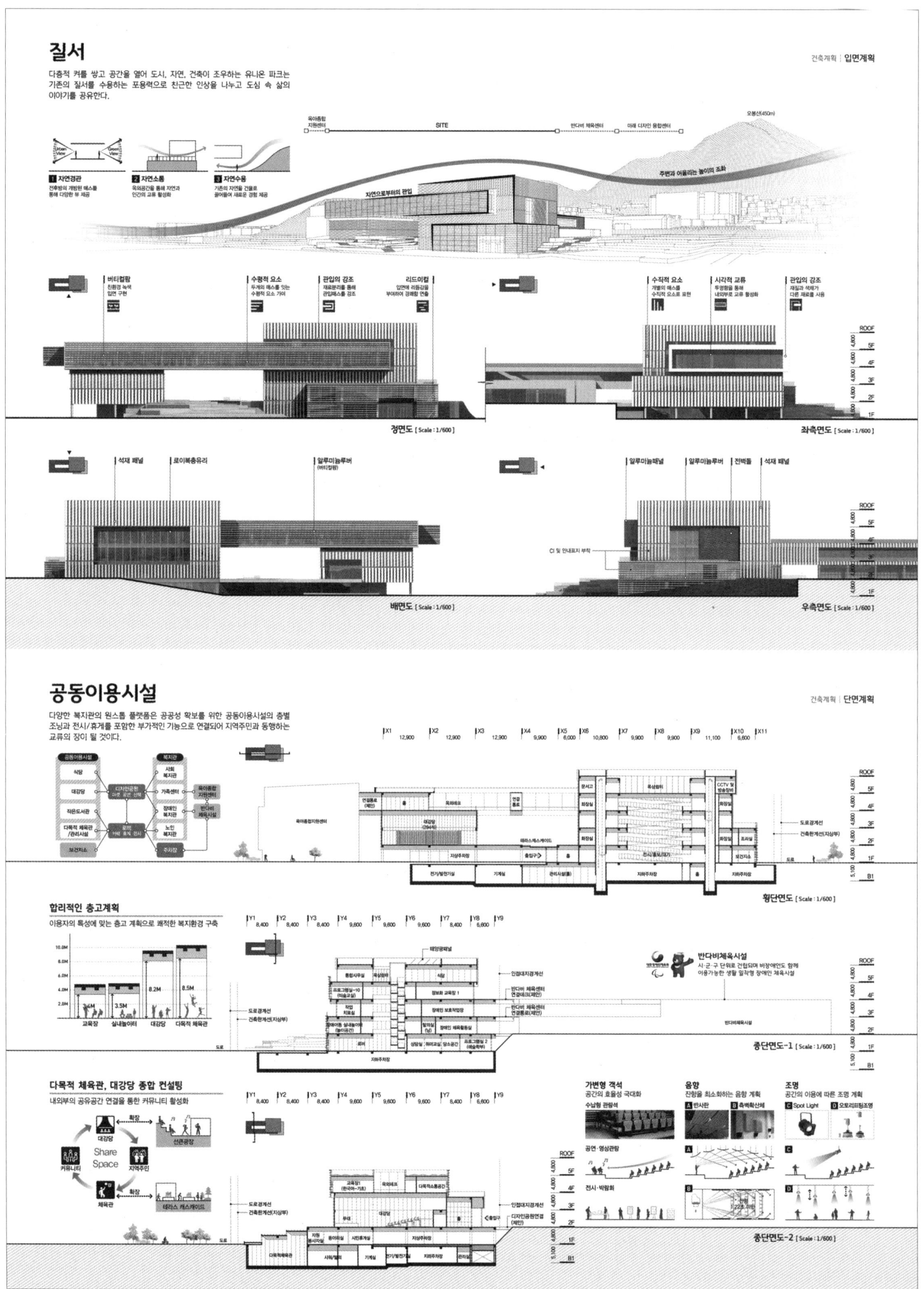

Yangsan-si General Welfare Hubtown

소방복합치유센터

당선작 (주)나우동인건축사사무소 김수훤, 박병욱, 안대호 + (주)해마종합건축사사무소 전권식 + (주)위드종합건축사사무소 김세종 설계팀 김상복, 송명렬, 정성용, 황기영, 변재형, 김도윤, 김남수, 문지영, 백민주(이상 나우) 서정필, 허 재, 변재현, 최성란, 김수정(이상 해마) 배준석, 박현규, 남성현, 유정효(이상 위드)

대지위치 충청북도 음성군 맹동면 두성리 1531번지 **대지면적** 27,563.20㎡ **건축면적** 7,581.91㎡ **연면적** 33,681.02㎡ **건폐율** 27.51% **용적률** 86.25% **규모** 지하 1층, 지상 4층 **최고높이** 21.9m **구조** 철근콘크리트조 **외부마감** 지정석재, 알루미늄복합패널, 로이복층유리, 금속루버 **주차** 238대

계획목표

과거의 소방복합치유센터는 소방관의 통합치료 개념의 신체적·심리적 치유환경 조성목표와 지역거점병원으로써의 역할을 동시에 수행하여야 하는 특수성을 가지고 있다. 소방관의 특수질병과 감염병 관리시설 기준 및 감염병 환자발생시의 대응, 향후 운영 및 유지에 대응하는 소방관을 위한 치유환경 도입과 감염 관리에 준한 안전한 공간계획, 체계중심의 합리적 의료시설 계획을 제안하였다. '도시', '치유', '자연'을 담은 소방관의 재활을 돕는 자연친화적 전문병원인 힐링 포레스트를 계획하였다.

설계 주안점

– 소셜 포레스트 : 심리적 어려움을 겪고 있는 환자를 위해 사회적 치유가 이루어지는 소통의 숲 계획
– 워킹 호스피탈 : 재활 환자를 위한 걷고싶은 숲 계획
– 그린 포레스트 : 이용자의 심리적 안정을 돕는 친환경 공간계획으로 자연과 하나 되는 치유의 공간

배치 및 평면계획

– 숲 : 도시소음을 차단하기 위해 치료영역 전면배치와 병동영역은 후면의 조용한 공간에 배치하여, 휴양소와 같은 쾌적, 편안한 환경으로 조성
– 길 : 주차용지 방향으로 수평증축을 고려하여, 호스피탈 스트리스를 남북방향으로 계획
– 휴 : 소방환자의 휴식, 걷기, 대화 등의 개인 및 사회적 치유활동을 위해 도시공원과 연계되는 외부 녹지환경 계획

Planning objective

The proposed center is expected not only to provide a physical and psychological therapeutic environment for fire fighters to have integrative therapy but also to serve as a major local hospital. Occupational diseases for fire fighters, standards of infectious disease control facility, infectious patient response systems and future operation and maintenance plans are taken into account to provide a therapeutic environment for fire fighters, propose a safety-focused space design complying quarantine control regulations, and introduce a systematic and practical medical facility. Consequently, the proposal proposes Healing Forest, a nature-friendly specialized hospital for rehabilitating fire fighters under the keywords 'city', 'healing' and 'nature'.

Design focus

- Social Forest : A communication forest for patients in mental distress to have social therapy
- Walking Hospital : A walkable forest optimized for patient rehabilitation
- Green Forest : An environment-friendly space design helping users to restore mental stability and providing a healing space that appears as part of nature

Site & Floor plan

- Forest : Treatment rooms are positioned on the front side to block urban noise. The ward is placed at a quiet place in the rear to provide a resort-like pleasant and comfortable environment
- Paths : Hospital Street is laid in a north-south direction to enable horizontal extension towards the parking area
- Relaxation : Providing an outdoor green area connected with an urban park to accommodate personal or social therapeutic activities such as having a rest, taking a walk and talking with others

Prize winner NOW Architects_Kim Suhweon, Park Byeongwook, An Daeho **Location** Maengdong-myeon, Eumseong-gun, Chungcheongbuk-do **Site area** 27,563.20m² **Building area** 7,581.91m² **Gross floor area** 33,681.02m² **Building coverage** 27.51% **Floor space index** 86.25% **Building scope** B1, 4F **Height** 21.9m **Structure** RC **Exterior finishing** Appointed stone, Aluminum composite panel, Low-E paired glass, Metal louver **Parking** 238

02 건축계획 _ARCHITECTURE PLAN

디자인컨셉

소방치유센터의 치료 목적을 고려한 치유환경 개념 도입

소방환자를 위한 치유공간 계획

[Healing For;rest]

01 마스터플랜 _MASTER PLAN

조경계획

주변 자연환경과 커뮤니티 공간이 조화를 이룬 치유공간 조성

Healing For;rest

첫째, 주변 자연환경의 유입과 연결을 통한 **Healing Way**
둘째, 치유, 문화, 교류가 가능한 **Culture Community Plaza**
셋째, 개인의 신체 및 심리적 이완을 돕는 **Harmony Space**
이들을 통한 숲과 같은 자연치유공간 "**Healing For;rest**" 제안

Healing For;rest | 소방관의 치유와 휴식이 있는공간

자연과 교감하는 숲

환자 및 방문객의 휴식 및 교류가 이루어 지는 자연을 담은 공간

Culture For;rest | 다양한 경험이 있는 공간

문화와 휴식이 있는 숲

문화·예술 프로그램을 통하여 문화와 휴식이 있는 공간

Harmony For;rest | 주변과 조화를 이루는 공간

도시, 사람과 조화를 이루는 숲

환자와 지역주민의 교류가 이루어지는 소통의 지역커뮤니티 공간

풍부한 자연만들기 [Nature Scape]

자연자원을 이용한 비오톱 조성

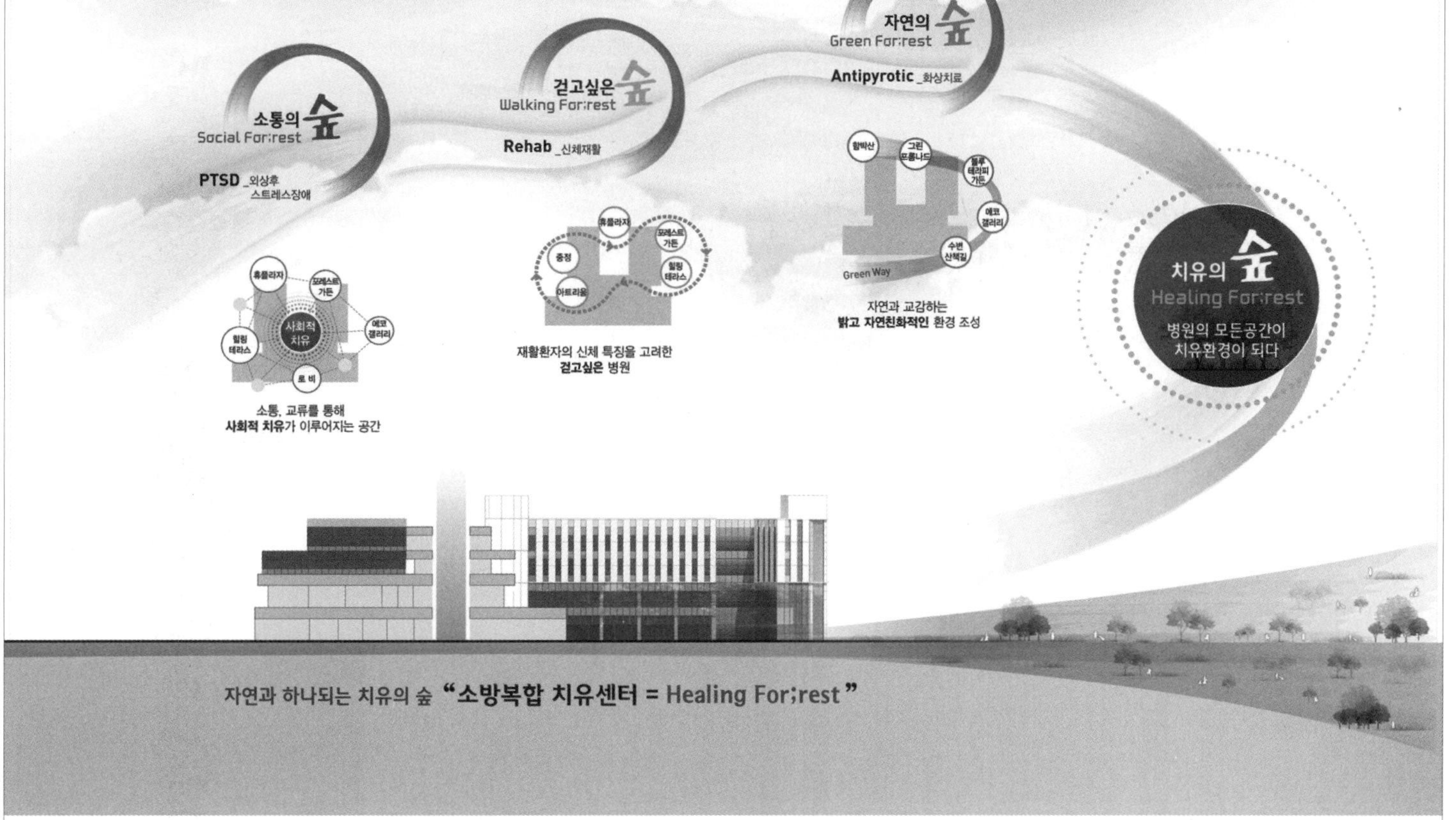

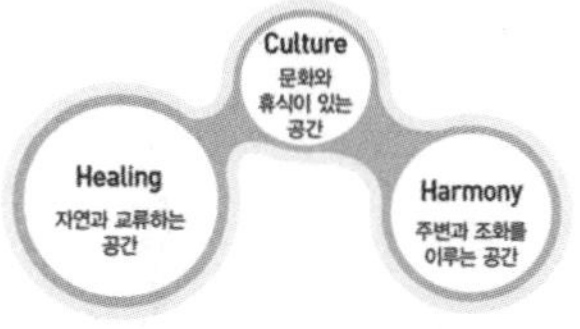

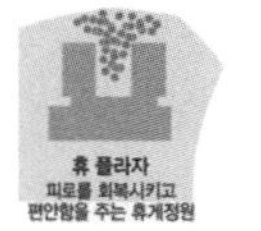

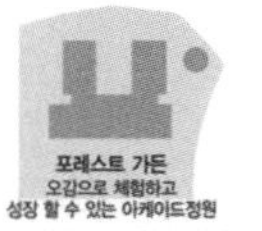

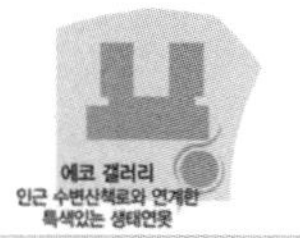

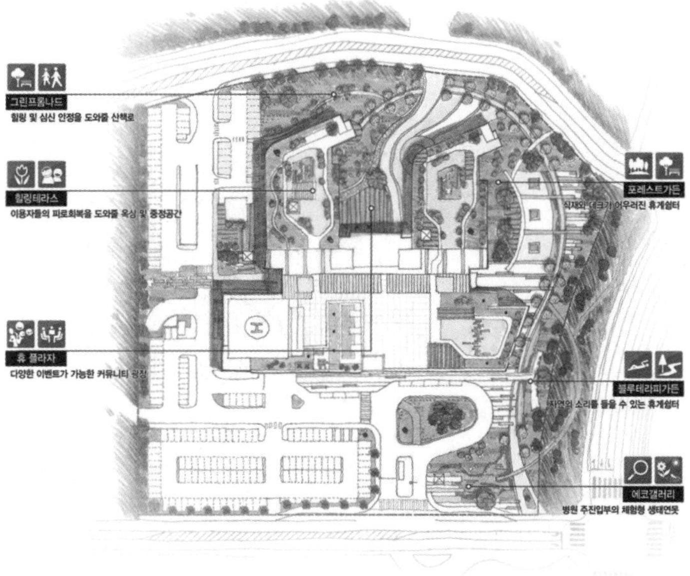

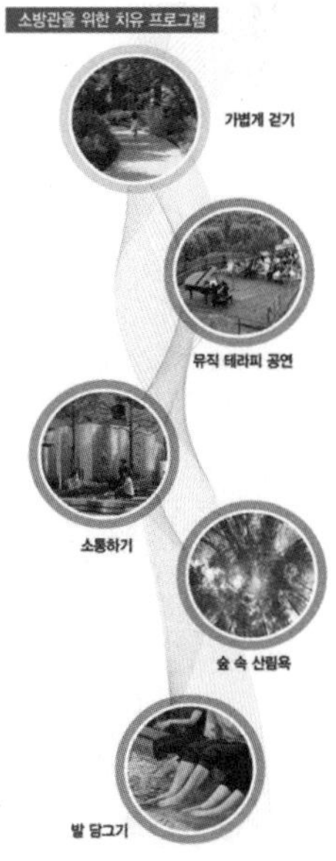

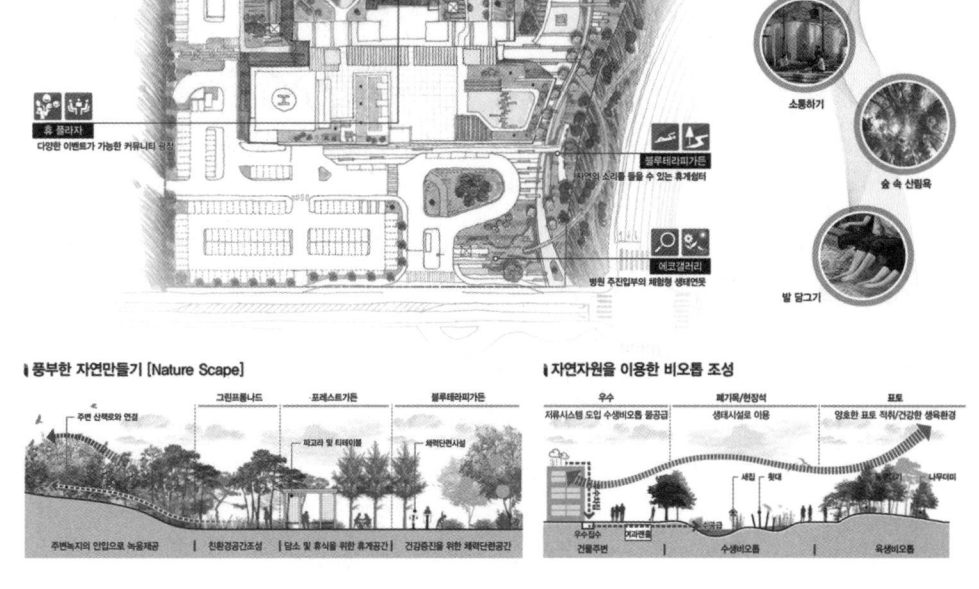

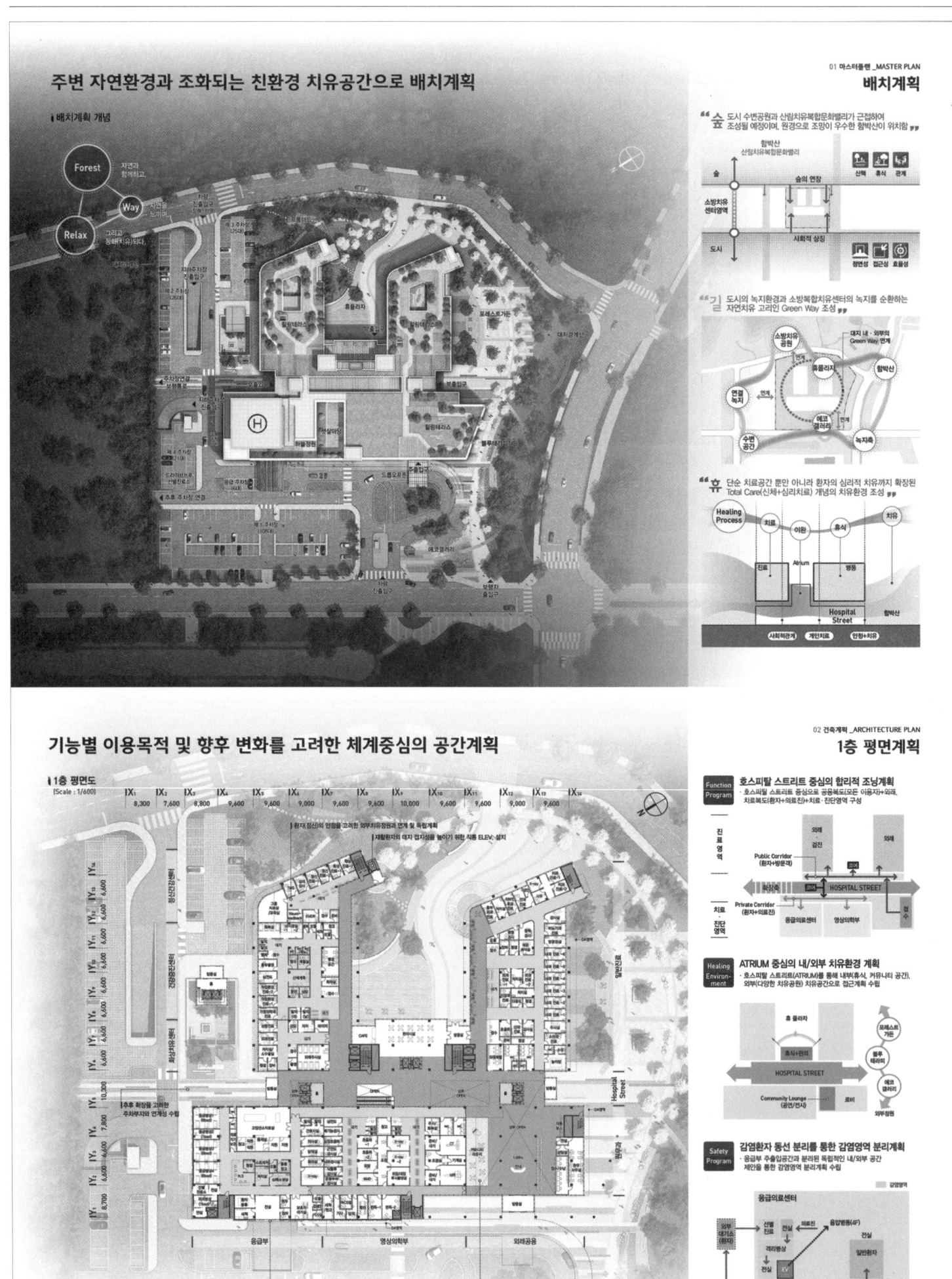

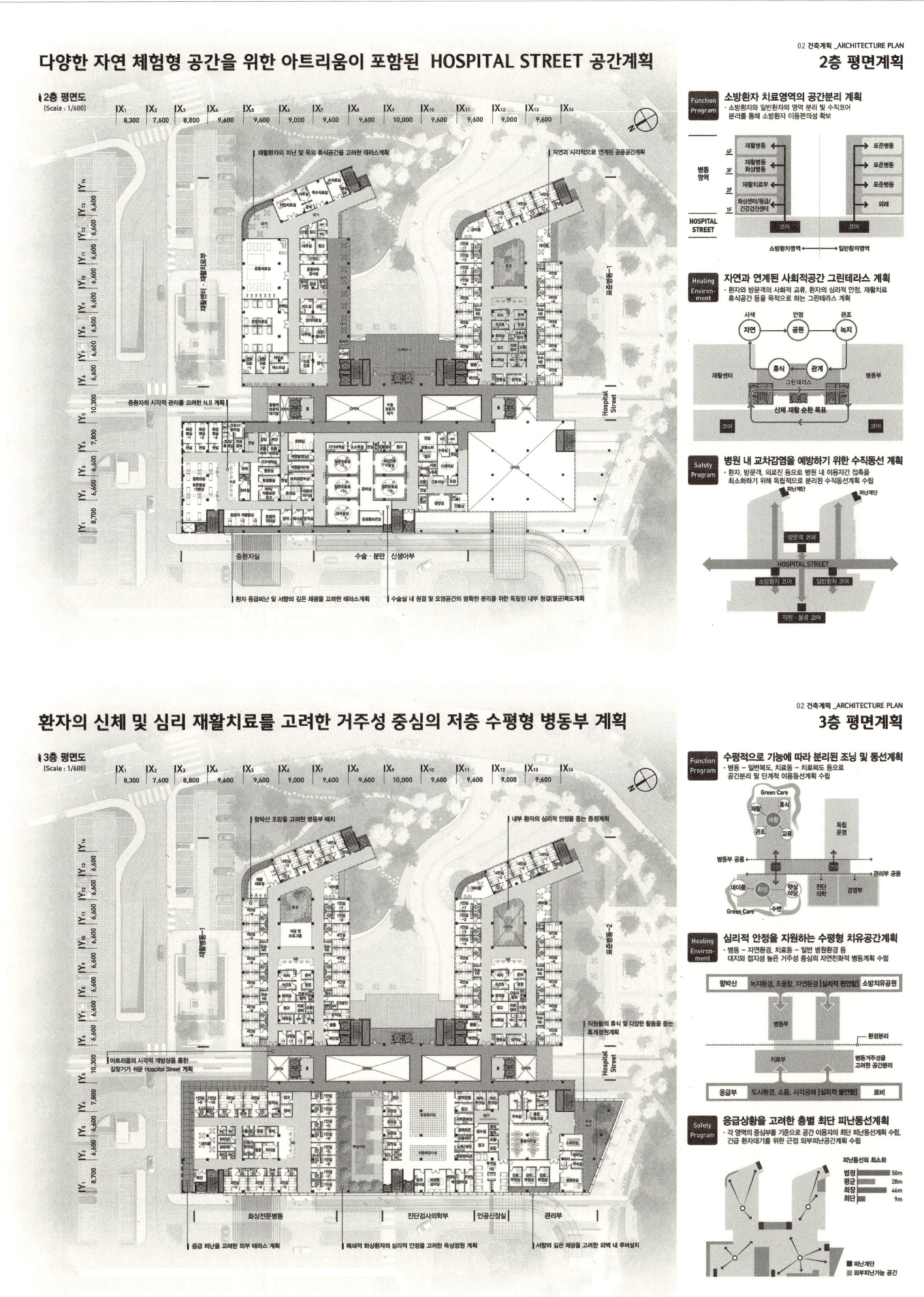

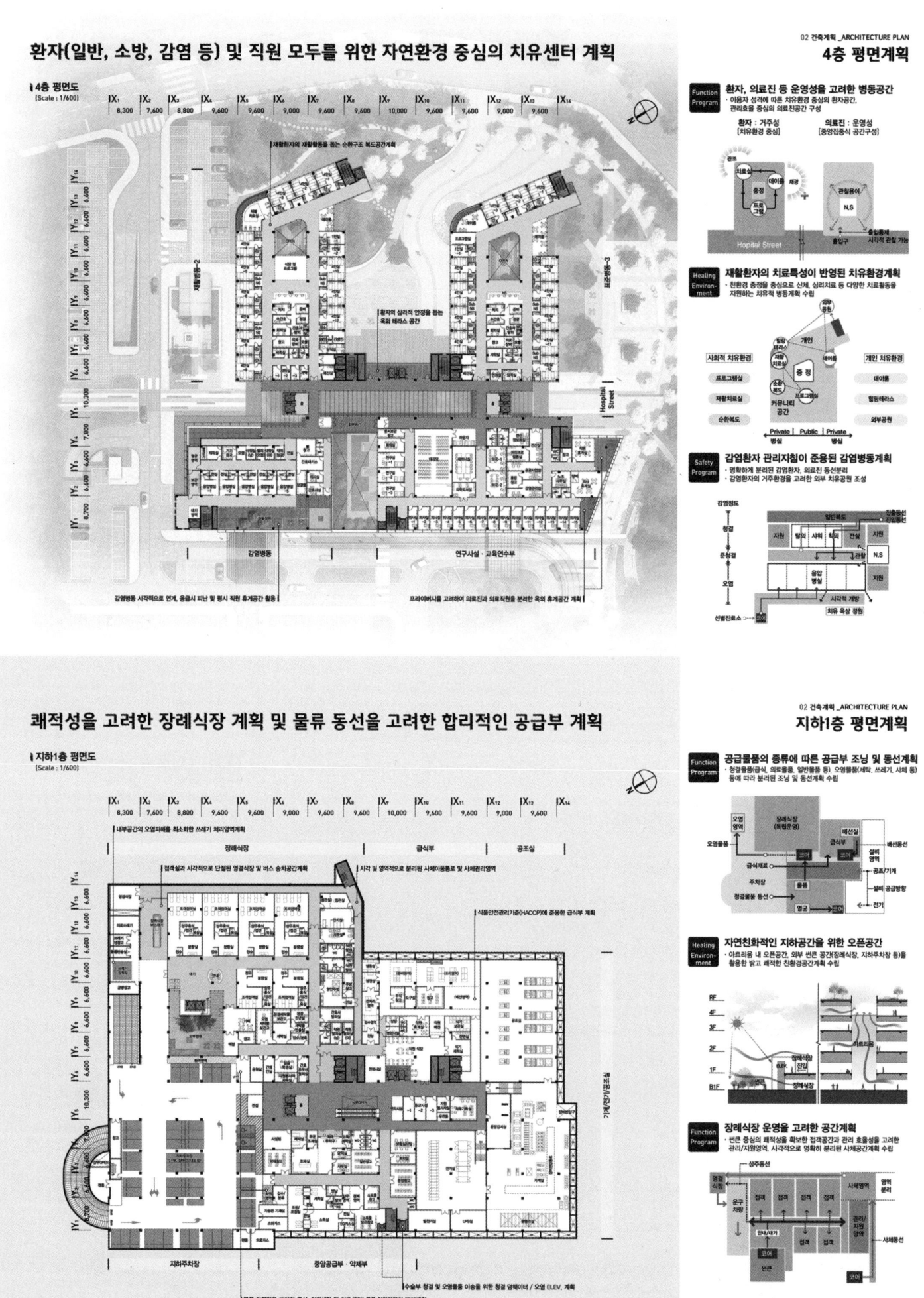

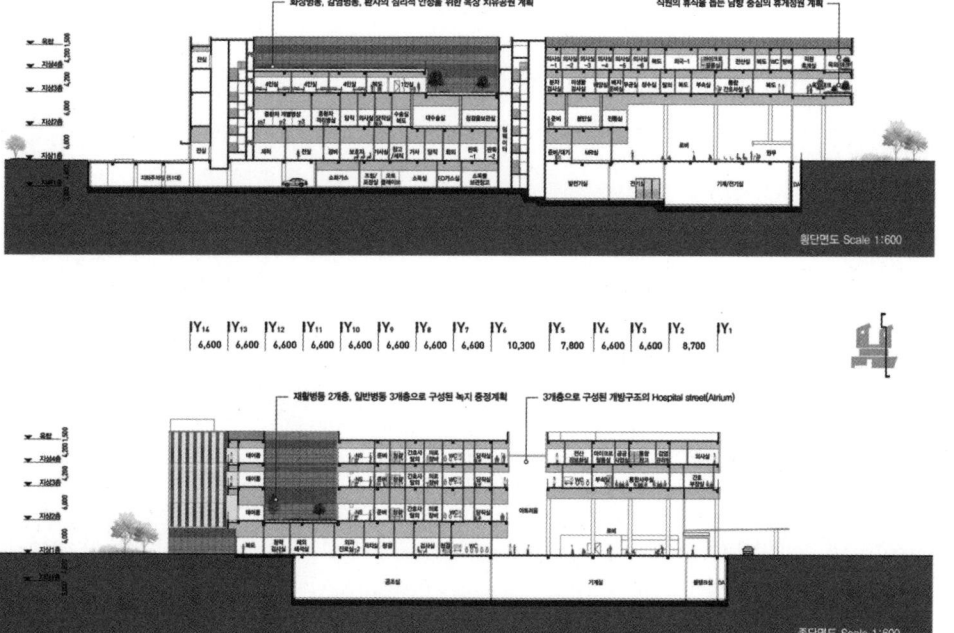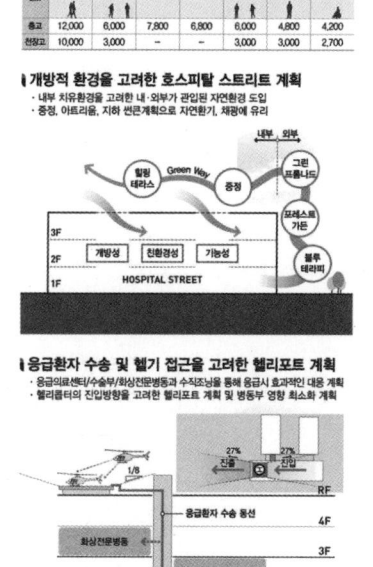

소방복합치유센터

2등작 (주)해안종합건축사사무소 윤세한 + (주)디엔비건축사사무소 조도연 + (주)아이엔지건축사사무소 송주영 설계팀 김상범, 김주원, 박상규, 이 경, 송효정, 김동립, 김영인, 박동철, 최성중, 김정식, 이종성, 고승석, 최유미, 김남훈, 안석희, 김정연, 민태영, 노태호, 김주희, 고우현, 황윤하, 여수진, 박종은, 최용재, 남승영(이상 해안)

대지위치 충청북도 음성군 맹동면 두성리 1531번지 **대지면적** 27,563.20m² **건축면적** 8,162.64m² **연면적** 33,693.84m² **조경면적** 6,979.48m² **건폐율** 29.61% **용적률** 92.73%% **규모** 지하 1층, 지상 5층 **최고높이** 24.8m **구조** 철근콘크리트조 **외부마감** 테라코타패널, 금속패널, 로이복층유리 **주차** 239대 **협력업체** 신화에스디지, 삼신설계, 영광기술단, 한백에프앤씨, 덕성알파이엔지, 유진이앤씨

단순 치료를 넘어서 정신적 트라우마로 고통받는 소방관들의 마음을 돌볼 수 있고, 그들에게 심리적 안정을 줄 수 있는 치유 환경을 갖춘 종합병원을 계획하고자 하였다. 도심지 안의 일반적인 종합병원과 차별화하여, 사이트가 갖고있는 자연환경의 이점을 극대화하여 '병원'이 아닌 자연을 담고있는 공원으로서의 치유환경을 조성하였다. 또한 지역주민들에게는 인접한 '맹동 치유의 숲'과 연계하여 적극적인 교류의 장소가 될 수 있도록 하였다.

기능적인 매스 조합으로 이루어진 건축조형은 자연의 이미지를 형상화하고 있으며, 이는 소방공무원의 자긍심과 대표 지역 의료 기관의 상징성을 나타낸다. 계획 대지 주변의 자연환경을 적극적으로 끌어들여 쾌적하고 입체적인 치유환경을 조성하였으며, 따뜻한 이미지의 테라코타를 주재료로 사용하여 방문객들에게 편안한 분위기를 제공한다. 메인 로비에서는 함박산으로 열린 조망을 확보하였으며, 자연과 연계된 휴게공간을 조성 하였다. 재활병동과 재활치료부를 옥상정원과 연계되도록 하여 친환경적인 치유환경을 제공하였다. 표준병동에는 2개의 중정을 조성하고 4면에 데이룸과 휴게공간을 조성 하였으며, 함박산에 면한 뷰박스는 데이룸과 운동 치료실로서 자연과의 교감을 드러낸다.

The proposal aims to create a hospital providing a rehabilitation environment which can go beyond the boundaries of physical treatments to look after the soul of fire fighters suffering from mental trauma and help them recover psychological stability. To distinguish the new center from ordinary hospitals in urban centers, the advantages of the site's natural setting are maximized, and this contribute to building a park-like healing environment that seems to contain nature, not a hospital. Also, connection with 'Maengdong Healing Forest' nearby is established to create a place for local people to actively interact with each other.

Composed by combining different functional masses, the building form embodies the image of nature. It symbolizes the pride of fire fighters and the identity as a major local medical center. The natural environment around the site is actively brought in to create a pleasant and three-dimensional healing environment. Terracotta with a warm image is chosen as a main material to present a comfortable atmosphere for visitors. The main lobby offers a panoramic view of Hambaksan Mountain, along with a lounge connected with nature. The rehabilitation ward and clinic are connected with a rooftop garden to provide a environment-friendly environment. As for the general ward, two courtyards are inserted, and day rooms and lounges are installed on four sides. The View Box facing the mountain serves as a day room or an exercise treatment room, symbolizing communion with nature.

2nd prize HAEAHN Architecture, Inc._Yoon Sehan + D&B architecture design group_Cho Doyeun + ING GROUP_Song Juyoung **Location** Maengdong-myeon, Eumseong-gun, Chungcheongbuk-do **Site area** 27,563.20m² **Building area** 8,162.64m² **Gross floor area** 33,693.84m² **Landscaping area** 6,979.48m² **Building coverage** 29.61% **Floor space index** 92.73% **Building scope** B1, 5F **Height** 24.8m **Structure** RC **Exterior finishing** Terracotta panel, Metal panel, Low-E paired glass **Parking** 239

Firefighter Complex Medical Center

소방복합치유센터

자연의 흐름과 유입을 통한 치유환경

배치계획 | Architecture Design | 건축계획

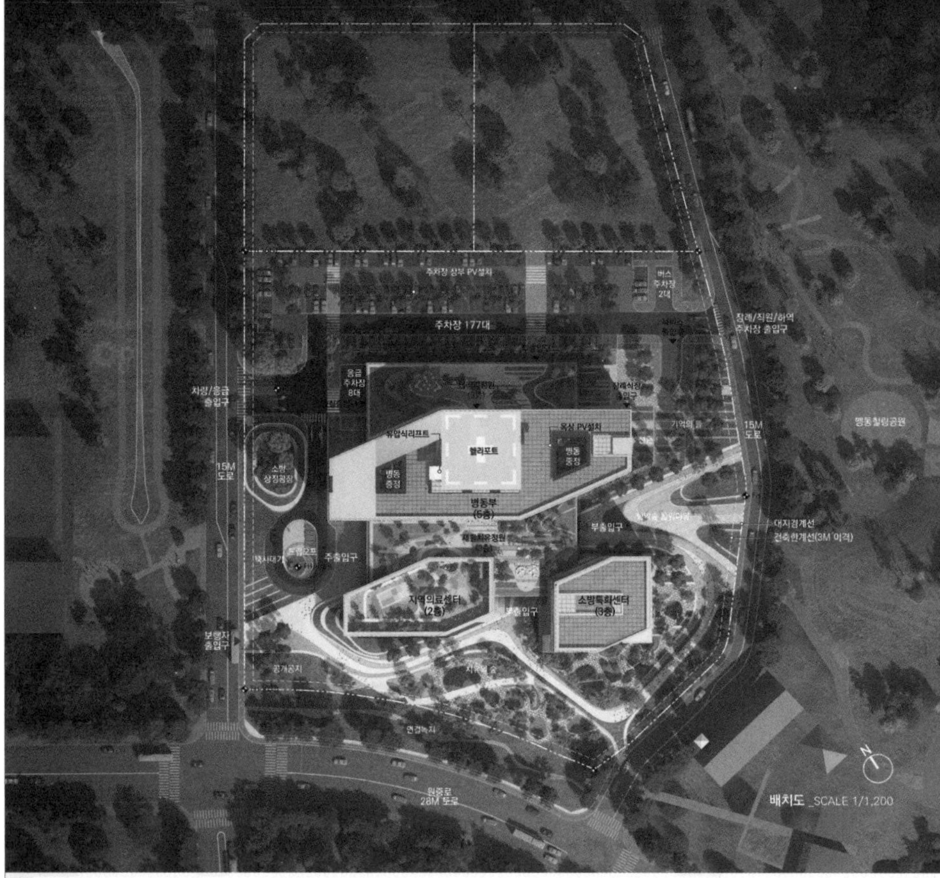

배치도 SCALE 1/1,200

배치 프로세스

1. 주변 그린과 연계 합리적 주차 & 드롭 조닝 설정
2. 매스의 분절 자연의 흐름/유입/연결
3. 전면 그린의 흐름/유입/연결 진료방향=지역으로, 합박산방향=소방특화
4. 향/조망 고려한 병동부 오브제 PARK THE HEAL 완성

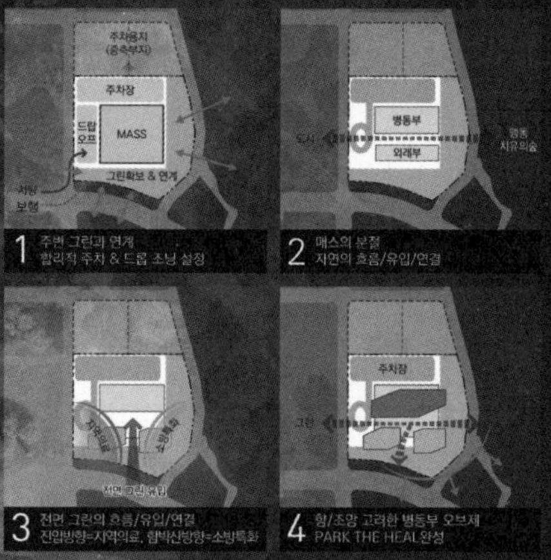

미래 성장을 고려한 배치계획

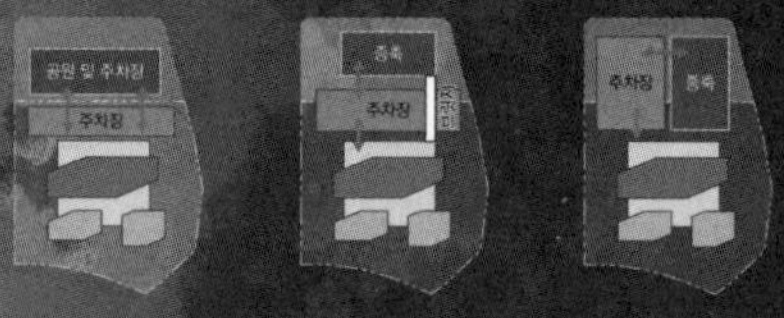

Scenario 01 / Scenario 02 / Scenario 03

아트리움을 통한 쉬운 길 찾기와 자연의 유입

1층 평면계획 | Architecture Design | 건축계획

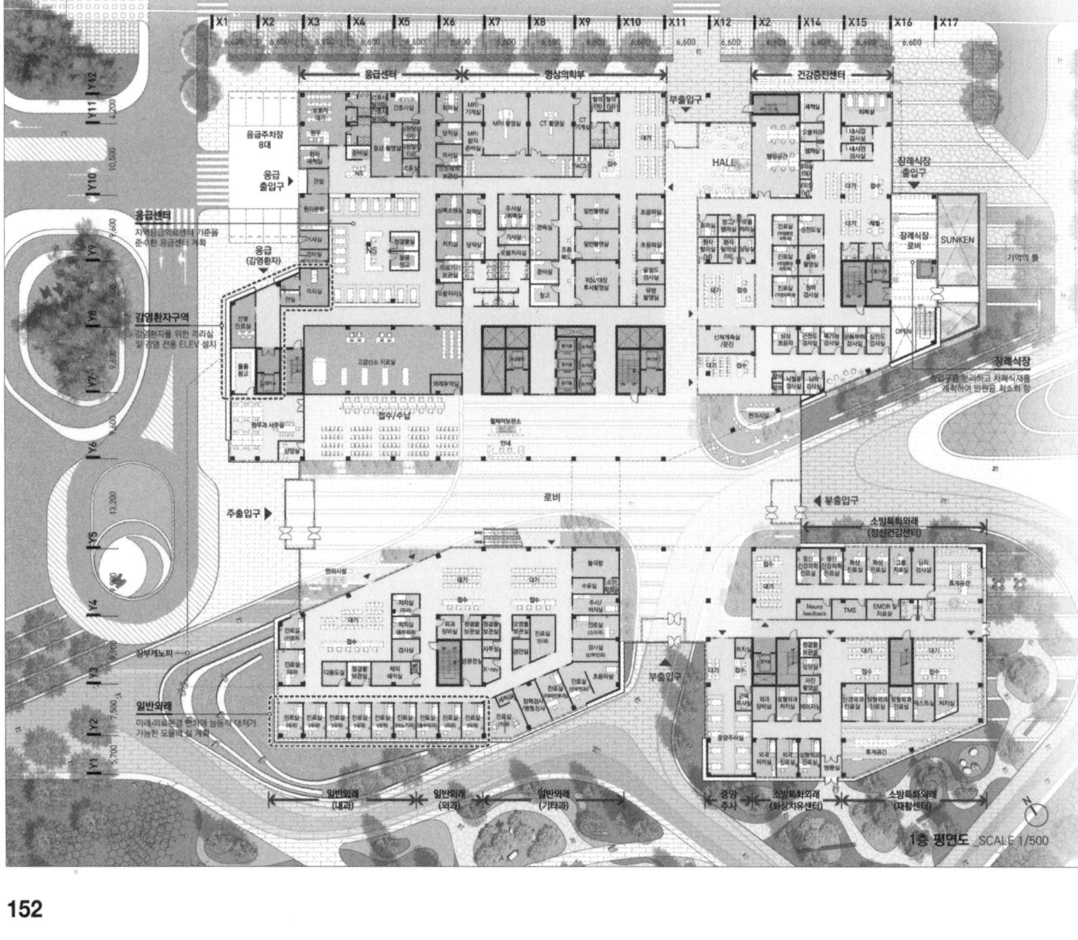

1층 평면도 SCALE 1/500

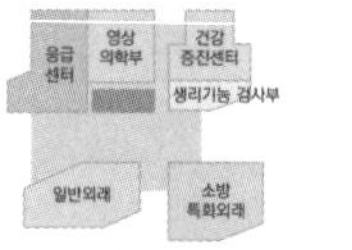

녹지를 끌어들인 아트리움과 쉬운 길 찾기
- 외부에서 끌어들인 자연을 이용한 실내조경 및 휴게공간
- 아트리움을 통해 각 부서를 유기적으로 연결하고 쉬운길 찾기 가능

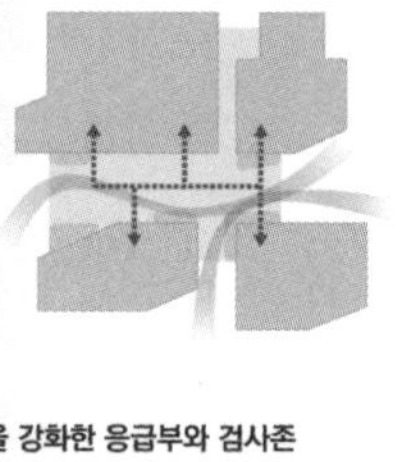

연계성을 강화한 응급부와 검사존
- 유사 진료과별 인접 배치로 진료동선 단축 및 환자편의 증진

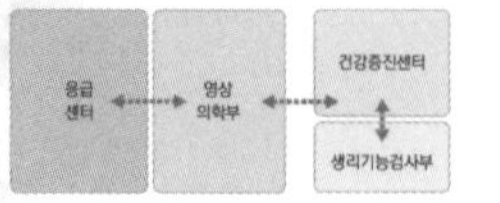

자연을 담은 감성치유 공간인 외래 진료부
- 일반외래와 소방특화외래를 분리하여 독립적인 환자동선 확보
- 자연으로 둘러싸인 외래진료부를 계획하여 심리적, 정서적 안정 제공

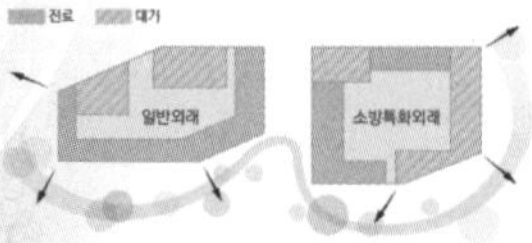

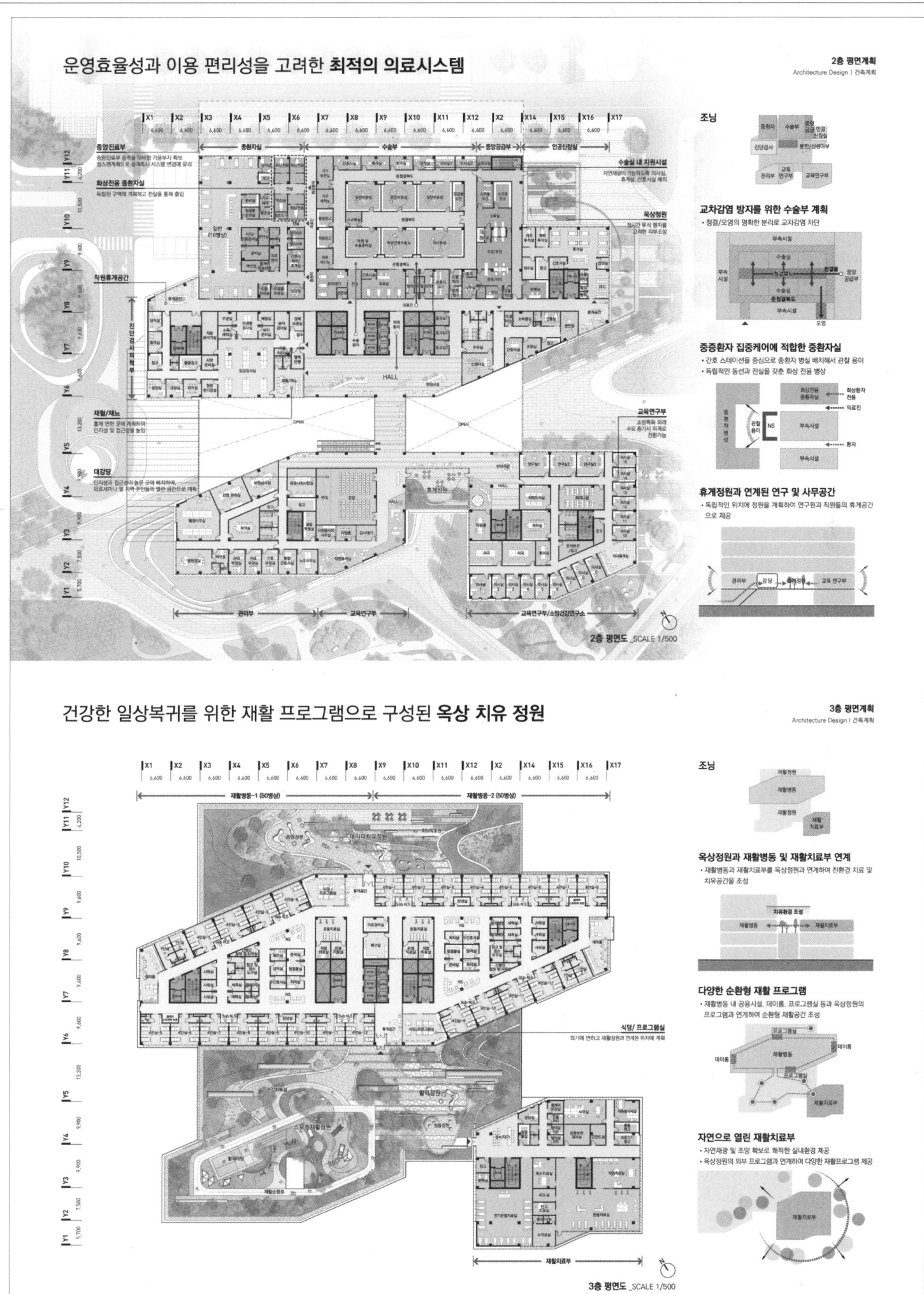

소방복합치유센터

최적의 치유환경을 제공하는 친환경적인 병동부

4-5층 평면계획
Architecture Design | 건축계획

5층 평면도 _SCALE 1/500

4층 평면도 _SCALE 1/500

중정과 데이룸을 통한 치유 환경 조성
- 데이룸과 휴게공간을 4면에 계획하여 환자들에게 조망 및 다양한 휴식공간 제공

감염관리에 최적화된 출입통제 계획
- 감염 예방을 위해 승객용 엘리베이터 주변 보안영역을 설정
- 방문객을 위한 면회실 설치

다양한 활용이 가능한 SUB-NS공간
- 병동 운영에 따른 서브 스테이션 활용 계획

국가지정 격리병상 기준을 충족한 감염병동
- 의료진과 환자동선을 분리하여 교차감염 방지

효율적인 물류시스템 / 쾌적한 환경의 장례식장

지하층 평면계획
Architecture Design | 건축계획

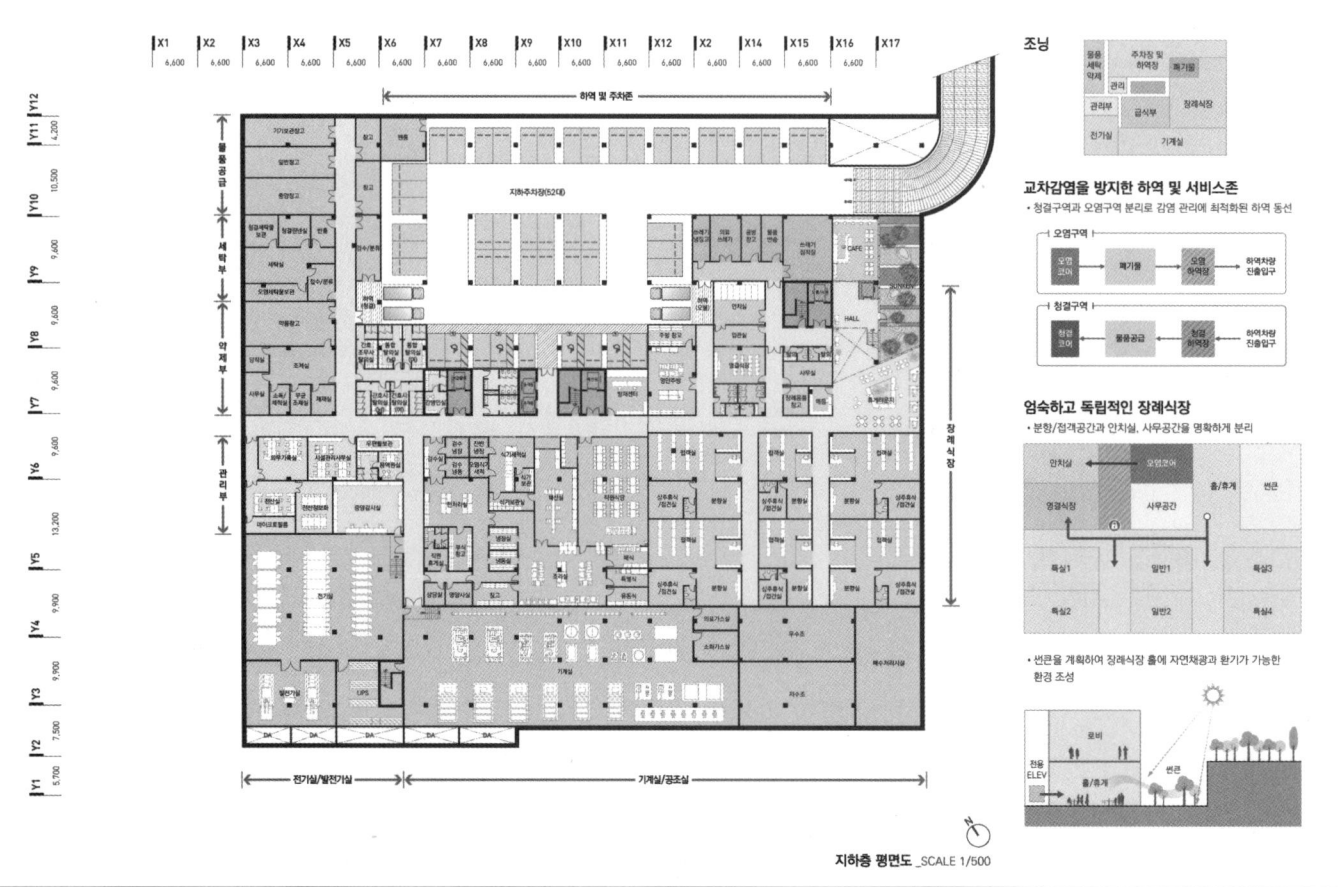

지하층 평면도 _SCALE 1/500

조닝

교차감염을 방지한 하역 및 서비스존
- 청결구역과 오염구역 분리로 감염 관리에 최적화된 하역 동선

엄숙하고 독립적인 장례식장
- 분향/접객공간과 안치실, 사무공간을 명확하게 분리

- 썬큰을 계획하여 장례식장 층에 자연채광과 환기가 가능한 환경 조성

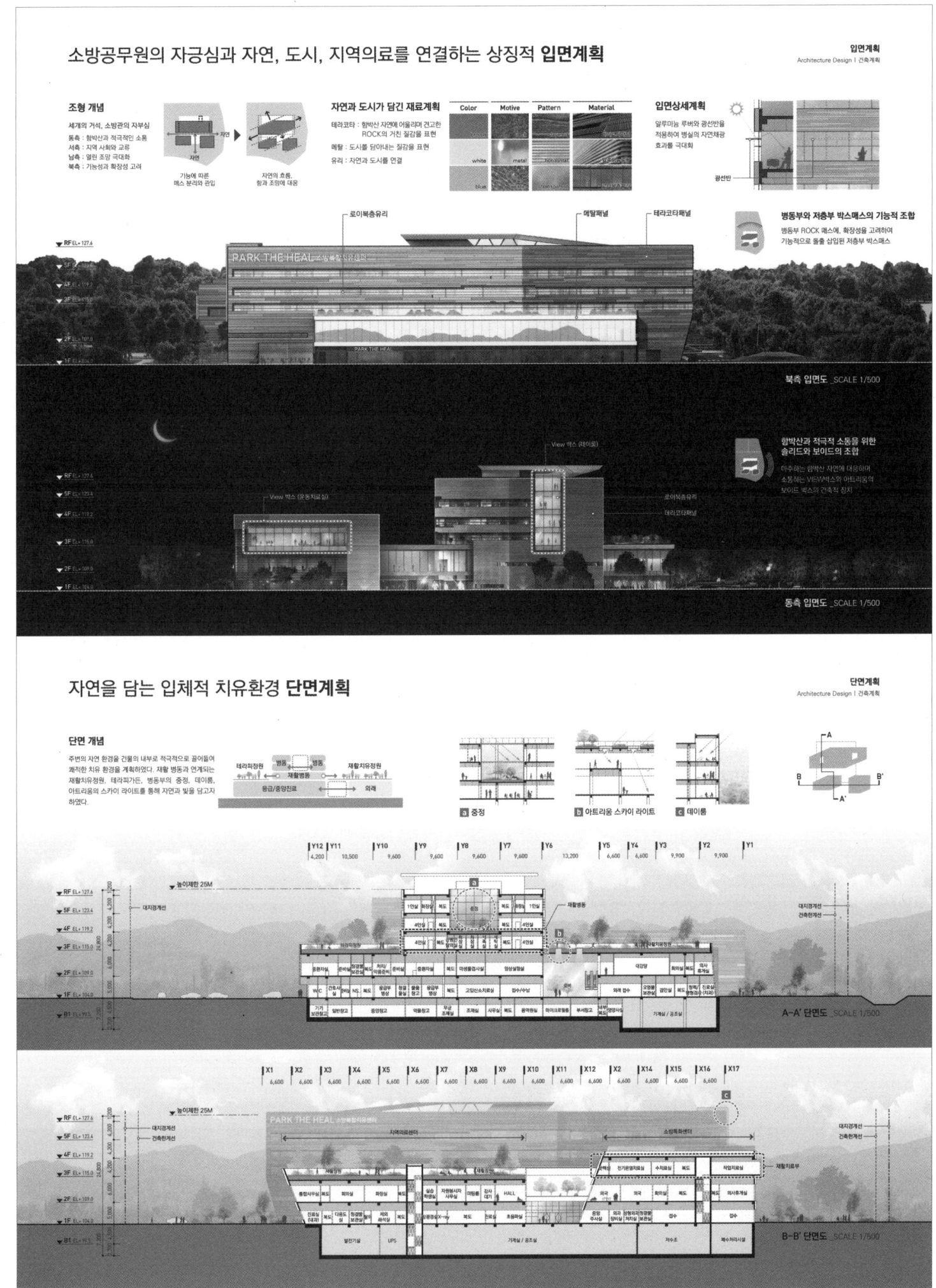

은계어울림센터-2

당선작 (주)위드종합건축사사무소 김세종 설계팀 박현규, 배준석, 김 철, 곽주영, 김준현, 장은수

대지위치 경기도 시흥시 은계공공주택지구 복합커뮤니티-2부지 **대지면적** 3,785.00㎡ **건축면적** 1,844.01㎡ **연면적** 4,978.22㎡ **조경면적** 2,095.07㎡ **건폐율** 48.72% **용적률** 119.73% **규모** 지하 1층, 지상 4층 **최고높이** 21.0m **구조** 철근콘크리트조, 철골조 **외부마감** 스터코마감, 목재패널, 석재패널, 로이복층유리 **주차** 93대

대상지 주변은 기존 주거지역과 은계공공주택지구 사이의 남북방향 켜를 따라 시설들이 들어섬으로써 자칫 양쪽 도시의 흐름을 가로막게 되는 상황에 놓여 있다. 이러한 도시적 상황에 따라 어울림 센터의 저층부를 적극적으로 비워냄으로써 주변 도시환경과의 소통을 유도하고 지역민들의 다양한 어울림을 담을 수 있는 공간으로 제안하고자 하였다.

은행동 행정복지센터에서부터 이어지는 전면 가로와 담소공원 측 외부마당을 통해 자유롭게 접근 가능하며, 수공간과 연계된 북카페 및 갤러리 공간은 어울림 센터뿐만 아니라 행정복지센터의 방문객들도 함께 이용할 수 있도록 배치하였다. 아이들의 공간인 어린이집과 놀이마당은 남측면에 독립적으로 계획함으로써 안전한 놀이환경이 될 수 있도록 하였으며, 행정복지센터와 연계한 통합주차시설로 주민들의 편의를 최대한 배려하고자 하였다.

다양한 프로그램으로 구성되는 복합커뮤니티 시설로서의 어울림센터는 수직적 공간구성으로 프로그램간의 독립성을 확보하였으며, 2개 층을 입체적으로 구성한 도서관은 다양한 세대의 지역민들이 어우러져 생동감 넘치는 복합문화공간이 될 수 있도록 하였다. 1층 어린이집 상부로는 어린이도서관을 인접 배치하여 아이들과 부모들이 자유롭게 오가며 놀이체험이 가능하게 하였으며, 청소년 문화센터는 최상층에 독립적으로 계획하여 다양한 진로체험과 교육 프로그램이 어우러진 교육영역과 음악활동 프로그램이 연계된 예술활동영역으로 나뉘게 된다.

As new buildings have constructed along a north-south axis between an existing residential area and the Eungye Public Housing District, the site area is witnessing a situation where flows of the two urban areas are being hindered by those buildings. Considering such an urban context, the proposed center's lower floor is emptied as much as possible to create a space that promotes communication with the surrounding urban environment and embraces various interactions among local people.

An external courtyard near a street and public park which stretch from the Eunhaeng-dong welfare center offers open access. A book café and gallery connected with a water space is positioned to accommodate visitors from the new center as well as the welfare center. A daycare center and playground for children are designed as an independent facility in the south section to provide a safe play environment. Also, an integrated parking system linked with the welfare center is implemented to increase user convenience as much as possible.

Designed as a community complex offering various programs, the new center ensures independency of each program by providing a vertical space layout. Its library with two three-dimensionally arranged floors brings together people of all ages in the area and serves as a culture complex full of energy. Also, a children's library is positioned close to the upper part of the daycare center on the first floor so that children and parents can freely move around and enjoy play programs. A youth culture center is designed as an independent facility on the top floor. It consists of an education zone offering vocational experiences and education programs and an art activity zone linked with a music activity program.

Prize winner WITH ARCHITECTS_Kim Sejong **Location** Siheung-si, Gyeonggi-do **Site area** 3,785.00m² **Building area** 1,844.01m² **Gross floor area** 4,978.22m² **Landscaping area** 2,095.07m² **Building coverage** 48.72% **Floor space index** 119.73% **Building scope** B1, 4F **Height** 21.0m **Structure** RC, SC **Exterior finishing** Stucco finishing, Wood panel, Stone panel, Low-E paired glass **Parking** 93

Eungye Oullim Center-2

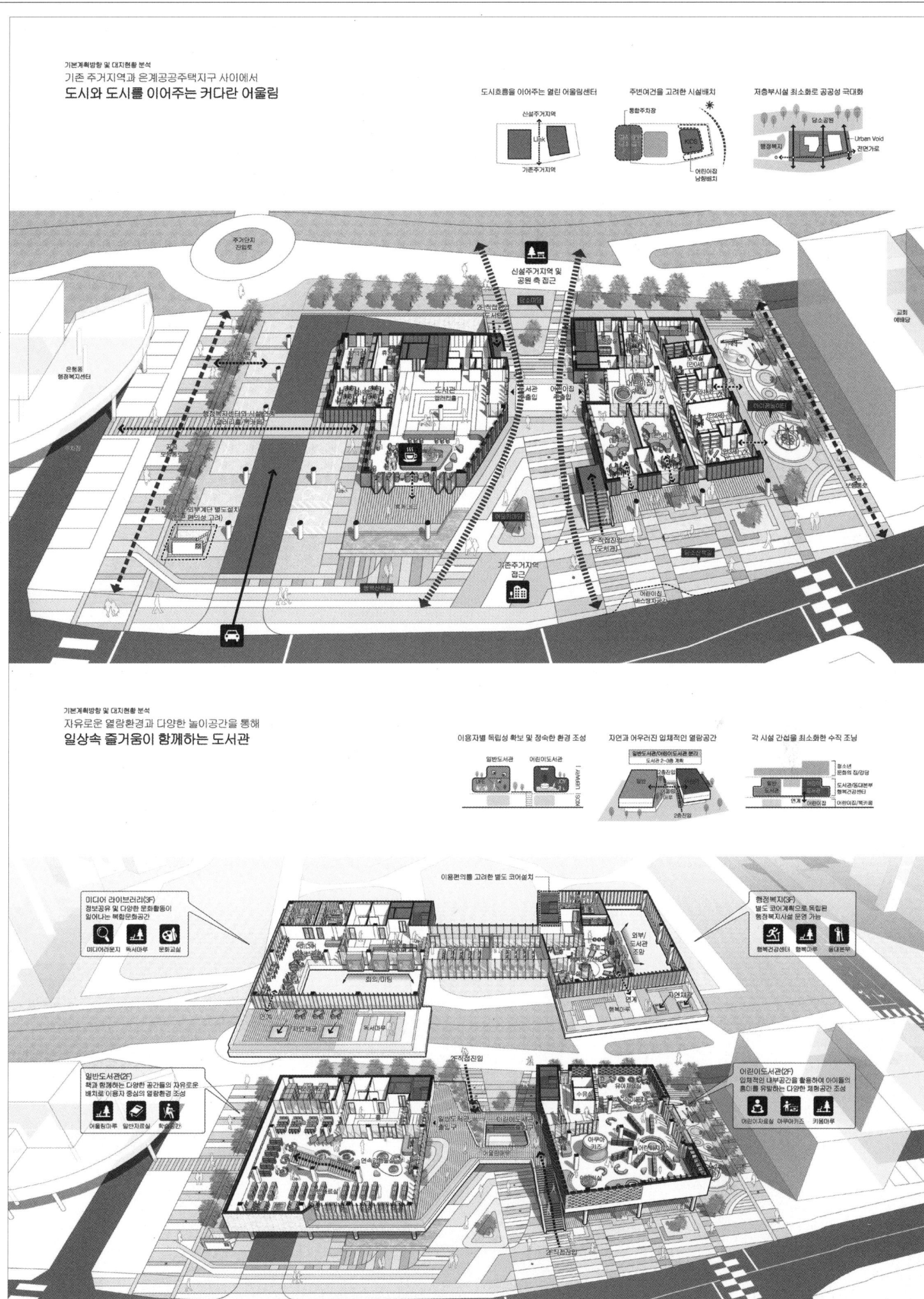

기본계획방향 및 대지현황 분석

청소년들의 다양한 진로체험과 휴게공간이 어우러진

창의적인 교류환경

기본계획방향 및 대지현황 분석

생동감 넘치는 공간계획으로 지역주민과 아이들의 꿈이 자라나는

지역 성장의 중심공간

A 어울림마당

B 일반도서관

C 플레이스텝

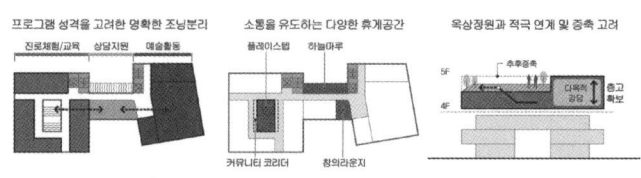

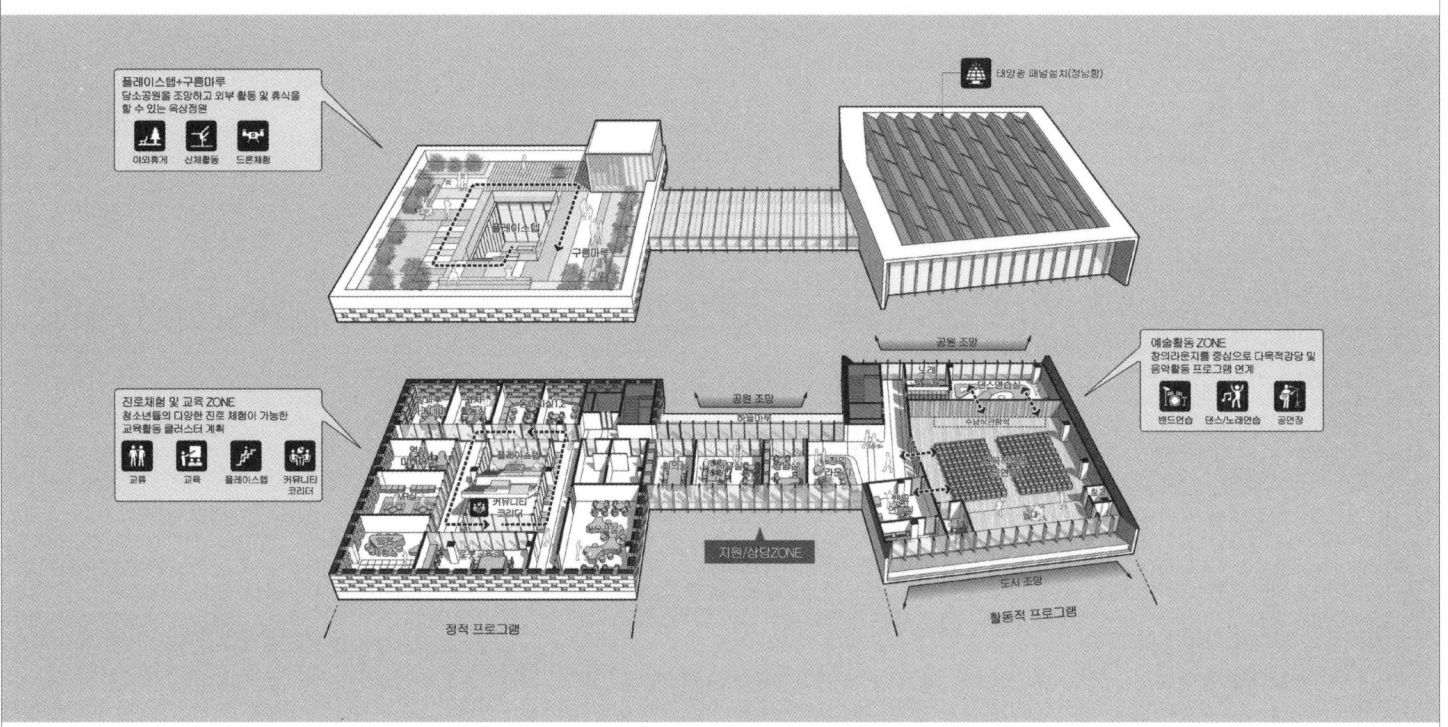

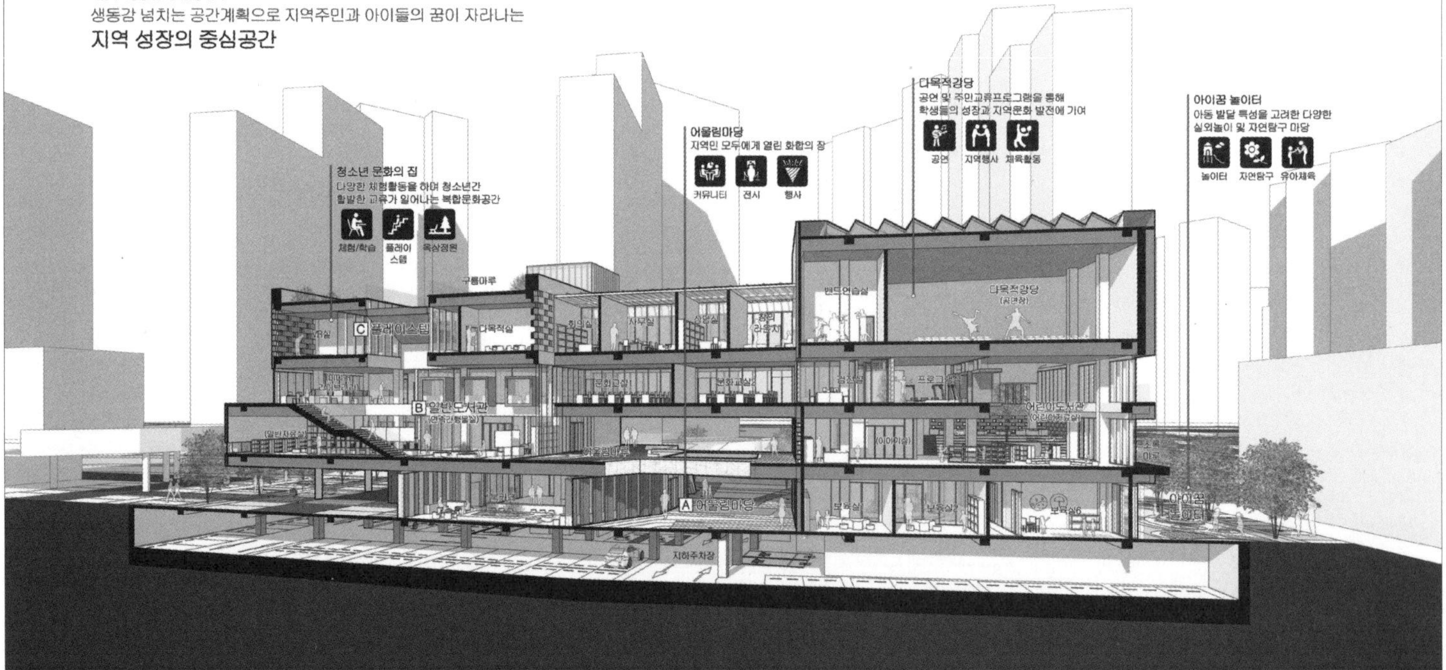

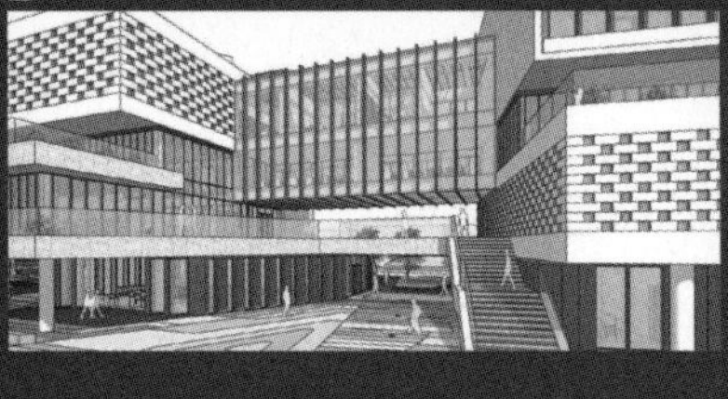

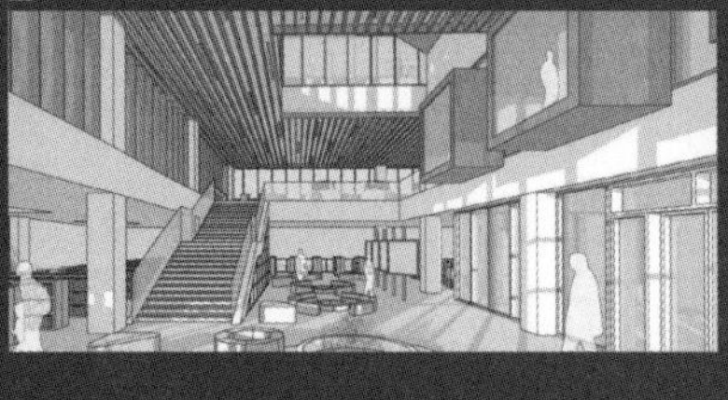

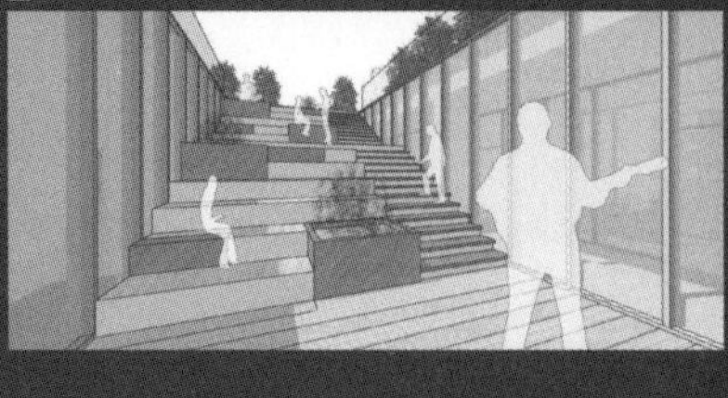

Eungye Oullim Center-2

양방향 지역주민들이 어우러지는 소통의 중심공간이 되는 시설배치계획

배치도

주변과의 소통을 유도하는 어울림센터
- 동서방향으로 열린 시설배치로 지역주민들의 자유로운 어울림 공간 형성

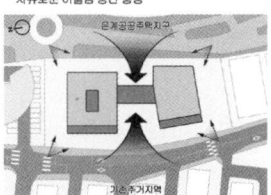

담소공원과 하나되는 어울림 파크
- 지상1층 시설 최소화로 공원과 하나되는 안전한 교류환경 조성

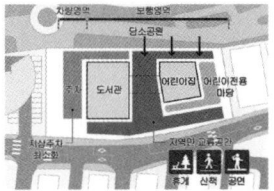

복지센터 연계를 통한 행복클러스터 구성
- 전면행복가로를 통해 행정복지 센터와 연계
- 주차 편의시설 연계로 충분한 주차공간 확보

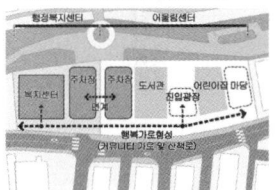

건축도면

푸르른 자연을 담아 지역주민들의 쉼터가 되는 1층 계획

시설별 특성을 고려한 명확한 조닝계획
- 독립적인 시설 운영을 고려한 조닝분리
- 자연과 함께하는 다양한 참여형 외부공간 조성

주민들이 함께하는 갤러리홀
- 주변 행정복지센터와 연계하여 주민들이 함께 꾸며 나가는 주민참여 전시 공간 조성

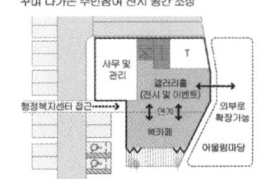

감성과 신체가 함께 자라나는 어린이집
- 남향배치로 햇살 가득한 보육환경 조성
- 실외놀이터 연계로 다양한 신체활동 프로그램 지원

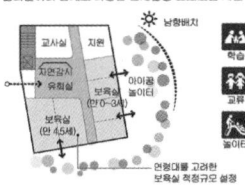

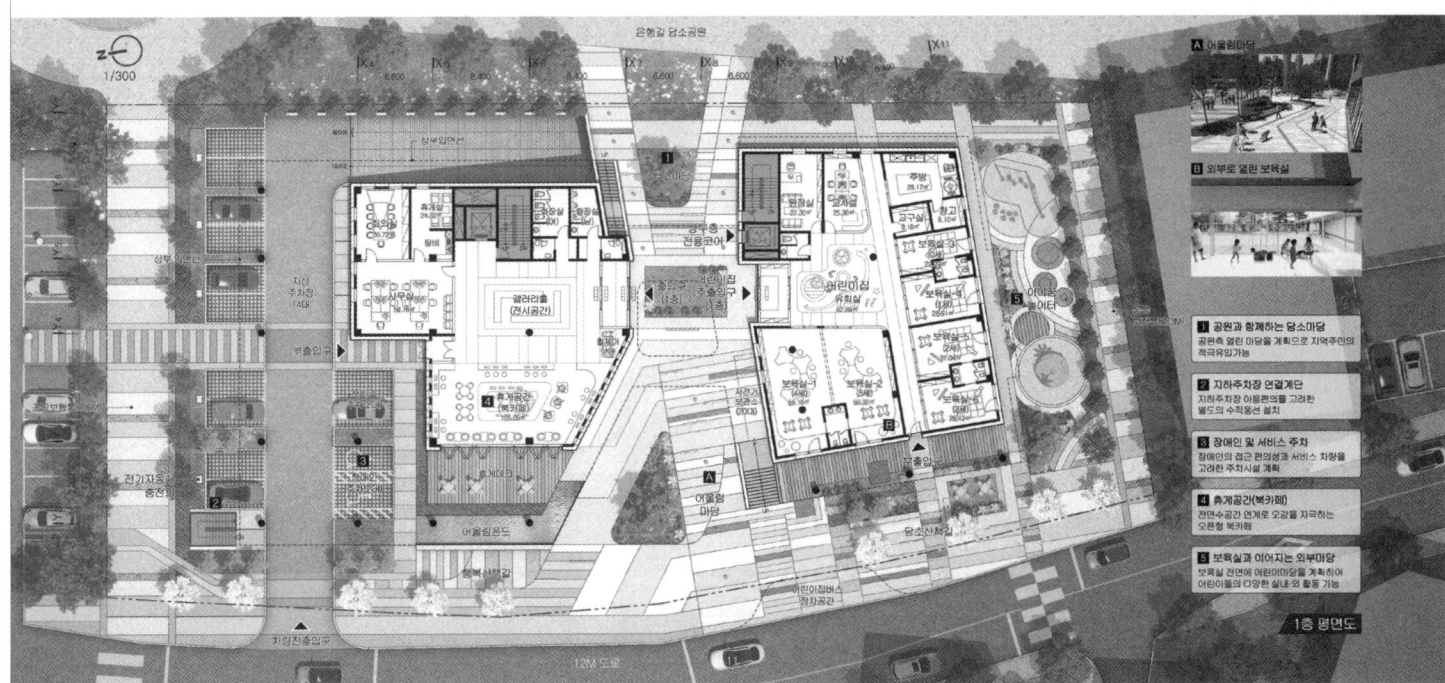

1층 평면도

은계어울림센터-2

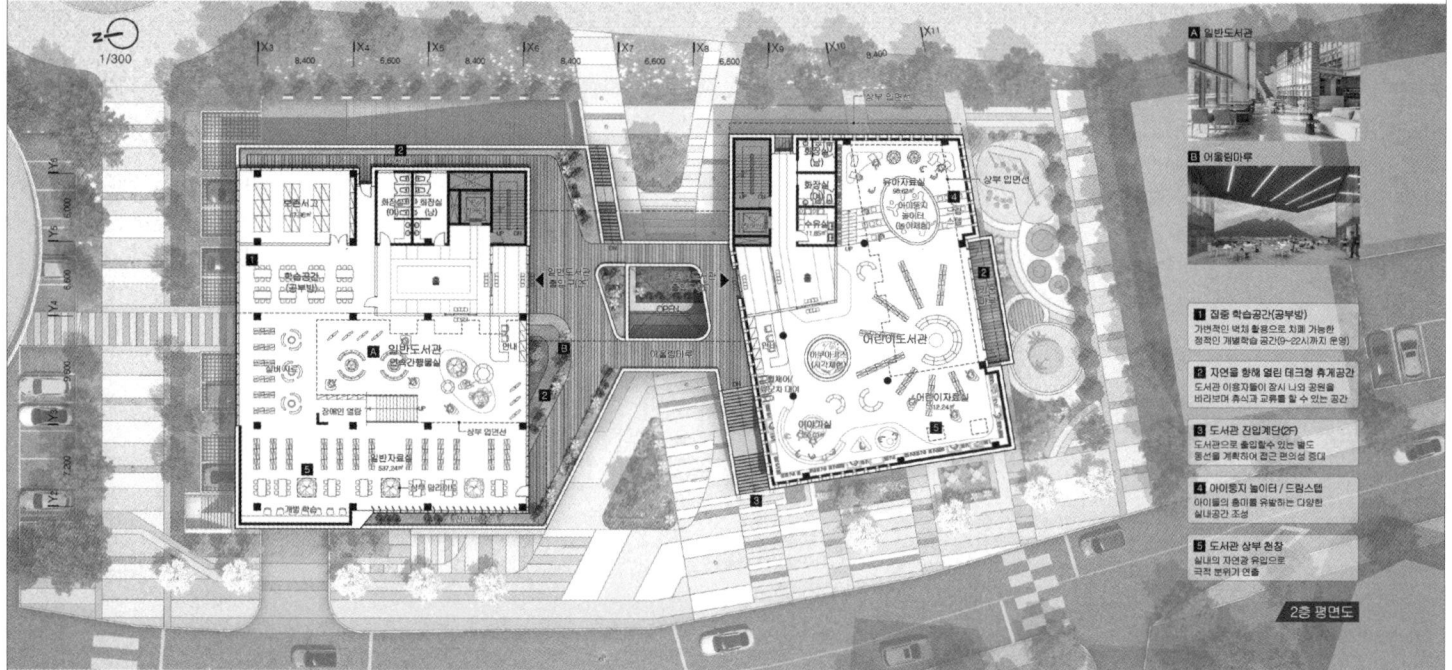

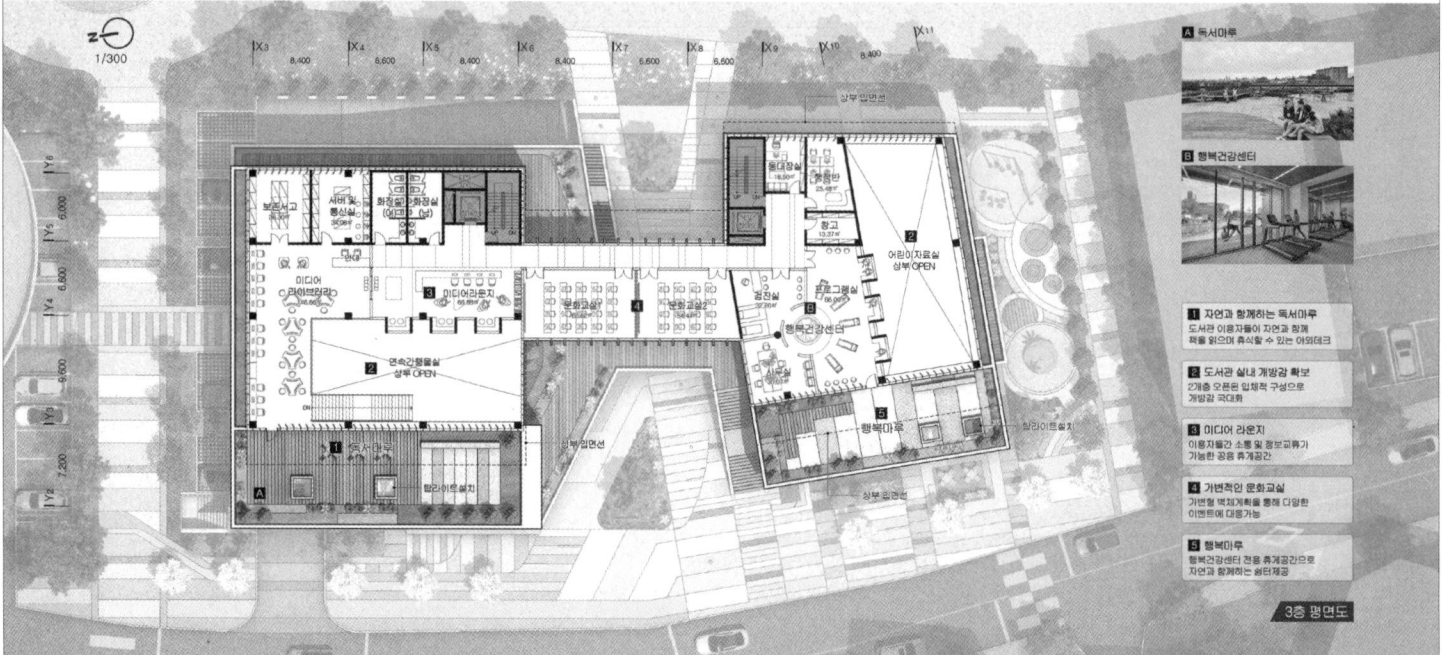

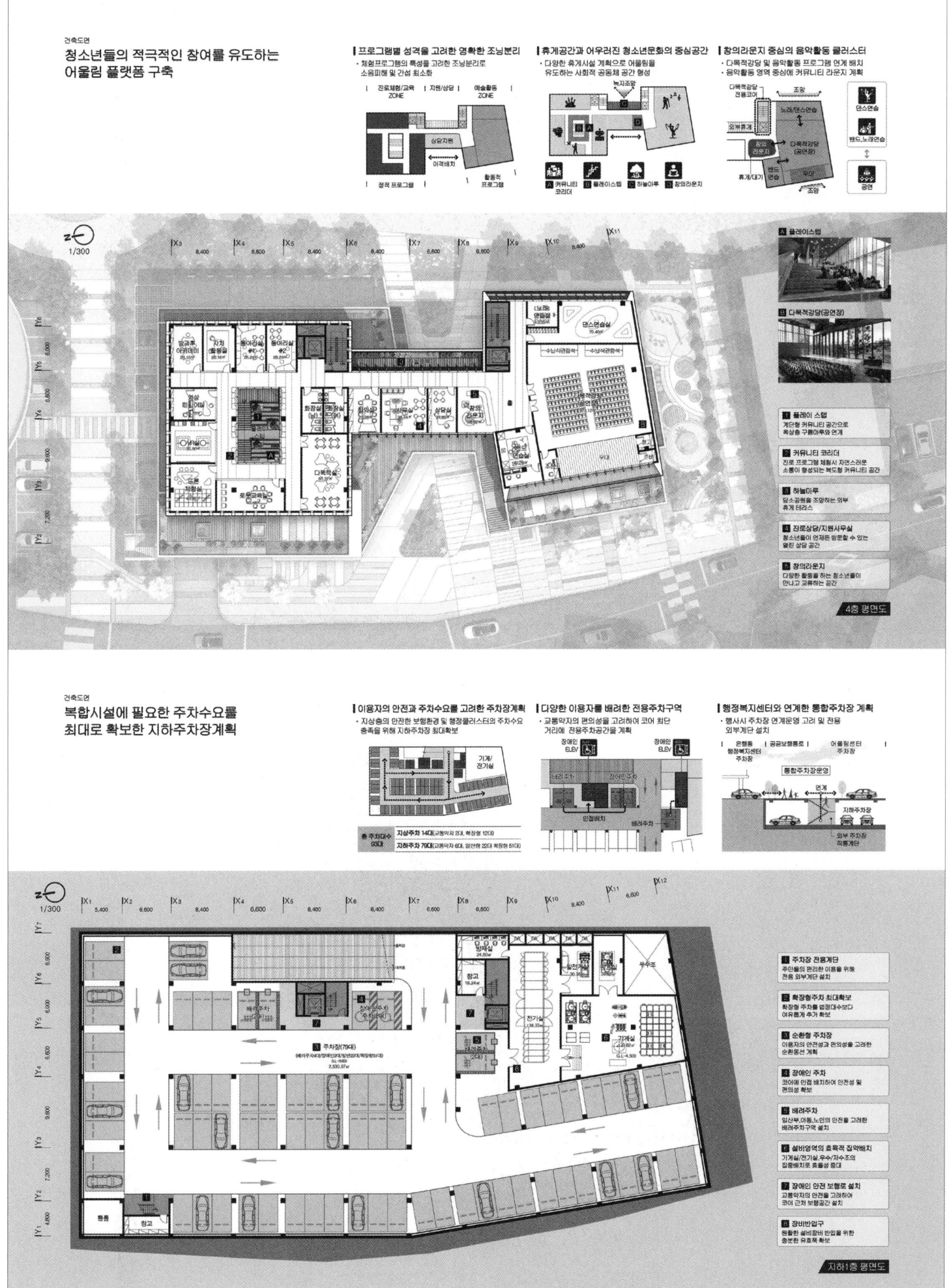

은계어울림센터-2

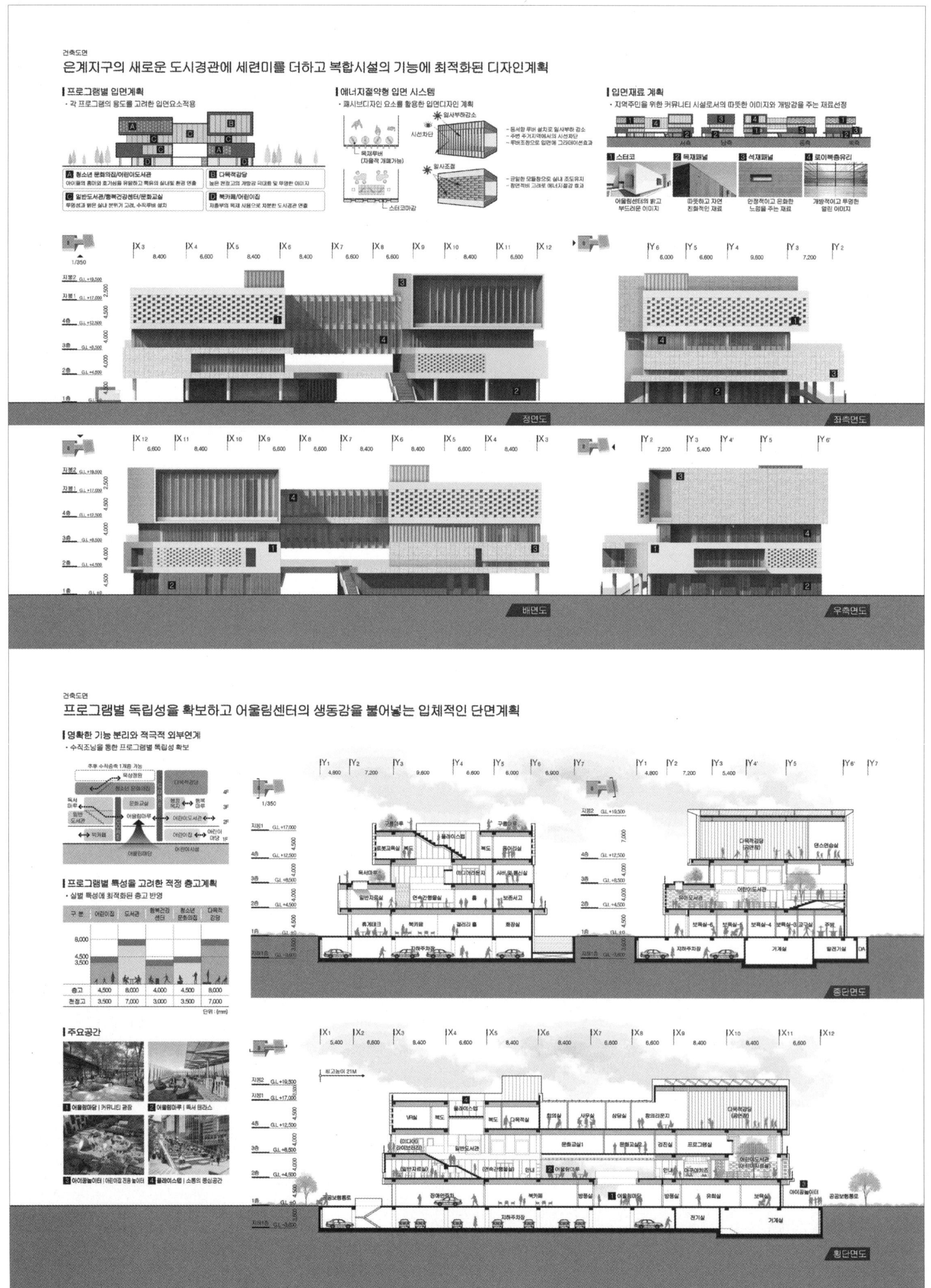

Eungye Oullim Center-2

건축도면
DREAM CLOUD

어울림센터가 들어서게 될 계획대지는 은계공공주택지구를 포근하게 감싸며 오난산으로 이어지는 녹지의 흐름 속에서 전면으로는 기존 저층주거지역, 후면으로는 새롭게 들어서게 될 고층주거지역을 마주하고 있다.
남북 방향으로 긴 장변형의 대지를 관통하며 당소공원으로 이어지는 저층부는 도심 속의 보이드 공간으로 어울림센터의 공공성을 확보함과 동시에 기존 주거지역과 신설 주거지역의 도시 흐름을 이어주는 커다란 어울림의 출발점이 될 것이다. 상부로 들어올려진 매스는 휴먼스케일의 분절된 매스로 재구성함으로서 도시경관과 자연스럽게 어우러질수 있도록 하였으며, 지역주민들이 언제나 쉬어갈 수 있는 아늑한 그늘쉼터를 제공할 것이다.
도서관과 명확히 분리된 최상층의 청소년센터는 아이들의 꿈을 담은 공간으로 어울림센터에 수직적인 상징성을 부여하였으며, 뭉게 구름을 모티브로한 입면패턴은 가로경관에 경쾌한 즐거움을 주게 될 것이다.

BINDING CUBE
분절된 매스조합으로 휴먼스케일의 어울림센터 구현

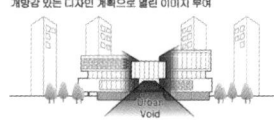
URBAN VOID
개방감 있는 디자인 계획으로 열린 이미지 부여

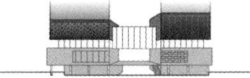
FLOATING CLOUD
부유하는 매스로 가로경관의 상징성 부여

UNIQUE PATTERN
구름 사이로 떨어지는 빛을 모티브로한 입면패턴

행복북구 통합 가족센터

당선작 (주)건축사사무소 혜안 장우성 + 건축사사무소 제이엘 이한근 설계팀 신종민, 송가원 이경근(이상 혜안)

대지위치 대구광역시 북구 동천동 930-1번지 **대지면적** 644.70㎡ **건축면적** 385.80㎡ **연면적** 1,399.93㎡ **건폐율** 59.84% **용적률** 217.14% **규모** 지상 5층 **구조** 철근콘크리트조 **외부마감** 알루미늄 복합패널, 치장벽돌, 타공판, 목재루버, 로이유리 **주차** 13대(장애인 주차 1대, 경형 1대 포함)

기본계획
도시 속의 가족센터는 도로에서의 인지성, 가족의 이미지, 자연환경을 하나의 언어로 사용하여 따뜻함과 편안함을 가진 행복한 가족센터를 꿈꾼다.

평면계획
- 보차분리를 통해 쾌적한 보행환경 조성
- 동천동 행복복지센터와 함께 사용 가능한 가족마당, 누리마당 계획하여 쉼터 제공
- 2층으로 연결되는 이벤트 계단으로 이용 효율성 극대화
- 홀을 중심으로 한 실 배치로 명쾌한 동선 및 접근성 향상
- 내부공간과 연계된 옥외데크를 계획하여 이용자들의 편의성 제공
- 다양한 용도로의 활용을 고려하여 유동적으로 이용 가능한 가변형 공간 계획

입면 및 단면계획
- 동천동 행복복지센터와 조화로운 입면 구성
- 치장벽돌 영롱쌓기를 반복하여 변화하는 입면 구성
- 서향 실의 일사를 고려한 루버 계획으로 쾌적한 환경 조성
- 부모와 아이가 손을 잡고 있는 모습을 형상화하여 가족의 이미지 부여
- 2층으로 바로 진입가능한 계단 계획으로 자연스러운 보행자 동선 유도
- 층별로 이용자들이 이용가능한 휴게데크 마련

Basic plan
The new family center located in an urban center expresses its presence on the roads, family image and natural environment with one design language to introduce itself as a warm and cozy family center that brings happiness.

Floor plan
- Providing a pleasant pedestrian environment by separating pedestrians and vehicles from each other
- Offering a public shelter by constructing various plazas that can be shared with Dongcheon Welfare Center
- Enhancing facility use efficiency by adding Event Stairs with direct access to the 2nd floor
- Introducing a clear circulation system and improving accessibility by positioning main rooms around the hall
- Improving user convenience by inserting an outdoor deck linked with the interior
- Applying transformable space designs that enable flexible use to accommodate various needs

Elevation & Section
- A facade design that makes harmony with Dongcheon Welfare Center
- A changing facade with a repeating pattern of lattice brick walls
- Providing a pleasant environment by installing a louver system in consideration of the daylighting condition of west-facing rooms
- Presenting a family image by portraying an image of parents holding hands with their child
- Creating a seamless pedestrian circulation by adding stairs with direct access to the 2nd floor
- Inserting a lounge deck that can be used by people on each floor

Prize winner HYEAN Architecture Design_Jang Woosung + Join Life Architecture_Lee Hangeun **Location** 930-1, Dongcheon-dong, Buk-gu, Daegu **Site area** 644.70m² **Building area** 385.80m² **Gross floor area** 1,399.93m² **Building coverage** 59.84% **Floor space index** 217.14% **Building scope** 5F **Structure** RC **Exterior finishing** Aluminum composite panel, Face brick, Perforated board, Wood louver, Low-E glass **Parking** 13 (including 1 for the disabled, 1 for compact car)

Haengbok Buk-gu Integrated Family Center

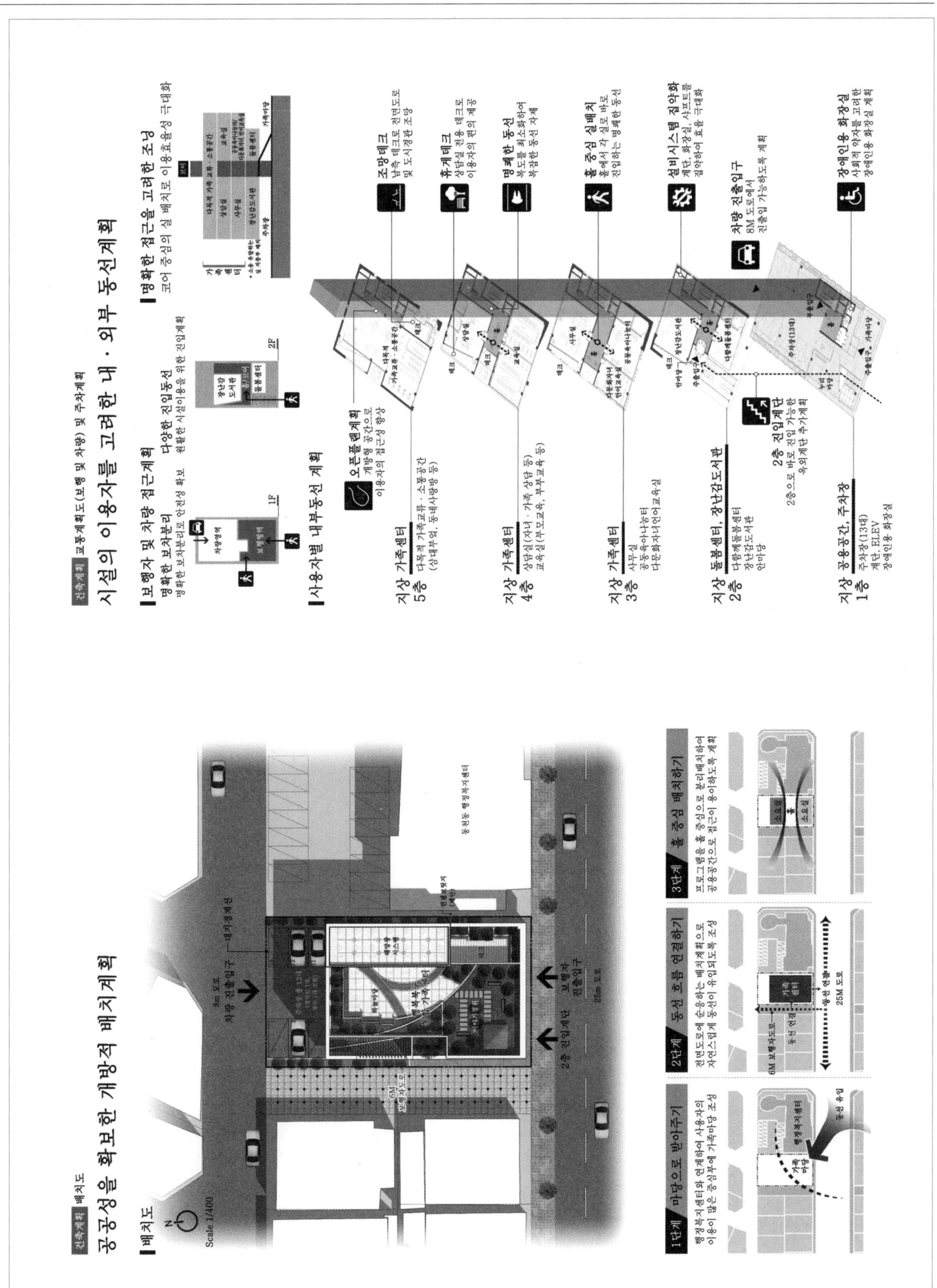

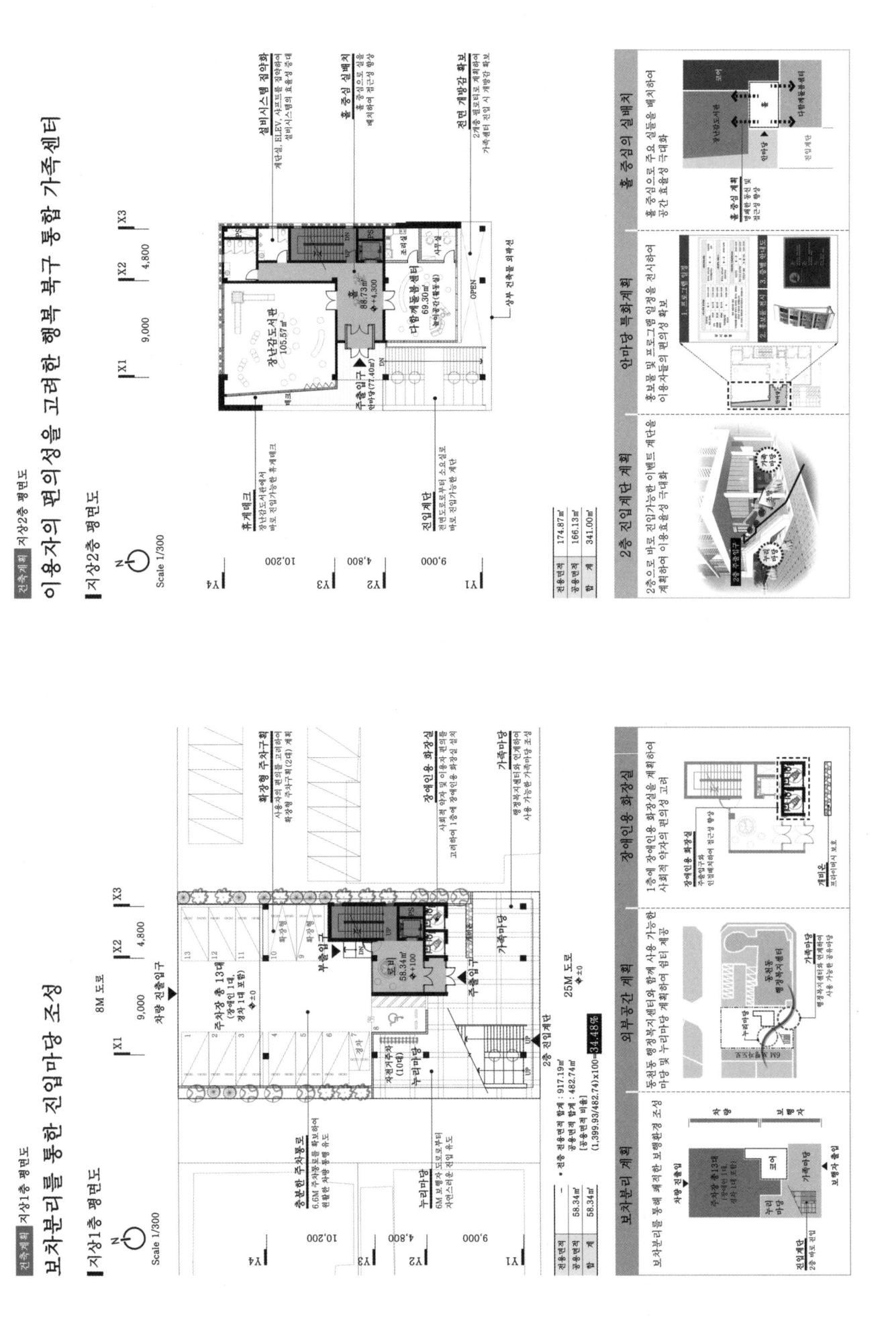

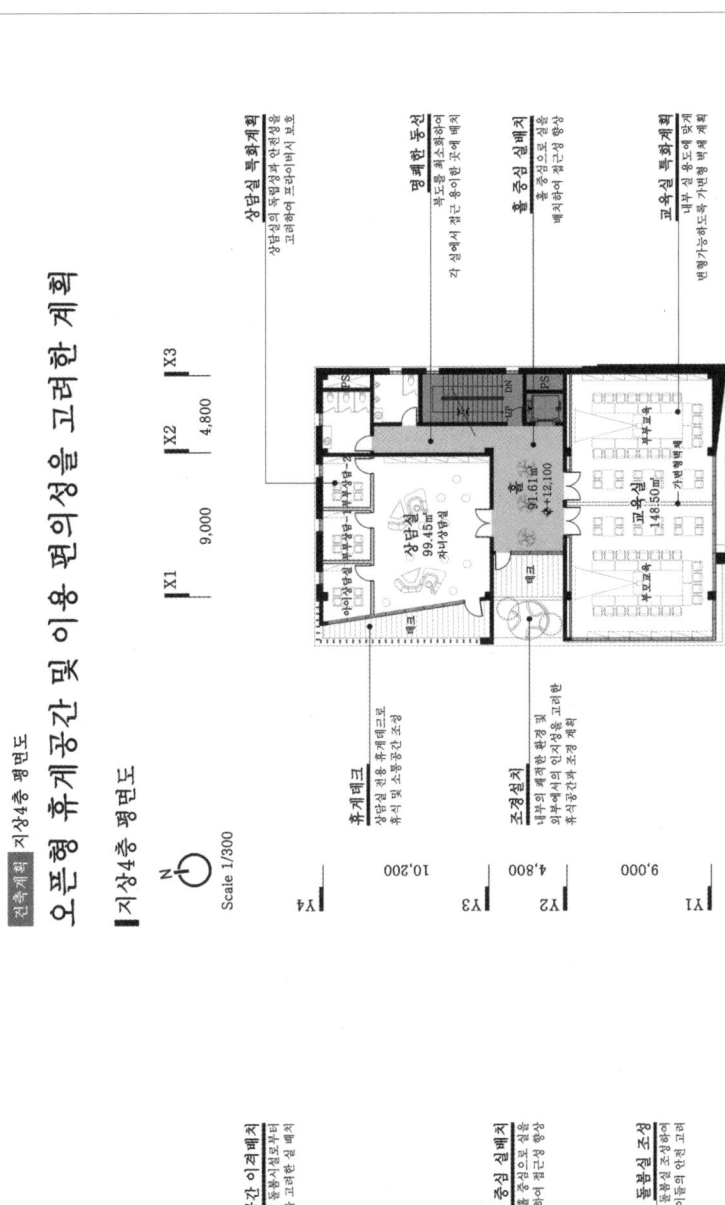
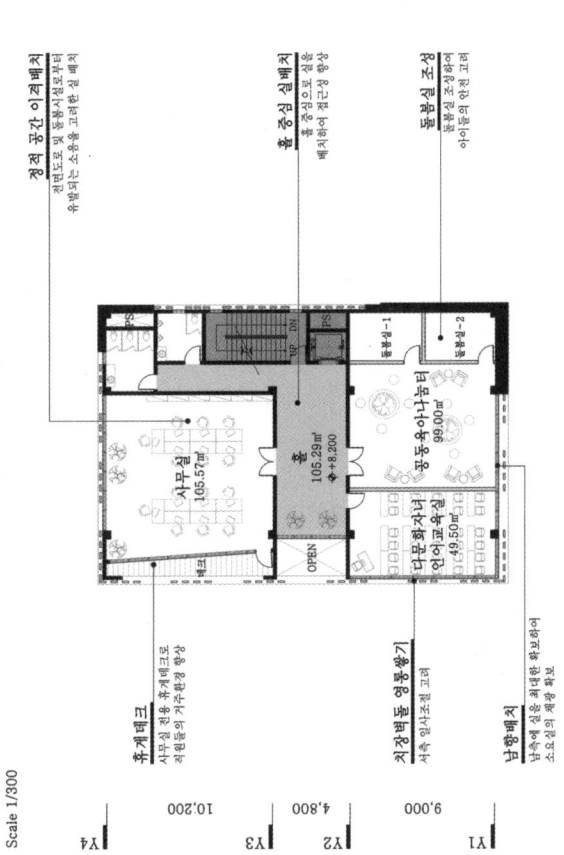
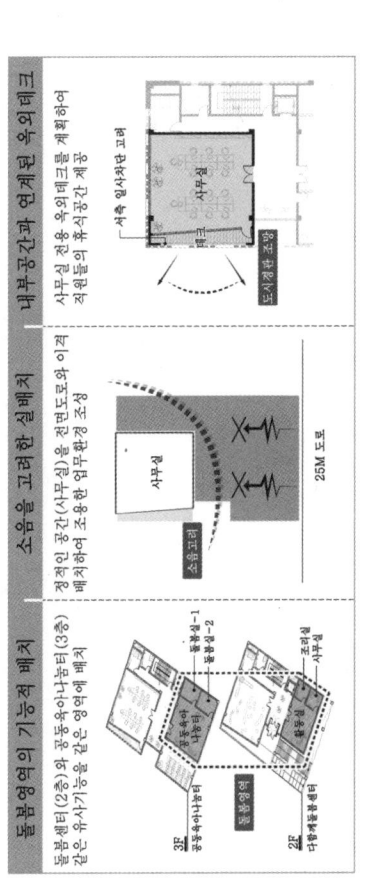

건축계획 지상5층 평면도

쾌적한 환경 조성을 위한 실배치

지상5층 평면도

전용면적	240.30㎡
공용면적	61.37㎡
합 계	301.67㎡

설비시스템의 집약화

계단, 화장실, 샤프트를 집약하여 운영 및 관리가 용이한 계획

쾌적한 환경 조성

조망과 채광을 고려하여 남향 및 서향을 중심으로 실배치

다양한 공간 계획

다목적 가족교류 · 소통공간 내 다양한 프로그램을 체험할 수 있는 공간 계획

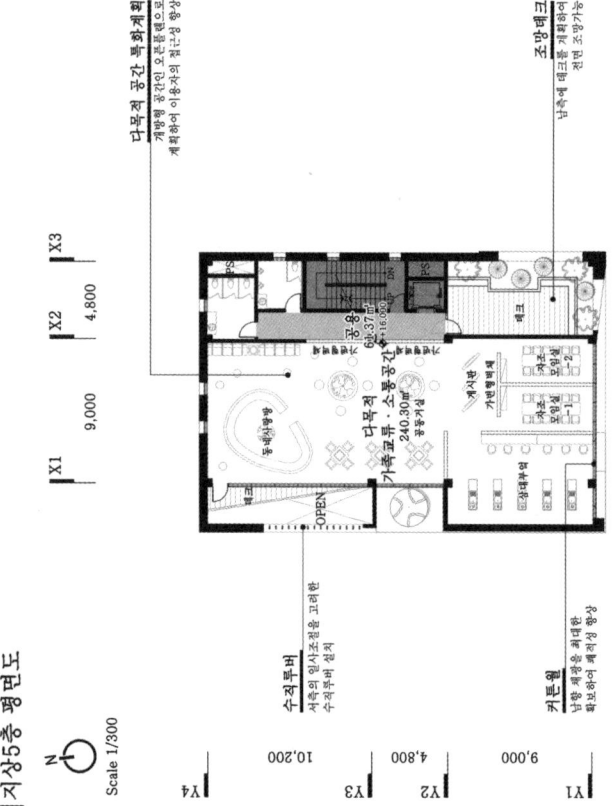

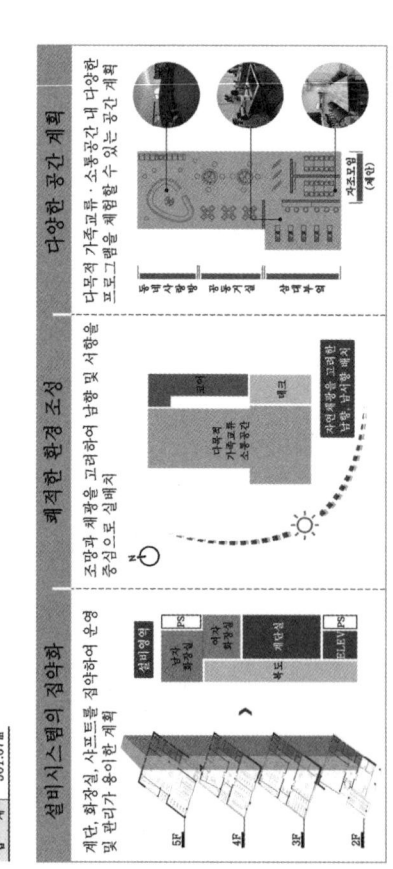

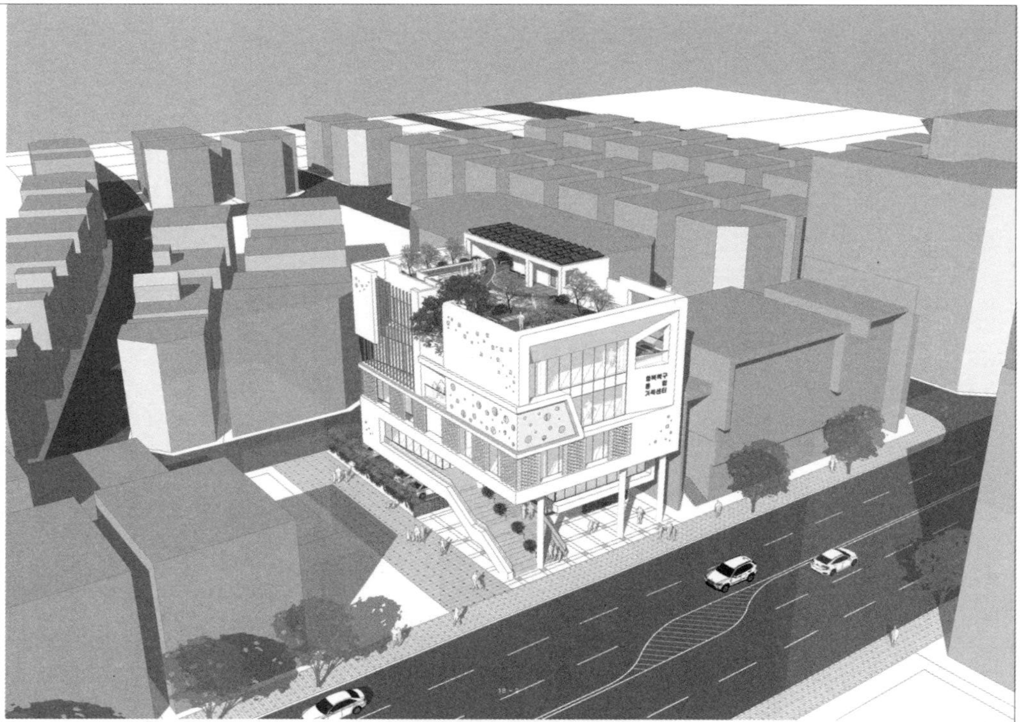

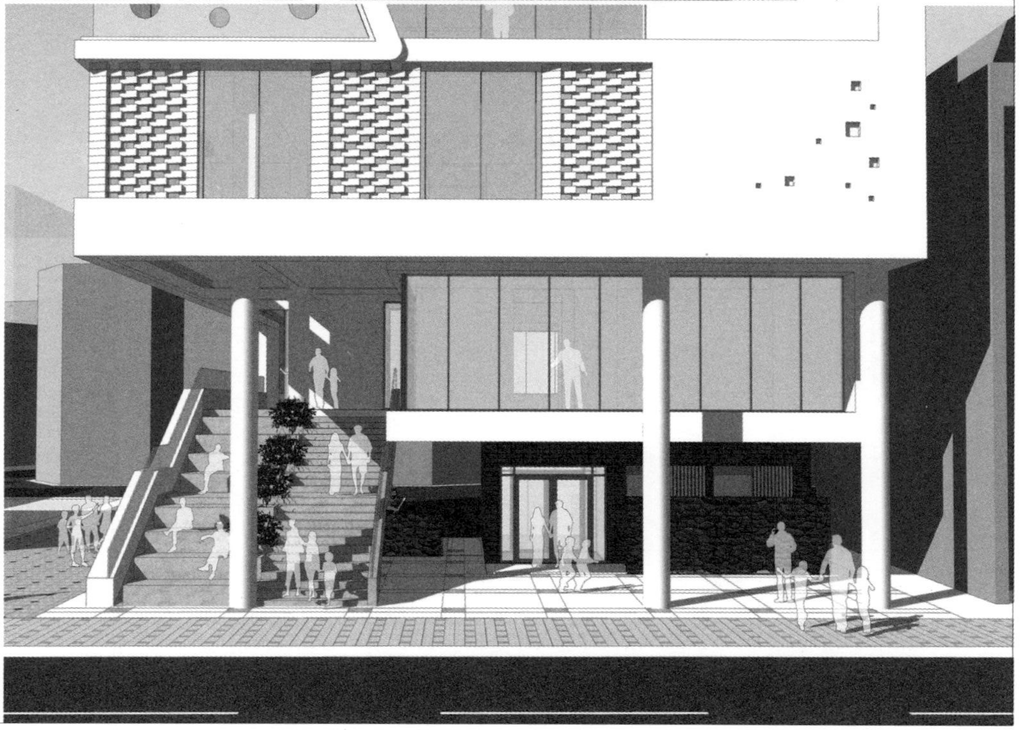

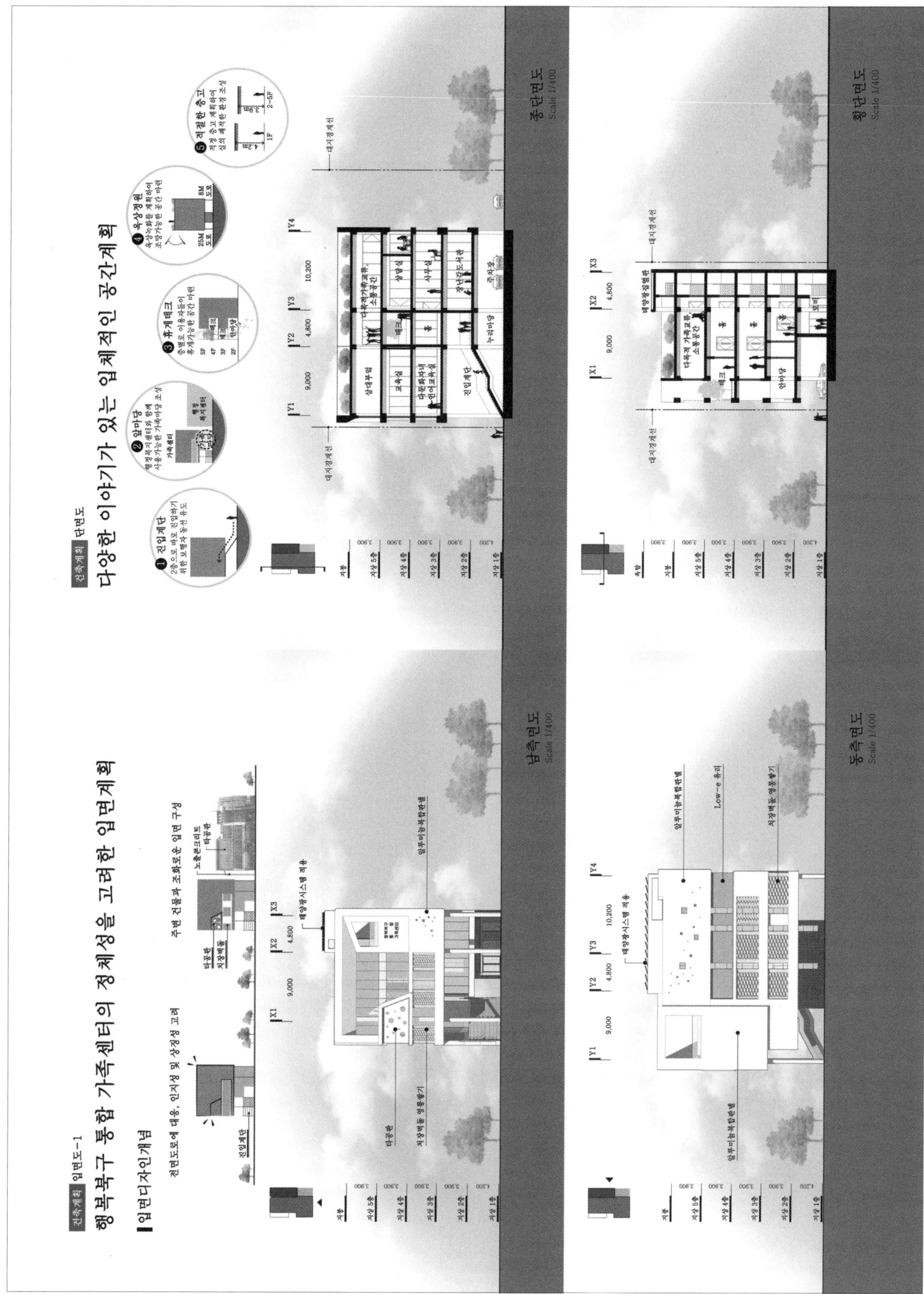

하남시 시민행복센터

당선작 (주)위드종합건축사사무소 김세종 설계팀 박현규, 배준석, 신서현, 김재호, 박초은

대지위치 경기도 하남시 덕풍동 426-10번지 **대지면적** 3,133.00㎡ **건축면적** 1,804.98㎡ **연면적** 9,461.77㎡ **조경면적** 552.29㎡ **건폐율** 57.61% **용적률** 139.11% **규모** 지하 3층, 지상 4층 **최고높이** 19.2m **구조** 철근콘크리트조, 철골조 **외부마감** 목재패널, 목재널, 스터코마감, 로이복층유리 **주차** 101대

시민행복 플랫폼

사업대상지는 하남시 내의 구도심에 위치하고 있으며 주변으로는 교육 시설, 저층 주거, 상업 시설과 마주하고 있다. 협소한 대지여건을 극복하면서도 주변 상황과 조화로우며, 지역주민에게 열려있는 하남시 시민행복센터를 위해 대지 내에 존재하던 보행통로를 확대하면서 새로운 커뮤니티 패스를 계획하여 지역주민의 자연스러운 마주침을 유도하였다. 1층에는 푸드뱅크와 공공공간을 계획하여 각 이용자 별로 접근할 수 있도록 계획하였고, 전·후면 모두에서 2층으로 직접 진입 가능하고 중심부 마주침 공간을 중심으로 지역주민들 간의 커뮤니케이션이 활성화 되도록 하였다. 3층은 협소한 대지 내 쾌적한 실내환경을 만들기 위해 중정 및 테라스를 계획하여 환경친화적인 내부환경이 되도록 하였다. 4층에는 지역주민들의 건강을 위한 체육시설과 옥상정원을 조성하여 지역주민들의 커뮤니티 공간으로 구성하였다. 누구나 쉽게 접근할 수 있도록 열려있는 다양한 공간들이 모여있는 이 센터는 하남시 지역주민들을 위한 행복한 만남의 장이 되고자 한다.

Happy Public Platform

The project site is located in Hanam's old downtown area and is surrounded by educational facilities, low-rise housings and shops. To introduce a welfare center that overcomes the condition of the confined site, makes harmony with its surroundings and opens itself up to the local community, the existing pedestrian is widened into a new community path which promotes casual encounters among local people. The 1st floor contains a food court and public space, and thus is designed to provide access optimized to each user group. It has direct access to the 2nd floor from both the front and rear sides, and a socialization area is formed at the center to promote communication among local people. On the 3rd floor, a courtyard and a terrace are inserted to create a pleasant indoor environment within the compact site area. They help to present a environment-friendly atmosphere inside. On the 4th floor, sports facilities for the health of local people and a rooftop garden are designed as a community space for local people. The new center filled with various open spaces with easy access for all people will become an open platform where local people can enjoy happy encounters.

Prize winner WITH ARCHITECTS_Kim Sejong **Location** Hanam, Gyeonggi-do **Site area** 3,133.00m² **Building area** 1,804.98m² **Gross floor area** 9,461.77m² **Landscaping area** 552.29% **Building coverage** 57.61% **Floor space index** 139.11% **Building scope** B3, 4F **Height** 19.2m **Structure** RC, SC **Exterior finishing** Wood panel, Wood board, Stucco finishing, Low-E paired glass **Parking** 101

기본계획 | 대지현황분석

지역주민을 하나로 이어주는 시민행복센터 계획방향 설정

대지현황분석

프로그램 분석 및 수요처 인터뷰 주요내용

푸드뱅크
이용자와 직원, 하역 등의 동선을 고려하여 1층으로 배치

생활문화센터
지역주민들이 자유롭게 이용가능한 공유공간/다목적 공간으로 계획

행복마을관리소
지역주민들의 복지 및 문화시설로 운영되며 무인택배함 등 운영

노인건강증진센터
기존시설의 확장과 이용자의 접근이 쉽게 가능한 곳에 배치

체육시설
체육시설을 외부와 연계하여 다채로운 체육환경 조성

거주지공영주차장
대상지 주변의 부족한 주차문제를 해소하기 위해 100대 이상 주차공간 확보

배치고려사항

주변현황을 고려한 시설/완충영역설정

• 사업대상지 주변 주거 및 교육시설을 고려하여 완충시설을 설정하여 주변시설의 민원피해를 방지하는 시설영역을 설정

주변지역을 고려하여 건축물 높이설정

• 대상지 일부분 일반주거지역으로 지정되어 일조 등의 확보에 의한 건축물 높이제한 설정으로 건축물 높이 고려

외부공간 및 동선체계 설정

• 주변상황을 고려하여 보차분리영역을 설정하고 기존 주민들의 보행통로를 고려한 동선계획 구성

프로그램별 수직조닝

• 명확한 수직조닝으로 각 시설별 독립성을 확보하고 관련시설 연계로 시설의 이용편의성 증대

배치계획 | 배치도

지역주민들의 교류의 중심이 되는 시민행복센터 배치계획

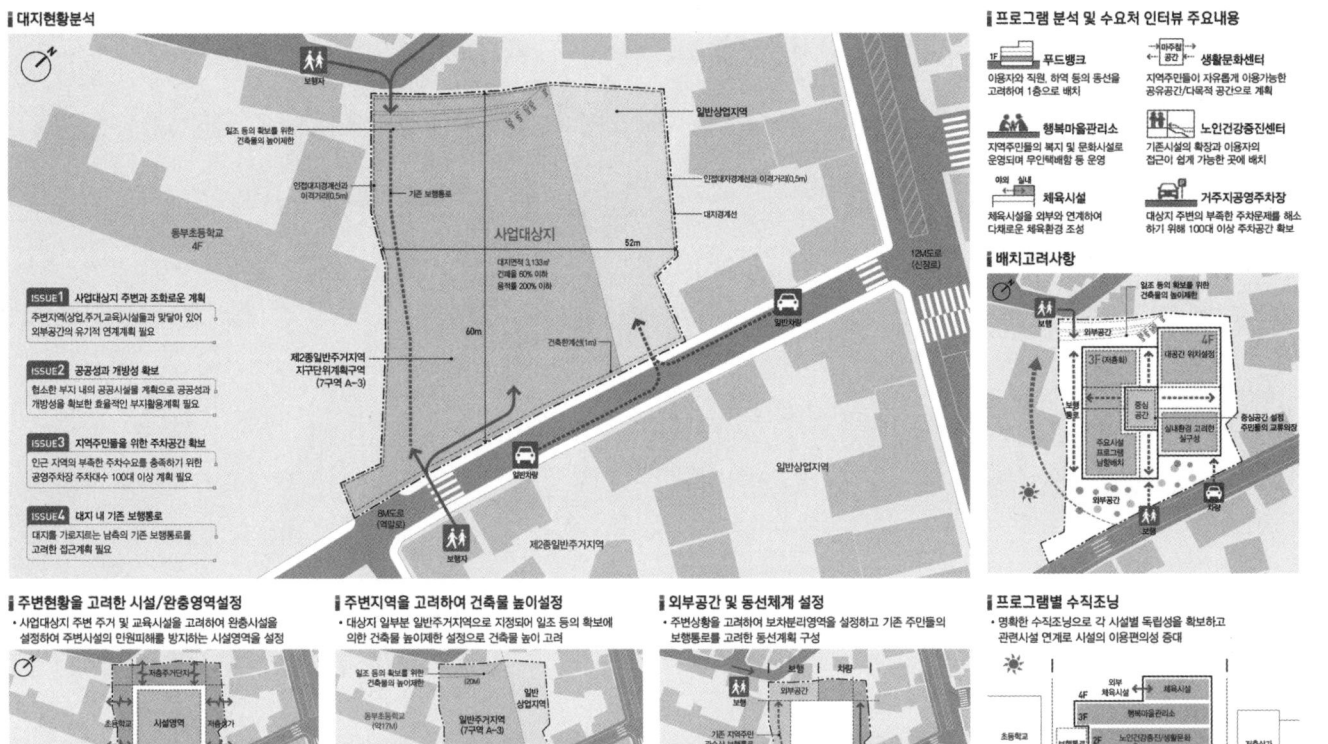

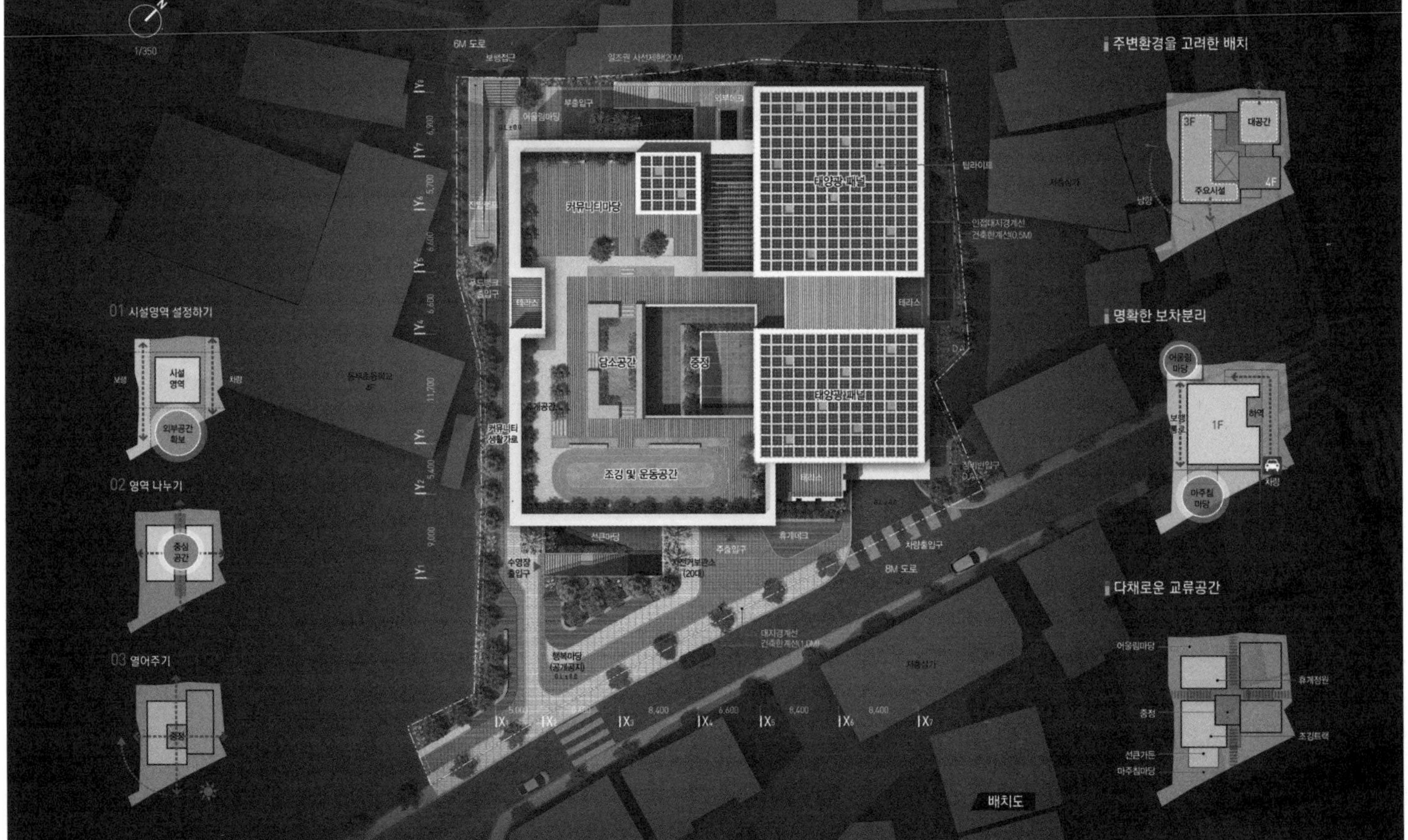

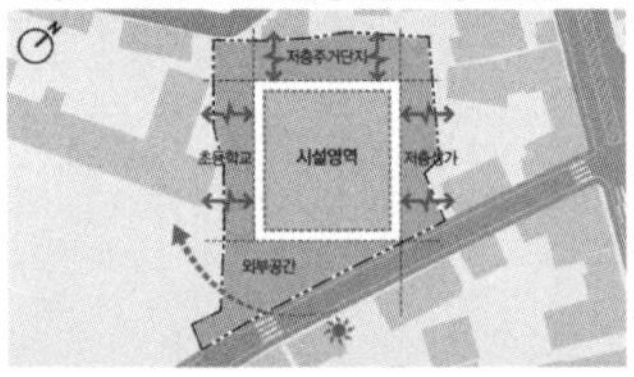

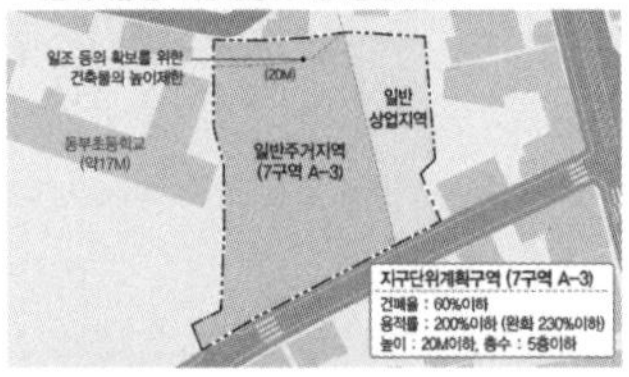

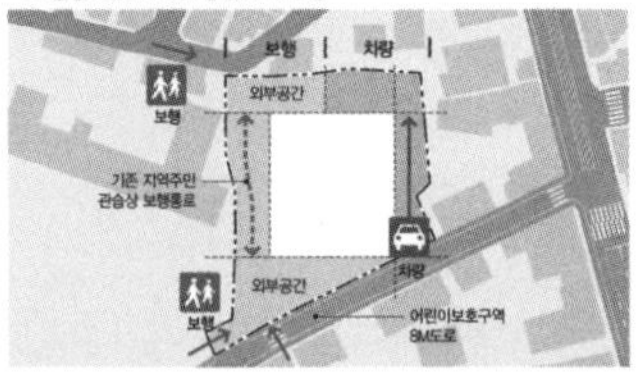

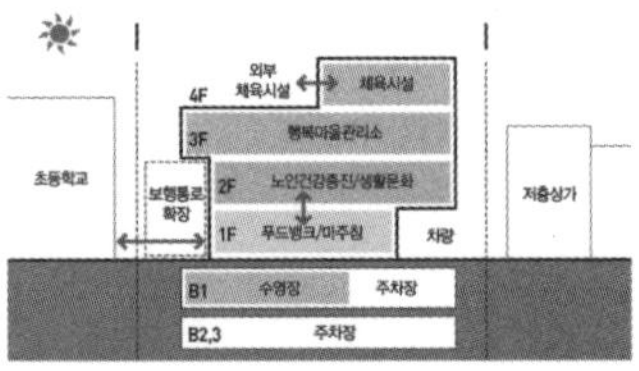

Hanam-si Citizens Happiness Center

공공성을 높이고 주변환경과 조화로운 문화생활공간 계획

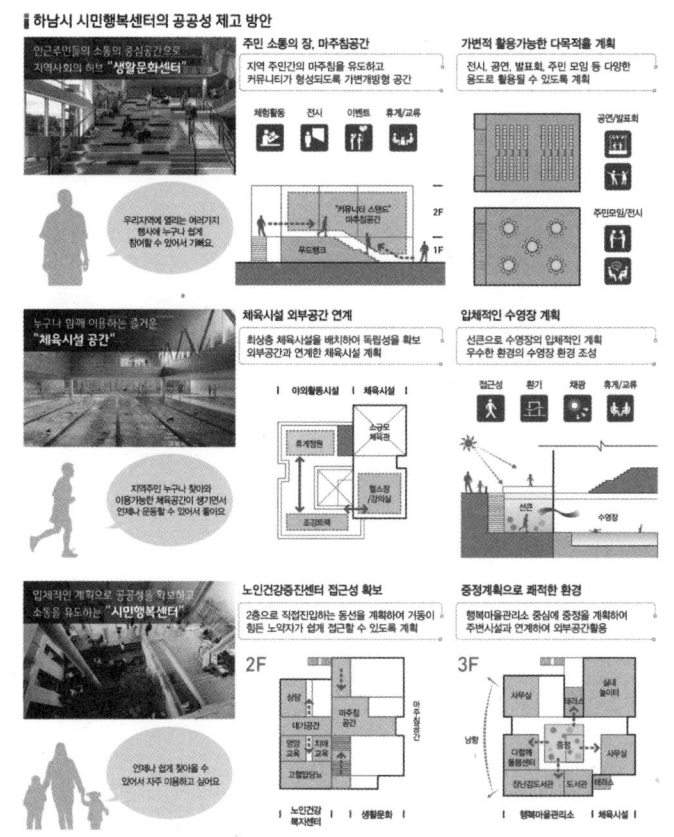

시설이용자별 편의성과 접근성을 높이는 동선계획

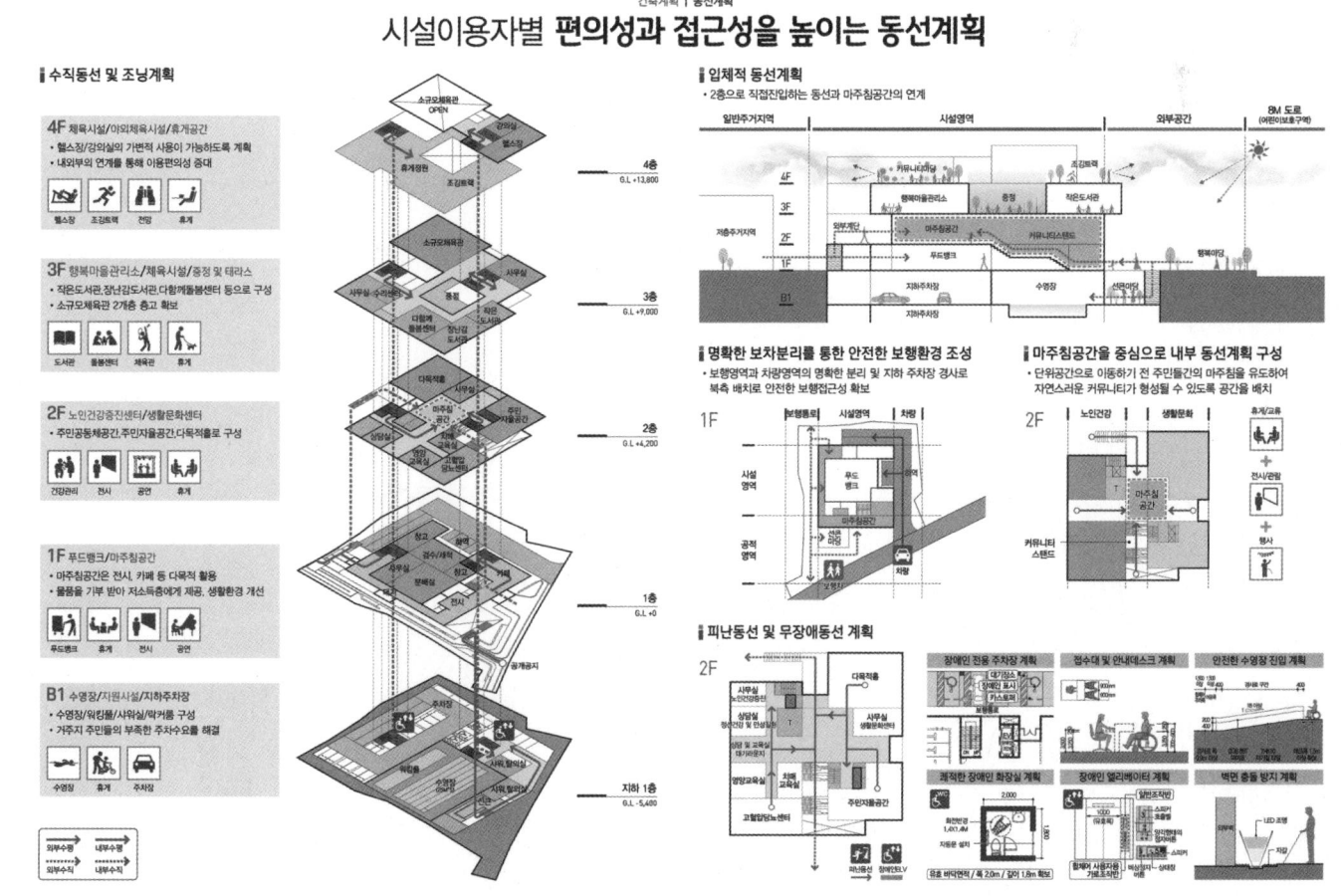

하남시 시민행복센터

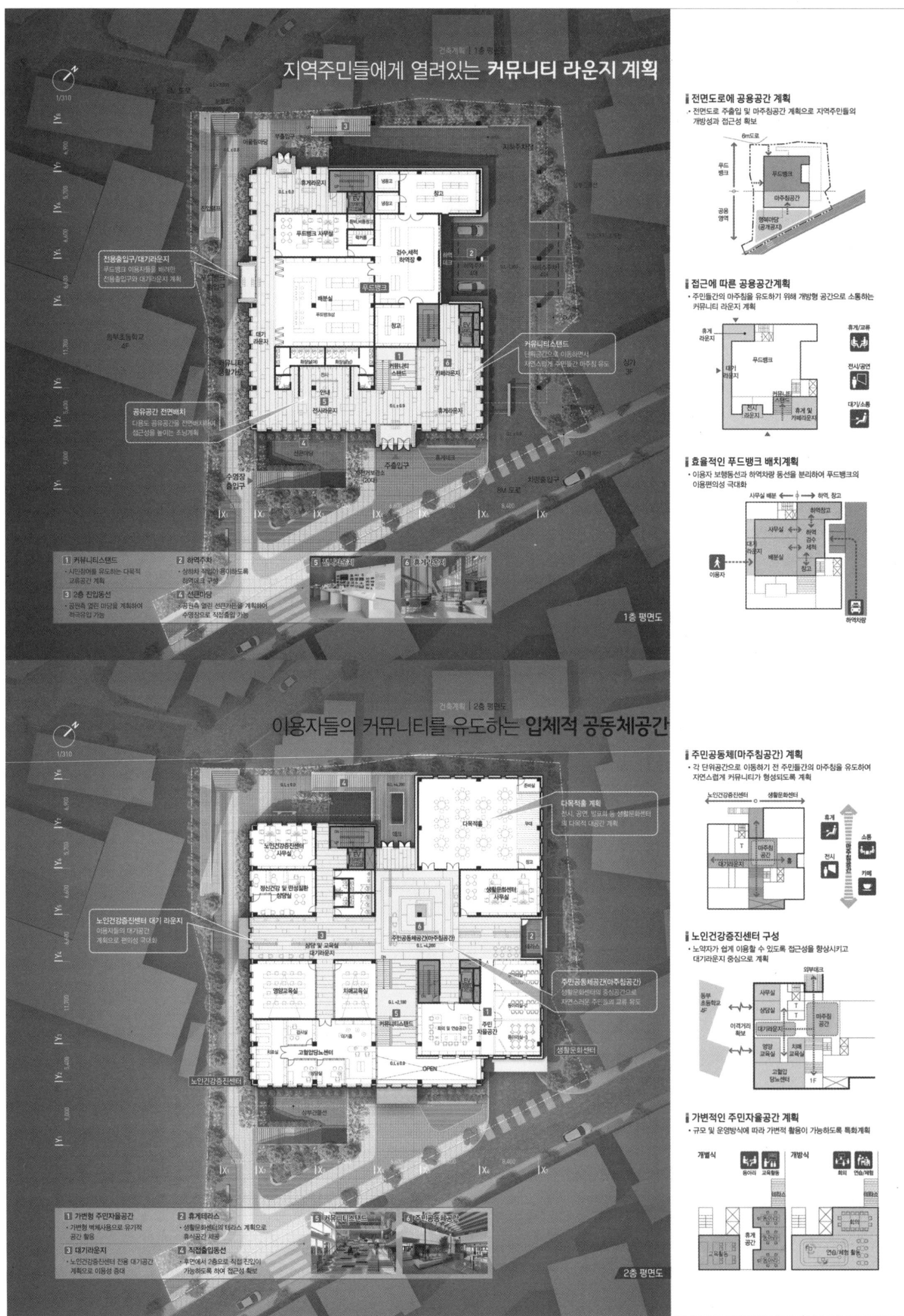

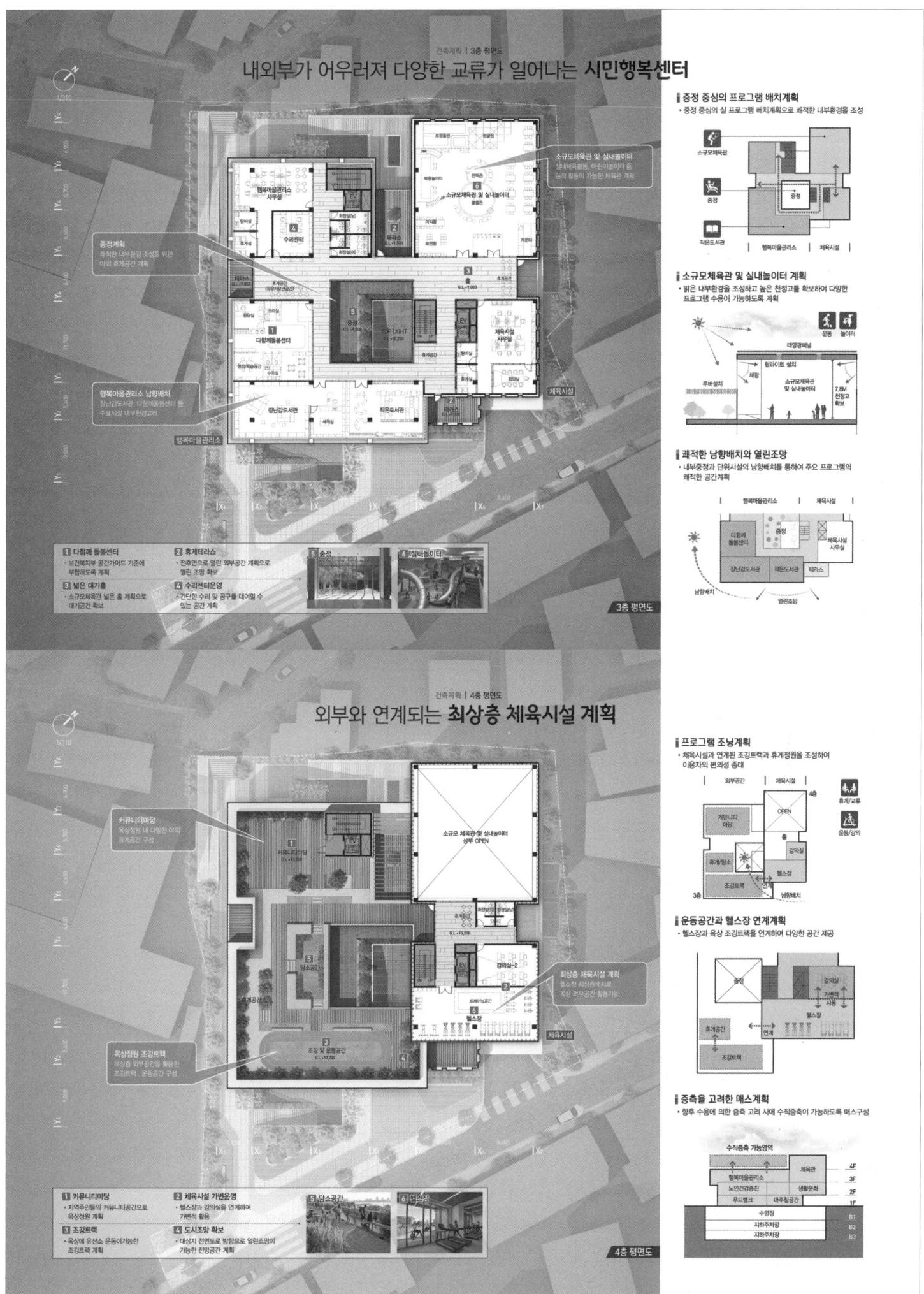

하남시 시민행복센터

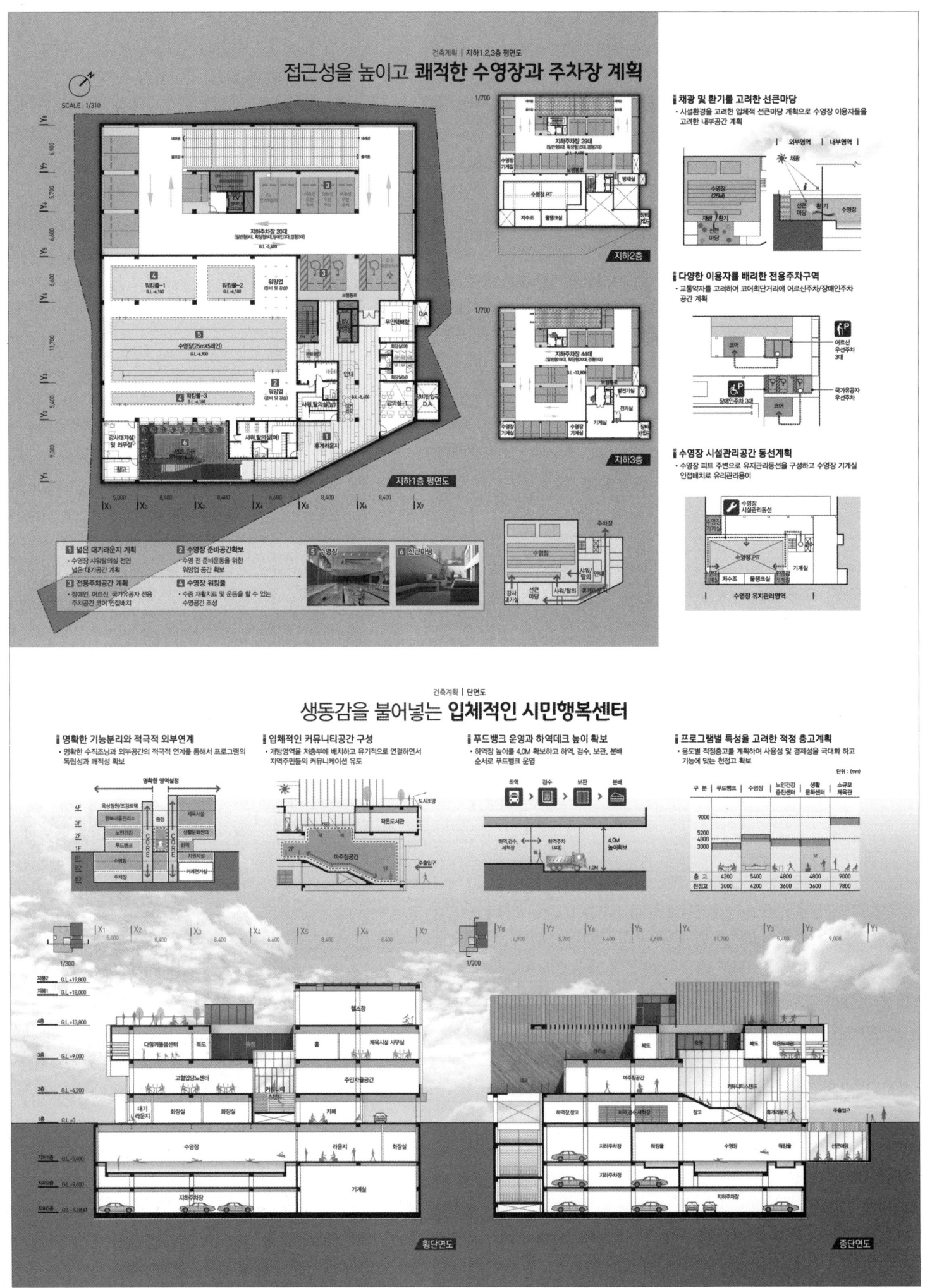

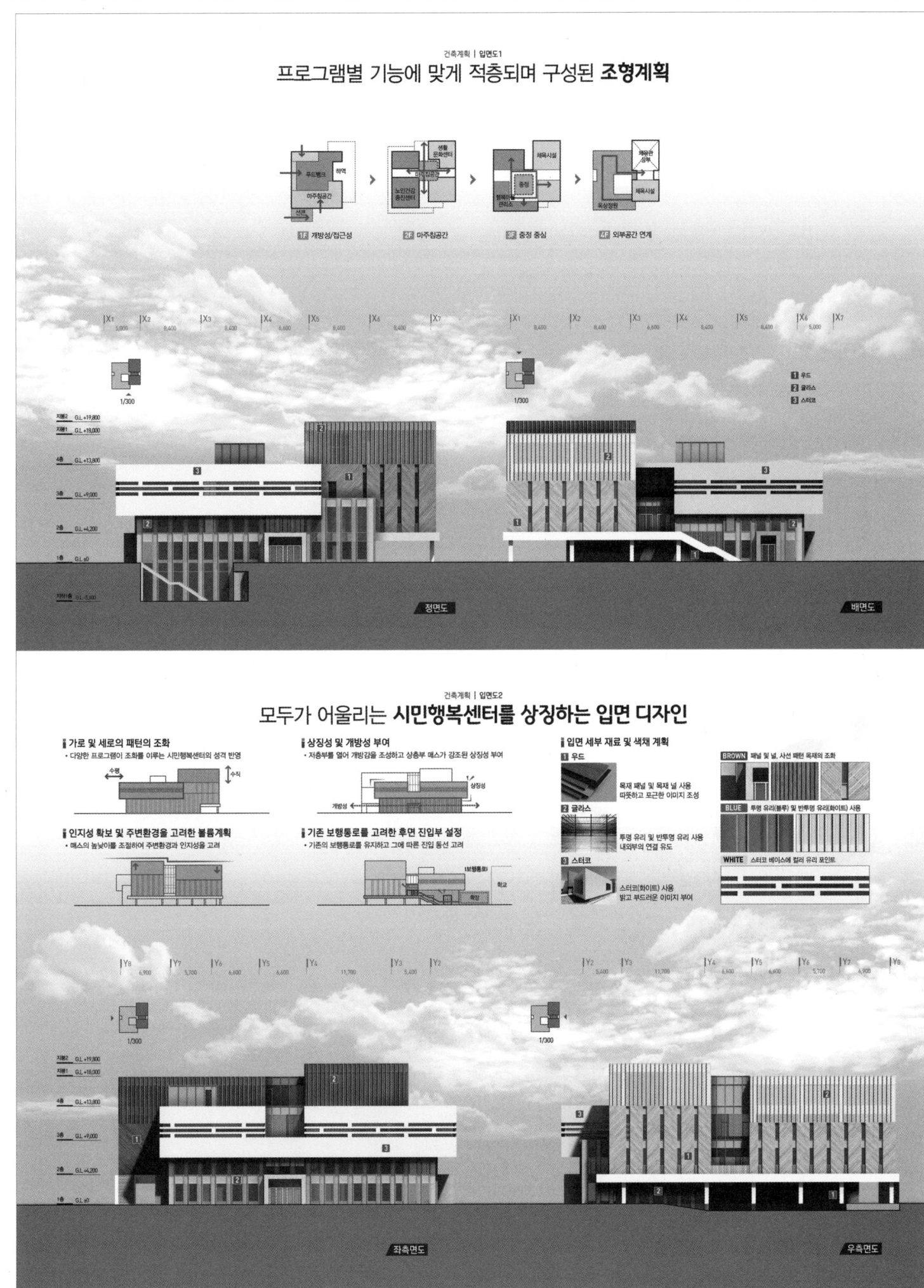

설계경기 04_복지·도시·체육·조경

no.135 ~ 146
Office
Culture
Education
Welfare
Housing
Commerce
Urban
Traffic
Sports
Medical
Landscape

*복지
*도시
*체육
*풍경

서울 국제교류복합지구 수변공간 여가문화 공간조성
대지위치 탄천 삼성교 ~ 한강 합류부 일대
발주처 서울특별시청
대지면적 약 63만 ㎡
추정공사비 약 1,029억 원
설계용역비 약 59억 원
참가등록 2019. 8. 29 ~ 9. 2
현장설명 2019. 9. 3
질의접수 2019. 8. 29 ~ 9. 5
질의회신 2019. 9. 24
작품접수 2019. 11. 22
당선 (주)나우동인건축사사무소 + MVRDV(Design Architect) + 조경설계 서안(주) + (주)삼안 + (주)한맥기술

서남권 활성화를 위한 국회대로 상부 공원 설계 공모 2단계
대지위치 서울특별시 양천구 신월동 835(신월IC) ~ 영등포구 여의도동 1-1(여의대로) 일원
발주처 서울특별시청
대지면적 약 11만㎡
사업비 약 519억원
참가등록 2019. 9. 30 ~ 10. 11
질의접수 2019. 10. 11 ~ 10. 16
질의회신 2019. 10. 25
작품접수 2019. 11. 29
당선 (주)씨토포스 + (주)건축사사무소 리옹 + 스튜디오 이공일 + 조경작업 라디오 + 에스엘디자인 주식회사 + 스튜디오미호
2등 인시추 + (주)종합건축사사무소 가람건축 + (주)에이치이에이

신내 컴팩트시티 국제설계공모 – 북부간선도로 입체화사업
대지위치 서울특별시 중랑구 신내동 122-3 일대
발주처 서울주택도시공사
대지면적 1,440,000㎡
추정공사비 2,191억원
설계용역비 7,845백만원
참가등록 2019. 10. 28 ~ 11. 29
현장설명 2019. 10. 30
질의접수 2019. 10. 28 ~ 11. 5
질의회신 2019. 11. 11
작품접수 2019. 12. 12 ~ 12. 18
당선 (주)포스코에이앤씨건축사사무소 + 운생동건축사사무소 + 장윤규 + (주)유신 + (주)한백에프앤씨
2등 (주)건축사사무소 매스스터디스 + (주)하나기연 + (주)제일엔지니어링 + (주)감이디자인랩

서울 컴팩트시티, 장지공영차고지 입체화사업
대지위치 서울특별시 송파구 장지동 862번지 일원
발주처 서울주택도시공사
대지면적 약 6,000㎡
연면적 6,400㎡
추정공사비 약 2,000억원
설계용역비 7,129백만원
참가등록 2020. 1. 17 ~ 2. 18
현장설명 2020. 1. 21
질의접수 2020. 1. 17 ~ 1. 31
질의회신 2020. 2. 7
작품접수 2020. 3. 16
당선 (주)건축사사무소아크바디 + (주)범도시건축종합건축사사무소 + (주)동일기술공사 + (주)CA조경기술사사무소 + 미래설비엔지니어링(주)

3기 신도시 기본구상 및 입체적 도시공간계획 – 남양주 왕숙
대지위치 경기도 남양주시 진전읍 연평리, 내곡리, 내각리, 진겁읍 신월리, 진관리, 사능리 일원
발주처 한국토지주택공사
대지면적 8,889,780㎡
용역비 약 23억원
참가등록 2020. 1. 13 ~ 1. 31
현장설명 2020. 1. 13
작품접수 2020. 3. 17
당선 (주)디에이그룹엔지니어링종합건축사사무소 + 에이앤유디자인그룹건축사사무소(주) + (주)사이트랩

과천지구 도시건축통합 마스터플랜
대지위치 경기도 과천시 과천동, 주암동, 막계동 일원
발주처 한국토지주택공사
대지면적 1,686,643㎡
설계용역비 약 60억원
참가등록 2019. 11. 29
현장설명 2019. 11. 22
질의접수 2019. 11. 29 ~ 12. 6
작품접수 2020. 2. 28
당선 (주)시아플랜 건축사사무소 + (주)인토엔지니어링도시건축사사무소 + 동현건축사사무소 + 어반플랫폼
2등 (주)디에이그룹엔지니어링종합건축사사무소 + 와이오투 도시건축 건축사사무소

남양주 왕숙2지구 도시기본구상 및 입체적 도시공간계획
대지위치 경기도 남양주시 일패동, 이패동 일원
발주처 한국토지주택공사
대지면적 2,447,495㎡
설계용역비 약 12억원
참가등록 2020. 4. 17
질의접수 2020. 4. 17 ~ 4. 23
질의회신 2020. 4. 28
작품접수 2020. 5. 25
당선 (주)금성종합건축사사무소 + (주)어반인사이트건축사사무소 + 탈건축사사무소 + 조항만

3기 신도시 기본구상 및 입체적 도시공간계획 – 고양 창릉지구
대지위치 경기도 고양시 덕양구 원흥동 일대
발주처 한국토지주택공사
대지면적 8,126,948㎡
계획호수 38,000세대
설계용역비 82억원
참가등록 2020. 6. 19 ~ 7. 17
현장설명 2020. 6. 23
질의접수 2020. 6. 19 ~ 6. 26
질의회신 2020. 7. 3
작품접수 2020. 8. 24
당선 (주)해안종합건축사사무소 + (주)일로종합건축사사무소 + 슈퍼매스 스튜디오

3기 신도시 기본구상 및 입체적 도시공간계획 – 부천 대장지구
대지위치 경기도 부천시 대장동, 오정동, 삼정동 일원
발주처 한국토지주택공사
대지면적 3,434,660㎡
계획호수 20,000세대
설계용역비 72억원
참가등록 2020. 6. 19 ~ 7. 17
현장설명 2020. 6. 23
질의접수 2020. 6. 19 ~ 6. 26
질의회신 2020. 7. 3
작품접수 2020. 8. 24
당선 (주)디에이그룹엔지니어링종합건축사사무소 + KCAP

설계경기 04_도시

서울 국제교류복합지구 수변공간 여가문화 공간조성

당선작 (주)나우동인건축사사무소 박병욱 + MVRDV(Design Architect) 위니마스 + 조경설계 서안(주) 정영선 + (주)삼안 최동식 + (주)한맥기술 이경훈 설계팀 손성환, 신문규, 신미선, 하유진(이상 나우동인) Kyosuk Lee, Shengjie Zhan, Dong Min Lee, Gabriele Piazzo, Michele Tavola, Antonio Luca Coco, Luca Piattelli, Cinzia Bussola, Magda Bykowska(이상 MVRDV) 이진형, 신광순, 설윤환, 김재훈, 봉소정, 남승연(이상 서안) 이근호, 노세종, 채병구, 이신혁, 박재원, 황은정(이상 삼안) 오재범, 이지훈(이상 한맥기술)

대지위치 탄천 삼성교 ~ 한강 합류부 일대 **대지면적** 약 630,000㎡ **협력업체** 구조 - (주)미래구조엔지니어링, 경관조명 - (주)휴엘디자인

자연과 엮어내기

한강과 탄천이 만나는 수공간을 재정비하는데 있어서 가장 중요한 것은, 수변 공간의 자연 생태계를 그대로 회복시키는 것이다. 이 전략은 기존의 도시와 탄천 제방 사이의 경사로 인한 물리적 경계를 허물고 토착 식생을 다시 되돌려 놓음으로써 가파른 가장자리를 새롭게 정비하고, 수변 생태 공간의 질을 개선하여 도심 환경과 탄천 사이의 물리적 장벽을 완화한다. 이는 하천의 생물 서식 환경을 복원하여 아름답고 자연스러운 식생 공간을 조성해 도시 내 특색있는 명소로서 시민의 방문을 장려하고 국제교류복합지구와의 네트워크도 강화한다.

동선과 엮어내기

국제교류복합지구에서 중요한 거점이 되려면, 수변 공간이 시민들을 끌어들여야 하며, 이를 위해서는 보행 접근성이 높아야 한다. 이 전략의 하나로서 조경적 측면에서 지형을 완만하게 개선하는 동시에 환경의 전반적인 품질을 향상시키는 것이다. 그 다음, 자연스런 곡선형 길로 이루어진 보행 시스템을 통해 탄천에 의해 분리된 양안을 연결하며, 이는 도심을 가로지르는 보행교로 때로 합쳐지면서 탄천 좌우 제방의 보행동선을 통합시킨다.

프로그램과 엮어내기

국제복합교류지구의 도시적 활동을 수공간으로 확장하기 위해서 다양하고 흥미로운 프로그램을 전략적으로 제안하고자 한다. 이 프로그램들은 기본적으로, 보행길이 입체적으로 엮어지면서 만들어 지는데, 주변의 맥락과 다양한 방문객의 요구에 대응하도록 디자인 되었다. 이 전략적 프로그래밍은 공원을 24시간 활기차고 안전한 공간으로 만든다. 또한, 철거 예정인 기존 토목구조물을 창의적으로 재활용하여, 시민들을 위한 공간으로 제공하고자 한다.

Interweaving with nature

Essential to the redevelopment of the Han River and Tancheon Stream junction riverfront area, is the renewal of its natural riparian ecosystem. This concept softens the physical slope barrier between the built environment, and the Tacheon Stream's banks by reintroducing carefully selected native vegetation, refining steep edge conditions, and improving water and landscape ecology. This restores the river habitat, to create a beautiful, natural bouquet that will blossom dramatically to support visitor attractions that celebrate this unique space, weaving it into connection with the greater Seoul International District.

Interweaving with access

To become a vital destination in the Seoul International District, the riverfront must attract people, and to do this, it must become fully accessible. Part of this strategy relies on intervention at the landscape level, improving the gradation of the terrain, while also improving the overall quality of the environment. Next, a meandering path system sutures the divide created by the Tancheon Stream, drawing its two banks into formal connection with a striking pedestrian bridge spanning the stream.

Interweaving program

Also integral to the riverfront park becoming a vital destination within the Seoul International District, is the strategic insertion of a diverse and compelling program. This diverse range of program is strategically dispersed close to relevant urban adjacencies to enable a clear physical connection through the path system. It will also nurture community cultural and social development. This strategic dispersal of program also ensures that the riverfront park is activated day and night, facilitating safety, minimizing criminal activity and promoting a vibrant, rejuvenating public space. New park program also makes use of existing infrastructure to give familiar features new purpose.

Prize winner NOW Architects_Park Byungwook + MVRDV (Design Architect)_Winy Maas + Seoahn Total Landscape Architecture_Jung Youngsun + SAMAN_Choi Dongsig + HANMAC ENGINEERING_Lee Kyounghoon **Location** An area spanning Samseonggyo Bridge at Tancheon Stream and the channel junction with Han River **Site area** Approx. 630,000m²

Ecological and Leisure-Cultural Waterfront Space in Seoul International District

Design Strategy 디자인 전략

Interweaving with nature

Essential to the redevelopment of the Han River and Tancheon Stream junction riverfront area, is the renewal of its natural riparian ecosystem. This concept softens the physical slope barrier between the built environment, and the Tacheon Stream's banks by reintroducing carefully selected native vegetation, refining steep edge conditions, and improving water and landscape ecology. Before it can be visitable, and attract activity, the terrain, landscape and environmental conditions must be revivified. This restores the river habitat, to create a beautiful, natural bouquet that will blossom dramatically to support visitor attractions that celebrate this unique space, weaving it into connection with the greater Seoul International District.

자연과 엮어내기

한강과 탄천이 만나는 수공간을 재정비하는데 있어서 가장 중요한 것은, 수변 공간의 자연 생태계를 그대로 회복시키는 것이다. 이 전략은 기존의 도시와 탄천 제방 사이의 경사로 인한 물리적 경계를 허물고 토착 식생을 다시 되돌려 놓음으로써 가파른 가장자리를 새롭게 정비하고, 수변 생태 공간의 질을 개선하여 도심 환경과 탄천 사이의 물리적 장벽을 완화한다. 보행자의 방문과 여러 도심 이벤트를 끌어들이기 이전에, 이곳의 자연 환경 조건을 다시금 활기를 불어넣어야 하는 것이다. 이는 하천의 생물 서식환경을 복원하여 아름답고 자연스러운 식생 공간을 조성해 도시 내 특색있는 명소로서 시민의 방문을 장려하고 국제교류복합지구와의 네트워크도 강화한다.

Interweaving program

Also integral to the riverfront park becoming a vital destination within the Seoul International District, is the strategic insertion of a diverse and compelling program. This diverse range of program is strategically dispersed close to relevant urban adjacencies to enable a clear physical connection through the path system. It will also nurture community cultural and social development. This strategic dispersal of program also ensures that the riverfront park is activated day and night, facilitating safety, minimizing criminal activity and promoting a vibrant, rejuvenating public space. New park program also makes use of existing infrastructure to give familiar features new purpose.

프로그램과 엮어내기

국제복합교류지구의 도시적 활동을 수변공간으로 확장하기 위해서 다양하고 흥미로운 프로그램을 전략적으로 제안하고자 한다. 이 프로그램들은 기본적으로 보행길이 입체적으로 엮여 지면서 만들어 지는데, 주변의 맥락과 다양한 방문객의 요구에 대응하도록 디자인 되었다. 이 전략적 프로그래밍은 공원을 24시간 활기차고 안전한 공간으로 만든다. 또한, 철거 예정인 기존 토목구조물을 창의적으로 재활용하여, 시민들을 위한 공간으로 제공하고자 한다.

Interweaving with access

To become a vital destination in the Seoul International District, the riverfront must attract people, and to do this, it must become fully accessible. Part of this strategy relies on intervention at the landscape level, improving the gradation of the terrain, while also improving the overall quality of the environment. Next, a meandering path system sutures the divide created by the Tancheon Stream, drawing its two banks into formal connection with a striking pedestrian bridge spanning the stream. Access points from the existing urban network to principal programmatic activators, form key in-roads to a non-hierarchical system of meandering paths within the river park.

동선과 엮어내기

국제교류복합지구에서 중요한 거점이 되려면, 수변 공간이 시민들을 끌어 들여야하며, 이를 위해서는 보행 접근성이 높아야 한다. 이 전략의 하나로서 조경적 측면에서 지형을 완만하게 개선하는 동시에 환경의 전반적인 품질을 향상시키는 것이다. 그 다음, 자연스런 곡선형 길로 이루어진 보행 시스템을 통해 탄천에 의해 분리된 양안을 연결하며, 이는 도심을 가로지르는 보행교로 때로 합쳐지면서 탄천 좌우 제방의 보행동선을 통합시킨다. 도심에서 사이트로 접근하는 보행 네트워크가 수변 공간 내 각종 주요 시설들을 보행로로 구분 없이 연결지음으로써 천내내 주 보행동선을 형성한다.

Interwoven park

Three operations sit at the heart of this concept: blurred boundaries of riverfront and urban fabric; enhanced accessibility and connection; an attractive and relevant park program. Through the weaving actions of the park's concept, it will revitalize and revivify this underused public space, to become a core and connected jewel of the Seoul International District. This way, it will form a focal point for the district, and serve to generate activity, setting a strong precedent for similar ecological and public revitalization in the city.

인터위븐 파크

수변공간과 도시공간의 경계 허물기, 안전하고 효율적인 보행연결 구축하기, 매력적이고 주변맥락에 대응하는 공원 프로그램 만들기, 이 세가지 전략은 프로젝트의 중요한 전제가 된다. 세가지 전략은 서로 엮여서 대상지를 국제교류복합지구의 중요한 공공공간으로 작동하게 한다. 이렇게 하여, 공원은 지구의 중심으로 또한 연결지으로서 생태적 요구와 도시적 요구를 모두 만족시키는 사례로 서울의 공원 정책의 주요한 이정표가 될 것이다.

 + 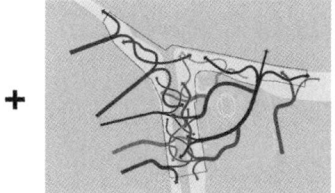 + 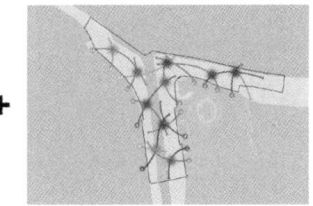 →

Step Diagram 디자인 프로세스

00 Site
대상지

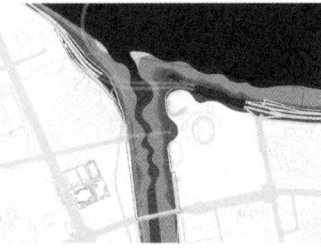

01 Naturalize landform
지형을 자연화하기

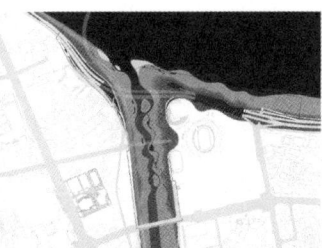

02 Add ecological water features
생태적인 수변 요소 추가하기

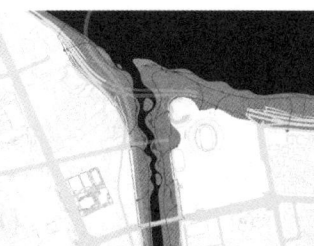

03 Add main path for main destinations
주 보행동선 연결하기

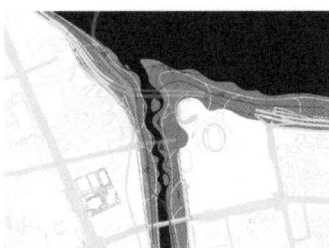

04 3dimensionalize bike path
자전거도로 입체화하기

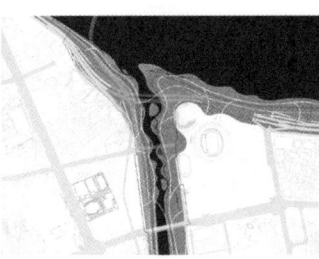

05 Add sub path
보조동선 연결하기

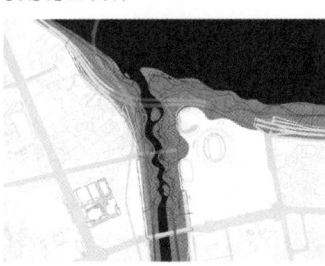

06 Interweave paths with nature
동선을 자연과 엮기

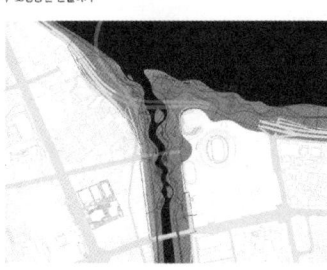

07 Interweave paths with programs
동선을 프로그램과 엮어내기

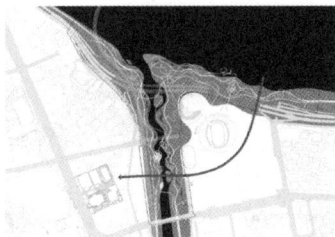

08 Connect riverfront with urban axis
주상장보행축 연결하기

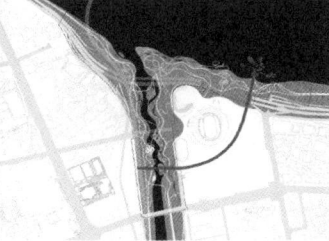

09 3dimensionalize the pedestrian bridge and the marina
보행교와 마리나 입체화하기

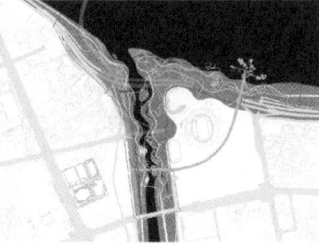

10 Recycle some of the highway structures as public space
철거 구조물의 일부를 공공장소로 재활용하기

11 Apply various plants patches
다양한 식재경관 조율하기

서울 국제교류복합지구 수변공간 여가문화 공간조성

Interweaving Scale 인터위빙 스케일

Human Scale
The interweaving concept works at several scales. At the human scale, the path rises above the ecology of the waterfront. By liberating the natural condition below, visitors are able to enjoy the remote scenery of the park, with minimal ecological impact.

휴먼스케일
Interweaving 개념은 서로 다른 여러 스케일에 적용된다. 휴먼스케일 관점에서는, 보행로가 아래의 자연적 수변 생태계 위로 띄워져있어, 생태적 영향을 최소화하면서도 방문객들로 하여금 공원의 풍경을 즐길수 있게 한다.

Garden Scale
At the planting scale, paths themselves interweave and, distinct characteristics defined by the spaces and connections this creates.

정원스케일
정원 스케일에서는, 경로 자체가 서로 얽히고 연결되며 각각 구분되는 뚜렷한 특징적 공간을 만들어낸다.

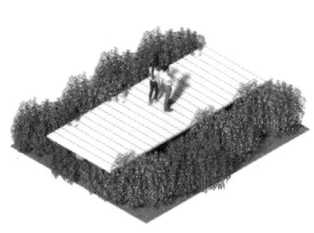

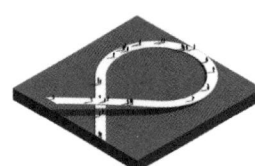 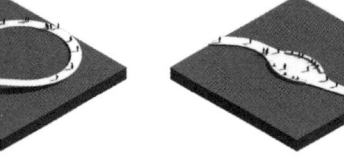  

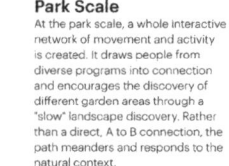

Park Scale
At the park scale, a whole interactive network of movement and activity is created. It draws people from diverse programs into connection and encourages the discovery of different garden areas through a "slow" landscape discovery. Rather than a direct, A to B connection, the path meanders and responds to the natural context.

공원스케일
공원스케일에서는, 전체적으로 서로 상호작용하는 보행 네트워크와 여러 도시적 프로그램이 형성된다. 그것은 다양한 프로그램에서 보행자를 끌어들여 서로 연결하고, 여유있게 수변 공간을 거닐며 다양한 성격의 여러 조경 공간을 경험하게 한다. 보행로는 단순히 A와 B를 연결하는 방식이 아니라, 천천히 곡선형의 길을 거닐며 주변의 자연적 컨텍스트와 교감하게 한다.

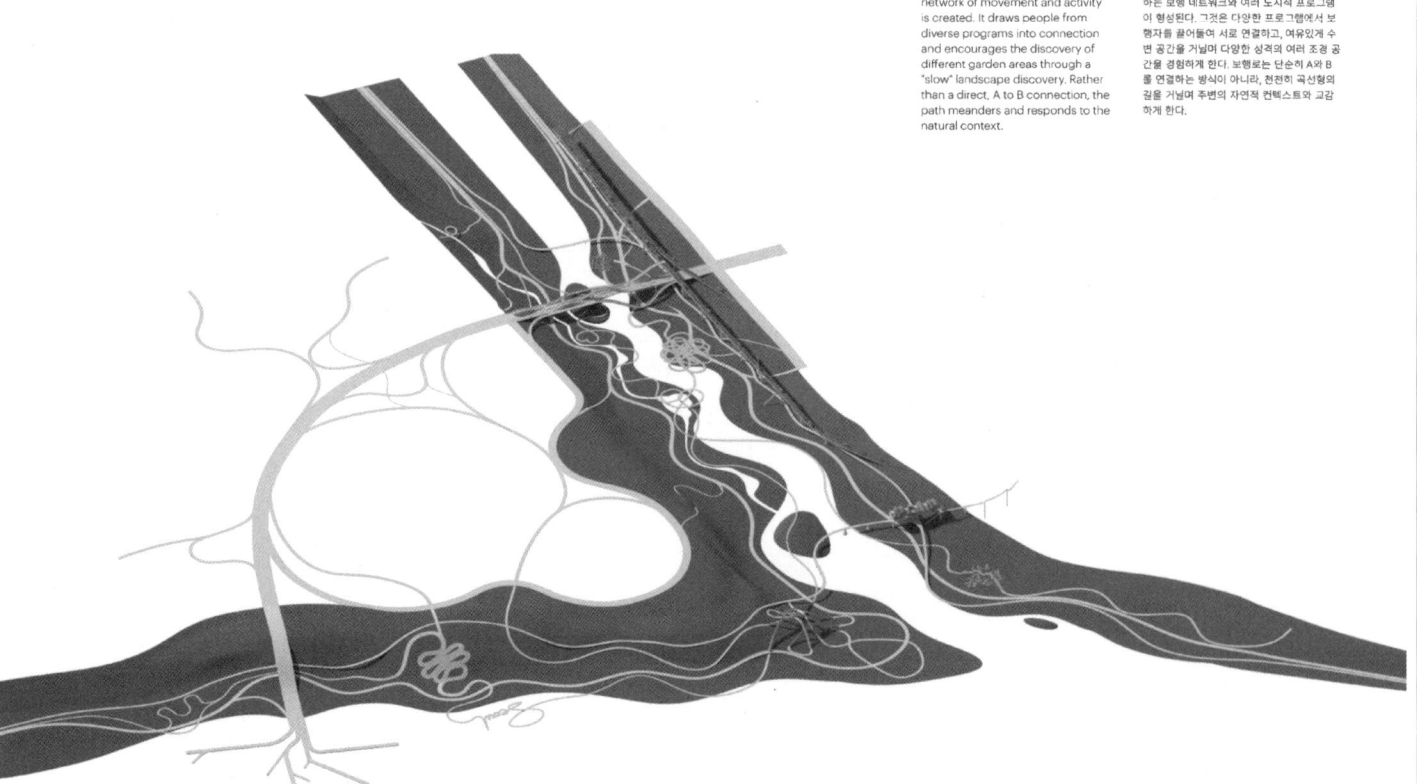

© MVRDV

Ecological and Leisure-Cultural Waterfront Space in Seoul International District

서울 국제교류복합지구 수변공간 여가문화 공간조성

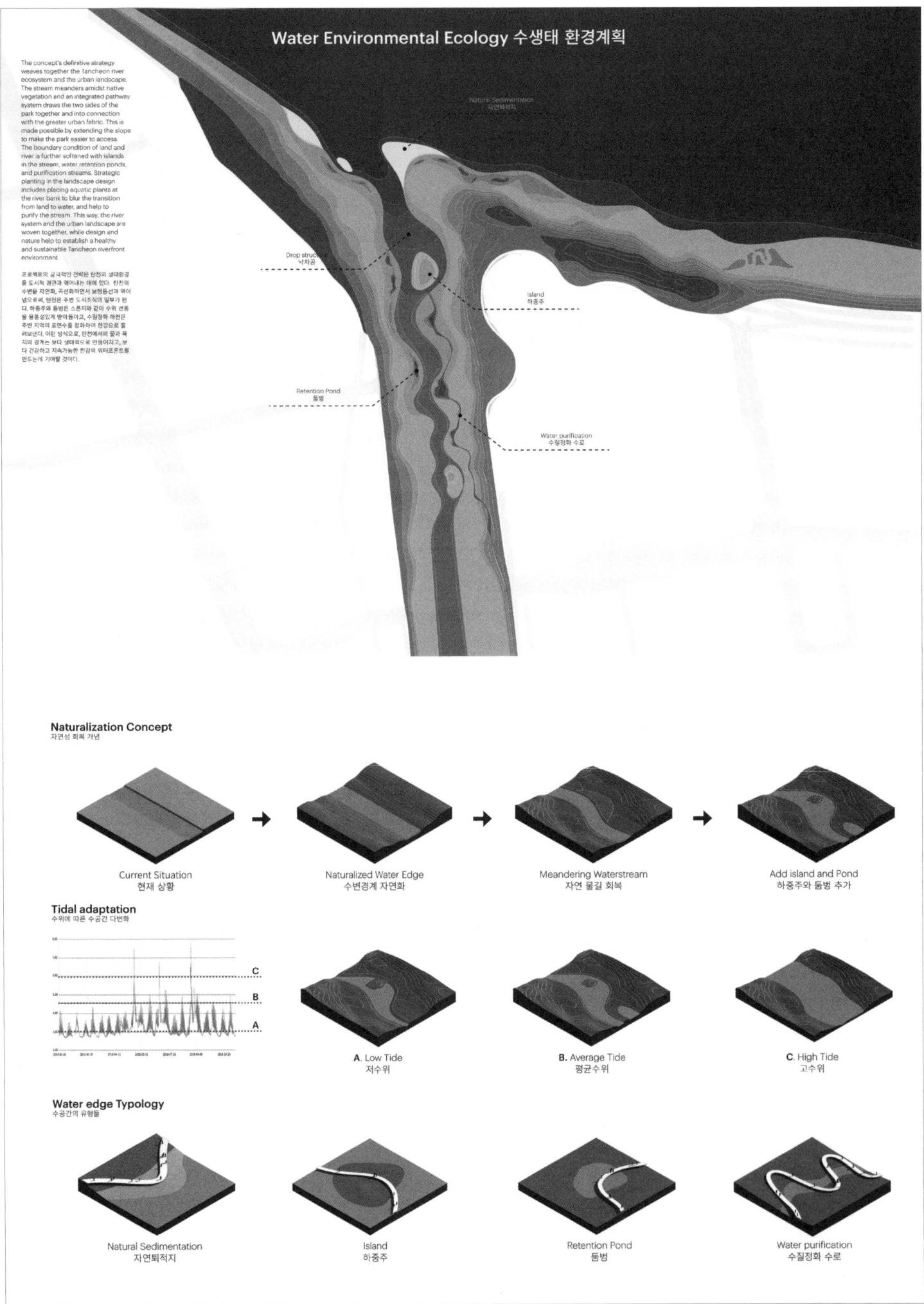

Ecological and Leisure-Cultural Waterfront Space in Seoul International District

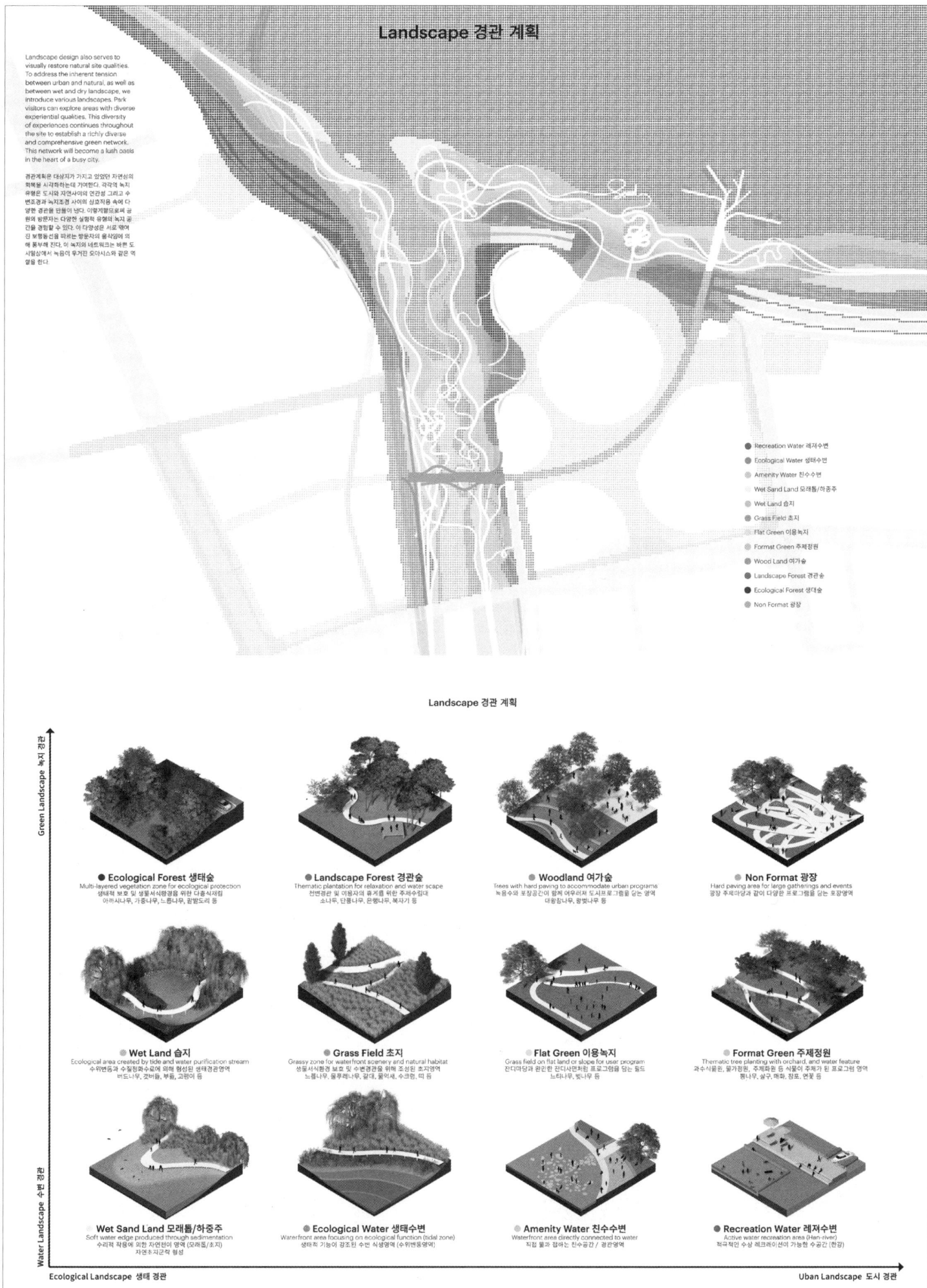

서울 국제교류복합지구 수변공간 여가문화 공간조성

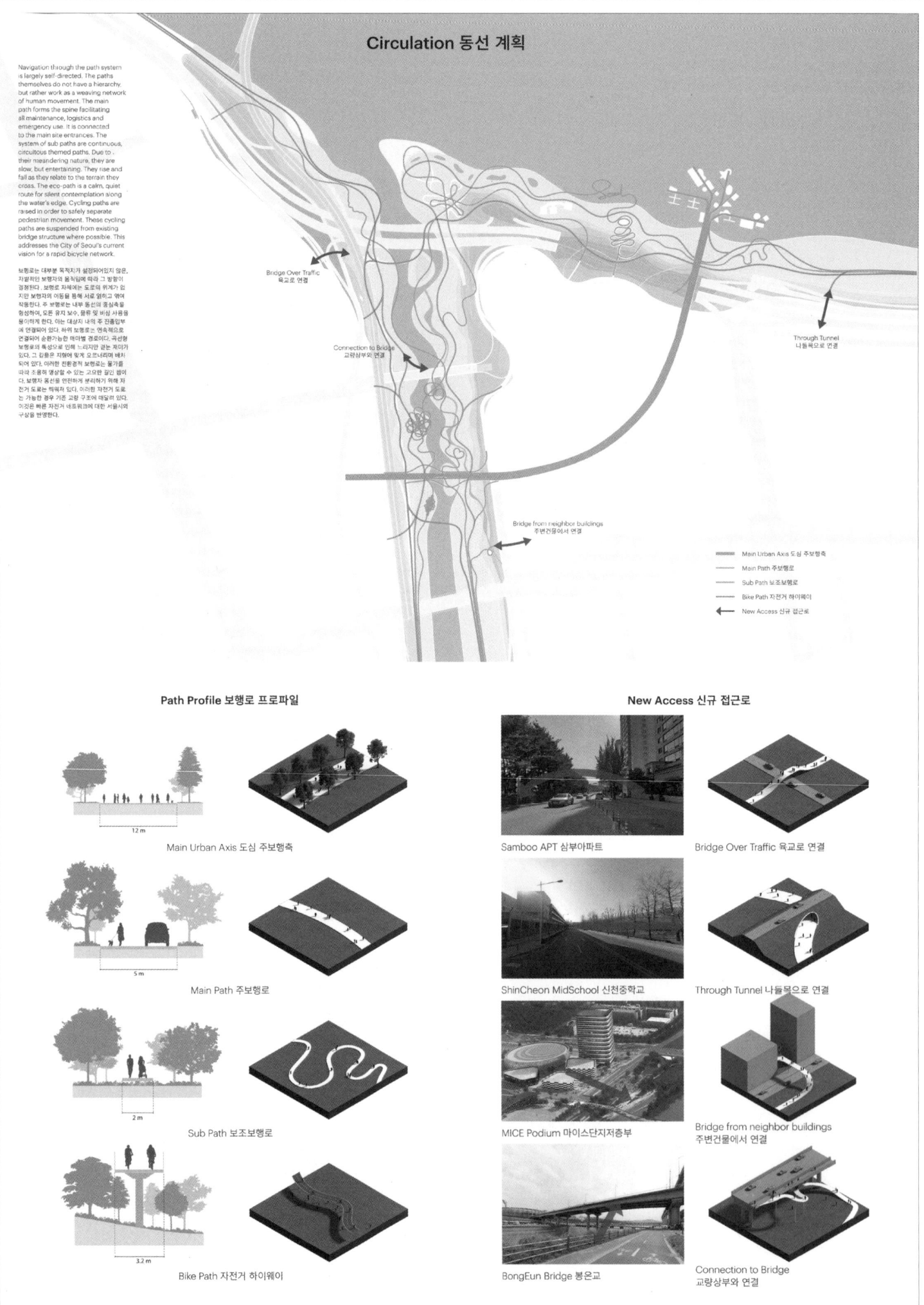

Navigation through the path system is largely self-directed. The paths themselves do not have a hierarchy, but rather work as a weaving network of human movement. The main path forms the spine facilitating all maintenance, logistics and emergency use. It is connected to the main site entrances. The system of sub paths are continuous, circuitous themed paths. Due to their meandering nature, they are slow, but entertaining. They rise and fall as they relate to the terrain they cross. The eco-path is a calm, quiet route for silent contemplation along the water's edge. Cycling paths are raised in order to safely separate pedestrian movement. These cycling paths are suspended from existing bridge structure where possible. This addresses the City of Seoul's current vision for a rapid bicycle network.

보행로는 대부분 목적지가 설정되어있지 않은, 자발적인 보행자의 움직임에 따라 그 방향이 결정된다. 보행로 자체에는 도로의 위계가 없지만 보행자의 이동을 통해 서로 얽히고 엮여 작동한다. 주 보행로는 내부 동선의 중심축을 형성하여, 모든 유지 보수, 물류 및 비상 사용을 돕이하게 한다. 이는 대상지 내의 주 진출입부에 연결되어 있다. 하위 보행로는 연속적으로 연결되어 순환가능한 테마별 경로이다. 곡선형 보행로의 특성으로 인해 느리지만 걷는 재미가 있다. 그 길은 지형에 맞게 오르내리며 배치되어 있다. 이러한 친환경적 보행로는 물가를 따라 조용히 명상할 수 있는 고요한 길인 셈이다. 보행자 동선을 안전하게 분리하기 위해 자전거 도로는 띄워져 있다. 이러한 자전거 도로는 가능한 경우 기존 교량 구조에 매달아 있다. 이것은 빠른 자전거 네트워크에 대한 서울시의 구상을 반영한다.

Path Profile 보행로 프로파일

Main Urban Axis 도심 주보행축 — 12 m

Main Path 주보행로 — 5 m

Sub Path 보조보행로 — 2 m

Bike Path 자전거 하이웨이 — 3.2 m

New Access 신규 접근로

Samboo APT 삼부아파트 — Bridge Over Traffic 육교로 연결

ShinCheon MidSchool 신천중학교 — Through Tunnel 나들목으로 연결

MICE Podium 마이스단지저층부 — Bridge from neighbor buildings 주변건물에서 연결

BongEun Bridge 봉은교 — Connection to Bridge 교량상부와 연결

Ecological and Leisure-Cultural Waterfront Space in Seoul International District

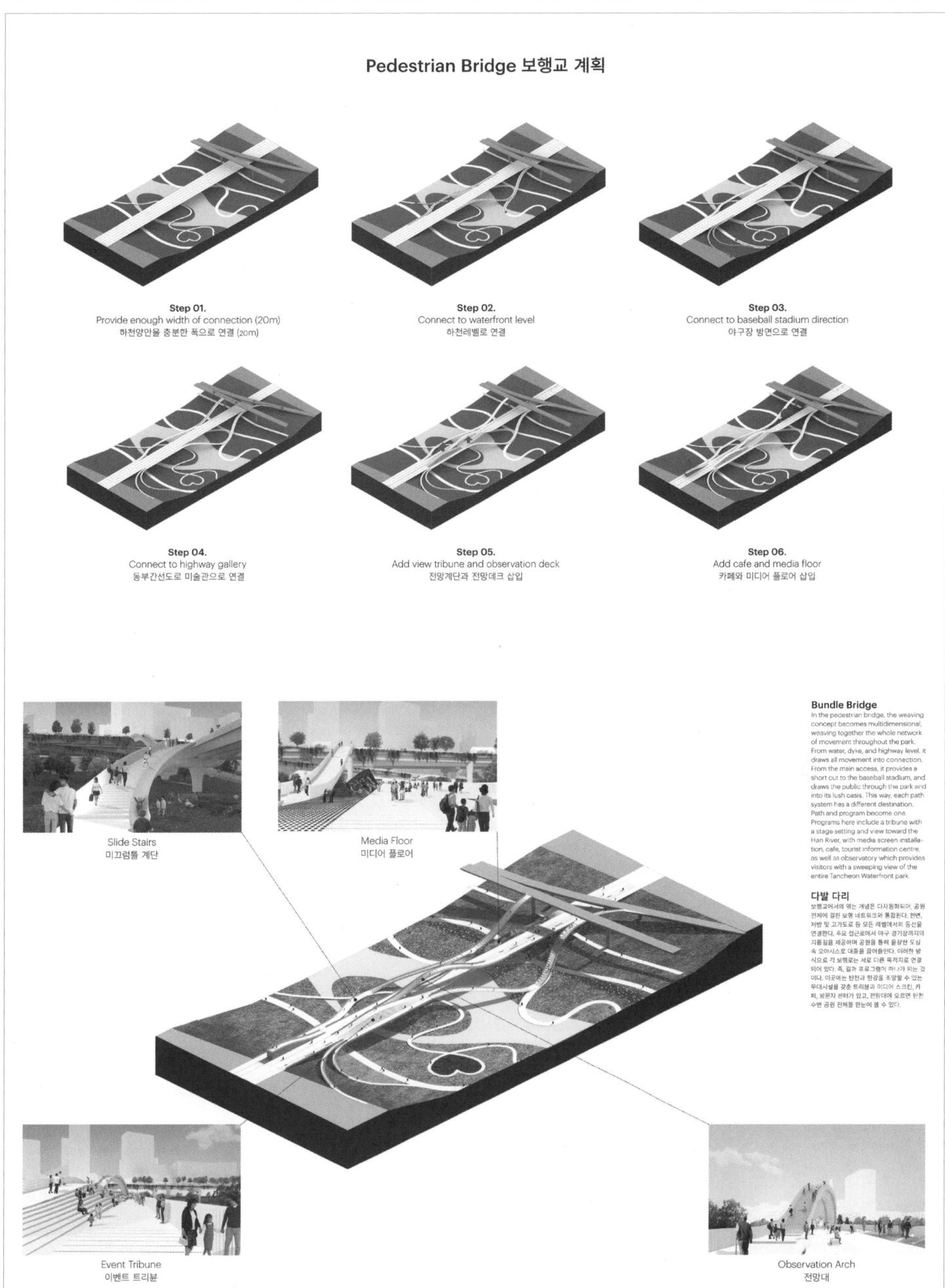

서울 국제교류복합지구 수변공간 여가문화 공간조성

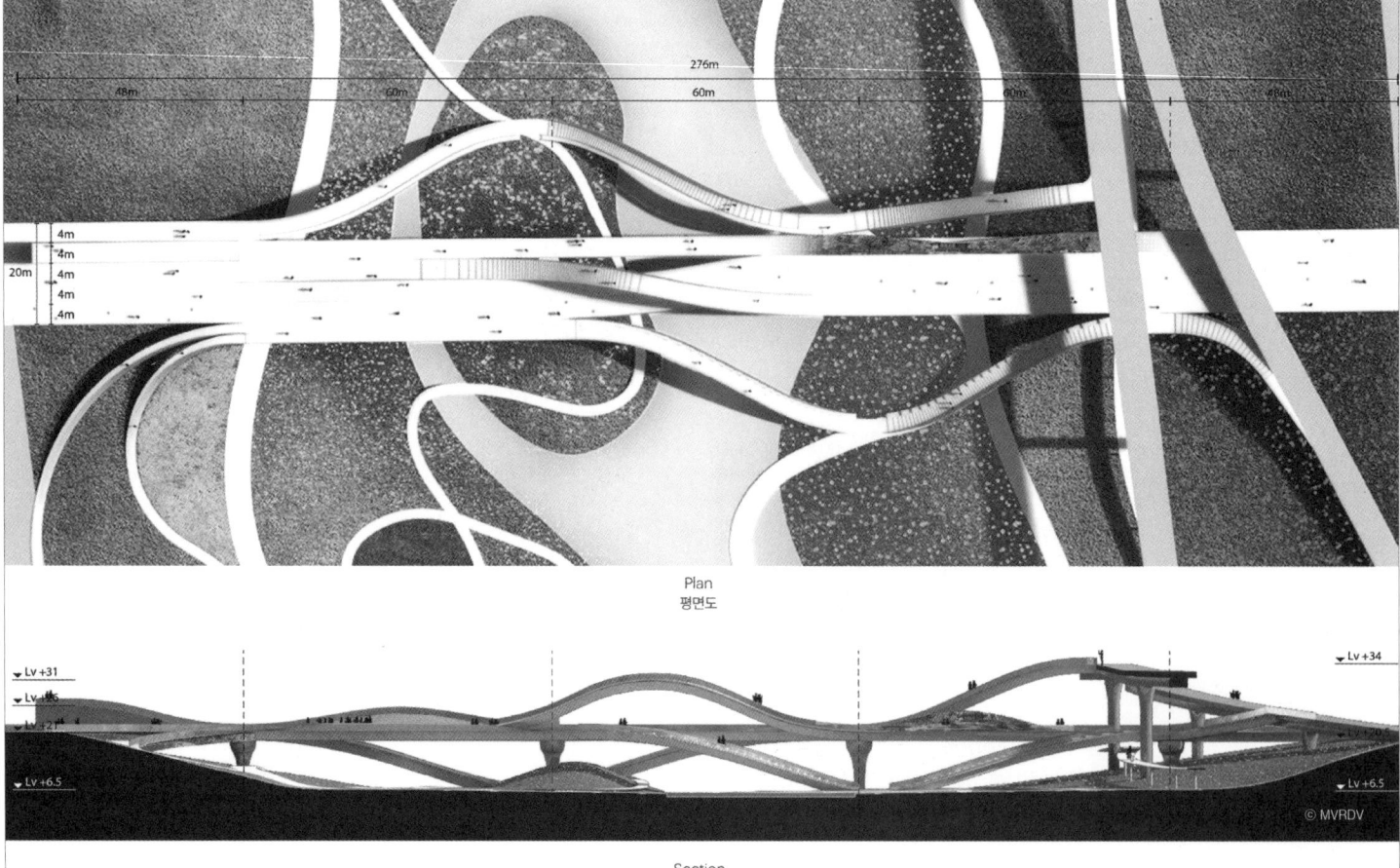

Pedestrian Bridge 보행교 계획

Plan
평면도

Section
단면도

Ecological and Leisure-Cultural Waterfront Space in Seoul International District

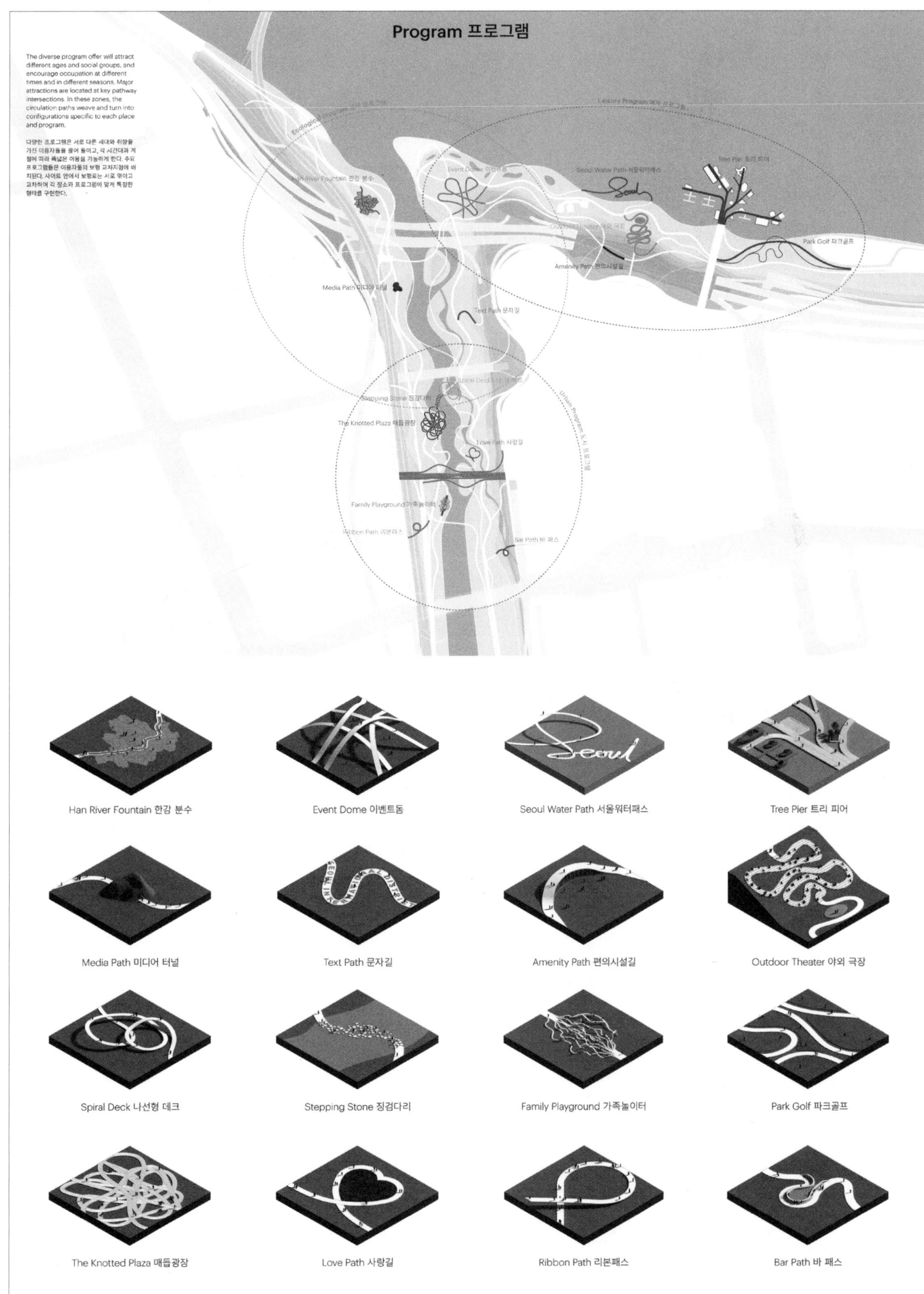

서울 국제교류복합지구 수변공간 여가문화 공간조성

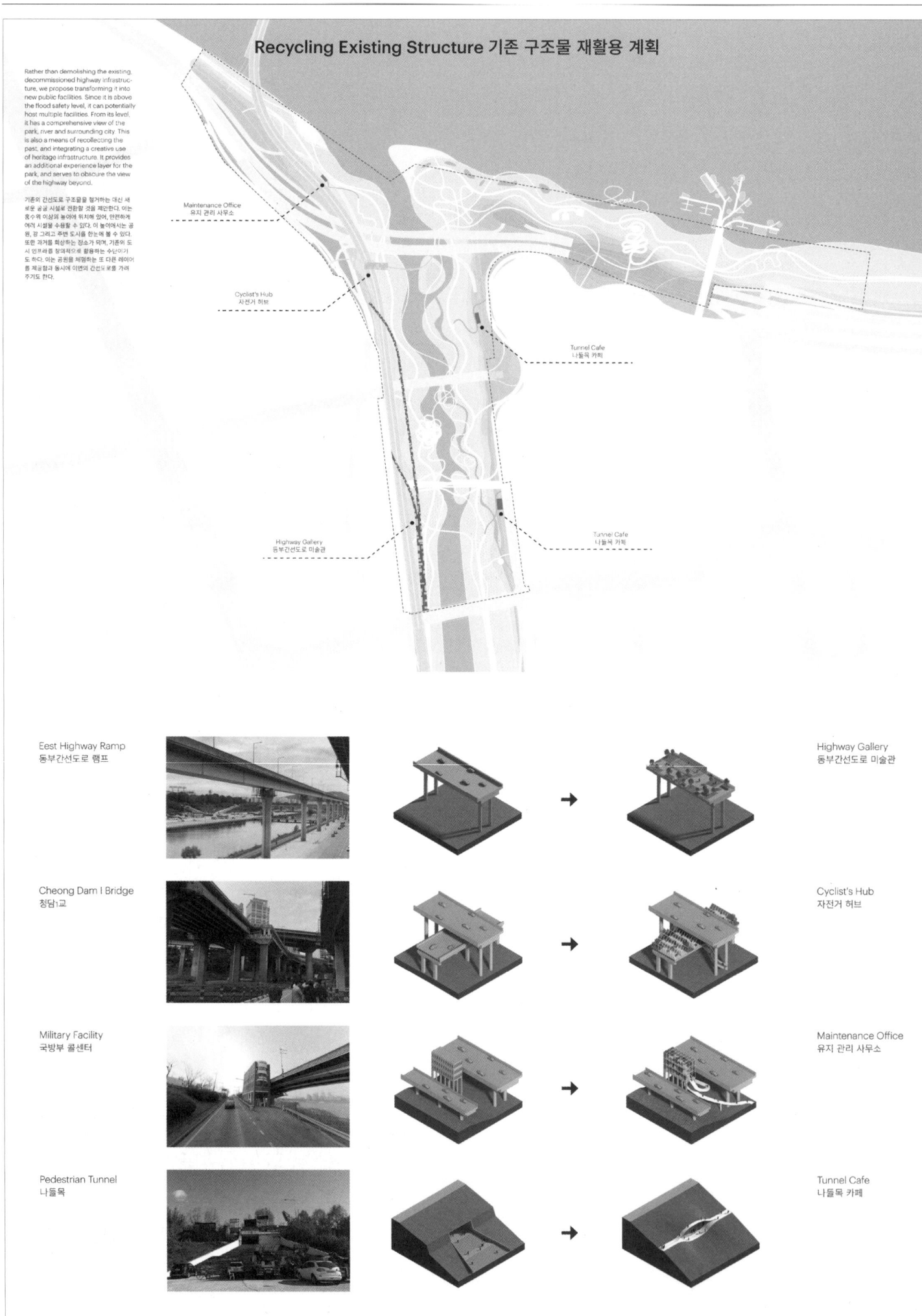

Ecological and Leisure-Cultural Waterfront Space in Seoul International District

서남권 활성화를 위한 국회대로 상부 공원 설계 공모 2단계

당선작 (주)씨토포스 최신현 + (주)건축사사무소 리옹 이소진 + 스튜디오 이공일 이상수 + 조경작업 라디오 김지환 + 에스엘디자인 주식회사 김성진 + 스튜디오미호 홍용기
설계팀 김성기, 홍광호, 김수현, 김은아, 강미란, 김예지, 최미진, 장한샘(이상 씨토포스) 김 용, 이보배, 심훈용, 진성은(이상 리옹) 서유진, 박동길, 김승건(이상 에스엘)

대지위치 서울특별시 양천구 신월동 835(신월IC) ~ 영등포구 여의도동 1-1(여의대로) 일원 **대지면적** 110,000m² **길이** 7.6km

적구창신 [跡舊創新]
오래된 기억과 흔적으로 새로운 미래를 만들다.

공원 도시를 품는 천년의 숲 조성을 위한 전략
- 천년의 세월을 이겨낼 생명력 있는 땅을 일군다 : 먼저, 차가운 아스팔트를 벗은 땅에 녹지를 충분히 확보한다. 그 녹지에 빗물이 담기고, 흐르고, 스며들면 천년을 이길 건강한 땅이 되어 천년의 숲의 모태가 된다.
- 경인고속도로의 기억과 흔적을 공원의 시설과 공간의 토대로 활용한다 : 경인고속도로의 흔적들을 재현하여 광장, 보행로, 지하도광장으로 활용한다. 그리고 신규 지하차도로 인한 60cm에서 7m의 다양한 토심을 고려하여 식재계획을 수립하였다.
- 공원도시는 주변도시 기능과 함께 호흡해야 한다 : 주변 도시의 산업, 업무, 상업, 문화, 주거 등의 토지 이용에 대응하는 공원도시가 된다. 이와 더불어 주변 도시의 밀도에도 긴밀하게 반응하도록 고밀도에는 광장을, 저밀도에는 녹지를 계획하였다.
- 미세먼지의 공포와 두려움에 대응하는 안전한 공원을 지향한다 : 거대한 천년의 숲 안에 저감숲, 차단숲을 두는 것이 대응방안 하나이다. 둘은 하루 6,000톤의 지하수로 먼지를 수용하는 수공간을 만드는 것이다. 셋은, 클린에어 파빌리온 등의 다양한 실내공간 설치로 미세먼지 없는 안전한 공원을 이용할 수 있도록 하는 것이다.

JEOK GU CHANG SHIN
Build new future from memories and remnants of the past

Millennium Forest that embraces the memories of the past : PARK CITY
- Cultivating a lifeful land that can transcend a thousand years: At first, a sufficient green area is secured within a land from which cold asphalt is taken away. This green field will let the rainwater accumulate, flow and permeate into the soil, and then it will turn into a fertile land that would last for a thousand years and give birth to a millennial forest.
- Using the memories and traces of the Gyeongin Expressway as foundation for the facilities and programs of the park: Remnants of the Gyeongin Expressway are repurposed into a plaza, pedestrian walkway and underpass plaza. Also, the soil depth fluctuating between 60cm and 7m due to the newly constructed underpass is taken account into the planting plan.
- A park city that keeps in tune with other urban features in the neighborhood: The project proposes a park city that corresponds with various functions of industrial, office, commercial, cultural, residential areas in the neighborhood. Also, the park is designed to have a plaza near high density areas and a green field near low density areas so that it can make an appropriate response according to the density of a neighboring area.
- Proposing a safe park that is free from fear of fine dust: The first solution is forming a dust-reducing or dust-blocking forest inside the enormous millennial forest. The second is creating a water space in which 6,000 tons of underground water serve as a dust absorbent. The third is introducing various indoor facilities including Clean Air Pavilion to provide another safe, dust-free park.

Prize winner CTOPOS_Choi Shinhyun + Atelier Lion Seoul_Lee Sojin + studio201_Lee Sangsoo + Ladio_Kim Jihwan + SL design_Kim Sungjin + Studio MIHO_Hong Yongki **Location** Shinwol Interchange(IC) Shinwol-dong, Yangcheon-gu, Seoul~Yeoui-Daero, Yeouido-dong, Yeongdeungpo-gu, Seoul **Site area** 110,000m² **Length** 7.6km

Gukhoe-daero Park Design Competition for Revitalization of Southwest of Seoul - Phase 2

프롤로그 | PROLOGUE

적구창신 跡舊創新

적구창신은 오래된 기억과 흔적으로 새로운 미래를 만든다.

먼 옛날, 이곳은 들판과 산, 하천과 나무, 물이 우성했던 오래된 자연의 기억을 가지고 있다.
그 오래된 기억 위에 사람들이 찾아오며 집이 지어지고 그 집들이 모여 마을과 도시를 이루며,
기억의 흔적을 쌓아가고 있었다.

그 도시의 흔적 위에 만들어진 우리나라 최초의 고속도로이자 산업발전에 이바지했던 경인고속도로...
그 오래된 기억과 흔적을 통해 새로운 미래를 만들어 보고자 한다.

1969년 7월 21일에 개통된 우리나라의 최초의 경인고속도로가
사람과 자연 중심의 도시 변화의 시작을 알리는 공원도시로서, 새롭게 변화되기를 기대한다.

또한 지난 50년간 회색 아스팔트, 지하차도, 소음과 답답한 분진으로 기억된 이 곳이
사람들의 다양한 문화와 놀이, 추억의 공간이 되기를 기대한다.

차가운 아스팔트를 벗겨낸 이 땅이 물이 흐르고 땅속에 스며들어 나무가 자라 숲이 되는,
미래의 아이들에게 아름답게 기억될 천년의 숲으로 디자인 하고자 한다.

▼ ▼ ▼ ▼
JEOK GU CHANG SHIN

JEOK GU CHANG SHIN build new future from memories and remnants of the past

Long ago, there was a time when this place was full of harmonious nature with fields, mountains, forest, streams, trees and grass. As people moved in, dwellings were built, and developed into towns and cities. From the ancient past, people are adding layers of memories upon it.

The very first modern expressway was built on top of those memories, and the Gyeongin Expressway was instrumental in the economic development of Korea. Through those memories and history, we endeavor to create a new exciting future.

The expressway of commerce industry that opened in July 21, 1969, will this time play a role of changing the fabric of modern cities with its modern ills from developments. It will be the catalyst for changing the modern formula with people & nature as the centre of the city. We eagerly anticipate the creation of this park city.

The place of noise, underpasses, pollution, sea of asphalt and claustrophobic memories of this place will transform into a diverse cultural, recreational and memorable open space for all.

We are planning and designing a millennium forest that will reclaim the fields, streams, and nature that was there before the Gyeongin Expressway. We hope to provide a healthy beautiful memorable forest surrounding for the future generations.

Gyeongin Expressway

최초의 고속도로의 흔적 — Remnants of the First expressway

오래된 도시의 기억과 흔적 : 마을과 도로 — Remnants of the City : Roads and Villiage

오래된 자연의 기억 : 물길, 산, 논 — Remnants of the Nature : Stream, Mountain, Rice Paddy

---

오래된 기억과 흔적을 포용하는
천년의 숲 안 공원도시

「천년의 숲」은 아기를 따듯하게 안아주는 엄마의 품과 같이
도시 속의 사람들을 안아주고 보듬어주며, 사랑해주는 미래의 숲이다.
그 천년의 숲 안에 이상적인 공원 도시의 모습을 담아 보기를 원한다.

남겨진 자연과 신월동, 화곡동, 목동 등의 도시 풍경과 사람들의 기억들, 그리고 경인고속도로
의 흔적을 가치롭게 여기며 하나씩 천년의 숲 안으로 끌어들여
새로운 천년을 이어나갈 22세기를 향한 새로운 공원의 패러다임을
제시하고자 한다.

Millennium Forest that embraces the memories of the past : PARK CITY

Millennium forest is like a mother's embrace that nurtures the people of the city and provide park setting like nature itself.
With existing surroundings of Sinwol-dong, Hwagok-dong, Mok-dong, the cityscape, and people's memories will be valued in pulling together all components of the park into a new paradigm.

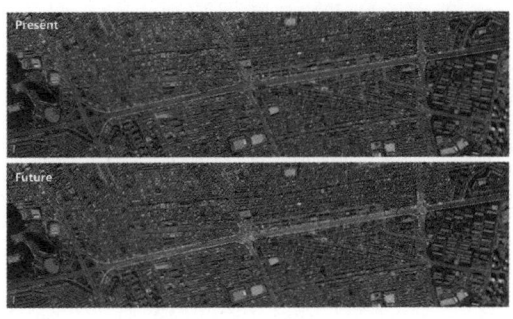

적구창신 STRATEGY 01 | 경인고속도로 Gyeongin Expressway

아스팔트포장, 지하차도 등의 기억과 흔적에 새로운 문화를 담아 명품숲으로 디자인 한다.
Some of the existing expressway structures, underpass and asphalt will be repurposed and incorporated into new Millennium Forest with design concepts full of new cultural and natural experience.

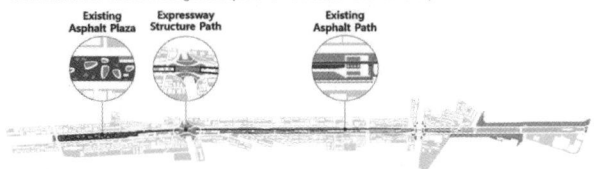

Existing Asphalt Plaza | Expressway Structure Path | Existing Asphalt Path

적구창신 STRATEGY 02 | 새로운 자연 New Nature

오래된 자연의 모습을 기억하며, 물길, 논, 밭, 초지와 산 등 새로운 미래의 자연을 꿈꾸어 보다.
Remembering the natural environment prior to the expressway, streams, meadows, crop fields, rice paddies, and mountains will reemerge in this place.

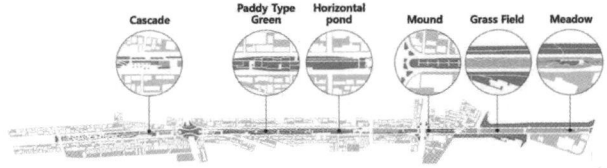

Cascade | Paddy Type Green | Horizontal pond | Mound | Grass Field | Meadow

적구창신 STRATEGY 03 | 마을과 공원 : 신월동, 화곡동, 목동

오래된 도시의 기억들을 토대로 도시의 기능에 반응하고 함께하는 긴 선형의 공원도시를 만든다.
Remembering the old villages and responding to the needs of a city, a linear park city will be created.

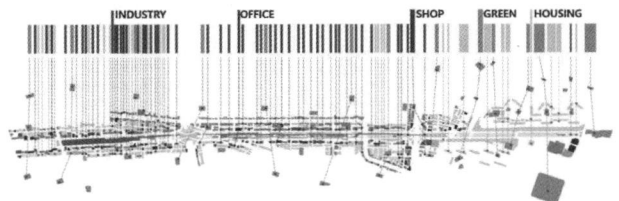

INDUSTRY | OFFICE | SHOP | GREEN | HOUSING

서남권 활성화를 위한 국회대로 상부 공원 설계 공모 2단계

공원도시를 품는 천년의 숲 조성을 위한 설계전략 | DESIGN STRATEGY

01. 경인고속도로의 구조물과 아스팔트 포장, 토심을 활용하여 공원도시의 토대를 만들다.
Incorporating Gyeongin Expressway's existing structure, asphalt paving, and soil depth as a base foundation for the Park City

PROCESS 01 | 도로 지하화에 따른 토심을 고려한 식재계획 수립
Establishing planting based on soil level above the sunken roads.

PROCESS 02 | 빗물을 담아 물그릇 역할을 하는 녹지를 계획하여 건강하고 생명력 있는 토양 환경 조성
Harvesting rain water as a reservoir to improve the soil and the natural cycle for healthy green belt.

PROCESS 03 | 지하차도 공사로 인하여 발생되는 지하수를 활용한 다양한 수공간계획으로 매력적인 공간 조성
Utilizing the underground water sources created by the underground roads to create a variety water features throughout the park.

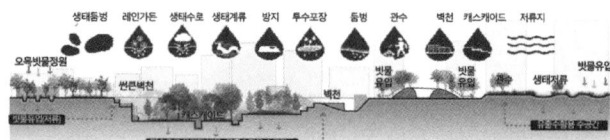

PROCESS 04 | 경인고속도로 아스팔트 포장의 흔적을 남겨 공원의 디자인 요소로 활용하고 주동선으로 계획
Incorporate remnants of the Gyeongin Expressway as a component and axis of the park.

PROCESS 05 | 오래된 경인고속도로로 지하차도 흔적을 재현한 경인지하도광장계획
Recreating the old underpass area of the Gyeongin expressway into Gyeongin underpass plaza

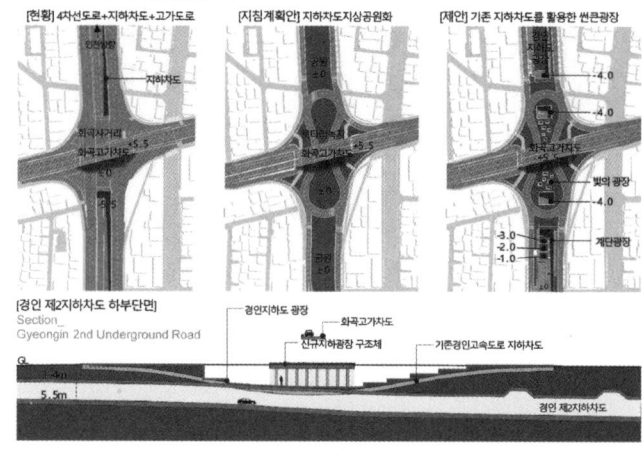

02. 오래된 자연의 기억을 토대로 새로운 미래, 천년의 숲을 조성하다.
Remembering the past to create the new future, Millennium Forest.

| 천년의 숲 : 수종 Species of trees

천년의 세월을 이겨내는 나무들을 통해, 건강한 지반 위에 천년의 이야기를 만들어 갈 숲으로 조성하여 공원도시의 큰 숲으로 조성한다.

By planting variety of trees that live 1,000 years or more, we endeavor to create a forest like park that will have stories for years to come.

우리나라 1000년이상 노거수 64주 중 25주가 느티나무이다.

앞으로 백년, 천년을 함께 살수 있는 수종들이다
Trees that live a thousand years

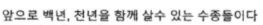

| 도시로 퍼져나가는 천년의 숲 Forest expansion

천년 수종은 적정한 간격을 유지하며, 식재 된다. 천년 수종의 사이 공간은 미세먼지 저감 숲, 경관 숲, 프로그램 숲, 초지원으로 채워진다. 이러한 천년의 숲은 배후 도시의 녹지를 숲으로 변화시키는 거점 기능을 하며, 공원을 도시로의 확장을 유도한다.

The long living species of trees will be spaced appropriately with variety of plant type in between to act as different types of green spaces with unique functions. Some of those are viewing forest, filtering forest for dust pollution, education program forest, green belt forest, etc. The millennium forest will be catalyst in furthering the city green spaces into a nature like forest for the cities.

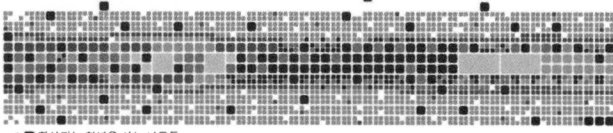

* ● 확산되는 천년을 사는 나무들

| 미세먼지에 대응하는 공원도시 조성 Park-city that works to mitigate the dust pollution

천년의 숲은 건강한 수 순환과 토양 순환과 같이 건강한 대기 환경 유지를 위한 기능을 수행한다.
With its numbers of trees and natural fields, the millennium forest will help with increasing the quality of air, soil &water.

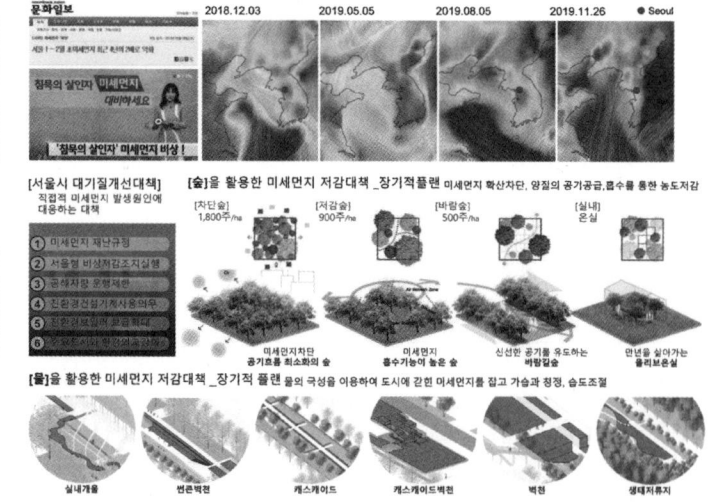

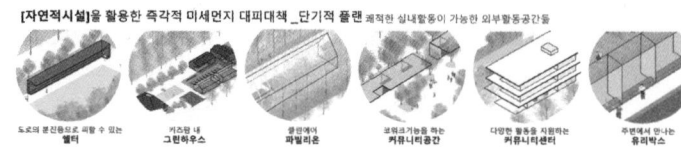

Gukhoe-daero Park Design Competition for Revitalization of Southwest of Seoul - Phase 2

공원도시를 품는 천년의 숲 조성을 위한 설계전략 | DESIGN STRATEGY

03. 숲 안에 도시를 넣다. Locating a city in a forest

21세기의 공원은 도시와 공원의 분리가 아닌 공원이 도시이고, 도시가 공원이 되는 공원 도시가 되어야 한다. 국회대로 공원은 기존의 숲을 활용하는 공원이 아니라, 도시를 가로지르는 선형 공원이 되어 도시와 관계를 맺으며, 도시를 품는 공원이 되어야 한다.

The 21st century park will be a city that becomes a park, not a park within the city. Gukhoe-daero Park is not a park utilizing an existing forest, but a linear park that crosses the city and engages & embraces the city.

| 도시 밀도에 적합한 오픈스페이스 및 시설계획
고밀도 도시에 반응하는 공원중심의 계획, 저밀도도시에 반응하는 녹지중심의 계획
Park-centered planning to respond to high-density cities, green-centered planning to respond to low-density cities

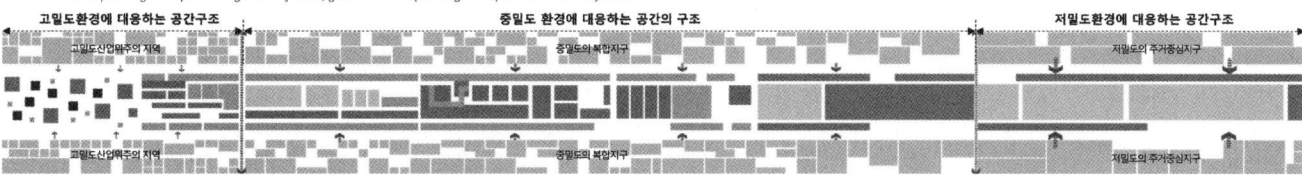

| 다층구조의 공간구성으로 공원 체험의 면적을 높이는 공원구조계획
Multi layer and level design that increases the area of the park

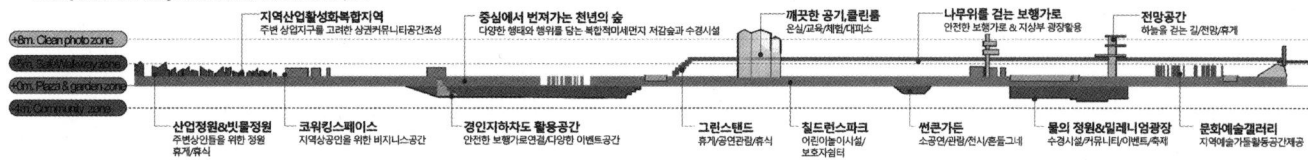

| 주변도시의 기능을 고려한 공원의 시설과 프로그램 계획
Programs and facilities within the park with consideration of functions of adjacent cities and towns.

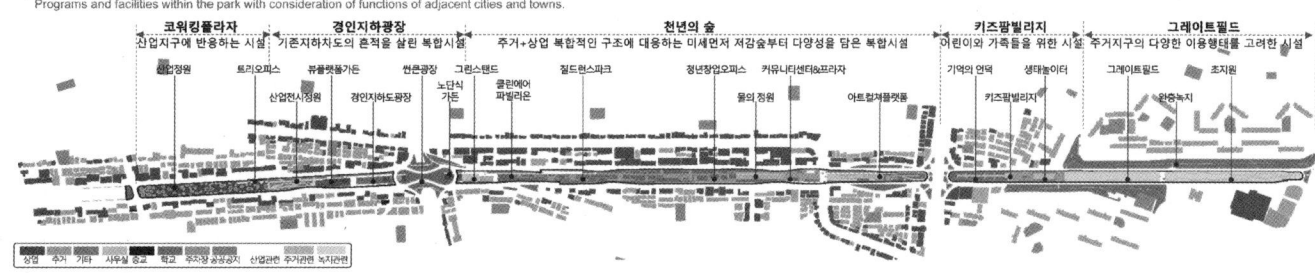

04. 주변도시와 함께 공원이 성장하다. Expanding Forest into surrounding cities

천년의 숲은 공원도시의 거점공간이다. 경인고속도로 건설로 인하여 파생된 도로 중심의 도시 구조에서, 사람과 공원 중심의 공원도시로 변화하기 위한 교통체계의 전환 및 주변 녹지와 연결 계획을 제안한다.

Millennium Forest is the base of the Park-City. The city divided and damaged by the Gyeongin Expressway, will be revitalized and nurtured by the focus in centering people and the park in the city. We are providing a change in character of a city dominated by cars and roads. This plan will link in the green spaces to mitigate the current conditions.

| 대중교통과 연결하기
Connecting with public mass transit

| 자전거 도로 연결하기
Connecting with bike path

| 천년의 숲과 보행자전용도로의 구성하기
Connecting with pedestrian walkways and millennium forest

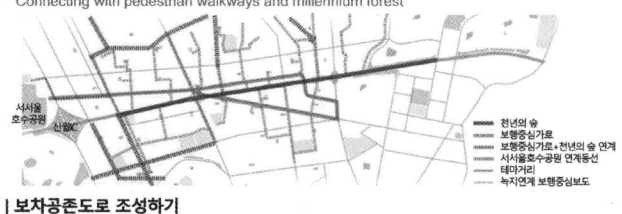

| 주변 공원녹지, 서서울호수공원과 연계 및 소규모 거점 녹지 연결하기
Connecting adjacent green spaces, West Seoul Lake Park and open spaces to create a network

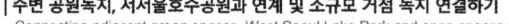

| 보차공존도로 조성하기
Creating pedestrian friendly road infrastructure

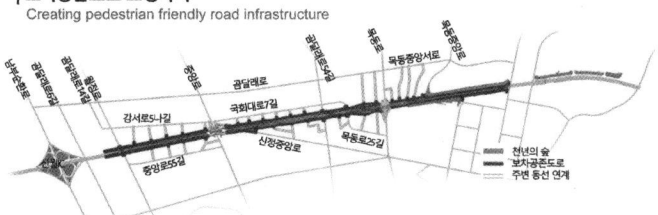

architecture & design competition 복지·도시·체육·조경

서남권 활성화를 위한 국회대로 상부 공원 설계 공모 2단계

마스터플랜 | MASTERPLAN

예상공사비 Budget : 130억

서서울 호수공원 연계방안(제안)
Connecting with West Seoul Lake Park(Proposal)

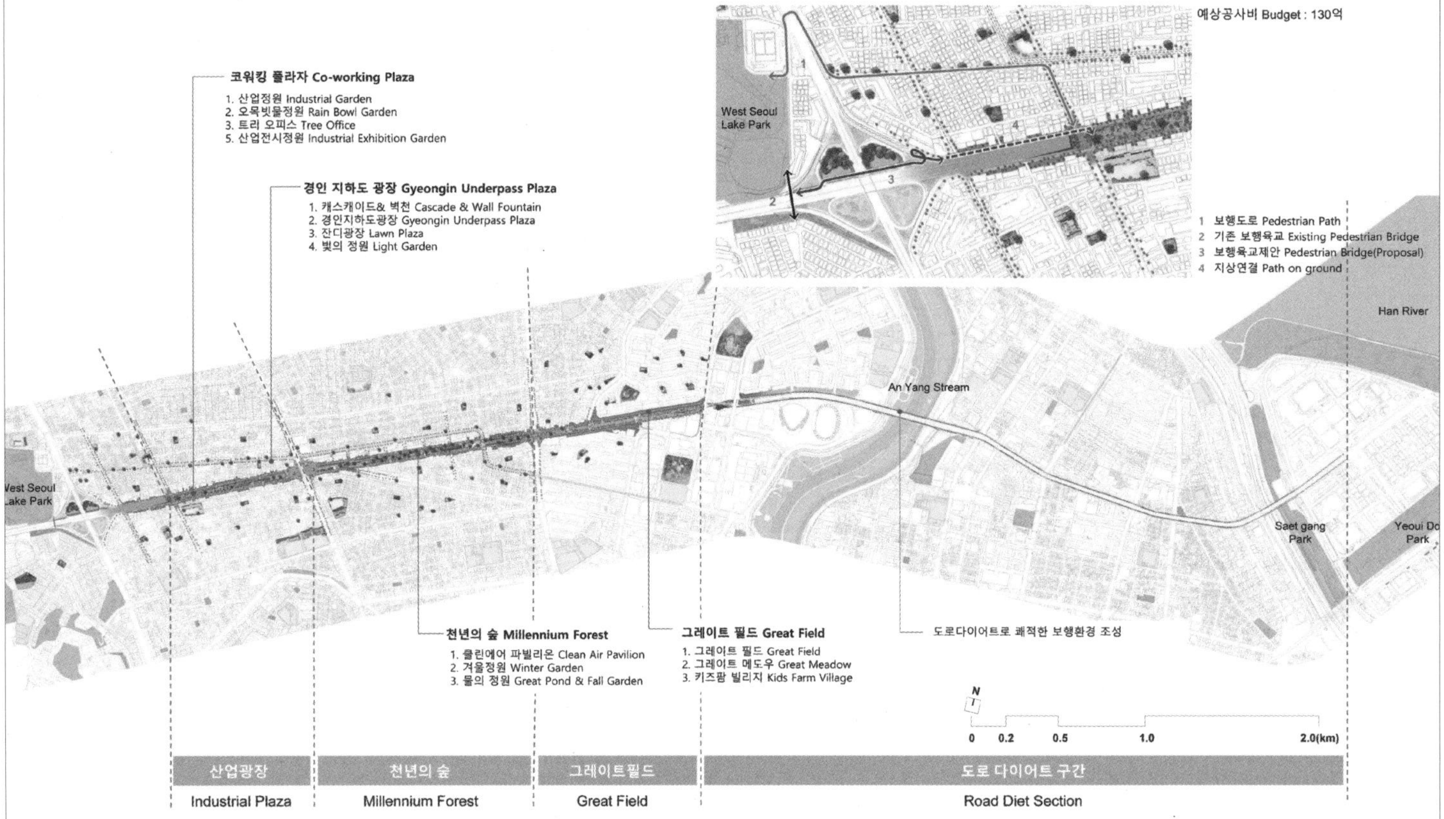

1. 보행도로 Pedestrian Path
2. 기존 보행육교 Existing Pedestrian Bridge
3. 보행육교제안 Pedestrian Bridge(Proposal)
4. 지상연결 Path on ground

코워킹 플라자 Co-working Plaza
1. 산업정원 Industrial Garden
2. 오목빗물정원 Rain Bowl Garden
3. 트리 오피스 Tree Office
4. 산업전시정원 Industrial Exhibition Garden

경인 지하도 광장 Gyeongin Underpass Plaza
1. 캐스캐이드& 벽천 Cascade & Wall Fountain
2. 경인지하도광장 Gyeongin Underpass Plaza
3. 잔디광장 Lawn Plaza
4. 빛의 정원 Light Garden

천년의 숲 Millennium Forest
1. 클린에어 파빌리온 Clean Air Pavilion
2. 겨울정원 Winter Garden
3. 물의 정원 Great Pond & Fall Garden

그레이트 필드 Great Field
1. 그레이트 필드 Great Field
2. 그레이트 메도우 Great Meadow
3. 키즈팜 빌리지 Kids Farm Village

산업광장	천년의 숲	그레이트필드	도로 다이어트 구간
Industrial Plaza	Millennium Forest	Great Field	Road Diet Section

주요공간계획 | SPACE PLAN
01. 그레이트 필드 Great Field

그레이트 필드는 자연과 조화되며 거닐고, 조깅하고, 놀고, 피크닉 하는 자연 속에 사람이 함께하는 친환경 녹지공간이다. 남녀노소, 다양한 계층이 이곳에서 관계 맺고 어우러져 자연과 함께 뛰어 놀고, 일년에 한번은 세계적인 공연과 이벤트가 가능한 공원 내에서 가장 넓은 자연녹지공간이다.
그레이트 메도우에서 출발한 태초적 자연성에 사람의 간섭이 조금 더 보태어져, 다음 공간의 공원에 대한 기대를 갖게 된다. 잔디밭에 누워 보는 나무들, 잔디와 초지, 예쁜 꽃나무들 그리고 주변의 숲이 내가 도시에 있다는 생각을 잠시라도 잊게 하는 공간이다.

The Great Field blends nature and recreation to provide a open, eco-friendly green space. This is the largest open space in the park where people of all ages can enjoy picnic, jogging, and attend events and converts in a natural setting.
The beginnings of this nature experience that starts from the Great Field will make people anticipate the experience that awaits them in the next space. The Great Field will provide enjoyment of the meadow, groves of flowering trees and forget for a moment that you are in the middle of a city

1. Gyeongin Underpass
2. Buffer Forest
3. Great Field & Meadow
4. Road - Woonerf System

Gukhoe-daero Park Design Competition for Revitalization of Southwest of Seoul - Phase 2

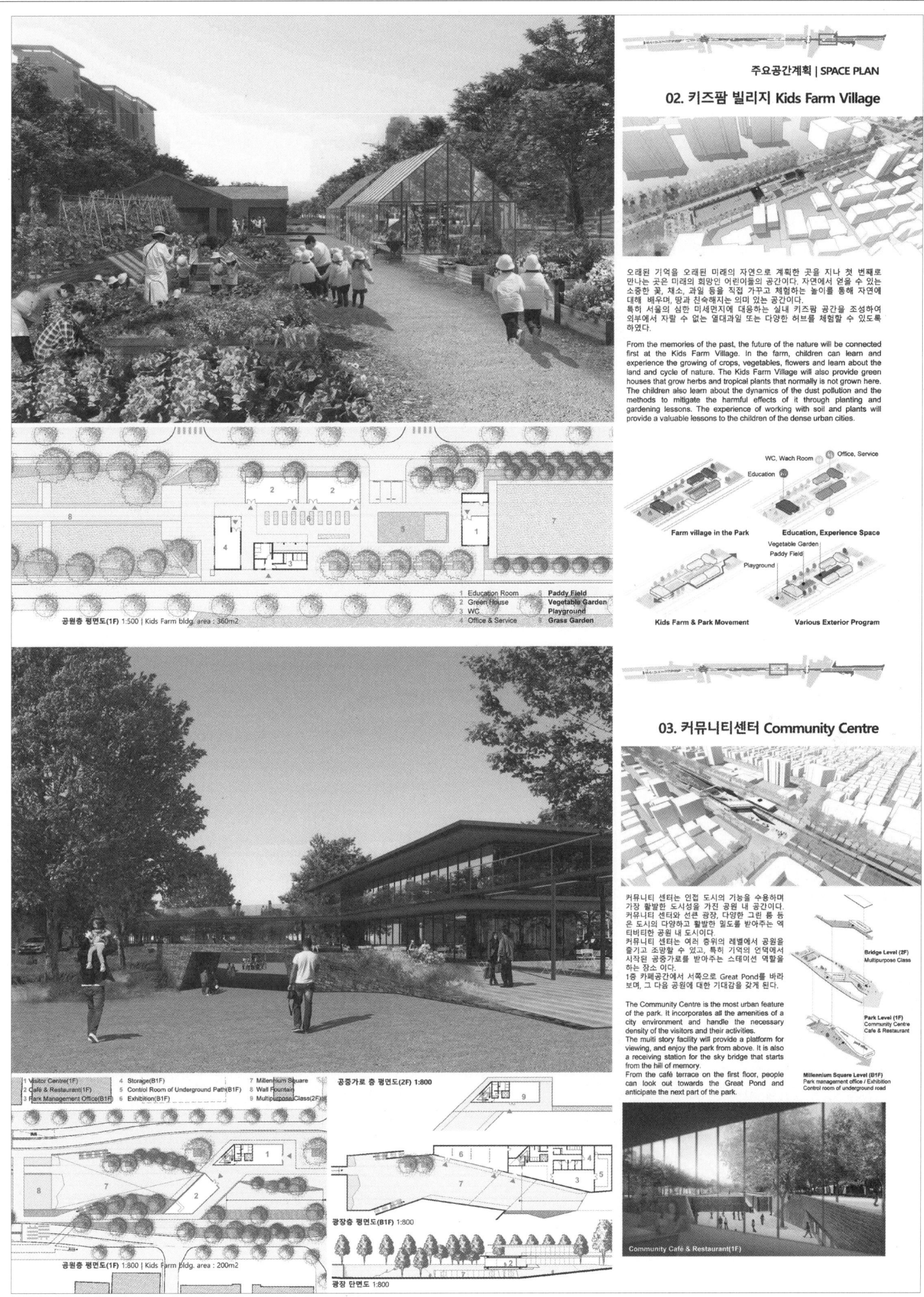

서남권 활성화를 위한 국회대로 상부 공원 설계 공모 2단계

주요공간계획 | SPACE PLAN

04. 물의 정원 Great Pond & Fall Garden

길이 140m, 폭 30m의 그레이트 폰드는 공원에 물을 공급되는 수반같은 이미지로 디자인하였다.
천년의 숲과 공원도시 조성으로 얼마나 많은 양의 물을 다시 땅속으로 스며들 수 있게 하는지를 알리는 교육과 홍보의 공원 시설이다.
생명의 근원인 물이 공원의 중심에 거대하게 배치되어 그 사이로 걸어가며, 물위에 공원 요소들이 투영되어 풍경을 이루고 물소리 등의 사운드 스케이프를 즐길 수 있는 매력적인 공간이 되어준다. 특히 겨울에는 스케이트장으로 변모되어 또 다른 공원의 매력으로 사계절 공원 이용의 자원이 된다.

Extending 140 Meters long and 30 Meters wide, the great pond is designed as reservoir that provides the water for the park. It will be an educational tool to show how much water can percolate back into earth from the creation of the Millennium Forest and the Park-City.
The spring of life is centered in the park to create various activities around and in the water. The waterscape will provide recreation and soundscape through fountains, falls and flow of water throughout.
In winter, the Great Pond will be converted to an ice skating venue along with other activities on ice. Therefore, the Great Pond is utilized all year around.

Acer Palmatum | Zelkova Serrata | Ginkgo Biloba | Acer Palmatum var. sangaineum Nakai

05. 겨울정원 Winter Garden

그레이트폰드와 연결된 공간으로 세련된 수로와 계절별 다양한 꽃과 열매를 볼 수 있는 정원이다. 곳곳에 공원의 미래를 이끄는 천년 세월을 이겨낼 다양한 수종들이 이곳을 덮고 숲을 다양한 높이에서 바라보고 즐길 수 있도록 한, 공중가로가 또 하나의 즐거움을 더해준다.
공원의 수직적 확장을 이뤄주는 공중가로 하부는 해먹, 그네, 겨울방 등의 다양한 시설을 구조체를 활용, 배치하여 기능을 더했다. 겨울의 삭막한 분위기와 어두운 겨울 색에 봄과 가을의 색채를 더하여 활기 있고 생기 있는 겨울정원을 계획했다.

Winter Garden is adjacent to the Great Pond with a water channel and garden full of flowering trees.
The sky walkway bisects through this garden to provide a unique experience from above. There are many species of long living trees and plants that will provide a enjoyable views.
Under the sky walk, there are various amenities like swings, hammocks, winter rooms to provide activities that will overcome the winter gloom with bright colors of spring and fall.

Cornus Alba Sibirica | Cornus sang.ineMointerFel | Cornus sericea 'Flaviramea' | Cornus sericea 'Flaviramea'

Gukhoe-daero Park Design Competition for Revitalization of Southwest of Seoul - Phase 2

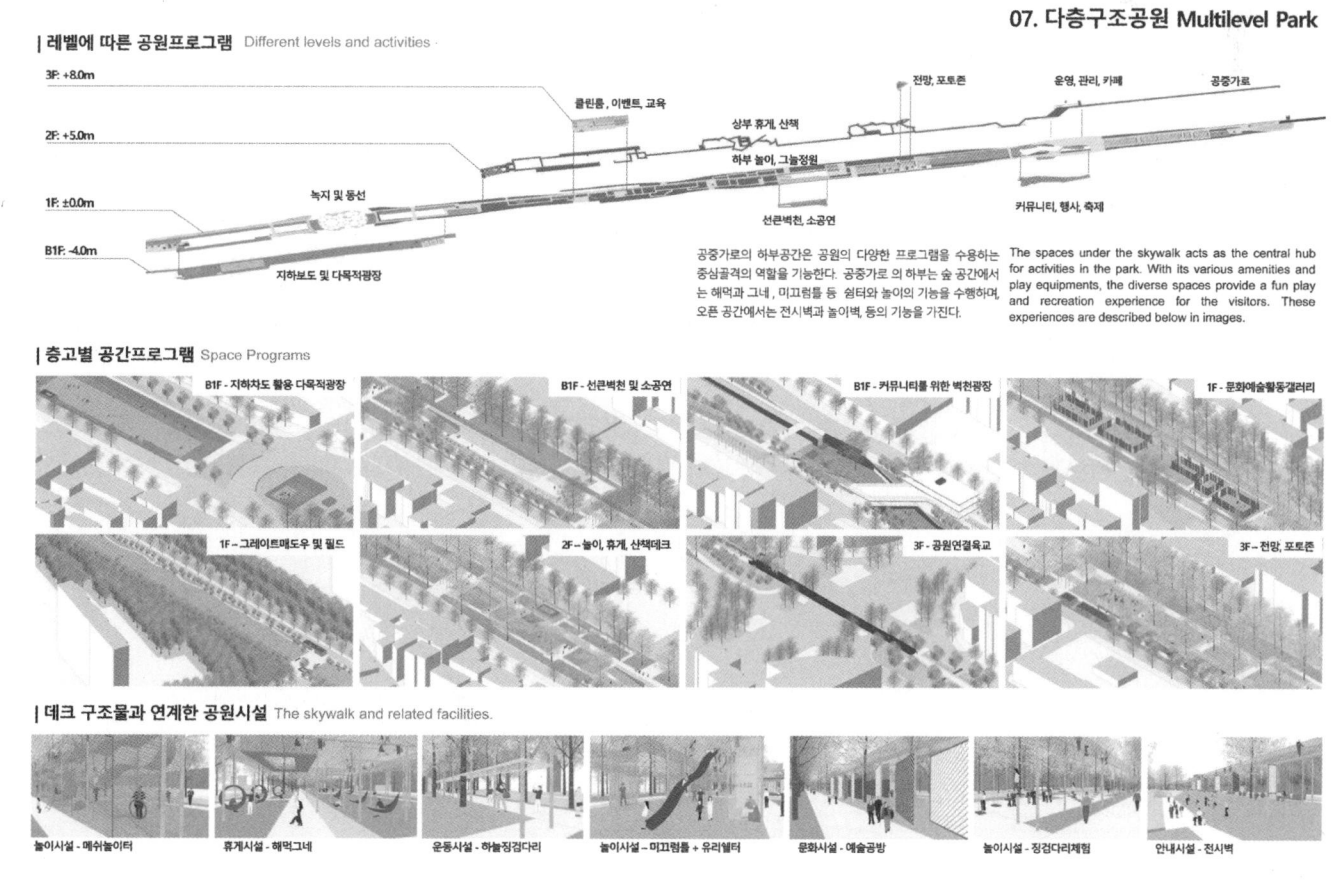

Gukhoe-daero Park Design Competition for Revitalization of Southwest of Seoul - Phase 2

주요공간계획 | SPACE PLAN
10. 코워킹플라자 Co-working Plaza

공원은 도시의 기능과 결합되어 도시를 활성화 시키고 도시에서의 공원의 역할을 증대시킨다. 특히 이 공간은 산업 기능이 주된 도시기능을 가진 공간으로 열악한 산업 환경의 부족함과 휴게, 무휴 위한 공간을 공원에 조성하되, 누구나 언제든지 쉽게 이용하도록 제공되는 시설이다.
바이어와 만나 업무협약을 하고 손님을 만나 회의하는, 산업 기반시설의 열악함을 보완하는 비즈니스 파크의 기능을 담당하게 된다. 트리오피스는 숲 안에 포함된 쾌적한 업무공간을 제공한다

This plaza combines the functions of a city with the park to activate a zone that provide rest, recreation and work spaces. Getting away from the poor working environment in the city to the co-working plaza provides a pleasant working surroundings for meetings networking. In start, an office in a forest.

선형공원의 경관 연결 | LANDSCAPE SEQUENCE

1. 건천습지원 Dry Wetland
2. 생태놀이터 Eco-playground
3. 기억의언덕 앞 Front of Memory Hill
4. 적구정신교 Bridge
5. 공원의 두 갈래길 Forked way
6. 징검다리그네 Rope Swing
7. 문화예술공방 Art&Culture Platform
8. 커뮤니티센터앞 CommunityCentre
9. 밀레니엄광장 Millenium Plaza
10. 물의정원 Great Pond
11. 데크미끄럼틀 Deck Slide
12. 선큰벽천 WaterFall
13. 벽천위에서 WaterFall Way
14. 선큰가든 Sunken Garden
15. 해먹그네 Hammock Swing
16. 메쉬놀이터 MeshPlay
17. 그린스탠드 GreenStand
18. 다단벽천View Platform Garden
19. 지하광장 Underpass Plaza
20. 산업전시정원 Industrial Gallery Garden
21. 빗물정원 Rain Bowl Garden
22. 미루나무정원 Cotton wood Garden
23. 미루나무길 Cottonwood Way
24. 커뮤니티카페 Community Café
25. 커뮤니티테라스 Community Terrace
26. 휴게데크 Deck
27. 트리하우스 Tree House
28. 트리하우스2층 Tree House 2F
29. 트리하우스3층 Tree House 3F
30. 여의도조망 View to Yeouido
31. 물의정원조망 View Great Pond

서남권 활성화를 위한 국회대로 상부 공원 설계 공모 2단계

2등작 인시추 장유진 + (주)종합건축사사무소 가람건축 장연철 + (주)에이치이에이 백종현 설계팀 이건일, 박서현, 이서우(이상 가람)

대지위치 서울특별시 양천구 신월동 (신월IC)~서울시 영등포구 여의도동(여의대로) **대지면적** 110,000㎡ **길이** 7.6km

도로의 각인

국회대로 상부공원의 대상 부지는 지난 40년 간 강서-양천구의 지역단절을 야기했고, 버스 등 대중교통 노선이 없어 상권 형성이 어려웠던 구간이다. 또한, 보행환경이 열악하여 지역이 활성화되지 못하였는데 이를 보행중심의 시민 공원으로 만든다는 것은 반길 일이다. 경인 고속도로는 우리나라 최초의 고속도로로써 구 경인고속도로는 인천의 관문이고 제물포길로 오랫동안 기억되어 대한민국 근 현대사의 시간적 지층을 간직하고 있다. 이러한 켜켜이 쌓인 시간의 층을 간직하고 자동차가 아닌 사람 중심의 공원을 만들기 위해 도시의 다양한 레벨과 각도를 조망할 수 있는 공원을 계획하고자 하였다. 자동차만 다닐 수 있던 비일상의 공간은 일상의 공간이 되어 시민들의 생활 깊이 돌아올 것이다.

IMPRINTED LINE

Gukhoe-Daero arose problems of isolation between Gangseo-gu and Yangcheongu. Pedestrians were not considered while the cities developed and they had a poor quality of public transportations for the last 40 years. Hence, the area was hard to build a local com-munity and a commercial hub. Gyeongin Expressway, which was the first expressway from Seoul to Incheon, contained loads of historical milestones and the named of Jemulpo-gil. This Gukhoe-Daero park will be designed to be a pedestrianized rather than vehicle focused, which aims to provide different levels and perspectives of the surrounding city. At first, vehicles occupied the road once, but this will return to pedestrians' possession

2nd prize INSITU_Jang Yoojin + Garam Architects & Associates_Jang Yeoncheol + HEA_Baek Jonghyun **Location** Shinwol Interchange(IC) Shinwol-dong, Yangcheon-gu, Seoul~Yeoui-Daero, Yeouido-dong, Yeongdeungpo-gu, Seoul **Site area** 110,000㎡ **Length** 7.6km

Gukhoe-daero Park Design Competition for Revitalization of Southwest of Seoul - Phase 2

Imprinted Line : Background

역사적 배경 / Historical Background

1967, 경인고속도로 기공식 — Groundbreaking Ceremony of Gyeongin Expressway, 1967
1968, 경인고속도로 개통식 — Opening Ceremony of Gyeongin Expressway, 1968
1968~, 최초의 고속도로 — The First Expressway - Gyeongin Expressway, 1968~
2000~, 경인고속도로 현황 — Current Condition of Gyeongin Expressway, 2000~

지도의 변천 / Transition of the map

1936, 경성부관내도 — Old Seoul Map
1950, 서울시가지도 — Seoul City Map
1970, 새서울약도 — New Seoul City Map
1988, 서울특별시전도 — Seoul Metropolitan City Map
화곡동 단지 조성 — Hwagok Housing development project / 목동 아파트 개발 — Mok-dong Apartment development

1963년 화곡동 10만 단지 주택 조성 사업과 1946년 영등포 개발을 통해 영등포구의 행정구역이 지금의 모습을 갖추게 됨. **1968년 2급국도 서울인천선 (현 경인고속도로) 개통 및 한강종합 개발 공사의 일환으로 여의도 개발.** 1975년 국회의사당 완공. 1980-1988년 목동 신시가지 건설사업 및 안양천 제방 정비. 1981년 경인고속도로 (경인선)으로 노선명 변경. **1986년 신월 IC-양평동 구간을 '구 경인고속도로'라는 이름으로 자동차 전용도로로 지정.** 2010년 '구 경인고속도로'를 국회대로로 고시. 2012년 경인 아라뱃길 공식 개통. 2016년 서울제물포터널 민간투자사업 착공. 2019년 방섬에 수달의 흔적 발견됨. **2020년 제물포터널 개통 예정.**

Through Hwagok-dong 100,000 housing development project in 1963 and Yeongdeungpo development in 1946 shaped an administrative district of Yeongdeungpo-gu as a similar form of the nowadays. In 1968, Yeouido developed with announcements of Seoul-Incheon line (now Gyeongin Expressway), the HanRiver development project and completion of the National Assemble Building in 1975. Between1980 and 1988, Mok-dong New town Construction project and Anyangcheon embankment maintenance were placed. The Korean government renamed from Gyeongin Line to Gyeongin Expressway in 1981. Shinwol IC to Yangpyeong-dong area was designated as an exclusive road for automobiles under the name of 'Gyeongin Expressway' In 1986. the Gyeongin Expressway changed the name to the Gukhoe-daero in 2010. Gyeongin Ara Waterway opened in 2012. the area began construction of Seoul-Jemulpo Tunnel in 2016. In an addition, a trace of otters was found on Bamseom near the district. Seoul-Jemulpo Tunnel will be opened in 2020.

타공원과의 비교 / Park Size Comparison

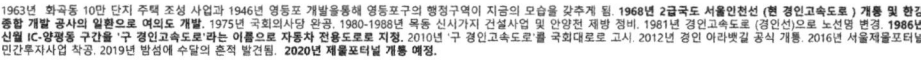

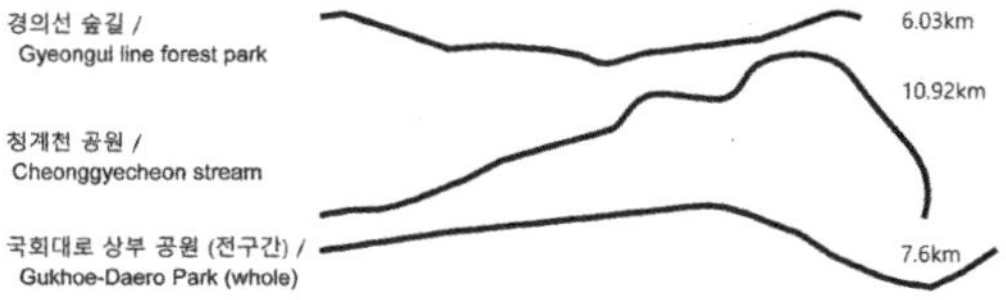

광화문광장/ Gwanghwamoon Plaza	740m
서울로7017/ Seoullo 7017	1.024km
슈퍼킬룐/ Superkilen	750m
파리 샹 드 마스/ Paris Champ de Mars	1.57km
하이라인/ High Line	2.33km
경의선 숲길 / Gyeongul line forest park	6.03km
청계천 공원 / Cheonggyecheon stream	10.92km
국회대로 상부 공원 (전구간) / Gukhoe-Daero Park (whole)	7.6km

대상지 레벨분석 / Level Analysis

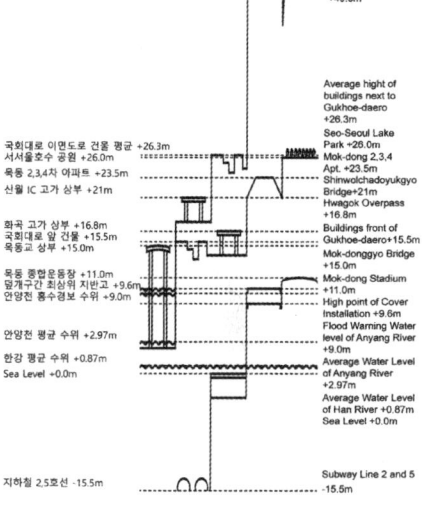

- 봉제산 정상 +87.0m / Top of Bongjae Mt. +87.0m
- 목동 7차 아파트 +49.5m / Mokdong Apartment +49.5m
- 국회대로 이면도로 건물 평균 +26.3m / Average hight of buildings next to Gukhoe-daero +26.3m
- 서서울호수 공원 +26.0m / Seo-Seoul Lake Park +26.0m
- 목동 2,3,4차 아파트 +23.5m / Mok-dong 2,3,4 Apt. +23.5m
- 신월 IC 고가 상부 +21m / Shinwolchadoyukgyo Bridge+21m
- 화곡 고가 상부 +16.8m / Hwagok Overpass +16.8m
- 국회대로 앞 건물 +15.5m / Buildings front of Gukhoe-daero+15.5m
- 목동교 상부 +15.0m / Mok-donggyo Bridge +15.0m
- 목동 종합운동장 +11.0m / Mok-dong Stadium +11.0m
- 덮개구간 최상위 지반고 +9.6m / High point of Cover Installation +9.6m
- 안양천 홍수경보 수위 +9.0m / Flood Warning Water level of Anyang River +9.0m
- 안양천 평균 수위 +2.97m / Average Water Level of Anyang River +2.97m
- 한강 평균 수위 +0.87m / Average Water Level of Han River +0.87m
- 해수면 Sea Level +0.0m
- 지하철 2,5호선 -15.5m / Subway Line 2 and 5 -15.5m

Imprinted Line : Concept

컨셉 / Concept

  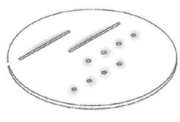 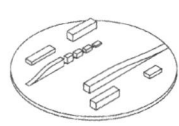 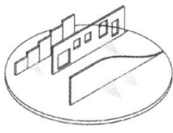 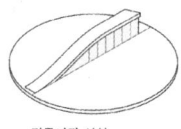

고속도로의 차선 — Highway Lanes
바닥재료와 식생의 경계 — Division of different materials
바닥 조명 — Floor light
스트리트 퍼니처 — Street Furniture
미디어 월 — Media Wall
커뮤니티 시설 — Community Center

'도로의 기억'의 디자인화 / Memories of Road

육교 새활용 — Upcycled pedestrian bridge
글래스 워크 — Glass Walk
빈티지 차량 전시 / 박물관 — Road Museum
새활용된 가로 가구 — Upcycled Street Furniture
새활용된 이벤트 공간 — Upcycled Event venue

선들의 변주 / Variation in Lines

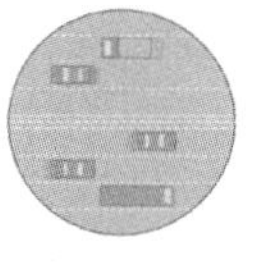

고속도로 위 선들 — Existing Road Lanes
위로 솟은 선들 — Uprising Lanes 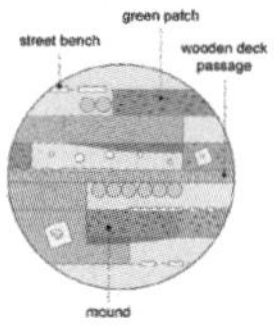
프로그램과의 만남 — Embedded Rooms 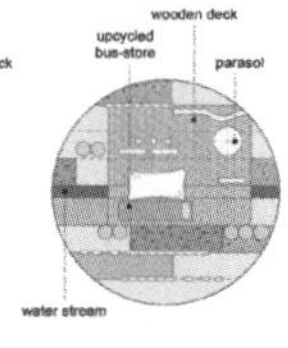
곡선의 보도 — Curved path 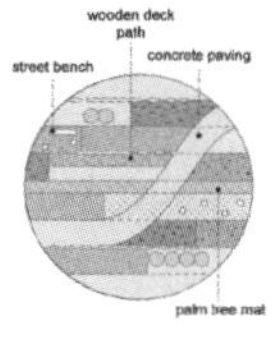
사선의 변화 — Transition to Diagonal 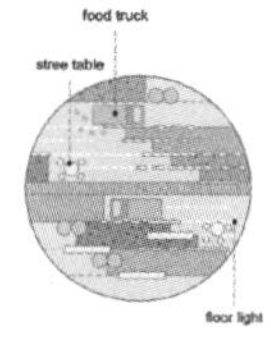
건널목으로의 변화 — Transition to Crossing 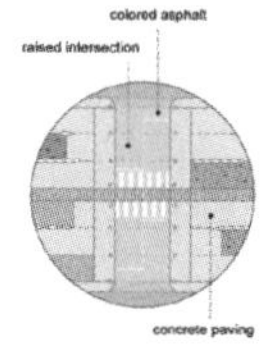

프로그램 / Programs

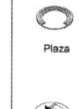              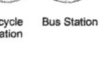

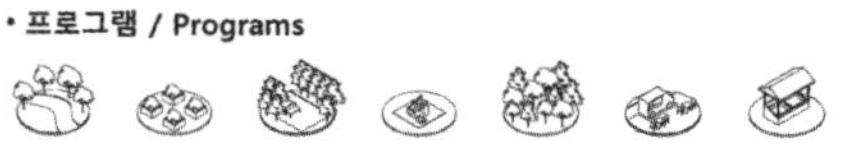

Promenade, Garden, Pocket Garden, Picnic Platform, Forest, Food Truck Zone, Market, Plaza, Exhibition, Pavilion, Outdoor museaum, Observatory, Water Zone, Emergency Exit, Sports Court, Pet Playground, Kids Playground, Nursery Zone, Farming Zone, Greenhouse, Void, Bench, Table, Wall, Planter, Street Light, Food Truck Zone, Upcycled Bus Store, Floor Light, Shading, Fountain, Toilet & Drinking Tap, Upcycled Art Object, Bicycle Station, Bus Station, Upcycle Furniture, Motor Museum

서남권 활성화를 위한 국회대로 상부 공원 설계 공모 2단계

현황 및 분석 / Site Analysis

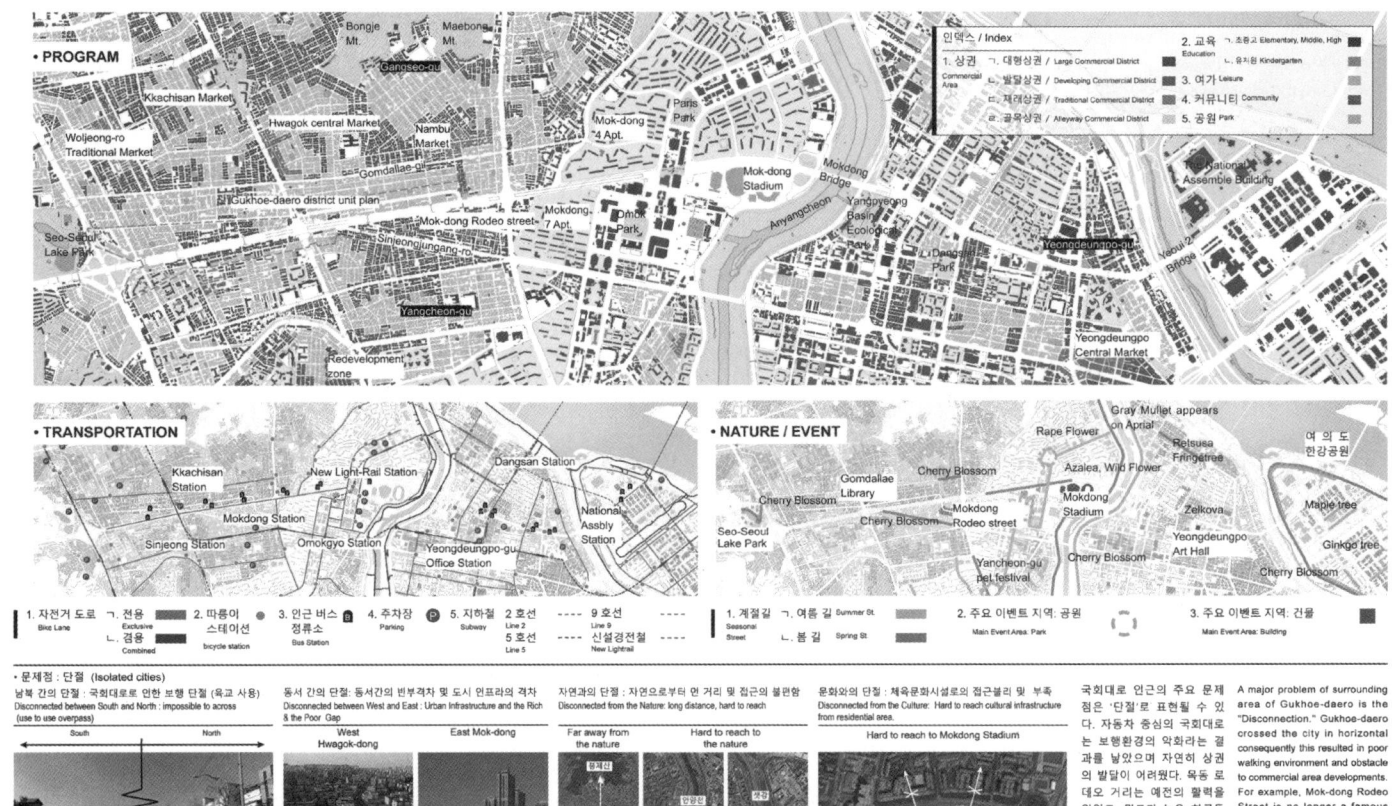

구간별 성격 분석 및 제안 / Sectional Analysis and Proposal

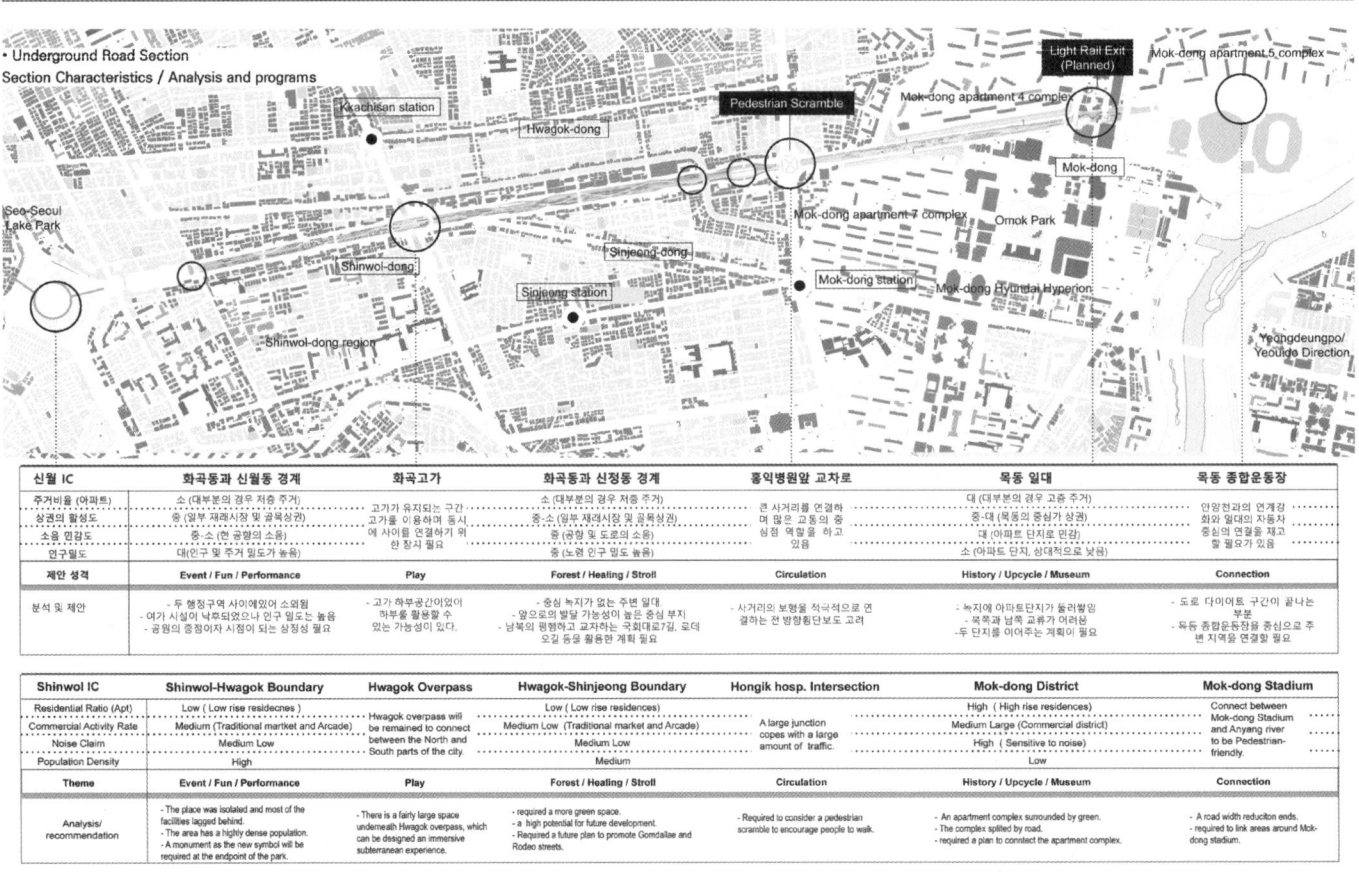

Gukhoe-daero Park Design Competition for Revitalization of Southwest of Seoul - Phase 2

공원계획 1 / Park Planning 1 — 홍익병원 앞 사거리 ~ 청소년 수련관 삼거리 / Hongik Hosp. intersection ~ Youth Center intersection

디자인 컨셉 / Design Concept

'도로의 기억을 담는 공원'
- 국회대로의 역사를 반영하는 빈티지 차량 및 도로시설물의 전시
- 과거의 가로를 기억하는 새활용(Upcycle)된 야외시설물
- 지하수를 이용한 마중 수공간과 역사가 흐르는 수공원

'Memorial of Expressway'
- Exhibition of vintage vehicles and road facilities that reflect the history of Gukhoe Daero
- Upcycled outdoor facilities bring nostelgia of streets at the past
- Water park using groundwater coexisting with historical identies

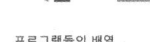
프로그램들의 배열 / Arrangement of program

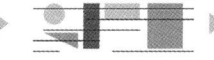
도로 모티프와 연결 / Connection and road motives

공원 프로그램들의 활성화 / Activation of park program

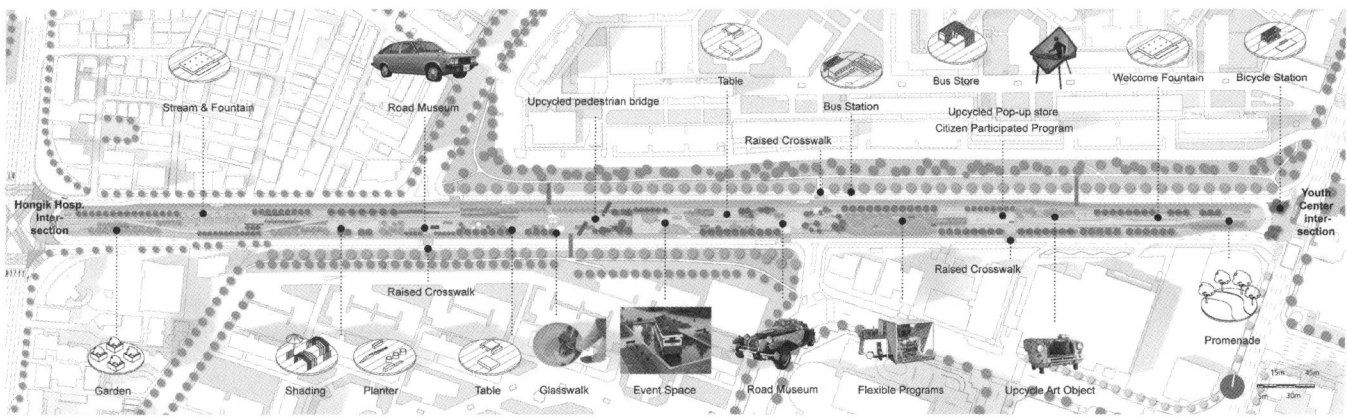

마중분수 / Welcome Fountain

글래스워크 / Glasswalk

새활용 시설물들 / Upcycled Facilities

마중분수 / Welcome fountain

전체 공원의 입구가 되는 부분에 지하수를 이용한 '마중분수'를 배치. 경전철 역, 목동 중심상권이 인근에 있어 많은 인구의 유입이 예상됨. 주변 주거지역으로부터 소음에 대한 민원이 발생할 수 있어 소음을 유발시킬 수 있는 프로그램은 배제함.

The Welcome fountain, which uses underground water is located at the entrance of the park. A large number of population flow is expected due to nearby light-rail station, and Mok-dong central commercial area. To control noise level, programs are limited to the exhibition.

재료 / Materials

| 철 steel | 코르텐강철 weathering steel | 콘크리트 concrete | 데크 wooden deck | 화강석 판석 포장 granite stone | 투수 블록 포장 blending stone | 강화 유리 reinforced glass |

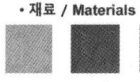   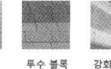

단면 / Sections

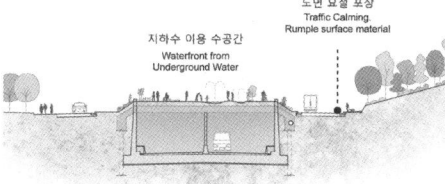
지하수 이용 수공간 / Waterfront from Underground Water
도로 정온화 기법 도입 노면 요철 포장 / Traffic Calming. Rumple surface material

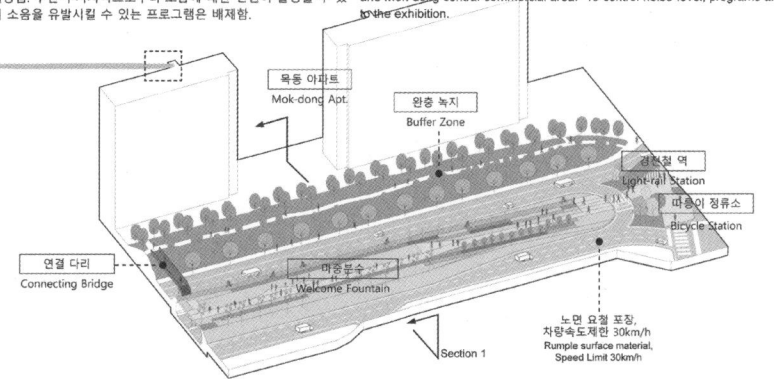
Section 1 — Rumple surface material, Speed Limit 30km/h

육교의 새활용 / Upcycle of pedestrain bridge

Imprinted Line 공원의 상징이자 게이트 형식의 관문이 되는 육교를 배치함. 철거하기로 된 기존 육교를 재해석하여 캔틸레버 형식의 구조물을 세움.

Upcycled pedestrian bridges will be a symbol and gateway for Imprinted Line Park. Reinterpreting the existing pedestrian bridges, which planned to be demolished, will be placed as a cantilevered structure.

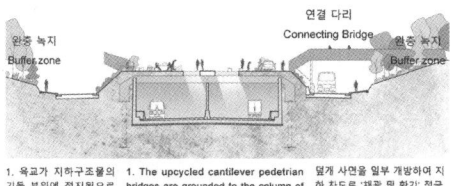

1. 육교가 지하구조물의 기둥 부위에 접지됨으로써 구조적 부담을 최소화.
2. 기둥의 지지력을 높이기 위하여 구조적 보강함.

1. The upcycled cantilever pedestrian bridges are grounded to the column of the underground structure to reducethe structural stress.
2. Structural will be reinforced to increase the bearing capacity of the column.

덮개 사면을 일부 개방하여 지하 차도로 '채광 및 환기' 적극적 도입.
partial openings on the cover for light and ventilation.

공원계획 2 / Park Planning 2 – 화곡고가 ~ 홍익병원 / Hwagok Overpass ~ Hongik Hosp.

디자인 컨셉 / Design Concept

'도시의 공백을 메꿔주는 숲 공원'

- 주변상권과 연계하여 이용하는 휴식공간
- 공원운영과 지역활성화를 위한 거점공간인 복합 커뮤니티 센터
- 로데오 거리와 유통상가 구역, 재래시장과 연계된 로드스퀘어 및 가로 계획

'Forest Park heals the cities'

- Relaxing space connects with the surrounding commercial area
- Community centers, a base for park operation and regional revitalization
- Road Square and street planning lead to Rodeo Street, Distribution shop, and traditional markets

식생의 배치 / Planting Arrangement

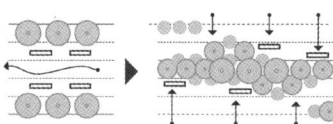

닫힌 영역을 만드는 가로형 식재를 지양하고, 도시 조직에서의 인구 유입 및 도시의 확장에 용이한 균집형 식생 배치를 지향함.

Avoid a peripheral planting that creates a closed area. Instead, it aims for a clustered planting that is easy to attract population from urban tissue and also more expandable to urban areas.

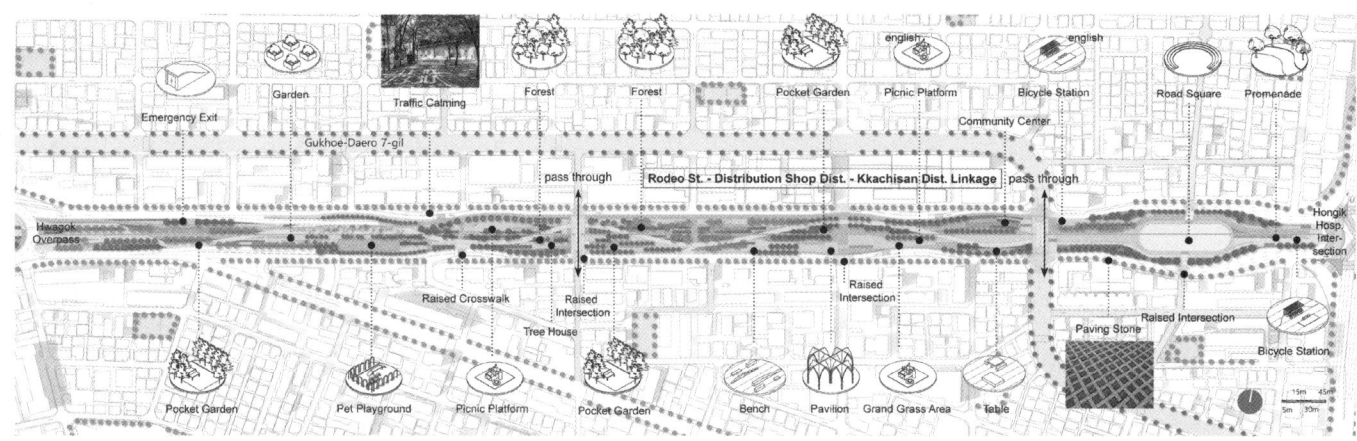

트리하우스 / Treehouse

디자인 프로세스 / Design Process

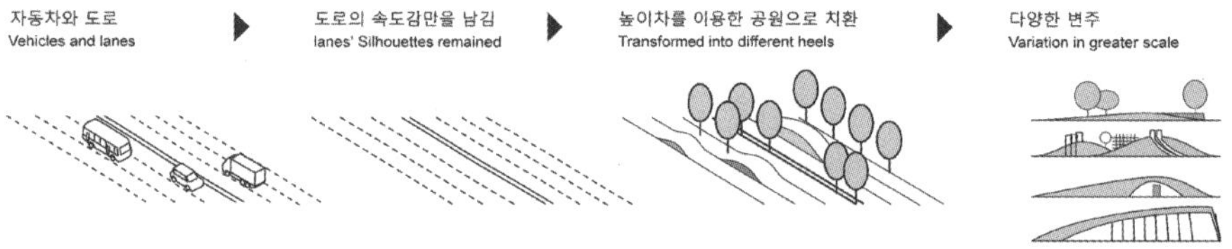

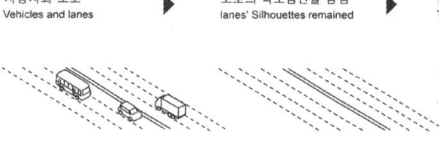

자동차와 도로	도로의 속도감만 남김	높이차를 이용한 공원으로 치환	다양한 변주
Vehicles and lanes	lanes' Silhouettes remained	Transformed into different heels	Variation in greater scale

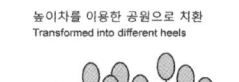

공원계획 2 / Park Planning 2 — 화곡고가 ~ 홍익병원 / Hwagok Overpass ~ Hongik Hosp.

로드 스퀘어

대규모의 이벤트가 일어나고 사람들이 자유롭게 활동적으로 점유하는 빈 광장으로써 주변지구 활성화를 위한 구심점이 됨. 과거 도로의 흔적을 간직한 공터.

The road square is an opened plaza, where people can have a different scale of events, and it will be a central place of the district. The road square had remained most of the road shapes.

재료 / Materials

- 야자 매트 / coir net
- 아스팔트 / asphalt
- 콘크리트 / concrete
- 데크 / wooden deck
- 화강석 판석 포장 / granite stone
- 투수 블록 포장 / blending stone

로드 스퀘어의 변경된 도로 선형 / Transformation of Road Lanes in Road Square

기존 도로선형 / Original Road Lanes
이면도로가 완충녹지를 사이에 두고 형성되어있고 대부분이 차량 주정차가 되어있음. Roads crosses buffer zone.

변경된 도로선형 / Transformed Road Lanes
필지별 차량 접근이 도로에서 직접 가능하게되어 지역 발전에 도움. 시카인(Chicaine)을 형성하여 차량의 주행 속도를 제한하는 효과가 있음.
This allows direct access for vehicles from perimeter blocks to the road, which enhance the local economic boom. The transformed lanes shaped as Chicaine which will reduce the speed of vehicles.

대잔디와 피아노의 숲 / Grand Grass Area and Piano Forest

대규모의 녹지와 휴식공간을 제공하는 공간으로 녹지 사이사이에 테이블, 벤치, 피아노 등 작은 휴식공간이 배치되어있음.

This space provides a large green and relaxing place, which accommodates including small relaxing spots such as tables, benches, and pianos within the forest.

단면 / Section

- 도로 정온화기법 / Traffic Calming
- 콘크리트 패널 주보도 / Concrete Panel Main Path
- 오솔길 / Forest Path
- 대잔디 / Grand Grass Area
- 숲 / Forest

로데오거리-유통상가 골목-까치산 지구중심의 연계 / Rodeo St.-Distributor Dist.-Kkachisan Dist. Linkage

BEFORE
현재 국회대로 남쪽의 목동 로데오 거리는 과거와 달리 상권이 침체되어있음. 국회대로 상부는 유통상가 및 생활용품을 파는 거리가 조성되어있고 이면도로인 국회대로 7길을 지나 서쪽으로는 까치산 지구중심까지 뻗어나감. 북쪽으로는 재래시장이 위치해 있으나 현재 각 상권 간에 연계는 부족한 상황. 특히 국회대로를 중심으로 남북의 교류는 거의 없었음.

Around Gukhoe-Daero a number of different shops located such as retails, household goods, and distribution shops. Rodeo Street, located on the southern part of the Gukhoe-daero, used to be one of the most popular shopping streets but had lagged behind and lost its commercial strength. On the north, the traditional market is located, which is lacking connections between surrounding commercial zones. Both the north and the south part of cities had barely communicated due to road penetration.

AFTER

PHASE 1 — Imprinted Line 공원을 건립하여 주변 지역에 대규모 녹지와 휴식공간을 공급함.
Providing a large green and relaxing area to the surrounding site with the new Imprinted Line Park.

PHASE 2 — 현재는 주정차된 차량이 차지하고 있는 유통상가 거리(국회대로7길)를 로데오거리로 연결하기 위하여 컬러 아스콘을 도입하고 벚꽃 가로수를 식재함. 기존의 벚꽃길까지 연계시킴. 로드 스퀘어의 큰 공간과 연계하여 각종 이벤트를 개최함.
Rodeo Street and Gukhoedaero 7-gil used to be a car park but it will be covered with a colored asphalt and be planted cherry blossom trees to connect an existing cherry blossom street. Both streets gently will lead people into Road Square while they enjoying walking down the street.

PHASE 3 — 인근의 근린 소공원과 소골목의 연계를 위하여 보행자 위주의 골목길을 조성함. 서울시 가꿈 주택사업 등 기타 도시재생 프로그램과 연계하여 지역을 개선함.
Create a pedestrian-friendly street through the small alleyways and neighbored parks. Bond with various urban regeneration programs of Seoul city to improve the surrounding context.

인근 근린 소공원과의 연계 및 활성화 방안 / Method of linkage between small parks

근린 소공원 연계 전 / before linkage — Located seperately, therefore the usage is low.

근린 소공원 연계 후 / after linkage — 이벤트와 개별 테마를 각 공원에 부여하여 각기 다른 성격을 갖도록 함.
(예) 장수공원: 어린이 책 주말 정터, 중달래공원: 유기농 채소 장터 등
Provide different events and themes to each park Therefore, each of them represents different characteristics.

운영 전략 / Management Strategy

시민정원사 / Village Gardener — 마을정원 가꾸는 코디네이터 활동, 자발적 유지관리 일조. Garden coordinator, Voluntary maintenance.

공원 친구들 / Park Friends — 주민, 상인, 아티스트, 대학생 등으로 구성, 시민참여 계획 수립 등. Park policies be set by the Group of Citizens, Retailers, Artists, University students, and Volunteers.

국회대로 공원 기금 / Gukhoe-daero park fund — 기업 기부, 시민 기부, 상인 조합 기부를 활성화하고 기부를 하여금 감시가 이루어지게 함. Promote donation from Corporations, Citizens, and Merchant Unions, and let them monitor each other.

적극적인 친환경 요소 / Sustainability — 태양광 패널 조명을 이용하여 전기비 및 유지 관리비 절약. Promote solar panels to reduce fossil fuel generated energy.

주민참여 사업계획 및 전략 / Community involved business Plan & Stradety

- 씨앗심기, 가꿈, 체험 프로그램 진행 / Planting Seeds, Experience program
- 무료 임대 및 자문 / Free rental & advisory
- 시민정원사 / Village Gardener
- 푸른도시국 / Green Seoul Bureau
- 마을정원 / Village Garden
- 행정적 지원 및 자문 / Administrative support

지구단위계획에 따른 주변 변화 예상 / Predicted changes followed by urban design plan

before — 현황 대지 경계선에 따르면 도로 전면부 필지에 비해 이면도로 필지는 상당히 협소하여 수익성 있는 상권의 발달이 어려웠음
The area was hard to develop a commercial zone. According to the previous site boundary, the front area of the site was larger than the back street

after — 지구 단위 계획에 따라 필지 분할 및 합필이 이루어진다면 도로 전면부와 이면도로의 상업가로 형성될 것으로 예상됨
공원의 바닥 재료(pavement)를 지역 안으로 연결하고 근린 공원으로 유도하는 등 포켓형 소규모 녹지들의 확산을 기대함. 또한 전통시장과 동선을 연결하여 지역의 활성화를 꾀하여 일대 주거가 발달하기를 예상함
According to the future plan for the site expects the new booming commercial street.
This will eventually guide people to the park by having the same pattern of paving on both the park and the street. Furthermore, also promote small parks nearby.
The continuous pavement on the alleyway will be covered from the park to the traditional market nearby area.

서남권 활성화를 위한 국회대로 상부 공원 설계 공모 2단계

커뮤니티 센터 / Community Center

2층 평면도 / Second Floor plan 380㎡
1층 평면도 / 1F Floor plan 380㎡
지하1층 평면도 / Basement Floor plan 120㎡
단면도 / Sections

공원계획 3 / Park Planning 3 — 신월IC ~ 화곡고가 / Shinwol Ic ~ Hwagok Overpass

디자인 컨셉 / Design Concept

'갈라진 틈을 함께 채워가는 이벤트 공원'
- 지역활성화를 위한 다양한 이벤트 장소
- 커뮤니티의 부흥을 위한 마을정원 주민참여 프로그램, 시민조경사 등 공공프로그램과의 연계
- 시간별, 상황별 유연한 장소의 활용

'Event Park: Join together'
- Event venue for local revitalization
- Linkage with public programs, such as village garden participification program, civil landscaper, for community revival
- Flexible space usage by time and situation

프로그램들의 배열
Arrangement of program

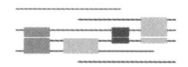
도로 모티프와 연결
Connection and road motives

공원 프로그램들의 활성화 및 여백의 형성
Activation of park program

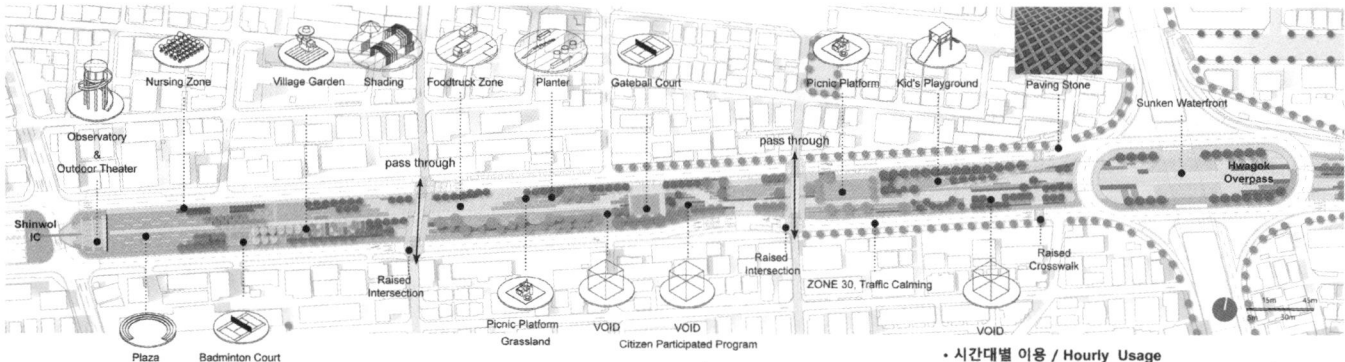

야외공연장 / Outdoor Theater

야시장 / Night Market

시간대별 이용 / Hourly Usage

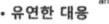

낮-평시: 무엇이든 수용할 수 있는 빈 공간. 마술쇼, 작은음악회 등이 펼쳐짐.
Day-Daily: Empty Space that can accommodate any activities such as Magic shows and small concerts.

밤-이벤트시: 푸드트럭, 야시장 이벤트- 외부로부터의 물리적 장치들이 패턴을 따라 유입
Night-Event: Foodtrucks, Night market events and portable infrastructure will be installed, following floor pavement pattern.

유연한 대응

파클렛 (Parklet)
포켓 주차공간을 파클렛으로의 전환하는 등 상황에 따라 유연하게 사용함
Flexible pocket parking lots will be transformed in case of several situations.

공원계획 3 / Park Planning 3 — 신월 IC ~ 화곡고가 / Shinwol Ic ~ Hwagok Overpass

주민정원 / Resident Garden
다양한 중소규모 이벤트들을 위한 공간. 더불어 작은 포켓 정원들이 구성되어 소,중,대의 공간이 연이어 나타남. 지역 주민의 참여로 만들어지는 VOID들을 사이사이에 배치.

The park provides small, medium and large spaces for various events. The VOID placed frequently in the park and this is for the participation of local residents.

야외공연장 / Outdoor Theater
중대형 이벤트를 수용. 특히, 공원의 끝부분으로 상징적인 공간을 조성. 들어올려진 야외 공연장은 휴식을 위한 스탠드이자 전망대로도 사용.

This is medium and large events space. suggest the new symbolic icon at the end of the park. The lifted outdoor theater is used as a resting stand and observatory.

재료 / Materials
- 아스팔트 / asphalt
- 콘크리트 / concrete
- 데크 / wooden deck
- 화강석 판석 포장 / granite stone
- 투수 블록 포장 / blending stone
- 탄성 포장 / rubber

단면 1 / Section 1
단면 2 / Section 2
야외공연장 종단면 / Section 3

하부로 자동차가 지나가고 유효높이를 확보함 / vehicles go underneath the ourdoor theather and it has more than enough headspace.

교통 및 Node 계획 1 / Transportation and Node Planning 1

전방향 횡단보도 : 홍익병원 사거리 Node / Pedestrian Scramble : Hongik Hospital Intersection

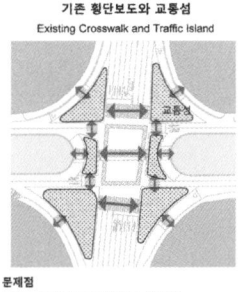

기존 횡단보도와 교통섬 / Existing Crosswalk and Traffic Island → 전방향 횡단보도 제안 / Suggested Pedestrian Scramble

문제점
1. 교통섬이 거대하고 활용성이 떨어짐
2. 공원의 한구역에서 다른 구역으로 넘어가기 위하여 여러번의 신호를 건너야함

Problems
1. Poor efficiency of Traffic Island
2. Citizens wait several signals to cross the road.

해결방안
1. 교통섬을 대폭 축소하고 블럭내로 통합하여 보행자 영역을 넓게 이용하도록 함
2. 보행자 신호시 모든 방향으로 동시에 건너므로 여러번 신호를 받을 필요가 없고 매우 안전함

Solution
1. Remove traffic islands and integrate into blocks to make wider use of pedestrian areas.
2. People cross all directions simultaneously, much safer because all traffic stop.

고원식 교차로와 고원식 횡단보도의 배치 / Adopting Raised Intersection and Raised Crosswalk

- 신호등은 고원식 교차로마다 위치함 / Traffic lights are located at every raised intersection.
- 고원식 횡단보도 / Raised Crosswalk
- 고원식 교차로 / Raised Intersection
- 차량 통행 / Vehicle passes.

도로 정온화 기법의 적용 / Traffic Calming

1. 공원에 인접한 도로 전구역의 생활도로구역 지정. (차량제한 속도 30km/h 적용)
2. 노면 요철 포장으로 차량 속도 제한.
3. 시케인의 적용.
4. 과속방지턱 및 이미지 험프의 적용.

1. Designation of 'Zone 30' for all roads adjacent to the park. (30 km / h vehicle speed limit)
2. Speed limit for vehicles with rumple pavement.
3. Application of Chicanes.
4. Application of speed bumps and image humps.

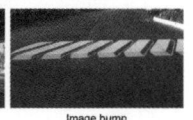

Zone 30 | Rumple Pavement | Chicanes | Image hump

버스정류소와 횡단보도의 위치 변경 / Changing the Location of Bus-stops and Crosswalks

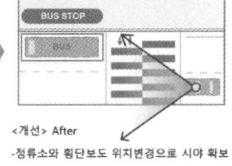

<기존> Before — 전방 횡단보도 시야 차단으로 보행자 위험 / It is risky that bus blocks the views

<개선> After — 정류소와 횡단보도 위치변경으로 시야 확보 / Secure visibility by moving crosswalk location

컬러아스콘의 활용 / Colored Asphalt
시인성이 뛰어난 컬러아스콘의 이용으로 보행자와 차량 동선을 구분함.
Distinguish between pedestrians and vehicle lanes by using colored ascon, which has an excellent visibility

스마트 신호등의 활용 / Smart Traffic Light System
AI 스마트 신호등 도입으로 원활한 교통흐름 유도. 스마트폰을 보며 걷는 이들을 위한 신호등 도입.
AI Smart Traffic Light Induces Smooth Traffic Flow. Introducing traffic lights for those who walk while watching a smartphone.

서남권 활성화를 위한 국회대로 상부 공원 설계 공모 2단계

교통 및 Node 계획 2 / Transportation and Node Planning 2

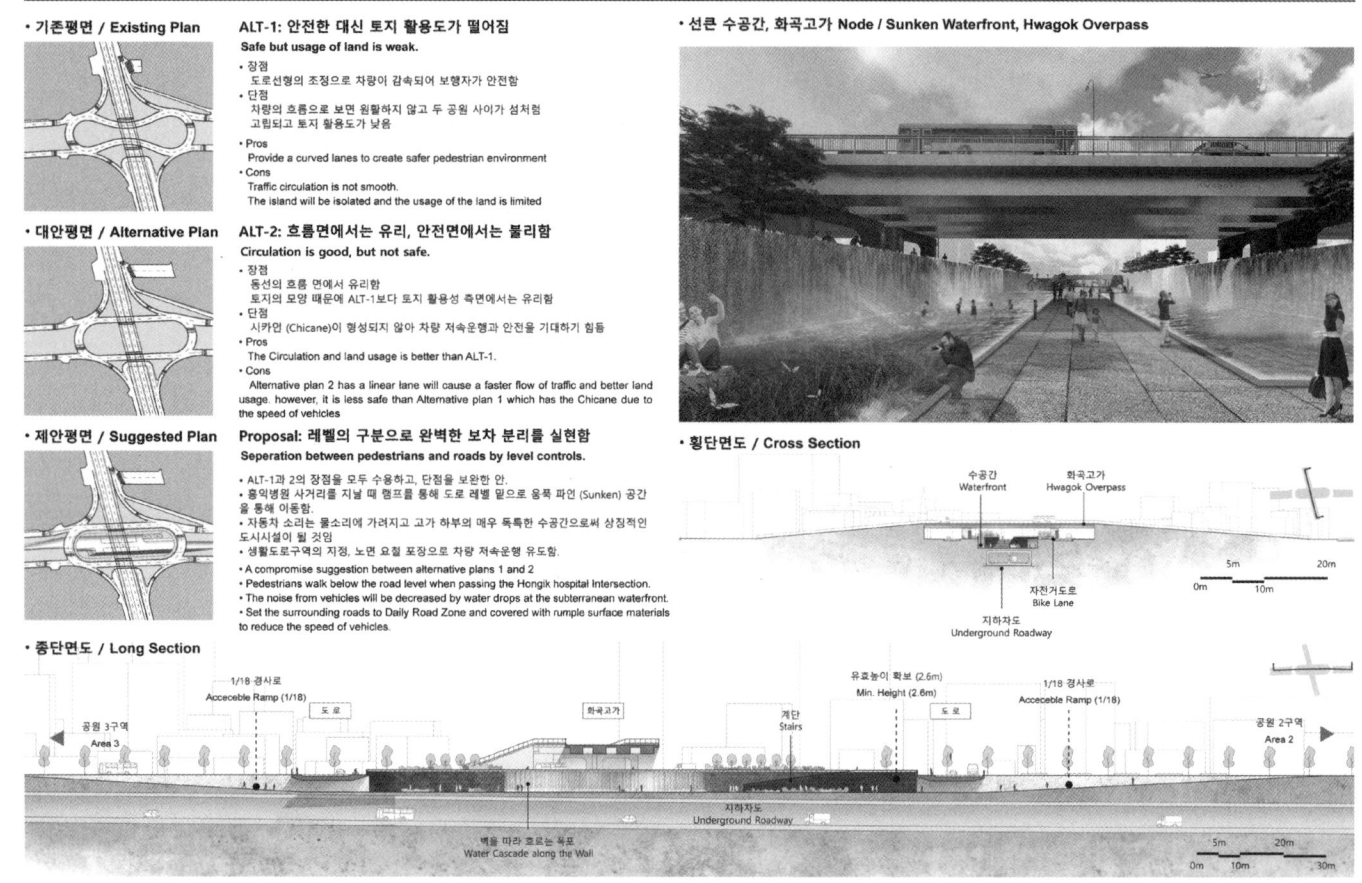

동선의 흐름과 기타 분석 / Circulation and Misc. Analysis

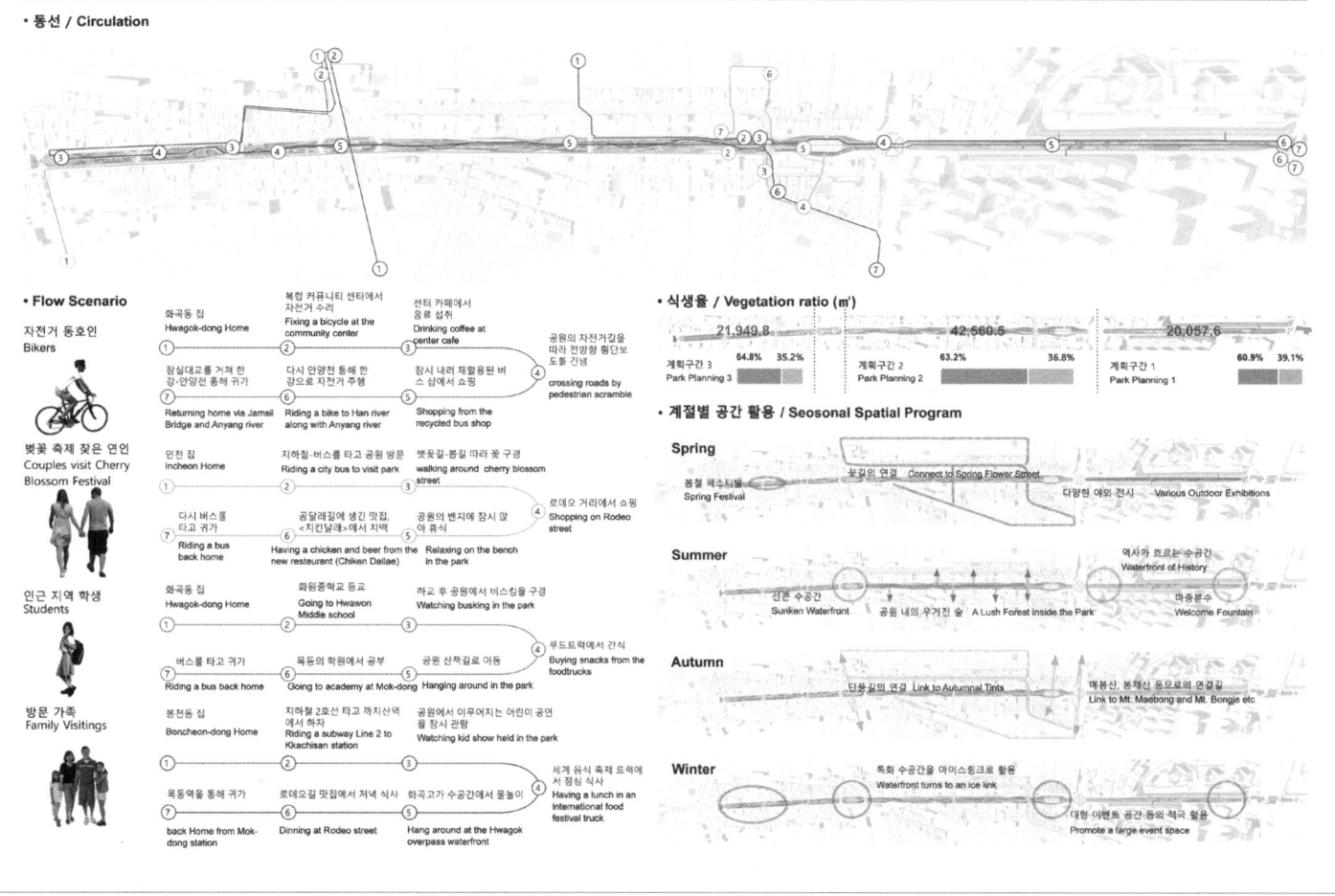

Gukhoe-daero Park Design Competition for Revitalization of Southwest of Seoul - Phase 2

도로다이어트 구간 계획 / Road Width Reduction Zone Planning

• 도로다이어트 구간 / Road Width Reduction Zone

<목동 종합운동장 / Mok-dong Stadium Area>
- 주거단지와 목동종합운동장 접근을 위한연결 브릿지 설치
- Connection bridge that overcomes disconnection.

<안양천 및 목동교 / Anyang River Area>
- 보행과 자전거를 연결하는 튜브형 브릿지 (서울시 CRT 사업과 연계)
- 안양천 생태전망대 -(벚꽃 축제 및 숭어떼 산란기)
- Tube Bridge connecting pedestrian and cycle circulation above the roadway. (Following Seoul CRT Plan)

<영등포구 / Yeongdeungpo-gu Area>
1. 도로지하화 구간의 페이빙 재료와 연계하여 통일성확보
2. 서울시 CRT 사업과 연계 되도록 끊이지 않는 자전거도로를 형성
3. 화단을 이용하여 가로 환경을 개선

1. Paving material in relation to <Park Planning 1>
2. Forming a continuous bike lane in relation to Seoul CRT PLan.
3. Improve the street environment by using flower beds

<여의2교 / Yeoui 2 Bridge>
- 샛강생태공원 접근 개선을 위한 수직 연결 브릿지 설치
- 윤중로 벚꽃길과의 연계
- Installation of a vertical bridge to improve accessibility to Saet River Ecological Park
- Connection with Yoonjung-ro Cherry Blossom Road

<신월IC 유휴공간 / Sinwol IC Idle Space>
- 이벤트 등을 통해 유휴 부지의 활성화 방안 마련 /물놀이장, 썰매장, 공원과 연계된 이벤트
- Establishing plans for revitalizing idle grounds through events such as water parks, sledding parks, and sports events.

• 중장기 계획 / Long-term Plan
- 연결 및 전망타워와 이벤트 공간 역할을 할 수 있는 랜드마크적 명소로 개발
- A landmark that can work as a connection, observation tower, and urban object.

<The Vessel>, NYC | <Camp Adventure>, Haslev

조경계획 / Landscape Plan

구간별 식재계획 컨셉 Planting Strategy

신월IC - 화곡고가 Shinwol IC - Hwagok Overpass — GROVES MIX
신월 IC에서 화곡 고가 구간은 마을 정원, 과실수 및 사계절을 고려한 식재의 조합을 통해 인근 지역 사회를 위한 사회적 녹지 공간을 제공한다.
For Shinwol IC to Hwagok Overpass, a combination of 'groves' are proposed to provide social green spaces for the adjacent communities

화곡고가 - 홍익병원 Hwagok Overpass - Hongik Hosp. — WOODLAND
자연을 온전히 체험할 수 있는 숲을 만드는 것뿐만 아니라 지역사회의 도시생태계를 개선하기 위한 도시숲을 제안한다.
The woodland planting concept is proposed not only to create an immersive forest to experience but also to provide micro-ecosystem surrounding neighborhoods.

홍익병원 - 청소년수련원 삼거리 Hongik Hosp. - Youth Center — MEADOW
홍익 병원에서 청소년 수련원 삼거리 구간은 얕은 토심을 고려한 식재패턴을 적용하며 연속적인 초원의 경관을 구성한다.
From Hongik Hospital to youth training center intersection, The meadow planting is proposed to work with the shallow soil depth worthwhile it provides continuous wild scenery through the park.

식재계획 단면 Key Planting Types

대표식재 리스트 Planting Palette

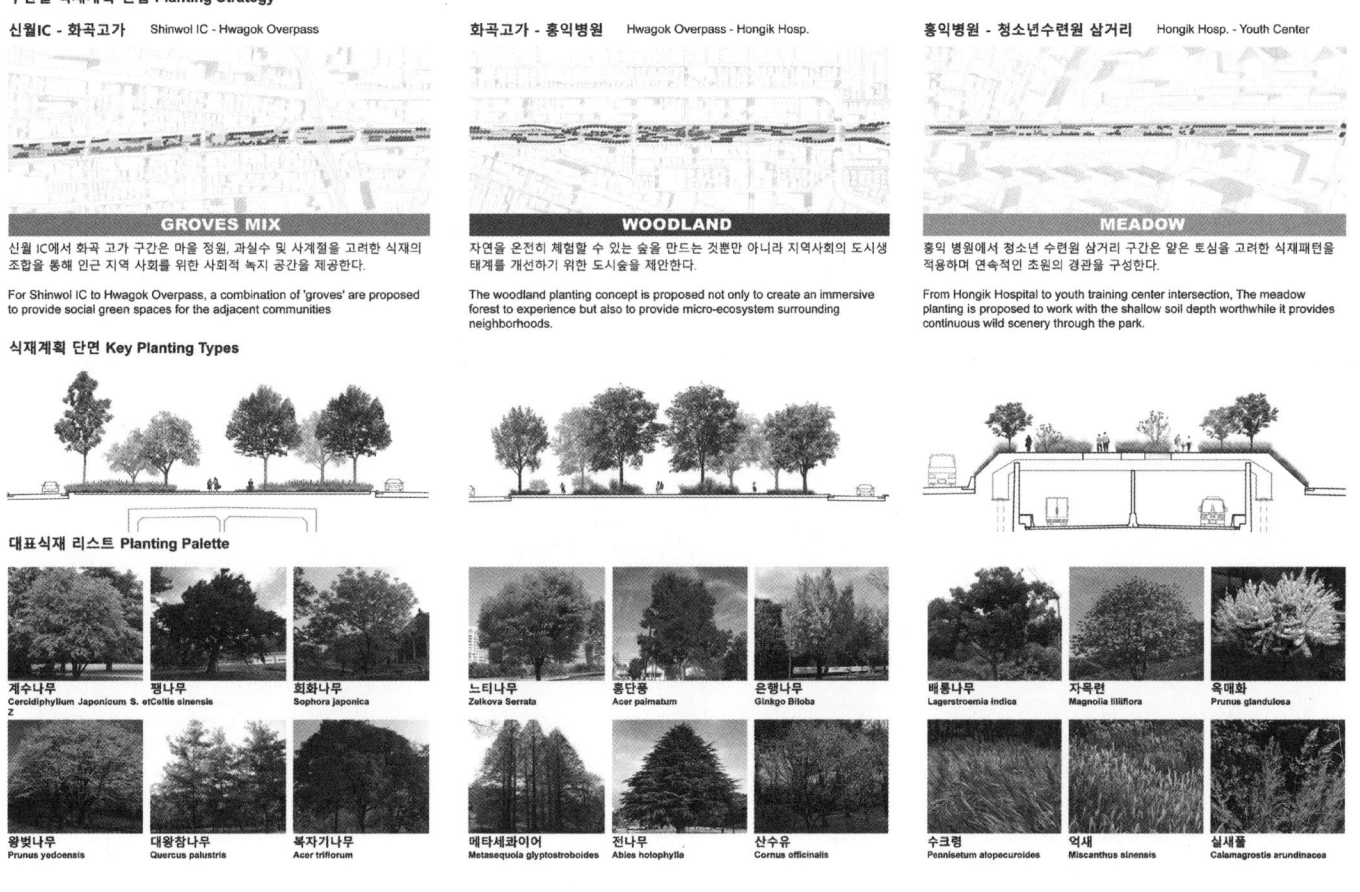

계수나무 Cercidiphyllum Japonicum S. | 팽나무 etCeltis sinensis | 회화나무 Sophora japonica | 느티나무 Zelkova Serrata | 홍단풍 Acer palmatum | 은행나무 Ginkgo Biloba | 배롱나무 Lagerstroemia indica | 자목련 Magnolia lilliflora | 옥매화 Prunus glandulosa

왕벚나무 Prunus yedoensis | 대왕참나무 Quercus palustris | 복자기나무 Acer triflorum | 메타세콰이어 Metasequoia glyptostroboides | 전나무 Abies holophylla | 산수유 Cornus officinalis | 수크령 Pennisetum alopecuroides | 억새 Miscanthus sinensis | 실새풀 Calamagrostis arundinacea

신내 컴팩트시티 국제설계공모 – 북부간선도로 입체화사업

당선작 (주)포스코에이앤씨건축사사무소 김대원 + 운생동건축사사무소 신창훈 + 장윤규 국민대학교 + (주)유신 성낙일 + (주)한백에프앤씨 박종아 설계팀 이세준, 박문철, 고희석, 김정훈, 김형수, 이가영, 김소영, 최우제, 김태우(이상 포스코) 최상헌, 양원준, 이창근, 이경민(이상 운생동) 정명화, 최광식, 김태형, 윤선조, 이준영, 손윤수(이상 유신) 목진혁, 강정훈, 김유영, 장진현(이상 한백)

대지위치 서울특별시 중랑구 신내동 122-3 일대 **대지면적** 50,876.90㎡ **건축면적** 10,169.20㎡ **연면적** 92,487.06㎡ **건폐율** 19.99% **용적률** 181.79% **규모** 자족시설 – 지하 1층, 지상 4층 / 공동주택 – 지상 15층 **구조** 철골철근콘크리트조 **주차** 468대 **협력업체** 구조 – Arup, 조경 – OFFICE PARK KIM, 토목 – 진영컨설턴트, 기계 – ENG에너지연구소, 친환경 – 미래환경플랜, 교통 – 동해종합기술공사

Connection City_도시기능의 입체화와 자족도시 구현을 위한 새로운 도시패러다임

"창의력은 연결하는 능력이다."
신내 컴팩트시티는 도시와 건축 그리고 공공주택, 생활형 SOC, 자족시설 등 다양한 공적 프로그램의 입체적 발상의 전환을 통해 서울의 새로운 미래 청사진을 담는 복합적 상상체의 도시다. 사업대상지와 주변 신내역 일대는 북부간선도로, 6호선 차량기지 등 도시 기반시설로 단절된 대표적 공간이다. 단절된 공간을 연결하여 도시구조를 회복하고 저이용 유휴부지의 입체적 활용을 통한 공공주택공급과 지역 활성화가 이 프로젝트의 목적이다.

"Connection City"는 북부간선도로에 의해 단절된 도시구조를 연결해주는 '도시 인프라'이다.
저층부는 랜드스케이프 개념을 통해 인공지반을 조성하여 단절된 도시공간을 입체적으로 연결한다. 내부에는 지역과 상생하는 생활형 SOC시설을 계획하고 상부는 입체화된 도시공원을 조성하여 인근주민들과 함께 공유할 수 있는 그린 인프라를 제안한다. 그리고 직주근접 실현과 자족 가능한 도시 구현을 위해 신내역 일대의 미래 발전상에 맞추어 자족시설의 플랫폼을 제안하여 주거, 일자리, 놀이가 있는 새로운 자족도시 모델을 제시한다.

Connection City_A new urban paradigm that aims to add a third dimension to urban features and develop a self-sufficient city

"Creativity is an ability to establish connections."
Sinnae Compact City is an imaginary urban complex that promotes a three-dimensionally reinterpreted public programs for cities, buildings, public housing, community-centered SOC projects and self-sufficient facilities to suggest a new blueprint for the future of Seoul. The project site and the Sinnae Station area are isolated by urban infrastructures such as the Bukbu Expressway and the subway depot of subway line no. 6. Therefore, the project aims to connect these isolated spaces for restoration of urban flow and to make three-dimensional use of underused lands for public housing provision and regional revitalization.

"Connection City" is an 'urban infrastructure' that connects urban areas isolated by the Bukbu Expressway.
On the ground floor, an artificial ground is constructed based on a landscape design concept to establish three-dimensional connection with isolated urban spaces. Community-centered SOC facilities that promote mutual growth with the local community are introduced inside, and a three-dimensionally organized urban park is positioned on the upper area, with an aim to propose a green infrastructure that can be shared with local people. Also, to minimize the journey-to-work distance and introduce a self-sufficient city, a self-sufficient platform that corresponds to the future master plan of the Sinnae Station area is proposed. It suggests a new self-sufficient city model that meets the needs for housing, work and entertainment.

Prize winner Posco A&C_Kim Daeone + UNSANGDONG architects_Shin Changhoon + Jang Yoongyoo_Kookmin University + Yooshin Engineering_Sung Lakil + HANBEAK F&C_Park Jonga **Location** Jangnang-gu, Seoul **Site area** 50,876.90m² **Building area** 10,169.20m² **Gross floor area** 92,487.06m² **Building coverage** 19.99% **Floor space index** 181.79% **Building scope** Self sufficient facility - B1, 4F / Apartment - 15F **Structure** SRC, Truss **Parking** 468

Seoul Compact City – Multi Level Complex on the Bukbu Expressway

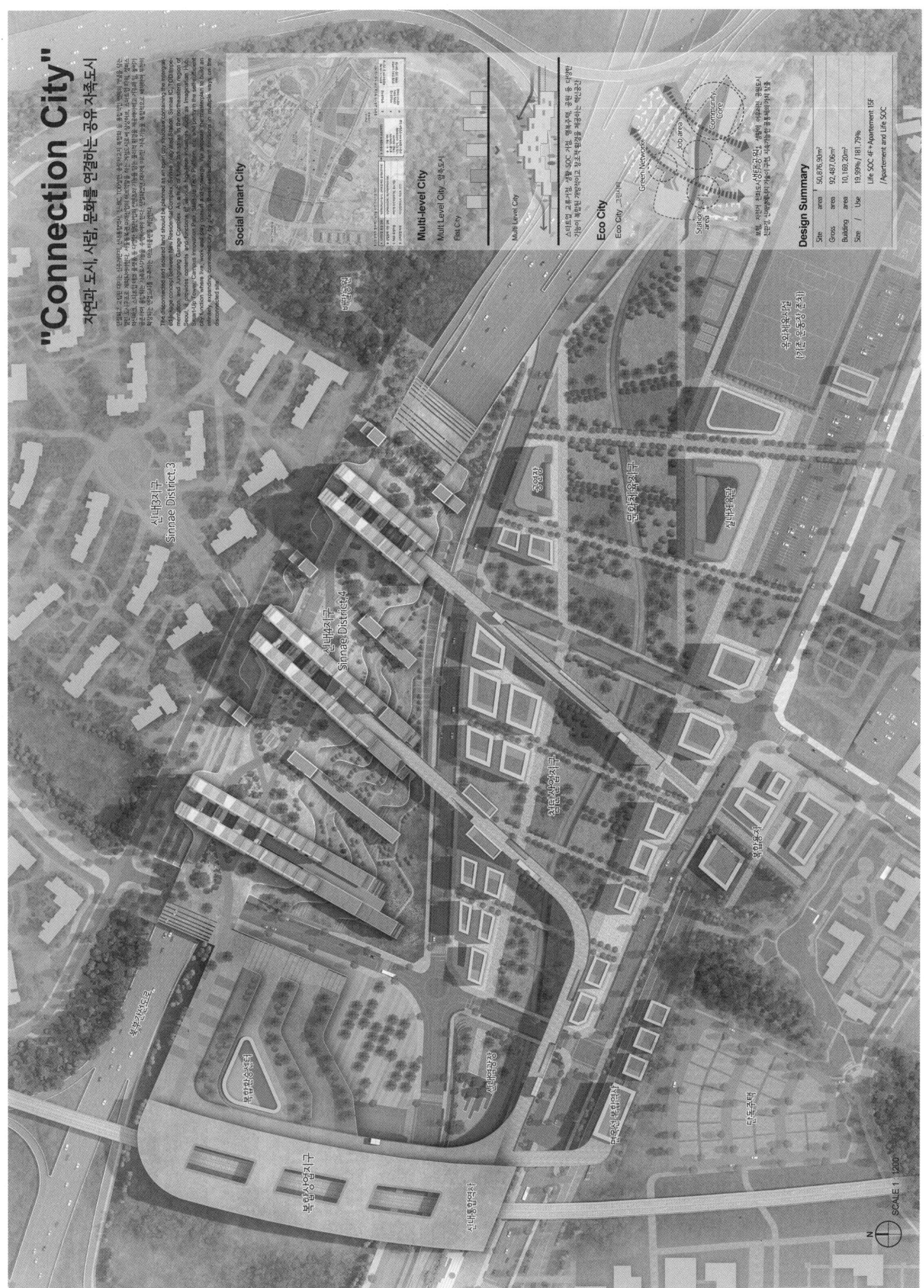

신내 컴팩트시티 국제설계공모 - 북부간선도로 입체화사업

Seoul Compact City – Multi Level Complex on the Bukbu Expressway

신내 컴팩트시티 국제설계공모 - 북부간선도로 입체화사업

Seoul Compact City – Multi Level Complex on the Bukbu Expressway

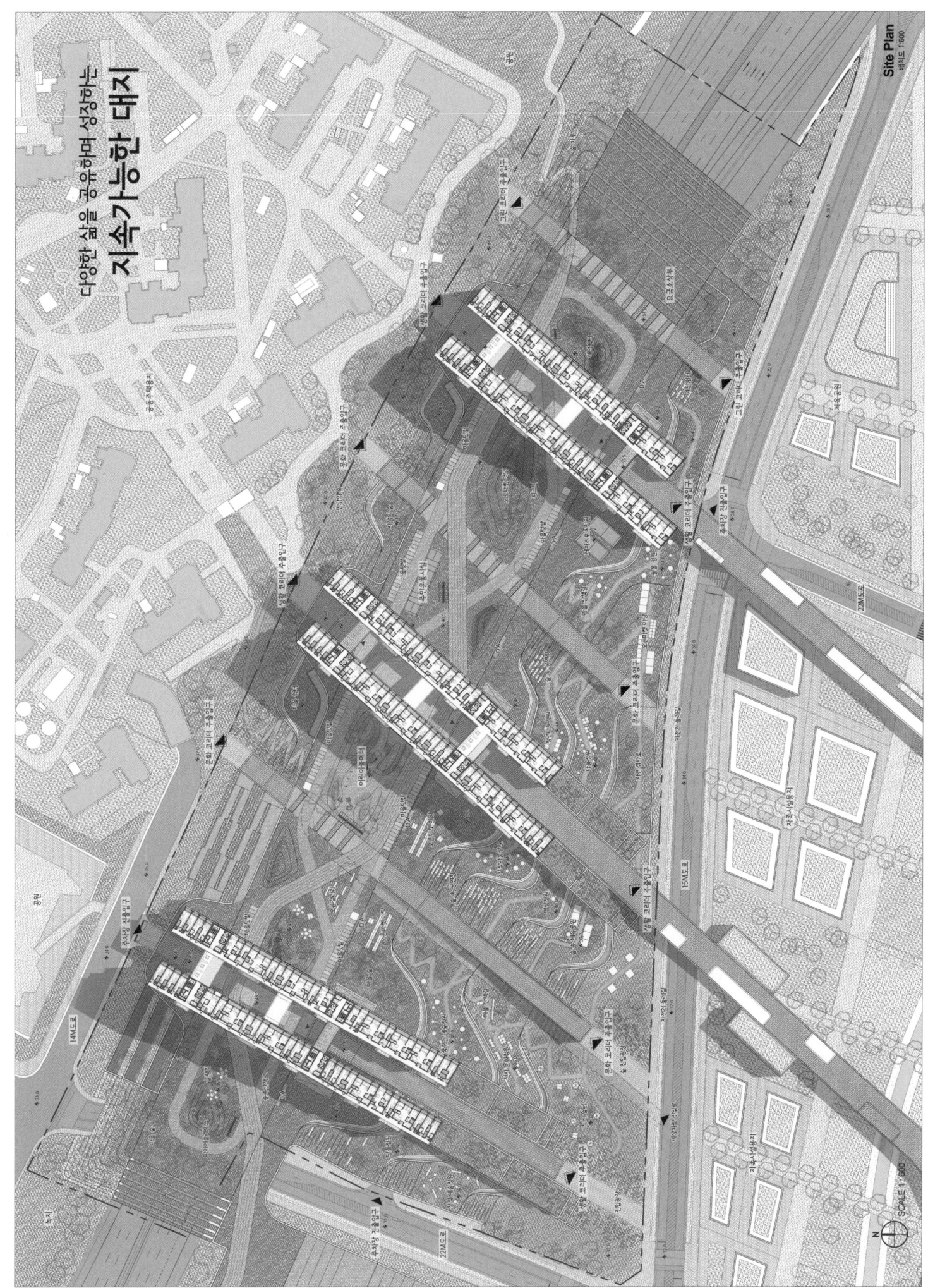

다양한 삶을 공유하며 성장하는 지속가능한 대지

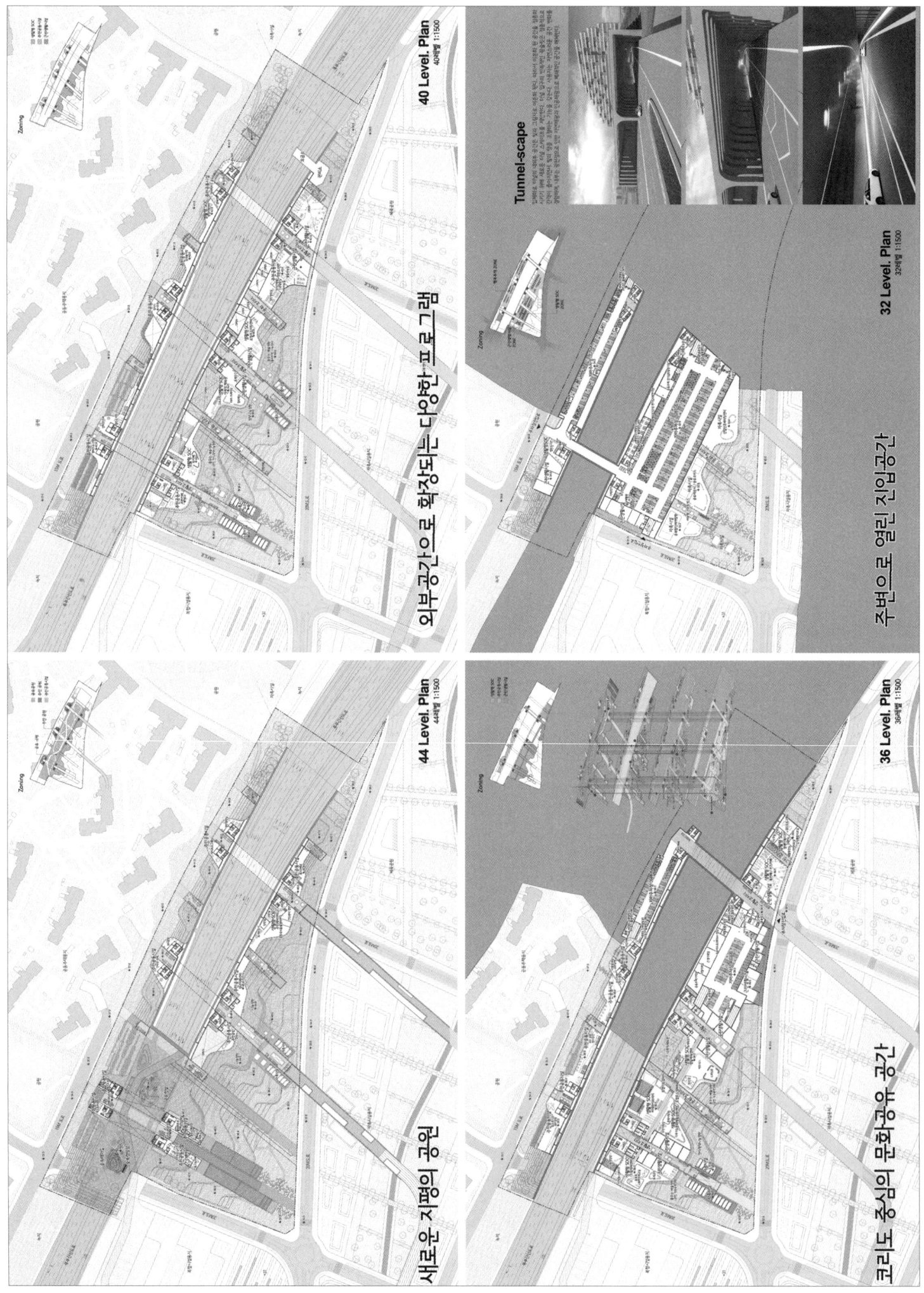

Seoul Compact City – Multi Level Complex on the Bukbu Expressway

신내 컴팩트시티 국제설계공모 – 북부간선도로 입체화사업

2등작 (주)건축사사무소 매스스터디스 조민석, 박기수 + (주)하나기연 김인선 + (주)제일엔지니어링 임종선 + (주)감이디자인랩 정우건 **설계팀** 강준구, 천범현, 임재휘, 김보라, 이지수, 양지윤, 박주현, 김지훈, 이상민, 오세철, 강민경, 이건희, 이준수, 권용남, 이유나, 박종혁, 김호경

대지위치 서울특별시 중랑구 신내동 122-3 일대 **대지면적** 74,675.00㎡ **건축면적** 35,733.50㎡ **연면적** 92,346.93㎡ **조경면적** 23,577.83㎡ **건폐율** 47.85% **용적률** 216.4% **규모** 지하 1층, 지상 20층 **구조** 철근콘크리트조, 철골조 **외부마감** 노출콘크리트, T24 로이복층유리 **주차** 910대 **협력업체** (주)세진기술, 디자인스튜디오 지공, (주)효명이씨에스, (주)한국녹색건축진흥원, (주)도시건축 이래

출퇴근을 위해 하루 평균 두시간 가까이 소모하는 서울의 외곽에 위치한 대상지는 여러 개의 도로와 철도 등 광역 교통 체계의 중첩에 의해 포위된 지역이며, 주변에는 함께 고립된 거대한 섬들과 같은 아파트 단지 블록들로 이루어져 있다. 따라서 한 세기 전 Ludwig Hilberseimer가 'High Rise City (1924)'를 통해 제시한, 통합된 직주 근접 및 단면적 으로 보차 분리된 '컴팩트 도시'의 비전은, 이곳에 더욱 적절해 보인다. 특정 대상지에 적합한 개발 유형으로 제안하는 '지형 기단: 계곡/캠퍼스/판상'은 Hilberseimer의 기본 원칙을 서울의 도시 지형 상황에 적응, 진화시킨 도시 제안이다.

- 계곡 : 계획 부지의 제안은 지면과 만나며 세 가지 도시 계곡을 형성한다. 남측 계곡, 북측 계곡, 중앙 계곡 세 공간은 부지 내의 건물이 자연 지면과 닿는 곳으로 보행자 와 차량 동선이 분리되며, 각각 프롬나드와 지하 주차장 으로 확장된다. 외부에 가장 열려 있어야 할 자족시설, 도전숙 등이 배치된다.
- 캠퍼스 : 생활형 SOC는 기단 레벨에 근접하는 (3-7층) 다양한 11개의 프로그램으로 문화/커뮤니티, 창업 지원, 교육(어린이/성인), 건강/스포츠 존을 형성하며 외부 공간과 함께 유기적으로 구성되어 전체로서 '생활 캠퍼스'를 구성한다.
- 판상 : 계곡 및 캠퍼스 상부에는 주거 유닛들을 위한 11개의 판상들로 구성된다. 미래 주거 공간의 요구 변화에 대응하기 위해 최대한의 가변성을 가진 단순한 구조 체계에서 시작했다. 산세에 대응하기 위해 구성된 세 가지 비율의 판상 볼륨들은 합리적이고 경제적인 구조 체계의 변주이다. 세 가지 면적 유형의 주거 유닛들은 모두 남향이며 남측에 넓은 발코니를 가진다. 판상의 최상부와 최하부에는 여유로운 주민 전용 내/외부 커뮤니티 공간이 배치된다.

The site, at the edge of Seoul, requiring an average daily commute of two hours, is trapped by overlapping metropolitan transportation systems, which includes multiple high-speed roads and railways surrounded by large, apartment blocks, like isolated islands. Ludwig Hilberseimer's vision of a 'compact city' from nearly a century ago, with integration of live/work as well as the separation of pedestrian/vehicular proposed in "High Rise City, (1924)" seems more compelling here. 'Topographic Podium: Valleys/Campus/Slabs' proposes a relevant type of urban development that adapts and evolves the basic principles of Hilberseimer to that of urban topographic condition in Seoul. It is based on the potential that the disconnecting elements can be used as potent connecting elements, transforming this area into an open complex for live/work and leisure, with clear pedestrian and vehicular separation.

- Valleys : the South Valley, North Valley, and Central Valley; these three spaces are where the building on the site touch the ground level, and separate pedestrians from vehicle traffic; expansion to each Promenade and underground parking; consists of Self-Sufficient Facilities, Challengers' Residences, and parking.
- Campus : The Living SOC is a variety of programs on the Podium level (3F~8F), with 11 functions, including culture, sports, childcare, medical care, and welfare, forming zones, that include outdoor spaces, that are composed organically, constituting as a whole the 'Campus for Life.
- Slabs : In the upper levels of the Valley and the Campus are 11 Apartments Slabs for living units. The unit module is based on a simple structural system with maximum variations to adapt to the changes projected for the demand of future residential spaces. In response to the geographical features of the surrounding mountains, three Slab volumes of different proportions are variations to achieve a logical and economic structural system. All three types of residential units are south-facing and each have a roomy balcony on the southside. The uppermost and lowermost levels of the Slabs are spacious and leisurely indoor/outdoor community spaces for the residents.

2nd prize Mass Studies_Cho Minsuk, Park Kisu + Hana Consulting Engineers Co., Ltd._Kim Inseon + Cheil Engineering Co., Ltd._Lim Jongsun + Gami Design Lab_Jon Ougon **Location** Jangnang-gu, Seoul **Site area** 74,675.00㎡ **Building area** 35,733.50㎡ **Gross floor area** 92,346.93㎡ **Landscaping area** 23,577.83㎡ **Building coverage** 47.85% **Floor space index** 216.4% **Building scope** B1, 20F **Structure** RC, SC **Exterior finishing** Exposed concrete, T24 Low-E paired glass **Parking** 910

Seoul Compact City – Multi Level Complex on the Bukbu Expressway

출퇴근을 위해 하루 평균 두 시간 가까이 소요하는 서울이 외곽에 위치한 대상지는 여러 개의 도로와 철도 등 광역 교통 체계에 중첩에 의해 포위된 지역이며, 주변에는 함께 고립된 거대한 성들과 같은 아파트 단지 블럭들로 이루어져 있다.

따라서 한 세기 전 Ludwig Hilberseimer가 'High Rise City (1924)'를 통해 제시한, 통합된 거주 근린 및 단면적으로 보차 분리된 '컴팩트 도시'의 비전도, 이곳에 더욱 적절해 보이된다.

특정 대상지에 적합한 개발 유형으로 제안하는 '지형 기단: 계곡/캠퍼스/판상'은 Hilberseimer의 기본 원칙을 서울의 도시 지형 상황에 적용, 전사시킨 도시 제안이다. 이는 단절 요소를 강력한 연결의 작동, 대상지를 보차 분리의 주거/업무/여가의 열린 복합지역으로 만들 수 있는 가능성에 근거한다.

The site, at the edge of Seoul, requiring an average daily commute of two hours, is trapped by overlapping metropolitan transportation systems, which includes multiple high-speed roads and railways surrounded by large, apartment blocks, like isolated islands.

Ludwig Hilberseimer's vision of a 'compact city' from nearly a century ago, with integration of live/work as well as the separation of pedestrian/vehicular proposed in "High Rise City, (1924)" seems more compelling here.

'Topographic Podium: Valleys/Campus/Slabs' proposes a relevant type of urban development that adapts and evolves the basic principles of Hilberseimer to that of urban topographic condition in Seoul. It is based on the potential that the disconnecting elements can be used as potent connecting elements, transforming this area into an open complex for live/work and leisure, with clear pedestrian and vehicular separation.

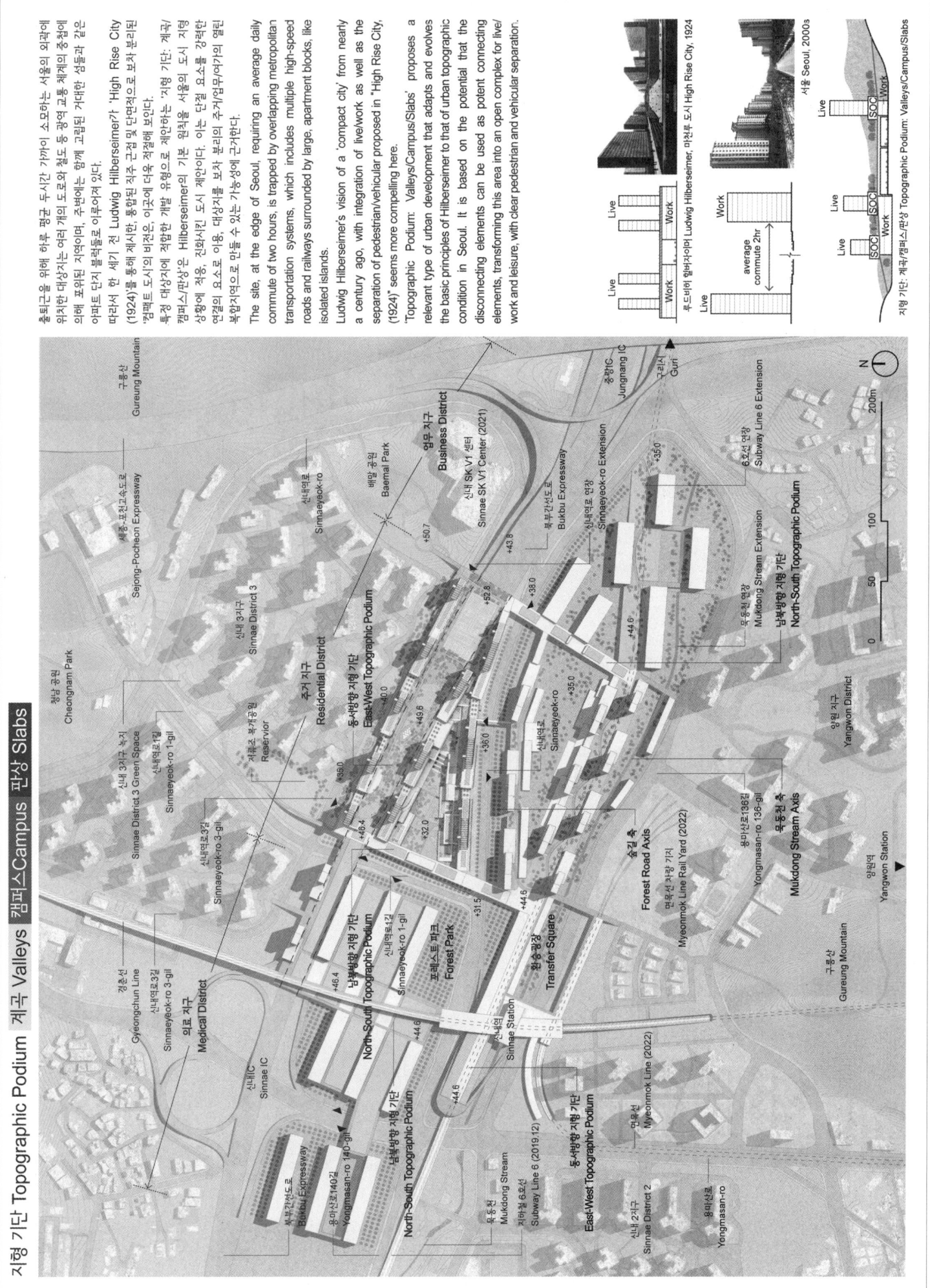

신내 컴팩트시티 국제설계공모 - 북부간선도로 입체화사업

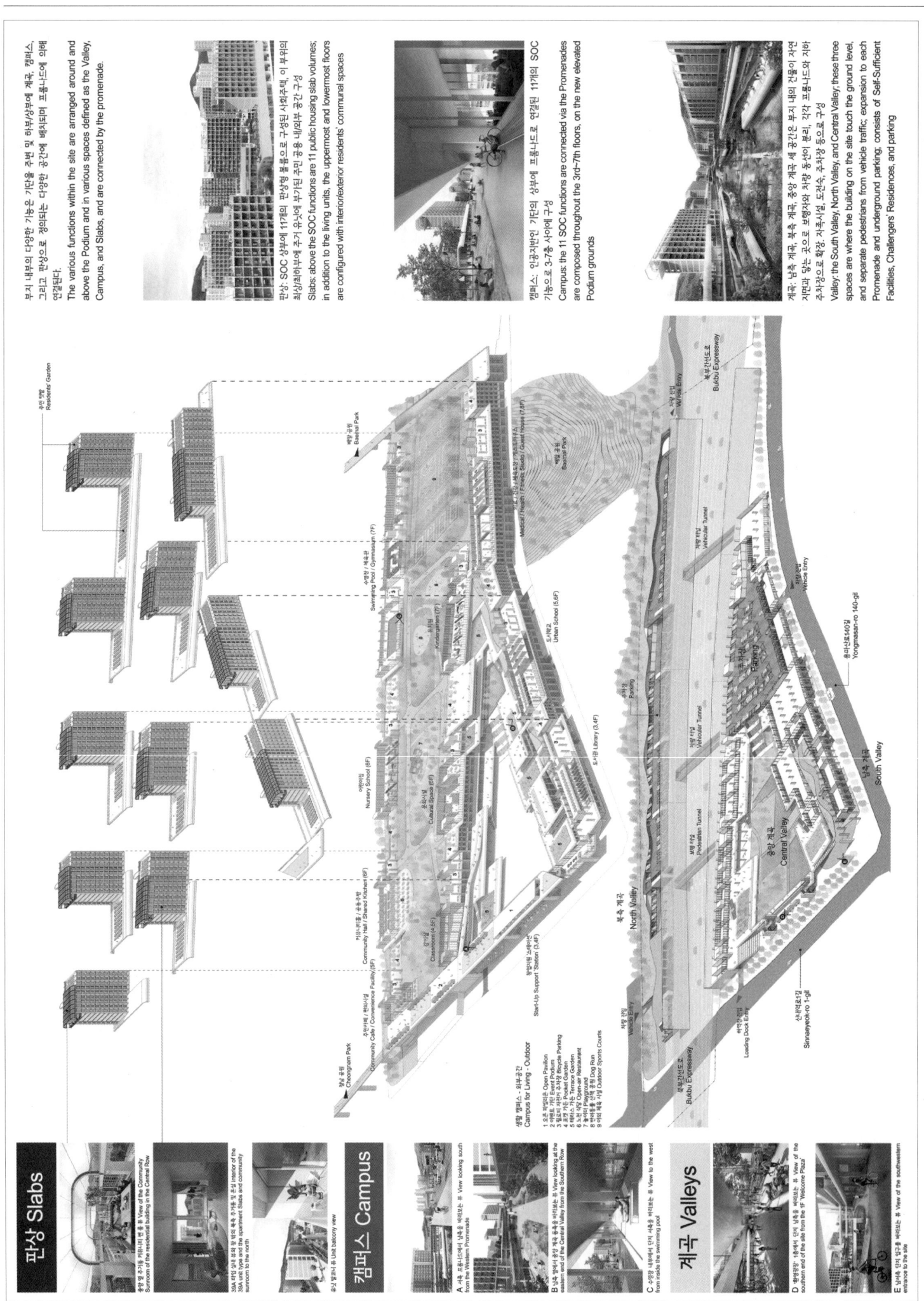

Seoul Compact City – Multi Level Complex on the Bukbu Expressway

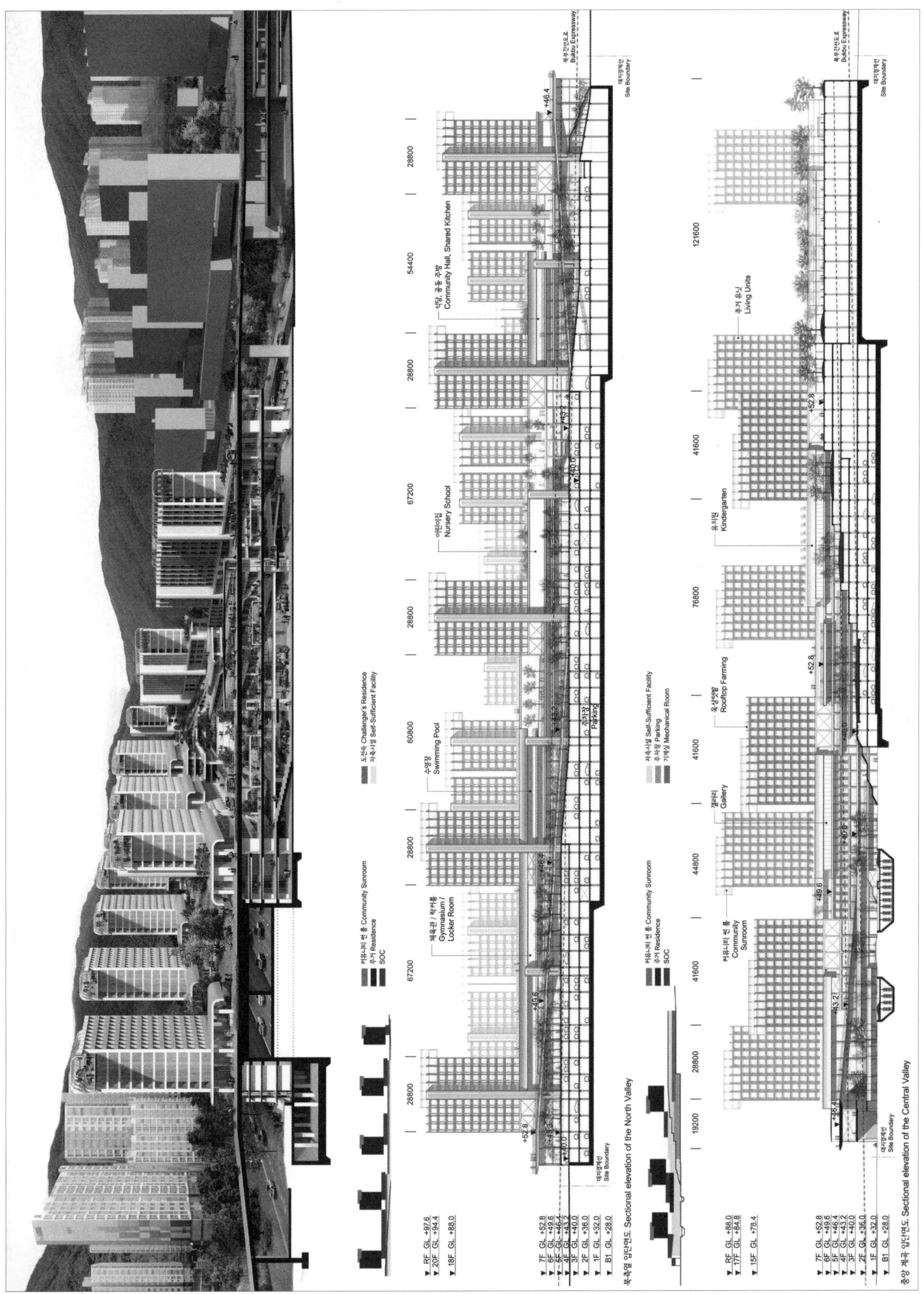

신내 컴팩트시티 국제설계공모 - 북부간선도로 입체화사업

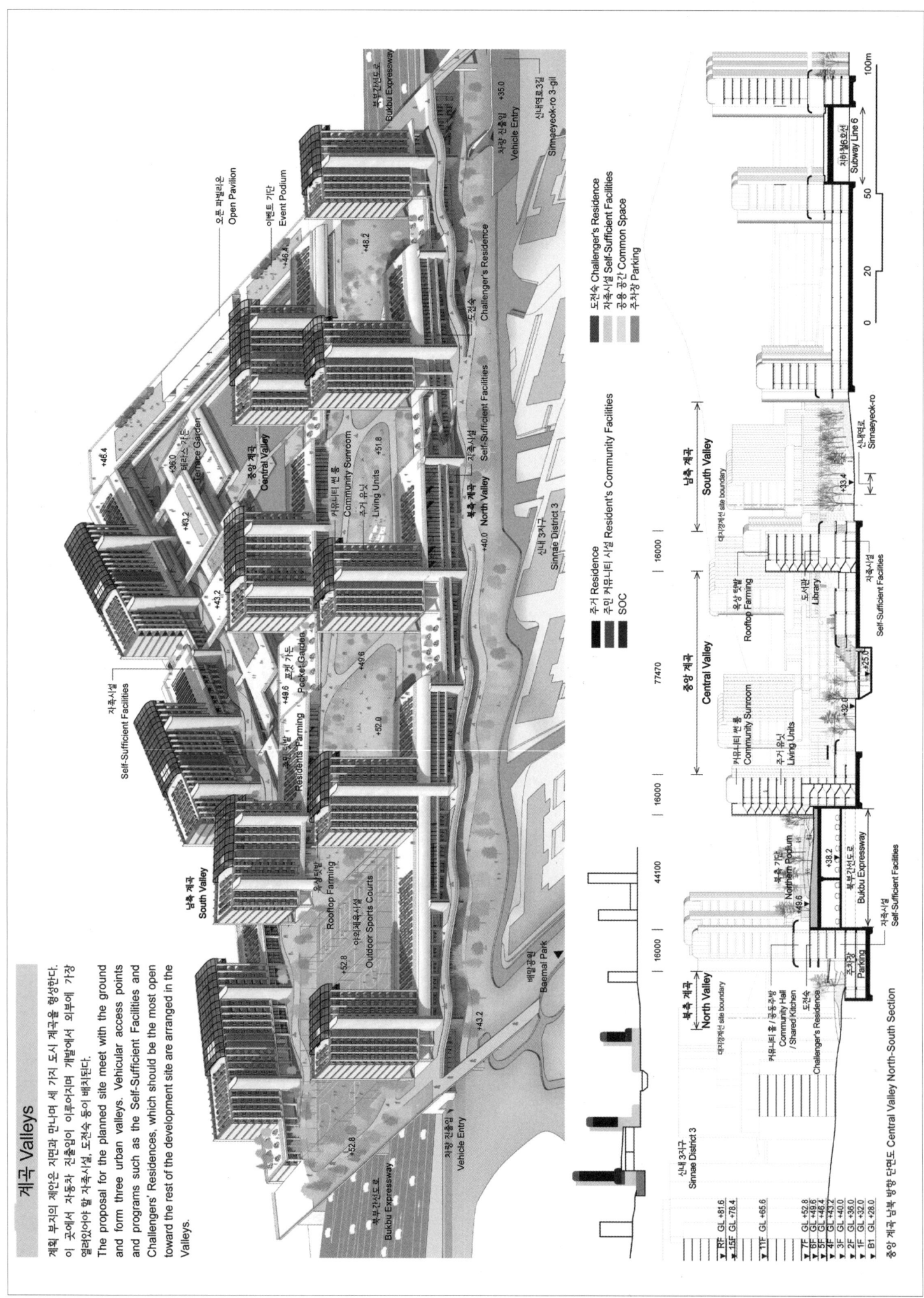

계곡 Valleys

계획 부지의 제안은 지면과 만나며 세 가지 도시 계곡을 형성한다. 이 곳에서 자동차 진출입이 이루어지며 개발에서 외부에 가장 열려있어야 할 자족시설, 도전숙 등이 배치된다.

The proposal for the planned site meet with the ground and form three urban valleys. Vehicular access points and programs such as the Self-Sufficient Facilities and Challengers' Residences, which should be the most open toward the rest of the development site are arranged in the Valleys.

Seoul Compact City – Multi Level Complex on the Bukbu Expressway

캠퍼스 Campus

생활형 SOC는 기단 레벨에 근접하는 (3-7층) 다양한 11개의 프로그램으로 문화/커뮤니티, 창업 지원, 교육(어린이/성인), 건강/스포츠 등의 zone을 형성하며 외부 공간과 함께 유기적으로 구성되어 전체로서 '생활 캠퍼스'를 구성한다.

The Living SOC is a variety of programs on the Podium level (3F–8F), with 11 functions, including culture, sports, childcare, medical care, and welfare, forming zones, that include outdoor spaces, that are composed organically, constituting as a whole the 'Campus for Life.'

생활 캠퍼스 Campus for Life
- 문화 / 커뮤니티 Culture / Community
- 창업지원 Start-up Support
- 교육 (성인 대상) Education (for adults)
- 교육 (어린이 대상) Education (for children)
- 건강 / 스포츠 Health / Sports

1. 오픈 파빌리온 Open Pavilion
   창업지원'스테이션' 상부, 장터 등 다양한 행사
   Above the Start-Up Support Station; markets and various events

2. 이벤트 기단 Event Podium
   서단 캠퍼스의 남북 중심, 장터 등 다양한 행사
   In the north-south direction at the western end of the Campus; markets and various events

3. 필로티 자전거 주차장 Bicycle Parking
   총 11개소
   11 locations

4. 포켓 가든 Pocket Garden
   동-동 사이에 위치하는 작은 정원, 총 7개소
   Small gardens located between the apartment buildings; 7 locations

5. 테라스 가든 Terrace Garden
   중앙 계곡 처마슬래브 상부, 총 6개소
   Above the Central Valley vaults; 6 locations

6. 노천 식당 Open-air Restaurant
   공동 주방 앞
   In front of the Shared Kitchen

7. 놀이터 Playground
   어린이집 앞 마당
   In the front yard of the Nursery School

8. 반려동물 산책 공원 Dog Run
   총 2개소
   2 locations

9. 야외 체육 시설 Outdoor Sports Courts
   수영장/체육관과 체육도장 사이 기단의 넓은 공간
   Large outdoor space on the Podium located between the Swimming Pool/Gymnasium and the Fitness Studio

Community Cafe / Convenience Facility (5F)
Community Hall / Shared Kitchen (6F)
Auditorium (4,5F)
Cultural Space (6F)
Nursery School (6F)
Kindergarten (7F)
Swimming Pool / Gymnasium (7F)
Urban School (5,6F)
Library (3,4F)
Start-Up Support 'Station' (3,4F)
Medical / Health / Fitness Studio / Guest House (7,8F)

신내 컴팩트시티 국제설계공모 - 북부간선도로 입체화사업

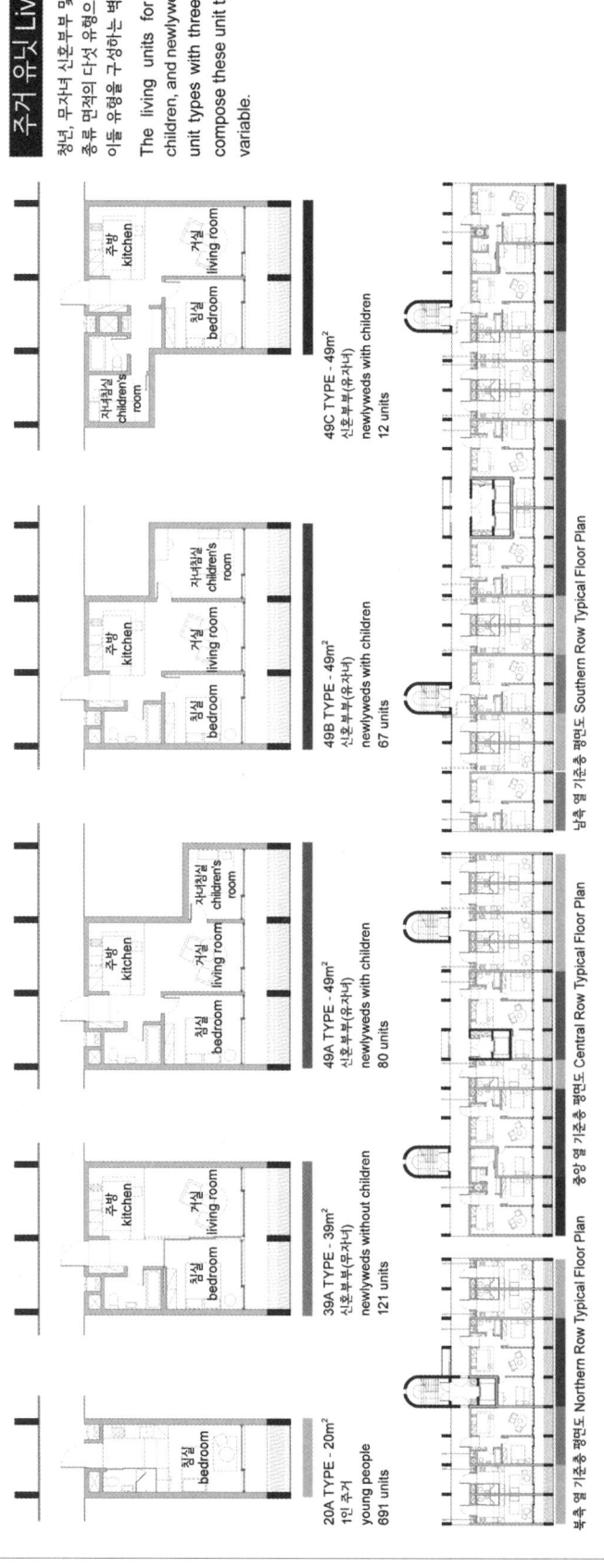

판상 Slabs

제국 및 캠퍼스 상부에는 주거 유닛들을 위한 11개의 판상들로 구성된다. 미래 주거 공간의 요구 변화에 대응하기 위해 최대한의 가변성을 가진 단순한 구조 체계에서 시작했다. 신체에 대응하기 위해 구성된 세 가지 비율의 판상 볼륨은 합리적이고 경제적인 구조 체계의 변주이다. 세 가지 면적 유형의 주거 유닛들은 모두 남향이며 남쪽에 넓은 발코니를 가진다. 판상의 최상부와 최하부에는 여유로운 주민 전용 내외부 커뮤니티 공간이 배치된다.

In the upper levels of the Valley and the Campus are 11 Apartments Slabs for living units. The unit module is based on a simple structural system with maximum variations to adapt to the changes projected for the demand of future residential spaces. In response to the geographical features of the surrounding mountains, three Slab volumes of different proportions are variations to achieve a logical and economic structural system. All three types of residential units are south-facing and each have a roomy balcony on the southside. The uppermost and lowermost levels of the Slabs are spacious and leisurely indoor/outdoor community spaces for the residents.

주거 유닛 Living Units

청년, 무자녀 신혼부부 및 유자녀 신혼부부를 위한 주거 유닛들은 세 종류 면적의 다섯 유형으로 구성된다. 이들 유형을 구성하는 벽은 비구조 벽이어서 가변적이다.

The living units for young people, newlyweds without children, and newlyweds with children are composed of five unit types with three different area types. The walls that compose these unit types are non-structural walls and are variable.

20A TYPE - 20m²
1인 주거
young people
691 units

39A TYPE - 39m²
신혼부부(무자녀)
newlyweds without children
121 units

49A TYPE - 49m²
신혼부부(유자녀)
newlyweds with children
80 units

49B TYPE - 49m²
신혼부부(유자녀)
newlyweds with children
67 units

49C TYPE - 49m²
신혼부부(유자녀)
newlyweds with children
12 units

북측 열 기준층 평면도 Northern Row Typical Floor Plan
중앙 열 기준층 평면도 Central Row Typical Floor Plan
남측 열 기준층 평면도 Southern Row Typical Floor Plan

개실 테라스에서 중앙 계곡을 바라보는 뷰 View of the Central Valley from a unit terrace
주거동 중앙 상층 북도 뷰 View of the upper floor corridor
주거동 하층 복도 뷰 View of the lower floor corridor

Seoul Compact City – Multi Level Complex on the Bukbu Expressway

서울 컴팩트시티, 장지공영차고지 입체화사업

당선작 (주)건축사사무소아크바디 김성한, 김형연 + (주)범도시건축종합건축사사무소 단준배, 정승권 + (주)동일기술공사 + (주)CA조경기술사사무소 진양교 + 미래설비엔지니어링(주)
설계팀 김새미, 심은정(이상 아크바디) 서요섭, 박해인, 임재형, 이경연, 손용훈, 장재혁, 이가이, 최권휘(이상 범도시) 김재환, 강승민, 유지영, 박상희, 리림, 정윤석(이상 CA)

대지위치 서울특별시 송파구 장지동 862번지 일원 **대지면적** 38,119.40㎡ **건축면적** 22,024.59㎡ **연면적** 124,111.18㎡ **건폐율** 57.78% **용적률** 199.66%

프로젝트의 성격을 단순히 유휴부지를 활용한 주거단지의 조성이라고 한다면, 결과적으로 한정된 도시자원을 공공주택에 입주하는 거주민이 독점하게 될 것이다. 도시공간의 밀도배분을 통해 거주민의 거주성과 영역성을 보호하며, 지역사회와 지속 가능하게 공유할 수 있는 도시공간으로서 기능이 작동할 수 있는 컴팩트시티의 시스템을 조직하고자 한다.

사람들의 삶의 질을 개선하는 데 있어 자연은 매우 중요한 역할을 한다. 우리가 제안하는 컴팩트시티는 단순 입체적 도시개발에 있지 않고 녹지율을 포함한 '그린 인프라(Green Infrastructure)'를 핵심에 둔 이상적 도시 이미지를 제시한다. 도시에 중요한 것은 자연에 근접한 환경을 꾸리려는 의지이고, 지속적으로 자연에 접근할 수 있는 새로운 도시복합체의 가능성을 제안한다.

차고지를 덮으면 2,000억원이 넘는 경제적 가치로 전환할 수 있는 25,000㎡의 인공대지가 조성된다. 이 대지를 800가구 규모의 공공주택과 더불어 공공도시 자원에 투자하면 차고 개선사업, TOD와 결합한 지역사회 SOC, 13,000㎡ 이상의 도시계획시설을 실현할 수 있다. 이것은 공공건축이 우리의 의복과 시설에 대해 가져야 하고 우리가 살고 있는 도시, 공동체, 교통, 주택과 자연에 대해 깊이 생각하는 태도를 보여주는 예가 될 것이다.

If this project's objective is only to develop a housing complex on an underused site, the future public housing residents will end up monopolizing limited urban resources. With this in mind, the proposal aims to establish a system for Compact City to secure the habitability and domain of residents by achieving even distribution of density across urban areas, and to provide an urban space that can be shared with the local community in a sustainable way.

Nature plays a very important role in improving people's quality of life. The proposed concept of Compact City suggests the ideal image of a city with a good green area ratio and green infrastructure that plays a key role, rather than putting its focus simply on multi-dimensional urban development. What is important for a city is a will to create a nature-friendly environment. Therefore, the proposal explores the possibilities of a new urban complex that offers sustained access to nature. Once the covering work for the public garage site is finished, an artificial land with an area of 25,000㎡, which can be converted into more than 200 billion won worth of economic value, will be created. If we use this land to develop public urban resources including a public housing complex with 800 housing units, it will become possible to carry out garage improvement or local SOC-TOD combined development projects and construct urban planning facilities with a total area of more than 13,000㎡. Consequently, this proposal will set a good example that public architecture can show a gesture of appreciation for our clothing and properties and for cities, communities, transportation, housing and nature to which we belong.

Prize winner Arcbody Architects Co., Ltd._Kim Sunghan, Kim Hyungyeon + BAUM URBAN ARCHITECTS_Dan Junbae, Jung Seungkwon + DONG IL Engineering Consultants Co., Ltd. + CA Landscape Design Firm_Chin Yangkyo + Mirae equipment e.n.g **Location** Songpa-gu, Seoul **Site area** 38,119.40㎡ **Building area** 22,024.59㎡ **Gross floor area** 124,111.18㎡ **Building coverage** 57.78% **Floor space index** 199.66%

Jangji, Seoul Compact City – Designing Multi-Level Complex of the Public Garage

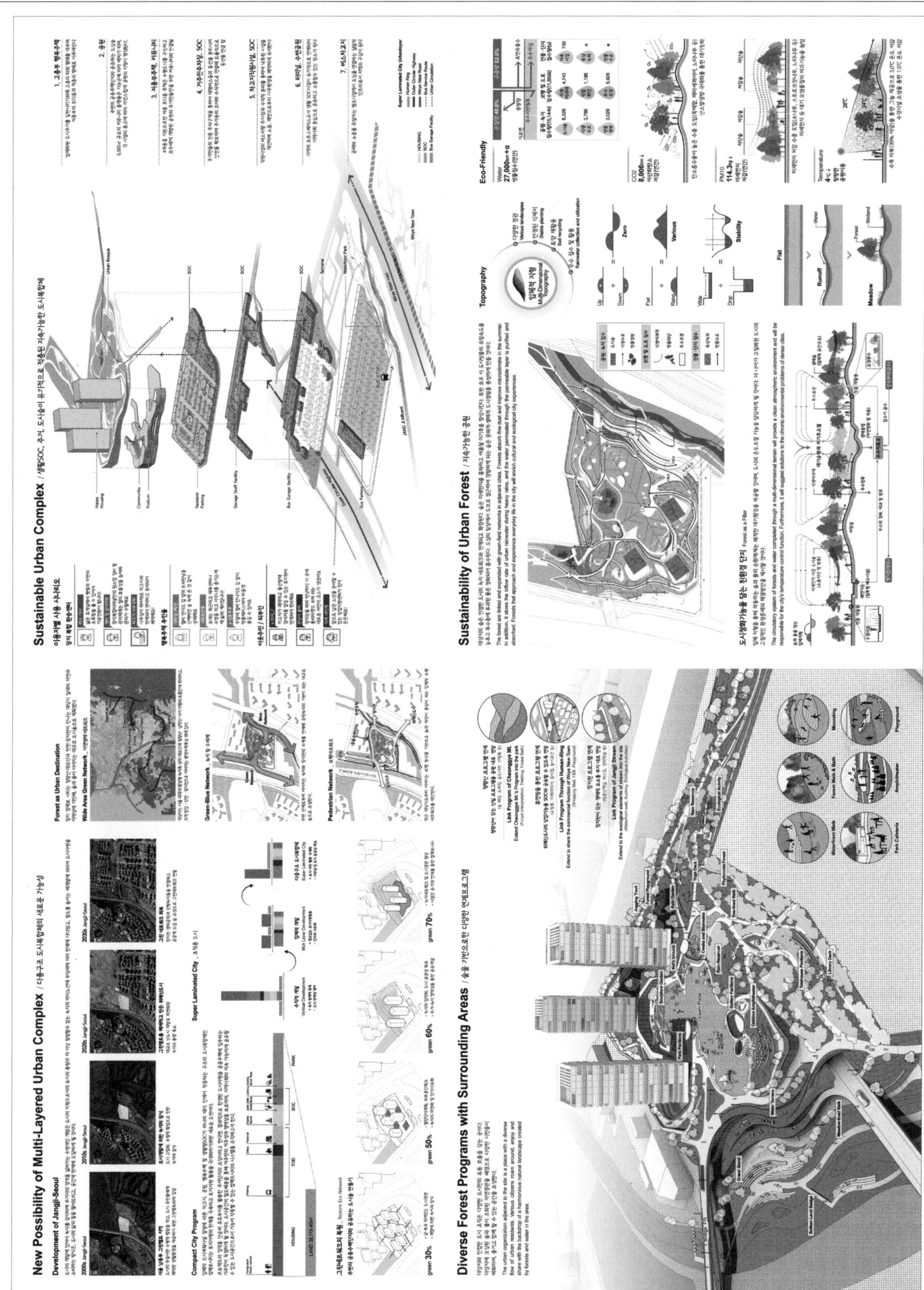

서울 컴팩트시티, 장지공영차고지 입체화사업

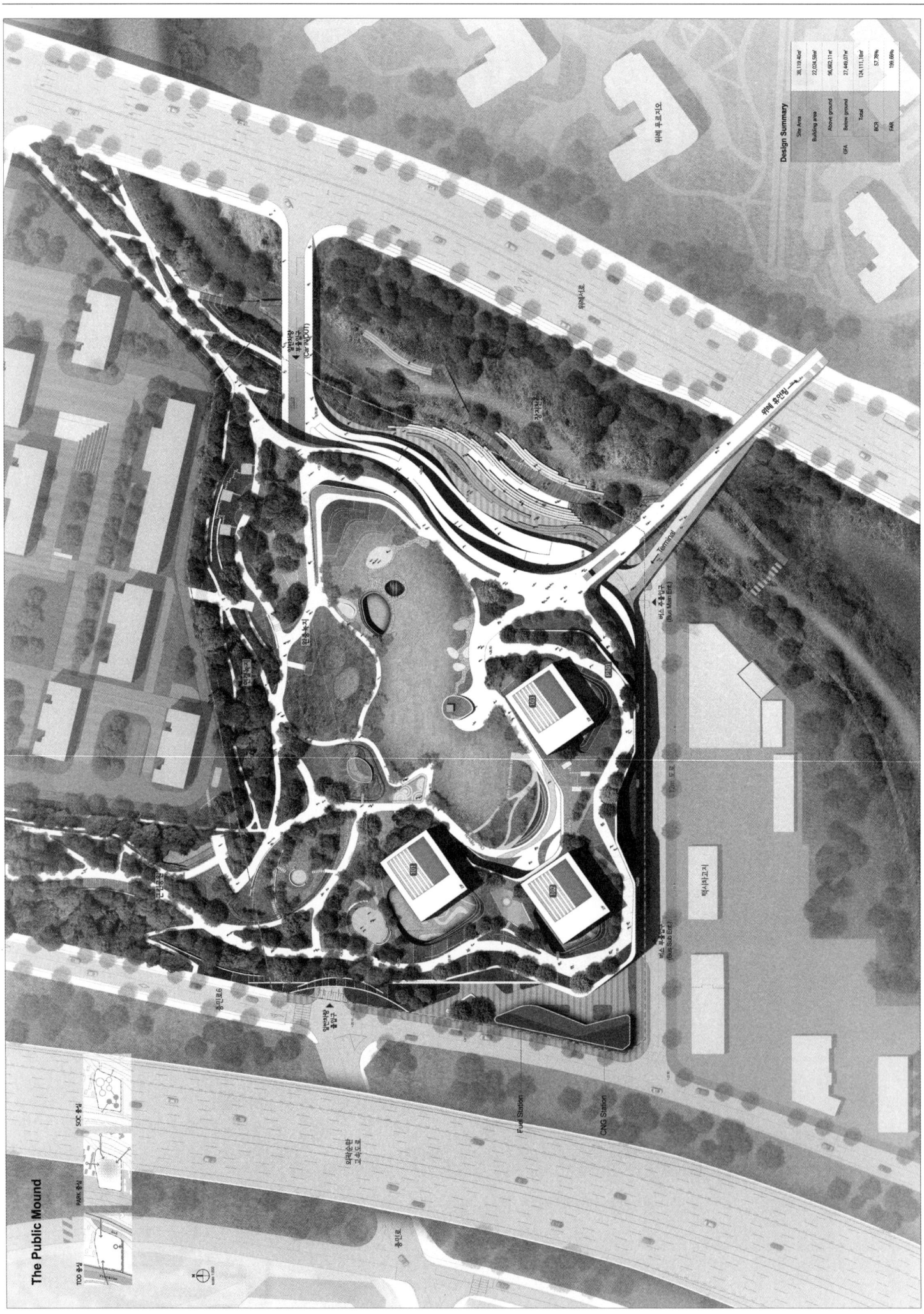

Jangji, Seoul Compact City – Designing Multi-Level Complex of the Public Garage

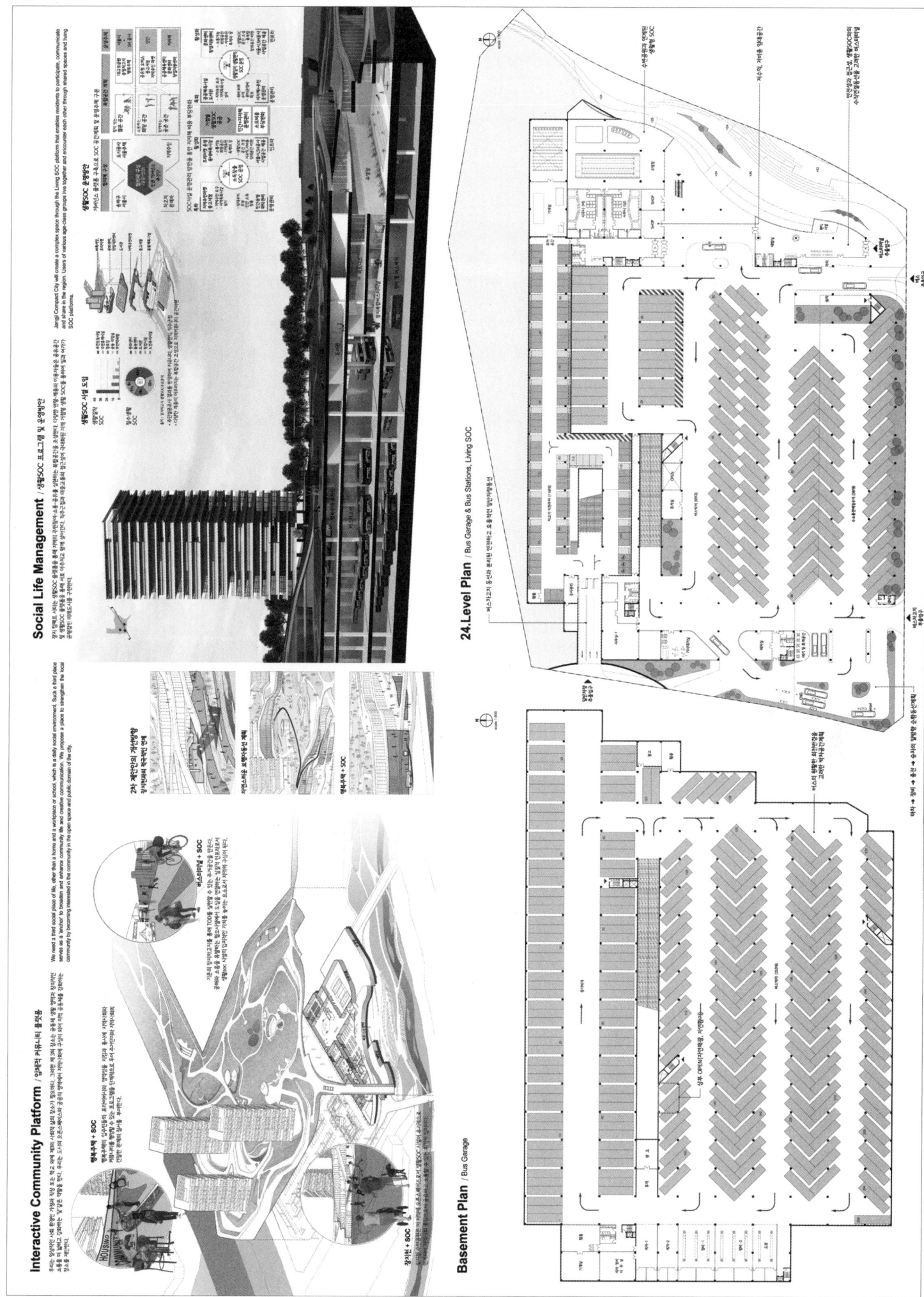

서울 컴팩트시티, 장지공영차고지 입체화사업

Interactive Mounds

Jangji, Seoul Compact City – Designing Multi-Level Complex of the Public Garage

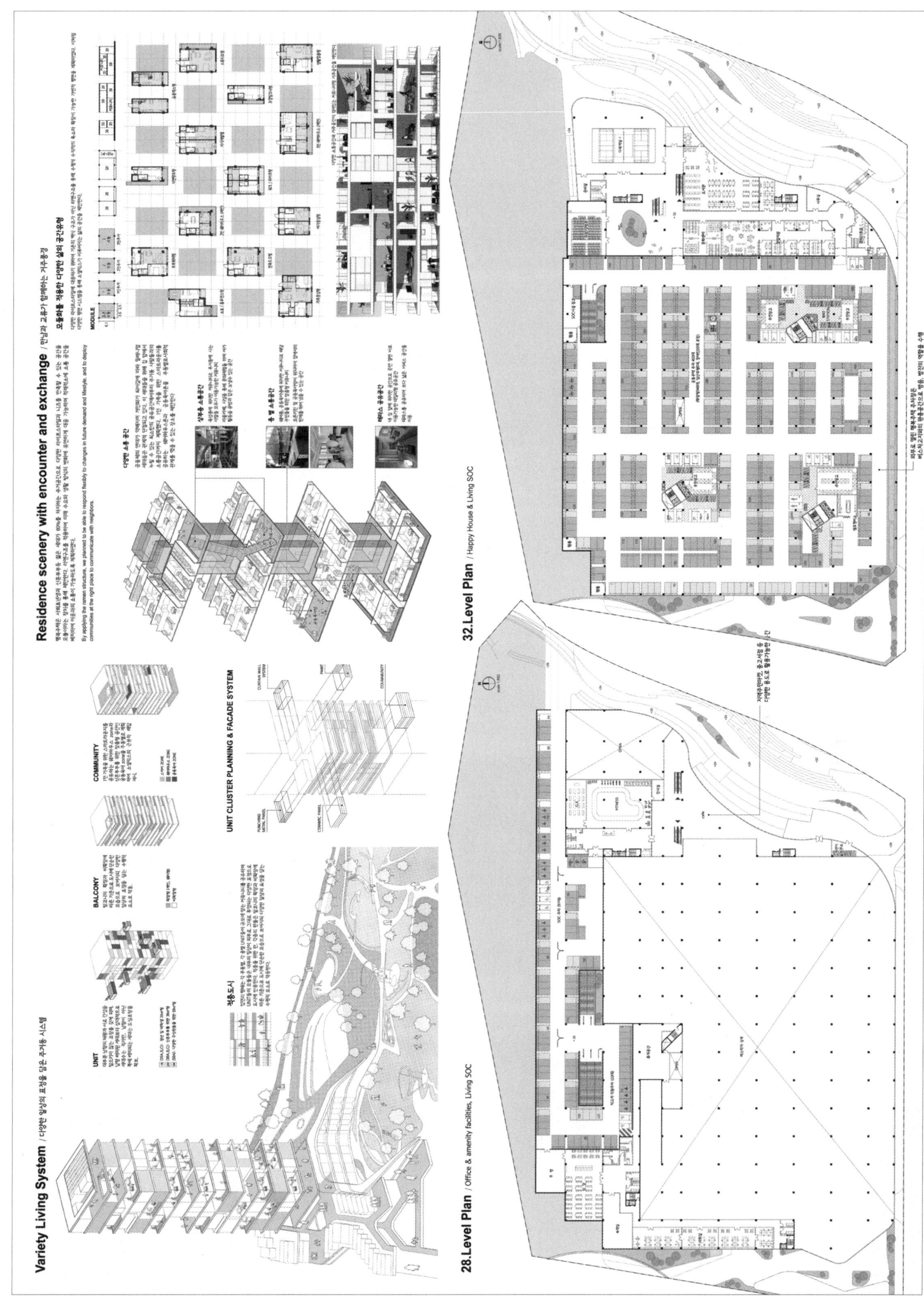

서울 컴팩트시티, 장지공영차고지 입체화사업

Multi-Layer City

Jangji, Seoul Compact City – Designing Multi-Level Complex of the Public Garage

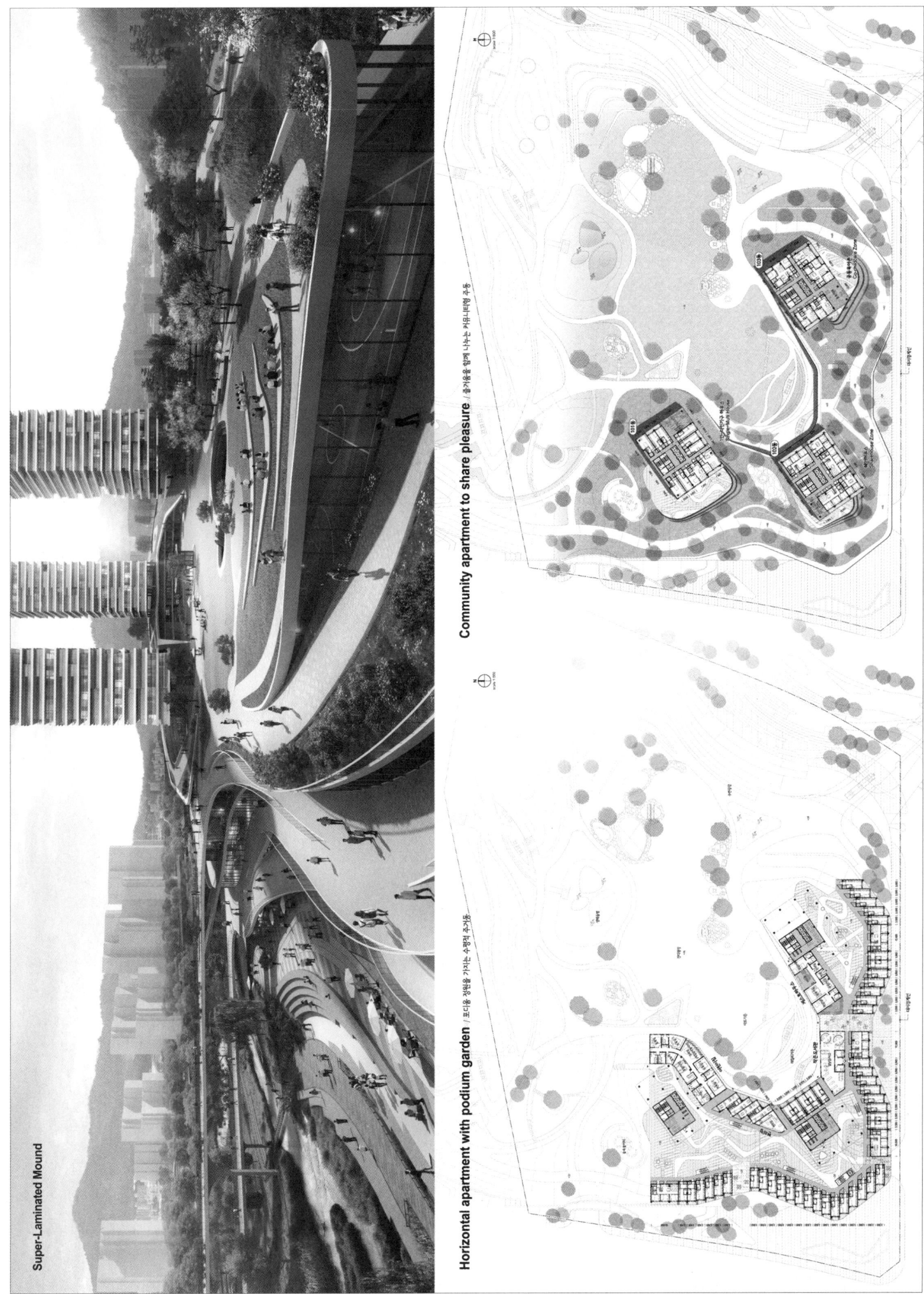

Super-Laminated Mound

Horizontal apartment with podium garden

Community apartment to share pleasure

3기 신도시 기본구상 및 입체적 도시공간계획 - 남양주 왕숙지구

당선작 (주)디에이그룹엔지니어링종합건축사사무소 김현호, 조원준 + 에이앤유디자인그룹건축사사무소(주) 황성택 + (주)사이트랩 김현무 설계팀 유원재, 김영수, 김민서, 김현호, 최혜진, 전재석(이상 디에이) 최진우, 이상혁, 이우진, 이태민, 황인종(이상 에이앤유) 이우진, 송상훈(이상 사이트랩)

대지위치 경기도 남양주 진접읍 일원 **사업면적** 8,889,780㎡

기존 신도시는 시대 변화에 따른 수요 예측 실패, 재원 부족에 따른 충분한 기반시설 미확보 등의 문제가 야기되었다. 현재의 수도권은 서남부에 주거, 상업, 문화, 자족기능이 집중되어 있다. 경기 동북부는 자족산업과 공공문화예술시설이 매우 부족하여 서울의 의존도가 높은 실정이다. 이러한 문제점을 해결하기 위해 UCP에서는 GTX광역노선, 자족시설의 확충, 주변과의 조화 등 왕숙지구의 기본방향을 설정했고, 이를 계승 발전시켜 다음과 같은 계획의 주안점을 수립하였다.

- 경제도시 만들기 : 지구 남쪽에 편중된 기존 자족시설을 지구중심의 S-BRT를 따라 균등 배분하고, 여기에 시간에 따른 단계별 개발이 가능한 4D개념의 토지 이용계획을 도입하여 자립도시의 경제기능을 강화하였다.
- 생태도시 만들기 : 그린벨트로 단절된 지구의 외곽은 수변특화, 지역유례를 테마로한 8개의 공원, 제로에너지특화 구역으로 강화하고 기존 관리형 녹지 체계를 단지 구석구석 스며드는 생활형 녹지체계로 전환하였다.
- 초연결 도시 만들기 : 10분 생활권, 입체 S-BRT 노선계획, 메인가로를 중심으로 한 권역별 순환루프, 광역교통 분석을 통해 인접 도시와의 연계성까지 고려한 교류의 도시로 조성하였다.
- 행복도시 만들기 : 용도복합밴드의 입체개발, 정주성 강화를 위한 공원중심 교육클러스터, 계층 간 물리적 구분을 최소화한 소셜 믹스를 통해 차별 없는 입체복합 도시를 조성하였다.

Previous new towns have raised various problems connected with demand forecast failure due to changes in trends and with a lack of infrastructure due to a shortage of resources. As for the capital area, residential, commercial, cultural and self-sufficient facilities are currently concentrated in its southwestern area. Also, the northeast region of Gyeonggi Province has a severe lack of self-sufficient businesses and public cultural and art facilities, therefore its dependency on Seoul is very high. In response to such problems, UCP has developed a master plan for Wangsuk District, which aims to reflect the Great Train Express (GTX) plan, provide more self-sufficient facilities and achieve a balance with neighboring areas. The architect has developed this master plan further and defined main design objectives as follows:

- An economic community : Existing self-sufficient facilities concentrated in the south of the district are evenly redistributed along the S-BRT line at the center of the district. And a 4D land use plan that enables time-phased development is adopted to strengthen the economic side of this self-sufficient town.
- An ecological community : The district's peripheral area, which is isolated by the green belt, is specialized by introducing a waterfront zone, eight locally themed parks and a zero-energy zone. Also, the existing managed green area is transformed into a community-type green zone that pervades every corner of housing complexes.
- A hyper-connected community : The project site is developed into a city of exchanges by adopting the concept of 10-minute living sphere and a three-dimensional S-BRT plan, by implementing a loop type, main street-centered urban network, and by analyzing the metropolitan transportation environment to ensure accessibility to neighboring cities.
- A happy community : A three-dimensional development plan for the mixed-use area is established. A park-centered education cluster that enhances habitability is introduced. A social mix that minimizes physical class distinctions is achieved. Through theses, a multi-functional, inclusive urban complex is proposed.

Prize winner DA GROUP Urban Design & Architecture Co.,Ltd._Kim Hyunho, Cho Wonjun + ARCHITECTURE & URBANISM Design group_ Hwang Sungtaek + SITELab_Kim Hyunmoo **Location** Jinjeop-eup, Namyang-ju, Gyeonggi-do **Project area** 8,889,780m²

The 3rd New City Basic Plan and Three-Dimensional Urban Space Planning

도시비전 및 개발컨셉

수평적 상생을 넘어 입체적 공생으로

共生都市
공생도시

주변도시와 교류하며 상호보완, 성장을 함께하는 도시

1기 신도시 분석
1기 신도시 토지이용 사례_분당신도시 아파트지구

- 주거기능의 과도한 편중 (자족기능의 부족)
- 종합적 기반시설의 미확보

2기 신도시 분석
2기 신도시 위치 및 광역교통 현황도

- 수요예측 실패 및 일자리창출의 문제점
- 계획확보 실패에 따른 기반시설 부실화

3기 신도시 계획방향 (공생도시 실현의 전제)
도시의 기본 구성단위

- 각 생활권은 도시의 축소판으로 전제가 완성되지 않아도 작동 가능
- 통합된 시스템이 각 생활권의 수요에 대응하여 자족률에 따라 발전

다른 도시와의 교류·상생
- GTX, S-BRT와 연계된 경제중심상업지역 중심으로 서울과의 교류·상생
- 수요에 대한 유연한 대응

Economic CITY | 경제도시 만들기
용도의 발달·자족의 연결·첨단산업 지원을 통한
도시경쟁력 활성화

- 도시전체를 활성화하는 용도복합 선형 벤드로입
- 첨단산업 플랫폼을 통한 수도권 동북부 경제중심도시
- 시간에 따른 단계별 개발이 가능한 4D 디벨롭먼트 구축

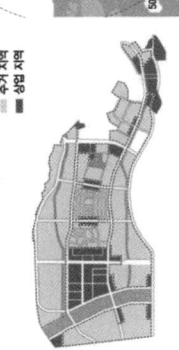

✓ 대지의 14.6%를 자족용지로 계획
✓ 저렴한 임대공간, 창업교육 등 지원하는 선형클러스터 계획
✓ 생활기반서비스를 제공하는 생활권별 자족용지 공급

Green Air CITY | 생태도시 만들기
수변공간형성·녹지체계의 재정립을 통한
자연친화형 도시구현

- 공원녹지의 최대 확보 및 수변 문화도시 특화
- 지역 유수를 테마로 한 8개의 특화도시 조성
- 친환경 에너지 자립도시 계획

공원녹지비율 35.4% 최대 확보

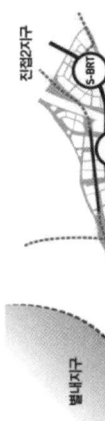
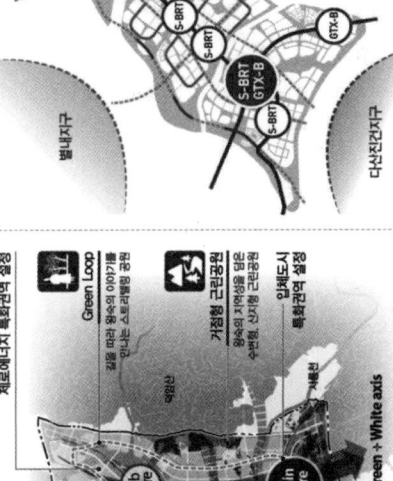

✓ 약 35.4%의 녹지를 확보로 자연성 최대 유지
✓ 3개의 공공축과 2개의 수변을 통한 경관의 유입
✓ 재로에너지 특화 시범단지 조성

Hyper-Connected CITY | 초연결도시 만들기
생활권을 넘어 도시권으로 연결
도시교류의 시작

- 광역 교통체계를 통한 인근 도시와의 연결성 확보
- "10분 생활권" 보행접근기반 생활권 연계동선 시스템 구축
- 2개의 메인기로를 중심으로 한 광역별 순환루트 형성

✓ 도시를 관통하는 GTX-B, S-BRT 등 광역교통체계 수립
✓ 복합환승센터로부터 시작되는 다양한 교통수단 확보
✓ 미래도시를 위한 PM, 스마트도로, 드론공항 특화

Happy CITY | 행복도시 만들기
공간·용도·계층의 혼합
차별 없는 입체복합도시 조성

- 입체복합개발로 다양한 용도의 혼합
- 정주성 강화를 위한 공원중심 교육클러스터 설정
- 어디서든 자연을 누릴 수 있는 자연유형 도시

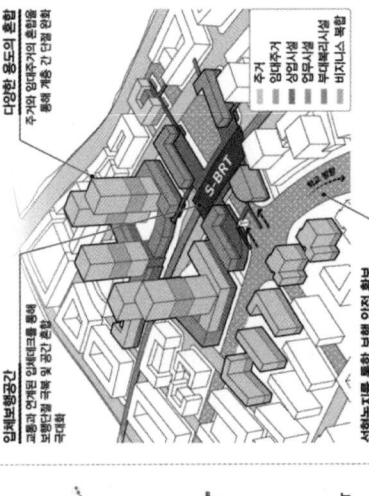
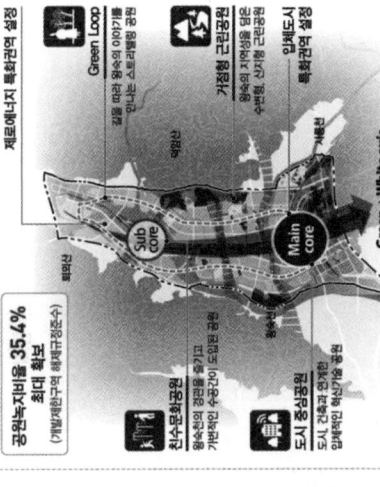

✓ 공간의 혼합, 용도의 혼합, 계층의 혼합
✓ 다양한 경관, 부부한 테마로 걷는 것이 즐거운 도시 구현
✓ 도시 곳곳에 다양한 크기의 공원계획 수립

3기 신도시 기본구상 및 입체적 도시공간계획 – 남양주 왕숙지구

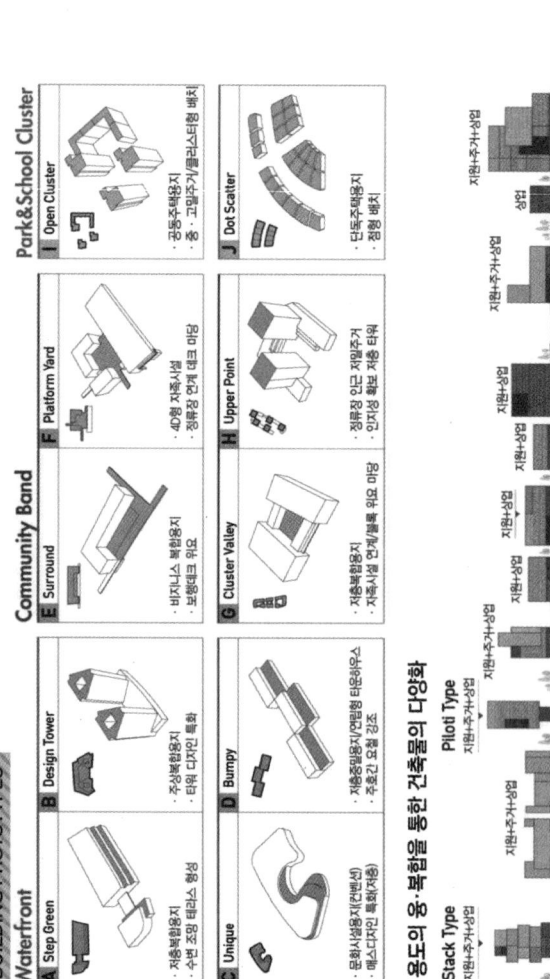

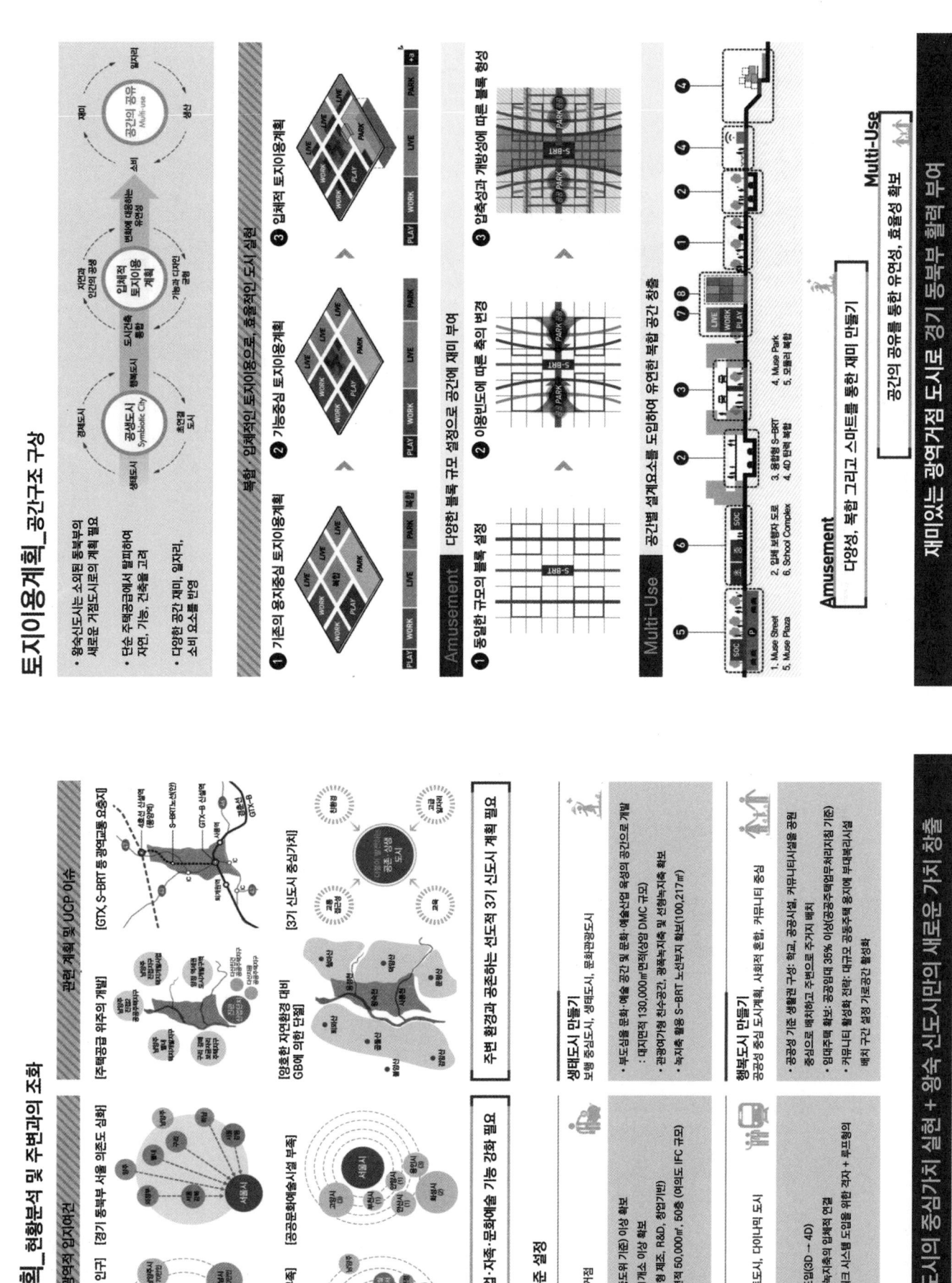

3기 신도시 기본구상 및 입체적 도시공간계획 – 남양주 왕숙지구

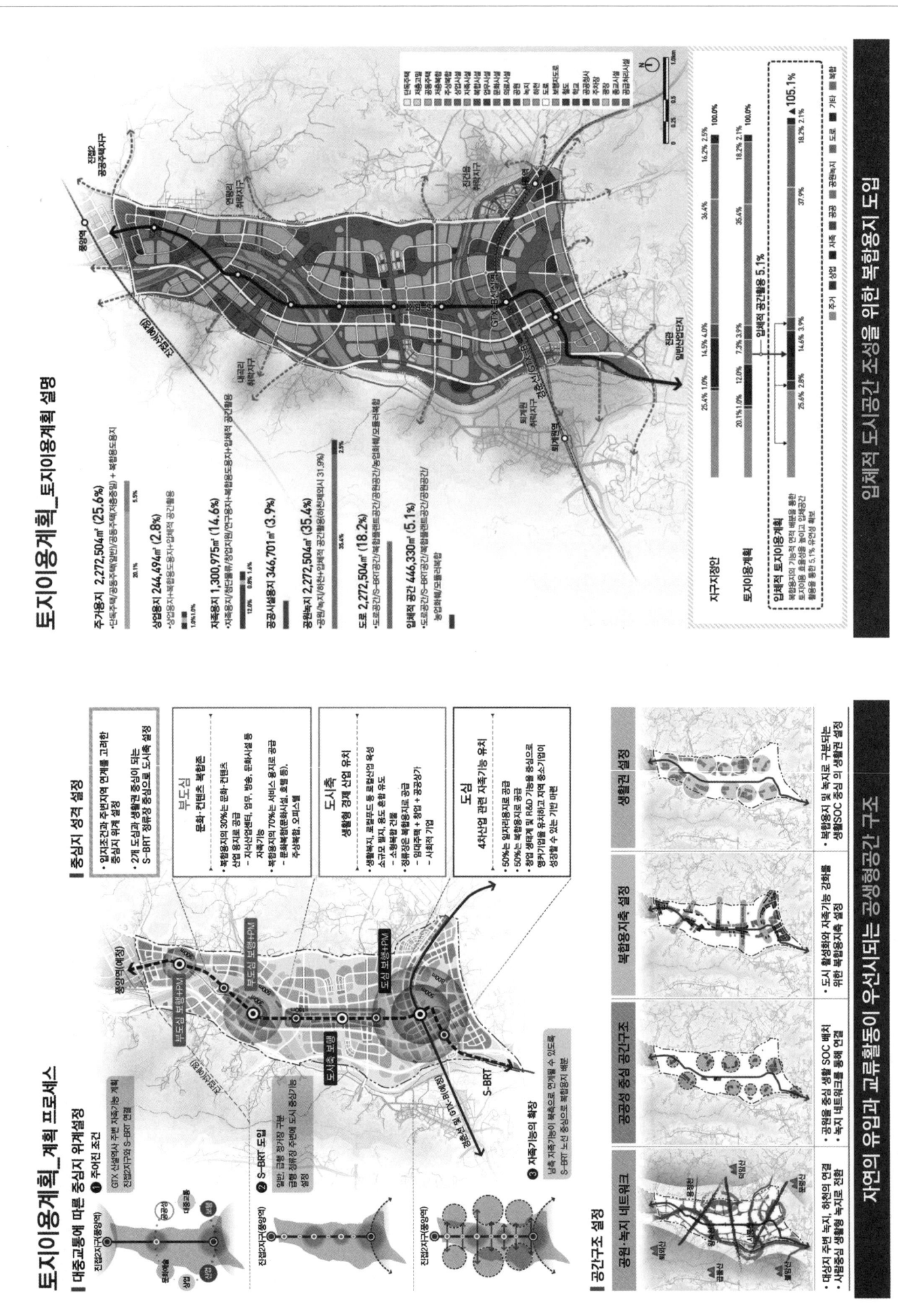

The 3rd New City Basic Plan and Three-Dimensional Urban Space Planning

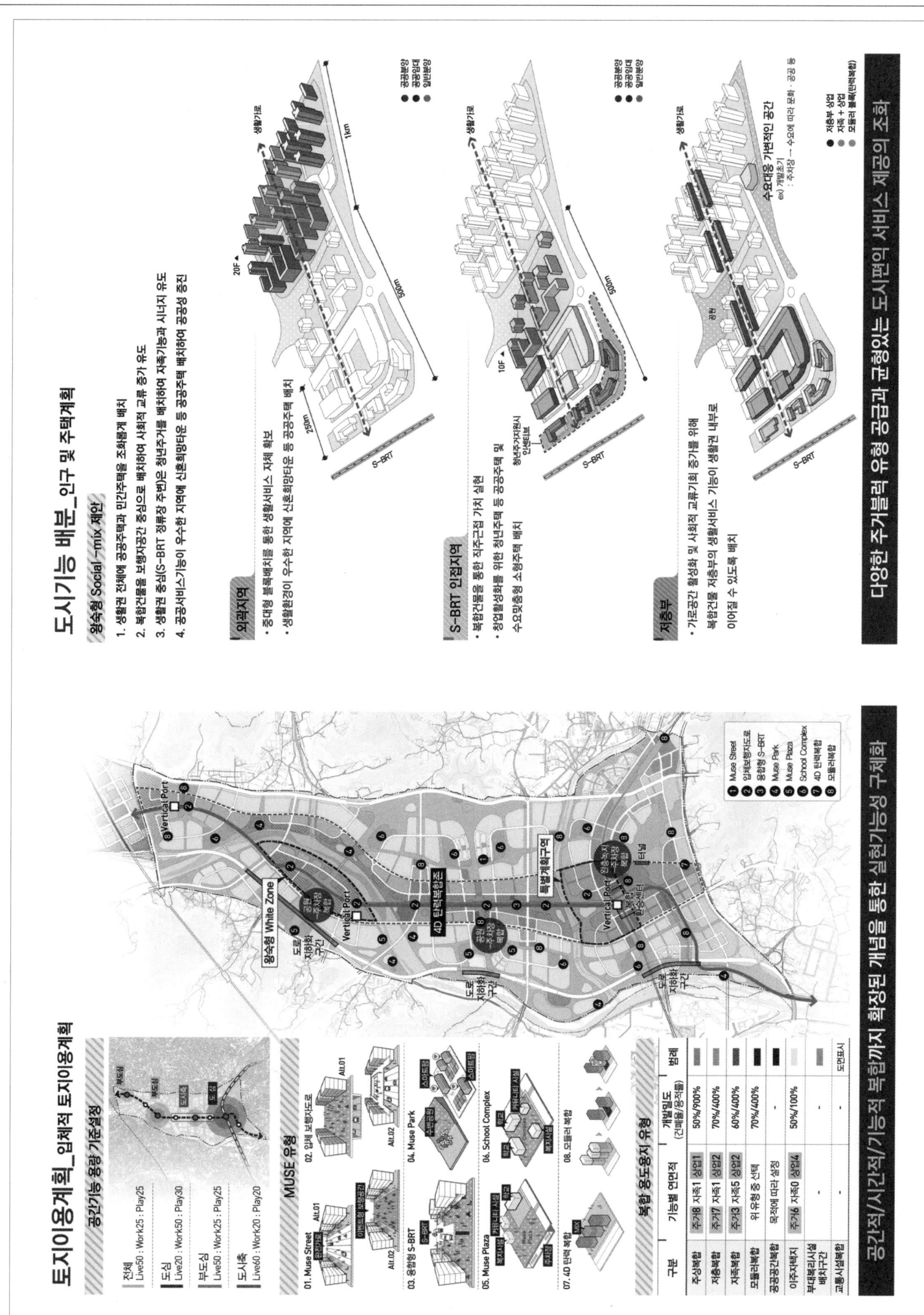

3기 신도시 기본구상 및 입체적 도시공간계획 - 남양주 왕숙지구

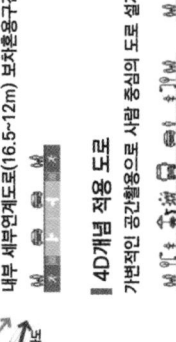
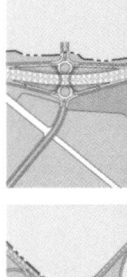
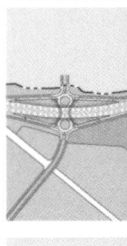

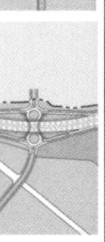
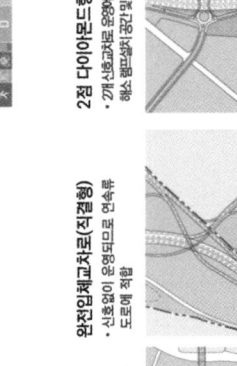
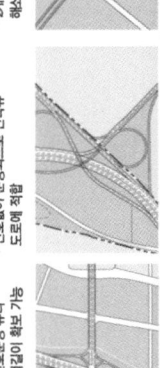

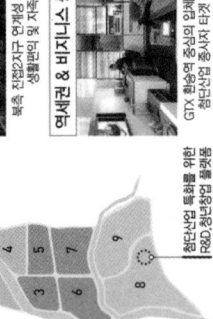
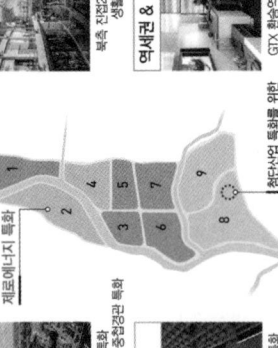
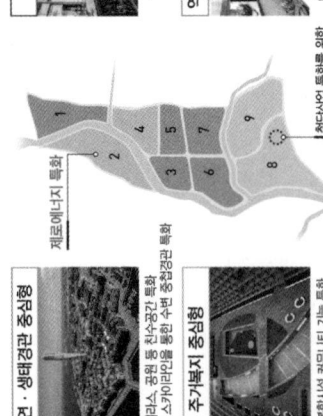

The 3rd New City Basic Plan and Three-Dimensional Urban Space Planning

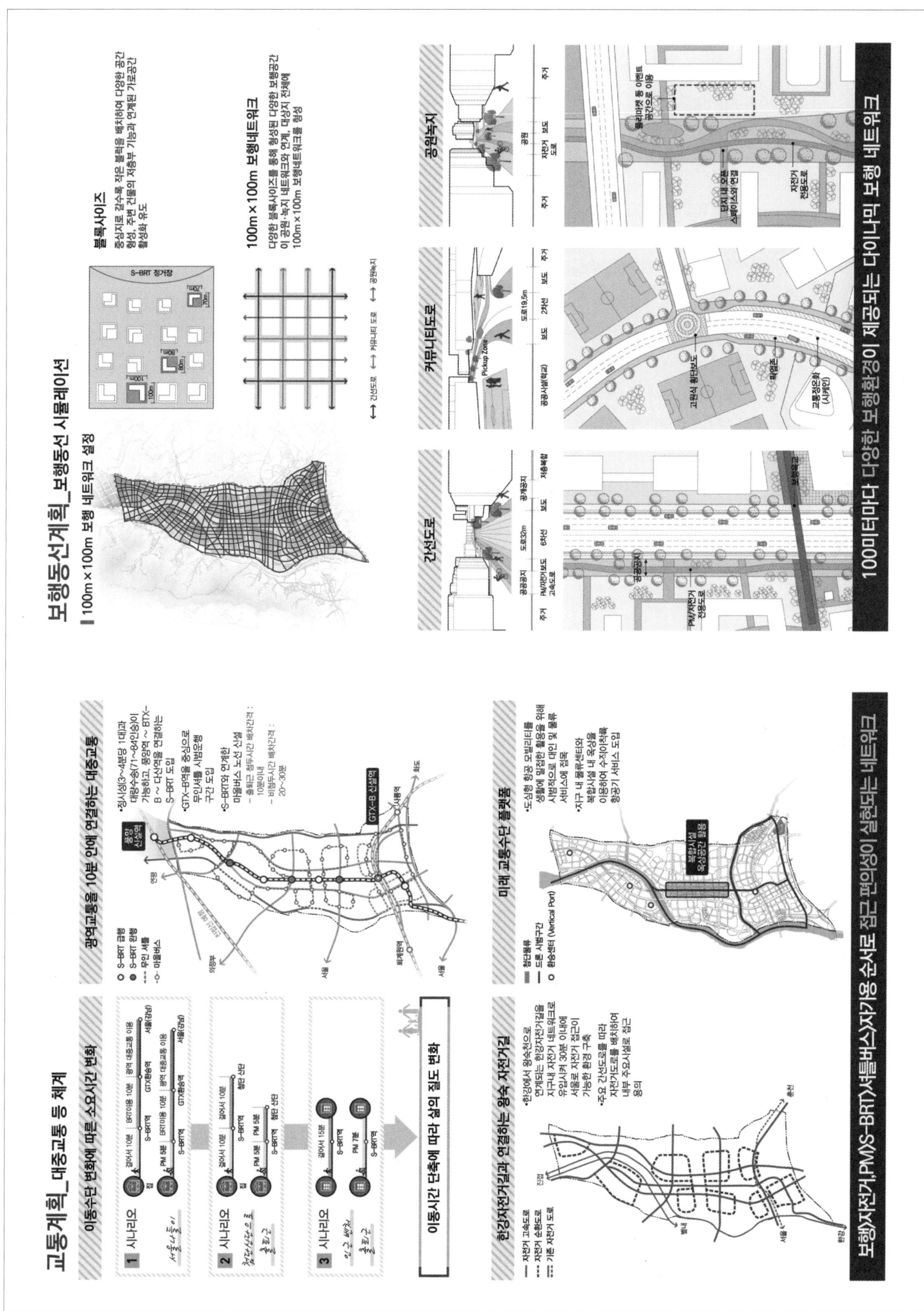

3기 신도시 기본구상 및 입체적 도시공간계획 - 남양주 왕숙지구

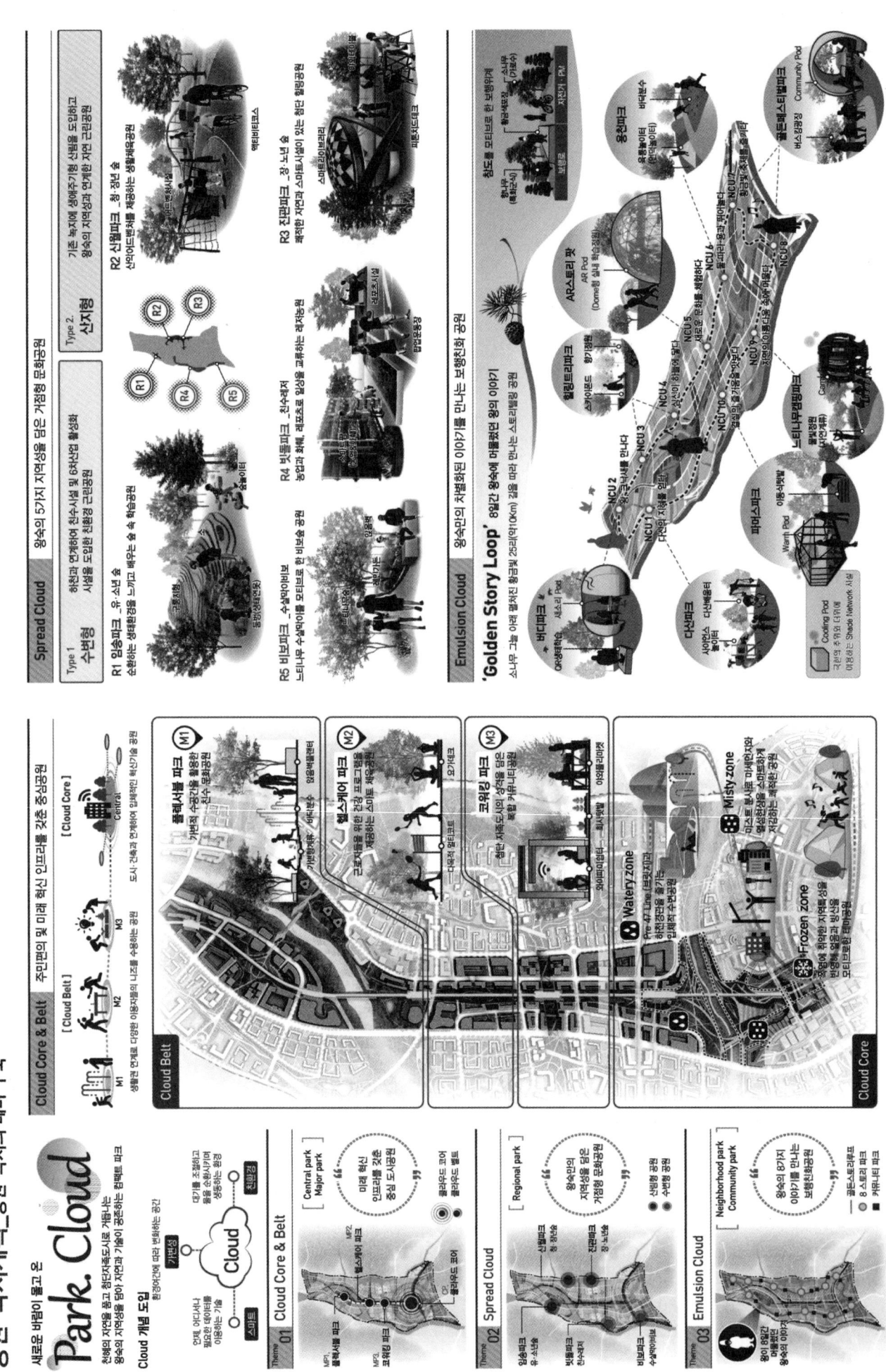

The 3rd New City Basic Plan and Three-Dimensional Urban Space Planning

밀도배분 계획 및 스카이라인 계획_스카이라인 계획

Linkage Point 연계거점
- S-BRT 첫 정류장으로 진입 이미지 전달 및 전입지역에서 전망하는 첫 권역으로 생태도시 등의 경관 이미지 구현

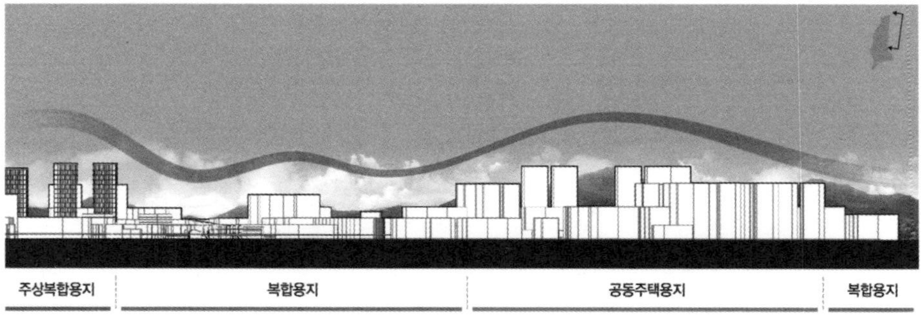

Central Point 중심거점
- 녹지축이 통과하는 지점으로 시각적 개방감과 통경권 확보

Symbol Point 상징거점
- 지구 내 유동인구가 가장 많은 지점으로 도시의 중심경관 역할을 수행하는 거점

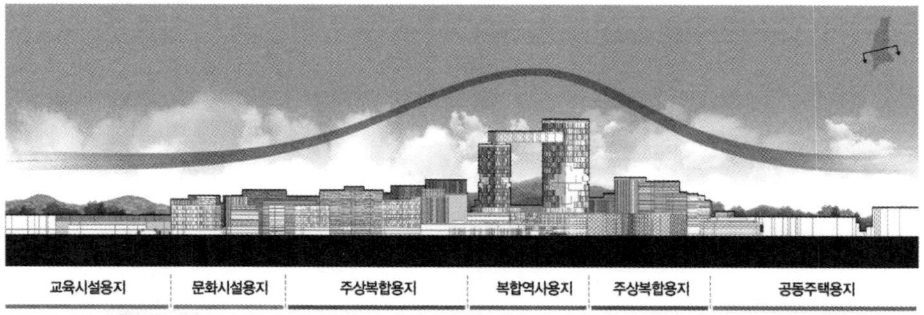

권역별 기능에 적합한 이미지 구현을 위한 경관 구상

밀도배분 계획 및 스카이라인 계획_경관구조 설정

Axis & Corridor 경관축
스카이라인 및 통경구간 설정

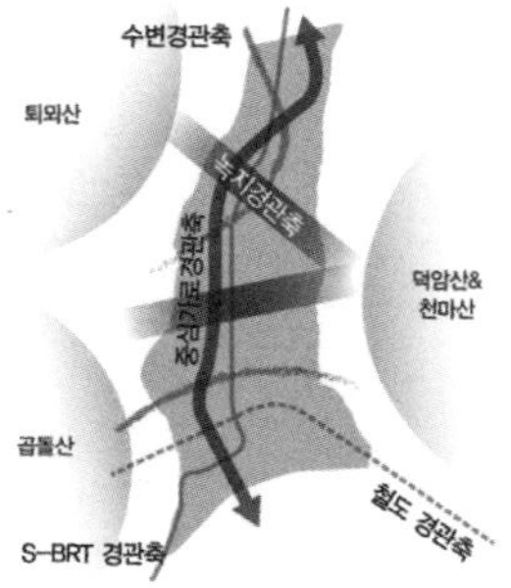

- 수변경관축: 하천변으로 열리는 불록 내 통경축과 건축물 배치 권장
- 녹지경관축: 산림녹지를 연결하는 인공적인 경관의 최소화 구간
- 중심가로경관축: 가로변 도시적인 이미지와 높은 밀도의 건축물 경관 구성
- 철도경관축: 차폐와 연결의 개념으로 직각적인 인공경관 조성 및 단절 극복
- S-BRT 경관축: 주변 건축물과 오픈스페이스를 연계하는 복합적인 입체경관 이미지 제공

Point 경관거점
시각적 강조, 분절 & 연결구간 형성

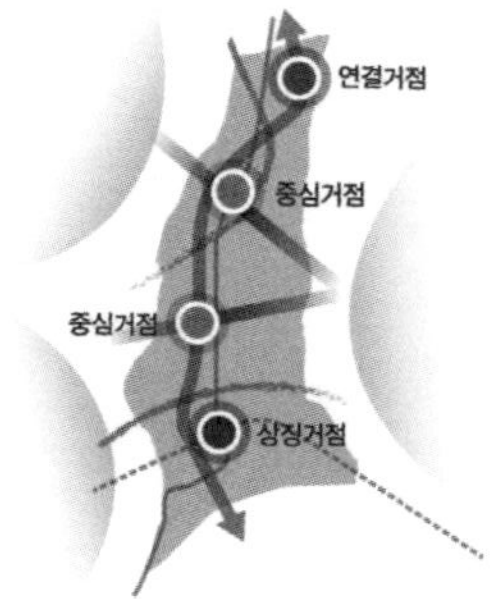

- 연결거점: 진입공공주택지구를 교차하여 유기적 경관연계가 가능하도록 중심으로 자연친화적인 경관 형성
- 중심거점: 지역의 인문 경관축이 교차하는 지점으로 개방적 경관을 통하여 상징적 경관 체험 경관 제시
- 상징거점: 복합환승센터를 중심으로 특색있는 경관을 형성하여 상징성 및 중심성 확보

Area 경관권역
색체 및 디자인 가이드라인 제시

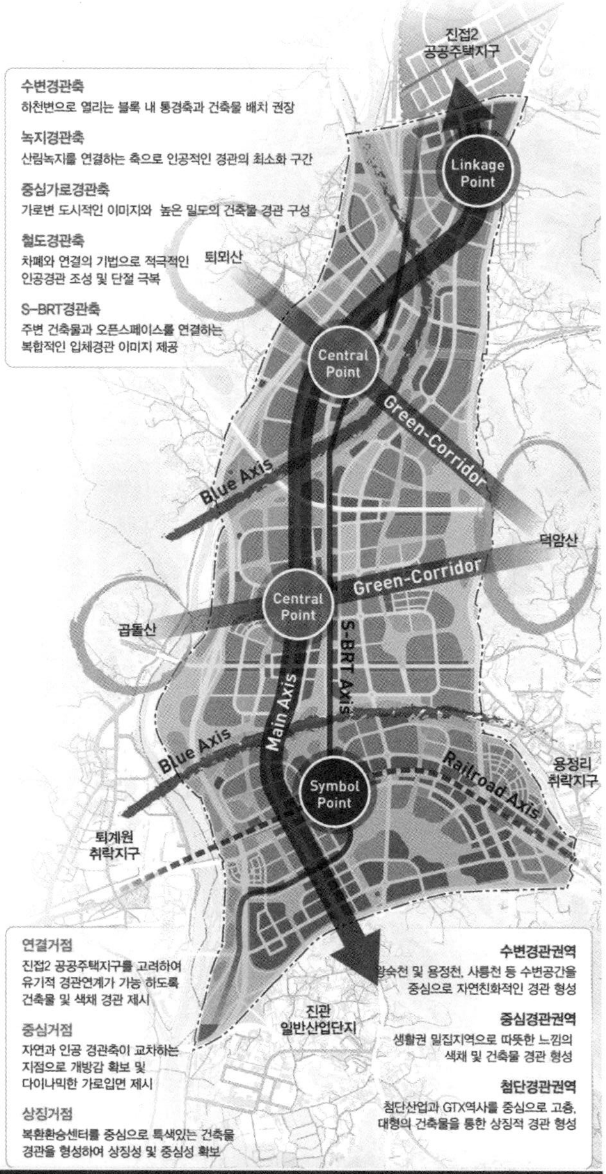

- 수변경관권역: 하천축 및 수공간 주변, 서울 등 수변공간 중심으로 자연친화적인 경관 형성
- 중심경관권역: 생활권 인접지역과 GTX역세권 중심으로 고층, 대형의 건축물을 통한 상징적 경관 형성
- 첨단경관권역: 첨단산업단지 중심으로 첨단산업 맞춘 경관 형성

조망과 보행중심에서 공유할 수 있는 공간시설 적극 유입

architecture & design competition 복지·도시·체육·조경 **247**

3기 신도시 기본구상 및 입체적 도시공간계획 - 남양주 왕숙지구

입체적 도시공간 건설 및 전략

도심공동화 현상은 교통혼잡, 환경오염 등 현정된 도시 내 토지자원의 효율적 활용이 한계에 다다른 것으로, 토지자원의 효율성 향상과 다양성을 위해서 평면적 도시계획을 탈피하여 입체적인 공간을 활용하는 방안이 요구되고 있다. 토지의 입체적·복합적 공간의 활용은 커뮤니티 소멸에 따른 도시의 공동화와 도시슬럼화 등의 문제점을 해결할 수 있으며, 도시 내 커뮤니티를 활성화시킬 뿐만 아니라 도시 및 도시공간의 합리적인 사용을 가능하게 하고, 단절되었던 자연환경을 회복하고 자연스러운 도시의 연결을 구성하는 계기가 될 것이다.

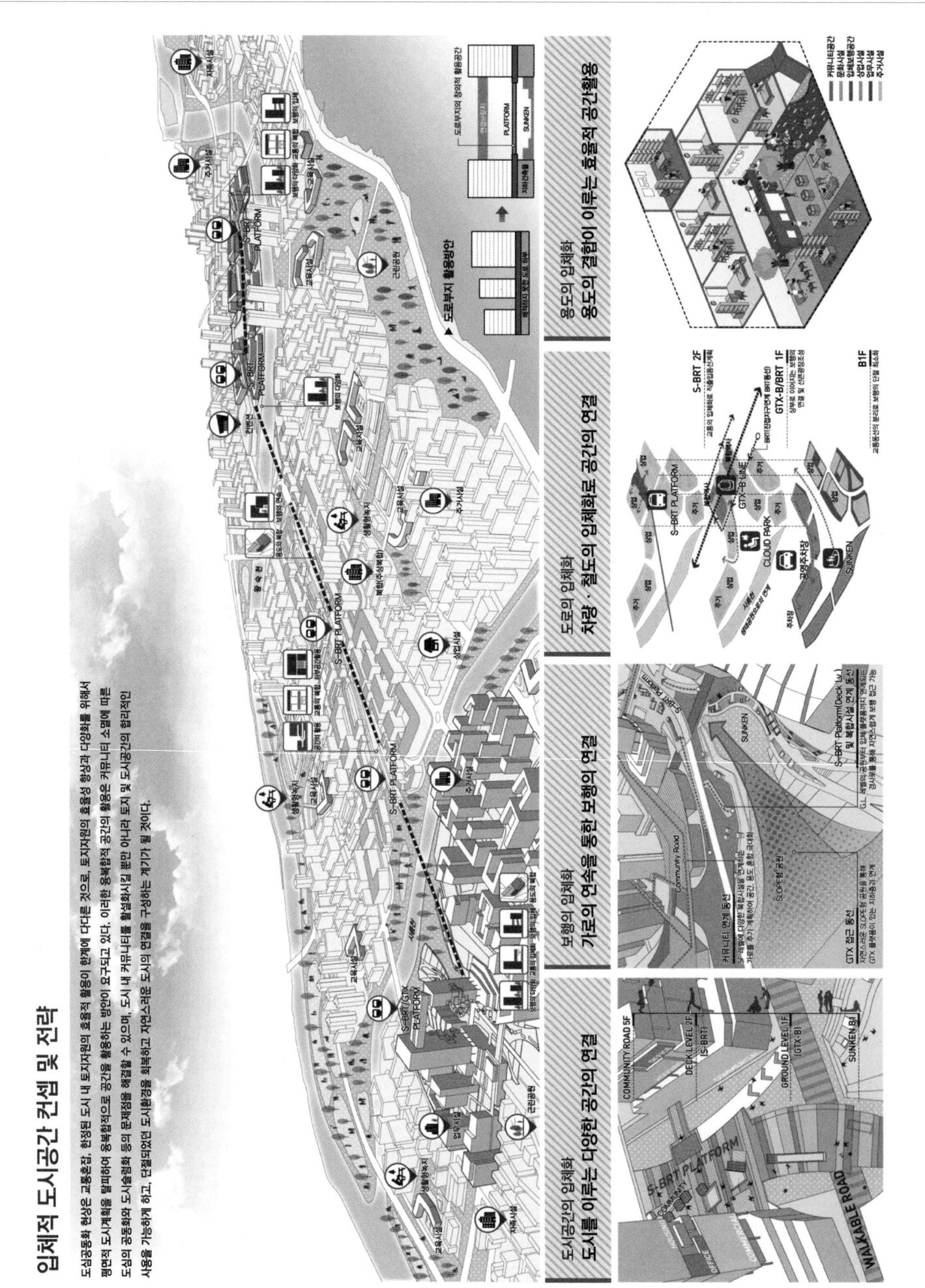

The 3rd New City Basic Plan and Three-Dimensional Urban Space Planning

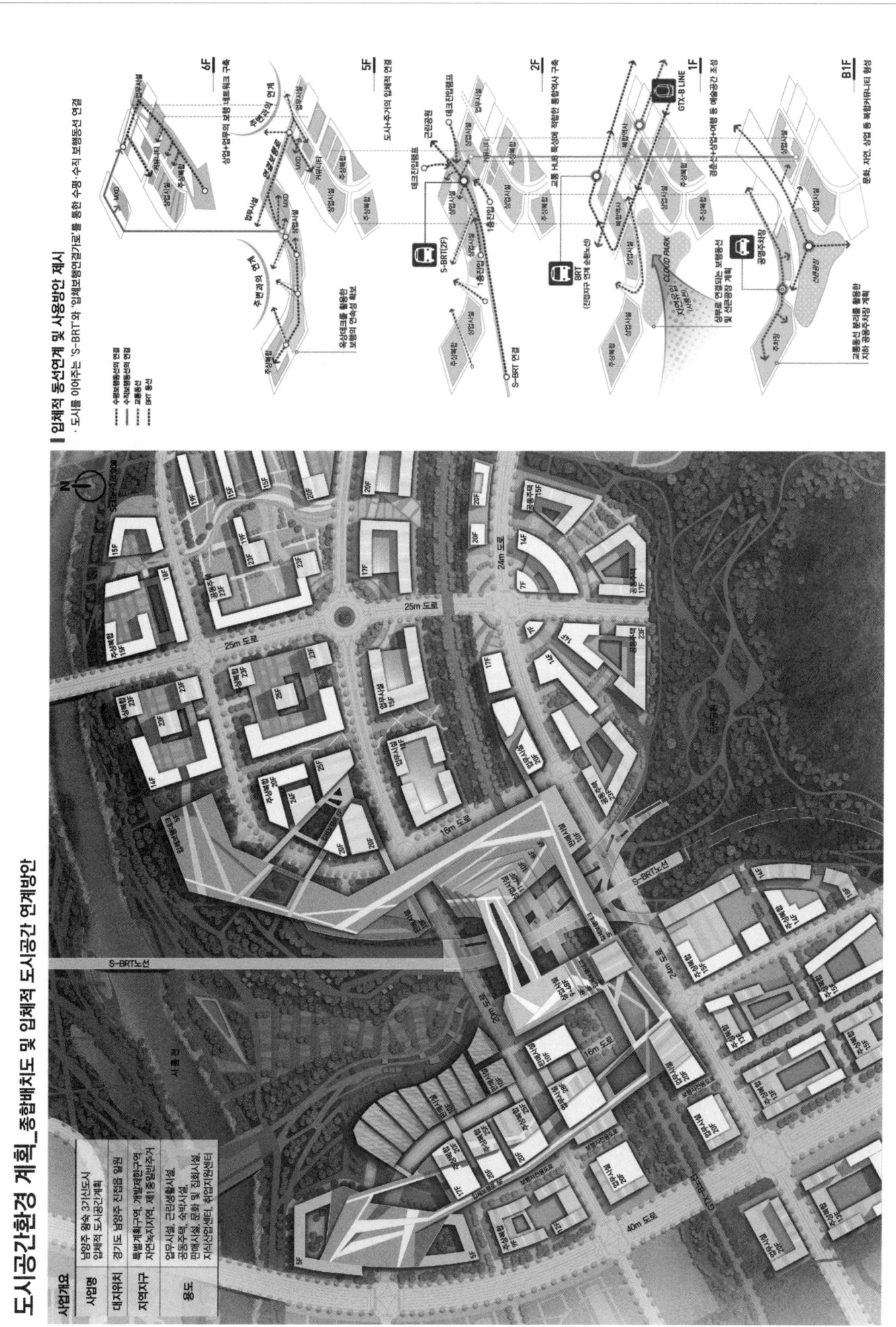

3기 신도시 기본구상 및 입체적 도시공간계획 - 남양주 왕숙지구

The 3rd New City Basic Plan and Three-Dimensional Urban Space Planning

과천지구 도시건축통합 마스터플랜

당선작 (주)시아플랜 건축사사무소 조주환, 이 한, 윤정현 + (주)인토엔지니어링도시건축사사무소 여춘동 + 동현건축사사무소 강동완 + 어반플랫폼 김형구
이윤창, 한치영, 최정수, 이예지, 윤수영, 김지숙, 이한영, 김태영, 이장원, 정수연, 정주혜, 임혜원(이상 시아플랜) 장영진, 이수민, 이정민, 이민석, 변예원(이상 인토) 김규현(이상 동현) 강동구, 강선호, 최우석, 양지혜(이상 어반플랫폼)

대지위치 경기도 과천시 과천동, 주암동, 막계동 일원 **사업면적** 1,555,496㎡

포용적 공유존 기반의 공유도시

과천지구는 서울시와 과천시 사이에 마지막으로 남은 자연의 영역에 계획된다. 우리는 도시와 도시 사이, 자연을 단절시키는 도시가 아닌, 자연의 연속성을 지속하고, 시민의 여가와 일상, 그리고 일터가 공존하는 새로운 형태의 공유도시를 제안하고자 한다.

당장의 필요에 의해 과잉 생산하는 양적개발방식이 아닌, 예측할 수 없는 미래의 사회적 요구와 인구의 변화, 산업 생태계의 변화, 자연환경의 변화 등에 적극적으로 반응하는 미래의 도시구조에 대해 고찰하고 그에 대한 해법을 '이랑과 고랑'을 만드는 경작의 형태에서 찾았다. 도시에서의 이랑은 도시가 필요로하는 삶과 일터 등 시설의 밀도가 채워지는 공간이다. 반면 고랑은 도시 내부에서 자연과 자연을 연결하는 공간이며, 사람들의 흐름과 머무름이 일어나는 공간으로서 교류와 커뮤니티 활동의 장소가 된다. 자연의 흐름에 따라 열린 포용적 공유존은 도시의 물리적 경계를 허물어 자연과 도시를 연결하고, 휴먼스케일의 가로는 각기 다른 도시와 자연의 풍경을 교차하며 자연과 도시, 그리고 주민의 삶을 연결한다. 가로를 통한 긴밀한 연결속에 도시의 공동체는 활성화되고, 도시의 완결과 자연과 삶이 연결되는 장소성을 갖는다.

A sharing community built on inclusive sharing zones
Gwacheon District will be developed in the last remaining natural terrain between Seoul and Gwacheon. The proposal aims to introduce a new type of sharing community where nature keeps its continuity and work, life and leisure coexist in people's lives, not a town that separates cities and nature from each other.

The proposal rejects a quantitative development approach that tends to be driven by the needs of the moment and thus result in overproduction. It tries to develop a futuristic urban structure that can actively respond to the unpredictable future needs of society and to changes in demography, industrial ecosystems and the natural environment. And it finds the solution from an agricultural technique which is used when ploughing furrows and ridges. Here, furrows are a place for accommodating urban facilities for work and life. On the other hand, ridges are a place for establishing connection between natural areas inside the city. Also, serving as a passageway or a waypoint, they become a platform for exchanges and community activities. Designed to open in response to the flow of nature, the inclusive sharing zones break down physical boundaries to connect the city and nature. Human-scale streets share natural sceneries with neighboring cities to integrate the cities and nature and the lives of people. By taking advantage of close connection through the street network, urban communities will thrive, and they will turn into a place through which the city attain completeness and life and nature encounter.

Prize winner SIAPLAN Architects & Planners_Cho Juhwan, Lee Han, Yoon Jeonghyun + INTO Engineering & Architecture_Yeon Chundong + DONGHYUN architect_Kang Dongwan + URBAN-PLATFORM_Kim Hyungkoo **Location** Gwacheon, Gyeonggi-do **Project area** 1,555,496㎡

Gwacheon District Urban Architecture Integration Master Plan

새로운 도시 공간구조의 제안
변화에 적응하는 미래의 도시에 대한 해법

당장의 필요에 의해 과잉 생산하는 양적 개발방식이 아닌, 예측할 수 없는 미래의 사회적 요구와 인구의 변화, 산업생태계의 변화, 자연환경의 변화 등에 적극적으로 반응하는 미래의 도시구조에 대해 고찰하고, 그에 대한 해법을 '이랑과 고랑'을 만드는 경작의 형태에서 찾았다.

CONCEPT DRAWING

URBAN STRUCTURE

"이랑과 고랑" | CONCAVE & CONVEX

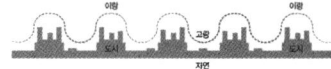

이랑 : 생산의 공간, 작물이 '심기는 공간' = HARD, SOLID, FIXED
고랑 : 반공간, 물과 바람이 흐르고 변화하는 공간 = SOFT, VOID, FLEXIBLE

도시에서의 이랑은 도시가 필요로 하는 삶과 일터 등 시설의 밀도가 채워지는 공간이다.
반면 고랑은 도시 내부에서 자연과 자연을 연결하는 공간이며, 사람들의 흐름과 머무름이 일어나는 공간으로서 교류와 커뮤니티 활동의 장소가 된다.
기술 변화와 사회적 요구의 변화에 대응하여 가변적이고 유연하게 활용될 수 있는 공간으로서 도시의 다채로움을 담는 동시에 변화에 능동적으로 대응하는 포용적인 도시의 공간이 된다.

SHARE + LIVE + WORK =

3가지의 영역 설정 | 3 ZONES

과천지구라는 도시는 크게 3가지의 영역으로 구조화 된다. 여가의 공간은 도시의 고랑이 되어 자연과 도시를 연결하고 이랑이 되는 일상의 공간은 여가의 공간 사이 정온한 위치에 자리한다. 도시의 뼈대가 되는 일터의 공간은 도시와 도시를 잇는 주요 결절점으로 도시구조를 완성한다.

10분 생활권 | 10MINUTES CITY

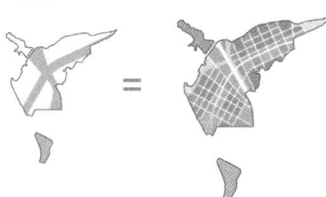

3가지의 영역은 보행자중심의 가로와 함께 반복적인 규칙으로 배치되어 여가와 일상의 공간, 일상과 일터공간이 10분안에 접근되는 직주근접의 도시를 실현한다.

자연과 도시 그리고 사람을 잇는 연결의 도시

종합계획

가로 중심의 새로운 도시연결의 장소성을 만들다.

자연의 흐름에 따라 열린 포용적 공유존은 도시의 물리적 경계를 허물어 자연과 도시를 연결하고, 휴먼스케일의 가로는 각기 다른 도시와 자연의 풍경을 교차하며 자연과 도시, 그리고 주민의 삶을 연결한다.
가로를 통한 긴밀한 연결속에 도시의 공동체는 활성화되고, 도시의 완결과 자연과 삶이 연결되는 장소성을 갖는다.

도시와 자연의 연결

도시와 자연을 연결하는 6개의 포용적 공유존

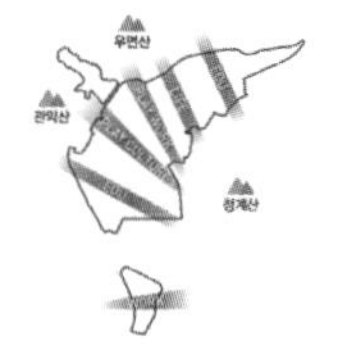

도시와 도시의 연결

주요 도시를 연결하는 2가지 성격의 어반벨트

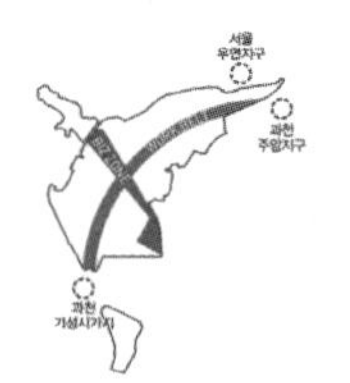

사람과 사람의 연결

소규모 블록과 그리드 체계를 통한 가로활성화와 스마트 도시 구현

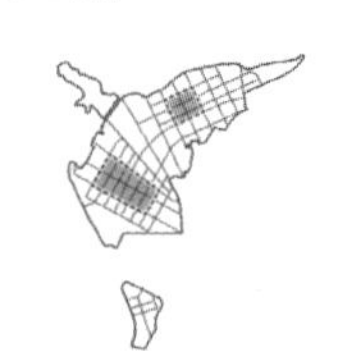

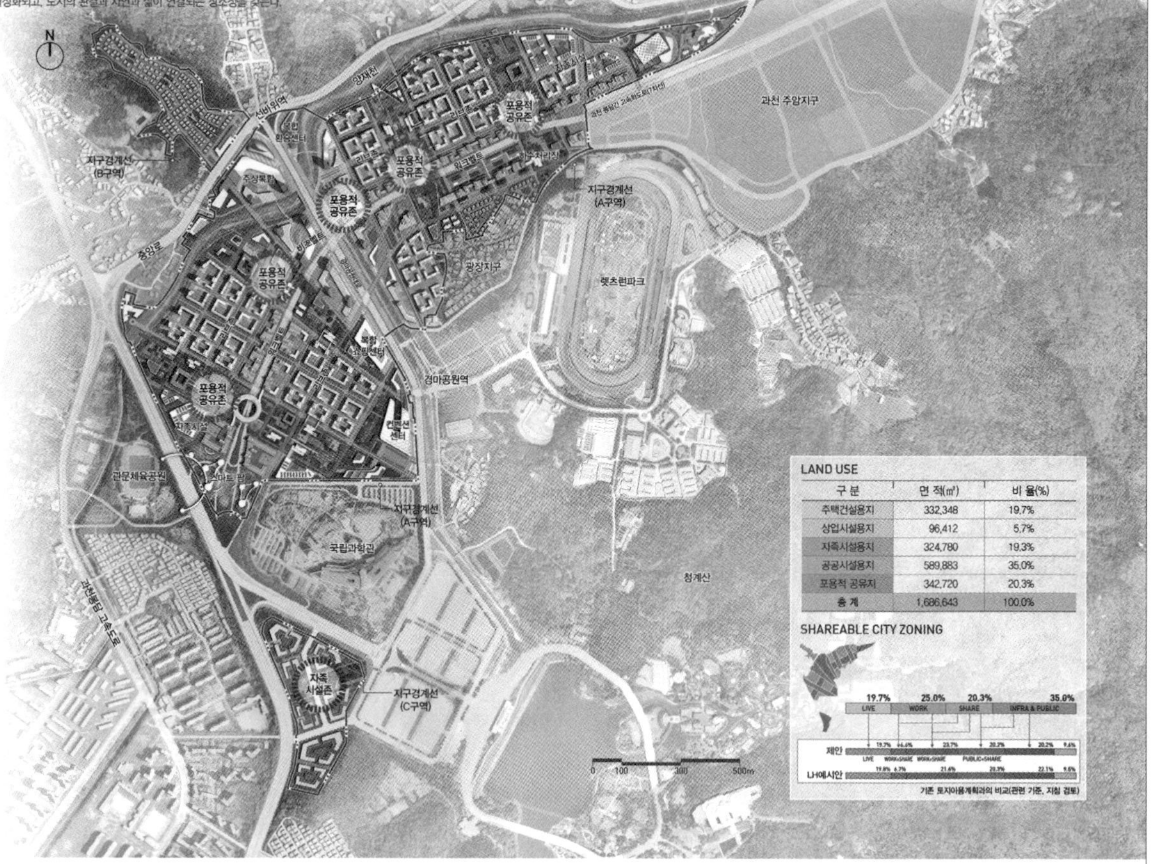

LAND USE

구 분	면 적(㎡)	비 율(%)
주택건설용지	332,348	19.7%
상업시설용지	96,412	5.7%
자족시설용지	324,780	19.3%
공공시설용지	589,883	35.0%
포용적 공유지	342,720	20.3%
총 계	1,686,643	100.0%

SHAREABLE CITY ZONING

19.7% LIVE / 25.0% WORK / 20.3% SHARE / 35.0% INFRA & PUBLIC

제안 / LH예시안

기존 토지이용계획과의 비교(관련 기준, 지침 검토)

보행친화적 가로

공간환경계획

작은 도시 조직(80×60 CELL)을 기본으로한 중소형의 블록과 다채로운 가로 환경 조성

대규모 블록을 서비스 하던 4차선(폭 25m) 이상의 도로를 2차선(폭 16m)의 경계 없는 사람중심의 가로로 대체한다.
건축물에 의해 구성되는 최적의 공간감을 고려한 가로폭과 건축물 높이 계획을 수립하고, 주민 요구 및 테넌트 변화에 대응할 수 있는 가로환경을 조성한다.

CELL | 80×60

다양한 경로를 만들어내는 작은 CELL.
가로활성화 및 소통의 밀도 향상을 위한 최적의 블록 규모 80×60을 제안한다.

UNIT | 80x130(2 CELLS)

2개의 CELL은 기본 획지단위인 UNIT을 구성하여 80×130을 넘지 않는 적절한 보행거리를 유도한다.

SET | 보행으로 경험

UNIT의 조합은 도시의 조직을 만든다.
CELL과 UNIT으로 다양한 용도를 담고 짧은 블록 길이를 만들어 '다양성이 살아있는' 이상적인 가로를 만든다.

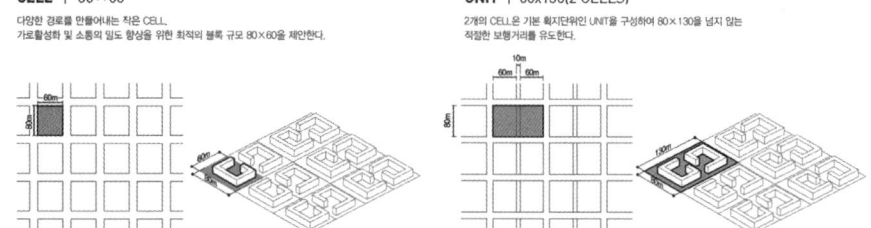

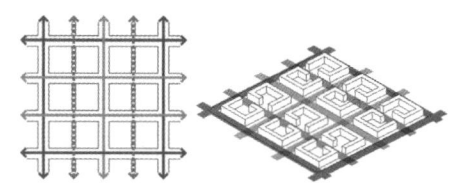

적정 도로폭과 건축물 높이 | 소블럭 체계 대응

기존 신도시 슈퍼블록

주거단지 개발을 위한 기존 대규모 블록(200m×300m 내외)은 일반적으로 25~30m 폭, 4차선 이상의 도로로 구획된다. 이는 차량 위주의 교통체계, 즉 차선을 확보하기 위한 도로 계획이다.

4차선 폭 25~30m×2

신도시 5개소 평균 도로율 21.0%

80×130 계획안

대상지의 도시적인 측면에서 적정수준의 도로율을 고려하여, 도로폭을 16m로 설정하였다. 2차선을 확보할 수 있는 도로폭이며, 대규모 블록방식과 비교하여 도로율 증가를 통해서 실현할 수 있는 도로폭이다.

2차선 폭 16m×4

계획안 도로율 20.2%(보도포함)

가로의 공간감

폭 16m의 도로와 도로변 공지에 의해 가로 공간이 설정된다. 걷기 좋은 가로를 만들기 위해서 개방감과 위요감의 균형을 통해 안정감을 줄 수 있도록 건축물 높이를 6층 내외로 계획하였다.

1>H/W>1/2

다채로운 가로 | 저층부 용도

다채롭고 'FUN'한 거리. 포용적 공유존과 유니트 단위의 커뮤니티 시설들을 연계해 테넌트 변화에 따른 다채로운 가로 경험을 제공한다. 가로의 공간감을 고려해, 저층 연도형으로 배치된 건물들의 1층은 필로티와 커뮤니티, 직주형 주거 등으로 채워지며 가로의 풍경을 풍성하게 한다.

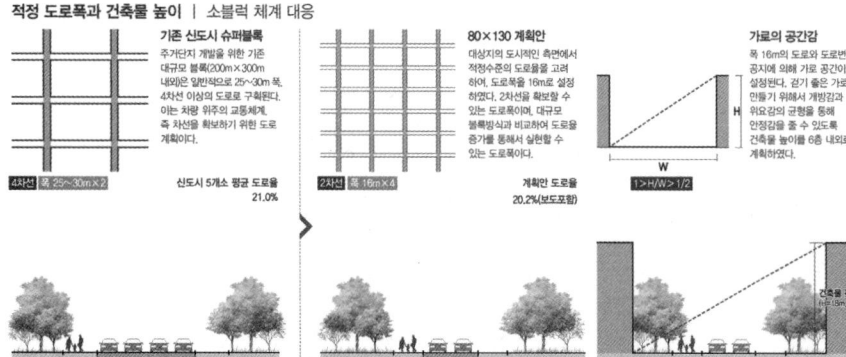

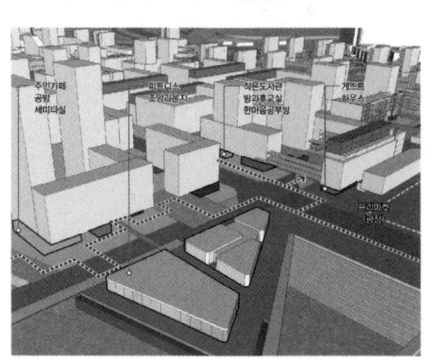

Gwacheon District Urban Architecture Integration Master Plan

보행자 중심의 "3 STREET PATTERN"
보행자 중심의 가로설계 가이드라인을 마련

보행자 중심의 가로공간 조성을 위해 다양한 교통정온화 기법을 적용한다.
단차가 없는 적극적인 무장애 공간을 조성하고 노상주차, PM(Personal Mobility) 등 가로활성화 요소를 포함한다.

STREET TYPE

LIFE WAY — 보행 위주의 2차선 도로(시케인)
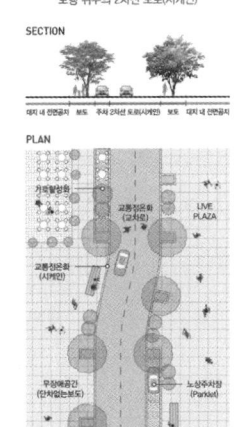
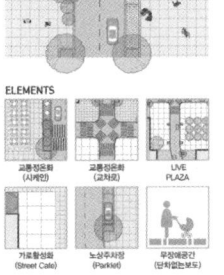

COMMUNITY WAY — 저층부의 느슨한 경계로 열린 생활가로
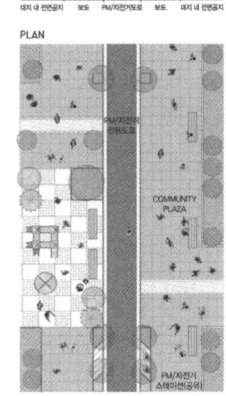
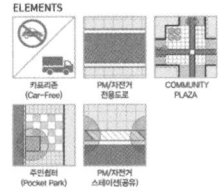

POCKET WAY — 이웃과 활발하게 소통하는 공공보행통로
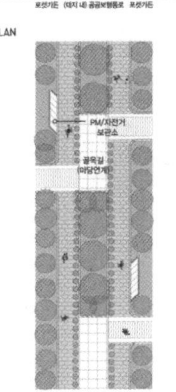
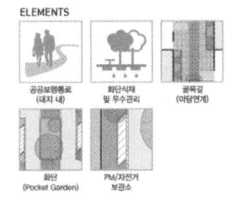

가로계획
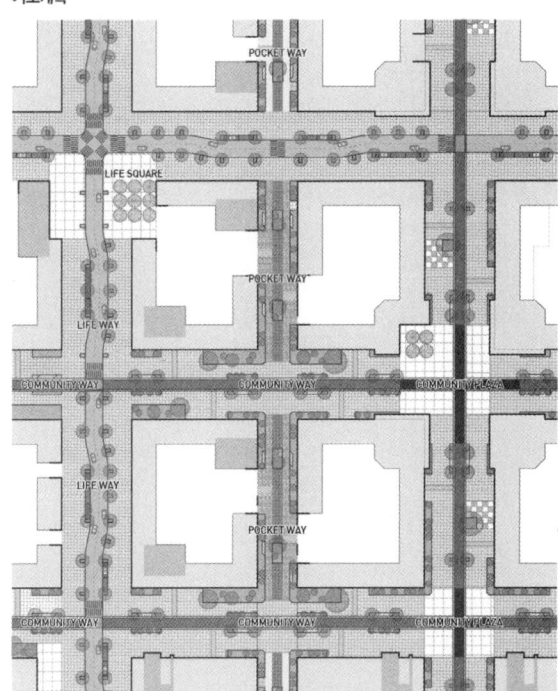

공유도시를 만드는 3개의 구조
친환경적이고 지속가능한 공유도시의 여가와 일상과 일터를 구성하는 3개의 도시구조

SHARE ZONE — 포용적 공유존

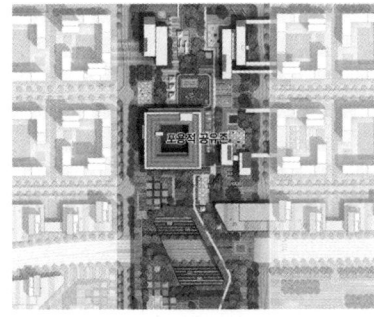

포용적 공유존은 도시가 개발되면서 일어나는 자연환경의 단절을 해소하는 공간이자 **자연을 향유하는 가로 공간**이며, 도시의 다양한 지원 시설들이 배치되는 융합형 공간이다.

낮은 스카이라인과 저밀도로 구성된 공유존은 시민들의 **균등한 접근성**을 고려해 분산 배치되어, 걷고 싶은 가로환경의 중심으로 구성된다. 또한 선으로 경계 지어진 단지의 군집이 아닌, 영역의 확장과 축소를 통해 때에 따라 용도와 밀도를 변형시켜, 미래의 도시변화에 대응 가능한 **도시의 조정자(coordinator)**로서 기능한다.

10 MINUTES CITY — 보행친화적 가로
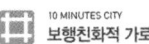
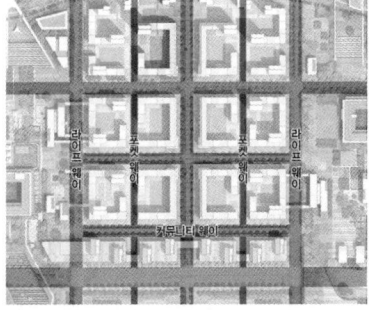

도시의 가로는 휴먼스케일의 유닛 사이를 흐르며 그리드 형태의 스트리트 패턴을 구성한다. 격자형의 패턴은 균등한 연결성을 가지며 보행자에게 공평한 접근성과 선택의 다양성을 제공하고 분산 배치된 도시의 영역들을 이어가며 직주근접이 실현되는 **10분 동네**를 구현한다.

Life Way, Community Way, Pocket Way 세가지로 구성된 스트리트 패턴은 미래 자율주행차 도입으로 인한 차량 수요변화에 대응하는 유연한 형태로 계획되고, 근접한 도시 영역의 성격에 따라 다채로운 가로공간의 경험을 제공한다.

WORK ZONE — 어반벨트

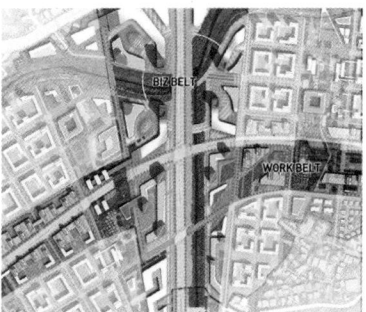

어반벨트는 연구, 개발 성격의 양재 R&D지구와 제조, 생산의 성격인 과천지식정보타운 사이에 위치한 테스트베드 성격의 비즈니스 영역이다.

7차선 과천-헌릉로 연결도로변의 **"Work Belt"**는 청년세대와 초년기업 등이 교류하고 성장하는 상생의 영역으로, 업무시설뿐 아니라 소형 주거공간이 함께 배치된 안정적인 직주일체의 생활 밀착형 자족환경을 갖는다.

2개의 역세권을 잇는 **"Biz Belt"**는 교통, 업무, 판매, 문화시설을 입체적으로 연계하는 계획을 통해서 근거리 도시 간 비즈니스 영역을 연결하고, 자족 기능한 도시의 모습을 구현한다.

과천지구 도시건축통합 마스터플랜

포용적 공유존
자연을 향유하는 커뮤니티 공간

URBAN BELT
도시와 도시를 연결하는 네트워크 시티

보행친화적 가로
보행이 중심이 되는 소규모 블록과 가로

도시의 가로는 휴먼스케일의 유닛을 바탕으로 균등한 연결성을 가지며, 보행자에게 공평한 접근성을 부여함과 동시에 선택의 다양성을 제공한다.
Life Way, Community Way, Pocket Way로 구성된 스트리트 패턴은 미래 도시변화에 대응하는 유연한 형태로 계획되어, 다채로운 가로공간의 경험을 제공한다.

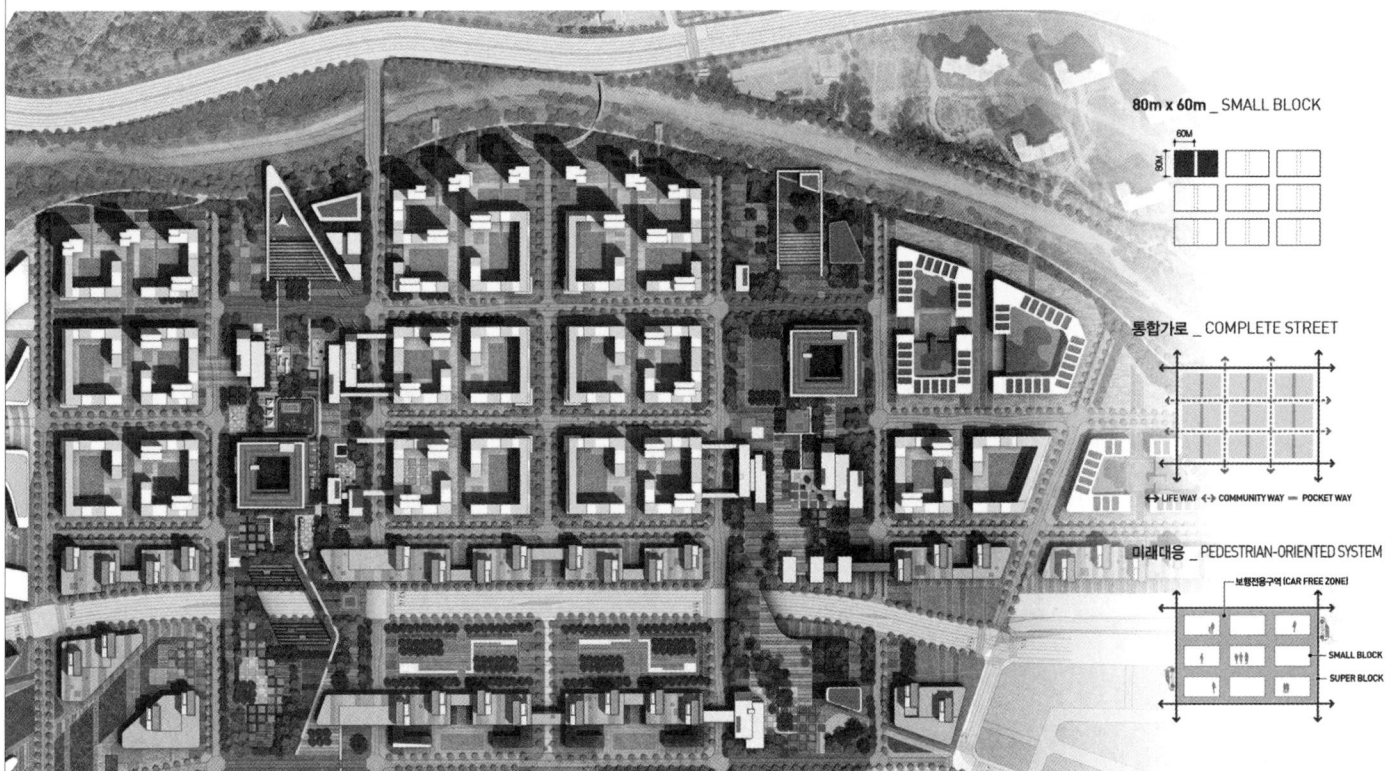

LIVE ZONE _시범설계지구

도시의 다양한 '공간'이 신혼특화 플랫폼 속에서 삶의 '장소'로 치환되다.

보행거리를 고려한 소블록으로 구성된 가로의 시스템과 단지 내부에서 포용적 공유존으로 확장되어 가는 공유 시스템은 지루하지 않고 활력 넘치는 가로의 풍경을 만든다. 3가지 가로 패턴 (Street Pattern)의 경관과 연결형 주거타운 시스템, 블록 내외부에서 일어나는 공유의 활동들을 가장 잘 드러내는 4개의 블록을 시범 설계 지구로 선정하였다.

architecture & design competition 복지·도시·체육·조경

과천지구 도시건축통합 마스터플랜

2등작 (주)디에이그룹엔지니어링종합건축사사무소 김현호, 조원준 + 와이오투도시건축 건축사사무소 김영준 설계팀 고성호, 장명용, 최강석, 오교진, 윤현진, 오세철, 김종민, 이성은, 신정환, 정현영, 김희경, 신재형, 오채린, 박종민(이상 디에이) 최정우, 정재훈, 김상균, 백소현(이상 와이오투)

대지위치 경기도 과천시 과천동, 주암동, 막계동 일원 **사업면적** 1,555,496㎡

과천 신도시

전국적으로 신도시를 만들어온 지 40-50년이 지났다. 지금까지는 토지를 수퍼블록으로 나누고 거기에 하나의 주거형식을 복제하고 배치하는 방법을 통해 국토의 풍경을 바꾸었다. 3기 신도시부터는 도시설계의 새로운 대안을 찾는 시도가 시작되고 있다. 우리의 대안은 수퍼블록을 소블록으로 잘게 나누고, 가로 공간을 활성화하면서, 도시와 건축을 계획의 초기 단계부터 함께 구상하는 접근이다. 현실적인 여건 내에서 새로운 모델을 제안하는 과제라고 판단하여 다음의 항목들을 설계안의 목표로 삼았다.

첫째, 대상지는 서울 남쪽의 산악 지형에서 남서-북동을 축으로 벌어져 있는 좁다란 평지이다. 우리는 녹지를 이으면서 생겨나는 오픈스페이스의 분산과 반복이 장소적인 개념으로 정형화되는 체계를 만들었다. 그리고 지형에 따라 두 가지 메인 축을 설정해 확장의 체계를 넘어 분산의 조직을 만들어냈다. 오픈스페이스를 매개로 제반 시설들이 복수의 켜로 생겨나는 도시의 체계를 제안했다. 둘째, 오픈스페이스의 체계를 바탕으로, 프로그램의 위치와 종류에 따라 세분화된 건축유형이 도출되었다. 건축유형은 이후에 건축물의 설계를 맡게 될 건축가들의 상상력을 제한하지 않는 범위에서, 개별 건축물 상호간의 역할을 조정하는 기준을 구체화한 것이다. 그리고 도시의 정체성을 위해 일반 건축유형 외에 독자적으로 제어되는 '디자인 타워'라는 불규칙적인 개별유형을 추가하였다. 셋째, 오픈스페이스와 건축유형을 묶어서 '필드 블록'이라는 개념을 만들었다. 이는 도시의 영역별 특성을 제어할 수 있는 집합의 건축지침을 제시하기 위함이다. 필드블록은 주거와 지원시설이 서로 다른 이종의 공간구성으로 켜켜로 조합되게끔, 도시 내 영역별 특성을 강화시키는 지침이다.

Urban Landstripe

New towns have been developed throughout the country over the last 40 to 50 years. Until this day, a design method that divides a piece of land into superblocks and fills them with replicas of a single housing type has been widely practiced when reshaping the scenery of the land. However, for the third phase of new towns, there is an attempt to find alternative urban design solutions. The proposed solution is based on a new approach that divides those superblocks into smaller blocks, gives more energy to urban streets and develops urban and architectural designs together from the early stage. Following design objectives are defined under the idea that this project aims to develop a new model adapted to realistic conditions.

Firstly, the project site is a narrow piece of land that spreads along a southwest-northeast axis from a mountain area in the south of Seoul. The distribution and repetition of these open spaces created during the process of connecting green areas are transformed into a place through a systematic process. Also, considering the topographic condition, two main axes are defined as a reference point for both extension and distribution. These elements turn into an urban system by which infrastructures appear in layers by using the open spaces as a medium.

Secondly, based on this open space system, an architectural typology that can be subdivided according to the location and nature of a program is developed. This typology is defined by materializing references that are used in adjusting the reciprocal role of individual buildings, to an extent that they do not set limits to the creativity of architects who would design these buildings. And, in addition to this general typology, 'Design Tower', an irregular, special typology that is to be controlled independently, is proposed to express the identity of the city.

Thirdly, the concept of 'field block' is created by combining the open spaces and the proposed architectural typologies. It aims to provide architectural guidance for a complex which can coordinate the characteristics of an urban area in the city. This concept helps the city have a layered structure and strengthens the originality of an urban area in the city by introducing a heterogeneous space design that differentiates housing and support facilities from each other.

2nd prize DA GROUP Urban Design & Architecture Co., Ltd._Kim Hyunho, Cho Wonjun + yo2 Architects_Kim Youngjoon **Location** Gwacheon, Gyeonggi-do **Project area** 1,555,496㎡

Gwacheon District Urban Architecture Integration Master Plan

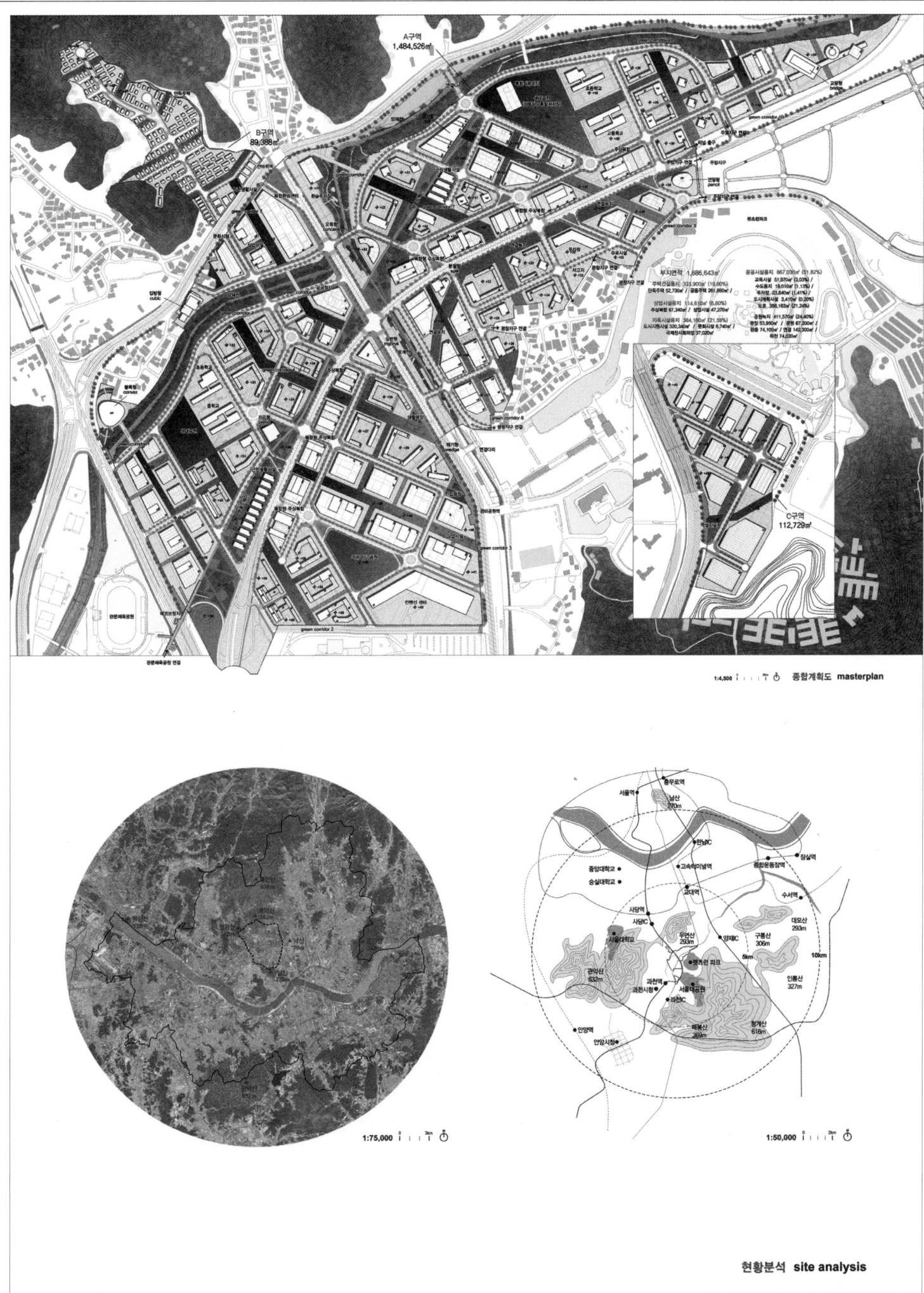

종합계획도 masterplan

현황분석 site analysis

과천지구 도시건축통합 마스터플랜

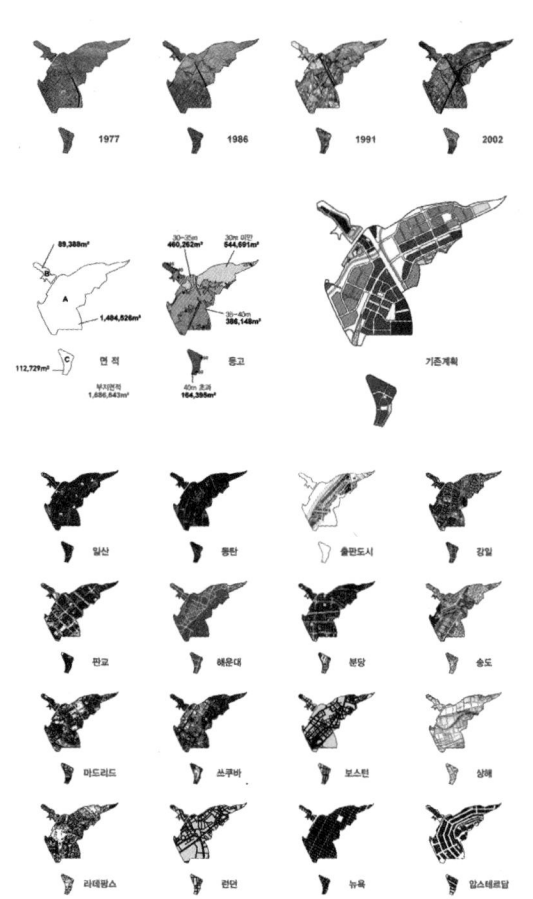

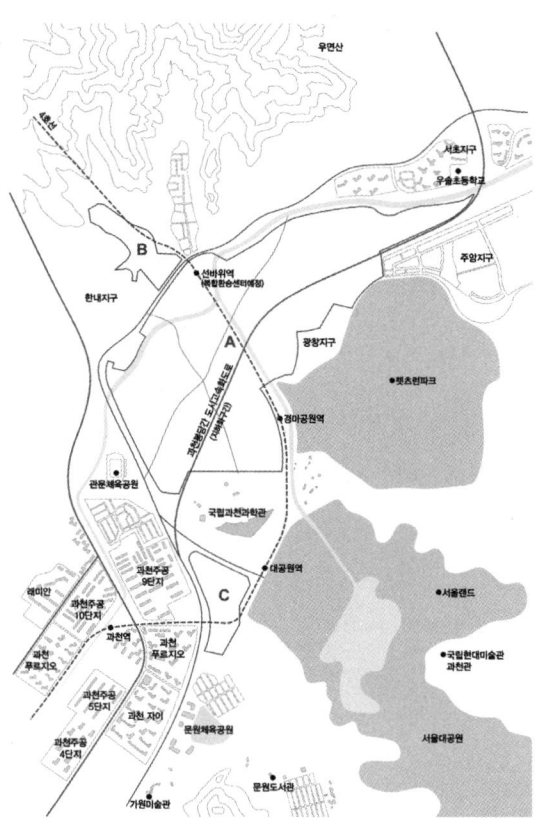

1:20,000 주변환경 surrounding conditions

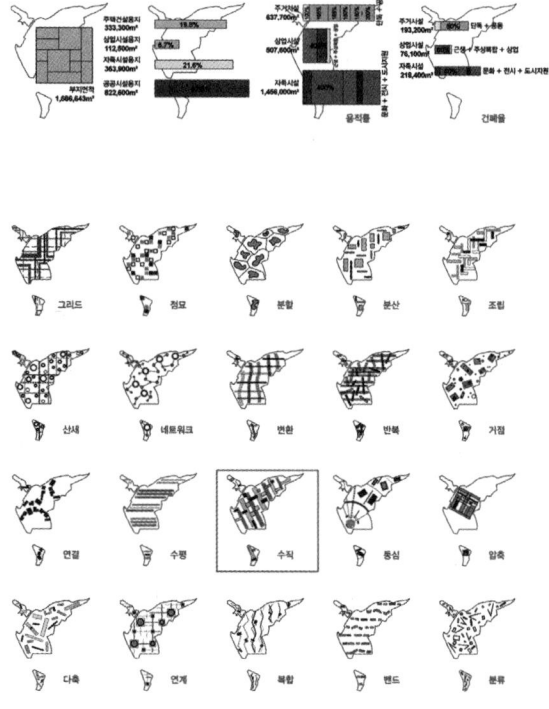

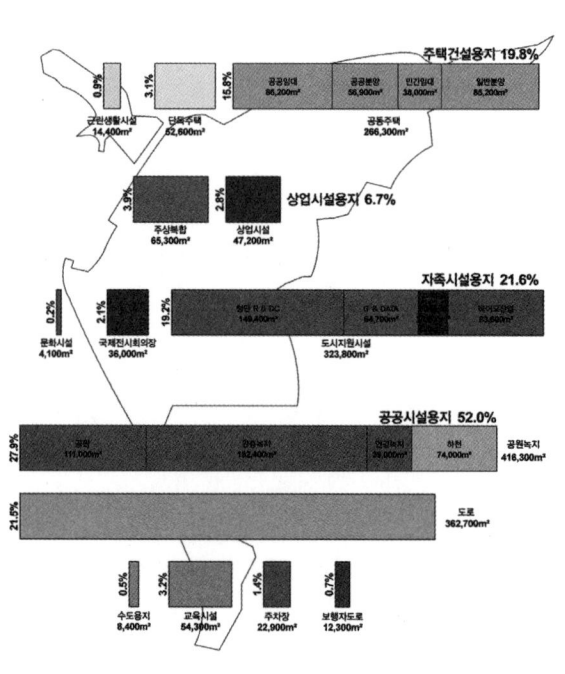

1:15,000 프로그램 분석 program analysis

Gwacheon District Urban Architecture Integration Master Plan

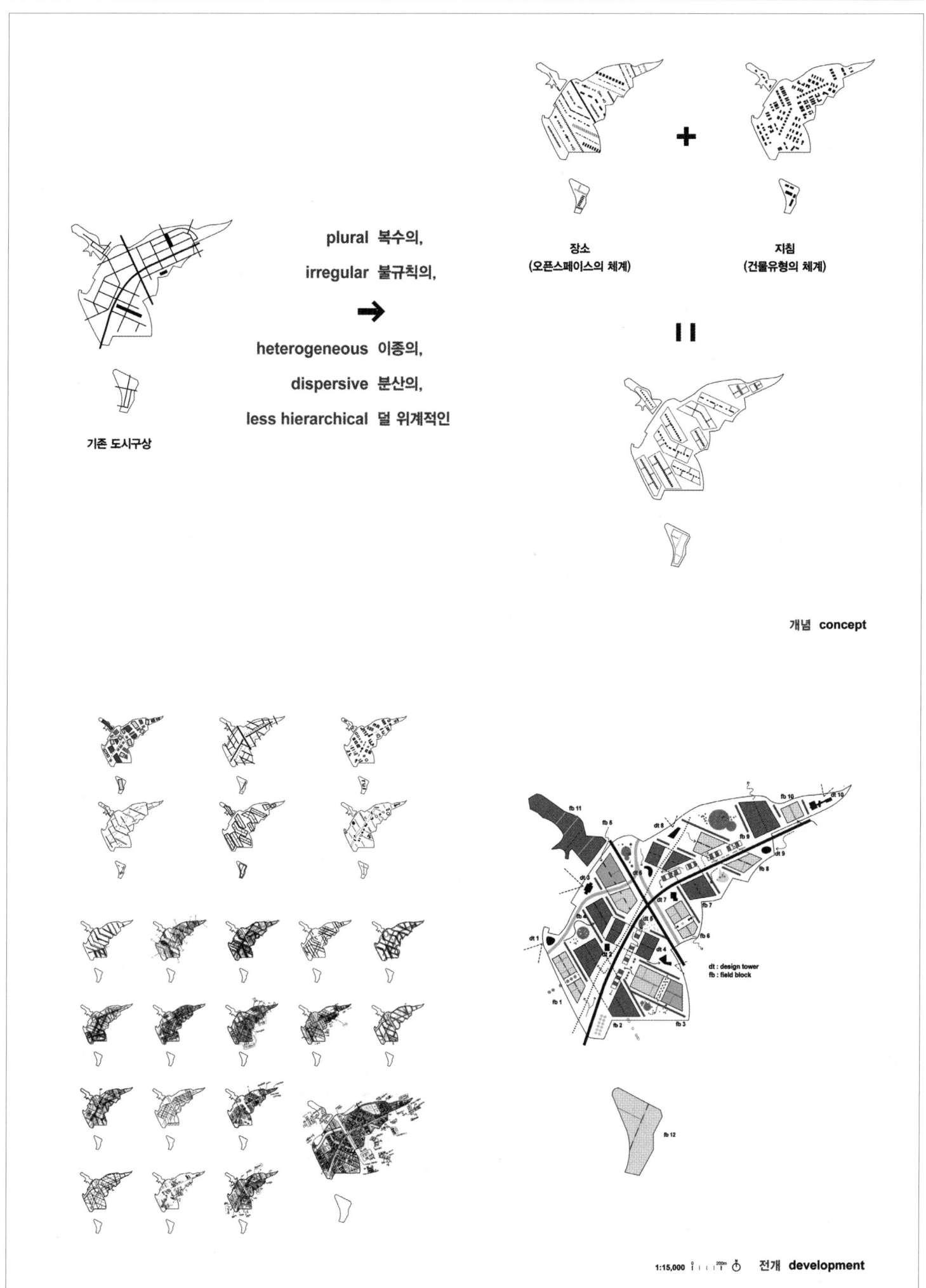

과천지구 도시건축통합 마스터플랜

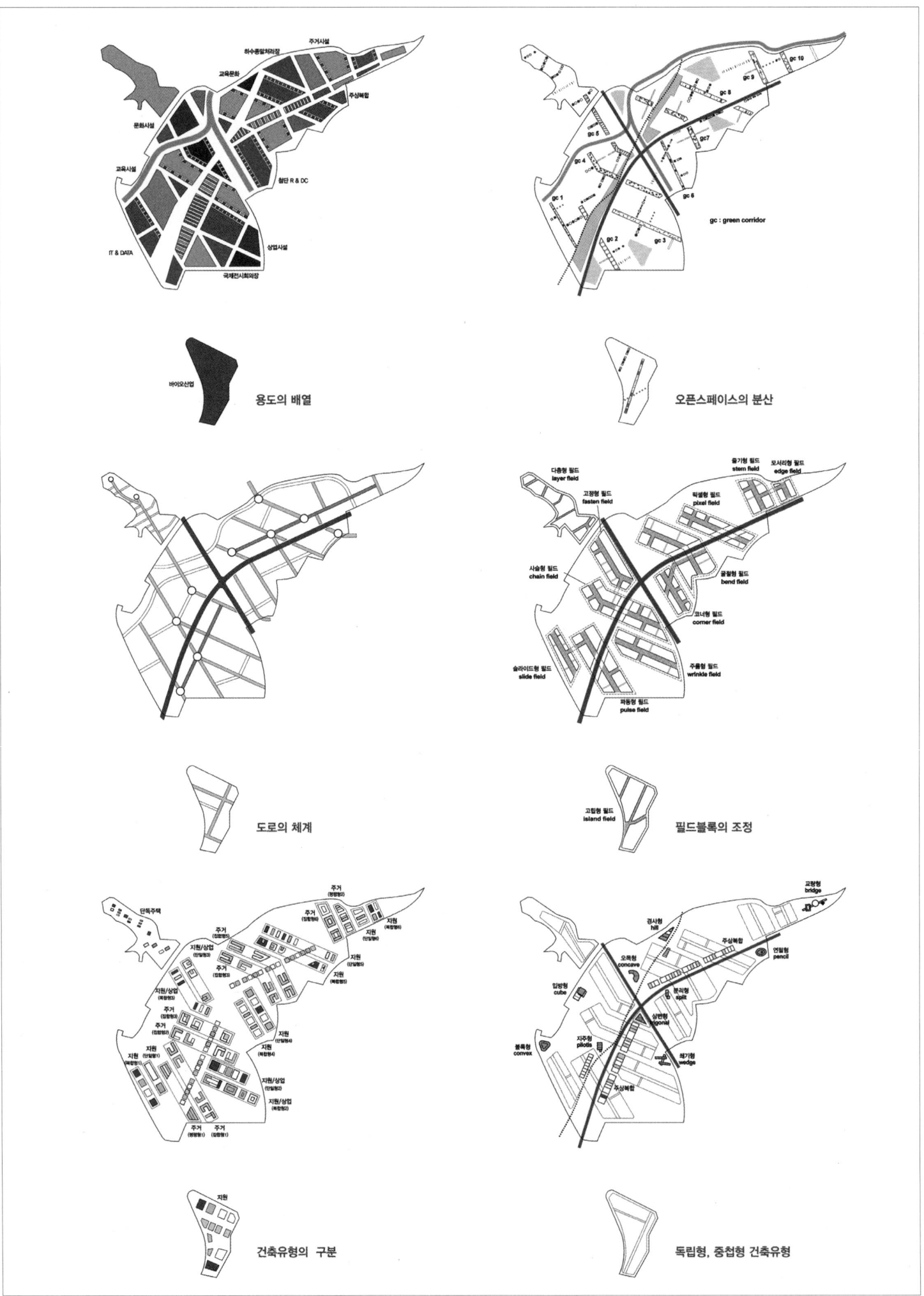

Gwacheon District Urban Architecture Integration Master Plan

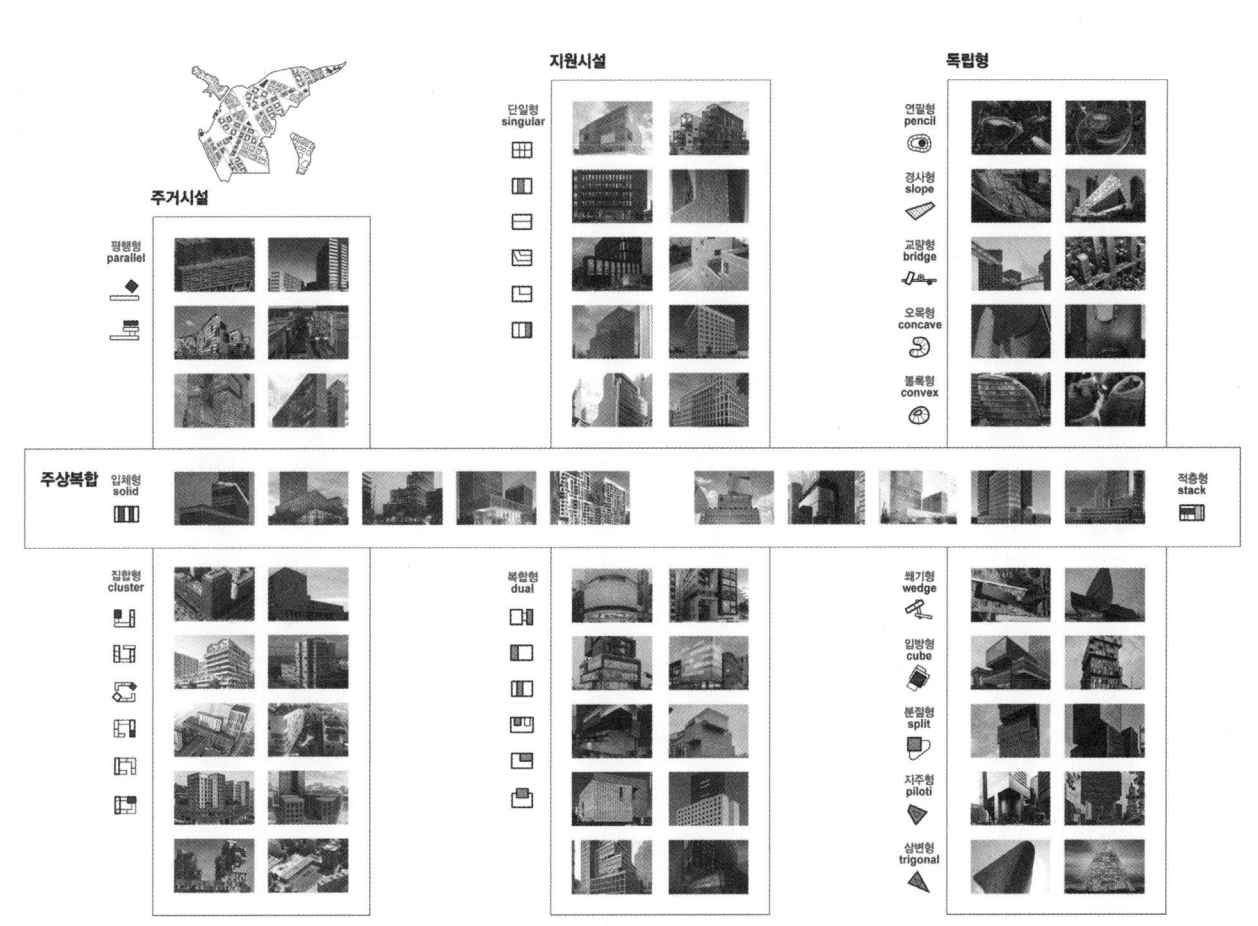

건물유형 **building typologies**

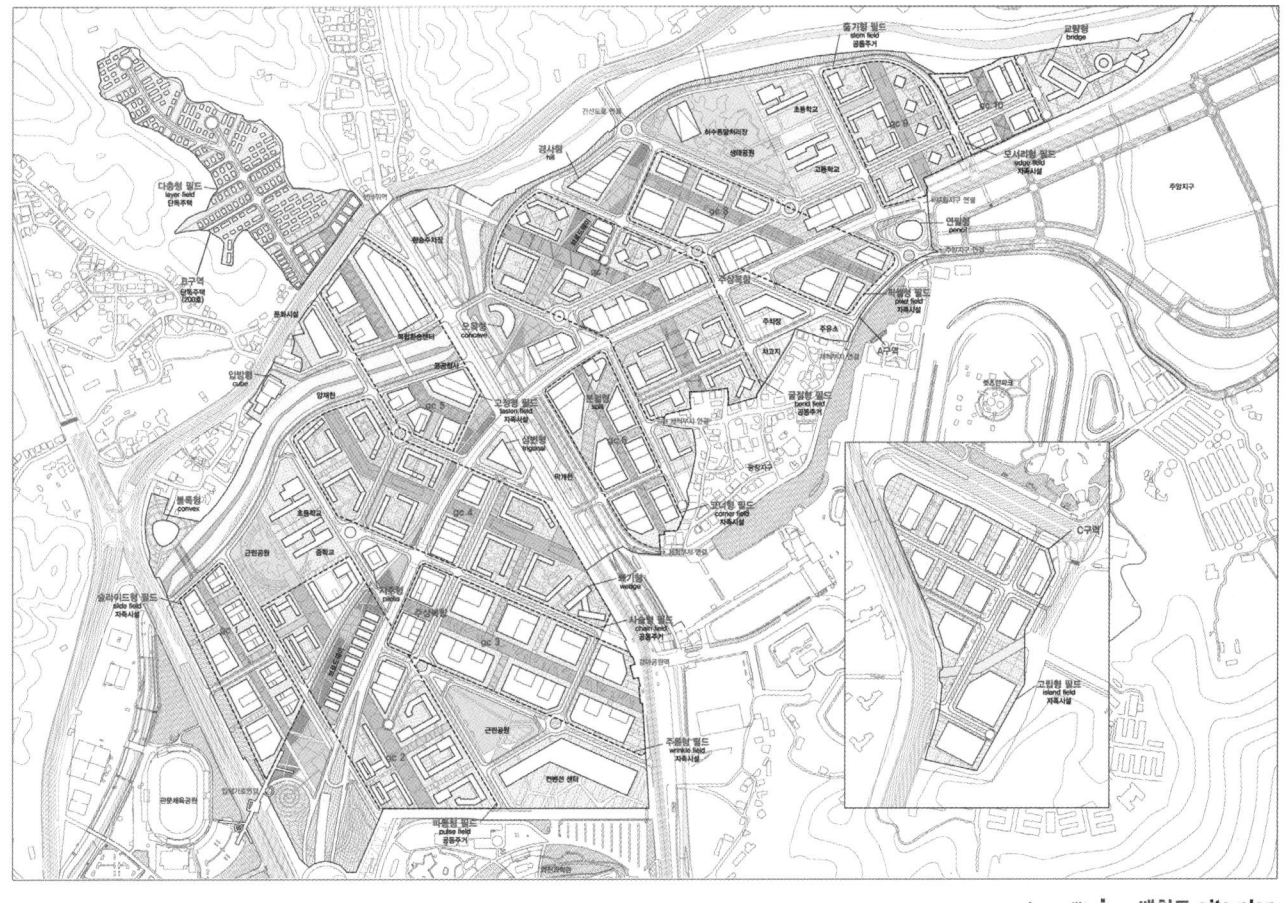

배치도 **site plan**

과천지구 도시건축통합 마스터플랜

브로드웨이

중심생활가로

경마공원로

그린코리도 8

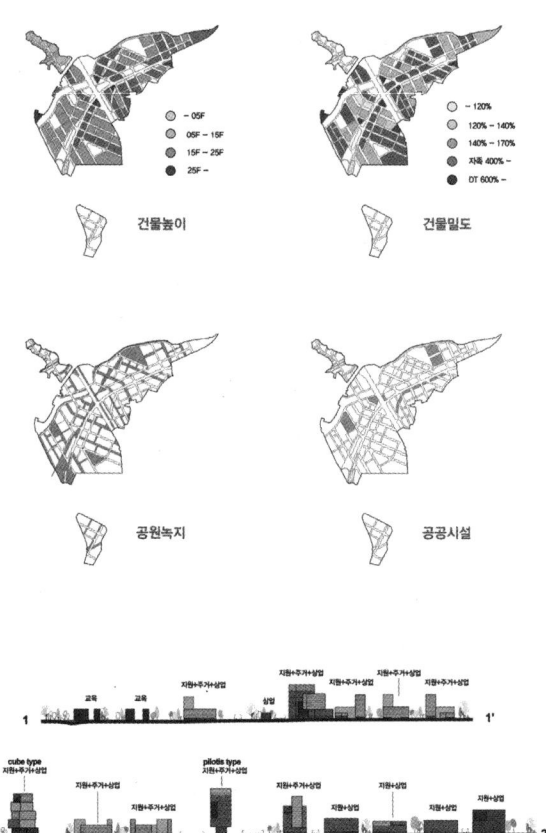

복합용도지역제

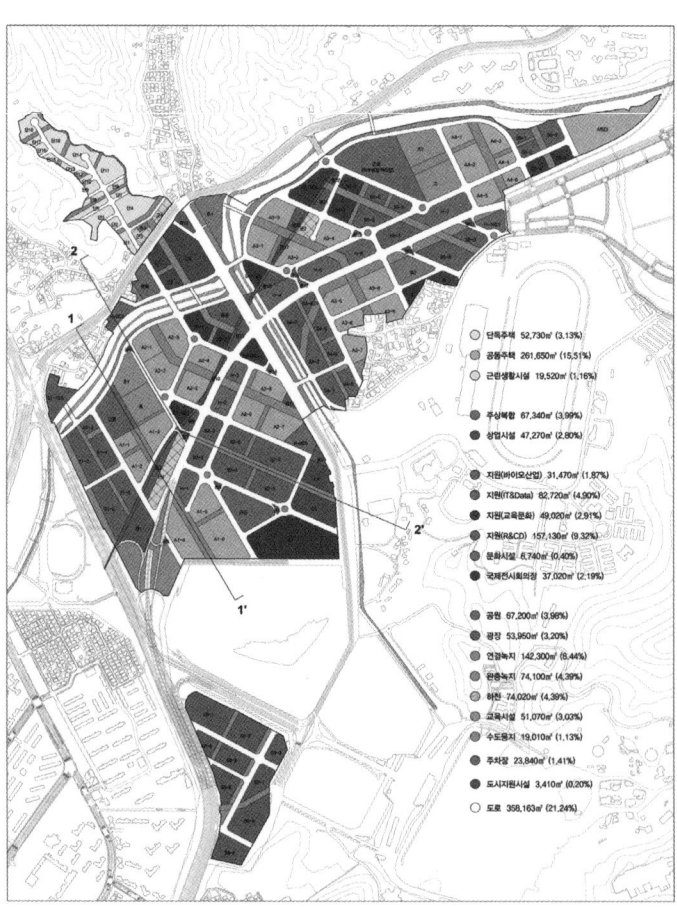

토지이용계획도 landuse plan

Gwacheon District Urban Architecture Integration Master Plan

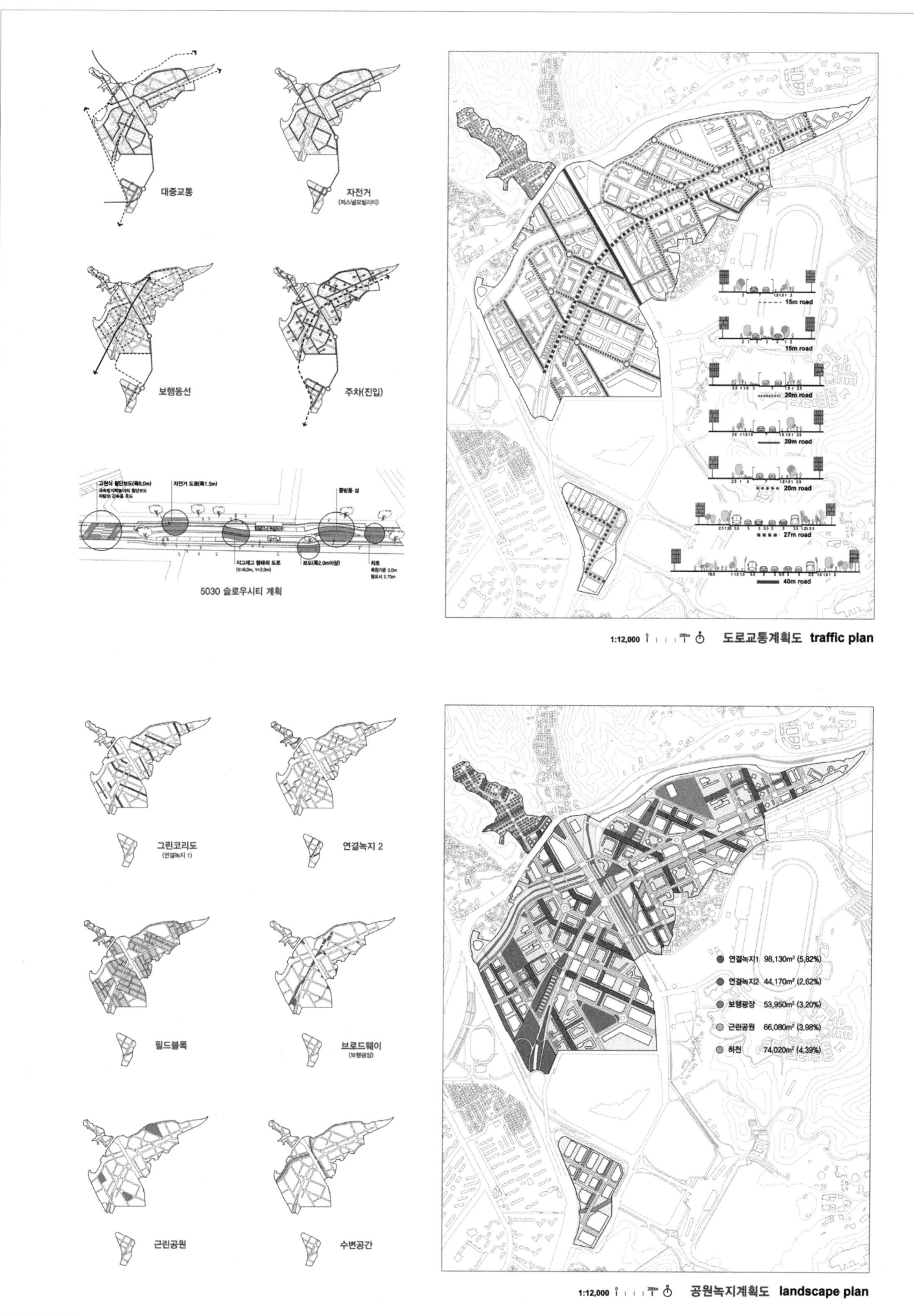

과천지구 도시건축통합 마스터플랜

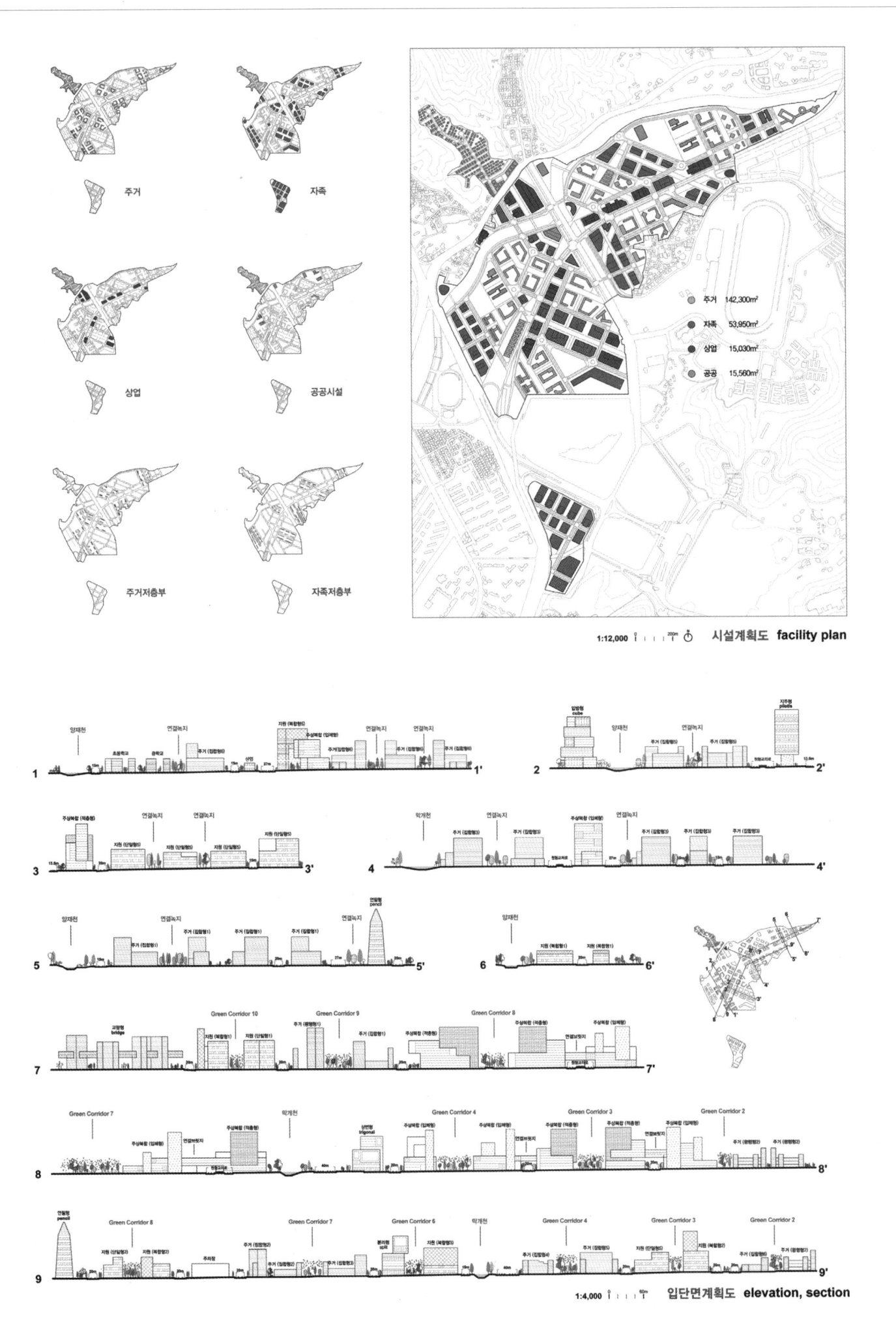

Gwacheon District Urban Architecture Integration Master Plan

과천지구 도시건축통합 마스터플랜

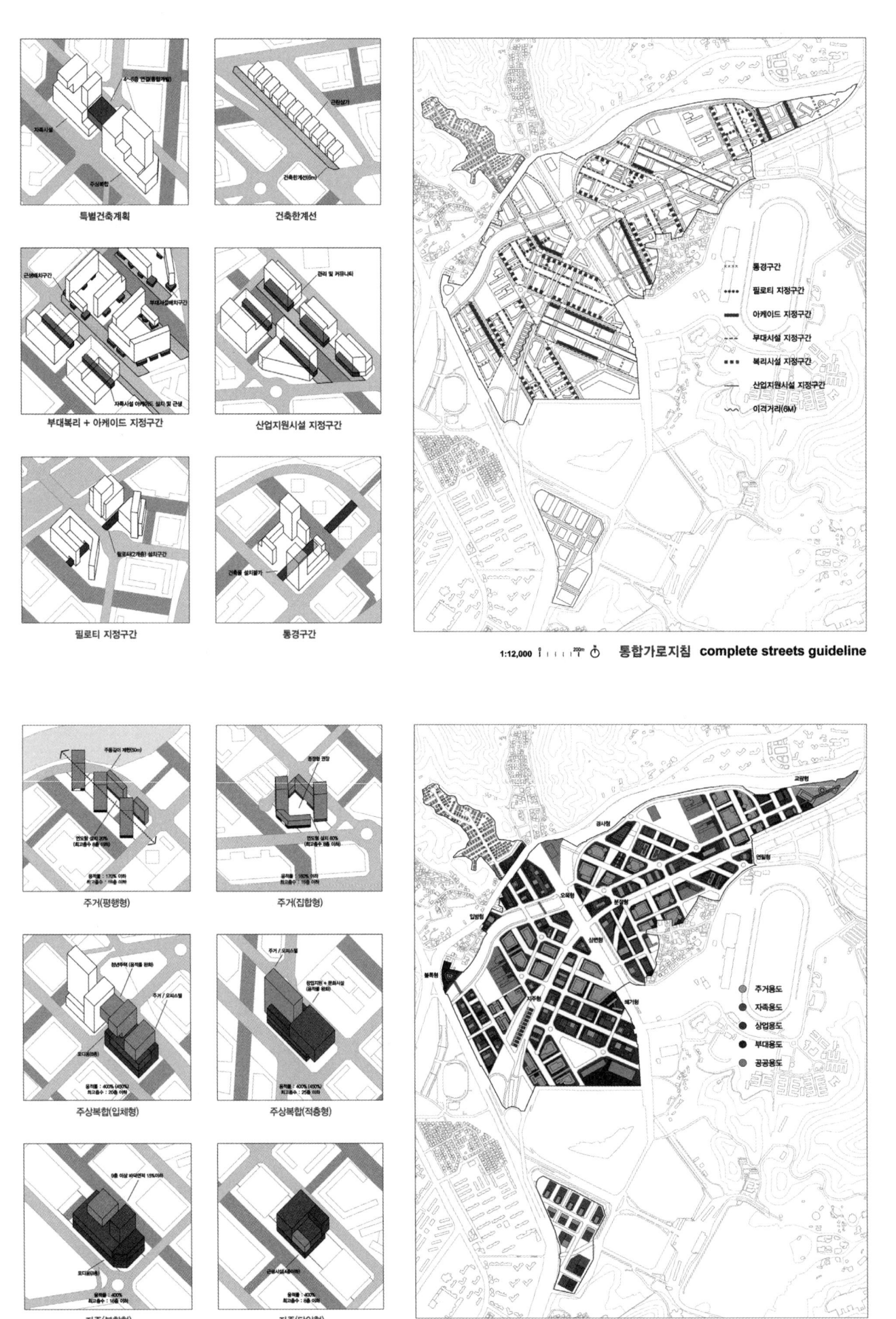

Gwacheon District Urban Architecture Integration Master Plan

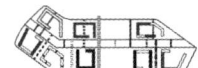

시범설계지구:
8개의 소블록
8 Minor Blocks

도시구상의 지침을 바탕으로 1,200세대의 아파트를 설계하는 과제이다. 가로와 녹지체계(그린코리도)를 면하는 주거지역 중, 신도시 서쪽 8개의 소블록으로 나뉘어진 영역을 시범지구로 선정하였다. 신도시 개발 시작의 거점으로 위치상 구조상 적정하다고 판단하였다. 다른 영역 (혹은 지침상의 다른 필드블록)의 주거지역과 마찬가지로, 녹지의 띠를 중심으로 나뉘고, 도로를 매개로 지원시설과 면하면서, 주상 복합의 프로그램이 횡단하는, 공통의 특성을 지니고 있다.

사실 도시의 지침, 새로운 신도시의 모델에서 의도하는 바는, 잘게 나뉘어진 소블록 마다 별도의 건축가가 참여하는 것이다. 같은 지침이라도 개별로 다르게 해석되고 개의의 디자인으로 발전되어야 단지를 넘어 도시로 재편되기 때문이다. 그러나, 3기 신도시 조성의 시급성, 아직도 정비되지 않은 기존의 여러 제도, 효율을 중시하는 시장, 규모와 관리 등의 편의성 등을 감안하면, 8개의 소블록 별로 설계와 공급, 관리의 주체를 모두 달리하는 대안이 아직은 현실에 바로 적용하기 어려울 수 있다고도 생각하였다.

따라서, 8개의 소블록이되, 이미 도시구상에서 제시된 두가지 건축유형을 기본으로, 도로로 구분된 3, 2, 3의 소블록간 집합을 유지하고, 1,200세대가 한 공동체로서 공급과 관리의 단위로 통합되는 전략적 사고에서 설계를 시작하였다. 그러면서 8개의 소블록 별로, 공통의 계획 내에서도 개별적인 특성을 지닐 수 있도록, 단순한 반복을 넘어서 차이의 제안을 모색하였다. 소블록의 통합 구간에 위치한 녹지대는 공공의 역할이면서 주거의 블록이 함께 공유할 수 있는 연계적인 공간으로 판단하였다.

주거동 소블록은 건축유형을 발전시켜, 복도를 매개로 3개층씩 저층부, 중층부, 고층부 3개의 수평적 패턴이 적용되는 개념으로 전개되었다. 저층부에는, 1층 가로변에 상업의 공간, 녹지변에 주거시설 공용의 공간이 배치되었다. 저층부 매스는 벽돌이나 타일 등 소블록 별로 재료를 구분하면서 입면의 패턴을 반복시켜, 1,200 세대 공동체의 공용 베이스로 조성하였다. 중층부에서는 기본형 굴곡형 돌출형 톰니형 등 임대형 주호의 외관을 변형하는 차이의 변수가 8개 소블록에서 다르게 반응하도록 대입하였다. 고층부를 포함하는 건축유형에서 소블록별 반복되는 변수를 한번 더 조정하여, 소블록 각자의 부분적인 개성을 완성하였다.

주호의 평면에서, 분양형은 기존 시장에서 통용되는 평면의 장점을 최대한 수용하였다. 임대형은 복도형 복층형 옥상형 등, 공동체를 묶어주면서 주동을 특색있게 만드는 이형의 평면으로서, 분양형 사이사이에서 공존하도록 제안하였다. 8개 소블록으로 나뉜 1,200세대의 공동체이지만, 소블록을 복제하여 단지화하는 현행의 주거 구축의 방법을 탈피할 수 있는 대안을 모색하였다. 2개의 건축유형 안에서, 3개의 집합, 8개의 소블록이 도시의 지침 안에서 다른 영역과 공존할 수 있도록 시범지구의 선제적인 모델을 제안하였다.

전제 **premise**

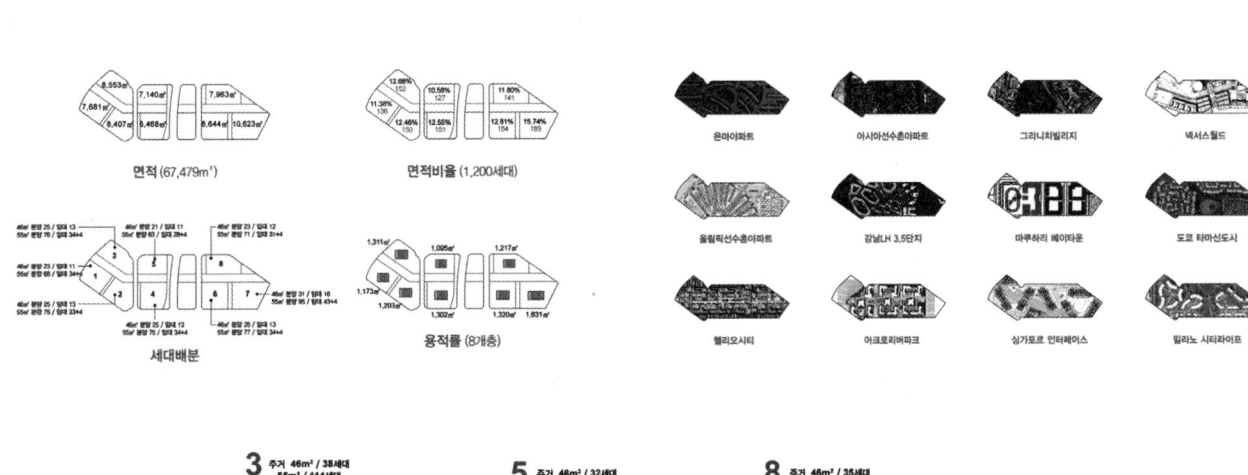

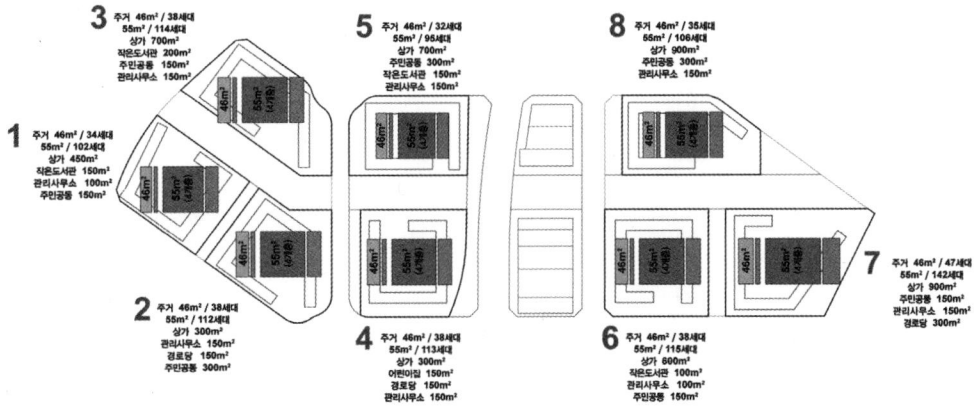

1:3,000 프로그램 **program**

과천지구 도시건축통합 마스터플랜

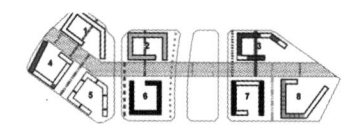

8 소블록별 개성

+

지침의 구상

proactive 선제적,
transversal 횡단적,
→
interactive 반응적,
strategic 전략적,
relational 관계적

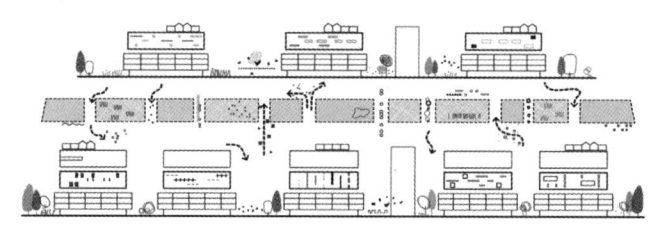

중층부 조정

+

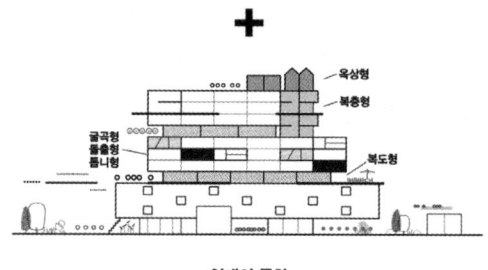

임대의 특화

개념 concept

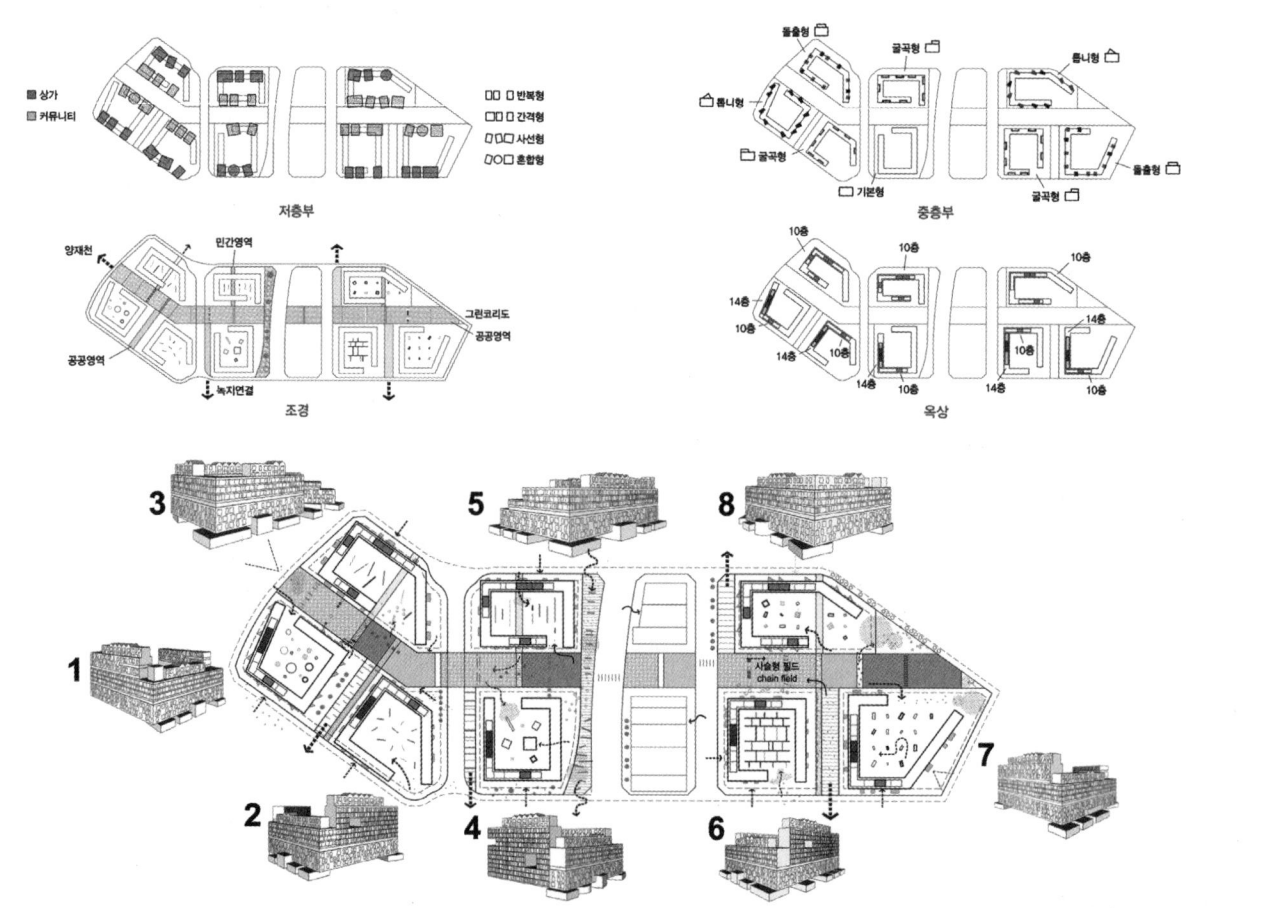

1:3,000 전개 development

Gwacheon District Urban Architecture Integration Master Plan

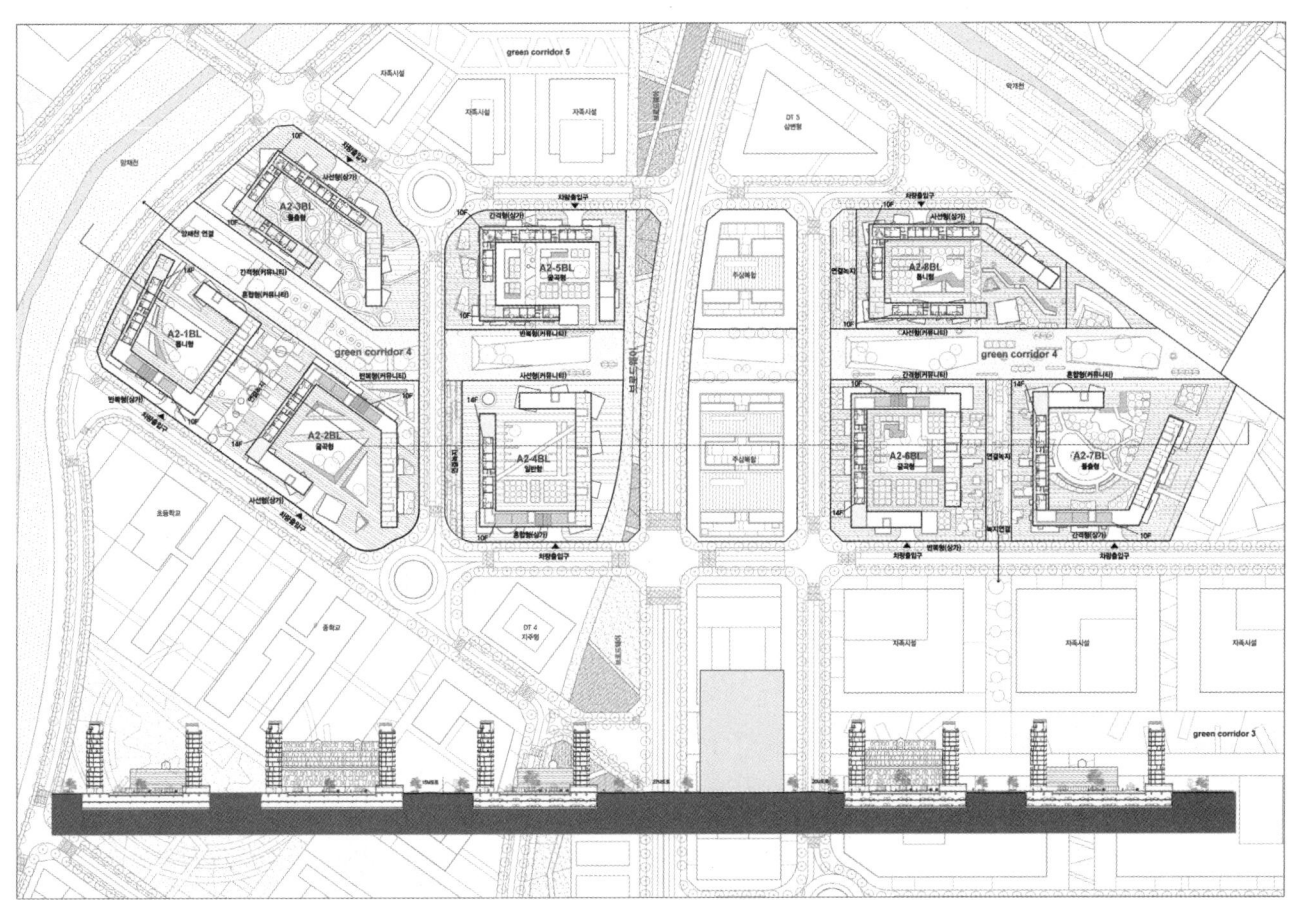

시범지구배치도 plot plan 1:2,000

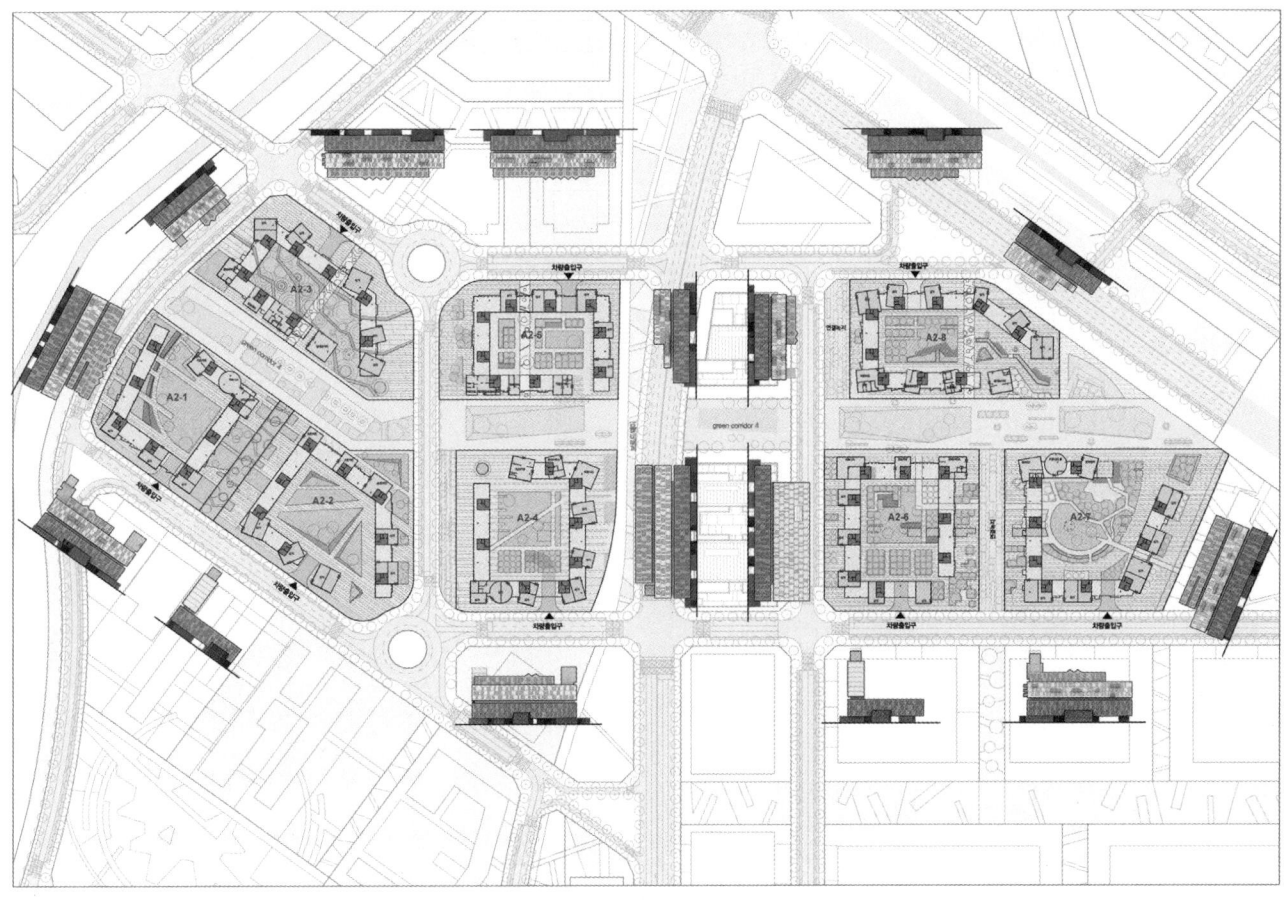

1층 평면도 1st floor plan 1:2,000

과천지구 도시건축통합 마스터플랜

5층 평면도 5th floor plan

2층 평면도 2nd floor plan

분양 55TYPE (821세대) — 55A 712세대, 55C 57세대

임대 46TYPE (300세대) — 46A 207세대, 46C 39세대, 46D 54세대

임대 55TYPE (100세대) — 55B-1 19세대, 55B-2 18세대, 55B-3 21세대, 55D 42세대, 55E 52세대

단위세대 평면도 unit plan

Gwacheon District Urban Architecture Integration Master Plan

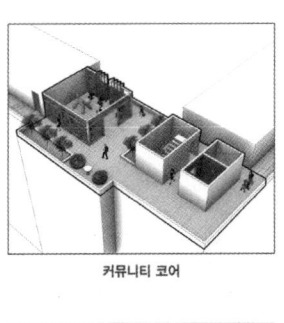

커뮤니티 코어

쉐어링 라운지

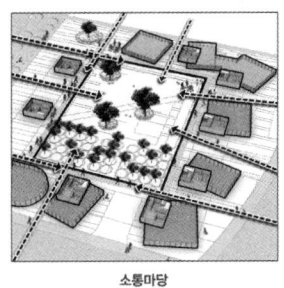

소통마당

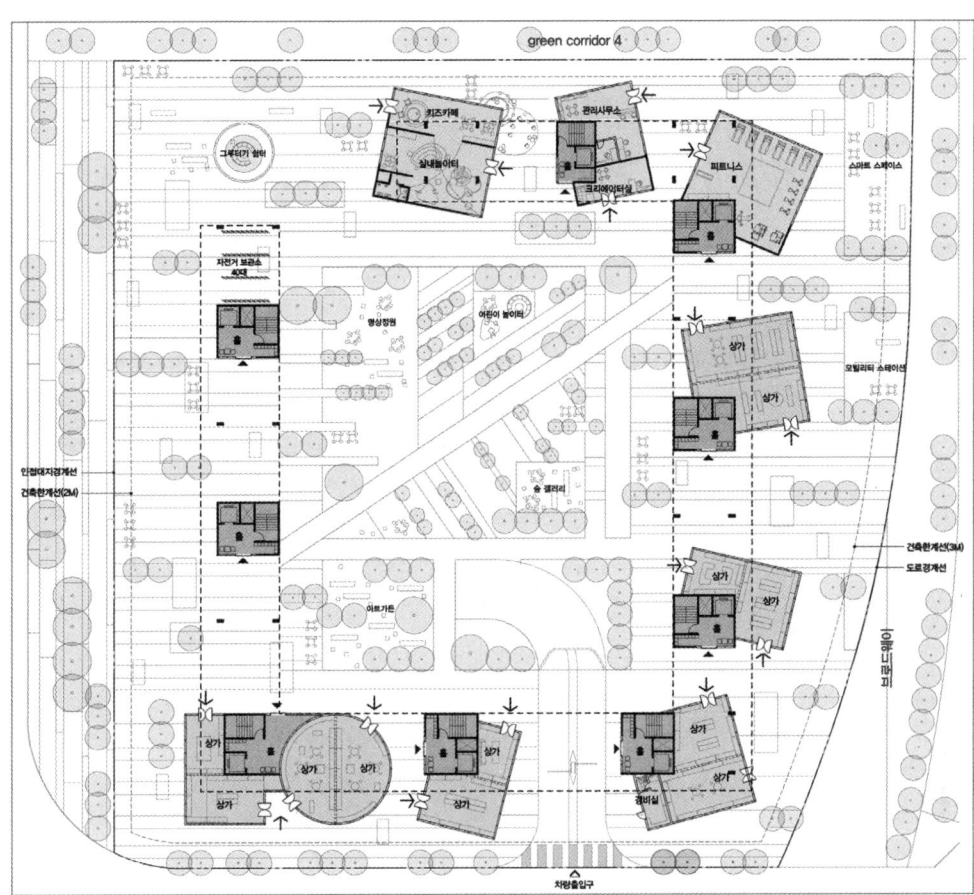

1:400　A2-4 지반층 확대평면도 **ground floor detailed plan**

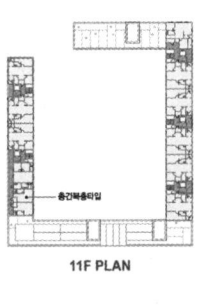

11F PLAN

9F PLAN

5F PLAN

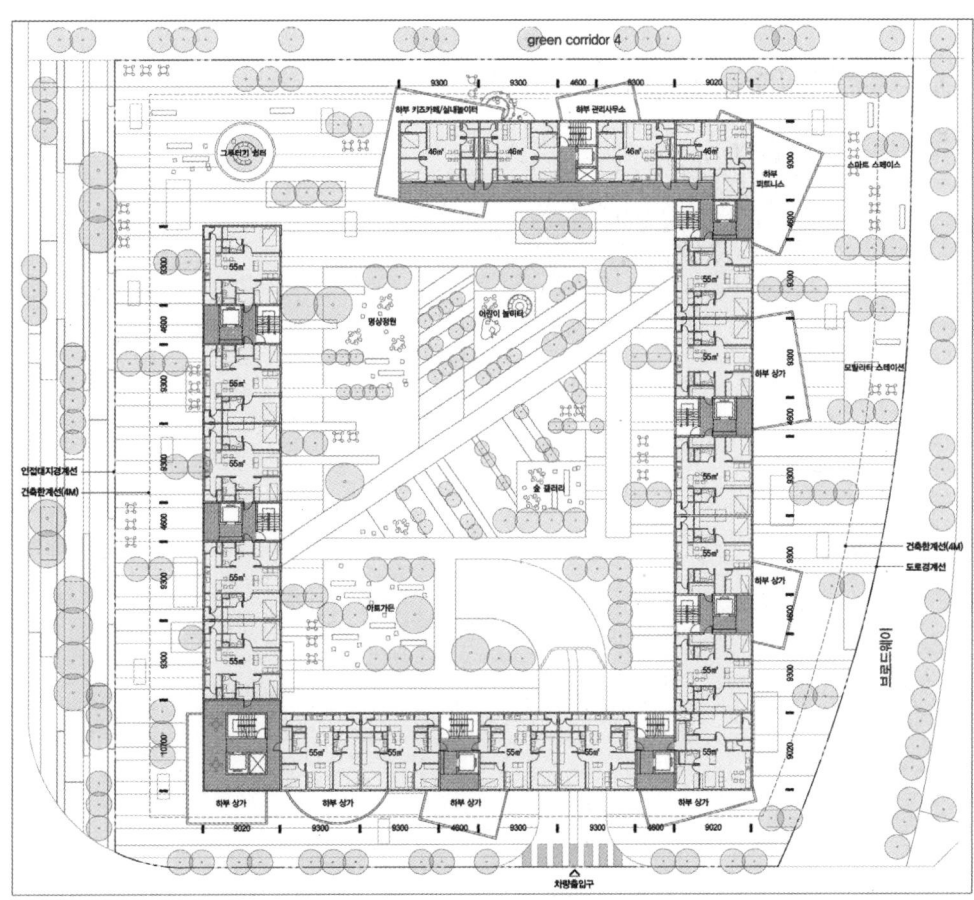

1:400　A2-4 기준층 확대평면도 **typical floor detailed plan**

남양주 왕숙2지구 도시기본구상 및 입체적 도시공간계획

당선작 (주)금성종합건축사사무소 김용미 + (주)어반인사이트건축사사무소 김대성 + 탈건축사사무소 서지영 + 조항만 서울대학교 설계팀 김정진, 박우성, 노근성, 도예진 (이상 금성) 조영주, 윤 원, 유수하, 김지수(이상 어반) 임종훈(이상 탈) 박민희, 이승민(이상 서울대)

대지위치 경기도 남양주시 일패동, 이패동 일원 **대지면적** 2,447,495m² **세대수** 12,700호 **협력업체** C.G – 건축공간

유유자족 (悠悠自足) 도시

왕숙2지구는 작은 규모의 블록들과 3개의 하천을 나지막한 구릉이 감싸는 세밀한 경관의 도시로, 온전히 지형을 살린 녹지를 계획했다. 그 결과 자연은 일상으로 깊숙이 들어오고, 자연스런 형태의 도로망은 교통을 분산시키고 속도를 낮춰 걷고 싶은 보행중심의 연결 체계가 된다.

3개의 물길이 모여 한강으로 흘러나가는 왕숙2지구는 즐거운 이동의 도시다. 유유자적한 발걸음으로 우리는 어디서든 5분 내에 물길에 닿고, 물길을 따라 10분이면 역에 도착한다. 바쁘다면 생활가로와 물길을 따라 만들어진 마이크로 모빌리티 전용도로를 이용할 수 있다. 역과 버스정류장, 개별 단지에는 마이크로 모빌리티 허브와 스테이션이 배치된다. 균질한 차로 폭과 분명한 경계를 지닌 생활도로는 레벨3 수준의 자율주행이 가능하다.

폐쇄적인 대규모의 단지들이 서로 외면하는 도시가 아닌 중소규모 블록들 사이로 걷고 싶은 작은 길이 놓인 왕숙2지구는 상생하는 휴먼스케일 도시이며 녹지 축과 하나된 스쿨파크가 경계 없는 생활권의 중심으로서 4개 생활권 들을 잇는 순환형 커뮤니티 링을 형성하는 아이 키우기 좋은 도시이다.

이 모든 것들로 유유하고 자족한 왕숙2지구는 완성되며, 왕숙2지구는 제 3기 신도시의 새로운 기준으로 우뚝 설 것이다. (글 : 조항만)

A laid-back, self-sufficient town

Wangsuk 2 District is a town with elegant scenery in which small sized blocks and three streams are surrounded by low hills. Such a natural topography is efficiently used to define a green area. As a result, nature comes deep inside the everyday lives of people, and a naturally formed road network disperses and slow down traffic, which contributes to establishing a pedestrian-centric network.

Wangsuk 2 District, a place where three streams join and flow to the Hangang River, is a delightful town of movement. No matter where you are, you can reach a waterway within 5 minutes with free and easy steps. And it takes only 10 minutes to the station if you follow the waterway. If you are in a hurry, you can use a road specially designed for micro-mobility services, running along community streets and waterways. A micro-mobility hub and station is installed at the station, bus stops and each residential complex. Community roads with a standardized width and clearly marked boundaries can accommodate Level 3 autonomous driving.

Wangsuk 2 District is not a town with large scale exclusive residential complexes looking away from each other but a place where walkable paths are laid in between small and medium sized blocks. It is a human-scale symbiotic community and a town with a good environment to raise children as School Park integrated with a green axis becomes the center of borderless living spheres and forms a circulatory community ring that connects 4 different living spheres.

All of these come together to create a laid-back and self-sufficient community in Wangsuk 2 District. It will set a new standard for the third-phase new towns. (Text : Zo Hangman)

Prize winner GS Architects & Associates_Kim Yongmi + Urban Insite Architecture & Urban Design_Kim Daesung + Taal Architects_Seo Jiyoung + Zo Hangman_Seoul National University **Location** Ilpae-dong, Ipae-dong, Namyangju, Gyeonggi-do **Site area** 2,447,495m² **Households** 12,700 unit

Namyangju Wangsuk 2 District Urban Basic Initiative and Urban Space Planning

남양주 왕숙2지구 도시기본구상 및 입체적 도시공간계획

Namyangju Wangsuk 2 District Urban Basic Initiative and Urban Space Planning

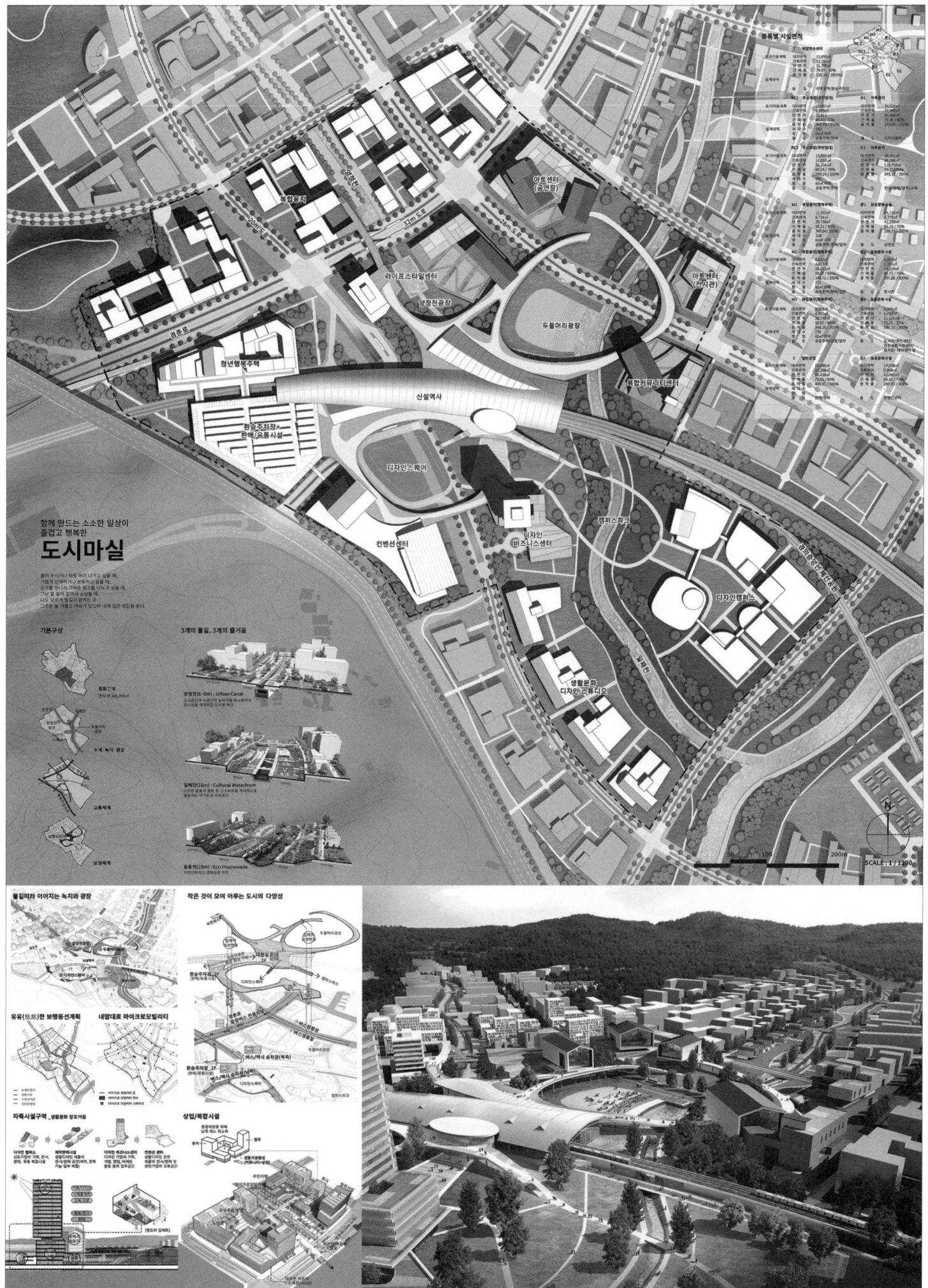

남양주 왕숙2지구 도시기본구상 및 입체적 도시공간계획

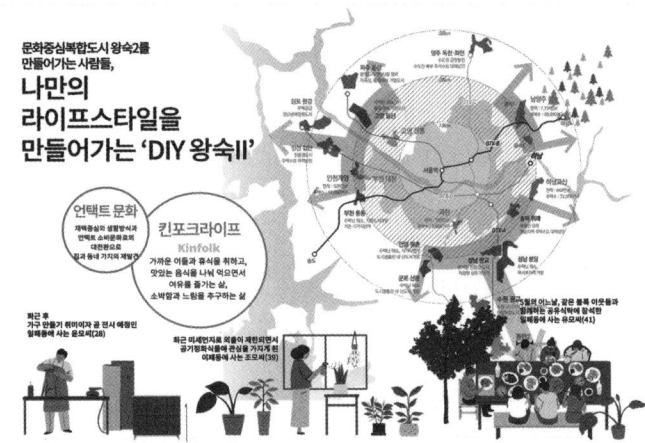

1 Green Inside
자연이 일상으로 스며드는 도시

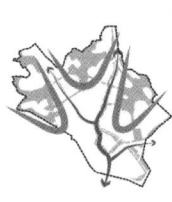

바람길, 구릉, 하천을 활용한 사람과 자연이 공존하는 도시 만들기

2 Small & Flexible
작은 단위의 집합과 분산형 도시구조

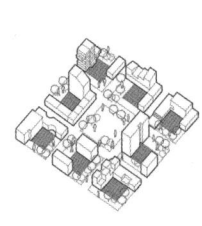

미래의 수요에 대응하는 가변적이고 유연한 토지이용 구축하기

3 Green, Smart and Connected
유유한 이동의 도시

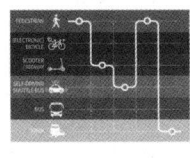

복합환승센터로 연결되는 다양한 도시이동수단 확보하기

4 Culture-driven Live & Work
생활문화발전기지

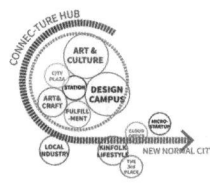

다양한 개성이 지역 산업과 만나 창업과 혁신으로 이어지는 문화예술기반의 생활일작형 자족도시

공간구조 계획프로세스
도시건축통합계획 구상

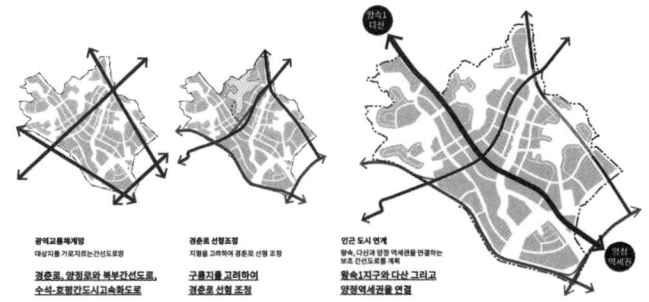

토지이용계획

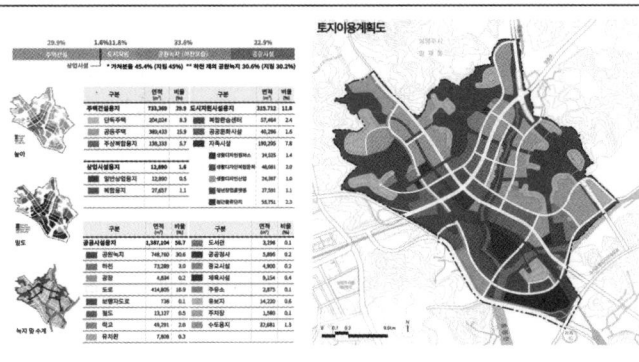

간선도로 중심에서 걷고 싶은 생활가로 중심으로
교통계획

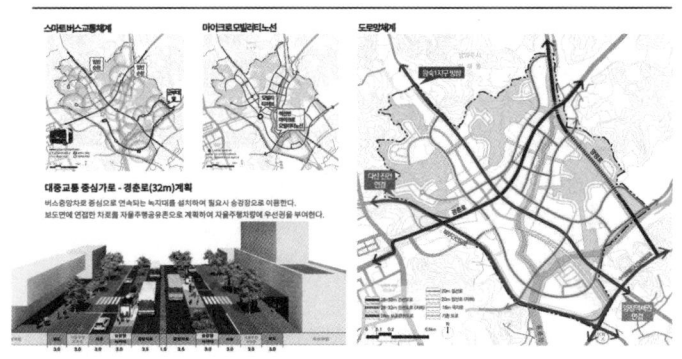

입맛대로 골라가는 다층적 보행동선
보행동선계획

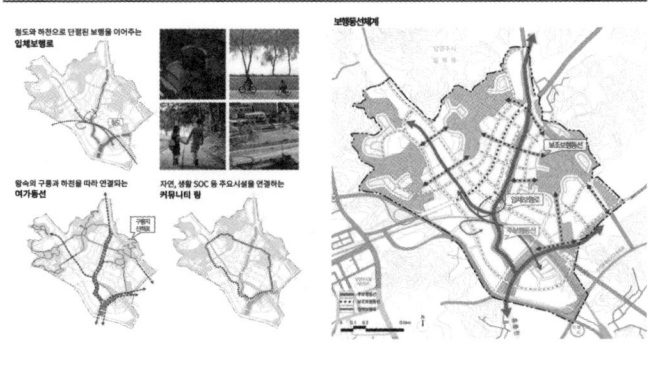

충돌위험 없는 안전한 보행환경
보행동선계획

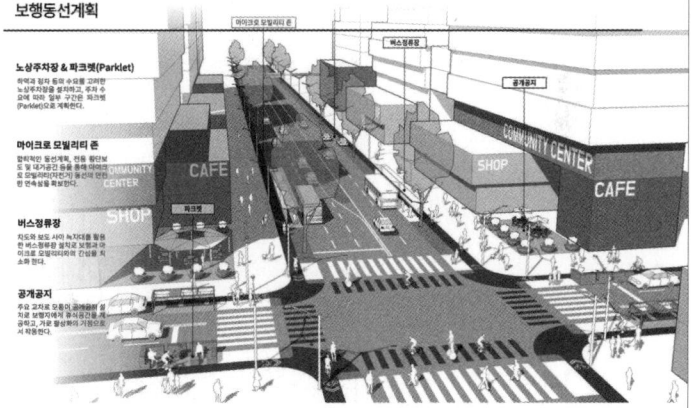

자연과 도시기능 연결 및 순환동선 구축
공원·녹지계획

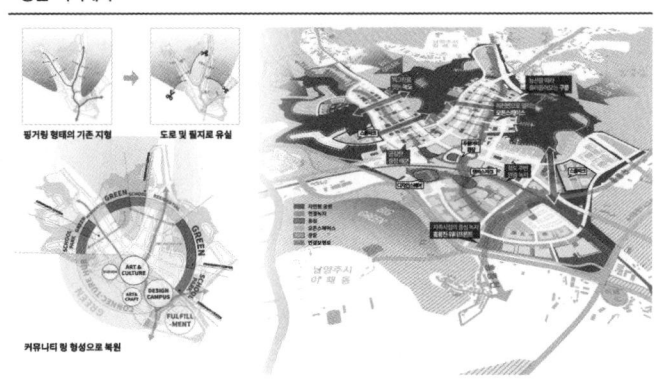

커뮤니티 중심의 '참여형' 스쿨파크
공원·녹지계획

남양주 왕숙2지구 도시기본구상 및 입체적 도시공간계획

세 개의 물길, 세가지 즐거움
공원·녹지계획

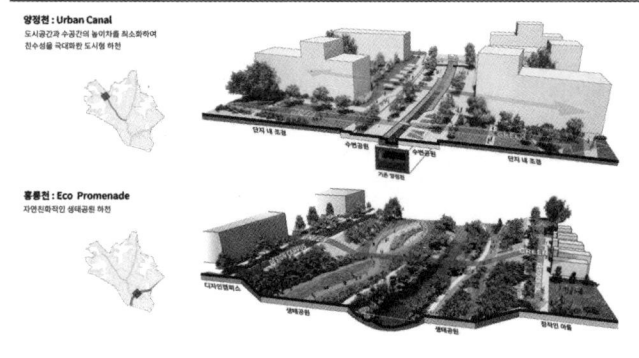

왕숙 II 의 생활권은 뚜렷한 경계가 없다
생활권계획

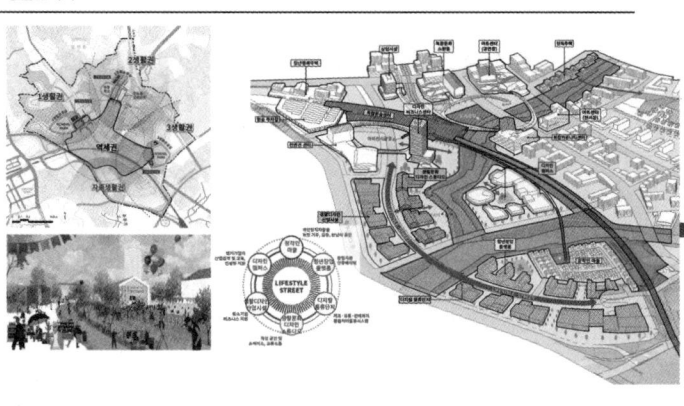

다양한 주거유형 도입을 통한 도시경관 창출
주거지특화계획

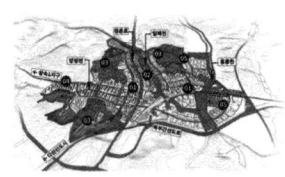
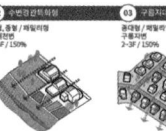

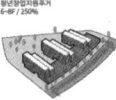

문화를 기반으로 연계된 복합공간
도시공간환경 계획

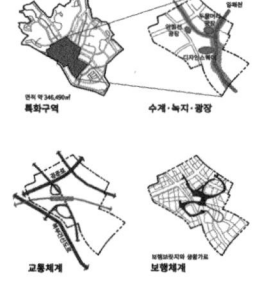
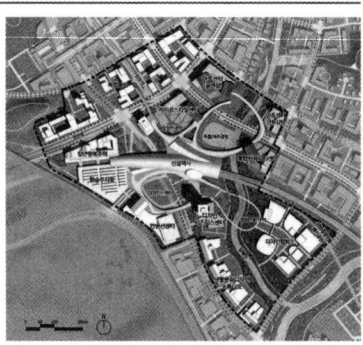

물길따라 이어지는 녹지와 광장
녹지 및 외부공간

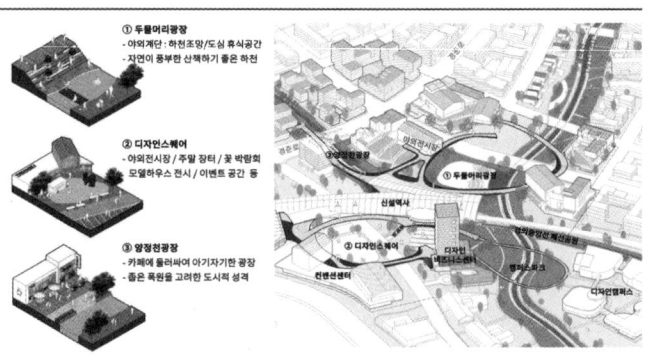

두물머리광장 : 일상에서 만나는 문화복합공간
도시공간환경계획

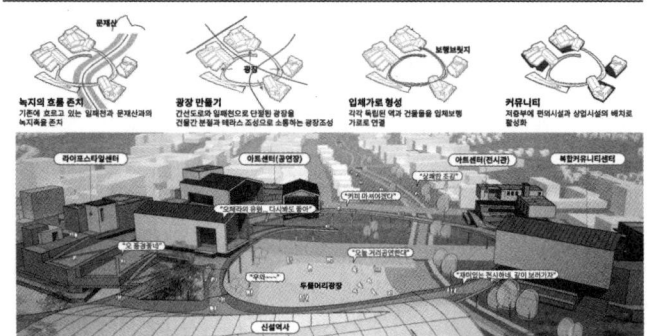

디자인 스퀘어 : 생활문화 창조거점
도시공간환경계획

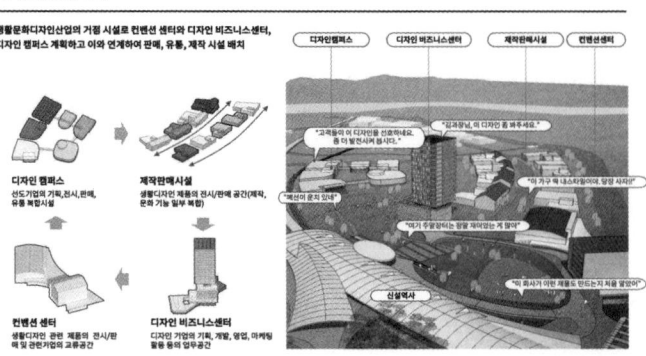

양정천광장 : 경춘로 입체환승거점과 연계된 복합용지

도시공간 환경계획

신설 역사와 입체 환승이 이루어지는 버스정류장과 인접한 경춘로 변 상업·업무중심 복합시설 배치
경춘로에 대응하여 저층부는 상업시설로 역과 직접 연결되는 상층부는 주거/업무시설로 계획

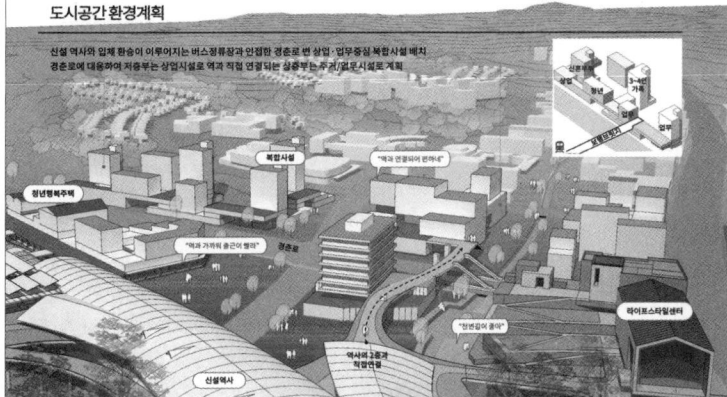

유유(悠悠)한 보행동선계획 및 입체적 환승체계

교통 및 동선계획

수변산책로, 생활가로, 입체보행브릿지, 경의중앙선 폐선 산책로가 입체적이고
다층적으로 연결되어 보행자에게 다양한 선택의 기회 제공

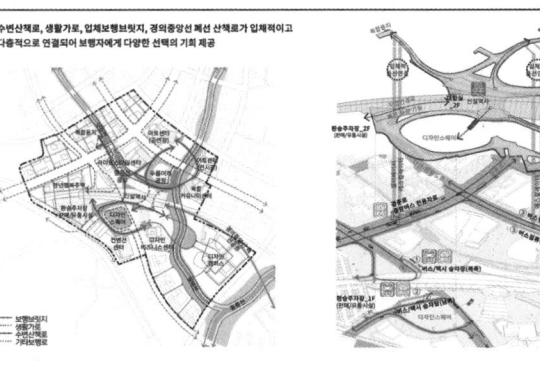

이웃을 만드는 왕숙형 중정

열린 중정, 다양한 높이, 입체적 커뮤니티

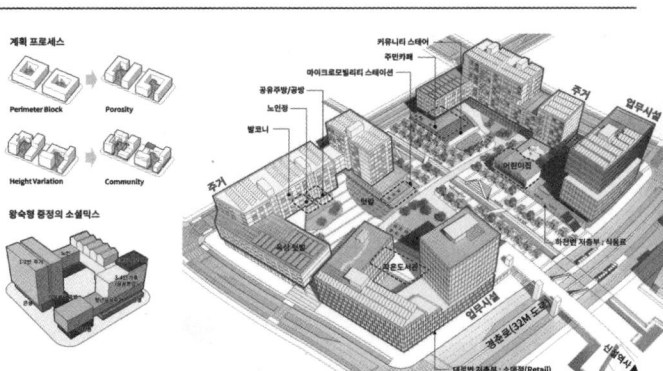

함께 만드는 소소한 일상이 즐겁고 행복한
도시마실

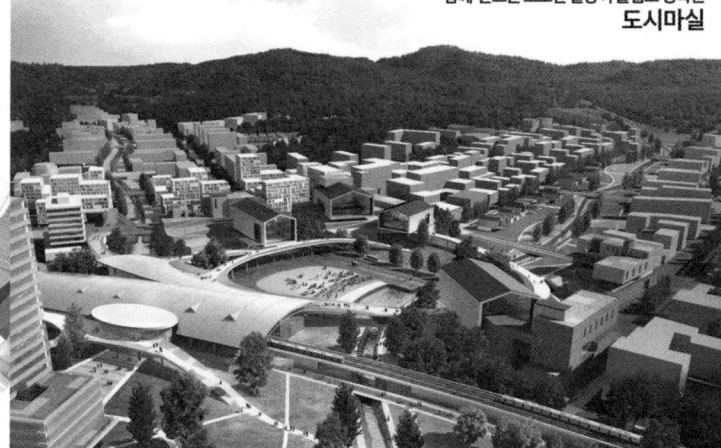

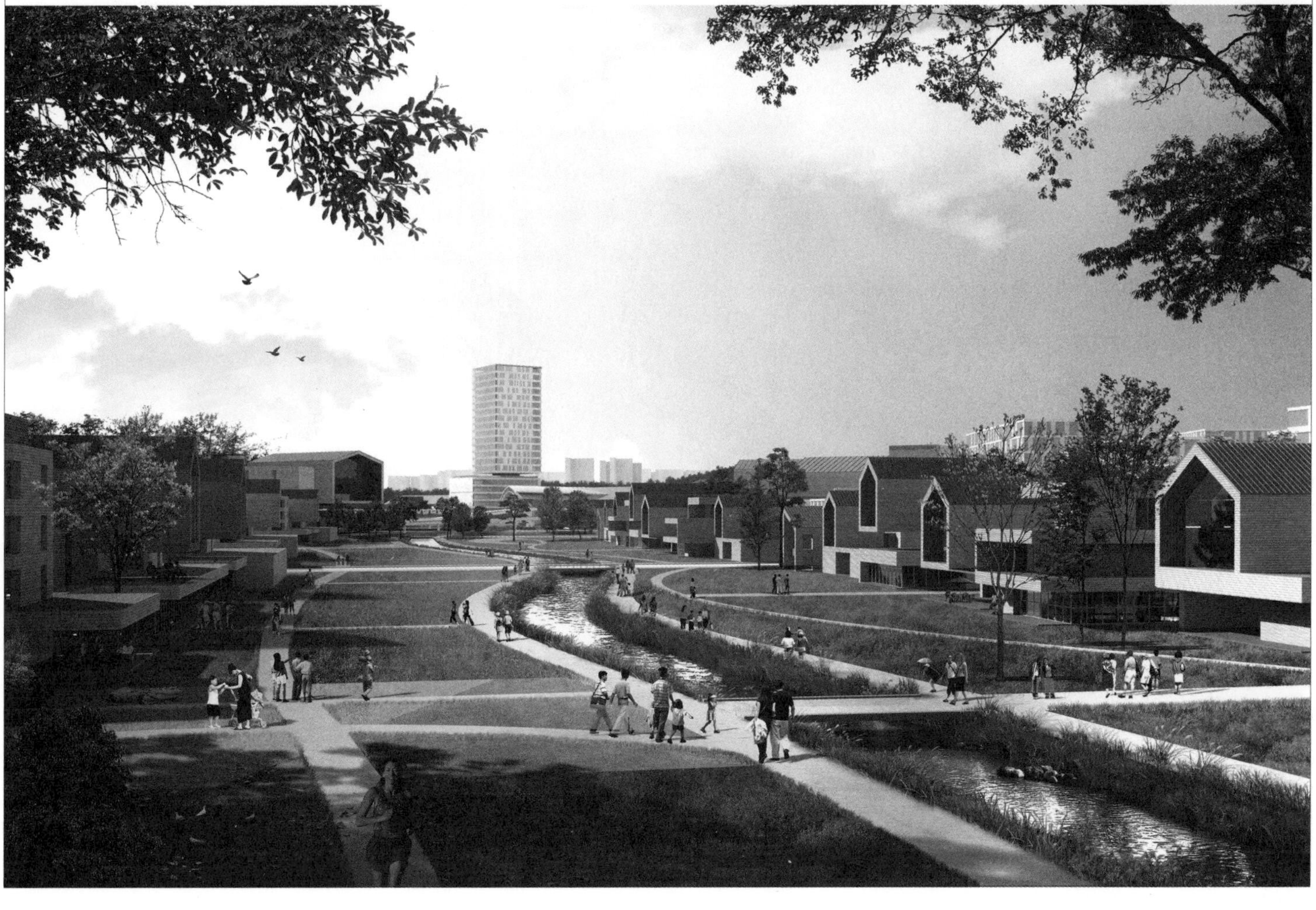

3기 신도시 기본구상 및 입체적 도시공간계획 - 고양 창릉지구

당선작 (주)해안종합건축사사무소 김태만 + (주)일로종합건축사사무소 유재득 + 슈퍼매스 스튜디오 차태욱 설계팀 윤홍노, 정유석, 김경엽, 박형조, 박길수, 조우주, 진성규, 이수빈, 한중섭, 이슬기, 김선우, 제서윤, 전진환, 조경서, 허영현, 지승근, 김경열, 김나연, 김송이, 조주원, 서미경, 조혜진, 정혜림, 노승민 김용원(이상 해안) 정찬구, 길은정(이상 일로) Sean Eno, Luyao Kong, Shaun Wu(이상 Supermass)

대지위치 경기도 고양시 덕양구 원흥동 일대 **대지면적** 8,126,948㎡ **계획호수** 38,000세대

도시와 네트워킹하는 도시 : 연접지역과의 상생
파편화된 도시, 마을, 자연, 문화재 등의 사이에 '끼인 도시'인 고양창릉은 분산된 거점들이 주변과 원심적으로 네트워킹하고, 동시에 도시 내 거점들과 블루-그린 망을 통해 구심적으로 네트워킹한다.

자연이 성장하는 도시 : 도시자연과 공생
고양창릉에서는 이동과 생활방식의 변화를 도시공간 내에 그린이 자라나는 방식으로 치환해서 풀어내고자 한다. 우리는 이곳을, 블루-그린 인프라가 도시의 지속가능하고 탄력적인 기반이 되는 '청록도시'로 선언한다.

사람이 선택하는 도시 : 세대를 이은 자생
기존 신도시는 '목적지향적 도시'였지만 이제 일과 삶과 여가의 방식은 변했고, 언택트 시대에도 사람들은 여전히 새로운 교류 방식을 갈망한다. 모세혈관 같은 오픈 스페이스와 보행자 망으로 공간과 경로의 선택 다양성을 확보한 도시 조직, 현 세대를 수용하고 다음 세대의 정주를 담보한다.

A city that establishes a network with other cities : Mutual growth with neighboring areas
In the Goyang-Changneung area which is sandwiched between fragmented urban areas, towns, natural elements and cultural assets, scattered major districts become a pivotal point for establishing a network with neighboring areas. Also, they secure connection with main places within the city through a blue-green network.

A city where nature thrives : Coexistence with urban greenery
For the Goyang-Changneung area, changes in transportation and lifestyle are transposed into the form of greenery that thrives inside the city. This place is named 'Blue-Green City' for which the blue-green infrastructure forms a sustainable and resilient foundation.

A city that gives people a choice : Self-sufficiency for all generations
Existing new towns were developed as a 'purpose-driven city'. However, the concepts of work, life and leisure have been changed, and people are still searching for a new way of communication even in this contact-free era. A vein-like network of open spaces and pedestrian walkways is proposed to create an urban fabric that provides a wider range of options to choose a place to go or a route to get there. It helps to accommodate the present generation and ensure the settlement of the next generation.

Prize winner HAEAHN Architecture, Inc._Kim Taeman + Space Design Group ILLO_Yu Jaideuk + Supermass Studio_Cha Taewook **Location** Wonheung-dong, Deogyang-gu, Goyang, Gyeonggi-do **Site area** 8,126,948m² **Households** 38,000

Urban Design Concept and Multi-dimensional Urban and Architectural Space Plan for the 3rd Generation New Towns - Changneung, Goyang

3기 신도시 기본구상 및 입체적 도시공간계획 - 고양 창릉지구

Urban Design Concept and Multi-dimensional Urban and Architectural Space Plan for the 3rd Generation New Towns - Changneung, Goyang

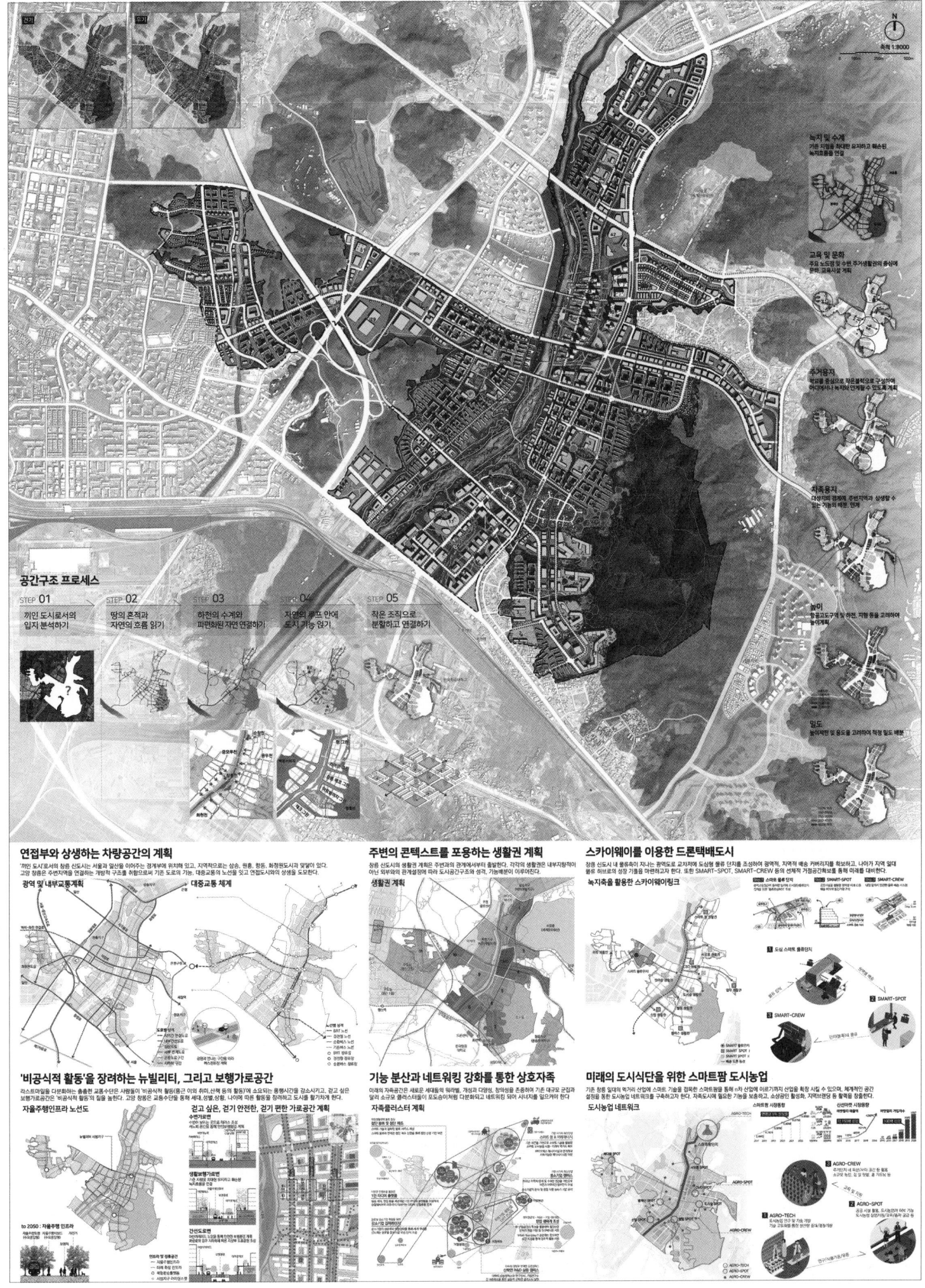

3기 신도시 기본구상 및 입체적 도시공간계획 - 고양 창릉지구

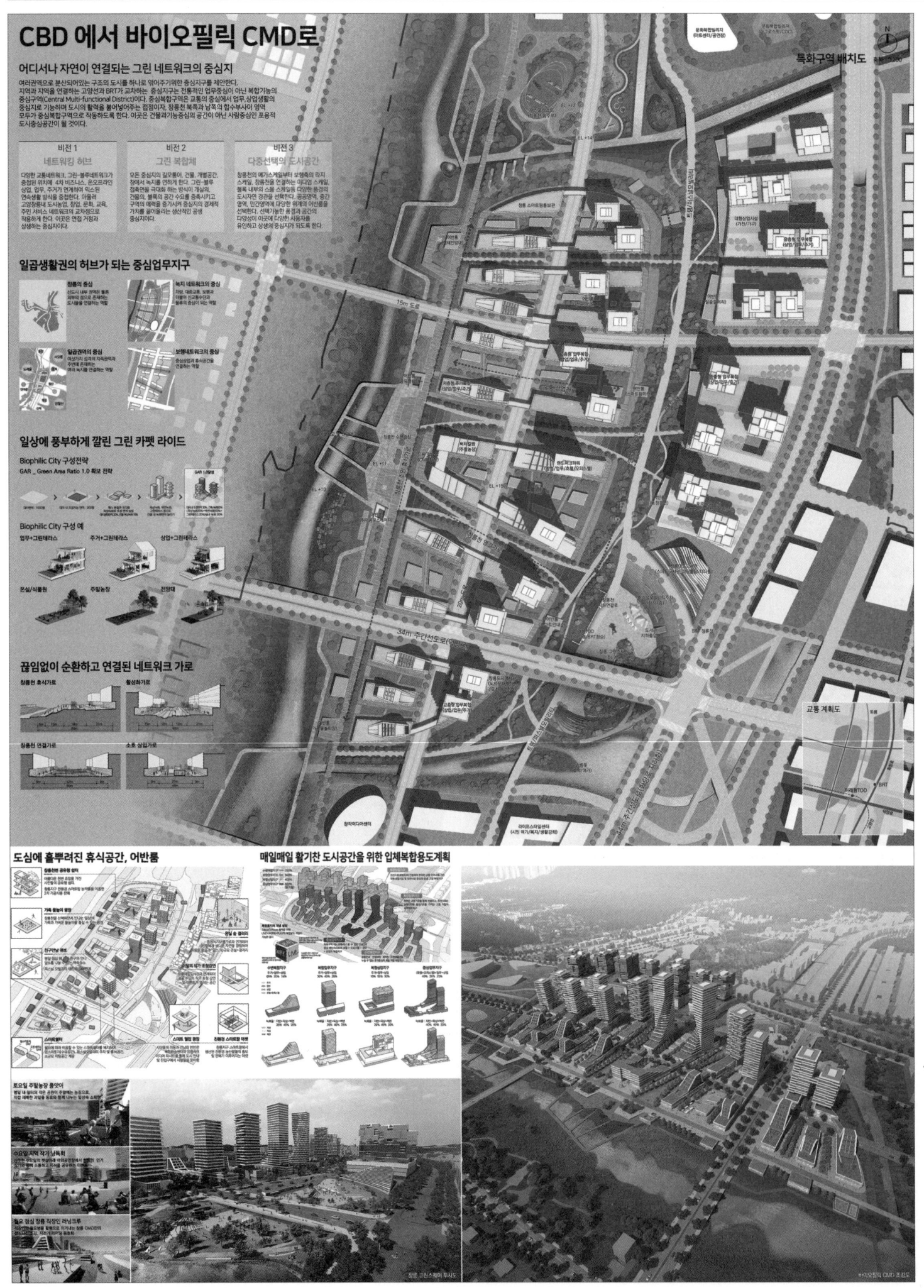

Urban Design Concept and Multi-dimensional Urban and Architectural Space Plan for the 3rd Generation New Towns - Changneung, Goyang

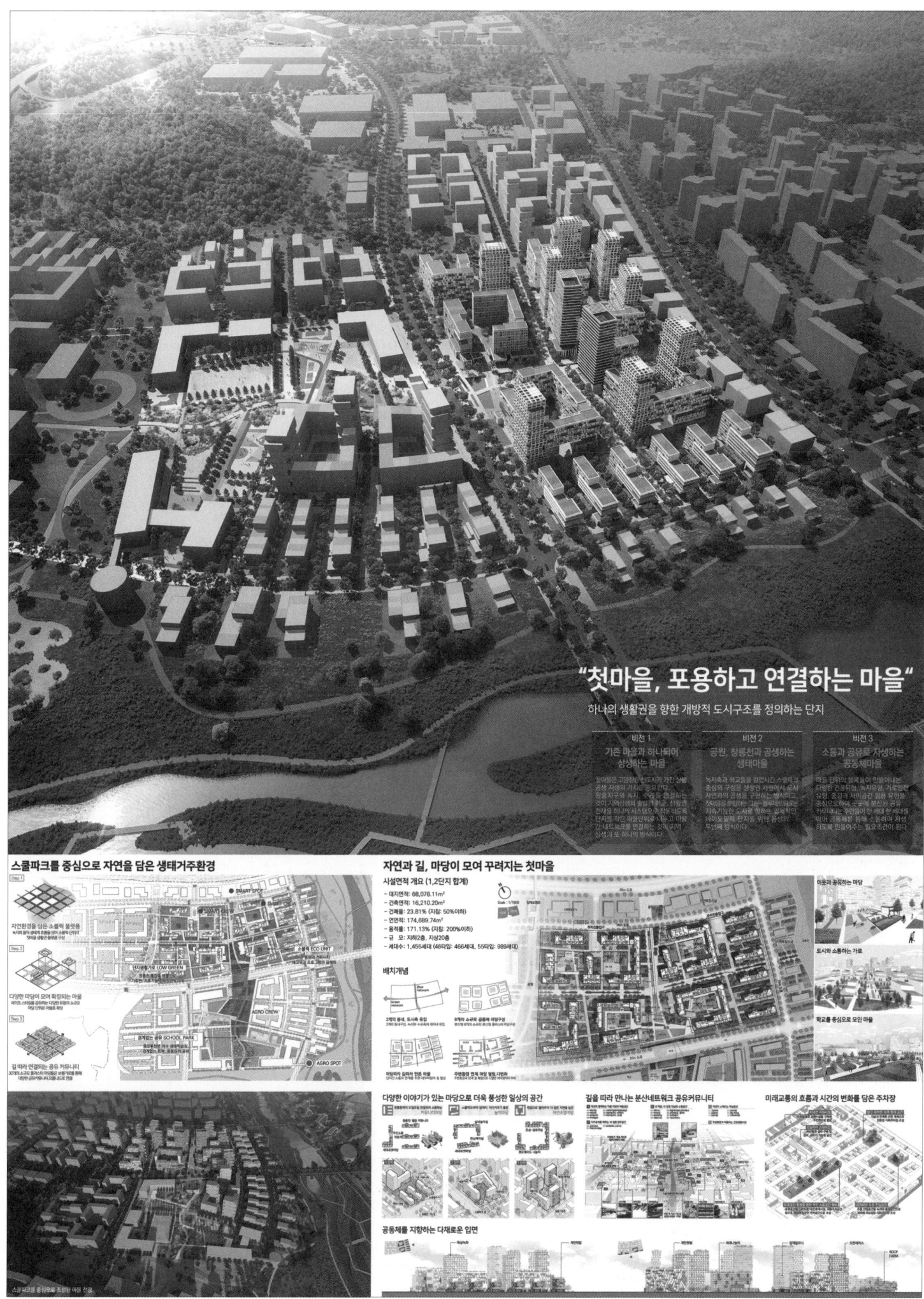

3기 신도시 기본구상 및 입체적 도시공간계획 - 부천 대장지구

당선작 (주)디에이그룹엔지니어링종합건축사사무소 김현호, 조원준 + KCAP 루드 히에테마 설계팀 박상섭, 심기흥, 윤덕규, 황재희, 전재영, 신정환, 정현영, 박종민(이상 디에이) Hyeri Park, Gabriella Georgakaki, Byoungwoo Kim(이상 KCAP)

대지위치 경기도 부천시 대장동, 오정동, 삼정동 일원 **대지면적** 3,434,660㎡ **계획호수** 20,000세대

[OPEN FIELD CITY] 자연에 순응하고 주변지역과 소통하는 공생도시

시간의 기억이 축적된 평야와 대지를 풍요롭게 하는 아름다운 천이 있는 이곳에 원지형의 생태적 특성을 바탕으로 주변지역과 공생하는 OPEN FIELD CITY를 제안하였다. 주변과 마주하는 도시의 연접부는 자연과 들판의 풍경을 담고 도시 내부는 삶, 놀이, 일이 공존하는 용도복합 밴드를 구성하여 기존의 고립된 들판에서 주변지역과 상생하는 공존의 도시를 계획하였다.
- 주변지역과 산업 연계를 통해 공생도시 실현
- 원지형의 물 순환체계와 땅의 형상에 순응한 도시골격 형성
- 주변지역 산업과 연계한 용도복합 밴드 계획으로 도시 활성화
- 3가지 테마의 생활권 구성하여 개성있는 도시 실현
- 포스트 코로나 시대를 고려하여 미래사회 변화에 대응하는 유연한 도시 계획

[OPEN FIELD CITY] A symbiotic city that adapts itself to the surrounding nature and interacts with neighboring communities

For the site having a plain filled with accumulated memories of time and a beautiful stream that enriches the land, the proposal proposes Open Field City that establishes a symbiotic relationship with its neighboring communities based on the ecological characteristics of the original land. The city's border area adjoining the neighbors is arranged to embrace the scenery of nature and green fields. And the city's inner area is defined as a multi-use band in which work, life and leisure stay in harmony. Consequently, once isolated open fields will transform into a symbiotic city that achieves coexistence with its neighboring communities.
- Creating a symbiotic city by establishing an industrial network with neighboring communities
- Applying a water cycling system based on the original topography and an urban framework that is adapted to the shape of the land
- Vitalizing the city by organizing a mixed-use band networked with neighboring industries
- Presenting a unique cityscape by composing a living sphere with three themes
- In preparation for the post-coronavirus era, proposing a flexible urban planning that can accommodate social changes in the future

Prize winner DA Group Urban Design & Architecture Co., Ltd._Kim Hyunho, Cho Wonjun + KCAP_Ruurd Gietema **Location** Samjeong-dong, Ojeong-dong, Daejang-dong, Bucheon, Gyeonggi-do **Site area** 3,434,660㎡ **Households** 20,000

Urban Design Concept and Multi-dimensional Urban and Architectural Space Plan for the 3rd Generation New Towns - Daejang, Bucheon

OPEN FIELDS CITY
고립된 들판에서 활기찬 도시로

- 주변지역과 산업 및 도로망 연계하여 공생 도시 실현
- 도시 전체를 활성화하는 용도 복합 밴드 도입
- 3가지 테마를 가지는 생활권 구성하여 개성 있는 도시 계획
- S-BRT 노선 지하화로 보행 중심 도시 구현
- 원지형의 물 순환 체계와 땅의 형상에 순응한 도시골격 형성
- 포스트 코로나 시대 고려한 유연한 도시 구조 및 건축계획 수립

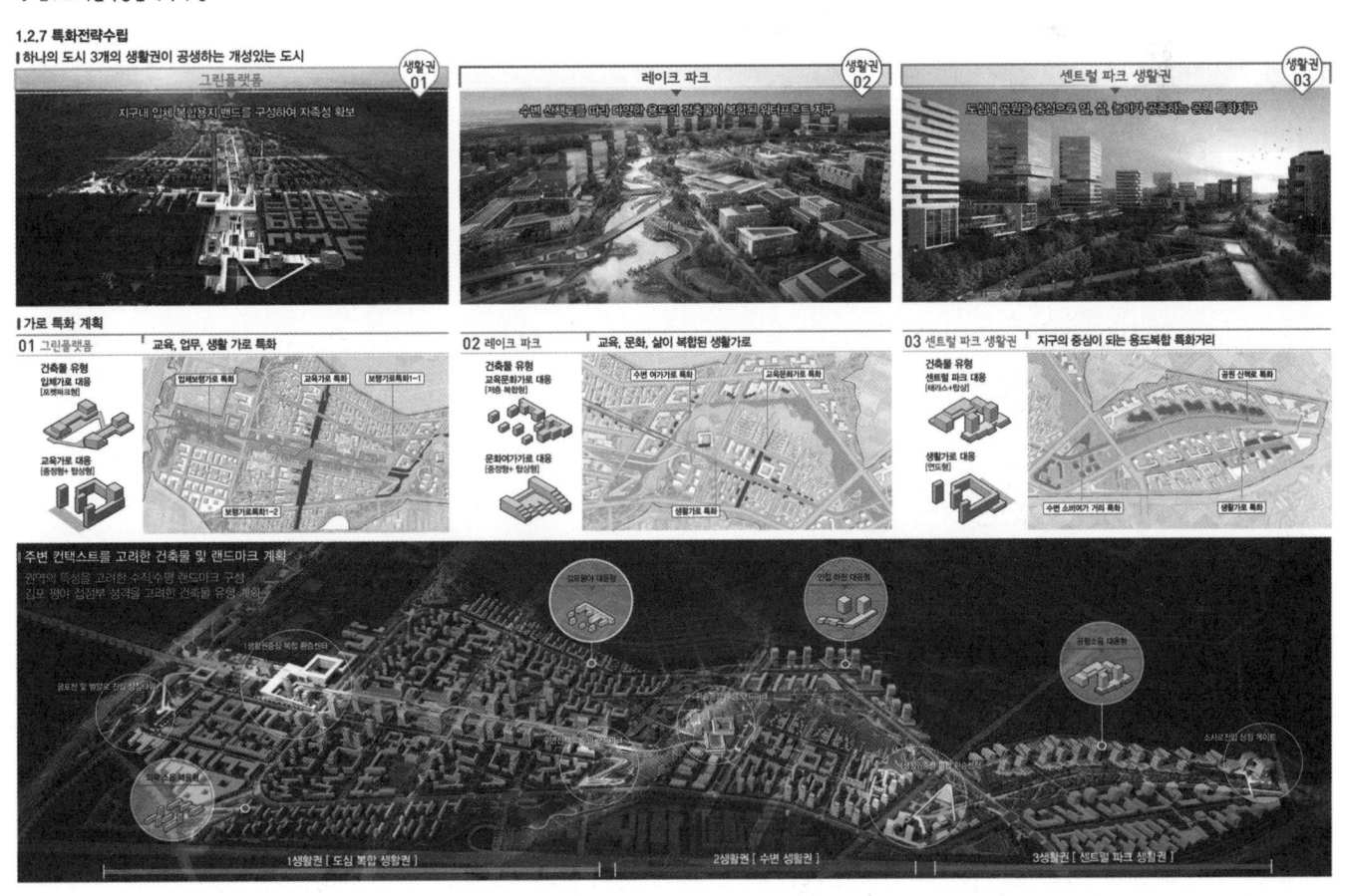

3기 신도시 기본구상 및 입체적 도시공간계획 - 부천 대장지구

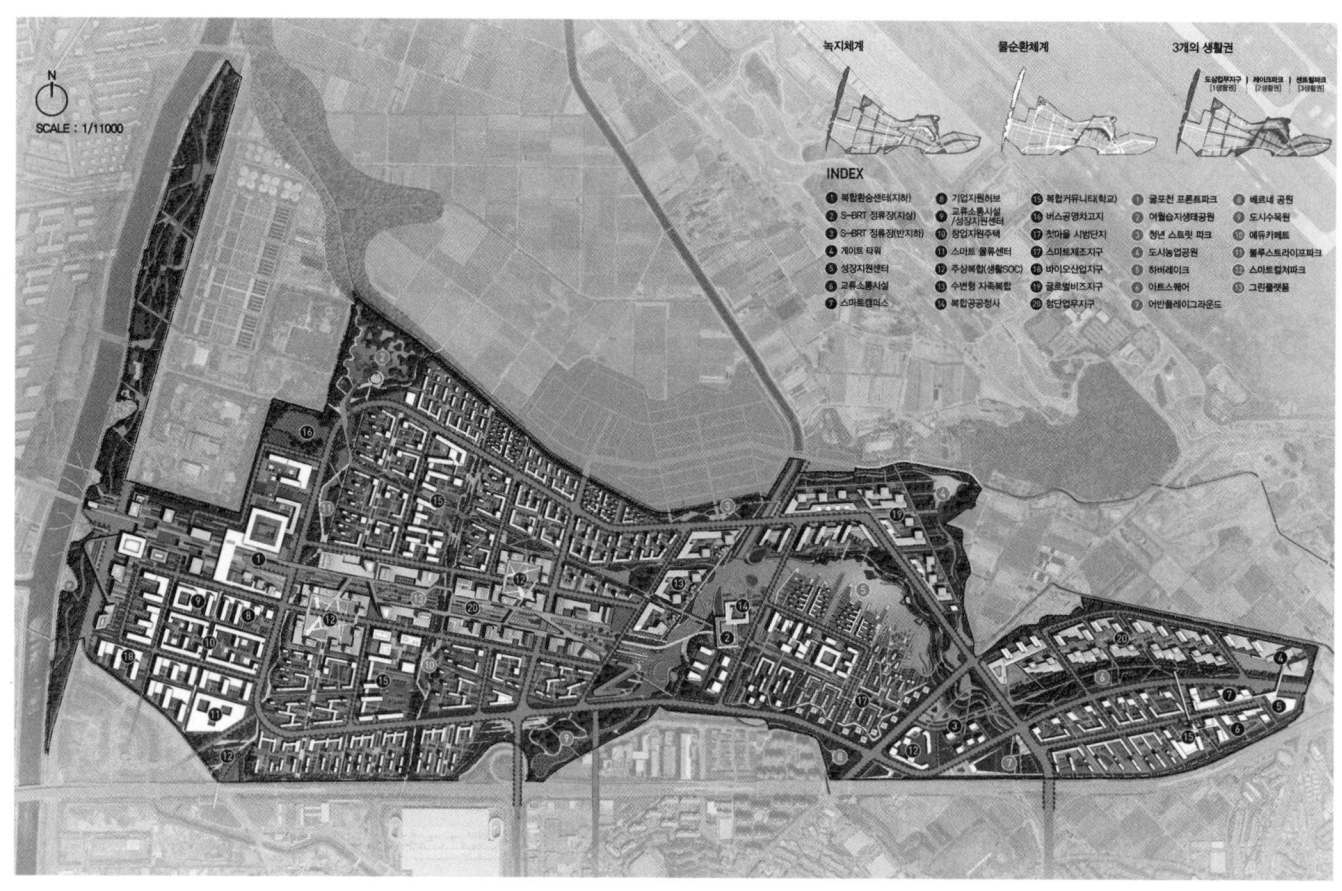

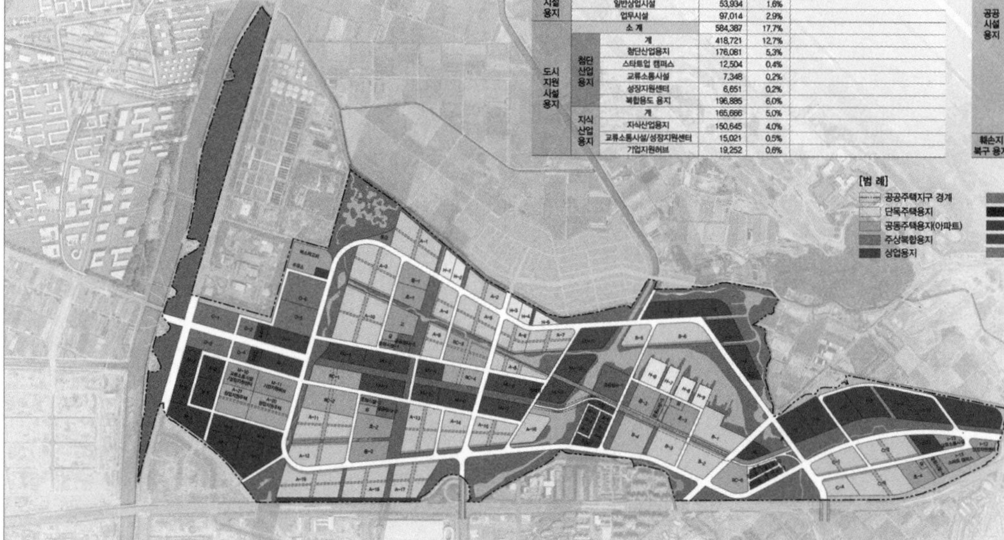

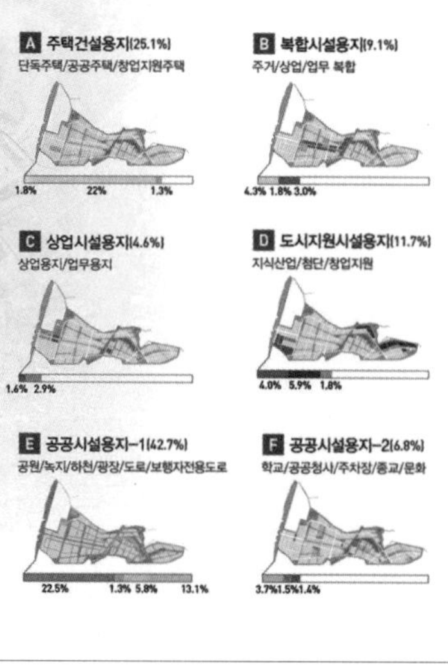

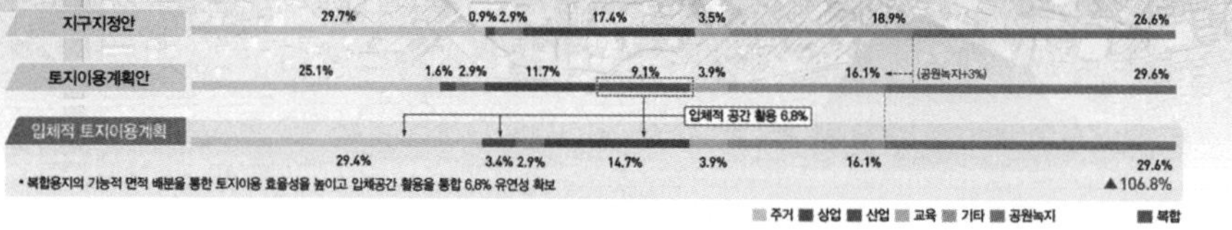

Urban Design Concept and Multi-dimensional Urban and Architectural Space Plan for the 3rd Generation New Towns - Daejang, Bucheon

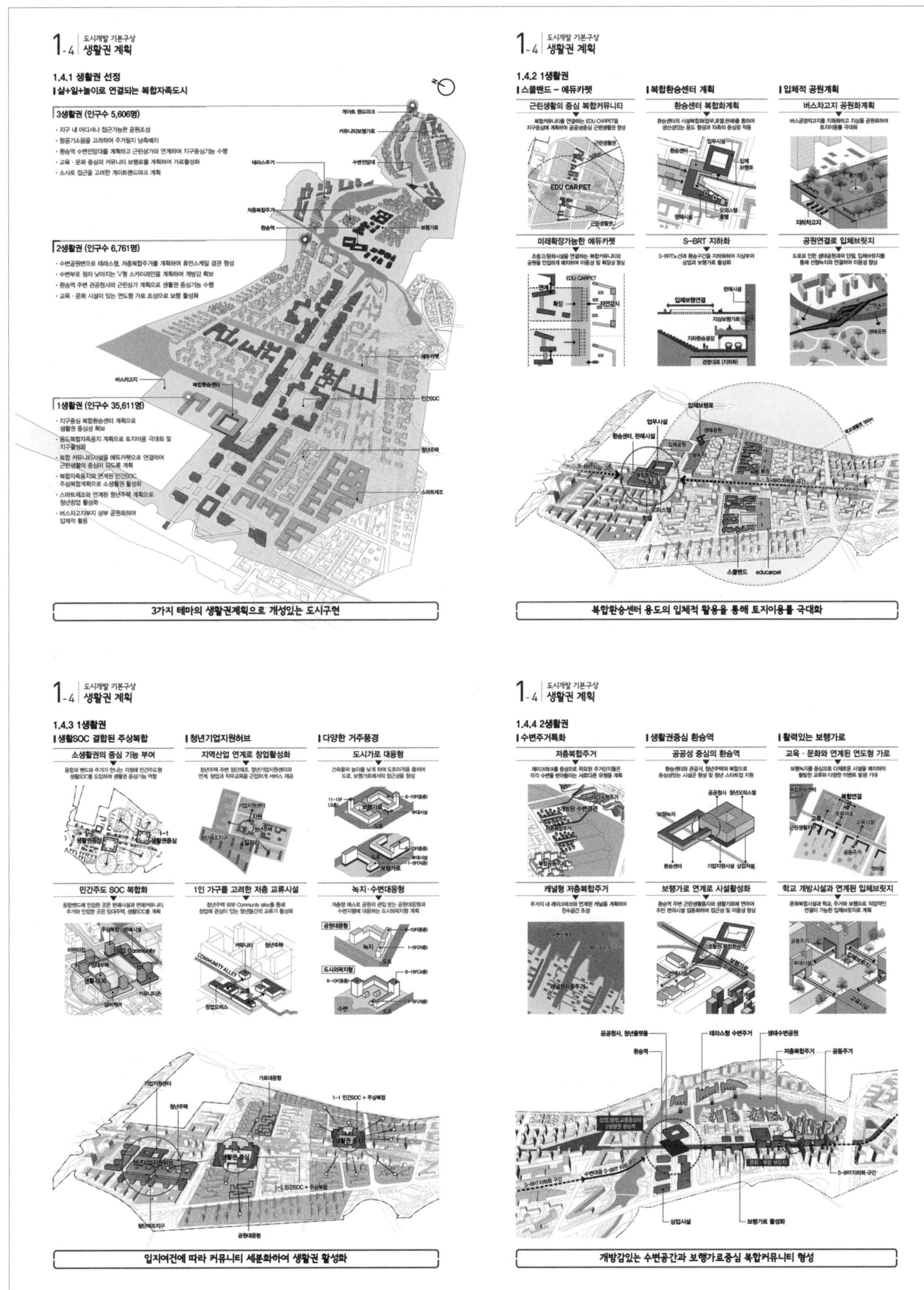

3기 신도시 기본구상 및 입체적 도시공간계획 - 부천 대장지구

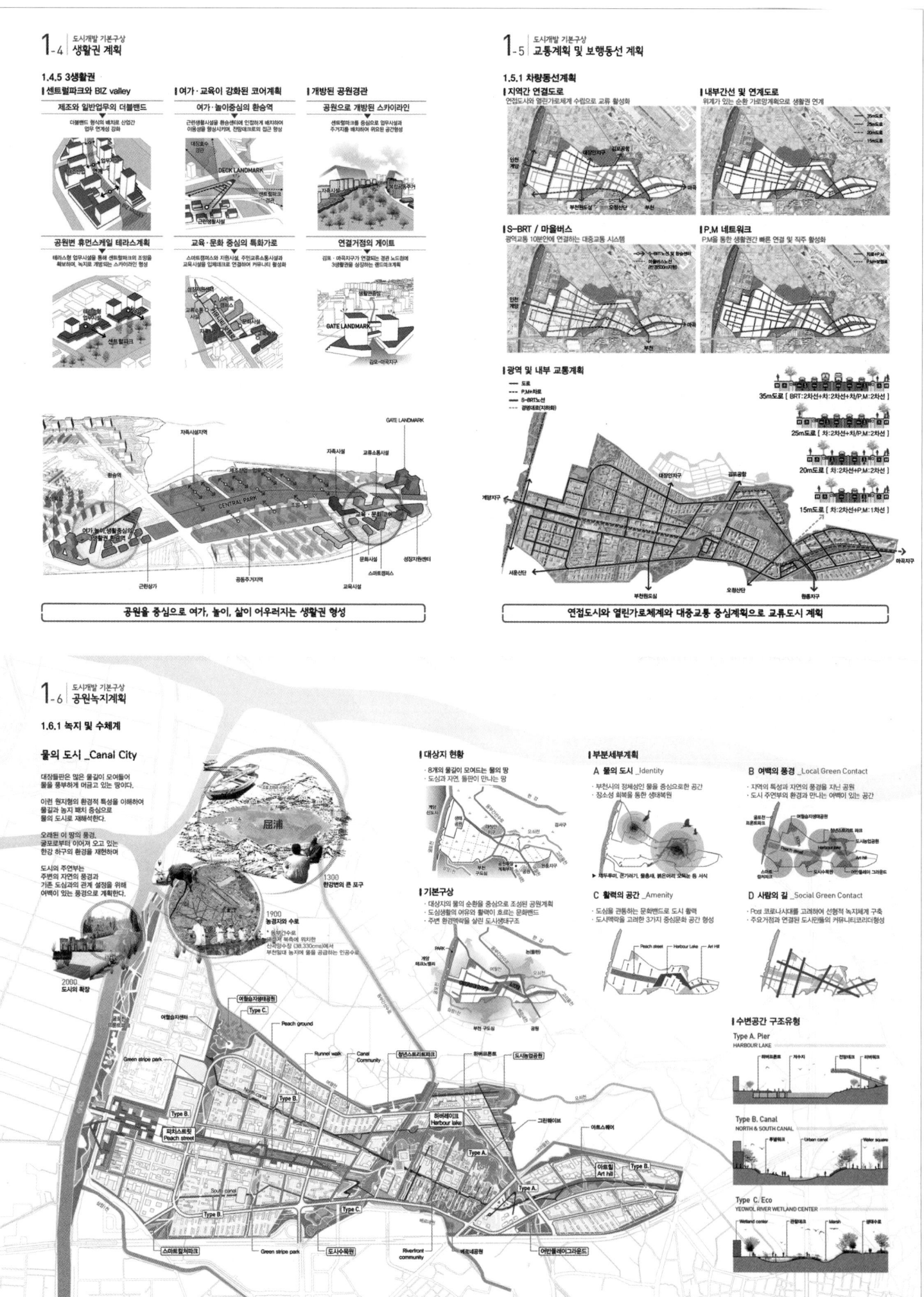

Urban Design Concept and Multi-dimensional Urban and Architectural Space Plan for the 3rd Generation New Towns - Daejang, Bucheon

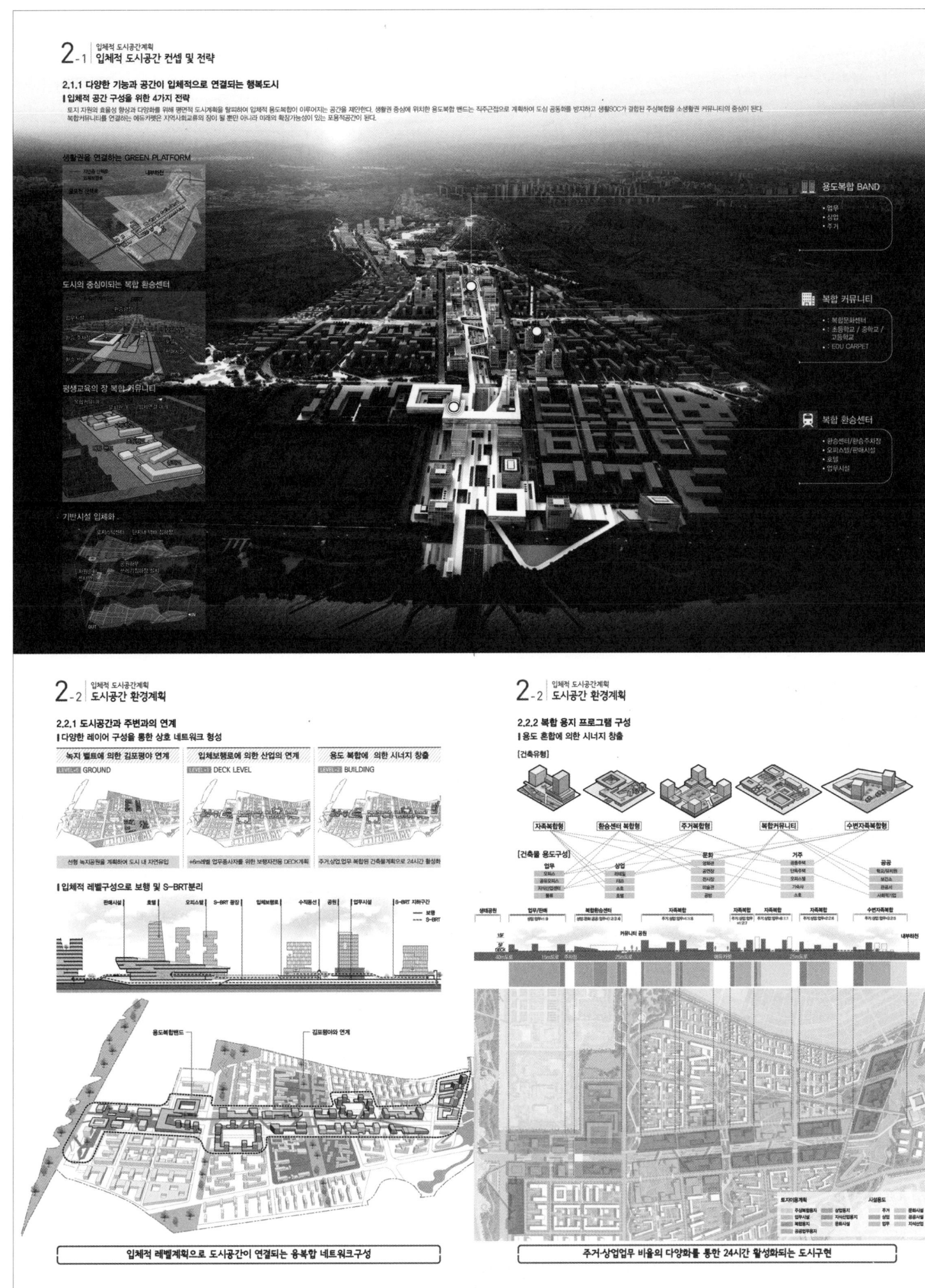

3기 신도시 기본구상 및 입체적 도시공간계획 - 부천 대장지구

2-2 입체적 도시공간계획 / 도시공간 환경계획

2.2.3 환승센터 시설별 연계계획
생활권 중심을 활성화 하는 3가지 테마의 환승센터

1생활권 | 복합 환승센터
- 복합환승센터, 용도복합밴드의 중심에 계획하여 접근성향상
- 환승역 이용편의성 고려 판매시설과 주차장 복합계획
- 헤드오피스 출장자 고려 호텔계획
- 1인가구 직장인 편의성 고려 오피스텔 계획

2생활권 | 레이크파크 환승역
- 수변 공원에 위치한 환승센터는 2생활권의 중심이 되도록 근린 상업시설과 인접하여 계획
- 지역 주민의 모이는 중심공간인 환승역에 공공청사를 배치하여 이용 편의성을 높임
- 청년주택과 창업지원센터를 공공청사와 복합용도로 계획하여 교류, 삶, 여가, 소비가 동시에 이루어지는 지역의 거점이 되도록 함

3생활권 | 수변상업 환승역
- 3생활권의 시작점에 위치한 환승역은 자연을 바로보며 여가를 즐기는 공간으로 계획
- 환승 광장에 위치한 수변 공원 전망대는 계단식으로 계획하여 야외 공연무대로 활용할 수 있도록 함
- 환승역 중심으로 근린 생활시설과 주상복합을 인접 배치하여 3생활권 중심이 되도록 함

> 입지특성에 따라 도심형, 복합형, 여가형 3가지 테마 환승센터 계획(특별건축구역)

2.2.4 복합 환승센터 도입 프로그램(예상)
용도 혼합에 의한 시너지 창출

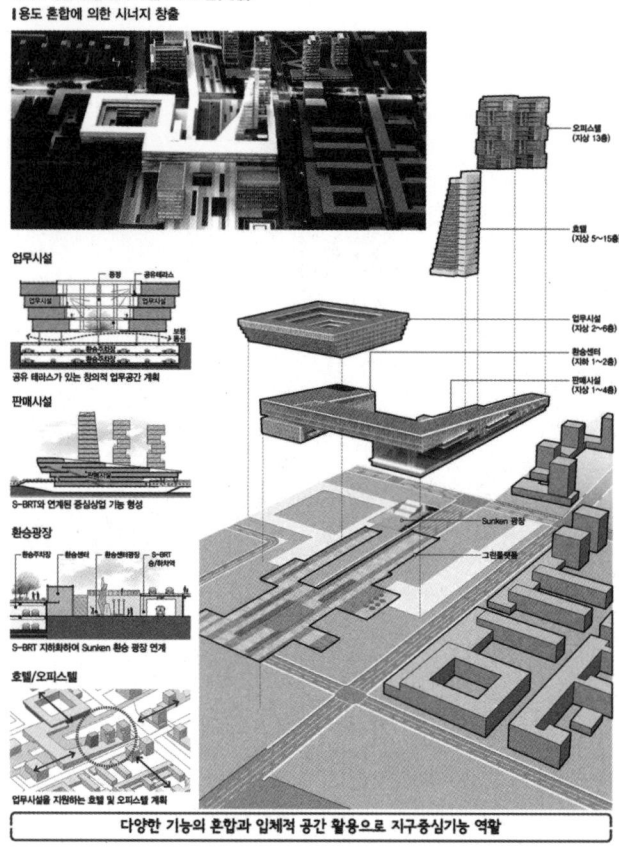

- 업무시설: 공유 테라스가 있는 창의적 업무공간 계획
- 판매시설: S-BRT와 연계된 중심상업 기능 형성
- 환승광장: S-BRT 지하화와 Sunken 환승 광장 연계
- 호텔/오피스텔: 업무시설을 지원하는 호텔 및 오피스텔 계획

> 다양한 기능의 혼합과 입체적 공간 활용으로 지구중심기능 역할

2.2.5 복합 환승센터 랜드마크 디자인 전략
도시관문이 되는 입체적 도시공간 상징적 도시이미지를 창출하는 랜드마크 계획

상징적 도시이미지를 창출하는 랜드마크 디자인	오픈스페이스와 건물이 일체화된 통합디자인	창의적업무와 교류가 이루어지는 업무시설
· 도시 진입을 알리는 게이트형 랜드마크 · 물의도시를 상징하는 타워디자인	· 입체보행로 다양한 프로그램이 있는 녹지공간 구성 · 타워 상층부 녹지계획으로 입체적 녹지구성	· 업무시설 내 외부가 유입되는 테라스 계획 · 광장 저층부 필로티 계획으로 개방된 업무환경 조성

- 도심속의 미니도시 Mixed Use Development
- 다양한 계층의 혼합 Social Mix
- 입체적 공간의 혼합 Space Mix

> 입체적 보행가로와 연계된 상징적 랜드마크계획

2.2.6 복합 커뮤니티 시설 입체화
복합커뮤니티 기본방향

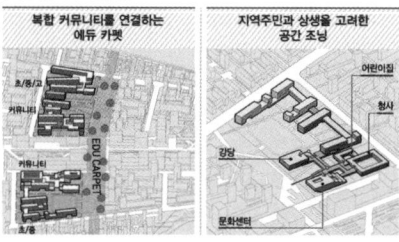 

복합 커뮤니티를 연결하는 에듀 카펫	지역주민과 상생을 고려한 공간 조닝	학령인구변화를 고려한 확장성 및 연계성

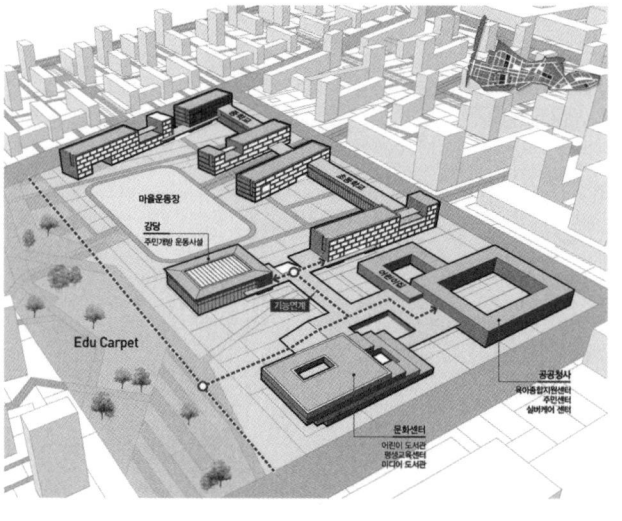

> 미래사회 기능변화와 지역상생을 고려한 복합커뮤니티계획

Urban Design Concept and Multi-dimensional Urban and Architectural Space Plan for the 3rd Generation New Towns - Daejang, Bucheon

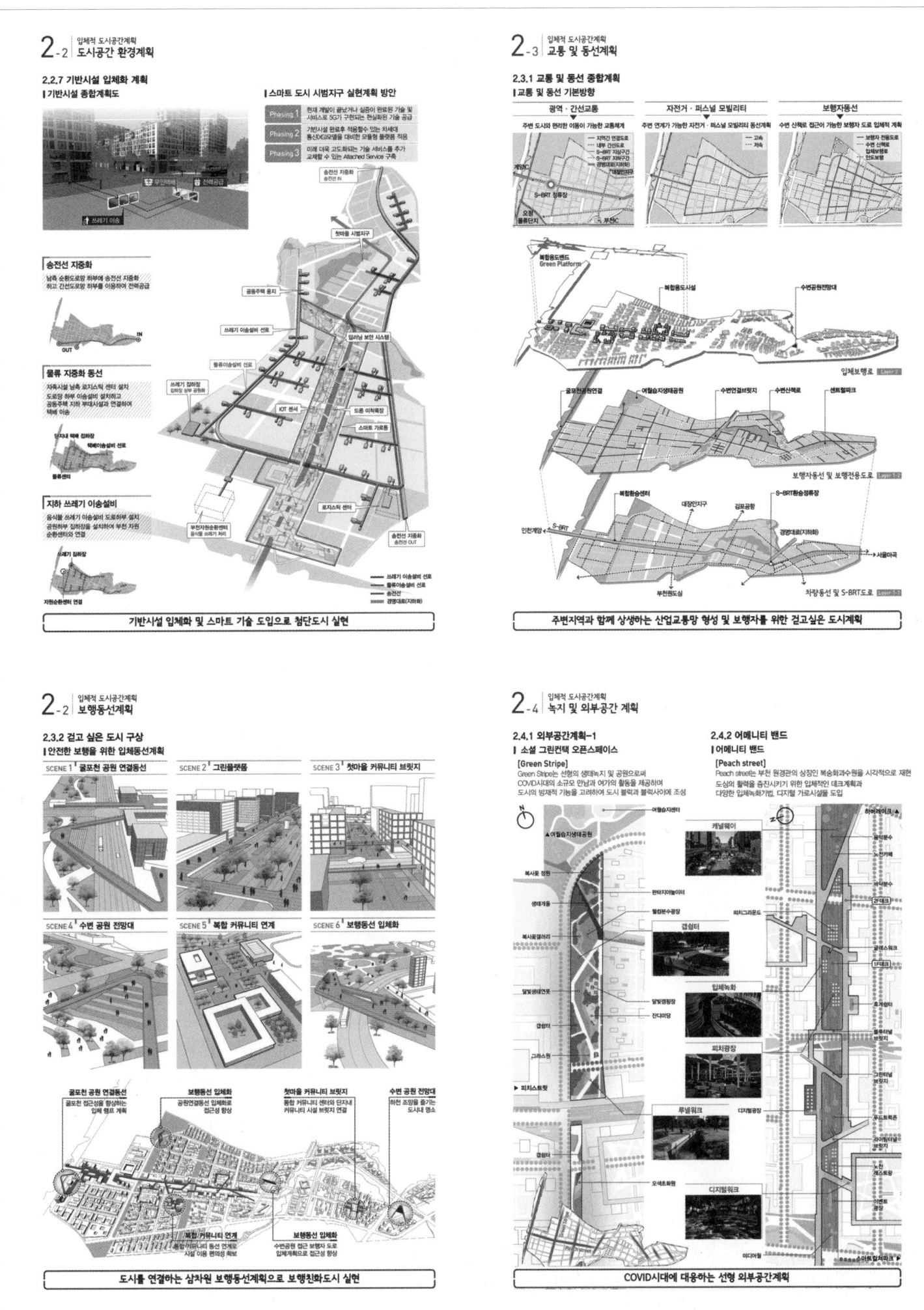

3기 신도시 기본구상 및 입체적 도시공간계획 - 부천 대장지구

2-5 입체적 도시공간계획 / 녹지 및 외부공간 계획

2.4.3 외부공간계획-2

Harbour lake
- 물의 도시컨셉 부천대장 신도시의 정체성이며, 랜드마크로서 도심의 활력을 제공하는 생태적인 수변문화녹지공간
- 수(水) 면적: 약 88,700㎡ / 수변 둘레길이: 약 7.5km / 주요시설: 피치아일랜드, 레이크비치, 스카이워크, 플로팅아일랜드, 아쿠아리움

로컬 그린컨택 오픈스페이스
- 한강, 대장들판, 부천구도심, 오정대공원 등과의 유기적인 연계를 고려한 오픈스페이스 계획
- 로컬 그린컨택 오픈스페이스는 신도시와 구도심의 건축적 연담화를 방지하고 도시의 확산을 유연하게 대응하며 주변과 소통하는 6개의 거점공원으로 계획

01 여울생태습지공원
02 청년스트리트파크
03 도시농업공원
04 스마트컬처파크
05 도시수목원
06 어반플레이그라운드

주변지역과 연접부 지역과 상생하는 소공원 계획

2-5 입체적 도시공간계획 / 건축물의 용도배분계획

2.5.1 용도복합프로그램 배분계획

2.5.2 용도복합 디자인 가이드라인

복합용지의 입체화 계획을 실현시키기 위한 디자인 가이드라인

3-1 첫마을 시범단지계획 / 기본구상 계획

3.1.1 자연과 도시맥락을 고려한 조화로운 단지

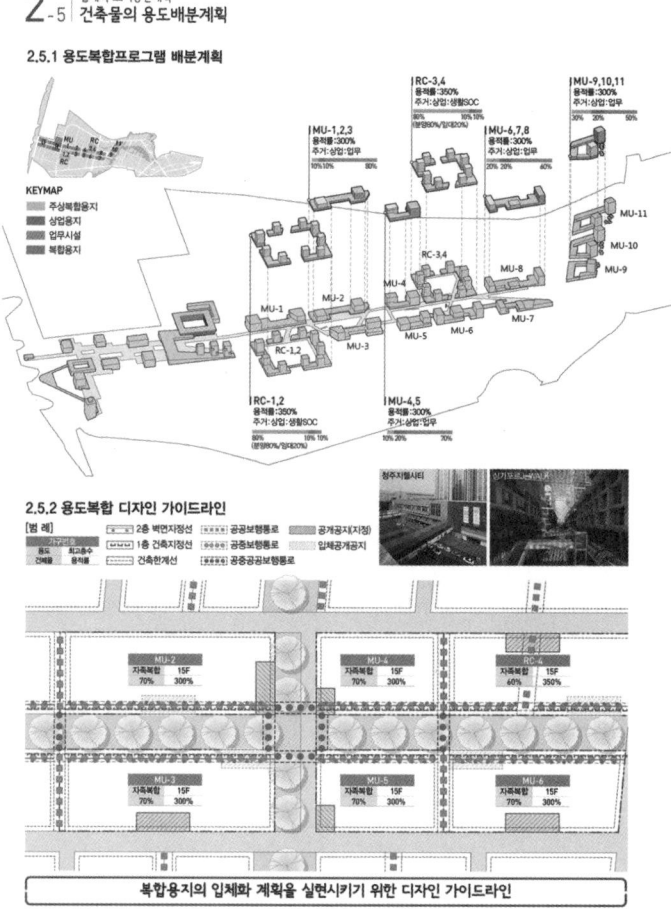

부천대장 첫마을 시범단지계획

적정규모의 단지 분할 / 수변공원의 확장 / 보행중심 가로 체계

Urban Design Concept and Multi-dimensional Urban and Architectural Space Plan for the 3rd Generation New Towns - Daejang, Bucheon

3-2 첫마을 시범단지계획 / 배치계획 개념

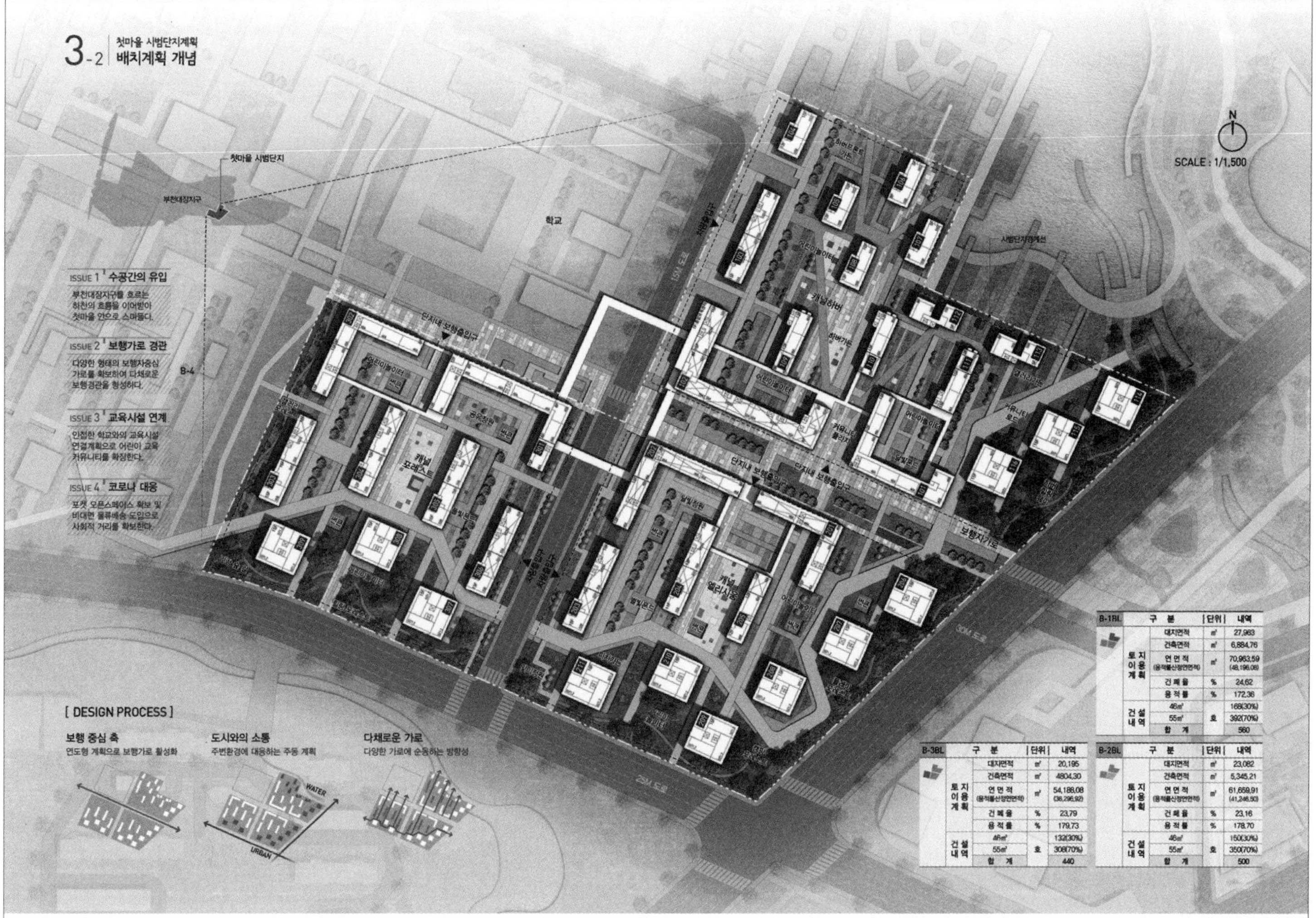

ISSUE 1 수공간의 유입
부천대장지구를 흐르는 샛강의 흐름을 이어받아 첫마을 안으로 스며든다.

ISSUE 2 보행가로 경관
다양한 형태의 보행자중심 가로를 확보하여 다채로운 보행경관을 형성한다.

ISSUE 3 교육시설 연계
인접한 학교와의 교육시설 연계계획으로 어린이 교육 커뮤니티를 확성한다.

ISSUE 4 코로나 대응
넓은 오픈스페이스 확보 및 비대면 물류배송 도입으로 사회적 거리를 확보한다.

[DESIGN PROCESS]
보행 중심 축 — 도시와의 소통 — 다채로운 가로

B-1BL	구 분	단위	내역
토지이용계획	대지면적	m²	27,963
	건축면적	m²	6,884.76
	연면적 (용적률산정연면적)	m²	70,963.59 (48,196.39)
	건폐율	%	24.62
	용적률	%	172.36
건설내역	46m²	호	168(30%)
	55m²	호	392(70%)
	합 계		560

B-3BL	구 분	단위	내역
토지이용계획	대지면적	m²	20,195
	건축면적	m²	4804.30
	연면적 (용적률산정연면적)	m²	54,186.08 (36,296.92)
	건폐율	%	23.79
	용적률	%	179.73
건설내역	46m²	호	132(30%)
	55m²	호	308(70%)
	합 계		440

B-2BL	구 분	단위	내역
토지이용계획	대지면적	m²	23,082
	건축면적	m²	5,345.21
	연면적 (용적률산정연면적)	m²	61,659.91 (41,246.93)
	건폐율	%	23.16
	용적률	%	178.70
건설내역	46m²	호	150(30%)
	55m²	호	350(70%)
	합 계		500

3-3 첫마을 시범단지계획 / 특화계획 개념

3.3.1 다채로운 풍경을 담은 경관

수변과의 조화와 조망을 고려한 경관
수변공원과 마주하는 Water Front Zone에는 저층 빌리지형 주동을 계획하여 수변공간 조망권을 확보하고 아기자기한 마을을 조성한다. 오픈발코니 및 층단차를 활용한 테라스 계획으로 자연을 조망하고 느낄 수 있는 공간을 만들고 자연스러운 스카이라인을 형성한다.

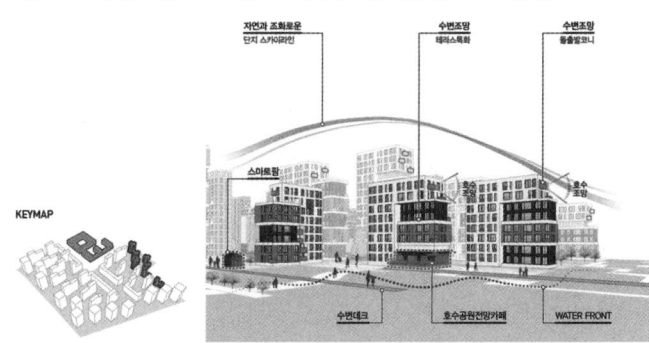

리드미컬한 보행친화적 가로경관
보행자가로 연계 Community Way Zone에는 연도형 주거동 및 커뮤니티시설을 구성하여 열린 보행공간을 확보하고 소통의 공간으로 만들어간다. 휴먼스케일을 고려한 8층 이하의 연도형 주거동은 보행자에게 안정감을 제공하고 상층부의 테라스 폭과 복층세대는 개방감을 확보한다.

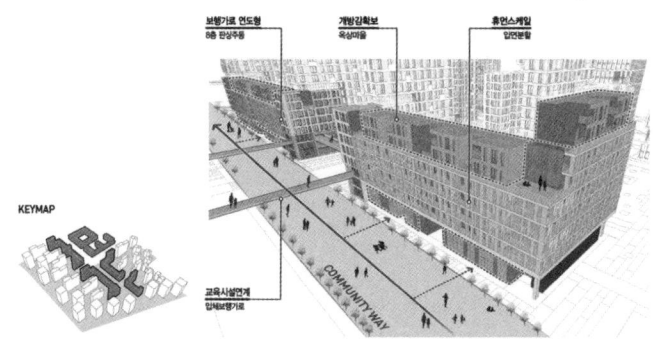

도시와의 연속성과 단지의 상징적 경관
도시와 도시가 만나는 Urban Way Zone에는 타워형 주동을 배치하여 열린 통경축을 형성하고 스카이라운지를 통해 대장지구를 조망한다. 이형세대 적층 시스템으로 형성된 VOID 공간은 유니크한 주거동 입면을 만들어내고 상징적인 도시경관을 디자인한다.

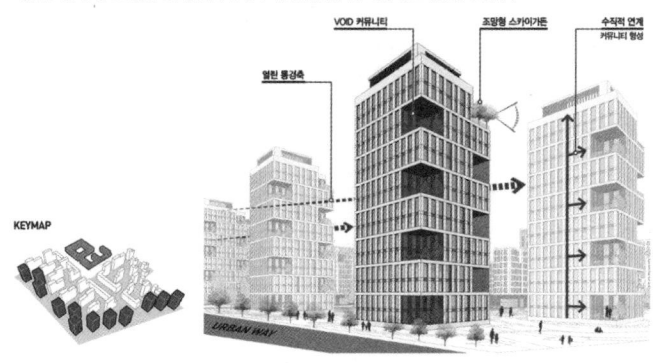

휴먼스케일의 단지내부 골목마을 경관
단지 내 Side Way Zone에는 다양한 높낮이를 갖는 판상형 주거동을 배치하여 수직적으로 형태가 변화하는 입체적인 단지를 계획한다. 중층부 판상형 주동을 이격배치하여 보행공간에서 개방감을 높이고 지반층에 커뮤니티 프로그램이 소통하는 마당을 조성한다.

3기 신도시 기본구상 및 입체적 도시공간계획 - 부천 대장지구

3-3 첫마을 시범단지계획 / 특화계획 개념

3.3.2 차별화 된 입체적 주거공간 디자인

Community Way 연계 입체가로구간

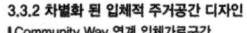

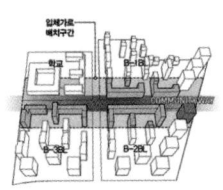

다양한 길과 만남을 갖는 우리동네 입체가로지도

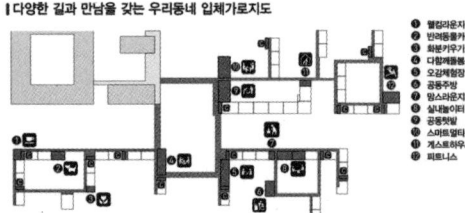

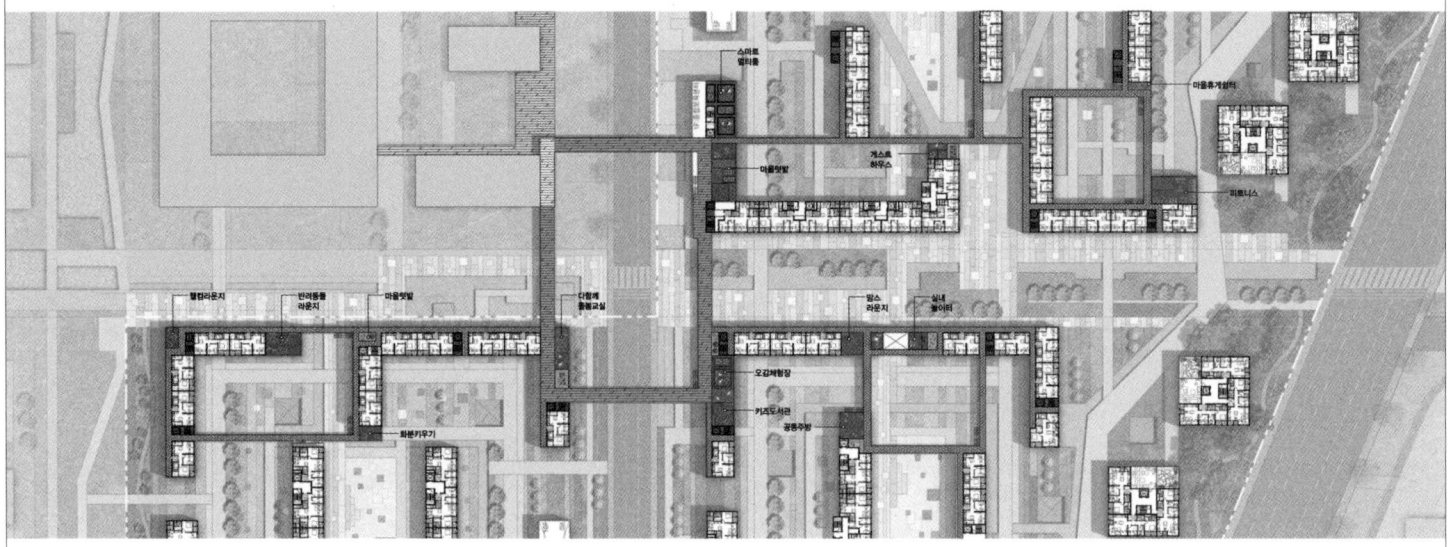

3-4 첫마을 시범단지계획 / 주거동계획 개념

3.4.1 신혼부부의 니즈를 반영한 단위세대

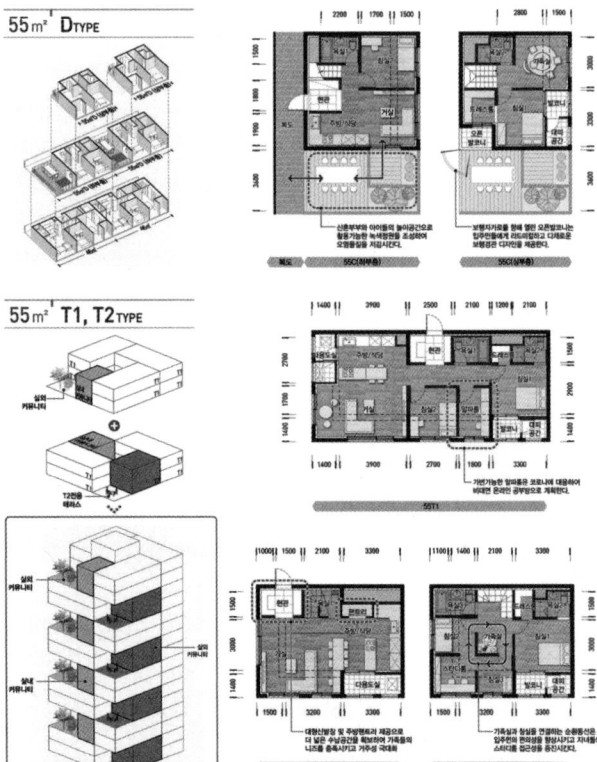

세대 전용 알파룸, 넓은 수납, 알파룸 등 다양한 라이프스타일 대응공간

3-4 첫마을 시범단지계획 / 주거동계획 개념

3.4.2 포스트 코로나 시대에 대응하는 단지

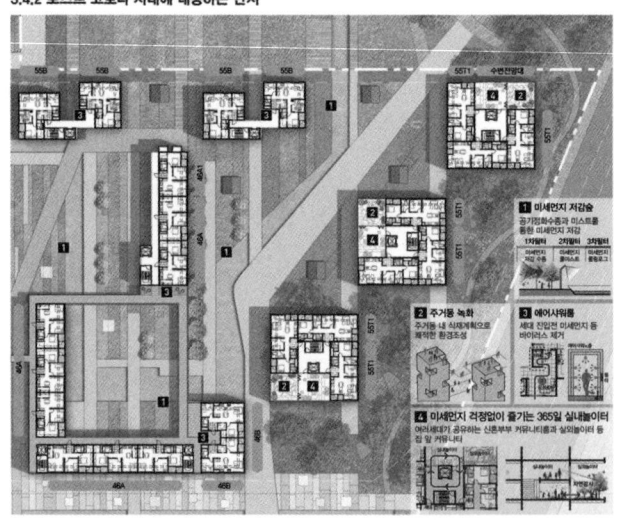

3.4.3 입체적 커뮤니티 연계 주거동

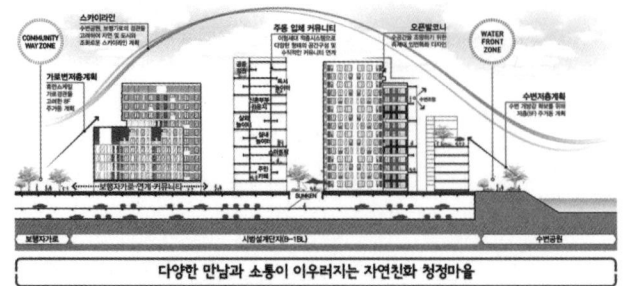

다양한 만남과 소통이 이루어지는 자연친화 청정마을

Urban Design Concept and Multi-dimensional Urban and Architectural Space Plan for the 3rd Generation New Towns - Daejang, Bucheon

설계경기 04_복지·도시·체육·조경

no.135 ~ 146
Office
Culture
Education
Welfare
Housing
Commerce
Urban
Traffic
Sports
Medical
Landscape

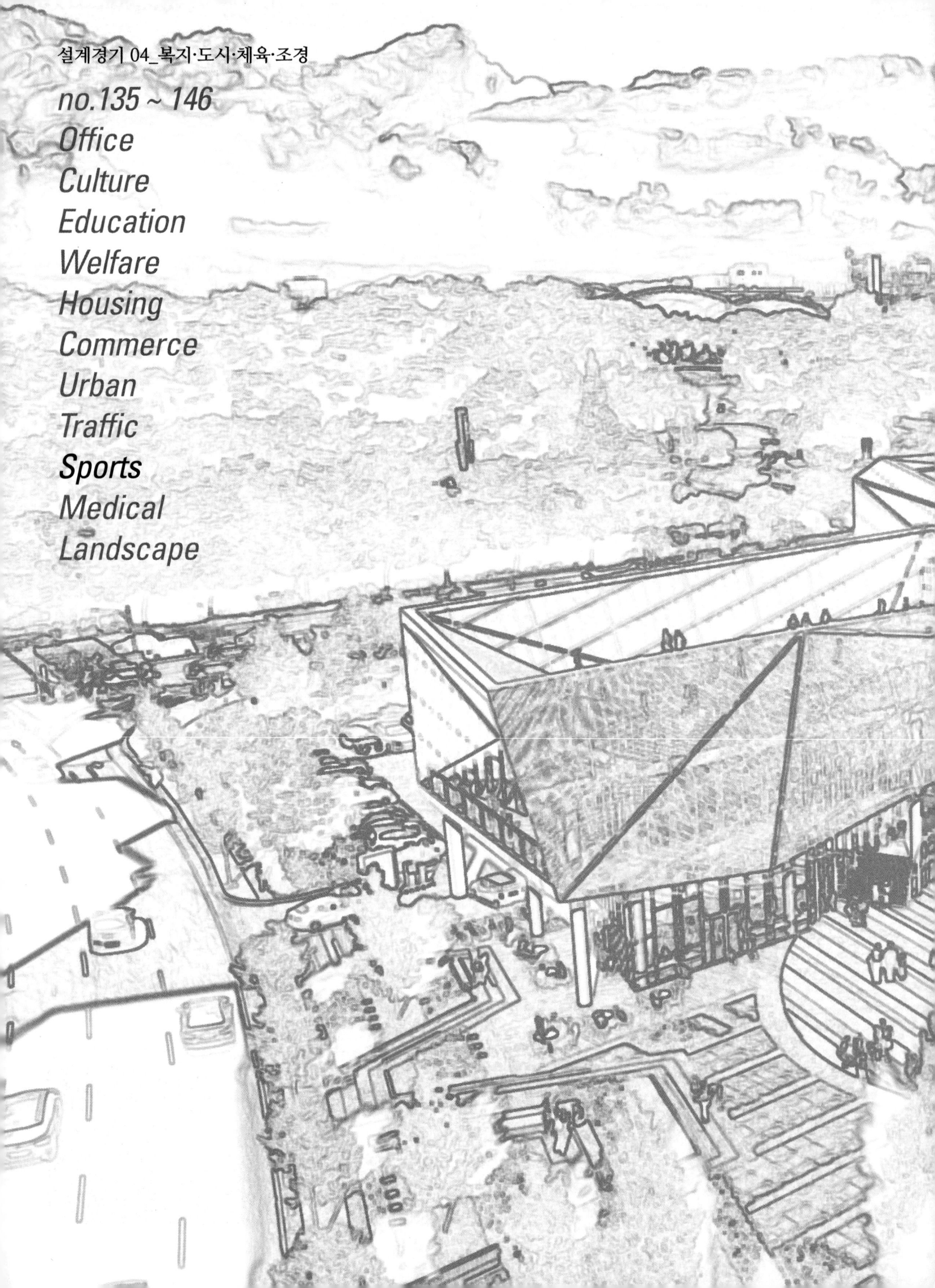

울주종합체육센터
대지위치 울산광역시 울주군 삼남면 교동리 산86-21번지 외 5필지
발주처 울산광역시
대지면적 18,531㎡
연면적 15,038.01㎡
추정공사비 250억원
설계용역비 1,365백만원
참가등록 2019. 3. 7
현장설명 2019. 3. 7
질의접수 2019. 3. 11
질의회신 2019. 3. 15
작품접수 2019. 5. 9
당선 (주)신한종합건축사사무소 + (주)대흥종합엔지니어링건축사사무소

삼호 실내수영장
대지위치 전라남도 영암군 삼호읍 용앙리 259-1번지 일원
발주처 영암군청
대지면적 67,239㎡
연면적 4,075㎡
추정공사비 12,500백만원
설계용역비 622,192천원
참가등록 2019. 5. 2
현장설명 2019. 5. 2
질의접수 2019. 5. 3
질의회신 2019. 5. 8
작품접수 2019. 6. 18
당선 (주)맥스유엔지니어링건축사사무소 + (주)맥스유종합건축사사무소
우수 (주)건축사사무소 휴먼플랜 + (주)디아이지 건축사사무소 + (주)건축사사무소 플랜

광주 실내수영장 및 물놀이시설
대지위치 경기도 광주시 오포읍 양벌리 36-1번지 일원
발주처 광주시청
대지면적 22,945㎡
연면적 5,876㎡
추정공사비 170억원
설계용역비 751,011천원
참가등록 2019. 5. 7
질의접수 2019. 5. 13 ~ 5. 14
질의회신 2019. 5. 21
작품접수 2019. 7. 5
당선 (주)선엔지니어링종합건축사사무소 + 솔 건축사사무소

순천 신대스포츠문화센터
대지위치 전라남도 순천시 해룡면 신대리 1980, 1980-2, 1980-4
발주처 순천시청
대지면적 15,619.1㎡
연면적 3,500㎡
추정공사비 74억원
설계용역비 336,087천원
참가등록 2019. 5. 15
현장설명 2019. 5. 15
질의접수 2019. 5. 16 ~ 5. 17
질의회신 2019. 5. 21
작품접수 2019. 6. 28
당선 (주)에스지파트너스건축사사무소

서울 어울림 체육센터
대지위치 서울특별시 노원구 상계동 1268
발주처 서울특별시 도시공간개선단
대지면적 5,100.7㎡
연면적 13,530㎡
추정공사비 37,098,740천원
설계용역비 1,893,709천원
참가등록 2019. 5. 17 ~ 6. 14
현장설명 2019. 5. 23
질의접수 2019. 5. 24 ~ 5. 27
질의회신 2019. 5. 30
작품접수 2019. 6. 14
당선 다니엘 바예 아키텍츠

가좌국민체육센터
대지위치 인천광역시 서구 가좌동 139-3, 49
발주처 인천광역시 서구청
대지면적 2,838.9㎡
연면적 3,500㎡
추정공사비 100억원
설계용역비 522백만원
참가등록 2019. 7. 22
현장설명 2019. 7. 18
질의접수 2019. 7. 22 ~ 7. 30
질의회신 2019. 8. 2
작품접수 2019. 9. 6
당선 (주)리가온건축사사무소

불로문화체육센터
대지위치 인천광역시 서구 불로동 789
발주처 인천광역시 서구청
대지면적 1,951.50㎡
연면적 4,500㎡
추정공사비 13,221백만원
설계용역비 683백만원
참가등록 2019. 7. 22
현장설명 2019. 7. 18
질의접수 2019. 7. 22 ~ 7. 30
질의회신 2019. 8. 2
작품접수 2019. 9. 6
당선 한들건축사사무소 + (주)종합건축사사무소 림

원당복합체육관
대지위치 인천광역시 서구 원당동 825-1
발주처 인천광역시 서구청
대지면적 1,409.50㎡
연면적 3,547㎡
추정공사비 122억원
설계용역비 632백만원
참가등록 2019. 7. 22
현장설명 2019. 7. 18
질의접수 2019. 7. 22 ~ 7. 30
질의회신 2019. 8. 2
작품접수 2019. 9. 6
당선 (주)위드종합건축사사무소 + (주)제이유건축사사무소

금촌 다목적 실내체육관
대지위치 경기도 파주시 중앙로 160 일원
발주처 파주시청
대지면적 158,101㎡
연면적 5,527㎡
추정공사비 12,970백만원
설계용역비 490,500천원
참가등록 2019. 6. 3
현장설명 2019. 6. 10
질의접수 2019. 6. 10 ~ 6. 14
질의회신 2019. 6. 18
작품접수 2019. 7. 12
당선 (주)건정종합건축사사무소 + (주)신우건축사사무소

갈매 공공체육시설
대지위치 경기도 구리시 갈매동 645
발주처 구리시청
대지면적 3,024.7㎡
연면적 8,902㎡
추정공사비 24,481백만원
설계용역비 1,260백만원
참가등록 2019. 12. 24
현장설명 2019. 12. 26
질의접수 2019. 12. 27
질의회신 2020. 1. 6
작품접수 2020. 3. 20
당선 (주)다인그룹엔지니어링건축사사무소

당감동 복합 국민체육센터
대지위치 부산광역시 부산진구 당감동 257-16번지 외 7필지
발주처 부산진구청
대지면적 1,309㎡
연면적 6,090㎡
추정공사비 15,109,000천원
설계용역비 636,719천원
참가등록 2020. 4. 29
질의접수 2020. 5. 1
질의회신 2020. 5. 8
작품접수 2020. 6. 10
당선 (주)한미건축종합건축사사무소 + (주)부산건축종합건축사사무소

사천시 생활밀착형 국민체육센터
대지위치 경상남도 사천시 정동면 예수리 405번지 일원 (항공우주테마공원 내)
발주처 사천시청
대지면적 95,421㎡
연면적 3,200㎡
추정공사비 11,220,000천원
설계용역비 553,653천원
참가등록 2020. 6. 12
질의접수 2020. 6. 15 ~ 6. 16
질의회신 2020. 6. 23
작품접수 2020. 7. 20 ~ 7. 22
당선 (주)리드엔지니어링건축사사무소

북구 종합체육관
대지위치 광주광역시 북구 연제동 1059번지(첨단2산업공원 내)
발주처 광주광역시 북구청
대지면적 3,400㎡
연면적 5,000㎡
추정공사비 13,892,000천원
설계용역비 594,690천원
참가등록 2020. 1. 10
현장설명 2020. 1. 14
질의접수 2020. 1. 16
질의회신 2020. 1. 21
작품접수 2020. 3. 9
당선 (주)디아이지건축사사무소

신현 문화체육복합센터
대지위치 경기도 광주시 오포읍 신현리 623-4번지 일원
발주처 광주시청
대지면적 6,766㎡
연면적 13,400㎡
추정공사비 31,118,000천원
설계용역비 1,288,804천원
참가등록 2020. 06. 23
질의접수 2020. 06. 24
질의회신 2020. 06. 26
작품접수 2020. 08. 17
당선 (주)해마종합건축사사무소

복대 국민체육센터
대지위치 충청북도 청주시 흥덕구 복대동 288-23번지
발주처 청주시청
대지면적 9,275㎡
연면적 3,500㎡
추정공사비 8,600,000천원
설계용역비 537,649천원
참가등록 2020. 7. 14
현장설명 2020. 7. 14
질의접수 2020. 7. 27 ~ 7. 29
질의회신 2020. 8. 3
작품접수 2020. 9. 21
당선 (주)선엔지니어링종합건축사사무소

홍성군 장애인수영장
대지위치 충청남도 홍성군 홍성읍 홍덕서로 78
발주처 홍성군청
대지면적 7,315.00㎡
연면적 3,300.00㎡
추정공사비 10,570,000천원
설계용역비 545,822천원
참가등록 2020. 7. 17
질의접수 2020. 7. 20 ~ 2020. 7. 21
질의회신 2020. 7. 28
작품접수 2020. 9. 16
당선 (주)한들종합건축사사무소 + 김양희 건축사사무소
가작 (주)건축사사무소세림

울주종합체육센터

당선작 (주)신한종합건축사사무소 정인호, 김상훈 + (주)대흥종합엔지니어링건축사사무소 정태석 설계팀 민주홍, 김의섭, 한소리, 이윤찬, 홍민지, 강민지, 김태훈(이상 신한), 이재학, 민종갑, 박형빈, 박영교, 최락준(이상 대흥)

대지위치 울산광역시 울주군 삼남면 교동리 산 86-21번지 일원 **대지면적** 18,531㎡ **건축면적** 7,659.35㎡ **연면적** 15,038.01㎡ **규모** 지상 3층 **최고높이** 24.3m **구조** 철근콘크리트조, 철골조 **외부마감** 세라믹패널, 반사로이복층유리 **주차** 56대 (확장형 52대, 장애인 주차 2대, 버스 2대 포함)

산을 담은 체육관, 무릉(務陵)

울주의 도시와 자연의 접점에 위치한 대지는 새로운 체육 문화공간의 거점이 기대되는 곳이다. 이에 전문성을 겸비한 체육시설, 다양한 계층이 교류할 수 있는 문화공간, 그리고 산과 함께 자연과 어울릴 수 있는 건축 풍경을 제안한다.

1층은 체육시설 이외에 스포츠아카이브, 푸드코트, 아쿠아 파크 등 문화시설을 접목하여 가족 단위로 즐길 수 있는 문화 체육 공간으로 계획하고, 2층은 전문 경기, 생활체육, 문화공연 등 다양한 용도로 사용 가능한 다목적 체육 공간을 계획한다. 3층은 울주군민의 삶의 질을 높일 수 있는 헬스장, 조깅트랙을 제안하고, 자연을 바라보며 휴식을 취하는 스포츠 라운지를 계획한다. 또한, 합리적 형태와 모듈화된 입면 계획을 통해 비용 절감과 일사 조절을 통한 경제성을 확보하고, 유지관리에 용이한 재료와 개구부 설정으로 친환경적인 건축물로 계획하였다.

울주종합체육센터는 모든 사람에게 열려있어 다양한 일상들을 산속에 담아 그들에게 일상을 제공하며 체육·문화·자연이 교류하는 가장 자연스러운 공간이 될 것이다.

Mureung; a sports centre embracing mountains

Nestled on the border between Ulju's urban area and nature, the project site is expected to provide a new major venue for sports and culture. Therefore, the proposal aims to introduce professional sports facilities, cultural spaces for various groups of people to mingle with each other, and an architectural scenery in which people can become one with mountains and nature.

The 1st floor is designed as a sports and cultural space which can accommodate family visitors by combining sports facilities and cultural spaces including Sports Archive, a food court and Aqua Park. The 2nd floor serves as a multi-purpose sports hall for professional sports games, amateur sports activities and cultural performances. The 3rd floor offers a fitness centre and running tracks that help to improve the quality of life for the people in Ulju, along with a sports lounge where people can enjoy natural views while having a reset. On the other hand, a rational form design and a modular facade system are implemented to improve economic feasibility by means of construction cost reduction and solar control. Allowing for easy maintenance, the applied materials and opening designs introduce an environment-friendly building.

A sports facility should offer a space for all kinds of people to interact with each other and enjoy their time. The proposed sports center is open to anyone, and it envelops various sceneries with mountains to provide a new everyday space. As a result, it will become the most natural space through which sports, culture and nature interact with each other.

Prize winner Shinhan Architects & Engineers Co., Ltd._Jeong Inho, Kim Sanghoon + Daeheung architects & engineers Co._Jung Taeseok **Location** San 86-21, Gyodong-ri, Samnam-myeon, Ulju-gun, Ulsan **Site area** 18,531m² **Building area** 7,659.35m² **Gross floor area** 15,038.01m² **Building scope** 3F **Height** 24.3m **Structure** RC, SC **Exterior finishing** Ceramic panel, Reflex low-E paired glass **Parking** 56 (including 2 for the disabled, 2 for large-size)

자연과 도시가 만나다

대지현황분석

울주 체육공원 부지내 위치한 대지는 봉화산 끝자락에 놓이며, 울주의 도시와 자연의 접점에 놓여져 있다. 울주의 도시흐름과 자연흐름을 담아내는 새로운 체육문화의 거점 역할을 할 것이다.

봉화산의 열린조망

대지현황분석

도시로 열린 조망과 산으로 둘러싸인 모습은 체육활동 뿐만 아니라, 휴식과 문화 여가를 즐길수 있는 복합체육문화공간에 최적화 되어 있다.

근역분석

체육공원 조성계획도

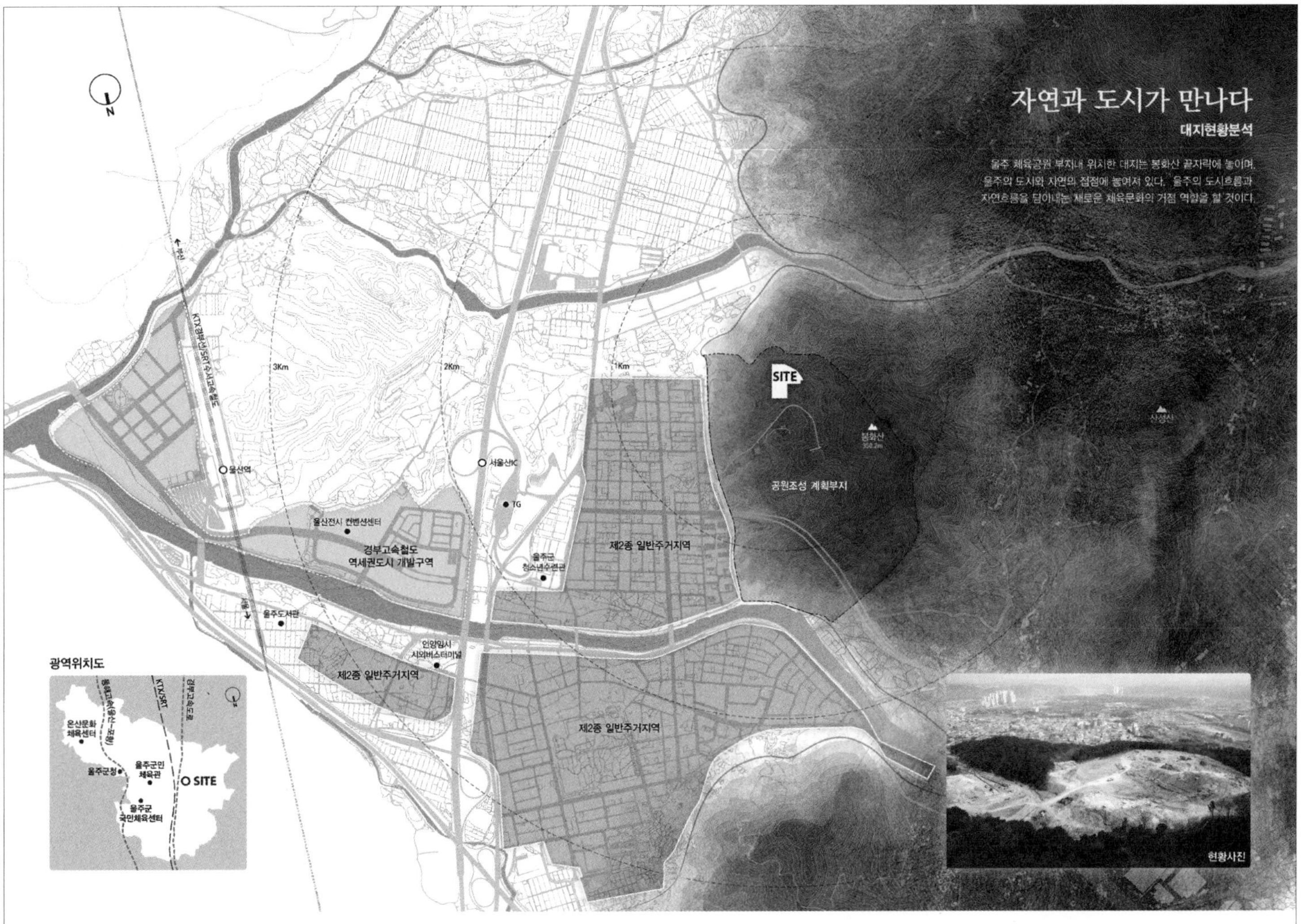

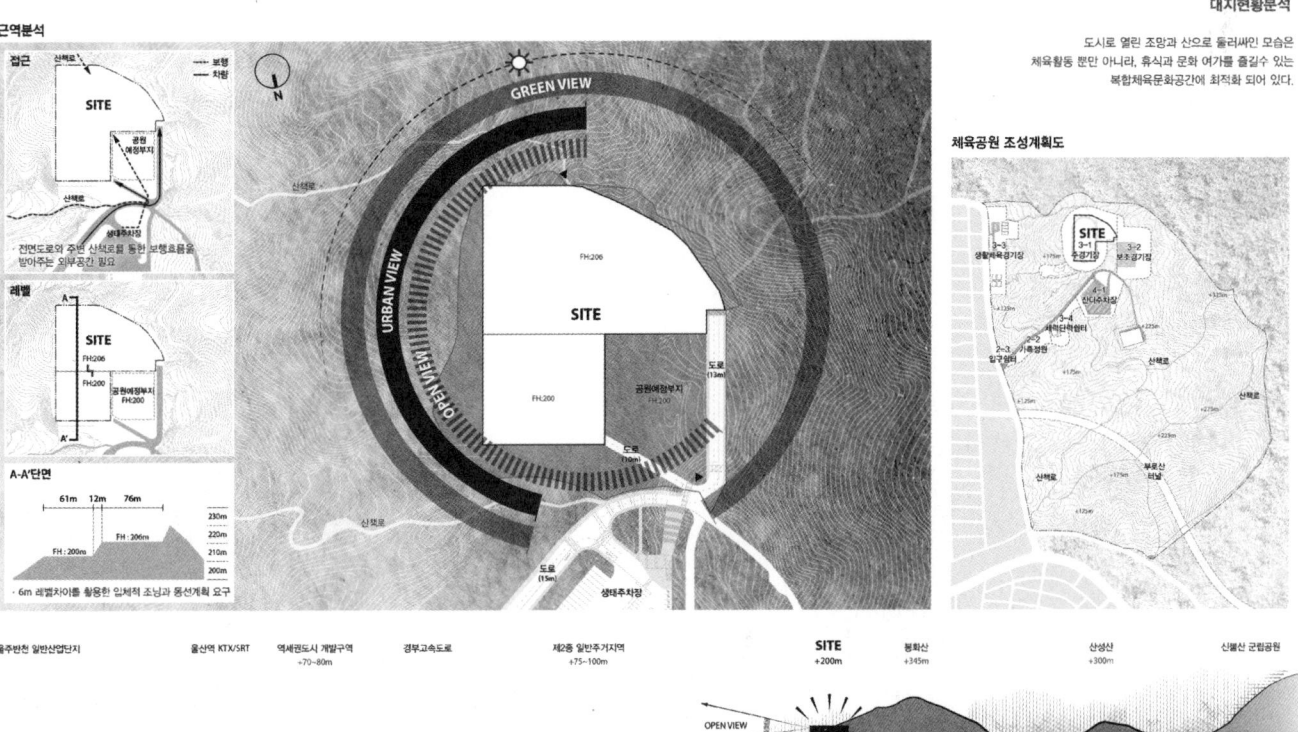

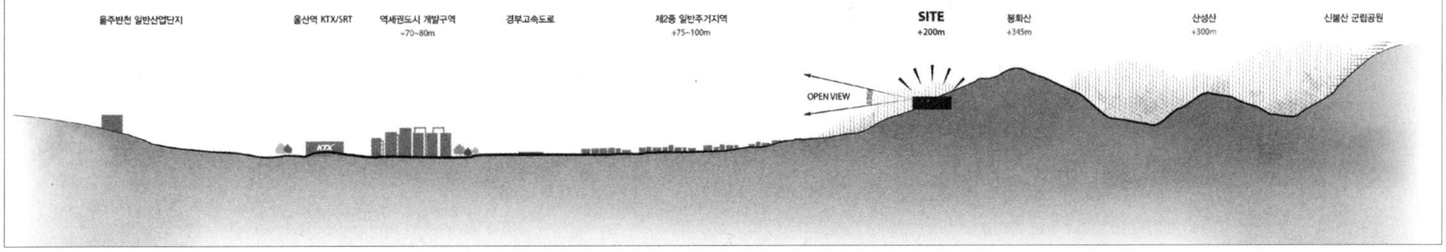

울주종합체육센터

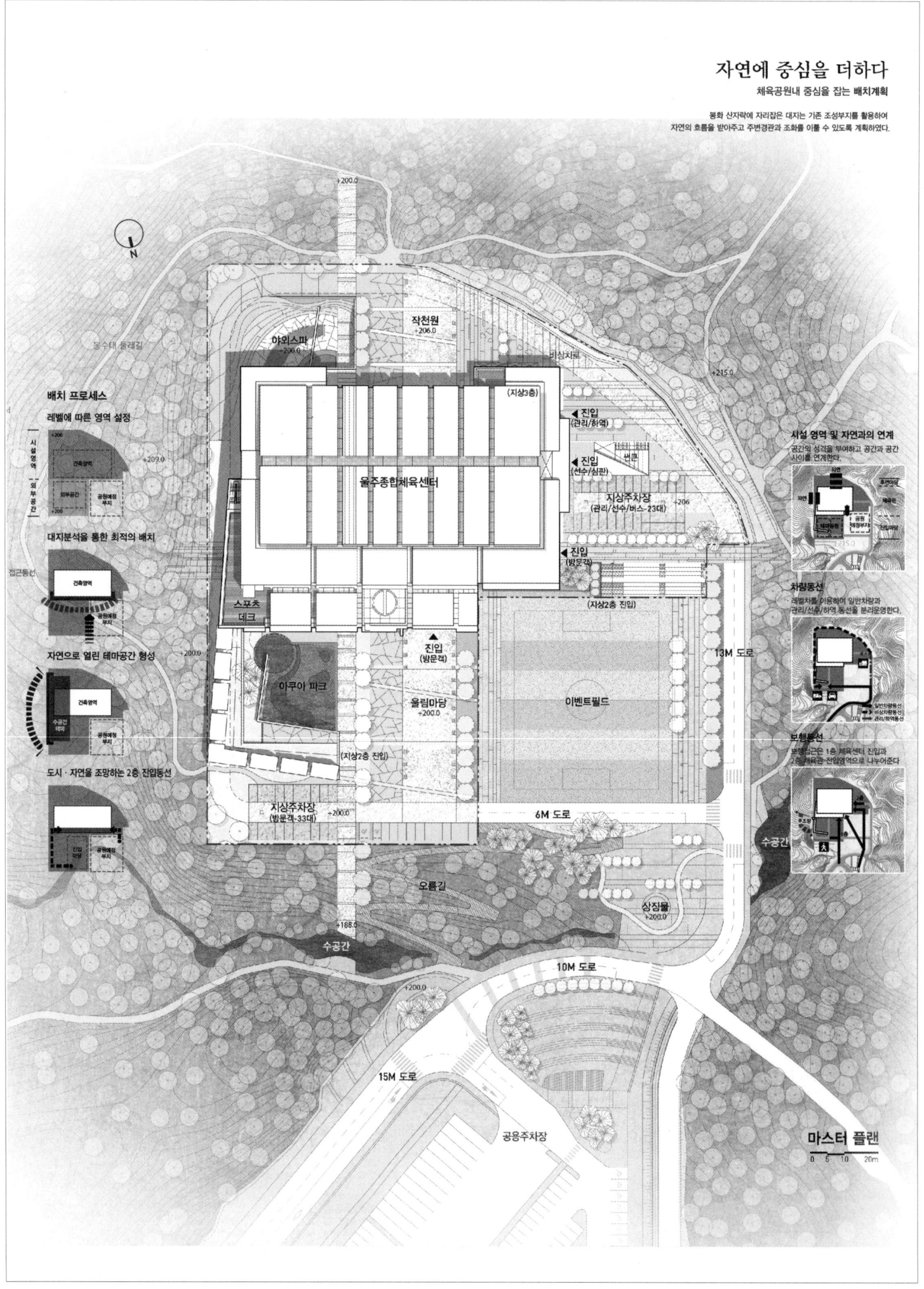

Ulju Sports Center

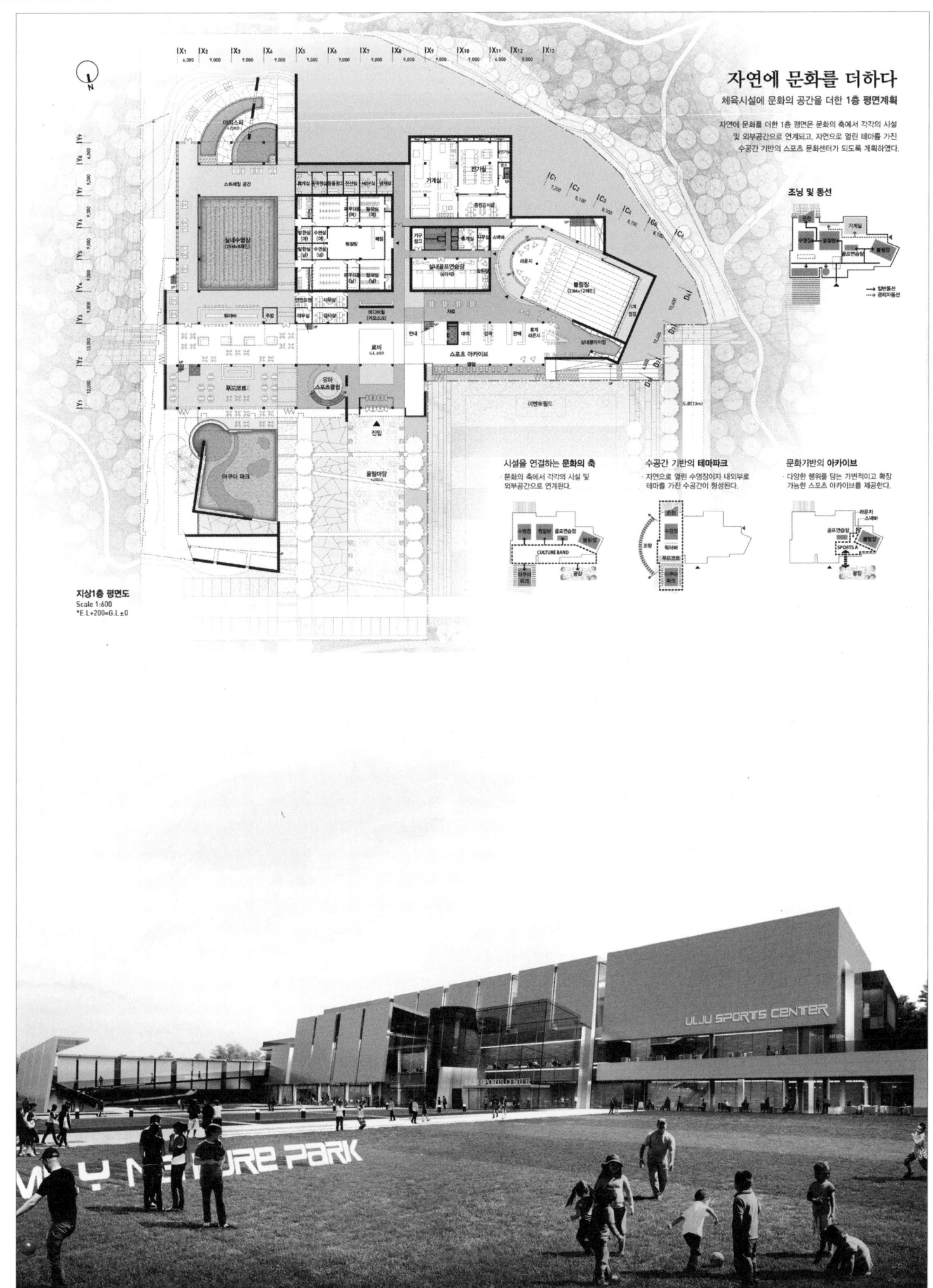

울주종합체육센터

자연에 체육을 더하다
체육시설에 문화의 공간을 더한 2층 평면계획

다목적 기능을 가진 2층은 국제대회 유치기준을 준수한 경기장, 건강증진을 위한 체육관, 문화행사가 가능한 행사장으로 내·외부 확장을 통해 다양한 운영이 가능하도록 계획하였다.

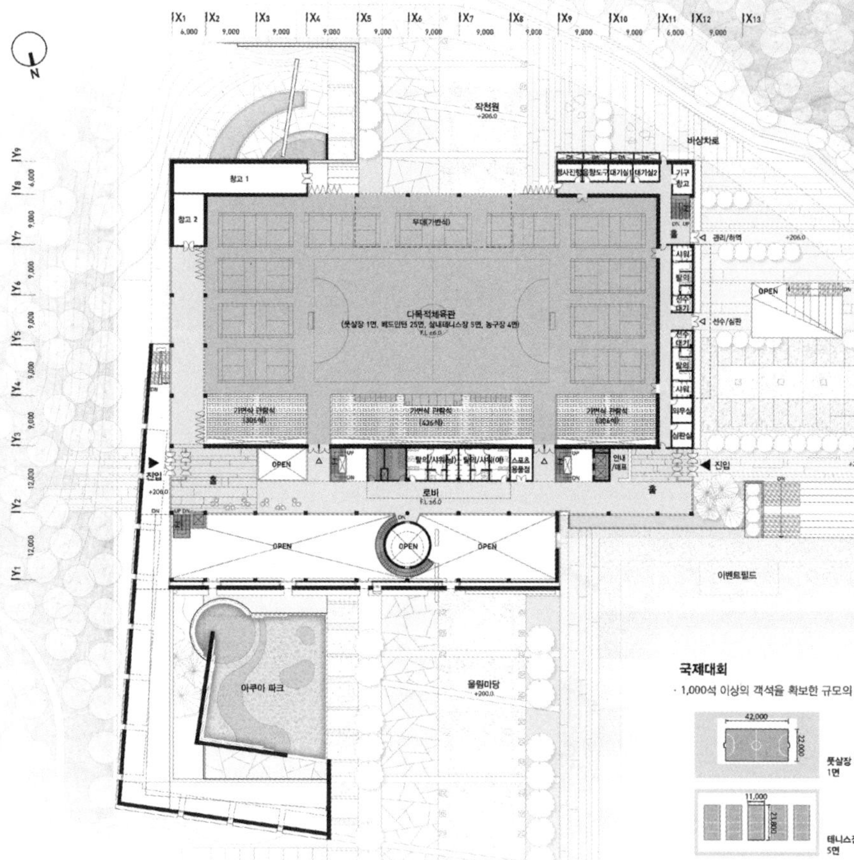

지상2층 평면도
Scale 1:600
*E.L+200=G.L±0

조닝 및 동선

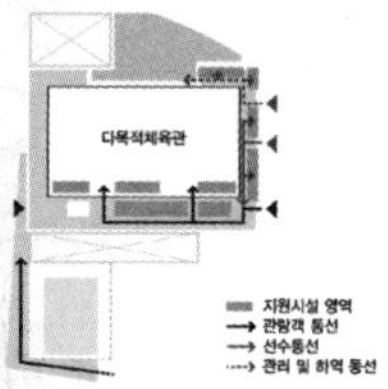

국제대회
· 1,000석 이상의 객석을 확보한 규모의 체육관으로 국제 대회 개최 가능

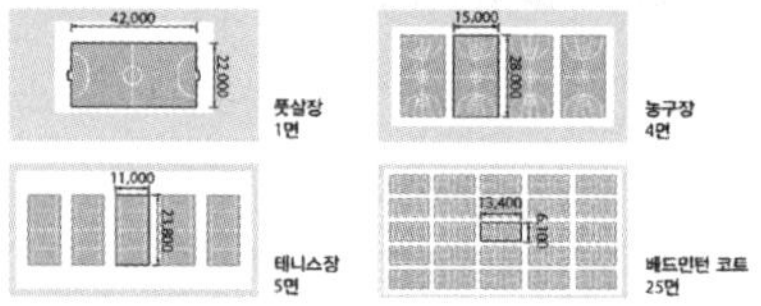

지역행사를 위한 가변식 무대설치
· 울주군내 행사를 위한 가변식 무대설치하고, 뒷마당으로 연계가 가능하다.

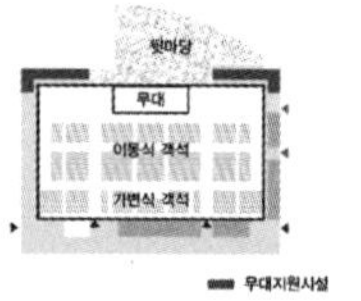

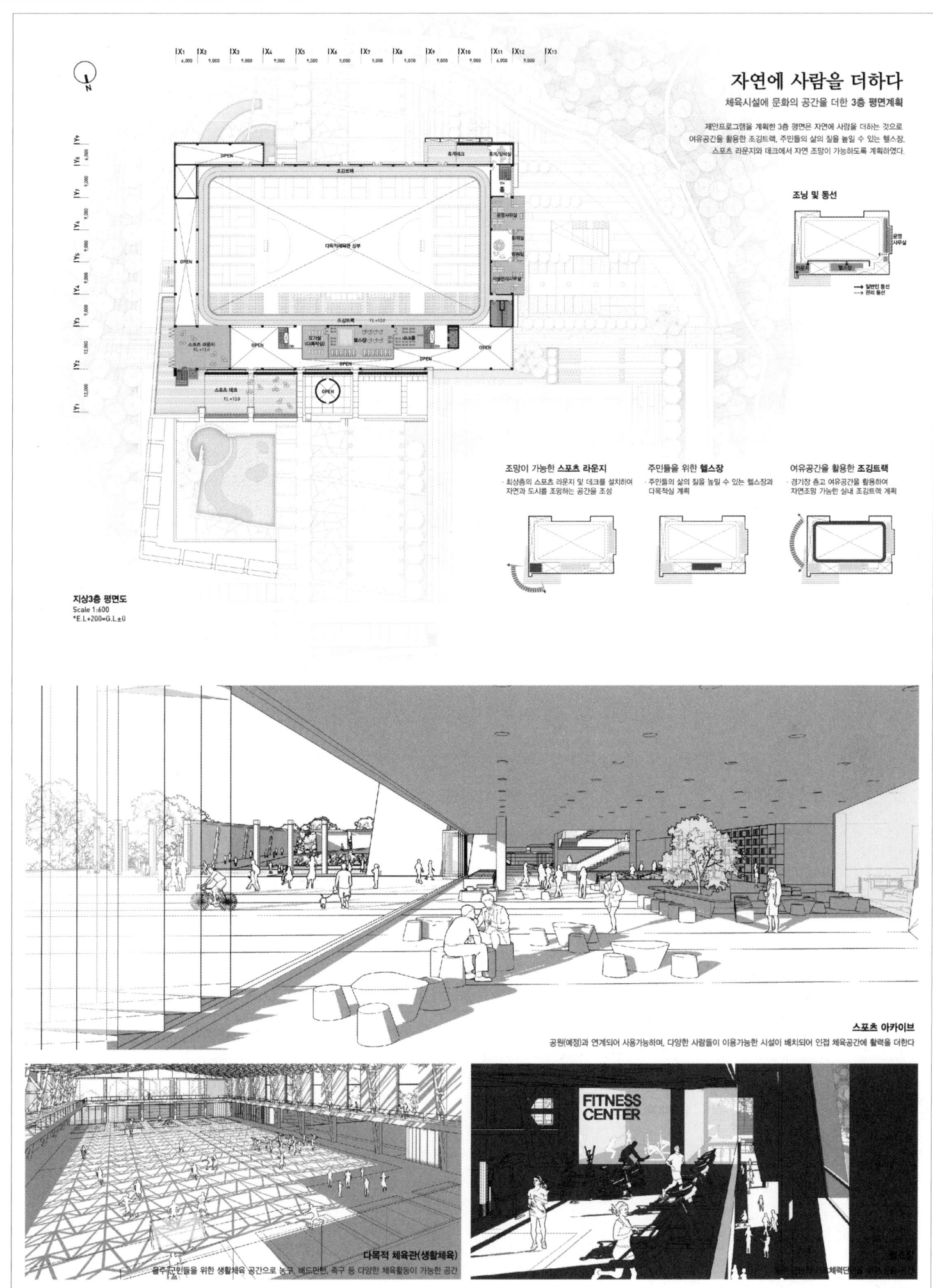

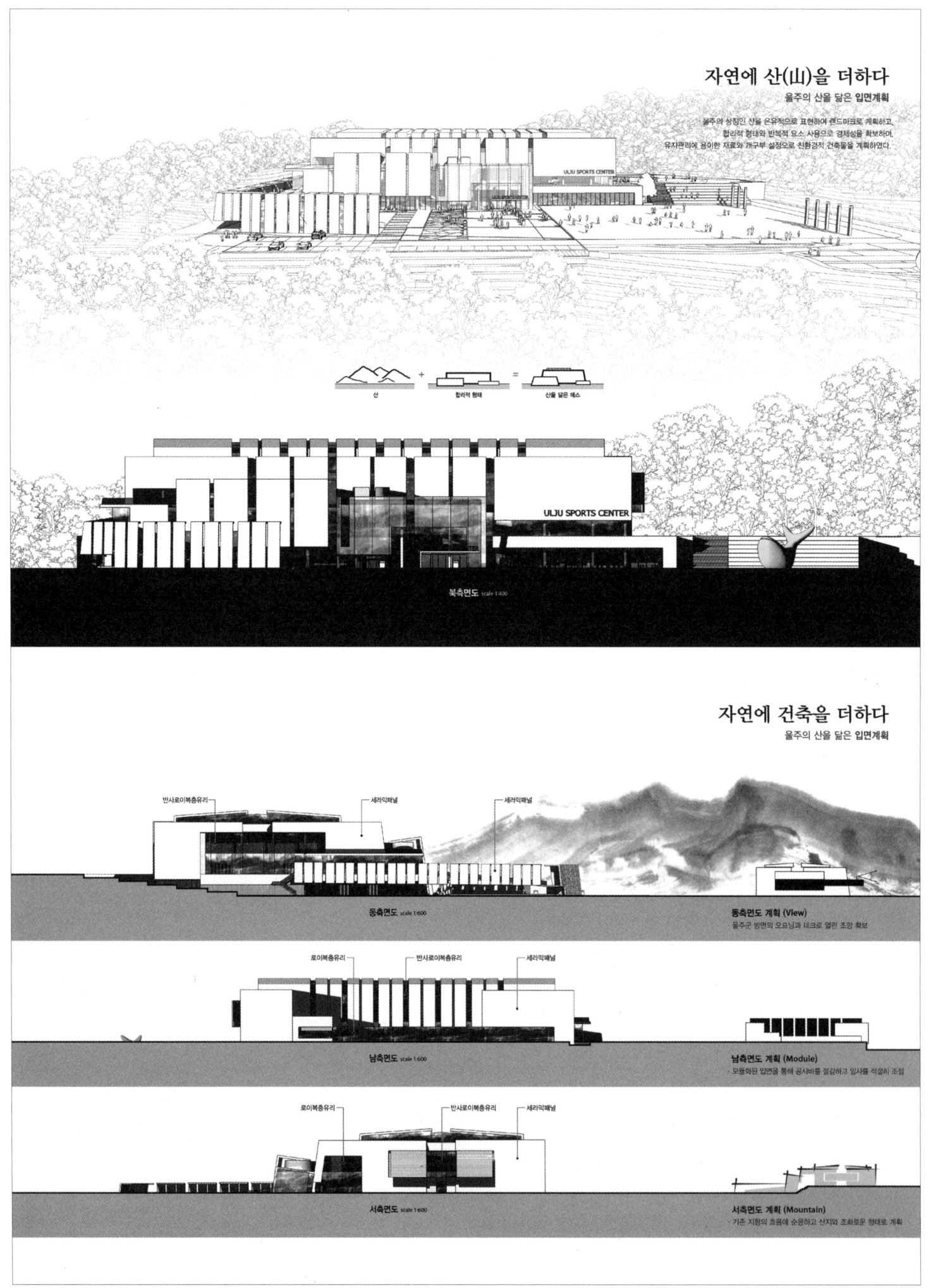

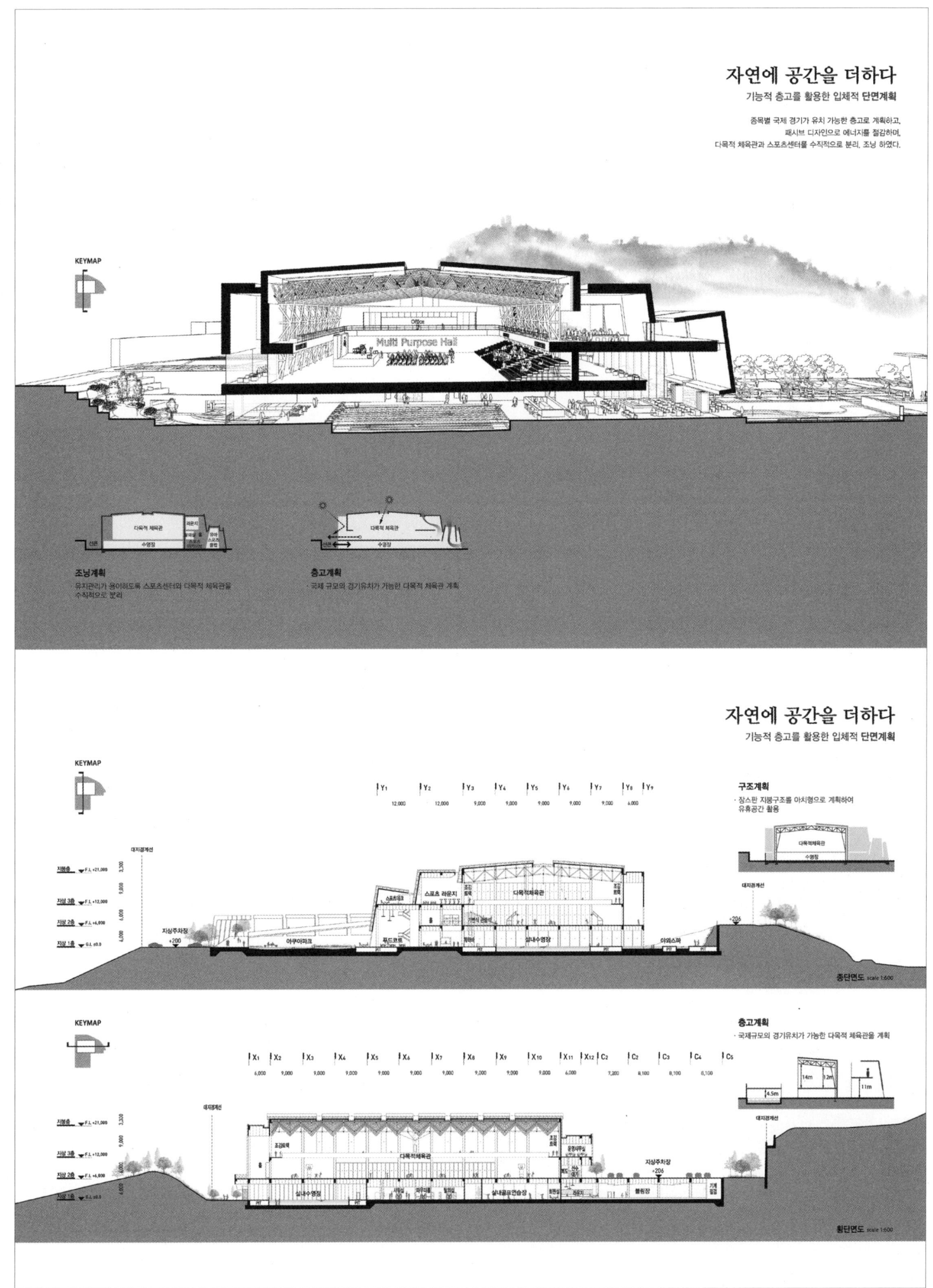

삼호 실내수영장

당선작 (주)맥스유엔지니어링건축사사무소 김기준 + (주)맥스유종합건축사사무소 장정수 설계팀 이재웅, 황성재, 임재형, 김영태, 마수진, 백성진

대지위치 전라남도 영암군 삼호읍 용앙리 259-1번지 일원 **대지면적** 67,239.00㎡ **건축면적** 3,804.02㎡ **연면적** 4,370.60㎡ **조경면적** 1,406.67㎡ **건폐율** 5.67% **용적률** 5.76% **규모** 지하 1층, 지상 2층 **최고높이** 9.4m **구조** 철근콘크리트조, 철골조 **외부마감** 금속패널, 압출성형 시멘트패널, U-글래스, 로이복층유리, 고밀도 목재패널, 알루미늄 루버 **주차** 56대(장애인 주차 5대, 확장형 48대, 대형 3대 포함)

드림스퀘어

아름다운 영암의 능선 아래 다양한 경험과 지친 일상에 활력이 되는 공간, 도심 속 새로운 문화의 장이 되고자 하였다. 자연과 건축, 군민이 하나되는 영암 체육문화의 중심공간으로 주변 시설과 하나되어 다채로운 체육공간으로 군민의 건강 증진에 기여하고 자연 친화적인 이벤트공간을 통해 활기 넘치는 이야기를 만들어내고, 꿈을 키울 수 있는 도약의 발판이 될 것이다.

배치 및 평면계획
- 분동형 매스형태에 따른 프로그램별 쾌적한 실내환경
- 광장 조성 및 기존 건물과 이격 배치로 여유공간 확보 및 중심성 강화
- 대지의 고저차를 이용하여 도시와 자연을 연결하는 동시에 기능을 분리
- 사각지대 최소화를 위한 안전요원실 계획
- 시각적으로 개방된 유아 및 어린이 공간
- 개별 및 확장이용으로 체육실의 다목적 이용 가능

입면 및 단면계획
- 수영장의 정면에는 다양한 요소를 활용하여 다이내믹한 입면으로 수영장의 입지를 강조
- 필로티와 매스의 분절을 통해 시각적투영 및 내·외부공간의 상호관입 등으로 다양한 공간체험
- 프로그램별 공간 연계 및 분절을 통해 개방감과 기능성을 겸비한 합리적 조닝계획

Dream Square

The proposal aims to introduce a new urban cultural platform at the foot of the beautiful mountains of Yeongam, which offers various experiences and refreshes weary lives. As a hub of sports culture in Yeongam, through which people, architecture and nature can become one, the proposed facility will articulate with other facilities nearby to provide a wide range of sports programs and thus contribute to promoting public health. Also, it will produce dynamic stories through its nature-friendly event spaces and serve as a springboard for nurturing dreams.

Site plan
- A pleasant indoor environment for each program by taking account of the separated type building design
- Adding a plaza and positioning the proposed facility away from existing buildings to make a clearance and strengthen centrality
- Connecting the city and nature while separating functions by making use of level differences within the site

Floor plan
- A lifeguard post design that minimizes blind spots
- A visually uninterrupted space for toddlers and children
- A multipurpose gym that enables separate or extended use

Elevation
- Applying various elements in front of the swimming pool to create a dynamic facade design which emphasizes the facility's locational characteristics
- Offering various spatial experiences by implementing a fragmented piloti structure and mass design which enable visual projection and mutual penetration between indoor and outdoor spaces
- A practical zoning system that ensures a sense of openness and functionality by connecting or separating spaces according to the nature of each program

Prize winner MAXU Engineering architectural firm_Kim Gijun + MAXU Synthesize architectural firm_Jang Jeongsu **Location** Yeongam-gun, Jeollanam-do **Site area** 67,239.00m² **Building area** 3,804.02m² **Gross floor area** 4,370.60m² **Landscaping area** 1,406.67m² **Building coverage** 5.67% **Floor space index** 5.76% **Building scope** B1, 2F **Structure** RC, SC **Exterior finishing** Metal panel, Extrousion moulding cement panel, U-glass, Low-E paired glass, High-density wood panel, Aluminum louver **Parking** 56 (including 5 for the disabled, 48 for extension type, 3 for large size)

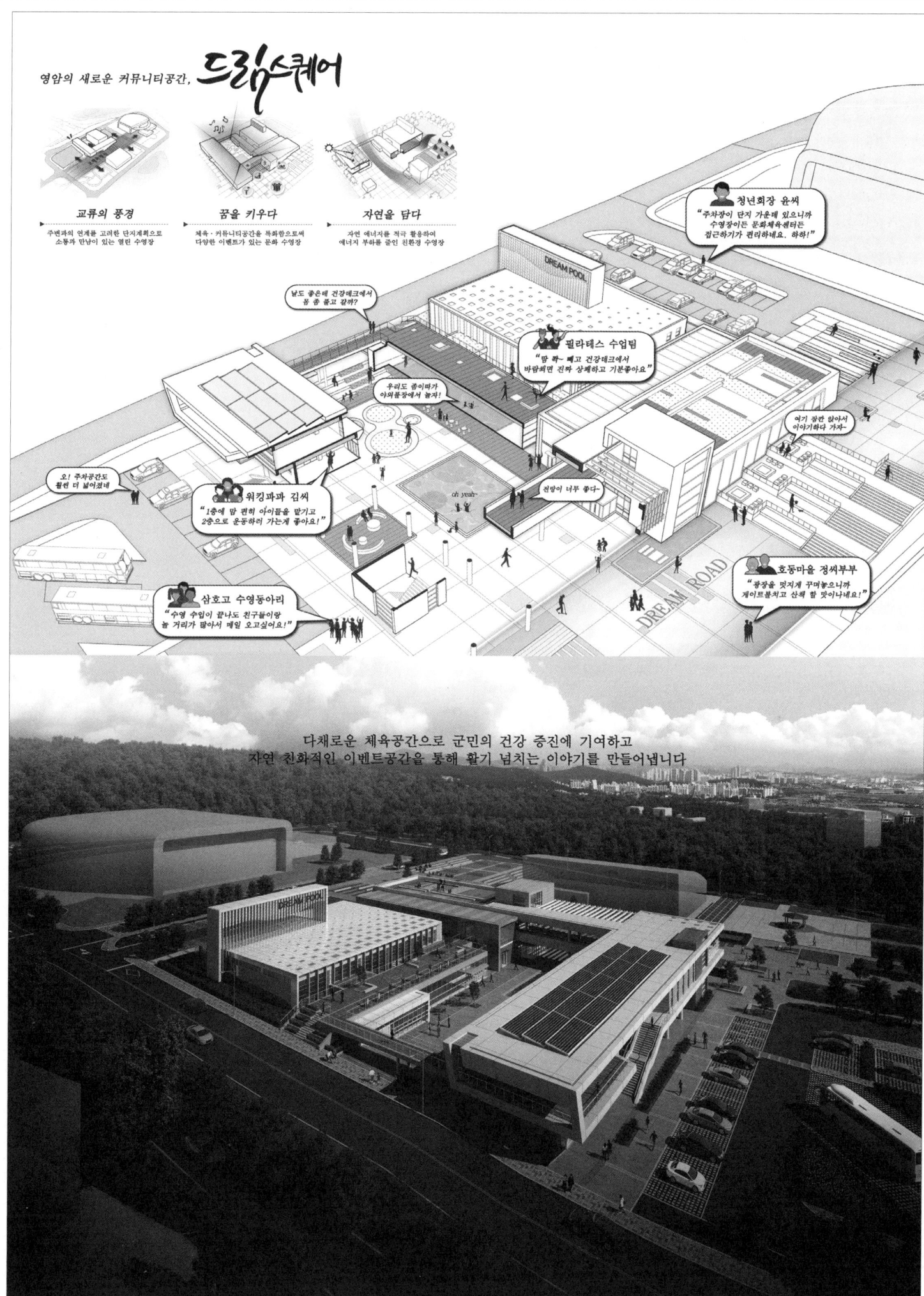

삼호 실내수영장

건축계획 | 외부동선 및 BF계획
대지레벨 및 이용자의 편의를 고려한 동선계획

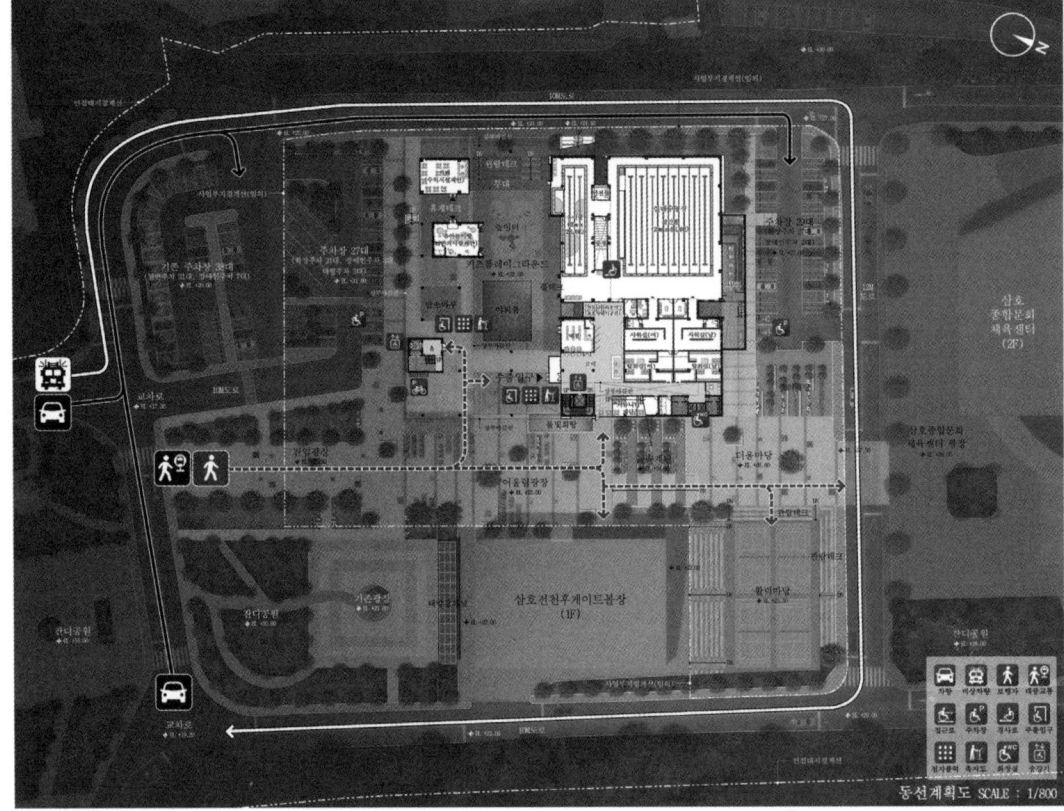

■ 1층 진입 동선계획
- 광장 진입 및 주차 후 수영장 접근 동선

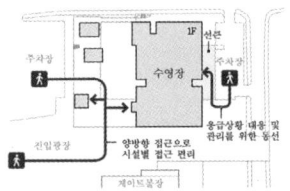

■ 2층 진입 동선계획
- 외부에서 2층 시설로 진입 가능한 동선

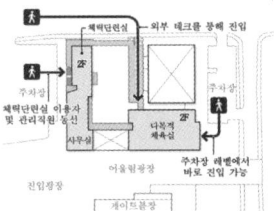

■ 사용자를 고려한 동선 계획
- 휠체어 이용자의 시설 접근 편의 향상

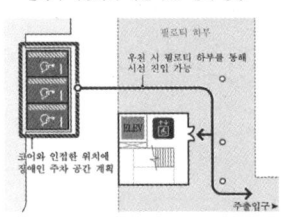

건축계획 | 평면계획
이용자와 프로그램 특성을 고려한 동선계획

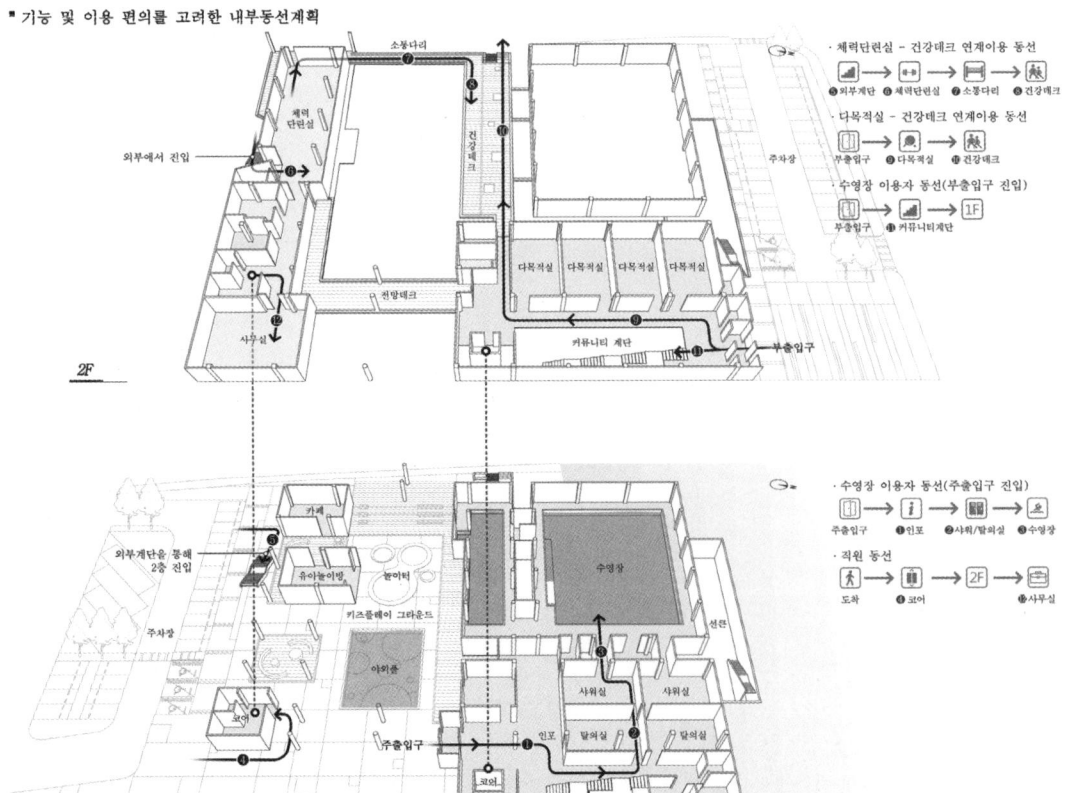

■ 전층 피난층 계획
- 대피동선 분산으로 피난 효율 및 안전 강화

· 1층 피난동선

· 2층 피난동선

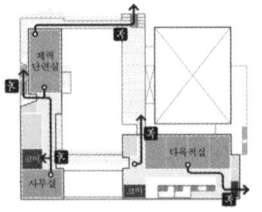

■ 커뮤니티 계단을 통한 진입동선계획
- 다방향 진입을 고려한 커뮤니티 계단

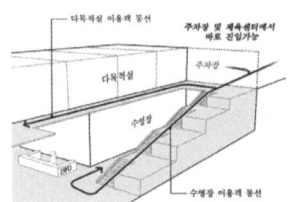

삼호 실내수영장

건축계획 | 외부공간 및 조경계획
주변시설과의 연계 및 조화를 고려한 열린 외부공간계획

건축계획 | 배치도
주변 맥락과 기능을 고려한 합리적인 배치계획

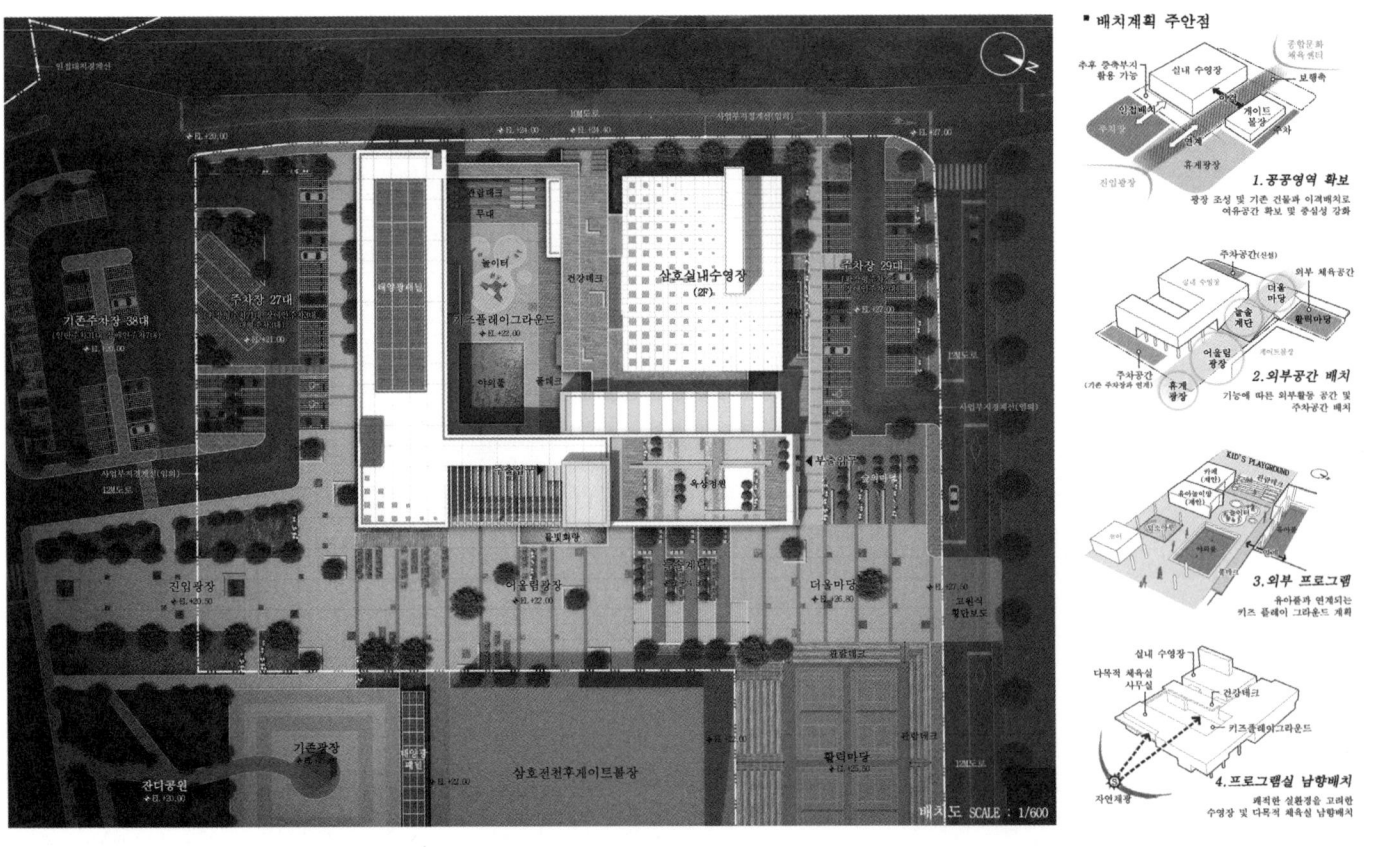

건축계획 | 1층 평면도
다양한 테마 공간 삽입으로 체육활동에 특화된 1층 평면계획

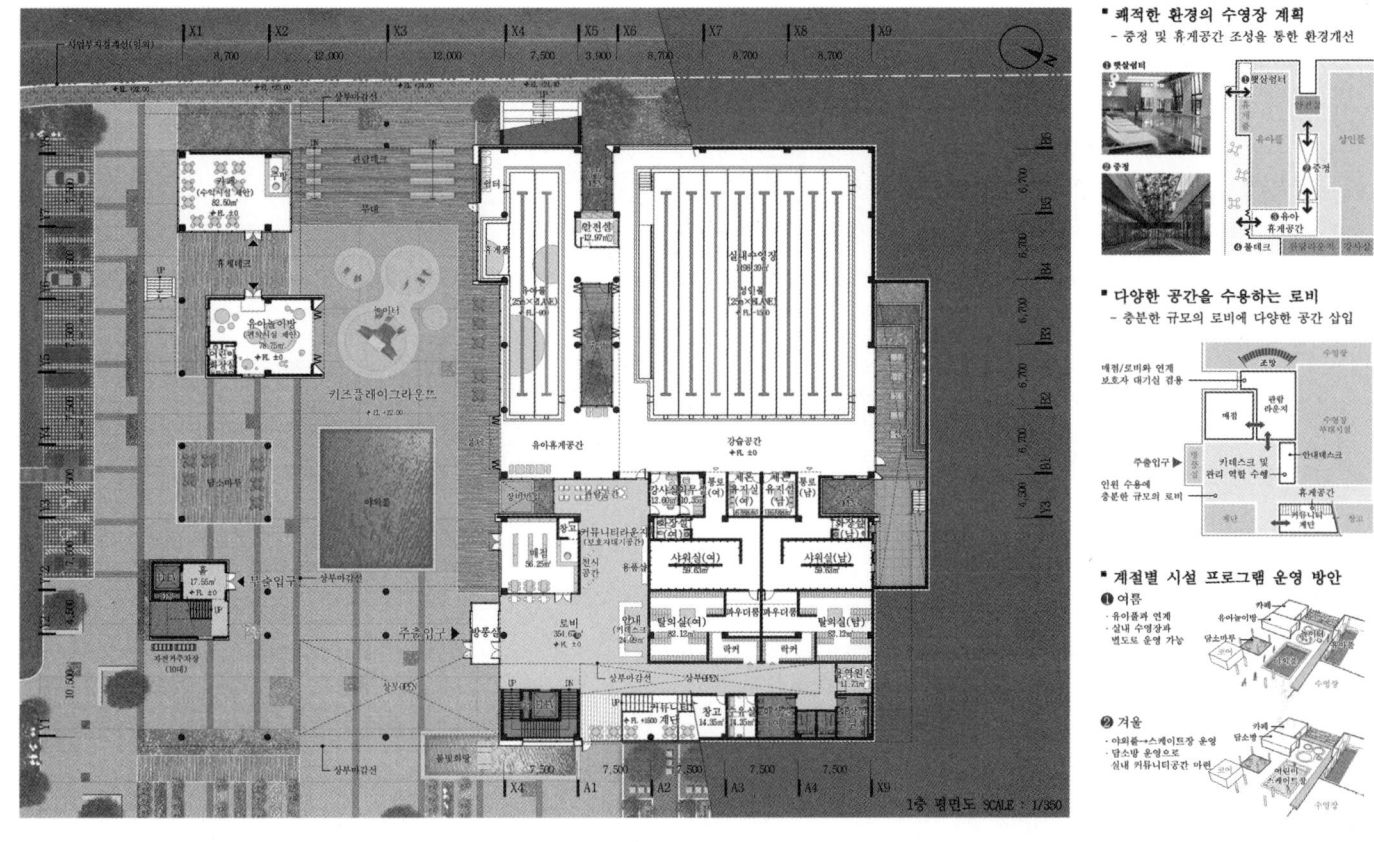

건축계획 | 2층 평면도
내·외부 공간의 유기적 연계를 고려한 2층 평면계획

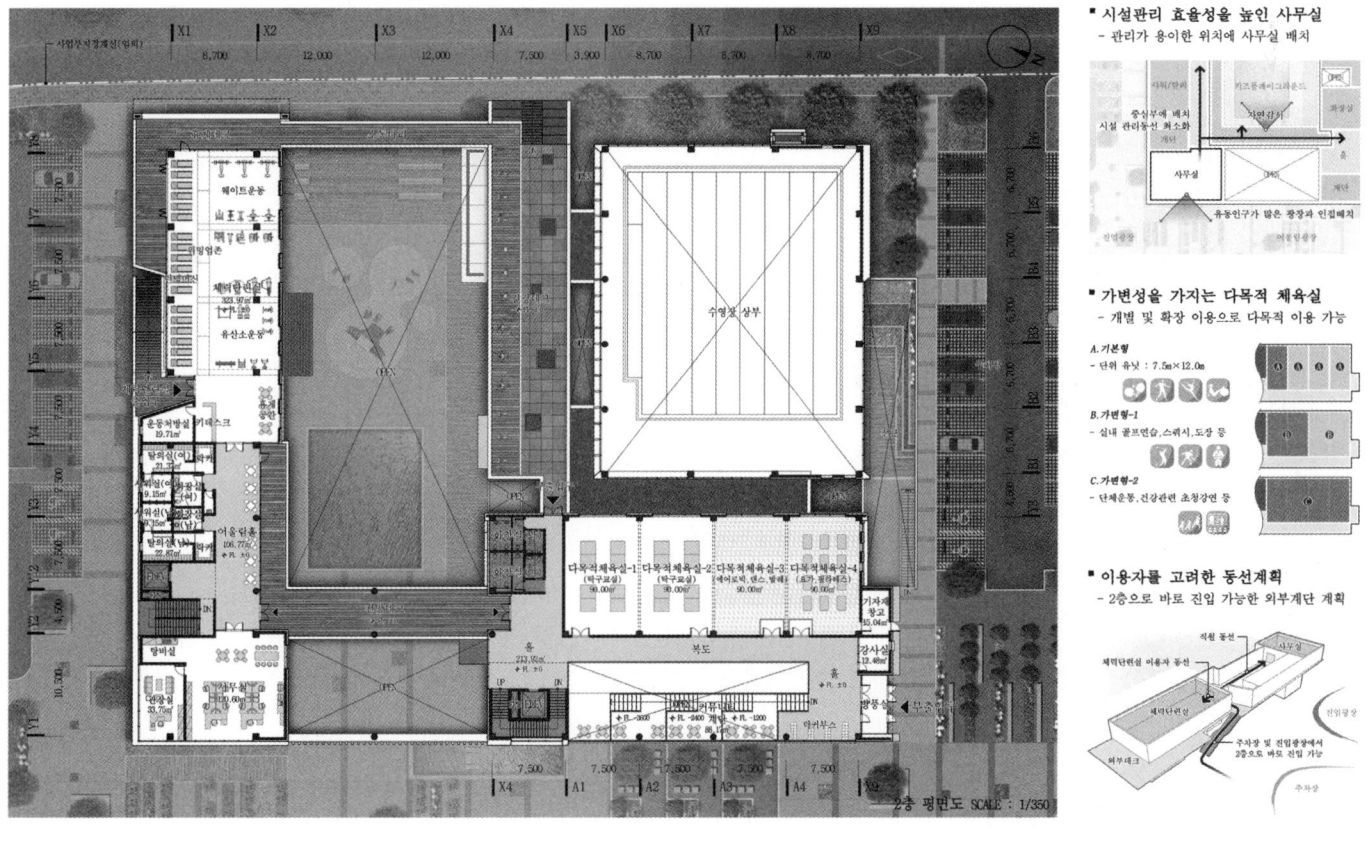

삼호 실내수영장

건축계획 | 입면도
주변과의 조화 및 경제성을 고려한 입면계획

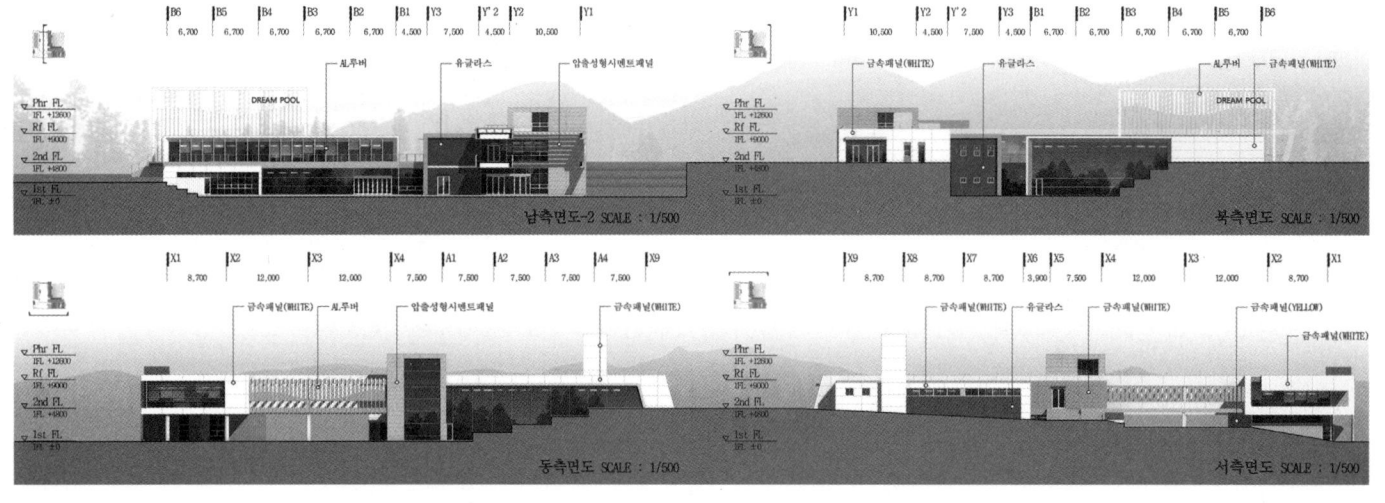

건축계획 | 단면도
기능의 유기적인 연계 및 쾌적한 실환경을 고려한 합리적인 단면계획

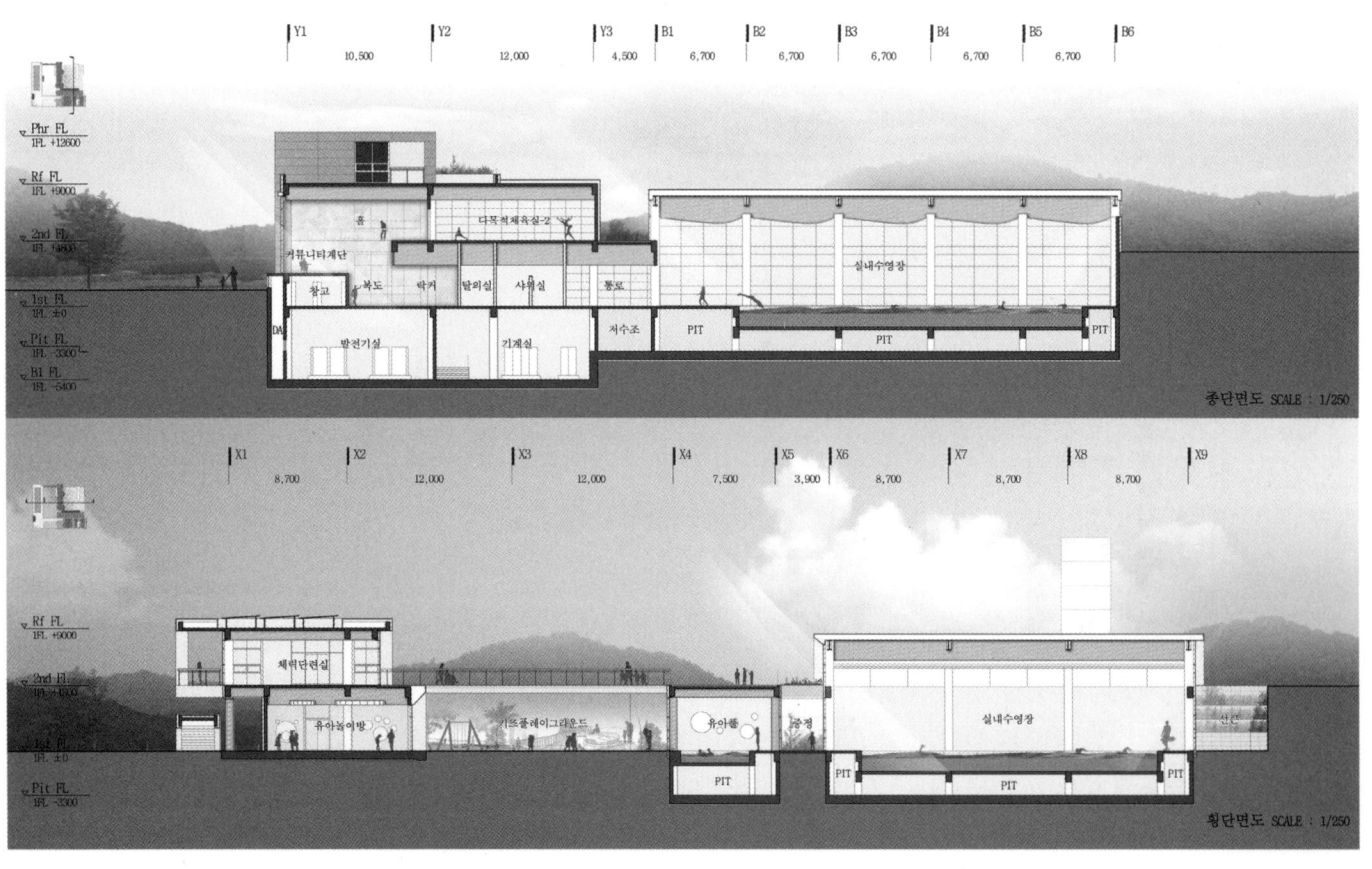

기타 | 친환경계획
자연에너지를 이용한 저탄소 녹색 수영장 구현

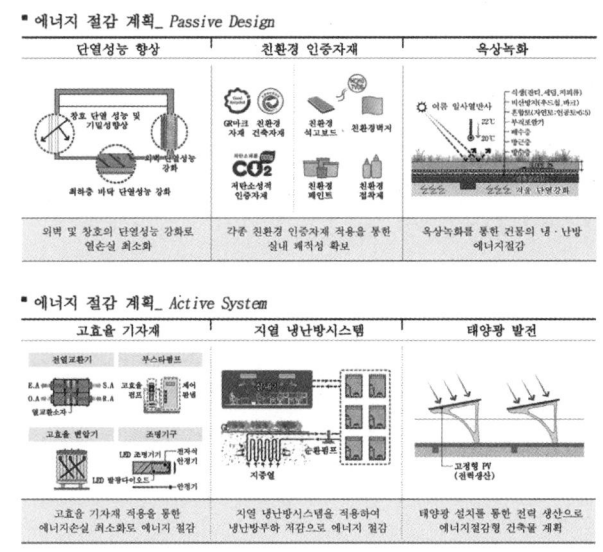

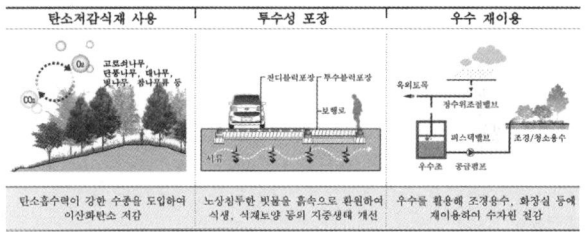

기타 | 친환경계획
쾌적한 실내환경을 위한 환경계획 및 에너지 저감계획

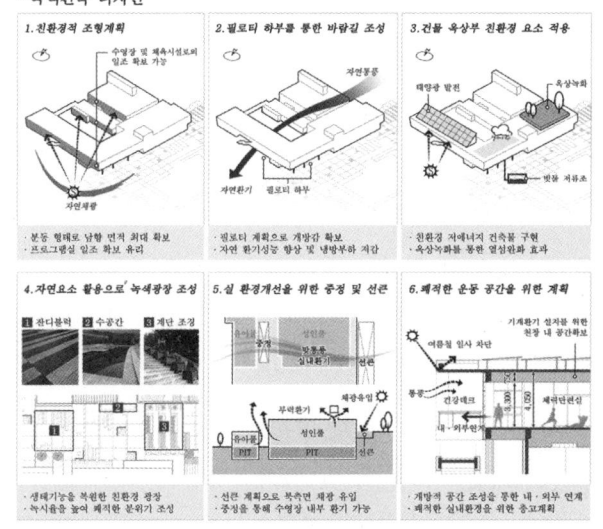

■ 저영향개발기법(LID) 적용으로 친환경 수체계 구축

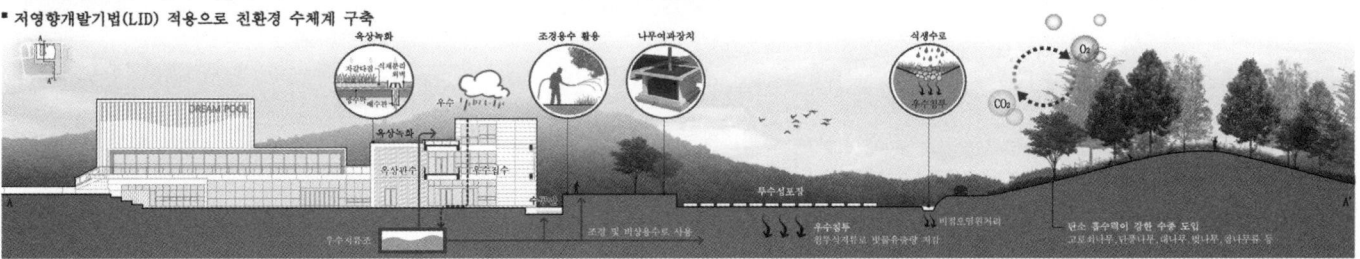

삼호 실내수영장

우수작 (주)건축사사무소 휴먼플랜 양병범 + (주)디아이지 건축사사무소 오금열 + (주)건축사사무소 플랜 임태형 설계팀 조하니, 김예은, 류민우

대지위치 전라남도 영암군 삼호읍 용앙리 259-1번지 일원 **대지면적** 67,239.00m² **건축면적** 4,162.01m² **연면적** 4,464.45m² **건폐율** 6.19% **용적률** 6.01% **규모** 지하 1층, 지상 2층 **구조** 철근콘크리트조, 철골조 **외부마감** 금속패널, 디자인블록, 로이복층유리 **주차** 33대(장애인 주차 3대, 확장형 30대 포함)

문화의 물결
비워진 중심영역에 보행축과 진입마당을 두고, 기존 시설인 게이트볼장, 체육센터와 함께 수영장의 상징적 옥외공간으로 가능하며 다양한 이벤트를 수용한다.

순환과 연계의 물결
- 수영장의 위치는 기존 시설들과의 기능 연계 및 외부공간 활용성을 고려하여 배치하였다.
- 순환차로를 제안하고 기존 내부도로는 보행영역으로 전환하였다.

확장된 판의 물결
- 6m의 지형 차이를 활용하여 수영장 옥상은 체육센터의 전면마당이 되고, 3m 레벨에서 확장된 게이트볼장 북측영역은 야외 체육활동의 장으로 제안한다.
- 0m 레벨에서는 진입마당과 기존 주차장 확장되어 접근성이 편리하도록 계획하였다.

Culture Waves
The main pedestrian path and an entrance plaza are positioned in the emptied central area. Together with other existing facilities such as a gateball court and sports center, they serve as an iconic outdoor space and accommodate various events.

A circulating and connecting wave
- The position of the swimming pool is determined in consideration of functional connection with other existing facilities and outdoor space usability.
- A circular vehicle path is introduced, and the original internal path is converted into a pedestrian passage.

A wave of an extended platform
- By making use of a 6-meter level difference, the rooftop of the swimming pool is transformed into a frontal courtyard. And the north section of the extended gateball court at 3 meters above ground level is made into an outdoor sports activity area.
- The entrance plaza and the existing parking area at 0 meter above ground level are extended to improve accessibility.

2nd prize Human Plan Architects Office, Inc._Yang Byungbeom + D.I.G Architect & Engineering_Oh Geumyeol + Plan Architects Office, Inc._Lim Taehyung **Location** Yeongam-gun, Jeollanam-do **Site area** 67,239.00m² **Building area** 4,162.01m² **Gross floor area** 4,464.45m² **Building coverage** 6.19% **Floor space index** 6.01% **Building scope** B1, 2F **Structure** RC, SC **Exterior finishing** Metal panel, Design block, Low-E paired glass **Parking** 33 (including 3 for the disabled, 30 for extension type)

Samho Swimming Center

WAVE

[물결] : 도시와 자연, 지역민들의 고유한 문화를 상징하게될 새로운 물결

단절된 삼호문화 복지타운의 문화지형을 회복하고, 자연과 사람이 중심이 되는 일상의 즐거움을 제안한다.

1. 문화의 물결
- 비워진 중심 영역에 보행축과 진입마당을 두고, 기존 시설인 게이트볼장, 체육센터와 함께 수영장의 상징적 외의공간으로 기능하며 다양한 이벤트들 수용

2. 순환과 연계의 물결
- 수영장의 위치는 기존 시설들과의 기능연계 및 외부공간 활용성을 고려하여 배치
- 순환차로를 제안하고 기존 내부도로는 보행영역으로 전환

3. 확장된 판의 물결
- 6미터의 지형차이를 활용하여 수영장 옥상은 체육센터의 전면마당이 되고 3미터 레벨에서 확장된 게이트볼장 북측영역은 야외 체육활동의 장으로 제안
- 0미터 레벨에서는 진입마당과 기존 주차장 확장되어 접근성 편리

대지면적 : 67,239.00㎡ / 연면적 : 4,464.45㎡ (건폐율비 9.56%)

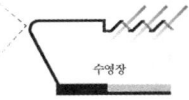 **간접광**
- 복층 간접광을 활용하고 남측 처마로 직사광선 차폐

 **복층공간**
- 수영장 상부에 복층공간을 두어 관람석을 제안하고, 옥상공간을 연계

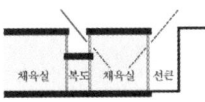 **선큰 & 간접광**
- 체육실 상부는 간접광을 유입하는 고측창을 두어 옥내 체육활동에 최적화

 **휴게공간**
- 체육실 인근에 중정형 휴게공간을 두어 자연친화적인 실내 공간 조성

 **지형 연결 & 특화 공간**
- 기존 삼호문화 복지타운-(실내체육관) 앞마당과 수영장 옥상을 연계하고 카페를 제안하여 옥의 활동을 지원

흐르는 지형과 입체적인 공간의 복합체
- 삼호 실내수영장의 주요 기능공간은 1층에 배치하여 각 실별로 이용자의 접근이 용이
- 내부공간의 각기 다른 층고는 자연스럽게 루프의 흐르는 지형을 만들어 내고 외부의 수공간, 조경공간, 카페공간, 운동장 공간과 연결되며 활력있는 풍경을 만들어 냄

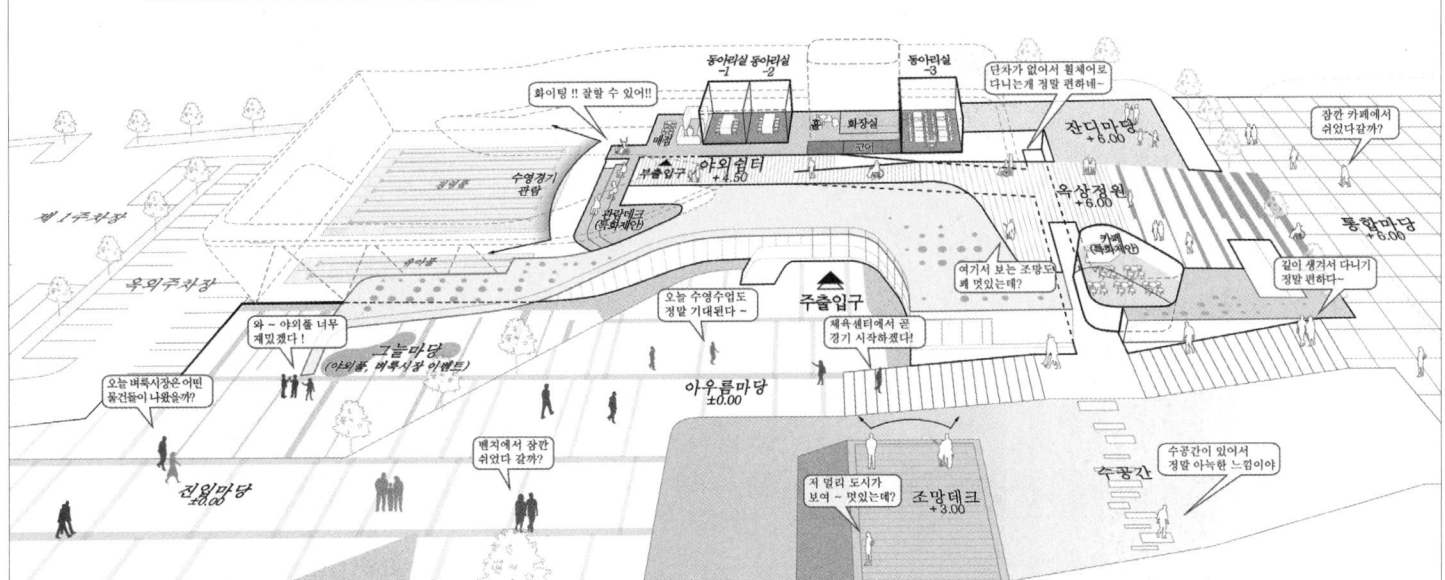

삼호 실내수영장

삼호읍 문화시설단지의 체육문화공간의 구심점

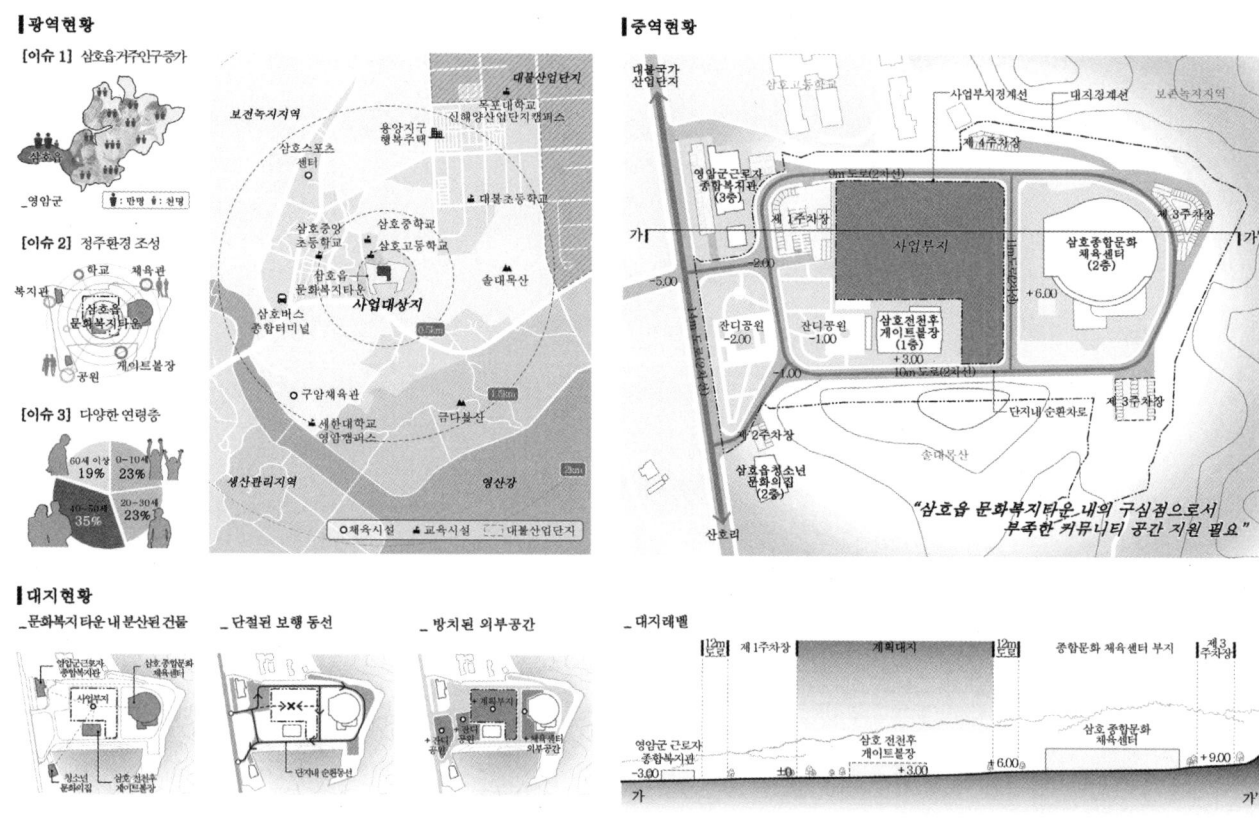

문화시설단지 맥락과 주변시설을 고려한 토지이용계획

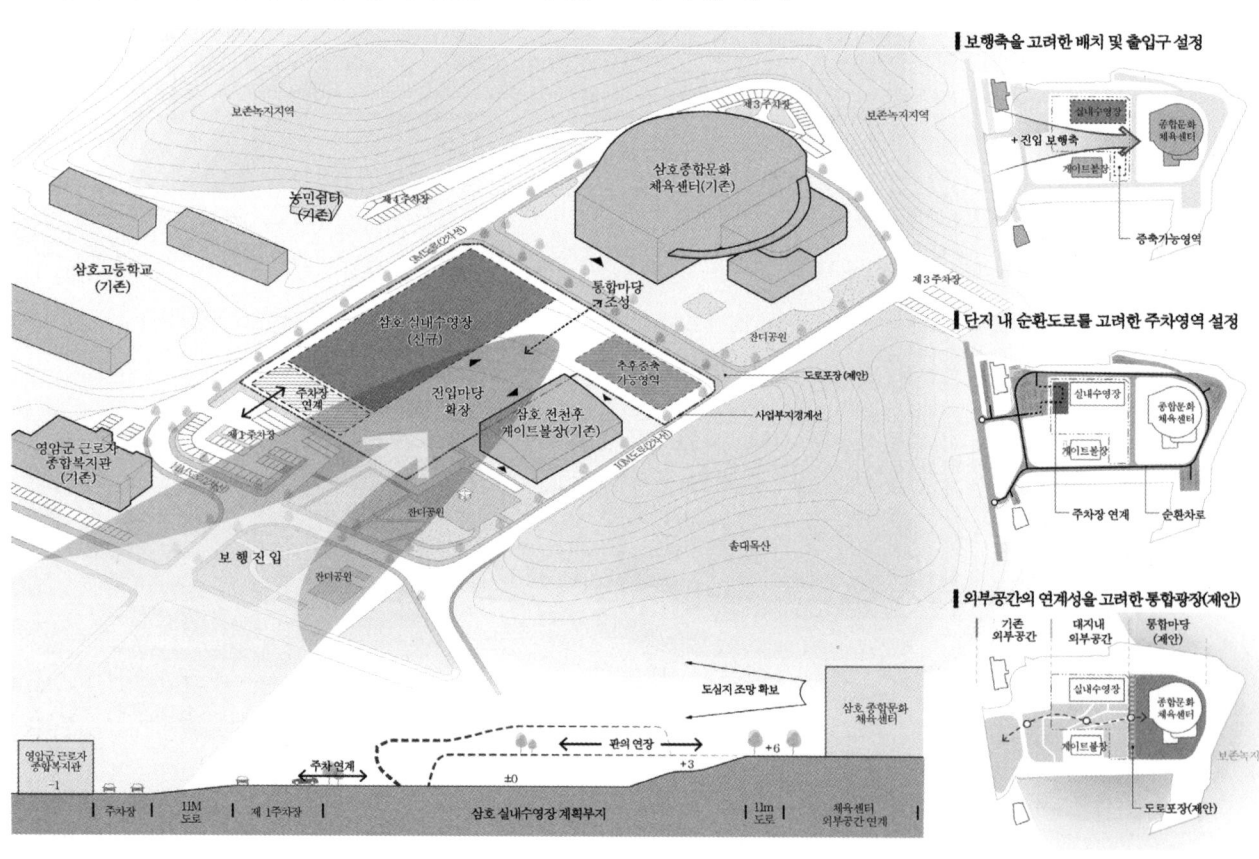

Samho Swimming Center

시설별 특성을 고려한 조닝과 이용성을 고려한 특화 계획

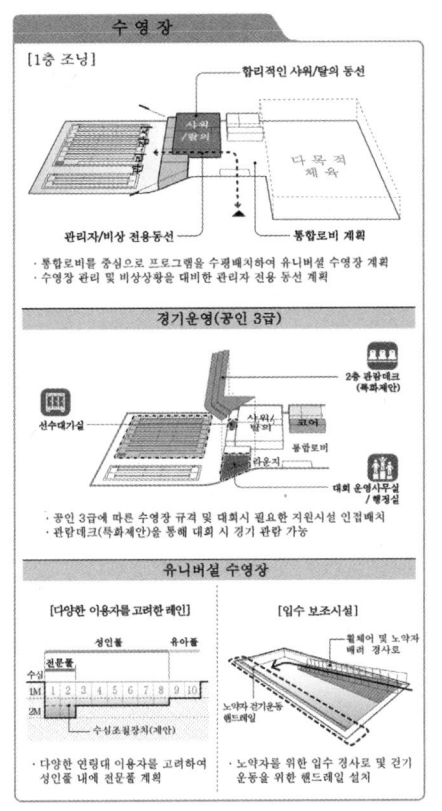
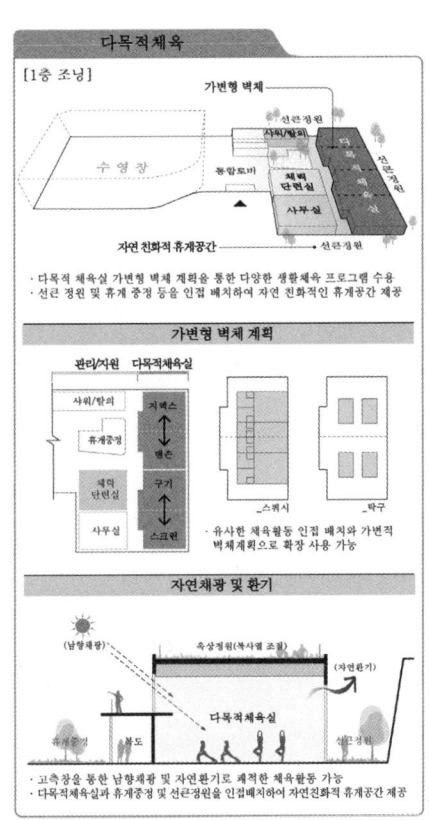
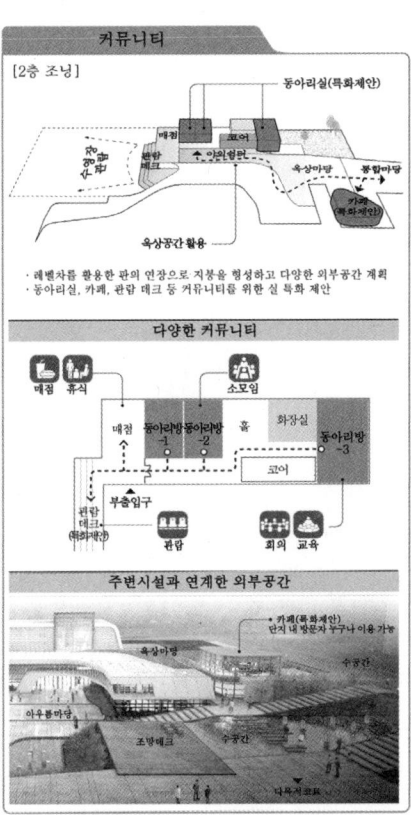

기존시설과 유기적으로 연계한 조경 및 외부공간계획

가 카페(특화제안)&옥상데크

나 수공간&조망데크

다 아우름마당

주변환경과 소통하는 다양한 외부프로그램 및 식재계획

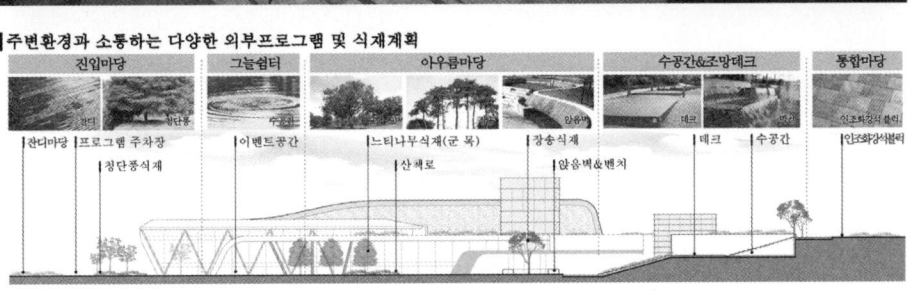

삼호 실내수영장

시설간의 접근 및 연계성을 고려한 배치계획

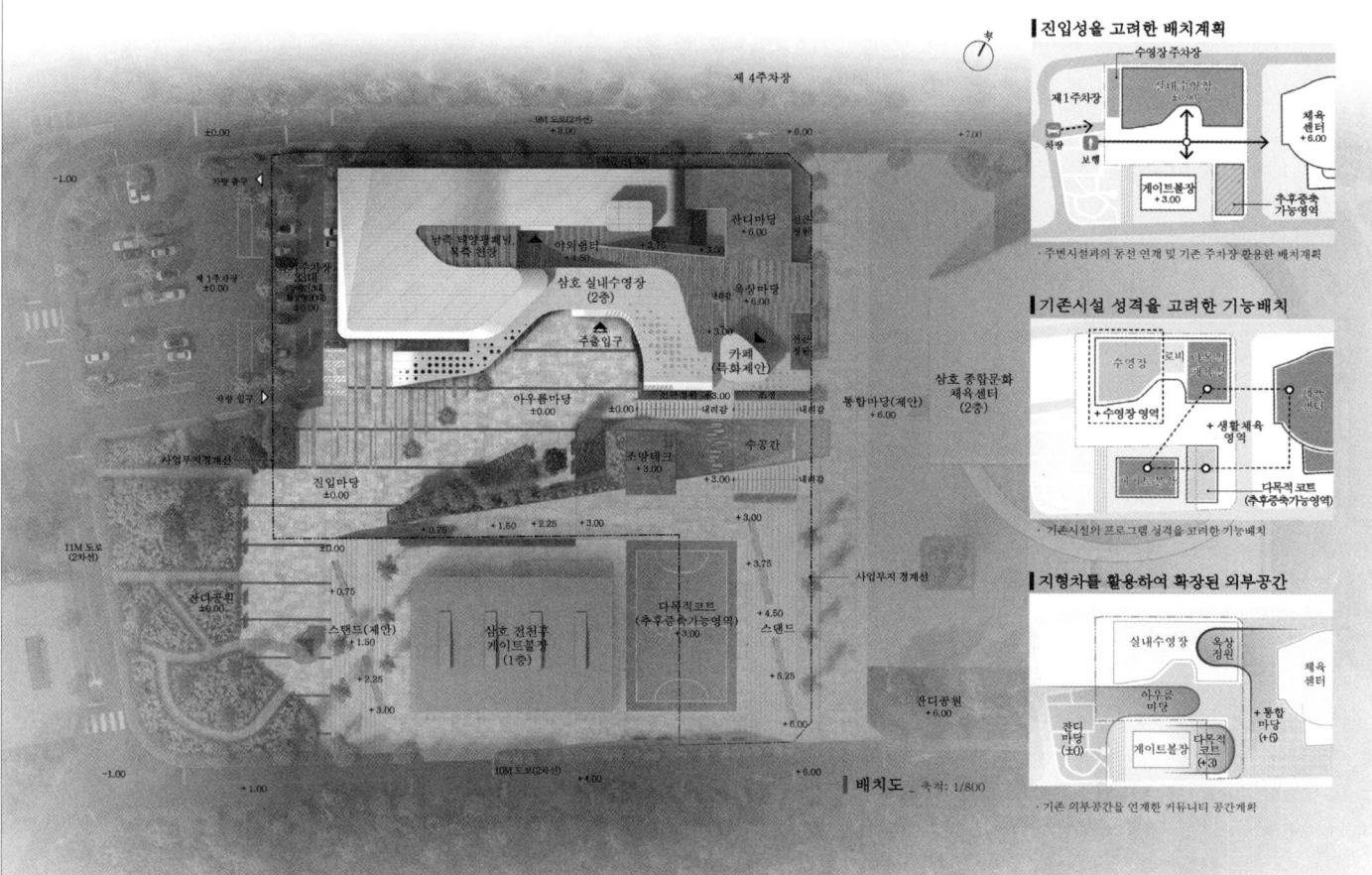

유니버설 디자인으로 누구나 편리하게 이용할 수 있는 1층 평면계획

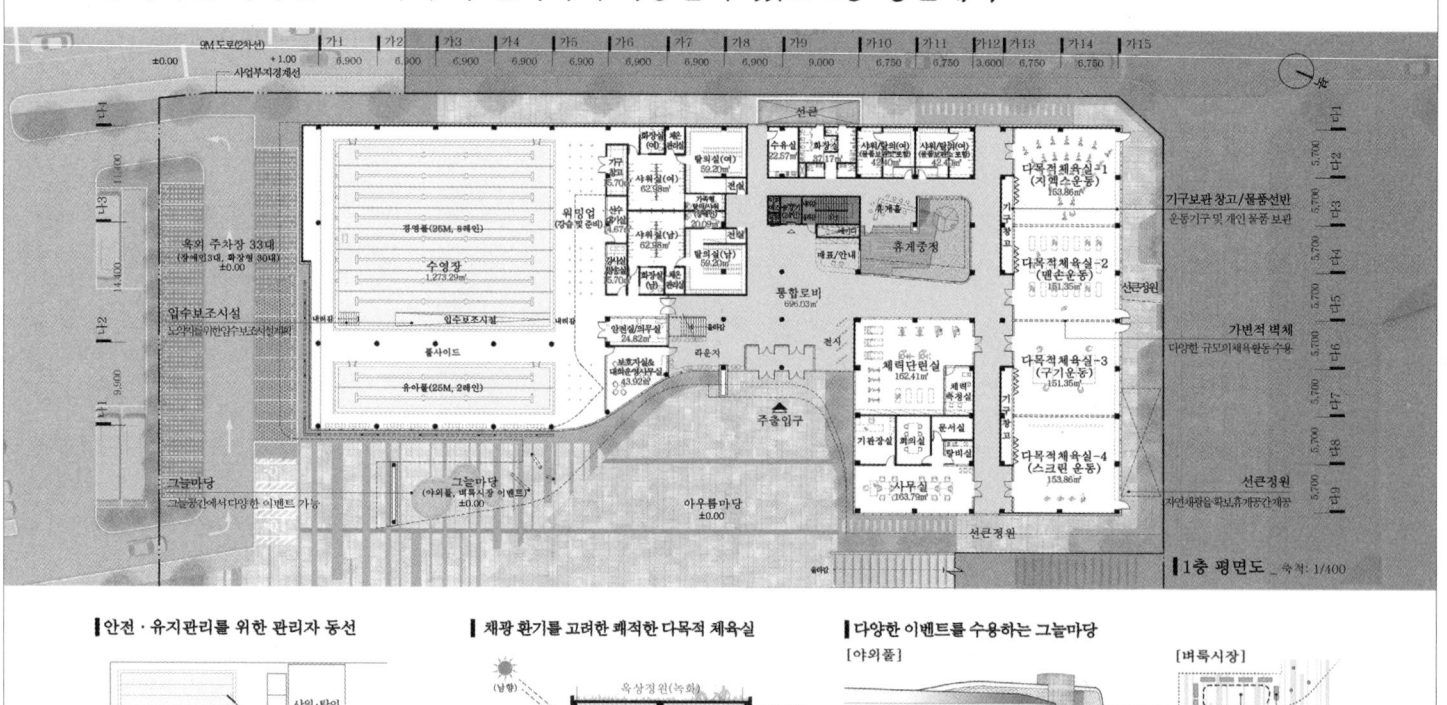

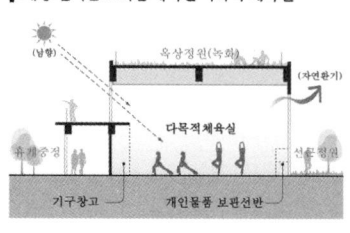

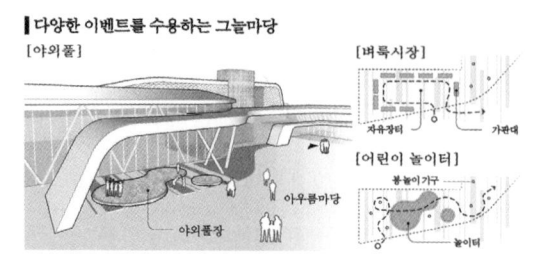

다양한 내·외부 활동 공간 제공으로 커뮤니티를 지원하는 2층 평면계획

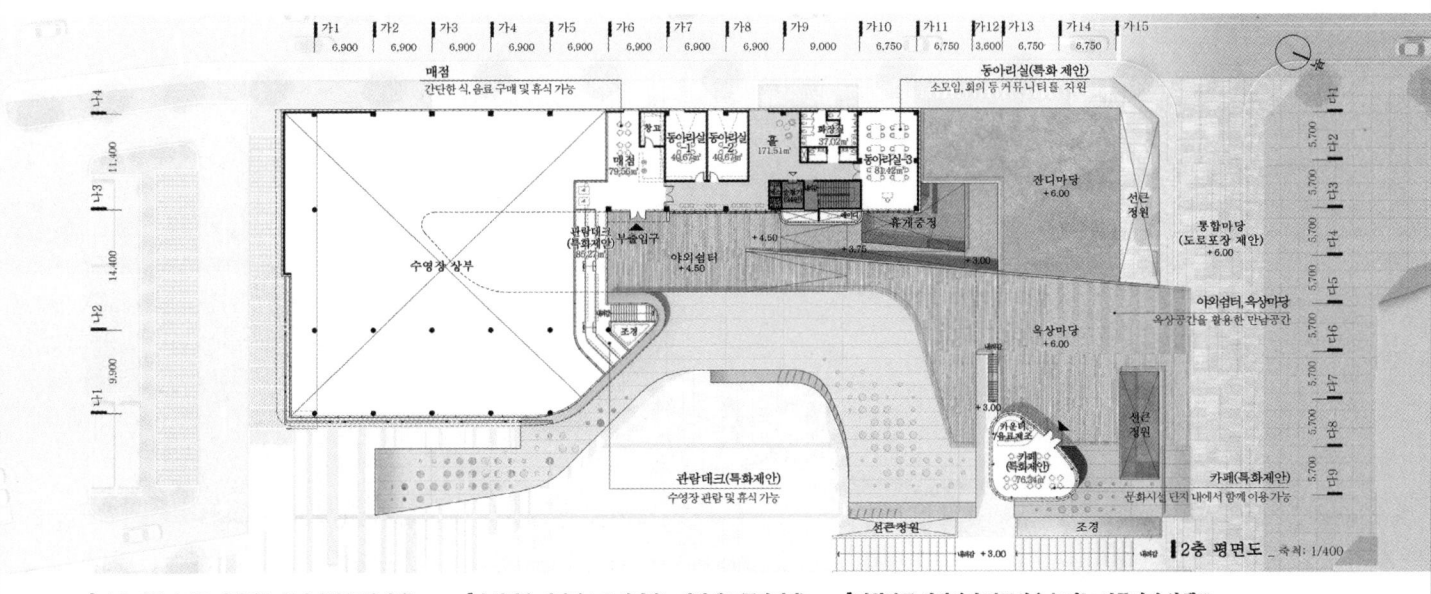

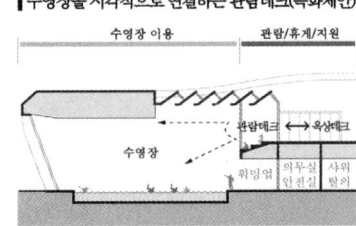

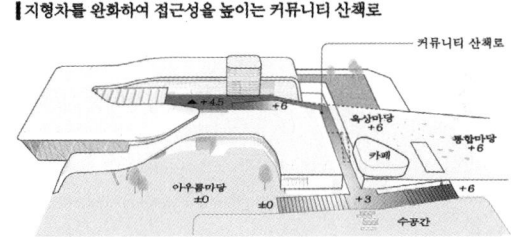

유지 및 관리가 용이하고 기능간의 연계를 고려한 지하 1층 평면계획

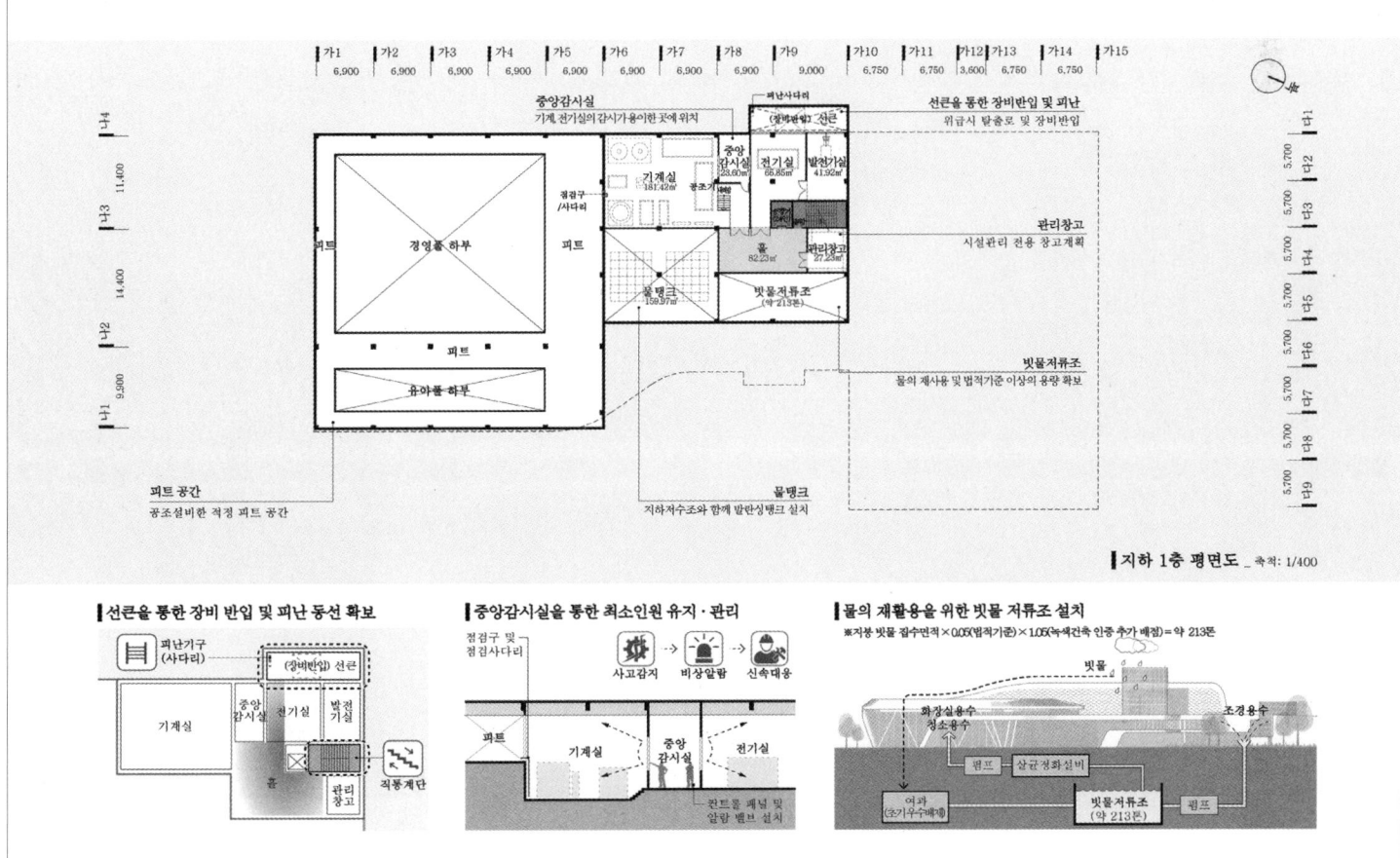

삼호 실내수영장

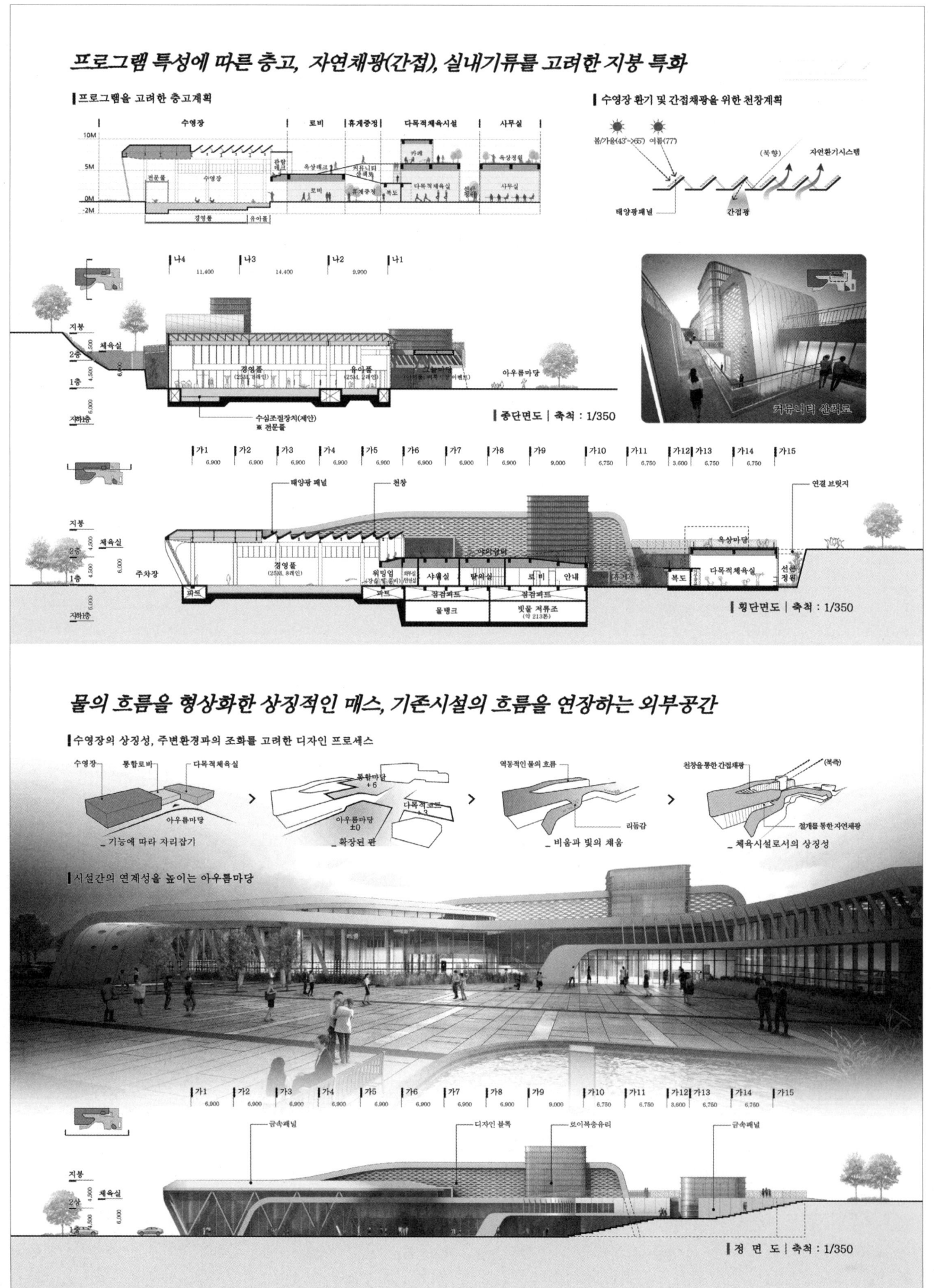

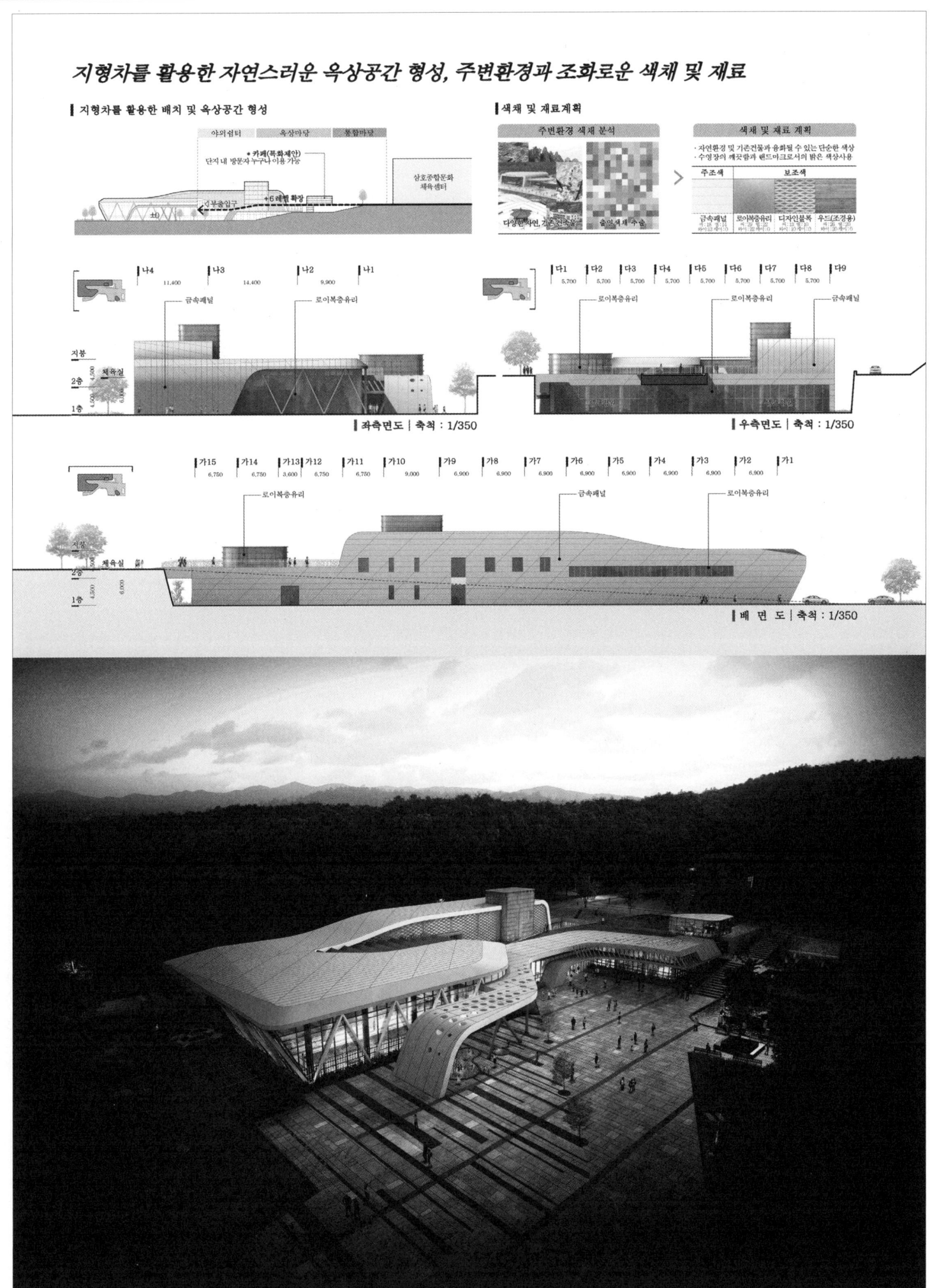

광주 실내수영장 및 물놀이시설

당선작 (주)선엔지니어링종합건축사사무소 박홍철 + 솔 건축사사무소 신용현 설계팀 홍승조, 최만억, 박세나, 염윤신, 한인제, 김현주, 박열리라, 한성수, 박성식(이상 선)

대지위치 경기도 광주시 오포읍 양벌리 36-1번지 일원 **대지면적** 22,945.00㎡ **건축면적** 4,503.56㎡ **연면적** 6,354.03㎡ **조경면적** 2,480.15㎡ **건폐율** 19.63% **용적률** 23.86% **규모** 지하 1층, 지상 2층 **최고높이** 16.5m **구조** 철골철근콘크리트조, 트러스지붕구조 **외부마감** 알루미늄 패널, 징크패널, 로이복층유리, 노출콘크리트 **주차** 162대(장애인 주차 3대, 전기차 14대, 버스 3대 포함)

자연, 사람, 스포츠를 잇는 에움길
도심 속 시민들에게 열린 녹지와 수공간을 제공하고 스포츠, 물놀이장, 휴식 등 다양한 프로그램들이 보행축을 따라 사람과 사람들의 교류와 소통이 이루어지는 공간, 그 공간을 통해 자연과 사람이 공존하는 도심 속의 쉼터, 광주의 푸르름을 잇는 에움길을 제안한다.

배치계획
경안천과 마름산 사이에 위치한 광주 실내수영장은 자연친화적인 요소를 갖추고 있다. 이러한 자연의 요소들을 반영하고 광주종합운동장(계획안)-광주시민 체육관-광주실내수영장으로 광주시의 체육시설 마스터플랜을 완성하여 광주 시민들의 건강과 즐거움을 더해줄 활력의 공간이자 많은 사람들의 발걸음이 계속되며 사랑받는 문화의 장으로 이곳을 계획하였다.

입면계획
입면은 물의 고유한 특성과 물에 반사되는 빛을 형상화하였다. 또한 창크기의 변화를 이용하여 일사조절 및 에너지 효율성 향상, 프라이버시 보호를 위한 창호 입면을 계획하였다.

A circular path that connects people, sports and nature
A place where an open green area with a water space is provided for urban dwellers, and where various programs for sports, water play and relaxation are formed along pedestrian paths to make people communicate and interact with each other. Through this place, the proposal introduces a circular path that connects green areas in Gwangju, which serves as an urban shelter allowing people and nature to stay in harmony.

Site plan
Nestled between Gyeongancheon and Mareumsan Mountain, the Gwangju Indoor Swimming Pool has various nature-friendly features. Such natural elements are reflected in the design, and the Gwangju Sports Complex (proposed), Gwangju Public Sports Center and Gwangju Indoor Swimming Pool are brought together to finalize Gwangju City's sports facility master plan. Consequently, the proposed facility will provide an energetic place that promotes the health and happiness of people in Gwangju as well as a beloved cultural platform that attracts many visitors.

Elevation
The facade design describes the unique property of water and the light reflected on the water. Changes in window sizes are effectively used to optimize the facade for daylighting control, energy efficiency enhancement and privacy protection.

Prize winner Seon Architecture & Engineering Group_Park Hongcheol + Sol Architecture Studio_Shin Yonghyun **Location** Gwangju, Gyeonggi-do **Site area** 22,945.00m² **Building area** 4,503.56m² **Gross floor area** 6,354.03m² **Building coverage** 19.63% **Floor space index** 23.86% **Building scope** B1, 2F **Height** 16.5m **Structure** SRC, Roof truss **Exterior finishing** Aluminum panel, Zinc panel, Low-E paired glass, Exposed concrete **Parking** 162 (including 3 for the disabled, 14 for electric vehicle, 3 for bus)

Gwangju Swimming Pool & Water Park

사람을 잇는 에움길

브릿지를 통해 차량의 영역과 놀이공간을 입체적으로 분리시키고
사람들을 스포츠와 하나로 잇는 랜드스케이프 조성

스포츠를 잇는 에움길

광주시의 종합체육공원으로서 시민체육관과 함께
역동성과 활력을 부여하는 커뮤니티의 장 형성

- 스포츠와 놀이의 영역분리
- 스포츠의 역동성있는 입체감 표현
- 에우름을 통한 커뮤니티 장 형성

광주 실내수영장 및 물놀이시설

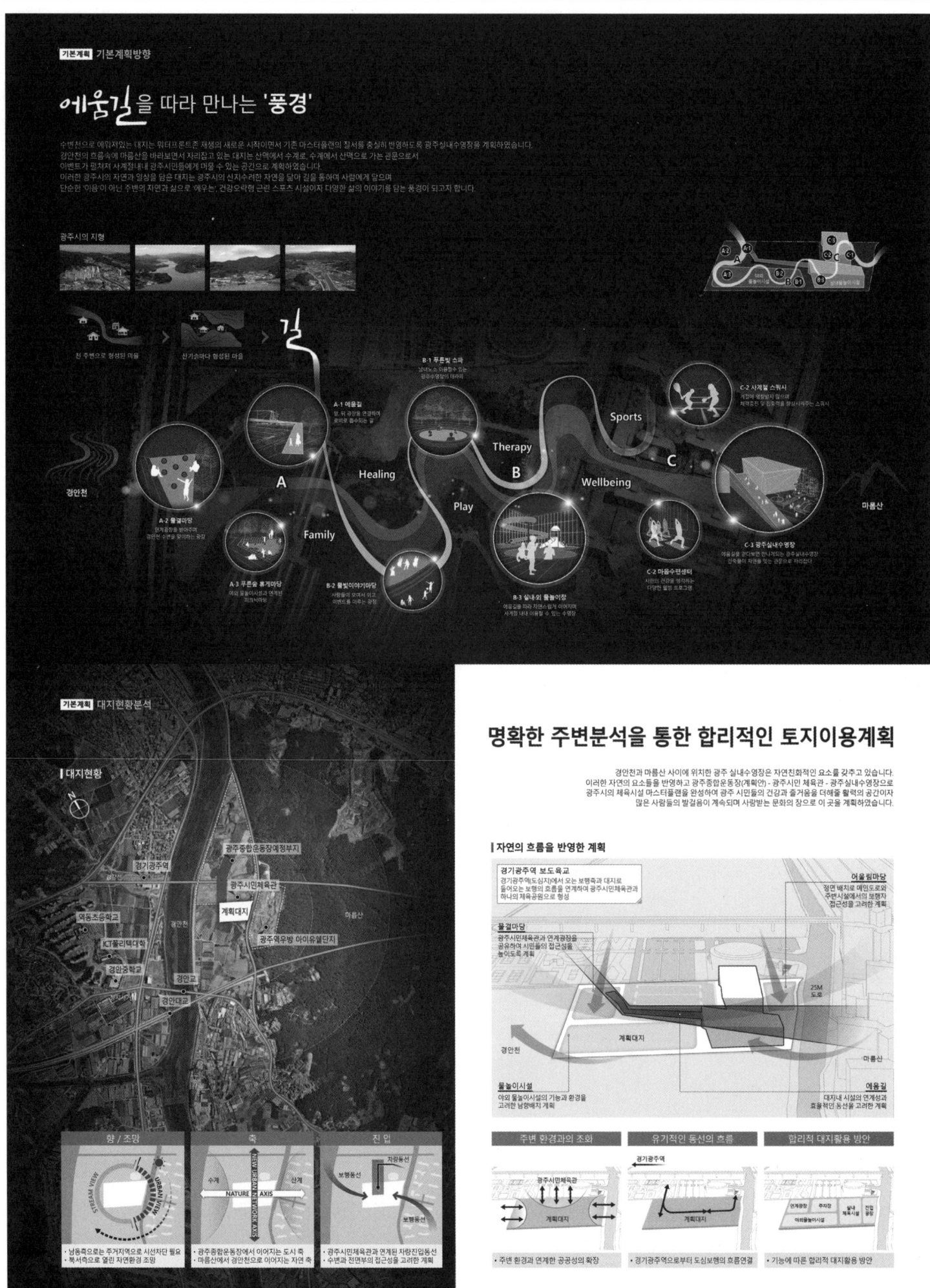

건축계획 동선계획

이용자의 접근성을 고려한 외부동선 및 브릿지 통한 입체적 보차분리계획

스포츠 시설 동선

- 통경축을 보존하고 경안천 수변 공원과의 연계를 고려한 계획
- 쾌적한 환경을 고려한 물놀이시설의 남향배치계획

물놀이 시설 동선

- 실내스포츠와 물놀이시설의 영역 분리 계획
- 보행 진입축(예움길)을 고려하여 두 시설을 연계

차량 진입로 배치대안

주차장 통합관리 계획 동선

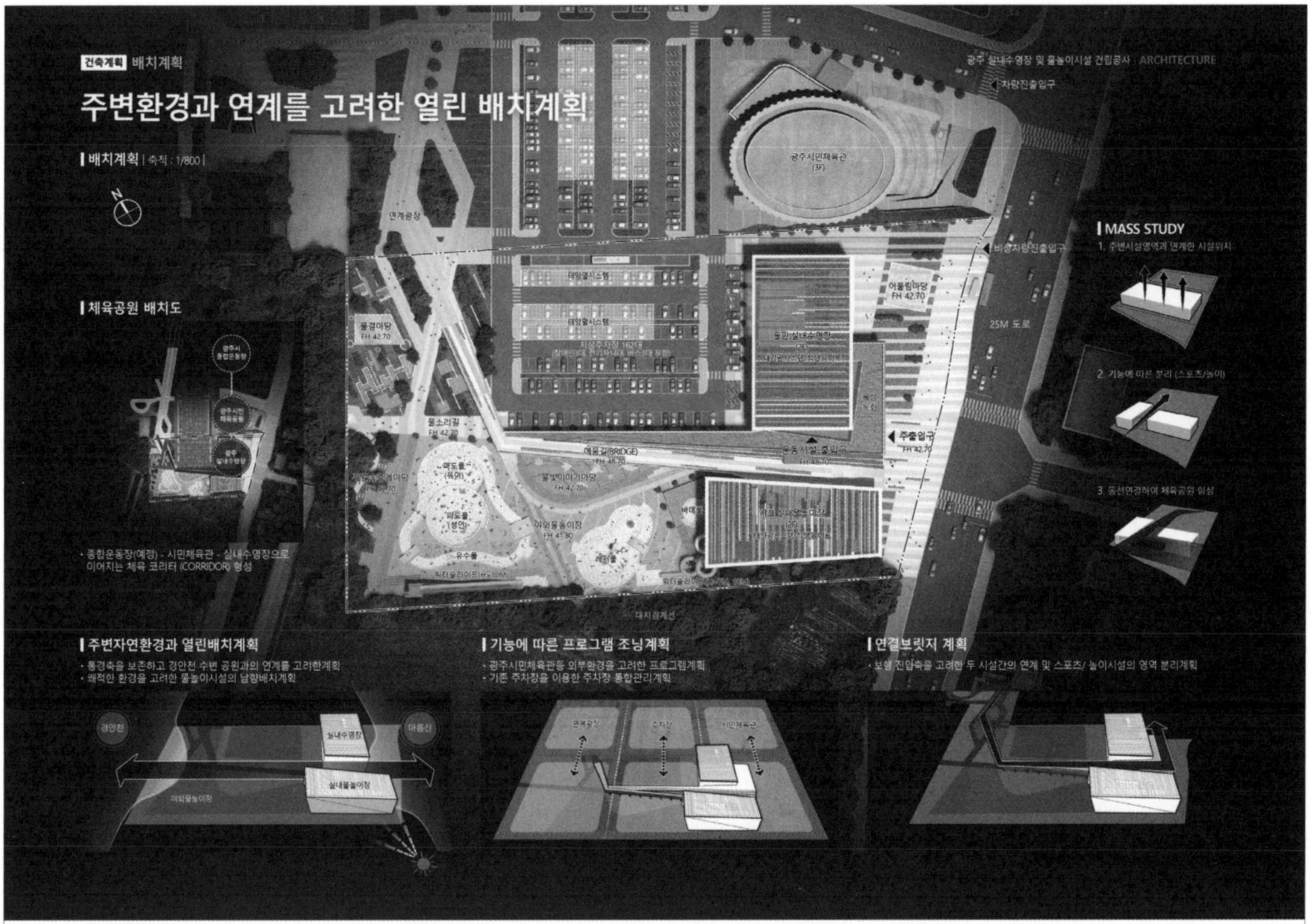

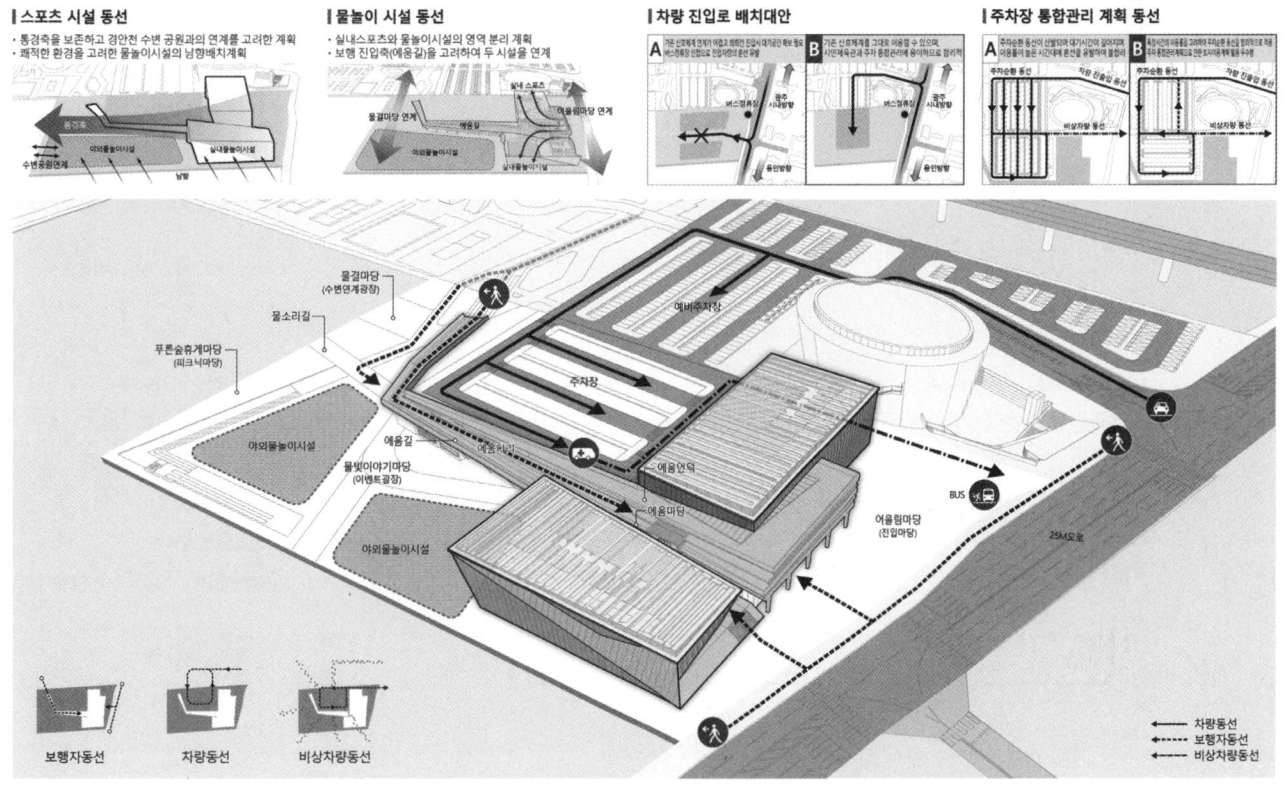

광주 실내수영장 및 물놀이시설

건축계획 | 물놀이시설계획-1
사계절 모두 이용 가능한 물놀이 시설계획

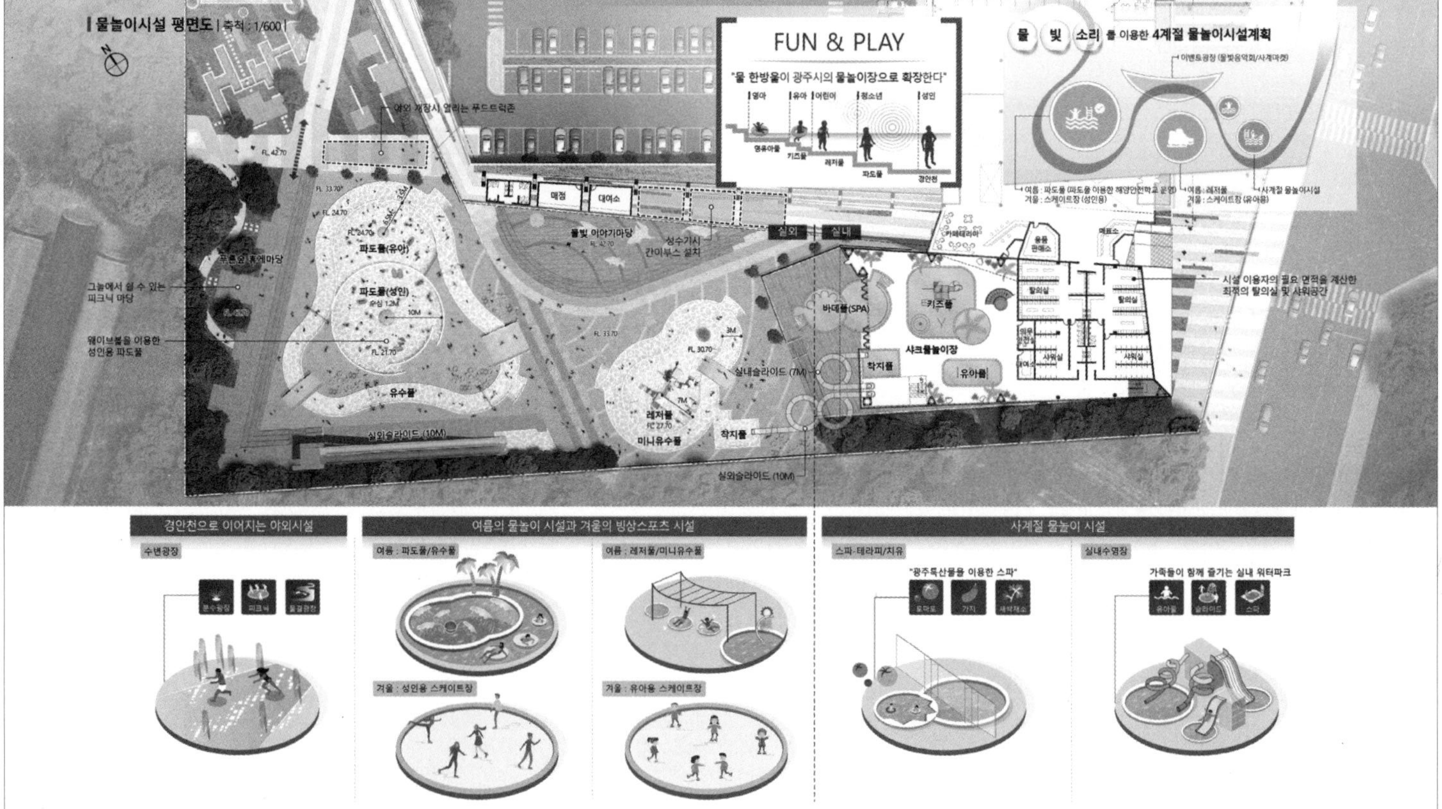

물놀이시설 평면도 | 축척 : 1/600

FUN & PLAY
"물 한방울이 광주시의 물놀이장으로 확장한다"

물 빛 소리 를 이용한 4계절 물놀이시설계획

건축계획 | 물놀이시설계획-2
가족들이 함께하는 안전한 샤크 워터파크

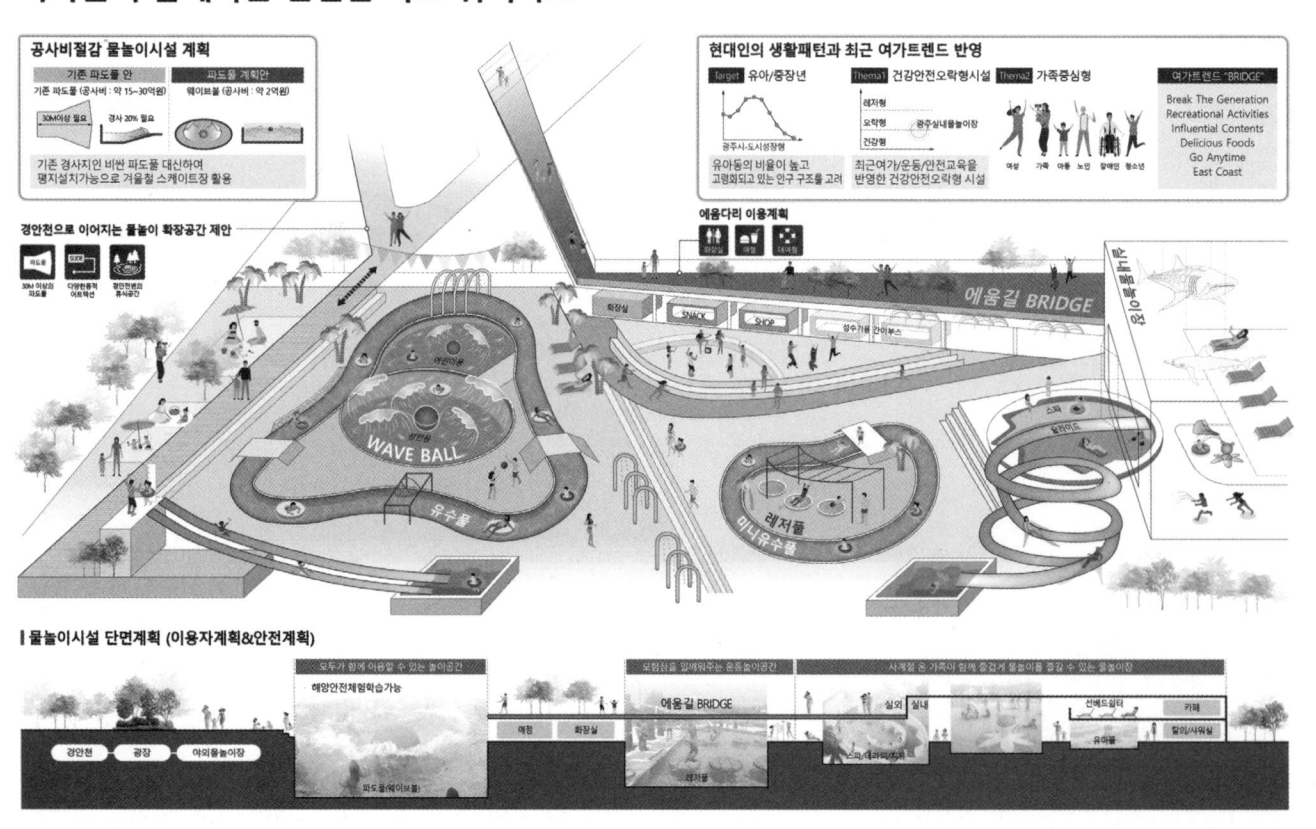

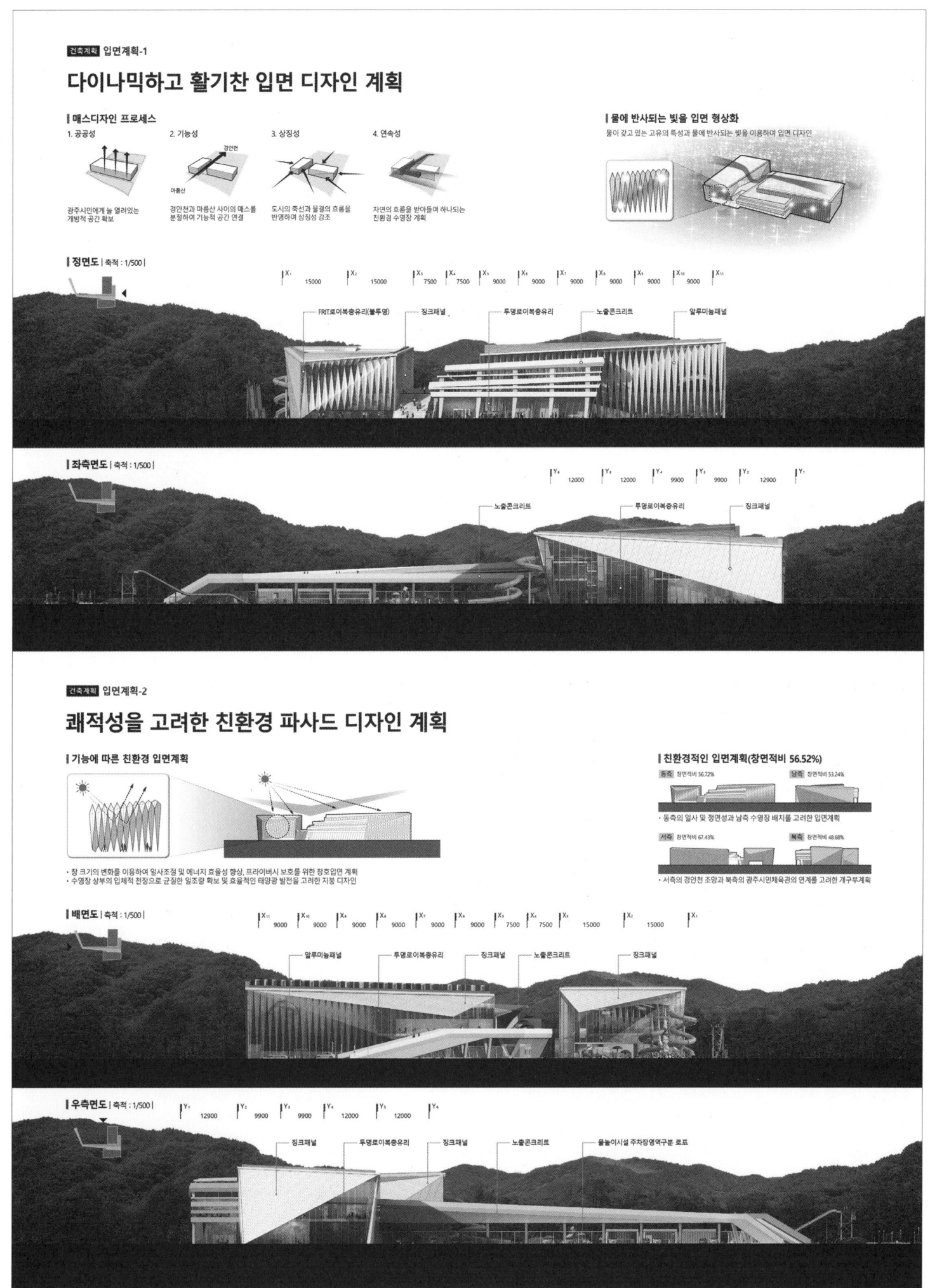

광주 실내수영장 및 물놀이시설

건축계획 단면계획
분리, 연계, 통합에 의한 유기적 단면계획

기술계획 조경계획
주변환경 및 경관과 조화를 이루는 조경계획

Gwangju Swimming Pool & Water Park

지속가능한 친환경 계획 및 에너지 절약계획

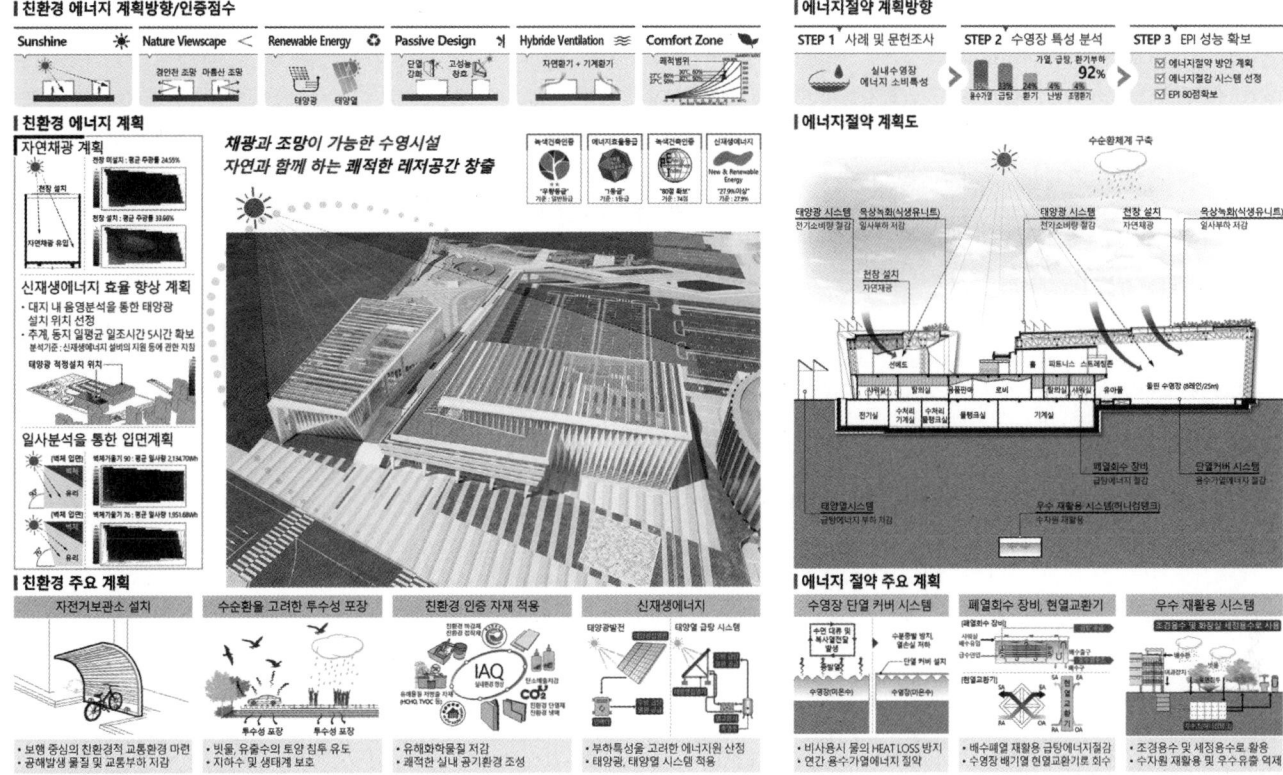

이용자의 접근과 편의를 고려한 유니버설 디자인과 피난을 고려한 계획

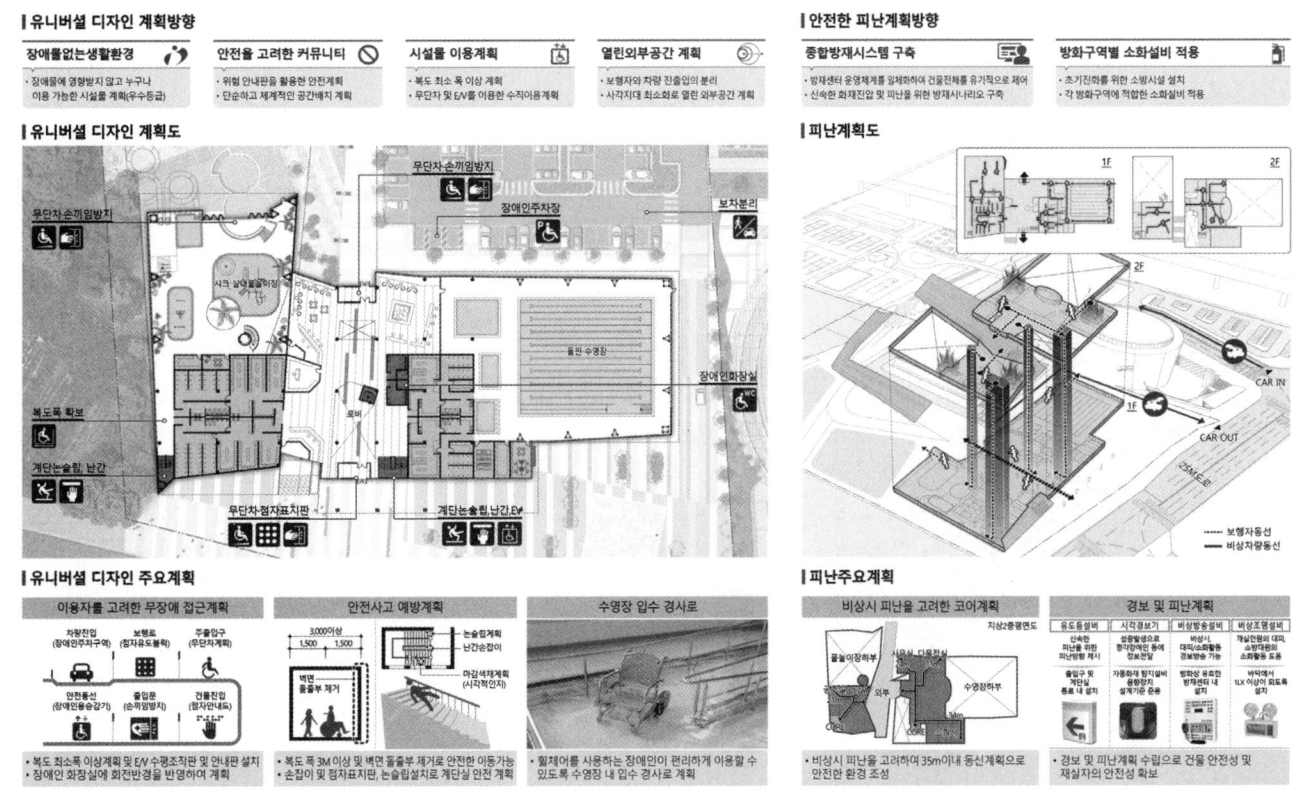

순천 신대스포츠문화센터

당선작 (주)에스지파트너스건축사사무소 최기성 설계팀 정세영, 이찬희, 김윤정

대지위치 전라남도 순천시 해룡면 신대리 1980, 1980-2, 1980-4 **대지면적** 15,619.10㎡ **건축면적** 2,146.29㎡ **연면적** 3,398.54㎡ **건폐율** 74.14% **용적률** 46.82% **규모** 지상 3층 **최고높이** 14.2m **구조** 철근콘크리트조 **외부마감** 금속패널, 금속골강판, 로이복층유리 **주차** 28대(장애인 주차 3대 포함)

에코 네트워크

순천 신대스포츠문화센터는 '음식과 운동 그리고 자연이라는 균형을 찾는 것'이라는 새로운 힐링의 정의를 담고 있다. 순천 신대스포츠문화센터는 2가지의 용도를 가지고 있다. 첫 번째는 로컬푸드직매장, 두 번째는 체육문화센터. 이들의 공통점은 사람들의 건강과 직결이 되어있다는 것이다. 더욱 안으로 들어가보면 농민에 대한 활성화와 사람들의 식탁의 풍족함, 그리고 운동에 대한 중요성을 가지고 있다. 이에 순천 신대 스포츠 문화센터라는 힐링 공간을 건축적으로 해석한 4가지 요소를 제안한다.

- 신대지구의 아이덴티티 : 특화된 프로그램과 차별화된 공간을 구성하며, 신대스포츠문화센터만의 목표를 표현할 수 있는 새로운 패러다임 제공
- 신대지구의 자연 : 순천의 자연과 생태를 이어나갈 수 있는 순천의 대표적인 랜드마크로서의 목표를 추진
- URBAN & PUBLIC : 공공에 대한 다양한 배려로 도심에서의 순천신대스포츠문화센터의 역할에 대한 새로운 롤모델 제시
- SUSTAINABILITY : 환경을 우선시하는 에너지피아 건축 순천 신대스포츠문화센터가 신대지구의 새로운 중심적인 공간이 되도록 거대한 중심적인 공간을 만들어 동선과 상징성, 정면성을 새롭게 제시하였다. 특히 유청소년 다목적수영장과 신대소방서, 문화건강센터, 이들이 우리 대지와 차별성을 두지 않았고, 자연스럽게 동선을 유입할 수 있는 공간을 제시한다.

Eco Network

The new sports center is designed based on a new definition of healing, suggesting 'finding a balance among food, sports and nature'. The center consists of two programs. One is a local food market, and the other is a culture and sports center. What they have in common is that they are directly related to people's health. To put it more concretely, they provide support for farmers, seek abundance in the public diet and promote the importance of exercise. In this context, the proposal proposes four concepts according to which the new center and its healing spaces are translated into an architectural language.

- The identity of Sindae : Providing specialized programs and differentiated spaces, and introducing a new paradigm which can attain the center's unique objective
- The nature of Sindae : Proposing an iconic landmark for Suncheon, which can represent its nature and ecology
- URBAN & PUBLIC : Suggesting a new role model for urban facilities by providing various services for the public
- SUSTAINABILITY : Promoting energypia architecture that puts environment ahead of everything

A large central space is added to make the center serve as a new major venue in Sindae and also redefine the circulation routes, symbolism and frontality of the area. Especially, the project site is not designed to differentiate itself from other existing facilities including a multipurpose swimming pool, the Sindae Fire Station and the Culture and Health Center, but rather to naturally bring in the surrounding flows.

Prize winner SGpartners Group_Choi Gisung **Location** Haeryong-myeon, Suncheon, Jeollanam-do **Site area** 15,619.10m² **Building area** 2,146.29m² **Gross floor area** 3,398.54m² **Building coverage** 74.14% **Floor space index** 46.82% **Building scope** 3F **Height** 14.2m **Structure** RC **Exterior finishing** Metal panel, Metal corrugated steel sheet, Low-E paired glass **Parking** 28 (including 3 for the disabled)

Suncheon Sindae Sports Culture Center

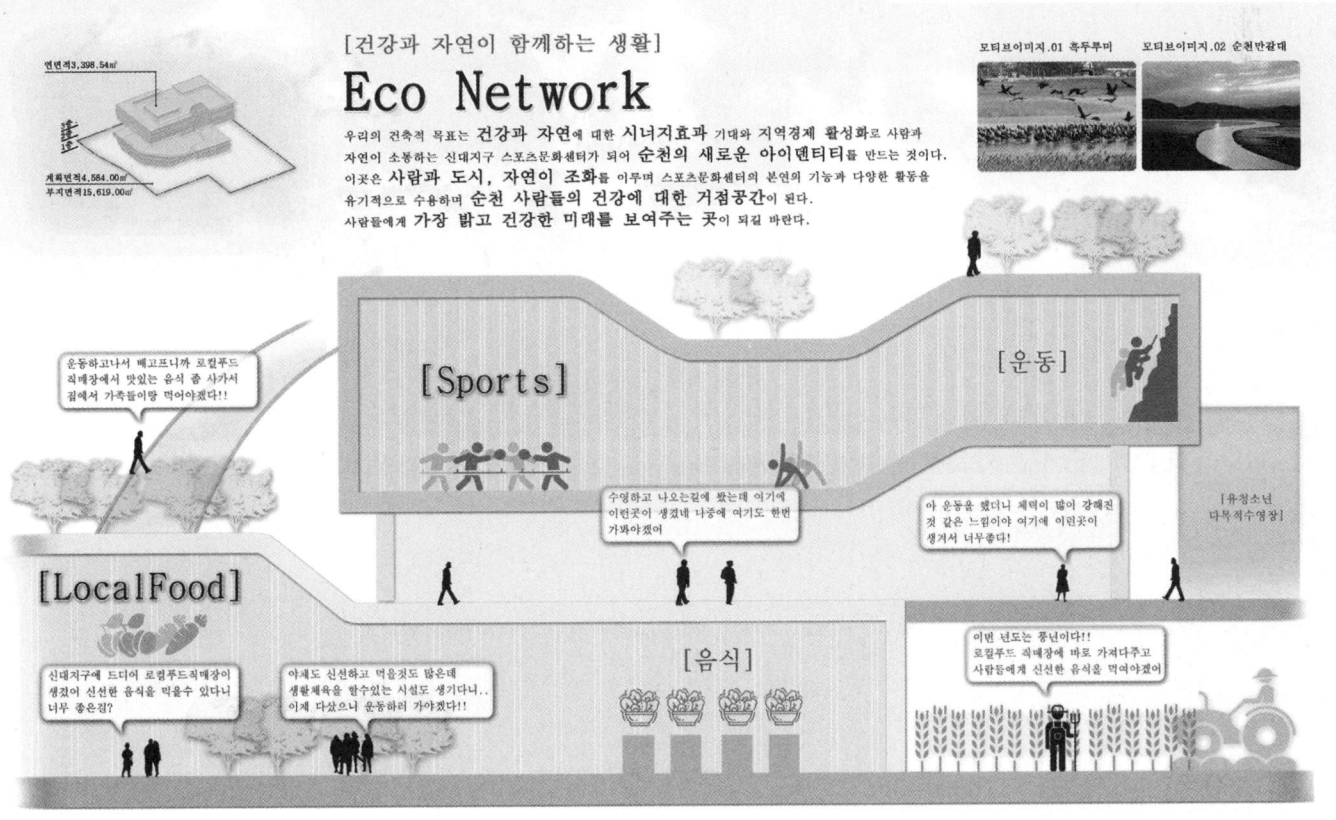

순천과 소통하는 랜드마크

[건강과 자연이 함께하는 생활]

Eco Network

우리의 건축적 목표는 건강과 자연에 대한 시너지효과 기대와 지역경제 활성화로 사람과 자연이 소통하는 신대지구 스포츠문화센터가 되어 순천의 새로운 아이덴티티를 만드는 것이다. 이곳은 사람과 도시, 자연이 조화를 이루며 스포츠문화센터의 본연의 기능과 다양한 활동을 유기적으로 수용하며 순천 사람들의 건강에 대한 거점공간이 된다. 사람들에게 가장 밝고 건강한 미래를 보여주는 곳이 되길 바란다.

순천 신대스포츠문화센터

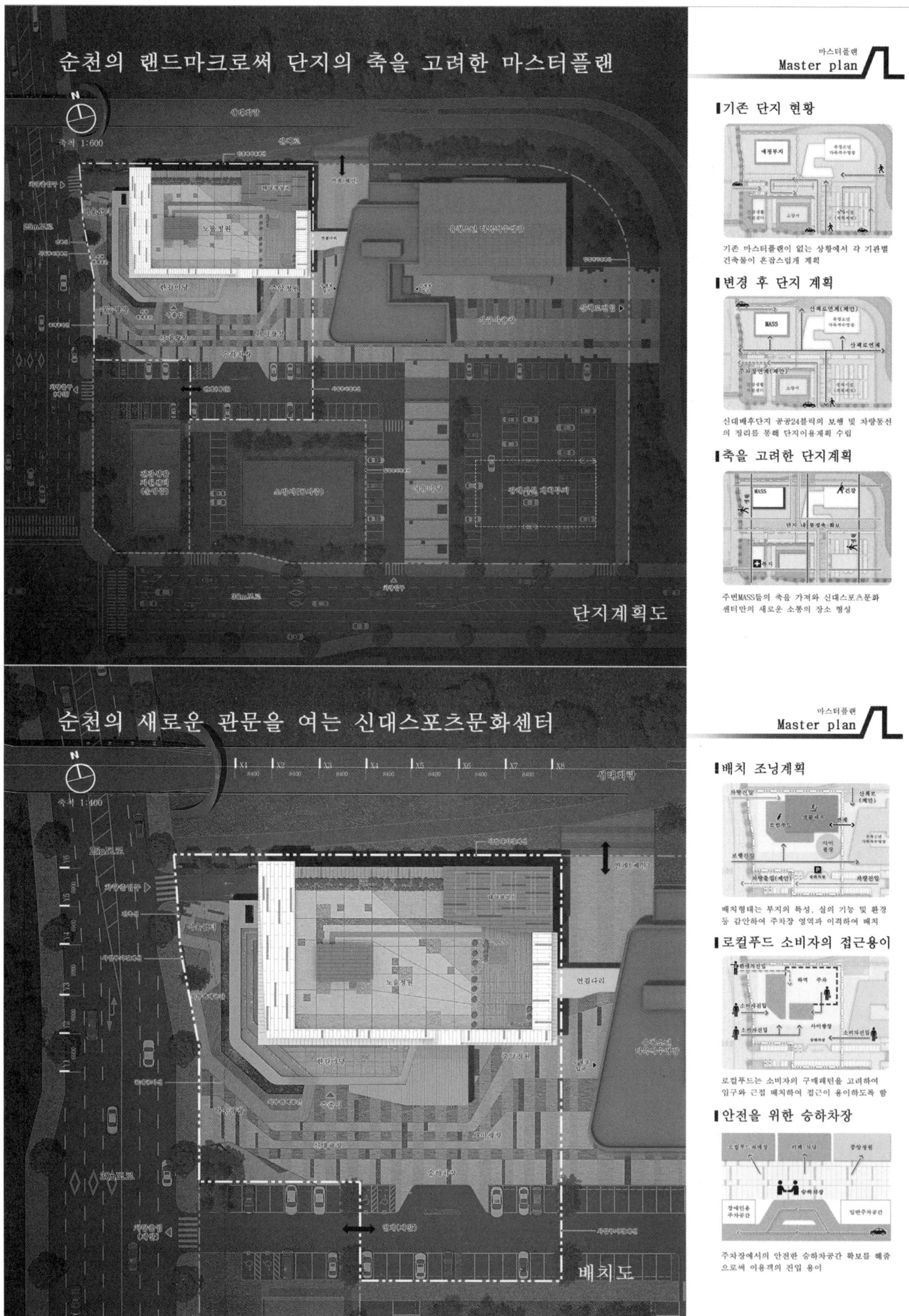

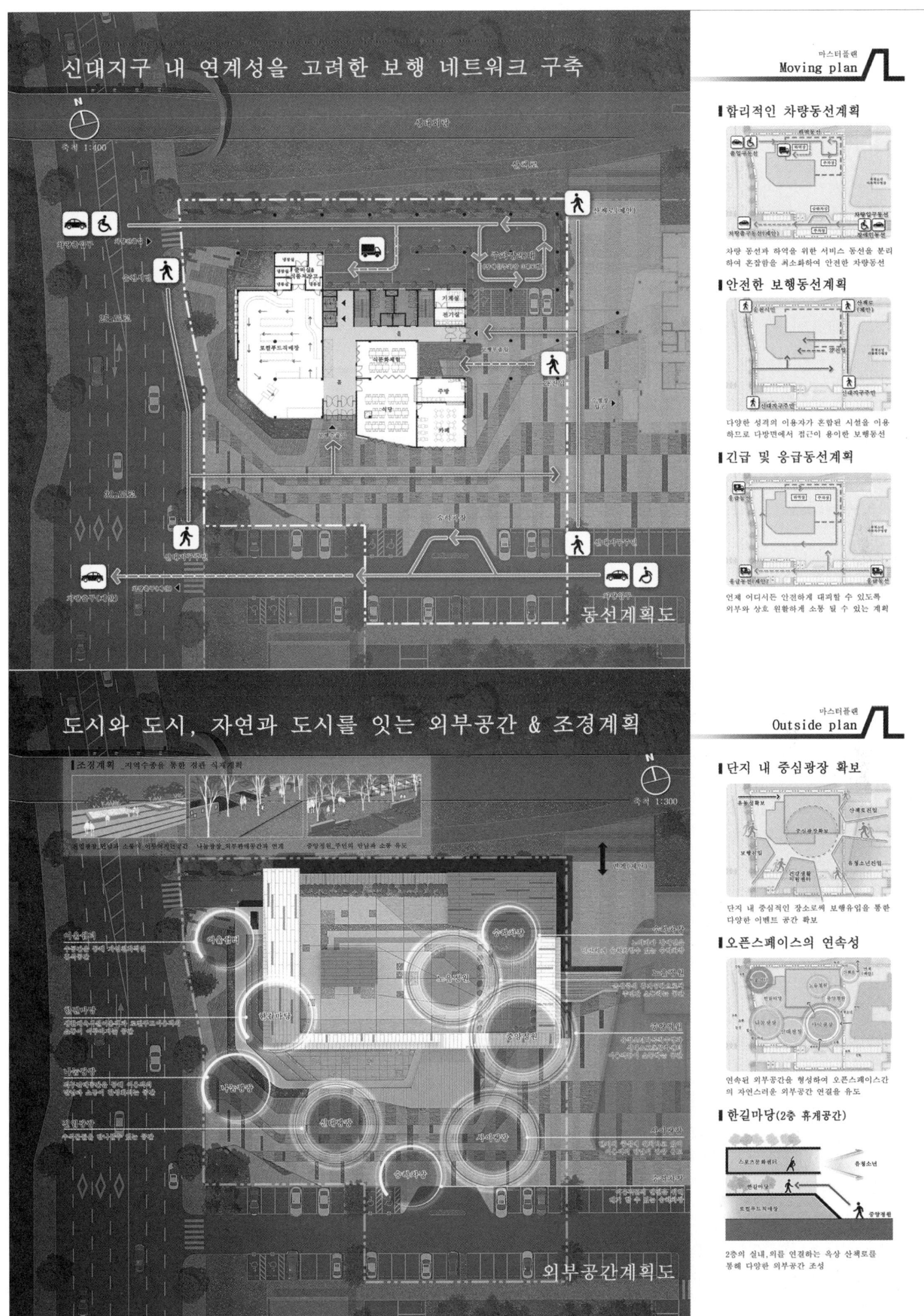

순천 신대스포츠문화센터

효율적인 접근과 다양한 이야기를 담은 내부공간계획 — Inside plan

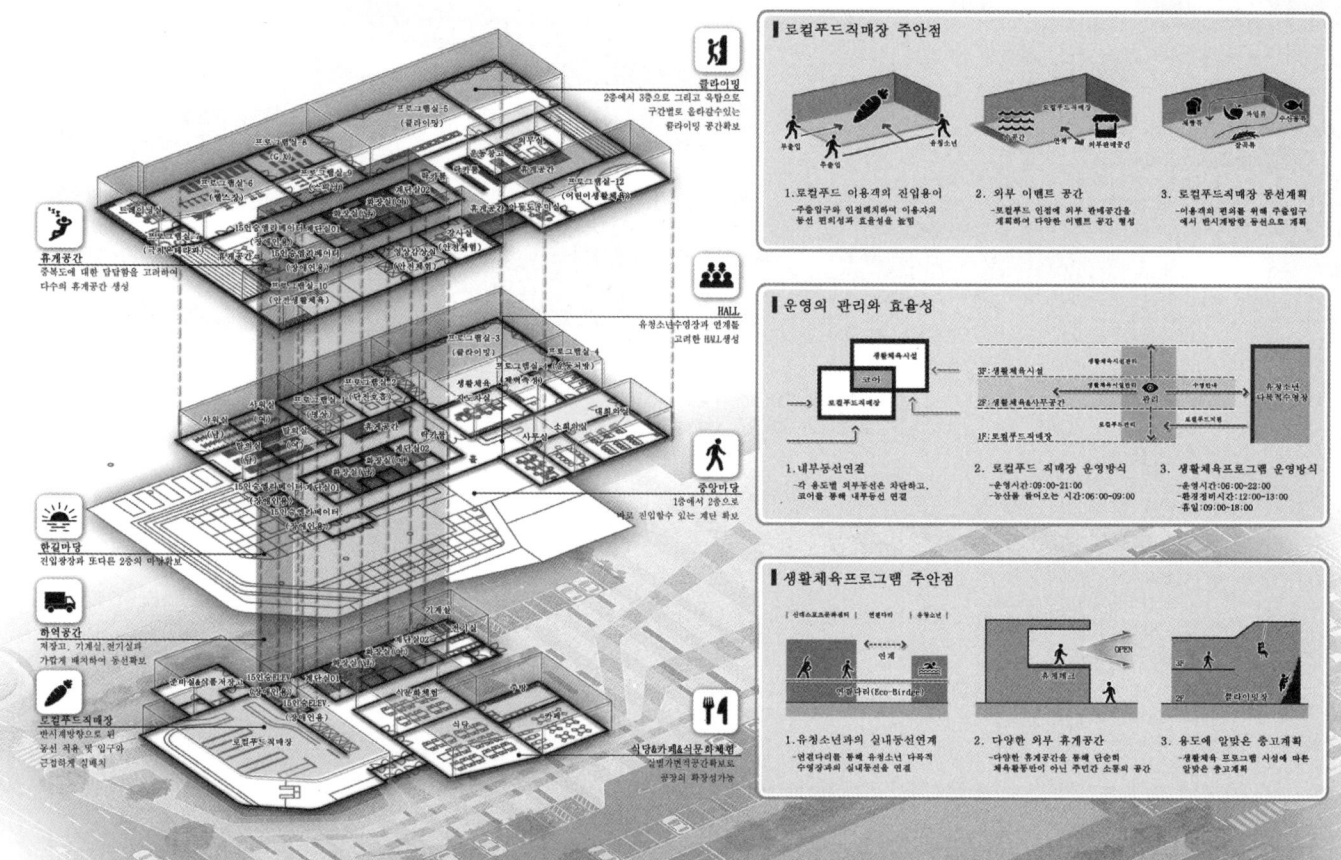

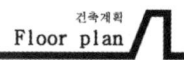

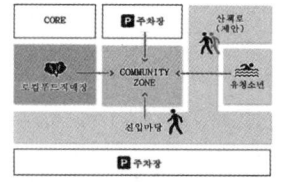

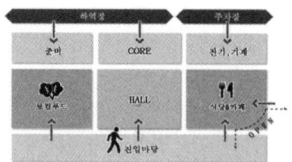

다방향에서 원활한 접근이 가능한 로컬푸드 직매장 — Floor plan

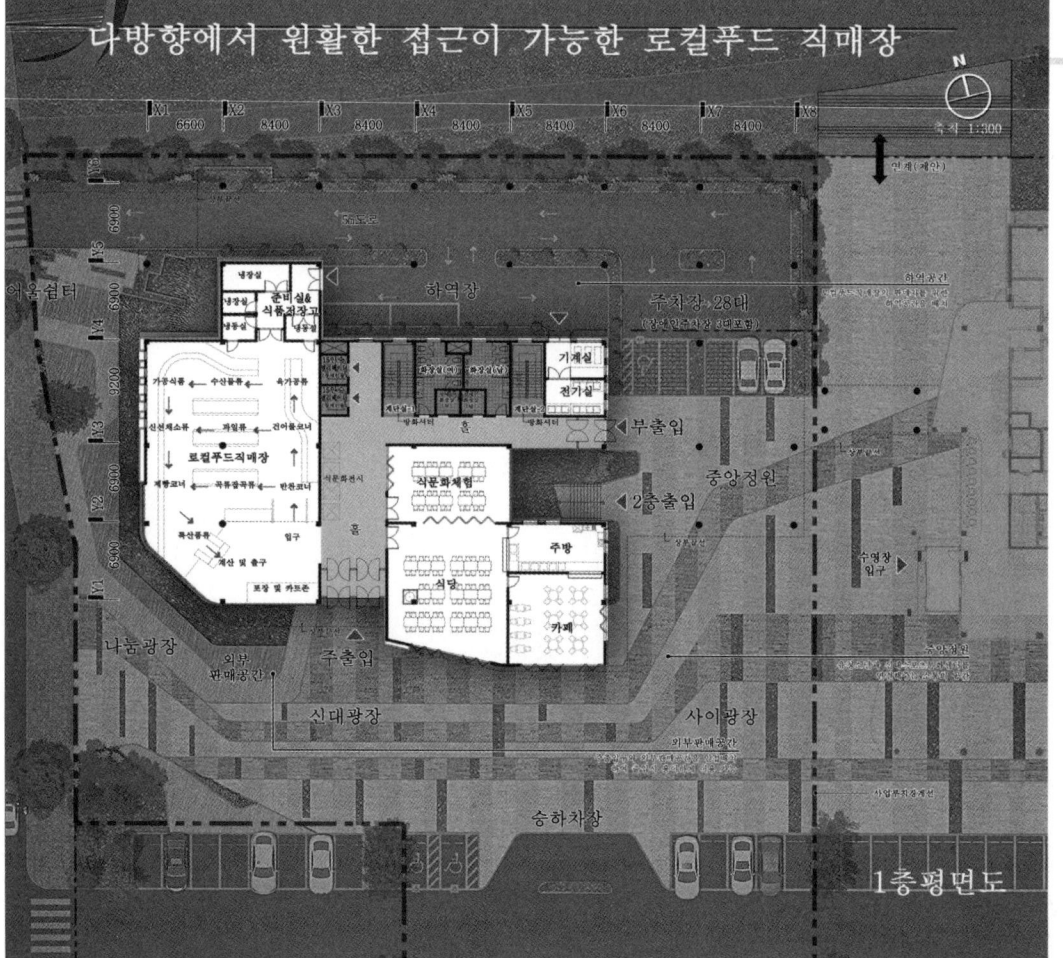

1층평면도

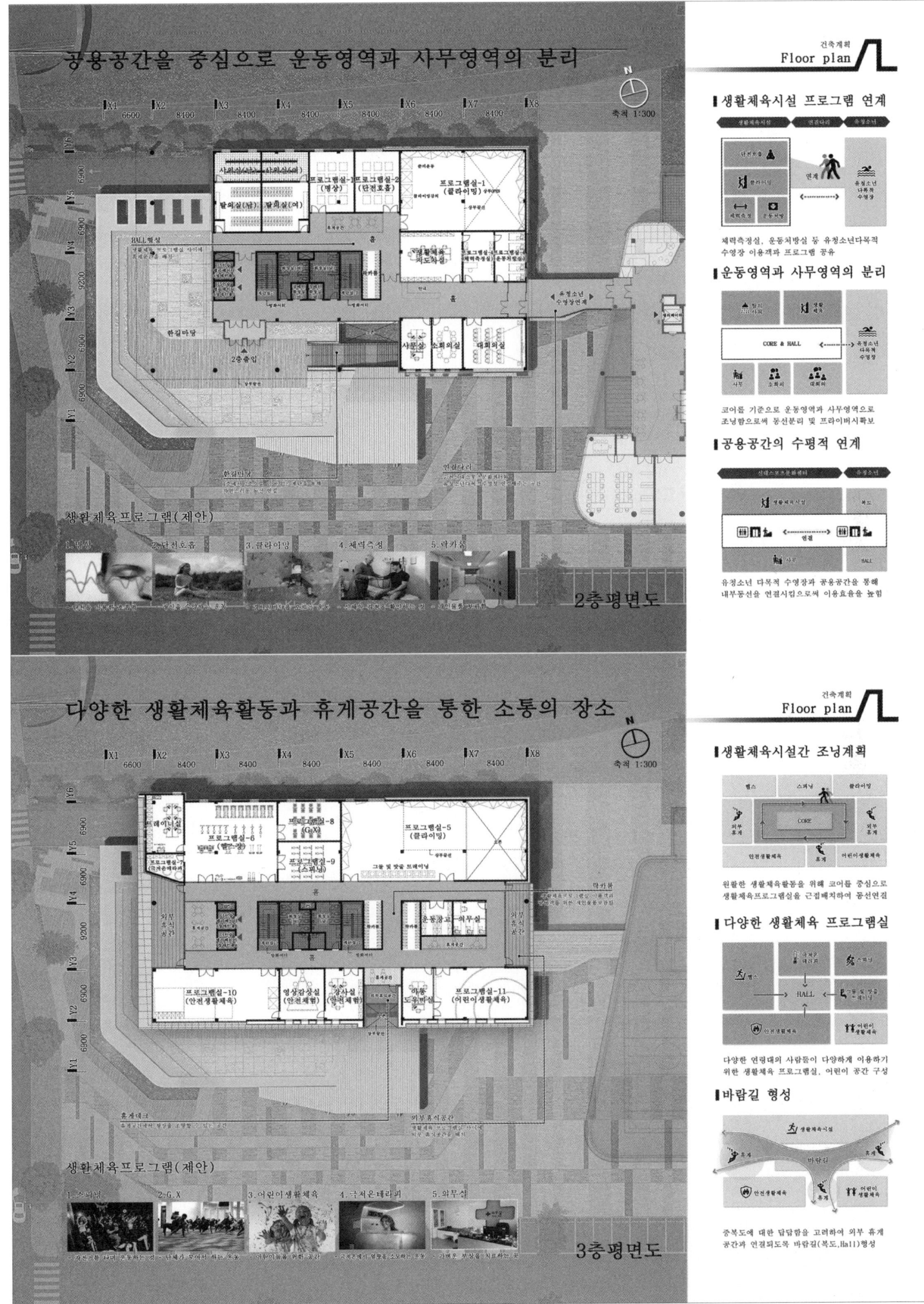

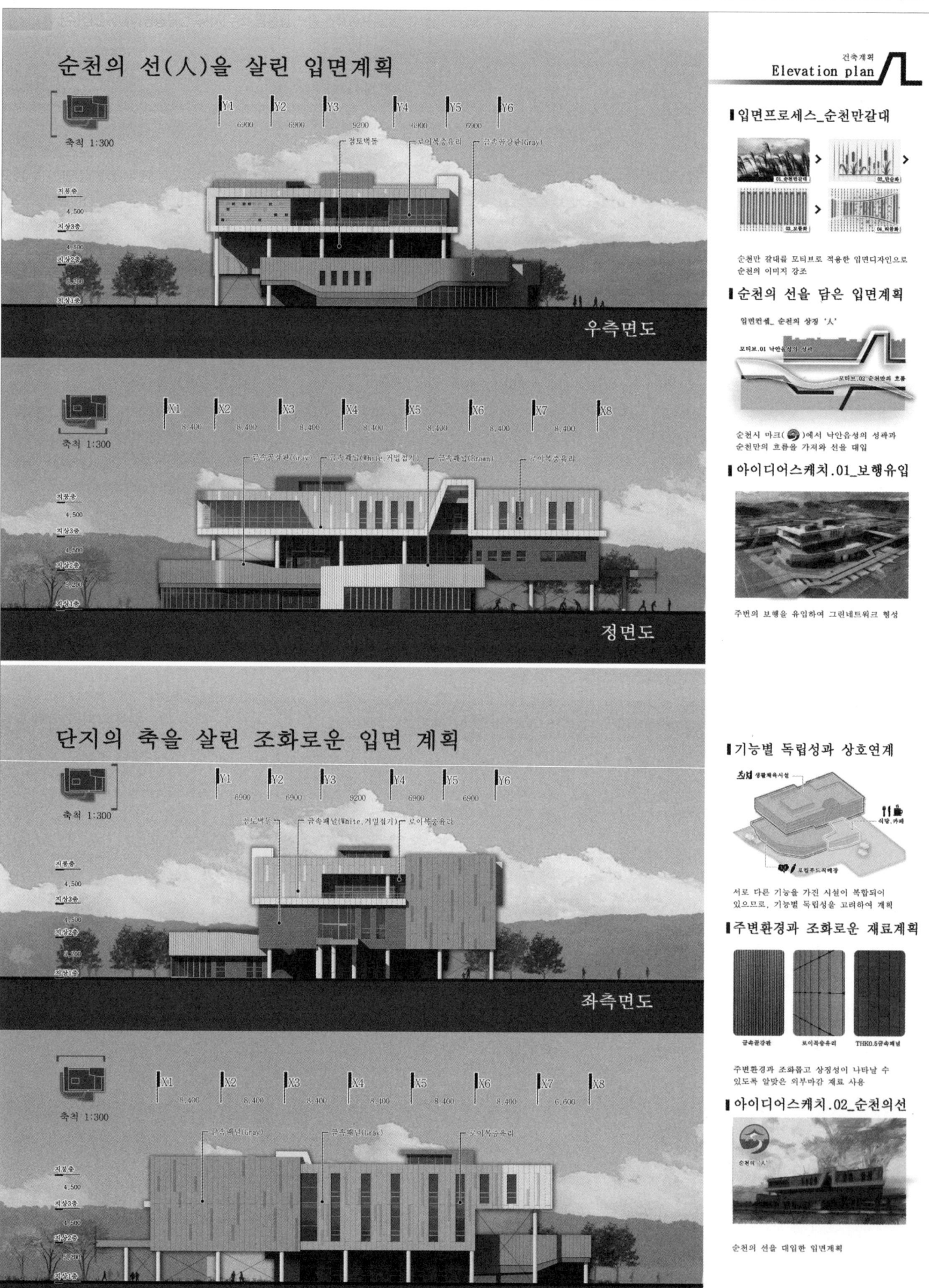

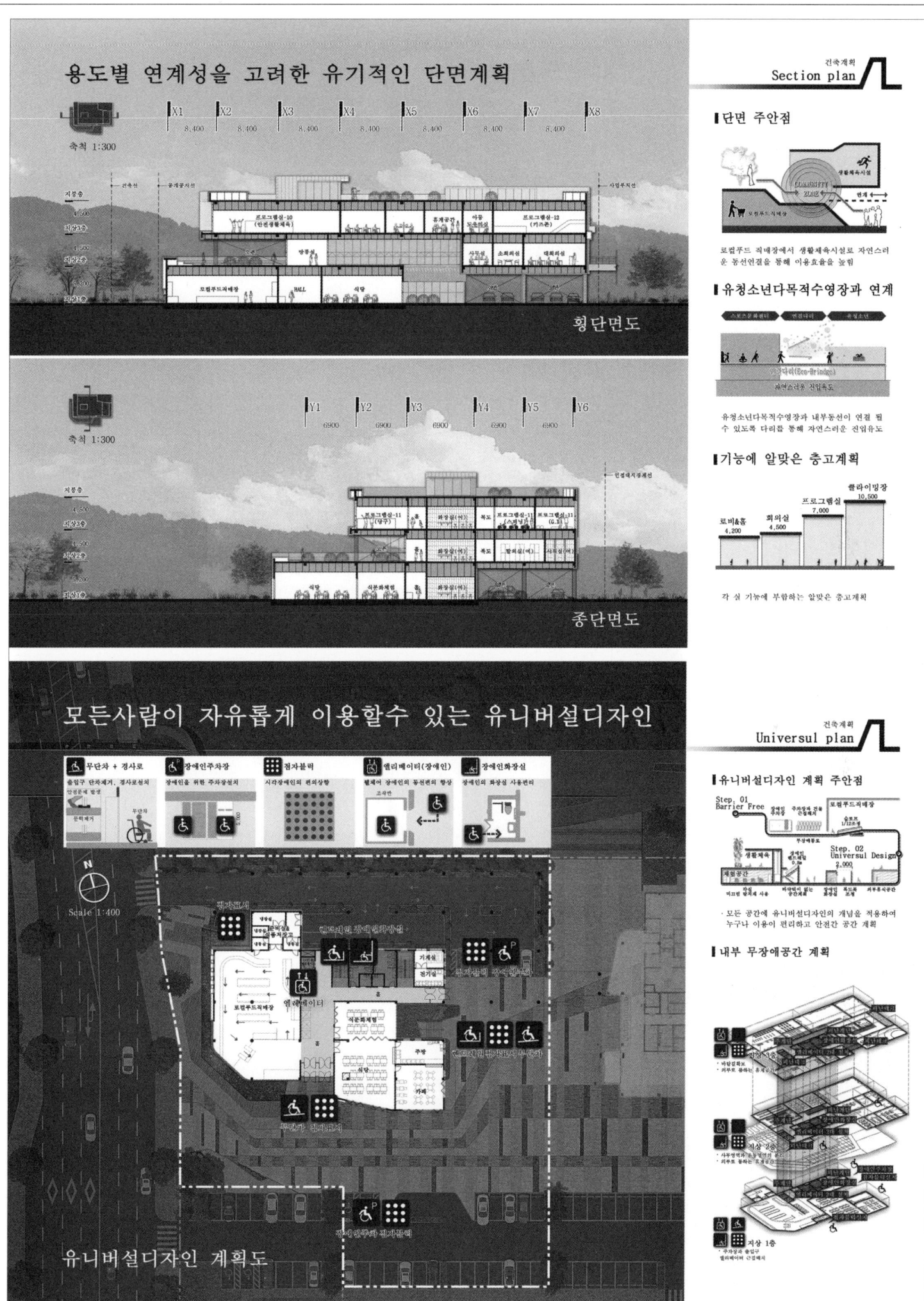

서울 어울림 체육센터

당선작 다니엘 바예 아키텍츠 다니엘 바예 설계팀 Iago Blanco, Yejun Pee

대지위치 서울특별시 노원구 상계동 1268번지 **대지면적** 5,100.70㎡ **건축면적** 2,962.76㎡ **연면적** 14,200.56㎡ **건폐율** 58.05% **용적률** 104.76% **규모** 지하 2층, 지상 3층 **최고높이** 20.5m **구조** 철근콘크리트조, 철골조, 집성목 트러스조 **외부마감** 알루미늄패널 **주차** 190대

디자인 목표는 스포츠 기반시설이 부족하고 장애인 인구가 많은 서울 북부 지역에 장애인과 비장애인이 편안하게 공유할 수 있는 스포츠 센터를 건립하는 것이다. 이러한 개념 아래 본 프로젝트는 수영장 2개, 32개 레인을 갖춘 볼링장, 다목적 체육관 등으로 이루어진 13,500㎡ 면적의 패럴림픽용 특화 체육 시설을 제공할 계획이다.

전체 디자인 구성 전략은 두 부분으로 나뉜다. 첫 번째 전략의 목표는 대지 환경을 반영하고 건물 코어까지 자연광이 유입될 수 있도록 각 볼륨을 수직 방향으로 움직여 각기 독특한 도시적 특성을 지닌 두 개의 공용공간을 구성하는 것이다. 첫 번째 공용공간은 건물 로비와 전면 광장 역할을 하는 커다란 내물림 구조물이 형성해주고, 두 번째 공간은 각 볼륨이 움직이며 층별 접근이 가능한 계단식 정원이 되는 테라스 구조가 완성해준다. 두 번째 전략은 대지 뒤쪽 공동 주택의 사생활 보호가 필요한 상황을 반영한 것으로, 건물 매스를 대로 방향으로 열어 건물의 공적 성격을 강조했다.

건물의 단면 설계는 각 주요 기능 공간의 북향 일조(체육 활동 중 눈부심 현상 방지)를 가능하게 한다. 동시에 외부 가로에서 수영장 내부를 볼 수 없게 함으로써 사용자 사생활을 보호한다. 또한 주요 기능 공간 세 곳(수영장, 장애인용 다목적실, 중정)을 서로 시각적으로 연계해 시설 사용자들이 같은 시간에 진행 중인 다른 활동을 인지할 수 있도록 하고, 그들의 흥미, 참여도, 사회적 적응력을 높여준다.

The purpose of the design is the establishment of a sport center shared seamlessly by disabled and non-disabled in the northeastern part of Seoul for its lack of sport infrastructure and large disabled population. Under this idea, the project will provide 13,500m² of specialized sports facilities for Paralympics, including two swimming pools, a bowling center with 32 lanes and a multipurpose gymnasium.

The strategies that set the design are divided into two: The first strategy intends the creation of two public spaces, each of them with a distinctive urban character, by moving each of the volumes horizontally in order to adapt to the site's conditions and allow the natural light into the core of the building. First public space is formed by the lobby of the building and a space covered by a large cantilever that acts as an entrance plaza. The second is formed by the terraces that each of the volumes generates when moving, creating a stepped garden accessible from each of the levels. The second strategy arises from the need to protect the privacy of the apartments located behind the plot. The massing of the building opens onto the main street, emphasizing the public nature of the program.

The section of the building allows the access of north sunlight (no glare for sports practice) to each of the main uses. At the same time, it protects users privacy by blocking the view of the inside of the pools from the street. The three main uses above ground (the swimming pool, the multipurpose rooms for the disabled and the court) are visually connected so that the users of the center can be aware of other activities that are being carried out at the same time and motivate even more interest, participation and social adaptability.

Prize winner Daniel Valle Architects (DV2C2 Korea Branch)_Daniel Valle **Location** Nowon-gu, Seoul **Site area** 5,100.70m² **Building area** 2,962.76m² **Gross floor area** 14,200.56m² **Building coverage** 58.05% **Floor space index** 104.76% **Building scope** B2, 3F **Height** 20.5m **Structure** RC, SC, Edge glued panel truss **Exterior finishing** Aluminum panel **Parking** 190

Seoul Eoulim Sports Center

계획개념도

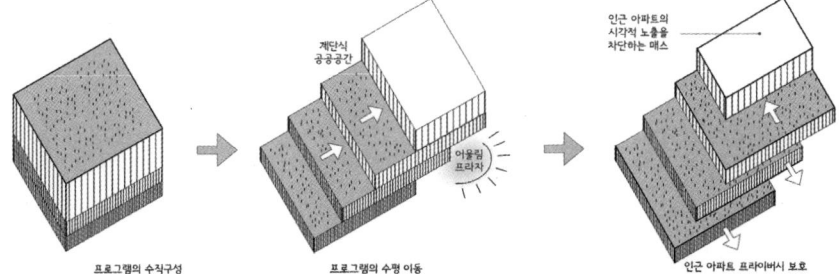

공공성

어울림 체육센터는 지역에 훌륭한 체육시설을 제공할 뿐만 아니라, 동시에 지역사람들이 이용하는 시설로서 공공성을 확보하고자 한다. 주요 디자인 전략은 3개층으로 이루어진 매스의 각 층을 수평방향으로 이동하여 두 개의 새로운 공공공간을 창출하는 것이다. 지상1층에 위치한 첫번 째 공공공간은 건물의 주출입구와 커다란 칸틸리버 에 의해 덮이는 외부공간에 의해 형성된다. 두번 째 공공공간은 각 층에 위치한 계단식의 녹지공간이다. 마지막으로 매스는 북동쪽으로 물러나면서 동일로를 향해 열린 옥상정원을 마련하고, 인근에 위치한 아파트의 프라이버시를 보호한다.

자연채광, 시각적 연계

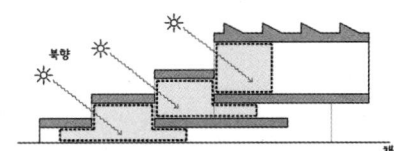

체육센터의 단면은 자연광이 건물의 주요 프로그램공간의 중심에 들어올 수 있도록 하고 있다. 동시에 거리 레벨에서 지상1층 수영장 내부가 보이는 것을 차단하여, 수영하는 사람들의 사적 영역을 보호 할 수 있다. 세 개의 주요실 – 수영장, 장애인 다목적공간, 통합 생활체육센터 – 이 서로 시각적으로 연계되어 체육관 이용자들이 동시에 일어나고 있는 다양한 활동을 인식할 수 있게 하고, 더 나아가 흥미와 참여의 동기를 부여한다.

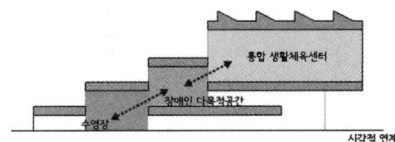

공간의 질과 맥락

종단면도에서 나타나는 프로그램의 수평 이동은 수영장과 장애인 다목적공간의 천장고를 높여주어 공간감을 향상시킨다.

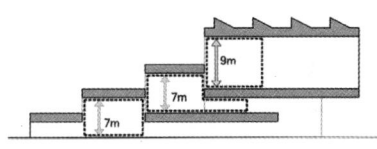

인근 아파트의 프라이버시 보호

어울림 체육센터는 인근 아파트단지에 거주하는 주민들의 사생활을 보호하도록 설계하였다. 건축물의 매스는 프로그램이 수직 및 수평이동하며 분절되는 과정에서 가장 높은 옥상정원이 동일로만을 향하게 하여 인근 아파트 가정집이 직접적인 시각적 노출로부터 보호되도록 계획하였다. 아파트 지상1층보다 낮은 레벨에 위치하는 아래층의 두 옥상정원에서는 대지 북동쪽 경계에 식재된 소나무에 의해 아파트 단지의 직접적 시선이 차단된다.

배치도

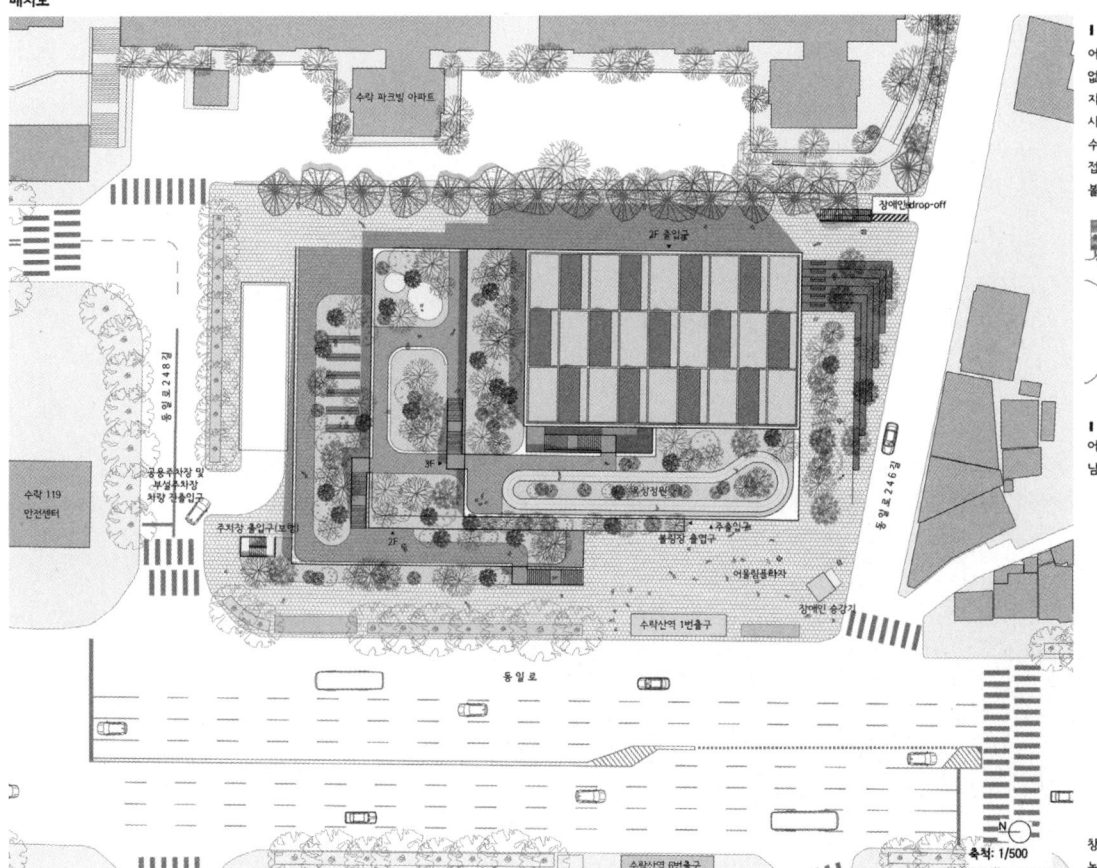

보행자 및 장애인 접근성

어울림 체육센터는 모든 사용자들을 환영하는 장애물 없는 건축물이다. 동일로에서 방문객은 주 로비 또는 지상2층 옥상정원으로 직접 접근할 수 있다. 또한 사용자는 대지 북동측에서 지상2층으로 바로 진입할 수 있고, 2층 옥상정원은 대지의 북측 코너에서 바로 접근할 수 있다. 체육센터의 로비 앞에는 외부에서 볼링장으로 직접 들어갈 수 있는 출입구가 있다.

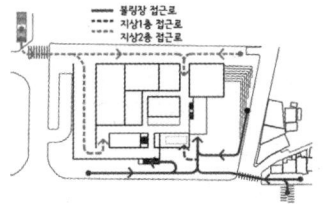

어울림 플라자

어울림 체육센터의 매스는 로비가 위치한 주출입구에 남측으로 열리면서 지붕이 있는 외부 공공공간을 창출한다. 이 공공공간은 녹지가 있는 계단식 좌석과 녹지가 있는 남동측에서 위요된다.

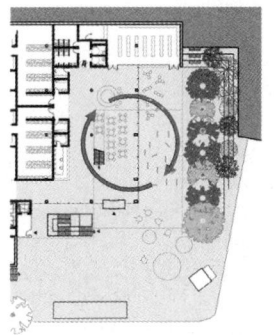

축척: 1/500

서울 어울림 체육센터

교통흐름도

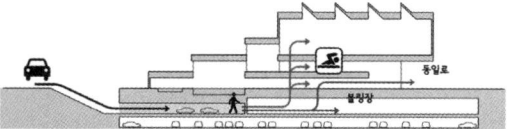

어울림 체육센터 부설주차장
어울림 체육센터 부설주차장은 지하1층에 위치하고 29대의 장애인 전용 주차를 수용한다. 스포츠센터로 연계되는 계단과 엘리베이터는 주차장 옆에 위치하고, 볼링장 주출입구는 같은 레벨인 지하1층에 위치한다.

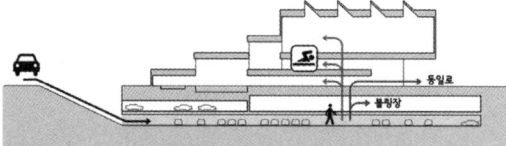

공영주차장
공영주차장은 지하2층에 위치하고 161대를 수용한다. 주차장 차량 진입경사로는 체육센터 부설주차장과 공유한다. 공영주차장에서 볼링장과 어울림 체육센터로 독립적으로 접근할 수 있다.

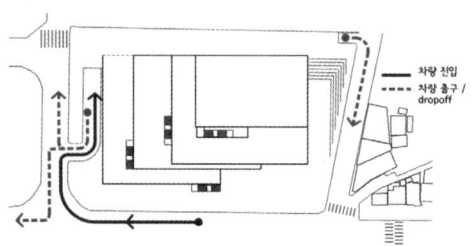

차량 접근성
공영주차장 및 체육센터 부설주차장의 차량 출입구는 대지 북서쪽에 위치한다. 진출입 경사로는 어울림플라자와 다른 보행로와 멀리 위치하여 보행과 차량을 분리한다.

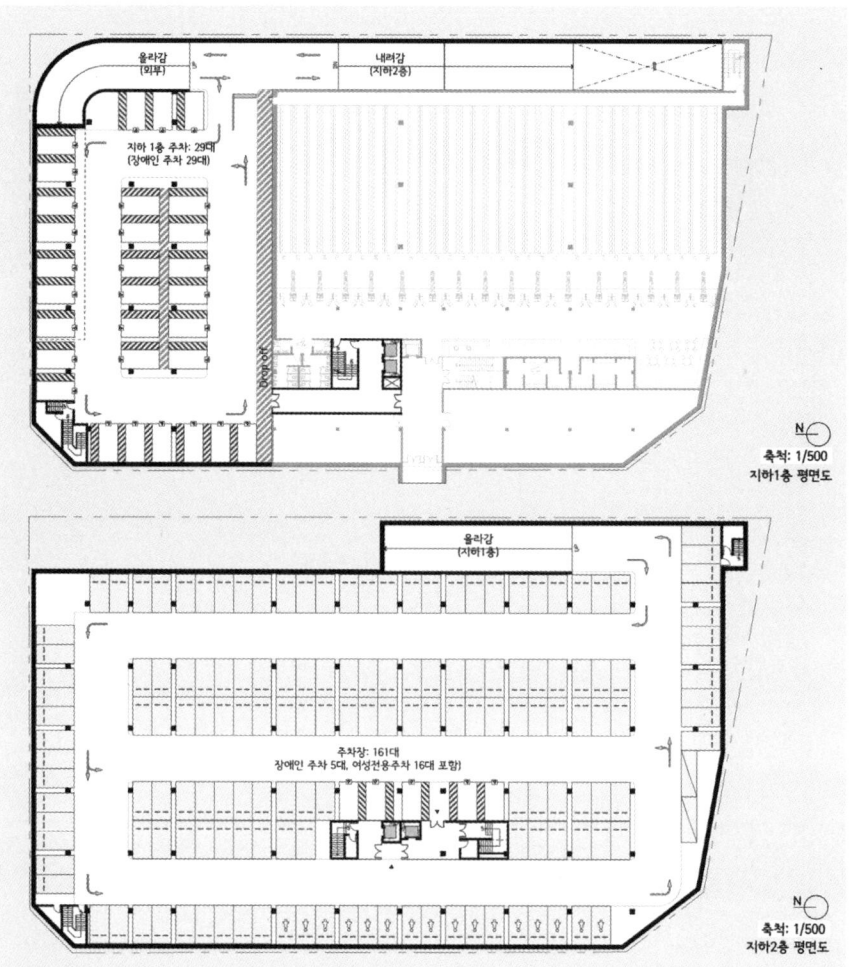

축척: 1/500
지하1층 평면도

축척: 1/500
지하2층 평면도

투시도

공공 출입구
어울림 체육센터 내부 로비와 외부 공공공간은 연계되는 공간으로 계획하였다. 외부 공간에서 일어나는 활동을 내부로 들여올 수 있고, 날씨가 좋을때 로비 공간 내의 프로그램은 외부 공간으로 확장될 수 있다. 지붕 있는 외부공간은 비로부터 보호되고, 다양한 외부활동 - 한 여름 밤, 천장과 벽을 영화 프로젝션 스크린으로 사용하거나 암벽등반 연습을 위한 앵커포인트로 사용할 수 있다.

외부 보도블록 재료는 공공 광장의 개념을 강조하며 로비 내부 공간으로 연결되어 들어온다. 큰 칸틸리버는 건물의 공공건축물로서의 스케일과 타당성을 제공한다.

지하1층 평면도

축척: 1/400

국제경기기준 볼링장

32 레인을 갖춘 볼링장 디자인은 최고 수준의 경기를 가능하게하는 국제기준에 따른다. 볼링장은 아래 다이아그램에서 보여지듯이 "programatic bands"에 의해 배치되었다. 충분한 동선 공간을 계획하여 많은 인원이 모여드는 국제 경기동안 용이한 동선을 제공하고, 볼링 레인은 다른 프로그램으로부터 분리된다. 경기 중간의 휴식시간

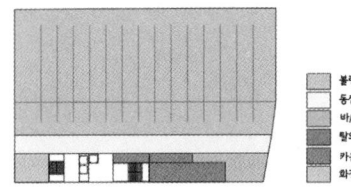

을 위한 공간인 라운지와 바는 볼링 레인을 향해 배치되었다. 볼링장 편의시설인 남녀 화장실, 탈의실, 샤워실도 배치되었으며, 모든 시설은 장애물 없는 디자인으로 계획되었다.

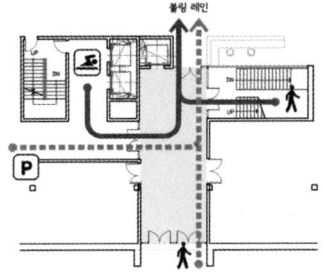

볼링장 출입구 로비

볼링장 출입구 로비는 지하1층에 위치한다. 볼링장 로비는 네가지 장소로부터 오는 방문객들을 맞이한다. 로비는 체육센터 부설주차장 뿐만 아니라, 체육센터의 수직 코어로부터 직접 연계된다. 또한 외부에 있는 방문객들은 엘리베이터와 계단을 통해서 볼링장 로비로 직접 진입할 수 있다. 마지막으로 지하철을 타고 오는 방문객들의 용이한 접근을 위해 지하철역사로부터 볼링장에 직접 출입할 수 있는 연계 가능성을 제안한다.

지상1층 평면도

축척: 1/500

접근성 - 지상1층

어울림 체육센터는 직관적이고 용이한 접근성을 가지고 있다. 방문객이 어울림광장으로부터 체육센터 로비에 들어서면 주출입구에 인접한 안내데스크에서 탈의실에서 사용할 라커 열쇠를 제공받을 수 있다. 지상1층 로비로부터 사용자는 지상2층 로비의 위치를 바로 찾을 수 있다. 방문객은 지상1층 로비에서 수영장 탈의실에 직접 접근할 수 있다. 로비에 위

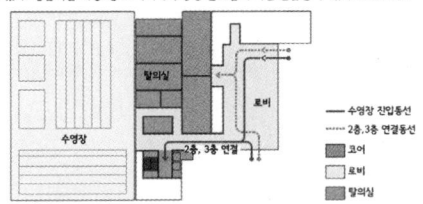

치한 스낵바는 날씨가 좋은 날 지붕이 있는 외부공간인 어울림플라자로 확장될 수 있다. 편의점 또한 로비 및 어울림플라자에서 직접 접근할 수 있어 편의를 도모한다. 지상1층 주출입구 공간은 활기가 넘치고 방문객들에게 직관적인 방향성과 편의를 도모하는 공간이다.

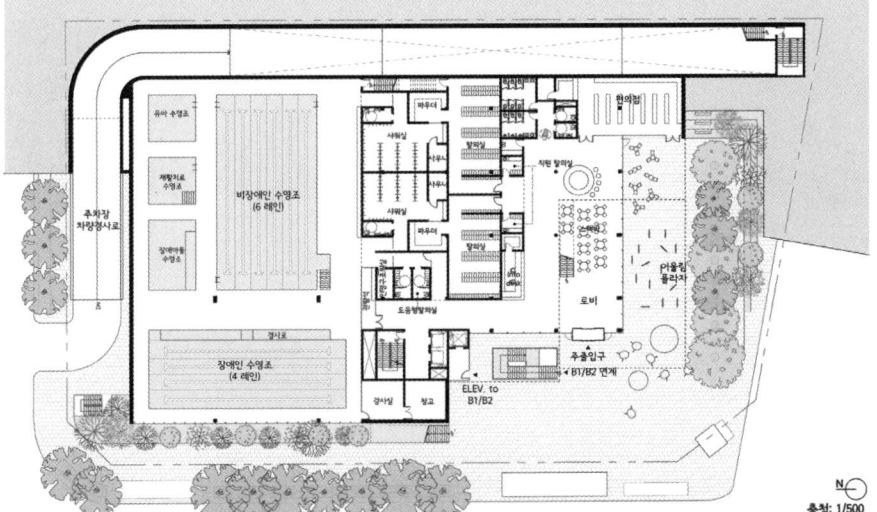

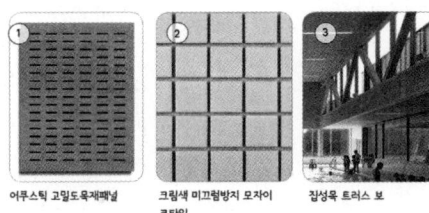

물성

수영장 내부마감재는 크게 두 가지로 구성된다. 바닥으로부터 높이 3 미터까지 벽체 부분은 물에 강한 크림 색상의 미끄럼방지 모자이크 타일로, 3미터 상부는 수영장 내부에 지속되는 70% 습도를 견딜 수 있는 어쿠스틱 고밀도육재패널로 마감된다. 트러스보는 집성육으로 제작되어 공간에 따뜻한 느낌을 부여한다. 모든 창호는 삼중유리로 제작하여 유리 표면의 결로를 방지한다.

서울 어울림 체육센터

장애인 다목적공간 & 생활체육센터

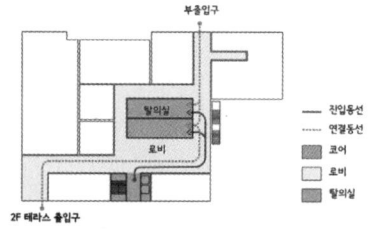

| 접근성 & 동선 - 지상2층

지상2층은 외부에서 직접 출입이 가능하다- 2층 테라스와 대지 복동측. 두 출입구 영역은 자연광이 드리운 식재된 중정이 있는 밝은 2층로비와 연계된다. 탈의실은 찾기 용이한 중정 옆에 위치한다.

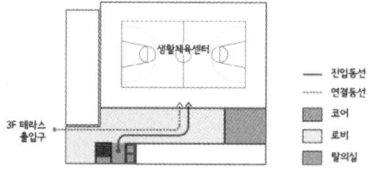

| 접근성 & 동선 - 지상3층

지상3층은 체육센터의 주요 수직코어로부터 뿐만 아니라, 3층 옥상정원을 통해 직접 접근할 수 있다. 지상3층 홀로 연계되는 출입구는 식재된 중정을 통해 자연광이 들어온다. 탈의실과 생활체육센터는 중정 옆에 위치하여 쉽게 찾을 수 있다.

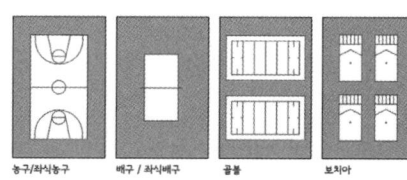

| 체육 활동

생활체육센터는 다양한 종류의 스포츠- 농구/좌식농구, 배구/좌식배구, 골볼, 보치아 등- 를 할 수 있도록 설계되었다. 생활체육센터는 110 관객을 수용할 수 있는 가변형 좌석을 갖추고 있다.

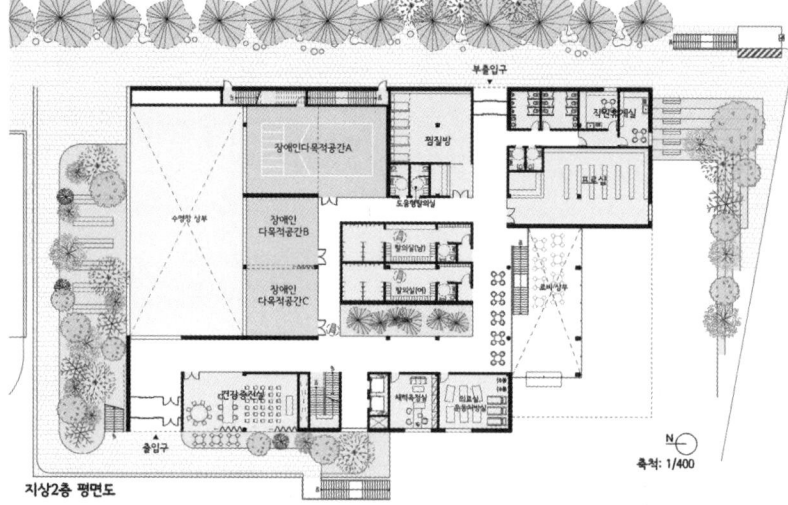

지상2층 평면도 축척: 1/400

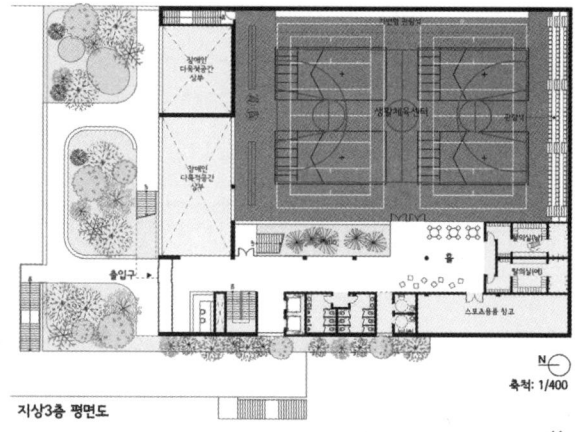

지상3층 평면도 축척: 1/400

생활체육센터

| 물성

생활체육센터의 내부마감재료는 두 가지에 초점을 둔다: 따뜻함과 스포츠 수행 능력. 바닥레벨로부터 3미터 이상인 벽체 부분은 어쿠스틱 목재패널로 마감하여 체육관 내의 소음 레벨을 경감하도록 하였다. 천장은 전반적으로 따스하고 고요한 느낌의 목재를 마감재로서 사용하였다. 벽체 디자인 및 마감재는 단순하게 하여 운동 선수가 경기에 집중할 수 있도록 하였다. 바닥레벨로부터 3미터 이내의 벽체부분에는 푹신한 쿠션을 설치하여 경기 중 예기치 않게 부딪힐 경우에 대비하였다.

어쿠스틱 목재 패널

쿠션 패널

체육관용 마루바닥

투시도

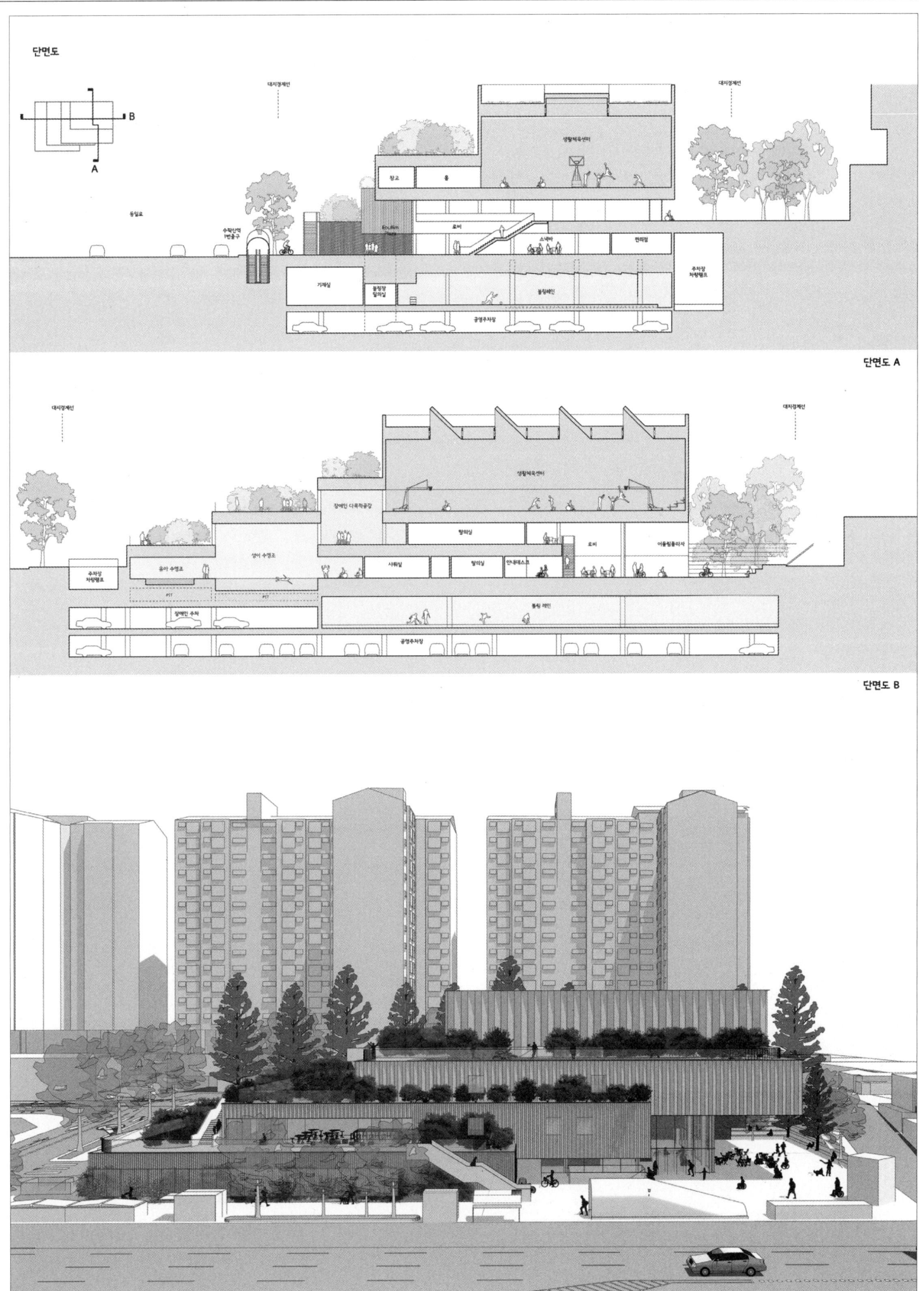

가좌국민체육센터

당선작 (주)리가온건축사사무소 이현조 설계팀 김용준, 서울림, 권호연, 박재용, 유세란, 모광원, 고아영

대지위치 인천광역시 서구 가좌동 139-3, 49 **대지면적** 2,838.90㎡ **건축면적** 1,567.02㎡ **연면적** 3,496.30㎡ **조경면적** 759.48㎡ **건폐율** 55.2% **용적률** 113.55% **규모** 지하 1층, 지상 3층 **최고높이** 17.23m **구조** 철근콘크리트조, 철골철근콘크리트조 **외부마감** 폴리카보네이트, 알루미늄 복합패널, 테라코타패널, 알루미늄루버 **주차** 33대(장애인 주차 1대, 경형 3대 포함)

서구 체육문화공간의 중심점, '플랫+폼 (PLATE+FORM)'
고밀도의 답답한 도심 속 누구나 쉽게 접근할 수 있으며 쉼을 의미하는 평상과 같은 편안하고 상징적인 오브제를 제안한다. 상징적인 오브제 속에는 주민들이 일상을 공유함과 동시에 여가활동을 누릴 수 있는 다양하고 흥미로운 공간들이 계획되어 플랫폼으로써 지역 커뮤니티 형성 및 삶의 균형을 맞추는 초석이 될 것이다.

가좌동의 새로운 소통의 길, '가좌 커뮤니티 로드'
띄어진 평상 오브제는 경계 없는 공간을 만들어 우연 속 다양한 이벤트 공간을 만들어내며 동선을 유도하여 새로운 소통의 길을 만든다. 체육관의 기능에서 더 나아가 전 세대가 어우러지는 공간으로 각종 편의 시설과 프로그램 등을 제공하여 지역 공동체 형성의 중심 역할을 수행한다.

누구에게나, 어디로든 열려있는, '공공 플랫폼'
늘 걸어왔던 길은 넓어지고 머무를 수 있는 이벤트가 다양해지면서, 건물 전체 영역으로 연장된 동선은 다양한 공간들로 연결된다. 많은 동선을 유입하는 이곳은 그 자체로 공공적인 성격을 띠어 언제나 다가갈 수 있는 개방적인 공간이 된다. 경계 없는 공공 공간은 지역사회를 잇는 공동체의 구심점으로, 소통공간으로서의 장이 될 것이다.

'PLATE+FORM'; A major venue for culture and sports in Seo-gu
A comfortable and symbolic object is proposed in a dense and crowded urban area to serve like a wide wooden bench which is open to everyone and provides a place for relaxation. This symbolic object contains various and interesting spaces in which local people can share their everyday lives or enjoy recreational activities. Consequently, having the form of a platform, it will contribute to establishing local communities and finding balance in life.

Gajwa Community Road; A new communication channel in Gajwa-dong
Shaped like a lifted wooden bench, the object creates a borderless space that provides a place for various random events. through that, it attracts flows of people and establishes an unprecedented communication channel. Also, it's designed not just as a sports facility but also as a place for all generations. Therefore, it provides all sorts of amenity facilities and programs to play a major role in establishing local communities.

A 'public platform' that anyone can visit, and that is open in all directions
While the familiar streets widen and various events provide a place to stay, paths extend all over the building area and lead to various spaces. Attracting many different paths, the proposed sports center comes to have a public character and eventually turns into an open space that is always available. This borderless public space will become a major community venue that establishes a local community network, and an open platform that encourages communication.

Prize winner REGAON Architects & Planners Co., Ltd._Lee Hyunjo **Location** Seo-gu, Incheon **Site area** 2,838.90m² **Building area** 1,567.02m² **Gross floor area** 3,496.30m² **Landscaping area** 759.48m² **Building coverage** 55.2% **Floor space index** 113.55% **Building scope** B1, 3F **Height** 17.23m **Structure** RC, SRC **Exterior finishing** Polycarbonate, Aluminum composite panel, Terracotta panel, Aluminum louver **Parking** 33 (including 1 for the disabled, 3 for small size)

Gajwa Sports Center

가좌국민체육센터는 **고밀도의 구도심 속 새로운 휴게공간**으로
주민들의 체육·문화 활동을 통한 소통을 이끌어냅니다

다채로운 체육·문화 공간으로 **지역 주민들의 건강 증진 및 삶의 질을 향상**시키고
다양한 이벤트 공간을 통해 활기 넘치는 이야기를 만들어냅니다

가좌국민체육센터

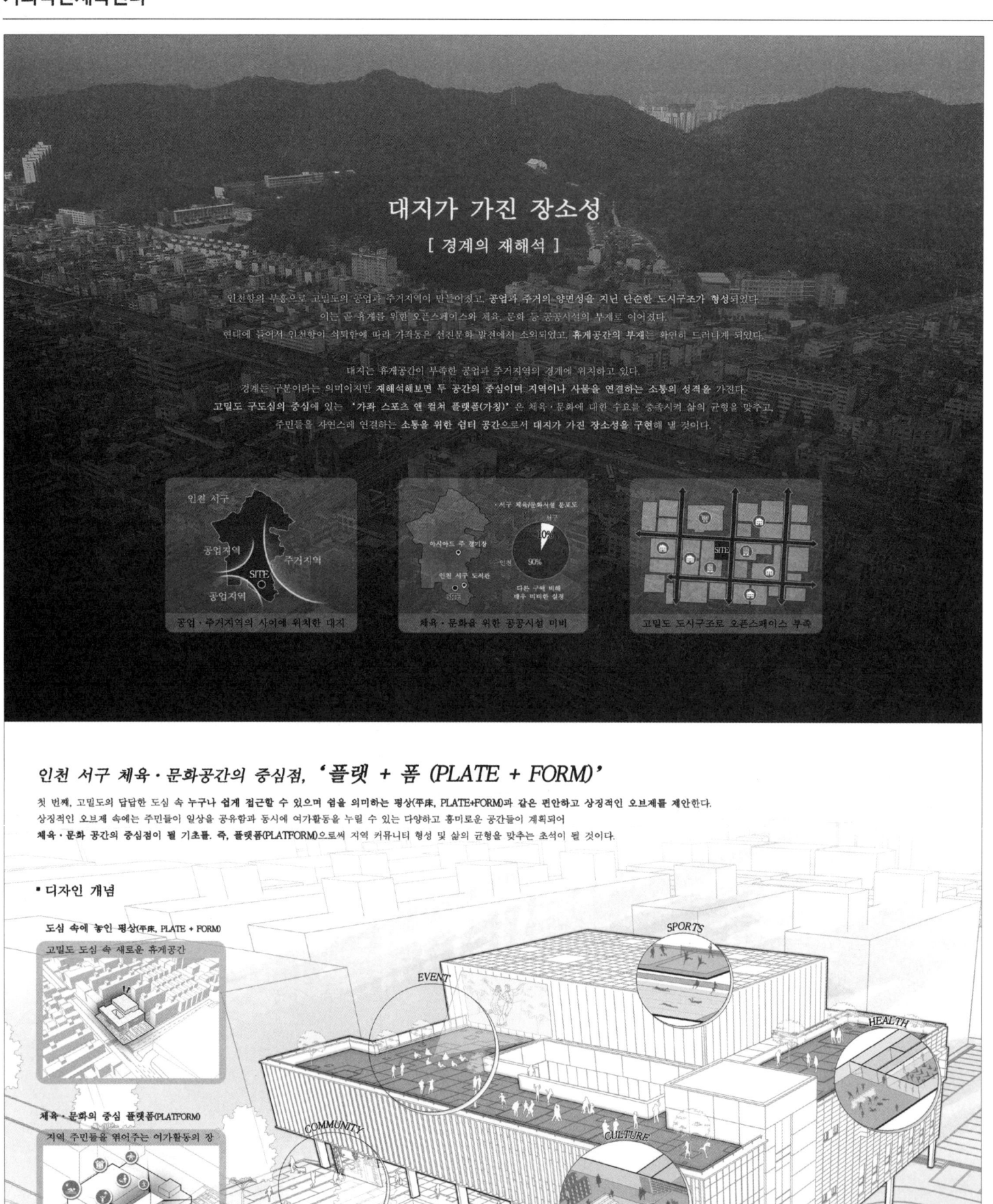

대지가 가진 장소성
[경계의 재해석]

인천항의 부흥으로 고밀도의 공업과 주거지역이 만들어졌고, 공업과 주거의 양면성을 지닌 단순한 도시구조가 형성되었다.
이는 곧 휴게를 위한 오픈스페이스와 체육, 문화 등 공공시설의 부재로 이어졌다.
현대에 들어서 인천항이 쇠퇴함에 따라 가좌동은 선진문화 발전에서 소외되었고, 휴게공간의 부재는 확연히 드러나게 되었다.

대지는 휴게공간이 부족한 공업과 주거지역의 경계에 위치하고 있다.
경계는 구분이라는 의미이지만 재해석해보면 두 공간의 중심이며 지역이나 사물을 연결하는 소통의 성격을 가진다.
고밀도 구도심의 중심에 있는 '가좌 스포츠 앤 컬쳐 플랫폼(가칭)'은 체육·문화에 대한 수요를 충족시켜 삶의 균형을 맞추고,
주민들을 자연스레 연결하는 소통을 위한 쉼터 공간으로서 대지가 가진 장소성을 구현해 낼 것이다.

인천 서구 체육·문화공간의 중심점, '플랫 + 폼 (PLATE + FORM)'

첫 번째, 고밀도의 답답한 도심 속 누구나 쉽게 접근할 수 있으며 섬을 의미하는 평상(平床, PLATE+FORM)과 같은 편안하고 상징적인 오브제를 제안한다.
상징적인 오브제 속에는 주민들이 일상을 공유함과 동시에 여가활동을 누릴 수 있는 다양하고 흥미로운 공간들이 계획되어
체육·문화 공간의 중심점이 될 기초틀. 즉, 플랫폼(PLATFORM)으로써 지역 커뮤니티 형성 및 삶의 균형을 맞추는 초석이 될 것이다.

■ 디자인 개념

① PLATE (판) + FORM (형태) _ 넓은 판의 형태
② PLATFORM (플랫폼) _ 특정 시스템을 구성하는 기초가 되는 틀을 지칭하는 용어

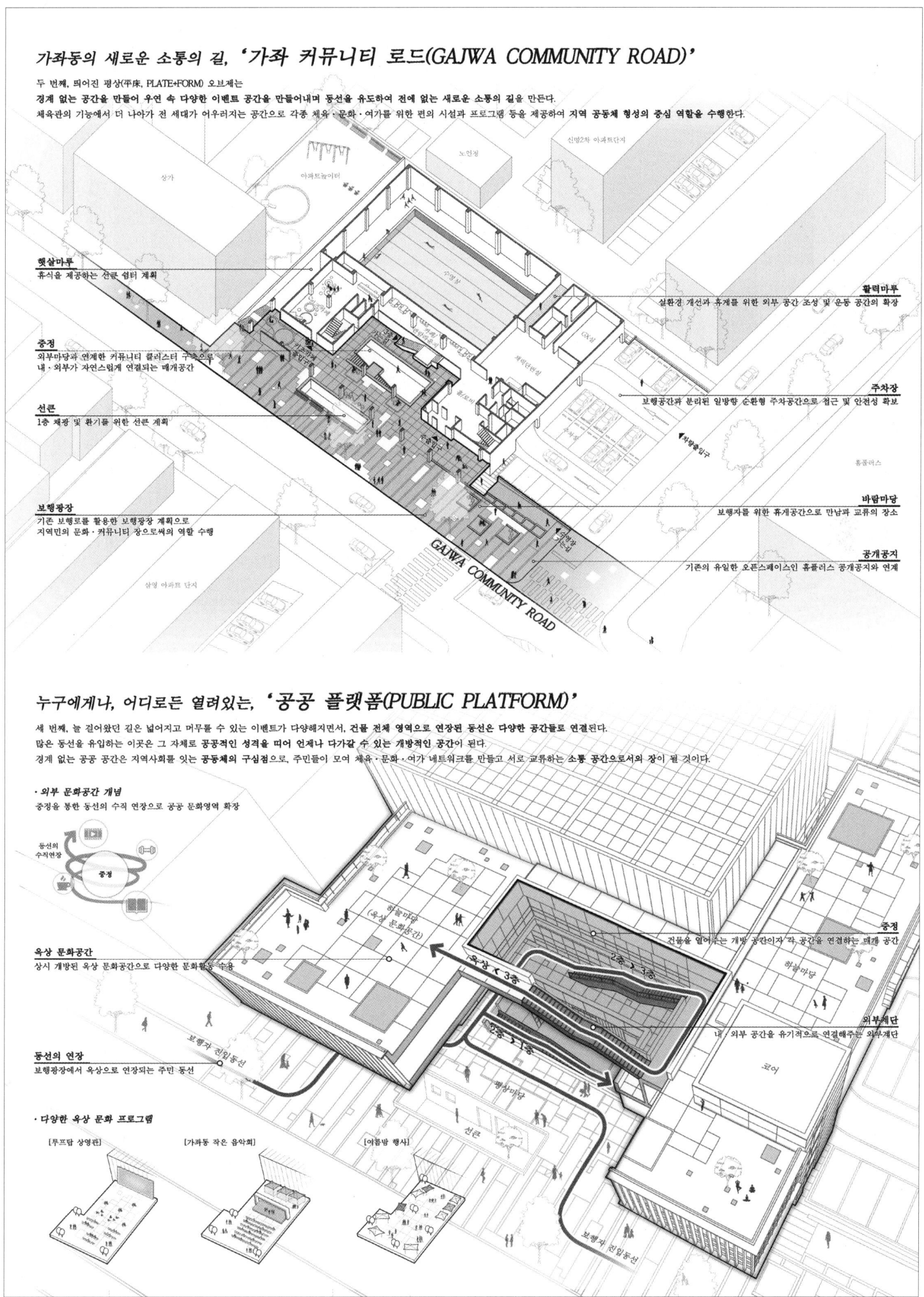

가좌국민체육센터

열린 개방감과 시설 이용 편리성을 고려한 최적의 배치계획

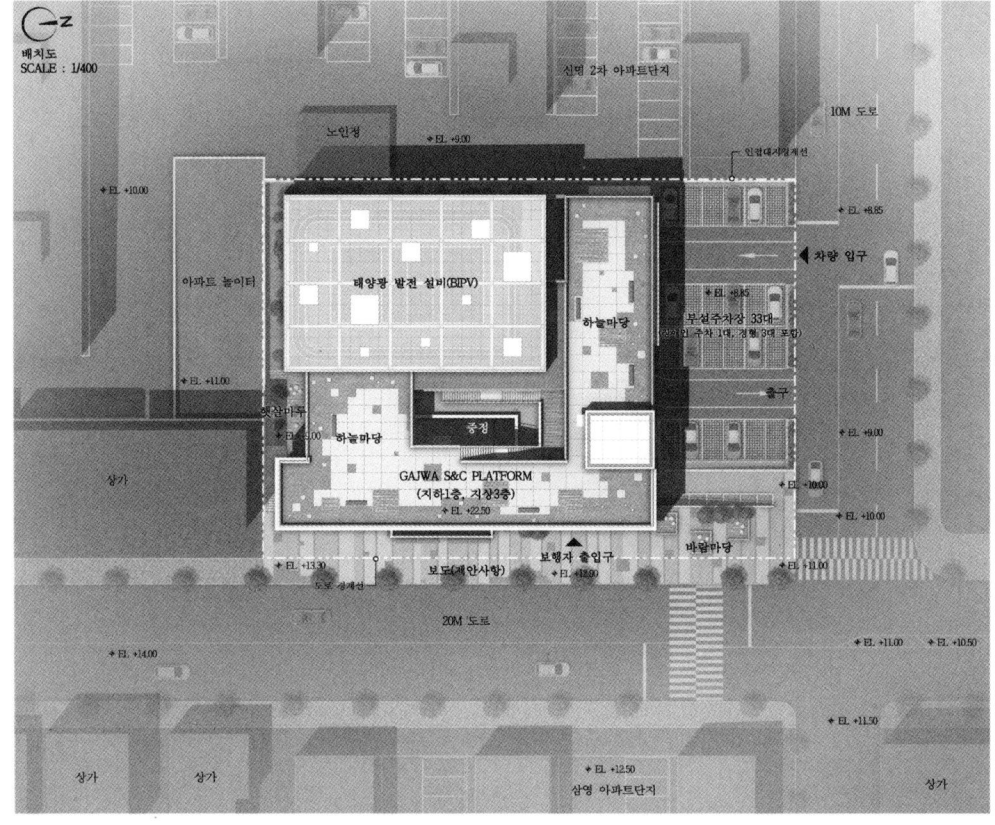

- **주변 환경을 고려한 건축영역 설정**
  - 주변 건물, 대지 내 옹벽과의 이격 및 향 고려

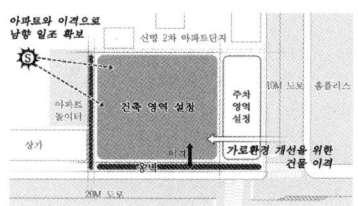

- **공공성을 높이기 위한 보행광장 계획**
  - 동선의 흐름을 받아들이는 공공의 보행광장 조성

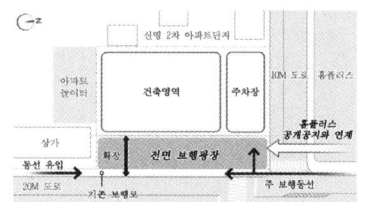

- **기능별 영역을 고려한 시설 배치계획**
  - 프로그램 위계에 따른 매스 분절

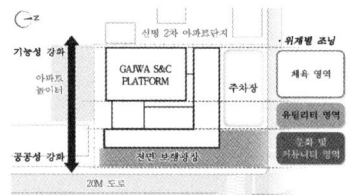

중정을 통해 쾌적한 환경의 수영장을 조성한 1층 평면계획

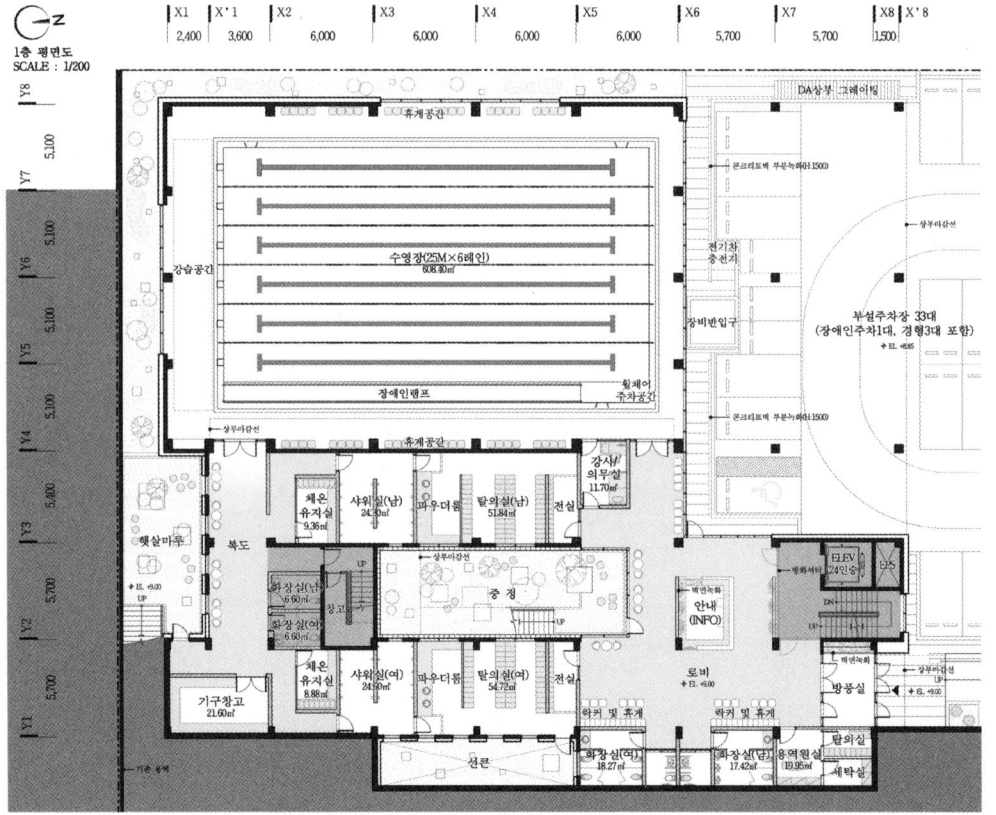

- **사용자를 고려한 출입구 계획**
  - 이용자의 시설 접근 및 응급환자 대응 고려

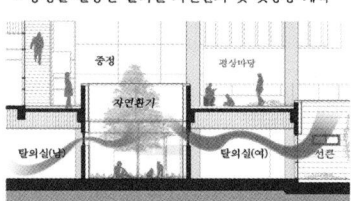

- **쾌적한 환경을 위한 중정 계획**
  - 중정을 활용한 탈의실 자연환기 및 맞통풍 계획

- **선큰을 통한 쾌적한 수영장 조성**
  - 자연환기 및 휴게공간을 고려한 선큰 계획

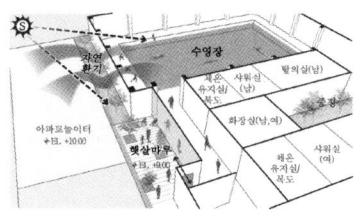

Gajwa Sports Center

공공성을 높여 다양한 문화·소통이 이루어지는 2층 평면계획

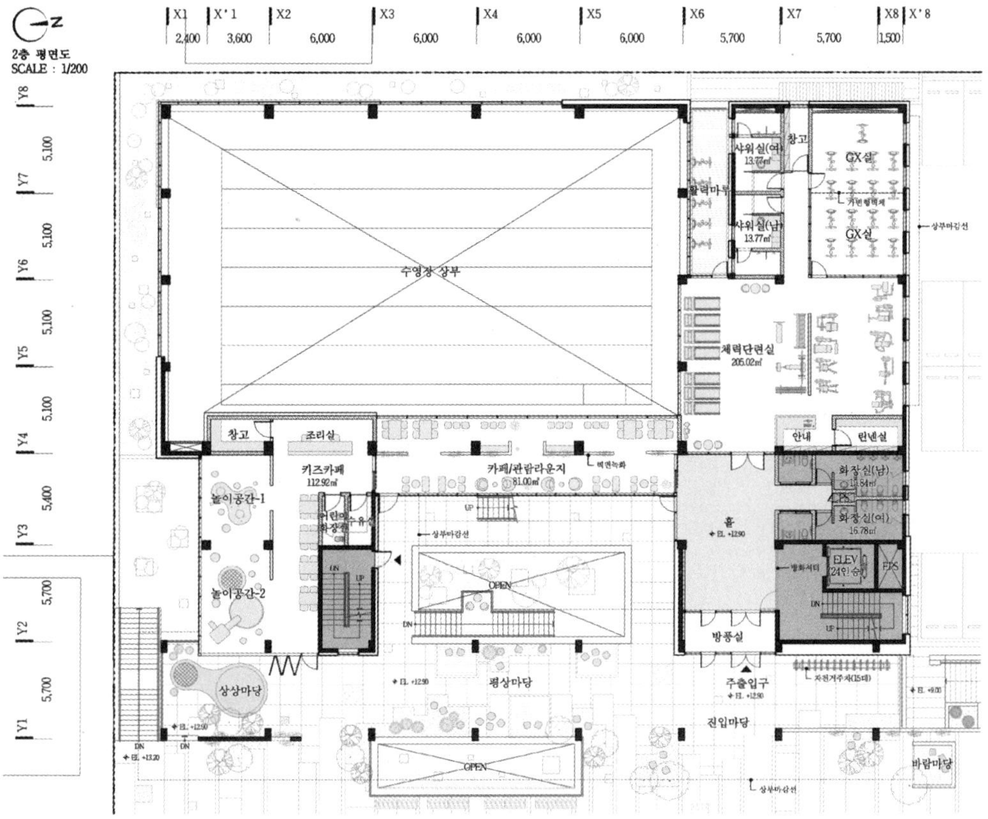

■ 효율 및 환경을 고려한 운동공간 조성
- 다각적 이용이 가능한 쾌적한 체력단련실 계획

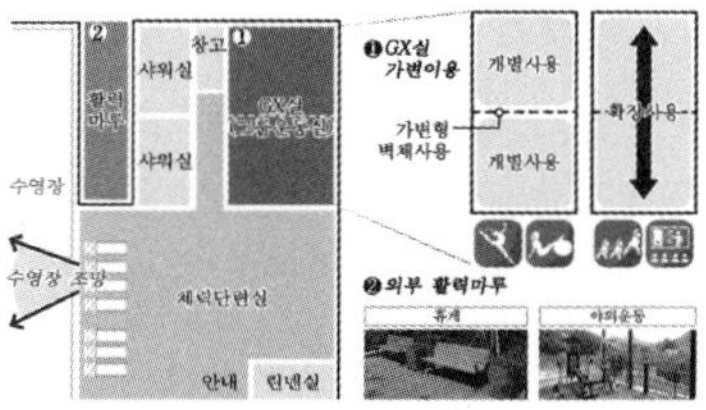

■ 공공성이 강화된 라운지 계획
- 공적 이용으로 지역민을 배려한 문화공간 조성

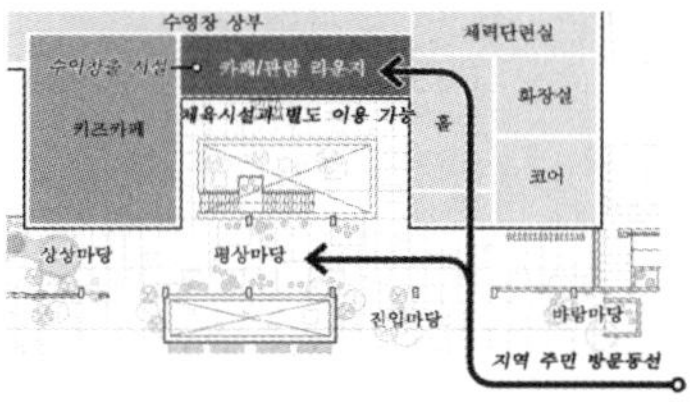

■ 지역 특성을 고려한 프로그램 시설
- 가좌지역의 젊은 연령층을 고려한 키즈카페 제안

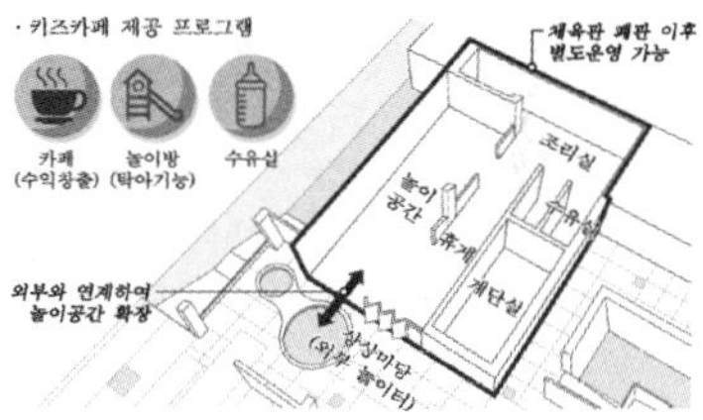

이용자 커뮤니티와 관리효율을 높인 3층 평면계획

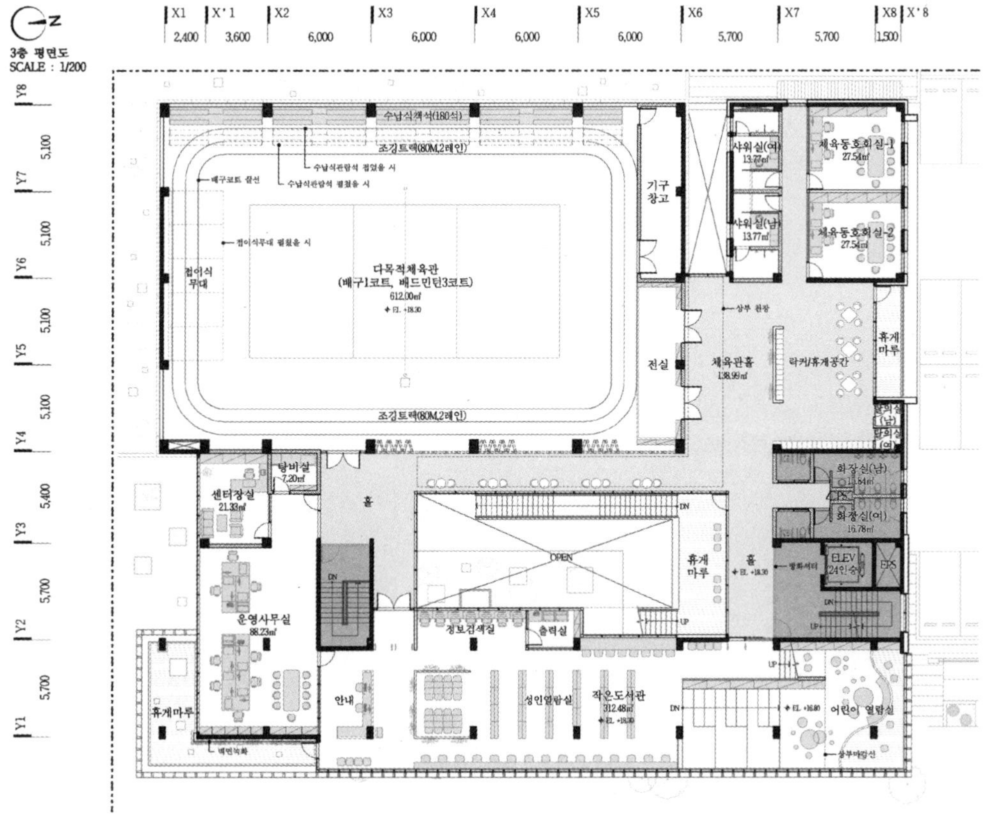

■ 가변성을 가지는 다목적체육관
- 다양한 체육활동을 수용하는 체육관 계획

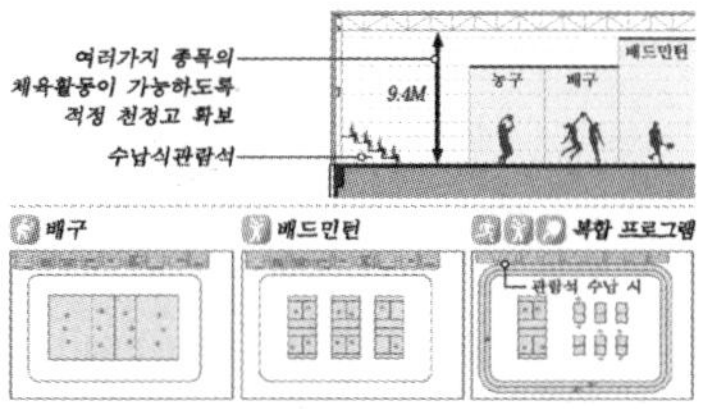

■ 시설관리 효율성을 높인 사무실
- 채광 및 관리가 용이한 위치에 사무실 배치

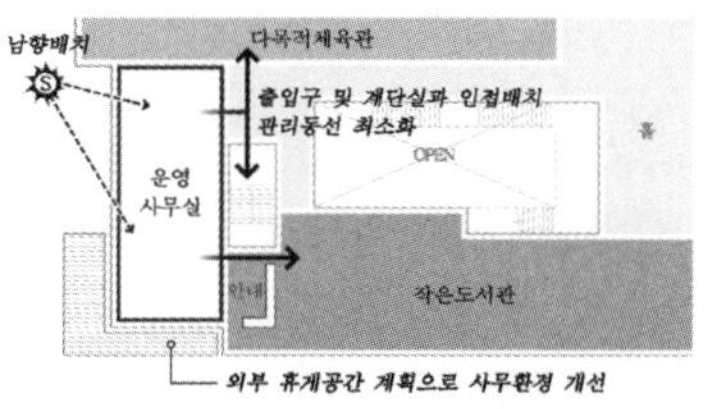

■ 상상력을 키워주는 입체적인 도서관
- 단차를 활용한 다양한 프로그램 공간 계획

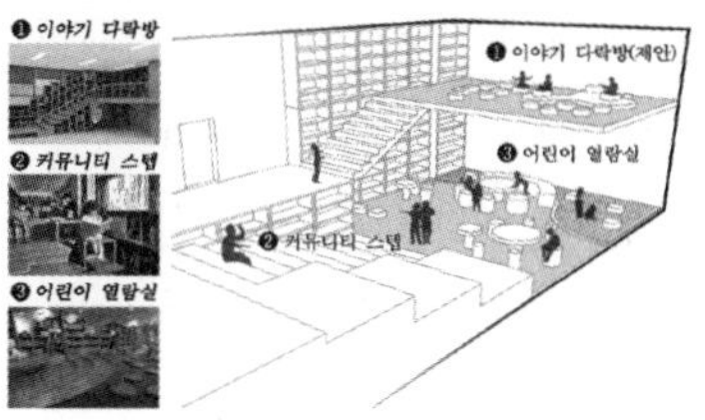

가좌국민체육센터

시설 유지관리가 용이한 지하1층 및 쾌적한 환경을 조성하는 공간별 색채계획

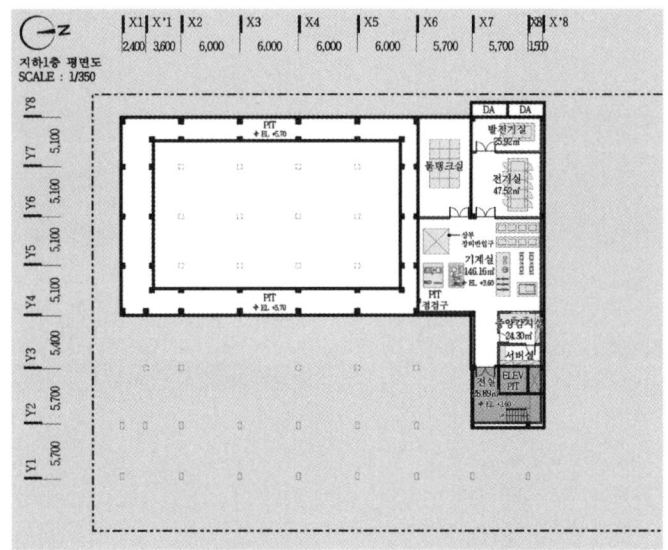

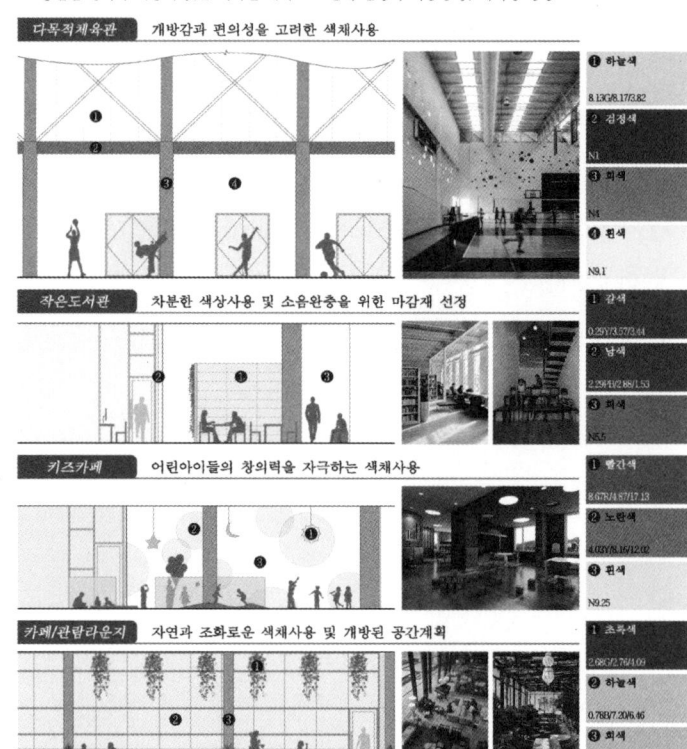

- 수영장 Eco-hypus method 수조 적용
  - 시공·유지보수 용이 및 단열성 우수

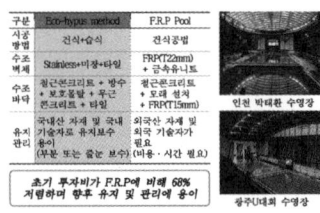

- 중앙감시실을 통한 유지·관리
  - 최소 인원을 통한 효율적인 유지·관리

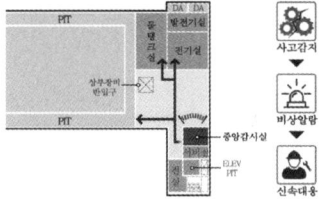

주변 환경과 지역의 상징성을 담은 디자인 계획

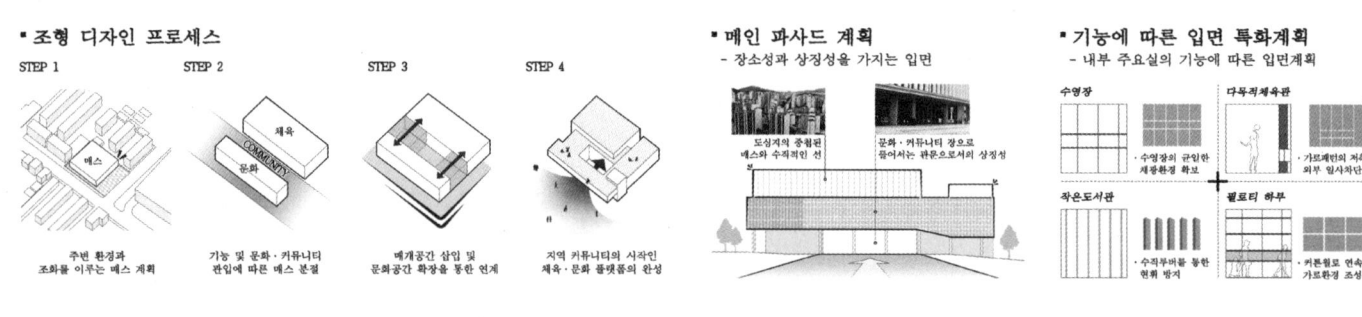

Gajwa Sports Center

기능과 경제성을 고려한 합리적인 입면계획

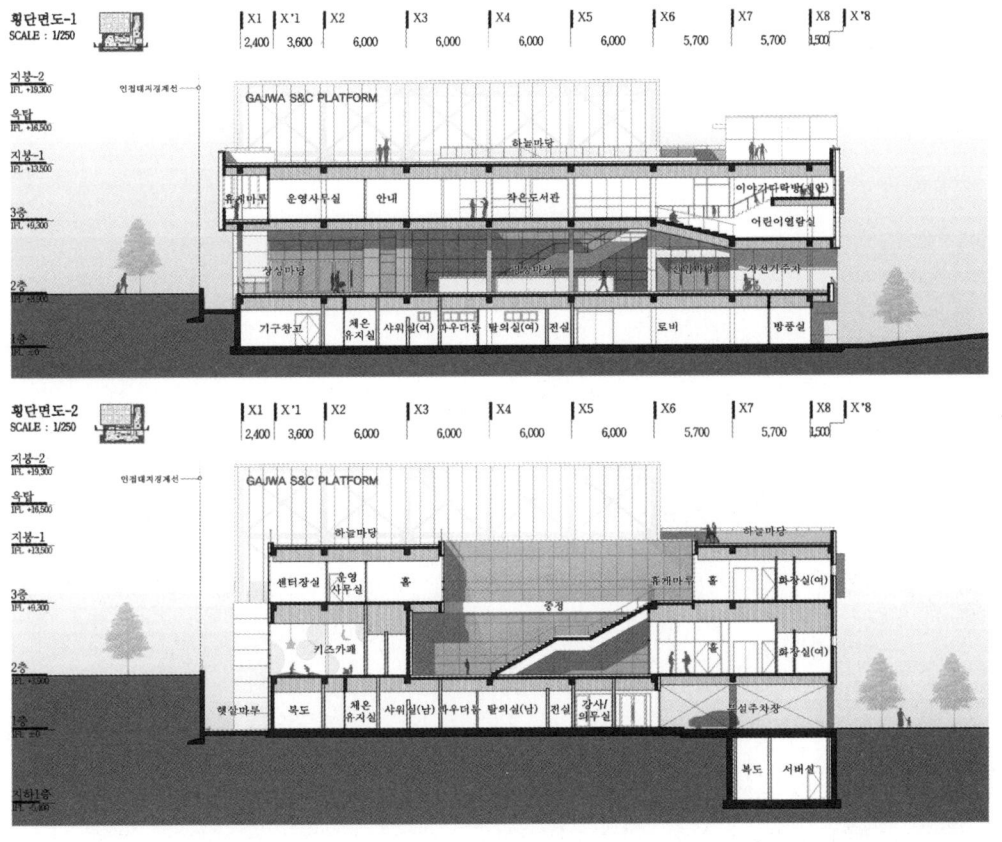

합리적 층별조닝과 다양한 입체적 공간을 적용한 최적의 단면계획

- **시설 이용 편의를 위한 수직 조닝계획**
  - 중정을 중심으로 연계되는 층별 프로그램 조닝

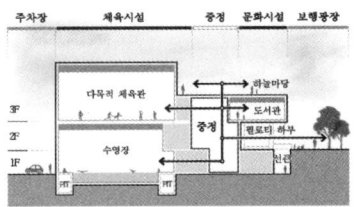

- **여러 활동 공간을 연결하는 중정 계획**
  - 전 층에서 일어나는 활동들이 투영되는 소통 공간

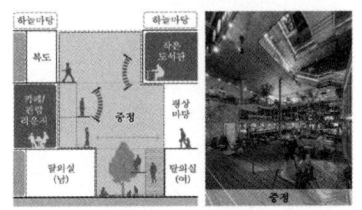

- **실 기능에 따른 합리적인 천정고 설정**
  - 다양한 천정고 반영으로 기능적 차별화 공간 계획

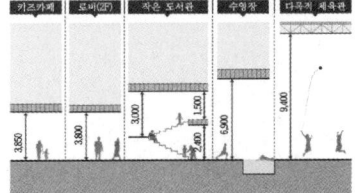

불로문화체육센터

당선작 한들건축사사무소 김영근 + (주)종합건축사사무소 림 성기관 설계팀 권오상, 임준혁, 정은진, 김수하, 김지수(이상 한들) 박영섭, 김형석, 이광호, 이지원, 이예원, 이정빈, 김준식(이상 림)

대지위치 인천광역시 서구 불로동 789 **대지면적** 1,951.50㎡ **건축면적** 1,350.30㎡ **연면적** 4,805.26㎡ **건폐율** 69.19% **용적률** 131.8% **규모** 지하 2층, 지상 3층 **최고높이** 19.3m **구조** 철근콘크리트조, 철골철근콘크리트조 **외부마감** 세라믹패널, 고밀도 목재패널, U-글래스, 고흥석 **주차** 84대(장애인 주차 3대, 확장형 26대, 경형 5대, 버스 2대 포함)

배치계획

기존에 공영 주차장으로 활용하던 협소한 대지로, 주변이 주거 및 상업지역으로 둘러싸여 있어 녹지가 매우 부족한 상황이다. 녹지공간 부족을 해결하기 위해 자연친화적인 외부공간을 극대화하는 배치를 하였다. 또한 일조 및 채광을 고려하여 북측에는 주차공간, 남측에는 열린 외부공간을 계획하여 토지 이용의 효율성을 높였다.

평면계획

중앙홀을 중심으로 대공간이 필요한 체육시설과 문화시설을 명확하게 분리하여 이용객의 접근성과 편의성을 높였다. 저층부는 작은 도서관과 연계된 문화센터는 주민에게 열려있는 문화 커뮤니티 공간으로 계획하였고, 2층은 수영장, 3층은 다목적체육관을 계획하여 주민들의 다양한 체육활동이 가능하도록 하였다. 또한 각 층마다 자연을 활용한 휴게공간인 스텝가든을 계획하였고, 진입광장에서 연결되는 외부 계단을 계획하여 공간의 수직 연속성을 확보하였다.

입면계획

'不老불로'를 의미하는 건강의 연속적 흐름을 강조한 매스디자인과 체육활동의 역동성과 리듬감이 느껴지는 패턴으로 입면을 계획하였다. 전면 진입 홀은 투명성을 강조한 입면 재료를 사용하여 주민들을 반기는 문화 체육 센터가 되도록 계획하였다.

Site plan

The site is a compact piece of land that used to be a public parking area. It's surrounded by residential and commercial areas so is severely lacking in green area. In search of a solution for such a situation, a naturalistic outdoor space is put at the center of the site plan. The north section is designated as a parking area, and the south, as an open-type outdoor area to provide sufficient natural lighting. This helps increase land use efficiency.

Floor plan

The main hall is taken as the center to clearly separate sports facilities requiring a long-span structure from cultural facilities, and this increases accessibility and convenience for users. As for the ground floor, the culture center integrated with a small library serves as a cultural community venue open to local people. The 2nd floor is designed as a swimming pool, and the 3rd, as a multi-purpose sports center so that local people can enjoy various sports activities. A stepped garden, a naturalistic resting area, is added on each floor, and external stairs are laid to open a direct passage between the garden and the entrance plaza. This ensures continuity in vertical flow across the space.

Elevation

The facade design is a combination of a mass design that emphasizes the concept of long-lasting health meaning '不老 (undying youth)' and a pattern system that expresses the dynamism and rhythmic actions of a sports activity. The front entrance hall is cladded with transparent materials so that the center can look more inviting to local people.

Prize winner HANDEUL Architects & Planners_Kim Younggeun + Lim Architecture_Seong Kigwan **Location** Seo-gu, Incheon **Site area** 1,951.50m² **Building area** 1,350.30m² **Gross floor area** 4,805.26m² **Building coverage** 69.19% **Floor space index** 131.8% **Building scope** B2, 3F **Height** 19.3m **Structure** RC, SRC **Exterior finishing** Ceramic panel, High-density wood panel, U-glass, Goheung stone **Parking** 84 (including 3 for the disabled, 26 for extension type, 5 for small size, 2 for bus)

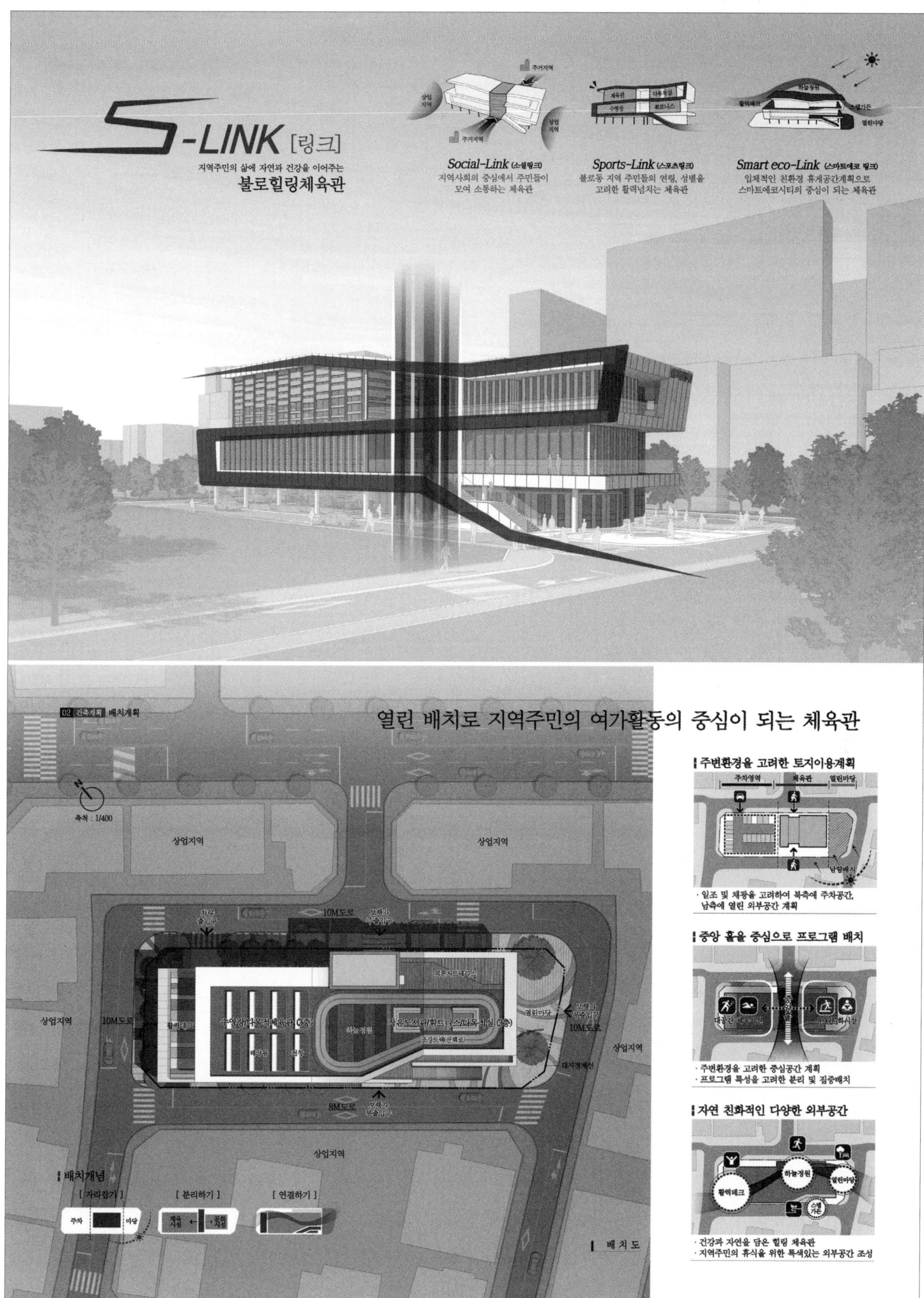

불로문화체육센터

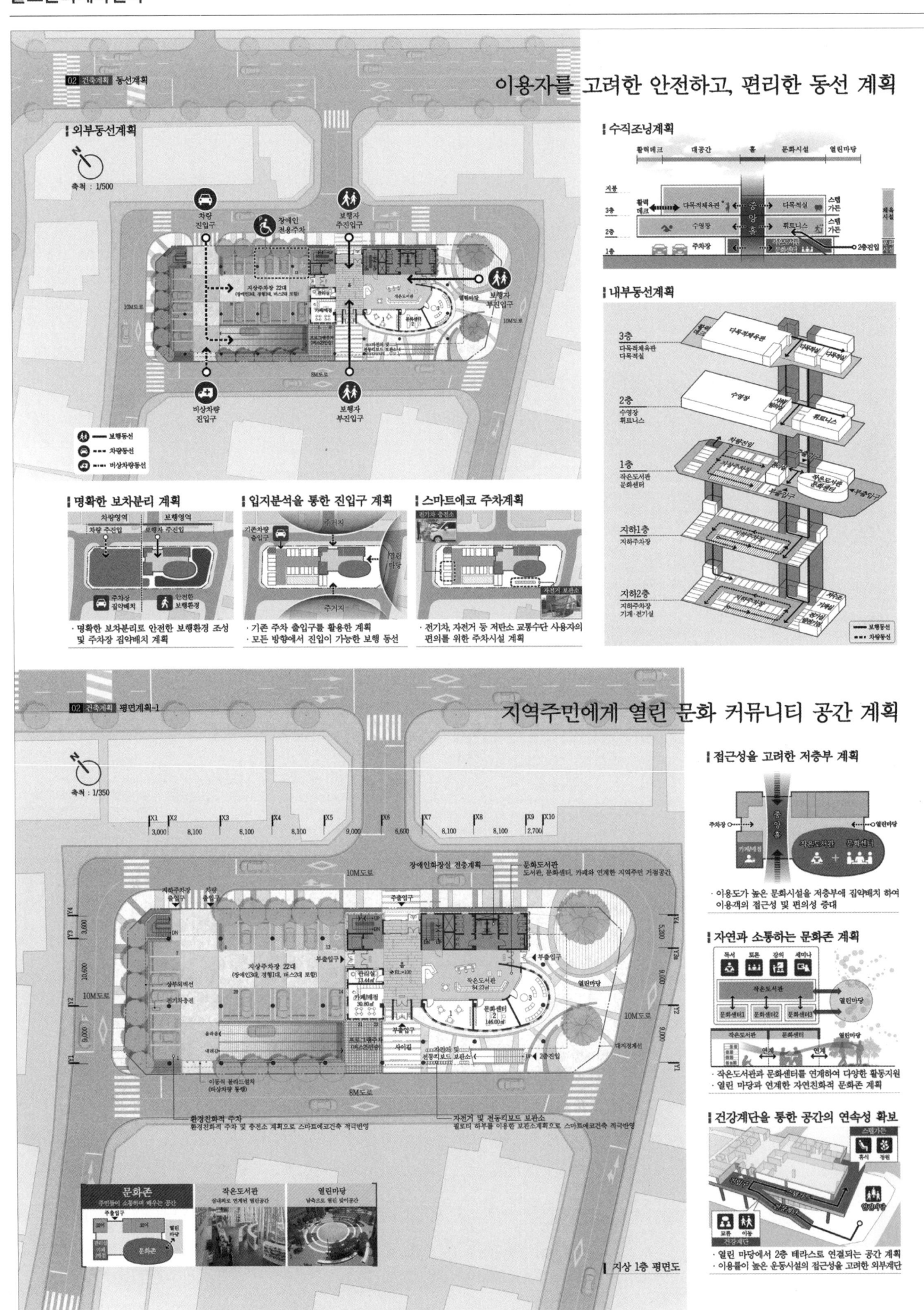

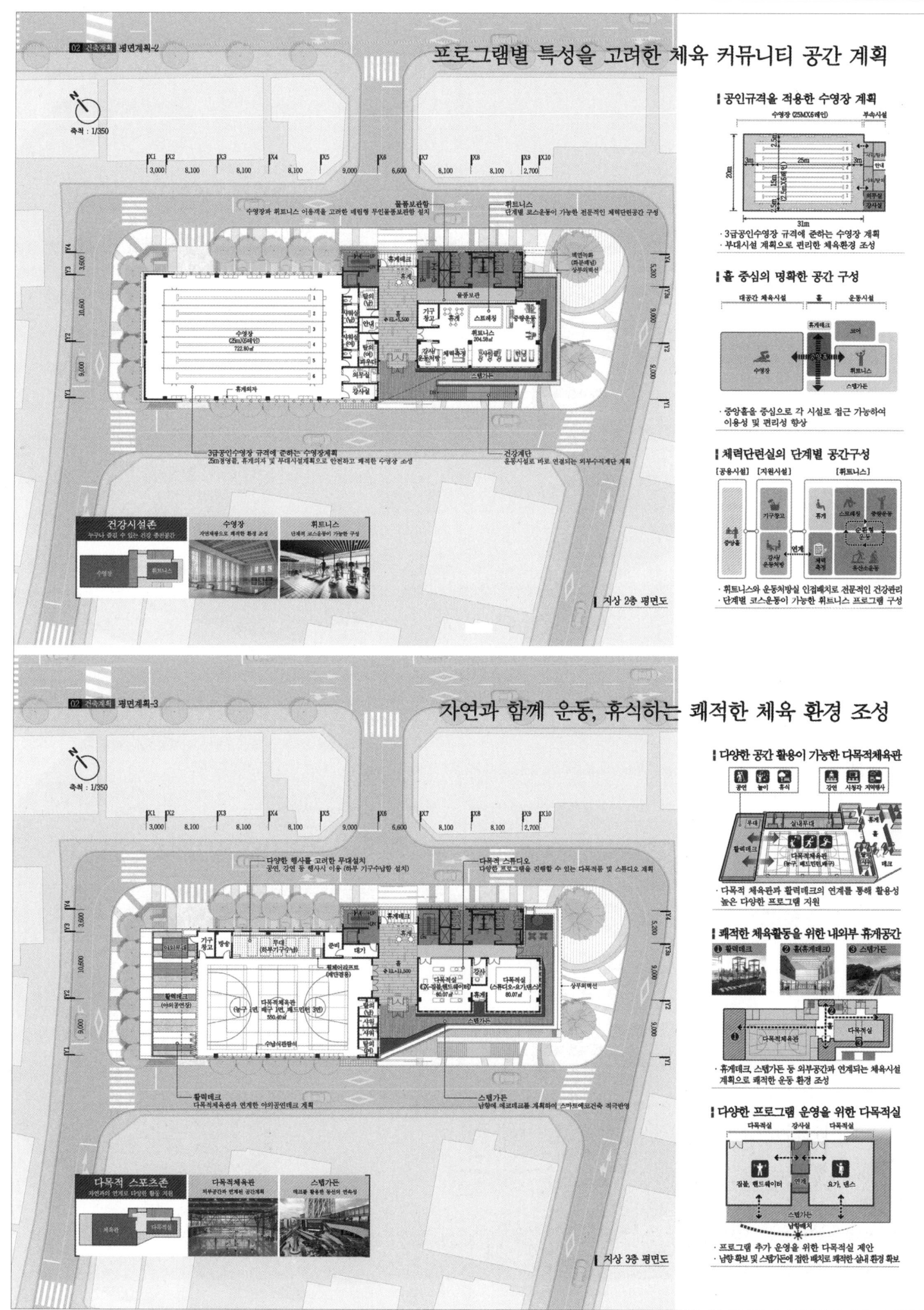

불로문화체육센터

02 건축계획 입면계획-1
스포츠센터의 역동성과 자연의 흐름을 담은 입면계획

조형계획의 주안점

주민을 반기는 체육센터	역동성을 표현한 체육센터	건강한 삶을 상징하는 체육센터
진입부 홀에 투명성을 강조하여 불로동 주민을 반기는 체육센터 계획	체육활동의 역동성과 리듬감이 느껴지는 입면패턴 계획	'불로'를 상징하는 연속적 흐름을 강조한 입면 및 조형 계획

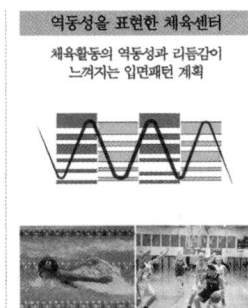
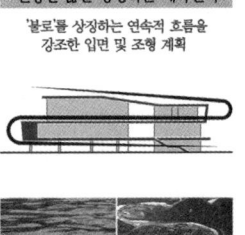

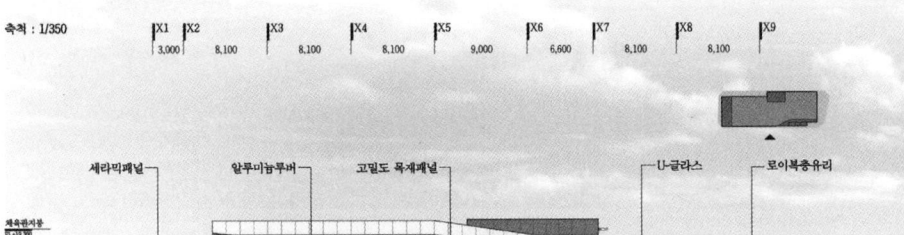

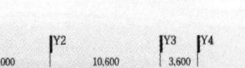

남측면도 / 동측면도

02 건축계획 입면계획-2
기능성 및 주변과의 조화를 고려한 친환경 입면계획

쾌적한 실내환경을 고려한 창호계획

다목적체육관
- 변화있는 수평패널 계획으로 직사광 차단과 동시에 역동적인 입면 아이덴티티 부여

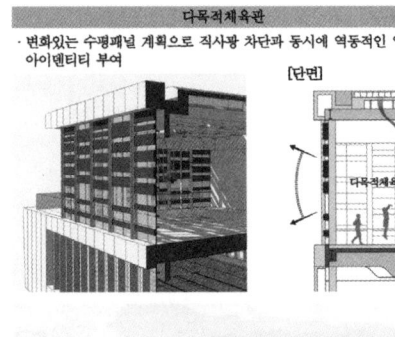

수영장
- 경사진 수직루버로 일사조절과 동시에 외부로부터 적절한 시선차단 효과

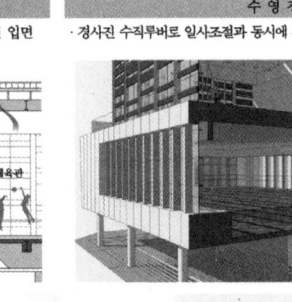
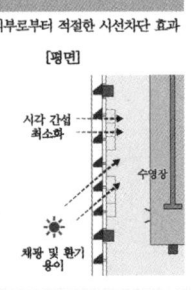

경제성 및 조화를 고려한 주요 외부재료마감

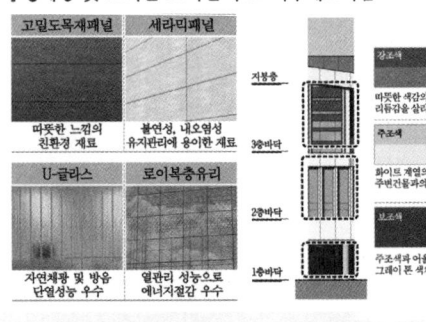

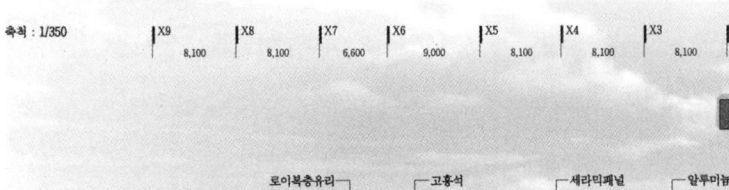

북측면도 / 서측면도

Bullo Culture Sports Center

건축계획 | 단면계획

실별 특성 및 쾌적한 실내환경을 고려한 합리적인 단면계획

프로그램 특성을 고려한 쾌적한 실내체육공간 조성
- 장스팬을 고려한 수영장과 다목적체육관을 한곳에 집중배치하여 공간활용성 증대
- 자연채광 및 자연환기가 가능한 쾌적한 실내체육공간 계획

입체적인 휴게공간 조성 계획
- 주변과 교감하는 다양한 성격의 휴게 및 외부공간 계획
- 내, 외부공간이 연계된 다양한 친환경공간 계획 및 힐링 환경 조성

경제성을 고려한 적정 천장고 계획

	수영장	다목적체육관	휘트니스	다목적실
층고 (m)	6.0	7.8	6.0	4.5
천장고 (m)	4.8	7.0	3.9	3.3

- 합리적인 설비공간 및 층고계획으로 경제성 극대화
- 기능 및 사용자를 고려한 천장고 확보로 쾌적성 증대

— 횡단면도 / 종단면도 —

건축계획 | 특화계획

불로동 지역주민 중심의 맞춤형 복합 체육관 계획

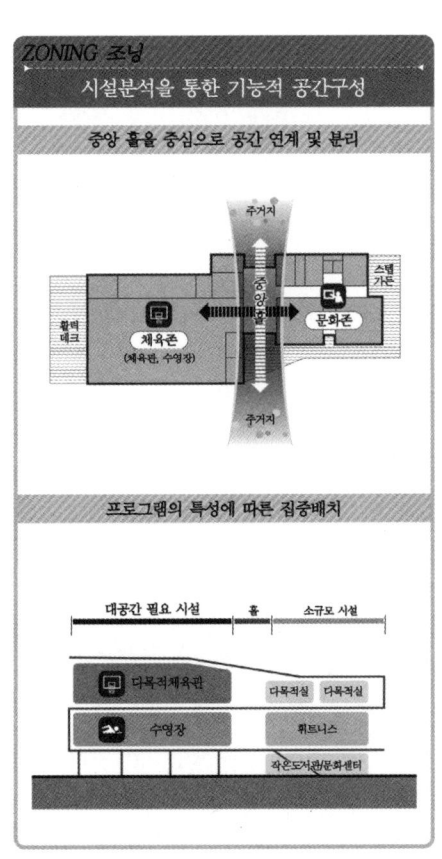

ZONING 조닝 — 시설분석을 통한 기능적 공간구성
- 중앙 홀을 중심으로 공간 연계 및 분리
- 프로그램의 특성에 따른 집중배치

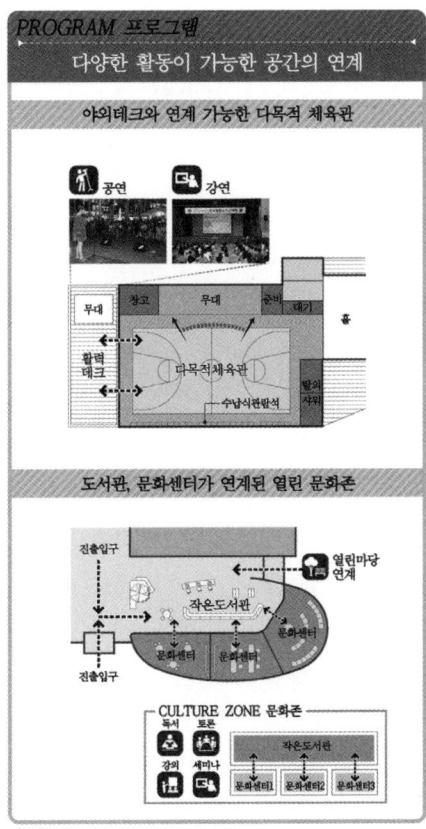

PROGRAM 프로그램 — 다양한 활동이 가능한 공간의 연계
- 야외데크와 연계 가능한 다목적 체육관
- 도서관, 문화센터가 연계된 열린 문화존

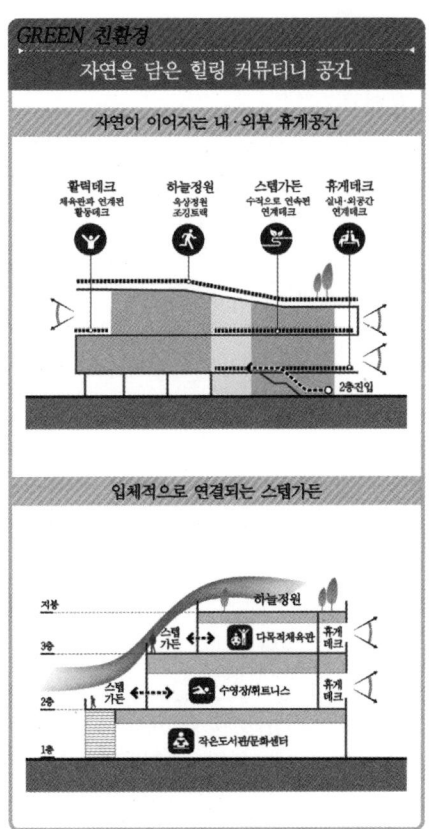

GREEN 친환경 — 자연을 담은 힐링 커뮤니티 공간
- 자연이 이어지는 내·외부 휴게공간
- 입체적으로 연결되는 스텝가든

불로문화체육센터

02 건축계획 | 인테리어 및 재료마감계획

실별 특성을 고려한 재료 및 인테리어 계획

▌색채계획 (인천광역시 색채디자인 가이드라인 2018)

▌경제성 및 유지관리를 고려한 재료마감계획

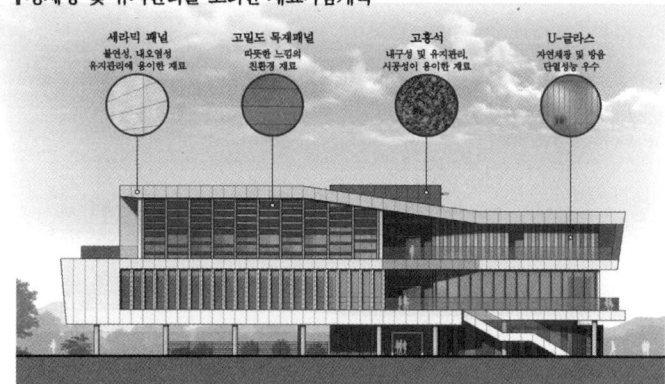

▌인테리어 및 색채 계획
· 공간의 특성과 기능을 맞춤형으로 계획하여 쾌적성 및 관리효율성 증대
· 공간별 적절한 색채를 계획하여 공간의 성격을 극대화 및 이용자의 인지성 확보

작은도서관
외부의 자연과 내부의 친환경적인 소재의 결합을 통해 친근하고 편안한 분위기의 공간 계획

휘트니스
다양한 체육프로그램에 따른 활동적인 활동을 위한 밝은 색채를 사용하여 활동적인 분위기의 공간계획

중앙 홀
체육관의 중심부에 지역주민들의 다양한 교류를 위한 쾌적한 중앙 홀 계획

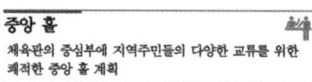

다목적체육관
다수의 이용자들이 동시에 사용하는 다목적 공간으로 높고 넓은 공간을 최대한 활용한 공간계획

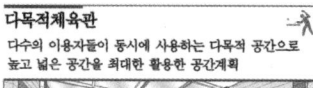

▌실내재료마감표

주요실	바닥	벽	천장
수영장	수조용자기질타일	친환경수성페인트	열경화성천장재
휘트니스	스포츠쿠션바닥재	MDF/인테리어필름	친환경흡음텍스
다목적체육관	경질단풍나무후로링	목모흡음보드	흡음단열지붕판넬
다목적실	스포츠쿠션바닥재	친환경수성페인트	친환경텍스
작은 도서관	카펫타일	MDF/인테리어필름	우물천장
문화센터	무석면비닐계타일	친환경수성페인트	친환경텍스

* 녹색건축(예비)인증에 따른 친환경인증자재 사용(환경성선언 제품(EPD), 저탄소 자재, 자원순환 자재, 유해물질 저감 자재, 실내공기질 저방출 자재 등)

02 건축계획 | 무장애 및 안전계획

모두에게 편리하고 안전한 체육관

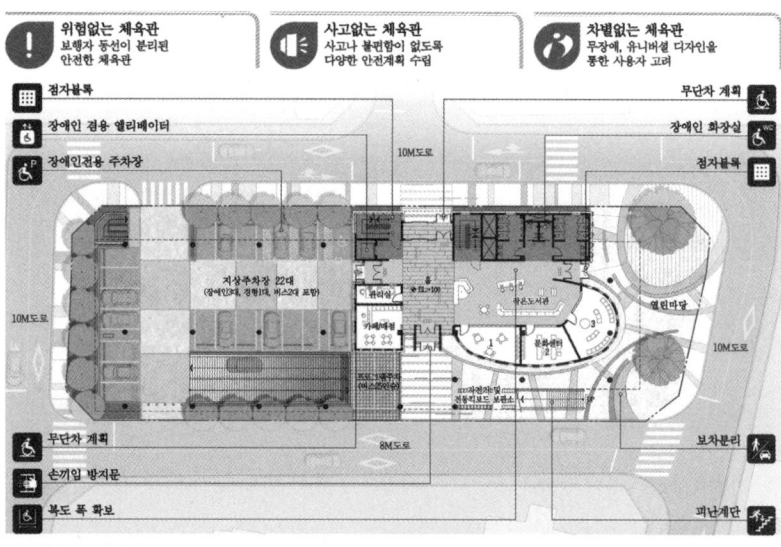

▌피난동선 계획

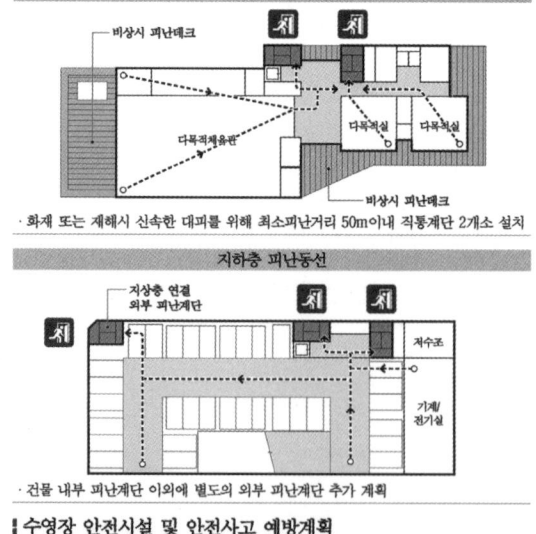

· 화재 또는 재해시 신속한 대피를 위해 최소피난거리 50m 이내 직통계단 2개소 설치

· 건물 내부 피난계단 이외에 별도의 외부 피난계단 추가 계획

▌보행자 안전계획

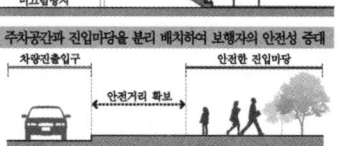

▌무장애 계획
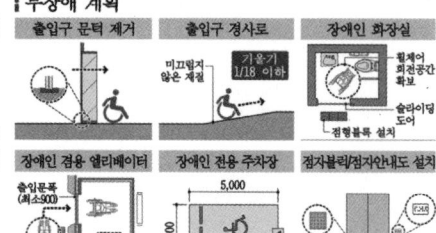

▌수영장 안전시설 및 안전사고 예방계획

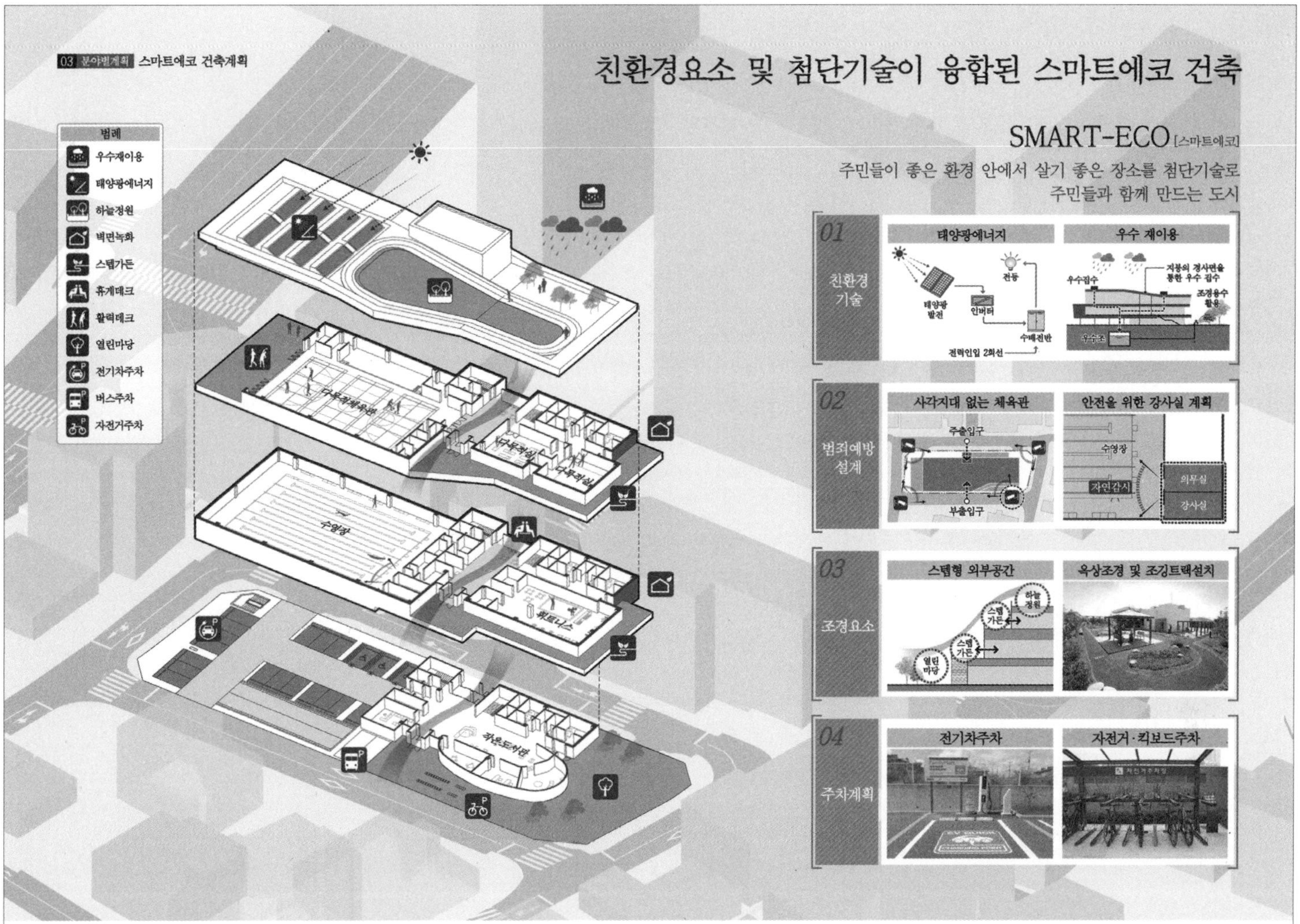
03 분야별계획 스마트에코 건축계획
친환경요소 및 첨단기술이 융합된 스마트에코 건축
SMART-ECO [스마트에코]
주민들이 좋은 환경 안에서 살기 좋은 장소를 첨단기술로
주민들과 함께 만드는 도시
범례
우수재이용
태양광에너지
하늘정원
벽면녹화
스텝가든
휴게데크
활력데크
열린마당
전기차주차
버스주차
자전거주차
다목적체육관
다목적실
수영장
휘트니스
작은도서관
01
친환경 기술
태양광에너지
태양광 발전
인버터
전등
수배전반
전력인입 2회선
우수 재이용
우수집수
지붕의 경사면을 통한 우수 집수
조경용수 활용
우수조
02
범죄예방 설계
사각지대 없는 체육관
주출입구
부출입구
안전을 위한 강사실 계획
수영장
자연감시
의무실
강사실
03
조경요소
스텝형 외부공간
하늘 정원
스텝 가든
열린 마당
옥상조경 및 조깅트랙설치
04
주차계획
전기차주차
자전거·킥보드주차

03 분야별계획 조경 및 범죄예방환경 설계계획
조경 및 안전을 고려한 CPTED 조성계획
조경계획
체육관의 상징성
주민들이 운동하고, 교류할 수 있는 힐링공간 조성
사람과 자연의 연결고리
주거지 중심부에 열린공간을 조성하여 커뮤니티 공간 조성
다양한 자연담기
다양한 형태의 조경으로 자연과 공존하는 공간 조성
1 열린마당
다양한 이벤트와 커뮤니티 활동이 이루어지는 공간
2 스텝가든
건물외관에 벽면녹화로 친환경 건물계획
3 사이길
넓은 보행가로 조성으로 지역주민의 접근성 향상
4 하늘정원
옥상녹화와 트랙설치로 힐링공간 조성
열린마당
스텝가든
하늘정원
사이길
휴게데크
플랜트
앉음벽
녹음수
앉음벽/휴게시설
조경시설물계획
· 이용자의 활동과 상징성 고려
· 공간형태를 고려한 편리시설도입
포장계획
· 공간별 특성을 고려한 특화, 유도패턴
· 공간의 성격에 맞는 포장소재 도입
벽면녹화
· 벽면녹화의 설치 및 식물
· 식물생육 가능한 자동관수 시스템
· 에너지 절약, 건물보호, 공기정화
범죄예방 환경설계(CPTED) 계획
사각지대 없는 공간
자연감시가 가능한 안전한 계획
사각지대에 CCTV설치로 안전관리
스마트 안전 디자인
비상벨 설치로 범죄예방
차량출입통제 시스템 계획
안전을 위한 CPTED 계획
CPTED계획으로 범죄예방 환경조성
안전교육을 통한 안전사고 예방
1차 경계
가시권을 최대화한 배치
내외부 자연감시
2차 경계
차량 출입통제 시스템으로
진입영역 통합관리
3차 경계
옥외 CCTV계획으로
체육관 내 사각지대 최소화
차량 출입차단기
외부방문객 진출입 관리
안전한 가로 조성
지역주민의 안전시야 확보
비상벨
비상시를 고려한 안전 시스템
사각지대 CCTV
범죄 및 사고 사전 예방
시야확보
자연감시 및 외부관찰 용이
관리실
출입구 인접배치로 감시 용이
단계별 범죄예방(CPTED) 프로세스
1단계 자연감시
2단계 접근통제
3단계 영역성·명료성 강화
4단계 경계강화
가시권을 최대화한 배치
주출입구
부출입구
· 가로를 향한 출입구, 시야가 확보되는 배치를 통해 자연감시 및 외부관찰 용이
사각지대 CCTV 및 비상벨 설치
· 관리/관찰이 어려운 곳에 CCTV 설치로 사각지대 없는 안전한 체육시설 계획
차량 출입차단기
· 외부방문객 진출입 관리
야간조명
· 안전한 야간활동을 위해 LED 가로등 설치

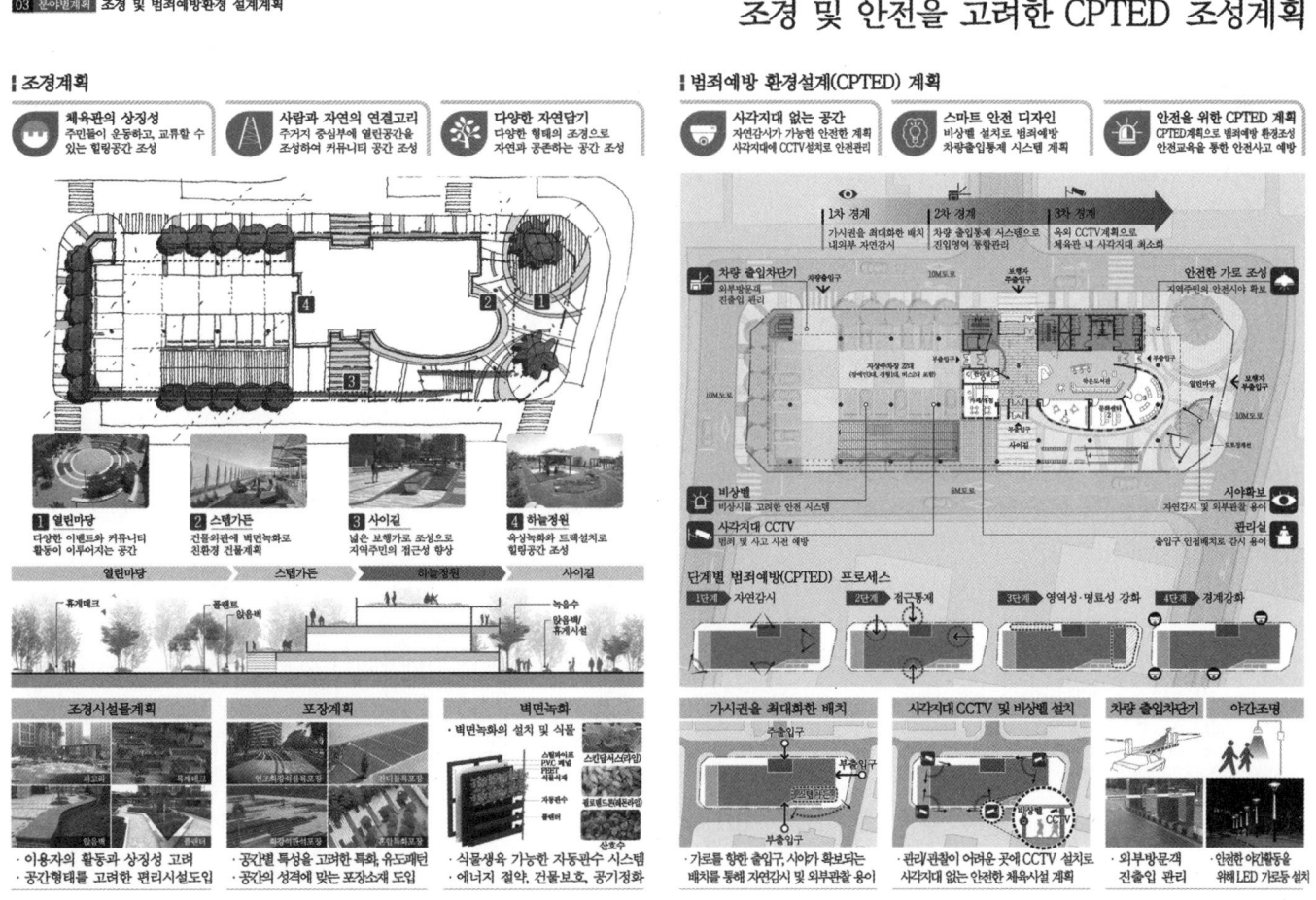

원당복합체육관

당선작 (주)위드종합건축사사무소 김세종 + (주)제이유건축사사무소 박제유 설계팀 박현규, 전홍열, 김선웅, 박지영(이상 위드)

대지위치 인천광역시 서구 원당동 825-1 **대지면적** 1,409.50㎡ **건축면적** 981.24㎡ **연면적** 3,451.46㎡ **건폐율** 69.62% **용적률** 200.34% **규모** 지하 1층, 지상 4층 **최고높이** 25.5m **구조** 철근콘크리트조 + 철골조 **외부마감** 와이드벽돌, 석재패널, 프릿글래스, 벽면녹화 **주차** 35대(장애인 주차 2대, 확장형 19대 포함)

The Frame_다양한 공간의 창[窓]

공동주택 단지와 상업 부지의 경계에 위치해 있고 삼면이 도로로 둘러싸인 대지는 다양한 성격의 모습을 담아야 하는 공간적 성격을 띠고 있다. 공동주택과 연계된 전면 도로변에서는 시설의 상징적인 성격이 보여야 하고, 주민들이 쉽게 파악할 수 있는 형태적인 특성을 가지고 있어야 한다. 또한 가로로 긴 이면 도로 쪽에서는 진입하면서 보이는 공간적 여유가 느껴져야 하며, 남쪽 도로변에서는 주변 건물을 배려하고 남쪽으로 열려진 공간이어야 한다. 이러한 다양한 조건이 제시된 대지의 특성에 잘 대응할 수 있고 각기 다른 프로그램이 다양한 방향의 공간으로 열릴 수 있도록, 제시된 프로그램이 드러나는 공간의 창, 진입하며 쉽게 건물을 인지할 수 있는 인지의 창, 작은 대지 안으로 자연환경을 최대한 끌어들일 수 있는 자연의 창을 각각 적용하여 대지의 복합적인 요구를 구현하고자 하였다.

The Frame; Windows of different spaces

The site is nestled on the border between a housing complex and a commercial district and is surrounded by roads on three sides. Such a locational context requires the site to embrace various contexts with different characteristics. The front road area adjoining the housing complex is expected to show the facility's symbolic quality and have a morphological characteristic that is easy to read for local people. The horizontally outstretched backside road area is to give a feeling of spaciousness through the entry sequence. The road in the south should show respect to neighboring buildings and remain open to the south. With an aim to effectively cope with such different site conditions and allow each program to open toward various spaces in different directions, spatial windows that reveal a designated program, cognitive windows that help grasp the building easily on the access road, and naturalistic windows that bring the natural scenery into this compact site are applied so that complex demands on the site can be met.

Prize winner WITH ARCHITECTS_Kim Sejong + JU architect & planners_Park Jeyu **Location** Seo-gu, Incheon **Site area** 1,409.50㎡ **Building area** 981.24㎡ **Gross floor area** 3,451.46㎡ **Building coverage** 55.2% **Floor space index** 200.34% **Building scope** B1, 4F **Height** 25.5m **Structure** RC + SC **Exterior finishing** Wide brick, Stone panel, Frit glass, Wall planting **Parking** 35 (including 2 for the disabled, 19 for extension type)

Wondang Complex Gymnasium

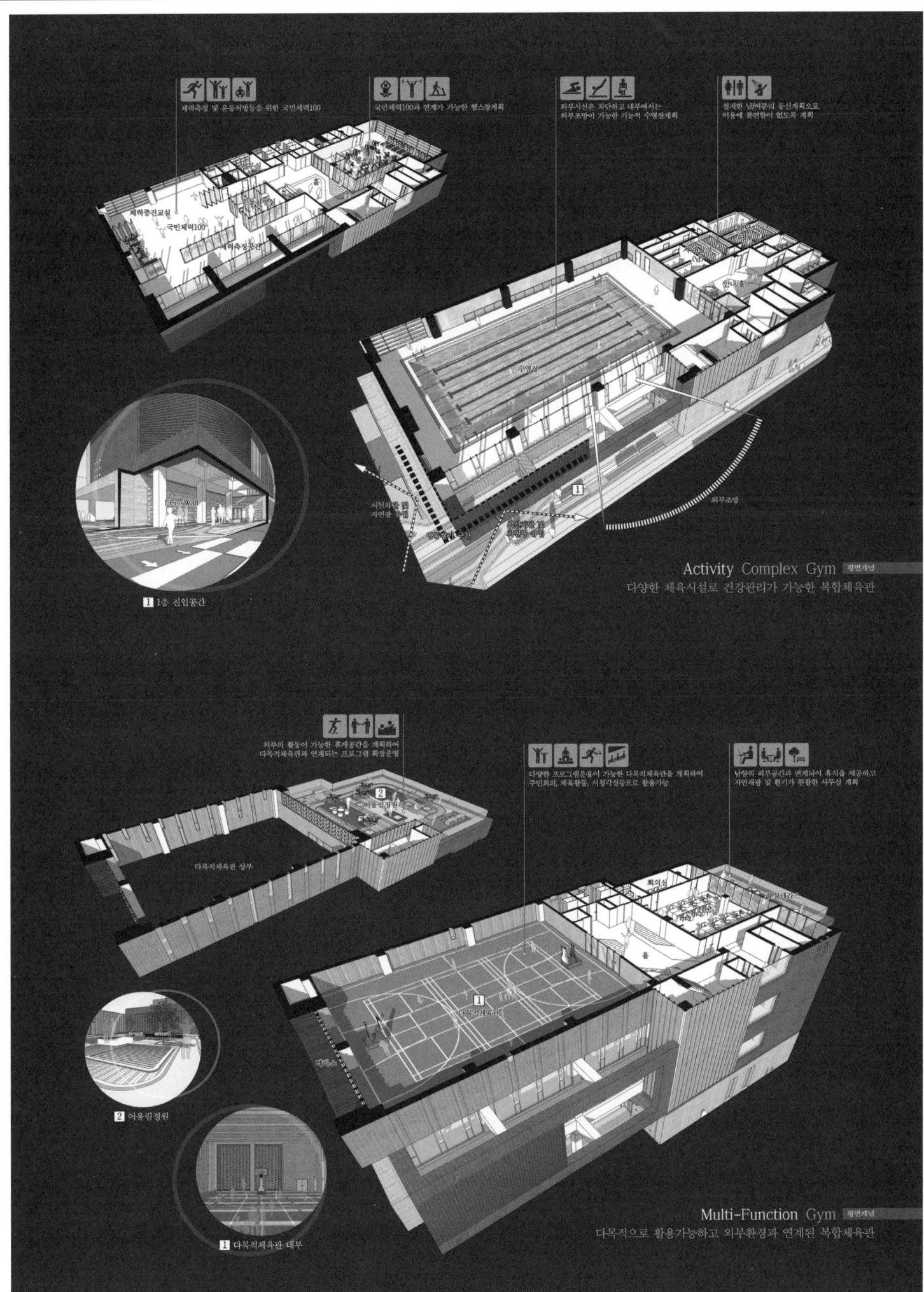

원당복합체육관

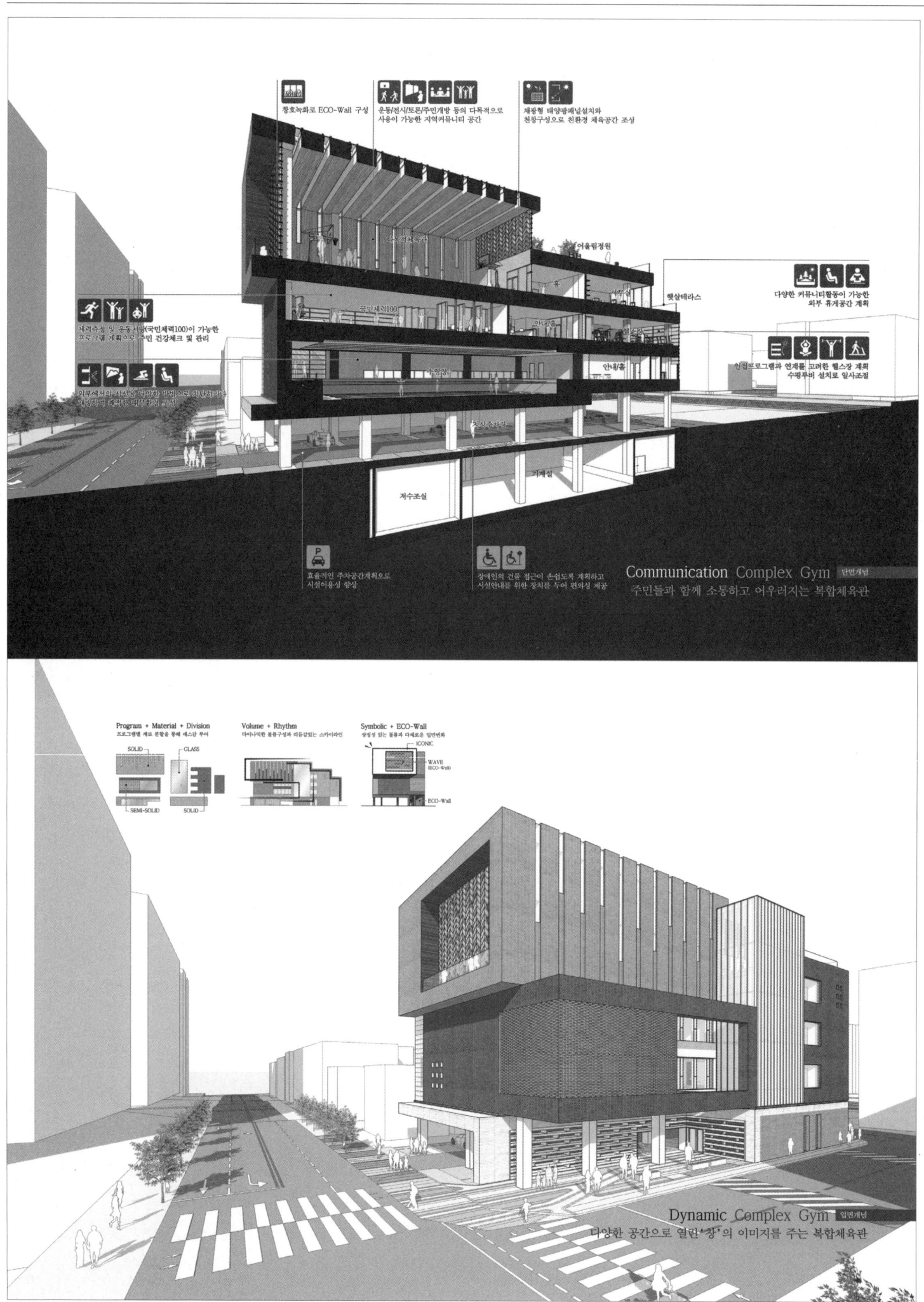

Wondang Complex Gymnasium

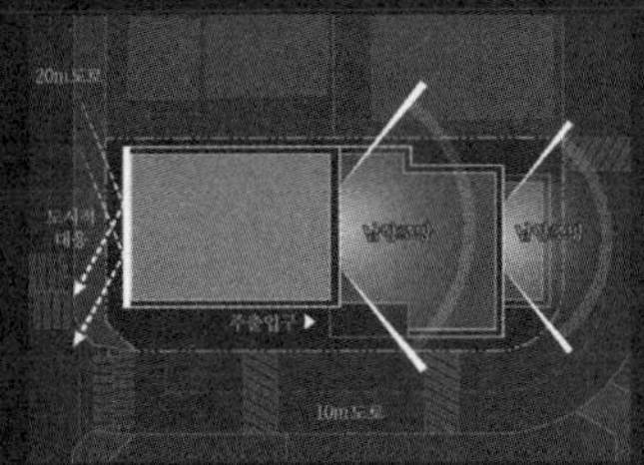

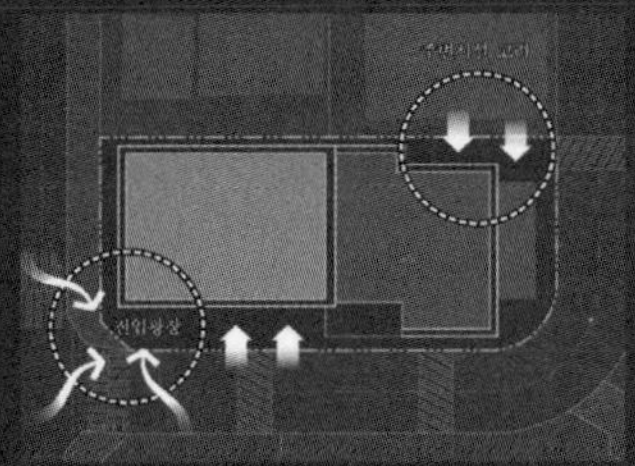

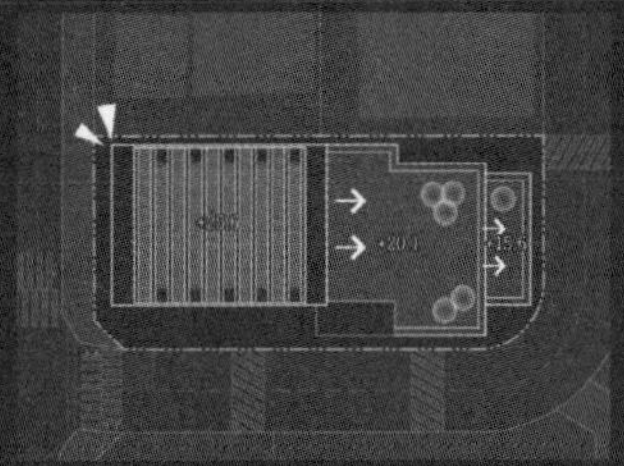

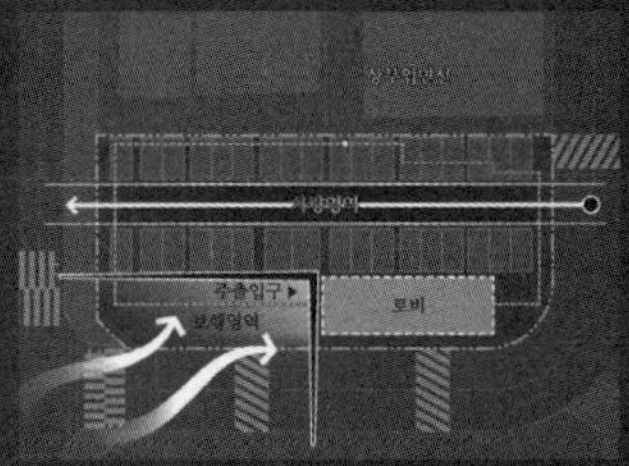

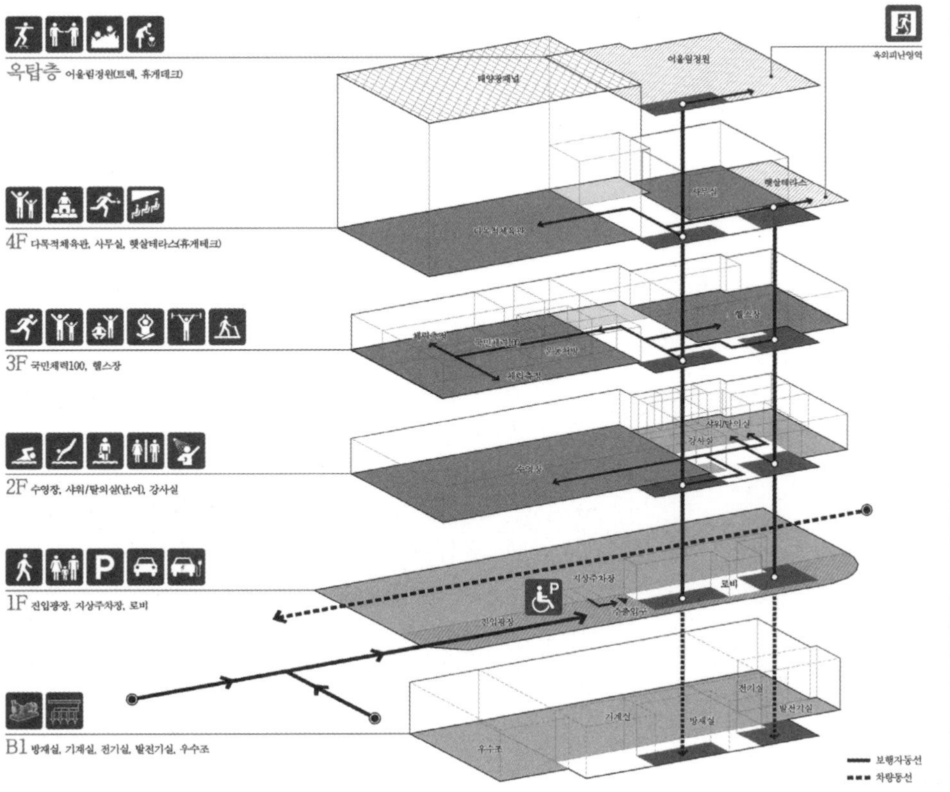

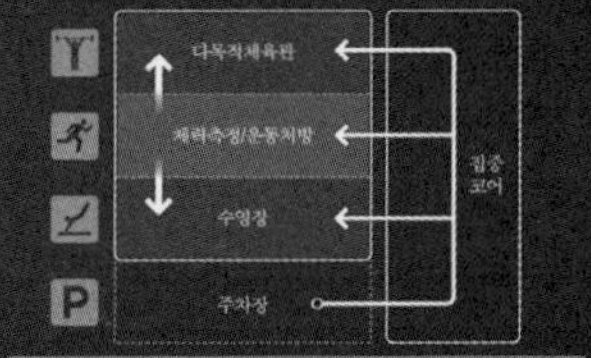

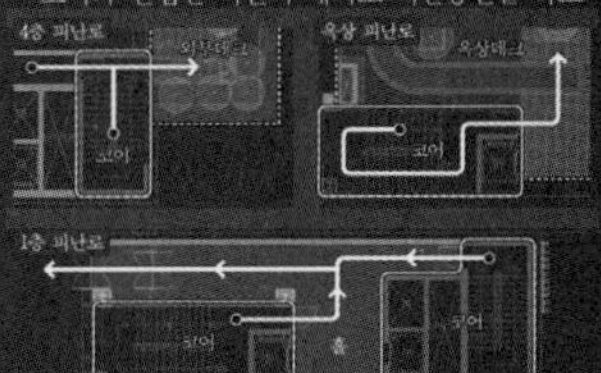

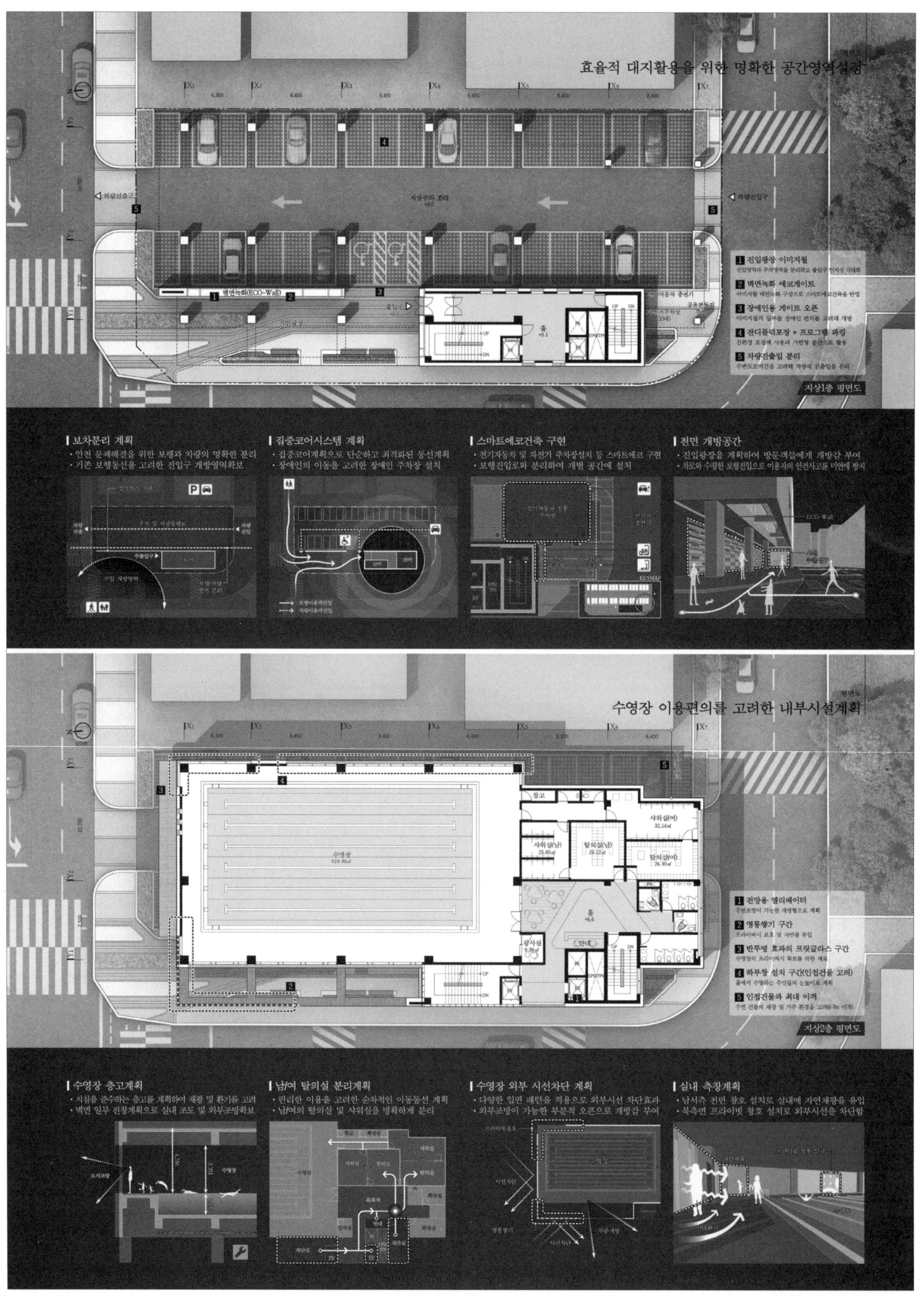

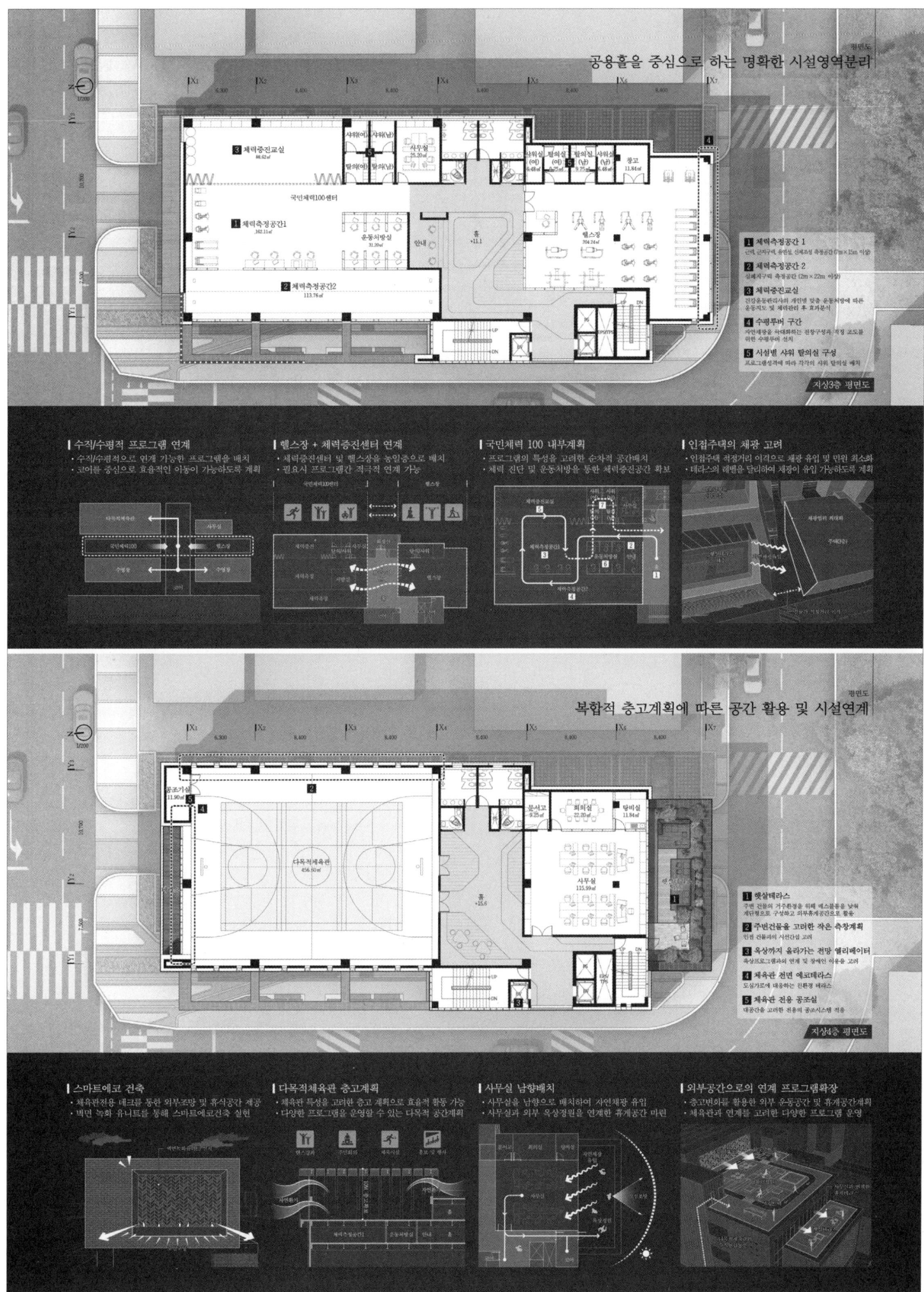

원당복합체육관

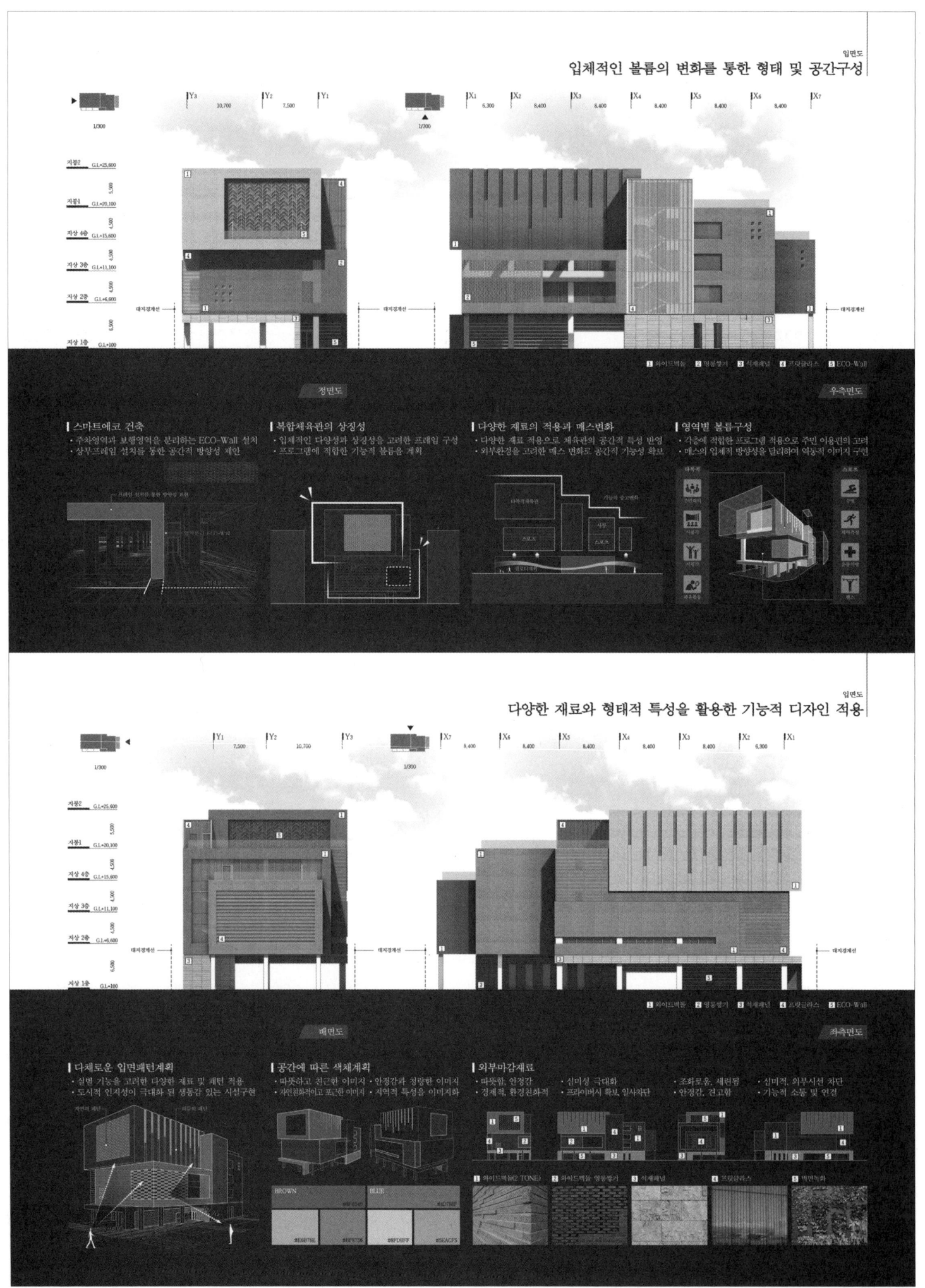

단면도

프로그램의 특성을 고려한 적정층고계획

유기적으로 연계된 수직 프로그램 조닝

- 수직과 수평적으로 프로그램간 연계
- 내외부 공간의 유기적인 연계 확보

수영장 공간계획

- 수영장 이용객의 프라이버시 및 채광을 확보
- 효율적인 수리를 위한 하부 설비공간계획

친환경 다목적체육관

- 높은 층고를 활용한 다양한 창호 설치로 자연환기
- 남향 측창계획으로 자연채광이 깊게 유입가능

다양한 외부테라스 계획

- 층고를 활용한 다양한 휴게 및 활동공간 계획
- 다목적체육관과 연계하여 야외운동 프로그램 운용

인테리어계획

제시된 체육프로그램에 적합한 내부 시설계획

체육관 인테리어 주안점

- 다이나믹한 역동성을 형상화
- 충분한 채광환경 조성

- 자연환경을 입면 패턴으로 형상화
- 투명과 불투명의 리듬감 있는 패턴적용

- 따뜻한 브라운계열 색채 사용
- 다양한 입면패턴 및 재료사용

수영장 인테리어 주안점

- 반사재질의 천정재료사용
- 반사를 활용한 공간적 확장감 확보

- 영롱쌓기로 심미성을 극대화
- 프라이버시 확보 및 외부시선 차단

- 목재루버·석재타일·프릿글라스 재료 사용
- 수평선을 강조한 생동감 있는 계획

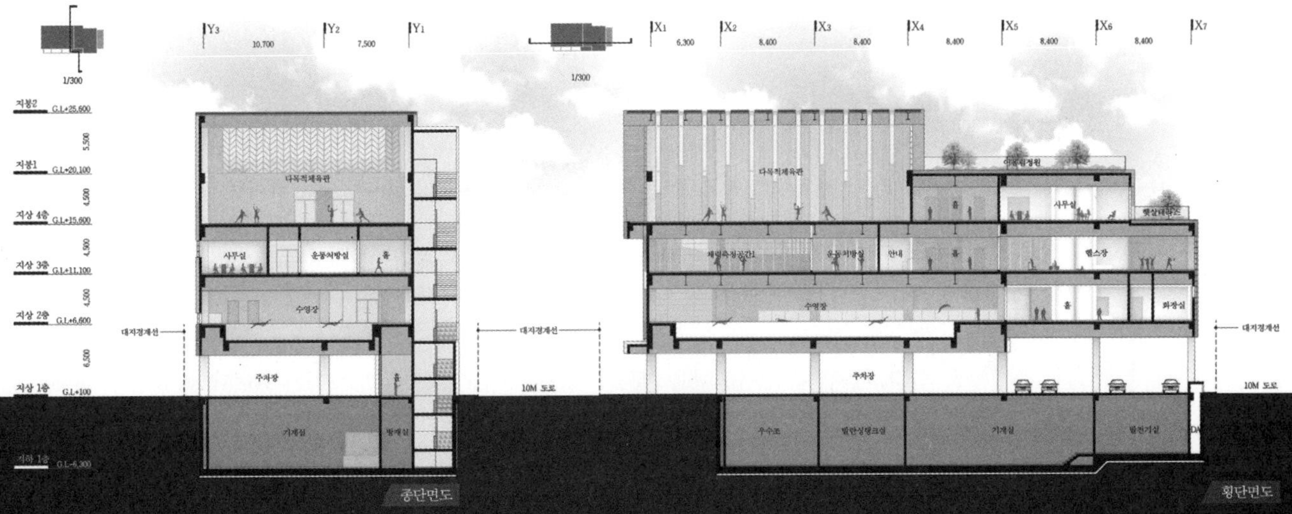

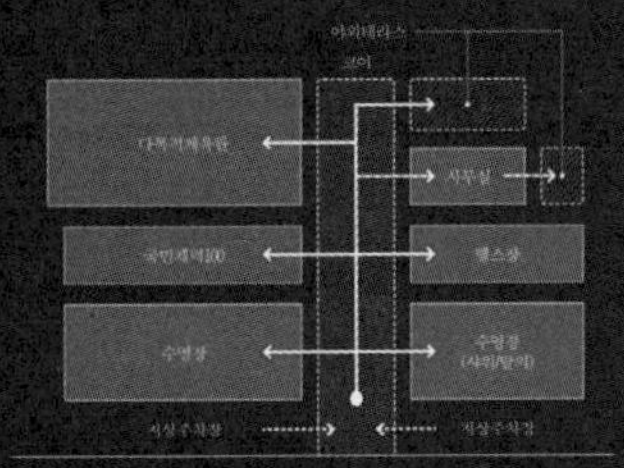

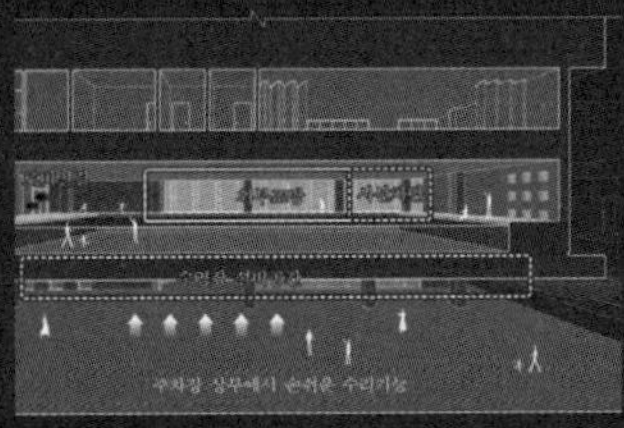

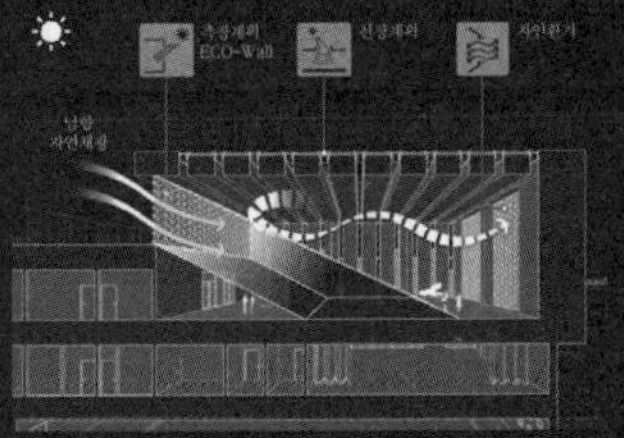

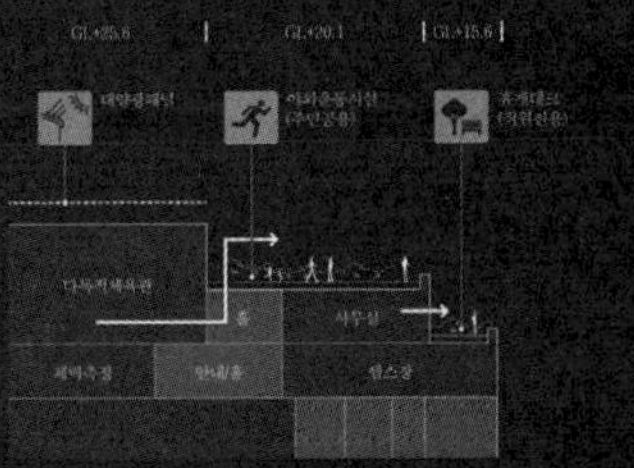

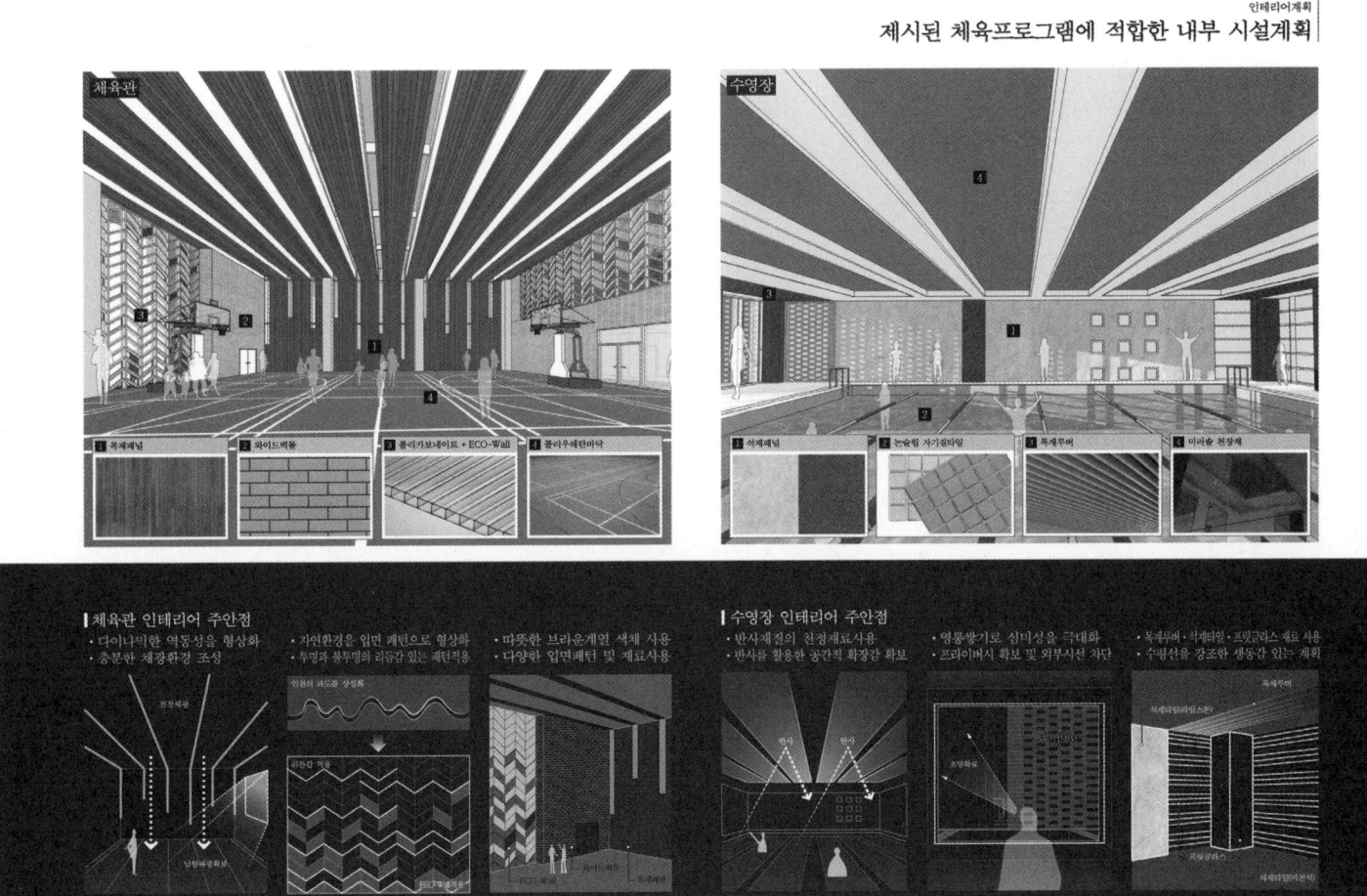

금촌 다목적 실내체육관

당선작 (주)건정종합건축사사무소 노형래 + (주)신우건축사사무소 정 준 설계팀 장승현, 백성욱, 김민정, 송은지

대지위치 경기도 파주시 중앙로 160 일원 **대지면적** 158,101.00㎡ **건축면적** 3,789.68㎡ **연면적** 5,799.66㎡ **조경면적** 2,757.69㎡ **건폐율** 2.4% **용적률** 3.67% **규모** 지상 2층 **구조** 철근콘크리트조, 철골조 **최고높이** 20.1m **외부마감** 세라믹패널, 금속패널, 로이복층유리 **주차** 185대(장애인 주차 6대, 확장형 179대 포함)

분산된 스포츠시설과 연계되지 않은 외부공간, 혼재된 주차장과 보행동선, 이곳에 새로운 중심과 활력을 부여하고자 하였다. 대지축을 연결하여 스타디움과 연계한 새로운 랜드마크를 만들고, 기존 지형을 활용하여 시설별 접근이 가능한 입체적이고 독립적인 동선계획을 하였다. 크고 작은 야외마당이 통하는 중심활력공간과, 스타디움을 통합시키는 어울림 마당, 내부가 연계되는 다양한 커뮤니티 공간을 통해 주민들이 소통하는 공간을 만들었다.

낮은 매스계획으로 주변 시설과 조화를 이루며 주변 환경에 어우러지는 스카이라인으로 계획하고, 스타디움을 향한 역동적인 건물형태와, 기능에 따른 매스 분리를 통해 체육시설의 상징성을 부여하였다. 아울러 입면디자인은 파주의 꽃인 코스모스를 형상화한 패턴으로 지역성과 자연의 흐름을 반영하였다.

The objective was to create a new center and give new life to the project site filled with scattered sports facilities, isolated outdoor spaces and messy parking areas and pedestrian paths. Different axes around the site are connected to introduce a new landmark linked with the stadium. The original topography is efficiently used to establish a three-dimensional and independent circulation system that provides separate access to each facility. 'Activity Zone' leads to small and large outdoor spaces, 'Community Plaza' integrates all the stadium facilities, and various community facilities provides interconnected interior spaces. They together create an open place where people can communicate each other. The low-rise mass design makes harmony with neighboring buildings and forms a skyline that blends in well with its surroundings. The dynamic exterior design stretching toward the stadium and the mass subdivided according to the nature of each function express the symbolic image of a sports facility. The façade portrays the local characteristics and the natural context of the area with a pattern design that represents cosmos, the flower of Paju.

Prize winner KUNJUNG Architects & Engineers_Roh Heoungrae + SINWOO_Jung Jun **Location** Jungang-ro, Paju, Gyeonggi-do **Site area** 158,101.00m² **Building area** 3,789.68m² **Gross floor area** 799.66m² **Landscaping area** 2,757.69m² **Building coverage** 2.4% **Gross floor area** 3.67% **Building scope** 2F **Structure** RC, SC **Exterior finishing** Ceramic panel, Metal panel, Low-E paired glass **Parking** 185 (including 6 for the disabled, 179 for extension type)

금촌 다목적 실내체육관

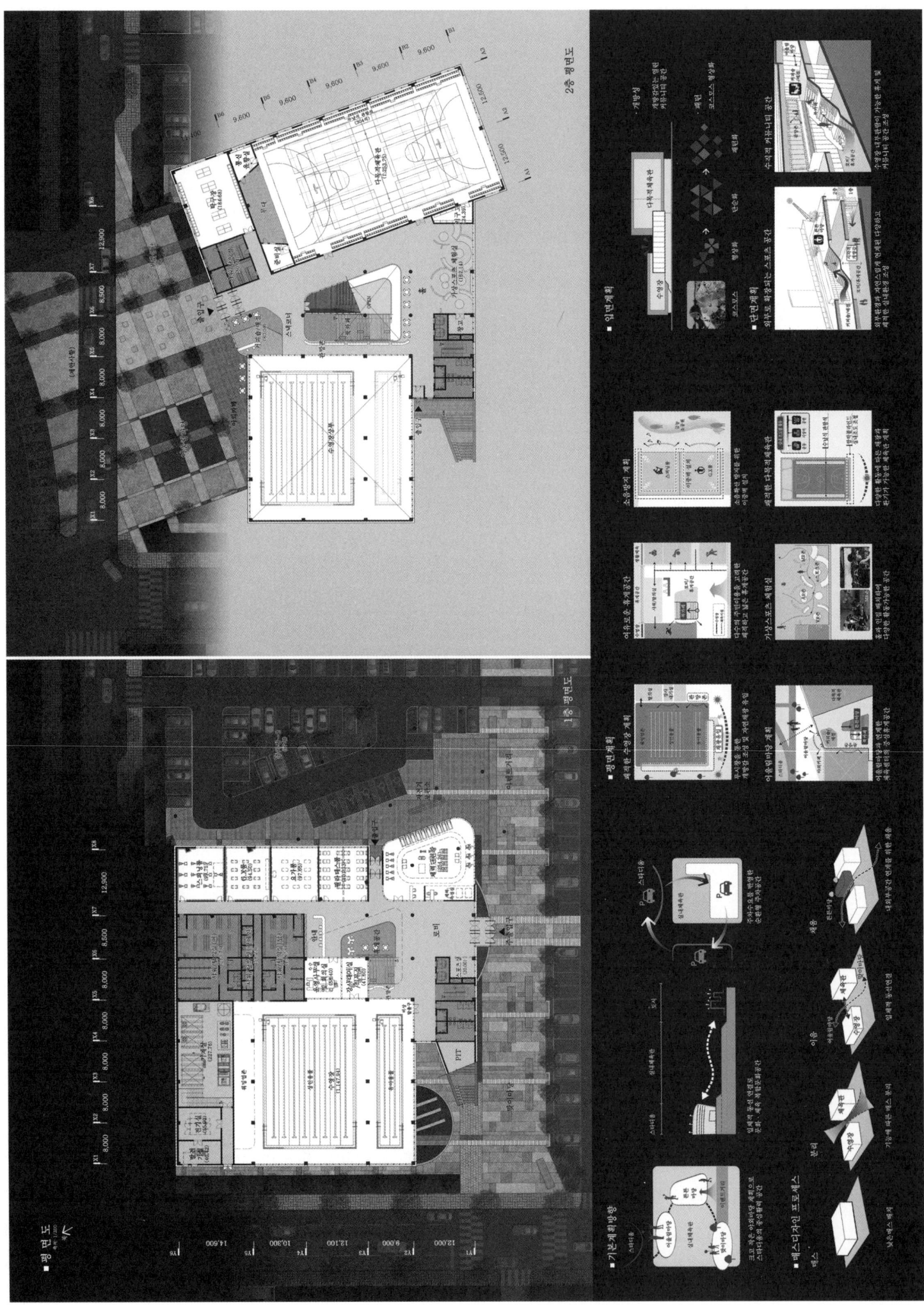

Geumchon Multipurpose Gymnasium

갈매 공공체육시설

당선작 (주)다인그룹엔지니어링건축사사무소 이경희 설계팀 오승준, 김정하, 이욱주, 김승진, 이상호, 공진화, 김상균, 박보경, 정재훈

대지위치 경기도 구리시 갈매동 645 **대지면적** 3,024.70㎡ **건축면적** 1,426.95㎡ **연면적** 9,156.95㎡ **건폐율** 47.18% **용적률** 200.98% **규모** 지하 2층, 지상 5층 **구조** 철골철근콘크리트구조, 철골조 **외부마감** 세라믹패널, 고밀도목재패널, 로이복층유리 **주차** 68대

본 프로젝트는 지역주민 누구나 즐겁게 이용할 수 있는 '스포츠몰', 지역의 스포츠커뮤니티를 위한 '워킹스트리트', 모두에게 열려있는 '스포츠 허브' 등 기존의 거점형 체육시설에서 지역 특성을 고려하고 사용자 중심으로 운영되는 '생활밀착형 체육센터'를 제안한 프로젝트이다.

이를 위해 갈매지구 거주자의 현황과 사용자 니즈를 분석하여 다양한 체육활동뿐만 아니라 휴식과 소통이 가능한 함께하는 공동체 공간을 마련하고자 하였으며, 수변공원과 도시가로에서 모두 진입 가능한, 언제나 열려있는 '스포츠 허브'를 계획하여 인지성과 상징성을 확보하였다.

세부 계획안에서는 '워킹스트리트'를 중심으로 문화존, 헬스케어존을 구성하고 지역주민뿐만 아니라 누구나 쉽게 머무를 수 있는 소통 및 교류공간을 지반층에 마련, 체력검진과 측정을 통한 맞춤형 운동프로그램을 제안하였다. 특히 공공체육시설로서 이용에 소외되는 계층이 없도록 전 연령층에 대응해 계획한 알파 프로그램으로 구성된 '스포츠몰'은 엔터테인먼트적 요소를 도입한 체험공간인 Attraction Zone, 연계를 통한 응용 운동이 가능한 Trend Zone, 온 가족이 함께 즐기는 가족형 체육 공간인 Play Sports Zone 등 다채로운 공간으로 구성하였다.

여기에 역사 경관지구에 속하는 갈매의 돌담을 모티브로 한 입면패턴과 공공 체육시설의 활동을 표출하는 오픈부를 통해 따뜻하고 친근한 입면디자인을 제시하였다.

This project introduces 'Sports Mall' accessible to anyone in the area, 'Walking Street' for local sports communities and 'Sports Hub' for everyone by combining local characteristics with the already-existing concepts of a local hub-type sports facility, with an aim to proposes a user-centric, 'community-type sports center'.

To that end, the resident status of Galmae District and the needs of facility users are carefully analyzed to design an approachable community space that provides a place not only for various sports activities but also for relaxation and communication. Also, the 'Sports Hub' is designed to have access from both the waterfront park and urban streets and to be open all the time so that the entire complex can have a more distinct and iconic look. According to the detailed plan, 'Culture Zone' and 'Healthcare Zone' are formed around the 'Walking Street'. A communication and socialization space available not only for local people but also for anyone is positioned on the ground floor. And personalized exercise programs coupled with overall health examination or assessment services are provided. Especially, the 'Sports Mall' is designed as an alpha program to embrace all generations so that not a single group of people can find themselves being marginalized from the services of a public sports facility. This area is filled with various programs including 'Attraction Zone' with entertainment features, 'Trend Zone' for applied exercise activities connected with other programs, and 'Play Sports Zone', a family-friendly sports facility that allows all family members to have a good time together.

In addition, a facade pattern inspired from the stone walls of Galmae, which belongs to a scenic and historic interest area, is incorporated, and wide openings that directly show dynamic activities inside this public sports complex are added to come up with a warm and friendly facade design.

Prize winner DAAIN GROUP Architects & Engineers Co., Ltd._Yi Kyonghee **Location** Guri-si, Gyeonggi-do **Site area** 3,024.70m² **Building area** 1,426.95m² **Gross floor area** 9,156.95m² **Building coverage** 47.18% **Floor space index** 200.98% **Building scope** B2, 5F **Structure** SRC, SC **Exterior finishing** Ceramic panel, High density wood panel, Low-E paired glass **Parking** 68

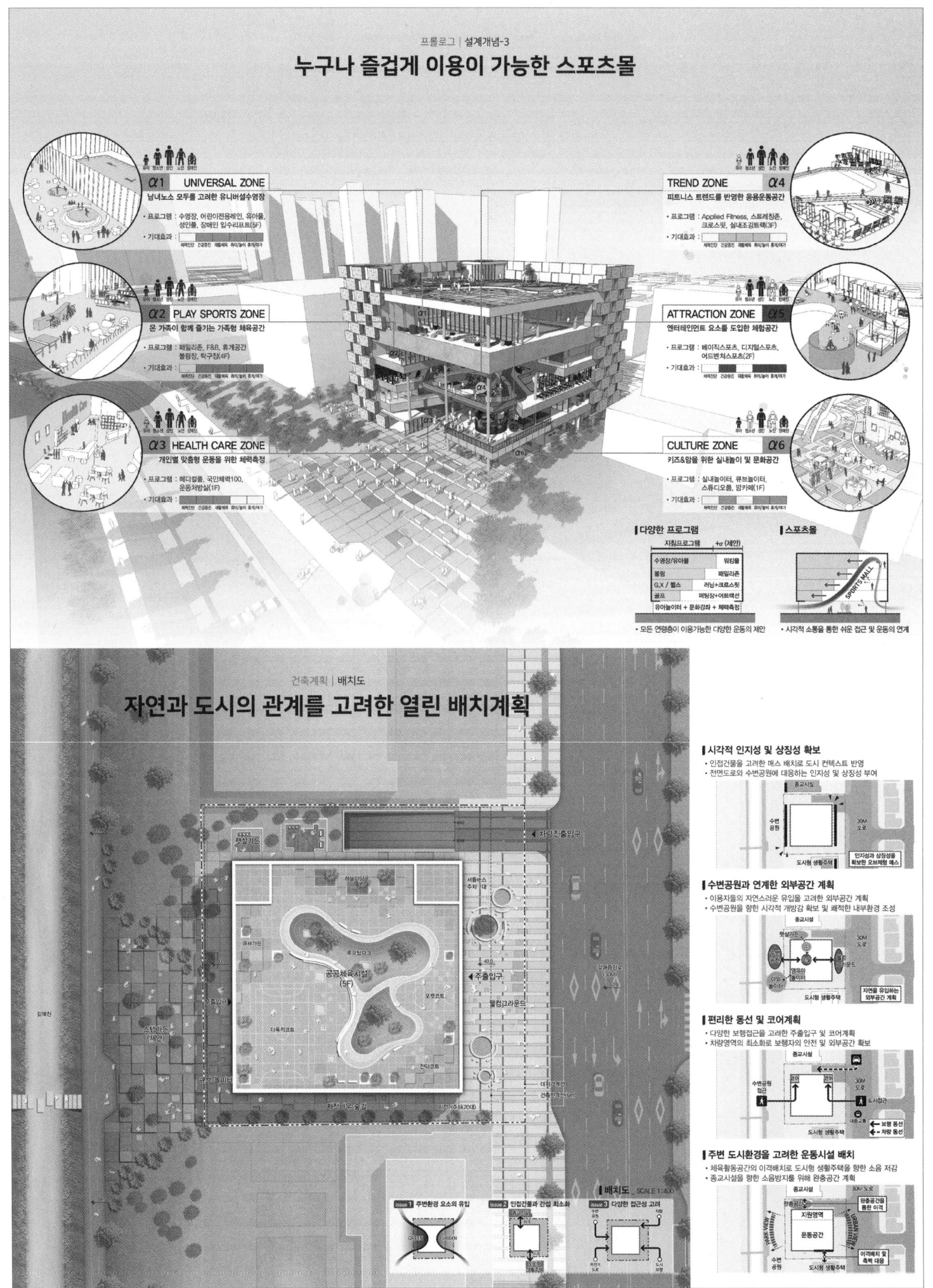

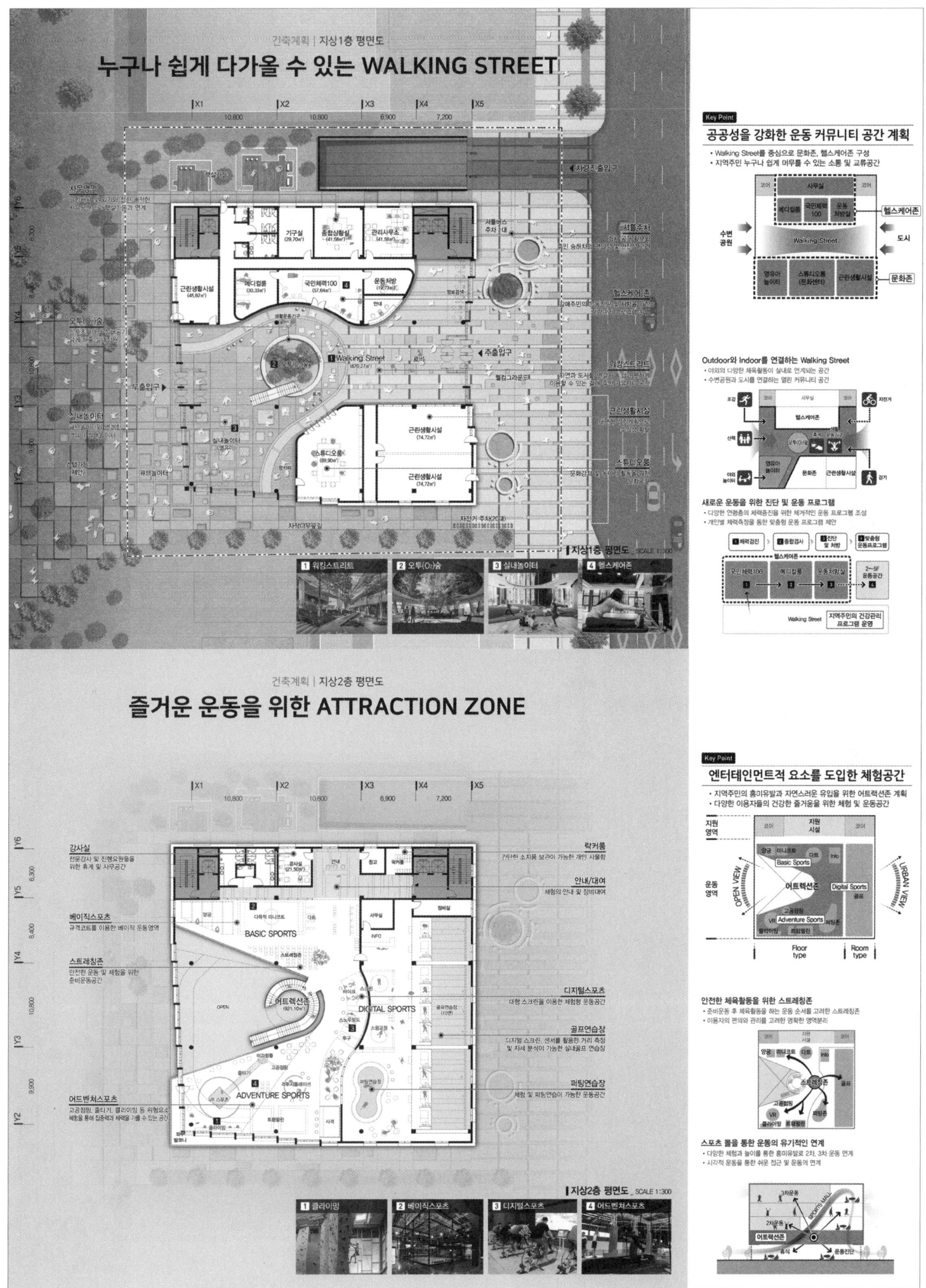

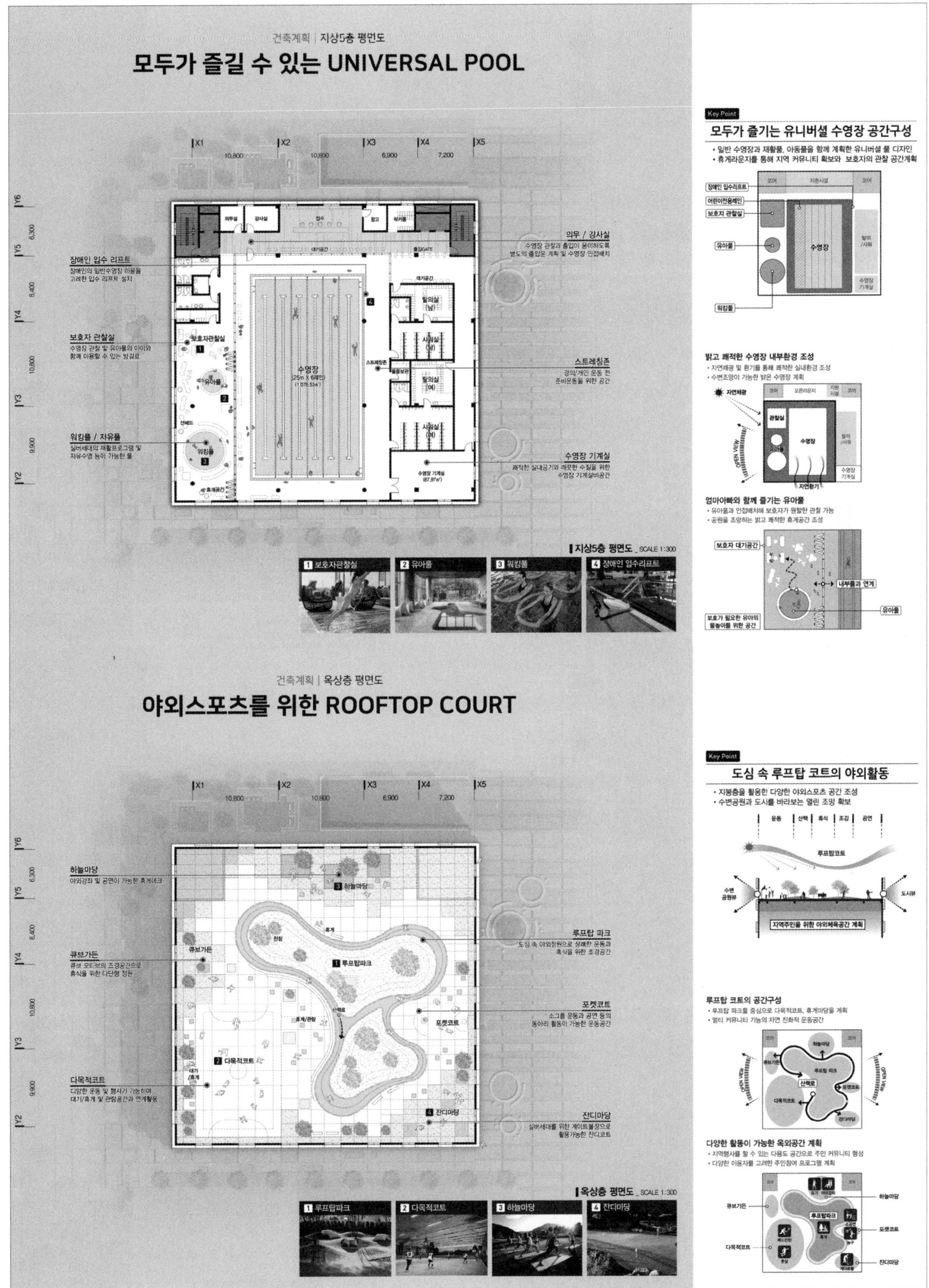

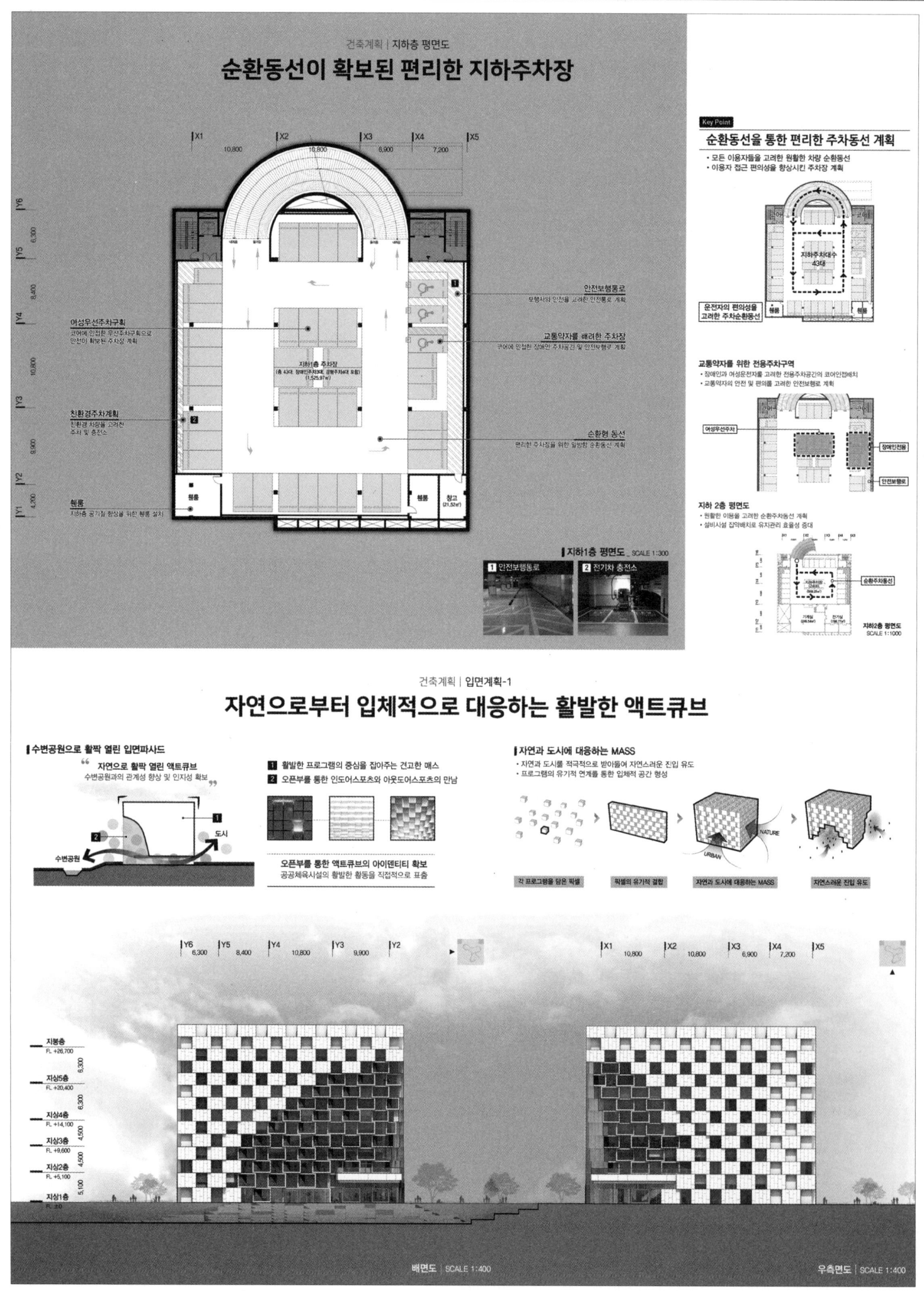

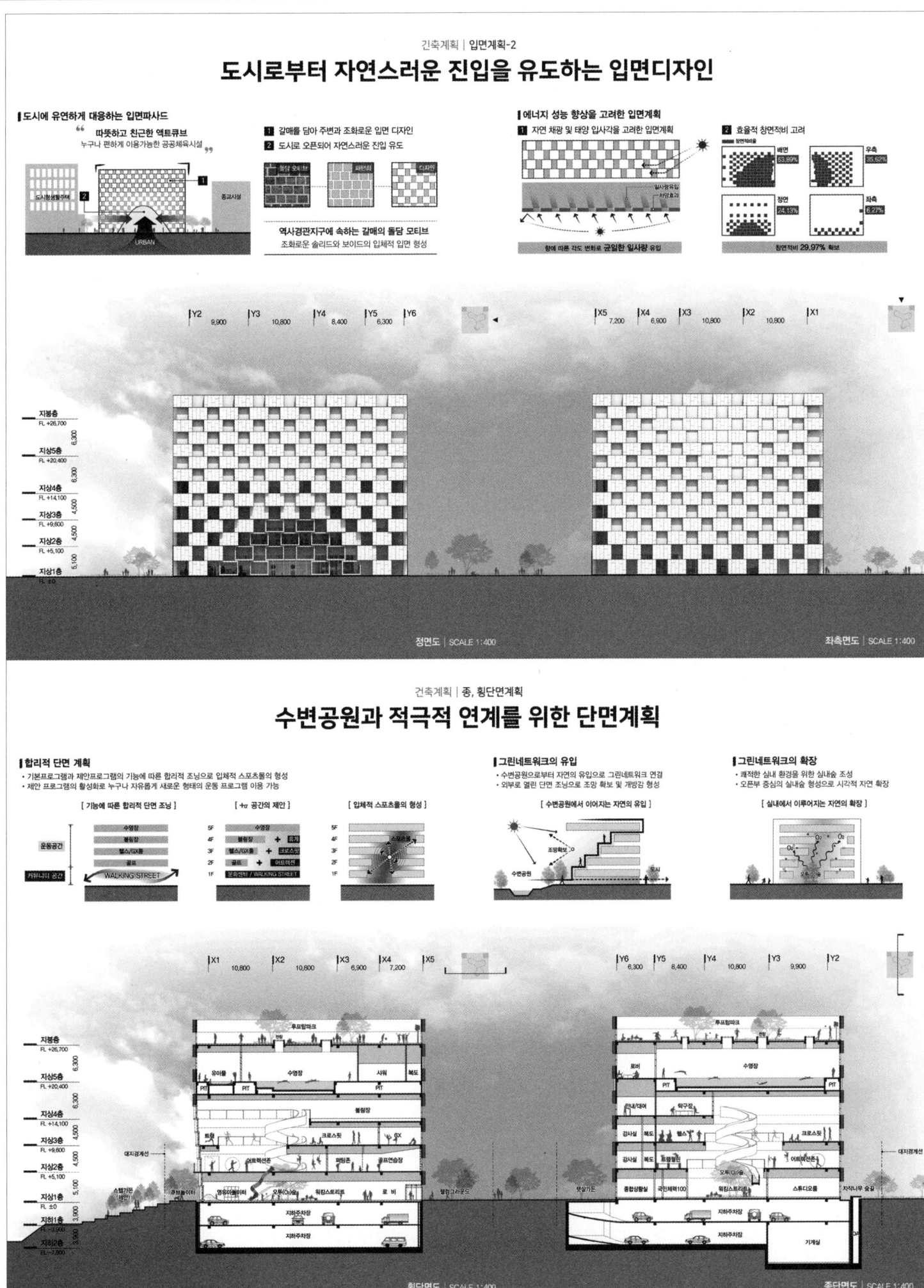

당감동 복합 국민체육센터

당선작 (주)한미건축종합건축사사무소 이봉두 + (주)부산건축종합건축사사무소 정태복, 이채근 설계팀 주인철, 김슬아, 박범준, 김경진, 전명진, 이인수(이상 한미) 김문성, 임나진, 김혜찬(이상 부산)

대지위치 부산광역시 부산진구 당감동 257-16번지 외 7필지 **대지면적** 1,309.00㎡ **건축면적** 768.41㎡ **연면적** 6,372.13㎡ **조경면적** 204.97㎡ **건폐율** 59.13% **용적률** 281.98% **규모** 지하 3층, 지상 7층 **최고높이** 26.7m **구조** 철근콘크리트조 **외부마감** 컬러 노출콘크리트, 녹화벽, 로이복층유리, 프릿유리 **주차** 83대(장애인 주차 3대 포함)

어반 트랙

기존의 체육시설은 시설을 이용하는 사용자에게만 열린 공간이었다. 본 계획은 수직외부계단과 수목이 있는 발코니를 하늘까지 연결해 외부의 입체 산책코스로 활용하며, 지역민 누구나 쉽게 이용 가능한 어반 트랙을 제안하였다. 도시로 소통하는 외부계단은 녹지와 연결되어 1층 공공가로변에서부터 옥상까지 이어진다. 옥상은 도시로 열린 전망대로서, 지역민에게 열린 조망과 쉼터를 제공한다. 각 층을 연결하며 움직이는 지역민의 외부 동선과 드러낸 어반 트랙의 볼륨감은 도시 활력의 요소로 지속 가능한 소통의 장이 될 것이다.

스카이 풀

본 계획안은 주요시설 중의 하나인 수영장(Sky Pool)을 최상층으로 제안하였다. 이제까지 국민체육센터의 수영장은 대부분 지하나 저층에 위치하고 있었지만, 하늘로 열린 수영장은 도시에서 하늘을 유영하는 기분 좋은 경험을 제공한다. 도시에 활력을 주는 어반트랙과 하늘로 열린 수영장은 앞으로 국민체육센터의 새로운 패러다임이 될 것이다.

Urban Track

The existing sports center was open exclusively to its users. The proposal extends a balcony with external vertical stairs and plants toward the sky to turn it into a three-dimensional outdoor walkway. And this walkway becomes an urban track that anyone can use casually.
The external stairs interacting with the city is connected with a green area so that they can run all the way from the public streetside on the ground floor to the rooftop. The rooftop is an observatory open toward the city, offering a panoramic view and a shelter to local people. Together with external circulation routes establishing connection between floors, the exposed mass of the urban track forms a sustainable communication space that adds life to the city.

Sky Pool

Sky Pool, one of the main features of this project, is positioned on the top floor. In the past, the swimming pool of a public sports center was usually positioned underground or on a lower floor. However, this Sky Pool will provide a delightful experience of swimming in the sky above the city. The urban track that energize the city and Sky Pool will suggest a new paradigm for public sports centers.

Prize winner Hanmi Architects_Lee Bongdoo + Busan Architecture_Jung Taebok, Lee Chaekeun **Location** Danggam-dong, Busanjin-gu, Busan **Site area** 1,309.00m² **Building area** 768.41m² **Gross floor area** 6,372.13m² **Landscaping area** 204.97m² **Building coverage** 59.13% **Floor space index** 281.98% **Building scope** B3, 7F **Height** 26.7m **Structure** RC **Exterior finishing** Color exposed concrete, Green wall, Low-E paired glass, Frit glass **Parking** 83 (including 3 for the disabled)

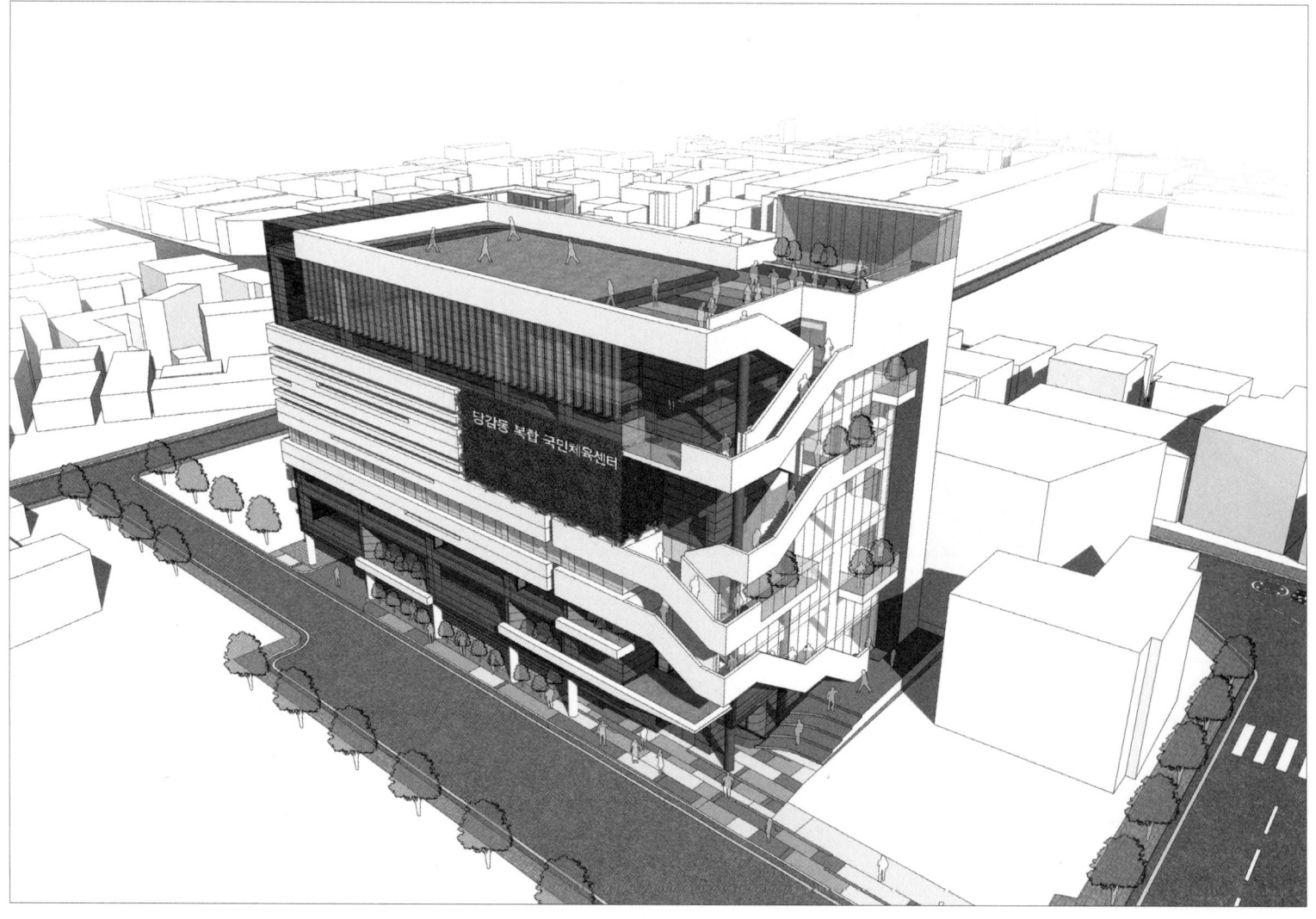

Danggam-dong Complex National Sports Center

건축개요/Summary
계획개념

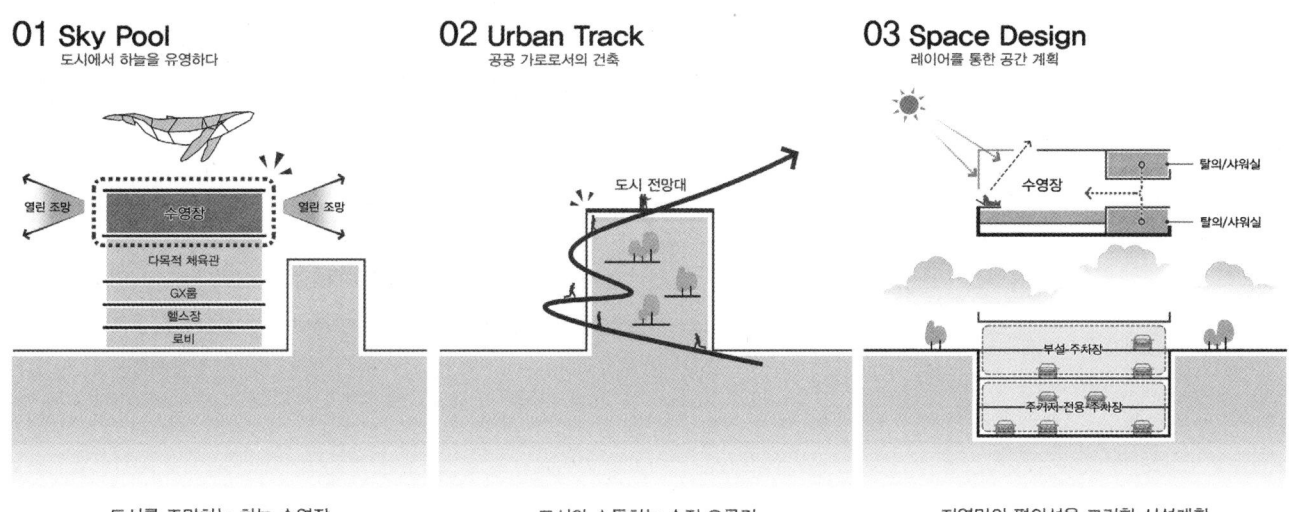

건축계획/Architectural Plan
대지현황분석

도시 · 환경적 맥락에서의 대지분석

당감동 복합 국민체육센터

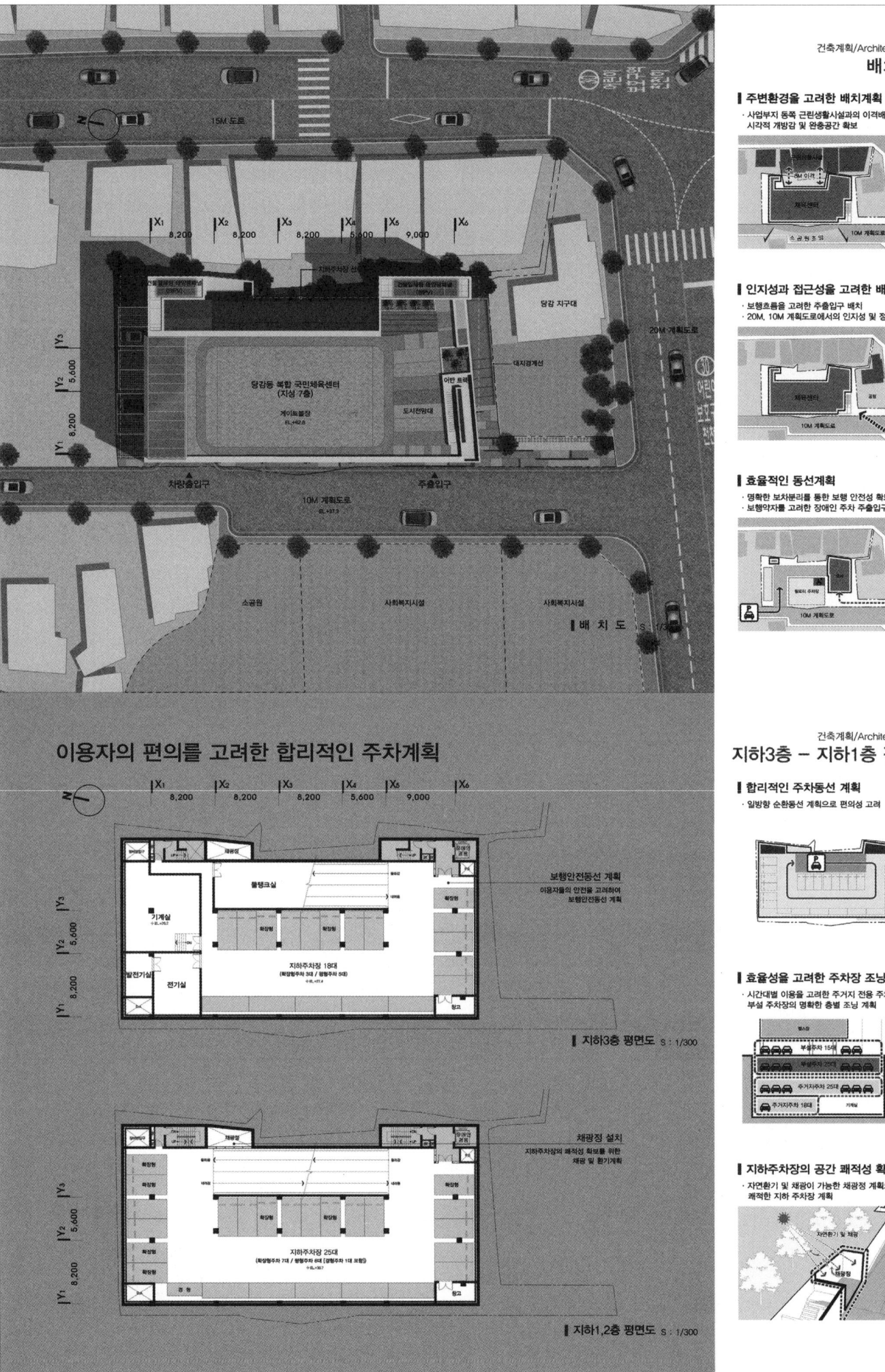

Danggam-dong Complex National Sports Center

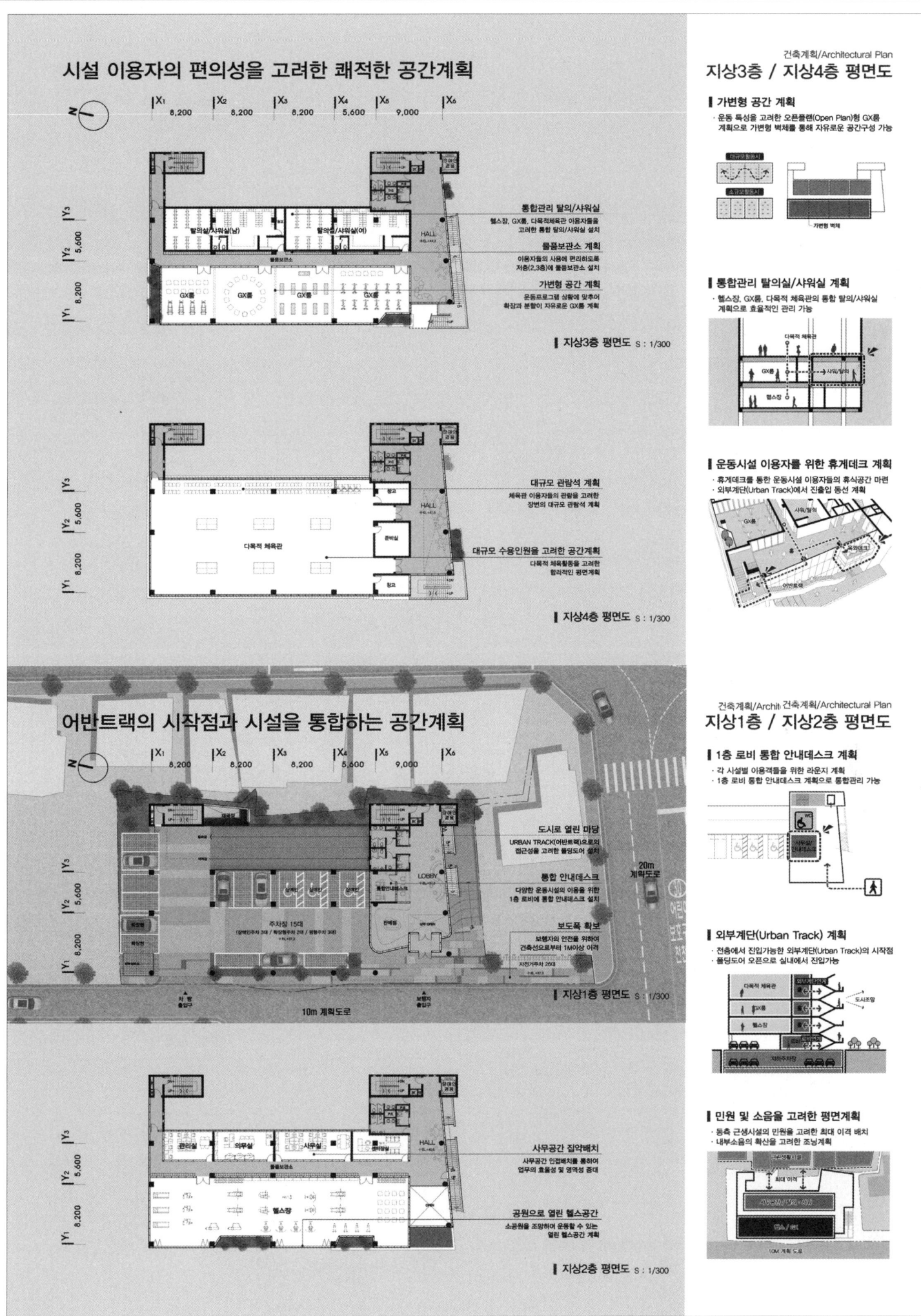

당감동 복합 국민체육센터

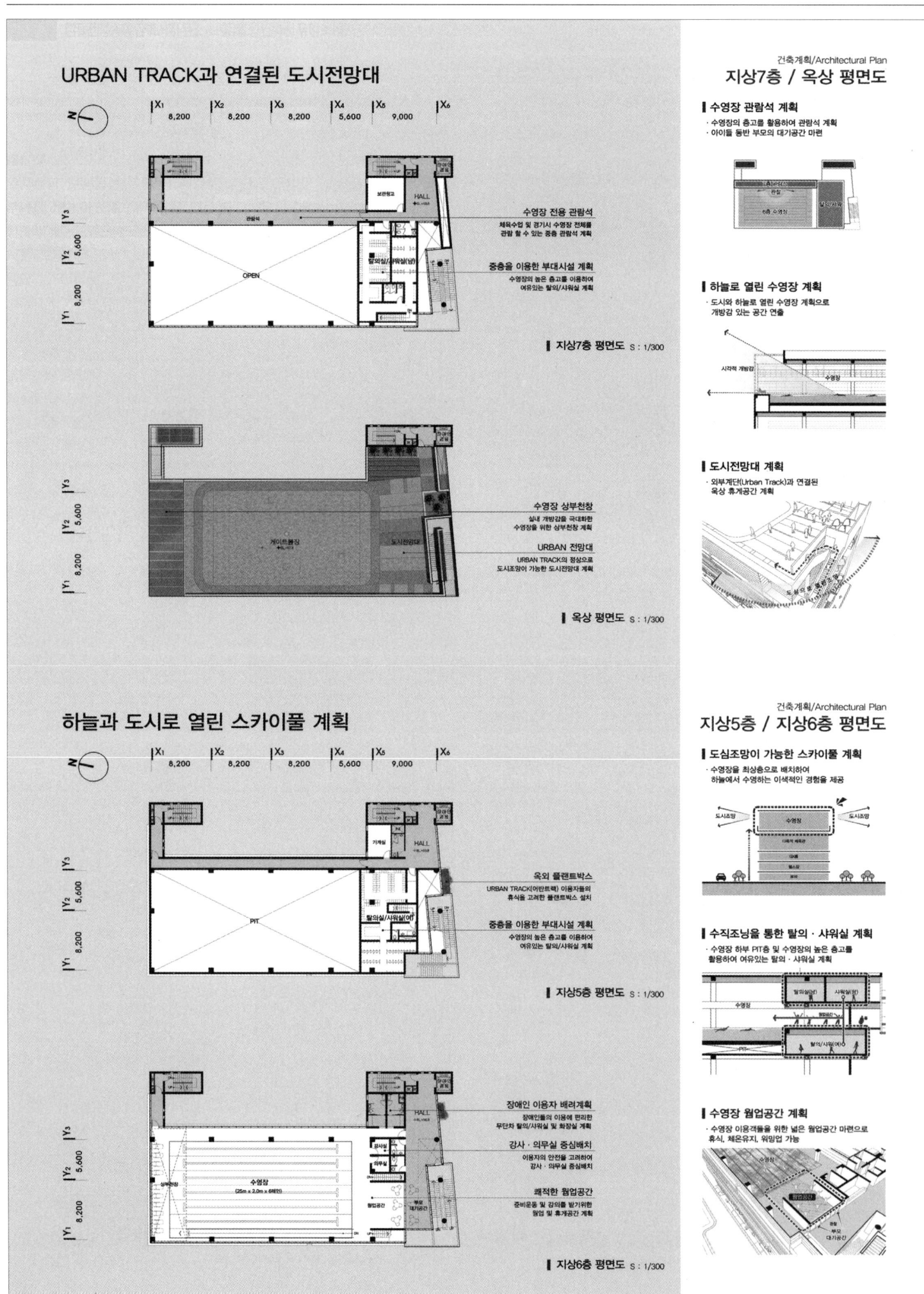

Danggam-dong Complex National Sports Center

상징적인 정면성과 도시를 유입하는 입면계획

건축계획/Architectural Plan
입면계획

- 옥외계단(Urban Track) 계획
- 도심의 경관을 고려한 입면 녹화 계획
- 시설의 특성을 반영한 입면계획
- 서향에 대응한 입면계획

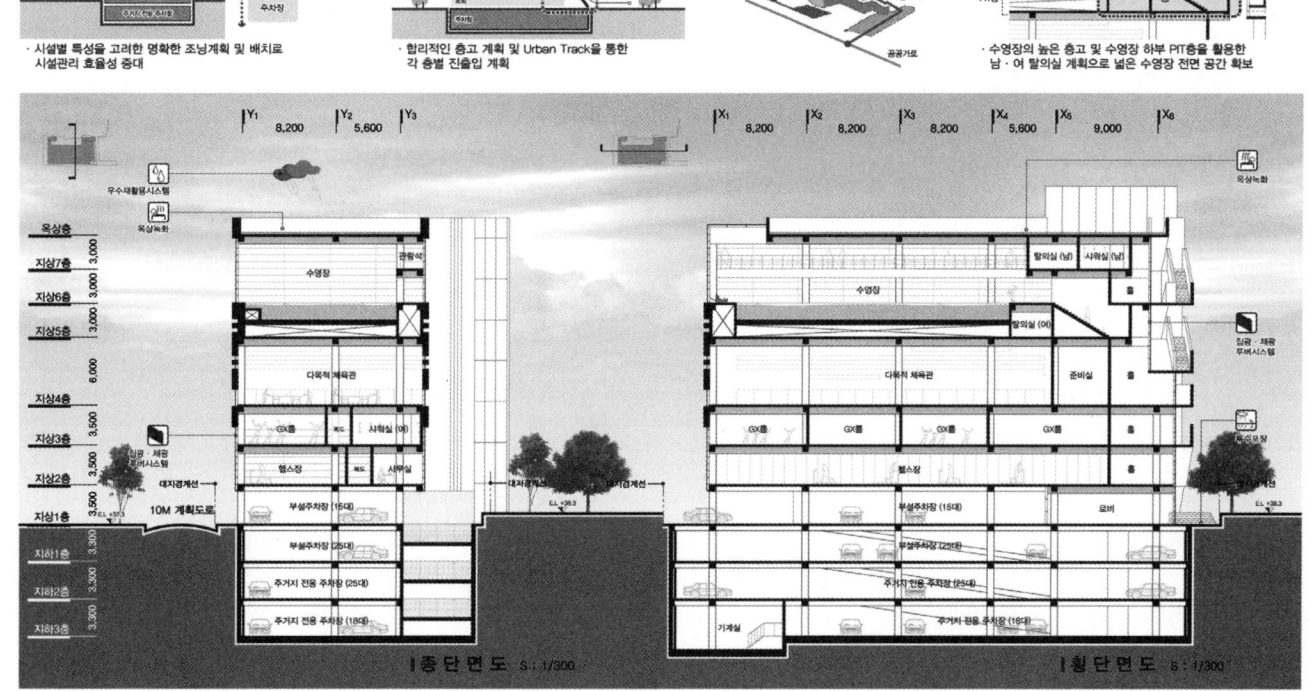

공간별 특성을 고려한 합리적인 단면계획

건축계획/Architectural Plan
단면계획

- 효율적 시설 운영을 위한 조닝 계획
- 각층마다 진입 가능한 Urban Track
- 합리적인 수영장 부대시설 계획

사천시 생활밀착형 국민체육센터

당선작 (주)리드엔지니어링건축사사무소 윤석호 설계팀 서현정, 이승아, 윤혜지

대지위치 경상남도 사천시 정동면 예수리 405번지 일원(항공우주테마공원 내) **대지면적** 95,421㎡ **건축면적** 2,219.55㎡ **연면적** 3,299.44㎡ **조경면적** 768.10㎡ **건폐율** 36.4% **용적률** 3.46% **규모** 지상 3층 **구조** 철근철골콘크리트조 **외부마감** 금속패널, 석재패널, 로이복층유리 **주차** 25대(장애인 주차 2대, 확장형 주차 6대 포함)

사천시 국민체육센터는 근처에 위치한 항공우주 테마공원과 연계하여 문화와 체육시설의 복합화를 통한 지역주민들의 생활체육 참여기회를 증진시키고 문화 향유에 특화된 공간으로 계획하는 걸 우선시하였다. 한국의 항공 산업의 역사와 함께한 사천 항공우주테마파크의 지역 색을 살리는 동시에 기존 공원의 질서를 유지하고, 별들이 모여 별자리를 이루듯 문화체육공간과 항공우주테마공원을 연계하여 새로운 건축적 공간과 지역사회의 새로운 소통을 유도하는 사천시만의 새로운 생활 밀착형 주민체육센터를 제안하고자 한다.

기존의 수직적으로 이어질 수 있는 공간을 세 개의 수평적 볼륨으로 분절하여, 다원적으로 이어진 공간으로 계획하였다. 길로 도시를 잇듯 공유의 기능을 엮는 방식으로, 분절된 세 개의 볼륨과 광장들은 집합적 풍경을 만들어 새로운 건축공간으로 인도한다.

운동시설과 문화시설의 동별 배치로 기능 및 동선의 효율성 증대시키고, 야외 데크 계획으로 주변 공원과의 연계성을 확보하도록 배치하였다. 기능에 따른 세 개의 분동계획으로 형성되는 사이 공간을 활용한 공원과의 연결 및 진입광장을 계획하였다. 기존 물놀이 공간과 국민체육센터의 주 프로그램인 수영장을 연계시켜 사용자의 이동 동선을 최소화시키고, 실내외에서 다양한 활동이 가능한 가변형 워터파크를 계획하였다.

The proposed sports center aims to encourage local people to participate in public sports programs and introduce a place specialized for cultural activities by creating a culture and sports complex connected with the Aerospace Theme Park nearby. The proposal emphasizes the local characteristics of the park that has witnessed the history of the aviation industry in Korea, and at the same time it preserves the existing order of the park. Also, as if individual stars come together and form a constellation, it connects the new culture and sports complex with the park to create a new architectural space and unique community sports center that introduces a new mode of communication to the local community.

A space that may have been connected in a vertical direction is fragmented into three different volumes on a horizontal plane so that they can have multiple connections. As if roads connect different urban spaces and establish a network of shared functions, the three fragmented volumes and plazas form a collective scenery and eventually introduce a new architectural space.

Sports and cultural facilities are assigned to separate buildings to improve service and circulation efficiency. An outdoor deck is installed to secure connection with the park nearby. Spaces formed among the three buildings divided by function are efficiently used to strengthen connection with the park and create an entrance plaza. The swimming pool, the main program of the new sports center, is connected with an existing water park to minimize travel distance for users. Also, it is designed as a flexible water park that can accommodate various in and outdoor activities.

Prize winner RID Engineers & Architects_Yoon Seokho **Location** Sacheon, Gyeongsangnam-do **Site area** 95,421㎡ **Building area** 2,219.55㎡ **Gross floor area** 3,299.44㎡ **Landscaping area** 768.10㎡ **Building coverage** 2.33% **Floor space index** 3.46% **Building scope** 3F **Structure** SRC **Exterior finishing** Metal panel, Stone panel, Low-E paired glass **Parking** 25 (including 2 for the disabled, 6 for extension type)

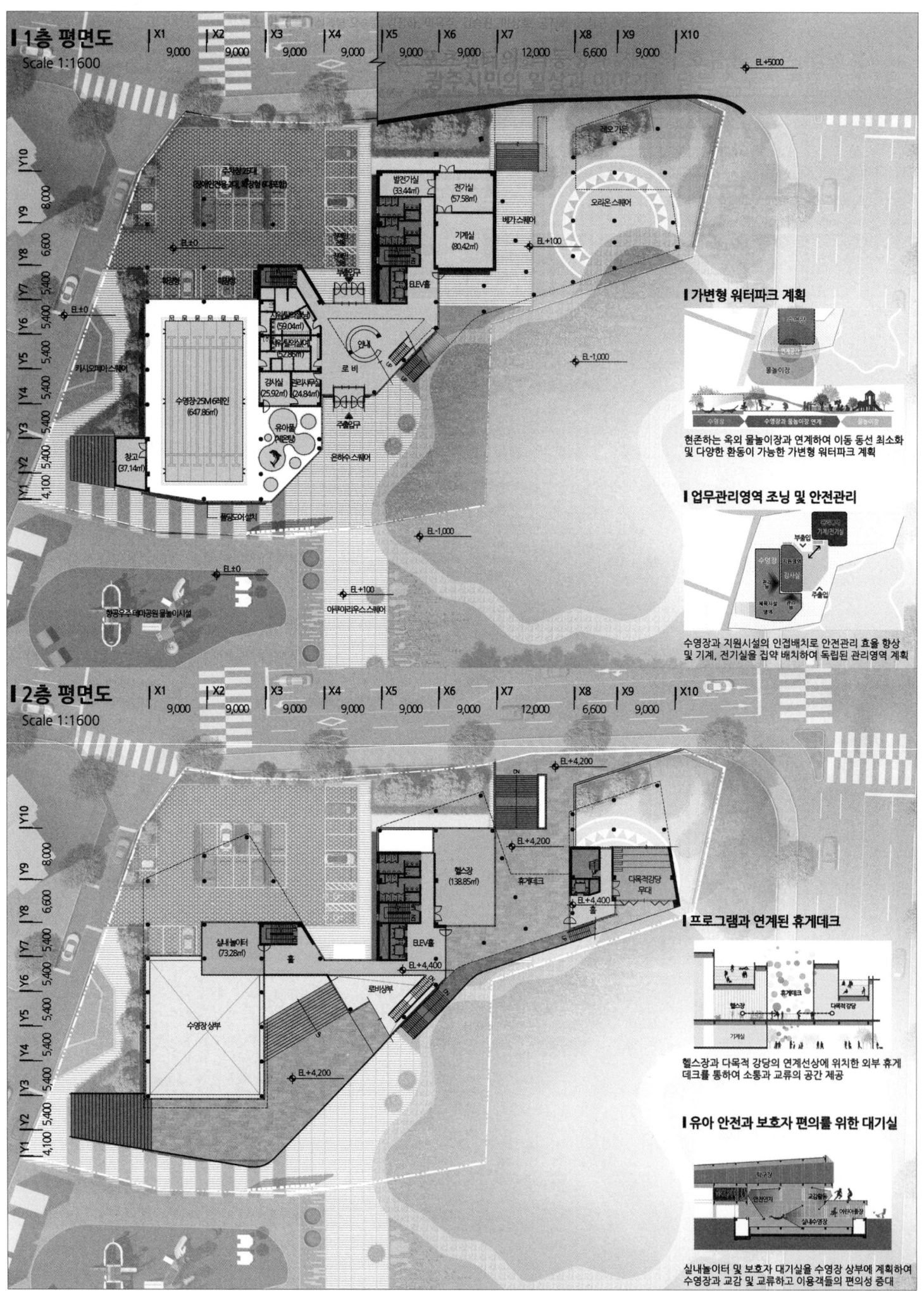

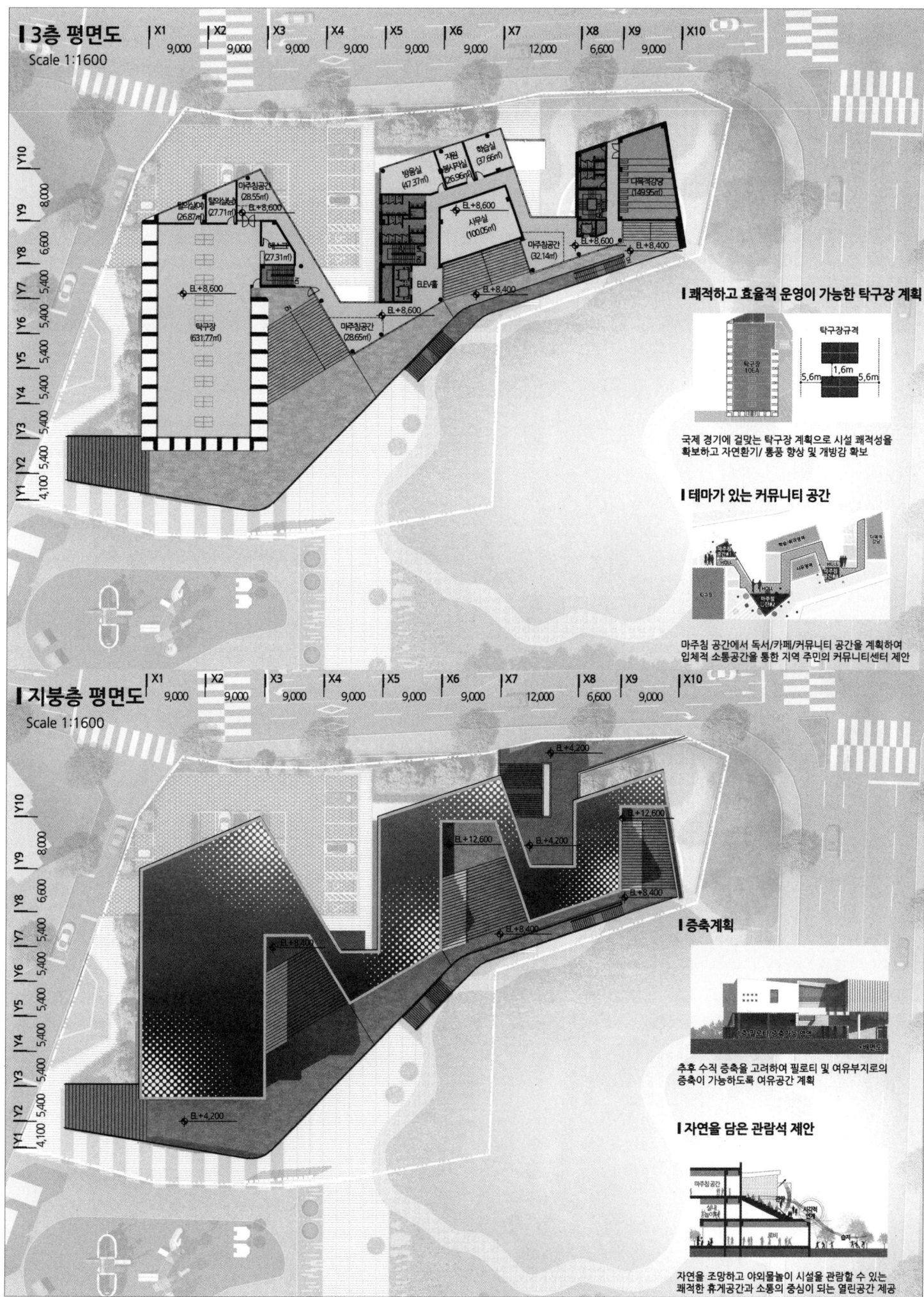

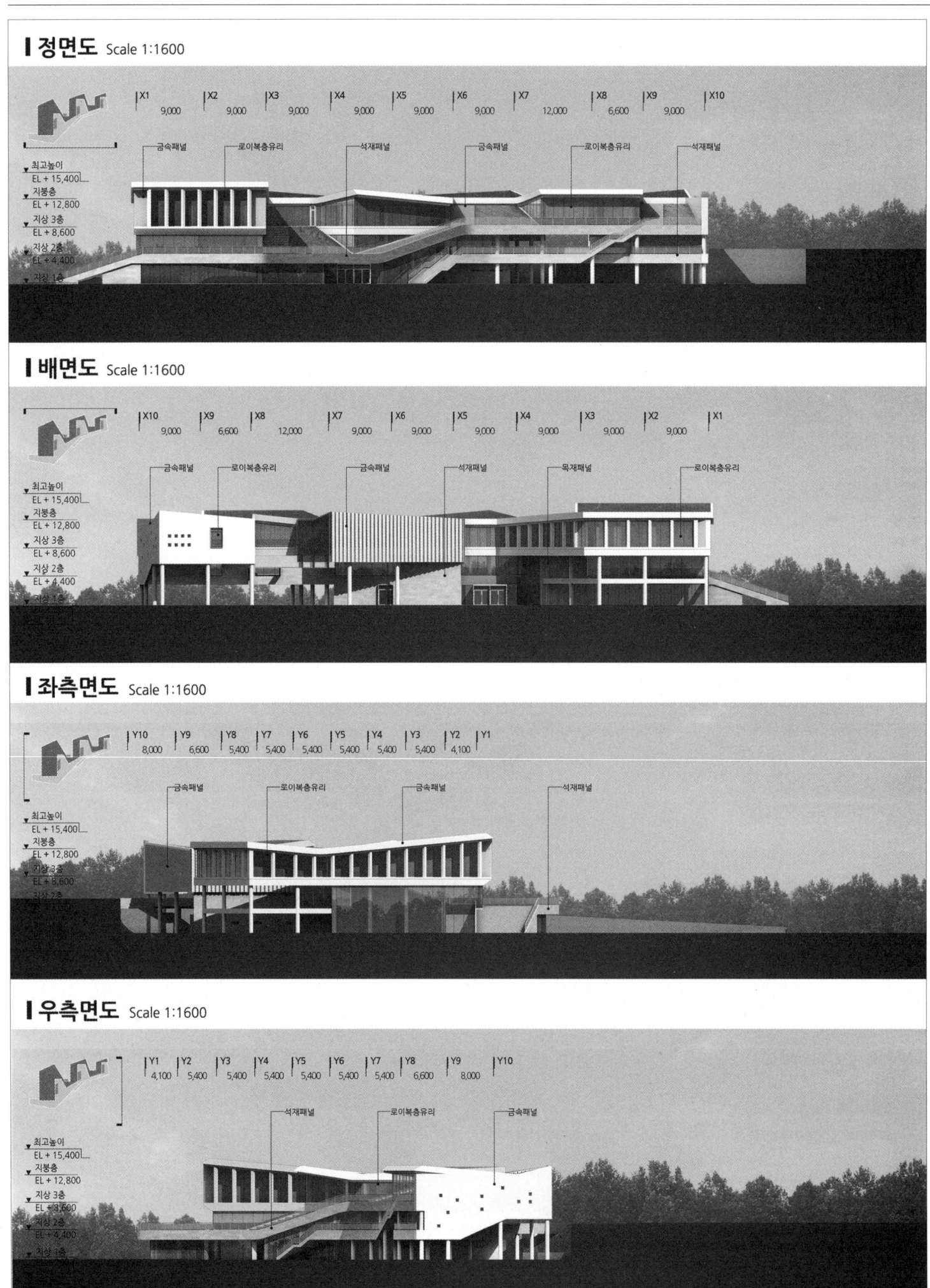

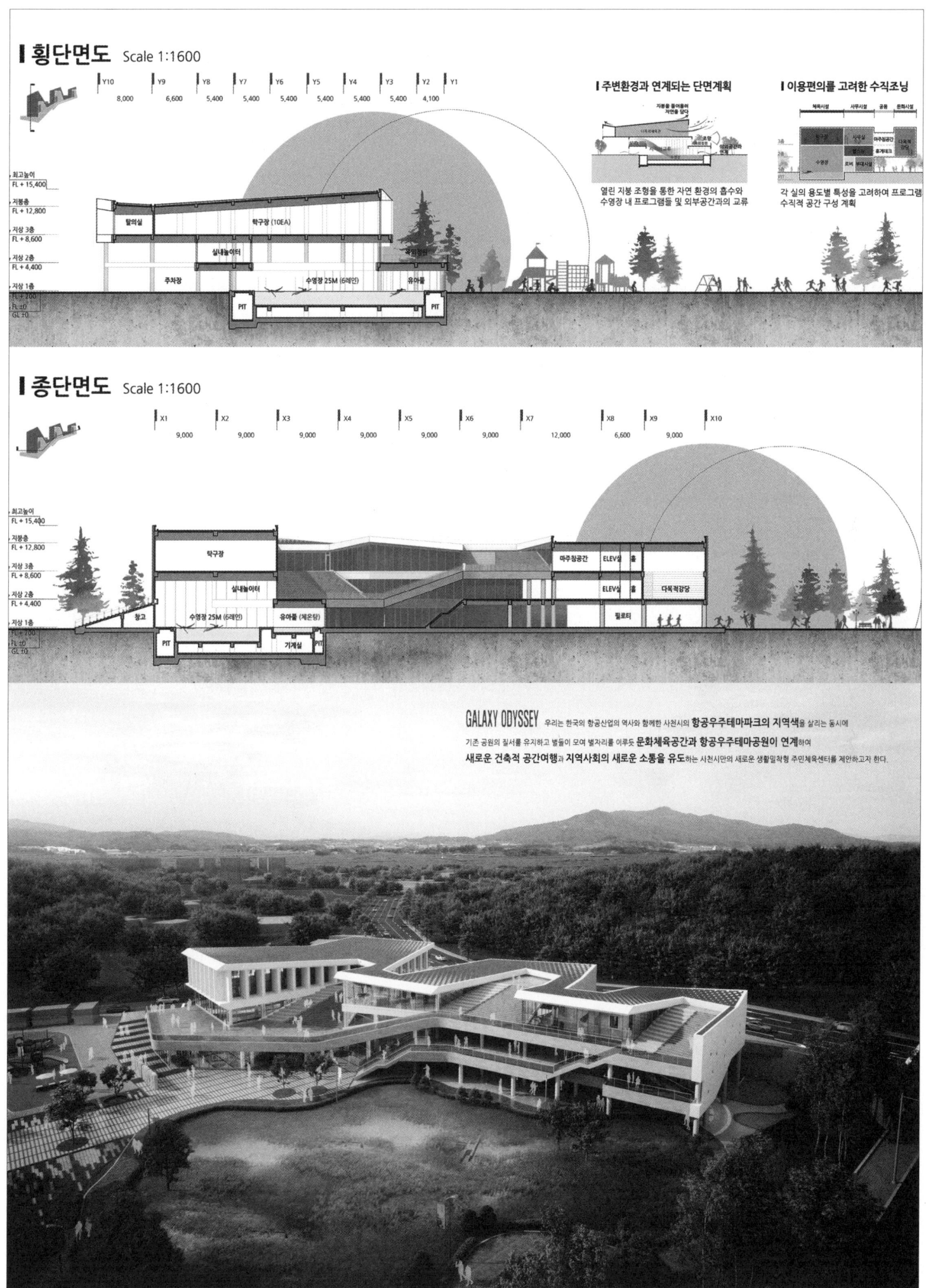

북구 종합체육관

당선작 (주)디아이지건축사사무소 오금열 설계팀 김태원, 차예진, 최영광, 강민주

대지위치 광주광역시 북구 연제동 1059번지(첨단 2산업 체육공원 내) **대지면적** 21,176.20m² **건축면적** 1,705.85m² **연면적** 5,268.70m² **조경면적** 672.65m² **건폐율** 14.27% **용적률** 24.88% **규모** 지상 4층 **구조** 철근철골콘크리트조, 철골조 **외부마감** 로이복층유리, 석재패널, 복층 폴리카보네이트패널 **주차** 61대(장애인 주차 2대, 확장형 23대 포함)

설계개념
플렉스 인 더 힐, 다양한 운동과 문화가 상호 교류하는 체육관을 목표로 한다.

설계개요
북구종합체육관은 도시의 가로와 자연의 축을 건축으로 끌어들여, 체육공원의 가치를 되살리고 역동성을 담은 형상으로 귀결하였다. 들리고 열린 볼륨을 통해 유입되는 자연과 공간, 기능은 다양한 조합과 변이를 일으켜 제한된 건축공간에 열린 가치를 창출하였다. 사용자 요구기능에 부합한 시설별 위치를 선정하여 체육센터의 프로그램들을 적용함으로써 가변성을 고려한 체육 공간을 구축하였다. 체육관 상부에 다목적실을 계획하여 체육 공간의 시각적 연계 및 생활체육 등 다양한 활동을 지원하도록 계획했고 중앙에 각층으로 연속되는 커뮤니티 스텝을 배치하여 관람, 소통, 교류의 공간으로 계획하였다. 공원의 녹지 흐름을 받아들이고 대로변에서의 인지성을 고려한 배치를 통해 북구의 체육 광장으로 주민들이 모이고 소통하며 활력을 나누는 공간으로 자리매김할 것이다.

Design concept
PLEX IN THE HILL ; This proposal aims to create a sports complex where various sports and cultural programs are intermingled

Design overview
The new sports complex is designed to increase the value of the sports park and have a dynamic form by bringing urban streets and natural flows inside the building. Flowing into the floating and open mass, natural elements, spaces and programs make various combinations and variations, and they create unlimited values in a limited building space. The position of each facility is determined to suit the needs of users, and then the programs of the sports center are applied accordingly, with the goal of introducing a flexible sports complex.
A multipurpose room is positioned above the gymnasium to strengthen visual connection among different sports spaces and support various activities including daily sports activities. Community Step leading to each floor is positioned at the center so that it can become a place for observation, communication and socialization. The proposed arrangement is designed to embrace the park's green flow and make the complex more recognizable from the main road. Consequently, it will attract local people to the complex's sports square and turn the complex into a place for them to communicate and share energy with each other.

Prize winner D.I.G Architecture_Oh Gumyeol **Location** Bukgu, Gwangju **Site area** 21,176.20m² **Building area** 1,705.85m² **Gross floor area** 5,268.70m² **Landscaping area** 672.65m² **Building coverage** 14.27% **Floor space index** 24.88% **Building scope** 4F **Structure** SRC, SC **Exterior finishing** Low-E paired glass, Stone panel, Polycarbonate panel **Parking** 61 (including 23 for extension type, 2 for the disabled)

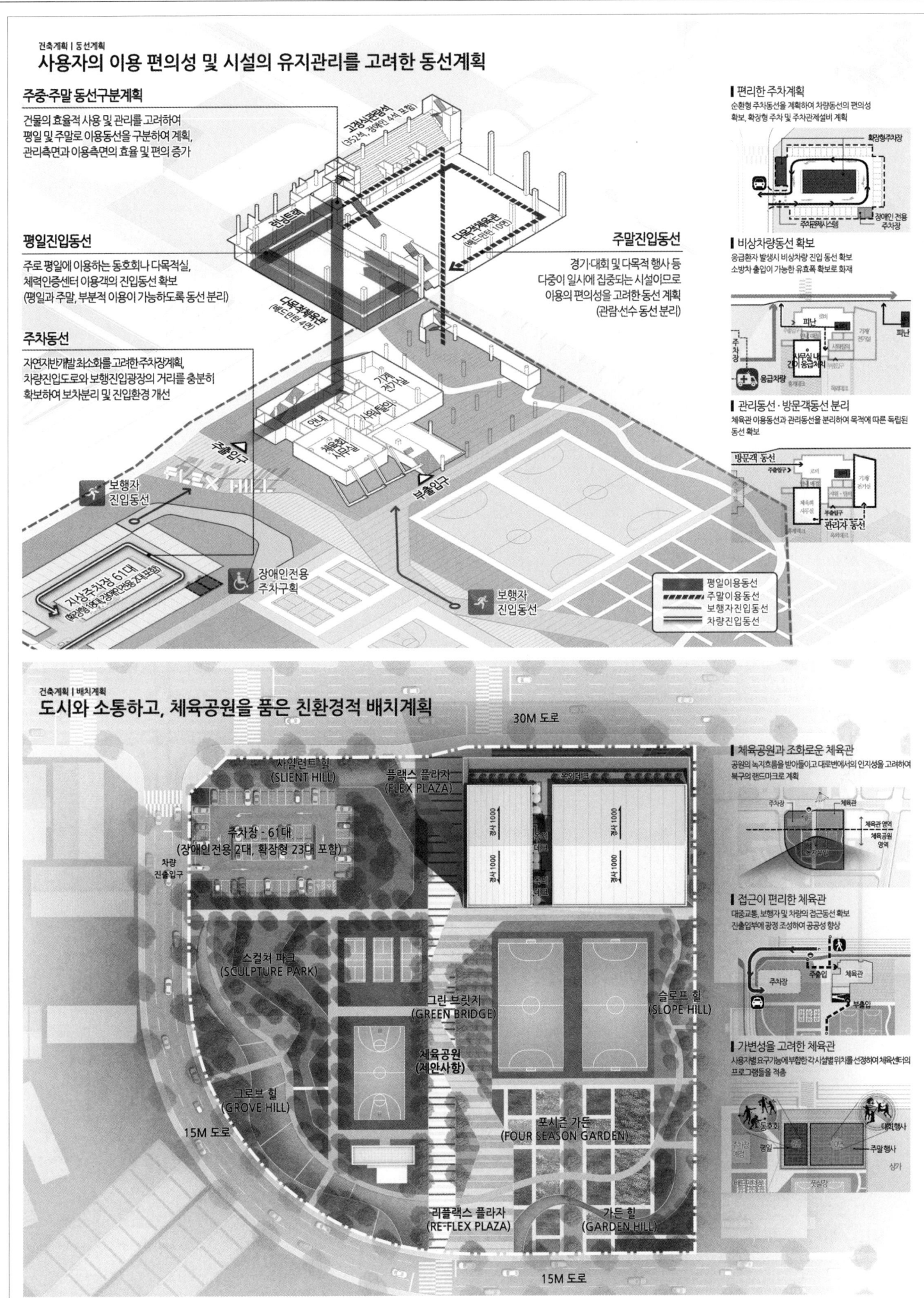

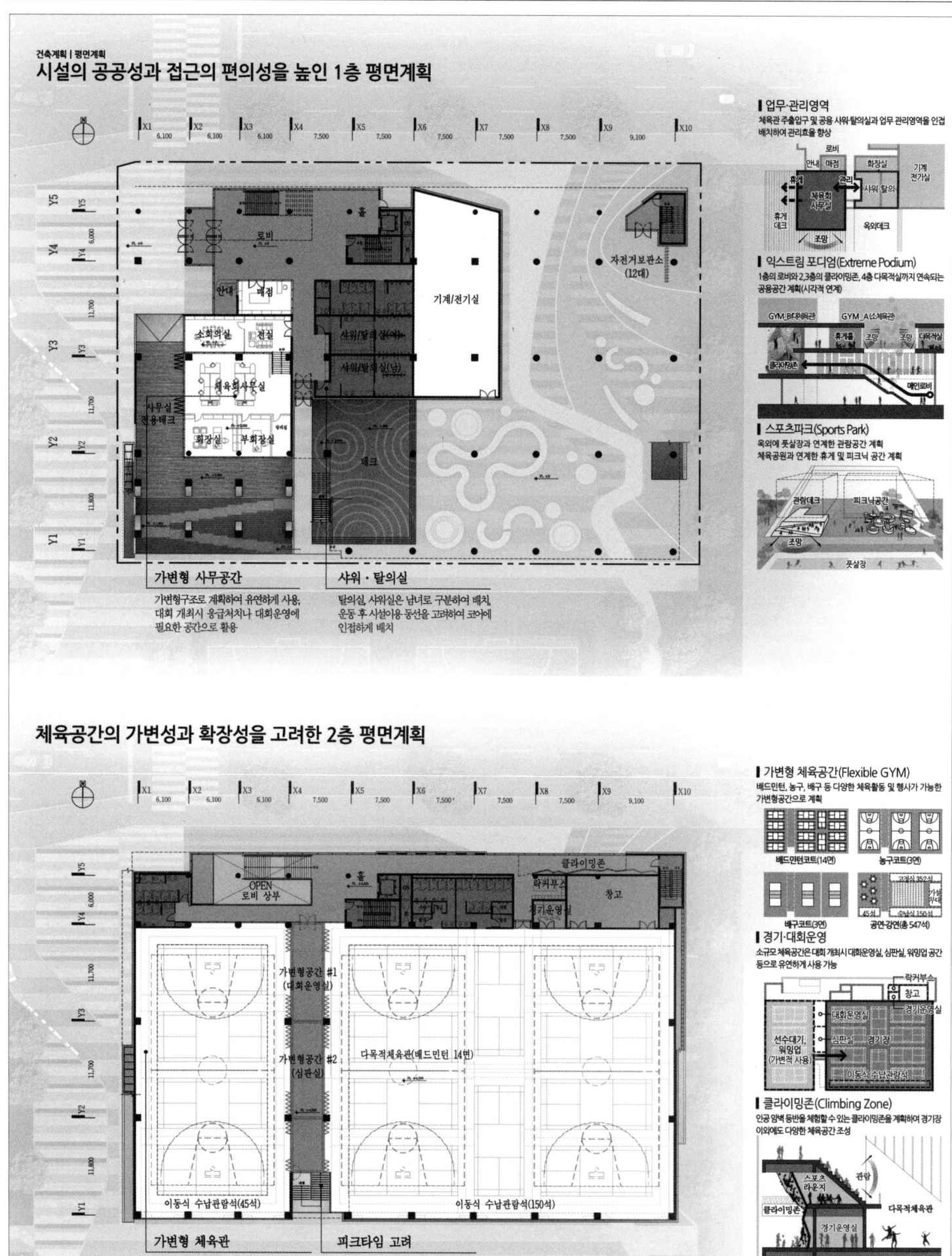

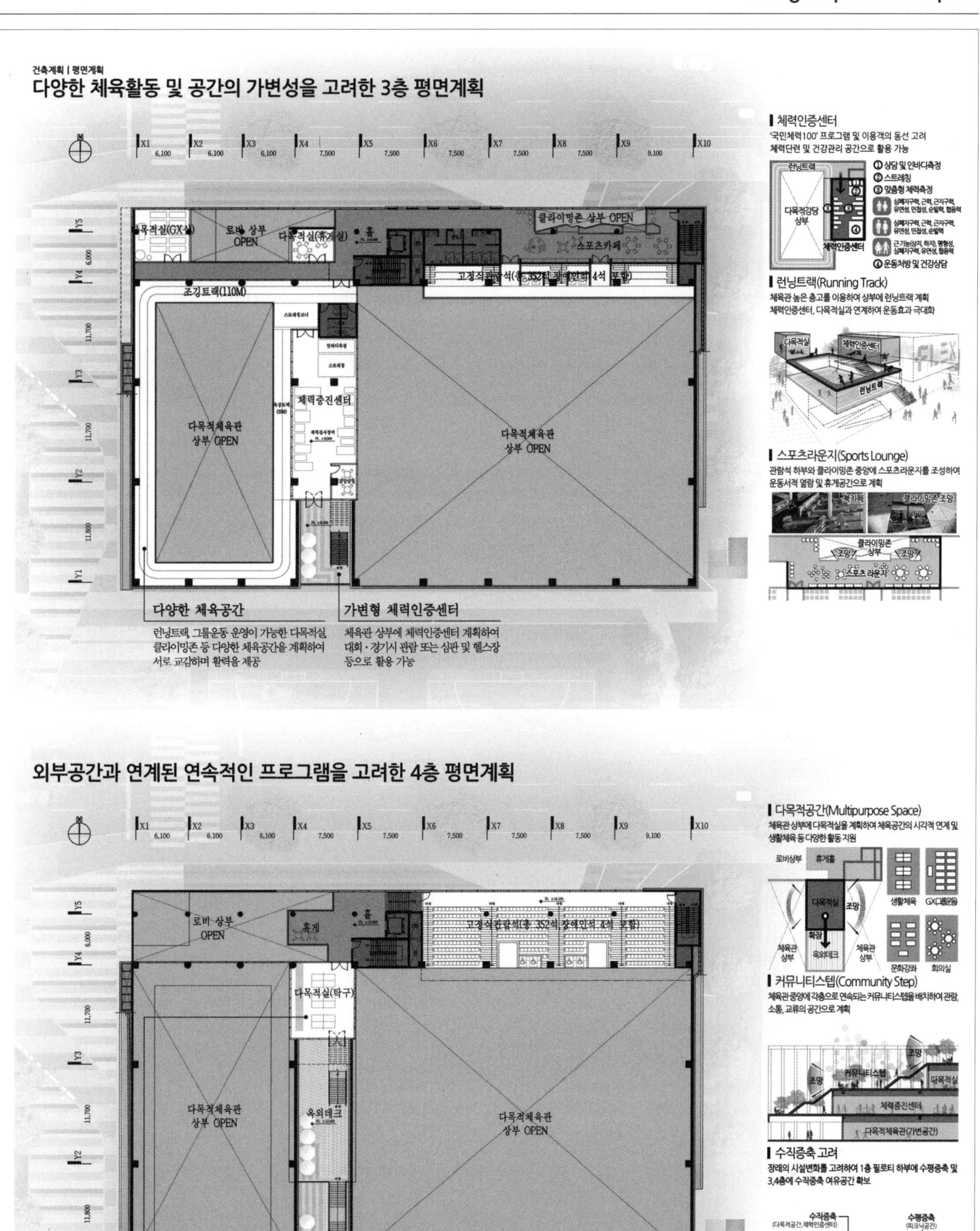

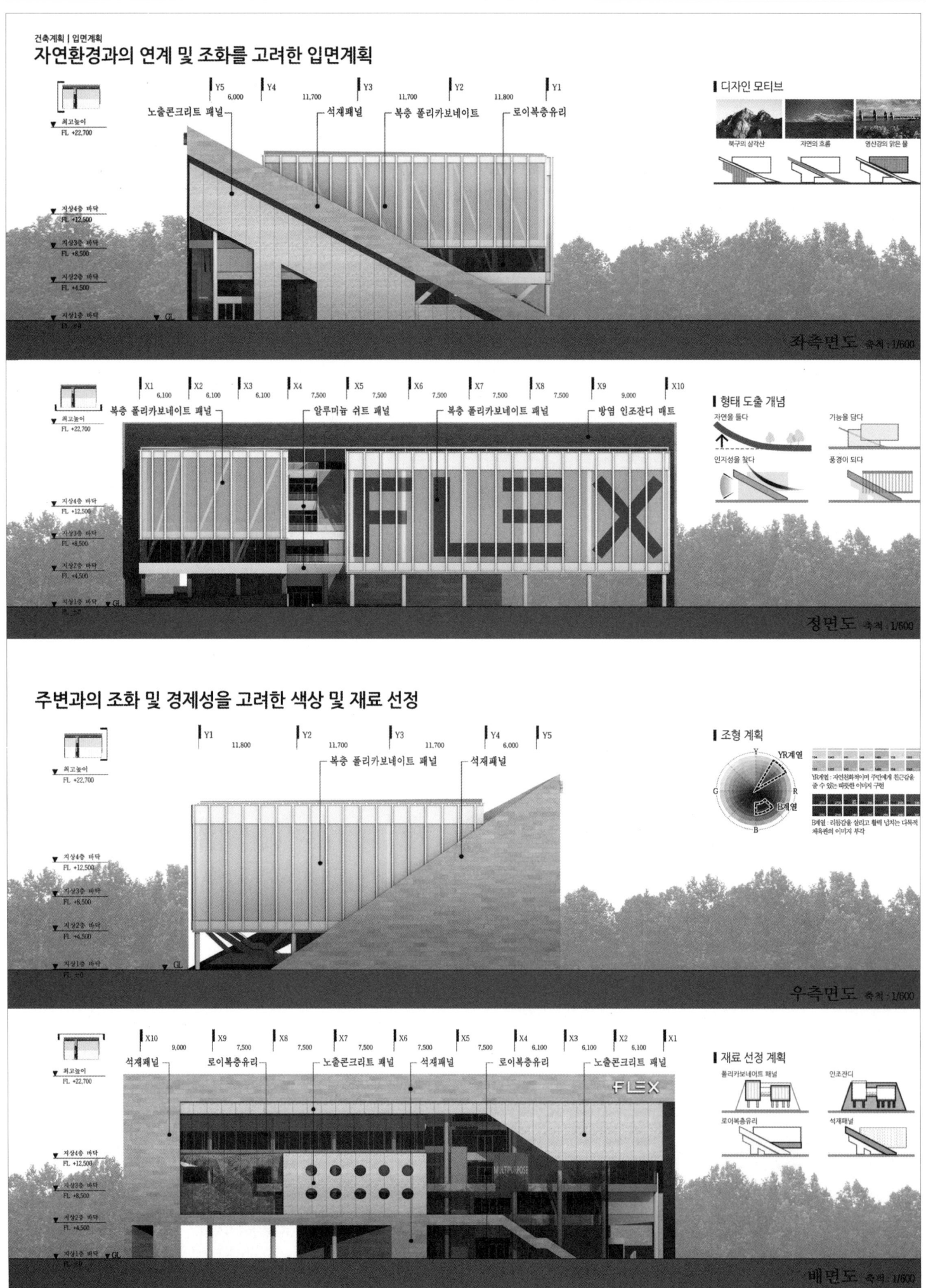

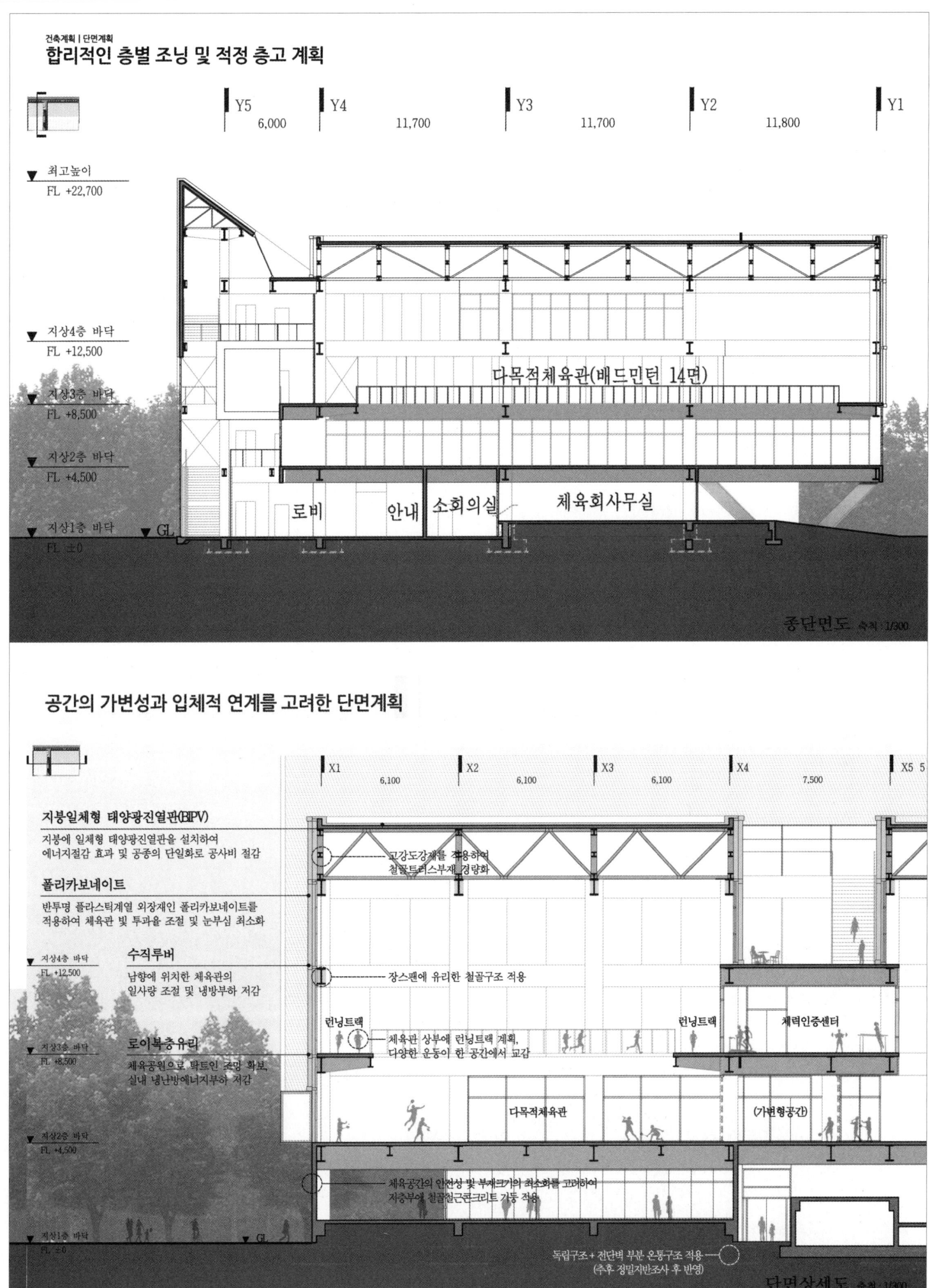

신현 문화체육복합센터

당선작 (주)해마종합건축사사무소 전권식 설계팀 서필선, 신동하, 장현창, 이지향, 최수정, 김지윤, 김재희, 이상엽

대지위치 경기도 광주시 오포읍 신현리 623-4번지 일원 **대지면적** 6,766.00㎡ **건축면적** 3,549.05㎡ **연면적** 13,855.50㎡ **조경면적** 1,300.93㎡ **건폐율** 52% **용적률** 104% **규모** 지하 2층, 지상 4층 **최고높이** 22.4m **구조** 철근철골콘크리트조, 철골조 **외부마감** 라임스톤, 세라믹패널, 폴리카보네이트, T24 로이복층유리 **주차** 145대

우리들의 신현리움 [Sinhyeon + Rium]

본 프로젝트는 경사진 대지와 건폐율을 최대한 활용한 저층으로 계획되어 주민의 개방감을 확보하였으며 여러 시설이 복합되는 프로그램의 이용자와 관리자를 고려하여 합리적인 조닝을 계획하였다. 또한 주민의 출입이 이루어지는 곳에 마당을 두어 열린 외부공간을 제공하였다.

지하층은 주차장과 연결된 행정시설 그리고 마당과 연계된 청소년 시설을 계획하였고, 1층에서는 도서관, 행정, 체육시설을 각각의 명확한 조닝으로 계획하였다. 그리고 분리된 공간은 중앙의 홈베이스격인 홀과 로비를 통해 연결된다. 어린이시설은 안전을 고려하여 독립적인 조닝으로 계획하였으며 남쪽의 마당은 유희시설과 연계된 놀이터로 계획되었다. 3층과 4층은 옥상정원을 계획하여 재난에 대비함과 동시에 외부공간으로의 확장을 고려하였다.

신현리에 새롭게 들어서게 될 문화체육복합센터는 지역주민들을 하나의 대지와 공간에 담아 각 영역 간 연계, 개방, 복합화를 통해 지역주민과 청소년들의 편익을 도모하고 다양한 연령 및 계층이 함께 어울릴 수 있는 만남의 장소이다. 주거의 중심에 위치한 공공건축물로서 지역민 누구에게나 열려 있고 그 속에서 만남과 담소가 이루어지는 공간이자 지역을 대표할 수 있는 상징적 공간이 되기를 희망한다.

Sinhyeon + Rium

The proposal proposes a low-rise building that makes efficiently use of a slope and the building coverage ratio to create a sense of openness. Considering that the program is composed of different facilities, a practical zoning system is implemented for the convenience of users and managers. A courtyard is added at an entry point so that it can function as an open outdoor space.

The basement floor has an administrative facility for parking area management and a youth facility with a courtyard. The 1st floor has a library, office and sports facility for which a clear zoning system is applied. And divided spaces are connected via a central hall and lobby that serve as a home base. Children's facility is assigned to an independent zone to ensure safety, and a courtyard in the south is designed as a playground linked with other entertainment facilities. The 3rd and 4th floors have a rooftop garden which is made in preparation for an emergency situation and external extension.

Planned to be built in Sinhyeon-ri, this new complex will bring local people together in a single place and space, increase convenience for local people and teenagers by connecting, opening and integrating different areas, and serve as a meeting point where different generations can interact with each other. Also, as a public building settled at the center of a residential area, it will become a place open to anyone, a venue for meeting and socialization and an iconic space that can function as a landmark for the area.

Prize winner HAEMA ARCHITECTS_Chun Kwonsig **Location** Opo-eup, Gwangju, Gyeonggi-do **Site area** 6,766.00m² **Building area** 3,549.05m² **Gross floor area** 13,855.50m² **Landscaping area** 1,300.93m² **Building coverage** 52% **Floor space index** 104% **Building scope** B2, 4F **Height** 22.4m **Structure** SRC, RC **Exterior finishing** Lime stone, Ceramic panel, Polycarbonate, T24 Low-E paired glass **Parking** 145

Sinhyeon Culture & Sports Complex Center

주거밀집지역 내 위치한 부지의 특성을 고려한 분석계획

| 대지종합분석 |

대상지는 신현리 주거 개발의 중심에 위치하고 있으며 본 계획안은 향후 개발계획을 반영한 지역특성 및 인접시설과의 연계성 고려가 필요

대지현황분석
대지 북동쪽의 자연경관과 녹지축 도시경관 확보 및 주거 입점지역 내에 위치하여 열린정원광장 계획

기존 도로와 연결된 두께의 도로 활성화계획으로 도로정의 및 좌우부 도로 연결

신현리의 새로운 문화체육복합 공간
인구가 계속해서 증가하고 있는 신현리 중심에 위치하여 SOC시설의 부족현상 해소 필요. 봉무공단 인접하여 전원대비 다세대주택, 아파트 개발로 인구 9.8% 증가

| 기본계획방향 |

Sinhyeon Rium _신현리움

대지와 공간의 각 영역 간 연계, 개방, 복합공간을 통해 주거주민들의 편익을 도모하고 다양한 연령층이 함께 어울릴 수 있는 만남의 장소를 제공한다. 지역민 누구에게나 열려있고 그 속에서 만남과 다름이 이루어지는 공간이자 지역을 대표할 수 있는 상징적 공간 구현이라는 계획의 목표를 신현리움을 통해서 실현한다.

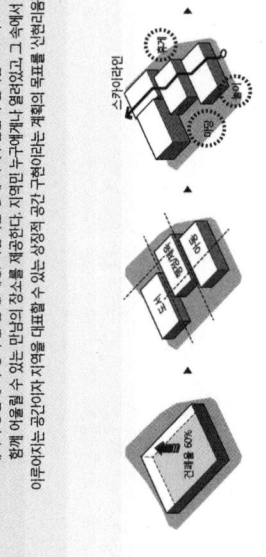

- 저층율 고려한 매스
- 기능별 분리
- 다양한 외부공간
- 공간의 연계와 확장

Function
기능과 운영에 따른 효율적인 배치
신현리의 새로운 문화중심체로서 지역민을 위한 커뮤니티 조성

① 프로그램 기능을 고려한 분산배치
② 이용시간에 따른 분리배치

Connect
[연결]
다양하고 입체적인 내외부 동선
열린 배치계획을 통해 도로 어디서나 편리하게 접근가능

① 도로 레벨을 고려한 단면계획
② 내외부가 유기적으로 연계되는 수직동선

Design&Digital
[디자인&디지털]
인공지능(AI) 또는 비대면 공간특화
시설의 기능을 배분하고 내외부 공간을 유기적으로 연계

① 인공지능(AI)활용이 가능한 공간계획
② 감염 및 바이러스에 대비한 안전한 공간 계획

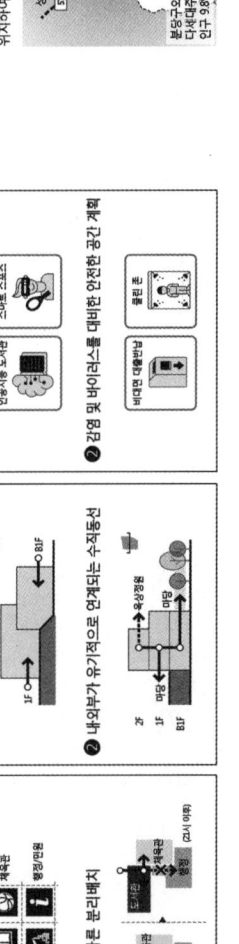

신현 문화체육복합센터

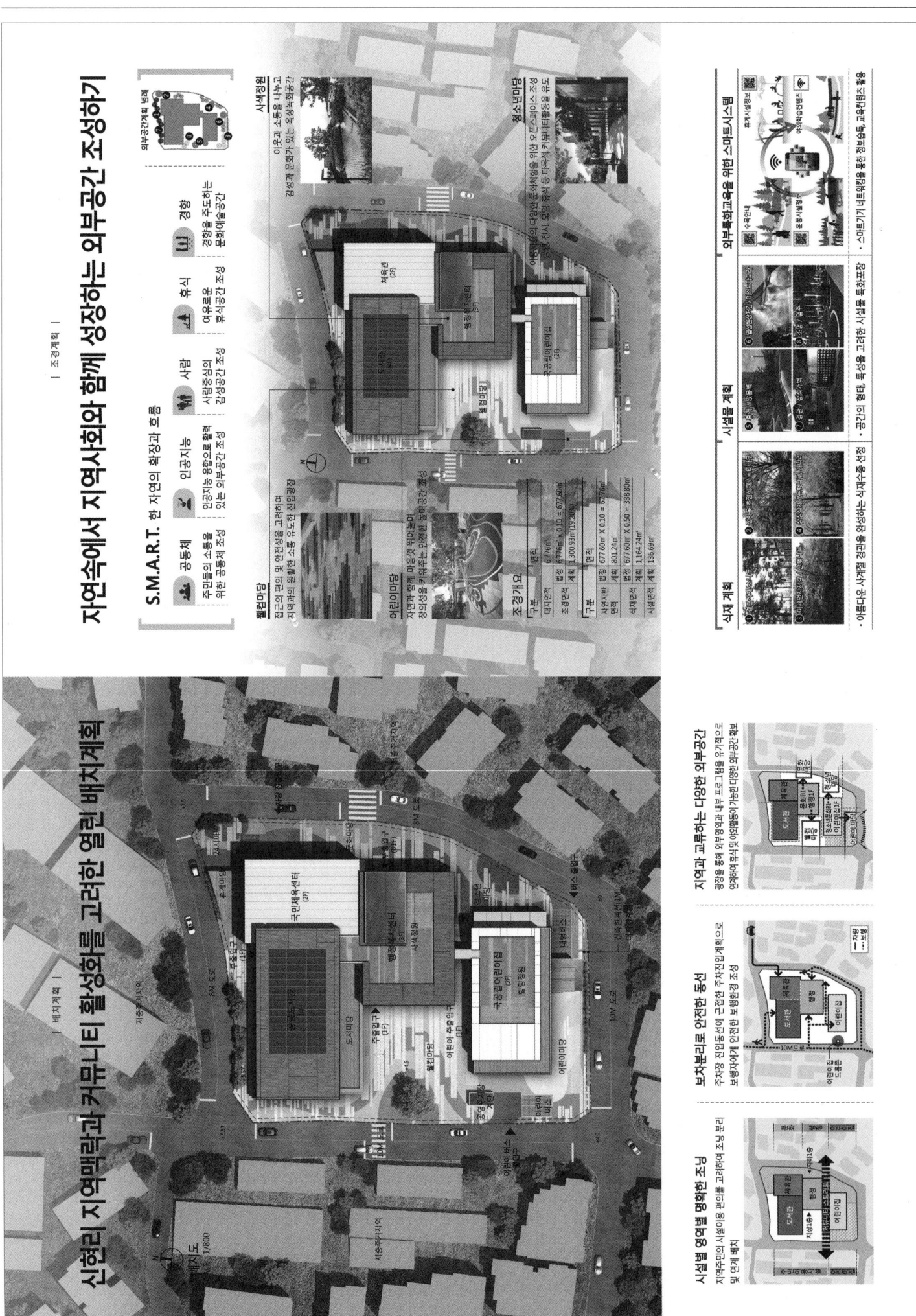

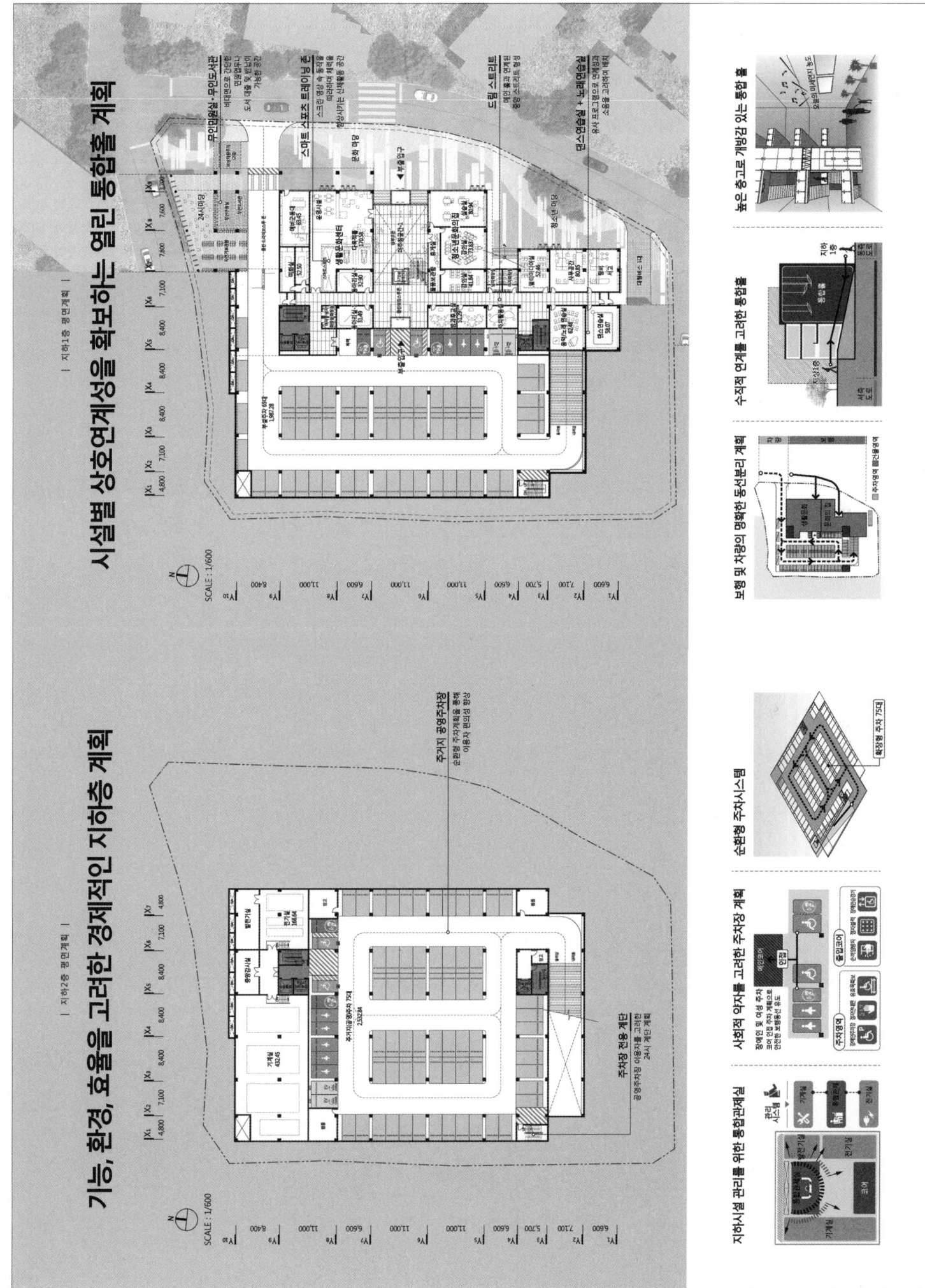

신현 문화체육복합센터

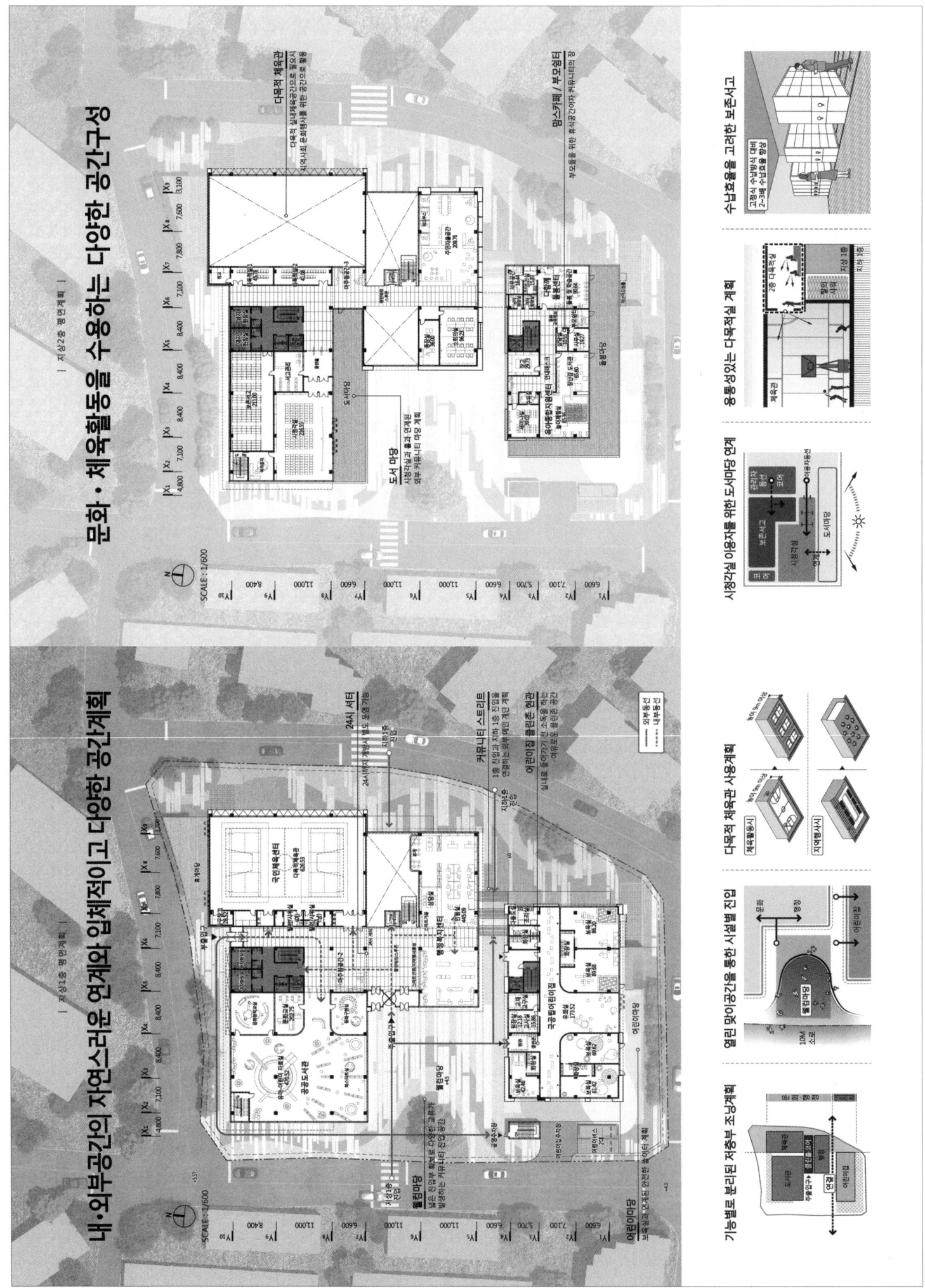

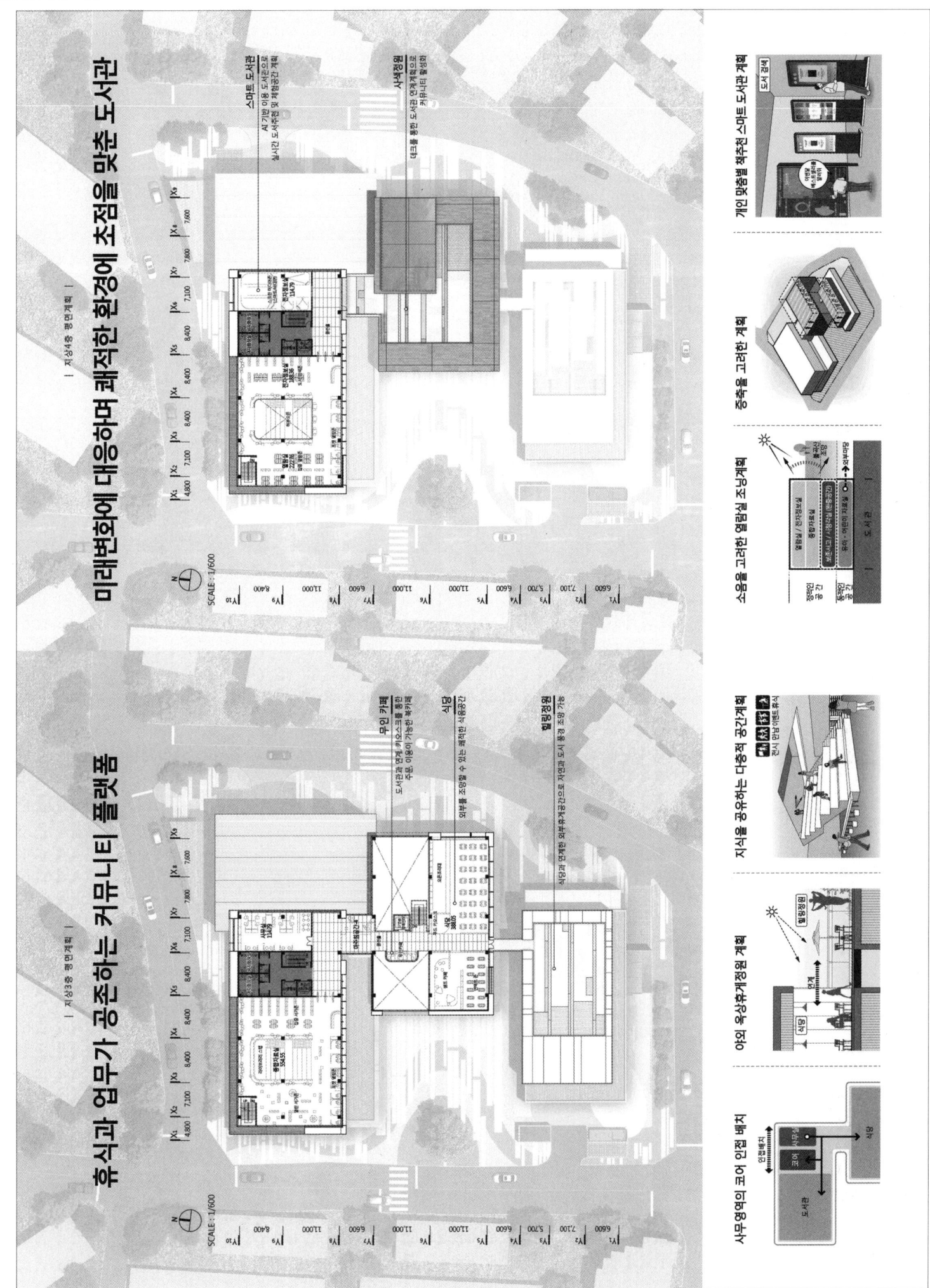

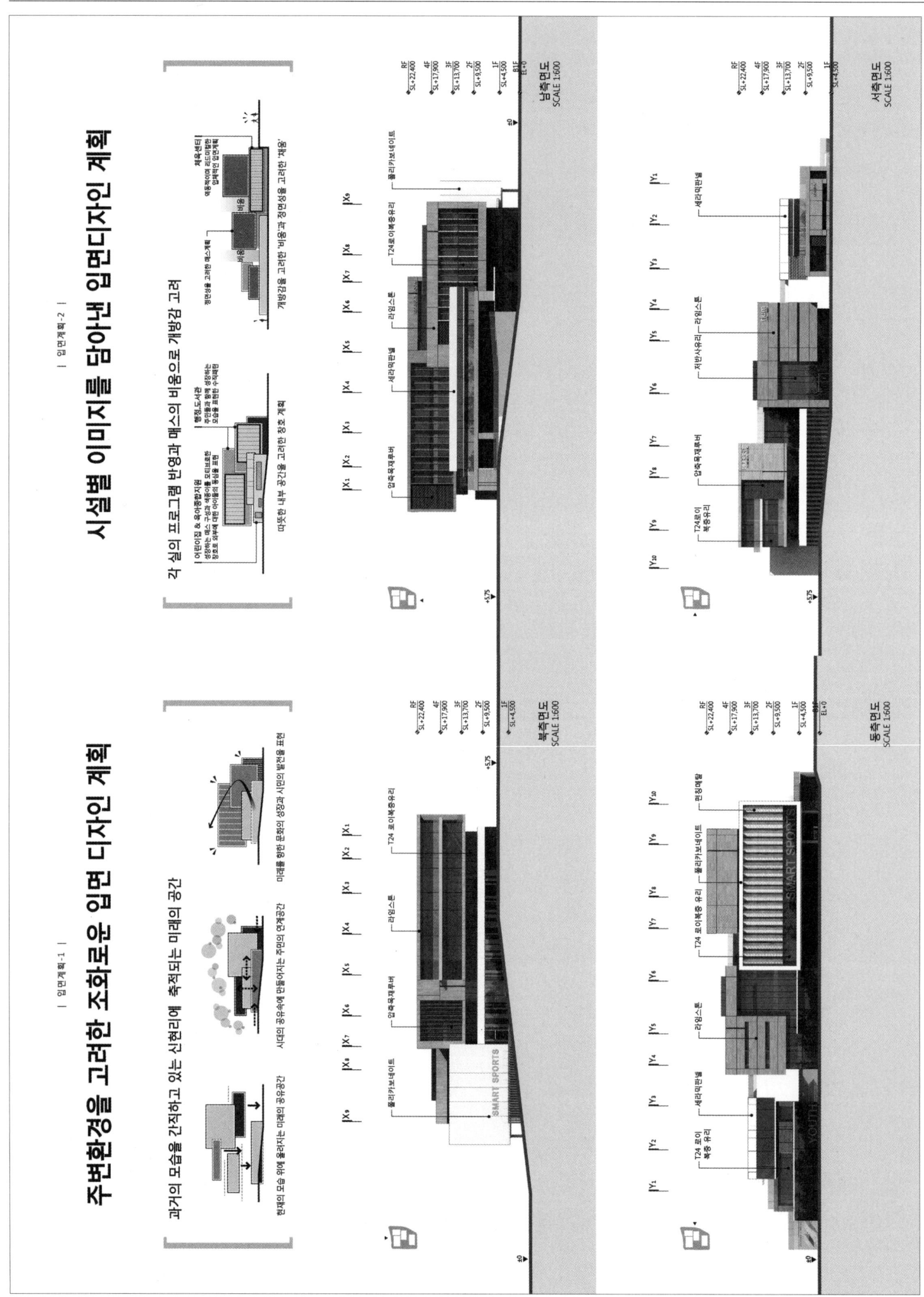

Sinhyeon Culture & Sports Complex Center

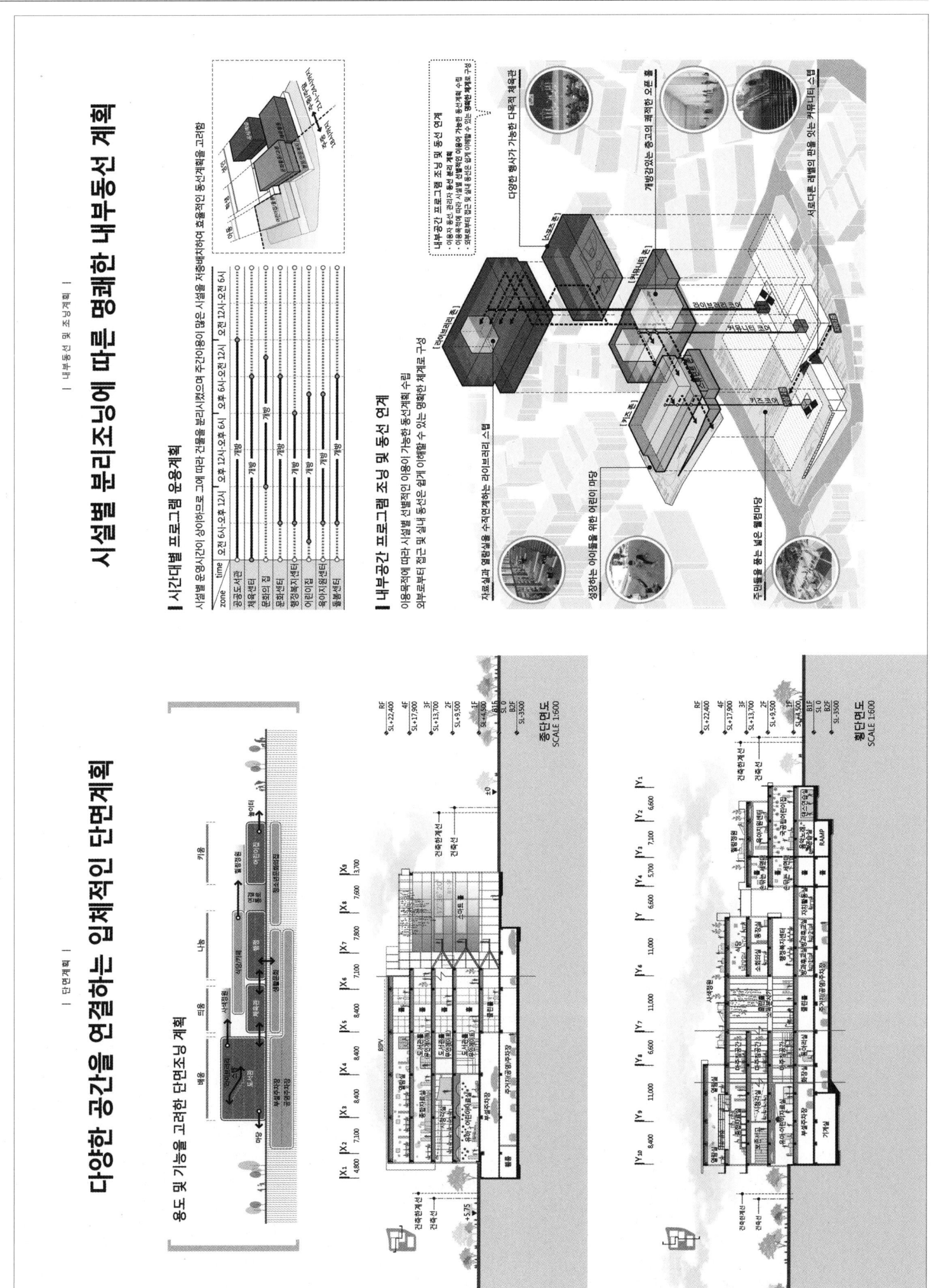

복대 국민체육센터

당선작 (주)선엔지니어링종합건축사사무소 박홍철 설계팀 박세나, 박열리라, 한성수, 이수민, 박성식, 김민성, 홍진욱

대지위치 충청북도 청주시 흥덕구 복대동 288-23번지 **대지면적** 9,275.00㎡ **건축면적** 2,795.38㎡ **연면적** 3,670.61㎡ **건폐율** 30.14% **용적률** 36.76% **규모** 지하 1층, 지상 2층 **최고높이** 19m **구조** 철근콘크리트조, 철골조 **외부마감** 익스팬디드메탈, 금속패널, 투명로이복층유리, 노출콘크리트 **주차** 63대(장애인 주차 3대, 확장형 24대 포함)

움직임_주거단지와 산업단지가 결합하는 그곳에서 운동하다

청주 일반산업단지와 지웰시티, 복대동 주거단지가 물리적으로 만나는 이곳, 일터와 쉼터 사이 녹지공간 속에서 환경 변화에 구애 받지 않고 지역주민들은 자유롭게 운동할 수 있다. 사회적 이완(쉼)과 수축(일) 운동이 삶을 건강하고 행복하게 변화시키는 것에 주목하고 인체 근골격의 움직임을 형상화했다.

배치계획

대상지 주변에는 산업단지와 주거단지 및 근린공원이 자리잡고 있다. 따라서 대상지 주변의 공개공지·근린공원과 연계하여 지역주민에게 보행친화적 오픈스페이스 및 다양한 야외활동이 가능한 체육시설을 계획했다. 대지 내 메타세콰이아 나무를 이용한 계절별 자연통풍 및 방풍 효과를 증대하고, 동남향을 고려한 친환경 시스템을 구축하여 쾌적한 실내환경 조성 등 지역주민이 마음껏 숨 쉬고 운동할 수 있는 안전한 공공시설을 제안했다.

입면계획

입면은 복대동 시민의 건강을 상징하는 근육이 움직이는 역동적인 모습을 형상화했다. 또한 전면에 익스팬디드 메탈을 설치하여 매스 형태를 연출하여 경쾌하고 역동적인 분위기를 조성하고 일사 조절 및 에너지 효율성 향상, 프라이버시 보호를 위한 입면을 계획하였다.

MOVEMENT_Exercising at a place where residential and industrial areas encounter

Local people can freely exercise without concerns about environmental changes in this green area between places for work and rest, which is a place where Cheonju General Industrial Complex meets G Well City and the Bokdae-dong residential complex. The proposal takes note of the idea that social relaxation (rest) and shrinkage (work) can help people lead a healthy and happy life, and its design embodies the musculoskeletal movement of human body.

Site plan

The project site has an industrial complex, a residential complex and a public park in the neighborhood. Therefore, it is connected with their public spaces and the park nearby to create a pedestrian-friendly open space and a sports facility that can accommodate various outdoor activities. Metasequoia trees within the site are used as a natural ventilator and windshield working throughout the seasons. Considering the condition of the site facing southeast, an environment-friendly system is established to provide a pleasant indoor environment and a safe public facility for local people to enjoy fresh air and exercise.

Elevation

The facade design expresses the dynamic movement of human muscles to symbolize the health of local community. As for the mass design, an expanded metal element is added to the front to create a light and dynamic atmosphere, and a facade system optimized for daylight control, energy efficiency improvement and privacy protection is implemented.

Prize winner SEON Architecture & Engineering Group_Park Hongchol **Location** Heungdeok-gu, Cheongju, Chungcheongbuk-do **Site area** 9,275.00㎡ **Building area** 2,795.38㎡ **Gross floor area** 3,670.61㎡ **Building coverage** 30.14% **Floor space index** 36.76% **Building scope** B1, 2F **Height** 19m **Structure** RC, SC **Exterior finishing** Expanded metal, Metal panel, Clear low-E paired glass, Exposed glass **Parking** 63 (including 3 for the disabled, 24 for extension type)

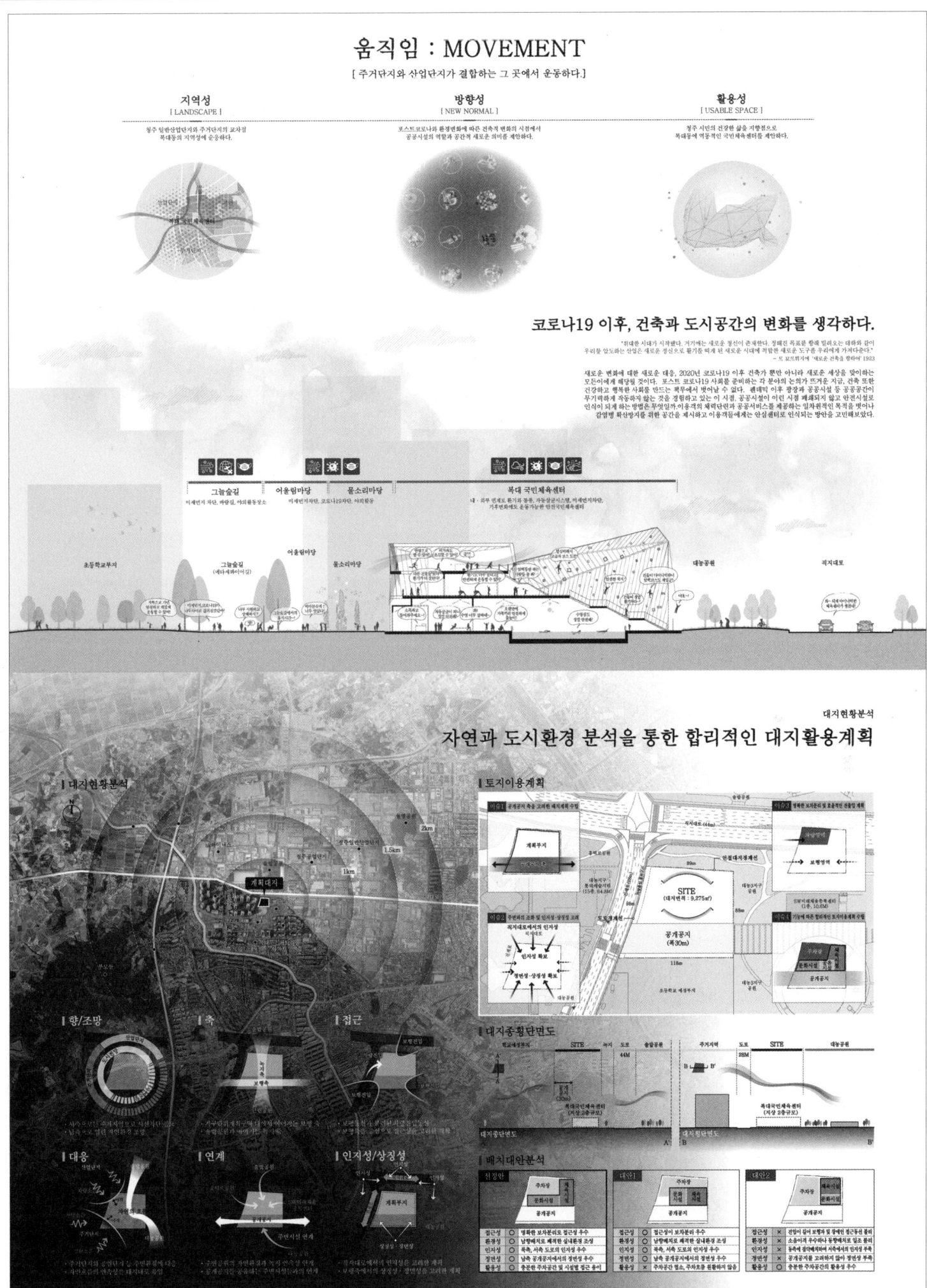

복대 국민체육센터

Bokdae National Sports Center

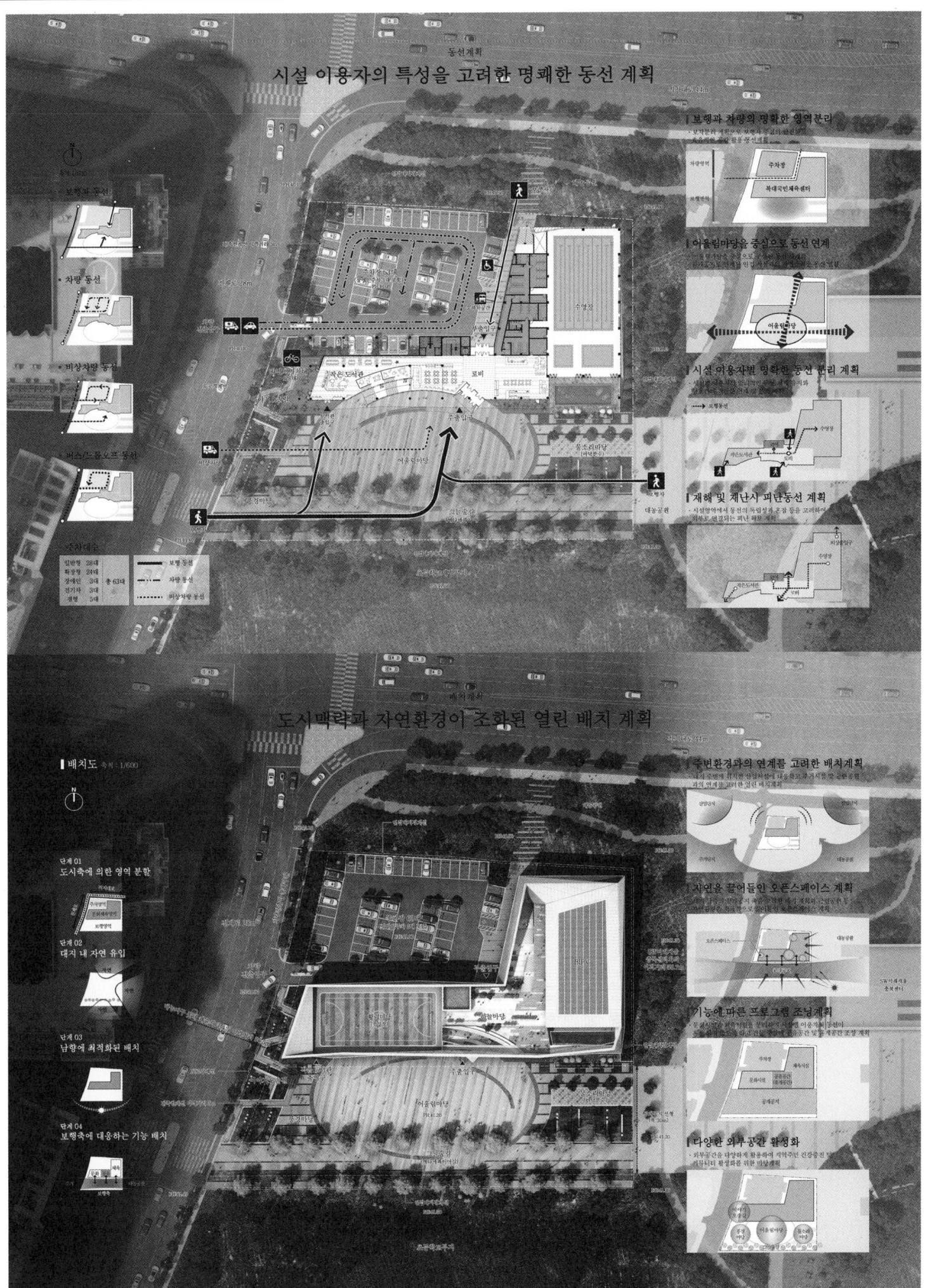

복대 국민체육센터

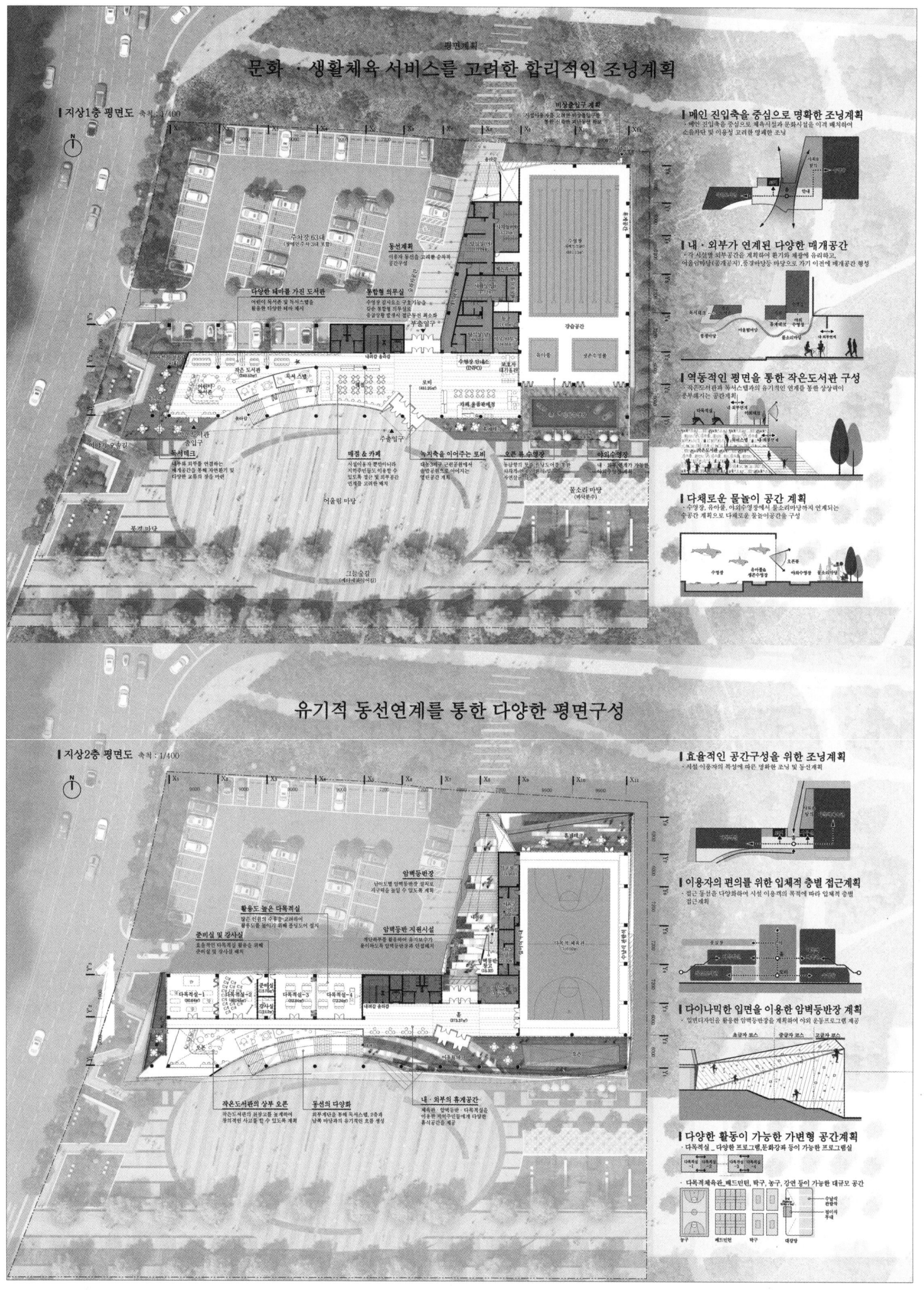

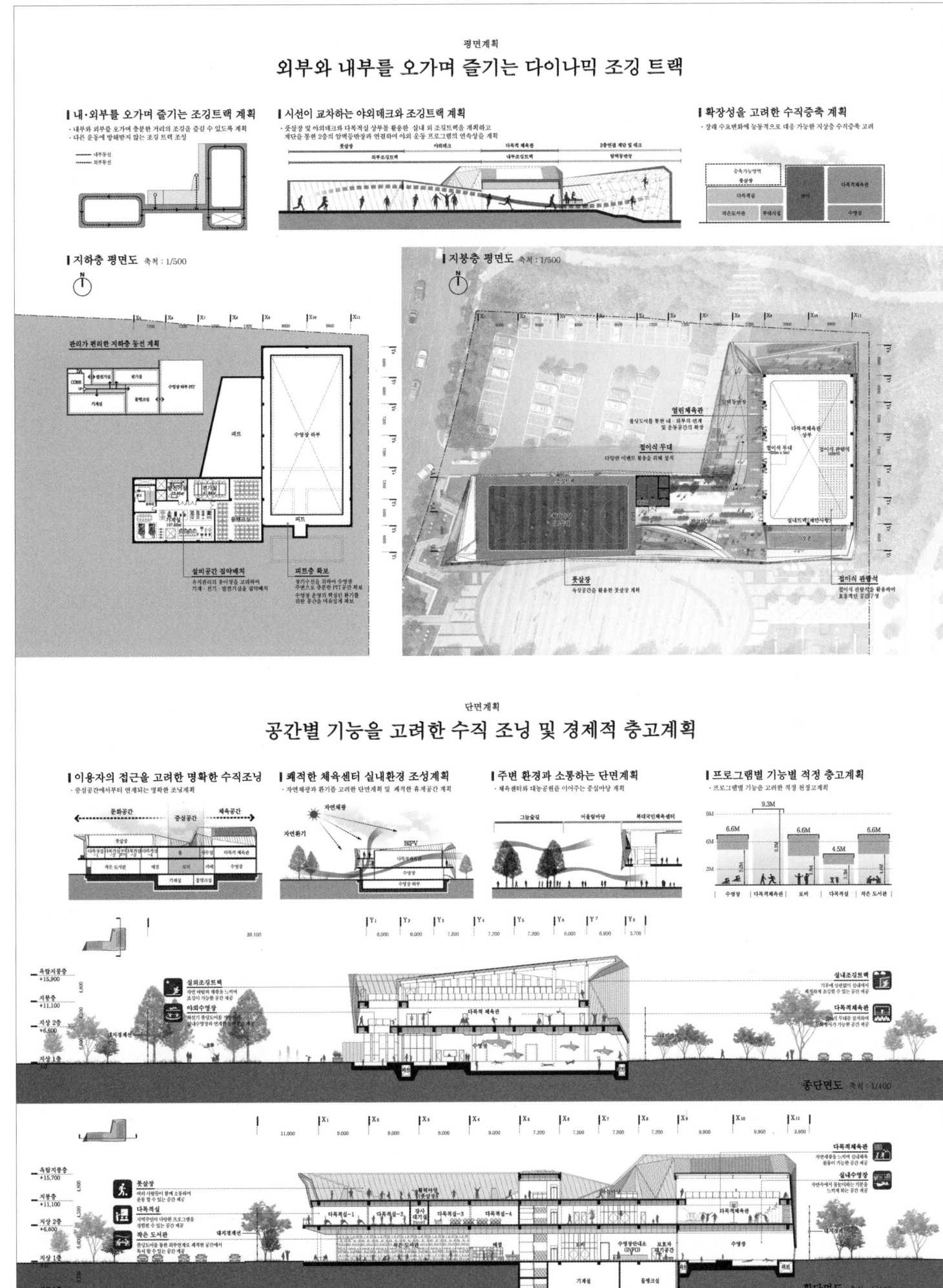

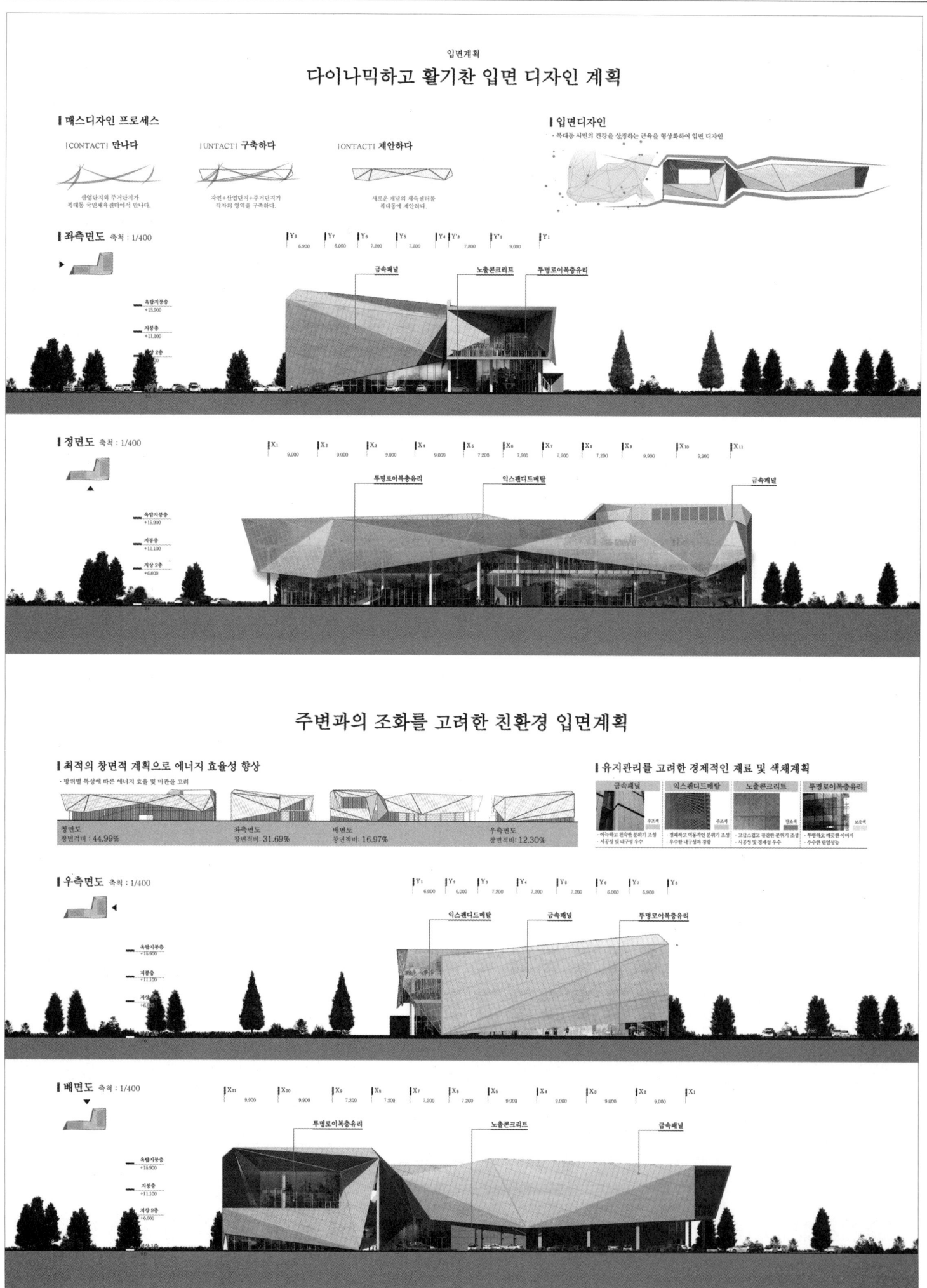

주요경관 및 색채계획
청주의 도시와 자연의 흐름을 고려한 경관계획
청주시 전용색상을 활용한 재료 및 색채 계획
· 청주시 전용색상
주조색
Green
Dark Brown
금속색
Gold
Silver
보조색
Light Blue
Light Green
Medium Gray
간판 표시 색상
Brown
Medium Brown
Bright Brown
Beige
· 체육시설의 유지관리 및 주변환경 조화와 용도 및 특성을 고려한 재료마감 계획
Cozy
Sturdy
Transparent
노출콘크리트
조화
인테리어 계획
편안하며 따뜻한
로비
밝고 정적인
작은 도서관
쾌적하며 발랄한
수영장
모던하며 간결한
사무실
친근하고 화목한
다목적실
활발하며 즐거운
다목적 체육관
1F
2F

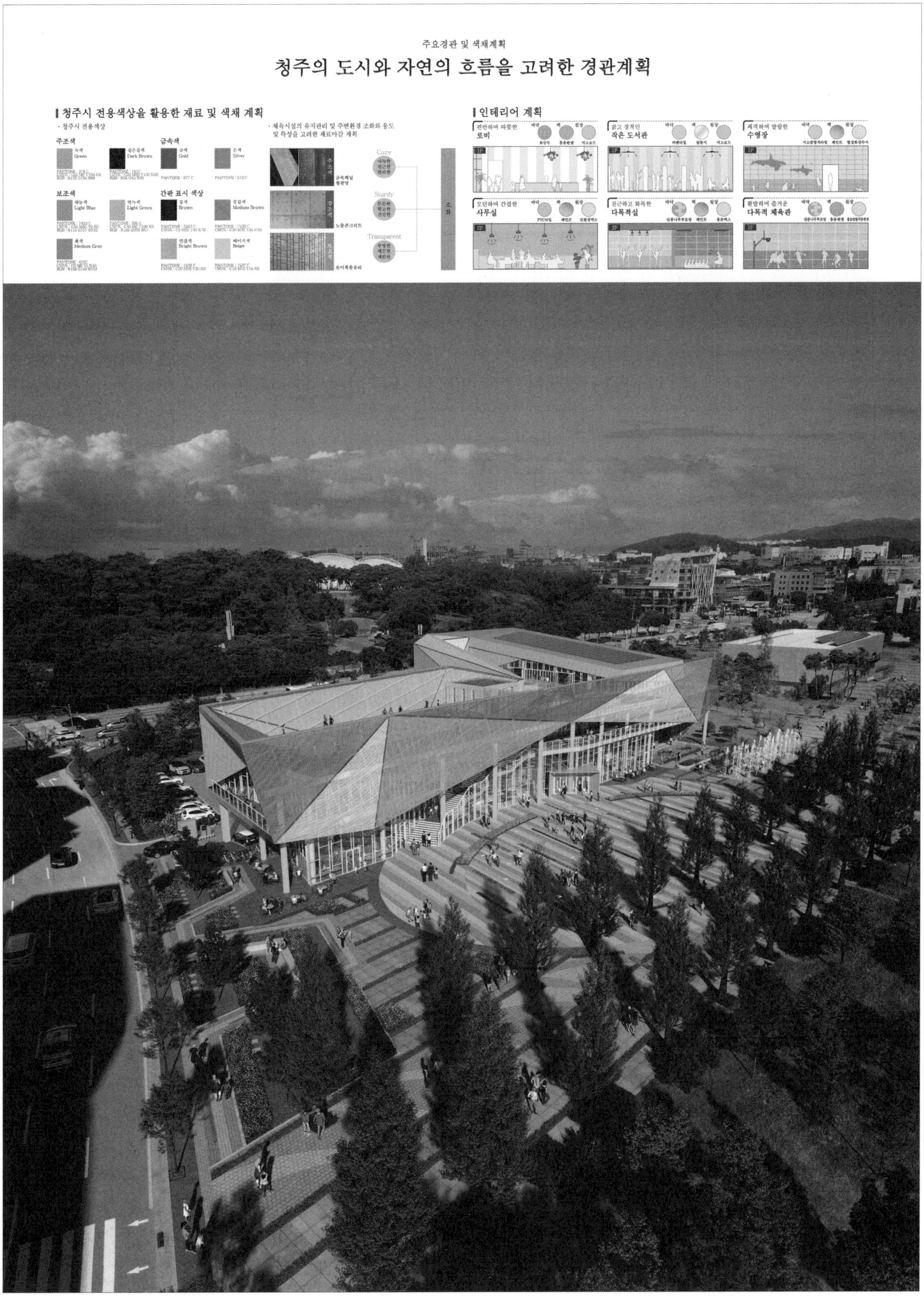

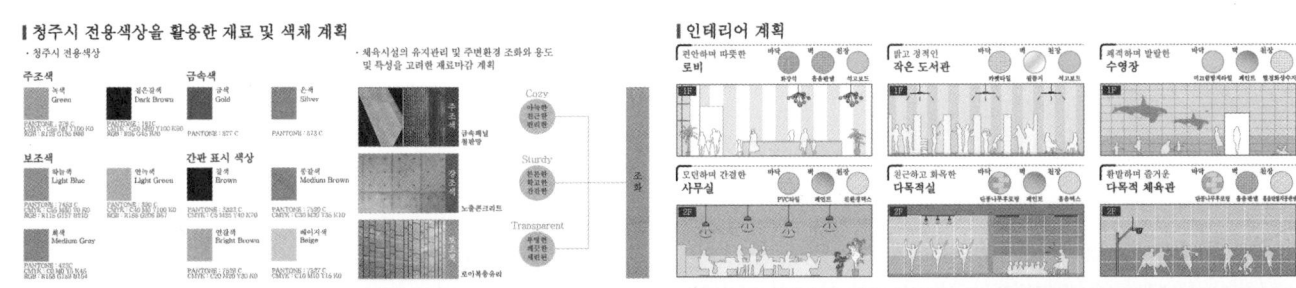

홍성군 장애인수영장

당선작 (주)한들종합건축사사무소 김영근, 하홍원 + 김양희 건축사사무소 김양희 설계팀 허재필, 이인주, 이은지, 이종혁(이상 한들) 최보령(이상 김양희)

대지위치 충청남도 홍성군 홍성읍 홍덕서로 78 **대지면적** 7,315.00㎡ **건축면적** 2,174.30㎡ **연면적** 3,392.62㎡ **조경면적** 1,967.22㎡ **건폐율** 11.61% **용적률** 11.81% **규모** 지하 1층, 지상 2층 **최고높이** 12.50m **구조** 철근콘크리트, 철골조 **외부마감** 화강석, 로이복층유리, 노출콘크리트 **주차** 31대(장애인 주차 9대, 확장형 16대 포함)

건강증진과 사회참여를 유도하는 쾌적한 공간으로 다양한 활동들을 담아낸 각각의 큐브들이 힐링 마루를 통해 하나의 장소가 되고 기존 체육시설들과 조화를 이루어 홍성군민을 위한 'HARMONY CUBE'를 조성한다.

배치계획
홍주 종합운동장과 조화된 열린 배치계획으로 실내·외 유기적 연계로 공간의 활용성을 증대하였다. 또한 주요실의 남향 배치 및 자연환경과 연계하여 친환경 체육 공간을 조성하고 대지 내 레벨을 활용하여 이용자의 안전을 우선으로 편리한 체육시설을 조성하였다.

평면계획
지하 1층은 선큰 공간을 활용한 쾌적한 헬스장과 가변형 다목적실로 다양한 실의 활용을 고려하였다. 지상 1층은 영역의 분리 및 연계를 통한 유기적 공간계획으로 쾌적한 친환경 풀을 계획하였다. 지상 2층은 다채로운 휴게공간을 계획하고 이용자 간의 어울림 공간을 조성하였다.

입면계획
다방면 진입부와 개방감을 부여하여 체육활동의 역동성 및 리듬감이 느껴지는 매스디자인을 하였다. 각 매스가 조화롭게 어우러져 화합을 상징하는 수영장을 나타낸다.

Individual cubes accommodate various activities with a pleasant space that promotes health and encourages social participation. And through Healing Maru, they come together and create one integrated place, which blend in with existing sports facilities and form 'HARMONY CUBE' open to the local community.

Site plan
An open arrangement plan that makes harmony with the sports complex is introduced to establish an organic network of indoor and outdoor spaces, with the goal of increasing efficiency in the use of space. Main rooms are positioned to face the south and connected with the surrounding nature to create an environment-friendly sports complex. Also, level differences within the site are efficiently used to ensure the safety of users and make the complex more convenient.

Floor plan
For the first basement floor, a sunken space is used to design a pleasant fitness center and a transformable multi-purpose room so that they can be used in various ways. For the first ground floor, different zones are isolated or connected according to an organic space plan to create a pleasant and environment-friendly swimming pool. For the second floor, a variety of resting places are designed along with a user community lounge.

Elevation
Multi-directional entry points are added, and a sense of openness is nurtured to develop a mass design that expresses the dynamism and rhythm of a sports acidity. These masses come together in harmony and form a swimming pool that symbolizes unity.

Prize winner HANDEUL Architects & Planners_Kim Younggeun, Ha Hongwon + Kim Yang Hee Architects & Engineers_Kim Yanghee **Location** Hongseong-gun, Chungcheongnam-do **Site area** 7,315.00m² **Building area** 2,174.30m² **Gross floor area** 3,392.62m² **Landscaping area** 1,967.22m² **Building coverage** 11.61% **Floor space index** 11.81% **Building scope** B1, 2F **Height** 12.50m **Structure** RC, SC **Exterior finishing** Granite, Low-E paired glass, Exposed concrete **Parking** 31 (including 9 for the disabled, 16 for extension type)

기본계획
대지현황분석/배치대안검토

자연환경 및 주변 맥락을 고려한 합리적인 대지활용

광역현황 분석

- 생활체육수요를 충족하는 공공체육시설 중 수영시설 부족
- 홍성군내 2개소 수영장 중 장애인이 이용가능한 전문시설 부재

주변현황 분석

- 홍주종합운동장 내에 위치하며 테마스포츠파크로 조성예정
- 추후 사업예정인 주차장 부지를 고려하여 차량진입구 계획 필요

사업부지 분석

- 접근성과 배수를 고려한 레벨계획 필요
- 지형의 10m 레벨 단차를 고려한 계획 필요

기본 배치고려사항

배치대안 검토

구 분	선정안		대 안-1		대 안-2	
배치대안						
환 경 성	◎	홍주종합운동장 배치축을 반영한 자연친화적 배치	×	주차장과 건물간의 높은 고저차로 인한 낮은 편의성	◎	남향배치로 일조 우수 및 북측으로 열린조망 확보
접 근 성	◎	다방면에서 진입을 고려하여 이용성 향상	△	보차분리로 안전성 확보, 주차이용동선 길어짐	×	보행동선과 차량동선의 간섭 발생
외부공간	◎	영역에 따른 독립 외부공간 및 나눔마당 연계활용	◎	넓은 진입광장확보 및 나눔마당 연계활용	○	나눔마당 연계활용 불리 및 외부공간 활용성 저하

배치대안 선정의 주안점

주안점 1 도로위계 및 접근빈도를 고려한 진출입계획

주안점 2 남북방향 10M 경사지를 활용한 배치계획

주안점 3 진입을 고려한 건물영역 설정

주안점 4 종합운동장 내 인접건물과의 연계성 고려

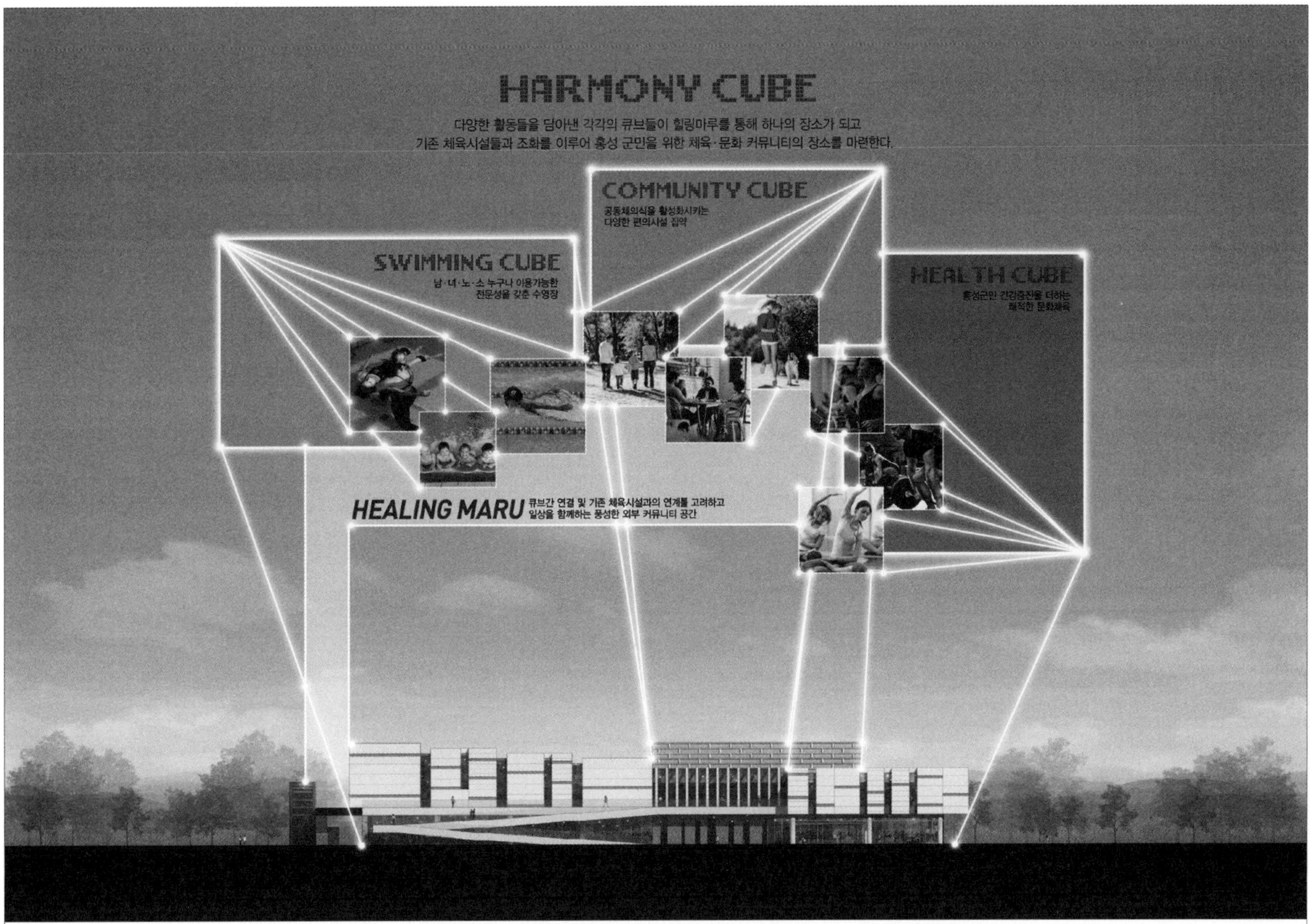

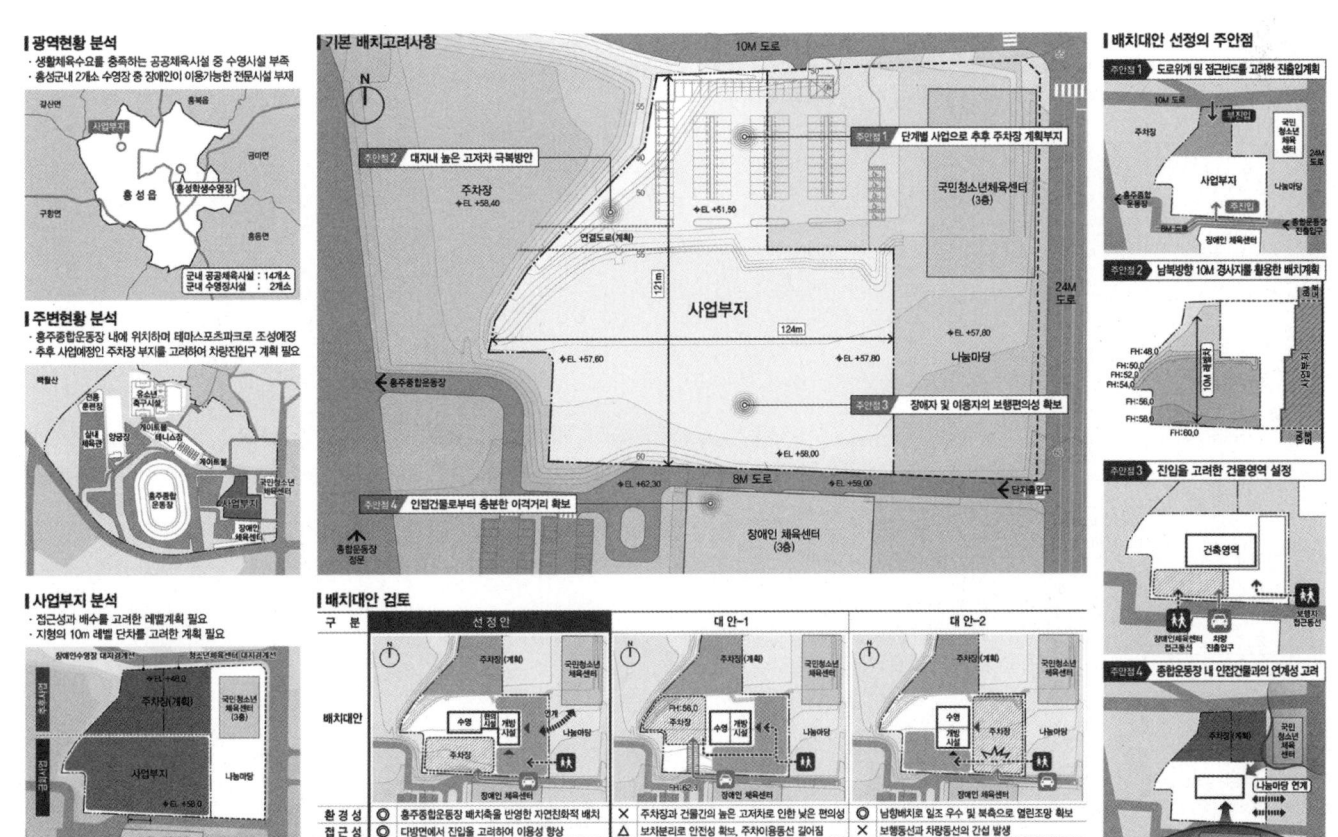

건축계획
배치계획

홍주 종합운동장과 조화된 열린배치 계획

건축계획
특화계획

이용자의 안전을 우선으로 편리하게 이용가능한 체육시설

대지 내 레벨을 활용한 안전하고 편리한 동선계획

· 이용자의 특성을 고려하여 전층에서 지상으로 직접 통하는 출입구 조성으로 최단거리 피난이 가능하도록 계획

내부동선 계획

안전한 무장애 건축물계획

걷기풀

· 가변형 경사로와 핸드레일 사용으로 다용도 재활풀 사용가능

BF인증

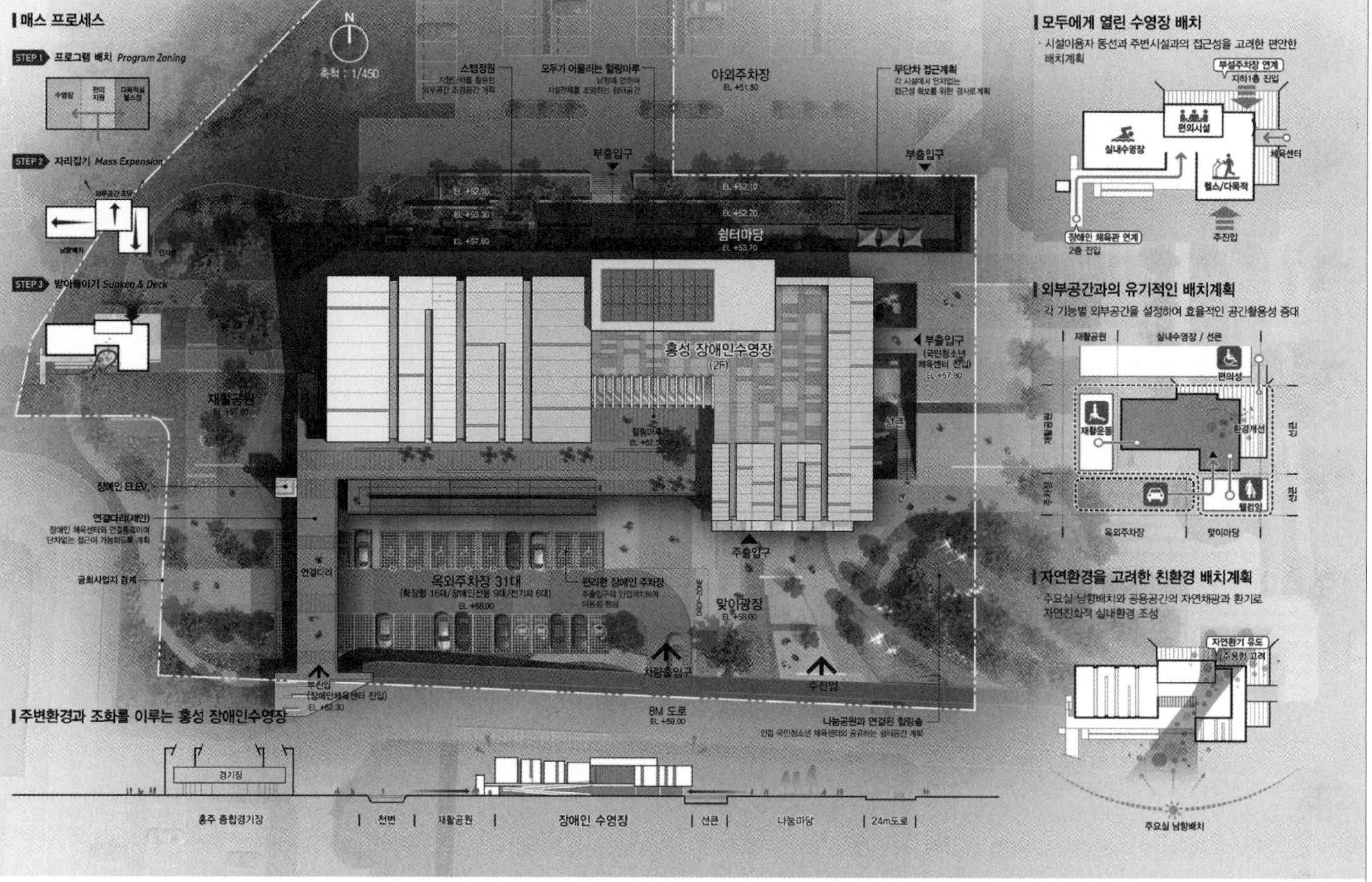

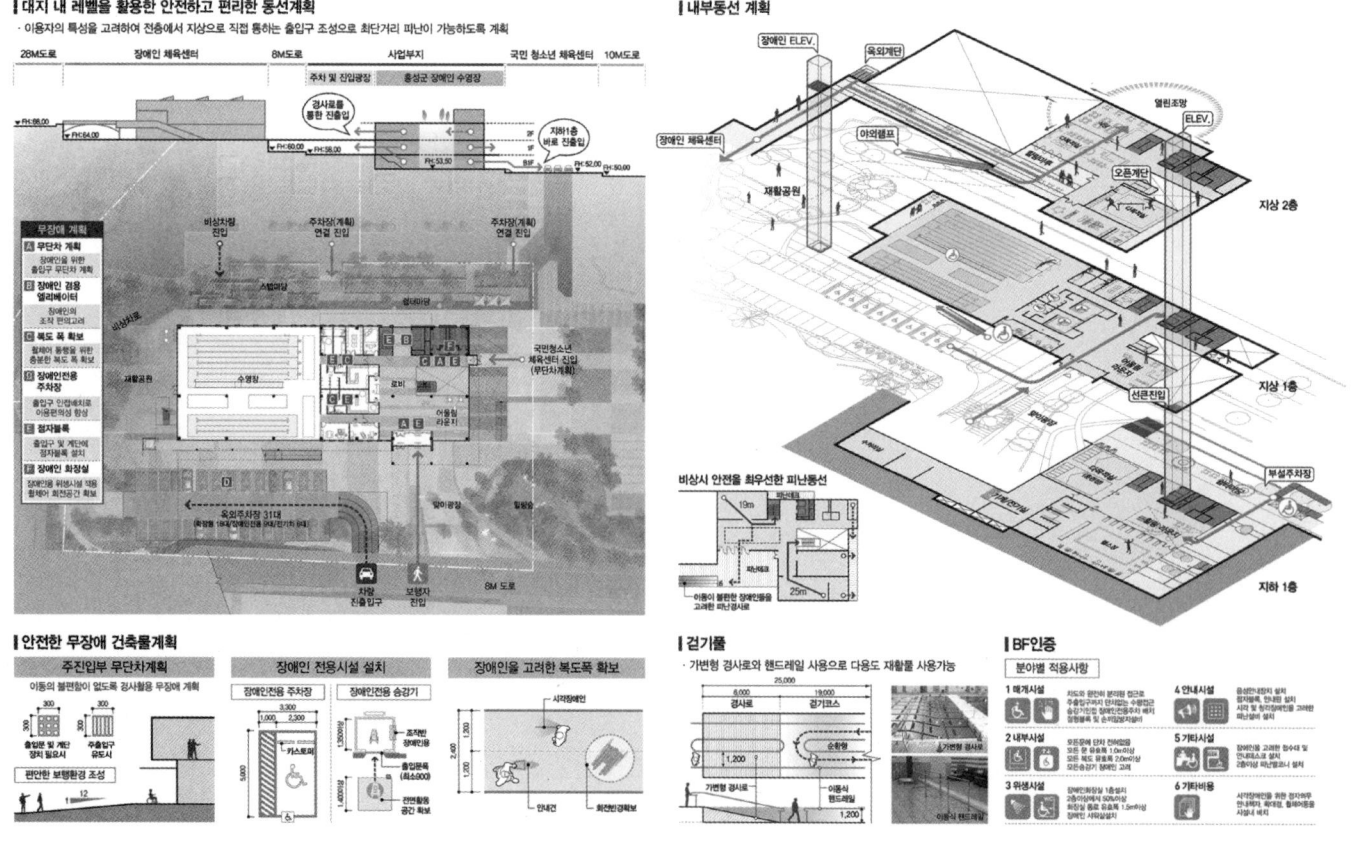

Hongseong-gun Swimming Center for the Disabled

영역의 분리 및 연계를 통한 유기적 공간계획

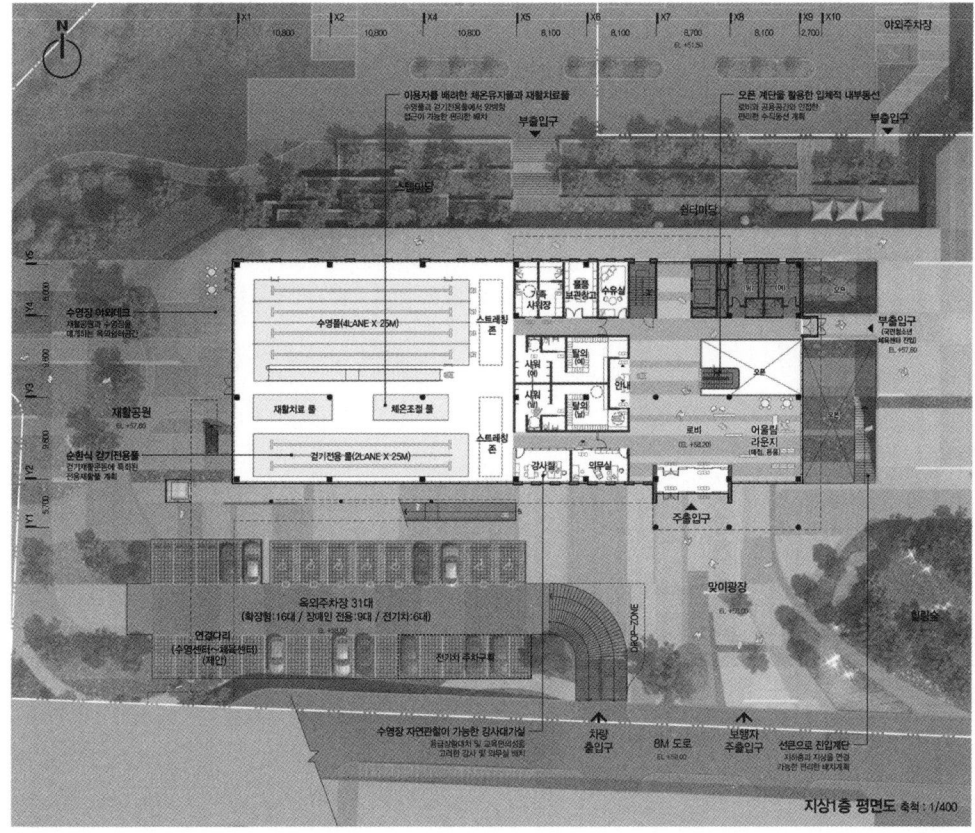

건축계획 **평면계획-1**

지상1층 평면도 축척: 1/400

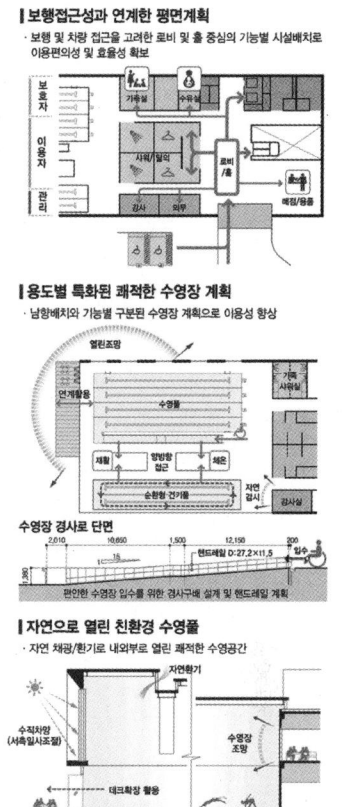

모두에게 열린 "장애인 배려형" 수영장 계획

건축계획 **평면계획-2**

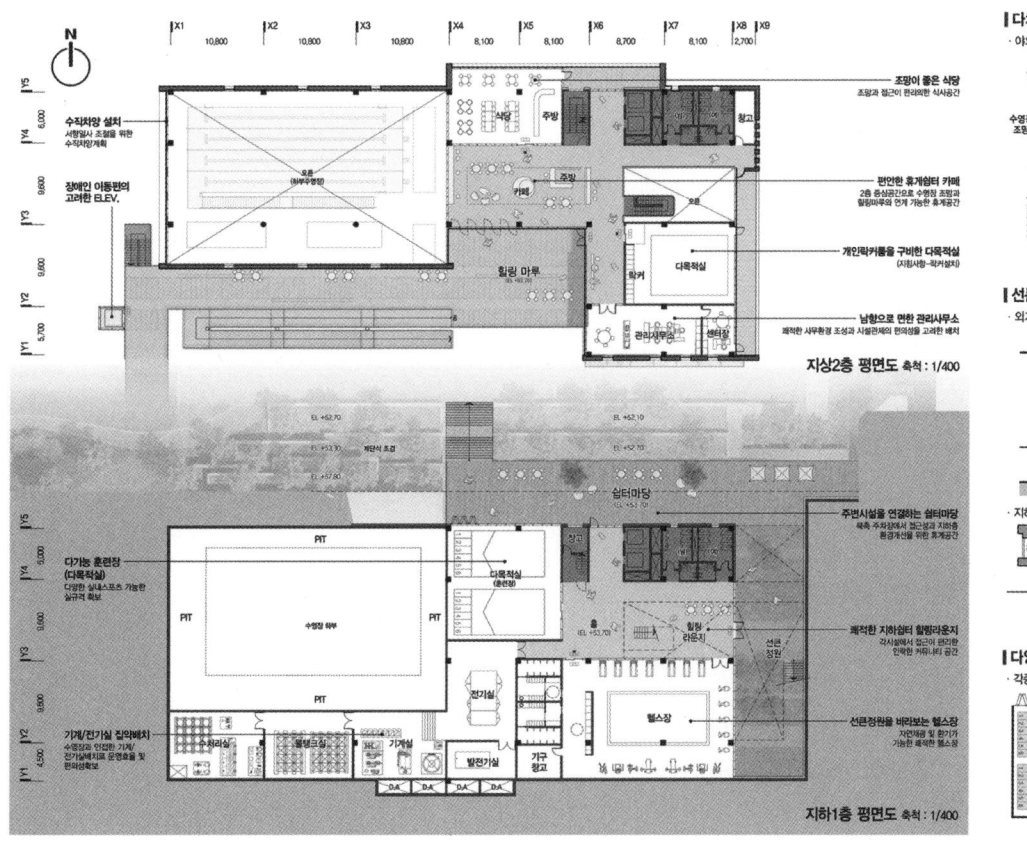

지상2층 평면도 축척: 1/400

지하1층 평면도 축척: 1/400

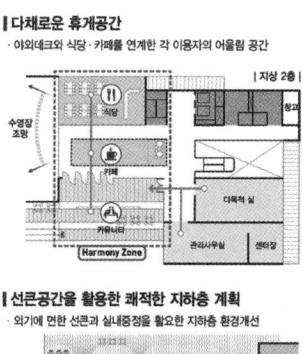

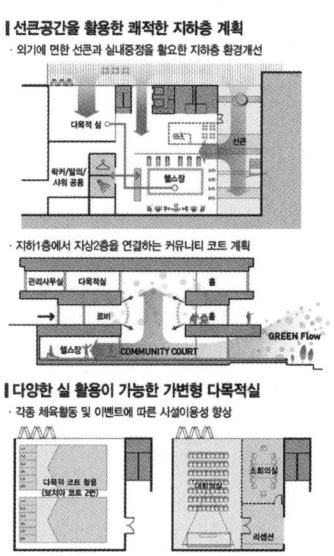

홍성군 장애인수영장

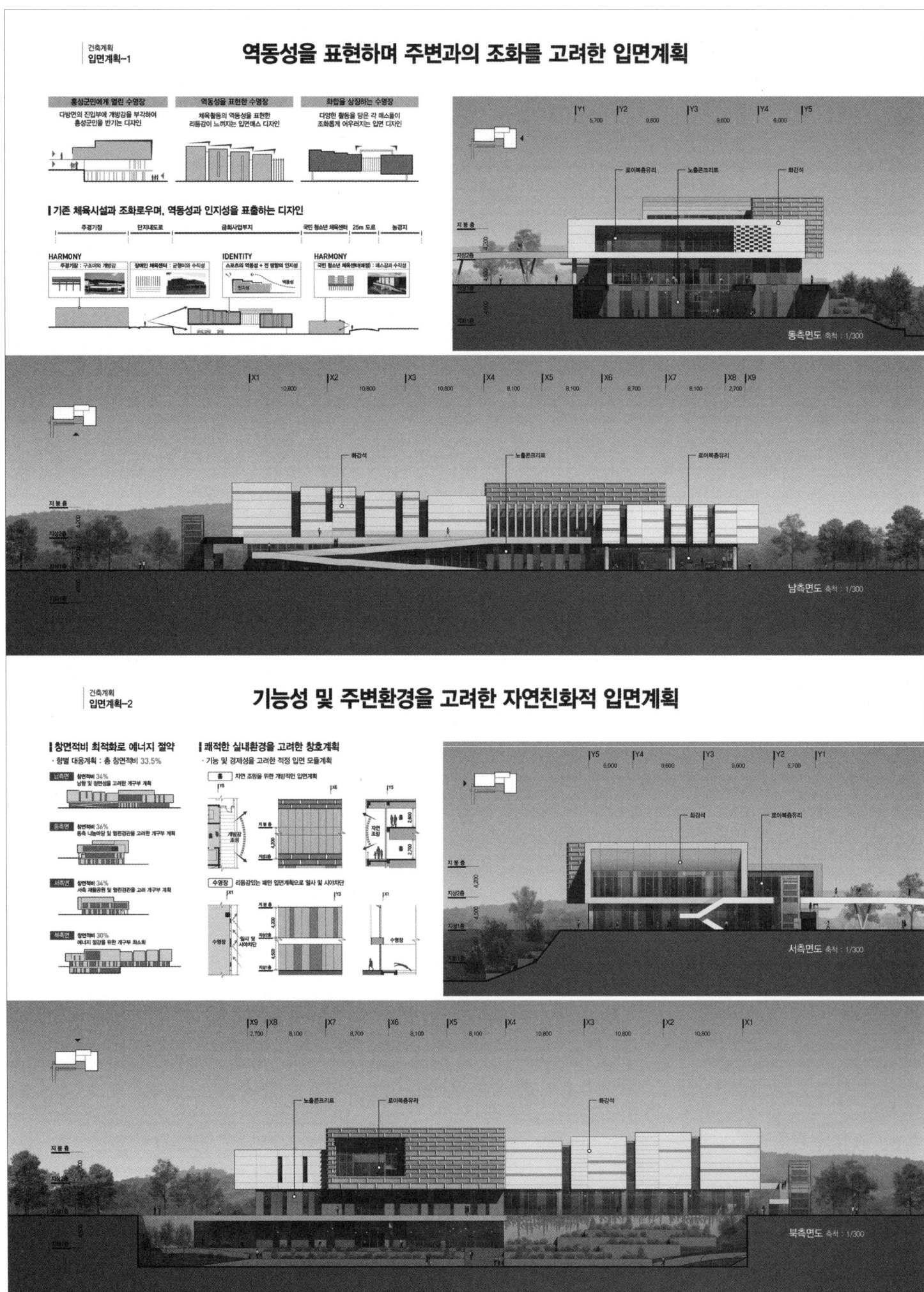

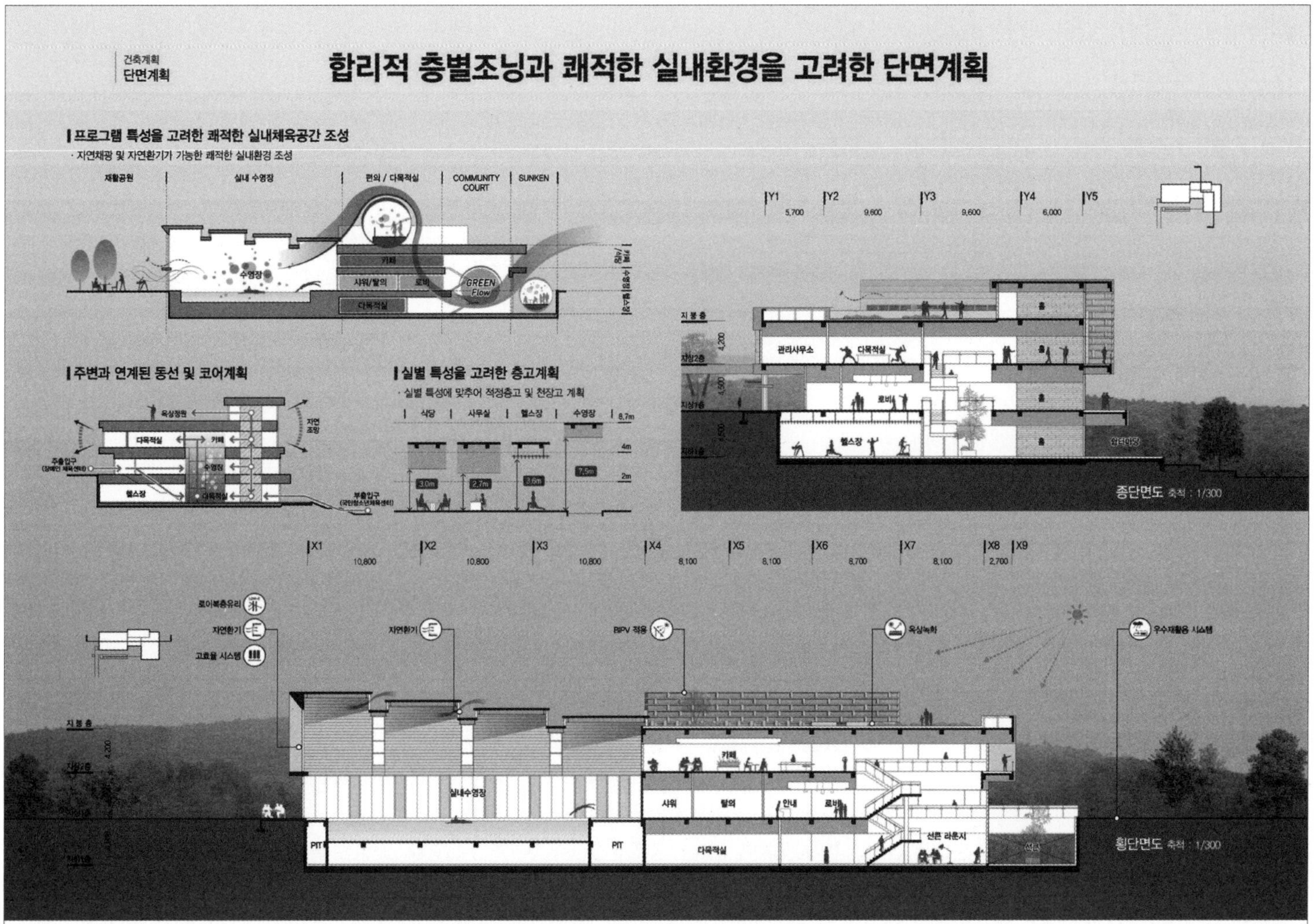

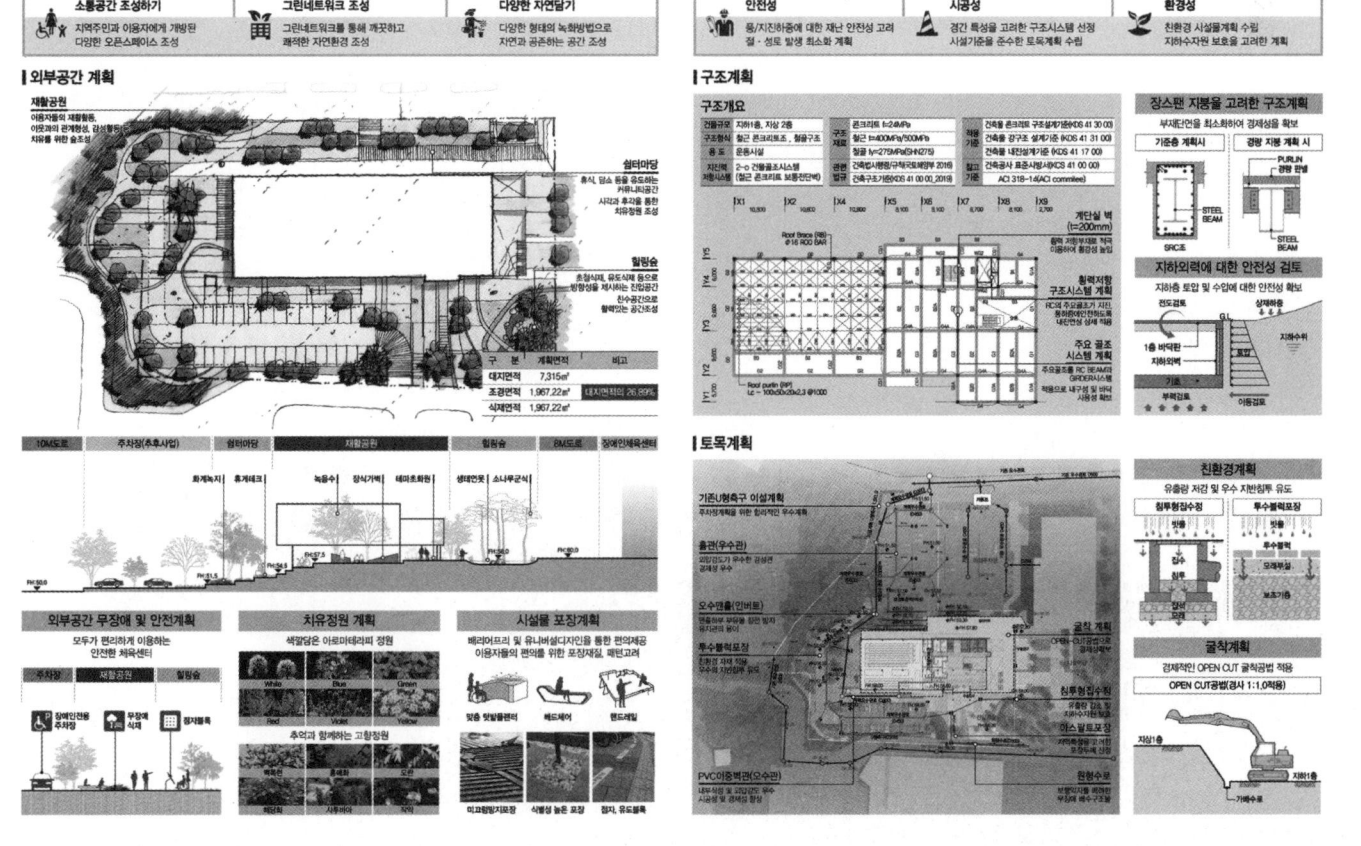

홍성군 장애인수영장

가작 (주)건축사사무소세림 김용운 설계팀 조현미, 안승배, 김예진, 피정민

대지위치 충청남도 홍성군 홍성읍 홍덕서로 78 **대지면적** 7,315.00㎡ **건축면적** 1,461.36㎡ **연면적** 3,367.04㎡ **조경면적** 2,195.50㎡ **건폐율** 19.97% **용적률** 27.81% **규모** 지하 1층, 지상 2층 **최고높이** 8.80m **구조** 철근콘크리트조 **외부마감** 목재패널, 로이복층유리, 콘크리트패널

대지를 이어주는 장소

부지는 홍성읍 도시 외곽에 위치하는 홍주종합운동장의 중심에 위치하고 장애인 체육센터와 맞닿아있다. 부지를 사이에 두고 신축 중인 국민체육센터와 인접한 장애인 체육센터까지 이어지는 자연스러운 공간의 흐름을 만들고자 한다. 남측의 도로에서 시작하는 보행자동선은 기존 장애인 시설을 경유하여 옥외 브리지를 따라 부지에 도달하고, 방문객을 맞이하는 다양한 옥외공간은 인접한 공원과 어우러져 개방적인 흐름을 형성하게 된다.

자연을 바라보는 공간

가야산을 바라보는 경사진 대지 주변은 풍부한 자연경관과 마주하고 신축 중인 체육센터의 공원과는 개방적인 수평성을 형성한다. 공용주차장에서 부지를 지나 장애인 체육센터까지 이어지는 동선을 확보하여 지형의 접근성을 높이고, 건물의 배치는 단순하면서 수평적인 배열로 체육단지의 중심에 안정감을 부여한다.

주변과 조화되는 경관

도로에 면하는 장애인체육센터와 홍주 체육관은 낮은 볼륨으로 주변 경관과 자연스럽게 동화되는 형태를 취한다. 도로에서 공용주차장까지의 8m 경사 차이는 층층이 쌓인 볼륨과 옥외동선으로 자연스러운 흐름을 형성하고, 단순한 건물의 외관은 풍부한 자연경관의 배경이 된다.
심플한 형태의 볼륨은 상징성이 부족할 수 있으나 주변의 경사진 지형을 따라 이어지는 자연의 풍족함을 돋보이게 하기에는 적격일 것이다.

A place that serves as a junction

The project site is located at the center of Hongju Sports Complex at the outskirts of the city, and it shares its border with a sports center for the disabled. The proposal aims to create a seamless flow that connects the upcoming National Sports Center and the sports center for the disabled on both sides of the site. Starting from a road in the south, a pedestrian path passes through the sports center for the disabled and reaches the site through an outdoor bridge. Various outdoor spaces that welcome visitors form an open flow together with a park nearby.

A space with a view of nature

The hilly site with a view of Gayasan mountain is facing the lush natural surroundings. Its relationship with the new sports center's park shows open horizontality. A passage that runs from the public parking area to the sports center for the disabled via the project site is secured to increase accessibility against the natural topography. A simple and horizontal arrangement plan is applied to ensure stability around the center of this sports complex.

A scenery that makes harmony with the surroundings

The sports center for the disabled and Hongju Sports Complex on the roadside have low-rise buildings which blend in with their surrounding landscape. The 8m elevation difference between the road and the public parking area is efficiently used to create a smooth flow by introducing layered volumes and outdoor passages. The building's simple exterior becomes a background for the lush natural environment. Simple forms may be considered as less symbolic, nevertheless they are an appropriate choice to emphasizes the richness of nature spreading along the slope.

3rd prize SAE-LIM Architect & Engineers Association_Kim Yongun **Location** Hongseong-gun, Chungcheongnam-do **Site area** 7,315.00m² **Building area** 1,461.36m² **Gross floor area** 3,367.04m² **Landscaping area** 2,195.50m² **Building coverage** 19.97% **Floor space index** 27.81% **Building scope** B1, 2F **Height** 8.80m **Structure** RC **Exterior finishing** Wood panel, Low-E paired glass, Concrete panel

Hongseong-gun Swimming Center for the Disabled

■ 자연경관과 조화되는 계획의 방향

기본계획 계획의 방향 및 개념도
Design description

[부지와 주변과의 관계]

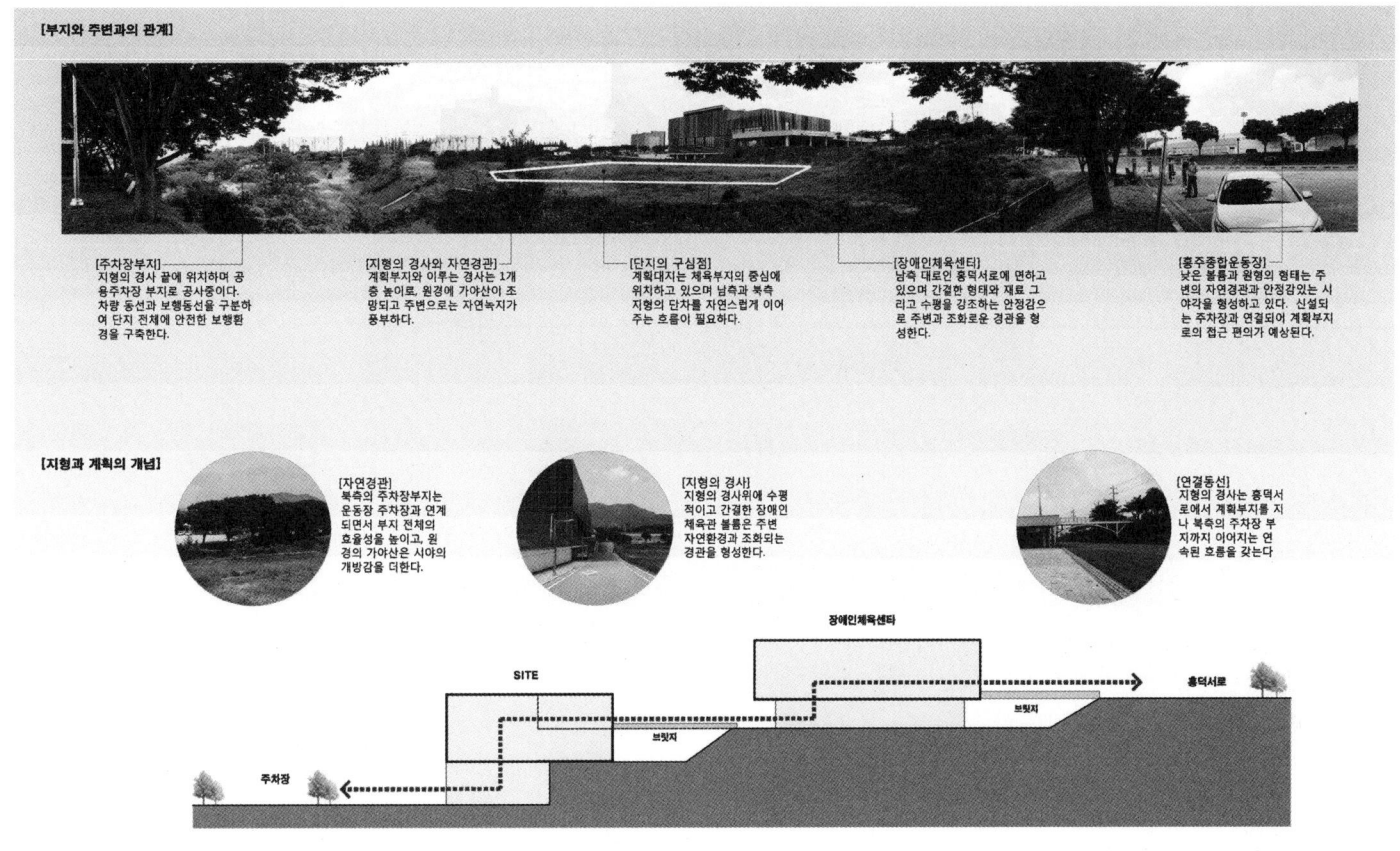

[주차장부지] 지형의 경사 끝에 위치하며 공용주차장 부지로 공사중이다. 차량 동선과 보행동선을 구분하여 단지 전체에 안전한 보행환경을 구축한다.

[지형의 경사와 자연경관] 계획부지와 이루는 경사는 1층 높이로, 원경에 가야산이 조망되고 주변으로는 자연녹지가 풍부하다.

[단지의 구심점] 계획대지는 체육부지의 중심에 위치하고 있으며 남측과 북측 지형의 단차를 자연스럽게 이어주는 흐름이 필요하다.

[장애인체육센터] 남측 대로인 홍덕서로에 면하고 있으며 간결한 형태와 재료 그리고 수평을 강조하는 안정감으로 주변과 조화로운 경관을 형성한다.

[홍주종합운동장] 낮은 볼륨과 원형의 형태는 주변의 자연경관과 안정감있는 시야각을 형성하고 있다. 신설되는 주차장과 연결되어 계획부지로의 접근 편의가 예상된다.

[지형과 계획의 개념]

[자연경관] 북측의 주차장부지는 운동장 주차장과 연계되면서 부지 전체의 효율성을 높이고, 원경의 가야산은 시야의 개방감을 더한다.

[지형의 경사] 지형의 경사위에 수평적이고 간결한 장애인 체육관 볼륨은 주변 자연환경과 조화되는 경관을 형성한다.

[연결동선] 지형의 경사는 홍덕서로에서 계획부지를 지나 북측의 주차장 부지까지 이어지는 연속된 흐름을 갖는다

■ 지형의 경사와 기존시설과의 관계에 대한 분석

기본계획 대지 현황 분석
Design description

[광역 현황분석]
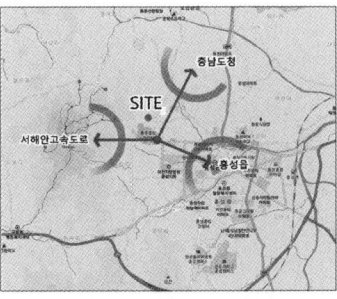
- 홍성읍 도시 외곽에 위치하고 부지로의 접근성이 우수하다.
- 부지 주변으로 녹지가 풍부하고 낮은 주택가가 형성되어 원경의 가야산등 자연경관이 풍부하다.

[홍주운동장 토지이용 현황]
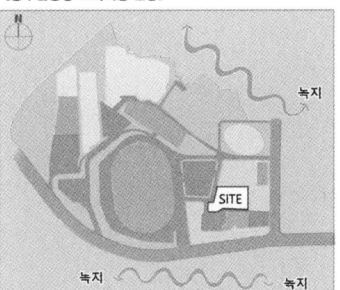
- 홍성군의 주요 체육시설로서 종합경기장은 새롭게 리모델링이 예정중이며 장애인 체육센타가 남측에 근접하고 있다.
- 부지는 계획중인 국민체육센타와 함께 공원이 계획되어있다.

[인접 시설과의 관계]
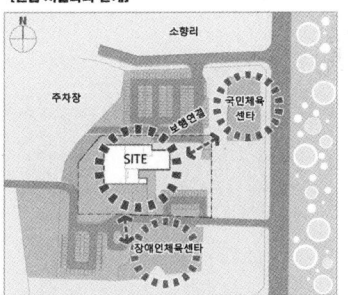
- 남측에 위치하는 장애인 체육센터와 북측의 국민체육센터간 지형의 단차를 고려하여 접근동선을 계획한다.
- 인접한 장애인체육센터와의 장애인시설의 연관을 고려하여 보행 접근동선을 고려한다.

[차량동선 계획]
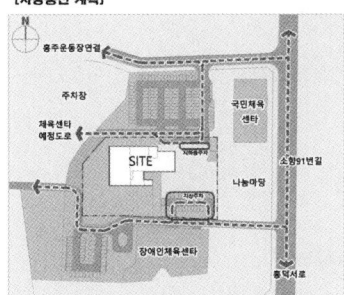
- 남측을 향하여 주변 지형이 경사져 있고, 차량의 접근은 우측 도로에서 접근하여 좌측의 홍주체육관과 연결된다.
- 북측에 공영주차장이 계획되고 있으며, 홍주운동장 주차부지와 연계되어 부지 전체에 보행자와 구분하여 배치하고 있다.

[보행동선 계획]
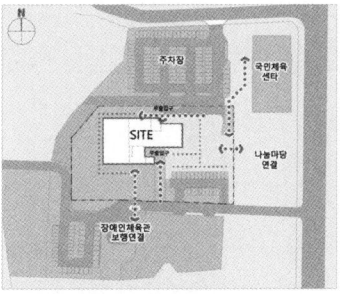
- 부지의 정면에 위치하는 장애인체육관에서 계획부지를 거쳐 국민체육센타까지 이어지는 동선체계 구축
- 각 부지간의 단차를 고려한 접근동선과 동측에 위치하는 나눔마당과의 개방적인 옥외동선 구축

[피난동선 체계]
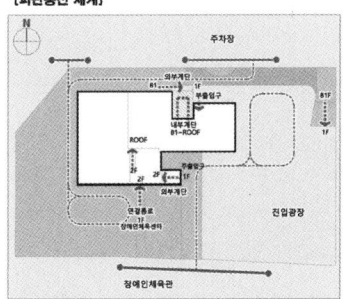
- 인접한 지형과의 단차를 고려하여 장애인체육관에서 이어지는 옥외동선 배치
- 북측의 주차장 부지와 남측의 진입도로에서의 소방 및 응급차량 접근로 구축

홍성군 장애인수영장

지역을 향해 열려있는 공간

주변환경과 조화를 이룰수 있는 배치계획 제시

건축계획 **배치도 및 동선계획도**
Architecture plan

동선계획

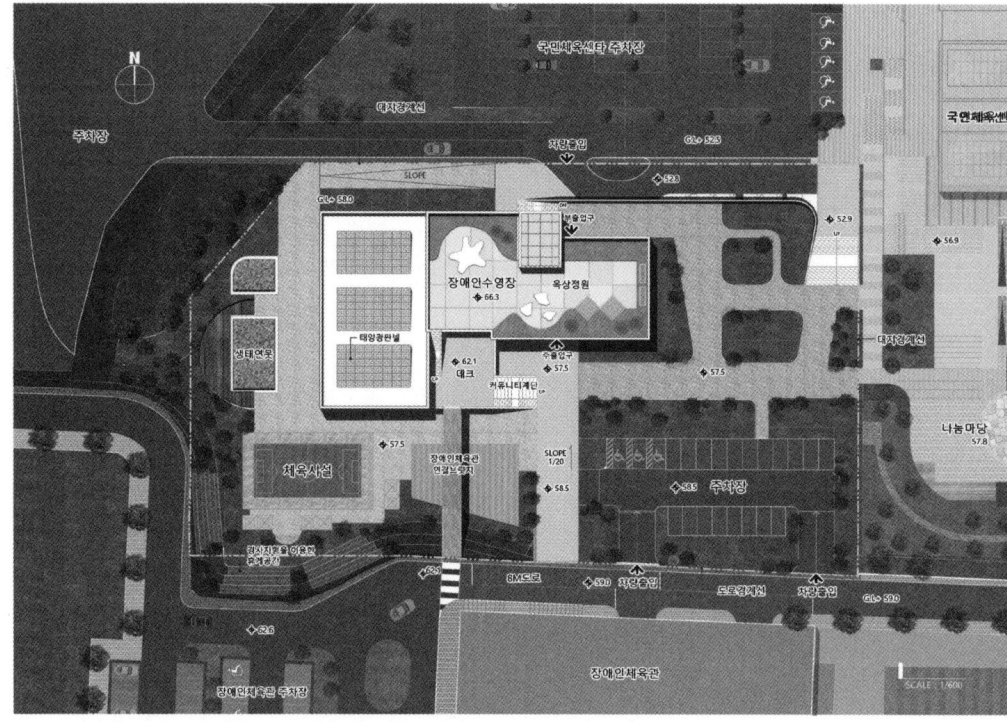

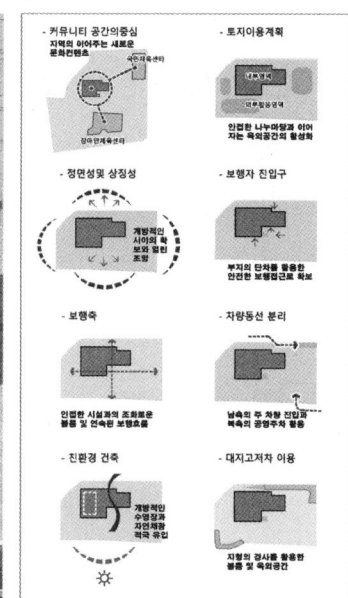

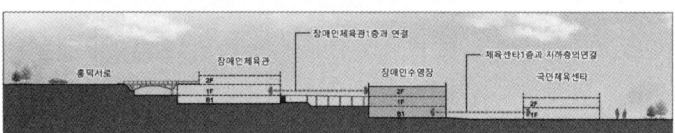

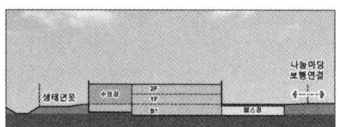

지형의 경사를 고려한 프로그램 조닝과 접근체계

건축계획 **층별평면계획 지하층평면도**
Architecture plan

지하1층 평면도

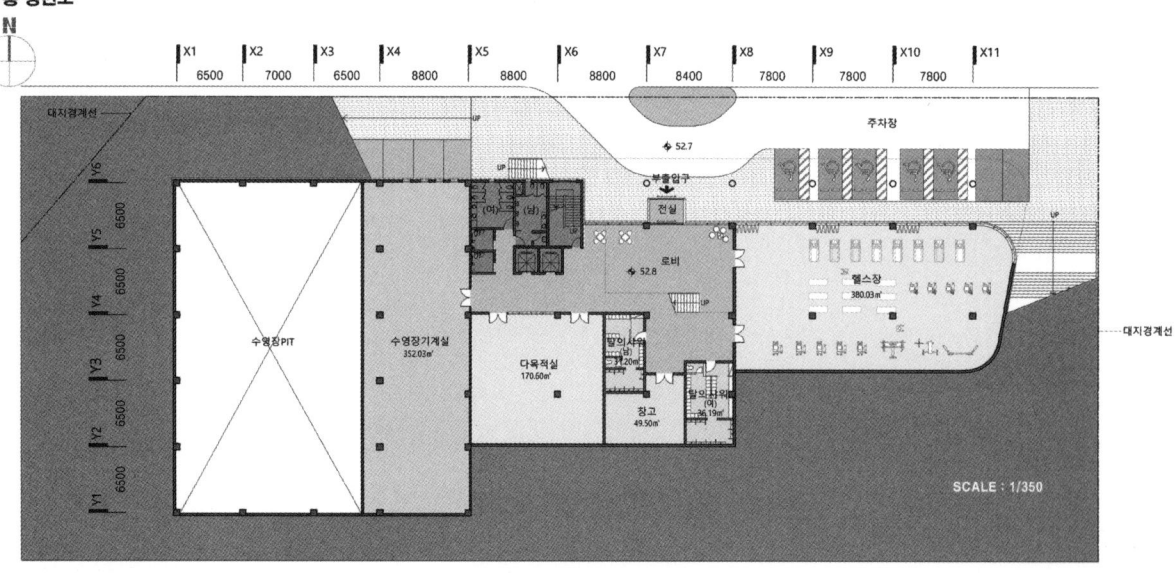

[프로그램 조닝]

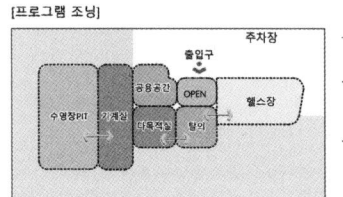

- 지형의 경사를 활용하여 건물의 높이를 최소화 한다.
- 지하층 공간을 주차장 부지를 향하여 열린 배치로 실내공간 개선
- 1층 로비와 연계된 개방적인 공용공간

[지형을 고려한 공간계획]

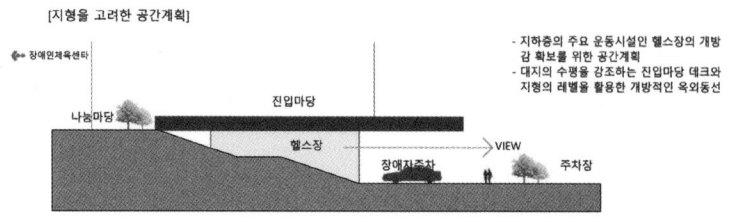

- 지하층의 주요 운동시설인 헬스장의 개방감 확보를 위한 공간계획
- 대지의 수평을 강조하는 진입마당 데크와 지형의 레벨을 활용한 개방적인 옥외동선

Hongseong-gun Swimming Center for the Disabled

수영장과 부대시설의 유기적연결을 통한 합리적조닝계획

건축계획 — 층별평면계획 1층평면도
Architecture plan

지상1층 평면도

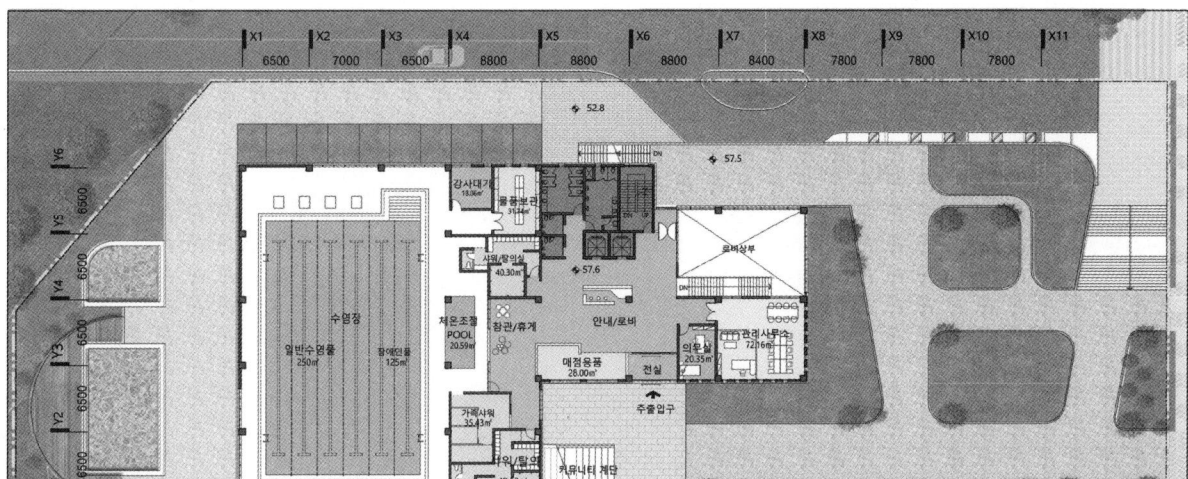

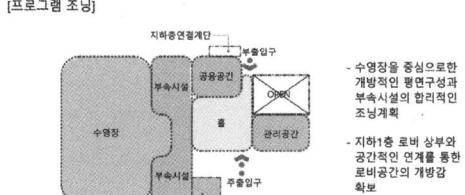
[프로그램 조닝]
- 수영장을 중심으로한 개방적인 평면구성과 부속시설의 합리적인 조닝계획
- 지하1층 로비 상부와 공간적인 연계를 통한 로비공간의 개방감 확보

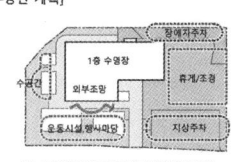
[외부공간 계획]
- 1층 수영장의 옥외공간을 향한 개방적인 구성과 높은층고 확보
- 국민체육센터의 나눔마당과 이어지는 옥외공간의 연속된 흐름

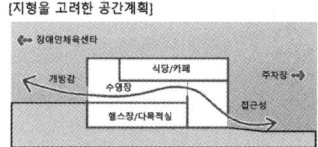
[지형을 고려한 공간계획]
지하 1층은 공용주차장을 통한 진입을, 지상은 진입광장에서 진입하며, 중앙의 로비를 통한 공간의 개방감을 확보한다.

개방적인 수영장과 옥외공간의 연속된 흐름

건축계획 — 층별평면계획 : 지상2층, 옥상층
Architecture plan

지상2층 평면도

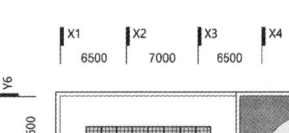

옥상층 평면도

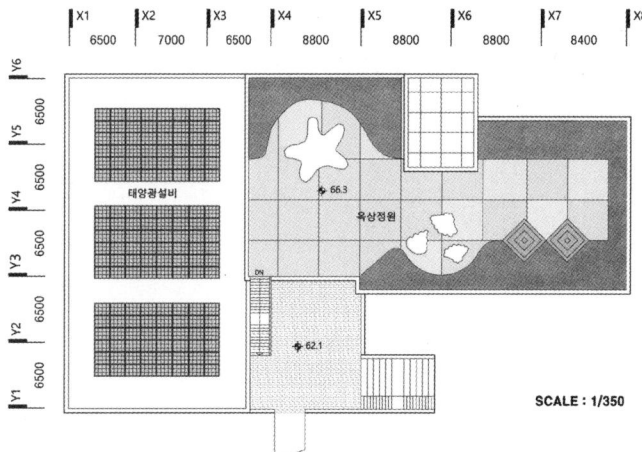

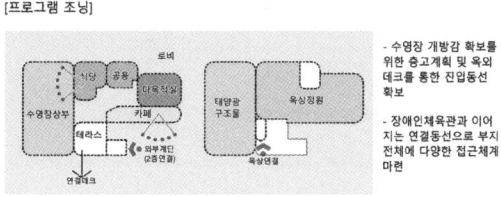
[프로그램 조닝]
- 수영장 개방감 확보를 위한 층고계획 및 옥외데크를 통한 진입동선 확보
- 장애인체육관과 이어지는 연결동선으로 부지전체에 다양한 접근체계 마련

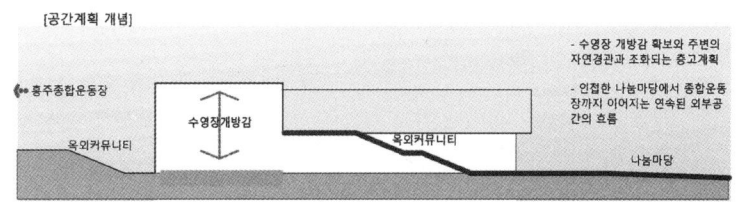
[공간계획 개념]
- 수영장 개방감 확보와 주변의 자연경관과 조화되는 층고계획
- 인접한 나눔마당에서 종합운동장까지 이어지는 연속된 외부공간의 흐름

홍성군 장애인수영장

주변과 조화되는 수평적인 입면요소

건축계획 입면계획 서측면도/남측면도
Architecture plan

서측면도 SCALE : 1/350

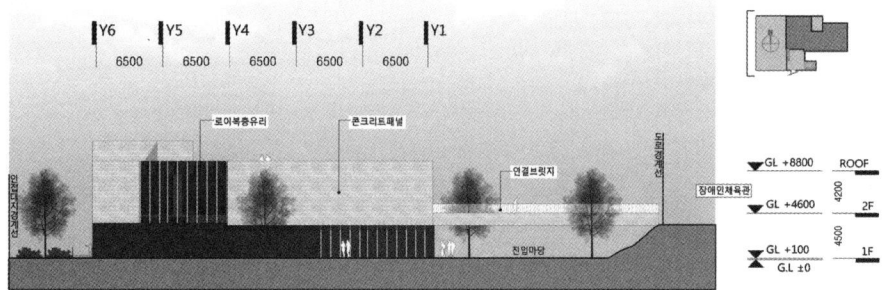

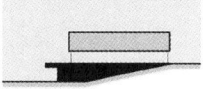

[입면계획 개념]

[수평적인 개방감]

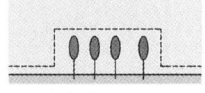

[경사지형의 안정감 부여]

남측면도 SCALE : 1/350

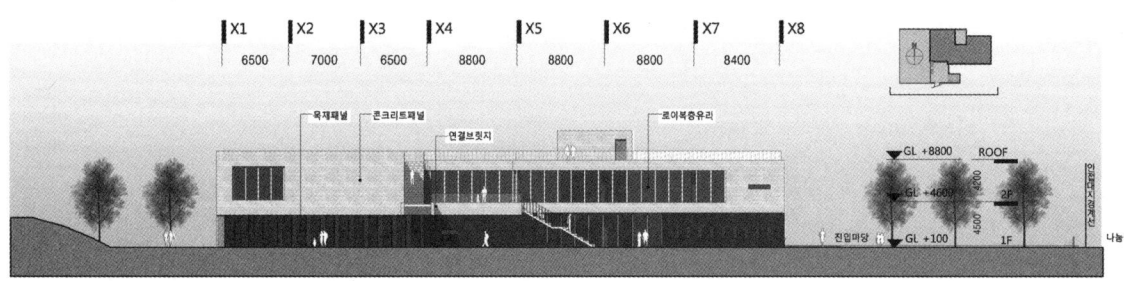

[자연의 배경이 되는 입면]

연속된 지형의 흐름과 자연 경관과의 조화

건축계획 입면계획 동측면도/북측면도
Architecture plan

동측면도 SCALE : 1/350

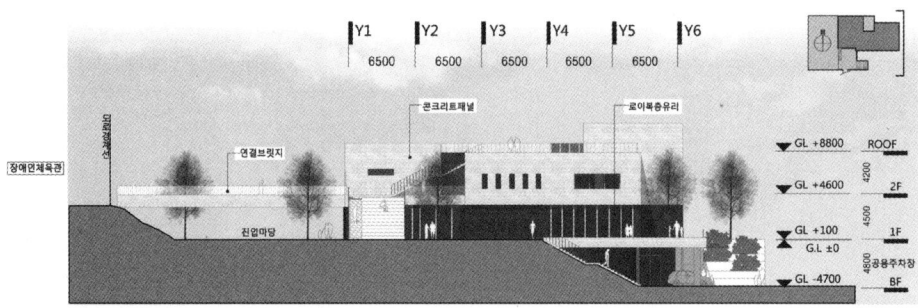

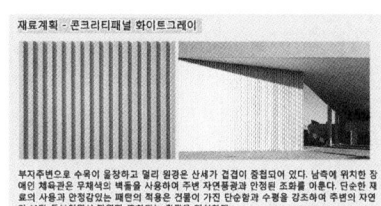

재료계획 - 콘크리트패널 화이트그레이

북측면도 SCALE : 1/350

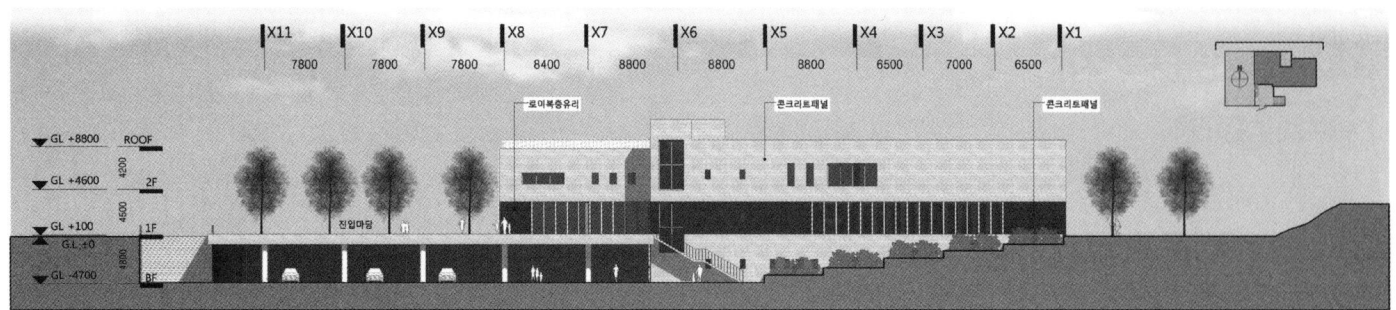

Hongseong-gun Swimming Center for the Disabled

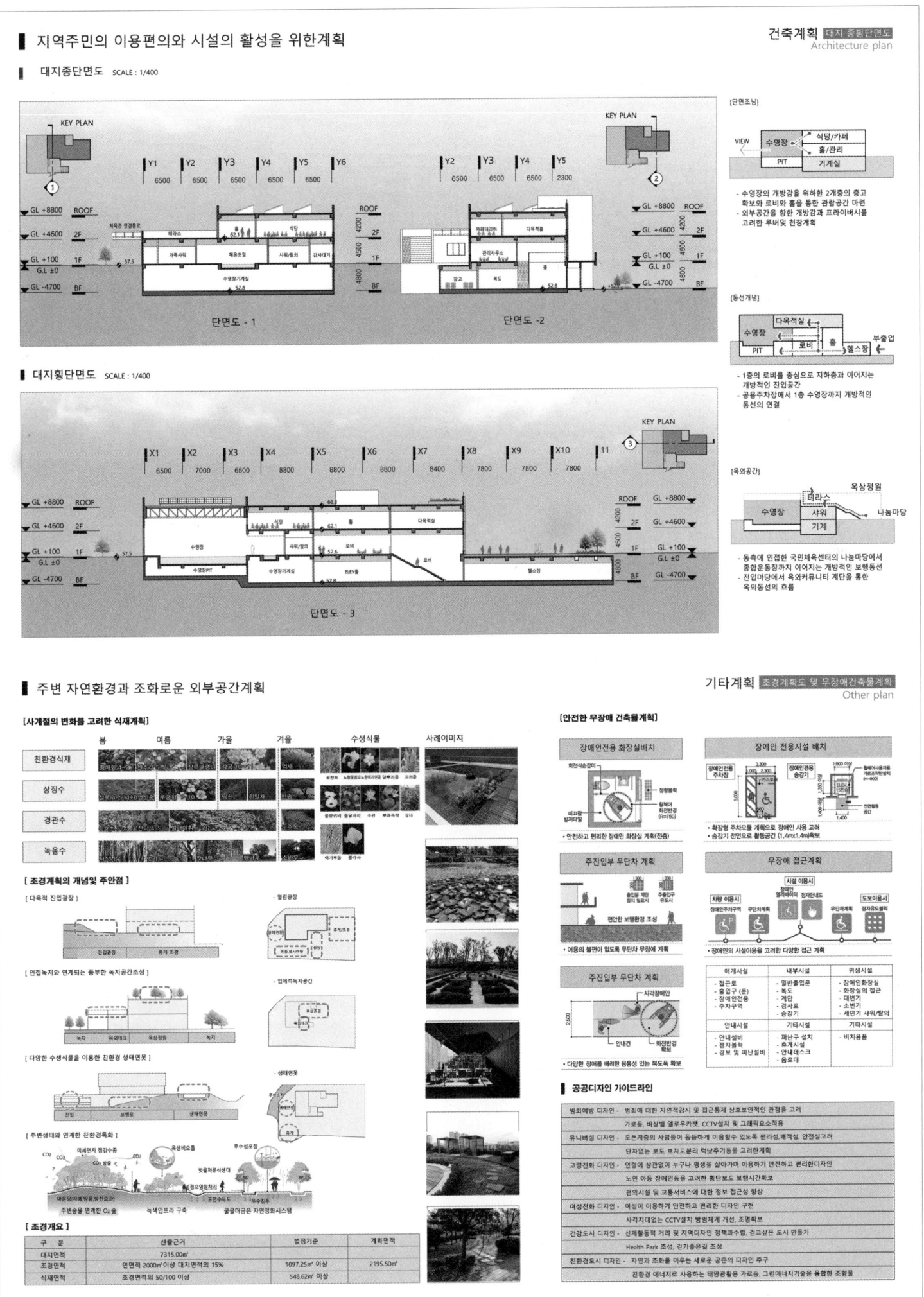

신화역사공원 J지구

대지위치 제주특별자치도 서귀포시 안덕면 서광리 산35-7 일원
발주처 제주국제자유도시개발센터
대지면적 38,296㎡
추정공사비 14,836,148천원
설계용역비 777,260천원
참가등록 2019. 5. 9
현장설명 2019. 5. 9
질의접수 2019. 5. 13
질의회신 2019. 5. 14
작품접수 2019. 7. 9
당선 (주)그룹한 어소시에이트
우수 (주)서영엔지니어링 + (주)헤드어반 + 환경디자인 지향
장려 (주)강산이앤씨 + (주)에코밸리

잠실한강공원 자연형 물놀이장

대지위치 서울특별시 송파구 한가람로 65
발주처 서울특별시 한강사업본부
추정공사비 9,700백만원
설계용역비 415백만원
참가등록 2020. 3. 23 ~ 5. 15
현장설명 2020. 4. 8
질의접수 2020. 4. 8 ~ 4. 10
질의회신 2020. 4. 17
작품접수 2020. 5. 20
당선 (주)동심원조경기술사사무소
우수 기술사사무소 이수 + 스튜디오테라 + 엠더블유디랩 + 김아연
  + 김소라

설계경기 04_조경

신화역사공원 J지구

당선작 (주)그룹한 어소시에이트 박명권 설계팀 김기천, 고미진, 김원대, 엄성현

대지위치 제주특별자치도 서귀포시 안덕면 서광리 산35-7 일원 **대지면적** 38,296㎡(솟을마당 : 13,273㎡, 신화놀이터 : 25,023㎡)

제주신화가 갖는 솟을 신화의 특징을 드러내고 제주 신화역사공원의 정체성을 담았다. 제주 땅의 기원과 신화들을 재해석하여 새롭게 만들어질 솟을 마당은 '신화의 경관'을 통해 구현되며 솟을 마당에 출현하는 '신화의 경관'의 여러 켜들은 수직적, 수평적 확장을 통해 미래 제주 신화에 새로운 가치를 더해 나간다. '오름 원더랜드'는 수많은 신화 중에서 잘 알려졌으며 아이들에게 흥미를 유발할 수 있는 '오늘의 원천강 이야기'를 각각의 오름에 담아 모험 놀이 공간, 물놀이 공간 등 다양한 활동 공간을 구성한다.

신화의 경관
신화역사공원 J지구의 중앙에 위치한 솟을마당에는 땅이 융기하고 신성한 나무가 솟아올라 새로운 표면이 나타난다. 화산으로 융기된 표면에 '태고의 땅'이 드러나고, 솟아오르는 신성한 나무 '솟을 낭'은 신화적 상상력을 자극하며, 떠오르는 '신생의 표면'은 한라산에서 분출된 용암의 흐름을 따라 만들어진 제주도의 지형을 상징적으로 보여준다. 새로운 제주 신화의 가치를 담아낼 '신화의 경관'에는 '태고의 땅'과 '신생의 표면'에 의한 두 개의 수평적 층위가 있다.

오름 원더랜드
제주를 창조한 여신 '설문대할망'은 한라산을 비롯해 오름, 암석, 호수 그에 부속된 제주의 모든 것을 만들었다. 솟을신화를 담은 오름 원더랜드는 설문대 할망이 만든 화산섬 제주의 독특한 자연풍경을 담아 제주를 닮은 놀이 공간으로 탄생한다. 할망의 흔적들은 놀이터의 경관이 되고 각각의 공간에 재미있는 제주의 신화와 어트렉션 시설을 담았다.

The proposed design expresses the uniqueness of sacred stories in Jeju mythology and the identity of Jeju Myths and History Theme Park. Designed by reinterpreting the origin of the lands and myths of Jeju, Sacred Plaza introduces 'Mythical Scape'. The different layers of 'Mythical Scape' displayed in the plaza introduce a new vision for the future of Jeju mythology as they expand in horizontal and vertical ways. As for 'Oreum Wonderland', 'The story of Oneul and Woncheongang', the most famous among many myths in Jeju, which can cause interest from children, is reflected in the design of each oreum forming different activity areas such as Adventure Zone and Water Play Zone.

MYTHICAL SCAPE
In Sacred Plaza located at the center of J District within the park, the ground swells and trees rise to create new surfaces. 'Ancient Land' reveals itself through raised volcanic surfaces. Soaring 'Scared Trees' stimulate mythical imagination. And 'Emerging Surface' symbolizes the terrain of Jeju formed along the path of lava erupted from Hallasan Mountain. 'Mythical Scape' that represents the new vision of Jeju mythology contains two horizontal layers shaped by 'Ancient Land' and 'Emerging Surface'.

OREUM Wonderland
Seolmundae Halmang, the goddess who created Jeju', made Hallasan Mountain, oreums, rocks, lakes and everything in Jeju. Inspired by sacred myths, Oreum Wonderland embraces the unique natural landscape of Jeju, a volcanic island created by Seolmundae Halmang, and transforms into a playground which looks similar with Jeju. The traces of the goddess become part of the landscape around the playground. Each area introduces interesting myths in Jeju and provides tourist facilities.

Prize winner GROUPHAN associates_Park Myungkweon **Location** 35-7, Seogwang-ri, Andeok-myeon, Seogwipo-si, Jeju-do **Site area** 38,296㎡

제주의 땅과 신화 LAND & MYTH of JEJU ISLAND

대동여지도(제주도지도)

제주도는 **약 180만년 전부터 시작된 화산활동**으로 형성되었으며, 섬 전체가 '화산 박물관'이라 할 만큼 다양하고 **독특한 화산 지형**을 자랑한다. 땅 위에는 기생 화산인 368개 **오름**과 **주상절리**가, 땅 아래에는 160여 개의 **용암동굴**이 섬 전역에 흩어져 있다.

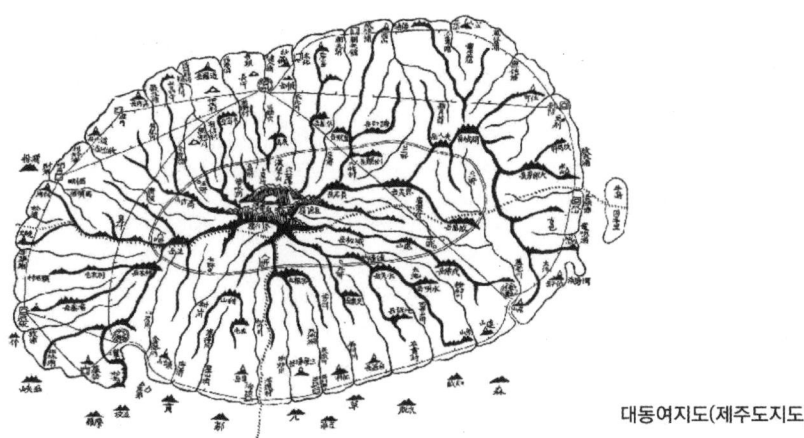

CURRENT SURFACE

설문대할망 설화

18,000개 신들의 이야기가 있는 제주는 **신화의 땅**이다. 그 신화는 땅의 기원과 함께 **제주 고유의 독특한 풍광을 만든 초자연적인 힘에 대한 경외와 상상력**에서 비롯되었고, 오랜 세월 제주민들의 일상의 삶과 문화에 깊이 스며들어 있다.

제주 땅의 기원과 신화들을 재해석하여 새롭게 만들어질 솟을마당은
'신화의 경관 MYTHICAL SCAPE'을 통해 구현된다.

신화역사공원 J지구 솟을마당에 출현하는 **'신화의 경관'의 여러 켜**들은 수직적, 수평적 확장을 통해 미래 제주 **신화에 새로운 가치**를 더해 갈 것이다.

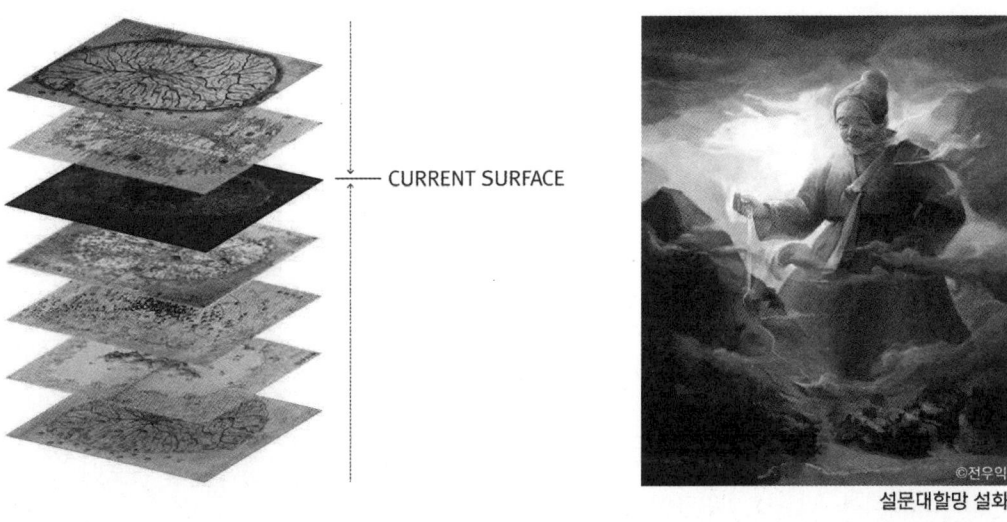

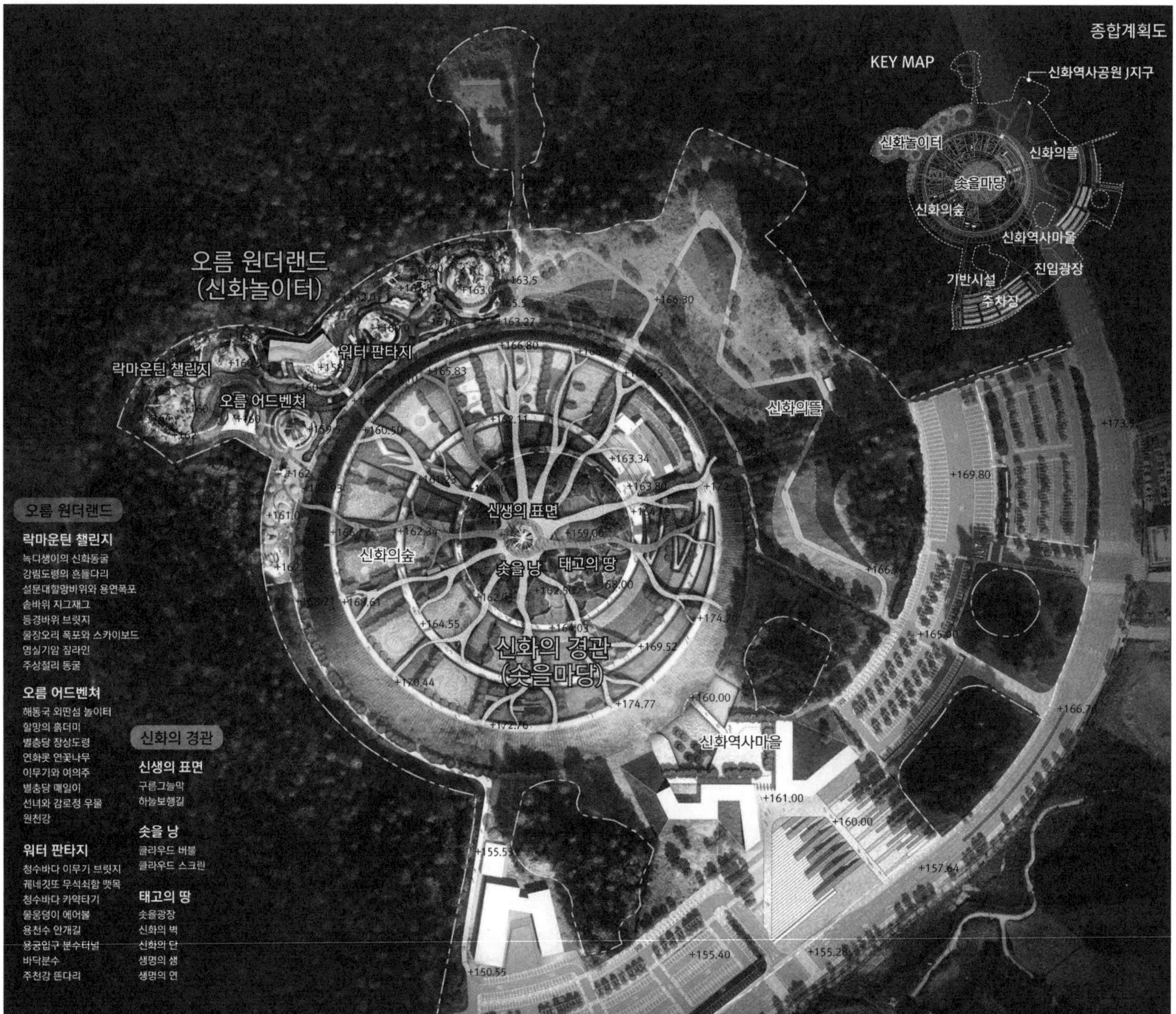

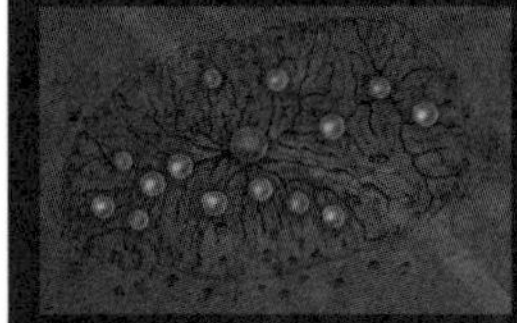

신화역사공원 J지구

종합계획도

오름 원더랜드 (신화놀이터)

- 락마운틴 챌린지
- 워터 판타지
- 오름 어드벤처
- 신화의 뜰
- 신생의 표면
- 신화의 숲
- 솟을 낭
- 태고의 땅
- 신화의 경관 (솟을마당)
- 신화역사마을

오름 원더랜드

락마운틴 챌린지
녹디생이의 신화동굴
강림도령의 흔들다리
설문대할망바위와 용연폭포
솔바위 지그재그
등경바위 브릿지
물장오리 폭포와 스카이보드
영실기암 짚라인
주상절리 동굴

오름 어드벤처
해동국 외딴섬 놀이터
할망의 흙더미
별충당 장상도령
연화못 연꽃나무
이무기와 여의주
별충당 매일이
선녀와 감로정 우물
원천강

워터 판타지
청수바다 이무기 브릿지
궤네깃또 무쇠식함 뗏목
청수바다 카약타기
물웅덩이 에어볼
용천수 안개길
용궁입구 분수터널
바닥분수
주천강 뜬다리

신화의 경관

신생의 표면
구름그늘막
하늘보행길

솟을 낭
클라우드 버블
클라우드 스크린

태고의 땅
솟을광장
신화의 벽
신화의 단
생명의 샘
생명의 연

디자인모티브 | 제주 화산지형

대상지인 솟을마당과 신화놀이터의 공간구조는 제주의 화산지형에서 그 형태적 모티브를 찾는다. 화산섬 제주에는 한라산에서 분출한 용암이 평탄하게 흘러내리며 생성한 영실기암, 주상절리, 용암대지, 오름 등의 독특한 지형경관이 있으며, 한라산에서 시작하여 방사형으로 뻗어나가는 산맥과 같은 분출된 용암의 흐름은 옛 지도에서도 그 형태를 확연히 드러낸다.

S:1/3,600

 **1 신생의 표면** (Emerging Surface)
일상의 공간과 신화적 공간을 연결하는 오름 위의 새로운 표면

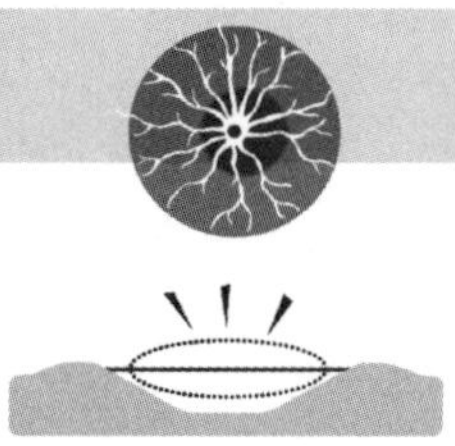

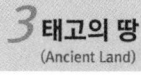 **2 솟을 낭** (Sacred Tree)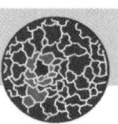
땅으로부터 용기하여 뿌리와 줄기가 보이는 신비스러운 나무

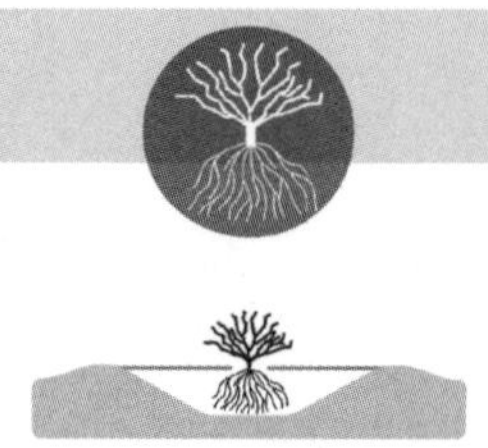

3 태고의 땅 (Ancient Land) 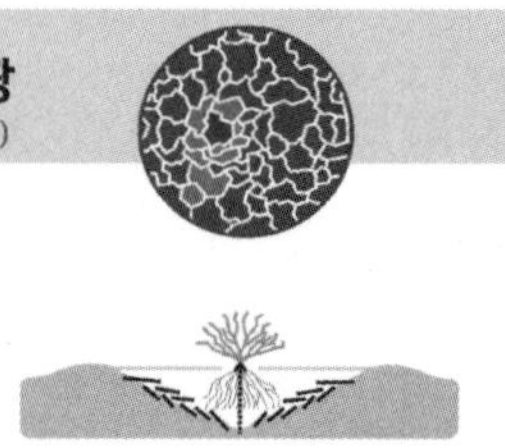
분출한 용암에 의해 용기/침강한 땅의 형상을 담은 마당

Shinhwa History Park J District

신화역사공원 J지구

1 신생의 표면
(Emerging Surface)

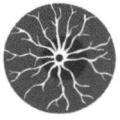

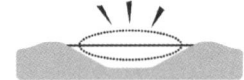

신생의 표면은 솟아 오른 신성한 나무에 의해 **하늘로 드러나게 된 새로운 표면**이다.

구름 그늘막과 하늘 보행길

'구름 그늘막'과 '하늘 보행길'은 신생의 표면을 구성하는 두 개의 떠 있는 장치이다. 이들은 솟음마당을 감싸는 오름과 신성한 나무가 있는 중앙공간을 물리적/시각적으로 연결하며, '일상의 공간'에서 '신화적 공간'으로 넘어가는 브릿지 역할을 한다.

'하늘 보행길'은 5m 높이에 있는 보행동선으로서, 솟음마당으로의 **새로운조망**과 **입체적 공간 체험**을 가능케 한다. '구름 그늘막' 표면의 하부는 더운 여름 낮의 그늘을 제공하고, 밤에는 미디어 조명으로 몽환적이고 신비한 연출을 위한 캐노피가 된다.

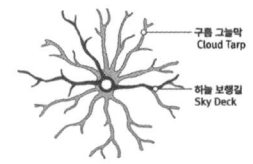

설계전략1 | 신생의 표면

신생의 표면 경관연출

디자인모티브 | 제주도 하늘빛

몽환적이며 아름다운 빛의 경관
미스트에 투사된 형형색색의 빛이 오름 전체를 매우며 신비하고 아름다운 밤의 경관을 연출한다.

디자인모티브 | 빛의 수평선

신생의 표면을 드러내는 빛의 오브제
구름 그늘막과 하늘 보행길을 따라 설치된 광섬유 조명은 오름 전체를 하나로 연결하며 상징적인 빛의 오브제가 된다.

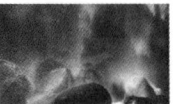

디자인모티브 | 정방폭포의 물안개

오름 전체를 뒤덮는 신비로운 물안개
태고의 땅과 신생의 표면에서 나오는 미스트는 순간적 이색경관을 만들어 내며 여름 한낮에는 무지개와 시원함까지 제공한다.

디자인모티브 | 천제연 폭포

워터스크린을 이용한 미디어쇼
구름 그늘막에서부터 떨어지는 워터 스크린은 미디어쇼를 투사하는 매개체로 오름 전체에 시각적/청각적으로 웅장한 경험을 제공한다.

Shinhwa History Park J District

2 솟을 낭
(Sacred Tree)

나무는 오래된 표면과 새로운 표면을 관통하며 제주의 신성한 이야기를 꽃피운다.
땅속의 뿌리와 땅 위의 가지가 서로 뒤엉킨 형상은 지금까지 우리가 생각하고 있었던 단순한 나무의 생물학적 모습이 아닌 **새로운 표면과 어우러지는 미래 제주의 가치**를 담고 있다.

솟을마당의 신성한 나무, '낭',은 나무를 의미하는 제주도 방언으로 땅 속의 자양분을 힘껏 끌어올려 생생한 잎사귀와 향기로운 꽃으로 영그는 생명력은 간직한 채, **표면 위로 솟아오르는 희망**과 표면 아래 생명의 샘을 충만하게 적셔주는 **풍만함의 의미**까지 표현할 수 있도록 새롭게 디자인되었다.

추상과 구상을 넘나드는 외형은 영적이면서도 과학적으로 고안되어 관람객들에게 새로운 기억을 심어주는 **신화역사공원의 아이콘**이다.

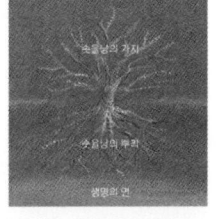

1. [낭]의 기억 / 00분 00초 ~ 01분 40초
자욱한 연기 속으로 한 줄기 빛이 솟아오르며, 어두운 가운데 갈라진 땅 사이로 붉은 용암이 번쩍인다.
주상절리의 날카로운 표면 사이로 알 수 없는 소리가 들려오고, 태고의 카오스를 묘사하는 효과음과 함께 바람소리, 땅이 흔들리는 소리, 알 수 없는 메아리 소리가 함께 들려온다.

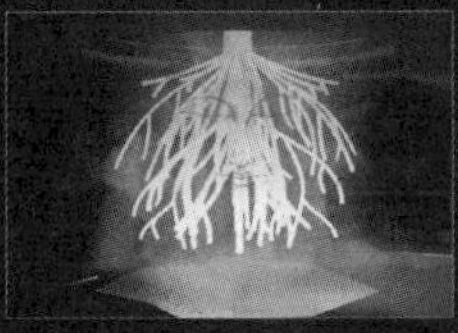

2. [낭]의 얼굴 / 01분 41초 ~ 03분 20초
태고의 땅의 안개가 걷히고 솟을 마당 가운데에 [낭] 사이로 아름답지만 무섭고도 괴기한 얼굴이 목소리와 함께 나온다.
"기억하는가? 우리를 잊지는 않았을까?"
제주의 땅, 새로운 표면에 대한 이야기가 시작된다. 신목의 뿌리 부분에 안개가 자욱이 맺히고, 상형문자를 연상시키는 패턴과 함께 [낭]의 얼굴은 움직이며 말을 걸어온다.

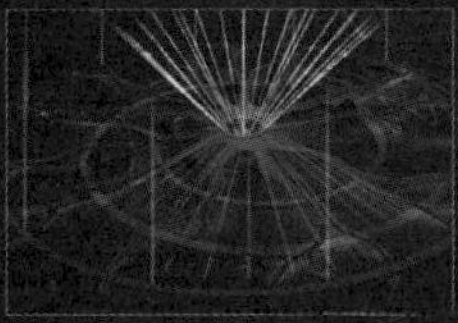

3. [낭]과 친구들 / 03분 21초 ~ 05분 30초
[낭]의 기억과 함께 오름 위에 있던 12신이 깨어난다.
신들의 합창과 함께 솟을마당의 거대한 깨어남이 시작되며, 오름 위의 조각상을 비추던 빛이 하늘로 솟아난다. 신목 뿌리감싸는 워터스크린 위로 각기 다른 신들이 펼쳐진다. 12신 목소리는 나무의 목소리와 함께 거대한 조화를 이룬다.

4. 솟아 오르는 [낭] / 05분 31초 ~ 07분 28초
12신의 깨어남과 함께 생명의 샘에 담겨있던 [낭]의 영혼이 꿈틀대며 거대한 빛이 하늘로 함께 솟아오른다.
뿌리 속에 맴돌던 태고의 기억들이 12신의 노래와 함께 [낭]의 끝에 모여지고, 나무 전체가 빛나면서 물이 떨어지며, [샘]에 담겨있는 [낭]이 움직이고, 천천히 하늘로 솟구친다.

5. [낭]의 하모니 / 07분 29초 ~ 10분 00초
[낭]의 뿌리와 가지는 새로운 표면을 관통하고 어디가 아래인지, 어디가 위인지도 모를 신비로운 우주가 펼쳐진다.
[낭]을 뒤덮는 레이저와 온갖 조명들은 새롭게 펼쳐질 제주의 미래를 모두 함께 불러본다.

신화역사공원 J지구

3 태고의 땅
(Ancient Land)

태고의 땅은 새롭게 떠오른 신생의 표면의 원지형과 같은 공간으로, 분출한 용암에 의해 **융기/침강된 땅**과 생명의 근원인 샘, 그리고 신화의 이야기를 담는다.

신화의 벽
신화의 길을 지나 솟을마당에 들어서면, 여러 **신화들의 이야기**가 새겨진 벽을 만난다.

솟을광장
오름의 하단부인 솟을광장은, **신성한 나무**를 중앙에 두고 주변이 **비워진 광장**이다. 이 곳은 신성한 나무, '낭'의 웅장함과 신비로움을 감상하기에 가장 좋은 공간이자, **다단의 입체적 공간구조**로 인해 대규모의 이벤트와 공연을 수용하기에 적절하다.

생명의 샘과 연
태고의 땅 가장 높은 단에는 신화의 근원을 상징하는 '**생명의 샘**'이 있다. 물은 생명의 샘을 기점으로 다단의 입체적 표면을 따라 흘러 신성한 나무 아래, '**생명의 연**'에 이른다.

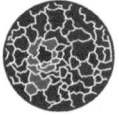 
 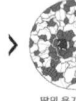

태고의 땅 세부공간

생명의 샘	신화의 벽	신화의 단	생명의 연
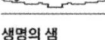		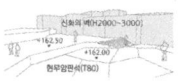	 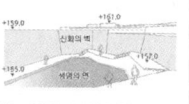
생명의 샘은 울창한 팽나무 숲에 둘러쌓여 있으며 미스트 분무로 샘과 함께 물안개 자욱한 신성한 장소를 연출해 낸다.	팽나무 숲 아래 펼쳐진 신화의 벽은 제주의 수 많은 신화가 새겨져 있는 오픈형 박물관으로 향후 조성될 신화 아카이브 구성의 중심요소이다.	신화의 단에 있는 수 많은 단들은 비옥하고 성스러운 장소를 언제나 용천수가 흘러넘쳐 소곡포로 가득찬 재미있는 공간을 만들어 낸다.	생명의 연은 물에 그려진 신화와 교감하는 깊이 있는 공간이다. 연으로 내려 가면서 벽을 따라 제주 신화의 서사시가 그려져 있다.

Shinhwa History Park J District

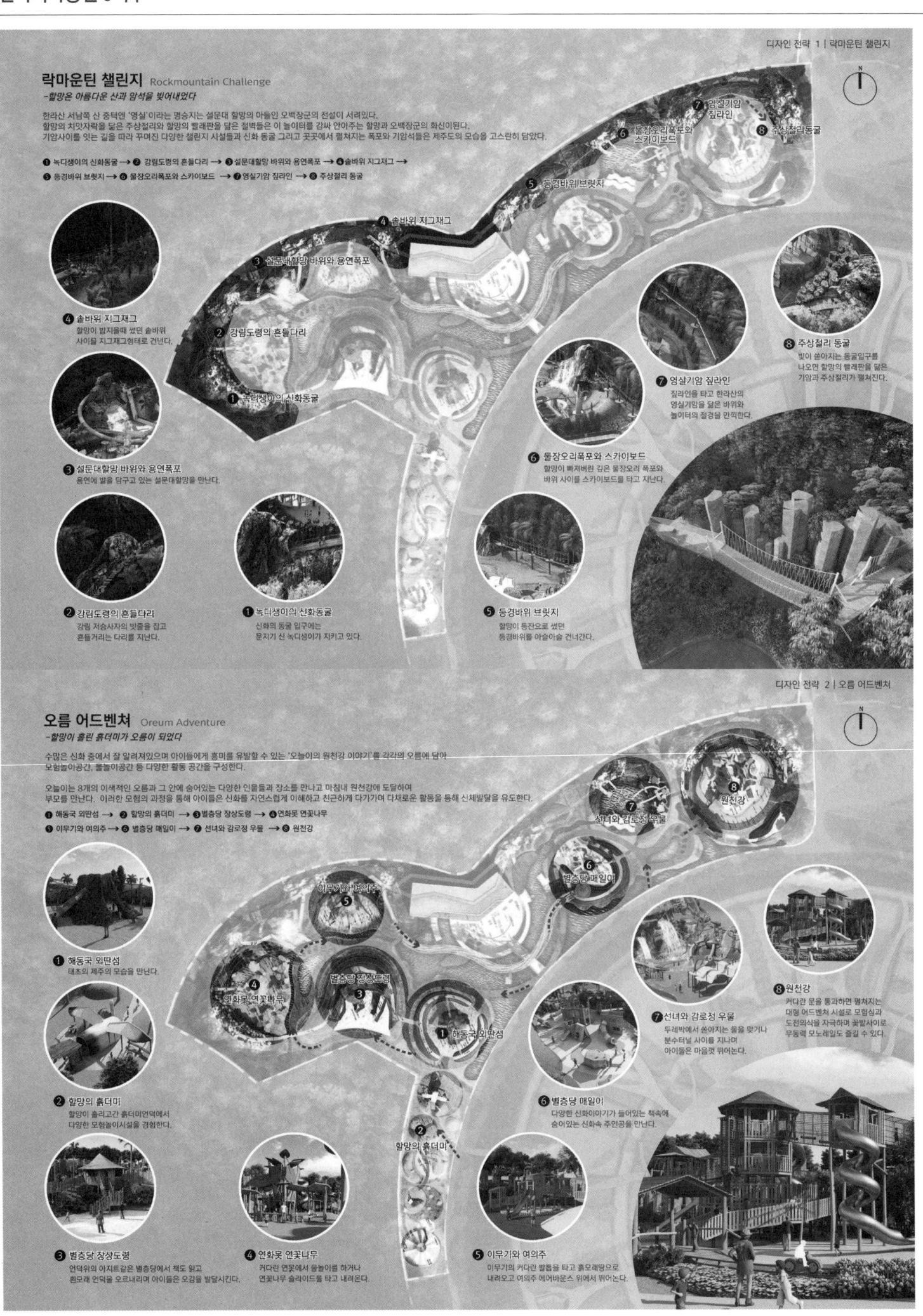

신화역사공원 J지구

신화역사공원 J지구

Shinhwa History Park J District

신화역사공원 J지구

우수작 (주)서영엔지니어링 이재호 + (주)헤드어반 이호준 + 환경디자인 지향 허주영 설계팀 박찬일, 박형욱, 이동혁, 박정대, 김미정, 한지민(이상 서영) 유재홍, 손도은(이상 헤드어반) 임규석, 정근한(이상 지향)

대지위치 제주특별자치도 서귀포시 안덕면 서광리 산35-7 일원 **대지면적** 38,296㎡(솟을마당 : 13,273㎡, 신화놀이터 : 25,023㎡)

공간별 기본방향
- 솟을마당 : 제주의 탄생과 천지가 개벽하고 신과 땅, 인간이 솟아나는 신비로운 공간을 조성
- 신화의 숲 놀이터 : 제주 신화를 직접 오감으로 체험할 수 있는 영유아 및 아동 놀이터

스토리라인
주변 시설, 주요 공간의 동선 흐름에 따른 스토리라인을 설정하고, 현실 세계에서 신화 세계를 다녀오는 여정을 통해 탄생에서 죽음까지 삶 속에서 제주 신화를 흥미롭게 접할 기회를 제공하고자 한다.

공간별 설계 개념
천지왕본풀이, 삼성 신화, 설문대할망이신 화를 기반으로 한 솟을 마당은 창조의 신들과 함께 솟을 신화 속을 여행하는 흥미로운 경험을 제공하며, 우주 만물 신목이 들려주는 압도적 스케일의 천지개벽 스토리는 벅찬 감동으로 다가올 것이다.

오늘이와 떠나는 신화의 숲 여행은 천하장사 궤네깃또, 이무기, 장상이, 세 신녀를 만나며 설렘과 두려움, 오감을 통해 전해오는 색다른 경험을 제공하며 제주 신화의 주인공이 되는 무한한 상상력을 제공할 것이다.

Basic concept for each space
- Sacred Plaza : Introducing a mysterious place in which the birth of Jeju and the creation of heaven and earth are explored, and in which the earth, gods and humans spring up.
- Mythical Forest Playground : A toddler and children's playground in which myths in Jeju can be experienced with the senses

Storyline
The proposed storyline is set up to flow along the circulation routes of neighboring facilities and main areas. Through a journey between the real world to the world of myths, it provides an exciting opportunity to experience life from birth to death and explore myths in Jeju.

Design concept for each space
Inspired by Cheonjiwang Bonpuri, Samseong mythology and Seolmundae Halmang mythology, Sacred Plaza provides an exciting experience of traveling with creator gods through Jeju mythology. Narrated by the sacred tree of the universe on a spectacular scale, the story of creation of heaven and earth will give a breathtaking experience.

The journey with Oneuri to the mythical forest will give an opportunity to meet Gwenegito, the strongest man in the world, Imoogi, Jangsangi and the three goddess, and will provide extraordinary experiences through the senses including excitement and fear. Also, it will stir up people's unlimited imagination in which they become the main characters in Jeju mythology.

2nd prize SEOYOUNG Engineering Co., Ltd._Lee Jaeho + HED URBAN_Lee Hojun + JIHYANG_Heo Juyoung **Location** 35-7, Seogwang-ri, Andeok-myeon, Seogwipo-si, Jeju-do **Site area** 38,296㎡

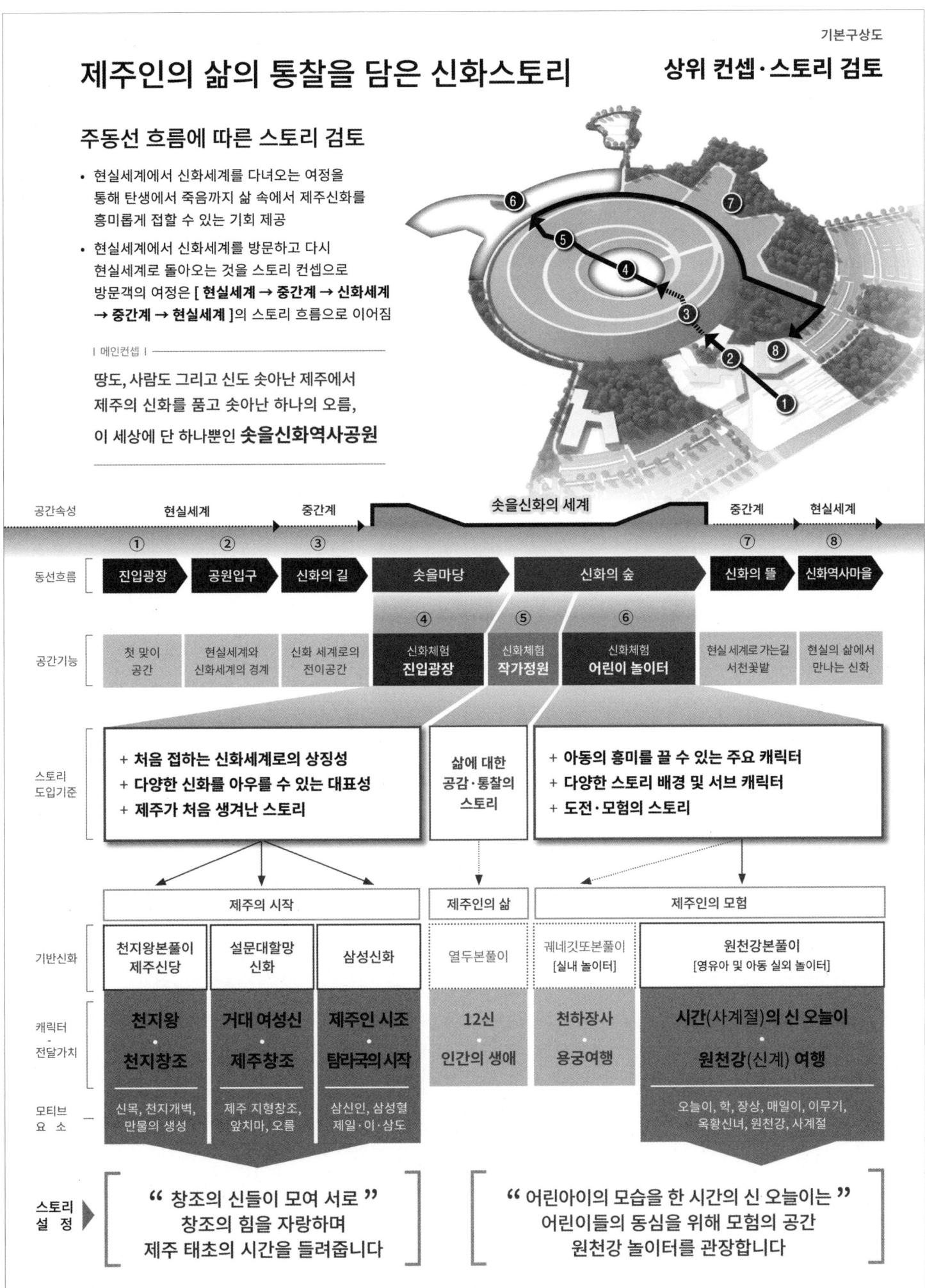

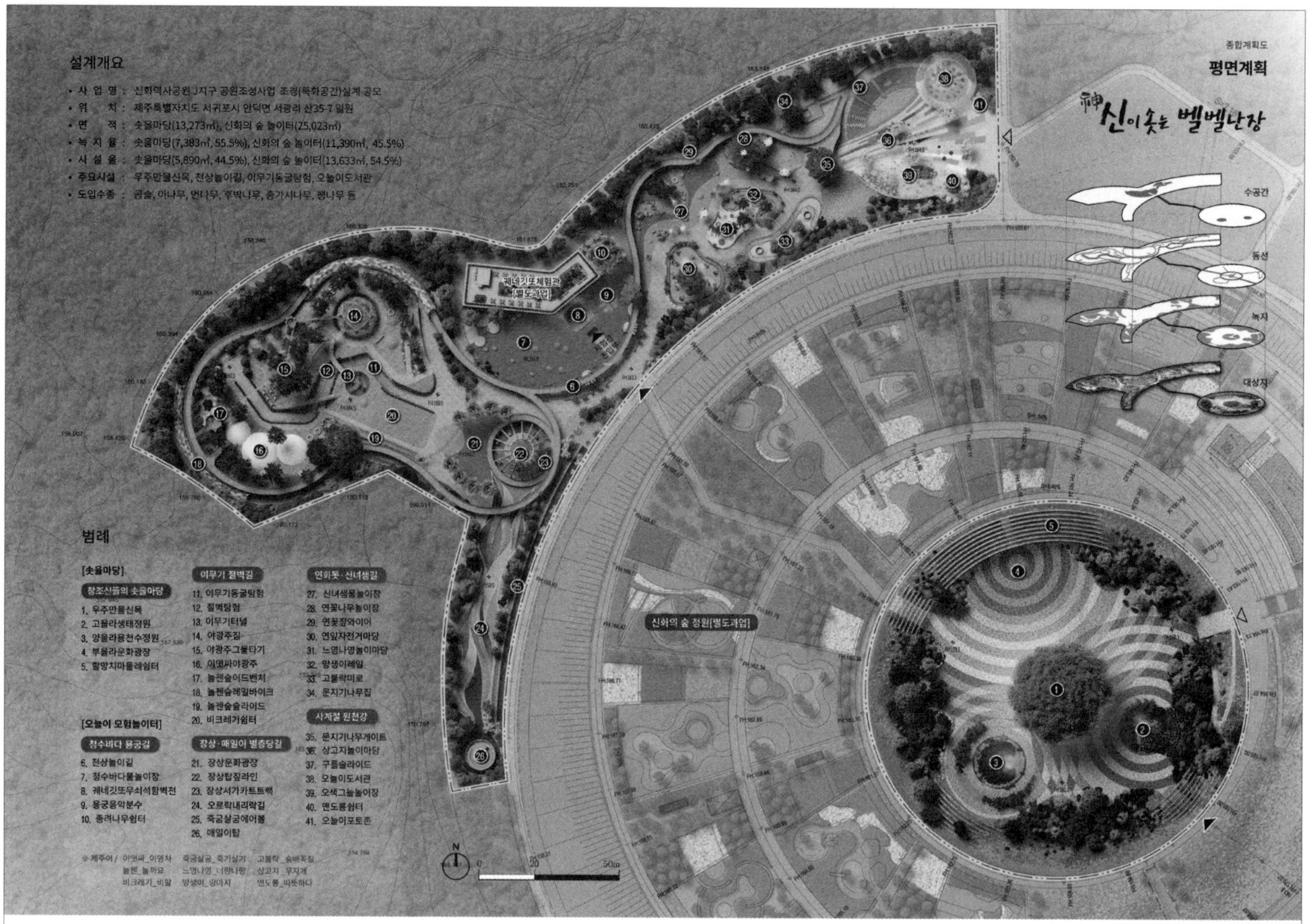

설계개요
• 사 업 명 : 신화역사공원 J지구 공원조성사업 조경(특화공간)설계 공모
• 위 치 : 제주특별자치도 서귀포시 안덕면 서광리 산35-7 일원
• 면 적 : 솟을마당(13,273㎡), 신화의 숲 놀이터(25,023㎡)
• 녹 지 율 : 솟을마당(7,383㎡, 55.5%), 신화의 숲 놀이터(11,390㎡, 45.5%)
• 시 설 율 : 솟을마당(5,890㎡, 44.5%), 신화의 숲 놀이터(13,633㎡, 54.5%)
• 주요시설 : 우주만물신목, 천상놀이길, 이무기동굴탐험, 오놀이도서관
• 도입수종 : 곰솔, 이나무, 번나무, 후박나무, 종가시나무, 팽나무 등
종합계획도
평면계획
수공간
동선
녹지
대상지
궤네깃또체험관 [별도과업]
신화의 숲 정원[별도과업]
범례
[솟을마당]
창조신들의 솟을마당
1. 우주만물신목
2. 고블라생태정원
3. 양을라용천수정원
4. 부을라문화광장
5. 할망치마폴래쉼터
[오놀이 모험놀이터]
청수바다 용궁길
6. 천상놀이길
7. 청수바다물놀이장
8. 궤네깃또무쇠석함벽천
9. 용궁음악분수
10. 종려나무쉼터
이무기 절벽길
11. 이무기동굴탐험
12. 절벽탐험
13. 이무기터널
14. 야광주집
15. 야광주그물타기
16. 이엿싸야광주
17. 놀젠숲어드벤처
18. 놀젠숲레일바이크
19. 놀젠숲슬라이드
20. 비크레기쉼터
장상·매일이 별층당길
21. 장상문화광장
22. 장상탑짚라인
23. 장상서가카트트랙
24. 오르락내리락길
25. 죽굼살굼에어볼
26. 매일이탑
연화못·신녀샘길
27. 신녀샘물놀이장
28. 연꽃나무놀이장
29. 연꽃짚와이어
30. 연잎자전거마당
31. 느영나영놀이마당
32. 망생이레일
33. 고볼락미로
34. 몬지기나무집
사계절 원천강
35. 몬지기나무게이트
36. 상고지놀이마당
37. 구름슬라이드
38. 오놀이도서관
39. 오색그늘놀이장
40. 멘도롱쉼터
41. 오놀이포토존
※ 제주어 / 이엇싸_이영차 죽굼살굼_죽기살기 고볼락_숨바꼭질
놀젠_놀까요 느영나영_너랑나랑 상고지_무지개
비크레기_비탈 망생이_망아지 멘도롱_따뜻하다
50m

[구역별 공간개요]

진입광장	공원에서 처음으로 맞이하는 공간으로, 대형 공공미술작품 설치로 상징성 강조
신화역사마을	제주의 신화와 역사를 테마로 한 거리와 예술공간, 상업 및 편익시설로 구성
공원입구	방문객의 기대감 상승을 위해 신비롭고 호기심을 유발하는 분위기 연출
신화의 길	현실에서 신화의 세계로 전이되는 공간으로 이색적인 분위기와 일부 전시공간 조성
솟을마당	제주의 탄생과 천지가 개벽하고 신과 땅, 인간이 솟아나는 신비로운 공간 연출
신화의 숲 정원	탄생과 죽음의 과정 속에서 만날 수 있는 신화를 공공미술, 작가정원으로 구현
신화의 숲 놀이터	제주 신화를 직접 오감으로 체험할 수 있는 영유아 및 아동들을 위한 놀이터
신화의 뜰	신화와 현실세계의 사이에 있는 중간계적 성격의 공간을 메가랜드스케이프로 구현

[공모대상 위치/면적]

신화의 숲 놀이터
25,023㎡
궤네깃또체험관
[별도과업]
신화의뜰
신화숲정원
솟을마당
13,273㎡
신화의길
공원입구
신화역사마을
진입광장
자연보존녹지
N

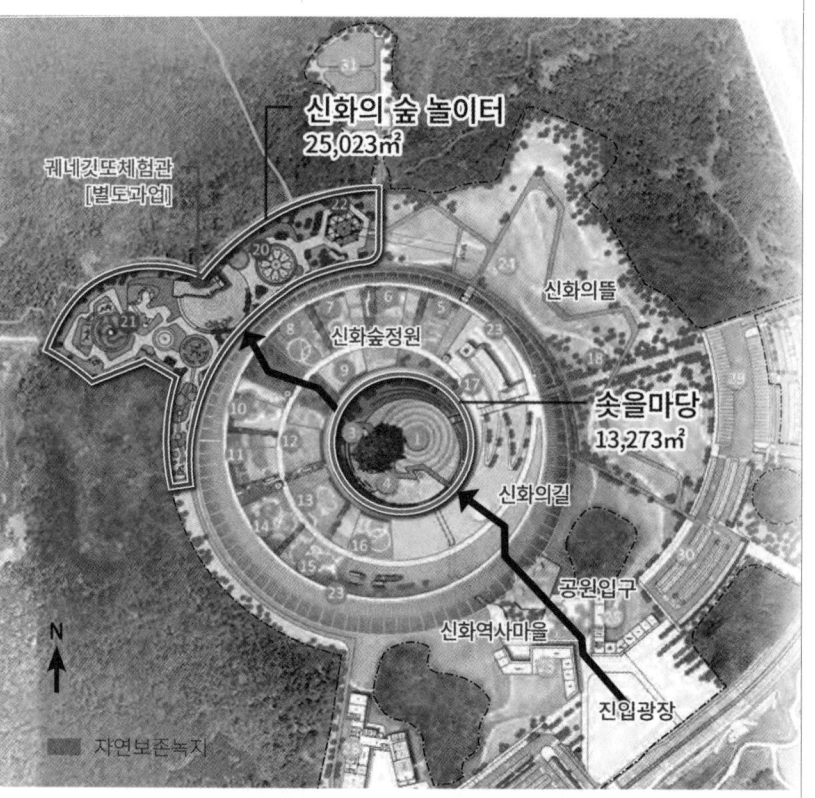

Shinhwa History Park J District

오늘이의 모험놀이터

설계개요

- **사 업 명**: 신화역사공원 J지구 공원조성사업 조경(특화공간)설계 공모
- **위   치**: 제주특별자치도 서귀포시 안덕면 서광리 산35-7 일원
- **면   적**: 신화의 숲 놀이터(25,023㎡)
- **주요시설**: 청수바다물놀이장, 이무기동굴탐험, 장상탑짚라인 등
- **공간개요**: 제주 신화를 직접 오감으로 체험할 수 있는 영유아 및 아동들을 위한 놀이터

놀이터설명서
개요

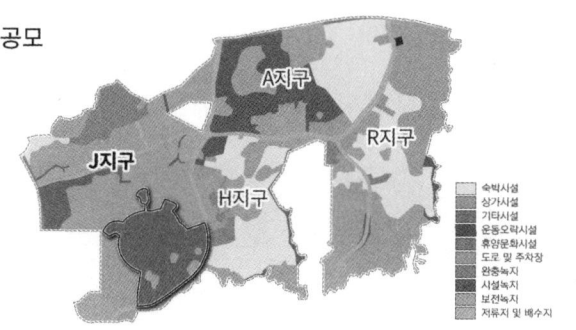

[구간별 공간개요]

현실세계		중간계	솟을신화의 세계			중간계	현실세계
1. 진입광장	2. 공원입구	3. 신화의 길	4. 솟을마당	5. 신화의 숲 정원	6. 신화의 숲 놀이터	7. 신화의 뜰	8. 신화역사마을
첫 맞이 공간	현실세계와 신화세계의 경계	신화 세계로의 전이공간		12신들과 떠나는 인생 여정		현실 세계로 가는길 서천꽃밭	현실의 삶에서 만나는 신화

오늘이의 원천강 벨벨 모험여행

신화역사공원 J지구

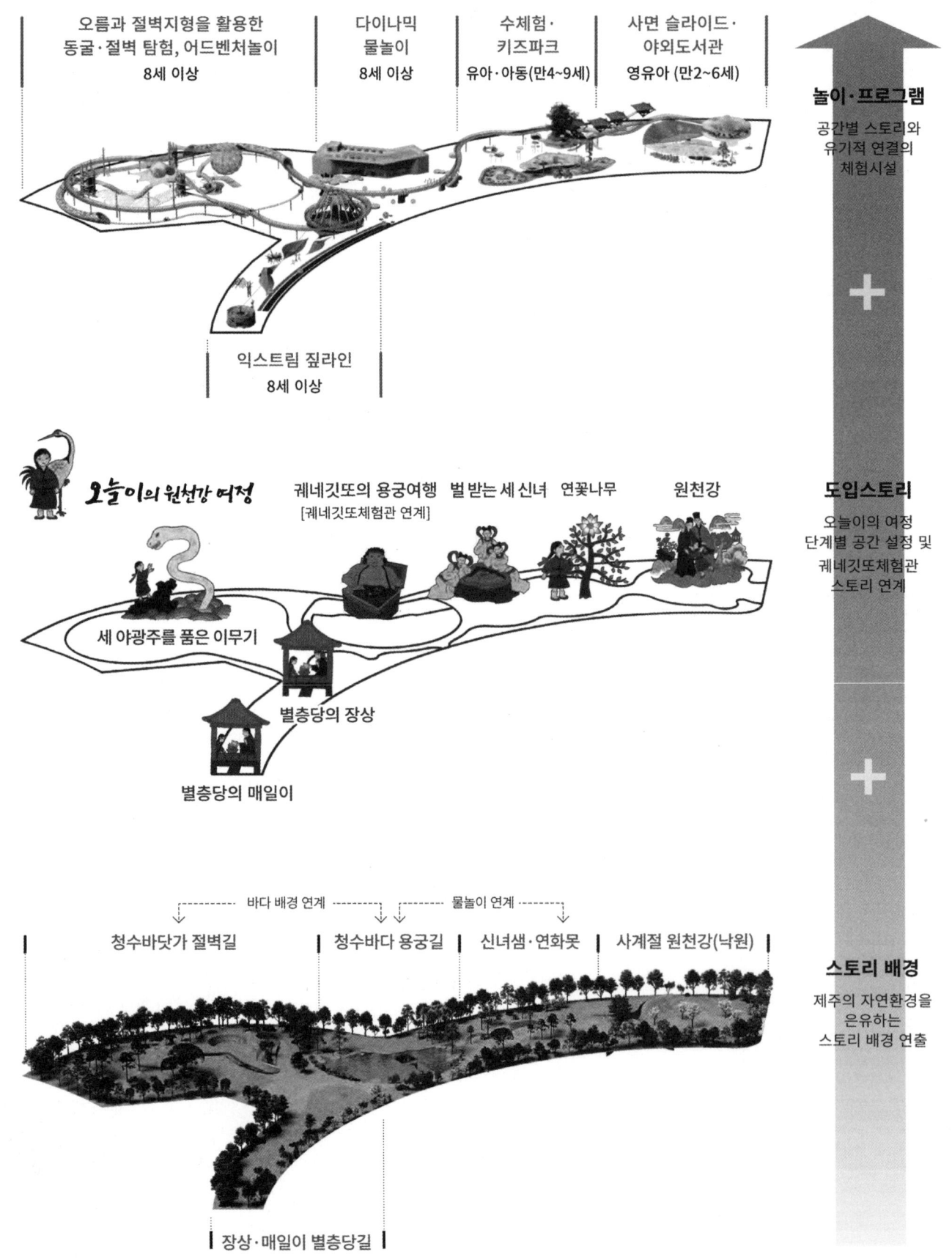

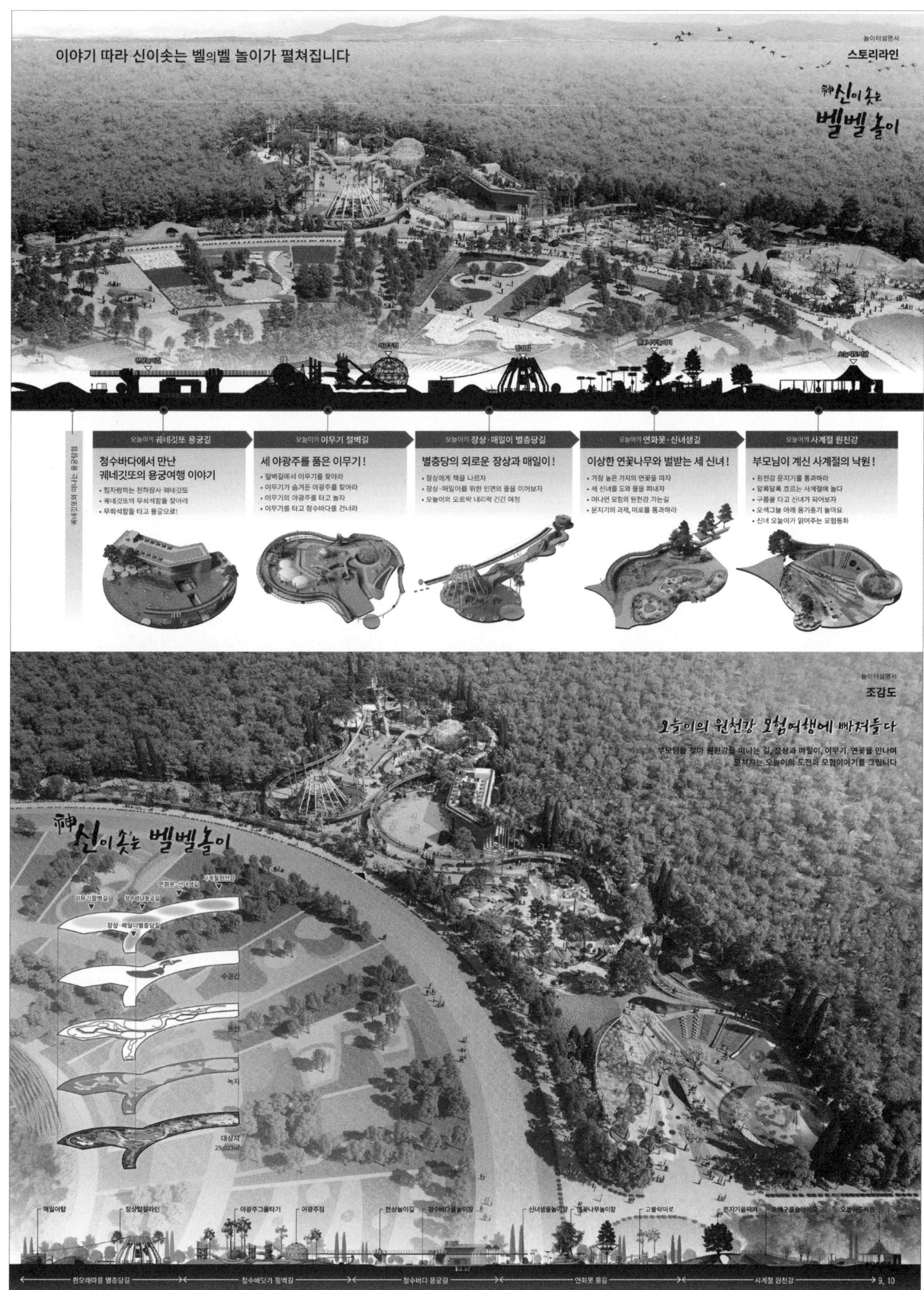

신화역사공원 J지구

신화역사공원 J지구

장상탑 짚라인 - 시점

장상과 매일이를 위한 인연의 줄을 이어보자

장상과 매일이를 맺을 인연의 줄을 타고
매일이가 있는 곳을 향해 날아봅니다

장상서가카트트랙

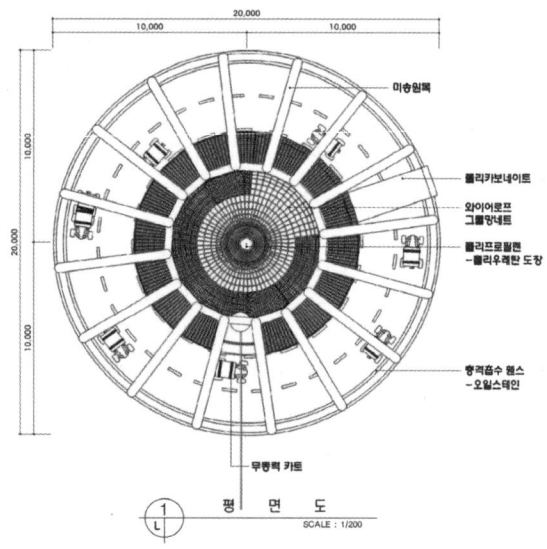

① 평 면 도   SCALE : 1/200

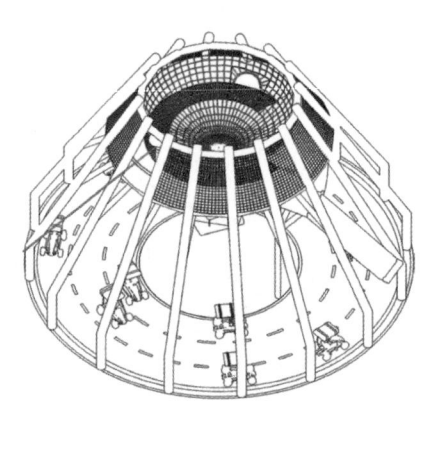

④ 투 시 도   SCALE : 1/NONE

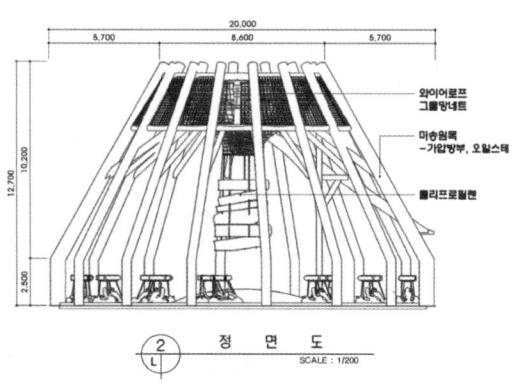

② 정 면 도   SCALE : 1/200

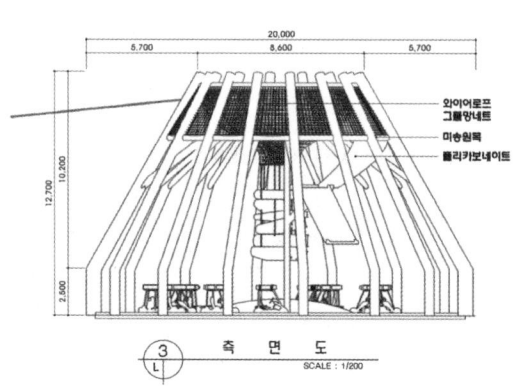

③ 측 면 도   SCALE : 1/200

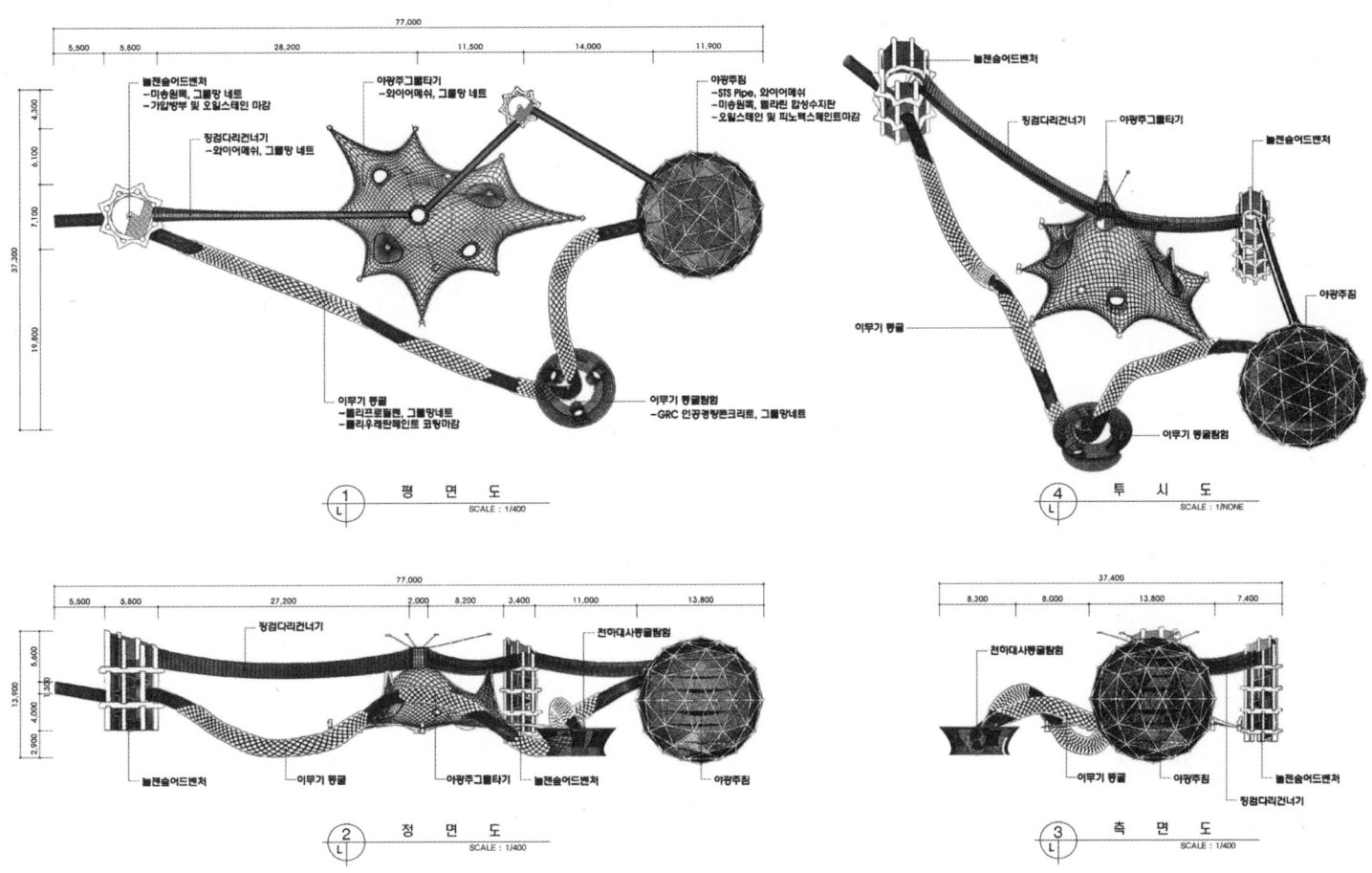

신화역사공원 J지구

장려작 (주)강산이앤씨 이현진 + (주)에코밸리 이재흥 설계팀 김교윤, 나경민, 김기웅, 윤수빈(이상 강산이앤씨) 정남수, 장묘광, 천명남, 박혜나(이상 에코밸리)

대지위치 제주특별자치도 서귀포시 안덕면 서광리 산35-7 일원 **대지면적** 38,296㎡(솟을마당 : 13,273㎡, 신화놀이터 : 25,023㎡)

제주의 신화는 세계창조, 생명탄생, 사후세계, 영웅서사, 운명론이 반영되면서도 땅과 신과 인간이 솟아났다는 독특한 세계관을 표출하는 유일한 신화이다.
제주만의 독특한 세계관을 바탕으로 신들의 세계와 현세를 중재하는 새로운 스토리를 제안하여 관광과 체험요소가 강화된 솟을마당과, 신화놀이터를 구현하고자 했다.

솟을마당 : 신의 세상 속으로 들어서다.
신들이 사는 미지의 세계를 탐험하는 신화의 길로 시작하여 하늘과 땅, 신계와 현실세계를 이어주는 천지왕의 신목, 삼성신의 3가지 선물 솟아오른 삼성혈, 신들의 축제, 설문대할망의 치맛자락을 모티브로 한 대별왕과 소별왕의 해와 달로 이어지는 순환적인 공간스토리를 갖고 있다. 대규모 원형광장에 압도적인 스케일로 우뚝 선 만년폭낭(신목)은 살아있는 팽나무를 구상하여 공간에 생동감과 신화적 가치를 높이도록 의도하였다.

신화놀이터 : 신이 되기 위한 7가지 여정
주요 놀이공간인 신화놀이터는 7개 스토리로 새롭게 테마를 구성하여 가족과 어린이 모두 즐길 수 있는 다이내믹한 공간을 실현했다. 지형차 활용 대형 슬라이드 '오색빛 용궁탐험'을 시작으로, 영감형제의 천방지축 도체비숲, 사시절 꽃길, 궤네깃또의 식탁, 승리의 석함, 교감의 숲으로 이어진다.

Jeju mythology reflects the typical views on the creation of the world, the beginning of life, afterlife, heroic epics and fatalism. However, it's the only mythology forming its own view of the world and explaining that the earth, gods and humans sprang up alike.
Based on such a unique worldview of Jeju mythology, the proposal creates a new story that bridges the world of gods and the real world, with an aim to specialize Sacred Plaza and Sinhwa Playground with extraordinary tourist attractions and experiential programs.

Sacred Plaza : Entering into the world of gods
Starting with the Path of Myth which explores an unknown world where gods live, the spatial narrative cycles in the order of the Sacred Tree of Cheonjiwang that connects heaven and earth and the world of gods and the real world, Samseonghyeol, the three gifts from Samseongsin, the Festival of Gods, Daebyeolwang inspired from the dress of Seolmundae Halmang, and the sun and moon of Sobyeolwang. Manyeonpoknang (sacred tree) expressed on an overwhelming scale stands alone in a large circular plaza. It's designed to depict a hackberry three full of vitality so that it can add vividness and mythical value to the space.

Sinhwa Playground : 7 journeys to become a god
Sinhwa Playground, the main entertainment area, is arranged under a new theme based on seven stories, with an aim to introduce a dynamic space that allows both children and parents to enjoy their time. Starting at the 'Underwater Palace Adventure', a large slide that makes use of a level difference within the site, the playground leads the way through The Old Brother's Wild Dochebi Forest, Evergreen Flower Way, Gwenegito's Table, Stone Case of Victory and The Woods of Communion.

3rd prize KangSan E&C_Lee Hyunjin + Eco-Valley_Lee Jaeheung **Location** 35-7, Seogwang-ri, Andeok-myeon, Seogwipo-si, Jeju-do **Site area** 38,296㎡

Shinhwa History Park J District

1. 설계개념
설계전략

'제주 이면에 존재하는 또 하나의 세상'
시간을 초월한 변하지 않는 그 곳

耽羅永遠

"스토리텔링" 업그레이드로 신화역사공원 독창성 강화

솟을마당 판타지아

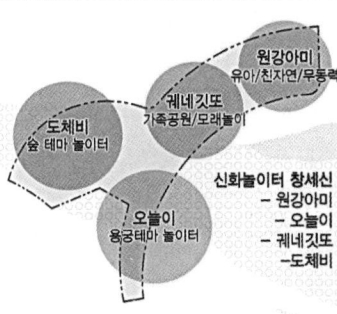

제주신화 부활의 중심지로서
솟을마당을 재조명하고,
이야기 흐름과 조화로운 공간배치로
제주신화에 대한 이해를 돕는
솟을마당 스토리텔링 구체화

신화 놀이터 창세기

놀이의 즐거움을 배가시키는
신화놀이터만의 창세신화 구현,
등장인물 캐릭터 구체화로
체험자의 몰입감 증대

입체적 공간활용으로 차별화된 체험경관 연출

복합 동선계획

상상력과 창의력을 자극하는
다양한 층위의 레벨계획과
특화시설 배치로
새롭게 창조한 스토리텔링과 일치하는
신의 공간 완성

입체 놀이동선

구르기, 뛰기, 걷기, 떨어지기,
기어오르기, 하늘숲 걷기 등
다이내믹하고 생동감 넘치는
놀이를 위한
전략적 시설배치계획 수립

다변화 공원 프로그램으로 미래 확장성, 이용성 증대

이벤트 문화 인프라 구축

관광 트렌드, 주 이용자 성격,
유형별 변화에 유연한 대처가 가능한
이벤트 인프라 조성으로
지속적인 이용자 재방문 유도

시설 활용 방안 제시

일상의 판타지로 확장하는
캐릭터 활용 AR 프로그램,
캐릭터 굿즈 개발로
이용객의 여운과 만족감을
동시에 추구

신화역사공원 J지구

특화계획_솟을마당

신화의 길(터널) 출구 연출방안

공간탐미 (空間耽味)
깊고 넓은 제주 신화의 세계로 가는 길

익숙한 나의 세계를 떠나 몸과 마음의 모든 감각을 열어

살아있는 신화의 공간을 온전히 만끽하다.

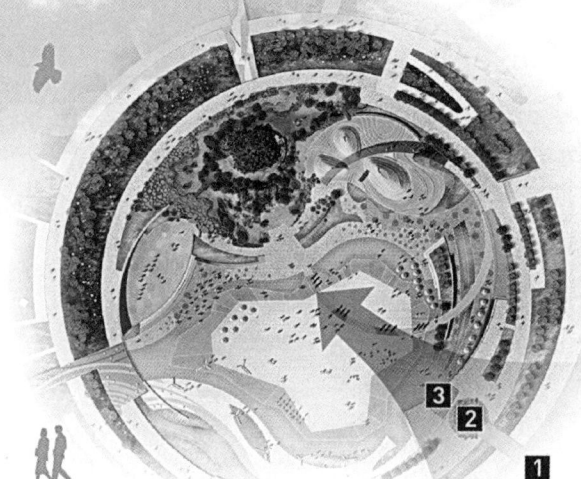

홀린듯 내딛은 한 걸음, 꿈결같은 세상

1 터널 뮤지엄 Tunnel Meseum

프로젝션 맵핑 기법을 이용한 몰입형 미디어 아트 전시공간에 최적화된 '터널' 뮤지엄.
폐쇄적이고 협소한 공간 형태를 활용하여 제주신화 주제의 블록버스터 미디어아트를 구현하는 장소로 적극 활용

하늘과 땅을 엮어주는 신의 물기둥을 지나

2 워터 브릿지 Water Bridge

신성한 공간에 들어서기 직전의 긴장과 설레임을 극적으로 고조시키는 폭포 형식의 물기둥으로 신비한 입구경관 연출

아련히 드리워진 그림자 커튼을 젖히면

3 빛자락 캐노피 Light Canopy

자연 빛의 투과로 시시각각 변하는 그림자가 신의 공간 솟을마당으로 서서히 시선을 유도하는 초점경관 연출

옮겨간 시선 사이에 또 다른 공간이 열린다.
한 번 들여다 본 사람은 잊을 수 없는 아름답고 신묘한 세상
마침내 마주하는 신들의 안식처

Shinhwa History Park J District

특화계획_솟을마당
신목의 구현

기운생동 (氣韻生動)
용솟는 생명의 기운이 펼치는 신과 사람, 땅과 하늘,
물과 불의 하모니

시시각각 변화하는 시공간 속에서 신화세계를 지탱하는 생명의 나무

비바람과 추위와 더위를 견디어 낸 존재만이 갖는 불가침의 신성

신화세계와 현실세계를 연결하는 상징적 존재.
살아있어 성장하고 변화하는 팽나무 신목을 구상하여 공간에 생동감과
신화적 가치를 상승시키도록 의도하였다.
산수원 분재식재와 신목 크기의 극대비로 웅장함을 표현하고,
곶자왈 돌무더기(이끼석), 주상절리, 한라산 능선의 아름다운 암반을 모티브로
제주의 자연 경관을 연출하였으며, 이벤트 환경에 유연하게 대응할 수 있도록
신목 전망대(당집)를 조성하여 조망기능과 솟을마당 스토리텔링의
중심소재로 활용한다.

소원의 나무 Wish Tree
과거와 현재, 미래를 연결하는 신목

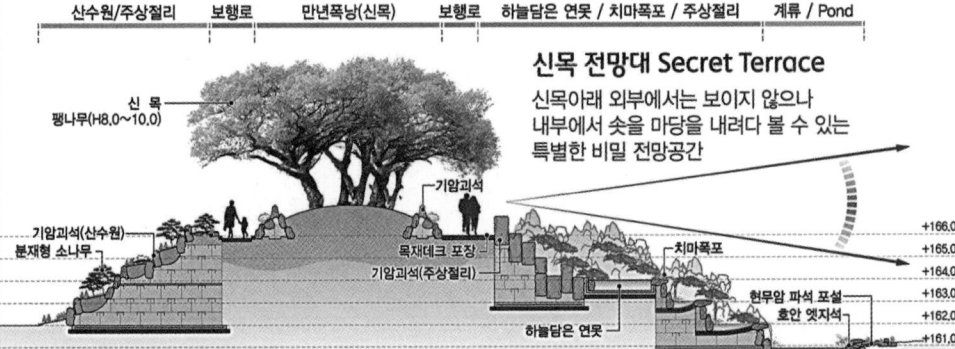

신목 전망대 Secret Terrace
신목아래 외부에서는 보이지 않으나
내부에서 솟을 마당을 내려다 볼 수 있는
특별한 비밀 전망공간

신목 전망대 Magic Tree
프로젝션 맵핑, 경관조명, 설치예술을
통하여 계절/시간대별 특화경관 연출

높이를 가늠할 수 없는 신성한 나무, 신목.
신목의 줄기는 땅에서 솟은 듯, 하늘에서 내리는 듯
대지와 하늘을 이어 길다랗게 뻗어있고,
솟아오른 신비한 주상절리 사이로 영등할망의
물길이 흘러내려 온 주변을 신의 기운으로
충만하게 채우고 있다.

신화역사공원 J지구

특화계획_솟을마당

솟아오른 삼성혈

탐라의 조상 **삼성신(고을나·양을나·부을나)**이 솟아난 **모흥혈**이 신화 세계의 중심에 자리 잡았다.

삼성신의 집에 들어서면 방문객을 환영하기 위해 숨겨놓은 **3가지 선물**이 시간대별로 펼쳐진다.

미스트폴 / 인터랙티브

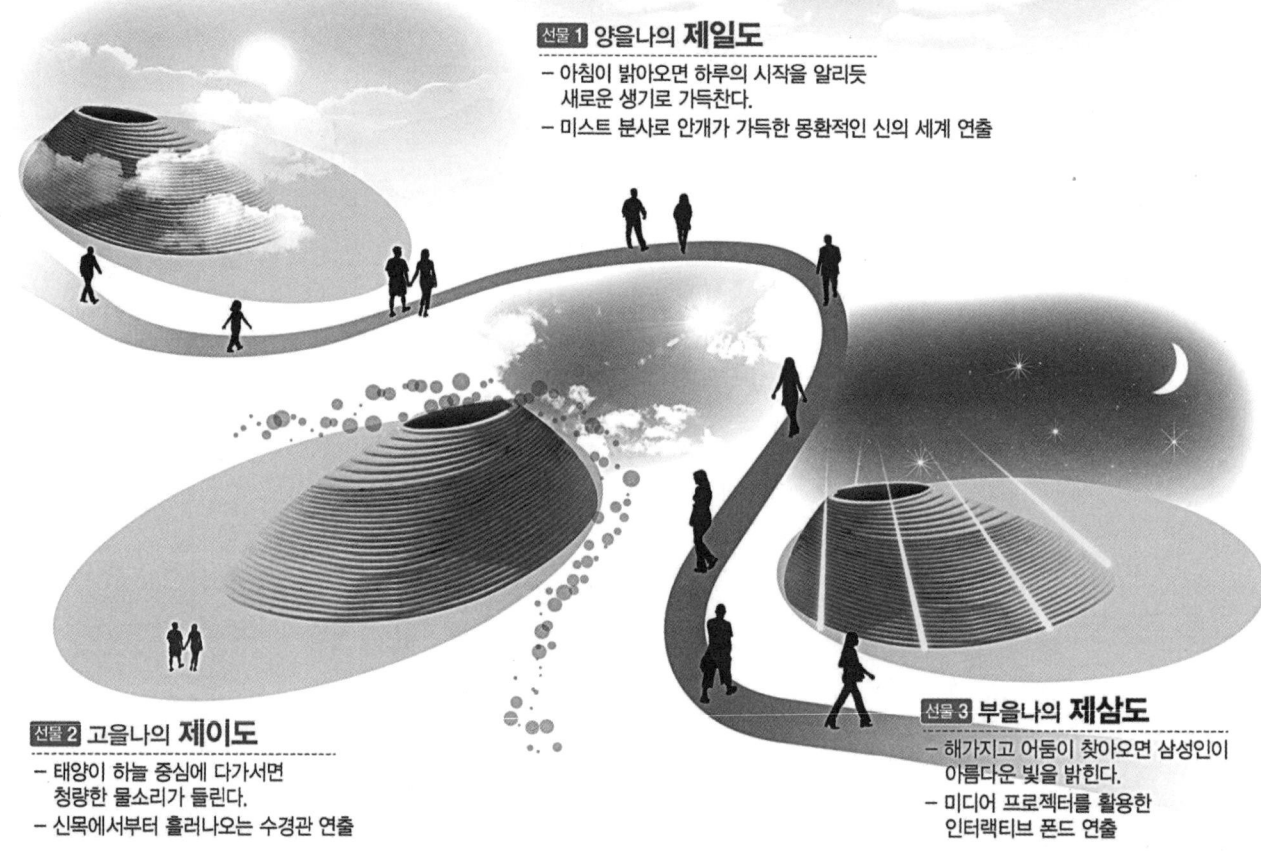

선물 1 양을나의 **제일도**
- 아침이 밝아오면 하루의 시작을 알리듯 새로운 생기로 가득찬다.
- 미스트 분사로 안개가 가득한 몽환적인 신의 세계 연출

선물 2 고을나의 **제이도**
- 태양이 하늘 중심에 다가서면 청량한 물소리가 들린다.
- 신목에서부터 흘러나오는 수경관 연출

선물 3 부을나의 **제삼도**
- 해가지고 어둠이 찾아오면 삼성인이 아름다운 빛을 밝힌다.
- 미디어 프로젝터를 활용한 인터랙티브 폰드 연출

Shinhwa History Park J District

잠실한강공원 자연형 물놀이장

당선작 (주)동심원조경기술사사무소 안계동 설계팀 박경탁, 조유현, 김 건, 백규리, 이수현, 송정헌, 배성옥, 김영신

대지위치 서울특별시 송파구 한가람로 65 **대지면적** 28,000㎡

두터운 자연적 경계를 통한 장소 만들기
낮은 생울타리와 하층 식생을 결합하여 시야는 개방하되 물리적 접근은 차단한다. 관리시설물은 경계 속에 배치되며, 주요동선의 결절점에는 컨트롤 포인트를 조성한다. 이러한 전략은 두터운 자연적 경계와 주변, 물놀이 공간과 한강을 연결하며 새로운 장소성을 자아낸다.

사계절 프로그램의 재구성
다양한 활동이 일어나고 자연과 교감할 수 있는 토대를 조성하고자 했다. 이는 재구성된 다양한 프로그램과 함께 자연친화적 공간이용 기회를 확대하고, 사계절 다양한 활동을 유도할 것이다.

시공간적 맥락을 반영한 식재
식재계획은 과거의 식생부터 현재, 미래를 염두한 시간적 맥락과 대도심과 인접하며 침수 가능성에 대비해야 하는 도시적 맥락, 서울시의 자연성 회복 기조와 사계절 이용에 대한 고민 등 사회·문화적 맥락을 고려하였다.

한강과의 자연적 연계를 위한 지형설계
한강 측 계획고를 1.5m 낮추고, 도심 측 계획고는 1m 높여 기존 10%였던 수면 가시면적을 85%까지 확대했다. 또한, 통수 단면을 하며 호안의 경계를 자연형으로 재조성 및 확장하여 대상지와 한강의 생태적·경험적 연계를 한층 더 강화할 것이다.

Placemaking with Thickened Natural
A low hedge with a width of 3m or over is combined with low vegetation to ensure visibility while blocking physical access. Management facilities are positioned on the borderline. A control station is installed at each node on main circulation routes. This solution establishes connection between a thick natural boundary and its surrounding area and between the pool area and the river, and by doing so, it creates a new sense of place.

Reorganized Four Season Programs
The proposal aims to set up a foundation for accommodating various activities and promoting interaction with nature. In combination with various redefined programs, this will provide more opportunities to use a nature-friendly space and allow a wide range of activities to take place throughout the seasons.

Contextualized Planting
As for the planting design, a temporal context that considers the vegetation environment of the past, present and future, an urban context that requires preparing for flooding in connection with proximity to metropolitan areas, and a social and cultural context that requires following the Seoul Metropolitan Government's naturalistic policy and ensuring usability in all seasons are taken into account.

Topographical Design for Natural Link
The planned height of the riverside area is lowered by 1.5m whereas the height of the area close to the city is raised by 1m. This solution helps to increase the visible water surface area ratio from 10% to 85%. Also, while securing a sufficient discharge area, the bank protection's perimeter area is reconstructed and extended to turn it into a natural type. Such changes in physical relationship will strengthen the ecological and experiential connection between the project site and the river.

Prize winner Dongsimwon Landscape Design & Construction_Ahn Gyedong **Location** 65, Hangaram-ro, Songpa-gu, Seoul **Site area** 28,000㎡

Natural Swimming Pool at Jamsil Hangang Park

잠실한강공원 자연형 물놀이장

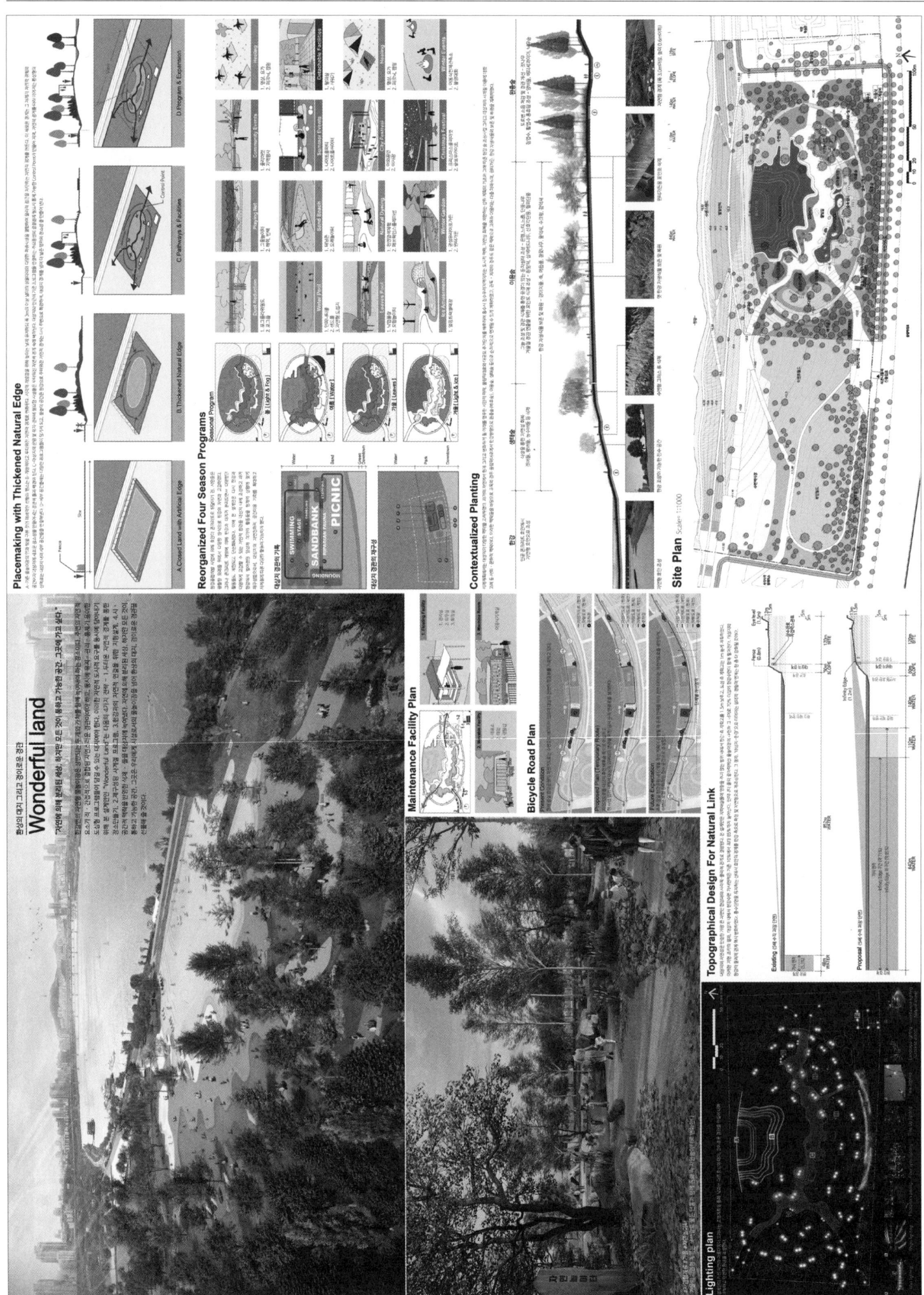

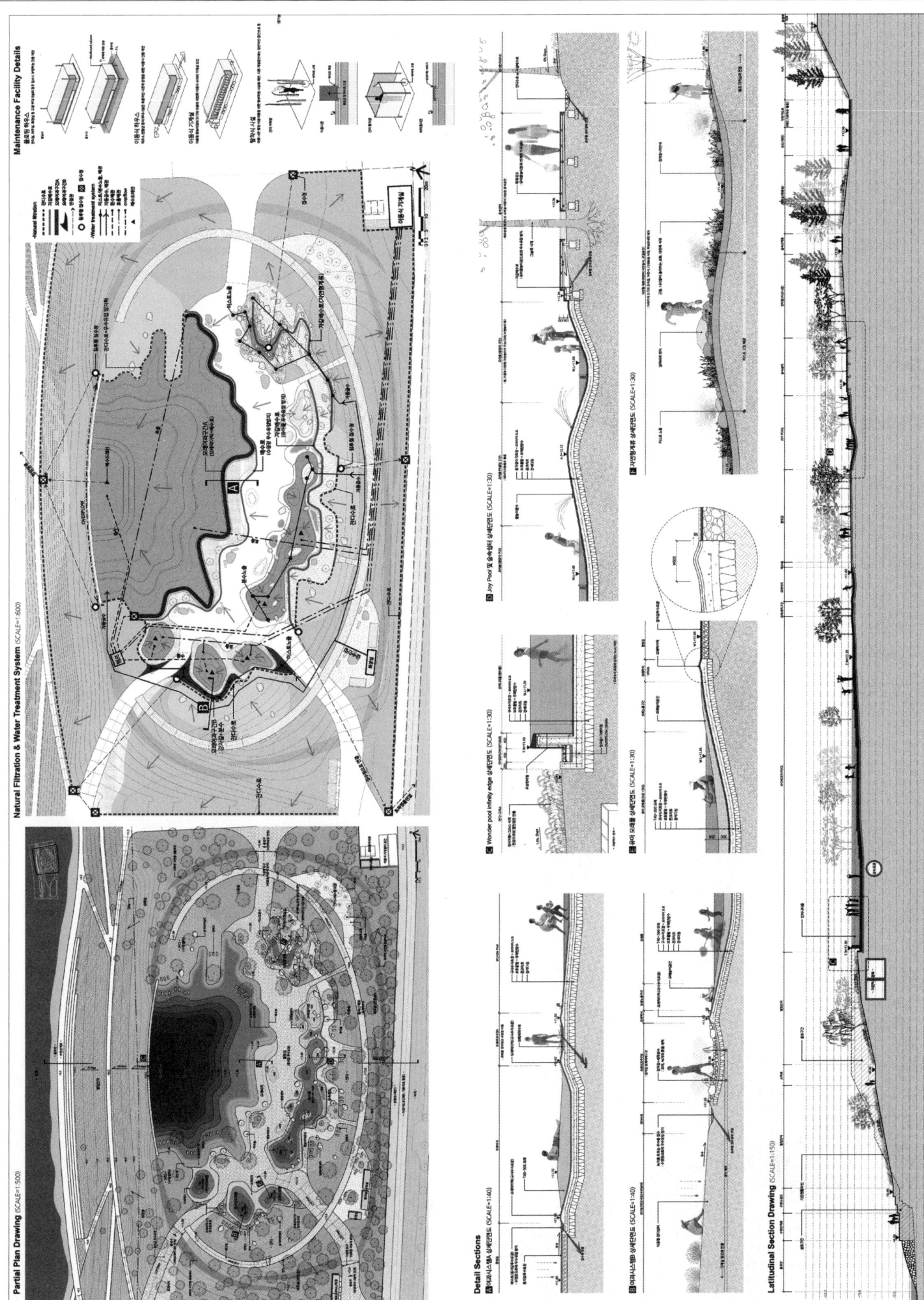

잠실한강공원 자연형 물놀이장

2등작 기술사사무소 이수 서영애 + 스튜디오테라 안형주 + 엠더블유디랩 송민원 + 김아연 서울시립대학교 + 김소라 서울시립대학교 설계팀 황혜성(이상 이수) 최진호(이상 테라) 김현근, 나준경(이상 엠더블유디랩)

대지위치 서울특별시 송파구 한가람로 65번지 **대지면적** 28,000㎡

그랜드 블루, 블루 그라운드

거대한 모래톱과 식생이 어우러진 한강의 자연환경은 수중보와 직강화 사업으로 본래의 모습을 잃은지 오래다. 이 곳에 '자연형'이 아닌 '자연'의 물놀이장을 만들고자 한다. 우선 인공적인 저수 호안을 자연 호안으로 회복하고 조수 간만의 차이에 따라 자유롭게 넘나드는 물과 식생의 변화를 관찰할 수 있는 토대를 만든다. 그 위에 인피니티 풀과 같이 거대한 판을 떠 있게 만드는 것이 본 설계의 메인 전략이다. 점차 자연으로 회복하는 땅과 물의 변화와 매력적인 거대한 풀이 공존함으로써 각각의 특성을 극대화한다.

침수식생에서 초본식생, 유수역 다년생 초본식생, 교목 류에 이르기까지 한강의 생태를 고려한 한반림 복원 계획을 수립한다. 도시와 한강의 경관, 식생 변화, 저수 간만의 차를 관찰할 수 있는 다양한 레벨의 순환 동선은 한강에서만 느낄 수 있는 경험을 제공한다.

어린이, 노인, 장애인등의 구성원이 있는 가족들이 샤워와 탈의를 한 공간에서 할 수 있는 공간을 마련한다. 숲으로 둘러싸인 광장과 모래놀이터는 사계절 가능한 아이들의 놀이공간이 된다. 여름 이외의 계절에 거대한 풀은 한강을 바라보는 근사한 전망대나 스케이트장이나 눈썰매장이 되기도 한다.

GRAND BLUE, BLUE GROUND

The natural environment around the Hangang River, which has a large sandbank and various kinds of vegetation, has lost its original shape a long time ago, due to underwater reservoir development and river straightening projects. The proposal aims to create not a 'natural type' but a 'natural' swimming pool. The reservoir's artificial bank protection is replaced with a natural bank to establish a foundation for observing water freely fluctuating with the ebb and flow of tides and vegetation changes. And on top of that, a large floating plate that gives the experience of an infinity pool is added. These are the main strategies of the proposed design. The coexistence of land and water that change gradually to recover their natural state and a large attractive pool make the uniqueness of each more stand out.

A forest restoration plan is set up in consideration of the Hangang River's ecological environment with a wide range of plants, such as submerged vegetation, herbage, perennial herbs and large trees. Circulatory passages laid at different levels have scenic points to observe the views of the city and river, vegetation changes and the ebb and flow of tides; they offer a unique experience that can be gained only from the Hangang river.

The proposal provides a space that allows families with children, seniors or disabled people to take a shower and change their clothes at one place. The wooded plaza and sand playground offer a place for children to play throughout the seasons. In seasons other than summer, the large pool can be used as a superb observatory overlooking the river, a skate rink or a sledding park.

2nd prize ESOO Landscape Architects_Seo Youngai + STUDIOS terra_Ahn Hyeongjoo + MW'D.lab_Song Minwon + Kim Ahyeon_University of Seoul + Kim Sora_University of Seoul **Location** 65, Hangaram-ro, Songpa-gu, Seoul **Site area** 28,000m²

Natural Swimming Pool at Jamsil Hangang Park

잠실한강공원 자연형 물놀이장

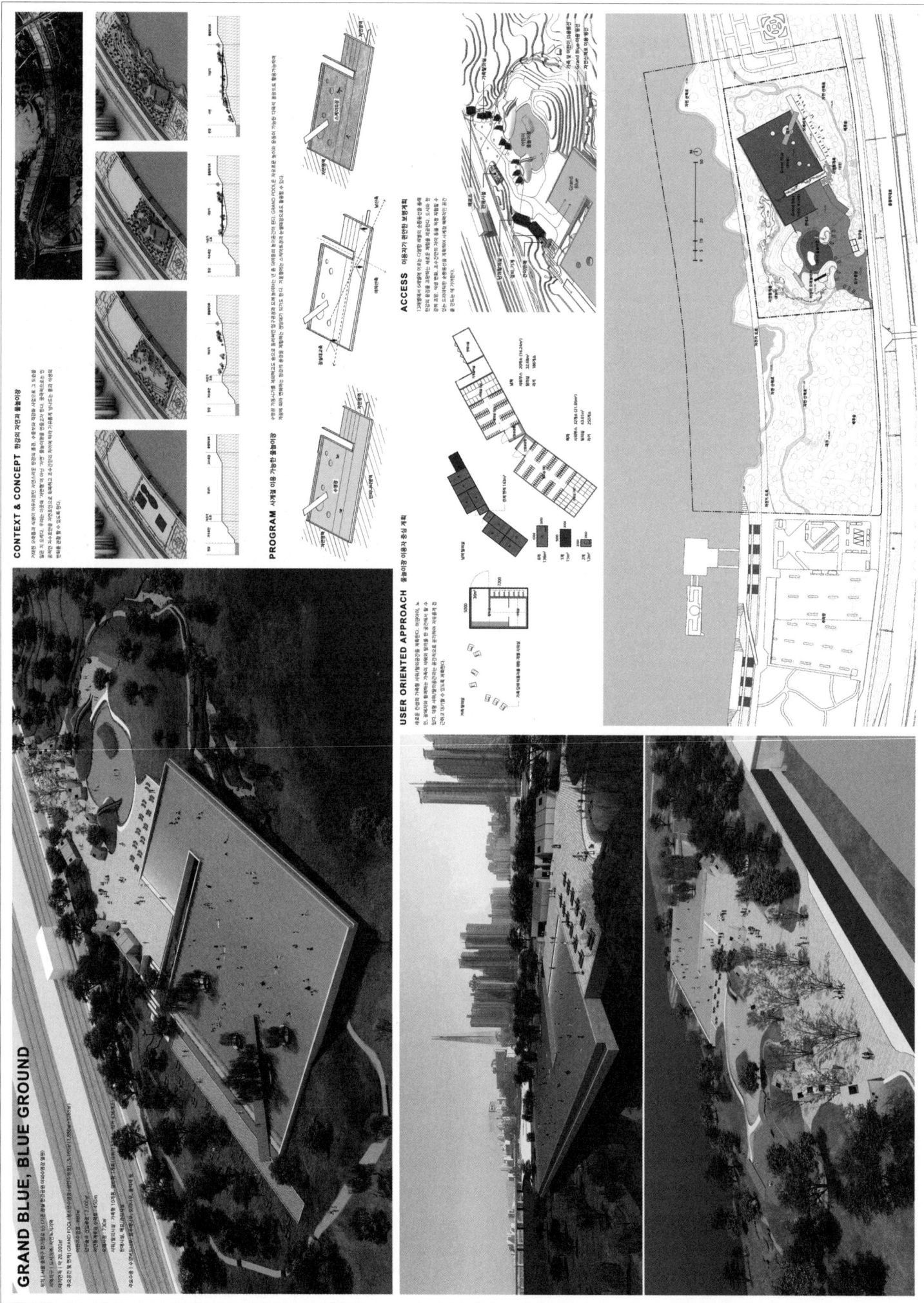

Natural Swimming Pool at Jamsil Hangang Park

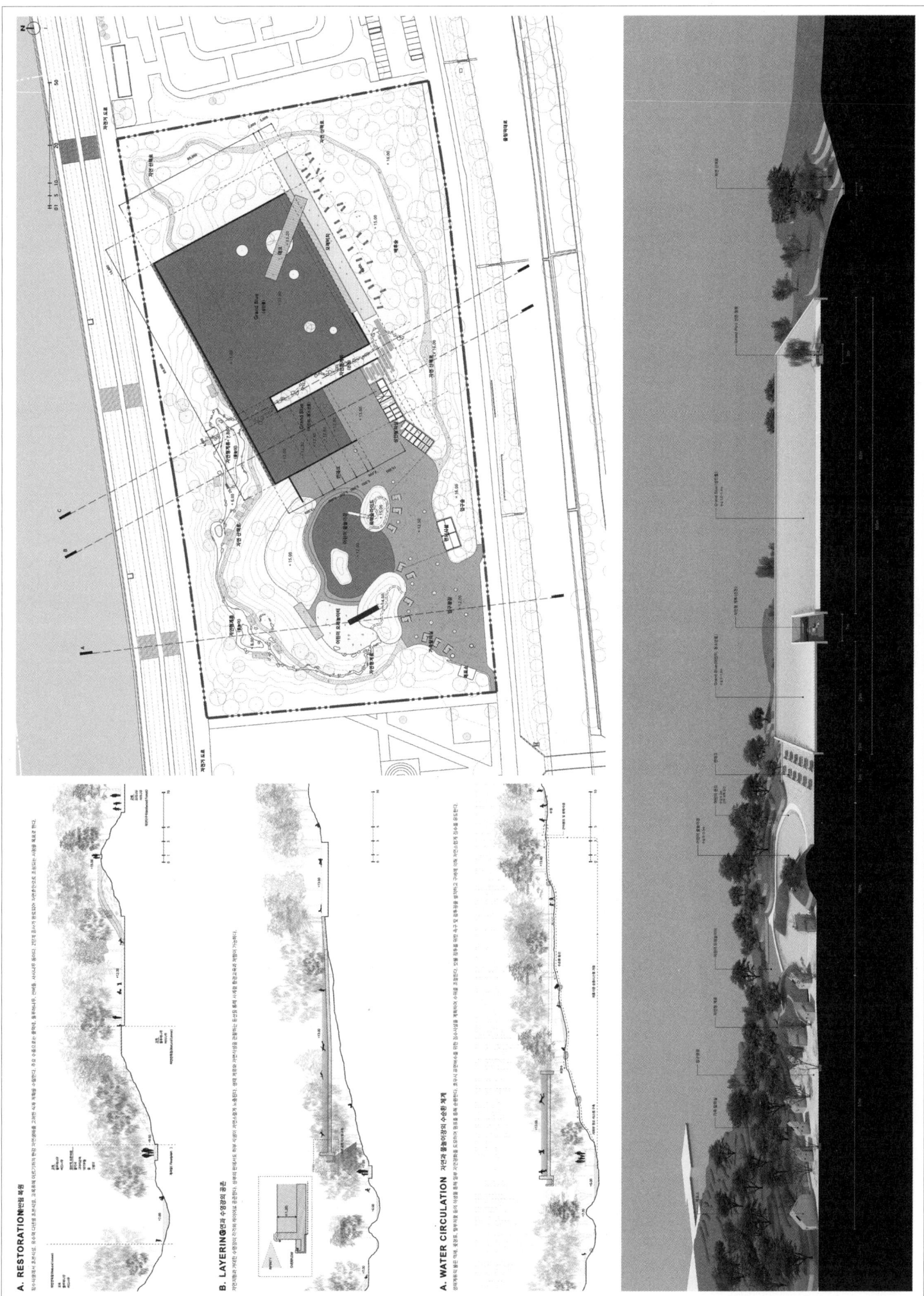

A. RESTORATION 복원
B. LAYERING 연결
A. WATER CIRCULATION 자연과 함께하는 수영장

*복지

*도시

*체육

*조경

Publisher | Heungchae Jung
Editorial Dept. | Joonyong Jung, Eunjae Ma
Design Dept. | A&C design

Print in Korea
ISBN | 978-89-7212-209-8
Price | USD 48 (48,000won)
Registration No. 2004-000166

© A&C Publishing
9F, 15, Teheran-ro 22-gil, Gangnam-gu, Seoul, Korea
T: +82-2-538-7333
www.ancbook.com

Copyright A&C Publishing Co., Ltd. and may not be
reproduced in any manner or from without permission.